AF363510

HISTOIRE NATURELLE

DES

ANIMAUX SANS VERTÈBRES.

TOME SEPTIÈME.

IMPRIMÉ CHEZ PAUL RENOUARD, RUE GARANCIÈRE, N. 5.

HISTOIRE NATURELLE

DES

ANIMAUX SANS VERTÈBRES,

PRÉSENTANT

LES CARACTÈRES GÉNÉRAUX ET PARTICULIERS DE CES ANIMAUX,
LEUR DISTRIBUTION, LEURS CLASSES, LEURS FAMILLES, LEURS
GENRES, ET LA CITATION DES PRINCIPALES ESPÈCES QUI S'Y
RAPPORTENT;

PRÉCÉDÉE

D'UNE INTRODUCTION

Offrant la Détermination des caractères essentiels de l'Animal, sa Distinction du végétal et des
autres corps naturels; enfin, l'Exposition des principes fondamentaux de la Zoologie.

PAR J. B. P. A. DE LAMARCK,

MEMBRE DE L'INSTITUT DE FRANCE, PROFESSEUR AU MUSÉUM D'HISTOIRE NATURELLE.

Nihil extrà naturam observatione notum.

DEUXIÈME ÉDITION.

REVUE ET AUGMENTÉE DE NOTES PRÉSENTANT LES FAITS NOUVEAUX
DONT LA SCIENCE S'EST ENRICHIE JUSQU'A CE JOUR;

Par MM.

G. P. DESHAYES ET H. MILNE EDWARDS.

TOME SEPTIÈME.

HISTOIRE DES MOLLUSQUES.

PARIS.

J. B. BAILLIÈRE, LIBRAIRE,

RUE DE L'ÉCOLE DE MÉDECINE, Nº 13 BIS.

A LONDRES, MÊME MAISON, 219, REGENT STREET.

1836.

AVERTISSEMENT.

Lamarck a senti l'importance que devait avoir pour la science l'étude des espèces fossiles; aussi il eut soin de mentionner celles dont il eut connaissance, soit à la fin des genres auxquels elles appartiennent, soit dans un supplément faisant partie du septième volume des Animaux sans vertèbres. Ce supplément est incommode à consulter, et il a été quelquefois oublié. Nous avons fait disparaître l'inconvénient dont nous venons de parler dans cette nouvelle édition, en distribuant ces espèces à la fin des genres et en suivant pour cela les indications de Lamarck. Ces espèces se reconnaîtront entre les autres par une abbréviation (S) indiquant qu'elles sont extraites du supplément.

Par suite d'une erreur involontairement échappée dans le premier volume de la Conchyliologie de cet ouvrage, j'ai attribué à M. Cuming la description de quelques espèces faite par M. Broderip. Ces deux personnes méritaient également d'être citées; l'une pour son voyage si heureusement entrepris dans l'intérêt de la science ; l'autre pour ses descriptions très bien faites et ses savantes déterminations spécifiques qu'il accorde généreusement aux savans et aux voyageurs. Le lecteur est en conséquence prié de substituer le nom de M. Broderip aux espèces qui portent celui de M. Cuming. Je m'empresse de faire cette rectification sans y avoir été sollicité, et seulement inspiré par un sentiment de justice bien naturel.

Paris, décembre 1835.

HISTOIRE NATURELLE

DES

ANIMAUX SANS VERTÈBRES.

ORDRE SECOND.

CONCHIFÈRES MONOMYAIRES.

*Ils n'ont qu'un muscle, qui semble traverser leur corps.
Leur coquille offre intérieurement une impression musculaire subcentrale.*

Il n'est pas douteux, selon moi, qu'on ne doive considérer les conchifères dont il s'agit, comme constituant
un ordre particulier; car l'observation de ceux de ces animaux que l'on a pu examiner, ayant constaté qu'ils n'ont
qu'un muscle qui semble traverser leur corps pour aller
s'attacher, des deux côtés, dans le disque intérieur de
chaque valve, ce trait de leur organisation indique en
eux une particularité dépendante d'un mode particulier,
ou au moins d'une disposition de parties qui leur est propre, et qui les distingue fortement des conchifères dimyaires.

A la vérité, l'on peut être tenté de caractériser les conchifères de cet ordre, d'après la considération de leur
coquille, qui est en général irrégulière, inéquivalve, et
d'un tissu ordinairement feuilleté. Mais, outre que ces

caractères ne leur sont point particuliers, puisque les *camacées* sont à-peu-près dans le même cas, ils ne sont pas communs à tous. Il y en a, parmi eux, qui ont la coquille régulière et dont le tissu n'est pas distinctement feuilleté [les peignes, etc.]; et il y en a encore dont les valves sont égales ou à-peu-près telles [la lingule, etc.]. Il faut donc recourir à la considération du muscle singulier par lequel l'animal est attaché à sa coquille. Or, nous avons vu que cette considération est importante, et qu'elle a 'avantage, pour l'étude, d'offrir le plus souvent, dans le disque intérieur de chaque valve, une impression musculaire quelquefois fort grande et très remarquable. *Voyez*, dans les *Annales du Muséum*, vol. 10, p. 389, mon Mémoire sur la division de ces animaux.

D'après une étude plus approfondie des rapports entre les conchifères dont il est ici question, je ne puis conserver les divisions que j'avais établies pour partager ces conchifères en sections et familles; divisions alors fondées uniquement sur certaines particularités de l'animal. Maintenant, je trouve plus convenable d'établir, parmi ces conchifères, sept familles divisées en trois sections, de la manière suivante.

CONCHIFÈRES MONOMYAIRES.

Ire Section. Ligament marginal, allongé sur le bord, sublinéaire.

[a] Coquille transverse, équivalve, à impression musculaire allongée, bordant le limbe supérieur.

Les Tridacnées.

[b]. Coquille, soit longitudinale, soit subtransverse, à impression musculaire resserrée dans un espace isolé sans border le limbe.

[†] Ligament au bord latéral de la coquille, et toujours entier.

Les Mytilacées.

[††] Ligament au bord inférieur de la coquille, ou divisé.

Les Malléacées.

IIe Section. Ligament non marginal, resserré dans un court espace sous les crochets, toujours connu, et ne formant point un tube tendineux sous la coquille.

[a] Ligament intérieur ou demi-intérieur. Coquille régulière, à test compacte, non feuilleté.

Les Pectinides.

[b] Ligament intérieur ou demi-intérieur. Coquille irrégulière, à test feuilleté, quelquefois papyracé.

Les Ostracées.

IIIe. Section. Ligament soit nul ou inconnu, soit représenté par un cordon tendineux qui soutient la coquille.

[a] Ligament et animal inconnus. Coquille très inéquivalve.

Les Rudistes.

[b] Coquille adhérente, soit immédiatement, soit par un cordon tendineux qui la soutient et lui sert de ligament; l'animal ayant deux bras opposés, ciliés et cirrheux.

Les Brachiopodes.

[Nous devons faire quelques observations générales sur cet ordre des conchifères monomyaires. Nous pensons, comme nous l'avons déjà dit ailleurs, que la division peut être conservée, mais il sera nécessaire d'en modifier les applications faites par Lamarck. Il n'est pas aussi facile qu'on pourrait le croire de distinguer nettement auquel des deux ordres certains mollusques acéphalés doivent appartenir. A prendre les coquilles, on en voit un grand nombre qui n'offrent aucune difficulté, parce qu'elles ont une ou deux impressions musculaires bien visibles; mais, dans certains genres, l'une des impressions, d'abord assez grande, s'amoindrit peu-à-peu d'une espèce à l'autre, et finit par être réduite à l'état rudimentaire; enfin elle disparaît entièrement dans des genres qui ont avec ceux dont nous parlons beaucoup d'analogie. Les muscles dans les animaux suivent exactement le même décroissement. Il est donc impossible, pour ces mollusques intermédiaires entre les deux ordres, de les classer en employant uniquement le caractère du nombre des muscles. Il a fallu chercher dans l'organisation s'il y avait d'autres caractères qui pussent remplacer celui-là, et nous n'en avons trouvé de constant que dans le système nerveux. Ce système, dans tous les conchifères dimyaires, est symétrique, il ne l'est pas dans les monomyaires ; on ne doit donc admettre parmi ces derniers que des animaux à un seul muscle subcentral, et ayant un système nerveux non symétrique.

En restreignant, comme nous venons de le faire, les conchifères monomyaires, les deux premières familles de Lamarck, les tridacnées et les mytilacées, passeraient aux dimyaires. Cette première amélioration faite, il en reste une autre non moins importante à introduire, c'est celle qui a rapport aux rudistes et aux brachiopodes.

Les Rudistes étaient pour Lamarck des corps mal connus, et il porta sur eux un jugement erroné ; il prit pour complètes et entières des coquilles fossiles, dont une partie du test a disparu par suite d'un phénomène très commun de la fossilisation ; il fut entraîné à s'attacher à des caractères sans valeur, et qui donnèrent de ces coquilles les idées les plus fausses. On trouvera dans les généralités de cette famille les rectifications nécessaires, et nous exposerons par quelle série d'observations nous sommes parvenus à déterminer les nouveaux rapports qu'il convient de donner aux Rudistes.

Les Brachiopodes, comme l'a dit Cuvier, et d'après lui la plupart des zoologistes, diffèrent essentiellement des autres mollusques acéphalés, et méritent de former un troisième ordre tout-à-fait comparable, pour la valeur des caractères, aux deux autres ; peut-être même qu'ils diffèrent plus de toute la classe des conchifères que les deux ordres de cette classe entre eux : les nouveaux détails donnés par M. Owen sur les térébratules confirment cette opinion.]

PREMIÈRE SECTION.

Ligament marginal, allongé sur le bord, sublinéaire.

Cette section comprend trois familles distinctes, auxquelles se rapportent des coquillages tous réunis par le rapport du ligament, qui est allongé et marginal. La plupart de ces coquillages se fixent aux corps marins par un bissus ou un paquet de filament. Plusieurs d'entre eux ont leur coquille équivalve, à test non feuilleté. J'ai donné aux trois familles de cette section les noms de Tridacnées, Mytilacées et Malléacées : en voici l'exposition.

[Le caractère dont Lamarck s'est servi pour former cette section ne peut pas s'appliquer aux trois familles qu'elle renferme. Les malléacées, en effet, n'ont point un ligament extérieur bombé semblable à celui des conchifères dimyaires, tandis que ce ligament ainsi construit se trouve précisément dans les deux familles que, d'après leur système nerveux, nous proposons de comprendre dans les dimyaires. La structure du ligament vient donc confirmer ce que nous avons dit précédemment, et à ce caractère de première valeur de la non-symétrie du système nerveux dans les conchifères monomyaires, il faudra ajouter celui du ligament qui, sans exception connue actuellement a la structure de celui des huîtres par exemple.]

LES TRIDACNÉES.

Coquille transverse, équivalve, à impression musculaire sous le milieu du limbe supérieur, et se prolongeant de chaque côté sous ce limbe.

Par leur aspect, les *tridacnées*, ou bénitiers, me semblaient si peu tenir aux conchifères monomyaires, qu'ayant négligé d'examiner leur impression musculaire, je les eusse laissées dans le premier ordre de cette classe, sans l'observation de M. *Cuvier*, qui nous apprend que l'animal de ces coquillages n'a qu'un muscle qui l'attache à sa coquille. Ce fait est positif, et je l'ai reconnu aussitôt en voyant sur la coquille l'impression singulière que ce muscle y a laissée.

La coquille des *tridacnées* est régulière, équivalve, à test solide, toujours remarquable par son bord supérieur sinué ou ondé. Elle l'est quelquefois aussi par son poids et sa taille, car l'une des espèces de cette famille nous offre la coquille la plus grande et la plus pesante que l'on connaisse. (1)

Je ne rapporte à cette famille que deux genres, savoir : *tridacne* et *hippope*; ce dernier même n'offre encore qu'une espèce connue.

TRIDACNE. (Tridacna.)

Coquille régulière, équivalve, inéquilatérale, transverse; à lunule bâillante. Charnière à deux dents comprimées, inégales, anticales et intrantes. Ligament marginal, extérieur.

Testa regularis, æquivalvis, inæquilatera, transversa; ano hiante. Cardo dentibus duobus compressis, inæqualibus, anticis, insertis. Ligamentum marginale, externum.

---

(1) Comme l'observe judicieusement Lamarck, la famille des tridacnées n'a aucune analogie avec les autres monomyaires, et, par les animaux, elle se rapproche plus des camacées et des cardiacées que de toute autre; il serait convenable de revenir à cet égard à l'opinion de Cuvier, qui met les bénitiers dans le voisinage des cames, et auxquels Linné avait attribué des rapports semblables, puisqu'il comprenait, sous le nom de cames, et les cames proprement dites et les tridacnes.

Les observations faites par M. de Blainville, à l'égard des hippopes, nous semblent justes, et il sera nécessaire de supprimer ce genre dont le caractère principal est sans valeur, puisqu'il ne coïncide pas avec ceux de l'animal qui est tout-à-fait semblable à celui des tridacnes.

[Animal ovale, cordiforme, ayant les lobes du manteau réunis dans presque toute la circonférence; trois ouvertures, deux postérieures et inférieures pour l'anus et la respiration, la troisième antérieure correspondant au bâillement de la lunule et donnant passage à un pied épais, cylindrique et byssifère dans presque toutes les espèces. Bouche ovale, pourvue de grandes lèvres étroites, à l'extrémité desquelles sont deux paires de palpes labiales étroites et pointues.]

OBSERVATIONS. — Les *tridacnes* constituent un genre fort remarquable, que *Bruguière* distingua le premier, et dont *Linné* confondit les espèces parmi celles de son genre *chama*. Ce sont d'assez belles coquilles, d'une taille souvent au-dessus de la moyenne, et quelquefois tellement gigantesque, qu'une de leurs espèces nous offre la plus grande et la plus pesante coquille qui soit connue. Elles sont assez singulières par leur forme, par leur bord supérieur toujours sinué ou ondé, et elles le sont plus encore par les caractères de l'animal auquel elles appartiennent.

M. *Cuvier* nous a appris que l'animal dont il s'agit n'a qu'un muscle transverse, répondant au milieu du bord des valves [le *Règne animal*, etc. 1817, vol. 2. p. 475]. Effectivement, l'intérieur de la coquille n'offre qu'une seule impression musculaire allongée, arquée, bordant le dessous du limbe supérieur, et qui est plus large au milieu du bord des valves.

Les *tridacnes*, ayant leur lunule toujours ouverte et bâillante, sont fortement distinguées par là de l'hippope. Par l'ouverture de cette lunule, l'animal fait passer un paquet de fibres tendineuses qu'il fixe aux rochers, et au moyen duquel il s'y suspend, quelque grosse ou pesante que soit sa coquille. Les dents de la charnière sont placées au côté antérieur, sous le corselet. Dans la plupart des espèces, les bords de l'ouverture de la lunule sont crénelés.

[Il est nécessaire de faire ici une remarque importante. Dans les figures très bien faites que M. Quoy donne de plusieurs animaux de cette famille, on remarque que les deux muscles adducteurs existent, mais très rapprochés vers le centre; cette disposition semble s'expliquer par l'espèce de renversement que l'animal a éprouvé dans sa coquille; car, les parties qui dans les autres conchifères sont postérieures, sont dans celui-ci inférieures, et les inférieures sont ici supérieures, puisque le pied passe par la lunule.

Il suit de là que les *tridacnes*, ainsi que l'hippope, n'appartiennent point au premier ordre des conchifères, qu'elles n'ont point de rapport avec les cames, et qu'elles forment une petite famille presque isolée, à l'entrée des conchifères monomyaires.]

ESPÈCES.

1. Tridacne gigantesque. *Tridacna gigas*. Lamk. (1)

---

(1) [Il est fort difficile de bien établir aujourd'hui la synonymie de cette espèce, puisque tous les auteurs au lieu de faire faire la figure réduite d'après de grands individus, se sont contentés de représenter ce qu'ils ont pris pour les jeunes individus de l'espèce. Parmi ces figures, plusieurs appartiennent évidemment à d'autres espèces; mais comme en général elles sont mauvaises ou médiocres, il est presque impossible de les rapporter à celles qu'elles représentent.

Linné confondit dans son *Chama gigas* toutes les espèces communes et figurées, et presque tous les auteurs suivirent son exemple, aussi on ne doit pas adopter sans changemens notables leur synonymie; et c'est pour cette raison que nous nous abstenons de citer Schrœter, Gmelin, etc. Chemnitz a rendu la synonymie meilleure et plus complète, mais il y reste cependant de la confusion parce qu'il a pris dans ses prédécesseurs la figure de petites espèces, pour celles de jeunes individus du *chama gigas*. Dillwyn, dans son catalogue, a conservé en une seule espèce tout ce que Linné y comprenait; mais il y a établi des variétés qui représentent assez exactement plusieurs des espèces de Lamarck. Il existe encore pour cette espèce une autre source d'erreurs : plusieurs tridacnes deviennent gigantesques, et il a suffi de leur grande taille pour que plusieurs personnes les aient confondus avec le gigas. Wolfart rapporte, dans son Histoire naturelle de la Hesse-inférieure (page 39, pl. 10 fig. 1 et 2) que l'on a trouvé, non loin de Cassel, deux valves d'une coquille gigantesque. La plus grande a, du crochet au bord inférieur, 1 pied 8 pouces de long, et 2 pieds et demi de large en mesurant du

*T. testá maximá, transversim ovatá ; costis magnis, imbricato-squa-
mosis ; squamis brevibus arcuatis confertis ; costarum interstitiis
non striatis.*

An chama gigas? Lin. Gmel. p. 3299.

Rumph. Mus. t. 43. fig. B.

Bonau. recr. 2. f. 83.

List. Conch. t. 354. f. 191.

Chemn. Conch. 7. t. 49. f. 495.

Encyclop. pl. 235. f. 1.

Favanne. pl. 51. fig. B, 4.

* Roissy. bruf. de sonn. moll. t. 6. p. 389. n. 1.

* Dillw. cat. t. 1. p. 213. n. 3.

* Desh. Encycl. meth. vers. t. 3. p. 1043. n. 1.

* Quoy. Voy. de l'Astr. Moll. pl. 79. f. 45.

* *An eadem spe. tridacna elongata sow. genera, f. 1.?*

Habite l'Océan indien. Mus. n. Mon cabinet. Cette coquille, la plus
grande et la plus pesante connue, pèse, dit-on, jusqu'à cinq cents
livres. Celle dont les valves servent de bénitiers à l'église de Saint-
Sulpice, fut donnée à François Ier par la république de Venise.
Quoique d'une grande taille, on en connaît de plus grandes encore. La coquille est ventrue, n'a point de stries longitudinales
entre les côtes, et a les bords internes de sa lunule crénelés.

2. Tridacne allongée. *Tridacna elongata.* Lamk.

*T. testá ovato-oblongá, posticè productiore ; limbo inferiori crenato ;
costis imbricato-squamosis : squamis crebris semi-elevatis ; ani aperturá magná.*

[a] *Testá albidá ; interstitiis costarum obsoletè striatis.*

[b] *Var. testá albo-flavicante ; costarum interstitiis longitudinaliter
striatis.*

Gualt. test. t. 92. fig. E.

[c] *Var. testá albidá ; costis infernè interstitiisque costarum longitudinaliter striatis.*

Encyclop. pl. 235. f. 4.

Habite..... l'Océan indien? Ces trois coquilles paraissent appartenir

---

côté antérieur au postérieur. D'après la figure, cette coquille a la plus grande ressemblance avec le *tridacna gigas*. Aussi
nous avons peine à croire qu'elle soit fossile, d'autant plus que
l'auteur se sert de ce fait avec chaleur et passion pour combattre les athées et prouver un déluge universel, qui a ap-
porté cette coquille de la mer des Indes, où il sait que de semblables vivaient.]

à la même espèce, et cette espèce ne saurait se confondre ni avec
la précédente , ni avec celle qui suit. Longueur transversale de la
coquille [a], 15 centimètres.

3. Tridacne faîtière. *Tridacna squamosa.* Lamk.

T. testá ovatá, albá , juniore rubente; costis squamosis : squamis
magnis, erectis, distantibus ; costarum interstitiis multistriatis.
Rumph. Mus. t. 43. fig. A.
Gualt. test. t. 92. fig. F. G. et t. 93. fig. B.
Knorr. Vergn. 1. t. 19. f. 3. pl. 236. f. 1. a, b.
* Id. Delic. nat. pl. B. 3. f. 1.
* Chemn. Conch. 7. t. 49. f. 492, 493, 494. et t. 9. pl. 204. f. 1997,
  1998. Encycl. pl. 236. f. 1. a. b.
* *Chama gigas.* var. A. Dillw. cat. t. 1, pl. 213.
* Quoy Voy. de l'Astrol. moll. pl. 79. f. 1.
* Brook. intr. pl. 3. f. 31.
* Desh. Encycl méth. vers. t. 3. p. 1046 n. 3.
* Guerin. icono. pl. 29. f. 6.
Habite l'Océan indien. Mus. n°. Mon cabinet. Belle espèce, connue
vulgairement sous les noms de *faîtière* et de *tuilée*, à grandes écailles
relevées, un peu concaves en dessus, et écartées les unes des autres.
Lunule petite, à bords internes crénelés.

4. Tridacne safranée. *Tridacna crocca.* Lamk.

T. testá ovali, longitudinaliter striatá, subcroceá ; costis angustis ,
imbricato-squamosis : squamis crebris , plerisque brevissimis.
List. Conch. t. 353. f. 190.
  Chemn. Conch. 7. tab. 49. f. 496.
  Encyclop. pl. 235. f. 2.
[b] *Var. testá penitus albidá.* Gualt. test. t. 92. fig. A.
**Chama gigas* Var. C. Dillw. cat. t. 1. p. 214.
Desh. Encyc. method. vers. t. 3. p. 1046, n. 4.
* Quoy. Voy. de l'Astrol. moll. pl. 79. f. 2, 3.
Habite l'Océan indien. Mus. n°. Mon cabinet. Espèce recherchée,
très distincte et de taille médiocre ou même assez petite. Couleur
orangée, surtout vers le bord supérieur. Grande lunule. Ecailles
un peu relevées près du bord. Largeur, 102 millimètres.

5. Tridacne mutique. *Tridacna mutica.* Lamk.

T. testá ovali, ventricosá, magná; costis lœvibus, supernè squa-
mosis : squamis appressis ; interstitiis costarum longitudinaliter
striatis.
* Quoy. Voy. de l'Astr. moll. pl. 80, f. 1, 2, 3.
Habite l'Océan des grandes Indes. Mon cabinet. Grande coquille
très rare, et bien distincte des autres espèces de ce genre. Les

écailles des côtes sont tout-à-fait couchées, non relevées en leur
bord. L'ouverture de la lunule est petite, à bords internes presque
point crénelés. Largeur, 37 centimètres.

6. Tridacne serrifère. *Tridacna serrifera*. Lamk.

> *T. testá ovali, ventricosá ; costis longitudinaliter striatis, nudis :*
> *ultimis posticis squamoso-serratis.*

* Chemn. Conch. t. 7, pl. 49, f. 497.

* *Chama gigas*. var. D. Dillw. cat. t. 1. p. 214.

Encyclop. p. 235. f. 3.

Habite.... l'Océan indien? Mus. n°. Coquille rare, toute blanche,
à côtes presque toutes sans écailles : les deux postérieures seulement offrant chacune une rangée de petites écailles voûtées, disposées en dents de scie. Ouverture de la lunule fort petite. Largeur, 137 millimètres. Quelques écailles rares et fort petites se
trouvent aussi sur le côté antérieur.

7. Tridacne pustuleuse. *Tridacna pustulosa*. Lamk. (1)

> *T. testá transversim fusiformi , costatá, undatá, pustulis crebris ad-*
> *spersa ; lunulá labiis reflexis.*

List. Conch. t. 405. f. 25. b.

[b] *Var. testá transversim breviore.*

List. Conch. t. 467. f. 26. b.

Habite.... Fossile de France, en Normandie, des environs de Dives.
Cabinet de M. *Menard*. Les bords repliés de sa lunule indiquent
qu'elle est bâillante. Je n'ai pas vu la variété [b].

HIPPOPE. (Hippopus.)

Coquille équivalve, régulière, inéquilatérale, transverse, à lunule close. Charnière à deux dents comprimées,
inégales, antérieures et intrantes. Ligament marginal,
extérieur.

Testa æquivalvis regularis, inæquilatera, transversa;
lunulá clausá. Cardo dentibus duobus compressis, inæqua-
libus, anticis, insertis. Ligamentum marginale, externum.

---

(1) Cette coquille n'appartient pas au genre tridacne, les figures de Lister représentent de très grands individus du *pro-*
ductus giganteus, Sow. Il est à présumer que cette espèce n'a
pas été trouvée à Dives, elle est propre aux terrains de transition de la Belgique et de l'Angleterre.

OBSERVATION. — Je ne sépare l'*hippope* des tridacnes que parce que sa lunule est fermée, les bords des valves en cet endroit étant dentelés, mais rapprochés. Ce caractère de la coquille indique une modification particulière dans l'organisation de l'animal, puisqu'il paraît ne point se fixer aux rochers par un byssus tendineux, comme celui des tridacnes.

On ne connaît encore qu'une espèce de ce genre, ayant aussi le port et l'aspect des tridacnes. (1)

ESPÈCE.

1. **Hippope maculée.** *Hipposus maculatus.*

> H. *testâ transversim ovatâ, ventricosâ, costatâ, subsquamosâ, albâ, purpureo maculatâ; lunulâ cordatâ, obliquâ.*

Chama hippopus. Lin. Syst. nat. p. 1137. Gmel. p. 3300. n° 3.

List. Conch. t. 349 et 350. f. 187 et 188.

* Bona. recr. 2. f. 81, 82.

Rumph. Mus. tab. 43. fig. C.

Gualt. test. tab. 93. fig. A.

D'Argenv. Conch. t. 23. fig. H.

* Knorr, Vergn. t. 1. pl. 22. f. 1, 2, et t. 6. pl. 9. f. 3.

* Regenfuss. t. 1. pl. 10. f. 49.

Born. Mus. p. 79. Vign.

* Schrot. Einl. t. 3. p. 232.

* Fav. Conch. pl. 51. f. F.

Chemn. Conch. 7. t. 50. f. 498. 499.

Encyclop. pl. 236. f. 2. a, b.

* De Roissy. Buf. moll. t. 6. p. 390. pl. 67. f. 5.

* Brooks. Intr. p. 70. pl. 3. fig. 32.

* Dillw. Cat. t. 1. p. 215. n° 4. *Chama hippopus.*

* Blainv. Malac. pl. 68. f. 2.

---

(1) Ce genre a tous les caractères essentiels des tridacnes, et ne saurait en être séparé. Lamarck ne l'aurait certainement pas établi s'il avait su qu'en veillissant, certains tridacnes ont l'ouverture de la lunule beaucoup plus étroite, que lorsqu'elles sont jeunes; et s'il eût connu l'animal de l'hippope, ce savant zoologiste en le voyant si semblable à ceux des Bénitiers, n'aurait pas songé à faire un genre pour lui; cet animal représenté par M. Quoy, dans le voyage de *l'Astrolabe*, ne diffère en rien de ceux des tridacnes, si ce n'est que le pied est plus petit et sans byssus.

* Desh. Ency. méth. vers. t. 2. p. 278.
* Sow. gener. of shells. f. 1.
* Guérin. Icono. moll. pl. 29. f. 7.
* Quoy. Voy. de l'Astr. moll. pl. 80. f. 5, 6. *Tridacna maculata.*
Habite l'Océan des grandes Indes. Mus. n°. Mon cabinet. Jolie coquille d'une taille moyenne, et propre à orner les collections.

LES MYTILACÉES.

Charnière à ligament subintérieur, marginal, linéaire, très entier, occupant une grande partie du bord antérieur. Le test rarement feuilleté.

Les *mytilacées*, embrassent trois genres tellement rapprochés par leurs rapports, qu'ils paraissent constituer une petite famille naturelle. Ces conchifères ont la coquille allongée, équivalve, régulière; à valves maintenues par un ligament marginal, latéral, linéaire, et qui, par son élasticité, tend toujours à les ouvrir. Leur muscle d'attache, qui est unique, laisse sur chaque valve une impression légère, ordinairement un peu allongée. Par sa contraction, il peut fermer complètement les valves dans les espèces qui sont susceptibles de fermer ainsi leur coquille; mais, comme la clôture complète de la coquille nuirait à l'animal si elle durait, un ligament adducteur, intérieur et quelquefois double, que M. *Leach* nous a fait connaître, maintient les valves entre-ouvertes pour le passage libre de l'eau, en s'opposant à une trop grande ouverture de leur part, que le ligament cardinal produirait, et dispense le muscle d'être habituellement en contraction.

La plupart de ces coquillages s'attachent aux corps marins par un byssus, et ont un pied linguiforme ou conique, qu'ils emploient à tirer et à fixer les filamens de ce byssus.

Les *mytilacées* ayant une coquille régulière, équivalve, et à test rarement feuilleté, ne sauraient être confondues avec les malléacées, quoiqu'elles s'en rapprochent par plusieurs rapports. Je rapporte à cette petite famille les genres *modiole*, *moule* et *pinne*.

[Presque tous les conchyliologistes ont admis la famille des mytilacées, soit telle qu'elle est constituée par Lamarck, soit après lui avoir fait subir quelques modifications peu importantes; nous-même, dans l'Encyclopédie l'avons adoptée en supprimant le genre Modiole, qui, comme nous le verrons, n'a pas de caractères suffisans, et en le remplaçant par les Avicules. Abstraction faite de toute opinion antérieure, nous allons examiner si la famille des mytilacées doit être conservée. Le genre moule a toujours deux muscles adducteurs des valves, l'un, antérieur, très petit, l'autre, postérieur, beaucoup plus grand; les lobes du manteau sont réunis postérieurement en un seul point, de sorte qu'il existe un seul siphon pour l'anus. L'ouverture de la bouche n'est point papilleuse en dedans. Les modioles ne diffèrent en rien des moules; leur muscle antérieur, dans quelques espèces, est un peu plus grand, et l'extrémité antérieure de l'animal est un peu prolongée au-delà des crochets. Ces différences sont sans importance, car on passe d'un genre à l'autre par des nuances insensibles. Dans le genre Pinne, le manteau n'a plus de commissure postérieure; par conséquent, il n'a point de siphon anal; il existe deux muscles inégaux, et la bouche ainsi que les lèvres sont couvertes en dedans de papilles membraneuses. Le ligament des moules est extérieur, convexe, semblable à celui des mulettes, etc.; celui des pinnes est très etroit, allongé sur presque tout le bord postérieur, et assez souvent recouvert par une lame mince testacée : il perd presque tous les caractères des ligamens extérieurs. Enfin, si, à cet examen rapide, nous ajoutons quelques mots sur les avicules, on pourra mieux juger des rapports des genres qui paraissent avoir le plus d'analogie. Les Avicules n'ont plus de muscles adducteurs antérieurs, mais, comme les pinnes, leur manteau n'a point de commissure postérieure ; la bouche est garnie de papilles, le ligament n'a plus aucun des caractères des ligamens extérieurs, il s'enfonce dans une gouttière superficielle, et il prend tous les caractères du ligament des Ostracés et autres monomyaires.

Si, comme on l'a fait jusqu'à présent, on attache une grande valeur à l'existence des siphons et à leur nombre, il est évident qu'en suivant les règles posées pour la classification, il faudrait séparer les moules des pinnes, et en constituer deux familles très voisines. Les pinnes et les avicules paraissent avoir entre elles plus d'analogie que les moules et les pinnes ; cependant, dans ce dernier genre, il y a deux muscles adducteurs, tandis que dans les avicules, il n'y en a qu'un seul. Maintenant, nous devons nous souvenir que le caractère du nombre des muscles est très important, et si nous en faisons ici l'application rigoureuse, nous serons conduits à faire des avicules une petite famille à part des pinnes, de sorte que si nous voulons appliquer les caractères qui nous ont servi de règle jusqu'à présent, nous en viendrons à former une famille pour chacun des genres dont nous venons de nous occuper. Ce que nous venons d'exposer mérite d'exciter la méditation des zoologistes sur l'importance des caractères dont on s'est servi pour fonder les classifications.]

MODIOLE. (Modiola.)

Coquille subtransverse, équivalve, régulière, à côté postérieur très court. Crochets presque latéraux, abaissé sur le côté court. Charnière sans dent, latérale, linéaire. Ligament cardinal presque intérieur, reçu dans une gouttière marginale. Une impression musculaire sublatérale, allongée et en hache.

Testa subtransversa, æquivalvis, regularis ; latere postico brevissimo. Nates sublaterales, ad brevissimum latus incumbentes. Cardo edentulus, lateralis, linearis. Ligamentum cardinale subinternum, in canali marginis receptum. Impressio muscularis unica, sublateralis, securiformis.

OBSERVATION. — Les *modioles* sont des coquilles marines que presque tous les naturalistes ont jusqu'à présent confondues avec les moules. Elles en diffèrent cependant, parce que ce sont plutôt des coquilles transverses que longitudinales, leurs crochets n'étant pas véritablement terminaux. En effet, ces crochets sont un peu dépassés par une légère saillie du côté postérieur, et c'est cette saillie que nous nommons le côté court de la coquille. D'ailleurs, il est rare de trouver les modioles fixées par un byssus, quoiqu'elles soient fileuses comme les moules ; elles paraissent même avoir des rapports avec les coquilles des certaines fistulanes.

L'impression musculaire des *modioles* est superficielle, et analogue à celle des moules. Leur ligament cardinal est presque entièrement intérieur : il est logé dans une gouttière marginale, qui commence sous les crochets et se prolonge sur une partie du bord antérieur et inférieur des valves. Quant au ligament adducteur, nous le croyons placé dans la base de la coquille presque sous les crochets. Il y est peu nécessaire, la plupart des modioles offrant, entre leurs valves fermées, un léger bâillement au milieu du bord resserré de leur côté postérieur. Quoique les *lithodomes* de M. *Cuvier* aient des habitudes particulières, je ne vois dans ces coquilles que de véritables modioles [*Syst. des Anim. sans vert.* p. 113]. (1)

---

(1) Pour juger si le genre Modiole doit être conservé, nous emploierons le moyen qui nous a déjà utilement guidé pour d'autres genres. Les Moules et les Modioles ont beaucoup de ressemblance, et personne ne le conteste, mais elles offrent quelques différences dont il faut estimer l'importance. Nous ne dirons rien des animaux, leur analogie est si parfaite, tous leurs caractères intérieurs et extérieurs sont si semblables qu'il est de toute impossibilité de les distinguer ; l'habitude qu'ont certaines espèces de vivre dans la pierre qu'elles percent, n'a rien changé à leur organisation ; les personnes que cela intéresse peuvent s'assurer facilement de la justesse de ce que nous avan-

ESPÈCES.

1. Modiole des papoux. *Modiola papuana*. Lamk. (1)

> M. *testâ oblongâ, solidâ, albido-violaceâ, antico latere obliquè dila-*
> *tato; umbonibus tumidis obtusè angulatis.*
>
> * Lister. Conch. mant. pl. 3. f. 5.
> D'Argenv. Conch. tab. 22. fig. C.
> *An lulat?* Adans. Seneg. t. 15 (2).
> *Mytilus modiolus.* Pennant, Zool. brit. 1812. t. 4. pl. 69.
> Chemn. Conch. 8. t. 85. f. 757.

çons par la comparaison des animaux, eux-mêmes abondamment répandus dans toutes les mers. Nous pourrions borner là nos observations, car, il est reçu en principe, par tous les zoologistes, que les animaux ayant une même organisation, doivent faire partie d'un même genre ; mais comme il y a des personnes qui par l'exemple et par l'habitude, attachent une assez grande importance à certains caractères des coquilles, il est bon de les réduire à leur juste valeur. Les Modioles diffèrent des moules parce qu'elles n'ont pas les crochets pointus et terminaux. En rassemblant un grand nombre des espèces vivantes et fossiles des deux genres, on en verra quelques-unes dont les crochets presque terminaux, sont dépassés par un petit bord très court, d'autres dont ce bord est un peu plus étendu et par degrés insensibles, on passera des moules aux modioles sans qu'il soit possible de déterminer le point où finit un genre et où commence l'autre. Si l'on veut continuer la même comparaison entre les modioles et les Lithodomes, on reconnaîtra qu'il existe le même passage, et dès-lors on demeurera convaincu comme nous le sommes de l'inutilité des ces genres. Nous croyons utile de rappeler ici ce que nous avons fait pour la famille des naïades et le genre Mulette en particulier, parce que les changemens que nous proposons actuellement sont les résultats d'observations semblables et de même importance.

(1) On a toujours confondu, jusqu'à Lamarck, cette espèce avec le *mytilus modiolus* de Linné, et nous verrons que cette confusion n'est pas la seule.

(2) Le Lulat d'Adanson n'appartient pas à cette espèce il faudra le supprimer de cette synonymie pour en faire une espèce à part.

Tome VII. 2

Encyclop. pl. 219. f. 1.

Favanne, pl. 50. fig. B.

* *Modiola papuana* de Roissy. buf. t. 6. p. 276. n° 1.

* Blainv. malac. pl. 64. f. 3.

* Desh. Encycl. méth. vers, t. 2. p. 564. n° 22.

Habite l'Océan Atlantique boréal, les côtes de l'Amérique septentrionale. Mus. n°. Mon cabinet. Espèce très distincte, assez commune, et la plus grande de ce genre. Elle offre quelques variétés
moins allongées et plus élargies vers l'extrémité antérieure. Epiderme noirâtre ; test lilas. Longueur transversale, 98 millimètres.
Probablement on ne la trouve pas à la nouvelle Guinée (1).

2. Modiole tulipe. *Modiola tulipa*. Lamk (2).

---

(1) La plupart des auteurs et nous-même avons ignoré la véritable patrie de cette espèce, nous savons actuellement qu'elle
vit en abondance dans les mers du nord de l'Europe et de l'Amérique, sur les côtes de Norwège, de Terre-Neuve, etc.

(2) Plusieurs auteurs pensent que c'est à cette espèce qu'il faut
rapporter le *mytilus modiolus* de Linné, nous croyons après
avoir vérifié toute la synonymie qu'il est impossible de le rapporter à aucune espèce bien déterminée. Dès la 10ᵉ édition du
Syst. nat. ainsi que dans le Mus. reg. Ulricæ, où il n'y a que
trois citations synonymiques à l'espèce, elles appartiennent
à trois espèces distinctes ; depuis, dans la 12ᵉ édition, Linné
a ajouté à la confusion, en introduisant dans sa synonymie,
presque toutes celles des espèces connues alors, qui ont les
caractères des modioles de Lamarck ; à cette imperfection de
la synonymie linnéenne, les auteurs ajoutèrent la leur, et c'est
ainsi que Chemnitz, Born, Schroter, Gmélin, Dillwyn, etc.,
mais particulièrement ce dernier confondirent sept à huit espèces sous un même nom. Maintenant on concevra sans peine
qu'il est impossible d'appliquer à une espèce quelconque, la
dénomination de *mytilus modiolus*, à moins de prendre au
hasard la première venue des indications de Linné. Nous pensons, comme nous l'avons déjà dit à l'occasion de la *Venus
dysera*, qu'il vaut mieux suivre le sage exemple de Lamarck et
abandonner une dénomination qui ne s'applique à aucune espèce, lorsqu'elle peut convenir à plusieurs, que de lui donner
une signification qu'elle n'avait pas dans l'origine, et qui peut
laisser du doute dans l'esprit des naturalistes.

*M. testá oblongá, tenui, supernè coarctato-sinuatá, infernè com-
presso-alatá, albá, purpureo spadiceoque partim radiatá.*

An mytilus modiolus? Lin. Gmel. n° 14.

* Rumph. Amb. pl. 46. f. B.

* Lister. Conch. pl. 359. f. 198.

* Fav. Conch. pl. 30. f. E 2.

Knorr. Vergn. 4. t. 15. f. 3.

Chemn. Conch. 8. t. 85. f. 759.

Encyclop. pl. 221. f. 1.

* Brooks. Intro. pl. 4. f. 48.

* Sow. Genera of shells. f. 5.

* Desh. Encycl. méth. vers, t. 2, pl. 565, n° 23.

[2] *Var. testá angustiore, roseo radiatá.*

Habite les mers d'Amérique. Mus. n°. Mon cabinet. Elle est mince,
transparente, et rayée comme les pétales d'une tulipe. Ses crochets et la carène de son bord inférieur sont teints de rose ou de
violet. Longueur transversale, 75 à 80 millimètres. La variété [2]
vient des mers de la Nouvelle-Hollande. Mus. n°.

3. Modiole côte-blanche. *Modiola albicosta.* Lamk.

*M. testá supernè obsoletè sinuatá, irradiatá, sub epiderme rufá cine-
reo-glaucescente; fasciá costali albidá, extrorsum evanidá.*

An Gualt. test. t. 91. fig. H?

Habite les mers orientales de l'Inde, de Timor et de la Nouvelle-
Hollande. Mus. n°. Mon cabinet. Elle tient de très près à la précédente, et néanmoins elle est toujours distincte. La côte de ses
crochets offre une raie blanche et oblique, qui paraît à travers

---

Nous croyons que sous cette dénomination de *modiola tulipa*,
deux espèces pourraient être confondues, l'une ornée sous un
épiderme mince et verdâtre, d'un grand nombre de rayons d'un
beau violet foncé sur un fond blanc; elle est plus étroite proportionnellement que celle à laquelle nous réservons plus particulièrement le nom de *Modiola Tulipa.* Cette dernière a un
épiderme rugueux, d'un brun peu foncé; une grande tache, d'un
brun foncé, occupe le côté antérieur, et le postérieur est orné
de rayons rougeâtres sur un fond blanc, lorsque l'épiderme est
enlevé. Il y a des individus dans lesquels les rayons postérieurs
se réunissent, alors la tache du côté antérieur est séparée de
celle du côté postérieur par une zone oblique blanchâtre. Lamarck les confond avec sa *Modiola Albicosta.*

2.

l'épiderme d'un roux rembruni. On en a une variété élargie en
spatule, et une autre demi violette à l'intérieur. (1)

4. Modiole de la Guyane. *Modiola Guyanensis*. Lamk. (2)

*M. testá oblongá, infernè vix carinatá, extrorsum latescente; fasciá
obliquá bicolorata; ligamento cardinali prælongo.*

Mytilus bicolor. Brug. catal.

An Gualt. ind. pl. 91. f. H 1.

* *Mytilus modiolus brasiliensis.*Chemn. Conch. t. 11, pl. 205, f. 2020.
2021.

* *Modiola semifusca.* Sow. Gener. of shells. f. 6.

* *Mytilus Guyanensis* Desh. Ency. méth. vers. t. 2, p. 565. n° 24.

Habite les mers de la Guyane. Mon cabinet. Epiderme roux brun.
Bande oblique, verte et fauve. Longueur transversale, 80 millimètres.

5. Modiole adriatique. *Modiola adriatica*. Lamk.

*M. testá, ovatá, tenui, obliquè fasciatá; margine superiore recto :
inferiore subalato; intus cœrulescente.*

Habite la mer Adriatique, à Chioggia, près de Venise. Mon cabinet,
Petite coquille qu'on a peut-être confondue avec notre *M. tulipa*
mais qui en est distincte. Elle a des stries concentriques élégantes
et très fines. Longueur transversale, 28 millimètres.

6. Modiole puce. *Modiola pulex*. Lamk.

*M. testá oblongá, subcylindricá, extrorsum depressá, minimá, ci-
nereo-fucescente aut violacescente.*

Habite les mers de la Nouvelle-Hollande, au port du Roi-Georges.
Mus. n°. Longueur, 9 ou 10 millimètres. Elle n'est pas aussi arquée que le *musculus exiguus*, List. Conch. t. 359. f. 197.

7. Modiole étui. *Modiola vagina*. Lamk. (3)

---

(1) Cette variété violette à l'intérieur a été faite, du moins
celle du muséum, avec un individu poli artificiellement de la
modiola barbata; cela n'empêche pas que parmi les vrais *modiola albicosta*, on n'en remarque quelques-unes qui ont une large
tache vineuse en dedans, occupant tout le côté postérieur.

(2) Cette espèce était figurée depuis long-temps par Chemnitz
et décrite par lui sous le nom de *Mytilus Brasiliensis*, il conviendra donc de lui rendre ce dernier nom, antérieur à celui
de Lamarck de plus de quarante ans.

(3) C'est une des espèces confondues par Chemnitz, Gmelin
Schroter, Dillwyn, etc., avec le *Mytilus modiolus* de Linné.

M. testâ oblongâ, rectâ, depresso-cylindraceâ, tenui, fragilissimâ; striis transversis elegantissimis; epiderme castaneâ.

M. arenarius. Rumph. Mus. t. 46. fig. E.

* *Mytilus vagina.* Desh. Encycl. méth. vers, t. 2. p. 569. n° 35.

* *Modiola silicula ?* Sow. Genera of shells. f. 2.

* Habite l'Océan indien. Mus. n°. Belle et grande coquille, mince, fragile, blanche, à épiderme marron, très rare.

8. Modiole arborisée. *Modiola picta.* Lamk. (1)

M. testâ cylindraceâ, extrorsum depresso-latescente, tenui, rufo maculatâ, lineolis fuscis variè scriptâ.

Mytilus pictus. Desh. Encycl. méth. vers, t. 2. p. 569. n. 34.

* *Modiola picta.* Sow. Genera of shells. t. 1.

* *Mytilus arborescens.* Dillw. Cat. t. 1. p. 306. n. 14.

Encyclop. pl. 221. f. 2.

* *Mytilus arborescens.* Chemn. Conch. t. 2. pl. 198, f. 2016. 2017,

* Davila Cat. t. 1. pl. 19. f. Z.

* Fav. Conch. pl. 50. f. G.

Habite.... l'Océan atlantique? Mus. n°. Mon cabinet. Elle est sans crête ou sans carène, d'un blanc jaunâtre avec quelques taches rousses, et paraît arborisée vers son extrémité élargie. Longueur, 60 millimètres. Dans une pierre des environs de Mayence, qui fait partie du cabinet de M. *Faujas*, et qui contient des individus d'une petite paludine, on aperçoit une *modiole* fossile que nous croyons être analogue à la modiole arborisée.

9. Modiole sillonnée. *Modiola sulcata.* Lamk.

M. testâ oblongâ, subtus elevato-angulatâ; sulcis longitudinalibus, extrorsum divaricatis; margine ligamenti crenato.

* Lister Conch. pl. 365. f. 205.

* *Arca modiolus.* Lin. syst. nat. p. 1141.

* *Id.* Geml. p. 3307. n. 4.

* *Mytilus exustus.* Schrot. Einl. t. 3. p. 432.

* *Id.* Gmel. p. 3352. n. 9.

Chemn. Conch. 8. t. 85. f. 754.

Encyclop. pl. 220. f. 2.

* *Arca modiolus.* Dillw. cat. t. 1. p. 231. n. 15.

* *Mytilus exustus.* Desh. Ecycl. méth. vers, t. 2. p. 368. n. 33.

Habite les mers de l'Inde. Mus. n°. Mon cabinet. Epiderme jaunâtre. Coquille d'un blanc bleuâtre. Longueur, 41 millimètres. Le bord cardinal est dentelé.

---

(1) Il sera convenable de restituer à cette coquille le nom de *Mytilus arborescens,* que Chemnitz le premier lui imposa.

10. Modiole plicatule.. *Modiola plicatula*. Lamk.

M. testá oblongá, extrorsum obliquè dilatatá, longitudinaliter sulcatá; extremitatis antici limbo interno plicato.

* Lister. Conch. pl. 353. f. 196.
Encyclop. pl. 220. f. 5. a, b.
* *Mytilus demissus.* Dillw. cat. t. 1. p. 314. n° 31.
* *Mytilus plicatulus.* Desh. Encyc. méth. vers. t. 2. p. 368. n. 32.
* Sow. Genera of shells. f. 7.

Habite.... Mus. n°. Elle est plus grande que la précédente, n'offre point d'angle en dessous, et a, sous un épiderme fauve, la coquille blanche. Longueur, 44 millimètres. Le bord cardinal n'est point denté.

11. Modiole demi-brune. *Modiola semi-fusca*. Lamk.

M. testá oblongo-ovatá, extrorsum latescente; epiderme supernè fulvá, infernè fuscá; natibus decorticatis.

Habite.... à l'Isle de France? Cabinet de M. *Dufresne.* Stries transverses très fines et serrées. Longueur transversale, 40 millimètres. Bord entier.

12. Modiole hache. *Modiola securis*. Lamk.

M. testá oblongá, incurvá, infernè carinato-acutá; epiderme fusconigricante; intus violaceá.

* *Mytilus securis.* Desh. Encycl. méth. vers. t. 2. p. 567. n° 30.

Habite les mers de la Nouvelle-Hollande et celles de Timor. Mus. n°. Elle n'a que des stries transverses; son bord interne est très entier. Les individus de la Nouvelle-Hollande sont plus grands et plus arqués que ceux de Timor. Longueur des plus grands, 42 millimètres.

13. Modiole pourprée. *Modiola purpurata*. Lamk.

M. testá' ovatá, subtus elevato-angulatá, longitudinaliter sulcatá; margine crenato : cardinali multidentato.

List. Conch. t. 366. f. 206?

Habite le Chili et le Pérou, où elle est très commune. Mus. n₀. Coquille blanchâtre près des crochets et en son côté postérieur, pourprée ailleurs tant en dedans qu'au dehors. Longueur, 26 millimètres.

14. Modiole barbue. *Modiola barbata*. Lamk.

M. testá oblongá; epiderme ferrugineá, versùs nates et latus posticum glabrá, aliunde barbatá.

Mytilus barbatus. Lin. Syst. nat. p. 1156. Gmel. p. 3353. n° 10.
Chemn. Conch. 8. t. 84. f. 749. *non bene.*
* Schrot. Einl. t. 3. p. 433.

* Dorset Cat. p. 40. pl. 12. f. 5.
* *Mytilus modiolus.* Brooks. introd. p. 86. pl. 4. f. 48.
* *Mytilus modiolus, junior.* Dillw. cat. t. 1. p. 314. no 32.
* Payr. Cat. p. 66. no 119.
* *Mytilus barbatus.* Desh. Encycl. méth. vers. t. 2. p. 567. no 29.
Encyclop. p. 218. f. 6. *id.*
[2] Pennant, Zool. brit. 4. t. 64. f. 76 A.
Habite la Méditerranée, l'Océan boréal. Mon cabinet. Elle tient un
peu de la M. côte blanche. Longueur, 44 millimètres.

15. Modiole fluette. *Modiola discrepans.* Lamk. (1)

*M. testá obovatá, minimá, tenui, viridulá; striis laterum longitudi-
nalibus : medianis transversis.*
Mytilus discors. Lin. Syst. nat. p. 1159. Gmel. p. 3356. no 21.
Da Costa, Conch brit. t. 17. f. 1.
* *Mytilus discors* var. Chemn. Conch. t. 8. p. 86. f. 764. a. b.
* Poli test. t. 2. pl. 32. f. 15. 16.
* Turton. Conch. p. 201. pl. 15. f. 4. 5.
* Donov. brit. sch. t. 1. pl. 25. f. 8.
* Dorset Cat. p. 40. pl. 2. fig. 1.
* Payr. Cat. p. 67. n° 120.
* Desh. Encycl. méth. vers. t. 2. p. 567. n° 28.
Mytilus discors. Dillw. cat. t. 1. p. 319. n° 41.
Habite dans la Méditerranée, à Cette, et dans l'Océan d'Europe.
Mon cabinet. Très petite coquille, mince, transparente, d'un
vert pâle, striée comme celle qui suit, et néanmoins toujours dis-
tincte. Longueur, 8 à 10 millimètres.

16. Modiole discordante. *Modiola discors.* Lamk. (2)

---

(1) (2) *Modiola discrepans, Modiola discors.* En lisant avec
attention la description donnée par Linné dans la 12ᵉ édition
du *Systema naturæ* de son *Mytilus Discors,* on ne peut douter
que l'espèce vue par lui n'est pas celle qui porte actuellement ce nom dans les auteurs. En effet, la coquille de Linné
est petite, de la grandeur d'un haricot, elle habite les mers du
nord, les côtes de Norwège et d'Islande; elle est brunâtre, verte
vers les bords, son test est mince et diaphane; elle a, comme
on le voit, tous les caractères du *Modiola Discrepans* de Lamarck. Depuis Linné, deux autres espèces de *modioles* ont offert
ce caractère remarquable, d'une partie lisse et médiane séparant
deux faisceaux de stries rayonnantes, et ceux des auteurs qui les
ont connues ont cru retrouver en elles le *Mytilus discors.* Ces trois

*M. testâ ovali, ventricosâ, cinereo-rubente, anticè posticèque longitu-
   dinaliter sulcatâ, medio transversim striatâ; umbonibus tumidis.*

* *Mytulus impactus.* Herm. naturf. t. 17. pl. 3. f. 5-8.

* *Mytulus cor.* Martyn. univ. Conch. t. 2. pl. 77.

* *Mytulus discors. var.* Schroet. Einl. t. 3. p. 445.

* *Id.* var. Gmel. p. 3356. n° 21.

* *Mytulus impactus.* Dillw. cat. t. 1. p. 320. n° 42.

Born. Mus. p. 121. Vign. fig. D.

Chemn. Conch. 8. p. 195. t. 86. f. 768. Exclusa, var.

Encyclop. pl. 204. f. 5. a, b.

Habite les mers australes et de la Nouvelle-Hollande. Mus. n°. Mon
   cabinet. Espèce singulière, à épiderme jaunâtre, et offrant, à
   l'intérieur, une nacre brillante, argentée et rougeâtre. Son bord
   interne est crénelé sur les côtés, et point au milieu. Largeur,
   43 millimètres.

17. **Modiole trapézine.** *Modiola trapesina.* Lamk.

*M. testâ ovato-trapesiâ, tenui, lævi, luteo-fulvâ; intus lividâ; mar-
   gine integerrimo.*

Habite... Mon cabinet. Coquille à peine plus grande que l'ongle du
   pouce, à épiderme jaunâtre, à crochets très obliques. Largeur,
   22 millimètres.

---

espèces furent d'abord confondues, mais lorsque l'on reconnut
qu'elles n'étaient point identiques, Montagu en sépara d'abord
une sous le nom de *Mytilus discrepans*, lequel n'est pas le *Modiola Discrepans* de Lamarck; les deux autres espèces restèrent
ensemble sous le nom de *Discors*. Lamarck, qui probablement
ne connaissait pas l'espèce de l'auteur anglais, donna le nom de
Discrepans au véritable *Discors* de Linné, et le nom de *Discors*
à la troisième espèce. Pour éviter à l'avenir toute confusion, il
sera nécessaire de laisser à l'espèce de Montagu, le nom de *Discrepans*, de restituer au *Discrepans* de Lamarck son nom linnéen
de *Discors*, et donner un nom nouveau au *Modiola Discors* de
Lamarck. Déjà cette espèce a reçu un nom, nous la trouvons
figurée pour la première fois dans le tome 17 du *Naturforscher*,
sous le nom de *Mytilus Impactus* que lui donna Herman, nom
qui a été depuis justement adopté par Dillwyn. Nous avons préparé la synonymie des deux espèces inscrites ici, de manière,
qu'il suffira de changer leurs noms en suivant les indications
que nous venons de donner.

18. Modiole courbée. *Modiola cinnamomea.* Lamk.

*M. testâ subcylindricâ, ventricosâ, arcuatâ, utraque extremitate re-
tusâ; natibus subprominulis.*

Mytilus cinnamomicus. Chemn. Conch. 8. t. 82. f. 731.

Eucyclop. pl. 221. f. 4.

Mytilus cinnamomeus. Desh. Encyclop. méth. vers. t. 2. p. 566.
n° 25.

[b] *Ead. minor; testâ sub epiderme albidâ.* List. Conch. t. 359.
f. 197. (1)

Habite les mers de l'Ile de France. Mus. n°. Mon cabinet. Coquille
de couleur marron, ayant l'aspect d'un gland arqué, à valves très
concaves. Longueur, 37 millimètres. La variété [b] a été trouvée
dans l'intérieur de polypiers pierreux. On la trouve fossile, près
de Rome.

19. Modiole silicule, *Modiola silicula.* Lamk. (2)

*M. testâ oblongâ, cylindraceâ, rectâ, unifariam striatâ; extremita-
tibus obtusis : anticâ retusâ.*

Habite les mers de la Nouvelle-Hollande. Mus. n°. Elle est moyenne
entre la précédente et celle qui suit. Coquille blanche; épiderme
marron très brun. Longueur, 25 millimètres. Elle n'a que les
stries d'accroissement.

20. Modiole plissée. *Modiola plicata.* Lamk.

*M. testâ rhombeâ, tenuissimâ, hyalinâ; striis transversis et supernè
rugis plicæformibus; natibus prominulis, incurvis.*

Chemn. Conch. 8. t. 82. f. 733. a, b.

Encyclop. pl. 221. f. 3.

Mytilus plicatus. Gmel. p. 3358. n° 26.

* Schrot. Einl. t. 3. p. 453. n° 8.

* Dillw. Cat. t. 1. p. 306. n° 15.

Habite aux îles de Nicobar. Cabinet de M. *de France.* Elle est
mince comme une pelure d'oguon, et d'un fauve pâle. Longueur,
27 millimètres.

---

(1) Nous pensons que cette variété de Lamarck doit constituer une espèce particulière.

(2) Celle-ci a tant de ressemblance avec la précédente que
nous la regardons comme une variété plus brune et un peu
moins courbée.

21. Modiole semence. *Modiola semen.* **Lamk.**

> *M. testá oblongo-angulatá, basi obtusá, supernè attenuatá, albidá;*
> *striis longitudinalibus tenuissimis; margine partim denticulato.*
> *An Mytilus coralliophagus* Chemn. Conch. 8. t. 84. f. 752 ? *mala.*
> * Gmel. p. 3359. n° 31.
> * Dillw. Cat. t. 1. p. 305. no 11.

Habite.... Cabinet de M. *de France.* Longueur, 16 millimètres.

22. Modiole lithophage. *Modiola lithophaga.* **Lamk.**

> *M. testá elongatá, cylindraceá, rectá, infernè tumidiore; extre-*
> *mitatibus obtusis; striis transversis longitudinales decussantibus.*
> [a] *Testa striis transversis omnibus rectis, sub interruptis.*
> *Mytilus lithophagus.* Lin. Syst. nat. p. 1156. Gmel. p. 3351. n° 6.
> * Schrot. Einl. t. 3. p. 428.
> * Bonan. rect. part. 2. f. 28.
> List. Conch. t. 427. f. 268.
> D'Argenv. Conch. t. 26. fig. H.
> Born. Mus. t. 7. f. 4.
> Chemn. Conch. 8. t. 82. f. 730.
> Encyclop. pl. 221. f. 6. 7.
> *Lithodomus.* Cuv. Règne anim. 2. p. 471.
> [b] *Var. testa longiore; striis transversis, præsertim versus extremi-*
> *tatem compressam, obliquis, arcuatis.*
> Chemn. Conch. 8.
> Encyclop. pl. 221. f. 5. a, b.
> * Rumph. amb. pl. 46. f. F.
> * Gualt. ind. pl. 90. f. D.
> * Fav. Conch. pl. 50. f. H ?
> * Barbut verm. pl. 2. f. 5.
> * Maton et Racket Lin. trans. t. 8. pl. 6. f. 1.
> * De Roissy, buf. moll. t. 6. p. 276. u° 2.
> * Dillw. cat. t. 1. p. 303. n. 7. *Vari. exclusa.*
> * Blainv. malaco. pl. 64. f. 4.
> * *Lithodomus dactylus.* Sow. genera of shells. f. 1. 2.
> * Desh. Encyclop. méth. vers, t. 2. p. 571. n° 41.
> * *Lithodomus lithophagus.* Payr. Cat. p. 68. n₀ 122.
> * *Id.* Guer. Icon. du règ. anim. moll. pl. 28. f. 4.
> * *Fossilis.* Desh. Coq. foss. de Paris. t. 1. p. 267. pl. 38. f. 10.
> 11. 12.

Habite la Méditerranée, l'Océan américain, indien, etc. Mus. n°.
Mon cabinet. Vulgairement la datte, la moule pholade. Dans la
première, l'épiderme est ordinairement d'un marron très brun;
sa longueur ne dépasse pas 85 millimètres. L'épiderme est jau-

nâtre dans la seconde. elle a quelquefois plus d'un décimètre de longueur.

23. Modiole caudigère. *Modiola caudigerà*. Lamk. (1)

M. testâ oblongâ, cylindraceâ, tenui, intus violaceo-lividâ; extremi-tate anticâ, appendicibus angustatis subcaudatâ.

Le Ropan Adans. Sénég. p. 267. pl. 19. f. 2.

* *Mytilus aristatus.* Sol. Dillw. cat. t. 1. p. 303. n. 8.

* *Lithodomus caudigerus*, Sow. genera. of shells. f. 4.

Encyclop. pl. 221. f. 8. a, b.

Habite les mers australes, les côtes d'Afrique, etc., et se loge dans l'épaisseur du test de certaines huîtres, le perforant à la manière des pholades, ou comme la modiole précédente perce les pierres, mais en s'y formant un fourreau comme les fistulanes : néanmoins les deux valves de notre modiole closent beaucoup mieux que celles des fistulanes. Quant à ses appendices caudiformes, ils nous paraissent étrangers à la coquille, s'être formés après elle, et sont effectivement d'une substance analogue à celle du four-reau, et un peu différente de celle de la coquille. Cabinet de M. *Faujas de S.-Fond*, Muséum n_o. Longueur de la coquille, 30 millimètres.

Etc. Il existe quelques autres espèces de ce genre déjà connues, mais que je n'ai pas eu occasion de voir.

† 24. Modiole petite aile. *Modiola microptera*. Desh.

M. testâ elongato-angustâ, lævigatâ, sub epidermi fusco, albâ vel violascente; umbonibus minimis, obtusis; margine superiore an-gulato-alæformi, depresso.

Mytilus modiolus var. Chemn. Conch. t. 8. p. 184. pl. 85. f. 760.

Habite les côtes de Coromandel (Chemnitz). Elle diffère beaucoup de la modiole tulipe. Elle est proportionnellement plus longue et plus étroite. Elle est couverte d'un épiderme fauve brun, écailleux; les crochets sont petits, arrondis; le côté antérieur est assez long, le supérieur et le postérieur se prolongent en une petite aile déprimée;

---

(1) Puisque tous les *Conchyliologues* reconnaissent aujour-d'hui avec Dillwyn et M. Rang que le *ropan d'Adanson* est la même espèce que celle-ci, nous pensons qu'il serait juste de restituer à cette coquille son premier nom et de l'inscrire à l'a-venir dans les catalogues sous le nom de *Mytilus Ropan*. Il existe plusieurs autres espèces de *Modioles Lithophages*, qui, à la manière du *ropan* se font des appendices postérieures, il ne faut pas les confondre avec lui.

en dessous de l'épiderme, la nacre est blanche, violacée ou rougeâtre.

† 25. Modiole atténuée. *Modiola attenuata*. Desh.

M. testâ elongato-angustâ, subcylindraceâ, postice attenuatâ antice obtusâ, tenui, fragili, lævigatâ; extremitate posticâ appendicibus terminatâ; epidermi fusco virescente.

Lithodomus caudigerus. var. Sow. genera of shells. f. 3.

Habite au Pérou, au Chili, dans les pierres. Espèce très voisine du Ropan d'Adanson, mais toujours distincte par sa taille, la couleur de son épiderme, et la forme des appendices postérieurs. Ils sont opposés et non croisés, comme dans le Ropan. Sous un enduit étranger à la coquille, on trouve un épiderme vert ou brunâtre; le test est mince et blanc; il paraît à peine nacré.

† 26. Modiole lisse. *Modiola lævigata*. Quoy.

M. testâ elongatâ, cylindraceâ, rectâ, lævigatâ tenui, lutescente; intus fuscâ, posteriore violaceâ; sulco laterali obliquo; postice uncinato.

Quoy et Gaim. Zool. Voy. de l'Astrol. t. 3. p. 464. pl. 78. f. 17. 18.

Habite dans les madrépores du port de Dorey à la Nouvelle-Guinée. Coquille lisse subcylindracée, obtuse à ses extrémités. Elle est mince, couverte d'un épiderme brun verdâtre; en dedans elle est blanche, nacrée, avec une tache violette vers l'extrémité postérieure; la surface extérieure est lisse et sans stries longitudinales.

† 27. Modiole brune. *Modiola fusca*. Gmel.

M. testâ cylindraceâ valde arcuatâ, tenue striatâ, latere antico obtuso, cordiformi, postico rotundato; natibus prominulis, recurvis; testâ albâ sub epidermide fusco.

Mytilus fuscus Gmel. p. 3359. n° 35. f. 197. Lister conch. pl. 359.

Modiola Cinnamomea var. Lamk. anim. s. vert. t. 6. p. 114. n° 18.

Mytilus fuscus. Schrot. Einl. t. 3. p. 459. n° 25.

   Id.   Dillw. cat. t. 1. p. 306. n° 13.

Habite dans les madrépores et les calcaires tendres de l'Océan indien. Nous croyons cette espèce distincte du *Cinnamomea* avec laquelle Lamarck l'a confondue; elle est petite, très voisine, par sa forme, de la modiole en cœur fossile des environs de Paris; son test est assez épais, blanc, sous un épiderme brun finement strié. Les crochets sont grands et cordiformes.

Espèces fossiles.

1. Modiole subcarinée. *Modiola subcarinata.* Lamk.

> *M. testá oblongá, lævi; margine inferiore carinato: superiore intror-*
> *sum curvo.*
>
> Annales du Mus. 6. p. 222; et vol. 9. pl. 17. f. 10.
> * Def. Dict. s. nat. t. 31. p. 514.
> * Desh. Coq. foss. de Paris. t. 1. p. 256. n. 1. pl. 39. f. 4. 5.
> * Desh. Encycl. méth. vers. t. 2. p. 568. n. 31.
> Habite..... Fossile de Grignon. On en trouve une variété près de
> Plaisance, en Italie (1). Elle se rapproche de la *M. papuana.*

2. Modiole tulipée. *Modiola tulipœa.* Lamk.

> *M. testá oblongá, supernè coarctato-sinuatá, subtus obsoletè cari-*
> *natá; scutello natium costis circumscripto.*
>
> Habite..... Fossile des Vaches-Noires, près du Havre. Cabinet de
> M. *Menard.* Le mien.

3. Modiole en cœur. *Modiola cordata.* Lamk.

> *M. testá oblongá, infernè subcordatá; natium costis valdè tumidis.*
> Annales du mus. t. 9. pl. 18. f. 2,
> * Desh. Coq. foss. de Paris. t. 1. p. 168. nº 14. pl. 39. f. 17.
> 18. 19.
> * *Mytilus cordatus.* Desh. Encycl. méth. vers. t. 2. p. 371. nº 39.
> [b] *Var.? testá majore; margine inferiore depresso.*
> Habite.... Fossile des environs de Paris. Mon cabinet. La coquille
> [b], sans lieu d'habitation connu, est du cabinet de M. *Menard.*
> La même, moins grande, se trouve à S.-Jean-d'Assé, Chauffour
> et Domfront [Sarthe].

4. Modiole solénoïde. *Modiola selenoïdes.* Lamk.

> *M. testá elongato-angustá, tereti-angulatá, subarcuatá; latere an-*
> *tico obliquè sulcato : cariná nullá.*
> [b] *Var. testá subbreviore, minus curvatá.*
> Habite...... Fossile de Chauffour et Tannie, département de la
> Sarthe. Mon cabinet. Longueur, 120 millimètres.

5. Modiole lithophagite. *Modiola lithophagites* (2). Lamk.

> *M. testá elongatá, rectá; infernè subtereti, attenuatá; supernè de-*
> *pressiusculá, obtusá, latiore.*

---

(1) La coquille de Plaisance n'est pas une variété de celle-ci,
mais très probablement l'analogue du *Modiola Barbata.*

(2) Cette coquille n'est point en effet une *Modiole :* elle appartient à la famille des malléacées, et fait actuellement partie

Habite.... Fossile des Vaches-Noires, près du Havre. Cabinet de
   M. *Menard. Voyez perna aviculoides.* Sowerby, Conch. min.
   no 12. t. 66. Je n'ai point vu sa charnière.
      Etc. *Voyez* les Annales du Muséum, vol. 6. p. 123; et vol. 9.
   pl. 17. f. 11. 12. et pl. 18. f. 1, pour d'autres espèces.

† 6. Modiole sillonnée. *Modiola sulcata.* Lamk.

*M. testá elongatá, spathulatá, obliquá, depressá, anticè posticèque
   longitudinaliter sulcatá, in medio lævigatá ; umbonibus minimis ;
   margine antico brevissimo, crenulato.*

Lamk. ann. du mus. t. 6. p. 222, n° 2 et t. 9. pl. 17, f. 11 ; a, b.
Desh. Descript. des coq. foss. de Paris. t. 1. p. 158. pl. 39. f. 9, 10.
Mytilus sulcatus. Desh. Ency. méth. vers, t. 3, p. 566. no 26.
Habite.... fossile à Grignon, Parnes, environs de Paris. Elle a beaucoup de ressemblance par la disposition de ses sillons avec le My-
   tylus discrepans de Montagu ; elle est plus aplatie et plus petite ;
   elle est très fragile, ce qui contribue à la rendre très rare dans les
   collections.

† 7. Modiole spatulée. *Modiola spathulata.* Desh.

*M. testá elongatá augustá, depressá, tenuissimá, anticè, margine an-
   tico, brevissimo, rostriformi terminatá, posticè latiore; extremitate anticá et parte posticali sulcatis, parte intermediá lævi-
   gata.*

Desh. Descript. des coq. foss. de Paris. t. 1. p. 259. n° 3. pl. 39.
   f. 11. 12. 13.
Mytilus spathulatus. Desh. Encycl. méth. vers. t. 2. p. 566. no 27.
Habite.... Fossile à Parnes. Coquille allongée étroite, rétrécie antérieurement, dilatée en spatule du côté postérieur ; elle est aplatie, comprimée ; les sillons du côté antérieur forment des crénelures en aboutissant sur le bord ; tout le côté postérieur est strié ;
   une petite partie médiane est lisse.

† 8. Modiole pectinée. *Modiola pectinata.* Lamk.

*M. testá ovato-acutá, anticè attenuatá, dorso gibbosá, longitudinali-
   ter striatá ; striis numerosis, elegantibus, posticè aliquando-bifidis ;
   umbonibus minimis, subterminalibus ; margine inferiore subsinuato.*

Lamk. Ann. du mus. t. 6. p. 223. n. 3 et t. 9. pl. 17. f. 12. a. b.
Var. a. Desh. *Testá majore, posticè bisinuatá, depressiusculá.*

---

d'un genre démembré des Pernes par M. Defrance sous le nom
de Gervillia. Nous donnons les caractères de ce genre à la suite
de celui des Pernes.

Desh. Descript. des coq. foss. de Paris, t. 1. p. 259. pl. 39. f. 6. 7.
8. et pl. 41. f. 1. 2. 3.

Habite..... Fossile de Grignon et Parnes ; elle est fort petite, allongée, étroite, très convexe, chargée de sillons longitudinaux souvent bifides vers les bords ; ces sillons sont découpés en granulations par les stries d'accroissement. Cette coquille est rare.

† 9. Modiole angulaire. *Modiola angularis*. Desh.

M. testá ovato-elongatá recurvá, gibbosá, dorso obliquè angulatá, supernè depressá, dilatatá; striis tenuibus absoletis, longitudinalibus ornatá; umbonibus minimis; marginibus crenulatis.

Desh. Coq. foss. de Paris. t. 1. p. 260. n° 5. pl. 41. f. 4. 5.

Habite.... Fossile à Noailles, dans les sables inférieurs au calcaire grossier. Elle est arquée dans sa longueur, élégamment sillonnée, subanguleuse, sur le milieu du dos ; son bord cardinal est allongé, et son côté postérieur est un peu dilaté en aile ; sa fragilité rend cette coquille rare dans les collections.

† 10. Modiole en hache. *Modiola hastata*. Desh.

M. testá ovato-elongatá, subalatá, valdè recurvá, dorso obliquè angulatá, longitudinaliter striatá; striis anticis et posticalibus divaricatis, spatio mediano lævigato separatis; margine antico brevi, profundè crenulato.

Desh. Coq. foss. de Paris, t. 1. p. 261. n° 6. pl. 38. f. 13. 14.
Mytilus hastatus. Desh. Encyc. méth. vers. t. 2. p. 563. n° 17.

Habite.... Fossile à Chaumont et à Abbecourt. Elle a beaucoup de rapports avec la précédente ; elle est plus courbée, plus fortement anguleuse sur le dos; son bord cardinal est plus long, plus épais; le côté postérieur est plus grand et plus dilaté.

† 11. Modiole acuminée. *Modiola acuminata*. Desh.

M. testá ovato-elongatá, depressá, anticè acutá, supernè dilatatá, striis longitudinalibus, tenuissimis ornatá; latere antico brevissimo, subrostrato umbonidus minimis, vix prominentibus.

Desh. Coq. foss. de Paris. t. 1. p. 262. n₀ 7. pl. 40. f. 9. 10. 11.
Mytilus acuminatus. Desh. Ency. méth. vers. t. 2. p. 562. n° 16.

Habite.... fossile à Vaugirard, dans la couche à paludines. Elle a le côté antérieur étroit, et le crochet est presque terminal ; elle forme un des nombreux passages des modioles aux moules ; elle est dilatée et aplatie postérieurement; toute sa surface est couverte de stries très fines et régulières.

† 12. Modiole pectiniforme. *Modiola pectiniformis*. Desh.

M. testá ovato-subrotundá, tenuissimá, fragilissimá, intùs argenteá, longitudinaliter costatá, pectiniformi, profundá; costis crebris, ro-

*tundatis , latis , radiantibus ; apice minimo , latere antico brevis-
simo crenulato ; lunulá intùs arcuatá, lævigatá.*

Desh. Coq. foss. de Paris. t. 1. p. 263, n° 8. pl. 39. f. 14. 15. 16.

Mytilus pectiniformis. Desh. Encyc. méth. vers. t. 2. p. 564. n° 20.

Habite.... Fossile à Houdan. Elle est très mince, très fragile, petite,
ornée de grosses côtes longitudinales qui rendent ses bords onduleux; sa forme est plus élargie et plus arrondie que dans aucune
autre espèce de Modiole ou de Moule; elle est de petite taille.

† 13. Modiole profonde. *Modiola profunda.* Desh.

*M. testá minimá, tenuissimá , fragili, dorsatá profundá , extùs tenuis-
simè striatá; umbone minimo; latere postico subdilatato; marginibus subcrenulatis.*

Desh. Coq. foss. de Paris. t. 1. p. 264. n° 9. pl. 41. f. 12. 13. 14.

Habite.... Fossile à Parnes. C'est la plus petite espèce fossile que
nous connaissions; elle est enflée, très mince, fragile, toute couverte de stries transverses très fines, très rapprochées, et que l'on
ne voit qu'à l'aide d'un fort grossissement.

† 14. Modiole demi-nue. *Modiola semi-nuda.* Desh.

*M. testá ovatá, oblique cordatá , tenuissimá , fragili , tumidá; striis
longitudinalibus , tenuibus ornatá; striis spatio submediano lævigato separatis ; umbonibus minimis , subterminalibus.*

Desh. Coq. foss. de Paris. t. 1. p. 264. n° 10. pl. 39. f. 20.
21. 22.

Mytilus semi-nudus. Desh. Encyc. méth. vers. t. 2. p. 569. n° 36.

Habite.... Berchère, près Houdan. Senlis. Espèce fort intéressante et
ayant la plus grande analogie avec le *Mytilus discors* de Linné;
elle est proportionnellement plus courte, plus ovale, plus obtuse
à son extrémité postérieure. Nous pensons qu'on peut la regarder
comme le subanalogue de l'espèce vivante, que nous venons de
citer.

† 15. Modiole argentine. *Modiola argentina.* Desh.

*M. testá elongatá, cylindraceá, angustá, tenuissimá, fragili, marga-
ritaceá , lævigatá , arcuatá ; umbonibus recurvis , cordatis, prominulis.*

Desh. Mém. sur les foss. de Valmondois (mém. de la soc. d'hist. nat.
de Paris. t. 1. p. 256. n° 1. pl. 15. f. 15. a. b. c.).

Desh. Coq. foss. de Paris. t. 1. p. 269. n° 15. pl. 42. f. 1. 2. 3.

Mytilus argentinus. Desh. Encl. méth. vers. t. 2. p. 571. n. 41.

Habite.... Fossile à Valmondois et à Dax. Coquille extrêmement
mince, ayant vécu dans les calcaires tendres qu'elle a percés; elle
rappelle en petit le *Modiola cinnamomea*; elle est cylindracée,
arquée, cordiforme du côté antérieur.

† 16. Modiole papyracée. *Modiola papyracea*. Desh.

M. testá ovato-transversá, obliquissimá anticè obtusá, posticè attenuata, supernè subangulatá, inflatá, convexá, lœvigatá, tenuissimá, fragilissimá; umbonibus minimis, inflatis, prominentibus.

Desh. Mém. sur les foss. de Valmondois. Mém. de la soc. d'hist. nat. de Paris. t. 1. p. 257. n° 2. pl. 15. f. 16. a. b.

Desh. Coq. foss. de Paris. t. 1. p. 270. n. 16. pl. 41. f. 9. 10. 11.

Mytilus papyraceus. Desh. Encyc. méth. vers. t. 2. p. 572. n 42

Habite.... Fossile à Valmondois, dans les pierres tendres. Coquille très mince à peine de l'épaisseur d'un papier fin elle est obtuse; antérieurement, subcylindracée, subanguleuse au côté supérieur, et atténuée postérieurement; elle se rapproche un peu du Ropan pour la forme.

† 17 Modiole de Hill. *Modiola hillana*. Sow.

M. testá ovato-oblongá in medio oblique subcarinatá, depressiusculá, postice latiore, compressá; margine cardinali prœlongo; margine inferiore subsinuoso.

Sow. Min. Conch. pl. 212. f. 2.

Habite.... Fossile dans le Kimméridge clay, en Angleterre et en France. Coquille oblongue, aplatie, dont la forme rappelle assez bien celle du *Modiola Guianensis*. Son bord cardinal est très allongé; son côté postérieur élargi, obliquement tronqué; sa surface est strié par des accroissemens. M. Zieten, dans son *Traité des pétrifications du Wurtemberg*, a donné le nom de *Modiola hillana* à une espèce très différente.

† 18. Modiole bossue. *Modiola gibbosa*. Sow.

M. testá ovato-oblongá, arcuatá, lœvigatá, inflatá, gibbosá; latere inferiore sinu profundo, circumdato; umbonibus magnis oppositis.

Sow. Miner. Conch. pl. 211. f. 2.

An eadem species, Var? *Modiola reniformis* Sow. loc. cit. f. 3.

Modiola cuneata Zieten. Pétrif. du Wurt. pl. 49. f. 5.

Habite... Fossile dans l'oolite moyenne, en Angleterre, en Allemagne et en France. Elle est très convexe, bossue, toute lisse, arquée dans sa longueur; son bord inférieur est sinueux; un sinus assez profond et large partant des crochets et se dirigeant vers le bord inférieur circonscrit tout le côté antérieur et inférieur. La modiole réniforme de M. Sowerby nous paraît à peine une variété de la *Gibbosa*, si nous nous en rapportons à la figure et à la très courte description de l'auteur.

† 19. Modiole en coin. *Modiola cuneata.* Sow.

M. testá elongatá, angustá, arcuata, lævigatá vel tenuiter striatá; striis irregularibus, umbonibus subterminalibus, subcarinatis; extremitate anticá obtusá.

Sow. Miner. Conch. pl. 248. f. 2.

Habite.... Fossile des Argiles du Lias en France et en Angleterre. Allongée, étroite, aplatie ou peu épaisse, cette coquille a plutôt la forme d'un solen que d'une modiole; elle est lisse, arquée; son crochet est faiblement cariné; son côté antérieur est très court et obtus; le bord inférieur est mince, tranchant, ce qui donne à la coquille la forme d'un coin allongé.

† 20. Modiole plissée *Modiola plicata.* Sow.

M. testá elongatá, soleniformi, antice augustá, obtusá, postice dilatatá, angulo obliquo, tenui bipartitá; parte inferiore et anticá lævigatá, superiore et posticá arcuatim plicatá.

Sow. Min. Conch. pl. 248. f. 1.

Zieten. Pétrif. du Wurtemb. pl. 49. f. 7. a. b. c.

Habite.... Fossile dans le Cornbrash en France et en Angleterre. Espèce remarquable voisine de la précédente pour la forme; elle est plus étroite et plus courbée. Un angle ou plutôt un ride oblique descend des crochets vers l'extrémité postérieure, et divise la surface en deux parties; l'une, antérieure et inférieure, est lisse; l'autre est couverte de plis concentriques et réguliers; quelquefois ces plis se bifurquent à leur extrémité antérieure.

MOULE. (Mytilus.)

Coquille longitudinale, équivalve, régulière, pointue à sa base, se fixant par un byssus. Les crochets presque droits, terminaux, pointus.

Charnière latérale, le plus souvent édentée. Ligament marginal, subintérieur. Une impression musculaire allongée, en massue, sublatérale.

Testa longitudinalis, æquivalvis, basi acuta, bysso sæpius affixa. Nates acutæ, subrectæ, terminales.

Cardo lateralis, in plurimis edentulus. Ligamentum marginale subinternum. Impressio muscularis elongata, clavata, sublateralis.

[Animal ovale allongé ; les lobes du manteau simples ou

frangés, réunis postérieurement en un seul point pour former un *siphon* anale; bouche assez grande, munie de deux paires de palpes molles, pointues, fixés par leur sommet seulement. Pied grêle, cylindracé, portant à sa base et postérieurement un byssus soyeux ; masse abdominale médiocre, et de chaque côté une paire de branchies presque égale; deux muscles adducteurs, l'un antérieur très petit, l'autre postérieur grand et arrondi.]

Observations. — *Linné* a trop vaguement déterminé son genre *mytilus*, et en a fait un mauvais assemblage, en y associant des huîtres, des avicules, des anodontes, etc. Les huîtres et les avicules étant des coquilles inéquivalves, à test lamelleux, et les anodontes, quoique équivalves comme les moules, étant des coquilles fluviatiles, transverses, à impressions musculaires séparées et latérales, se 'trouvent très inconvenablement réunies aux moules, dans le même genre, *Bruguière* à détruit la plus grande partie de ces inconvéniens, en déterminant avec plus de précision le caractère essentiel des *mytilus*. Néanmoins, il omit encore d'en séparer le genre des *modioles*, qui s'en distingue éminemment. Ayant depuis réparé cette omission, le genre complètement réformé du *mytilus* ne réunit plus de coquilles disparates, et peut être maintenant regardé comme naturel. (1)

____

(1) Les observations de Lamarck sur le genre *Mytilus* de *Linné* sont très justes, mais nous ne partageons pas son opinion sur la valeur de son genre *modiole ;* comme nous l'avons dit précédemment les animaux de ces deux genres sont semblables; les caractères essentiels des coquilles, c'est-à-dire la charnière, les impressions du manteau, des muscles, la contexture du test, son épiderme etc., sont également semblables. La seule différence saisissable consiste donc en ce que le crochet est terminal dans les moules, et ne l'est pas tout-à-fait dans les *modioles*. En étudiant ce caractère convenablement, nous avons vu qu'il n'avait aucune valeur et qu'il méritait à peine que l'on fît pour lui une section dans le genre. Si ce caractère avait quelque valeur par rapport aux *modioles* il devrait également en avoir pour tous

Les *moules* sont toutes des coquilles marines, régulières, équivalves, longitudinales, à test solide ou non lamelleux, et terminées inférieurement par deux crochets pointus, presque droits ou légèrement courbés. Elles ne sont point bâillantes dans leur bord supérieur, comme les pinnes, dont elles sont très voisines par leurs rapports. Aussi, de même que les pinnes, les moules se fixent par un byssus, mais qui est court, à filamens épais ou grossiers. Elles attachent ce byssus aux corps marins, à l'aide d'une espèce de pied linguiforme qu'elles font sortir de la coquille, et qui leur sert en outre lorsqu'elles veulent se déplacer.

Le ligament cardinal qui fixe les valves de ces coquilles est latéral, marginal, et en grande partie intérieur. Ces mêmes coquilles ont, en outre, un ligament *adducteur* un peu grêle, séparé du muscle d'attache, et fixé, en dedans, vers leur extrémité supérieure. Ce ligament, que j'avais depuis long-temps remarqué, mais donc M. *Leach* a déterminé l'usage, sert à modérer l'ouverture des valves contre l'effet de l'élasticité du ligament cardinal, sans que le muscle d'attache soit obligé de se contracter. Mais un autre ligament semblable se trouvant dans la base de la coquille, à peu de distance des crochets, ne peut guère sevir qu'à fortifier l'attache cardinale des valves. (1)

Souvent, vers la fin de l'automne, on trouve dans les *moules* de petits crabes [*pinnothères*] qui y vivent à l'abri des dangers sans nuire à l'animal de la coquille.

---

les autres genres de mollusques acéphalés; il n'en est rien cependant, car on sait que la position des crochets sur le bord cardinal est beaucoup plus variable dans les *bacardes*, les *Venus*, les *mulettes*, etc., etc., que dans les moules et les *modioles* réunies. Pour être conséquent il faut appliquer ce caractère à tous les genres s'il a de la valeur ou il ne faut l'appliquer à aucun s'il n'en a point.

(1) Ces ligamens, donc parle ici Lamarck, accessoires selon lui au ligament cardinal, ne sont point de véritables ligamens, mais un appareil musculaire particulier qui a peut-être l'usage que *Leach* lui attribue, mais qui est principalement destiné aux mouvemens du pied comme le démontrent les belles anatomies de *Poli*. Cet appareil existe plus ou moins considérable dans tous les mollusques *acéphalés pédifères*.

ESPÈCES.

Coquille sillonnée longitudinalement.

1. Moule de Magellan. *Mytilus Magellanicus.* Chemn. (1)

M. testá oblongá, infernè angulatá et albidá, supernè purpureo-violacescente; sulcis longitudinalibus crassis, undatis; natibus acutis subrectis.

List. Conch. t. 356. f. 193.

Favanne, Conch. t. 5o. fig. R. 2.

Knorr. Vergn. 4. t. 3o. f. 3.

Mytilus magellanicus. Chemn. Conch. 8. t. 83. f. 742.

* *Mytilus bidens* Schrot. Einl. t. 3. p. 437. *excluso. Lin. syno.*

* *id.* Gmel. p. 3354. n° 13. *Lin. syno. excluso.*

* *id.* Dillw. cat. t. 1 p. 313. n° 29. *Lin. syno. excluso.*

* Desh. Encycl. méth. vers. t. 2. p. 56o. n. 10.

Encycl. pl. 217, f. 2.

[2] *Var. testá minore, antiquatá; valvis cochleatis.*

[3] *Var. testá minore, subplicatá; intus argenteá.*

Chemn. Conch. 8. t. 83. f. 743.

Habite les mers d'Amérique, le détroit de Magellan, etc. Mus. n°
Mou cabinet. Coquille ridée longitudinalement par des sillons

---

(1) Nous ne pouvons deviner quelles raisons ont pu déterminer Schrœter, Gmelin et Dillwyn, à rapporter au *mytilus bidens*, de Linné le *magellanicus* de Chemnitz. En consultant ce que dit Linné de son *mytilus bidens*, on voit que c'est une petite coquille longue d'un pouce, le *magellanicus* est beaucoup plus grand; elle vit dans la Méditerranée et elle est striée, le *magellanicus* n'est pas de la Méditerranée, et il est garni de côtes; le *Bidens* est de couleur de corne cendré, le *magellanicus* est violet ou d'un rouge violacé; enfin, le *Bidens* a deux dents terminales à la charnière, tandis que le *magellanicus* n'en a jamais qu'une. Born a mieux suivi que les auteurs que nous venons de citer les indications de Linné; cependant nous n'admettons pas l'espèce de Born, parce que Linné n'ayant donné aucune synonymie, nous croyons impossible de reconnaître positivement son *mytilus bidens* à moins que d'avoir sous les yeux la coquille même qui a servi à sa trop courte et trop insuffisante description.

grossiers. Crochets un peu canaliculés en leur face interne. Les grands individus, étant polis, ont beaucoup d'éclat, et offrent une nacre brillante d'un pourpre foncé, teint de violet. Longueur, 130 millimètres.

2. Moule rongée. *Mytilus erosus*. Lamk.

M. testá oblongá, angulatá, supernè vix dilatatá, anterius depressá; sulcis longitudinalibus striisque transversis crebris; extus intusque purpureo nigricante.

Habite les mers de la Nouvelle-Hollande. Mus. n° Coquille allongée, anguleuse, comme difforme, treillissée par des sillons longitudinaux et par des stries transverses; mais en quelque sorte rongée ou usée dans la partie supérieure de chaque valve. Longueur, 65 millimètres.

3. Moule crénelée. *Mytilus crenatus*. Lamk.

M testá ovato-trigoná, tenui, longitudinaliter sulcatá, purpureo-violaceá, infernè albá; margine plicis crenato.

List. Conch. t. 358. f. 196?

Encycl. pl. 217. f. 3.

* Sow. Genera of shells. f. 3.

Habite....... les côtes de la Caroline? Elle est plus mince et plus élargie que la M. magellanique, et a son bord interne violet et crénelé. Longueur, 90 millimètres.

4. Moule treillissée. *Mytilus decussatus*.Lamk. (1)

M. testá ovato-trigoná, longitudinaliter sulcatá; striis transversis inæqualibus; natibus acutis, curvis, interno latere canaliculatis.

Favanne, Conch. p. 50. fig. R. 1.

Habite les mers d'Amérique. Mon cabinet. Forme presque analogue à celle du *M. angulatus*, mais sillonnée longitudinalement, et inégalement treillissée par des stries transverses. Epiderme noirâtre. Test d'un pourpre livide. Longueur, 112 millimètres.

5. Moule velue *Mytilus hirsutus*. Lamk.

M. testá subtrigoná, epiderme hirsutissimá; sulcis longitudinalibus tenuibus; latere postico depresso hiante.

[b] *Var. testá angustiore, infernè lateribus depressis.*

Habite les mers de la Nouvelle Hollande. Mus. n°. Espèce très remar-

---

(1) Ces deux espèces *Mytilus Crenatus* et *Decussatus* ont beaucoup de rapports avec le *magellanicus*, et nous pensons qu'elles devront y être réunies à titre de variété.

quable, à épiderme d'un brun roussâtre et très velu, à ligament large, à bords partout crénelés, et à côté postérieur offrant une ouverture particulière. Longueur, 62 millimètres. Elle se rapproche de la suivante par ses stries.

6. Moule rôtie. *Mytilus exustus*. (1)

M. testá oblongá, longitudinaliter striatá; ventre angulato tumido; margine crenulato.

Xytilus exustus. Lin. Gmel. n. 9.

List. Conch. t. 366. f. 206.

Chemn. Conch. 8, t. 84. f. 754.

Encycl. p. 220. f. 3 et f. 4.

* Desh. Encycl. méth. vers. t. 2 p. 559. n. 8.

[2] *Var. testá angustiore, anticè vix angulatá.*

Habite les mers d'Amérique. Mus. n°. Mon cabinet. Son bord postérieur n'est point crénelé inférieurement. Longueur, 42 millimètres.

7. Moule septifère. *Mytilus bilocularis*.

M. testá ovato-trigoná, posterius depressá, longitudinaliter sulcatá; sulcis tenuibus crenulatis, subgranosis; valvis basi septiferis.

[a] *Mytilus bilocularis.* Lin. Syst. nat. p. 1156. Gmel. p. 3352. n°. 8.

* Schrot. Einl. t. 3. p. 431.

Chemn. Conch. 8. t. 82. f. 736. a, b.

Encycl. p. 218. f. 5. a, b.

[b] *Var. testá minore, epiderme viridi.*

Chemn. Conch. 8. t. 82. f. 737.

[c] *Var. testá extus intusque fuscá.* Mus. n°.

[d] *Var. testá extus ferrugineá, intus albidá.*

Mytilus exustus. Born. Mus. tab. 7. f. 5.

---

(1) Dans cette synonymie Lamarck confond deux espèces : une modiole et une moule. Cette modiole est la *Sulcata*; nous en avons rectifié la synonymie et plusieurs auteurs l'ont prise pour le *Mytilus Exustus* de Linné; il est probable qu'ils ont raison. Nous pensons que l'espèce qui nous occupe, est le *Mytilus Bidens* de Linné; mais comment s'assurer de la justesse de nos observations sur ces deux espèces, puisque Linné ne leur donne aucune synonymie? il faudra supprimer de la synonymie de Lamarck la figure 754 de Chemnitz, car elle représente la *Modiola Sulcata*.

Chemn. Conch. 8. t. 83. f. 744. a, b.

Encycl. p. 220. f. 1. a, b.

* Dillw. cat. t. 1 p. 307. n. 18.

* Desh. Encycl. méth. vers. t. 2. p. 559. n. 9.

Habite les mers de l'Inde et de la Nouvelle-Hollande. Mus. no. Mon
cabinet. Espèce très distincte par la lame septiforme de la base de
ses valves, mais qui offre différentes variétés par ses couleurs. Son
bord interne est crénelé, excepté vers la base de son côté postérieur.
La coquille [a] est la plus grande : elle offre, sous un épiderme
d'un vert très brun, un test bleu près des crochets, et d'un violet
noirâtre vers son sommet. Longueur, 51 millimètres.

8. Moule ovale. *Mytilus ovalis.* Lamk.

*M. testá parvulá, ovali, longitudinaliter, sulcatá; sulcis crenulatis;
natibus incumbantibus, secundis, divaricatis.*

Encycl. pl. 219. f. 3. a, b.

Habite les mers du Pérou. *Dombey.* Mon cabinet. Elle est d'un violet
rembruni, et, par ses crochets abaissés, se rapproche des modioles. Longueur, 25 millimètres.

9. Moule brûlée. *Mytilus ustulatus.* Lamk.

*M. testá parvulá, ovato-angulatá, fulvo-fuscá, longitudinaliter, sul-
catá; sulcis anticis obliquè divaricatis; natibus brevibus, obtu-
siusculis.*

Habite les mers du Brésil. Mus. n₀. Son côté antérieur est anguleux
Longueur, 22 millimètres.

10. Moule de S.-Domingue. *Mytilus domengensis.* Lamk.

*M. testá parvulá, ovato-oblungá, posticè depressá, longitudinaliter
sulcatá, violaceo-purpurascente.*

Habite les mers de Saint-Domingue. Crochets abaissés, obtus. Longueur, 19 millimètres. Mon cabinet.

11. Moule du Sénégal. *Mytilus senegalensis.* Lamk.

*M. testá minimá, angustá, posticè depresso-sinuatá, longitudinaliter
sulcatá; natibus incurvis, secundis, divaricatis.*

Habite les mers du Sénégal. Mon cabinet. Petite coquille étroite,
blanche à sa base et en son côté postérieur; ailleurs d'un pourpre
violet. Longueur, 17 millimètres.

Point de sillons longitudinaux.

12. Moule allongée. *Mytilus elongatus.* Chemn. (1)

---

(1) Le *Mya Perna* de Linné nous paraît la même espèce que

*M. testá angusto-elongatá, rectá, infernè pos icèque albá, aliundè
violaceá; latere postico depresso; basi bidentatá.*

* *Mya perna.* Lin. Syst. nat. p. 1113.
* *id.* Schrot. Einl. t. 2. p. 603. pl. 7. f. 4.
* *id.* Gmel. p. 3219. n. 5.
Mytilus elongatus. Chemn. Conch. 8. t. 3. 83. f. 78.
* D'Argenv. Conch. pl. 25. f. N.
Favan. Conch. t. 5o. f. I.
Encycl. pl. 219. f. 2.
* *Mytilus perna.* Dillw. cat. t. 1. p. 312. n. 26.
* Desh. Encycl. méth. vers t. 2. p. 557. n. 1.
Habite les mers de l'Amérique méridionale, aux îles Malouines. Mus.
n° Mon cabinet. Belle et rare coquille, bien caractérisée dans sou
espèce, remarquable par sa forme, sa taille et son beau violet. Lon-
gueur, 138 à 140 millimètres.

13. Moule large. *Mytilus latus* Lamk. (1)

*M. testá oblongo-ovatá, sub epiderme pallide voilaceá; striis concen-
tricis crebris; postico latere recto.*

Encycl. pl. 216. f. 4.
Habite...... Mus. n° Grande coquille en ovale allongé, d'un violet
grisàtre sous l'épiderme. A crochets blancs, courbés. Une dent sous
chaque crochet. Longueur, 148 millimètres.

14. Moule zonaire. *Mytilus zonarius.* Lamk.

---

celle-ci; quoiqne Linné ne cite qu'une figure assez médiocre
de d'Argenvile, sa courte description y supplée en quelques
points. Il n'existe aucune espèce de véritable *myc* qui ait la
forme de cette coquille, tandis qu'elle a bien celle des moules;
ce caractère que donne Linné d'une dent saillante au milieu de
la fossette, appartient à cette espèce plus qu'à aucune autre; nous
pensons que l'on devra rendre à cette moule le nom de *Mytilus
Perna,* suivant en cela l'exemple de Dillwyn. (Voyez la note
relative au *mytilus perna* de Lamarck. N° 20.)

(1) Déjà Chemnitz avait donné le nom de *Mytilus Latus* à
une autre espèce que celle-ci. Lamarck l'a rapportée à son
mytilus achatinus, il sera nécessaire de revenir plus tard sur cette
nomenclature vicieuse et de rendre autant que cela sera possible
leur nom primitif aux espèces. Le *Mytilus Achatinus* reprenant
son nom de *Latus,* l'espèce actuelle devra en recevoir un autre.

M. testá, oblongá, antiquatá, albidá zonis concentricis violaceis; latere postice sinuato, depresso, albo.

Encyclop. pl. 217. f. 1.

Habite..... Mon cabinet. Coquille allongée, arquée, proportionnellement beaucoup plus étroite que la précédente, ayant ses accroissemens concentriques et saillans presque comme des marches d'escalier. Elle est violette en dehors, blanche en dedans, avec le limbe supérieur violet. Longueur, 128 millimètres.

15. Moule à canal, *Mytilus canalis*. Lamk.

M. testá oblongá, læviusculá ceruleo-nigricante; margine antico canalifero : postico planulato, albo.

List. Conch. t. 360. f. 199.

[2] *Var.? testá latiore; natibus brevioribus.*

Encyclop. pl. 215.

Habite les mers de la Jamaïque. Mon cabinet. Coquille rare, grande, d'un bleu très foncé, offrant une large gouttière au milieu du bord antérieur. Bord postérieur droit; crochets un peu divergens. Longueur, 130 millimètres. Je n'ai pas vu la coquille [2].

16. Moule en sabot. *Mytilus ungulatus*. Lamk.

M. testá semi-ovatá, violaceo-nigricante; anterius curvatá; posterius rectá, planulatá; cardine terminali subbidentato.

Mytilus ungulatus. Humboldt. Voyages.

An Mytilus ungulatus ? Lin. Gmel. n° 12,

    Gualt. test. t. 91.fig. E.

Chemn. Conch. 8. t. 85. f. 756?

Habite les mers de l'Amérique méridionale. Collection de MM. de *Humboldt* et *Bonpland*. Grande coquille à épiderme noirâtre, n'ayant qu'une ou deux dents sous le crochet, et n'offrant point cette inflexion ou ce sinus qu'on observe sur le bord postérieur de la suivante. Elle est blanche à l'intérieur, avec le limbe supérieur d'un violet foncé. Longueur, 170 millimètres.

17. Moule violette. *Mytilus violaceus*. Lamk. (1)

______

(1) La synonymie du *mytilus Ungulatus* de Linné déjà défectueuse dans la 12ᵉ édition du *Systema naturæ*, l'est devenue beaucoup plus dans l'édition de Gmélin. Dillwyn ne l'a pas rectifiée. Lamarck a voulu en séparer quelques espèces, malheureusement nous n'avons pu les examiner dans sa collection, et la synonymie qu'il leur donne, est loin d'être suffisante pour faire juger de leurs caractères distinctifs. Nous connaissons

M. testá semi-ovatá, lævigatá, violaceá; antico latere curvato; postico planulato, inflexo, subsinuato; natibus subtus tridentatis.

Knorr. Vergn. 5. t. 25. f. 1.

Encyclop. pl. 216, f. 1.

Habite l'Océan atlantique, etc. Mus. n° Mon cabinet. Quelque rapport qu'elle ait avec la précédente, nous l'en croyons toujours distincte, et c'est peut-être celle-ci que Linné a distinguée sous le nom de *M. ungulatus.* Ses crochets et son côté postérieur sont blancs avec quelques taches violettes, Longueur, 119 millimètres.

18. Moule opale. *Mytilus opalus.* Lamk.

M. testá elongatá, curvatá, posterius arcuato sinuatá; epiderme fuscá; cardine unidentato.

An List. Conch. t. 363. f. 204?

Habite........ les mers australes? Mon cabinet. Coquille rare, précieuse, la plus grande de ce genre, et offrant en son intérieur une nacre irisée en opale, très brillante. Son épiderme est vert sur les bords. Longueur, 190 millimètres.

19. Moule opaline. *Mytilus smaragdinus.* Chemn. (1)

M. testá subtrigoná, planiusculá; epiderme viridi; postico latere recto.

Gmel. p. 3359. n° 29.

Mytilus smaragdinus. Chemn. Conch. 8. t. 83. t. 745.

* Schroet. Einl. t. 3. p. 454, no 11.

* *Mytilus opalus.* Desh. Encycl. méth. vers. t. 2. p. 561. n° 12.

---

deux espèces de grandes moules variables dans leurs formes, et violettes lorsqu'elles sont polies; nous présumons que ces quatres espèces de Lamarck pourront se rapporter à celles dont nous parlons; mais nous ne pouvons faire les rectifications nécessaires n'ayant pas les espèces de Lamarck sous les yeux.

(1) Nous avons examiné un assez grand nombre d'individus de ces deux coquilles, et nous les avons à tous les âges; nous avons reconnu que les jeunes sont le *Mytilus Smaragdinus* de Chemnitz, et les vieux le *Mytilus Opalus* de Lamarck. En conséquence de cette observation, nous croyons nécessaire de réunir en une seule ces deux espèces, et de lui conserver son nom le plus ancien celui de *Smaragdinus,* que lui donna Chemnitz.

Habite les mers de l'Inde. Mus. n°. Mon cabinet. Elle tient d'asser près à la précédente; mais sa forme est différente. Elle a deux petites dents cardinales sur une valve, et une seule sur l'autre. Sa nacre offre aussi les couleurs de l'opale. Longueur, 102 millimètres.

20. Moule perne. *Mytilus perna* (1). Lamk.

M. testá oblongá, rectá, latere postico depressá, albidá, epiderme rufescente : limbo viridi.

An mya perna ? Lin. Gmel. p. 3219.

Schroet. Einl. in Conch. 2. p. 608. tab. 7. f. 4.

Born. Mus. tab. 7. f. 6 ?

Knorr. Vergn. 4. t. 15. f. 4.

Habite les côtes de Barbarie, les mers de l'Amérique méridionale. Mon cabinet. Ses rapports la rapprochent de la suivante, dont elle est cependant distincte. Elle est un peu livide à l'intérieur, et a deux petites dents cardinales sur une valve, et une seule sur l'autre. Longueur. 129 millimètres.

21. Moule d'Afrique. *Mytilus afer.* Gmel. (2)

M. testá oblongá, trigoná, supernè dilatatá, lineis angulatis pictá; epiderme flavo-virente; latere postico versus basim tumido.

Mytilus afer. Gmel. p. 3358. n° 28.

Favanne, Conch. t. 50 fg. F. 2.

Knorr. Vergn. 4. t. 15. f. 5.

Born. Mus. t. 7. f. 6. 7.

Mytilus africanus. Chemn. Conch. 8. t. 83. f. 739-741.

Encyclop. pl. 218. f. 1.

[b] *Var. testá angustiore ; litturis nullis.*

* *Mytilus ungulatus Var.* Dillw. cat. t. 1. p. 310. n° 24.

* Blainv. malac. pl. 64. f. 2.

---

(1) Nous croyons que cette espèce fait double emploi avec le *Mytilus elongatus.* La figure citée de Schroeter se rapporte parfaitement à l'*elongatus* de Chemnitz; celle de Born représente une variété du *Mytilus afer*, et celle de Knorr est pour nous douteuse; il deviendra nécessaire de rectifier cette synonymie, de joindre l'espèce à l'*elongatus*, et de lui conserver le nom de *Mytilus Perna* comme nous l'avons déjà dit.

(2) La plus grande analogie existe entre cette espèce, et le *Mytilus elongatus;* nous pensons que plus tard il sera nécessaire de les réunir, lorsque la série des variétés sera complétée.

* Desh. Encycl. méth. vers t. 2. p. 56r. n₀ 13.

Habite les côtes de Barbarie, etc. Mus n°. Mon cabinet. Coquille assez jolie, mais commune : elle est comme arborisée. Deux dents sur une valve, et une sur l'autre. Longueur 115 millimètres. La variété [b] est de l'Asie australe. *Péron.*

22. Moule agathine. *Mytilus achatinus.* Lamk. (1)

M. testá oblongo-trigoná, epiderme fulvo-rufescente; anterius compresso-angulatá; posterius tumidulá; intus splendidissimá, livido-violacescente.

[a] *Testá elongatá, anticè minus angulatá.*

An Mytilus latus. Chemn. Conch. 8. t. 84. f. 747?

* *Mytilus ungulatus*, var. B. Gmel. p. 3354. n° 12.

* Schroet. einl. t. 3. p. 455. n° 13.

[b] *Var. testá breviore, anticè magis angulatá.*

Mytilus versicolor. Gmel. p. 3359. n₀. 30.

* Schroet. Einl. t. 3. p. 456. n° 14.

* d'Arg. Conch. pl. 25. f. Q.

* Desh. Encycl. méth vers. t. 2. p. 56r. n° 14.

Mytilus variegatus. Chemn. Conch. 8. t. 84. f. 748.

Encyclop. pl. 218. f. 3.

* Sow. Genera of schells. t. 2.

* *Mytilus latus.* Dillw. cat. t. 1. p. 311. no 25.

* Habite les mers d'Amérique, les côtes du Brésil. Mus. n°. Mon cabinet. Coquille un peu mince, à nacre irisée très brillante, et qui tient un peu à la précédente par ses rapports. Longueur de la coquille [a], 102 millimètres. La variété [b] est un peu litturée en zigzag vers sa base; elle est en général plus élargie et plus courte. *Voyez* List. Conch. t. 364. f. 203.

23. Moule ongulaire. *Mytilus ungularis.* Lamk.

M. testá semi-ovatá, fulvo-nigricante; anterius dilatatá, compresso-angulatá; posterius subrectá, infernè tumidulá; natibus parvis.

Encyclop. pl. 216. f. 3?

---

(1) Il y a deux observations à faire au sujet de cette espèce : d'abord, elle avait déjà été nommée deux fois avant que Lamarck lui donnât un troisième nom; il faudra donc lui restituer son nom le plus ancien que Chemnitz lui imposa : ensuite nous pensons qu'il y a ici deux espèces: l'un n'est peut-être qu'une forte variété du *Mytilus afer,* l'autre est le *Mytilus latus* de Chemnitz.

Habite les mers de l'Inde et de la Nouvelle Hollande. Mus. n°. Mon cabinet. Coquille dilatée antérieurement comme le *M. ungulatus*; mais. mince, beaucoup moins grande, et ayant un renflement près de la base de son côté postérieur. Son épiderme est presque noir et en partie fauve selon les variétés. Longueur, 74 millimètres.

24. Moule planulée. *Mytilus planulatus*. Lamk.

M. testá ovatá-rhombeá, subdepressá, basi acutá, bicolore; lateris antici angulo mediano.

Habite les mers de la Nouvelle-Hollande, au port du Roi Georges. Mus. n°. Elle est en partie bleue et en partie blanche. Quoique voisine de celle qui précède, elle en est très distincte. Longueur, 75 millimètres.

25. Moule boréale. *Mytilus borealis*. Lamk.

*M. testá oblongá, albido-cærulescente; epiderme nigrá; natibus incumbentibus, secundis, divaricatis. *

Habite l'Océan boréal de l'Amérique, côte de New-York. M. *Milberts*. Mus. n°. Aspect de la moule commune ou comestible, mais beaucoup plus grande. Elle en diffère par ses crochets et par le défaut du léger renflement postérieur. Longueur, 88 millimètres.

26. Moule augustane. *Mytilus augustanus*. Lamk.

M. testá oblongo-angustá, subarcuatá, obtusè angulatá, cærulescente; natibus inflexis.

Habite..... Mus. n°. Du voyage de *Peron*. Aspect de la moule commune, sans renflement postérieur. Deux petites dents. Longueur, 43 millimètres.

27. Moule cornée. *Mytilus corneus*. Lamk.

M. testá oblongá, tenui, corneo-flavescente, anterius curvatá; latere postico recto : maculá fuscá.

Habite....... Mus. n°. Du voyage de *Péron*. Elle est obscurément rayonnée. Longueur, 45 millimètres.

28. Moule de Provence. *Mytilus galloprovincialis*. Lamk.

M. testá oblongo ovali, supernè dilatato-compressa; angulo anticali infero; postico latere basi tumidulo.

* Payr. cat. p. 68, n° 123.

* Poli. test. pl. 31. f. 1-13.

* Habite la Méditerranée, près de Martigues, en Provence. Mus. n°. Elle tient de la M. ongulaire et de la M. comestible, et en est également distincte. Dents cardinales nulles. Couleur bleue. Longueur, 70 millimètres.

29. Moule comestible. *Mytilus edulis.* Lin. (1)

M. testâ oblongâ ; anterius curvâ, compresso-angulatâ ; posterius retusâ, versus basim tumidulâ dentibus subquaternis.

Mytilus edulis. Lin. syst. nat. p. 1157. Gmel. p. 3363. n° 11.

* Born. Mus. p. 126.

* Schroet. Einl. t. 3. p. 434.

* Montagu. test. p. 159.

* Danovan, brit. sh. t. 4. pl. 128. f. 1.

* Dorset. cat. p. 39. pl. 12. f. 5.

* Olivi zool. adri. pag. 124.

* *Mytilus pellucidus. Dillw.* cat. t. 1. p. 310, n° 23.

[a] *Testa cærulescens ; radiis obsoletis aut nullis.*

* Bonan. rect. part. 2. f. 30.

* Lister anim. angl. pl. 4. f. 28.

* d'Arg. zoom. pl. 5. f. E.

* Fav. Conch. pl. 50. f. O 1, O 2 ?

* *Mytilus pellucidus.* Pennant zool. brit. (1812) t. 4. pl. 66. f. 3.

* de Roissy buf. moll. t. 6. p. 269. n° 1.

* Dillw. cat. t. 1. p. 309, n°. 22.

* Desh. Encycl. méth. vers t. 2. p. 562, n° 15.

[a] *Testa cærulescens ; radiis obsoletis aut nullis.*

* List. Conch. t. 362. f. 200.

Knorr. Vergn. 4. t. 15. f. 73.

Pennant, Zool. brit. 4. t. 63. f. 73.

Chemn. Conch. 8. t. 84. f. 750.

Encyclop. pl. 218. f. 2.

[b] *Var. testâ pellucidâ, violaceo-radiatâ.*

Mytilus pellucidus. Maton, Act. soc. Linn. 8. p. 107.

Chemn. Conch. 8. t. 84. f. 751.

Habite les mers d'Europe. Mus. n°. Mon cabinet. C'est l'espèce commune et très connue que l'on mange. Longueur 68 millimètres. Outre que la variété [b] est bien rayonnée, son angle antérieur est plus élevé.

30. Moule accourcie. *Mytilus abbreviatus.* Lamk. (2)

---

(1) Brochi cite à l'état fossile une coquille à laquelle il donne le nom de *Mytilus Edulis ;* nous ne croyons pas que ce soit l'analogue de l'*Edulis* de Linné, mais d'une autre espèce édule très commune dans toute la Méditerranée.

(2) Nous avons examiné cette coquille avec attention et nous

M. testá brevi, tumidá, subcurvatá, cærulæá, obscurè radiatá; natibus incurvis, obtusis.

Habite dans la Manche, à l'embouchure de la Somme, et à une profondeur telle, qu'on ne la trouve que dans les grandes marées des équinoxes, lorsque les eaux retirées la mettent à découvert. M. *Baillon.* h. us. n_o. Mon cabinet. Elle est bleuâtre, ventrue, rétuse et un peu sinuée en son côté postérieur. Longueur, 34 à 38 millimètres.

31. Moule rétuse. *Mytilus retusus.* Lamk. (1)

M. testá oblongá, cuneatá, ventricosá, extremitate superiore retusá; postico latere subsinuato.

Habite dans la Manche, côtes de Wistreham, près Caen. Mus. n°. Cabinet de M. *de France.* D'une taille au-dessus de celle qui précède, elle vit, ainsi qu'elle, à une profondeur plus grande que la moule comestible. Longueur, 52 millimètres.

32. Moule hespérienne. *Mytilus hesperianus.* Lamk.

M. testá oblongo-angustá, supernè rotundatá, subæquali; natibus acutis subcurvis albis.

An List. Conch. t. 362. f. 202?

* Payr. cat. p. 68, n° 124. pl. 2. f. 5.

* Habite la Méditerranée, sur les côtes d'Espagne. Mus. n°. Taille petite ou médiocre; côtés presque égaux; dents nulles ou obsolètes sous les crochets : couleur bleue, excepté vers la base. Longueur, 35 millimètres.

33. Moule courbée. *Mytilus incurvatus.*

M. testá incurvatá, supernè dilatatá, obliquè rotundatá, depressá; natibus acutis.

Mytilus incurvatus, Maton, Act. soc. Linn. 8. p. 106. t. 3. f. 7. Pennant, Zool. brit. 4. t. 64. f. 74.

Habite l'Océan européen. Mon cabinet. Espèce très différente de la M. comestible, par ses crochets, par le sinus en arc rentrant de

---

ne lui trouvons aucune caractère suffisant pour la distinguer de l'*Edulis;* on peut la compter au nombre des variétés de cette dernière.

(1) Celle-ci est encore, selon nous, une variété rabougrie du *Mytilus Edulis,* et nous paraît faire un double emploi avec le *mytilus incurvatus* n° 33, qui, pour nous, est aussi une des nombreuses variétés de la même espèce.

son côté postérieur, etc. Ses stries transverses et concentriques sont finement coupées par d'autres stries longitudinales interrompues , très courtes. Longueur, 31 millimètres.

34. Moule vénitienne. *Mytilus lineatus*. Gmel.

M. testâ oblongo-trigonâ, extrorsum dilatatâ ; lineolis impressis variis et obliquis strias transversas decussantibus ; intus argenteâ.

* Schroet. Einl. t. 3. p. 457, n° 16.

Mytilus lineatus. Gmel. p. 3359, n°. 32.

Mytilus confusus. Chemn. Conch. 8. t. 84, f. 753. n° 1, 2 .

Encyclop. pl. 218. f. 4.

Habite la mer Adriatique, à Chioggia , près de Venise. Mon cabinet. Elle avoisine la précédente, et offre une variété un peu courbée , et presque semblable. Longueur, 20 à 25 millimètres.

35. Moule à fosse. *Mytilus lacunatus*. Lamk.

M. testâ incurvatâ, extrorsum dilatatâ ; latere postico medio fossulâ impresso.

Habite les mers de la Nouvelle-Hollande. Mus. n°. Crochets pointus. Longueur, 16 millimètres.

† 36. Moule naine. *Mytilus minimus*. Poli.

M. testâ parvâ , elongatâ, angustâ , in medio arcuatâ, dorso gibbosâ, oblique subcarinatâ, cœruleo fuscâ , tenue striatâ ; umbonibus minimis subterminalibus.

Poli test. t. 2. pl. 32. f. 1.

Payr. cat. p. 69. n° 125.

Habite toute la Méditerranée, où elle est commune; petite coquille brune ou d'un bleu violâtre ; son côté antérieur est comme comprimé d'avant en arrière, tandis que le postérieur est aplati dans l'autre sens ; elle est bossue, subanguleuse dans le milieu, arquée dans sa longueur ; les crochets sont très petits et ne sont pas tout-à-fait terminaux.

† 37. Moule polyodonte. *Mytilus polyodontus*. Quoy.

M. testâ oblongâ , angulatâ , rubescente , intus violaceâ , lineis curvis concentricis fuscis ornatâ ; costis longitudinalibus , crassis , granosis , undulatis ; cardine plurimi dentato.

Quoy et Gaim. voy. de l'Astrol. zool. t. 3. p. 462. pl. 78. f. 15. 16. Habite les mers de la Nouvelle-Zélande. Quoy. Cette moule a des rapports avec le *Mytilus magellanicus* ; elle est garnie de côtes longitudinales, granuleuses et un peu onduleuses. Ce qui rend cette espèce remarquable , c'est que le bord cardinal porte à l'extrémité

du ligament huit ou dix dents presque égales ; des dents semblables
existent aussi dans le *Modiola sulcata.*

† 38. Moule polymorphe. *Mytilus polymorphus. Pall.* (1)

(1) Depuis les observations de Pallas consignées dans l'appendice de son voyage en Russie, la plupart des naturalistes savent
qu'il existe dans les eaux douces et dans les mers dont les eaux sont
à peine salées, une espèce de moule offrant une forme et des caractères particuliers. Cette observation devait d'autant plus frapper
que cette forme de coquille marine était la première que l'on eût
constatée dans les eaux douces. Malgré l'intérêt de l'observation
de Pallas, plus d'un naturaliste l'ignorait, et c'est de là qu'est
venue la confusion de la synonymie. Jusque dans ces derniers
temps, personne ne s'était occupé de rechercher si l'animal, ha-
bitant la coquille dont nous nous occupons, était semblable aux
autres moules. L'espèce ayant été découverte récemment dans
le canal de Guillaume, en Belgique, M. Vanbeneden examina
son animal, fit à son sujet des recherches intéressantes, consignées dans les *Annales des sciences naturelles,* et dont il voulut
bien nous communiquer une partie.

L'animal du *Mytilus Polymorphus* n'est pas tout-à-fait semblable à celui des moules marines. Nous avons vu précédemment que dans les moules marines le manteau ouvert dans
presque toute sa circonférence, n'a ses lobes réunies que postérieurement en un seul point, de manière à former vis-à-vis
l'anus un petit canal pour l'issue des matières excrétées ; la principale différence consiste en ce que dans le *mytilus polymorphus ,*
au lieu d'une seule ouverture postérieure, il y en a deux. Cette
seconde ouverture, plus grande que l'autre, se prolonge en un
siphon court destiné à porter l'eau sur les branchies.

Quant aux autres parties de l'animal, elles ne diffèrent de
celles des autres moules que par des nuances égales à celles que
l'on rencontre entre les espèces marines. C'est ainsi que le rétracteur du pied se trouve ici moins divisé, et il ne laisse
qu'une seule impression étroite et isolée sur l'intérieur des valves ; nous connaissons une disposition analogue dans des espèces
marines. Quant à la forme du pied, la position du byssus, la
forme de la bouche et des palpes labiales, la disposition inté-

M. testâ oblongâ, arcuatâ, inflatâ, lævigatâ, dorso carinatâ , intus albidâ, extùs sub epidermide fusco, fusco transversim zonata; umbonibus acutis, terminalibus, intùs septiferis.

Mytilus polymorphus. Schroet. Einl. t. 3. p. 471. n. 57.
  Pallas. V. Russie, appendix. p. 211.

id. Gmel. p. 3363. n. 57. Sow. Genera of shells. f. 4.

Mytilus e fluvio Wolga. Chemn. Conch. t. 11. p. 256. pl. 205.
  f. 2028.

Mytilus hagenii. Debaer, ad Justaur. Solem. adj. myt. nov. descr.
  p. 17. Kœnisberg, 1825.

Mytilus lineatus. Waardenburg. Conc. de hist. nat. moll. Belgi indi-
  gen. (Pris pour le Myt. lineatus. de Lamarck.)

Mytilus arca. Kikx. Descr. d'une nouv. esp. de moule. ,

Drissena polymorpha. Vanbeneden. Ann. des sc. nat. avril 1835.
  p. 210. pl. 8. f. 1-11.

Habite dans la mer Caspienne, la mer Noire, la mer Baltique, le
  Danube, le Wolga, le Rhin, le marais de Lyrmie en Palatinat,
  le canal Guillaume en Belgique, le lac de Harlem, en Hollande,
  les Doks de Londres et le canal de l'Union, en Angleterre. Fossile
  en Transylvanie, en Moravie et aux environs de Vienne, dans le
  terrain tertiaire. Coquille curieuse sous plus d'un rapport. Elle est

---

rieure des organes, tout cela est semblable dans les moules marines et celle-ci. Peut-être pourrait-on trouver quelques légères différences dans la distribution des nerfs: mais est-on bien assuré que cette distribution ne varie pas autant dans les diverses espèces des moules marines? Nous avons un dernier caractère à examiner : dans les crochets du *mytilus polymorphus*, on voit dans chaque valve une petite cloison transverse, sa surface externe donne attache au muscle adducteur antérieur des valves. Si ce caractère se rencontrait uniquement dans cette espèce, et qu'il coïncidât avec deux ouvertures postérieures au manteau, on pourrait là-dessus fonder un petit groupe générique; mais plusieurs espèces marines, le *mytilus bilocularis*, par exemple, offrent le même caractère, et ce qui lui ôte à nos yeux son importance, c'est que cette cloison transverse s'établit par degrés, commençant dans quelques espèces par être à peine sensible, s'augmentant dans d'autres et se montrant à son plus grand développement dans l'espèce que nous venons de citer; malheureusement l'animal du *mytilus bilocularis* n'est point connu, de

4.

oblongue, subtrigone, lisse; par sa forme, elle ressemble aux
moules proprement dites; mais par l'animal, elle mérite peut-être
de former un genre particulier. Les valves sont très concaves, divisées en deux par un angle dorsal aigu, qui part des crochets et
circonscrit la face inférieure de la coquille. Cette surface est aplatie, quelquefois concave, et l'on voit vers son centre, entre les
valves, une fente pour le passage du byssus. Blanche et non nacrée
au dedans, cette coquille est couverte au dehors d'un épiderme
brun-fauve, au-dessous duquel on voit des zones transverses, brunes et fauves sur un fond blanchâtre.

Coquilles fossiles.

1. **Moule scapulaire.** *Mytilus scapularis.* Lamk.

> *M. testá subtrigoná, ovato-cuneatá; latere antico obliquè rotundato,*
> *margine acuto : postico retuso, longitudinaliter sulcato, subde-*
> *cussato.*
>
> [b] *Var. testá basi obtusiore, latere postico minus depresso.*
>
> Habite..... Fossile de Coulaines, près du Mans. Cabinet de M. *Mé-*
> *nard.* La coquille [b] ressemble preque à une modiole par sa base;
> mais elle est fruste et difficile à caractériser. Même cabinet. Le *Myti-*
> *lus amplus* de M. Sowerby, Conch. min. n°. 2. p. 27. t. 7., n'en
> diffère que parce qu'il est strié longitudinalement.

2. **Moule nacrée.** *Mytilus margaritaceus.* Lamk.

> M. *testá oblongá, tenui, margaritaceo-argenteá, splendidá : ventre*
> *in costam longitudinalem tumido; intus striis longitudinalibus.*
>
> *An modiola elegans?* Sowerby, Conch, min. n°. 2. p. 31. t. 9.
>
> Habite..... Fossile d'Angleterre, trouvé en creusant un canal de na-
> vigation dans le Devonshire. Elle est groupée dans une pâte dure,
> en partie calcaire et ferrugineuse. Cette coquille avoisine le *Mytilus*
> *exustus.* Du cabinet de M. *Faujas.*

† 3. **Moule à crevasses.** *Mytilus rimosus.* Lamk.

> M. *testá ovato-elongatá, lævigatá, planiusculá anticè rectá, aliquan-*
> *tisper incurvatá; cardine recto, edentulo; natibus minimis, ter-*
> *minalibus, rimá cardinali separatis.*

---

sorte que nous ne pouvons apprécier actuellement la valeur du
caractère qu'il offre en commun avec le genre DRISSENA que
M. Vanbeneden propose d'établir pour le *mytilus polymorphus*
et une autre espèce des eaux douces du Sénégal communiquée
à l'auteur par M. Quoy.

Lamk. Ann. du mus. t. 6. p. 220. n. 1 , et t. 9. pl. 17. f. 9. a. b.
Desf. Dict. des sc. nat. t. 33. p. 151.
Desh. Coq. foss. de Paris. t. 1. p. 274. n° 1. pl. 40. f. 3.
Desh. Encycl. méth. vers. t. 2. p. 558. n. 4.

Habite.... Fossile à Grignon et à Courtagnon. Coquille un peu aplatie, lisse, ovale, oblongue, légèrement courbée dans sa longueur;
le dos est arrondi, le bord cardinal est assez long, et forme avec
l'axe longitudinal un angle moins aigu que dans la plupart des espèces; le côté postérieur est dilaté et fort aplati.

† 4. Moule acutangle. *Mytilus acutangulus*. Desh.

*M. testá ovato-elongatá, incrassatá, lœvigatá, apice acutá, infernè
rotundatá; margine cardinali subrecto, antice septifero, subcal-
loso; umbonibus acutis, retortis.*
Desh. Coq. foss. de Paris. t. 1. p. 274. n. 2. pl. 40. f. 1. 2.
Mytilus incrassatus. Desh. Encycl. méth. vers. t. 2. p. 358. n. 5.

Habite... Fossile à Valmondois et à Senlis, près Paris. Coquille ovale,
oblongue, un peu arquée dans sa longueur; épaisse, bossue, anguleuse sur le milieu du dos ; sa surface extérieure est lisse ; le côté
antérieur est aplati et montre des stries transverses très fines et
tremblées. Le test est épais et nacré à l'intérieur.

† 5. Moule de Brard. *Mytilus brardi*. Faujas.

*M. testá elongato-angustá gibbosá, lœvigatá, leviter arcuatá; dorso
rotundatá umbonibus minimis, obtusis, terminalibus. Nob.*
Faujas Ann. du mus. t. 8. pl. 58. f. 11. 12.
An eadem species Mytilus brardi. Brong. Vicent. p. 78. pl 6. f. 14?
Mytilus plebeius. Dub. de Mont. foss. de Wolh. p. 69. pl. 7. f. 26.
27. 28.

Habite.... Fossile aux environs de Mayence. M. de Bastérot a confondu avec cette espèce une petite coquille que l'on trouve à Dax
et en Touraine. Cette dernière, à laquelle nous donnons le nom
de *Mytilus basteroti*, a, comme on va le voir, des caractères qui la
distinguent nettement de celle-ci. Le *Mytilus brardi* est petit, allongé, étroit, très convexe, bossu, mais non anguleux sur le crochet ou sur le dos; il est lisse; ses crochets sont petits, obtus et
inclinés l'un vers l'autre. Le bord cardinal est simple et n'a point
une petite cloison semblable à celle du *Mytilus bilocularis*. La
figure donnée par M. Brongniart ne ressemble pas à celle de Faujas, de sorte que nous ne l'indiquons qu'avec doute. La figure de
M. Dubois de Montpéreux nous paraît trop large, si nous nous en
rapportons aux individus que nous avons vus.

† 6. Moule de Bastérot. *Mytilus basteroti*. Desh.

M. testá elongato-angustá , subcompressá, lævigatá , dorso apice que carinato-gibbosá; umbonibus acutis, rectis, terminalibus, intus septiferis.

Mytilus brardi. Var. bast. foss. de Bord. p. 78. n. 2.

An eadem. spec. Mytilus Brardi Sow. min. conch. pl. 532. f. 2 ?

Habite... Fossile de Bordeaux, de Dax et des faluns de la Touraine. Petite coquille mince, lisse, aplatie surtout à son extrémité posté-rieure ; elle est droite et à peine arquée vers le crochet ; celui-ci est petit , aigu, terminal, un peu cariné ; en dedans, il est garni d'une petite cloison transverse couvrant sa cavité , comme dans le *Mytilus septiferus.* Mais ici cette cloison est proportionnellement plus petite ; le bord cardinal est court et peu épais , sans dents cardinales.

† 7. Moule ridée. *Mytilus corrugatus*. Brong.

M. testá ovatá , spathulatá , compressá , subangulatá, longitudinali-ter sulcatá , sulcis simplicibus undulatis; umbonibus minimis ob-tusis.

Brong. Vicent. p. 78. pl. 5. f 6.

Habite... Fossile de Ronca , où elle est assez commune. Coquille ovale, aplatie, un peu en forme de spatule ; un angle obtus la par-tage en deux parties inégales, l'antérieure, plus étroite, a des stries très fines et ondulées ; la postérieure est couverte de côtes assez épaisses , onduleuses et simples. Le crochet est petit, obtus et non saillant sur le bord.

† 8. Moule des anciens. *Mytilus antiquorum*. Sow.

M. testá ovato-oblongá , lævigatá , gibbosulá convexá ; umbonibus obtusis, minimis ; cardine dentibus duobus tribusve instructo.

Sow. Min. Conch. pl. 275. f. 1, 2, 3.

Habite... Fossile du Crag d'Angleterre. Coquille ovale, oblongue ; se rapprochant un peu du *Mytilus edulis* pour sa forme et sa gran-deur; elle est mince, convexe en-dessus, non anguleuse; son crochet est petit, obtus, non saillant sur le bord; au—dessous de lui le bord cardinal offre deux , quelquefois trois petites dents cardinales iné-gales.

† 9. Moule pectinée. *Mytilus pectinatus*. Sow.

M. testá oblongá, subquadrangulari, gibbosá, aliquantisper arcuatá, longitudinaliter tenue striatá , umbonibus acutis, productis , re-tortis.

Sow. Min. Conch. pl. 282.

Habite.... Fossile des argiles de Kimmeridge, aux environs de Wey-mouth, en Angleterre, aux Vaches-Noires, et plusieurs autres lieux en France; elle est allongée, bossue, souvent arquée dans sa longueur; ses stries sont fines et régulières; les crochets sont pointus, assez souvent contournés; le bord postérieur est tronqué, ce qui donne à la coquille une forme subquadrangulaire.

PINNE. (Pinna.)

Coquille longitudinale, cunéiforme, équivalve, bâillante à son sommet, pointue à sa base, à crochets droits; charnière latérale, sans dent; ligament marginal, linéaire, fort long, presque intérieur.

Testa longitudinalis, cuneiformis, æquivalvis, apice hians, basi acuta; natibus rectis. Cardo lateralis, edentulus. Ligamentum marginale, lineare, prælongum, subinternum.

[Animal allongé, assez épais, subtriangulaire, les lobes du manteau réunis au bord dorsal, séparés dans le reste de leur étendue, ordinairement ciliés sur les bords, un pied grèle, conique, vermiforme, portant à sa base un byssus soyeux; bouche entre deux lèvres foliacées en dedans, très allongées, et terminées par deux paires de palpes courtes; les deux palpes d'un côté soudées dans presque toute leur longueur; deux muscles adducteurs; l'anus aboutit derrière le postérieur.]

OBSERVATIONS. — Les *pinnes* sont des coquilles marines, la plupart fort grandes, minces, relativement à leur grandeur, souvent fragiles, et auxquelles on donne vulgairement le nom de *jambonneaux*. Elles sont longitudinales, rétrécies en pointe vers leur base, à bord supérieur arrondi, quelquefois presque tronqué, toujours plus ou moins bâillant. Leur ligament est étroit et si serré, que leurs valves paraissent soudées ensemble du côté de la charnière, et ont peu de mouvement pour s'ouvrir. Leur test, quoique mince et se divisant quelquefois en lames, est d'un tissu solide, et montre, dans ses cassures, des stries fines et transverses, qui imitent celles du gypse.

C'est avec les moules que les *pinnes* ont le plus de rapports ; mais leur coquille à crochets droits, et bâillante à son extrémité supérieure, les en distingue fortement. Déjà même leur test offre une tendance à se diviser en lames, et se rapproche de celui des malléacées.

L'animal de la *pinne* est allongé, sans siphons saillans, et possède un pied en langue conique, qui lui sert à se fixer par un *byssus;* mais ce *byssus*, au lieu d'être rare et grossier, comme celui des moules, est long, fin, lustré, soyeux et abondant : il ne prend aucun genre de teinture, et néanmoins sa finesse et son lustre le font employer à différens ouvrages, en Italie.

La *pinne* vit habituellement dans les parties basses de la mer, à peu de distance des rivages. Tantôt elle se fixe aux corps marins par son byssus, et tantôt elle se déplace à l'aide de son pied. On en trouve dans presque toutes les mers. On dit qu'elle doit son nom à la ressemblance qu'elle a avec l'aigrette que les soldats romains portaient à leur casque, et qui s'appelait *penna.* De petits crustacées, soit à corps arrondis comme celui des crabes, soit à corps allongé comme celui des salicoques, se trouvent quelquefois dans les pinnes.

[Depuis que Poli a publié son bel ouvrage sur les mollusques, il n'est pas permis de douter que l'animal des pinnes soit réellement dimyaire. Le muscle adducteur antérieur est assez gros, placé dans l'extrémité des crochets où l'on remarque facilement son impression dans les coquilles vieilles et épaisses, l'autre est plus gros, subcylindrique et presque central. Le manteau revêt tout l'intérieur des valves; il est mince, si ce n'est sur les bords où il est garni, dans toute la partie postérieure de sa circonférence, de deux rangs de cirrhes tentaculaires et d'un seul rang dans toute la partie antérieure. La masse abdominale est assez considérable; de chaque côté on remarque une paire de grandes branchies presque égales en forme de croissant. A la partie moyenne de cette masse abdominale s'attache un organe vermiforme, conique, musculeux : c'est le pied à la base duquel se trouve, dans un crypte charnu particulier, un gros byssus composé d'un grand nombre de fils très fins et soyeux; en avant de ce pied et à l'extrémité antérieure de la masse abdominale, on trouve, à la partie moyenne, l'ouverture buccale assez grande et ovale entre deux lèvres larges et foliacées à leur surface interne. Ces lèvres se continuent de chaque côté du corps, descendent presque au niveau de l'origine des branchies, et se terminent de chaque côté en une paire de palpes labiales, lancéolées, étroites et courtes pour un animal aussi grand. La bouche communique à l'estomac par un œsophage court et très étroit. L'estomac est globuleux, il donne naissance à un intestin large, cylindrique qui, formant la prolongation de l'estomac, se place comme lui dans la ligne médiane de l'animal, pour se terminer en un petit cul-de-sac, au-dessous duquel et latéralement, naît un intestin très grêle qui se courbe en avant et bientôt s'enfle en un second estomac fusiforme. De l'extrémité de ce second estomac, part un intestin aussi gros que le premier, lequel vient un peu au-dessous du premier estomac. Parvenu à ce point après une petite courbure, l'intestin se dirige, sans changer de volume, d'arrière en avant, en formant un grand arc de cercle pour passer derrière le muscle adducteur postérieur, et se terminer au-dessus de lui en un anus flottant. L'estomac et toute la partie antérieure de l'intestin, sont enveloppés dans un foie assez considérable, qui verse les produits de sa sécrétion immédiatement dans l'estomac, par plusieurs grands méats biliaires. A l'extrémité de l'intestin, près de l'anus, on remarque, placé sur un mamelon, un corps singulier, vermiforme, conique, auquel Poli donne le nom de trachée. Cet organe paraît d'une nature musculaire, mais il ne peut être comparé à ce que Poli nomme trachée dans les autres mollusques acéphalés : la trachée est le pied, et la partie dont nous nous occupons, d'après ce qu'en dit l'auteur italien, n'a point de rapport avec le pied proprement dit : l'usage de cet organe est inconnu. L'ovaire est assez considérable, il est d'un rouge orangé et placé derrière le foie ; il est quelquefois ramifié dans celles des parties qui doivent le plus tôt donner des œufs. Poli donne la description d'un organe testacé, intérieur, spongieux, vasculaire, solide et contenant, dans ses cellules, des granulations sableuses, irrégulières. Cette partie placée au-dessous du muscle adducteur postérieur, est composée de deux organes semblables : son usage est inconnu.

Le système de circulation est fort considérable. Poli a donné, de cet appareil circulatoire, des figures excellentes et une description complète, il est composé d'un système artériel et d'un système veineux.

Le cœur, entre les deux systèmes, est placé à la partie médiane et dorsale de l'animal, à-peu-près au niveau du muscle adducteur postérieur et accolé au rectum; il est composé d'un ventricule charnu et de deux oreillettes; tout le système vasculaire est des plus considérables, et la description la plus détaillée n'en donnerait qu'une idée confuse et ne pourrait jamais remplacer l'examen attentif des belles planches de Poli; aussi nous engageons les personnes, que l'étude des mollusques intéresse, à étudier avec soin les anatomies du savant zoologiste napolitain.

Le système nerveux n'a pas été entièrement disséqué par Poli, et il nous est impossible de suppléer à son silence, parce qu'il nous a été impossible de nous procurer des animaux du genre qui nous occupe. La partie du système nerveux, figurée par Poli, est celle que l'on voit facilement à la surface interne du muscle adducteur postérieur; le grand nombre de filets parfaitement symétriques, dont elle est composée, annonce que le système nerveux doit être considérable: un gros ganglion transverse est placé à la partie médiane et antérieure du muscle, il reçoit d'abord les deux nerfs qui s'étendent des ganglions antérieurs aux postérieurs pour former l'anneau viscéral; il fournit ensuite de chaque côté un filet pour les branchies, un autre pour les parties postérieures du manteau, et les trois derniers filets se contournent sur la surface du muscle pour gagner la partie postérieure de la masse viscérale et les bords épaissis du manteau.

La coquille des pinnes a une structure particulière, on la reconnaît plus facilement dans les grands et vieux individus; voici ce que l'on peut y observer. Lorsque l'on examine la coquille en dedans, on voit sur son extrémité antérieure une surface nacrée qui occupe seulement une petite partie de la face interne des valves. Dans la concavité de chaque valve, et toujours dans l'espace couvert de nacre, on remarque dans les vieux individus d'espèces allongées, que chacun des côtés de la valve est séparé par un sillon assez profond, de sorte que les extrémités de ces grands individus, semblent formées de quatre parties égales; si on fait calciner au feu cette nacre intérieure, ou si on l'observe dans des individus fossiles des terrains tertiaires, on la trouve composée de lames superposées comme dans le test des autres mollusques acéphalés. En étudiant cette grande partie des valves qui déborde la surface nacrée, on la trouve très cassante, on la voit formant toute la surface extérieure des valves, et si on cherche sa structure, on la trouve composée d'une multitude de fibres calcaires, perpendiculaires, ce qui explique l'élasticité de la coquille lorsqu'elle est dans l'eau, et sa fragilité lorsqu'elle est desséchée. Lorsque l'on examine les rapports de cette matière fibreuse avec la nacrée, non-seulement on s'aperçoit qu'elle la déborde de beaucoup, mais encore qu'elle commence sur les crochets par être extrêmement mince et va en s'épaississant vers les bords des valves. Comme les espèces de pinnes actuellement connues à l'état vivant, sont fort minces proportionnellement à leur grandeur, on ne peut étudier la structure de la matière fibreuse que dans des fragmens qui ont à peine une ligne d'épaisseur lorsqu'ils sont pris des plus grands individus du *pinna nigrina*, par exemple, qui est l'espèce dont l'épaisseur est la plus grande. Nous ajouterons que ce n'est pas seulement dans le genre pinna que cette structure fibreuse se remarque, mais encore dans les moules et presque tous les genres de la famille des malléacées de Lamarck. Cette structure, que l'on rencontre dans un assez grand nombre de coquilles fossiles, sert à leur donner des rapports plus naturels qu'ils ne le seraient sans cela.

Si nous appliquons ces observations préliminaires à l'étude des espèces fossiles, nous verrons qu'en se fossilisant dans les terrains tertiaires désagrégés, la couche fibreuse se décompose en des filamens calcaires qui se détachent de la partie nacrée dont la conservation est plus parfaite. Lorsque cette partie est elle-même un peu dégradée, elle laisse apercevoir le point de jonction des deux parties dont les valves sont formées, et c'est à une disposition semblable, observée dans un individu du *pinna nobilis* ou *squamosa* fossile d'Italie, qu'est due la création de l'espèce de *Pinna quadrivalvis* de Lamarck.

On trouve assez fréquemment dans la grande formation oolitique, des coquilles bivalves ordinairement assez épaisses et dont le test est fibreux. Ces coquilles offrent un phénomène tout-à-fait inverse de celui des espèces tertiaires, c'est-à-dire, que la partie intérieure a été dissoute, tandis que la fibreuse épaisse est restée solide. Une de ces coquilles, observée d'abord par Saussure, au mont Salève, reçut de lui le nom de Pinnigène; Guettard, qui en avait aussi observé d'autres dans la Normandie, leur avait donné le nom de Trichite, voulant que leur nom rappelât leur structure fibreuse et capillaire. Quelques personnes pensèrent d'abord qu'il serait bon de rassembler en un seul genre toutes les coquilles fossiles à test fibreux; mais il fallut bientôt y renoncer lorsque l'on reconnut dans les Inocérates et les Camillus des caractères génériques propres et plus importans que ceux de la structure fibreuse. Il convient maintenant de distribuer ces coquilles curieuses le plus rationnellement possible dans la méthode; quelques-unes peuvent entrer, à ce qu'il nous semble, dans le genre qui nous occupe; nous mentionnerons les autres dans la famille des Malléacées.]

ESPÈCES.

1. Pinne rouge. *Pinna rudis*. Lin. (1)

> P. *testâ magnâ, oblongâ, ferrugineo-rubente; apice obliquè rotundato; sulcis crassis squamiferis, squamis magnis semi-tubulosis.*
> Pinna rudis. Lin. Syst. nat. p. 1159. Gmel. p 3363. n° 1.
> * Schrot. Einl. t. 3. p. 474.
> List. Conch. t. 373. f. 214.
> Seba, Mus. 3. t. 92. *Figuræ superiores.*
> Chemn. Conch. 3. t. 88. f. 773.
> Encycl. pl. 199. f. 3.
> D'Argenv. Conch. pl. 25. f. F ?
> * Dillw cat. t. 2 p. 324. n. 1.
> Habite l'Océan américain et atlantique. Mon cabinet. Elle acquiert un pied et demi de longueur. Ses sillons sont grossiers ainsi que les écailles qu'ils soutiennent. Elle n'est point rare.

---

(1) Le *Pinna rudis* de Poli et de M. Payraudeau ne sont pas de la même espèce que celle-ci.

2. Pinne éventail. *Pinna flabellum.* Lamk. (1)

> *P. testá ferrugineo-rubente, pellucidá, supernè subtruncatá, latiore;*
> *sulcis longitudinalibus rectis, squamiferis.*
>
> D'argenv. Conch. t. 22. f. F.
> Favanne, Conch. t. 50. f. A 4.
> Knorr. Vergn. 2. t. 26. f. 2.
> Chemn. Conch. 8. t. 37. f. 769.
> Encycl. pl. 199. f. 4?
> [b] *Var. testá angustiore, submuticá.*
> *Pinna carnea.* Gmel. p. 3365. n. 7.
> * Knorr. Vergn. t. 2. pl, 23. f. 1.
> * *Pinna carnea.* Dillw. cat. t, 1 p. 326. n. 6. *Syn. pler. exclus.*
> * Schrot. Einl. t. 3. pl. 9. f. 17.
> Habite...... l'Océan indien ? Mon cabinet. Elle tient à la précédente
> par ses rapports, mais elle est plus raccourcie, fort élargie supé-
> rieurement, et très distincte. Ses écailles sont petites ou de taille
> médiocre, blanchâtres. *Voyez* Schroët. [flusc. 3. t. 9. f. 17] : ce
> n'est assurément point le *P. saccata.* (2)

3. Pinne demi-nue. *Pinna semi-nuda.* Lamk.

> *P. testá fulvo-griseá, apice latissimá, obliquè truncatá; sulcis longi-*
> *tudinalibus squamiferis : lateris postici curvis descendentibus nudis.*

---

(1) Nous pensons que Lamarck et Dillwyn ont confondu deux
espèces, l'une qui n'est pour nous qu'une variété de la précédente, et l'autre qui est le *pinna carnea* de Gmel. Pour rectifier
convenablement cette espèce, la synonymie devra éprouver de
notables changemens; ainsi les quatre premiers auteurs cités
devront compléter la synonymie du *Pinna rudis.* La figure de
l'Encyclopédie, qui est une mauvaise représentation du *Pinna
semi-nuda,* devra être supprimée, de sorte qu'il ne restera que
la variété de Lamarck, laquelle constitue une espèce particulière à laquelle il conviendra de conserver le nom de *Pinna carnea* que Gmélin lui donna le premier.

Nous ajoutons à cette variété la synonymie de manière à ce
qu'il suffise d'en faire une espèce avec le nom que nous venons
de lui désigner.

(2) Cette figure, citée de Schroeter, n'est pas en effet le *pinna
saccata,* mais bien le *solen coarctatus.* (Voyez tom. 6, p. 59,
n° 17.)

List. Conch. t. 372. f. 213?

Seba. Mus. 3. t. 91. f. 3

Knorr. Vergn. 2. t. 26. f. 1.

Pinna nobilis. Chemn. Conch. 8. t. 89. f. 775.

* Encycl. pl. 199. f. 4.

* *Pinna rigida.* Solanders et Dilw. cat. t. 1. p. 327. n° 7.

* *Pinna pectinata.* Born. Mus. p. 132.

* Desh. Encycl. méth. vers. t. 3. p. 768. n° 1.

[b] *Var.? testá minore, fusco-nebulosá; sulcis tenuioribus : medianis præsertim squamiferis.*

Gualt. test. t. 79. f. D.

Pinna exusta? Gmel. n° 14. (1)

Habite les mers d'Amérique, et peut-être celles de l'Inde pour la variété [b]. Mus. n°. Elle tient de la P. pectinée, mais elle est écailleuse sur le disque de ses valves. La variété est très rembrunie.

4. Pinne angustane. *Pinna angustana*. Lamk.

P. testá angusto-cuneatá, corneá, supernè squamiferá, fucescente; squamis albis fornicatis; margine antico postico longiore.

* *An eadem species? Pinna saccata.* Poli. test. t. 2. pl. 34. f. 4.

Habite la Méditerranée. Mon cabinet. Son bord supérieur est obliquement arqué de devant en arrière, ce qui est le contraire dans l'espèce précédente. Ses sillons longitudinaux sont grèles et nus dans leur moitié inférieure.

5. Pinne hérissée. *Pinna nobilis*. Lin.

P. testá griseá, supernè rufescente, echinatissimá; sulcis longitudinalibus crebris, supernè squamiferis : squamis confertis, subtubulosis, erecto-recurvis.

Pinna nobilis. Lin. Syst. nat. p. 1160. Gmel. p. 3364. n° 3.

Bonan. recr. 2. f. 24.

Gualt. test. t. 78. fig. B.

Seba, Mus. 3. t. 92. *fig. 4. ultimæ.*

Chemn. Conch. 8. t. 89. f. 777.

Encycl. pl. 200. f. 1.

[b] Chemn. Conch. 8. t. 89. f. 776.

* Schrot. Einl. t. 3. p. 477.

---

(1) La Pinna exusta, de Gmélin, est une espèce bien distincte de celle-ci, il sera convenable de la rétablir dans les catalogues.

* Dillw. cat. t. 1 p. 327. n° 8.

* *Pinna muricata.* Poli. test. t. 2. pl. 34. f. 1.

* *An°eadem? Pinna nobilis.* Payr. cat. p. 69. n° 126.

* Blainv. malac. pl. 64. f. 1.

Habite l'Océan atlantique et américain. Mus. n° Mon cabinet. C'est la plus hérissée de toutes les pinnes connues; mais à écailles assez petites, fréquentes, couvrant toute sa partie supérieure par rangées longitudinales. Son sommet est très obtus, légèrement arqué.

6. Pinne écailleuse. *Pinna squamosa.* Gmel. (1)

P. testá maximá, griseo-rufescente, supernè ovatá; sulcis longitudinalibus obsoletis; squamis brevissimis, concavis, truncatis, per series transversas arcuatim digestis.

Pinna squamosa. Gmel. p. 3365. n° 6.

List. Conch. t. 374. f. 215.

Gualt. test. t. 78. fig. A.

Seba, Mus. 3. t. 91. f. 1.

Pinna marina. Chemn. Conch. 8. t. 92. f. 784. è specim. juniore.

Ejusd. tab. 93. f. 787.

Encycl. pl. 200. f. 2.

* *Pinna rotundata.* Var. Schrot. Einl. t. 3. p. 481.

* *Pinna nobilis,* Poli. test. t. 2. p. 229, pl. 35.

* Dillw. cat. t. 1. p. 329. n° 12. *Pinna squamosa.*

* *Pinna rotundata.* Lin. Syst. nat. p. 1160.

* *Id.* Schrot. Einl. t. 3. p. 479.

* *Id.* Gmel. p. 3365. n° 5.

* *Pinna incurvata.* Born. Mus. p. 133.

* *Pinna rotundata.* Dillw. cat. t, 1. p. 329. n° 13.

* Desh. Encycl. méth. vers. t. 3. p. 768. n° 3.

Habite l'Océan atlantique austral. Mus. n°. Mon cabinet. C'est la plus grande des Pinnes connues; elle acquiert environ 58 centimètres de longueur [2 pieds 3 quarts], et peut-être plus. Ses écailles usées ou brisées par le frottement disparaissent souvent sur les grands individus.

---

(1) Il est très difficile de distinguer cette espèce de la précédente, mais il est impossible de trouver les caractères d'après lesquels Gmélin a séparé son *Pinna squamosa* du *rotundata* de Linnée. Quoique M. Dillwyn ait conservé ces deux espèces, nous proposons de les réunir et de conserver à l'espèce, ainsi rétablie, le nom linnéen de *Pinna rotundata.*

7. Pinne bordée. *Pinna marginata.* Lamk.

P. testá tenui, fragili, pellucidá, longitudinaliter sulcatá; limbo su-
pero aculeis per series quatuor transversas marginato.

Gualt. test. t. 79. fig. C.

Pinna bullata. Gmel. n° 18.

Habite..... Mus. n° Elle est blanchâtre, et paraît distincte de toutes
celles que l'on connaît. Longueur, 135 millimètres.

8. Pinne rare-épine. *Pinna muricata.* Lin.

P. testá tenui, pellucidá, pallidè fulvá, subtruncatá; sulcis longitu-
dinalibus raris, muricatis : squamis parvis erectis subacutis.

Pinna muricata. Lin. Syst. nat. p. 1160. Gmel. p. 3364. n°. 4.

List. Conch. t. 370. f. 210. *fig. prima.*

Rumph. Mus. t. 46. fig, M.

Gualt. ind. pl. 79. f. D.

Knorr. Vergn. 6. t. 20. f. 1.

Da Costa, Conch. brit. t. 16. f. 3.

Chemn. Conch. 8. t. 91. f. 781. *mala.*

* Born. Mus. p. 133.

* Schrot. Einl. t. 3. p. 478.

* Dillw. cat. t. 1 p. 328. n° 9.

* Au eadem ? *Pinna mucronata.* Poli. test. t. 2. pl. 33. f. 4.

Habite l'Océan atlantique et celui des Antilles. Mus. n°. Mon cabinet.
Coquille mince, de taille médiocre, à côté postérieur mutique.
Elle paraît très voisine de la pinne demi-nue.

9. Pinne pectinée. *Pinna pectinata.* Lin.

P. testá tenui, pellucidá, corneá; latere antico longitudinaliter sulcato,
margine recto, squamis serrato : postico rugis transversis, obliquè
curvis.

Pinna pectinata. Lin. Syst. nat. p. 1160. Gmel. p. 3363. n°. 2.

Pinna inflata. Chemn. Conch. 8. t. 87. f. 770. et f. 771.

(b) *Var. testá lateris antici margine mutico.*

Gualt. test. t. 79. f. A.

Pennant. Zool. brit. 4. t. 69. f. 80.

* Schrot. Einl. t. 3. p. 475.

* Encycl. pl. 200. f 5.

* Dillw. cat. t. 1. p 325. n°. 4. *Pinna inflata.*

* Desh. Encycl. méth. vers. t. 3. p. 769, n°. 4.

[c] *Var. testá lævigatá; sulcis longitudinalibus, obsoletissimis,*

Habite l'Océan austral, et la variété [b], l'Océan atlantique. Mus. n₀.
Mon cabinet. Quoique le côté postérieur ait de grosses rides trans-

verses et courbées, il offre quelques stries longitudinales écartées, noduleuses vers leur sommet.

10. Pinne enflée. *Pinna saccata*. Lin.

> *P. testâ subirregulari, tenui, fragilissimâ, sulcis longitudinalibus undatim rugosâ; postico latere medio sinu coarctato.*

Pinna saccata. Lin. Syst. nat. p. 1160.

* Gmel. p. 3365. n°. 8. *Syn. plerisque exclus.*

* Dillw. cat. t. 1. p. 33. n°. 18. *Syn. plur. exclus.*

* Desh. Encycl. méth. p. 769. n°. 5.

Rumph. Mus. t. 46. fig. N.

Seba, Mus. 3. t. 92. *fig. centralis.*

Favanne, Conch. t. 50. fig. C. *mala.*

Encycl. pl. 200. f. 4. *mala.*

[b] *Var. testâ minore, rubro-fucescente.*

Habite l'Océan indien. Mus. n°. Mon cabinet. Elle tient un peu à la précédente; mais elle est tout-à-fait mutique, irrégulière, enflée, et singulière en ce que ses valves semblent soudées et presque sans ligament. Couleur cornée. Longueur, 146 millimètres.

> *Nota.* La *P. vitrea* me parait n'en être qu'une variété sans rétrécissement postérieur, et plus régulière.

11. Pinne variqueuse. *Pinna varicosa*. Lamk. (1)

> *P. testâ muticâ, subpellucidâ, rufo-rubente, supernè obliquè rotundatâ; sulcis longitudinalibus crassis undatis varicosis.*

Seba, Mus. 3. t. 92. *Fig. duæ penultimæ laterales.*

An pinna carnea? Gmel. n° 7.

Habite à l'île de la Trinité. M. *Robin.* Mus. n°. Elle a une tache nébuleuse d'un brun noirâtre, vers le bas de son côté postérieur. Longueur, 205 millimètres.

12. Pinne en hache. *Pinna dolabrata*. Lamk. (2)

> *P. testâ muticâ, supernè imbricato-lamellosâ; sulcis longitudinalibus obsoletis; margine antico longiore, recto, subacuto.*

An pinna bicolor? Gmel. n° 13.

---

(1) Si l'on s'en rapporte à la figure de Seba, cette espèce ne serait point recevable, étant faite pour une variété du *pinna rudis;* dans les exemplaires coloriés de Seba, les figures citées ici, sont de la même couleur que le *pinna rudis.*

(2) Chemnitz avait donné le nom de *pinna bicolor* à cette espèce, il sera nécessaire de lui restituer.

Pinna bicolor. Chemn. Conch. 8. t. 90. f. 780?

* Shrot. Einl. t. 3. p. 487.

* Dillw. cat. t. 1. p. 330. n° 14.

Habite...... les mers australes? Mus. n°. Mon cabinet. Grande coquille grisâtre, nuée de brun, éminemment lamelleuse dans sa partie supérieure, à bord terminal très obliquement arrondi. Longueur, 360 millimètres.

13. Pinne britannique. *Pinna ingens.* Pennant.

P. testá muticá, corneá, fusco-nebulosá; basi antica longitudinaliter sulcatá : striis transversis ad latus posticum incurvis, et in rugas posticales infernè decurrentibus.

* *Pinna ingens.* Penn. zool. brit. t. 4. p. 115.

* Monta. test. p. 180.

* Dillw. cat. t. 1. p. 325. no. 3.

Pinna ingens. Maton, Act. soc. Lin. 8. p. 112.

Habite l'Océan britannique. Mon cab. Communiquée par M. *Leach.* Elle tient un peu de la P. pectinée; et quoique fort grande, elle l'est moins que la P. écailleuse. Son bord supérieur est arrondi.

14. Pinne pavillon. *Pinna vexillum.* Born.

P. testâ muticâ, brevi, latâ, rufo-nigricante, supernè retusá; basi anticâ sulcis longitudinalibus tenuibus asperatis.

Gmel. p. 3366. n° 15.

Pinna vexillum. Born. Mus. t. 7. f. 8.

Chemn. Conch. 8. t. 91. f. 783.

* Schrot. Einl. t. 3. p. 488. n° 8.

* Dillw. cat. t. 1. p. 329. n° 11.

* Desh. Encycl. méth. vers. t. 3. p. 770. n° 7.

Habite l'Océan indien. Mus. n°. Mon cabinet. Elle est comme enfumée, d'un roux noirâtre, et se rapproche de la suivante par ses rapports; mais elle est moins grande, plus obtuse supérieurement.

15. Pinne noirâtre. *Pinna nigrina.* Lamk.

P. testâ ovato-rotundatá, opacá, extus intusque nigricante; striis longitudinalibus, subsquamiferis: squamis brevissimis lunatis : superioribus remotioribus.

Rumph. Mus. t. 46. fig. L.

Gualt. test. t. 81. fig. A.

Pinna nigra. Chemn. Conch. 8. t. 88. f. 774.

Encycl. pl. 199. f. 1. a, b.

* *Pinna rudis.* Var. B. Linn. Syst. nat. p. 1159.

* *Id.* Schrot. Einl. t. 3. p. 474.

* *Id.* Gmel. p. 3363. n° 1.

* *Pinna nigra.* Dillw. cat. t. 1. p. 325. n₀ 2.

* Desh. Encycl. méth. vers. t. 3. p. 770. n° 8.

* Sow. Genera of shells. f. 2.

Habite l'Océan des grandes Indes. Mus. no. Mon cabinet. Cette coquille n'a de commun avec le *P. rudis* que d'être du même genre. Elle est grande, large, arrondie, presque noire, et n'offre que des bases d'écailles sans saillies, sériales, dont les supérieures sont les plus larges et les plus écartées.

16. Pinne subquadrivalve. *Pinna subquadrivalvis.* Lamk. (1)

P. testá rectá, angusto-cuneatá subtetragoná ; valvarum angulo dorsali longitudinaliter fisso.

An pinna tetragona? Brocch. Conch. 2. p. 589.

(b) *Var. testá latiore, non margaritaceá.*

Habite..... Fossile des environs de Parme. Cabinet de M. *Faujas.* Elle est étroite, et a le test nacré, feuilleté. La variété (b) est plus grande, plus large, et se trouve près de Mamert, sur la route d'Arlon à Luxembourg. Cabinet de M. *Ménard.* Cette coquille n'a que deux valves, et semble en avoir quatre. Elle forme un coin droit, en tétragone aplati.

† 17. Pinne dentée. *Pinna serrata.* Sow.

P. testá elongatá, trigoná corneo flavá, apice acutá, postice obtusá, bipartitá, parte superiore sulcis longitudinalibus, divergentibus, serratis arcuatá ; parte inferiore striis squamosis arcuatis instructá ; margine dorsali recto, serrato; ventrali recto simplici.

Sow. Genera of shells. f. 1.

Habite.... Coquille qui avoisine par sa forme le *pinna pectinata.* Elle est allongée, trigone; son bord supérieur ou dorsal est droit, l'inférieur l'est aussi; ces deux bords, en se rencontrant au sommet, forment un angle aigu; le côté postérieur est obtus et obliquement arrondi; la surface est divisée en deux parties presque égales; la

---

(1) Nous pensons que cette espèce a été faite avec l'extrémité antérieure d'un grand individu fossile du *Pinna squamosa* ou *nobilis* qui, ayant été dénudée de sa partie fibreuse et d'une partie des lames nacrées, a laissé apercevoir la jonction des deux parties dont chaque valve semble formée. A titre de variété, Lamarck a admis ici une espèce très distincte et qu'il sera nécessaire d'en séparer plus tard.

supérieure est chargée de sillons longitudinaux divergens, garnis d'écailles subimbriquées; dans chaque valve, un sillon écailleux, placé sur le bord dorsal, donne à ce bord l'appparence d'une lame de scie. La partie inférieure des valves est chargée de stries d'accroissement courbées, sur lesquelles s'élèvent de petites écailles peu relevées; cette coquille, mince, transparente, est d'un jaune fauve corné.

† 18. Pinne nacrée. *Pinna margaritacea.*

P. testá elongatá, cuneiformi, trigoná, angustá, sublævigatá, vel sulcis longitudinalibus, superficialibus, undulatis instructá, extus fuscá, fibrosá, intùs albá, margaritaceá.

Lamk. Ann. du mus. t. 6. p. 218. n° 1. et t. 9. pl. 17. f. 8.

Def. Dict. des sc. nat. t. 41. p. 71.

Desh. Descr. des coq. foss. de Paris. t. 1. p. 280. n° 1. pl. 41. f. 15.

Habite.... Fossile aux environs de Paris, à Grignon, Parnes, Courtagnon, etc. Coquille allongée, étroite, d'une taille médiocre, ayant quelques sillons onduleux superficiels sur le sommet des valves; ces sillons se continuent quelquefois jusque vers les bords. Sa matière fibreuse, décomposée, disparaît et laisse à nu la partie nacrée, d'où le nom que Lamarck lui a imposé.

† 19. Pinne épaisse. *Pinna ampla.* Desh.

P. testa ovatá, latá, gibbosá, postice dilatato-compressá, longitudinaliter striatá, inferne sublævigatá; margine cardinali recto, brevi, obliquo; umbonibus obtusis, costellatis.

Mytilus amplus, Sow. Min. Conch. pl. 7.

Habite.... Fossile dans l'oolithe, en Angleterre, en France et en Allemagne. Coquille dont la forme se rapproche de celle du *pinna vexillum :* elle est ovale-oblongue; son bord inférieur est droit, et forme avec le bord cardinal un angle d'environ quarante-cinq degrés; le sommet est obtus, et les crochets, à leur côté postérieur, sont sillonnés; le reste de la surface, à l'exception du côté inférieur, est strié longitudinalement; les stries sont écartées et aplaties. Les valves sont convexes, le test est fibreux et, en proportion, un peu plus épais que dans les espèces vivantes du même genre qui ont le plus d'épaisseur.

† 20. Pinne de Saussure. *Pinna Saussurei.* Desh.

P. testá ovato-oblongá, arcuatá, subæquivalvi longitudinaliter undatim plicato costatá, costis aliquantisper bifidis; valvis crassis, fibrosis, postice subhiantibus.

Saussure. Voyage dans les Alpes. t. 1. p. 192. pl. 2. fig. 5, 6.

Habite.... Fossile dans le Coral rag de Saint-Mihiel, du mont Salève, de Normandie, etc. Coquille dont on rencontre des fragmens en assez grand nombre, mais que l'on trouve rarement entière ; elle est ovale, oblongue, convexe ; les valves ne paraissent pas égales, la valve gauche est plus aplatie que la droite, les crochets sont terminaux comme dans les pinnes, le bord antérieur laisse ouverte une petite fente pour le passage du byssus. Le crochet donne naissance à plusieurs côtes longitudinales qui se bifurquent et dont les embranchemens divergens se rendent, le plus grand nombre, vers le bord postérieur, les autres vers le bord antérieur. Le test est épais, fibreux, il a plus de deux lignes d'épaisseur dans des individus qui ont sept à huit pouces de longueur.

LES MALLÉACÉES.

Ligament marginal, sublinéaire, soit interrompu par des crénelures ou des dents sériales, soit tout-à-fait simple. Coquille subinéquivalve, à test feuilleté.

Je donne le nom de *Malléacée* à des coquilles plus ou moins inéquivalves, irrégulières, dont le test est feuilleté, souvent mince, très fragile, et qui paraissent liées entre elles par de grands rapports. Presque tous ces coquillages se fixent aux corps marins par un byssus, et probablement peuvent se détacher pour se fixer ailleurs.

Ainsi, les *Malléacées* constituent une famille qui avoisine les Mytilacées, le ligament des valves étant de part et d'autre marginal, allongé, presque linéaire ; mais elles en sont distinguées par leur test feuilleté, et par leur coquille irrégulière et subinéquivalve. D'ailleurs, ici, le ligament n'est qu'imparfaitement intérieur ; car, étendu en longueur sur le bord inférieur des valves, les facettes qui le reçoivent sont inclinées en dehors, forment un canal ouvert, et le mettent plus ou moins à découvert. Je rapporte à cette famille cinq genres, *Crénatule, Perne, Marteau, Avicule* et *Pintadine*, dont voici l'exposition. (1)

---

(1) Nous ne partageons pas l'opinion de Lamarck à l'égard

CRÉNATULE. (Crenatula.)

Coquille subéquivalve, aplatie, feuilletée, un peu irrégulière. Aucune ouverture ou fossette particulière pour le byssus.

Charnière latérale, linéaire, marginale, crénelée : cré-

---

des rapports de la famille des malléacées avec celle qui précède. Les coquilles qu'elle renferme sont réellement monomyaires, et leur ligament n'a plus la structure des ligamens extérieurs comme ceux des venus, des moules, etc., et ce ligament est logé dans une fossette particulière, semblable à celle des limes, des peignes, etc.; mais ce qui distingue la plupart des genres de ce groupe, c'est que le ligament, au lieu d'être unique ou rassemblé dans une seule fossette, est divisé et contenu dans un nombre de petits sillons variables selon les espèces et leur âge, et dont la forme n'est pas la même dans les différens genres dont la famille est composée. La contexture du test a servi à Lamarck de caractère secondaire pour rapprocher plusieurs genres de cette famille. Nous ferons remarquer que la plupart des avicules ne sont pas d'une contexture différente des pinnes, qu'il en est de même des pernes et des crénatules. On trouve dans ces coquilles une matière extérieure fibreuse comme celle des pinnes, et à l'intérieur une couche nacrée plus ou moins épaisse, mais toujours débordée par la matière fibreuse.

Lamarck a introduit cinq genres dans la famille des malléacées. Parmi eux, comme nous le verrons, il y a celui des Pintadines que l'on pourra faire rentrer dans les avicules par les mêmes motifs que l'on doit joindre les modioles aux moules. A ces quatre genres, plusieurs pourront être ajoutés: inconnus à Lamarck, tout porte à croire qu'il les eût adoptés et placés dans la famille dont nous nous occupons. En effet, les Catilles, les Inocérames, les Gervillies ont des caractères aussi importans que ceux des autres genres; enfin, nous pensons qu'à l'égard du genre Vulselle compris par Lamarck dans ses ostracées, l'opinion de Cuvier sera préférable, puisqu'il met ce genre dans le voisinage des Marteaux avec lesquels il a en effet de l'analogie.

nelures sériales, calleuses, creusées en fossettes, et qui reçoivent le ligament.

, *Testa subæquivalvis, complanata, lamellosa, subirregularis. Lacuna specialis pro bysso nulla.*

Cardo lateralis, linearis, marginalis, crenulatus: crenis in seriem ordinatis, callosis, subexcavatis, ligamentum excipientibus.

OBSERVATIONS. — Les *crénatules* constituent un genre très remarquable de coquillages qui tiennent un peu aux moules par leurs rapports, mais qui se rapprochent davantage encore du genre des pernes. Ces coquillages lient en quelque sorte les mytilacées aux malléacées, et appartiennent néanmoins à cette dernière famille.

En effet, leur charnière les rapproche considérablement des pernes; mais elle est très singulière en ce qu'elle présente une rangée de crénelures calleuses, un peu concaves, et qui reçoivent le ligament; tandis que celle des pernes offre une rangée de dents linéaires, parallèles, tronquées, qui se correspondent d'une valve à l'autre, le ligament ne s'insérant que dans les interstices des dents correspondantes.

Les *crénatules* sont en général des coquilles minces, quelquefois presque membraneuses, fragiles, feuilletés comme les pernes, les placunes, les avicules, etc., et plus ou moins irrégulières. Elles sont rares, encore très peu connues, et se trouvent principalement dans les mers des pays chauds. *Voyez les Annales du Muséum*, vol. 3, p. 25.

ESPÈCES.

1. Crénatule aviculaire. *Crenatula avicularis*. Lamk.

> C. *testâ rhombeo-rotundatâ, compressâ, submembranaceâ, piceâ, albo radiatâ; sinu baseos nullo.*
> *Crenatula avicularis*. Annal. du Mus. 3. p. 29. tab. 2. f. 1, 2.
> *An ostrea semiaurita*. Schroet. einl. 3. t. 9. f. 6? (1).

---

(1) Shroter a pris cette coquille pour l'*ostrea semiaurita* de Linné; mais en vérifiant la synonymie et les phrases caractéristiques, nous nous sommes assuré que la coquille de Linné est

    * *Ostrea semiaurita.* Gmel. p. 3335, n° 106.
    * Id. Dillw. Cat. t. 2. p. 281, n° 77.
    * Desh. Encycl. méth. vers. t. 2. p. 24, n° 1.
    * Blainv. malac. pl. 63. f. 2.
    Habite les mers d'Amérique, surtout les méridionales. Mus. n°.

2. Crénatule modiolaire. *Crenatula modiolaris.* Lamk.

C. testâ subcuneiformi, compressâ, submembranaceâ, rufo-rubente, albo radiatâ; natibus infra basim, sinu separatis.

Habite les mers de la Nouvelle-Hollande, à l'île Maria. *Péron.* Mon cabinet. Elle tient de près à la précédente, mais elle s'en distingue principalement par sa forme. Ses rayons sont moins nombreux. Longueur, 69 millimètres.

3. Crénatule nigrine. *Crenatula nigrina.* Lamk.

C. testâ subovatâ, compressâ, violaceo-nigrâ, lineolis albis tenuissimis subradiatâ; natibus minimis, infra basim.

    * *Crenatula avicularis.* Sow. Genera of shells. f. 1, 3.

Habite les mers de l'Asie australe. *Péron.* Mus. n°. Longueur, 66 millimètres.

4. Crénatule bicostale. *Crenatula bicostalis.* Lamk.

C. testâ subovali, complanatâ, cæruleo-nigrescente; valvâ superiore costis duabus longitudinalibus subacutis; natibus terminalibus.

Habite à la Nouvelle-Hollande, au port du Roi Georges. *Péron.* Mus. n°. Elle est assez large, et a 90 millimètres de longueur.

5. Crénatule verte. *Crenaluta viridis.* Lamk.

C. testâ glauco-virente, subirregulari, ovato-oblongâ; basi appendice subligulatâ, obliquè productâ; natibus terminatâ.

    * Desh. Encycl. méth. vers. t. 2. p. 24. n° 2.

Habite les mers de l'Asie australe. Mus. n°. Espèce très singulière, surtout par le prolongement qui porte les crochets. Elle est comme tourmentée, inégalement convexe en dessus, aplatie-concave en en dessous. Longueur, en y comprenant l'appendice de sa base, un décimètre.

---

une pintadine, celle de Schroeter est une crénatule; mais comme la figure n'est pas entièrement satifaisante, on peut la rapporter à la crénatule aviculaire; elle nous semble avoir au moins autant de ressemblance avec la crénatule mytiloïde. Nous citons dans la synonymie l'*ostrea semiaurita* de Gmélin et de Dillwyn, parce qu'ils y ont rapporté la coquille de Schroeter.

6. Crénatule mytiloïde. *Crenatula mytiloides.* Lamk.

> *C. testá oblongo-ovatá, basi acutá, tenui, violaceá, obscurè ra-diatá; natibus lamellis fornicatis intùs farctis.*
>
> * Sow. Genera of shells. f. 2.
> *Crenatula mytiloides.* Ann. du Mus. 3. p. 3o. pl. 2 f. 3, 4.
> *An pinna picta?* Forsk. Descr. anim. p. 125.
> Desh. Encycl. méth. vers. t. 2. p. 24. n° 3.
> Habite dans la mer Rouge. Mon cabinet.

*** Crénatule aile de faisan. *Crenatula phasianoptera.* Lamk. (1)

> *C. testá....*
> Annales du Mus. 3. p. 3o.
> *Concha....* Chemn. Conch. 7. p. 243. t. 58. f. 575.
> *Ostrea picta.* Gmel. n° 127.
> Encycl. pl. 216. f. 2.
> Habite la mer Rouge. Je n'ai point vu cette coquille. Si elle est la même que la crénatule mytiloïde, *Chemnitz* l'a bien mal repré-sentée.

PERNE. (Perna.)

Coquille subéquivale, aplatie, un peu difforme; à tissu lamelleux. Charnière linéaire, marginale, composée de dents sulciformes, transverses, parallèles, non intrantes, entre lesquelles s'insère le ligament. Un sinus postérieur, un peu bâillant, situé sous l'extrémité de la charnière, pour le passage du byssus; à parois calleuses.

Testa subæquivalvis, complanata, subdeformis : textu lamelloso. Cardo linearis, marginalis, multidentatus : dentibus sulciformibus, transversis, parallelis, non insertis, ligamentum divisum inter se excipientibus, sinus pro bysso, subhians, infra cardinis extremitatem, parietibus callosis.

------

(1) Cette dernière espèce ne se distingue pas de la précédente, c'est bien l'*ostrea picta* de Gmélin, et peut-être serait-il convenable de rendre à l'espèce ce nom et de l'inscrire à l'avenir sous le nom de *Crenatula picta.*

OBSERVATIONS. — La charnière des *pernes* leur est si particulière, qu'il est étonnant que Linné les ait réunies avec les huîtres, au lieu de les distinguer comme genre particulier. Ce genre même n'appartient point à la famille des ostracées; la forme et la disposition de la charnière et du ligament des valves, ainsi que le byssus, à l'aide duquel l'animal s'attache aux corps marins, ne le permettent pas. Si la charnière des pernes semble avoir de l'analogie avec celle des arches, ce n'est qu'une apparence, et ce seul rapport est très imparfait. Dans les pernes, effectivement, les dents transverses d'une valve ne sont point alternes avec celle de l'autre, et toutes ces dents s'appliquent les unes sur les autres dans le rapprochement des valves. D'ailleurs, le ligament, qui remplit ici leurs interstices, est placé très différemment dans les arches.

Les *Pernes* tiennent d'assez près aux crénatules, dont elles sont néanmoins très distinctes: ce sont des coquilles marines, souvent difformes, subéquivalves, à crochets petits, presque égaux, situés à l'une des extrémités de la charnière. Leur test, quoique assez solide, est formé de lames mal jointes, ainsi que dans les autres malléacées. (1)

ESPÈCES.

1. Perne sellaire. *Perna ephippium.* Lamk.

> P. *testá compressá, supernè orbiculari; latere postico productiore; margine acutissimo.*
>
> *Ostrea ephippium.* Lin. Syst. nat. p. 1149. Gmel. p. 3338. n° 126.
> * Schrot. einl. t. 3. p. 354.
> * Born. mus. p. 114.
> List. Conch. t. 227. f. 62.
> * Seba mus. t. 3. pl. 90. *figuræ duæ laterales secundi ordinis.*
> * Knorr. Vergn. t. 6. pl. 21. f. 1.

---

(1) Le genre perne est très naturel et il a été adopté par tous les zoologistes. Quoique certaines espèces soient très communes dans les collections, l'animal n'a pas encore été complètement décrit; on sait seulement que les lobes du manteau sont séparés et sans siphons postérieurs, que ce manteau se prolonge en arrière, que l'animal a un pied conique semblable à celui des avicules, et qu'il porte un byssus rude et grossier à sa base.

Klein, Ostr. t. 8. f. 18.

Chemn. Conch. 7. p. 160, vig. lit. C. t. 58. f. 576.

* Fav. Conch. pl. 42. f. B. 2.

Encycl. pl. 176. f. 2.

* Dillw. Cat. t. 1. p. 282. n° 80. *Ostrea ephippium.*

* Sow. Genera of shells. f. 2.

* Desh. Encycl. méth. vers. t. 3 p. 735. n° 5.

[b] *Var. testá tenui, submembranaceá, albidá, violaceo-maculatá.*

Habite l'Océan indien. Mus. n°. Mon cabinet. Coquille plate, à test nacré et violet. Largeur, 120 à 150 millimètres. La variété [b] vient des mers de la Nouvelle-Hollande; elle est moins grande.

2. Perne oblique. *Perna obliqua.* Lamk.

P. testá compressá, subovatá, anterius obliquè productá, intùs margaritaceo-albidá ; margine acutissimo.

* *Ostrea alata.* Gmel. p. 3339.

* Schrot. Einl. t. 3. p. 356. n° 93.

Knorr. Vergn. 6. t. 21. f. 1.

Ostrea ala corvi. Chemn. Conch. 7. t. 59. f. 581.

* *Ostrea alata.* Dillw. Cat. t. 1. p. 283. n° 81.

Habite.... l'Océan américain? Mon cabinet. Coquille très plate, à charnière courte. Elle s'avance obliquement en son côté antérieur et supérieur. Largeur, 64 millimètres.

3. Perne bigorne. *Perna isognomum.* Lamk.

P. testá compressá supernè in alam curvatam vel obliquam elongatá ; basi transvérsá, prælongá, in rostrum anteriùs productá.

Ostrea isognomum. Lin. Syst. nat. p. 1149. Gmel. p. 3338. n_0 125.

* Valent. Verhan. pl. 13. fig. 3.

* Schrot. Einl. t. 3. p. 352.

* Barbut. Verm. p. 56. pl. 9. fig. 4.

* Klein ostr. pl. 8. fig. 15.

* Fav. Conch. pl. 42. fig. B. 1.

Rumph. Mus. t. 47. f. 1.

Seba, Mus. 3. t. 91. f. 7.

[b] *Var. alá subrectá.*

Chemn. Conch. 7. t. 59. f. 584.

Encycl. pl. 176. f. 1.

Seba, Mus. 3. t. 91. f. 6.

* Dillw. Cat. t. 1. p. 282. n_0 79.

* Desh. Encycl. méth. vers. t. 3. p. 736. n° 2.

* Blainv. Malac. pl. 63. f. 1. *Perne femorale.*

* Sow. Genera of shells. f. 1.

Habite l'Océan indien. Mus. n°. Mon cabinet. Coquille à base transverse, blanchâtre, s'avançant en bec du côté antérieur. Elle s'élève en une aile aplatie, violette, plus ou moins courbée. Charnière fort longue.

4. Perne aviculaire. *Perna avicularis.* Lamk.

P. testá compressá, albidá, supernè in alam latam brevem obliquam terminatá; basis lobo antico brevi; natibus conicis, subproductis.

Habite.... Mon cabinet. Elle avoisine la précédente, et néanmoins nous paraît en être très distincte. Son sinus pour le byssus est profond.

5. Perne fémorale. *Perna femoralis.* Lamk. (1)

P. testá supernè in alam longam subrectam productá, intus argenteá; basi cardinali brevi, transversá, sublobatá.

Gualt. Test. tab. 97. fig. A.

Knorr. Vergn. 4. t. 10. f. 1, 2.

Perna Tranquebarensis. Leach. Misc. zool. 2. pl. 114.

Chemn. Conch. 7. t. 59. f. 582, 583.

Encycl. pl. 175. f. 4, 5.

[b] *Var. testæ basi obliquè transversá; natibus uncinatis.*

Habite l'Océan indien. Mus. n°. Mon cabinet. Vulgairement la *cuisse.* Espèce, constamment distincte, que Linné a confondue avec son *ostrea isognomum.* La variété [b] est du voyage de *Péron.*

6. Perne canine. *Perna canina.* Lamk. (2)

P. testá compressá, trigoná, basi latiore; hinc sublobatá; alá brevi, sursum attenuatá, violaceá.

Seba, Mus. 3. t. 91. f. 8.

Knorr. Vergn. 6. t. 13. f. 1.

Habite l'Océan indien et les mers de la Nouvelle-Hollande. Mus.

---

(1) Nous avons examiné un grand nombre d'individus du *perna isognomum*, du *femoralis* et du *canina*, et nous sommes actuellement convaincu que ces trois espèces n'en forment qu'une seule dans laquelle il y a plusieurs variétés remarquables, depuis des individus sans oreille latérale postérieure jusqu'à ceux qui en ont une très longue.

(2) Nous avons vu dans la collection du Muséum les individus nommés par Lamarck, et nous avons reconnu qu'ils étaient des jeunes à aile courte du *perna isognomum.*

n.. Mon cabinet. Vulgairement *oreille de chien*. Coquille toujours plus courte que la précédente, et à aile atténuée supérieurement.

7. Perne gibecière. *Perna marsupium*. Lamk.

*P. testá compressá, ovato-rotundatá; sinu postico laxo, introrsum
arcuato: cardine paucidentato.*

Chemn. Conch. 7. t. 58. f. 577.

[b] *Var. testá elongato-subquadratá.*

Habite les mers de la Nouvelle-Hollande et de l'Asie australe. Mus.
nº. Six à 8 dents à la charnière. Largeur , 36 millimètres. A l'intérieur, nacre violette dans la première, plus argentée dans la
seconde.

8. Perne sillonnée. *Perna sulcata*. Lamk. (1)

*P. testá obovatá , basi subacutá; cardine sæpius obliquo; sulcis
longitudinalibus, radiantibus transversim , substriatis.*

Lister. Conc. 228. f. 63.

Klein , Ostr. t. 8. f. 19. 20.

Schræt. einl. in Conch. tab. 9. f. 6. (2)

* *Ostrea perna* Dillw. cat. t. 1 p. 281. nₒ 78.

* Desh. Encycl. Meth. Vers. t. 3. p. 737 , n• 4.

---

(1) Plusieurs auteurs ont attribué à l'*ostra perna* de Linné une
synonymie fautive appartenant au moins à deux espèces. Nous
ne devinons pas sur quels caractères ils se sont fondés pour reconnaître l'espèce linnéenne; en effet, Linné la donna pour la
première fois dans la 12ᵉ édition du *Syst. nat.*, sans aucune synonymie, et la caractérisa si vaguement, qu'il nous paraît impossible, à moins que d'avoir la coquille même que Linné a eue
sous les yeux, de dire quelle synonymie on peut y rapporter.
Linné connaissait fort bien l'ouvrage de Lister, ainsi que celui
de Klein, et certainement s'il eût reconnu son *ostrea perna* dans
les figures de ces auteurs, il n'aurait pas manqué de les citer.
Si Linné ne l'a pas fait, pourquoi Chemnitz, Schrœter, Gmelin
Dillwyn, ont-ils cru pouvoir les ajouter?

(2) Déjà cette figure a été citée par Lamarck à la crénatule
aviculaire à laquelle elle appartient mieux qu'à cette espèce;
comme elle ne peut représenter à-la-fois deux espèces appartenant à deux genres, il sera nécessaire de la supprimer d'ici.

Habite les mers de l'Asie austra'e et de la Nouvelle-Hollande. Mus. n° Mon cabinet. Taille petite ou médiocre; couleur fauve; nacre argentée, un peu violette dans les grands individus.

Iselle. *Perna vulsella*. Lamk. (1)

P. testâ elongatâ, linguiformi; cardine brevi, obliquo, pauciden-tato; natibus parvis aduncis.

List. Conch. t. 199. f. 33.

Ostrea perna? Lin.

[b] *Var. testâ lineis coloratis longitudinalibus radiatâ.*

Chemn. Conch. 7. t. 59. f. 579.

Encyclop. pl. 175. f. 1.

Habite... les mers de l'Inde et d'Amérique? Mus. n°. Mon cabinet. Toujours moins grande que la P. fémorale, et sans lobe latéral à sa base, elle a un peu l'aspect d'une Vulselle, et offre une coquille longitudinale. M. *Savigny* l'a trouvée dans la mer Rouge. Longueur, 50 à 58 millimètres. Je n'ai point vu la variété [b].

10.   Perne noyau. *Perna nucleus.*

P. testâ parvulâ, ovali, basi subacutâ; latere postico subbi-sinuato.

Habite à l'île S.-Pierre-S..François de la Nouvelle-Hollande. Mus. n°. *Péron* et *Le Sueur*. Longueur, 16 millimètres. Quatre dents à la charnière, la cinquième nulle ou obsolète.

* Ajoutez *Perna legumen*, O. *legumen*. Gmel. n° 128. Chemn. Conch. 7. t. 59. f. 578. Encyclop. pl. 175. f. 2, 3.

Espèces fossiles.

1.   Perne maxillée. *Perna maxillata*. Lamk. (2)

---

(1) La variété que Lamarck ajoute à la perne vulselle doit constituer, selon nous, une espèce distincte. Chemnitz et quelques autres auteurs après lui, rapportent cette variété de Lamarck à l'*ostrea semiaurita* de Linné; mais on ne doit pas adopter cette opinion, puisque cet *ostrea semiaurita* est une véritable avicule. Quant au type du *perna vulsella* de Lamarck, c'est une bonne espèce, l'une de celles confondues par les auteurs dans la synonymie de l'*ostrea perna* de Linné.

(2) On confond deux espèces bien distinctes sous ce nom; celle d'Amérique doit conserver le nom de *perna maxillata*, et quoi-

P. testâ trigonâ, convexo-depressâ, crassâ; cardine latissimo, dentibus sulciformibus numerosis prælongis exarato.

Knorr. Petrif. 4. part. 2. DV. pl. 64?

* Desh. Encycl. meth. vers. f. p. 737, n° 5.

Habite:..... Fossile de la Virginie, M. *de Beauvois.* Mon cabinet. Espèce très remarquable.

2. Perne mytiloïde. *Perna mytiloides.* Lamk.

P. testâ ovato-oblongâ, depressâ, basi acutâ; cardine obliquo.

* Schr. Berl. Naturf. 2. n° 11. p. 271. pl. 9. f. 9. (*ex Gmel.*)

* Desh. Ency. méth. vers. t, 3 p. 737, n° 6

* *Id.* Coq. caract. p. 48. pl. 9. f. 5.

* Zieten petr. du Wurt. pl. 54. f. 2. 3.

Ostrea mytiloides. Gmel. p. 3339. n° 130

[b] *Var.* testâ curvatâ; latere postico introrsum arcuato.

Ostrea torta. Gmel.

Habite..... Fossile d'Alsace, et des Vaches-Noires, près du Havre. Mon cabinet. La variété [b] pareillement fossile se trouve en Bourgogne, Mus. n°. M. *Dufresne.*

Nota. Si la *Perna aviculoides* de M. *Sowerby* [Conch. min. n° 12. tab. 66.] est de ce genre, il faudra supprimer notre modiole lithophagite.

† 3. Perne de soldani. *Perna Soldanii.* Desh.

P. testâ ovato-oblongâ, incrassatâ, superne rectâ truncatâ; cardine latissimo, multi sulcato, sulcis angustis, approximatis; impressione musculari subdorsali, magnâ rotundatâ; margine inferiore arcuato, intus subreflexo, hiante.

Aldrov. Mus. metal. p. 87.

Soldani testaceogr. t. 2. pl. 24. f. AB.

Knorr. Petrif. t. 4. part. 2 DV. pl. 64.

Broc. conch. foss. subap. t. 2 p. 582, n° 31 *Ostr. maxillata.*

Perna maxillata Sow. Genera of shells, f. 1.

---

que voisine de celle d'Italie, elle a des caractères suffisans pour l'en distinguer. Pour éviter à l'avenir toute confusion à cet égard, nous donnons à l'espèce d'Italie le nom de *perna soldanii,* lui consacrant le nom du naturaliste célèbre qui le premier en donna une bonne figure. La figure de Knorr, citée à la perne maxillée, représente l'espèce d'Italie, il faudra faire cette rectification dans la synonymie.

Habite.... fossile d'Italie très commune dans quelques localités. Coquille fort remarquable par sa grandeur et l'épaisseur des vieux individus. Nous en avons un dont le talon de la charnière a plus de cinquante millimètres de large ; cette surface a un grand nombre de sillons étroits et rapprochés, ce qui distingue essentiellement cette espèce de la Perne maxillée.

† 4. Perne de Defrance. *Perna Defrancii.* Sow.

P. testâ oblongâ, angustâ, crassissimâ, aliquando cordiformi; lunulâ excavatâ, latâ; cardine plano, quatuor quinqueve sulcis latis, instructo.

Sow. Genera of shells. f. 1, 2, 3.

Habite... fossile de Hauteville et Valognes dans le terrain tertiaire. Coquille des plus singulières; elle est ovale, allongée, droite; les vieux individus deviennent très épais et n'ont plus l'apparence de Pernes; nous avons une valve curieuse par ses dimensions: 45 millimètres de large, 75 de long et 42 d'épaisseur, de sorte que les valves réunies la coquille avait plus d'épaisseur que de longueur. La charnière est étroite, forme un angle droit avec l'axe; elle a quatre ou cinq sillons profonds, larges et peu écartés. La cavité des valves est très petite.

† 5. Perne aplatie. *Perna plana.* Hartm.

P. testâ ovato-oblongâ, superne angustiore, depressâ, subplanâ, irregulariter transversim striato-lamellosâ; margine inferiore antice sinuato, cardine sulcis latis instructo.

Zieten Petrif. du Wurt. pl, 54. f, 1.

Habite..... Fossile dans le Kimmeridge Clay, en Allemagne et en France. Coquille ovale, oblongue, devenant quelquefois fort grande ; elle est aplatie, déprimée, ses accroissemens irréguliers sont sublannelles, son bord cardinal est court, à peine incliné sur l'axe longitudinal, on y voit des sillons larges, égaux aux espaces aplaties qui les séparent.

† 6. Perne de Lamarck. *Perna Lamarkii.* Desh.

P. testâ ovato-oblongâ, æquivalvi, apice acutiusculâ, longitudinaliter incurvâ, lævigatâ, margaritaceâ, depressâ; cardine plano, crebrisulcato ; sulcis angustis, inæqualibus.

Desh. Desc. des Coq. foss. des env. de Paris. t. 1 p. 284. pl. 4o. f. 7. 8.

Id. Encycl. méth. vers. t. 3 p. 738. n° 7.

Habite..... Fossile de Valmondois et de Senlis, elle est la seule espèce fossile connue aux environs de Paris sa forme est mytiloïde, allongée, ovale, un peu courbée dans sa longueur; sa surface est lisse et en dedans elle est nacrée , sa charnière est courte oblique , à l'axe longitudinale assez large dans les vieux individus et chargé d'une quinzaine de sillons plus étroits que les espaces qui les séparent; cette espèce est fragile et très rare entière.

M. Defrance a proposé, dans le Dictionnaire des sciences naturelles, un genre auquel il a donné le nom de Gervillie, le consacrant à un naturaliste auquel la science est red vable de recherches très intéressantes. M. Defrance ne connut d'abord que le moule ou plutôt l'impression intérieure d'une seule espèce de Gervillie; les caractères assignés au genre, se ressentirent de l'imperfection de ces matériaux; mais bientôt après M. Deslonchamps reconnut que plusieurs espèces fossiles dont on pouvait observer les coquilles entières, appartenaient aussi au genre de M.Defrance: parmi elle il s'en trouve une que M.Sowerby avait placé parmi les Pernes , parce qu'elle en a les principaux caractères extérieurs; cette même espèce citée à la fin des Modioles par Lamarck est ici mentionnée; c'est la Perne Aviculoïde de M.Sowerby.

Le genre Gervillie a été généralement adopté, et voici les caractères que lui donne M. Deslonchamps.

GENRE GERVILLIE. *Gervillia*. Def.

Animal inconnu.

Coquille inéquivalve, inéquilatérale, allongée, subtransverse, ayant le bord cardinal droit et incliné sur l'axe longitudinal; bord cardinal épais, coupé en biseau, oblique et sillonné comme dans les Pernes, les sillons étant destinés à recevoir un ligament multiple; charnière placée en dedans des sillons et formée de dents allongées, très obliques, alternes sur chaque valve et se recevant mutuellement.

Les Gervillies sont des coquilles très voisines des Pernes,

elles sont en général allongées, étroites, solleniformes; cependant M. Deslonchamps en a fait connaître quelques espèces Aviculoïdes. La charnière n'est pas à angle droit sur l'axe longitudinal comme dans la plupart des Pernes; il est au contraire très oblique sur cet axe et forme avec lui un angle très aigu. Les crochets sont pointus tout-à-fait terminaux et c'est à la face interne de leur extrémité que l'on remarque une petite gouttière pour le passage d'un byssus.

La charnière se compose de deux parties : l'une externe est coupée en biseau oblique comme dans les Pernes les Limes, etc., et forme un véritable talon à chaque valve, sur lequel des sillons en petit nombre sont creusés et reçoivent comme dans les Pernes un ligament multiple. A la partie interne de ce bord cardinal, on trouve quelques dents très allongées, très obliques, séparées par des fossettes; ces dents et ces fossettes sont réciproques et se reçoivent mutuellement lorsque les valves sont rapprochées. La face interne des valves est lisse et l'on y observe une seule impression musculaire, ovalaire, placée vers le milieu de la longueur de la coquille, et du côté du bord dorsal. Comme les Pernes et autres genres de la famille des Malléacées, les Gervillies sont couvertes en dehors d'une couche mince de matière fibreuse: on peut donc dire que ces coquilles sont des Pernes à charnière articulée.

On ne connaît actuellement aucune espèce vivante appartenant au genre Gervillie, toutes sont fossiles et ne se rencontrent jusqu'à présent que dans les terrains secondaires, nous allons indiquer les principales espèces.

ESPÈCES.

† 1. Gervillie solenoïde. *Gervillia solenoides*. Def.

> *G. testá longissimá, soleniformi, arcuatá angustá, tenui, antice truncatá; cardine brevi, obliquissimo; sulcis quatuor, dentibus cardinis interni numerosis, varié dispositis.*

Def. Dict. de Sc. nat. t. 18. p. 5o3. Atlas, n₀. 16 pl. 18. f. 4.

Deslonch. Mém. de la soc. linn. du Calvados. t. 1. p. 128. n° 3.

Sow. min. Conch. pl. 5ro. f. 1. à 4.

Blainv. Traité de malac. p. 53o. pl. 61. f. 4.

Desh. Encycl. méth. vers. t. 2. p. 167 n₀ 2.

Sow. Genera of shells f. 1.

Habite..... Fossile dans la craie de Valognes. Celle-ci a servi de type au genre, elle est allongée, soleniforme, très étroite, courbée comme le *solenensis*, son extrémité supérieure est obliquement tronquée par un bord cardinal oblique, peu épais, sur lequel on voit un petit nombre de sillons pour le ligament et en dedans des dents cardinales, pliciformes, variables pour le nombre, l'extrémité est creusée en dedans d'une gouttière pour le passage du byssus.

† 2. Gervillie aviculoïde. *Gervillia aviculoides.* Sow.

G. testá elongatá, crassá, obliquissimá, subcylindraceá, anticè acutá, subauriculatá; auriculis integris, sulcis cardinis externi magnis, numerosis, dentibus cardinis interni polymorphis, obliquissimis.

Perna aviculoides. Sow. min. Conch. pl. 66.

Gervilia aviculoides, ibid. min. Conch. pl. 511.

Gervilia pernoides, Eudes Deslonchamps, mem. de la soc. Linn. du Calvados. t. 1. p. 126, n° 1. pl. 1. 2. 3.

Desh. Encycl. méth. vers t. 2 p. 167. n° 1.

Sow. Genera of shells. f. 2.

An eadem species? An varietas? Zieten petrif. du Wurt. pl. 54. f. 6.

Habite..... Fossile des argiles de Dives en France, en Allemagne, en Angleterre. On la trouve aussi dans l'oolite et le calcaire de Caen. Grande coquille allongée, étroite, cylindracée, arquée dans sa longueur, à charnière, en proportion plus longue que dans les autres espèces; les surfaces cardinales sont pourvues d'un petit nombre de sillons larges, fort écartés pour le ligament. Les dents cardinales sont allongées, assez épaisse, la dernière est courbée dans sa longueur. Nous rapportons avec doute là figure de M. Zieten à cette espèce; si elle lui appartient, elle représente une variété très remarquable pour l'élargissement de la partie supérieure.

† 3. Gervillie silique. *Gervillia siliqua.* Deslonc.

G. testá elongatá, subcompressd, auriculis integris, sulcis cardinis

*externi ter aut quatuor; dentibus cardinis interni, obliquis, simpli-
cibus.*

Lister. Conch. pl. 523 et 524.
Deslonch. Mém. de la soc. Linn. du Calvados. p. 128. n°. 2. pl. 4. f. 1-4.
An eadem ? *Gervillia acuta.* Phil. illus. Geol. Yorks. pl. 9. f. 36.
Habite.... Fossile dans l'oolite en France et en Angleterre. Coquille
   allongée, étroite, légèrement arquée dans sa longueur, le sommet
   très petit dépassé par l'extrémité pointue du bord cardinal ; celui-
   ci formant un angle très aigu sur l'axe longitudinal ; quatre ou
   cinq sillons pour le ligament ; dents cardinales très obliques, inégales, au nombre de trois quelquefois quatre.

Les auteurs placent actuellement dans le voisinage des
Pernes et des Gervillies, deux genres très intéressans : l'un a
été proposé par M. Brongniart sous le nom de *Catillus;*
M. Parkinson a fait connaître l'autre sous le nom d'*Ino-
ceramus.* Nous mentionnerons ici ces deux genres, quoique
Lamarck ne les ait pas connus, parce que nous avons la
conviction qu'il aurait apprécié l'intérêt qu'ils offrent à la
science et les auraient rapportés à la famille des Malléacées,
dont ils ont les caractères principaux.

GENRE CATILLE. *Catillus.* Brong.

Caractères génériques. Coquille tantôt aplatie, allongée
ou suborbiculaire, tantôt bombée, cordiforme, subéquivalve, inéquilatérale, à crochets plus ou moins saillans.
Charnière droite, peu oblique ou perpendiculaire à l'axe
longitudinal, son bord garni d'une petite série de petites
cavités très courtes, graduellement croissantes ; test fibreux.
Impression musculaire inconnue ; charnière ?

OBSERVATIONS. — Dans un petit ouvrage sur les coquilles
caractéristiques des terrains, nous avons discuté la valeur du
genre Catillus. Partant de cette observation, que les coquilles
fossiles de la craie perdent, par une dissolution, la couche intérieure de leur test, ajoutant à cela que tous les Catillus se trouvent exclusivement dans la craie, nous avons conclu que quelques-uns des caractères essentiels de ce genre n'étaient point

encore connus. On sait en effet que les impressions musculaires sont marquées sur la surface de la couche interne des coquilles; on sait aussi que la charnière est taillée dans l'épaisseur de cette même couche formant toujours toute l'épaisseur du bord cardinal. Il faut donc tenir compte de ces faits très importans avant de juger définitivement un genre provenant d'un terrain crayeux. Si nous en voulons faire l'application au genre Catillus, nous sommes forcé d'avouer que la charnière, les impressions des muscles et du manteau sont tout-à-fait inconnues. La charnière était-elle simple ou dentée? y avait-il une ou deux impressions musculaires? Nous devons répondre que nous l'ignorons entièrement. Nous devons ajouter qu'en l'absence de ces caractères, il en est d'autres suffisans pour faire conserver le genre et pour déterminer approximativement ses rapports. Le bord cardinal est droit comme dans les pernes, il est perpendiculaire à l'axe longitudinal ou peu incliné sur lui, il est garni dans sa longueur de petites crénelures, non tout-à-fait semblables, mais du moins comparables à celles des pernes. Mais était-ce la toute la charnière? La couche extérieure est fibreuse comme dans la famille des mytilacées et des malléacées. On peut donc présumer d'après cela que les Catilles, jusqu'au moment où ils seront entièrement connus, sont mieux placés dans le voisinage des Pernes que partout ailleurs.

Parmi les genres proposés par Sowerby, dans le *Mineral conchology*, il y en a un auquel il a donné le nom de Pachimye; ce genre nous paraît avoir tous les caractères extérieurs des Catilles, et nous avons été conduit au rapprochement de ce genre et des Catilles par l'étude que nous avons faite d'un bel individu de cette coquille appartenant à la collection de M. Duchastel. M. Brongniart, à côté des Catilles, a formé un autre genre sous le nom de Mytiloïdes, pour ceux des catillus qui sont très allongés, ce genre ne peut être conservé; ainsi, le genre Catillus, pour nous, se compose des Pachymies, des Mytiloïdes et des Catilles proprement dits.

Les catillus sont des coquilles fort singulières; les unes sont élargies, aplaties, quelquefois très grandes, puisque l'on en cite de plusieurs pieds de longueur, les autres sont plus convexes, plus courtes et proportionnellement beaucoup plus petites; quelques-unes sont cordiformes et ont les crochets enroulés; toutes ont fibreuse la partie du test qui est connue; cette disposition rend ces coquilles très fragiles, aussi il est excessivement rare d'en rencontrer d'entières, les fragmens sont d'une abondance extraordinaire dans quelques localités; le petit nombre d'individus connus entiers, ou à-peu-près, dans les collections, ne doivent leur conservation qu'à la matière siliceuse qui les a remplis. La charnière est droite et elle est creusée d'un assez grand nombre de petites cavités qui vont graduellement en s'augmentant depuis l'extrémité antérieure jusqu'à la postérieure.

Malgré la réunion que nous proposons des trois genres que nous venons de mentionner, les Catillus sont peu nombreux en espèces; mais ce genre a cela de remarquable de ne se trouver que dans la craie, du moins nous ne connaissons aucune observation contraire.

ESPÈCES.

† **1.** Catille de Lamark. *Catillus Lamarckii.* Brong.

> C. *testá ovatá, abbreviatá, cordato-inflatá, rugis magnis, subregularibus, scalariformibus; transversalibus ornatá.*
>
> Cuv. et Brong. géol. des environs de Paris, pl. 4 f. 10. B.
> *Inoceramus Brognartii*, Mantel. geol. of Sussex, p. 214. n° 85.
> *Inoceramus Lamarkii, ibid.* n°. 84. tab. 27. f. 1.
> *Inoceramus Brognartii.* Sow. min. Conch. pl 441. f. 2. 3.
> Desh. Encyc. mét. vers. t. 2. p. 211. n° 1.
> Desh. Coq. caract. p. 58, pl. 9. f. 1. 2.
> Habite... Fossile de la craie blanche en Angleterre, en France, dans un grand nombre de localités où on trouve fréquemment des fragmens. La coquille entière paraît équivalve, très bombée, cordiforme, sa surface extérieure est chargée de gros plis transverses, irréguliers, anguleux et arrondis; le bord cardinal est court et perpendiculaire à l'axe longitudinal.

† **2.** Catille mytiloïde. *Catillus mytiloides.* Desh.

> C. *testá ovato-elongatá, depressá, apice obliquè subtruncatá, irregulariter sulcatá; cardine recto, tenuè sulcato.*
>
> *Inoceramus mytiloides.* Mantel. loc. cit tab. 28. f. 2. 3 et tab. 27. f. 3.
> *Ibid.* Sow. loc. cit. pl. 442.

Mytiloides labiatus, Cuv. et Broug. geol. des env. de Paris, pl. **3.** f. 4.

Desh. Encycl. méth. vers. t. 2 p. 211. n° 2.

Habite..... Fossile de la craie blanche en France et en Angleterre. Coquille allongée ayant la forme d'une moule comme son nom l'indique; outre des stries d'accroissement irrégulières elle est garnie de plis peu élevés qui rendent la surface onduleuse, la charnière est très courte, un peu oblique à l'axe longitudinal. *

GENRE INOCÉRAME. *Inoceramus.*

Coquille Gryphoïde, inéquivalve, irrégulière, subéquilatérale, à test lamelleux, pointue au sommet élargie à la base; crochets opposés, pointus, fortement recourbés, charnière courte, droite, étroite, formant un angle droit avec l'axe longitudinal; une série de crénelures graduellement plus petites pour recevoir un ligament multiple. Impression musculaire inconnue.

OBSERVATIONS. — A en juger par la forme de la coquille et la direction des stries d'accroissement, l'animal des Catillus n'aurait pas eu de byssus; par les mêmes inductions, nous pensons que les Inocérames en manquaient aussi. Si nous avons eu des doutes bien fondés à l'égard de l'impression de l'animal dans les Catillus, sur le nombre et la forme des impressions musculaires, ces doutes ne sont pas aussi nombreux relativement aux Inocérames; nous avons pour ce genre un moyen d'induction qui nous manquait dans l'autre. Les Inocérames sont des coquilles libres et irrégulières; jusqu'à présent toutes les coquilles libres et irrégulières sont monomyaires; d'un autre côté, nous observons que celles des coquilles Dimyaires, qui sont irrégulières, sont aussi adhérentes, comme les Inocérames sont libres: on a cette raison de plus pour supposer qu'elles sont Monomyaires. Il y a donc plus de raison à placer le genre qui nous occupe, dans la famille des Malléacées que celui des Catillus.

Les Inocérames sont des coquilles d'un médiocre volume; elles sont longitudinales, inéquivalves, irrégulières; le crochet de la valve inférieure est relevé en-dessus ou incliné latéralement, la valve supérieure n'est point operculiforme comme dans les Gryphées, elle est plus bombée. Le bord cardinal est court et étroit, il forme un angle droit avec l'axe longitudinal de la coquille, il est garni dans sa longueur d'une série de petits sillons comparables à ceux des Pernes. Le test des Inocérames est mince et d'une structure lamelleuse; nous n'avons pas vu sur les individus que nous avons examinés, qu'il y eût une couche externe fibreuse; si cette couche existait pendant la vie de l'animal, il fallait qu'elle eût très peu d'épaisseur et qu'elle eût disparu sans laisser de trace.

Deux espèces d'Inocérames sont actuellement connues, et, ce qui est remarquable, c'est qu'elles sont propres à la craie inférieure, comme presque tous les Catillus le sont à la craie blanche.

ESPÈCES.

† 1. Inocérame sillonné. *Inoceramus sulcatus*. Park.

> *I. testá ovato-elongatá, apice acutá, inflatá, valdè longitudinaliter sulcatá; sulcis distantibus, elatis, acutis, carinatis radiantibus; umbonibus recurvis, acutis, oppositis.*

Parkinson. Trans. de la soc. géol. de Londres, t. 5. p. 59. tab. 1. f. 5.
Sow. Minéral. Conchol. pl. 306. f. 1 à 7.
Alex. Brongniart. Géognosie des terrains de Paris. pl. 6. f. 12. *a b*.
Desh. Encycl. méthod. vers. t. 2. p. 312. n° 1.
Id. coq. caract. p. 62. pl. 12. f. 7.
Habite..... Fossile en Angleterre et en France, dans la craie inférieure. Coquille allongée, convexe, ayant le crochet de la valve inférieure saillant et pointu, celui de la valve supérieure court et obtus, il en part en rayonnant six ou sept grosses côtes longitudinales, simples formant des ondulations sur le bord inférieur où elles aboutissent.

†2. Inocérame concentrique. *Inoceramus concentricus*. Sow.

> *I. testá ovato-oblongá, apice acuminatá, lævigatá, concentrice undulato-plicatá; cardine brevi, tenue sulcato.*

Parkinson. Trans. de la soc. géol. t. 5, p. 58. pl. 1. f. 4.
Sow. Min. Conch. Pl. 305.
Brong. Géol. des env. de Paris. pl. 6. f. 11.
Blainv. Malac. pl. 65. *bis*. f. 5.
Fischer. Orycth. de Moscou. pl. 20. f. 1. 2. 3.
Habite..... fossile de la craie inférieure, en Angleterre, en Russie et en France. Coquille ovale, oblongue, longitudinale, atténuée au som-

met. Elle est lisse et garnie dans sa longueur de plis concentriques, peu épais et irréguliers. Le crochet de la valve inférieure est grand, contourné un peu latéralement. La charnière est courte étroite, et à sillons étroits et rapprochés.

MARTEAU. (Malleus.)

Coquille subéquivalve, raboteuse, difforme, le plus souvent allongée, sublobée à la base; à crochets petits, divergens.

Charnière sans dents. Une fossette allongée, conique, situés sous les crochets, traversant obliquement la facette du ligament. Celui-ci presque extérieur, s'insérant sur la facette courte et en talus de chaque valve.

Testa subæquivalvis, rudis, deformis, ut plurimum elongata, basi, sublobata; natibus parvis, divaricatis.

Cardo edentulus. Fossula oblongo-conica, aream ligamenti obliquè intersecans, sub natibus. Ligamentum subexternum, breve, in areâ declivi utriusque valvæ receptum.

OBSERVATIONS. — Les *marteaux* ressemblent un peu aux pernes dans leurs variations de forme, mais ils en sont très distingués par leur charnière. Ils tiennent de plus près aux avicules, avec lesquelles cependant on ne saurait les confondre; car, quoique de part et d'autre, il n'y ait point de dents sulciformes à la charnière, la fossette conique qui se trouve sous chaque crochet des marteaux, et qui traverse la facette du ligament, les distingue fortement des avicules. D'ailleurs, les valves des marteaux, quoique irrégulières, sont de même grandeur, sans échancrure à l'une d'elles, ce qui n'a pas lieu ainsi dans les avicules.

La forme singulière de la plupart des marteaux les rend très remarquables. Ces coquilles néanmoins sont grossières, irrégulières, et n'offrent rien d'agréable à l'extérieur. Au dedans, elles ont un peu plus d'éclat, par la nacre assez brillante qui les recouvre, et qui se trouve principalement à la place qu'occupait le corps de l'animal. Le reste paraît être le produit d'un allongement singulier des deux lobes du manteau. Ces coquillages sont marins et exotiques; la rareté de certaines espèces les rend précieuses et très recherchées. Ils ont aussi un byssus assez grossier, qui sort par une petite ouverture située postérieurement et près des crochets. Leur base offre un canal ouvert, formé par les parois inclinées des valves. (1)

---

(1) On peut faire quelques observations intéressantes sur le genre marteau. Les caractères de la charnière n'ont pas été exposés d'une manière bien claire par Lamarck. Voici ce que nous avons vu dans toutes les espèces: Les valves étant réunies, on remarque entre les crochets un grand sillon triangulaire dont les parois latérales sont formées par deux surfaces planes dont chacune appartient à une valve. On nomme talons ces surfaces. Si nous les examinons en détail, en allant d'avant en arrière, nous trouvons, à l'origine du bord supérieur de l'oreillette antérieure, une échancrure qui, lorsque les valves sont réunies, correspond à celle du côté opposé, et forme un trou perpendiculaire communiquant à l'intérieur et donnant passage au byssus. A côté de cette échancrure on voit une surface plane, un peu saillante et triangulaire, derrière laquelle est creusée une fossette triangulaire, oblique, large et profonde, destinée à contenir un ligament très solide. Ce ligament ne s'étend pas, comme semble le croire Lamarck, sur toute la longueur du talon, mais il est resserré dans une fossette cardinale très analogue à celle des avicules, des limes ou des peignes.

Les marteaux sont tellement variables, que nous n'en avons pas vu deux individus semblables dans une même espèce; les oreillettes latérales paraissent manquer dans le jeune âge, ce qui est cause probablement de l'établissement de plusieurs espèces pour nous très douteuses; lorsque les oreillettes existent, elles sont plus ou moins allongées, plus ou moins étroites.

Il est curieux d'examiner la surface interne des oreillettes des vieux marteaux: on voit comment, en vieillissant, les lobes du manteau de l'animal se rapetissent et abandonnent successivement les surfaces qu'ils avaient d'abord couvertes; on reconnaît cela à des stries semblables à celles d'accroissement, mais qui, ici, sont dues au décroissement des parties de l'animal.

ESPÈCES.

1. Marteau blanc. *Malleus albus*. Lamk. (1)

M. testá trilobá; lobis lateralibus baseos prælongis; sinu byssi nullo aut a foveá ligamenti non distincto.

An. List. Conch. t. 219. f. 54?

* *Ostrea malleus albus.* Chemn. Conch. t. 11. pl. 206. f. 2029, 2030.

* *Ostrea malleus var.* Dillw. cat. t. 1. p. 272. n° 57.

Junior malleus normalis. Sow. Genera of shells. f. 2.

Habite les mers orientales australes. Mus. n° Coquille extrêmement rare, recherchée, très précieuse. Forme de la suivante; couleur blanche en dehors et en dedans, sauf la place qu'occupait l'animal, et n'offrant point de sinus ou canal particulier pour le byssus. Crochets petits, à peine saillans.

2. Marteau commun. *Malleus vulgaris*. Lamk.

M. testá trilobá, extus intusque sæpissimè nigrá; sinu byssi a foveá ligamenti separato.

Ostrea malleus. Lin. syst. nat. p. 1147. Gmel. p. 3333. n° 99.

* Schrœt. Einl. t. 3. p. 358.

* Born. Mus. p. 111.

D'Argenv. Conch. t. 19. fig. A.

Gualt. Test. t. 96. fig. D, E.

* Rumph. Mus. t. 47. fig. H.

Knorr. Vergn. 3. t. 4. f. 1.

* Seba. Mus. t. 3. pl. 91. f. 4. 5. et pl. 93, f. 1, 2

* Fav. Conch. pl. 42. f. A. 1.

Chemn. Conch. 8. t. 70. f. 655.

Encyclop. pl. 177. f. 12.

* Barbut verm, pl. 9. f. 1.

---

(1) La collection du Muséum possède un grand individu de cette espèce sans oreillettes latérales; nous en avons vu un autre à oreillettes très étroites et très courtes, et d'autres dans lesquelles ces parties s'accroissent successivement jusqu'à leur plus grand développement. Le *malleus normalis*, de M. Sowerby, n'est pas le même que le normalis étiqueté de la main de Lamarck, dans la collection du Muséum. Nous avons la coquille de M. Sowerby, et nous la regardons comme le jeune âge de la variété, sans appendices du marteau blanc.

* De Roissy. Buf. moll. t. 6. p. 302. pl. 63 f. 5.

* Brocks. Intr. pl. 4. f. 39.

* *Ostrea malleus.* Dillw. cat. t. 1. p. 272. n$_0$ 57.

* Blainv. Malac. pl. 63. f. 4.

* Sow. Genera of shells. f. 1.

* Desh Ency. méth. vers. t. 2. p. 420, n$_0$ 2.

[b] *Var. testá albidá; lobis lateralibus baseos brevibus.*

Chemn. Conch. 8. t. 70. f. 656.

Encyclop. pl. 177. f. 13.

Habite l'Océan des grandes Indes et austral. Mus. n$_0$. Mon cabinet. Coquille recherchée par sa forme singulière , mais assez commune dans les collections. Ses lobes latéraux sont longs et étroits. La variété [b] pourrait être distinguée, parce qu'elle est constante. Quelques-uns la prennent pour le Marteau blanc, dont elle diffère beaucoup par le sinus du byssus, par sa forme générale, etc.

3. Marteau normal. *Malleus normalis.* Lamk. (1)

M. testá bilobá: lobo basis unico, anticali, ad normam directo.

[a] *Testa extus intusque nigra; lobo basis longiusculo.*

[b] *Var testá albidá; lobo basis abbreviato.*

Habite l'Océan des grandes Indes. Mon cabinet. La variété [b] vient des mers de la Nouvelle-Hollande. Mus. n$_0$. On pourrait encore la distinguer, tant elle est remarquable.

4. Marteau vulsellé. *Malleus vulsellatus.* Lamk. (2)

M. testá elongatá, planulatá, fragili; laterum marginibus subparallelis; basi inæquali : lobo obliquè porrecto.

Ostrea regula Forskael, descr. anim. p. 124.

---

(1) Cette coquille est singulière et nous paraît en effet une espèce bien distincte des autres: elle est intermédiaire entre le marteau blanc et le marteau commun; nous pensons que la variété blanche du marteau commun appartient au marteau normal.

(2) Il serait possible que la plupart des individus répandus dans les collections, sous le nom de marteau vulsellé, fussent des jeunes de la variété à oreillettes courtes du marteau commun. Nous ne voyons aucun caractère important, propre à faire distinguer le marteau vulsellé du marteau rétus, nous les regardons comme une seule espèce.

* Schroet. Einl. t. 3 p. 366. n°. 97.

Ostrea vulsella. Gmell. p. 3333. n° 100.

Chem. Conch. 8 t. 70 f. 657.

Encyclop. pl. 177. f. 15.

* *Ostrea regula* Dillw. cat. t. 1. p. 273, n₀. 58.

* Blainv. Malac. pl. 65, *bis* , f. 4.

Habite la mer Rouge, à Timor, l'Océan austral. Mus. n₀. Coquille droite ou courbée, d'un violet noirâtre. Longueur, 118 milli-Mètres. La fossette conique du ligament s'étend sur le lobe obliquement terminal.

5. Marteau rétus. *Malleus anatinus.* Lamk.

M. testá elongatá, planulatá, fragili; laterum marginibus subparallelis; basi retusá, subauriculatá, obsoletè mucronatá.

Ostrea anatina. Gmel. p. 3333. n°. 101.

* Schroet. Einl. t. 3. p. 367. n°. 98.

* Spengler. Cat. rais. pl. 6. f. 1. 2.

Ostrea figurata. Chemn. Conch. 8. t. 70 f. 658; et t. 71. f. 659.

Encyclop. pl. 177. f. 14.

* Dillw. Cat. t. 1 p. 273, n°. 59. *Ostrea figurata.*

Habite aux îles de Nicobar et à Timor. Mus. n°. Vulgairement le *moule à balle.* Elle est tantôt droite, tantôt courbée et de même taille que la précédente; mais à base moins irrégulière.

6. Marteau raccourci. *Malleus decurtatus.* Lamk.

M. testá ovali vel oblongá, planulatá, fragili; basi variá; foveá ligámenti brevissimá.

Habite les mers de l'Asie australe et de la Nouvelle-Hollande. Mus. n°. Elle est moins grande que toutes les autres, et présente diverses variétés, dont certaines ne sont peut-être que des individus jeunes de l'une des deux précédentes. Mais l'espèce réside au moins dans ceux dont la coquille est atténuée vers son sommet, et dont la fossette du ligament n'est qu'ébauchée.

AVICULE. (Avicula.)

Coquille inéquivalve, fragile, submutique; à base transversale, droite, ayant ses extrémités avancées, et l'antérieure caudiforme. Une échancrure à la valve gauche. Charnière linéaire unidentée : à dent cardinale de chaque valve sous les crochets. Facette du ligament marginale, étroite, en canal, non traversée par le byssus.

Testa inæquivalvis, fragilis, submutica; basi transversâ, rectâ; extremitatibus productis : anticâ caudiformi. Valva sinistra emarginata.

Cardo linearis, unidentatus; dente in utraque valvâ infra nates. Area ligamenti marginalis, angusta, canaliculata, bysso non intersepta.

[Animal ovale, aplati, ayant les lobes du manteau séparés dans toute leur longueur, épaissis et frangés sur les bords; corps très petit, ayant de chaque côté une paire de grandes branchies presque égales ; bouche ovale, assez grande, garnie de lèvres foliacées et de chaque côté d'une paire de palpes labiales larges et obliquement tronquées; un pied conique, vermiforme, assez long, portant postérieurement à la base un byssus assez gros, à filamens grossiers, réunis dans quelque espèces.]

OBSERVATIONS. — Si la forme générale des marteaux est singulière, celle des *avicules* ne l'est pas moins, quoique celle-ci soit dessinée sur un autre modèle. En effet, sur une base transverse, longue et droite, la principale partie de la coquille s'élève obliquement, sous une forme qui approche de celle d'une aile d'oiseau, et les deux extrémités de cette base se trouvent souvent prolongées, mais inégales, de manière que l'une d'elles semble représenter une queue. Il en résulte qu'en ouvrant les valves sans les écarter, la coquille offre une ressemblance grossière avec un oiseau volant. C'est d'après cette considération que j'ai donné le nom d'*avicule* aux coquilles de ce genre.

Ces coquilles sont marines, inéquivalves, presque toujours mutiques ou non écailleuses en dehors, en général minces, très fragiles, et nacrées intérieurement. Elles sont distinguées des marteaux, non-seulement par leur forme générale, mais surtout par l'ouverture qui donne passage au byssus, et qui a lieu aux dépens de la valve gauche, cette valve ayant, au côté postérieur, un sinus ou une échancrure remarquable. Ici, d'ailleurs, point de fossette conique traversant la facette du liga-

ment comme dans les marteaux. Les crochets des avicules
sont obliques, petits, non saillans. Linné, confondant ces coquilles parmi ses *mytilus*, ne vit en elles qu'une espèce [*mytilus
hirundo*]. (1)

. [Depuis que Poli a fait connaître l'animal des avicules, les
zoologistes ont pu juger des rapports de ce genre avec ceux qui
l'avoisinent le plus : il est certain qu'il a l'analogie la plus grande
avec l'animal des pinnes, pour la plupart de ses caractères ;
mais il ne faut pas oublier que, dans ce dernier genre, il y a
deux muscles adducteurs des valves, tandis qu'il n'y en a qu'un
dans les avicules.

Les avicules ont les lobes du manteau séparés dans toute leur
longueur, le bord est épaissi et chargé de petits tentacules
comme cela se voit dans les pinnes, et les lobes du manteau
se prolongent, du côté postérieur et supérieur, en un appendice plus ou moins long et plus ou moins large, lequel produit ce prolongement postérieur si singulier dans la coquille.
Le corps est peu considérable et la masse est portée sur la partie antérieure de l'animal ; de chaque côté, et occupant toute sa
longueur, on remarque une paire de grandes branchies presque
égales et en croissant ; celles d'un côté ne se réunissent pas à
celles de l'autre. La bouche est placée à l'extrémité antérieure
de l'animal, elle est ovale et grande, recouverte par deux lèvres
assez larges, chargées à l'intérieur de lamelles charnues ; elles
se confondent de chaque côté avec les palpes labiales. Ces palpes ont dans ce genre une forme particulière, elles sont courtes,
larges et obliquement tronquées à leur extrémité libre. La masse
abdominale est peu considérable ; c'est à sa partie antérieure

---

(1) Nous avons vérifié toute la synonymie du *mitylus hirundo*
de Linné, et en effet, il a confondu, sous cette seule dénomination, toutes les espèces qu'il connut. Depuis, les auteurs, qui
suivirent à la lettre la méthode linéenne, augmentèrent la confusion en ajoutant successivement au *mytilus hirundo* toutes
les nouvelles espèces qui furent découvertes, et, malgré le soin
que quelques-uns mirent à distinguer des variétés, leur synonymie est trop confuse pour qu'il soit possible de s'en servir, il faut
donc la recommencer entièrement.

que le pied s'attache, il est petit, vermiforme, et il porte postérieurement à sa base un byssus grossier. Dans quelques espèces,
le byssus a cela de particulier que tous ses filamens sont soudées
et forment une tige cornée très solide, terminée par un large
empâtement appliqué aux corps sous-marins et servant à fixer
l'animal.

Il nous semble que Lamarck a été dans l'erreur, lorsqu'il a
dit que les avicules n'avaient pas une facette conique pour le
ligament; à cet égard, cependant, les avicules ne diffèrent pas
des marteaux et autres genres voisins; seulement il faut examiner de vieux individus dans lesquels le bord cardinal est large et
épais; alors on voit, partant du crochet, une cavité oblique,
conique, et qui s'élargit rapidement à la base; dans les individus
à bords minces, cette cavité s'élargissant plus vite, le ligament
se distingue moins facilement d'un ligament marginal; cependant, dans les espèces fossiles, ou les individus qui ont perdu
leur ligament, en y mettant de l'attention, on reconnaît la cavité
large et triangulaire qui lui est destinée.

L'appendice postérieur des avicules est variable dans sa longueur, non-seulement dans les différentes espèces du genre,
mais encore dans les individus d'une même espèce : d'abord
long et grèle, cet appendice diminue peu-à-peu, s'élargit à la
base, ne dépasse plus l'extrémité inférieure et postérieure du
corps de la coquille, de sorte que de ce côté la coquille est creusée
par une large et profonde sinuosité. On voit aussi dans d'autres
espèces cette sinuosité postérieure diminuer successivement et
s'effacer enfin; lorsqu'elle n'existe plus, les espèces appartiennent alors au genre Pintadine de Lamarck; comme le passage
d'un genre à l'autre se fait par nuances insensibles, il y a des
espèces que l'on ne peut placer dans l'un ou l'autre genre qu'arbitrairement et au hasard. Bien plus, dans quelques espèces, les
jeunes individus ont un petit prolongement postérieur qui disparaît avec l'âge; en appliquant rigoureusement les caractères
génériques de Lamarck, on arriverait, comme on le voit, à un
résultat inadmissible. Les observations qui précèdent nous conduisent nécessairement à rejeter l'un des genres, et comme celui des avicules est le plus ancien, nous proposons de joindre
les pintadines aux avicules, et constituer avec cet ensemble un

genre naturel. Si nous comparons les caractères plus essentiels
que la forme extérieure dans les avicules et les pintadines, nous
observerons dans le test une structure semblable; nous verrons
l'impression musculaire placée de la même manière et d'une
forme analogue; nous remarquerons aussi que la charnière est
semblable, le ligament placé de même; enfin, si nous examinons
l'échancrure antérieure, destinée au passage du byssus, nous lui
trouverons des caractères semblables dans les deux genres.

M. Bronn a proposé, sous le nom de Monotis, un petit genre
pour une coquille fossile que plusieurs auteurs ont fait connaître sous la dénomination de *pecten salinarius*. Ayant eu occasion
d'examiner plusieurs échantillons bien entiers de cette coquille,
nous pensons qu'elle doit être placée dans les Pintadines de Lamarck, et faire partie, en conséquence, du genre Avicule tel que
nous le concevons actuellement.

ESPÈCES.

1. Avicule macroptère. *Avicula macroptera.* Lamk.

> *A testá maximá, extus fusco-nigricante; alá amplissimá obliquè,
> curvá; caudá longiusculá.*
>
> * *Mytilus hirundo.* Var.δ. Gmel. p. 3357, n. 22.
> Gualt. test. t. 94. fig. A.
> Knorr. Vergn. 6. tab. 2.
> * *Avicula macroptera* Desh. Encycl. méth. vers. t. 2 p. 99. n₀ 1.
> Habite........ les mers des climats chauds? Mus. n° Mon cabinet.
> C'est la plus grande de ce genre. Dans sa jeunesse, des raies lon-
> gitudinales et blanchâtres la rendent comme rayonnée à l'exté-
> rieur; alors sa nacre n'est qu'argentée. Mais dans les vieux indi-
> vidus, la nacre est rougeâtre. La grandeur de l'aile est de 178
> millimètres.

2. Avicule baignoire. *Avicula lotorium.* Lamk. (1)

---

(1) Nous croyons que la coquille avec laquelle Lamarck a fait
cette espèce, n'est qu'une variété à appendice postérieur très
court de l'avicule macroptère; nous avons vu des individus de
cette dernière espèce ayant les appendices longs et grêles comme ceux figurés par Guatieri, d'autres les ayant plus courts, et
nous en avons vu quelques-uns dans lesquels l'appendice était
fort peu saillant. Nous pensons que la figure citée de Chemnitz

*A. testâ grandi, extus fusco-nigricante ; alâ magnâ, oblongo- el-
liptîcâ, subrectâ ; caudâ brevissimâ.*

Chemn. Conch. 8. t. 81. f. 728.

Habite..... Mon cabinet. Quoique très voisine de la précédente,
mais moins grande, elle me semble vraiment distincte par sa forme
particulière. Elle est même plus renflée et à valves de longueur
égale. Longueur de l'aile, 129 millim·sɘɹǝ

3. Avicule demi-flèche. *Avicula semi-sagitta.* Lamk.

*A. testâ nigrâ aut flavo-rufescente ; alâ obliquâ, subventricosâ :
caudâ longâ.*

List. Conch. t. 220. f. 55.

Gualt. test. pl. 94. fig. A. *fig. minor.*

Knorr. Vergn. 4. t. 8. f. 5 ; et 5. t. 10 f. 1. 2.

**Avicule arondie.* Blainv. Malac. pl. 63. f. 3.

*Desh. Encycl. méth. vers. t. 2. p. 99, n° 2.

[b] *Vár. testâ flavo-rufescente, obsoletè fusco-radiatâ.*

Habite l'Océan asiatique austral. Mus. n°. La variété [b] est de mon
cabinet. Ailes de longueur égale.

4. Avicule hétéroptère. *Avicula heteroptera.* Lamk.

*A. testâ lanceatâ ; alâ perobliquâ : valvæ alteræ anterius breviore ;
caudâ elongatâ.*

[b] *Var. testâ nigricante ; alâ minus obliquâ.*

Habite..... Mon cabinet. Coquille allongée transversalement, à lobe
postérieur en fer de lance. Epiderme jaunâtre ou roussâtre.

5. Avicule en faux. *Avicula falcata.* Lamk. (1)

*A. testâ tenui, fragili , albidâ , fusco-submaculatâ ; alâ latâ, obliquè
falcatâ ; caudâ breviusculâ.*

An Chemn. Conch. 8. t. 81. f. 725?

[b] *Var. testâ alâ minore, minus incurvatâ.*

Habite les mers de la Nouvelle-Hollande. *Péron.* Mus. n°. La va-

---

représente un individu dont l'appendice a été cassé et la cassure
réparée avec adresse. Notre opinion se fonde sur la manière
dont la nacre couvre la partie corticale dans l'endroit de la
mutilation.

(1) Nous avons vu l'individu de la collection du Muséum qui
porte ce nom, et nous pouvons affirmer qu'il ne diffère en rien
de l'avicule de Tarente, n° 7. Nous ne savons si la variété devra
constituer une espèce particulière, nous ne l'avons pas vue.

riété [b] est de mon cabinet. La queue est menue, atténuée, presque en alène ; elle est plus longue dans la variété [b], qu'on pourrait distinguer.

6. Avicule safranée. *Avicula crocea*. Lamk.

A. testá glabrá, luteo-croceá, immaculatá ; alá obliquè divaricatá.

* *Mytilus avicula crocea.* Chemn. Conch. t. 11. pl. 205. p. 2025, 2026.

* *Mytilus hirundo,* var. D. Dillw. cat. t. 1. p. 321.

* *Avicula crocea.* Desh. Encycl.,méth. vers: t. 2. p. 160 nº 5.

[a] *Cauda longiuscula, attenuata.*

Rumph. Mus. tab. 46. fig. G.

[b] *Var. caudá brevi, alam non superante.*

[c] *Var. testá luteo-citriná ; caudá brevi.*

Avicula chinensis. Leach. Miscel. zool. 2. pl. 114.

Habite les mers de l'Ile de France pour les coquilles [a et b]. Mus n_0. La variété [c] ne m'est pas connue. La coquille de Chemnitz (*varietas aviculæ*)Conch. 8. t. 81. f. 724, est encore une variété de cette espèce.

7. Avicule de Tarente. *Avicula Tarentina*. Lamk.

A. testá tenui, fragili, griseá, fusco-radiatá ; alá latá : valvis magnitudine æqualibus.

* *Mytulus hirundo* poli test. t. 2 pl. 32. f. 17 à 21!

* *Id.* Chemn. Conch. t. 8 pl. 81. f. 725.

* *Bonan.* récréat. p. 2. f. 58.

* *Encycl.* pl. 177. f. 8.

* *Mytilus hirundo,* var. E. Dillw. cat. t. 1 p. 321.

* *Desh.* Encycl. méth. vers t. 2. p. 99, n_0 4.

Habite la Méditerranée, dans le golfe de Tarente. Mon cabinet. Queue de longueur médiocre. Coquille transparente, à aile obliquement arrondie.

8. Avicule atlantique. *Avicula atlantica* Lamk. (1)

A. testá fuscatá ; alá latá , rotundatá, vix obliquá : valvis magnitudine inæqualibus.

Gualt. test. t. 94. fig. B.

---

(1) C'est particulièrement à celle-ci que les auteurs rapportent le *mytilus hirundo* de Linné, mais leur synonymie est très incorrecte et a besoin d'être rectifiée.

[h] Chanon. Adans. Sénég. t. 15. f. 6.
* Chemn. Conch. t. 8. pl. 81. f. 722. 723.
* Encycl. pl. 177. f. 9. 10.
* Desh. Encycl. méth. vers. t. 2. p. 101, n₀ 7.
Habite l'Océan atlantique. Mon cabinet. Les coquilles de Chemnitz, Conch. 8. t. 80 f. 720, et t. 81. f. 722, nous paraissent des variétés de cette espèce.

9. Avicule écailleuse. *Avicula squamulosa*. Lamk.

A. testâ tenui, fragili, lutescente aut rufâ, squamulis apice laxis subasperatâ; caudâ brevissimâ, auriculiformi.

Habite les mers du Brésil. *Lalande*. Mus. n. Ses écailles sont par rangées rayonnantes. Son aile est large, obliquement arrondie. Largeur de la base, 40 millimètres.

10. Avicule papilionacée. *Avicula papilionacea*. Lamk. (1)

A. testâ tenui, pellucidâ, albidâ, spadiceo radiatâ; caudâ subnullâ.
[b] *Var.? radiis viridulis, fusco guttatis.*
Chemn. Conch. 8. t. 81. f. 726.
Encycl. pl. 177. f. 5.
Habite les mers de la Nouvelle-Hollande. *Péron*. Mus. n₀. Sa forme et sa taille sont les mêmes que celles de la coquille de Chemnitz, mais ses rayons sont d'un rouge brun souvent interrompus. Elle est très fragile.

11. Avicule petites-côtes. *Avicula costellata*. Lamk. (2)

A. testâ tenui, oblongo-ellipticâ, obliquâ, fulvâ; tuberculis minimis ordinatis costellas simulantibus; cardine brevi; caudâ nullâ.
* *Mytilus hirundo*. Var. Gmel. p. 3357.

---

(1) La coquille qui, dans la collection du Muséum porte ce nom, est une espèce bien distincte de celle figurée par Chemnitz sous la dénomination de *mytilus meleagridis*, et que Lamarck rapporte ici à sa synonymie.

Nous ne connaissons aucune bonne figure de l'avicule papilionacée.

(2) Nous avons également vu la coquille de la collection du Muséum à laquelle Lamarck donne ce nom; nous ne pensons pas que la figure de Chemnitz la représente. Celle de M. Quoy, (voyage de *l'Astrol. zool.*, pl. 77. f. 12 et 13), a plus de ressemblance: elle n'a point de côtes et semble en avoir par sa coloration.

*Schrot. Einl. t. 3. p. 451.

'An. *Mytilus ala-corvi*. Chemn. Conch. 8. t. 81. f. 727 ?

Encycl. pl. 177. f. 6 ?

* *Mytilus ala-corvi*. Dilw. cat. t. 1, p. 322. n° 46.

Habite..... Mus. n°. Elle est d'un fauve rembruni, et à l'intérieur elle
n'est nacrée qu'à la place qu'occupait l'animal, ou dans un espace
médiocre. Ses petites côtes sont rayonnantes, mutiques vers leur
sommet.

12. Avicule physoïde. *Avicula physoides*. Lamk.

'A. *testá tenuissimá, fragillissimá, hyaliná, subvesiculari, lineis raris
ferrugineis, alá perobliquá.*

Habite les mers du nord de la Nouvelle-Hollande, sur des Sertulaires,
des Plumulaires, etc. Mus. n°. Queue tantôt nulle, tantôt en au-
ricule très courte. Longueur, 25 millimètres.

13. Avicule verdâtre. *Avicula virens*. Lamk.

'A. *testá minimá, tenui, lævi, pellucidá, virente ; limbo subradiato ;
cauda brevi auriculiformi.*

[b] *Var.? testæ alá majore, rotundiore.*

Chemn. Conch. 8. t. 80. f. 721. a, b.

Habite les mers de la Nouvelle-Hollande, à la côte de la terre d'En-
dracth. *Péron*. Mus. n°. Largeur, 12 millimètres.

14. Avicule trigonée. *Avicula trigonata*. Lamk.

A. *testá minimá ; alá valdè obliquá, latere antico subtruncato, sinu
arcuato.*

* Desh. Coq. fos. des env. de Paris. t. 1. p. 288. n° 1. pl. 42.
f. 7-8-9.

[b] *Var.? testæ latere antico non sinuato.*

Habite..... Fossile de Grignon. Mus. n°. Largeur, 8 à 10 millimètres.

15. Avicule phalénacée. *Avicula phalænacea*. Lamk.

A. *testá parvulá, ferruginco-radiatá ; alá perobliquá ; auriculá posticá longitudinaliter sulcatá.*

* Basterot. Foss. des env. de Bordeaux. p. 75.

Habite..... Fossile des environs de Bordeaux. Point de queue. Largeur, 21 millimètres. Elle paraît tenir de l'Av. papilionacée, et
imite l'aile d'une petite phalène. Mon cabinet.

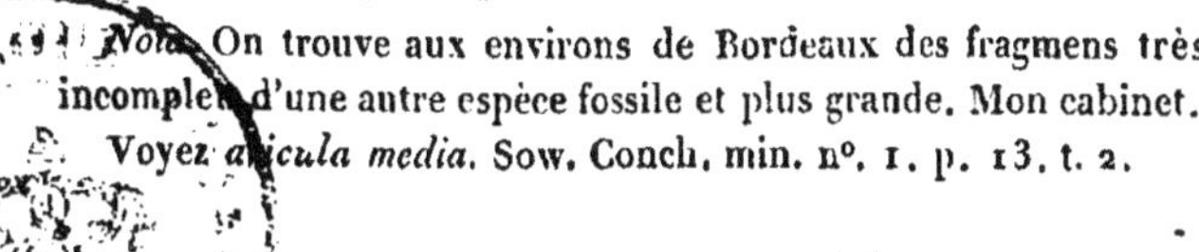

Nota. On trouve aux environs de Bordeaux des fragmens très
incomplets d'une autre espèce fossile et plus grande. Mon cabinet.
Voyez *avicula media*. Sow. Conch. min. n°. 1. p. 13. t. 2.

† 16. Avicule vespertilion. *Avicula vespertilio.* **Desh.**

A. testá griseo-fuscatá, inæquivalvi substriatá; alá latá, rotundá, vix obliquá; caudá elongatá, angustá, fragili.

Desh. Encycl. méth. vers. t. 2. p 99. n° 3.

Habite..... Coquille d'un brun noirâtre en dehors, d'une nacre rougeâtre en dedans; elle est peu oblique, prolongée en arrière en un appendice grêle, assez long. Le bord cardinal est étroit, il a sous le crochet deux petites dents obtuses et une trace de dent latérale postérieure; le sinus, pour le passage du byssus, forme un angle droit sur la valve droite. Nous ne savons de quelle mer elle provient.

† 17. Avicule de Savigny. *Avicula Savignyi.* **Desh.**

A. testá tenui, fragili, fusco-nigricante, obliquá undiquè transversum striatá; striis tenuissimis, antice subsquamosis; caudá brevi, alam vix superante.

Desh. Encycl. méth. vers. t. 2. p. 100. n° 6.

Avicula heteroptera. Sow. Genera of shells. f. 1.

An eadem. Var.? Avicula morio. Leach misc. zool. t. 2° p. 86, 1l. 38. f. 2.

Mytilus hirundo. Var. Egyptiaca. Chemn. Conch. t. 11. p. 252. pl. 205. f. 2018, 2019?

Mytilus Morio. Dillw. cat. t. 1. p. 322. n° 45?

Habite..... Nous ne croyons pas que cette espèce soit la même que l'*Avicula morio* de Leach; peut-être cette espèce de l'auteur anglais diffère-t-elle de celle de Chemnitz. Nous n'avons pas sous les yeux les coquilles des auteurs dont nous parlons, et nous ne rapportons ici leur synonymie qu'avec doute et avec toute la circonspection convenable. La figure citée, de M. Sowerby, représente très bien notre coquille; mais comme nous n'avons pas vu l'Avicule hétéroptère de la collection de Lamarck, nous ne savons si le nom choisi par M. Sowerby doit en effet s'appliquer à l'espèce qu'il représente; si sa détermination spécifique est exacte, dès-lors notre *Avicula savignyi* devra être supprimée et sa synonymie transportée à l'*Avicula heteroptera.* n° 4.

† 18. Avicule à queue courte. *Avicula brevicauda.* **Desh.**

A. testá tenui, fragili, nigricante, substriatá, obliquá; caudá brevissimá, obtusá; auriculá minimá.

Desh. Encycl. méth. vers. t. 2. p. 101. n° 9.

Habite la mer Rouge. Coquille formant l'un des passages entre les Avicules et les Pintadines. Elle est ovale, subquadrangulaire, peu oblique; son côté postérieur est creusé d'une sinuosité large et

assez profonde, l'extrémité postérieure de la charnière se prolonge
en une queue courte et large; au dehors la coquille est irrégulièrement lamelleuse, elle est brune; sa charnière a deux petites dents
cardinales obtuses et une dent latérale postérieure, grande et assez
saillante.

† 19. Avicule géorgienne. *Avicula georgina.* Quoy.

> *A. testa tenui, fragili, pellucidâ, oblongâ, subinflatâ, flavo-virides-*
> *cente, violaceo-maculatâ, aut lineis albis radiatâ; caudâ brevi;*
> *auriculâ striatâ.*

Quoy et Gaym. Voy. de *l'Astrol.* t. 3. p. 457. pl. 77. f. 10-11.

Habite au port du roi Georges, à la Nouvelle Hollande. Petite coquille mince, fragile, aplatie, oblique, subquadrangulaire, inéquivalve, toute lisse, d'un vert brun-foncé, tachée de violet ou de
petites lignes blanchâtres, rayonnantes. Le côté postérieur est un
peu sinueux, le bord cardinal est aussi long que la coquille, il est
mince et simple. La nacre intérieure est d'un blanc bleuâtre,
irisée de rouge cuivré.

† 20. Avicule livide. *Avicula livida.* Desh.

> *A. testâ ovato-acutâ, perobliquâ, supernè truncatâ, albido-lutescente,*
> *lividâ, depressâ, tenui, fragili; valvâ dextrâ antice auriculatâ.*

Desh. Encycl. méth. vers. t. 2 p. 103 n° 15.

Habite..... Petite coquille que l'on pourrait, aussi bien que l'Avicule
papillionacée, mettre au nombre des Pintadines puisqu'elle n'a
point d'appendice postérieur. Elle est ovale, oblongue, tronquée
obliquement par un bord cardinal plus court que la coquille n'est
longue; valves minces, aplaties, d'un blanc jaunâtre, livide, lisses en dessus, nacre intérieure d'un blanc argenté.

† 21. Avicule lingulée. *Avicula lingulata.* Desh.

> *A. testâ ovato-obliquâ, depressâ, nigrâ, solidulâ, lævigatâ.*

Desh. Encycl. méth. vers. t. 2. p. 104. n° 17.

Habite l'océan Indien? Coquille ovale-obronde, aplatie, oblique,
tronquée supérieurement par un bord cardinal droit et court, sans
appendice postérieur; le bord postérieur est à peine sinueux à sa
jonction avec le bord inférieur, il forme un angle obtus. La surface
extérieure est lisse et d'un violet noir très foncé, uniforme; la nacre intérieure est d'un blanc argenté, elle est largement débordée par la couche externe.

† 22. Avicule fragile. *Avicula fragilis.* Def.

> *A. testâ subrotundatâ, supernè truncatâ, vix obliquâ, lævigatâ, an-*
> *ticè rostratâ, sinuosâ, posticè subcaudatâ; cardine simplici.*

Def. Dict. des sc. nat. t. 3. suppl. p. 141.

(*Var. b.* Desh.) *testá ecaudatá; auriculá minore, acutiusculá.*

Desh. Coq. foss. de Paris. t. 2. p. 289. n₀ 2. pl. 42. f. 10-11. et
pl. 45. f. 14-15.

Habite..... Fossile aux environs de Paris, à Grignon, Senlis, etc.
Petite coquille obronde ou subtriangulaire, très mince, lisse, la
sinuosité postérieure très élargie et peu profonde, la charnière
droite peu inclinée sur l'axe longitudinal, à peine prolongé postérieurement; oreillette antérieure petite, courte et triangulaire.

† 23. Avicule petite aile. *Avicula microptera.* Desh.

*A. testá trigoná, elongatá, longitudinali, subarcuatá, obliquissimá,
anticè vix auriculatá, posticè ecaudatá, intùs albá, argenteá, extùs lævigatá.*

Desh. Coq. fos. de Paris. t. 2. p. 290. n⁰ 3. pl. 43. f. 18-19-20.

Habite.... Fossile à Chaumont, bassin de Paris. Petite coquille mince,
fragile, lisse, beaucoup plus longue que large, assez profonde,
très oblique, pointue à son extrémité inférieure. La charnière est
droite, courte, non prolongée postérieurement, le côté postérieur
est un peu sinueux. Le bord cardinal est mince, on y découvre
deux petites dents obtuses sous les crochets et une petite dent latérale postérieure.

† 24. Avicule de Faujas. *Avicula Faujasi* Desh.

*A. testá ovato-subquadrangulari, depressá obliquá; auriculá ante-
riore angulo profundo notatá; latere postico oblique sinuoso.*

Avicule. Faujas. Mont. de Saint-Pierre de, Mæstricht. p. 149.
pl. 23. f. 5.

Habite.... fossile dans la craie supérieure de Mæstricht et de Cypli.
Coquille fort singulière, quelquefois très grande, ayant la forme
des Avicules sans prolongement postérieur; la sinuosité du bord
postérieur est large et peu profonde. La couche nacrée est toujours
dissoute; la couche corticale est très mince, et dans ses cassures
on n'aperçoit pas qu'elle soit fibreuse; un angle profond, partant
du crochet, sépare le côté antérieur.

† 25. Avicule hérissée. *Avicula echinata.* Sow.

*A. testá suborbiculari, inæquivalvi, longitudinaliter sulcatá; sulcis cre-
bris, angustis, asperatis; valvá alterá profundá; cardine angusto,
postice appendice brevissimo acuto, terminato.*

Sow. Min. conch. pl. 243. f. 1.

Smith Strata identif. p. 26. f. 8.

Habite.... fossile dans le Cornbrash en Angleterre et en France. Petite coquille suborbiculaire presque équilatérale, ayant la valve gauche profonde, et la droite aplatie; sa surface extérieure est ornée de côtes aiguës nombreuses, sur l'angle desquelles s'élèvent de petites épines; la sinuosité antérieure pour le byssus est petite et peu profonde, et le prolongement postérieur est très court, triangulaire et pointu.

ꝉ 26. Avicule à côtes. *Avicula costata.* Sow.

A. testá ovato rotundatá, inæquivalvi, valvá dextra planiusculá radiatim striatá; valvá sinistrá profundá, costis simplicibus elevatis, radiatis, ornatá, caudá auriculáque brevissimis.

Sow. Min. conch. pl. 244. f. 1.

Desh. Encycl. méth. vers. t. 2. p. 102. n° 10.

Habite.... fossile de l'oolite moyenne et supérieure en Angleterre et en France. Jolie espèce fossile très facile à distinguer par les côtes extérieures dont sa grande valve est ornée; ces côtes sont au nombre de neuf à onze: elles sont étroites, lisses, et se terminent sur le bord en se prolongeant en une sorte d'épine asssez longue. La valve supérieure est très petite, et semble appartenir à une autre espèce, tant elle diffère de l'autre.

ꝉ 27. Avicule sociale. *Avicula socialis.* Desh.

A. testá ovato-oblongá, inæquivalvi contortá, transversim substriatá; umbonibus non terminalibus, latere antico integro non sinuato.

Mytilus socialis, Schloteim, petref. p. 294. n° 1. pl. 37. f. 1, *a, b, c.*

Wolfart. Hist. nat. Hassiæ inferioris, pars prima. pl. 7. f. 1. *a, b,* et pl. 9. f. 1, 2.

Desh. Descript. des coq. carac. des terrains. p. 68. pl. 14. f. 5.

Habite.... fossile dans le Muschelkalk, en Allemagne, en Loraine, à Toulon, etc. Coquille curieuse appartenant aux Avicules par ses principaux caractères; elle est très oblique, sans prolongement postérieur; une petite sinuosité antérieure, peu marquée, faible indice du passage d'un byssus. Les valves sont inégales, la droite est la plus petite et la plus aplatie; la coquille semble tordue sur elle-même; elle est aux Avicules ce que sont pour les Arches l'*Arca semitorta* et l'*Arca tortuosa.*

PINTADINE. (Meleagrina.)

Coquille subéquivalve, arrondie presque carrément, écailleuse en dehors; à bords cardinal inférieur, droit, antérieurement sans queue. Un sinus à la base postérieure des valves pour le passage du byssus : la valve gauche étant ici étroite et échancrée.

Charnière linéaire sans dent. Facette du ligament marginale, allongée presque extérieure, dilatée dans sa partie moyenne.

Testa subæquivalvis, quadrato-rotundata, extus squamosa; margine cardinali infero, recto anticè ecaudato. Sinus pro bysso ad basim posticam valvarum ; valvá sinistrá hoc in loco angustatá, emarginatá.

Cardo linearis, edentulus. Area ligamenti marginalis, elongata, subexterna, medio dilatata.

OBSERVATIONS. — Quelque grands que soient les rapports entre les avicules et les *pintadines*, j'ai cru devoir en séparer ces dernières, parce que leur coquille est presque équivalve, que sa forme est différente, qu'elle n'a jamais de queue ni de dent cardinale, et que la facette ligamentale est toujours dilatée dans sa partie moyenne. D'ailleurs, l'ouverture qui donne passage au byssus produit, sur chaque valve, un angle calleux et rentrant, qu'on ne voit nullement dans les avicules.

Les *pintadines* sont moins lisses et plus écailleuses au dehors que les avicules. Leur nacre est quelquefois épaisse, très brillante; et l'extravasion de la liqueur destinée aux augmentations périodiques de l'intérieur de la coquille, donne lieu souvent à des dépôts isolés de cette belle nacre, qui forment ce qu'on nomme les *perles*.

Ce genre est encore peu nombreux en espèces; mais la principale de ces espèces est célèbre, parce que c'est elle qui fournit les plus belles perles, si recherchées pour la parure, surtout dans l'Orient. (1)

----

(1) Les observations que nous avons faites sur les avicules et auxquelles nous renvoyons, nous dispensent de revenir sur le genre pintadine; nous le croyons inutile, et en cela nous suivons l'opinion du plus grand nombre des zoologistes et des conchyliologues.

ESPÈCES.

1. Pintadine mère-perle. *Meleagrina margaritifera.*

*M. testá subquadratá, supernè rotundatá, fusco-virente, albo radiatá;
lamellis per series longitudinales imbricatis : superioribus majoribus.*

Mytilus margaritiferus. Lin. Syst. nat. p. 1155. Gmel. p. 3351. n. 4.

* Bonani récr. part. 2. f. 1.

* Caceolari mus. p. 31.

* Lister conch. pl. 221. f. 56. pl. 222. f. 57.

* Knorr. Vergn. t. 2. pl. 25. f. 1. t. 4. pl. 18. f. 1.

* Fav. Conch. pl. 41. f. E 1. E 4.

Rumph. Mus. t. 47. fig. F, G.

D'Argenv. Conch. t. 20. fig. A.

Gualt. test. t. 84. fig. E, F, G.

Margarita sinensis. Leach. Misc. zool. 1. pl. 48.

Chemn. Conch. 8. t. 80. f. 717-718.

Encycl. pl. 177. f. 1-4.

* Born. Mus. p. 124 et p. 121. vign. f. a.

* Schrot. Einl. t. 3. p. 426.

* Barbut vermi. p. 66. pl. 11. f. 4.

* Dillw. cat. t. 1. p. 302. n° 4. *Mytilus margaritiferus.*

* *Avicula margaritifera.* Roissy. Buf. Moll. t. 6. p. 299. pl. 272. f. 4.

* *Avicula meleagrina.* Blainv. Malac. pl. 65 *bis.* f. 7.

* *Avicula margaritifera.* Sow. Genera of shells. f. 3.

* Savigny. Coq. d'Egyp. pl. 11. fig. 7.

* *Avicula margaritifera.* Desh. Encycl. méth. vers. t. 2. p. 103.
n° 14.

[b] *Avicula radiata.* Leach, Misc. zool. 1. pl. 43.

Habite le golfe Persique, les côtes de Ceylan, les mers de la Nouvelle-Hollande, le golfe du Mexique, etc. Mus. n°. Mon cabinet.
Coquille planulée, très écailleuse, solide, qui devient très grande,
et qui fournit les plus belles et les plus grandes perles connues. La
variété [b] a les écailles terminées en pointe. Knorr (Vergn. 1.
t. 25. f. 2, 3) en cite une des Antilles qui paraît s'en approcher.

2. Pintadine albine. *Meleagrina albina.* Lamk.

*M. testá albidá, irradiatá, absoletè squamosá; auriculis duabus
semper distinctis.*

An Rumph. Mus. t. 47. fig. B?

[b] *Var. testá violaceo partim tinctá.*

Habite les mers de la Nouvelle-Hollande, au canal d'Entrecasteaux, et à la terre de Diémen. Mus. n°. A l'intérieur, le limbe qui environne la partie nacrée est blanc. Dans la variété [b] le test est teint de violet ainsi que le limbe intérieur. Largeur, 70 millimètres.

DEUXIÈME SECTION.

Ligament non marginal, resserré dans un court espace sous les crochets, toujours connu, et ne formant point de cordon tendineux sous la coquille.

La forme et la disposition du ligament, dans les coquilles de cette division, séparent éminemment ces coquilles de celles de la division précédente. Ces mêmes coquilles ont d'ailleurs un aspect assez particulier, et sont en général auriculées à leur base, c'est-à-dire, aux extrémités de leur bord cardinal. Toutes sont inéquivalves, quoique beaucoup d'entre elles aient les deux valves d'égale grandeur; mais l'une de ces valves est toujours plus bombée que l'autre, les races ici sont fort nombreuses, et les coquilles qui en proviennent présentent, dans la nature de leur test et de ces caractères, des motifs suffisans pour les partager en deux familles distinctes, auxquelles je donne le nom de *Pectinides* et d'*Ostracées*. (1)

LES PECTINIDES.

Ligament intérieur ou demi-intérieur. Coquille en général régulière, à test compacte, non feuilleté dans son épaisseur.

Les *pectinides* sont des coquilles régulières ou presque régulières, à test solide, non feuilleté, la plupart auriculées

---

(1) Cette seconde section ne nous paraît pas plus nécessaire que la première, elle est fondée sur la nature du ligament; mais il est évident, comme nous l'avons vu, que le ligament, dans tous les vrais monomyaires, a la même structure, et dès que l'on

aux éxtremités latérales de leur bord inférieur, et en général munies de stries ou de côtes rayonnantes qui partent des crochets. Leur ligament est intérieur ; mais, dans quelques-unes, ce ligament paraît au dehors par une entaille ou par un écartement des crochets. Les unes sont des coquilles libres, que l'animal peut déplacer ou qu'il fixe par un byssus ; les autres sont fixées sur les corps marins par leur valve inférieure.

Ces *pectinides* constituent une famille qui me paraît naturelle, qui avoisine celle des ostracées, et à laquelle je rapporte les sept genres suivans : *houlette*, *lime*, *plagiostome*, *peigne*, *plicatule*, *spondyle* et *podopside*. (1)

---

aura fait entrer la famille des mytilacés dans les dimyaires auxquels ils appartiennent, il ne restera plus aucun motif pour les sections dont nous parlons, puisque tous les monomyaires ont un ligament semblable.

(1) Ce n'est pas seulement à cause des caractères donnés par Lamarck à cette famille qu'il est nécessaire de la conserver, mais parce que l'on trouve dans les animaux qu'elle contient des particularités remarquables dans plusieurs points de leur organisation. Tous ces animaux, ainsi que ceux de la famille précédente, ont un pied, le plus souvent peu développé ; les deux lobes du manteau sont désunis dans toute leur étendue, si ce n'est dans la ligne dorsale correspondant à la charnière : ils n'ont ni tube ni siphons. Épaissis dans toute la partie libre de leur circonférence, les bords des lobes du manteau sont garnis de plusieurs rangées de tentacules charnus plus ou moins longs : dans certains genres, ils ont une structure qui n'est plus la même dans d'autres. A l'aide de ce moyen seul, on pourrait facilement distinguer les Limes des autres genres voisins, si elles n'avaient du reste des caractères extérieurs qui les rendent facilement reconnaissables. Dans chacun des genres, le pied a une forme particulière, les lèvres de l'ouverture buccale offrent aussi des caractères propres. Ainsi, comme on le voit, si les coquilles sont faciles à distinguer, les animaux le sont aussi, et cet accord justifie la plupart des genres que Lamarck admet dans sa famille des

HOULETTE. (Pedum.)

Coquille inéquivalve, un peu auriculée, bâillante par sa valve inférieure. Crochets inégaux, écartés.

Charnière sans dents. Ligament en partie extérieur, inséré dans une fossette allongée et canaliforme, creusée dans la paroi interne des crochets. Valve inférieure échancrée près de sa base postérieure.

Testa inæquivalvis, subauriculata ; valvá inferiore hiante ; natibus inæqualibus, divaricatis.

Cardo edentulus. Ligamentum partim externum, in fossulá canaliformi natium pariete interná affixum. Valva inferior propè basim posticam emarginata.

[Animal oval, oblong, aplati, ayant les lobes du manteau ouverts dans toute la circonférence, épaissis sur les bords et chargés sur cette partie de plusieurs rangs de cirrhes tentaculaires et à des distances régulières, des tubercules à surface lisse. Une paire de grandes branchies de chaque côté descendant au niveau du bord inférieur du manteau ; masse abdominale, petite, portant en avant et en haut un petit pied vermiforme, et à sa base un byssus assez gros et soyeux, bouche ovale, ayant de chaque côté une paire de palpes labiales triangulaires.]

OBSERVATIONS. — La *houlette* rappelle, par l'échancrure singulière de sa valve inférieure, celles des Pintadines et des Avicules ; mais elle annonce le voisinage des Limes et des Plagiostomes, dont elle est très distincte, et bientôt après celui des Peignes. Cette coquille remarquable, que sa forme a fait comparer à la houlette des bergers, est libre, régulière, inéquivalve, et

---

Pectinides. Deux genres de cette famille devront, d'après notre manière de voir, en être retranchés, et même disparaître de la méthode : ce sont les Plagiostomes, qui ont tous les caractères des Limes, et les Podopsides, qui ne sont que des Spondyles. Nous présenterons à leur sujet nos observations dans les notes qui les concernent.

indique, par son échancrure, que l'animal s'attache par un byssus. Pour amener les Limes et ensuite les Peignes, la nature a fait disparaître l'échancrure de la valve inférieure; et raccourcissant ensuite la fossette du ligament, elle l'a rendue tout-à-fait intérieure. On ne connaît encore qu'une espèce de ce genre : je la nomme ainsi. (1)

---

(1) L'animal des Houlettes a été décrit et figuré pour la première fois par MM. Quoy et Gaymard dans la zoologie du *Voyage de l'Astrolabe*. Malgré l'ignorance où l'on était à cet égard, Lamarck cependant a donné au genre des rapports convenables, et qui ne devront subir aucuns changemens importans. L'animal des Houlettes a en effet beaucoup d'analogie avec celui des Peignes ou des Spondyles, et doit évidemment faire partie du même groupe. Ce que nous en disons est emprunté a l'ouvrage que nous venons de citer. La forme de cet animal est semblable à celle de la coquille. Les lobes du manteau sont séparés dans toute la circonférence, si ce n'est dans la largeur du bord supérieur qui est très court; les bords sont épaissis et garnis d'un grand nombre de tentacules fins, inégaux, entre lesquels on remarque, à des distances égales, des petits tubercules lisses semblables à ceux décrits par Poli dans les Peignes et les Spondyles. Les branchies sont grandes, presque égales, et descendent entre les bords inférieurs du manteau, celles d'un côté sont séparées de celles de l'autre par un espace aplati, assez large, formant la partie antérieure et inférieure du corps de l'animal. A la partie antérieure de cet espace, on voit un petit pied vermiforme, à la base duquel est placé un byssus assez gros, soyeux et d'une apparence nacrée; il est jaunâtre. Derrière le pied, se trouve la bouche, elle est ovalaire, et accompagnée de chaque côté d'une paire de palpes labiales triangulaires, courtes, fixées par un des côtés du triangle, libres dans tout le reste; elles sont striés comme les branchies auxquelles elles touchent. Le manteau du côté droit présente, à sa partie supérieure et antérieure, une échancrure semblable à celle de la coquille pour le passage du byssus. Il n'existe qu'un seul muscle adducteur des valves; il est placé vers la partie supérieure et postérieure de l'animal, l'anus passe derrière lui, et

ESPÈCE.

1. **Houlette spondyloïde.** *Pedum spondyloideum.* Lamk.

> *P. testâ ovato-cuneiformi, planulatâ; valvâ superiore striis longitu-*
> *dinalibus granulato-scabris.*

Ostrea spondyloidea. Gmel. p. 3335. n₀ 109.

* Schrot. Einl. t. 3. p. 368. n° 103.

Favanne, Conch. t. 80. fig. K.

Ostrea spondyloidea. Chemn. Conch. 8. t. 72. f. 669, 670.

Eucycl. pl. 178. f. 1-4. *pedum.*

* De Roissy. Buf. moll. t. 6. p. 261. pl. 62. f. 6.

Ostrea spondyloidea. Dillw. cat. t. 1. p. 280. n° 75.

* Blainv. Malac. pl. 62. f. 6.

* Desh. Encycl. méth. vers. t. 2. p. 284.

* Sow. Genera of shells. f. 1-5.

* Quoy. Voy. de l'Astrol. moll. pl. 76. f. 15 à 21.

[b] *Var.? testâ minore, rotundatâ; valvâ inferiore planiore.*

Habite les mers de l'Ile de France et des grandes Indes. Mus. no. Mon cabinet. Coquille rare, précieuse, fort recherchée. Elle est blanche, légèrement teinte de pourpre près des crochets. Sa valve inférieure, plus grande, a les bords latéraux relevés. La supérieure est aplatie, munie de stries scabres et rayonnantes. Son épiderme est ferrugineux. Longueur, 70 millimètres. La variété [b est beaucoup plus petite, mince, blanche, presque orbiculaire, et ne se rétrécit pas en coin vers sa base. Il faudra peut-être la distinguer comme espèce. Mon cabinet. (1)

LIME. (Lima.)

Coquille longitudinale, subéquivalve, auriculée, un peu bâillante d'un côté entre les valves; à crochets écartés; leur facette interne étant inclinée en dehors.

----

vient se terminer au sommet d'un petit appendice flottant entre les branchies.

(1) MM. Quoy et Gaymard ont trouvé cette espèce à l'île Vanikoro, où elle vit en abondance, enfoncée en partie dans les Madrépores et surtout dans les Astrées. L'animal peut-il se creuser son trou comme les lithophages? ou bien, après s'être attaché à un polypier, l'accroissement de celui-ci suffit-il pour envelopper la coquille en partie? M. Quoy pense qu'il peut creuser

Charnière sans dent. Fossette cardinale en partie extérieure, recevant le ligament.

Testa longitudinalis, subæquivalvis, auriculata, inter valvas uno latere subhians; natibus divaricatis : parietibus internis extrorsum declivibus.

Cardo edentulus; foveolâ cardinali partim externâ, ligamentum recipiente.

[Animal oval ayant les lobes du manteau séparés dans presque toute leur étendue, plus grands que les valves de la coquille et se renversant en dedans, cette partie du bord est large et garnie dans toute son étendue de nombreux cirrhes tentaculaires, allongés et annelés; branchies assez grandes, égales, écartées; pied cylindracé, vermiforme, un peu en massue, et se terminant en une petite ventouse, au moyen de laquelle l'animal peut se fixer aux corps sousmarins, point de byssus; ouverture buccale, ovale, garnie de larges lèvres foliacées, terminées de chaque côté par des palpes labiales, triangulaires et obliquement tronquées.]

OBSERVATIONS. — Ici plus d'échancrure particulière à la valve inférieure; un simple écartement entre les valves donne lieu à une ouverture latérale qui paraît suffire, et la fossette qui reçoit le ligament est devenue plus large, plus interne. Les oreillettes de la base de la coquille sont petites, mais distinctes; l'existence des Limes et des Plagiostomes a donc suivi celle de la Houlette, et a dû précéder celle des Peignes, qui n'a eu lieu que lorsque la nature fut parvenue à rapprocher les crochets et à rendre la fossette cardinale tout-à-fait intérieure.

Ainsi, les *Limes* ont nécessairement de grands rapports avec les Peignes; ce qui fut cause que plusieurs auteurs les ont confondus dans le même genre. *Linné*, ne considérant que le défaut de dents cardinales dans ces coquillages, les rangeait même

son trou et l'agrandir. Cet habile observateur se fonde sur ce que les vieux et les jeunes individus compris dans une même masse madréporique sont enfoncés proportionnellement à leur grandeur.

parmi ses *ostrea;* mais leur coquille libre, régulière et presque
équivalve, exige leur séparation du genre de Huîtres, comme les
crochets écartés et la fossette cardinale des Limes obligent de
les distinguer des Peignes; ce que *Bruguière* avait fait.

Les *Limes* sont des coquilles marines, presque toujours blanches; et leur animal paraît encore muni d'un pied propre à
filer. (1)

---

(1) Le genre Lime, parmi ceux de la famille des Pectinides,
est celui qui, par ses caractères particuliers mériterait le plus
d'être séparé; non-seulement il n'a pas de byssus comme le
supposait Lamarck, mais il a un manteau très bâillant comme la
coquille et garni sur un large rebord rentrant d'un grand nombre de tentacules vermiformes, flexibles, et qui semblent formés, comme les antennes des insectes, d'articulations graduellement décroissantes; il n'y a pas entre ces tentacules de tubercules à surface lisse, semblables à ceux des Peignes, des Spondyles et des Houlettes; le pied a une forme particulière, il rappelle
celui des Lucines ou Loripèdes : il est allongé, étroit, cylindrique,
un peu épaissi à son extrémité libre, où il se termine en une
sorte de ventouse qui, d'après les observations de M. Quoy,
sert à fixer l'animal sur les corps solides, même les plus lisses.
La bouche est placée entre deux lèvres d'une structure comparable à celle des Pinnes, elles sont foliacées, descendent sur les
parties latérales du corps, et se terminent de chaque côté en
une paire de petites palpes labiales, tronquées et triangulaires;
les branchies sont assez grandes, égales; celles d'un côté sont
séparées de celles de l'autre par un espace assez large, dans lequel on aperçoit facilement le muscle adducteur sur la face postérieure duquel l'anus vient se terminer. Ce muscle semble plus
extensible que dans la plupart des mollusques de la même
classe; tant qu'il n'est pas contracté, les valves sont largement
écartées; l'animal peut lui imprimer des contractions fréquentes
et subites, dont la rapidité est facilitée par l'extrême élasticité
du ligament des valves. A l'aide de ces contractions réitérées
l'animal peut voltiger dans l'eau, selon l'heureuse expression de
M. Quoy, et il faut courir après lui pour le saisir entre les coraux ou sur les plages où il habite. D'après cet ensemble re-

ESPÈCES.

1. **Lime enflée.** *Lima inflata.* **Lamk.** (1)

> *L. testá obliquè ovatá, valdè tumidá, utroque latere hiante; auriculis minimis; cardine obliquo; margine subintegro.*

* *Ostrea fasciata.* Gmel. p. 3331. n$_0$ 93.

* *Id.* Schrot. Einl. t. 3. p. 320.

List. Conch. t. 177. f. 14.

Gualt. test. tab. 88 fig. FF.

Pecten inflatus. Chemn. Conch. 7. t. 68. f. 649. *litt. a.*

Encycl. pl. 206. f. 5.

* *Ostrea fasciata.* Dillw. Cat. t. 1. p. 269. n$_0$ 49. *Syn. plur. exclus.*

* *Ostrea glacialis.* Poli. Test. t. 2. pl. 28. f. 19, 20, 21.

* Payr. Cat. p. 70. n$_0$ 130.

* Desh. Encycl. méth. vers. t. 2. p. 346. n° 2.

* Quoy. Voy. de l'Ast. moll. pl. 76. f. 7-10.

* *Fossilis. ostrea Tuberculata.* Brocchi. Conch. Foss. Subap. t. 2. p. 570. n° 12.

Habite l'Océan américain. Mus. n°. Mon cabinet. Coquille blanche, oblique, enflée; à côtes longitudinales menues, mutiques, excepté près de leur sommet. Longueur, 54 millimètres. Le bâillement postérieur des valves est près des crochets, et l'autre en est éloigné.

2. **Lime commune.** *Lima squamosa.* **Lamk.**

> *L. testá ovali, depressá, anticè quasi abscissá; costis squamosis, asperrimis; cardine obliquo; margine plicato.*

Ostrea lima. Lin. Syst. nat. p. 1147. Gmel. p. 3332. n° 95.

* Schrot. Einl. t. 3. p. 321.

---

marquable de caractères, il serait possible que les zoologistes se décidassent à former de ce genre une petite famille distincte des Pectinides, mais placée dans son voisinage.

(1) L'*ostrea fasciata* de Linné est rapportée à tort par M. Dillwyn à cette espèce, nous ne voyons pas sur quoi est fondée cette opinion. Linné ne rapporte à son espèce qu'une seule figure très mauvaise de Gualtierri, et après avoir lu avec attention la phrase caractéristique dans les divers ouvrages de Linné, nous n'y trouvons aucuns des caractères propres au *lima inflata*; nous croyons que la coquille figurée par Born, pl. 6, fig. 8, représenterait plus exactement qu'aucune autre l'*ostrea fasciata* de Linné.

8.

D'Argenv. Conch. t. 24. fig. E.

Rumph. Mus. t. 44. fig. D.

Gualt. Test. t. 88. fig. E.

Chemn. Conch. 7. t. 68. f. 651.

Encycl. pl. 206. f. 4.

* Barbut. Verm. p. 55. pl. 8. f. 5.

* Brooks. Introd. p. 77. pl. 4. f. 43.

* Knorr. Vergn. t. 6. pl. 34 f. 3.

* *Ostrea lima*. Dillw. Cat. t. 1. p. 271. n° 53.

* Payr. Cat. p. 70. n° 129.

* Blainv. Malac. pl. 62. f. 3.

* Desh. Encycl. méth. vers. t. 2. p. 345. no 3.

* Sow. Genera of shells. f. 2.

* *Ostrea lima*. Poli. Test. t. 2. pl. 28. f. 22, 23, 24.

Habite les mers d'Amérique, etc. Mus. n°. Mon cabinet. Coquille blanche, rude comme une râpe, à rayons chargés d'écailles voûtées. Ses oreillettes sont petites. Elle est peu bâillante. Longueur, 60-68 millimètres. Elle varie à écailles rares.

3. Lime subéquilatérale. *Lima glacialis*. Lamk. (1)

L. testá ovali, depresso-convexá, subæquilaterá, hinc hiante ; radiis numerosis tenuibus subasperis ; margine non plicato.

---

(1) Born a donné le nom d'*ostrea scabra* a une coquille appartenant au genre Lime et qui est la même que le *lima glacialis* de Lamarck. Peu de temps après Chemnitz imposa à la même coquille le nom de *lima espera*, et ayant eu une variété, il en fit une seconde espèce sous la dénomination de *lima tenera*. Gmelin réunit en une seule ces deux espèces de Chemnitz, mais au lieu de reprendre le nom de Born, il imposa celui de *glaciqlis*, adopté depuis par Lamarck et presque tous les auteurs. Dillwyn ne suivit pas le bon exemple de Gmelin, il conserva deux espèces : à l'une (*lima aspera* de Chemnitz), il attribua la dénomination de Born d'*ostrea scabra*, à l'autre, il conserva le nom de *ostrea glacialis* donné par Gmelin; il y avait un nom plus ancien, et par conséquent préférable, celui d'*ostrea tenera* de Chemnitz. Les deux espèces de Dillwyn doivent être réunies actuellement, et pour éviter toute confusion, il faudra lui restituer le premier nom qu'elle a reçu de Born; en conséquence, ce sera sous le nom de *lima scabra* qu'elle devra être inscrite dans les catalogues.

* *Ostrea scabra* born. mus. p. 109.
* Schroter Einl. t. 3. p. 332. .
* Fav. Conch. pl. 54. f. n° 1. mala.
Ostrea glacialis. Gmel. n° 96.
List. Conch. t. 176. f. 13.
Knorr. Vergn. 6. t. 38. f. 5.
Lima aspera. Chemn. Conch. 7. t. 68. f. 652.
Eucyclop. pl. 206. f. 2.
* *Ostrea scabra* Dillw. Cat. t. 1. pl. 271. n° 54.
* *Lima glacialis.* Desh. Encycl. méth. vers. t. 2. p. 350. n° 17.
[b] *Var. testá radiis mitioribus tenuissimis.*
* *Lima glacialis.* Dillw. Cat. t. 1. p. 272 n° 55.
* Schrot. Einl. t. 3. pl. 332. n° 25.
Lima tenera. Chemn. Conch. 7. t. 68. f. 653.
Encyclop. pl. 206. f. 2. 3.
Habite l'Océan américain. Mus. n°. mon cabinet. Dans cette espèce, le bâillement qui est sous l'oreillette postérieure a les bords des valves élevés et labiiformes. On donne le nom de *Lime douce* à la variété [b]. Longueur, 65 millimètres.

4. Lime annélée. *Lima annulata.* Lamk. (1)

L. *testá obovatá, subæquilaterá; striis longitudinalibus tenuissimis, alias transversas erectas remotas et annulatas decussantibus.*

Habite à l'Ile de France. M. *Mathieu.* Mus. n°. Elle tient à la précédente par sa forme et par les lèvres de son bâillement postérieur; mais elle est très distincte. Longueur, 25 millimètres.

5. Lime étroite. *Lima fragilis.* Lamk.

L. *testá oblongo-angustá, rectá, subæquilaterá, sulcis longitudinalibus muticis; auriculis subæqualibus.*
* *Ostrea fragilis.* Gmel. p. 3332. n° 94.
* Schrot. Einl. t. 3. p. 331. n° 22.
Pecten fragilis. Chemn. Conch. 7. t. 68. f. 650.
Encyclop. pl. 206. f. 6.
* *Ostrea fragilis.* Dillw. Cat. t. 1. p. 270. n₀ 51.
* Desh. Encyclop. méth. vers. t. 2. p. 351. n₀ 18.

---

(1) Cette petite coquille, dont nous avons vu le seul exemplaire de la collection du Muséum, sur lequel l'espèce a été établie, est pour nous le jeune âge du *lima glacialis*, variété à stries très fines.

[b] *Ostrea bullata.* Born. Mus. t. 6. f. 8.

Habite aux îles de Nicobar. Mus. no. La variété [b] à peine différente vient des Barbades. A son sommet, le bord interne est un peu plissé. Longueur, 17 millimètres.

6. Lime linguatule. *Lima linguatula.* Lamk.

L. testâ tenui, pellucidâ, exalbidâ, oblongo-arcuatâ, undiquè hiante; radiis tenuibus undulatis ; auriculis parvis.

[b] *Var.? testâ striis transversis semilunaribus longitudinales decussantibus.*

Ostrea hians. Gmel. p. 3332. no 97.

Schroet. einl. in Conch. 3. tab. 9. f. 4.

* *Ostrea hians.* Dillw. Cat. t. 1. p. 270. no 52.

* Desh. Encylop. méth. vers. t. 2. p. 346. no 3.

* Quoy. Voy. de l'Astro. moll. pl. 76. f. 11-12

Habite les mers de la terre de Diémen. M. *de la Billardière.* Mon cabinet. Elle est bâillante de chaque côté, et le bâillement postérieur est fort grand; l'antérieur est plus étroit, plus élevé. Longueur, 34 millimètres.

Etc. Ajoutez l'*Ostrea excavata* de Gmelin que je n'ai point vu, et qui n'est peut être qu'une variété de la Lime enflée.

Espèces fossiles.

1. Lime spatulée. *Lima spatulata.* Lamk.

L. testâ oblongo-ovatâ, supernè depressâ; radiis squamulosis; cardine recto.

Annales du Mus. vol. 8. p. 463. n° 1.

* Desh. Coq. foss. des env. de Paris. t. 1. p. 43. f. 1. 2. 3.

* *id.* Encyclop. méth. vers. t. 2. p. 352. n° 2.

Habite..... Fossile de Grignon. Mus. n°. Mon cabinet. Elle tient de la Lime étroite, mais elle s'élargit plus supérieurement. On trouve une variété subécailleuse dans la Touraine.

2. Lime mutique. *Lima mutica.* Lamk.

L. testâ ovatâ, obliquâ, inæquilaterali, utrinquè hiante ; radiis muticis subacutis.

Lima mutica. Annales du Mus. 8. p. 465. *obs.*

Habite..... Fossile d'Italie. M. *Faujas.* Mus. no. Mon cabinet. Ses rayons sont des côtes un peu tranchantes. Elle a des stries stransverses très fines, quelquefois non apparentes. Longueur, 20—24 millimètres.

3. Lime plissée. *Lima plicata.* Lamk.

L. *testá ovatá, inæquilaterali, anticè subtruncatá ; radiis plica-*
formibus, obtusis, subplanulatis, obsoletè squamosis.

[b] *Var. testá minore, pellucidá ; radiis obtusis.* (1)

* Desh. Coq. foss. des env. de Paris. t. 1. pl. 43. f. 4. 5.

Habite..... Fossile des falluns de la Touraine. Mon cabinet. La variété
[b] se trouve à Grignon; c'est le *Lima obliqua* des Annales.

4. Lime vitrée. *Lima vitrea*. Lamk.

L. *testá oblongá, tenui, fragili, pellucidá, depressá inæquilaterali;*
cardine obliquo.

Lima fragilis. Annales du Mus. 8. p. 464. n° 5.

Habite..... Fossile de Grignon. Mon cabinet. Elle tient de très près
à la L. linguatule.

5. Lime dilatée. *Lima dilatata*. Lamk.

L. *testá ovato-rotundatá, obliquá, depressá ; radiis tenuibus obsoletis,*
laxis.

Lima dilatata. Annales du Mus. 8. p. 464. n₀ 4.

* Desh. Coq. foss. des environs de Paris. t. 1. pl. 43. f. 15. 16. 17.

* *id.* Encyclop. méth. vers. t. 2. p. 352. n" 21.

Habite..... Fossile de Grignon. Mus. n°.

† 6. Lime flabelloïde. *Lima flabelloides*. Desh.

L. *testá ovato-angustá, longitudinaliter costatá ; costis tenuibus,*
squamulosis, convexis ; latere antico supernè obliquè truncato, val-
dè hiante ; in hiatu margine reflexo, simplici ; margine inferiore
crenato.

Desh. Desc. des coq. foss. de Paris. t. 1. pl. 43. f. 6-8.

Var. a). *Id. testá angustiore, costis numerosioribus instructá.* (Loc.
cit. f. 7.)

Id. Encycl. méth. vers. t. 2. p. 347. n° 7.

Habite.... Fossile à Valmondois, près Pontoise; belle espèce facile à
reconnaître, parce qu'elle est, proportionnellement à sa largeur,
plus longue que toutes les autres. Elle a douze ou quinze côtes
longitudinales écailleuses; son bord cardinal est très étroit, ses
oreillettes sont presque égales, et elle a, à sa partie supérieure et

---

(1) Cette variété constitue, selon nous, une espèce bien distincte, nous l'avons rétablie dans notre ouvrage sur les coquilles fossiles des environs de Paris ; comme la description suit
celle de la Lime plissée, il est facile de reconnaître les caractères distinctifs des deux espèces.

antérieure, un bâillement assez grand dont les bords sont renversés en dehors. Cette espèce est très rare.

† 7. Lime oblique. *Lima obliqua.* Lamk.

L. testá ovato-elongatá, obliquá, inæquilaterali, tenuissimá, fragili, striis longitudinalibus angustatis ornatá; striis anticis remotiusculis, subæqualibus.

Lamk. Ann. du Mus. t. 8. p. 462. n_o_ 3.

Desh. Desc. des coq. foss. de Paris. t. 1. pl. 43. f. 9-10-11.

Id. Encycl. méth. vers. t. 2. p. 347. n_o_ 6.

Habite..... Fossile à Grignon, Parnes, Mouchy, aux environs de Paris. Petite coquille ovale, oblongue, inéquilatérale, mince, fragile, transparente, oblique, très convexe en dessus; toute sa surface est couverte de stries longitudinales et le test est si mince qu'elles se répètent en dedans jusqu'au sommet. Le bord cardinal est étroit et coupé en grande partie par une fossette large et superficielle pour le ligament.

† 8. Lime bulloïde. *Lima bulloides.* Lamk.

L. testá ovatá, convexá, in medio, striatá ; striis longitudinalibus, confertis ; cardine recto, angusto; auriculis minimis, æqualibus.

Lamck. Ann. du Mus. t. 8. p. 463. n° 3.

Desh. Desc. des coq. foss. de Paris. t. 1. pl. 43. f. 12-13-14.

id. Encycl. méth. vers. t. 2. p. 351. n°. 19.

Habite..... Fossile à Grignon, Mouchy, Parnes, Courtagnon. Petite coquille ovale, oblongue, symétrique, équilatérale, à valves minces, fragiles, transparentes, parfaitement close sur les côtés. La charnière est étroite, courte, et forme un angle droit avec l'axe longitudinal; les oreillettes sont proportionnellement grandes, elles sont lisses et non sinueuses à la base, sur le dos des valves, on remarque sur le milieu des valves seulement quelques sillons longitudinaux.

† 9. Lime de Hoper. *Lima Hoperi.* Desh.

L. testá ovato-subtrigoná, transversá, depressá, lævigatá, superné attenuatá; cardine brevi; auriculis minimis, subæqualibus, aliquando longitudinaliter striatis.

Plagiostoma hoperi. Sow. Min. Conch. pl. 330.

Desh. Encycl. méth. vers. t. 2. p. 349. n° 12.

Habite..... Fossile dans la craie, en Angleterre et en France. Coquille obronde très aplatie, presque équilatérale, le bord cardinal est très étroit et les oreillettes, qui le terminent, très petites; le côté antérieur est court, aplati et rentrant en dedans; on y voit quelques stries peu profondes et écartées, ainsi que sur le côté postérieur.

† 10. **Lime de Dujardin.** *Lima Dujardinii.* Desh.

> L. *testá ovatá, supernè attenuatá, depressá, costis radiantibns, numerosis, angustis, convexis, squamosis ornatá, anticè truncatá, excavatá, hiante; auriculis brevibus, inæqualibus.*

Desh. Encycl. méth. vers. t. 2. p. 353. n° 24.

Habite..... Fossile de la craie aux environs de Tours. Découverte par M. Dujardin, nous nous sommes fait un plaisir de la dédier à ce naturaliste distingué, lorsque nous en donnâmes, pour la première fois, la description dans l'Encyclopédie.

Cette coquille a des rapports éloignés avec la Lime commune par la disposition de ses côtes extérieures et des écailles dont elles sont hérissées; elle est ovale, obronde, aplatie, spathuliforme, les côtes sont nombreuses, étroites, et les écailles sont fines et rares.

† 11. **Lime rustique.** *Lima rustica.* Desh.

> L. *testá ovato-oblongá, supernè attenuatá, anticè valdè et obliquè truncatá; cardine angustissimo, auriculis brevibus terminato; costis longitudinalibus depressis, latis.*

Plagiostoma rusticum. Sow. Min. Conch. pl. 381.

Desh. Encycl. méth. vers. t. 2. p. 350. n° 15.

Habite..... Fossile en Angleterre, près d'Oxford, et en France. Coquille ovale, oblongue, rétrécie supérieurement; les valves sont convexes, à charnière très étroite, et ayant des oreillettes très courtes, la surface extérieure est sillonnée longitudinalement. Les sillons sont convexes et peu profonds; le côté antérieur est creusé par une lunule assez grande dans laquelle se montre le bâillement des valves.

† 12. **Lime ponctuée.** *Lima punctata.* Desh.

> L. *testá ovatâ, obliquissimá, dilatatá, depressá, longitudinaliter striatá, anticè obliquè truncatá; striis confertis tenuibus, punctatis; cardine angusto obliquo; auriculis minimis, inæqualibus.*

Plagiostoma punctata. Sow. Min. Conch. pl. 113. f. 1-2.

Desh. Encycl. méth. vers. t. 2. p. 348. n° 9.

Habite..... Fossile dans la grande oolite en Angleterre et en France, elle est commune. Nous avons vu la charnière, et elle a tous les caractères des Limes. Elle est ovale, semi-lunaire, très oblique, déprimée; son côté antérieur est comme tronqué et aplati; la surface est couverte de fins sillons longitudinaux, un peu onduleux, et dans l'intervalle desquels on remarque des ponctuations fines.

† 13. **Lime bossue.** *Lima gibbosa.* Sow.

> L. *testá ovatá oblongá, gibbosá, tenui, æquilaterali; dorso longi-*

*tudinaliter sulcato ; lateribus lævigatis ; auriculis æqualibus,
latis.*

Sow. Miner. Conch. pl. 152.

Var. a). Desh. *testá latiore, striis numerosioribus, crenulatis.*

Desh. Encycl. méth. vers. t. 2. p. 351. n° 20.

Habite..... Fossile dans la grande oolite en France, en Angleterre
et en Allemagne. Coquille ovale, oblongue, très renflée, à valves
très convexes, peu obliques, minces, fragiles et ornées, sur le milieu seulement, de sillons longitudinaux au nombre de douze ou
treize. Le bord cardinal est étroit, un peu incliné et pourvu d'o-
reillettes courtes ; les côtés de la coquille sont lisses, la var. (a) est
plus large et a quelques sillons de plus, quelquefois ils sont rendus
granuleux par des stries transverses d'accroissement.

† 14. Lime lunulaire. *Lima lunularis.* Desh.

*L. testá ovato-oblongá, obliquá, subarcuatá, convexá, tenue striatá;
striis undulatis, dorso evanescentibus ; latere antico brevi, obliquo,
profundè sinuato, lunulato ; auriculis brevibus, inæqualibus ; cardine obliquissimo ; marginibus integris.*

Desh. Encycl. méth. vers. t. 2. p. 349. n° 11.

Habite..... Fossile dans l'oolite de Caen et de Bayeux. La coquille
nommée *plagiostoma semilunaris,* par M. Zieten (pl. 50. f. 4), a
de la ressemblance avec la nôtre. Comme la Lime cordiforme,
celle-ci a une lunule grande et creusée ; la coquille est bombée en
dessus, tronquée du côté antérieur, ce qui lui donne une forme
semi-lunaire ; les stries sont variables selon les individus, elles sont
fines, souvent onduleuses, dans quelques individus elles sont à
peine apparentes.

† 15. Lime obscure. *Lima obscura.* Desh.

*L. testá ovato-depressá, inæquilaterá, obliquá, longitudinaliter tenuè
sulcatá ; umbonibus proeminentibus, oppositis ; latere cardinali
brevissimo ; auriculis subæqualibus..*

Plagiostoma obscura. Sow. Min. Conch. pl. 114. f. 2.

Desh. Desc. des foss. caract. pl. 8. f. 6.

id. Encycl. méth. vers. t. 2. p. 348. n° 8.

Habite.... Fossile dans les argiles d'Oxford et dans le calcaire à polypiers. Coquille ovale, obronde, déprimée, très oblique, le bord
cardinal est très court, très incliné sur l'axe longitudinal ; les
oreillettes sont semblables, petites et déprimées ; toute la surface
extérieure est couverte de stries égales, fines, longitudinales, celles du côté postérieur sont plus écartées, le côté antérieur en est
dépourvu.

† 16. **Lime géante.** *Lima gigantea.* Desh.

L. testâ tenuissimâ, semilunari rotundatâ, anticè truncatâ, excavatâ, hiante, longitudinaliter striatâ; striis depressis, ad margines evanescentibus; auriculis minimis, inæqualibus, anticâ breviore; cardine obliquo.

Plagiostoma gigantea. Sow. Min. conch. pl. 77.

Trigonia Encyclop. pl. 238. f. 3. a. b.

Lima gigantea. Desh. Descript. des coq. caractérist. pl. 14. f. 1.

id. Encyclop. méth. vers. t. 2. p. 346. no 4.

Plagiostoma giganteum. Zieten. Petrif. pl. 51 f. 1.

Habite..... Fossile dans le terrain nommé Lias par les Anglais : elle est commune en Angleterre et en France dans cette formation. Nous la rapportons au genre Lime parce qu'elle en a en effet tous les caractères. Sowerby et Lamarck la plaçaient parmi les Plagiostomes. Elle a quelquefois plus de six pouces de longueur, son côté antérieur est aplati, et dans les individus bien conservés on remarque un bâillement entre les valves. La charnière est celle des Limes.

† 17. **Lime cordiforme.** *Lima cordiformis.* Desh.

L. testâ ovatâ, anticè truncatâ, gibbosâ, cordiformi, lunulâ profundissimâ hiante instructâ, striis longitudinalibus distantibus anticè posticèque ornatâ; umbonibus subcarinatis, maximis; cardine brevi, obliquissimo.

Desh. Encyclop. méth. vers. t. 2. p. 348. n° 10.

Knorr. Pétrif. t. 11. p. 2. pl. B. I. a. f. 1. 2.

An plagiostoma lunatum zieten petref. pl. 50. f. 2. ?

Habite..... Fossile du Muschelkalk d'Allemagne ? Coquille singulière par sa forme, elle est plus arquée que les autres espèces de Limes, elle est cordiforme et ou la pourrait prendre pour une Buccarde de la section des Hémicardes. Elle a une lunule fort grande et profonde, ovalaire, le côté antérieur est large et aplati ; la charnière est très étroite, très oblique et dominée par les crochets, ce qui ne se voit que dans un très petit nombre d'espèces. La coquille est lisse postérieurement et sillonnée surtout le côté antérieur. La figure de Knorr représente très bien cette coquille; celles de Schlothem et de M. Zieten pourraient bien représenter une espèce voisine.

† 18. **Lime proboscidée.** *Lima proboscidea.* Sow.

L. testâ ovato-rotundatâ, crassâ, costis longitudinalibus radiantibus undulatis exaratâ; costis rotundatis, irregulariter squamosis; marginibus crenulatis; cardine recto, auriculis subæqualibus terminato; latere antico obliquè truncato, hiante.

Sow. Min. conch. pl. 264.

Ostracites pectiniformis. Schlotheim. die petrefac. p. 231, u° 1.

Desh. Encyclop. mét. vers. t. 2. p. 352. n° 23.

Habite..... Fossile dans l'oolite blanche à Saint-Mihiel, à Weymouth en Angleterre dans les argiles des Vaches-noires. Grande coquille pectiniforme, aplatie, ayant le côté antérieur aplati, presque droit et bâillant; l'oreillette de ce côté est la plus courte, la postérieure est large et aplatie. La coquille est inéquilatérale et le bord cardinal peu allongé, est partagé en deux parties inégales par la saillie du crochet; celui-ci donne naissance à douze grosses côtes longitudinales peu saillantes, larges et grossièrement écailleuses. Cette coquille diffère un peu par son aspect des autres espèces du même genre, cependant ou peut la comparer à la Lime commune et mieux encore au *Lima glacialis* et l'en rapprocher.

PLAGIOSTOME. (Plagiostoma.)

Coquille subéquivalve, libre, subauriculée, à base cardinale transverse, droite. Crochets un peu écartés; leurs parois internes s'étendant en facettes transverses, aplaties, externes: l'une droite; l'autre inclinée obliquement.

Charnière sans dents. Une fossette cardinale conique, située au-dessous des crochets, en partie interne, s'ouvrant au dehors, et recevant le ligament.

Testa subæquivalvis, libera, subauriculata; basi cardinali transversâ, rectâ. Nates remotiusculæ; parietibus internis in areas transversas planulatas et externas extensis: unâ rectâ; alternâ oblique declivi.

Cardo edentulus. Fovea cardinalis conica, infra nates disposita, partim externa, extus pervia, ligamentum recipiens.

OBSERVATIONS. — Les *Plagiostomes* sont en quelque sorte moyens entre les Limes, les Peignes, les Spondyles et les Podopsides. Ils diffèrent essentiellement des Peignes en ce qu'ils n'ont point leurs crochets contigus; que leur base cardinale présente, comme dans les Limes, la Houlette et les Spondyles deux facettes externes, aplaties et transverses, et que leur fossette pour le ligament s'ouvre au dehors par un trou. Supprimez les dents cardinales des Spondyles, alors la charnière sera

analogue à celle des Plagiostomes et des Limes. Mais les Limes,
sont bâillantes, au moins d'un côté, tandis que les Plagiostomes
ne le sont point; en sorte que l'animal de ces derniers ne saurait se fixer par un byssus; car c'est une erreur que de regarder l'ouverture au dehors de la fossette du ligament comme
destinée au passage d'un byssus. Cela n'a lieu nulle part dans
les Conchifères, et est contraire à la disposition des organes
de l'animal.

M. *Sowerby* a, le premier, aperçu l'existence de ce genre, et
l'a proposé; mais il nous semble qu'il ne l'a caractérisé qu'obscurément. Il laisse encore quelque incertitude sur ses caractères. Au reste, les *Plagiostomes* ne sont connus que dans l'état
fossile, et très souvent sont difficiles à reconnaître, par suite de
la pierre dure qui les remplit. Le test de ces coquilles est en
général mince, même dans celle d'un grand volume. (1)

---

(1) Depuis long-temps nous avons rejeté le genre Plagiostome
comme inutile. Créé par M. Sowerby dans le *Mineral conchology*, Lamark l'adopta en améliorant ses caractères; malgré cela,
il y introduisit, à l'exenple de l'auteur anglais, deux sortes de
coquilles offrant des différences considérables. M. Defrance, le
premier, voulut les séparer. Ce savant avait observé parmi les
Plagiostomes des espèces équivalves et d'autres inéquivalves; il
avait également remarqué que dans ces dernières on trouvait,
dans une même espèce, des individus plus ou moins réguliers et
symétriques; enfin, il avait reconnu à la partie supérieure du
bord cardinal de la gande valve une ouverture triangulaire
fort remarquable, que l'on retrouve toute semblable dans les
Podopsides. M. Defrance, justement frappé de ces caractères si
différens de ceux des autres Plagiostomes, proposa un genre
Pachite pour les coquilles qui les offrent. Comme nous le verrons bientôt, le genre nouveau n'a point de différences notables avec les Podopsides, il aurait donc suffi de transporter
dans le genre Podopside de Lamarck les espèces dont il s'a-
git, au lieu de créer pour elles un nouveau genre. Il nous suffira,
quant à présent, de citer le *plagiostoma spinosa* pour donner
une idée du genre de M. Defrance.

Les Plagiostomes, débarrassés de ces coquilles, qui leur sont

ESPÈCES.

1. **Plagiostome transverse.** *Plagiostoma transversa*. Lamk.

> *Pl. testâ maximâ, transversim ovatâ, supernè rotundatâ; lateribus infimis obliquis; sulcis longitudinalibus numerosissimis, transversè striatis.*

> * *Lima transversa.* Desh. Encycl. méth. vers. t. 2. p. 349. n° 13.

> Habite.... Fossile de.... Mus. n°. Grande coquille que, d'après l'é-cartement des crochets, la ténuité du test rempli de pierre dure, et la nature de ses sillons longitudinaux, j'ai cru pouvoir rapporter à ce genre. Largeur, 160 millimètres.

2. **Plagiostsme semi-lunaire**, *Plagiostoma semilunaris.* Lamk. (1)

---

vraiment étrangères, examinons tous leurs caractères comparativement à ceux des Limes, et nous acquerrons ainsi les moyens de juger s'il est utile de les conserver.

Lamarck dit que les limes sont longitudinales, les plagiostomes le sont aussi; qu'elles sont auriculées et un peu bâillantes d'un côté, entre les valves; ces caractères se trouvent identiquement les mêmes dans les plagiostomes. Il est à croire que Lamarck n'avait eu que des plagiostomes mal conservés, car, sans cela, il aurait très bien reconnu le bâillement des valves. Les crochets des limes, dit Lamarck, sont écartés, leur facette interne étant inclinée en dehors; les plagiostomes ont sans exception ces caractères, et Lamarck le dit lui-même dans les caractères génériques de ce dernier genre. Quant à la charnière, elle est sans dents dans les deux genres, et la fossette pour le ligament est triangulaire, peu profonde, aussi bien dans les limes que dans les plagiostomes.

Si nous tirons la conséquence rigoureuse des observations précédentes, nous pourrons dire que les plagiostomes étaient composés de Podopsides et de Limes. Le genre, comme on le voit avec évidence, est parfaitement inutile. Il sera facile de faire le partage entre les deux genres des six espèces mentionnées par Lamarck.

(1) Nous n'avons pas vu la coquille nommée ainsi par Lamarck, mais nous supposons qu'elle est la même que le *plagiostoma gigantea*. Sow. *Lima gigantea*. Nob.

Pl. testâ maximâ, trigonâ, lœviusculâ; antico latere latissimo, semi-circulari, margine acuto; latere postico truncato, crasso, sub-concavo.

Knorr. Petrif. 4 part. 2. B. 1. c. t. 21 f. 2.

Encyclop. pl. 238. f. 3. a, b.

Habite.... Fossile de Carentan, département du Calvados. Mon cabinet et celui de M. *Defrance*; et se trouve aussi près de Mamert, sur la route d'Arlon à Luxembourg. Cabinet de M. *Menard*. Grande coquille lisse, à stries transverses arquées, et offrant quelques stries longitudinales très fines. Elle n'a qu'une oreillette.

3. Plagiostome enflé. *Plagiostoma turgida.* Lamk.

Pl. testâ suborbiculari, turginâ, longitudinaliter sulcatâ; sulcis valvœ superioris acutis, serrulatis; alterœ valvœ sulcis obtusis lœvibus.

Habite.... Fossile des environs de Château-du-Loir, département de la Sarthe. Cabinet de M. *Menard*. Cette coquille est très convexe des deux côtés, et a des sillons nombreux et serrés. Largeur, 78 millimètres.

4. Plagiostome déprimé. *Plagiostoma depressa.* Lamk.

Pl. testâ muticâ, suborbiculari, infernè attenuatâ, supernè rotundatâ, compresso-acutâ; striis longitudinalibus exiguis, ad laterâ divaricatis.

Plagiostoma obscura? Sowerby, Conch. min. n° 20. t. 114. f. 2.

Habite.... Fossile de.... Mon cabinet. Cette espèce n'est renflée que légèrement près des crochets. Largeur, 42 millimètres.

5. Plagiostome sillonné. *Plagiostoma sulcata.* Lamk. (1)

Pl. testâ ovatâ, infernè subacutâ; sulcis longitudinalibus radiiformibus, subcarinatis.

Habite.... Fossile de.... Mus. n°. Mon cabinet. Ce n'est que par l'écartement de ses crochets que je le rapporte à ce genre. Largeur, 45 millimètres.

6. Plagiostome inéquivalve. *Plagiostoma inœquivalvis.* (2)

---

(1) L'individu que Lamarck a nommé ainsi dans la collection du Muséum, est un moule intérieur siliceux du *plagiostoma spinosa* de Sowerby, lequel Plagiostome est un Pachyte pour M. Defrance, et en réalité un véritable Spondyle.

(2) Il est à présumer que cette coquille appartient au genre 'hinnite dont nous parlerons plus tard.

Pl. testâ inæquivalvi, supernè complanatâ, longitudinaliter striatâ , versus limbum squamulis fornicatis asperatâ.

Habite.... Fossile des environs de Bordeaux. Mon cabinet. Forme d'une grande Huître commune, et offrant néanmoins les deux facettes cardinales des Plagiostomes. Deux oreillettes fort petites, et la fossette du ligament s'ouvrant au dehors et traversant les facettes. Largeur, 90 millimètres.

Etc. Ajoutez :

* *Plagiostoma gigantea.* Sowerby, Conch. min. n° 14. t. 77.
* *Plagiostoma spinosa.* Sowerby, Conch. min. t. 78.
* *Plagiostoma punctata.* Sowerby, Conch. min. n° 20. t. 113.
* *Plagiostoma pectinoides.* Sowerby, Conch. min. t. 114. f. 1.

PEIGNE. (Pecten.)

Coquille libre, régulière, inéquivalve, auriculée ; à bord inférieur transverse, droit ; à crochets contigus.

Charnière sans dent ; à fossette cardinale tout-à-fait intérieure, trigone, recevant le ligament.

Testa libera, regularis, inæquivalvis , auriculata ; margine infero transverso , recto ; natibus contiguis.

Cardo edentulus ; faveolâ cardinali penitus internâ, trigonâ , ligamentum recipiente.

[Animal obrond, peu épais ; les lobes du manteau très minces, désunis dans tout leur contour, épaissis sur les bords, et garnis dans toute cette partie de plusieurs rangs de cils charnus, entre lesquels , se trouvent disposés régulièrement une rangée de tubercules lisses, oculiformes ; branchies grandes, décomposées en filamens détachés ; pied petit, dilaté en pavillon à son extrémité ; bouche assez grande, ovale, entourée de lèvres saillantes et profondément découpées, et accompagnées de chaque côté d'une paire de palpes triangulaires, tronquées à leur extrémité.]

OBSERVATIONS. — Ici, enfin, les crochets sont rapprochés, comme contigus, sans facette interne inclinée en dehors, et la fossette du ligament est devenue tout-à-fait intérieure. Tel est le caractère tranché qui distingue le beau et immense genre des *Peignes*.

Les coquilles de ce genre, libres, régulières, en général de forme aplatie, toujours inéquivalves, quoique plus ou moins, toujours munies d'oreillettes, quoique souvent inégales, enfin, presque toujours rayonnées longitudinalement par des côtes fines ou grossières, ne sont pas même de la famille des Huîtres, et jamais leur valve inférieure n'obtient un crochet allongé en talon. En un mot, la base de ces coquilles est coupée en ligne droite et transverse, que l'extrémité de leurs crochets ne dépasse point. Les valves de ces coquilles sont en général minces, de même grandeur, quoique inégalement bombées, la supérieure étant presque toujours aplatie; et leur substance n'est pas composée de lames en partie détachées ou mal jointes comme celle des Huîtres.

Les *Peignes* sont des coquillages marins très diversifiés : leurs espèces sont nombreuses, difficiles à déterminer, et la plupart sont ornées de couleurs variées, très brillantes. On en trouve beaucoup dans l'état fossile. Le nom vulgaire de *Pèlerine* a été donné par plusieurs aux coquilles de ce genre. Leur côté postérieur est toujours celui de la plus grande oreillette, sous laquelle on aperçoit un sinus.

ESPÈCES.

Oreillettes égales ou presque égales.

1. Peigne côtes-rondes. *Pecten maximus.* Lamk.

> *P. testá inæquivalvi, supernè planulatá; radiis rotundatis, longitudinaliter striatis.*
>
> Ostrea maxima. Lin. Syst. nat. p. 1144. [Gmel. p. 3315. n° 1.
> List. Conch. t. 163. f. 1.
> * Lister anim. angl. pl. 5. f. 29.
> * Bonan. récré. part. 2. f. 8.
> Gualt. test. t. 98. fig. A, B.
> * Born. mus. p. 98.
> Knorr. Vergn. 1. t. 14. f. 1. 2; et 2. t. 14. f. 1, 3.
> Regenf. Conch. 1. t. 2. f. 19; et t. 7. f. 3.
> * Schrot. Einl. t. 3. p. 298.
> Chemn. Conch. 7. t. 60. f. 585.
> * Penn. zool. brit. 1812. t. 4. pl. 62.

TOME VII.

* Donowan, Brit. Schells. t. 2. pl. 49.
Encycl. pl. 209. f. 1. a , b.
* De Roissy. buf. mol. t. 6. p. 250. n° 1.
* *Ostrea maxima.* Dillw. cat. t. 1. p. 247. no 1.
* Dorset. cat. p. 37. pl. 9. f. 3.
* Payr. cat. p. 71. n° 132.
* Desh. Encycl. méth. vers. t. 3. p. 715. n° 1.
* *Fossilis ostrea maxima.* Broc. Conch. Foss. Sabap. t. 2. p. 572. n° 16.

Habite les mers d'Europe. Mus. n°. Mon cabinet.Quoique assez grand, ce Peigne n'est point le plus grand de son genre. Il a environ quatorze rayons et des stries longitudinales, tant sur ses rayons que dans leurs interstices. Largeur , 140 millimètres. On le rencontre fossile dans quelques provinces de France.

2. Peigne moyen. *Pecten medius.* Lamk.

P. *testá inæquivalvi, supernè planulatá ; radiis rotundato planulatis ; striis longitudinalibus subnullis.*

An Chemn. Conch. 7. t. 60. f. 586, 587 et 589 ?
*Desh. Encycl. méth. vers. t. 3. p. 715. n° 1.

Habite.... Mus. n°. Ce Peigne , intermédiaire entre l'espèce précédente et celle qui suit, ne peut être convenablement rapporté soit à l'une, soit à l'autre ; il tient néanmoins de chacune d'elles.

3. Peigne de St.-Jacques. *Pecten jacobæus.* Lamk.

P. *testá inæquivalvi, supernè planulatá ; radiis 14 ad 16 angulatis : valvæ inferioris longitudiaaliter sulcatis.*

Ostrea Jacobea. Lin. Syst. nat. p. 1144. Gmel. p. 3316. n° 2.
List. Conch. t. 165. f. 2. pl. 166. f. 3.
Bonan. récr. 2. f. 3, 4.
Gualt. test. t. 99. fig. B.
* Born. Mus. p. 98.
* Knorr. Vergn. t. 2. pl. 22. f. 3.
* Penn. zool. brit. 1812. t. 4. pl. 63. f. 1.
* Fav. Conch. pl. 54. f. LI.
* Olivi adriat. p. 113.
Chemn. Conch. 7. t. 60. f. 588.
Poli, test. 2. t. 27. f. 1, 2.
* Schrot. Einl. t. 3. p. 299.
Encycl. pl. 209. f. 2. a, b.
* Donow. brit. sh. t. 4. pl. 137.
* Dorset. cat. p. 37. pl. 13. f. 2.
* De Roissy. buf. moll. t. 6. p. 251. n° 2.

* Dillw. cat. t. 1. p. 248. n° 2.
* Blainv. malac. pl. 60. f. 4.
* Payr. cat. p. 71. n° 133.
* Desh. Encycl. méth. vers. t. 3. p. 716. n° 3.
* *Fossilis*. Mercati. métal. vatic. p. 297. f. 2.
* Aldrov. mus. métal. p. 474. f. 2.
* Broc. Conch. Foss. t. 2. p. 572. n° 15.

Habite les mers d'Europe. Mus. n°. Mon cabinet. Espèce assez commune, souvent agréablement variée dans ses couleurs. Les rayons de sa valve supérieure sont comprimés sur les côtés, et n'ont point de stries longitudinales bien distinctes. On la trouve fossile en Italie.

4. Peigne double-face. *Pecten bifrons*. Lamk.

P. testâ subæquivalvi, utrinque convexiusculâ, albidâ, intus purpureo-nigricante; radiis subseptem longitudinaliter sulcatis, supernè evanidis.

Habite les mers australes et de la Nouvelle-Hollande. *Péron.* Mus. n°. Mon cabinet. Coquille très distincte, à oreillettes un peu iné-gales, et ayant des côtes peu nombreuses, sillonnées longitudinalement et dans leurs interstices. Les côtes de dessus sont plus larges et simplement convexes; celles de dessous semblent presque carénées. Largeur, 105 millimètres.

5. Peigne bénitier. *Pecten ziczac*. Chemn.

P. testâ inæquivalvi, infernè valdè convexâ; radiis octodecim expla-natis, sulco divisis.

Ostrea ziczac. Lin. Syst. nat. p, 1144. Gmel. p. 3316. n° 3.
* Schrot. Einl. t. 3. p. 300.
List. Conch. t. 168. f. 5.
Regenf. Conch. 1. t. 11. f. 53.
Knorr. Vergn. 2. t. 19. f. 3; et t. 20. f. 1.
Favanne, Conch. pl. 55. fig. B.
Chemn. Conch. 7. t. 61. f. 590-592.
* Encycl. pl. 207. f. 1.
* Desh. Encycl. méth. vers. t. 3. p. 716. n° 4.
* *Ostrea zigzac.* Dillw. cat. t. 1. p. 249. n° 3. *exclusâ var.*
[b] *Var. testâ purpurascente; radiis eminentioribus, convexo-planis.* (1)

---

(1) Nous avons vu cette variété dans la collection du Muséum et nous avons reconnu qu'elle n'appartenait pas au *Pecten ziczac*, mais au *Pecten medius* n° 2; cette variété est remarquable par le dé-

Habite l'Océan atlantique et américain. Mus. n°. Mon cabinet. **Elle**
offre plusieurs variétés de couleur, ayant tantôt la valve supérieure d'un brun noirâtre et sans tache, et tantôt pourprée, diversement tachetée. Mais la variété [b], qui vient de la Nouvelle-
Hollande, est remarquable par la saillie de ses rayons.

6. Peigne hépatique. *Pecten Laurentii*. Lamk.

P. testá inæquivalvi, tenui, lævi; valvá superiore planiore, spadiceá :
radiis vix prominulis; valvá inferiore extus albido-fulvá.

Ostrea Laurentii. Gmel. p. 3317. n° 7.

* Schrot. Einl. t. 3. p. 322. n° 1.

Chemn. Conch. 7. t. 61. f. 593, 594.

* *Pecten ziczac.* Var. Dillw. cat. t. 1. p. 249. n° 3.

* Desh. Encycl. méth. vers. t. 3. p. 716. n° 5.

Habite les mers d'Amérique. Mus. n°. Mon cabinet. Elle est presque
moyenne entre le P. bénitier et le P. sole. Sa valve supérieure
est très colorée, et offre des stries transverses extrêmement fines ;
l'autre est convexe, très lisse. Largeur, un décimètre.

7. Peigne sole. *Pecten pleuronectes*.

P. testá subæquivalvi, tenui, extus lævi, utrinque convexiusculá ; li-
neis radiantibus ante marginem evanidis.

Ostrea pleuronectes. Lin. syst. nat. p. 1145. Gmel. p. 3317. n° 6.

* Schrot. Einl. t. 3. p. 303.

Bonan. récr. 3. t. 354.

Rumph. Mus. t. 45. f. A. B.

D'Argenv. Conch. t. 24. f. G.

* Born. Mus. p. 99.

Gualt. test. t. 73. fig. B.

* Knor. Vergn. t. 1. pl. 20. t. 34.

* Fav. Conch. pl. 55. f. E. I. ,

Chemn. Conch. 7. t. 61. f. 595.

Encyclop. pl. 208. f. 3.

* De Roissy. Buf. moll. t. 6. p. 252. n. 3.

---

doublement des côtes de la valve supérieure, elles semblent
beaucoup plus nombreuses que dans le *Pecten medius*, mais à
l'intérieur elles ne sont point marquées et l'on reconnaît
alors tous les caractères de l'espèce à laquelle cette variété appartient.

Dillwyn confond comme variété du *ziczac* l'espèce suivante
qui est parfaitement distincte.

* Dilw. Cat. t. 1. p. 250. n° 6. *Ostrea pleuronectes.*
* Blainv. Malac. pl. 60. f. 5.
* Desh. Encyclop. méth. vers. t. 3. p. 717. n° 6.
* Sow. Genera of shells f. 3.
* *Fossilis.* Aldrov. mus. metal. p. 169. f. 2. 3.
* Brocchi. Conch. foss. subap. t. 2. p. 573. n₀ 17.

Habite l'Océan indien. Mus. n°. Mon cabinet. Belle coquille, mince, très lisse au dehors, à valve supérieure rose sous un épiderme fauve, l'inférieure étant toute blanche. A l'intérieur, elle a des côtes en saillie, rayonnantes, écartées les unes des autres. Elle se trouve fossile en France, à St.-Paul Trois-Châteaux, département de la Drôme. M. *Brard.* Mon cabinet.

8. Peigne lisse. *Pecten obliteratus.* Lamk.

P. *testá subæquivalvi, tenui, extus lævi, supernè rubro-aurantiacá, subtus albá, roseo-radiatá; costis internis creberrimis.*

Ostrea obliterata. Lin. Syst. nat. p. 1146. Gmel. p. 3323. n° 46.
* Schrot. Einl. t. 3. p. 311.
* Gualt. ind. pl. 73. f. C.
* *Ostrea tenuis.* Gmel. p. 3320. n° 23.
* Schrot. Einl. t. 3. p. 338. n°44.
Knorr. Vergn. 5. t. 21. f. 6.
Chemn. Conch. 7 tab. 66. f. 622-624.
* *Ostrea obliterata..* Dilw. cat. t. 1. p. 258. n° 24.

Habite l'Océan indien. Mon cabinet. Elle est moins grande que celle qui précède, et, comme elle, un peu convexe en dessus et en dessous. Mais, à l'intérieur, ses côtes rayonnantes en saillie, nombreuses et rapprochées, l'en distinguent éminemment. Largeur, 51 millimètres. Mus n°.

9. Peigne concentrique. *Pecten Japonicus.* Lamk.

P. *testá magná, orbiculari, extus lævi, utrinque convexiusculá, supernè rubrá; fasciis transversis, concentricis, flavidulis, numerosissimis; intus ad limbum costis radiatá.*

Ostrea Jáponica. Gmel. p. 3317. n° 8.
* Schrot. Einl. t. 3. p. 323. n° 2.
Chemn. Conch. 7. t. 62. f. 596.
Encyclop. pl. 208. f. 4.
* *Ostrea Japonica.* Dilw. cat. t. 1. p. 250. n. 7.
* Desh. Ency. méth. vers. t. 3. p. 718. n° 8.

Habite l'Océan des Indes orientales, les côtes du Japon, etc. Mus. n°. Elle semble n'être qu'une très grande Sole; mais, outre sa taille et ses couleurs, les côtes en saillie de son intérieur ne se

prolongent point dans le disque concave des valves. Largeur,
120 millimètres.

10. Peigne de Magellan. *Pecten Magellanicus*. Lamk.

P. testá maximá , orbiculari, supernè rubrá, albido-zonatá striis
longitudinalibus numerosissimis, subscabris ; intus lævi.
Ostrea Magellanica. Gmel. p. 3317. n⁰ 9.
* Schrot. Einl. t. 3. p. 323. n° 3.
* Fav. Conch. pl. 55. f. E. 2.
Chemn. Conch. 7. t. 62. f. 597.
Encyclop. pl. 208. f. 5.
* Dillw. Cat. t. 1. p. 250. n. 8. *Ostrea magellanica.*
* Desh. Encyclop. méth. vers. t. 3. p. 718. n⁰ 9.
Habite au détroit de Magellan. Mon cabinet. Espèce aussi grande
et même plus grande que le *P. maximus*. Sa valve supérieure est
plus convexe que l'inférieure. Ses oreillettes ont des sillons lon-
gitudinaux, au lieu d'être transverses comme dans les Soles. Lar-
geur, 138 millimètres.

11. Peigne pourpré. *Pecten purpuratus*. Lamk.

P. testá albá, purpureo et nigro purpurascente variá ; radiis 26,
convexis ; intus zoná purpureo-nigricante.
Habite les mers orientales et australes. Mus. n°. Mon cabinet. Espèce rare et très belle. Ses oreillettes sont un peu inégales. Largeur, 112 millimètres. On le dit du Japon.

12. Peigne linéolaire. *Pecten lineolaris*. Lamk.

P. testá utrinquè convexá, albidá; supernè lineis transversis creberrimis rubris; radiis 17 lævigatis.
Habite...... Mon cabinet. Joli peigne, fort petit, très rare, et distinct de tous les autres. Sa valve inférieure est blanche. Il est bombé
près des crochets. Largeur, 26 ou 27 millimètres.

13. Peigne manteau-blanc. *Pecten radula*. Lamk.

P. testá supernè planulatá, albá ; radiis 12 convexis, spadiceo-
maculatis, longitudinaliter striatis transversimque rugulosis.
Ostrea radula. Lin. syst. nat. p. 1145. Gmel. p. 3318. n° 11.
List Conch. t. 175. f. 12.
Gualt. test. t. 74. fig. L.
* Born. mus. p. 100.
* Schrot. Einl. t. 3 p. 304.
* Fav. Conch. pl. 55. f. C.
Rumph. Mus. t. 44. fig. A.

D'argenv. Conch. t. 24. fig. D.

Knorr. Vergn. 5. t. 9. f. 4.

Chemn. Conch. 7. t. 63. f. 599. 600.

Encyclop. pl. 208. f. 2.

* Barbut. verm. p. 54. pl. 8. f. 2.

* *Ostrea radula.* Dillw. cat. t. 1. p. 251. n° 10.

* Desh. Encyclop. méth. vers t. 3. p. 719. n° 12.

Habite l'Océan indien. Mus. n°. Mon cabinet.

14. Peigne rateau. *Pecten rastellum.* Lamk.

P. testá depressá, pellucidá, albidá, fusco maculatá; radiis novem squamiferis: squamis raris erectis, concavis; margine cardinali muricato.

An ostrea pellucens. Lin. n° 196.?

[b] *Var. testá minore, rubrá.*

Habite les mers du Nord. Mon cab. Coquille très rare, déprimée, mince, hérissée d'écailles rares et assez grandes, à rayons convexes, inégaux. Largeur, 34 millimètres.

15. Peigne enflé. *Pecten turgidus.* Lamk.

P. testá ad umbones inflatá utrinquè convexá, albo rufo fuscoque variá; radiis 20 glabris, subangulatis; interstitiis transversè et obsoletè striatis.

Ostrea turgida. Gmel. p. 3327. n° 63.

* *An pecten nuclens.* Born. mus. p. 107. pl. 7. f. 2. ?

* Schrot. Einl. t. 3. p. 327. n° 12.

List. Conch. t. 169. f. 6.

Chemn. Conch. 7. t. 65. f. 621. a, b.

* Dillw. Cat. t. 1. p. 268. n° 46. *Ostrea turgida.*

* Desh. Encyclop. méth. vers. t. 3. p. 719. n° 13.

* Sow. Genera of shells. f. 1.

[b] *Var. testá majore; interstitiis lævibus.*

Habite les mers d'Amérique. Mon Cabinet. Coquille bombée comme le Peigne cerise, de taille petite ou moyenne, et diversement tachetée de blanc et de brun ou de roux-brun. Oreillettes petites, presque égales. Largeur, 31 millimètres.

16. Peigne flagellé. *Pecten flagellatus.* Lamk.

P. testá glabrá, flavicante, supernè flammulis exiguis rubris aut spadiceis aspersá: radiis quinque convexiusculis, longitudinaliter substriatis.

Habite la Méditerranée, dans le golfe de Tarente. Mon cabinet. La valve inférieure est jaune d'œuf. Largeur, 24 millimètres.

17. Peigne arrosé. *Pecten aspersus.* Lamk. (1)

P. testá tenui, supernè rubente, maculis albis exiguis aspersá; radiis quinque subacutis; striis longitudinalibus tenuissimis.

* *Ostrea hybrida.* Gmel. p. 3318. n° 10?

* Schrot. Einl. t. 3. p. 324 n° 5.

* *Pseudamusium.* Chemn. conch. t. 7. pl. 63. f. 601. 602.

* *Ostrea hybrida* Dilw. cat. t. 1. p. 251. n° 9.

* *Pecten danicus.* Chemn. conch. t. 11. p. 265. pl. 207. f. 2043.

Encyclop. pl. 212. f. 6.

* *Ostrea triradiata.* Mull. zool. dan. t. 2. p. 25. pl. 60. f. 1. 2.

* *id.* Gmel. p. 3326. n° 56.

* *id.* Dillw. Cat. t. 1. p. 264. n° 38.

Habite..... Mon cabinet. Espèce très distincte. Coquille rare, blanche à l'intérieur. Largeur 38 millimètres.

18. Peigne flavidule. *Pecten flavidulus.* Lamk.

P. testá flavicante, supernè fusco maculatá aut nebulosá, longitudinaliter striatá; radiis duodecim striatis.

An Chemn. Conch. 7. t. 67. f. 638?

Habite l'Océan atlantique, la Méditerranée. Mon cabinet. Coquille striée sur les rayons et dans leurs interstices. Elle est d'un jaune citron, taché de brun-verdâtre, et a des rapports avec l'*Ostrea citrina* de Poli [test. 2. t. 28. f. 15]. Largeur, 33 millimètres.

19. Peigne mantelet. *Pecten plica.* Lamk.

P. testá subæquivalvi, longitudinaliter striatá, albidá, spadiceo vel purpureo maculatá; radüs 5 s. 6 supernè evanidis, infernè lævibus; intus limbo fulvo.

Ostrea plica. Lin. Syst. nat. p. 1145. Gmel. p. 3318. n° 14.

* Schrot. Einl. t. 3. p. 305.

---

(1) Nous rapportons à cette espèce l'*Ostrea hybrida* de Gmélin en supprimant de sa synonymie la citation d'une figure de Lister, copiée par Klein, et représentant une espèce toute différente de celle de Chemnitz; nous ajoutons à notre synonymie le *Pecten danicus* de Chemnitz, lequel, selon nous, serait une variété à taches nombreuses de son *Pseudamusium*. C'est ce *Pecten danicus* qui, figuré dans l'Encyclopédie, a été nommé *aspersus* par Lamarck. Il conviendra plus tard de rendre à cette espèce le nom de *pseudamusium* que Chemnitz, le premier, lui imposa.

* Born. Mus. p. 101.

Rumph. Mus. t. 44. fig. O.

D'Argenv. Conch. t. 24. fig. C.

Chemn. Conch. 7. t. 62. f. 598. a, b. et t. 11. p. 263. pl. 207. f. 2041.

Encyclop. pl. 212. f. 5?

* Dillw. Cat. t. 1. p. 252. n₀ 12. *Ostrea plica.*

[b] *Var. testâ purpureo-nigricante.*

Habite l'Océan indien. Mus. nᵒ. Mon cabinet. Coquille oblongue-arrondie, à stries longitudinales bien marquées dans sa moitié supérieure. La variété [b] est rare, fort belle, large de 46 millimètres. Mus. nᵒ. La base tronquée est étroite.

20. Peigne glabre. *Pecten glaber.* **Chemn.**

P. testâ subæquivalvi; radiis 10 lævibus, supernè dil tato-evanidis, alternis minoribus; striis longitudinalibus ad interstitia.

Ostrea glabra? L. n. syst. nat. p. 1146. Gmel. p. 3324. nᵒ 50.

* Schrot. Einl. t. 3. p. 315.

* Born. Mus. p. 105.

Bonan. récr. 2. f. 12.

Knorr. Verg. 2. t. 10. f. 2; et 5. t. 10. f. 5, 6.

Chemn. Conch. 7. t. 67. f. 642. 643.

* Gualt. Ind. pl. 73. f H.

* Olivi Adriat. p. 119.

* Poli. test. t. 2. pl. 28. f. 11. 12.

* Blainv. Malac. pl. 62. f. 4.

* Payr. Cat. p. 77. nᵒ 147.

* Desh. Encyclop. méth. vers. t. 3. p. 720. n₀ 14. pl. 213. f. 7.

Encyclop. p. 213. f. 1.

* *Ostrea glabra.* Dillw. Cat. t. 1. p. 264. nᵒ 40.

[b] *Var. testâ fulvâ, immaculatâ.*

Knorr. Vergn. 5. t. 9. f. 2.

Habite la Méditerranée. Mus. nᵒ. Mon cabinet. Espèce commune dans les collections, très variée dans ses couleurs et ses caractères, et fort difficile à circonscrire dans ses limites. Beaucoup de ses variétés sont fort jolies.

21. Peigne sillonné. *Pecten sulcatus.* **Lamk.** (1)

―――――――――――――

(1) Lamarck a distingué cette espèce du *Pecten glaber* avec lequel Chemnitz et la plupart des auteurs le confondaient; il a en effet des caractères particuliers que l'on ne trouve pas dans le glaber.

P. testá subæquivalvi, albá, fusco maculatá; radiis 10 æqualibus, undiquè convexis, uti interstitiis longitudinaliter sulcatis.

An Chemn. Conch. 7. t. 67. f. 641 ?

[b] *Var. testá roseo tinctá; flammulis albis transversis.*

* Fav. Conch. pl 54. f. L 3.

Payr. Cat. p. 72. n° 134.

Habite dans la Méditerranée, au golfe de Tarente. Mus, n°. Mon cabinet. Espèce jolie, variée, distincte de la précédente, ainsi que celles qui suivent.

22. Peigne vierge. *Pecten virgo.* Lamk.

P. testá tenui, pellucidá, albá, roseo partim tinctá, radiis 10 convexiusculis interstitiisque glabris.

Gualt. test. t. 73. fig. H?

* Payr. Cat. p. 72. n° 136.

Habite la Méditerranée, au golfe de Tarente. Mon cabinet. Ses stries longitudinales sont peu distinctes. Largeur, 44 millimètres.

23. Peigne unicolor. *Pecten unicolor.* Lamk.

P. testá subæquivalvi, luteá aut rubrá, immaculatá; radiis decem crassis, glabris; interstitiis longitudinaliter striatis.

[a] *Testá lutea.* Regenf. Conch. 1. t. 11. f. 60.

Knorr. Vergn. 1. t. 8. f. 5.

* Payr. cat. p. 75. n° 144.

* Desh. Encycl. méth. vers. t. 3. p. 724. n° 23.

* *Pecten aurantius.* Sow. Genera of shells. f. 5.

[b] *Var. testá majore, rubrá.*

Habite la Méditerranée. Mus. n°. Mon cabinet. Largeur de la coquille [a], 43 millimètres; de la coquille [b], 45.

24. Peigne gris. *Pecten griseus.* Lamk.

P. testá subæquivalvi longitudinaliter striatá, supernè maculis parvis albis cinereis et fuscis variegatá; radiis 10 ad 12 dorso subangulatis, remotis.

Encycl. pl. 213. f. 7 ?

[b] *Var. testá supernè fusco-nigricante.*

Chemn. Conch. 7. t. 67. f. 644.

[c] *Var. testá extus intusque piceatá.*

Regenf. Conch. 1. t. 3. f. 31.

* *Ostrea glabra var.* Dillw. cat. t. 1. p. 264, n° 140.

* Payr. cat. p. 73. n° 139.

* Desh. Encycl. méth. vers. t. 3. p. 720. n° 16.

Habite la Méditerranée. Mon cabinet. Il est bien strié sur ses rayons et dans leurs interstices. Taille du précédent.

25. Peigne côtes-distantes. *Pecten distans.* **Lamk.**

> *P. testá subæquivalvi, albidá, fusco maculatá et zonatá; radiis 10 crassis, remotis, glabris, dorso planulatis.*
>
> Gualt. test. t. 74. fig. A, B.
> Knorr. Vergn. 2. t. 18. f. 5.
> Encycl. pl. 210 f. 3?
> * Payr. cat. p. 73. n° 138.
> Habite l'Océan atlantique. Mus. n°. Mon cabinet. Ce peigne est assez commun, plus grand que celui qui précède, mais moins strié. Ses côtes sont plus aplaties, bien séparées. Largeur, 61 millimètres.

26. Peigne isabelle. *Pecten isabella.* **Lamk.**

> *P. testá tenui, pellucidá, planulatá, pallidè aurantiá, albo-maculatá; radiis quinis, magnis, subplicatis; margine flexuoso.*
>
> Habite la Méditerranée, dans le golfe de Tarente. Mon cabinet. Petite coquille, paraissant avoir des rapports avec la précédente; mais mince, délicate, et plissée en manchette. Largeur, 18 millimètres.

Oreillettes inégales.

27. Peigne coraline. *Pecten nodosus.* **Lamk.**

> *P. testá longitudinaliter multisulcatá, rubrá aut rubro et albo variá; radiis novem, crassis, nodoso-vesicularibus.*
>
> *Ostrea nodosa.* Lin. Syst. nat. p. 1145. Gmel. p. 3322. n° 43.
> * Schrot. Einl. t. 3. p. 308.
> List. Conch. t. 186. f. 24.
> * *Ibid.* pl. 188. f. 26.
> Gualt. test. t. 99. fig. C, D.
> D'Argenv. Conch. t. 24. fig. F.
> Rumph. Mus. t. 48. f. 7, 8.
> * Knorr. Vergn. t. 1. pl. 5. f. 1.
> * Knorr. Delic. t. 1. pl. B 2. f. 5.
> * Seba mus. t. 3. pl. 87. f. 1 à 5.
> *Pecten corallinus.* Chemn. Conch. 7. t. 64. f. 609.
> * Fav. Conch. pl. 55. f. D.
> Encycl. pl. 210. f. 2.
> [b] *Var. testá aurantiá.* Chem. *ibid.* f. 610.
> * Dillw. Cat. t. 1. p. 254. n° 17.
> * de Roissy, buf. moll. t. 6. p. 253. n° 5.
> * Desh. Encycl. méth. vers. t 3. p. 721. n° 17.
> * Junior. *Ostrea decemradiata.* Gmel. p. 3329. n 74.
> * Barbut; Verm. p. 55. pl. 8. f. 4.

Habite l'Océan africain et américain. Mus. n°. Mon cabinet. Belle coquille, mais très connue; elle devient fort grande. Il en existe une
variété de petite taille, dont les nœuds sont la plupart blancs comme
de petites perles. Mon cabinet. Encycl. pl. 210 f. 4?

28. Peigne manteau-ducal. *Pectum pallium.*

*P. testâ subæquivalvi, albâ, rubro fuscoque variá; radiis duodecim
convexis, striatis, squamoso-scabris.*

Ostrea pallium. Lin. Syst. nat. p. 1145. Gmel. p. 3322. n° 40.
* Schrot. Einl. t. 3. p. 307.
List. Conch. t. 187. f. 25.
Gualt. test. t. 74. fig. F.
Rumph. Mus. t. 44. fig. B.
D'Argenv. Conch. t. 24. fig. I.
Regenf. Conch. 1. t. 6. f. 59.
* Fav. Conch. pl. 54. f. O, K.
* Knorr. Vergn. t. 2. pl. 21. f. 1, 2.
* Seba mus. t. 3. pl. 87. fig. 8 à 12.
* Born. mus. p. 100.
Chemn. Conch. 7. t. 64. f. 607.
Encycl. pl. 210. f. 1. a, b.
* Barbut, verm. pl. 8, f. 3.
* de Roissy, buf. moll. t. 6. p. 252. n₀ 4.
* *Ostrea pallium.* Dillw. cat. t. 1 p. 253. n° 14.
* Sow. Genera of shells. f. 4.
* Desh. Encycl. méth. vers. t. 2. p. 721. n° 18.

[b] Chemn. Conch. 7. t. 64. f. 208.

Habite les mers de l'Inde. Mus. n°. Mon cabinet. Coquille commune
dans les collections, mais fort recherchée pour sa beauté. Comme
le rouge domine, la coquille paraît seulement tachetée de blanc.

29. Peigne gibecière. *Pecten pes felis.* Lamk.

*P. testâ inæquilaterâ, rubro-rufescente; radiis novem interstitiisque
longitudinaliter striatis, subscabris; auriculâ alterâ minutâ.*

Ostrea pes felis. Lin. Syst. nat. p. 1146. Gmel. p. 3323. n° 44.
Bonan. récr. 2. f. 7.
* *Ostrea elongata.* Born. Mus. p. 163. pl. 6. f. 2.
Poli. test. 2. tab. 28. f. 16.
Chemn. Conch. 7. t. 64. f. 612; et t. 65. f. 613.
Encycl. pl. 211. f. 1.
* *Ostrea pes felis.* Dillw. cat. t. 1. p. 255. n° 18.
* *Pecten pes felis.* Payr. cat. p. 73. n° 137.
* *Pecten Bornii. id.* p. 76. n° 146.

* Desh. Encycl. méth. vers. t. 3. p. 722. no 19.

Habite la Méditerranée. Mon cabinet. Il tient d'assez près au *pecten nodosus*; mais il est moins grand, plus inéquilatéral.

3o. Peigne tigre. *Pecten tigris*. Lamk.

P. *testá subæquivalvi, inæquilaterá, albá, spadiceo maculatá, intus lutescente; radiis novem interstitiisque longitudinaliter striatis, subscabris.*

Chemn. Conch. 7. t. 64. f. f. 6o8?

Habite..... l'Océan indien? Mus. n°. Coquille rare, mouchetée de rouge très brun sur un fond blanc, sillonnée longitudinalement, et à oreillettes fort inégales. Une tache rouge, en dedans, sous la plus grande oreillette. Ses stries interstitiales ne sont point hérissées, comme le dit Gmelin de son *O. sanguinolenta.*

31. Peigne besace. *Pecten imbricatus*. Lamk.

P. *testá inæquivilvi, supernè planulatá, albá purpureo tinctá; radiis novem inæqualibus imbricato-squamosis.*

Ostrea imbricata. Gmel. p. 3318. n° 12.

* Schrot. Einl. t. 3. p. 324. n° 4.

Pera venatoria. Chemn. Conch. 7. t. 69. fig. G.

Encycl. pl. 214. f. 2.

* *Ostrea imbricata.* Dillw. cat. t. 1. p. 252. n° 11.

* Desh. encycl. méth. vers. t. 3. p. 722. n° 20.

Habite la mer Rouge. Mus. n°. Mon cabinet. Il tient au *Pecten rastellum*; mais il est plus oblong, et à oreillettes fort inégales.

32. Peigne arlequin. *Pecten histrionicus*. Lamk.

P. *testá complanatá, albá; rubro nigroque maculatá; radiis undecim convexis, transversè rugosis.*

Ostrea histrionica. Gmel. p. 3326. *exclus. Bornii syn.*

* Schrot. Einl. t. 3. p. 325 n° 8.

Knorr. Verg. 4. t. 12. f. 3.

Chemn. Conch. 7. t. 65. f. 614.

Encycl. pl. 213. f. 8.

* *Ostrea sulcata.* Dillw. cat. t. 1. p. 255. n° 19. *exclus. plur. synon.*

Habite..... Mus. n°. Mon cabinet. Coquille assez jolie, de petite taille. Les interstices des rayons ne sont point striés comme dans l'*O. sulcata* de Born. Mus. t. 6. f. 3.

33. Peigne blessé. *Pecten sauciatus*. Lamk. (1)

─────────────────────────────

(1) La coquille à laquelle Lamarck a donné ce nom dans la

P. testá inœquivalvi, albá: valvá superiore planá, pupureo-maculatá ; radiis vigenti augulatis , longitudinaliter sulcatis et striatis.

An ostrea sauciata ? Gmel. n° 68.

Chemn. Conch. 7. t. 69. fig. H?

Habite..... la mer Rouge? Mus. no. Notre coquille est éminemment inéquivalve; la valve inférieure étant convexe, tandis que la supérieure est presque tout-à-fait aplatie. Il n'y a que cette dernière qui soit tachée. La coquille est plus longue que large. Largeur 20 millimètres.

34. Peigne operculaire. *Pecten opercularis.* Lamk.

P. testá subrotundatá, longitudinaliter striatá, subscabrá; valvá superiore convexiore; radiis 18 ad 20 convexiusculis.

* *Ostrea opercularis.* Lim. Syst. nat. p. 1147.

* Bona. recre. 2. f. 6.

* List. Anim. Angl. pl. 5. f. 30

* *id.* Conch. pl. 190.191.192. f. 27.28.29.

* Born. Mus. p. 106.

* Seba. Mus. t. 3. pl. 87. f. 6. t 15.

* Gualt. index. pl. 73. fig. Q.

* Knorr. Vergn. t. 2. pl. 3. f. 2-3.

* Fav. Conch. pl. 54. fig. L 2.

* Schrot. Einl. t. 3. p. 317. pl. 9. f. 3.

* *id.* p. 337. n° 39.-*id.* p. 340. no 50-*id.* p. 343. no 68.

* *Ostrea* Schrot. *loc. cit.* p. 336. n° 37-*id.* no 38.

* *Ostrea opercularis.* Gmel. p. 3325. n° 51.

* *Ostrea dubia. id.* 3319. n° 18.

* *Ostrea elegans. id.* n° 19.

* *Ostrea versicolor. id.* n° 20.

* *Ostrea radiata. id.* p. 3320. n° 28.

* *Ostrea regia. id.* p. 3331. n° 86.

* Maton et Racket. Lin. trans. t. 8. p. 98.

* Dacosta. Conch. brit. pl. 9. f. 46.

* Dorset. cat. pl. 9. f. 1.2.4.5.

* Brooks. introd. p. 77. pl. 4. f. 41.

* *Pecten subrufus.* Pennant. Zool. brit. f. 4. pl. 60.

* *Pecten opercularis.* Chemn. Conch. t. 7. pl. 67. f. 646.

---

collection du Museum , est en effet différente de celle citée de Chemnitz ; la coquille du Museum a les plus grands rapports avec le *pecten Ornatus.*

* Encycl. pl. 112. f. 2-3.
* Dillw. cat. t. 1. p. 265. n₀ 42.
* *An pecten Audouini?* Payr. cat. p. 77. n₀ 149. pl. 2. f. 8-9.
* *An ostrea sanguinea?* Poli. test. t. 2. pl. 28. f. 7-8.
* Desh. Encycl. méth. vers. t. 3. p. 723. n₀ 22.
* *Fossilis. Ostrea tranquebarica?* Brocc. Conch. Foss. Suba. p. 576.
    n° 22.
* *Ostrea plebeia.* id. loc. cit. pl. 14. fig. 10.
* id. *Var. Pecten sulcatus.* Sow. Min. Conch. pl. 393. f. 1.
* *Pecten varius.* Goldf. petrif. t. 2. p. 62. pl. 95. f. 6.

, Habite les mers d'Europe. Mus. n°. Mon cabinet. Coquille bien arrondie, à oreillettes médiocrement inégales, peu épaisse, très variée
dans ses couleurs, tantôt toute blanche, tantôt jaune, tantôt rose
ou pourpre, et tantôt d'un rouge roussâtre. Elle est toujours blanche ou blanchâtre en dedans. Ses stries longitudinales paraissent
plus que les transverses. Largeur, 70 millimètres.

35. Peigne rayé. *Pecten lineatus.* Dacosta. Lamk. (1)

P. *testá rotundatá, albá, longitudinaliter lineatá; costarum cariná*
    purpureá.
Ostrea lineata. Mat. Act. soc. Linn. 8. p. 99.
Pecten lineatus. Da costa, Conch. brit. t. 10. f. 8.
Ostrea lineata. Donovan Brit. shel. f. 4. pl. 116.
* Dillw. Cat. t. 1. p. 266. n° 43.
* Desh. Encycl. méth. vers t. 3. p. 723. n° 21.
Habite l'Ocean britannique. Mus. n°. Mon cabinet. Espèce con-
stante, quoique très voisine de la précédente par ses stries et ses
rayons. Largeur, 65 millimètres.

36. Peigne flabellé. *Pecten flabellatus.* Lamk.

P. *testá rotundatá, flabellatim plicatá, albá, intus rubrá; radiis*
    quindecim convexis; interstitiis transversè striatis.
Habite....... Mus. n°. Aspect du P. operculaire, mais différent.
Valve supérieure moins convexe que l'inférieure. Largeur, 73
millimètres.

37. Peigne rayonnant. *Pecten irradians.* Lamk.

---

(1) En décrivant ce peigne dans l'Encyclopédie, nous avons
fait sentir combien il a d'analogie avec l'operculaire, actuellement nous sommes convaincu de son identité parfaite; il vient
ainsi augmenter encore le nombre considérable des variétés de
cette espèce.

*P. testá rotundatá, subæquivalvi, albidá, fulvo fuscoque variegatá ;
radiis 18 ad 20 convexis; striis transversis exilissimis.*

Habite.... Mon cabinet. Coquille rare, exotique, ayant l'aspect d'un
p. operculaire très rembruni. Largeur, 74 millimètres.

38. Peigne ondé. *Pecten flexuosus*. Lamk.

*P. testá subæquivalvi, rotundato-flabellatá, albá, purpureo maculatá ;
radiis quinque crassis ; margine undato : limbo striato.*

Ostrea flexuosa. Poli, test. 2. tab. 28. f. 1, 2, 3, 11.

* Payr. Cat. p. 74. no 142.

Habite les côtes du Portugal. Mus. n°. Il varie à stries interstitiales
plus ou moins distinctes, et a la couleur presque tout-à-fait pourpre. Largeur, 38 millimètres.

39. Peigne courbé. *Pecten inflexus*. Lamk. (1).

*P. testá rotundato-flabellatá, propè limbum ventricosá : margine in-
flexo; radiis quinque crassis; striis longitudinalibus versus marginem.*

* *An ostrea pes-lutræ.* Lin. mant. p. 547?
* *Id.* Gmel. p. 3339. n° 132.
* Lister, Conch. pl. 171. f. 8.
* Gualt. ind. pl. 74. f. CC.
* Knorr. Vergn. t. 2. pl. 21. f. 5?

Poli, test. 2. tab. 28. f. 4, 5 et 17.

* Payr. Cat. p. 75. no 144.
* Desh. Encycl. méth. vers. t. 3. p. 724. n° 23.
* *Pecten dumasii.* Payr. loc. cit. n° 145.

Habite la Méditerranée. Mon cabinet. Cette coquille, ventrue près
du limbe, a le bord de chaque valve courbé en dedans, comme les
bords d'une boite. Taille petite ; couleur presque entièrement
rouge.

40. Peigne inégal. *Pecten dispar*. Lamk.

*P. testá suborbiculari, albidá ; valvá superiore læviusculá, basi ma-
culá spadiceá magná quinqueloba stelliformi ; versùs limbum radiis
exiguis numerosis.*

Habite.... Mon cabinet. Coquille singulière, à valves différentes par
les rayons et la couleur. L'inférieure est blanche, à dix-huit rayons
égaux. La supérieure est d'un roux-brun en dedans, et blanche au

---

(1) Si cette coquille est bien le *pecten pes-lutræ* de Linné,
comme nous le croyons, il sera convenable de substituer ce nom
linnéen à celui *d'inflexus* donné par Lamarck.

dehors, avec une grande tache en étoile, à lobes inégaux, pointus.
Largeur, 34 millimètres.

41. Peigne à-quatre-rayons. *Pecten quadriradiatus.*
Lamk. (1)

> P. *testá ovato-cuneatá, supernè longitudinaliter striatá, albidá, cœru-
> leo-nigricante infectá; radiis quatuor, magnis; margine flexuoso.*
> Habite.... Mus. n°. Du voyage de *Péron.* Il tient de l'*ostrea pes-lutræ,*
> Lin. Gmel. n° 132; mais il a deux oreillettes petites, arrondies,
> presque égales. Largeur, 18 millimètres.

42. Peigne du nord. *Pecten Islandicus.* **Chemn.**

> P. *testá suborbiculari, aurantiá vel rufo aut fusco rubente; fasciis
> concentricis obsoletis; radiis numerosissimis bisulcatis subscabris.*
> *Ostrea Islandica.* Mull. Zool. dan. prod. n° 2990. Gmel. p. 3326.
> n₀ 55.
> O. Fabr. Faun. Gronel. p. 415.
> List. Conch. t. 1057. f. 4.
> Gualt. test. t. 73. fig. R.
> Seba, Mus. 3. t. 87. f. 7.
> * Knorr. Délic. t. 1. pl. B. f. 3, 4.
> *Pecten Islandicus.* Chemn. Conch. 7. t. 65. f. 615, 616.
> Encycl. pl. 212 f. 1.
> * *Ostrea cinnabarina.* Born. mus. p. 103.
> * Schrot. Einl. t. 3. p. 326. n° 9.
> Habite les mers du nord. Mus. n°. Mon cabinet. Ce peigne varie dans
> ses couleurs et devient fort grand. Sa valve supérieure est plus co-
> lorée que l'inférieure; mais celle-ci a ordinairement des zones con-
> centriques plus marquées. Il n'a guère plus de cinquante rayons.
> Largeur, 96 millimètres.
> * *Ostrea cinnabarina.* Dillw. Cat. t. 1. p. 256. n° 20.
> * Desh. Encycl. méth. vers. t. 3. p. 724. n° 24.

43. Peigne austral. *Pecten asperrimus.* **Lamk.**

> P. *testá suborbiculari, rubrá vel aurantio rubente; radiis 25 subca-
> rinatis, lateribus longitudinaliter sulcatis, imbricato-squamosis;
> margine crenato.*

---

(1) Il n'existe dans la collection du Muséum qu'une seule valve
de cette espèce, elle est roulée et noircie par son séjour prolongé dans la vase, malgré son mauvais état de conservation,
on voit qu'elle a des caractères particuliers qui la distinguent de
toutes les autres espèces.

[b] *Var. testá minore , pallidè fulvá ; radiorum lateribus uni-sul-
    catis.*

* Desh. Encycl. méth. vers. t. 3. p. 725. n° 25.

Habite les mers australes , à la Nouvelle-Hollande, les côtes de
    Diémen. *Pèron* et *Le Sueur.* Mus. n°. Mon cabinet. Il est sin-
    gulier de lui trouver tant de rapport avec le précédent, ayant une
    habitation si opposée. Celui-ci est ordinairement recouvert par
    une éponge courte, divisée ou lobée, et qui semble voisine du *Sp.
    coronata.* Largeur de la coquille, 80 à 90 millimètres. On le trouve
    fossile en Europe. La variété [b] n'a que 35 millimètres de lar-
    geur. Mus. n°.

44. Peigne sénateur. *Pecten senatorius.* Lamk.

*P. testá suborbiculari , albido spadiceo et fusco |variegatá ; radiis
    22 — 26 rotundatis, transversè rugosis : lateribus infimis longitu-
    dinaliter sulcatis , subgranulatis.*

Ostrea senatoria. Gmel. p. 3327. n° 61.

* Schrot. Einl. t. 3. p. 327. n° 10.

* Valentyn. Verh. pl. 16. f. 26.

* Dillw. Cat. t. 1. p. 256. n° 21.

* Vár. *Rubro marmoratá.*

Ostrea porphyrea. Gmel. p. 3328. n° 65.

* Schrot. Einl. t. 3. p. 329. n° 16.

* *Id.* Dillw. Cat. t. 1. p. 260. n° 29.

* *Pallium porphyreum.* Chemn. Conch. t. 7. pl. 66. f. 632.

Chemn. Conch. 7. t. 65. f. 617.

Encyclop. pl. 211. f. 5.

Habite l'Océan indien. Mus. n°. Mon cabinet. Belle espèce, plus
    arrondie et plus large que la suivante , d'un rouge brun violâtre
    varié de blanc par taches inégales. Largeur , 62 millimètres.

45. Peigne orangé. *Pecten aurantius.* Lamk. (1)

---

(1) Cette espèce a été faite avec une variété du *pecten sena-
torius*, la coquille du Muséum est en effet moins écailleuse que
celle de Chemnitz, mais à cet égard, il existe beaucoup de variétés depuis celles à côtes lisses jusqu'à celles qui sont très
écailleuses.

Cette coquille est bien l'*ostrea citrina* de Gmélin et de Dillwin, les points de doute, mis par Lamarck, doivent disparaître, l'espèce doit être supprimé et jointe à la précédente à titre
de variété.

P. testá aurantiá, immaculatá; radiis vigenti subnudis: interstitiis longitudinaliter uni s. bisulcatis.

Ostrea citrina? Gmel. p. 3327. n° 62.

* Schrot. Einl. t. 3. p. 327. n° 11.

* Valentyn. Verhan. pl. 13. f. 1-2.

Chemn. Conch. 7. t. 65. f. 618?

* *Ostrea citrina.* Dillw. cat. t. 1. p. 257. n° 22.

Habite..... l'Océan indien? Mus. n°. Notre coquille a ses rayons bien moins écailleux que dans la figure citée de Chemnitz. Largeur, 52 millimètres.

46. Peigne fleurissant. *Pecten florens.* Lamk.

P. testá subæquivalvi, citriná, maculis rubro-violaceis ornatá; radiis 22 transversè rugosis, intus albá: limbo violaceo.

Habite..... l'Océan indien? Mon cabinet. Taille et forme du P. sénateur, et néanmoins très distinct.

47. Peigne bigarré. *Pecten varius.* Pennant.

P. testá rotundato-oblongá, colore variá, utrinque echinatá; radiis 26 ad 30 subcompressis, squamoso-scabris.

Ostrea varia. Lin. Syst. nat. p. 1146.

* Lister. Conch. pl. 180. f. 17. pl. 181. f. 18. pl. 189. f. 23.

* Gualt., index. pl. 73. f. G. I. N. pl. 74, f. G. H. M. P. R. S. T. X.

D'Argenv. Conch. pl. 24. f. H.

* Born. Mus. p. 104.

Ostrea varia. Schroter. Einl. t. 3. p. 313. n° 15

Ostrea. Schrot. p. 335. n° 32. — *id.* p. 339. n° 47. — *id.* p. 340. n°. 51. — *id.* n° 52. — *id.* p. 341. n° 57. — *id* n° 58. — *id.* p. 342. n° 60.

Ostrea varia. Gmel. p. 3324. n° 48.

* *Ostrea muricata. id.* p. 3320. n. 25.

* *Ostrea punctata. id.* n° 28.

* *Ostrea aculeata. id.* n° 29.

* *Ostrea subrufa. id.* p. 3329. n° 71.

* *Ostrea ochroleuca. id.* p. 3329. n° 80.

* *Ostrea mustelina id.* n° 81.

* *Ostrea flammea. id.* n° 82.

* *Ostrea incarnata. id.* n° 83.

* *Ostrea versicolor. id.* p. 3331. n° 91.

* *Ostrea varia.* Donovan. t. 1. pl. 1. f. 1.

* *Pecten varius.* Pennant. Zool. brit. 1812. t. 4. p. 221. pl. 64. f. 1.

Chemn. Conch. t. 7. p. 331. pl. 61. f. 633-634.

Knorr. Vergn. t. 2. pl. 18. f. 3. et t. 5. pl. 11. f. 3. pl. 12. f. 5.

10.

* Fav. Conch. pl. 54. fig. B 3. B 4.
Encyclop. pl. 213. f. 5.
* *Ostrea varia.* Olivi. adriat. p. 119.
* *Poli test.* t. 2. pl. 28. f. 10.
* De Roissy. Buf. moll. t. 6. p. 253. no 6. pl. 62 f. 4.
* Dillw. Cat. t. 1. p. 260. n° 30.
* *Pecten varius.* Payr. Cat. p. 74. n° 143.
* Desh. Encyclop. méth. vers. t. 3. p. 725. n° 26.
* *Fossilis ostrea varia,* Brocc. conch. fossi. subap. t. 2. p. 573. n° 18.
* *Pecten varius.* Goldf. petr. t. 2. p. 61. pl. 95. f. 1.

Habite les mers de l'Europe. Mus. n. Mon cabinet. Coquille commune dans les collections, et très variée dans la couleur principale des individus. Les uns sont très rembrunis, d'autres d'une couleur ferrugineuse, d'autres rouges, d'autres orangés et d'autres jaunes. Les interstices des rayons sont profonds, non sillonnées. Les oreillettes sont fort inégales.

48. Peigne sanguin. *Pecten sanguineus.* **Lamk.**

P. *testá subæquivalvi, rubro-sanguineá; radiis 22 subscabris; radiorum lateris antici interstitiis sulcato-granulatis.*

Ostrea sanguinea. Lin. Gmel. n° 47.

Chemn. Conch. 7. t. 66. f. 628.

Habite l'Océan atlantique, etc. Mon cabinet. Elle est très voisine de la précédente, mais moins hérissé d'écailles, et à rayons moins nombreux. Longueur, 55 millimètres; largeur, 46.

49. Peigne irrégulier. *Pecten sinuosus.* (1).

---

(1) M. Defrance ayant remarqué parmi les coquilles fossiles, voisines des peignes, quelques-unes dont les caractères ne s'accordaient pas parfaitement avec ceux de ce genre, proposa pour elles, dans le *Dict. des sciences naturelles,* un genre auquel il donna le nom de Hinnite. M. Defrance ne signala alors aucune espèce vivante dans son nouveau genre. Lorsqu'en 1825, nous traitames du même genre dans le *Dict. classique d'hist. nat.,* nous fîmes apercevoir que le *pecten irregularis* de Lamarck avait tous les caractères du genre Hinnite, et devait en devenir le type vivant, il nous fut alors possible de rendre plus complets les caractères du genre.

GENRE HINNITE. *Hinnites.*

Animal inconnu.

Coquille ovale irrégulière, adhérante par la valve droite,

inéquivalve, subéquilatérale, parfaitement close; sa partie supérieure terminé de chaque côté en oreillettes semblables à celles des peignes; bord cardinal droit, sans dents, prolongé avec l'âge en un petit talon; ligament épais, contenu dans une gouttière étroite et très profonde.

OBSERVATIONS. — Le genre Hinnite forme un des intermédiaires servant à lier les peignes aux spondyles et aux huîtres, mais elles ont plus d'analogie avec ces dernières qu'avec tout autre de la même famille. Ce sont des coquilles irrégulières inéquivalves, adhérentes par la valve droite; cette valve est le plus ordinairement plus grande que l'autre et plus profonde. Son sommet est assez régulier, ce qui annonce que dans le jeune âge la coquille avait plus de régularité. La plus grande partie de la face inférieure est très irrégulière et montre une large surface d'adhérence. La valve supérieure est aplatie, plus régulière et présente des stries ou des sillons longitudinaux plus ou moins nombreux et écailleux selon les espèces. La charnière est presque semblable à celle des peignes, elle est accompagnée de chaque côté d'oreillettes courtes, presque égales, bien closes, de manière à ne laisser aucun passage pour un byssus.

Le bord cardinal est droit, plus épais que dans les peignes, la gouttière du ligament est plus étroite, beaucoup plus profonde et plus prolongée supérieurement, ce qui lui donne de la ressemblance avec celle des Houlettes; avec l'âge, le bord cardinal offre une surface plane, oblique, comparable à celle des houlettes et des spondyles, et que l'on ne remarque pas dans les peignes. L'impression musculaire est fort grande, arrondie, et l'impression palléale, comme dans les spondyles, en est fort rapprochée.

On ne connaît encore qu'un petit nombre d'espèces appartenant au genre hinnite, une seule vivante et quatre ou cinq fossiles provenant des terrains tertiaires de France et d'Italie.

L'espèce vivante inscrite ici par Lamarck, sous le nom de peigne irrégulier, *pecten sinuosus*, devra passer avec la synonymie dans le genre hinnite, sous le nom de:

1. Hinnite irrégulière. *Hinnites sinuosus*. Desh.

    P. testâ ovatâ, inæqualiter sinuosâ, aurantio fusco et albo varie-

5o. Peigne paré. *Pecten ornatus.* Lamk. (1)

P. testá subæquivalvi, rubrá, fusco zonatá : umbone albo maculato; radiis 36 : alternis minoribus.

---

gatá ; radiis numerosis, perangustis, striæformibus , scabris.

Ostrea sinuosa. Gmel. p. 33r9. n° 16.

* Lister. Anim. angl. pl. 4. f. 3r.

List. Conch. t. r72. f. 9.

Da Costa, Conch. brit. t. ro. f. 3-6.

Pecten pusio. Pennant, Zool. brit. 4. t. 6r. f. 65.

* *Pecten pusio.* Sow. Genera of. shells. f. 6.

* *Ostrea miniata.* Born. Mus. p. ro4. pl. 7. f. r.

* *Ostrea miniata.* Dillw. Cat. t. r. p. 262. no 34.

* Schrot. Einl. t. 3. p. 35o. n. 90.

* *Ostrea sinuosa.* Maton et Racket. Lin. trans. t. 8. p. 99.

* Dorset. Cat. p. 38. pl. ro. f. 3 et 6.

* Schrot. Einl. t. 3. p. 334. no 29.

* Donovan. Conch. t. r. pl. 34. *Pecten pusio.*

* Fav. Conch. pl. 54. f. F.

* *Hinnites irregularis.* Desh. Encyclop. méth. vers. t. 2. p. 273. n₀ r.

Habite l'Océan britannique et dans la Manche. Mon cabinet. Espèce très distincte , mais singulière par ses difformités. Ses rayons sont serrés, et ses oreillettes inégales. Longueur, 44 millimètres; largeur, 37. Mus. n°.

2. Hinnite de Cortési. *Hinnites cortesii.* Def.

H. testá orbiculari, subovatá, dépressá, magná, crassá , longitudinaliter costatá, transversim squamoso-lamellosá, irregulari; auriculis inæqualibus, minimis ; sulco cardinali, prælongo, profundo.

Def. Dict. des scienc. nat. t. 2r. art. hinnite. atlas f. r.

Blainv. malac. pl. 6r. f. r.

Desh. Ency. méth. vers. t. 2. p. 273. n° 2.

Habite...... Fossile dans les sables jaunes d'Italie. Grande coquille ostréiforme ayant à l'extérieur des valves, des sillons longitudinaux peu épais sur lesquels passent en petit nombre des Lames relevées en écailles. La gouttière pour le ligament est très étroite, profonde et fort allongée dans les vieux individus.

---

(1) Gmelin et Dillwin rapportent à *l'ostrea pellucens*, de Linné, les figures citées ici de Chemnitz; mais nous ne voyons sur quoi ces auteurs se fondent pour faire ce rapprochement. Après avoir cherché dans tous les ouvrages de Linné, ce qu'il dit de *l'os-*

An List. Conch. t. 175. *fig. minor.*
Encyclop. pl. 214. f. 5.
Chemn. Conch. 7. t. 66. f. 625.
[b] *Var? testá albá, undiquè spadiceo maculatá.*
Chemn. Conch. 7. t. 66. f. 626. 627.
* Desh. Encyclop. méth. vers. t. 3. p. 726. n° 27.
Habite l'Océan atlantique austral. Mus. n°. Mon cabinet. Coquille
de taille médiocre ou petite, un peu transparente, à oreillettes
très-inégales. Ses rayons sont un peu rudes, subécailleux. Largeur,
28 millimètres. Notre espèce parait être la même que l'*Ostrea
pellucens* de Gmelin, sans être celui de Linné.

51. Peigne transparent. *Pecten pellucidus.* Lamk.

*P. testá tenui, pellucidá, ovato-rotundatá, albidá, spadiceo macula-
tá; radiis 21 confertiusculis subglabris.*

Poli, test. 2 tab. 28. f. 7? (1)
* Payr. Cat. p. 73. n₀ 40.

Habite la Méditerranée. Mon cabinet. Quoique peu tranchée dans
ses caractères, cette coquille me parait distincte des autres qui me
sont connues de son genre. Ses taches sont grandes, inégales,
et s'aperçoivent à l'intérieur par la ténuité des valves. Largeur,
23 millimètres.

52. Peigne de Tranquebar. *Pecten Tranquebaricus.* (2) Lamk.

*P. testá subæquivalvi, albo-rubellá, fusco maculatá; radiis vigenti
dorso subangulatis obsoletè crenulatis; margine exquisite crenato.*

---

trea pellucens, nous n'avons pu appliquer ce nom à une espèce
que nous connaissions, et nous nous sommes convaincu en
même temps que *l'ostrea pellucens* et le *pecten ornatus* constituaient deux espèces distinctes.

(1) Nous ne connaissons pas ce Peigne, mais ce que nous pouvons dire, c'est que la figure de Poli, cité dans la synonymie
avec un point de doute, représente une variété du *pecten opercularis.*

(2) Dillwin rapporte à cette espèce l'*ostrea nulceus*, de Born,
mais nous pensons, d'après la description et la figure, qu'elle
convient mieux au *pecten turgidus* de Lamarck, n° 15, à la synonymie duquel nous l'avons ajoutée avec un point doute, à
cause de l'insuffisance de la figure.

Ostrea Tranquebarica. Gmel. p. 3328. n° 28.

* Schrot. Einl. t. 3. p. 330. n° 19.

* *Ostrea undulata.* Born. Mus. p. 108.

List. Conch. t. 179. f. 16?

Knorr. Vergn. 2. t. 4. f. 3.

Chemn. Conch. 7. t. 67. f. 647.

Encyclop. pl. 212. f. 4.

* *Ostrea nucleus.* Dillw. Cat. t. 1. p. 267. n° 44.

* Desh. Encyclop. méth. vers. t. 3. p. 726. n° 28.

Habite l'Océan indien. Mon cabinet. Coquille peu commune, à grandes taches brunes et irrégulières sur un fond blanc et rosé. Elle est un peu ventrue et toute blanche à l'intérieur. Largeur, 35 millimètres.

53. Peigne cerise. *Pecten gibbus.* Lamk.

P. *testâ subæquivalvi, ventricosâ, turgidâ, rubrâ; radiis 20 ad 22 convexis, ad laterá interstitiaque rugulosis, subdecussatis.*

Ostrea gibba. Lin. Syst. nat. p. 1147. Gmel. p. 3325. n° 52.

* Schrot. Einl. t. 3. p. 318.

* *Ostrea gibba.* Dillw. cat. t. 1. p. 267. n° 45.

Brown. Jam. tab. 40. f. 10.

Regenf. Conch. 1. t. 1. f. 11. et t. XI. f. 51.

Knorr. Vergn. 1. t. 18. f. 2; 2. t. 5. f. 4; et 5. t. 13. f. 9.

Pecten rubicundus. Chemn. Conch. 7. t. 65. f. 619. 620.

Encycl. pl. 212. f. 3.

[b] *Var. testâ rubrâ; umbonibus albo-maculatis.*

Gualt. Test. t. 73. fig. F.

Knorr. Vergn. 2. t. 17. f. 2.

* *Ostrea flabellum.* Gmel. p. 3321. n° 34.

Habite l'Océan atlantique et américain. Mus. n°. Mon cabinet. Jolie coquille bombée, d'un rouge cerise très vif. Largeur, 45 millimètres.

54. Peigne vermillon. *Pecten miniaceus.* Lamk.

P. *testâ subæquivalvi, ovali, miniaceá, immaculatá; radiis 24 glabris.*

Habite..... Mon cabinet. On ne peut le confondre avec le P. sanguin, ayant glabres ses rayons et leurs interstices. Il est d'une petite taille et également coloré en dedans comme au dehors. Largeur, 21 millimètres.

55. Peigne dégénéré. *Pecten pusio.* Lamk. (1)

---

(1) L'observation de Lamarck, sur cette estpèce, est très

P. testâ subæquivalvi, oblongo-ovali; auriculâ alterâ minimâ; radiis trigesinis confertiusculis subglabris.

Ostrea pusio. Lin. Syst. nat. p. 1146. Gmel. p. 3324. no 49.

* Schrot. Einl. t. 3. p. 314.

List. Conch. t. 181. f. 18; et t. 189. f. 23.

Knorr. Verg. 4. t. 12. f. 2.

Chemn. Conch. 7. t. 67. f. 635. 636.

* *Ostrea pusio.* Dillw. Cat. t. 1. p. 261. no 32.

* Payr. Cat. p. 74. no 141.

Habite la Méditerranée, les mers d'Europe. Mon cabinet. J'y rapporte une variété rose avec des taches rouge-brun, et une autre rouge avec des taches brunes, de la Méditerranée, et de petite taille; en outre, une variété très brune, presque noire, commune dans la Manche, près de Calais. Ce peigne parait être un *P. varius* appauvri ou dégénéré.

56. Peigne veiné. *Pecten hybridus.* Lamk. (1)

P. testâ tenui, compressâ, subvenosâ; radiis subdenis, planulatis, obsolete squamosis; interstitiis longitudinaliter striatis.

Ostrea hybrida. Gmel. p. 3318. no 10.

[a] *Testa sanguinea.*

List. Conch. t. 173. f. 10.

Chemn. Conch. 7. t. 63. f. 601. 602.

Encycl. pl. 213. f. 4.

[b] *Var. testâ fulvo-fucescente.*

---

juste, nous croyons comme lui que ce n'est qu'une variété naine du *pecten varius*.

(1) Sous la dénomination d'*ostrea hybrida*, Gmelin confond deux espèces, le *Pseudmansium* de Chemnitz, qui est le *pecten aspersus* de Lamarck, no 17 (voyez la note relative à cette espèce), et le *pecten exoticus* de Chemnitz, que nous donnons plus loin. A ces deux espèces, Lamarck en a ajouté deux autres, l'une représensée dans l'*Encycl.*, pl. 213. fig. 4. C'est celle-là que, dans la collection du Muséum, il a nommé *pecten hybridus*. L'autre est différente, elle est figurée dans Lister, pl. 184. f. 21. Il y a trop de confusion dans la synonymie de cette espèce pour pouvoir l'adopter. L'une des espèces mentionnées par Lamarck dans la synonymie, celle qui a été étiquetée par lui dans la collection du muséum, nous paraît être la même que l'*ostrea sanguinea* de Dillwyn.

List. Conch. t. 184. f. 21.

Ostrea squamosa. Gmel.

Habite l'Océan boréal. Mus. n°. Mon cabinet. Belle espèce, très distincte, à test mince, transparent, d'un rouge de sang ou d'un fauve très brun, avec des veines ou des linéoles angulaires blanches. Ses rayons ont de petites écailles presque membraneuses. Les oreillettes sont inégales. Le plus souvent la valve inférieure est aussi colorée que la supérieure.

57. Peigne citron. *Pecten sulphureus.* Lamk. (1)

P. testá tenui, complanatá, pellucidá, longitudinaliter striatá; radiis 16 ad 25 vix prominulis, squamosis : squamis crebris brevissimis.

Chemn. Conch. 7. t. 66. f. 629.

Ostrea sulphurea. Gmel.

Habite..... les mers d'Amérique? Mon cabinet. Les figures citées de Seba, Mus. 3. t. 87. f. 13. 14. 18, semblent appartenir à l'espèce précédente.

58. Peigne livide. *Pecten lividus.* Lamk.

P. testá ovato-rotundatá, fusco fulvoque rubente variá; radiis novem aut decem majoribus, imbricato-squamosis, cum minoribus subnudis, interpositis; intus rubro-lividá.

¿An eadem species? Peigne feuilleté. Quoy. Voy. de l'Astrol. zool. pl. 76. f. 4. 5. 6.

Habite les mers de la Nouvelle-Hollande, au port du Roi-Georges. Mus. n° Coquille fort rembrunie en dessus, avec des taches livides. Ses écailles sont assez grandes, surtout celles de l'extrémité des rayons. Largeur, 45 millimètres.

59. Peigne à six rayons. *Pecten hexactes.* Lamk.

P. testá albâ, flabellatá; radiis sex longitudinaliter striatis : medianis latioribus.

Pecten hexactes. Péron.

Habite les mers de la Nouvelle-Hollande, au port du Roi-Georges. Mus. n°. Largeur, 35 millimètres.

† 60. Peigne exotique. *Pecten exoticus.* Chemn.

P. testá orbiculari depressá, lœvigatá, valvá sinistrá autice posticeque tenue striatá, maculis albis et rufescentibus marmoratá, auriculis latis, angustis subœqualibus.

---

(1) D'après la figure, cette espèce pourrait bien être une riété jaune de l'espèce précédente.

Chemn. Conch. t. 9. p. 262. pl. 207. f. 2037-2038.

Habite la Mer-Rouge d'après Chemnitz. Coquille rare dans les collections par sa forme extérieure elle se rapproche du *Pecten pleuro-nectes*, mais elle est colorée des deux côtés et elle n'a point de côtes intérieures elle est lenticulaire, la valve gauche est striée finement de chaque côté, la droite est lisse toutes deux sont marbrées de taches plus ou moins grandes de blanc et de brun rougeâtre vineux.

† 61. Peigne tigré. *Pecten tigerinus*. Muller.

P. *testâ suborbiculari, tenue. striatâ, aliquando sublævigatâ; albo violaceo et fusco varie pictâ; auriculis minimis, inæqualibus.*

Muller Zool. dan. t. 2. p. 26. pl. 60. fig. 6. à 8.

Pecten domesticus. Chemn. Conch. t. 11. p. 261. pl. 207. f. 2031. à 2036.

Ostrea tigerina. Gmel. p. 3327. n° 58.

Id. Dillw. Cat. t. 1. p. 258. n° 25.

Fossilis. Pecten obsoletus. Sow. Min. conch. pl. 541. f. 1 à 8.

Habite les mers de Danemark. sur le *fucus saccarinus* d'après Muller et fossile dans la craie d'Angleterre et d'Anvers. Petite coquille fort commune à ce qu'il paraît dans la mer du Nord, et très intéressante pour l'étude, à cause de ses nombreuses variétés que l'on voit passer depuis des coquilles lisses jusqu'à celles qui ont des côtes et des stries. M. Sowerby a très bien reconnu ces variétés.

Espèces fossiles.

1. Peigne cadran. *Pecten solarium.* Lamk.

P. *testâ suborbiculari, utrinquè convexiusculâ, maximâ; radiis 15 ad 18, distinctis, planulatis; striis longitudinalibus subnullis.*

Knorr. Petrif. 4. part. 2. tab. B. fig. 1, 2.

* Desh. Encycl. méth. vers. t. 3. p. 727. n° 29.

* Goldf. Petrif. t. 2. p. 65. n° 82. pl. 96. f. 7.

Habite.... Fossile des environs de Doué, département de Maine-et-Loire. Mus. n° et cabinet de M. *Menard.* Espèce très distincte, et plus grande que notre *P. maximus.* Elle a des stries transverses bien apparentes, onduleuses vers le bord supérieur. Largeur, 178 millimètres.

2. Peigne multirayonné. *Pecten multiradiatus.* Lamk. (1)

---

(1) Espèce incertaine. Nous avons vu dans la collection du Muséum deux coquilles nommées de la main de Lamarck : l'une provient des argiles du Lias; elle n'a point encore été

P. testá utrinquè convexá, ventricosá, subgibbá; radiis 18 ad 20 distinctis, convexis, lævibus.

List. Conch. t. 469. f. 29. b.

Knorr. Petrif. 4. part. 2. tab. B. 1. c. f. 2.

[b] *Var. testá orbiculato-cuneatá, subobliquá.*

Habite...... Fossile d'Italie et des environs de Bordeaux. Mon cabinet, celui de M. *Menard*, et Mus. n° pour la variété [b].

3. Peigne ridé. *Pecten rugosus.* Lamk.

P. testá utrinquè convexá, subgibbá; radiis 14 ad 18 convexis, transversè rugosis.

Habite..... Fossile de Normandie? et de Bailleul, près d'Argentan, département de l'Orne. Cabinet de M. *Menard.*

4. Peigne larges-côtes. *Pecten laticostatus.* Lamk. (1)

P. testá suborbiculari, maximá, utrinquè convexá; radiis 7 ad 10 planulatis, supernè latissimis, evanidis; sulcis longitudinalibus obsoletis.

* *Ostrea latissima.* Broc. Conch. foss. subap. t. 2. p. 581. n° 30.

* Aldrov. Mus. metal. p. 232. f. 1. 2.

* Desh. Encycl. méth. vers. t. 3. p. 728. n° 33.

Habite..... Fossile du mont Marius, près de Rome, et se trouve aux environs de Turin. Mus. n°. Il a des sillons longitudinaux sur les côtes et dans leurs interstices. C'est le plus grand des peignes connus. Largeur, 200 millimètres.

5. Peigne arrondi. *Pecten rotundatus.* Lamk. (2)

P. testá suborbiculari, utrinquè convexá; radiis 14 ad 16 distinctis, convexis, versùs limbum planulatis.

---

décrite ni figurée; l'autre est un individu mutilé du *Pecten æquivalvis* de M. Sowerby. Nous ne doutons pas que les individus de la collection de Lamarck sont encore d'une autre espèce, car ils proviennent de terrains tertiaires où les autres ne peuvent se trouver.

(1) Brocchi avait depuis long-temps nommé cette espèce, lorsque Lamarck lui donna ici un autre nom, il conviendra de lui restituer sa dénomination première de *Pecten latissimus.*

(2) Les deux figures citées de Knorr ne nous semblent pas représenter la même espèce: la figure 5 représente une coquille ayant sept larges côtes rayonnantes; la fig. 6 a treize côtes beaucoup plus étroites et plus saillantes.

Knorr. Petrif 4. part. 2. tab. B. 1. c. fig. 5, 6.

Habite....... Fossile des environs de Vence, entre Grasse et Nice, département du Var. Cabinet de M. *Menard* et le mien. Largeur, 75 millimetres. Il est moins bombé que le *P. multiradiatus* et que le *P. rugosus.*

6. Peigne de Bordeaux. *Pecten Burdigalensis.* Lamk.

P. testá suborbiculari, latissimá, utrinquè convexá et radiatá: radiis 12 ad 14 convexis, versus limbum plano-evanidis.

P. Burdigalensis. Annales du Mus. vol. 8. p. 355.

" Basterot. Mém. de la soc. d'hist. nat. de Paris. t. 2. p. 73.

Goldf. Petrif. t. 2. p. 66. n° 80. pl. 96. f. 9.

Habite..... Fossile des environs de Bordeaux. Mon cabinet. Sa valve supérieure est légèrement convexe comme dans le P. sole. Largeur, 147 millimètres. Le P. [Knorr. Petr. 2. tab. K. 11. f. 1, 2.] paraît s'en rapprocher.

7. Peigne côtes-aiguës. *Pecten acuticosta.* Lamk.

P. testá suborbiculari, utrinquè convexiusculá ; radiis 21 dorso acutis, glabris.

[b] *Id. versus basim angustior.*

Knorr. Petrif. 2. tab. K 11. 127. f. 3.

Habite..... Fossile de..... Mon cabinet. Largeur, 76 millimètres. On aperçoit des stries transverses et très fines dans les interstices des rayons.

8. Peigne rude. *Pecten asper.* Lamk.

P. testá suborbiculari, utrinquè convexá; radiis 20 ad 22 sulcis longitudinalibus divisis, imbricato-squamosis, scabris.

List. Conch. t. 470. f. 28.

" Cuv. et Brong. geolog. des environs de Paris. pl. 5. f. 1. a. b.

" Sow. Min. Conch. pl. 370, f. 1.

" Desh. Ency. méth. vers. t. 3. p. 728. n° 31.

" Goldf. Petrif. t. 2. p. 53. n° 58. pl. 94. f. 1.

Habite....... Fossile des environs de la Ferté-Bernard, département de la Sarthe. Mus. n°. Cabinet de M. *Menard* et le mien. Ce peigne semble être l'analogue fossile de notre *P. asperrimus* qui vit dans les mers de la Nouvelle-Hollande. Largeur, 90 millimètres.

9. Peigne béni. *Pecten benedictus.* Lamk.

P. testá inæquivalvi, supernè plano-concavá, subtus valdè convexá; radiis 12 ad 14 planulatis, distinctis, transversim striatis.

" Desh. Ency. méth. vers. t. 3. p. 728. n° 32.

Habite.... Fossile de France, près de Perpignan, et des environs de
Doué, département de Maine-et-Loire. Mus. n°. Cabinet de M.
Menard et le mien. Ce peigne tient de très près au *P. ziczac;* mais
il a moins de rayons, et le crochet de sa valve inférieure est tres
bombé, et fait une saillie qui dépasse la ligne cardinale. On dit
qu'on le trouve vivant dans la mer Rouge.

10. Peigne allongé. *Pecten elongatus*. Lamk.

P. testá longitudinali, ovato-oblongá; radiis 26 *ad* 30 *tenuibus, inœqualibus subdenticulatis.*

* *Au eadem species? pecten elongatus.* Goldf. Petrif. t. 2. p. 59:
no 64. pl. 94. f. 7.

Habite... Fossile des environs du Mans, près de Coulaines. Cabinet
de M. *Menard.* Il acquiert au moins 75 millimètres de longueur.

11. Peigne en pointe. *Pecten subacutus*. Lamk.

P. testá longitudinali, ovato-cuneatá, infernè subacutá; radiis 24
œqualibus, confertis, dorso acutis.

Habite..... Fossile des environs du Mans. Cabinet de M. *Menard.* Il
a de petites oreillettes, et paraît très distinct du précédent, surtout
par ses rayons. Longueur, 40 millimètres.

12. Peigne phaséole. *Pecten phaseolus*. Lamk.

*P. testá minimá, oblongo-trigoná; valvá inferiore incurvato-arcuatá;
radiis exiguis, confertis, striœformibus, œqualibus.*

Knorr. Petrif. t. 1. part. 2. tab. B. 111. fig. 2?

Habite...... Fossile de Coulaines, près du Mans. Cabinet de M. *Menard.* Il a des stries plus fines, et s'élargit moins que le suivant
On ne le trouve que très petit. Longueur, 14 millimètres.

13. Peigne côtes-égales. *Pecten œquicostatus*. Lamk.

*P. testá inœquivalvi, trigoná; valvá superiore planá; alterá tu-
midá, incurvato-arcuatá; radiis* 28 *ad* 30 *confertis, glabris, œqualibus.*

Knorr. Petrif. t. 1. part. 2. tab. B. II. f. 3.

* Faujas. Mont. Saint-Pierre. pl. 23. f. 1.

* Goldf. Petrif. t. 2. p. 64. n° 47. pl. 92. f. 6.

Habite aux environs du Mans, département de la Sarthe, et près
d'Angers. Cabinet de M. *Menard* et le mien. Espèce remarquable,
très voisine de la suivante, dont elle est distincte, et qui devient
plus grande. Largeur, 50-52 millimètres.

14. Peigne côtes-inégales. *Pecten versicostatus*. Lamk.

P. testá inœquivalvi, trigoná; valvá superior: planá; alterá tumidá

*incurvato-arcuatá ; radiis numerosis confertis, quorum aliquot re
motis aliis elevatioribus.*

* *Pecten quinquecostatus.* Sow. Min. Conch. pl. 56. f. 408;

* Cuv. et Brong. Géol. de Paris. pl. 4. f. 1.

. * Faujas. Mont. Saint–Pierre. pl. 28. f. 4.

* Nils. Petrif. Suec. pl. 9. f. 8. pl. 10. f. 7.

* Mantell. Geol. suss. pl. 26. fig. 14. 19. 20.

* Goldf. Petrif. t. 2. p. 55. n° 49. pl. 93. f. 1.

* *Var. Pecten quadricostatus.* Sow. min. Conch. pl. 56. f. 1. 2.

* *Pectinites regularis.* Schloth. Petrif. p. 221 *valva sinistra.*

* *Pectinites Gryphæatus. Id.* p. 224, *valva dextra.*

* Goldf. Petrif. t. 2. p. 54. n° 48, pl. 92. f. 7.

* *Pecten versicostatus.* Desh. Ency. méth. vers. t. 3. p. 727. n° 30.

Encyclop. pl. 214. f. 10. a, b, c.

List. Conch. t. 451. f. 9 et 10.

Habite..... Fossile de Coulaines, près du Mans, et des environs de
Souligné-sous-Ballon. Cabinet de M. *Menard* et le mien. Mus.
n°. Ses quatre ou cinq côtes plus saillantes que les autres font aisément reconnaître cette espèce; mais elle offre diverses variétés
de taille, et en nombre de leurs côtes ou rayons.

15. Peigne costangulaire. *Pecten costangularis.* Lamk.

*P. testá inæquivalvi: valvá inferiore incurvato-arcuatá : radiis qua-
tuor maximis, anguliformibus, longitudinaliter sulcatis.*

Habite..... Fossile des environs de Décize. département de la Nièvre.
Cabinet de M. *Menard.* Coquille longitudinale, rétrécie en coin,
très arquée. Longueur, 42 millimètres.

16. Peigne orbiculaire. *Pecten orbicularis.* Lamk.

*P. testá suborbiculari, depressá, convexiusculá ; striis transversis con-
centricis: radiis nullis.*

Sowerby, Conch. min. n°. 32. tab. 186.

Habite....... Fossile de Coulaines, près du Mans, et se trouve en
Angleterre. Cabinet de M. *Menard.* Il tient du P. sole.

17. Pecten discordant. *Pecten discors.* Lamk.

*P. testá subinæqualvi, rotundato-trigoná; radiis subdenis ; rugis
transversis exquisitis in alterá valvá.*

Habite..... Fossile de Chauffour, dans les environs du Mans. Cabinet de M. *Menard.* Ce peigne, en général déprimé, est plus convexe en dessous qu'en dessus. Largueur, 38 millimètres.

18. Peigne palmé. *Pecten palmatus.* Lamk.

P. testá ovato-rotundata ; radiis 5 s. 6 supernè latescentibus ; auriculá alterá majore.

Knorr. Petrif. t. 1. part. 2. tab. B. I. f. 1, 2.

* Goldf. Petrif. t. 2. p. 65. no 81. pl. 96. f. 6.

Habite....... Fossile des environs de Bordeaux. Mon cabinet. Ses rayons paraissent glabres, les stries transverses s'apercevant à peine. Largeur, 44 millimètres.

19. Peigne lépidolaire. *Pecten lepidolaris.* Lamk.

P. testá ovato-rotundata ; radiis vigenti imbricato-squamosis: squamis exiguis per series plures ordinatis.

[b] *Var. ? radiis 24 submuticis.*

Habite..... Fossile des environs de Boutonnet, près de Montpellier. Cabinet de M. *Menard.* Ses oreillettes rejoignent en dessus les bords presque sans sinus. Largeur, 28 millimètres. Il tient du *P. asper,* et en est distinct. La variété [b] est plus grande, à rayons plus grèles. Mon cabinet.

20. Peigne de Sienne *Pecten Seniensis.* Lamk. (1)

P. testá suborbiculari, utrinque convexá; radiis 15 ad 18 convexis; triis longitudinalibus ad interstitiá eminentioribus.

Habite...., Fossile de Sienne, en Italie. Mus. no. Largeur, 40 millimètres.

21. Peigne striatule. *Pecten sriatulus.* Lamk.

P. testá suborbiculari, utrinque convexá; radiis 10 ad 12 crassis, æqualibus, uti interstitis longitudinaliter striatis.

Habite..... Fossile des environs de Turin. Mus. n°. Mon cabinet. Largeur, 35 millimètres.

22. Peigne inéquicostal. *Pecten inæquicostalis.* Lamk. (2)

P. testá suborbiculari; radiis 12 ad 14 inæqualibus, uti interstitis longitudinaliter striatis.

Brocch. Test. 2. tab. 16. fig. 17 ?

Habite.... Fossile des environs de Turin. Mus. no. Largeur, 34 millimètres.

---

(1) Lamarck a établi cette espèce avec des individus roulés et usés du *Pecten scabrellus* n° 24.

(2) Il n'y a qu'une seule valve, elle a des rapports avec le *Pecten scabrellus,* et pourrait bien en être une forte variété.

23. Peigne scutulaire. *Pecten scutularis*. Lamk. (1)

P. testá ovato-rotundatá, subdepressá, parvulá; radiis 20 ad 25 æqualibus, dorso acutiusculis.

An Knorr. Petrif. part. 2. tab. B. I. fig. 5?

Habite..... Fossile de Marsigni, en Bourgogne. Mus. n₀. Mon cabinet. Largeur, 22 millimètres.

24. Peigne scabrelle. *Pecten scabrellus*. Lamk.

P. testá suborbiculari; radiis quindecim longitudinaliter sulcatis, squamoso-denticulatis; auriculis inæqualibus.

* *Ostrea dubia?* Brocch. Conch. Foss. subap. t. 2. p. 575. pl. 16. f. 16.

* *Pecten scabrellus.* Goldf. Petrif. t. 2. p. 62. n° 72. pl. 95. f. 5.

Habite..... Fossile d'Italie. *Bonelli.* Mus. n°. Largeur, 36 millimètres. Il a des rapports avec le *P. pallium.*

25. Peigne plébéien. *Pecten pleibeius*. Lamk.

P. testá suborbiculari; radiis 25 ad 30 angulato-sulcatis : lateralibus squamoso-scabris.

Ann. du Mus. vol. 8. p. 353.

* Def. Dict. des sc. nat. t. 38. p. 264.

* Desh. Coq. foss. t. 1. p. 310. pl. 44. f. 1 à 4.

* *Id.* Encycl. méth. vers. t. 3. p. 729. n° 34.

Habite..... Fossile de Grignon. Largeur, 27 millimètres. On en trouve une variété près de Bordeaux. Le P. enfumé, Annales, n₀ 2, paraît aussi une variété de cette espèce.

26. Peigne nain. *Pecten pumilus*. Lamk.

P. testá minimá, rotundato-ovatá; radiis 10 ad 12.

* *Pecten personatus.* Zielen petrif. pl. 52. f. 2.

Habite..... Fossile de.... Mus. n°. Largeur, 6 millimètres. (2)

† 27. Peigne flabelliforme. *Pecten flabelliformis*. Broc.

P. testá orbiculari, inæquivalvi, concentrice striatá; valvá sinistrá

---

(1) Espèce établie pour une petite coquille du Lias; il y en a un seul individu mutilé et gratté dans la collection du Muséum. Il est pour nous indéterminable.

(2) Cette petite coquille est commune dans le Lias; elle est bien caractérisée par ses valves lisses en dehors et sillonnées en dedans, comme le *Pecten pleuronectes.*

planá; costis depressis; sulcis conformibus lineá dimidiatis; dextrá convexá; costis (23. 27.) convexo-planis; sulcis dimidio angustioribus; auriculis subæqualibus, striatis.

Pecten flabelliformis. Defr. Dict. de sc. nat. t. 38. p. 265.

Ostrea flabelliformis. Brocch. Conch. foss. t. 11. p. 580.

Goldf. petref. t. 2 p. 65. n° 83. pl. 96. f. 8.

Desh. Expéd. de Morée. Moll. pl. 20. f. 1. 2.

Knorr. Test. Dillw. t. 2. pl. K. II. fig. 1. 2.

Habite..... Fossile en Italie et en Morée dans les terrains tertiaires subapennins. Grande et belle coquille, commune dans quelques localités; elle est arrondie, inéquivalve et voisine, par ses caractères du *pecten laurentii.* Elle est ornée d'un grand nombre de côtes aplaties, rapprochées, qui, à l'intérieur, se reproduisent en deux petites côtes parallèles.

† 28. Peigne courbé. *Pecten arcuatus.* Broc.

P. testá oblongá, insigniter convexá, gibbá; apicibus arcuatis, recurvis; radiis vigenti; auriculis brevibus, æqualibus.

Brocchi. Conch. Foss. subap. t. 2. p. 578. f. 11. pl. 14.

Habite..... Fossile à la Rochetta, près Asti. Coquille curieuse, voisine, par sa forme du *pecten phascolus* de Lamarck; elle est oblongue, longitudinale, très concave, à oreillettes très petites; la valve supérieure est aplatie, quelquefois concave en dessus. Les côtes sont simples, rapprochées au nombre de 19 à 21. Le crochet de la valve inférieure est saillant et recourbé.

† 29. Peigne en boîte. *Pecten pixidatus.* Broc.

P. testá rotundatá, inæquivalvi, glaberrimá, striis flexuosis ad utrumque latus cardinis exoratá; valvá inferiori convexá, superiori planá; auriculis inæqualibus, rugosis; alterá transversim striatá.

Brocchi. Conch. Foss. subap. t. 2. p. 579. pl. 14. f. 12.

Habite..... Fossile dans le Plaisantin et les sables jaunes d'Asti. Coquille lisse, voisine du *pecten zigzag* par sa forme; mais bien distincte par tous ses autres caractères; les oreillettes sont grandes et larges, la valve droite est plate, son oreillette antérieure se détache à la base par un profond sinus triangulaire. Sur la partie du bord dépendant de la valve, on voit cinq dentelures égales recourbées en forme de crochets.

† 30. Peigne de Beudant. *Pecten Beudanti.* Bast.

P. testá inæquivalvi, æquilaterá, ovato-rotundá, transversá, longitudinaliter costatá; costis 14 ad 16 rotundatis, lateralibus minoribus;

striis tenuibus lamellosis regularibus transversis ; auriculis æquá-
libus transversim decem striatis.

Basterot. Coq. foss. de Bordeaux p. 74. n° 3. pl. 5. f. 1.

Habite..... Fossile aux environs de Bordeaux et de Dax. Ce Peigne se
rapproche, par sa forme, du *Jacobæus*, il est inéquivalve, mais la
valve supérieure est plus convexe; il est bâillant de chaque côté,
on compte 14 à 16 grosses côtes arrondies, rayonnantes, celles de
la valve supérieure sont plus aplaties; toute la surface des deux
valves est ornée d'un très grand nombre de stries lamelleuses transverses, concentriques, régulières. Les oreillettes sont égales,
larges, et leurs stries très fines sont perpendiculaires.

† 31. Peigne de Hœninghaus. *Pecten Hœninghausii.* Defr.

P. testá inæquivalvi, orbiculari; valvá dextrá convexá, sinistrá con-
vexo-planá; costarum fasciculis decem; costellis inæqualibus squa-
moso-asperis , valvæ dextræ rotundatis, sinistræ carinatis; sulcis
lævibus; auriculis æqualibus, lineatis.

Pecten hœninghausii. Defr. Dict. des sc. nat. 38. p. 256.

Goldf. petref. t. 2. p. 60. n° 67. pl. 94. f. 10.

Habite..... Fossile dans les sables tertiaires de Klein-Spawnen près
Maestricht. Très belle espèce; elle est orbiculaire, inéquivalve; la
valve droite est la plus convexe, cette valve diffère très sensiblement de la gauche, et l'on serait porté à former, pour chacune,
une espèce particulière. Les valves ont dix côtes principales : sur
la valve droite, elles sont peu convexes et divisées en quatre petites côtes étroites, chargées de nombreuses écailles dont le sommet
semble écrasé et aplati, de sorte que leur extrémité, au lieu de se
relever, se couche horizontalement et vient se rapprocher beaucoup de l'écaille qui suit, la valve gauche a aussi dix côtes principales écartées, entre lesquelles on en voit de plus petites et inégales; toutes sont écailleuses; mais les écailles ont une autre
forme et une autre disposition que celles de la valve droite.
Les oreillettes sont égales, leurs stries sont rayonnantes et écailleuses.

† 32. Peigne semelle. *Pecten solea.* Desh.

P. testá rotundatá, sub inæquilaterá, lateraliter argutissimè striatá ;
striis tenuissimis, divaricatis, undulatis, irregularibus; auriculis
æqualibus, anticis radiatim striatis, alterá profundè emarginatá.
Var. b.) testá subquinque costatá; striis majoribus regularibus.

Desh. Coq. foss. des environs de Paris. t. 1. p. 302. n° 1. pl. 42.
f. 12. 13.

Habite..... Fossile à Chaumont, dans le bassin de Paris. Espèce orbiculaire, aplatie, lisse en dehors comme le *Pecten pleuronectes* dont elle a l'aspect ; mais n'ayant point de côtes intérieures, elle est toujours plus petite. Les valves sont égales, les oreillettes sont petites, égales ; celles du côté antérieur sont striées, les postérieures sont lisses, l'oreillette antérieure de la valve droite offre une échancrure étroite et profonde à sa base.

† 33. Peigne à oreilles courtes. *Pecten breviauritus*. Desh.

P. *testá suborbiculari, depressá, obsolete striatá ; striis longitudinalibus, lateralibus profundioribus punctatis ; auriculis minimis, brevibus, posticalibus, lævigatis ; anticis radiatim striatis.*

Desh. Coq. foss. des environs de Paris. t. 1. p. 3o3. n° 2. pl. 41. f. 16. 17.

Habite..... Fossile de Saint-Martin-au-Bois, dép. de Seine-et-Oise. M. Graves. Coquille que l'on trouve assez rarement dans cette localité, offrant les sables inférieurs au calcaire grossier comme ceux plus connus de Bracheux et de Noailles. Cette espèce est de taille médiocre, suborbiculaire, très aplatie ; sa surface extérieure est presque lisse ; sur les côtés il y a des stries longitudinales, fines et ponctuées. Les oreillettes sont étroites, courtes, les antérieures sont striées.

† 34. Peigne en écaille. *Pecten squamula*. Lamk.

P. *testá minimá, rotundatá, depressá, regulari, æquilaterá, æquivalvi, extùs lævigatá, intùs octo ad decem costatá, auriculis æqualibus, anticá valvæ dextræ profundè basi sinuosá.*

Lamk. Ann. du Mus. t. 8. p. 354. n° 3.

Desh. Coq. foss. des environs de Paris. t. 1. p. 3o4. n° 3. pl. 45. f. 16. 17. 18.

Habite..... Fossile à Chaumont, à Soissons et à Laon. Nous ne connaissons pas d'espèce plus petite que celle-ci ; elle est arrondie, orbiculaire, très aplatie, lisse en dehors et pourvue en dedans de huit à dix côtes égales et distantes. Les oreillettes sont grandes proportionnellement ; elles sont égales, semblables, lisses, un peu obtuses ; l'oreillette antérieure de la valve droite est échancrée à la base ; le diamètre de cette espèce est de 4 à 5 millimètres.

† 35. Peigne multistrié. *Pecten multistriatus*. Desh.

P. *testá orbiculatá, radiatim costatá, transversè tenuissimè striatá ; costis numerosis, tenuibus, approximatis ; interstitiis subsquamosis ; auriculis inæqualibus.*

Var. b). testá majore ; striis rarioribus.

Desh. Coq. foss des env. de Paris. t. 1. p. 304. n° 4. pl. 41. f. 18.
19. 20. 21.; pl. 44. f. 5. 6. 7.

Id. Encycl. méth. vers. t. 3. p. 730. n₀ 37.

Habite..... Fossile à Chaumont et à Senlis.

Coquille orbiculaire, aplatie, ornée d'un grand nombre de côte
étroites (35), dont les latérales sont plus fines que les médianes
elles sont traversées par un grand nombre de stries régulières qu
se relèvent en petites écailles dans les interstices des côtes. Les
oreillettes sont inégales, couvertes de petits sillons rayonnans,
élégamment écailleux. La variété a les stries plus distantes.

† 36. Peigne imbriqué. *Pecten imbricatus.* Desh.

P. testá orbiculatá, radiatim costatá; costis numerosis, convexis, re-
gulariter squamosis, interstitiis longitudinaliter tenuissimè striatis;
auriculis inæqualibus, eleganter costellatis.

Desh. Coq. foss. des environs de Paris. t. 1. p. 305. n° 5. pl. 44.
f. 16. 17. 18.

*An eadem species? Pecten imbricatus.*Goldf. petref. t. 2. p. 60. n° 66.
pl. 94. f. 9.

Habite..... Fossile à Chaumont et à Parnes. Coquille arrondie,
aplatie, ornée de côtes rayonnantes, larges et aplaties, rapprochées au nombre de 35 ou 36 ; elles sont chargées d'écailles arrondies, imbriquées et rapprochées. Les oreillettes sont inégales et
élégamment sillonnées et écailleuses; l'oreillette antérieure de la
valve droite offre une échancrure profonde et triangulaire à la
base. Il nous paraît assez probable que le Peigne nommé *imbrica-*
tus par M. Goldfuss, est de la même espèce que celui-ci ; mais il
faudrait voir la forme des oreillettes, et la coquille, figurée par
l'auteur, manque de ces parties essentielles et caractéristiques.

† 37. Peigne orné. *Pecten ornatus.* Desh.

P. testá orbiculatá, radiatim costatá; costis angularibus, striis tenuis-
simis, regularibus, basi ad apicem ornatis ; interstitiis squamulo-
sis; auriculis inæqualibus radiatim costatis, longitudinaliter te-
nuissimè striatis.

Desh. Coq. foss. des environs de Paris. t. 1. p. 306. n° 6. pl. 44.
f. 13. 14. 15.

Habite.... Fossile à Grignon et à Parnes. Coquille élégante, arrondie, équivalve, aplatie, ayant des côtes anguleuses, ornées de
stries transverses, arquées, et, dans des interstices, des écailles
redressées. Les côtes sont nettement limitées par une strie saillante
qui les suit à leur base; cette strie est souvent écailleuse. Les

oreillettes sont inégales et pourvues de côtes rayonnantes, simples et peu nombreuses.

† 38. Peigne à côtes douces. *Pecten mitis*. Desh.

P. testá suborbiculatá, depressá, radiatim multicostatá; costis tenui-bus, depressis, latis, apice acutis, transversim tenue striatis, striis regularibus, numerosissimis; auriculis magnis, inæqualibus, anti-cis majoribus, subradiatis.

Desh. Coq. foss. des environs de Paris. t. 1. p. 306. n° 7. pl. 44. f. 10. 11. 12.

Habite..... Fossile à Chaumont. Petite coquille parfaitement recon-naissable : elle est obronde, très aplatie ; ses côtes longitudinales sont très nombreuses, aplaties, aiguës à leur sommet, et traversées par un très grand nombre de stries assez régulières ; les oreillettes sont grandes, inégales, les antérieures sont les plus grandes et obscurément rayonnées.

† 39. Peigne multicariné. *Pecten multicarinatus*.

P. testá orbiculatá, depressá, radiatim costatá; costis numerosis, angulatis inæqualibus, minoribus inter majores eleganter squamo-so-imbricatis; auriculis inæqualibus, radiatim multi striatis et squa-mosis; margine cardinali subduplicato.

Desh. Coq. foss. de Paris. t. 1. p. 307. n° 8. pl. 42. f. 17. 18. 19.

Habite..... Fossile à Parnes. Coquille obronde, déprimée, ayant beaucoup d'analogie avec le Peigne orné, dont il diffère cepen-dant d'une manière constante. Les côtes sont nombreuses, inéga-les, anguleuses; les plus petites sont entre les plus grandes; elles sont chargées de stries transverses qui se relèvent souvent en pe-tites écailles au sommet des côtes. Les oreillettes sont inéga-les, sillonnées et écailleuses. Le bord cardinal a deux plis très obliques.

† 40. Peigne tripartite. *Pecten tripartitus*. Desh.

P. testá orbiculatá, depressá, radiatim costatá; costis numerosis, an-gulatis, tripartitis, squamulis regularibus, distantibus, ornatis; auriculis inæqualibus, costulis squamosis, radiatis.

Desh. Coq. foss. de Paris. t. 1. p. 308. n° 9. pl. 42. f. 14. 15. 16.

Id. Encycl. méth. vers. t. 3. p. 729. n° 35.

Habite..... Fossile à Chaumont et à Senlis.

Coquille obronde, aplatie, équivalve, ornée de 30 à 32 côtes lon-gitudinales, divisées en trois parties, la médiane, la plus saillante et deux latérales plus étroites sur les côtés de la coquille; les côtes sont simples et leurs interstices étroites montrent des stries obliques; toute la coquille est ornée de stries transverses se relevant en écailles simples sur les côtes simples, et en écailles trilobées sur les côtes tripartites. Les oreillettes sont inégales.

† 41. Peigne enfumé. *Pecten infumatus.* Lamk.

P. testá orbiculatá, radiatim costatá; costis rotundatis, simplicibus, lateralibus subsquamosis; interstitiis in medio squamulis minimis, asperatis; auriculis inæqualibus, radiatis, squamosis.

Lamk. Ann. du Mus. t. 8. p. 553. n° 2.

Def. Dict. des sc. nat. t. 38. p. 266.

Desh. Coq. foss. des environs de Paris. t. 1. p. 309. n₀ 10. pl. 44. f. 8. 9.

Id. Encycl. méth. vers t. 3. p. 729. n° 36.

Habite..... Fossile à Grignon, Parnes, Chaumont, etc.

Coquille arrondie, aplatie, équivalve, à la surface de laquelle on compte 32 à 34 côtes arrondies, larges, simples, séparées par de petits intervalles au milieu desquels s'élève une strie écailleuse. Les oreillettes sont inégales, striées, et les stries sont écailleuses.

† 42. Peigne denté. *Pecten serratus* Nilsson.

P. testá ovatá, convexiusculá, costulis numerosissimis, majoribus minoribusque subalternis, angustis, serrato - dentatis; auriculis inæqualibus.

Goldf. petref. t. 2. p. 58. n°. 60. pl. 94. f. 3.

Nils. Petrif. suec. p. 20. n° 4. pl. 9. f. 9.

Habite..... Fossile dans la craie de Scanie.

Coquille ovale, oblongue, plus longue que large, aplatie, mince et ornée de 60 à 80 petites côtes inégales, étroites, au sommet desquelles se redressent des petites écailles assez épaisses qui, vues de profil, ressemblent aux dentelures d'une fine scie. Les oreillettes sont presque égales, grandes et ornées de fines stries onduleuses, longitudinales et très rapprochées.

† 43. Peigne à côtes nombreuses. *Pecten multicostatus.* Nils.

P. testá ovato-orbiculari, dilatatá, convexo-planá, subtilissime concentrice lineatá; costis dorsatis (16-24) sulcis distinctis in fundo planis; valvæ dextræ convexioris angustioribus; auriculis subæqualibus, lineatis.

Goldf. petref. t. 2. p. 50. n° 44. pl. 92. f. 3.

Nils. Petrif. suec. p. 21. n° 5.

Habite..... Fossile dans la craie de Scanie.

Grande coquille orbiculaire, subéquivalve, convexe des deux côtés, ayant une vingtaine de côtes épaisses, aplaties en dessus et séparées par des intervalles plus étroits qu'elles; toute la surface est couverte de stries transverses, très fines et très rapprochées. Les oreillettes sont grandes, presque égales et finement striées; l'oreillette de la valve droite a à la base une petite sinuosité peu profonde.

† 44. Peigne ondulé. *Pecten undulatus.* Nils.

P. testá suborbiculari, plano-convexá; striis concentricis irregularibus, distantibus, radiantibus, aliis profundioribus, aliis subtilioribus, subundulatis, numerosissimis; auriculis inæqualibus, striatis.

Goldf. petref. t. 2. p. 50. no 34. pl. 91. f. 7.

Nils. Petrif. suec. p. 21. n° 6. pl. 10. f. 10.

Habite..... Fossile dans la craie de Scanie.

Coquille ovale, oblongue, équivalve, aplatie. Les valves sont couvertes d'un très grand nombre de petites côtes longitudinales, un peu onduleuses, anguleuses, quelquefois bifides et traversées par une grande quantité de stries transverses, fines, irrégulières. Les oreillettes sont inégales; le bord cardinal de la valve gauche est droit, celui de la valve droite est un peu infléchi.

† 45. Peigne élégant. *Pecten Pulchellus.* Nils.

P. testá ovato-orbiculari, subconvexá; costellis crebris, confertis, depressiusculis, furcatis; sulcis duplo angustioribus; striis subtilissimis radiantibus, concentricis aliisque diagonalibus, tenuissimis; auriculis inæqualibus, virgato-striatis.

Goldf. petref. t. 2. p. 51. n° 36. pl. 91. f. 9.

Nils. Petrif. suec. p. 22. pl. 9. f. 12.

Habite..... Fossile dans la craie de Scanie. Petite coquille ovale, oblongue, très déprimée, ayant des petites côtes longitudinales, serrées, déprimées, divisées en dessus par des stries régulières, ponctuées; les intervalles des côtes sont étroits, et l'on y remarque des stries très obliques qui s'étendent de la base d'une côte à la voisine; ces stries sont également ponctuées. Les oreillettes sont petites, inégales, les postérieures sont les plus courtes.

† 46. Peigne de Nilsson. *Pecten Nilssoni.* Desh.

P. testá ovato-orbiculari, convexo-planá, nitidá, æquivalvi, costellis radiantibus, confertis arcuatim divergentibus hinc inde dichotomis; striis interstitialibus punctatis; auriculis inæqualibus, costellatis.

Pecten arcuatus. Sow. min. conch. pl. 205. f. 5. 7.

Goldf. petref. t. 2. p. 5o. n° 33. pl. 9r. f. 6.

Pecten arcuatus. Nils. Petrif. suec. p. 22. n° 10. pl. 9. f. 14.

Habite..... Fossile dans la craie de Scanie.

Brocchi ayant, long-temps avant M. Sowerby, donné le nom de *Pecten arcuatus* à une autre espèce du terrain tertiaire mentionnée sous le n° 28. Il est nécessaire d'imposer à l'espèce actuelle une nouvelle dénomination, et nous lui avons donné le nom du savant naturaliste auquel on doit la connaissance des espèces fossiles de la craie de Scanie. Cette espèce est très curieuse et très intéressante; elle est ovale, oblongue, un peu enflée vers les crochets, sa surface est couverte de stries divergentes qui partent de la ligne médiane pour aboutir sur les bords; ces stries sont peu profondes, plusieurs fois bifurquées dans leur longueur et ponctuées. Les oreillettes sont inégales et striées transversalement.

† 47. Peigne Lamelleux. *Pecten lamellosus.* Sow.

P. testâ orbiculatâ, convexâ, latâ, obliquâ, inæquilaterâ, lamellis concentricis erectis subregularibus ornatâ, umbonibus longitudinaliter substriatis, auriculis magnis, inæqualibus.

Sow. Min. Conch. pl. 239.

Desh. Coq. caract. p. 81. pl. 8. f. 10.

Habite..... Fossile dans la craie inférieure en France et en Angleterre. Grande coquille arrondie, médiocrement convexe, scutiforme, un peu oblique, inéquilatérale, couverte de lames transverses, concentriques; ces lames sont minces, redressées et courtes. Les crochets sont souvent striés longitudinalement. Les oreillettes sont grandes, inégales, larges; les postérieures sont les plus courtes, l'antérieure du côté droit est profondément échancrée à la base, un pli oblique la partage en deux.

† 48. Peigne de Faujas. *Pecten Faujasii.* Defr.

P. testâ ovatâ, explanatâ; costis (3o) bisulcatis, acutis, nodulosis; sulcis conformibus; auriculis inæqualibus.

Pecten Faujasii. Defr. Dict. des sc. nat. 38. p. 265.

Faujas. mont. st. p. pl. 24. f. 5.

Goldf. petref. t. 2. p. 57. n° 55. pl. 93. fig. 7.

Habite..... Fossile de la craie supérieure de Mæstricht. Coquille ovale, oblongue, équivalve, aplatie, ayant 3o côtes rayonnantes, saillantes, divisées en trois parties inégales par deux sillons étroits. Sur le sommet des sillons se relèvent de nombreuses écailles courtes, imbriquées et fort minces. Les oreillettes sont petites, inégales, finement striées transversalement; les antérieures sont les plus grandes, celle de la valve droite est pourvue à sa base d'une échan-

crure large et peu profonde; le bord des oreillettes postérieures
ne tombe pas perpendiculairement comme dans le plus grand nombre des espèces, mais obliquement, de manière à présenter un
angle rentrant presque droit avec le bord des valves.

† 49. Peigne errant. *Pecten vagans*. Sow.

P. testá ovato-subconvexá, subæquivalvi, lamellis imbricatá, costis
raris (10-11), valvæ sinistræ angustis squamis squarrosis, distan-
tibus; dextræ latioribus confertim lamelloso imbricatis; auriculis
magnis, inæqualibus, lineatis.

Pecten vagans. Sow. min. conch. pl. 543. f. 3-5.

Golf. petref. t. 2. p. 44. nº 12. pl. 89. f. 8.??

Habite.... Fossile dans l'oolite en Angleterre. Nous ne croyons pas
que la coquille nommée *Pecten vagans* par M. Goldfuss, soit de
la même espèce que celle de M. Sowerby, nous les avons sous
les yeux, et nous y remarquons des différences notables. *Le Pec-*
ten vagans de Sowerby, est une coquille ovale, obronde, équivalve,
déprimée, pourvue de dix côtes longitudinales, entre lesquelles se
trouvent des stries transverses d'accroissement; sur la valve droite,
les côtes médianes sont striées, les latérales sont écailleuses; sur la
valve gauche, toutes les côtes sont chargées d'écailles grandes et
entières; les côtes sont arrondies, convexes, larges, et séparées par
des intervalles plus étroits qu'elles. Les oreillettes sont petites, inégales, striées irrégulièrement dans leur largeur, leurs stries sont
serrées et sublamelleuses.

† 50. Peigne tissu. *Pecten textorius*. Schloth.

P. testá ovato-acutá, plano-convexá, æquivalvi costis crebris subæqua-
libus minoribus alternis; lineis concentricis in costarum dorso
confertis, noduloso-acutis; auriculis magnis, inæqualibus lamello-
so-lineatis; anteriore dextrá triradiatá.

Pecten textorius. Schloth. pétref. p. 229.

Knorr. test. Diluv. tab. nº 4. B. 1. f. 3-4.

Goldf. pétref. t. 2. p. 45. nº 13. pl. 89. f. 9.

Habite.... Fossile dans la grande oolite en Allemagne, en France et
dans le Lias. Coquille ovale, oblongue, équivalve, garnie d'un grand
nombre de côtes presque égales, quelquefois il y en a une petite
qui se place entre les plus grosses. Toutes ces côtes sont garnies
dans leur longueur d'un grand nombre de petites écailles épaisses,
tuberculiformes elles naissent par une ride sur chaque côté des côtes
et s'élèvent à leur sommet. Les oreillettes sont grandes, inégales,
lamelleuses dans leur largeur, l'oreillette antérieure de la valve
droite est très obscurément rayonnée, et elle est échancrée à sa base.

† 51. Peigne subépineux. *Pecten subspinosus.* Schloth.

P. testâ ovato-orbiculari, fornicatâ æquivalvi, costis (12) æqualibus,
elatis, subacutis, in dorso spinosis ; sulcis conformibus, transver-
sim lineatis ; auriculis inæqualibus costatis lineatisque decussanti-
bus, striatis.

Pectinites subspinosus. Schloth. petref. p. 223.

Goldf. petref. t. 2. p. 46. no 17. pl. 90. f. 4.

Habite.... Fossile dans les oolites en Allemagne et en France, à Caen,
etc. Petite coquille assez rare et remarquable par ses grands plis
anguleux qui lui donnent de la ressemblance avec quelques Plicatu
les. Elle est obronde, équivalve, les côtes sont au nombre de douze,
leur sommet tranchant porte quelques petites épines très courtes ;
dans le fond des sillons s'élève une seule rangée de petites écailles
obliques, qui s'étendent d'un côté à l'autre sur les parties latérales
des côtes, on remarque des stries très fines et transverses, les
oreillettes sont fort petites et inégales.

† 52. Peigne équivalve. *Pecten équivalvis.* Sow.

P. testâ obliquâ orbiculari, convexâ, subæquivalvi, subtilissimè con-
centrice striatâ, costis (19-21), æqualibus, convexis ; sulcis tri-
plolatioribus, planc-concavis ; auriculis inæqualibus, lineatis.

Pecten æquivalvis. Sow. min. conch. 11. p. 83. tab. 136. f. 1.

Goldf. pétref. t. 2. p. 43. no 8. pl. 89. f. 4.

Habite.... Fossile dans le Lias d'Allemagne, en France et en Angleterre dans l'oolite. Grande coquille obronde, un peu oblique,
subéquivalve, convexe des deux côtés. On compte sur la surface
dix-neuf à vingt-et-une côtes arrondies plus étroites que les inter
valles qui les séparent, ces intervalles sont légèrement concaves ; dans
les individus que nous avons sous les yeux, la valve droite est lisse
ou substriée finement par les accroissemens ; la valve gauche est
ornée de stries transverses très fines un peu relevées, régulières :
elle s'effacent sur le sommet des côtes. Les oreillettes sont médiocres pour la grandeur de la coquille, elles sont inégales et ornées de stries perpendiculaires très fines et très régulières. Les antérieures sont les plus grandes, et celle de ce côté de la valve droite
a une échancrure large et peu profonde à la base.

† 53. Peigne fibreux. *Pecten fibrosus.* Sow.

P. testâ suborbiculari, plano-convexâ, confertim concentrice lineâ-
tâ, æquivalvi, costis (11-13) latis, sulcis conformibus, auriculis
subæqualibus, lineatis, alterâ valvæ dextræ subplicatâ.

Pecten fibrosus. Sow. min. conch. pl. 136. f. 2.

Goldf. pétref. t. 2. p. 46. n° 19. pl. 90. f. 6.
Desh. Coq. caract. p. 82. pl. 8. f. 5.
Habite.... Fossile dans les argiles des Vaches-Noires en France, dans celles d'Oxford en Angleterre, et en Allemagne dans le calcaire du Jura d'après M. Goldfuss. Coquille ovale, oblongue, ayant onze à treize côtes, élargies, convexes, peu épaisses; ses valves sont subégales, la gauche la plus concave est presque lisse, la droite est ornée d'un grand nombre de stries concentriques lamelleuses dans la plupart des individus : ces stries sont variables selon les individus; très fines dans quelques cas elles sont plus grosses, plus saillantes, plus écartées dans les autres. Les oreillettes sont assez grandes et presque égales.

† 54. Peigne articulé. *Pecten articulatus.* Schloth.

P. testá ovato-acutá, plano-convexá; costis angustis, acutis, sub-æqualibus, cingulatis; cingulis acuminatis; sulcis duplo latioribus, concavis, subtilissimè; transversim striatis auriculis inæqualibus, lamelloso-lineatis costulisque virgatis.

Pectinites articulatus. Schloth. pétref. p. 227.228.
Goldf. pétref. t. 2. p. 47 n° 23. pl. 90. f. 10.
Habite... Fossile dans le Coralrag du Wurtemberg, et en France aux environs de Verdun. Coquille ovale, oblongue, aplatie, équivalve, garnie de dix-neuf côtes subégales, anguleuses au sommet, étroites et laissant entre elles des espaces plus larges, finement striés en travers : toutes les côtes semblent formées de parties articulées plus ou moins longues; ce qui leur donne cette apparence ce sont des écailles épaisses qui embrassent la côte de chaque côté jusqu'à sa base, et se relèvent au sommet perpendiculairement; les oreillettes sont inégales, elles sont chargées de gros plis lamelliformes. L'oreillette antérieure de la valve droite a une échancrure large et profonde, cette oreillette a plusieurs stries rayonnantes.

† 55. Peigne à longues-épines. *Pecten barbatus.* Sow.

P. testá ovato-orbiculari, convexo-planá, concentrice substriatá; costis (14) convexis, elatis, valvæ sinistræ spinosis, dextræ nudis; sulcis latioribus, concavis; auriculis subæqualibus, striatis.

Pecten barbatus. Sow. min. conch. pl. 231.
Goldf. pétref. t. 2. p. 48. n° 25. pl. 90. f. 12.
Habite.... Fossile dans l'oolite en France, à Caen, en Angleterre et en Allemagne. Belle espèce fort remarquable, elle est orbiculaire, peu convexe, garnie sur chaque valve de quatorze côtes saillantes, arrondies aussi larges que les intervalles qui les séparent, toutes les côtes de la valve droite sont nues, on y voit seulement des stries

nombreuses d'accroissement ; mais sur l'autre valve, outre ces stries s'élèvent sur les côtes de longues épines très pointues, recourbées et en petit nombre. Les oreillettes sont presque égales et couvertes de stries perpendiculaires.

† 56. Peigne obscur. *Pecten obscurus*. Sow.

P. testá ovatá, convexo-planá, lævigatá ; valvá sinistrá convexiore ; lateribus striis arcuatis, regularibus, concentricis, subtilissimis ; auriculis inæqualibus, magnis.

Pecten obscurus. Sow. min. conch. pl. 205. f. 1.

Goldf. petref. t. 2. p. 48. n₀ 28. pl. 91. f. 1.

Habite.... Fossile dans l'oolite en France, en Angleterre et en Allemagne. Coquille ovale, oblongue, aplatie, inéquivalve ; la valve gauche est plus profonde, la plus grande partie de la surface de la coquille est lisse, ou offre seulement des stries concentriques d'accroissement ; mais sur les côtés on voit des stries longitudinales très fines, courbées et partant du sommet en divergeant. Les oreillettes sont grandes, inégales et très finement striées.

† 57. Peigne lentiforme. *Pecten lens*. Sow.

P. testá oblique ovato-orbiculari, plano convexá, equivalvi ; lineis confertis concentricis et radiantibus arcuatim divergentibus hinc inde furcatis reticulatá ; auriculis inæqualibus, reticulatis.

Pecten lens. Sow. min. conch. pl. 205. f. 2-3.

Goldf. petref. t. 2. p. 49. n⁰ 30. pl. 91. f. 3.

Habite.... Fossile dans les oolites supérieures en Angleterre, en Allemagne et en France. Les valves sont régulièrement convexes, ce qui donne à la coquille la forme d'une grande lentille, elle est ovale, obronde, et sa surface est ornée d'un grand nombre de fines stries longitudinales finement ponctuées ; dans la plupart des individus, on n'aperçoit point de stries d'accroissement ; dans quelques autres, les ponctuations sont placées sur le point d'entrecroisement des stries. Les oreillettes sont grandes, presque égales et ornées de stries ponctuées, semblables à celles du reste de la coquille.

† 58. Peigne de Beaver. *Pecten Beaveri*. Sow.

P. testá suborbiculari, convexo-planá, subæquivalvi ; costis (15-16) angustis, acutis, distantibus, minoribus, subalternis ; interstitiis plano-concavis, concentrice striatis ; auriculis longis, subæqualibus.

Pecten Beaveri. Sow. min. conch. pl. 158.

Goldf. petref. t. 2. p. 54. n⁰ 46. pl. 92. f. 5.

Habite.... Fossile dans la craie en Angleterre et en Allemagne. Belle et grande coquille orbiculaire, aplatie, subéquivalve, ornée de quinze ou seize côtes très étroites, distantes, aiguës, souvent inégales, simples. Les intervalles des côtes sont légèrement concaves et finement striés transversalement. Les oreillettes sont courtes, mais extrémement larges, elles sont presque égales au diamètre transverse de la coquille, ces oreillettes sont égales entre elles et très finement striées.

PLICATULE. (Plicatula.)

Coquille inéquivalve, inauriculée, rétrécie vers sa base; à bord supérieur arrondi, subplissé; à crochets inégaux, et sans facettes externes.

Charnière ayant deux fortes dents sur chaque valve. Une fossette entre les dents cardinales, recevant le ligament qui est tout-à-fait intérieur.

Testa inæquivalvis, inauriculata, basi attenuata; margine supero rotundato, subplicato; natibus inæqualibus; areis externis nullis.

Cardo dentibus duobus validis in utraque valvâ. Fovea intermedia ligamentum penitus internum recipiens.

OBSERVATIONS. — Les *Plicatules* ont le ligament tout-à-fait intérieur, comme les peignes, et sont aussi sans facettes externes; mais elles ont les dents cardinales des Spondyles, sont sans oreillettes, et, manquant de facettes, elles n'offrent point ce sillon intermédiaire que fournit au-dehors le ligament des spondyles. Ces coquilles sont marines, non hérissées comme les Spondyles, et peu nombreuses en espèces connues. (1)

---

(1) Ce petit genre institué par Lamarck, aux dépens des Spondyles de Linné, paraît utile et suffisamment caractérisé lorsque l'on ne voit qu'un petit nombre d'espèces; mais si on en examine davantage, soit vivantes, soit fossiles, on reconnaît toute la ressemblance qu'elles ont avec les Spondyles, et l'on se demande alors s'il est utile de conserver ce genre. Lamarck avait lui-même aperçu un passage des Plicatules aux Spondyles par certaines espèces. Participant à-la-fois aux caractères des deux genres, ces espèces intermédiaires sont actuellement plus nombreuses; et nous pensons que, dans une méthode

naturelle, il conviendra de réunir les deux genres : mais nous donnerons à cette conclusion une plus grande valeur, si nous comparons les caractères des deux genres.

Voici les caractères communs, et sur lesquels il n'est pas nécessaire de discuter : les Spondyles et les Plicatules sont des coquilles adhérentes, inéquivalves, hérissées ou rudes, à crochets inégaux. Charnière ayant deux fortes dents sur chaque valve et une fossette intermédiaire pour le ligament qui est toujours intérieur. Les caractères propres aux Spondyles, d'après Lamarck, consisteraient en ce que dans les coquilles de ce genre, il y aurait toujours des oreillettes de chaque côté de la charnière, que le crochet de la grande valve prolongé en un talon aurait une surface aplatie toujours divisée par un sillon, dans lequel on aperçoit les restes anciens du ligament.

Il est vrai que dans le plus grand nombre des Spondyles les oreillettes sont bien marquées, et que dans presque toutes les espèces de Plicatules elles n'existent pas. Mais pour donner la mesure de la valeur de ce caractère, il suffit de dire que certains Spondyles ont les oreillettes très petites et à peine marquées, ce que l'on remarque aussi dans quelques espèces de Plicatules. Il est vrai que dans les Spondyles le crochet de la valve adhérente est toujours très prolongé; mais il est également vrai que dans la plupart des Plicatules, on observe un prolongement semblable de la valve adhérente. Ce prolongement est plus court et plus étroit, mais il a les mêmes caractères. Enfin, s'il est vrai que dans la plupart des Spondyles le talon offre un sillon dans lequel on voit les restes anciens du ligament, il est vrai aussi que plusieurs espèces du même genre n'ont jamais ce sillon, ont le ligament tout-à-fait caché et semblable en tout à celui des Plicatules. Ces observations prouvent que les caractères les plus essentiels sont tout-à-fait semblables dans les deux genres, et que ceux qui ont servi à les séparer sont en réalité d'une bien moindre importance, puisqu'ils varient dans les espèces d'un même groupe. Ces observations conduisent naturellement à cette conclusion : les Plicatules peuvent être réunies aux Spondyles, et former un petit groupe dans ce genre.

ESPÈCES.

1. Plicatule rameuse. *Plicatula ramosa.* Lamk. (1)

Pl. testâ oblongo-trigonâ, valdè crassâ; plicis magnis, diviso-ramosis.

Spondylus plicatus. Lin. Syst. nat. p. 1136. Gmel. p. 3298.

* Schrot. Einl. t. 3. p. 206. *exclus. plerisque synonym.*

* Gualt. ind. pl. 99. f. E.

* Fav. Conch. pl. 45. f. B 1. B 2. B 3.?

* *Spondylus plicatus.* Dillw. Cat. t. 1. p. 210. no 3.

* Desh. Encycl. méth. vers. t. 3. p. 801. n. 1.

* Sow. Genera of shells. f. 1. 2.

Plicatula gibbosa. An. s. vert. p. 132.

Chemn. Conch. 7. t. 47. f. 479. 480.

Habite les mers d'Amérique. Mus. n°. Mon cabinet. Elle est blanche,

----

(1) Cette espèce, comme plusieurs autres inscrites par Linné dans son Catalogue, est devenue le sujet d'une sorte de confusion. Lorsque Linné donna la dernière édition du *Systema naturæ*, le nombre des espèces dans certains genres était peu considérable, et il arriva quelquefois au grand législateur de l'histoire naturelle de diminuer encore ce nombre, sans doute dans des vues systématiques, en joignant les unes aux autres des espèces bien distinctes à titre de variétés. Les auteurs qui s'attachèrent plus à la lettre qu'à l'esprit de Linné, ne voulant pas augmenter le nombre des espèces à mesure que les observateurs les firent connaître, se contentèrent d'entasser un nombre plus ou moins considérable d'espèces sous une même dénomination, et jetèrent une extrême confusion dans la synonymie; c'est ainsi que dans ces auteurs toutes les Plicatules vivantes connues depuis Linné sont confondues sous le nom de *Spondylus plicatus.* C'est ainsi, comme nous le verrons bientôt, que toutes les espèces de Spondyles sont rassemblées à titre de variétés du *Spondylus gœderopus;* nous pourrions citer beaucoup d'exemples du même genre. Ces auteurs témoignent par là de leur grande admiration et de leur profond respect pour le génie incommensurable de Linné. Ces travaux, imitations trop serviles, nous semblent plutôt faits pour entraver la marche de la science que pour en assurer les progrès.

tachetée de linéoles ferrugineuses. Plis gros , divisés, médiocrement nombreux. Longueur, 35-40 millimètres.

2. Plicatule déprimée. *Plicatula depressa.* Lamk.

Pl. testá oblongo-trigoná, depressiusculá, albá, maculis spadiceis pictá ; plicis numerosis parvulis versus marginem.
An Gualt. Test. t. 104. fig. F ?
Plicatula depressa. An. s. vert. p. 132.
* Desh. Encycl. méth. vers. t. 3. p. 801. n° 2.
Habite..... les mers d'Amérique ? Mon cabinet. Longueur, 29 millimètres.

3. Plicatule en crête. *Plicatula cristata.* Lamk.

Pl. testá oblongo-cuneatá, ferrugineá, subcristatá ; plicis magnis, simplicibus, squamosis.
List. Conch. t. 210. f. 44.
Chemn. Conch. 7. t. 47. f. 481.
Encycl. pl. 194. f. 3.
* Plicatule gibbeuse. Blainv. malac. pl. 62. f. 2.
Habite les mers d'Amérique. Mus. n°. L'exemplaire du Muséum est jeune et de petite taille.

4. Plicatule reniforme. *Plicatula reniformis.* Lamk.

Pl. testá rotundatá, subarcuatá, albá ; plicis simplicibus, squamosis-divaricatis.
Sloan. Jam. Hist. 2. tab. 241. f. 20. 21.
Habite à la Jamaïque. Mus. n°. Largeur, 25 millimètres.

5. Plicatule anguleuse. *Plicatula angulosa.* Lamk.

Pl. testá oblongo-cuneatá ; plicis magnis, inæqualibus, dorso angulosis, squamosis.
Habite..... Fossile de.... Mus. n°. Elle a des rapports avec la Plicatule en crête. Longueur, 50 millimètres.

6. Plicatule australe. *Plicatula australis.* Lamk.

Pl. testá rotundatá, subirregulari, echinatá, candidá ; margine undato, non plicato.
Habite les mers de la Nouvelle-Hollande, à l'île Fourneau. Mus. n. Largeur, 17 millimètres.

7. Plicatule radiole. *Plicatula radiola.* Lamk.

Pl. testá rotundatá, supernè plano-concavá ; costis crebris subsquammsis, radiantibus ; margine plicato.
* *Plicatulá pectinoides.* Sow. Min. conch. pl. 409. f. 1.

Habite........ Fossile de........ Mus. n°. Largeur, 25 millimètres. Le *Spondylus* de Chemnitz, Conch. 7. t. 47. f. 482, lui ressemble un peu.

8. Plicatule placunée. *Plicatula placunæa*. Lamk.

Pl. testá obliquè ovali, supernè plano-concavá ; costis striisque radiantibus, tuberculatis, subsquamosis ; margine simplici.

Habite..... Fossile des env. de Paris? Mon cabinet.

9. Plicatule ostréiforme. *Plicatula ostræiformis*. Lamk. (1)

Pl. testá rotundatá, irregulari ; plicis obliquis, subsquamosis.

Encycl. pl. 184. f. 9?

Habite..... Fossile des env. de Dax. Mus. no.

10. Plicatule tubifère. *Plicatula tubifera*. Lamk.

Pl. testá subirregulari, variá, undato-planulatá, squamis tubulosis brevibus echinatá.

Habite..... Fossile de...... Mus. n°. Espèce remarquable par les petits tubes plus ou moins nombreux dont elle est hérissée.

11. Plicatule ridée. *Plicatula rugosa*. Lamk.

Pl. testá ovali, valdè cavá ; valvá superiore planulatá ; longitudinaliter sulcatá ; rugis transversis concentricis obsoletis, margine integro.

Habite..... Fossile de..... Mon cabinet. Communiquée par M. *Dufresne*. Elle fait un passage aux Spondyles. Longueur, 64 millimètres.

† 12. Plicatule pectinoïde. *Plicatula pectinoides*. Desh.

Pl. testá ovatá, superne angulatá, depressá longitudinaliter costellatá, transversim irregulariter foliaceá, costellis spinosis ; dentibus cardinalibus tenue striatis.

Placuna. Brug. Encycl. pl. 175. f. 1. 2. 3. 4.

Harpax. Parkins. org. rem. t. 3. p. 221. pl. 12. f. 14 à 18.

Placuna pectinoides. Lamk. Anim. s. vert. t. 6. p. 224.

Plicatula pectinoides. Desh. Dict. class. d'hist. nat. t. 8. 1825. art. *Harpax.* et t. 14. art. Plicatule.

Harpace de Parkinson. Blainv. malac. p. 520.

Plicatula spinosa. Sow. Min. conch. pL 245.

Id. Genera of shells. f. 3.

---

(1) Nous pensons que cette espèce pourra être supprimée; elle a été faite avec une variété bombée et allongée de la Plicatule radiole n° 7.

Habite..... Fossile dans le Lias, en France, en Allemagne et en Angleterre. Coquille commune, que Bruguière prit pour une Placune
et fit figurer dans ce genre: détermination que Lamarck suivit,
n'ayant pas sans doute une connaissance exacte de la charnière.
M. Parkinson proposa, pour cette même coquille, son genre Harpax dont nous fîmes sentir l'inutilité dès 1825, dans le Dict. class.
d'hist. nat. Nous fîmes également voir que la Placune pectinoïde
était une Plicatule, et nous inscrivîmes l'espèce sous le nom de
Plicatula pectinoides. Néanmoins M. de Blainville conserva d'a-
bord le genre Harpace dans son *Traité de Malacologie*, et il l'a-
bandonna bientôt après dans ses additions et corrections d'après
les observations que nous lui présentâmes à ce sujet, reconnaissant avec nous que l'Harpace de Parkinson, et la Placune pectinoïde étaient une même espèce appartenant au genre Plicatule. Il
était naturel que cette coquille prît le nom spécifique de pectinoï-
des donné pour la première fois, par Lamarck. M. Sowerby, cependant, lui imposa une nouvelle dénomination, ne connaissant pas
sans doute la nomenclature établie avant lui, et donna le nom de
Plicatula pectinoides à une espèce que Lamarck ne connut pas.

Cette espèce est ovale, oblongue, rétrécie à son extrémité supérieure;
elle a de petites côtes longitudinales, étroites, interrompues par
des accroissemens irréguliers et lamelleux; de ces petites côtes
naissent des épines grêles et peu allongées. Les deux dents de la
charnière sont striées sur les côtés, et la cavité du ligament est
comme dans les autres Plicatules.

† 13. Plicatule soufflet. *Plicatula follis.* Defr.

*Pl. testá ovato-oblongá, longitudinali, depressissimá, basi bisinuatá;
striis longitudinalibus exilissimis in utraque valvá; impressione
musculari inferiore; cardine altero, dentibus cardinalibus uncinatis;
foveolá ligamenti tubulosá.*

Def. Dict. des sc. nat. Art. Plicatule.
Desh. Coq. foss. de Paris. t. 1, p. 313. n° 1. pl. 45. f. 1. 2. 3. 4. 5. 6.
Id. Encycl. méth. vers. t. 3. p. 801. n° 3.
Habite..... Fossile à Abbecourt, près Beauvais. Petite coquille oblongue, ovalaire, ayant seulement deux plis longitudinaux peu épais
et arrondis, et la surface extérieure ornée de stries longitudinales,
fines et nombreuses L'impression musculaire est près du bord inférieur. La valve supérieure est un peu plus aplatie que l'autre.

† 14. Plicatule élégante. *Plicatula elegans.* Desh.

Pl. testá elongatá, angustá, cuneiformi, longitudinaliter multipli-

catá et striatá, transversim striato-squamosá ; apicibus productis, subæqualibus.

Desh. Coq. foss. des environs de Paris. t. 1. p. 314. n° 3. pl. 45. f. 11. 12. 13.

Ibid. Encycl. méth. vers. t. 3. p. 802. n° 5.

Habite..... Fossile à Parnes. Petite coquille remarquable dont nous ne connaissons que le seul individu de notre collection. Il est allongé, cunéiforme, à valves presque égales, ornées de plis divergens au nombre de douze; ils sont anguleux, inégaux, et on voit entre eux quelques stries qui les suivent; sur ces plis passent des lamelles d'accroissement assez nombreuses, qui, se relevant en petites écailles, rendent la coquille rude.

† 15. Plicatule écaille. *Plicatula squamula.* Desh.

Pl. testá rotundatá, depressissimá, lævigatá, simplici, non plicatá ; marginibus incrassatis, integris ; cardine angusto ; dentibus cardinalibus valdè divaricatis, in utraque valvá uncinatis.

Desh. Descript. des coq. foss. de Paris. t. 1. p. 313. n° 2. pl. 45. f. 7. 8. 9. 10.

Ibid. Encycl. méth. vers. t. 3. p. 802. no 4.

Habite..... Fossile des environs de Chaumont. Trouvée entre les lames de la lèvre droite d'un *cerithium giganteum ;* à l'extérieur, elle ne ressemble pas aux autres Plicatules, elle est lisse, arrondie, sans aucuns plis; les bords des valves sont épaissis en dedans et simples. Les dents de la charnière sont très petites, divergentes et en crochet.

SPONDYLE. (Spondylus.)

Coquille inéquivalve, adhérente, auriculée, hérissée ou rude ; à crochets inégaux ; la valve inférieure offrant une facette cardinale externe, aplatie, divisée par un sillon, et qui grandit avec l'âge.

Charnière ayant deux fortes dents sur chaque valve, et une fossette intermédiaire pour le ligament, communiquant par sa base avec le sillon externe. Ligament intérieur, dont les restes anciens se montrent au dehors dans le sillon.

Testa inæquivalvis, adhærens, auriculata echinata aut rigida ; natibus inæqualibus ; valvá inferiore areá cardinali externâ, planâ, trigonâ, sulco partitâ, œtate productiore.

Cardo dentibus duobus validis in utrâque valvâ, cum foveâ ligamentali intermediâ, sulco areœ basi adjunctâ. Ligamentum internum : antiquis reliquiis in sulco detectis.

[Animal ovale, oblong; les bords du manteau désunis, épaissis et garnis de plusieurs rangs de cirrhes tentaculaires, dont plusieurs sont tronquées et terminées par une surface lisse et convexe. Bouche ovale garni de grandes lèvres découpées, et de chaque côté d'une paire de palpes labiales oblongues et pointues; branchies en croissant, et formées de filamens détachés; pied rudimentaire, au disque duquel s'élève un pédicule en massue; anus flottant derrière le muscle adducteur des valves.]

OBSERVATIONS. — Les *Spondyles*, qu'on nomme vulgairement huîtres épineuses, constituent un genre fort remarquable de la famille des Pectinides, très distingué des huîtres, surtout par les dents de la charnière, et qui comprend des coquilles inéquivalves, en général hérissées d'épines diverses, quelquefois fort grandes, les unes subulées, les autres linguliformes, tantôt simples, tantôt foliacées à leur sommet, et toujours disposées par rangées sur des stries ou des côtes longitudinales rayonnantes. Ces coquilles sont ordinairement très vivement colorées, assez variées dans leurs couleurs, et concourent, avec les Peignes, à l'ornement des collections. Leur valve inférieure, toujours la plus grande et la plus convexe, se termine à son crochet par une espèce de talon qui semble avoir été taillé avec un instrument tranchant, et présente une facette triangulaire aplatie, inclinée, partagée par un sillon, et qui se prolonge avec l'âge. Les différentes longueurs de ce talon, dans divers individus de la même espèce, prouvent que, comme dans l'huître, à mesure que l'animal grandit et se déplace dans sa coquille, il déplace pareillement la valve supérieure, et donne lieu ainsi à l'allongement progressif du talon.

L'animal a, comme celui des Peignes, les bords de son manteau garnis de deux rangées de filets courts et tentaculaires. Il a aussi un vestige de pied, en forme de disque rayonné et à pédicule court.

[Peu de genres sont mieux caractérisés que celui des Spondyles; aussi, connu depuis très long-temps par Rondelet et les autres naturalistes de la même époque, nous n'avons rien à ajouter à ce que Lamarck dit des coquilles; mais comme il ne donne sur l'animal que des renseignemens insuffisans, nous suppléerons à son silence.

L'animal des Spondyles est arrondi ou ovalaire; son épaisseur est variable selon les espèces. Comme dans tous les Mollusques de la même famille, les deux lobes du manteau sont désunis, si ce n'est dans la courte étendue du bord dorsal correspondant à la charnière; ils sont épaissis dans leur circonférence et garnis de plusieurs rangées de cils charnus assez longs, entre lesquels et sur le bord interne on en remarque un certain nombre, irrégulièrement espacés, tronqués dans le milieu, et terminés par une surface lisse et convexe rappelant assez bien la surface oculaire des tentacules de certains Mollusques. Ces organes particuliers se voient aussi, comme nous l'avons dit, dans les Peignes et les Houlettes. Le muscle adducteur est fort gros : il est circulaire, placé à la partie médiane et postérieure de l'animal, et il se divise facilement en deux parties inégales : la masse abdominale est placée autour de ce muscle, et surtout à son côté antérieur; la bouche est placée au-dessous de la commissure antérieure du manteau; elle est entourée d'une large lèvre déchiquetée, frangée sur le bord et accompagnée de chaque côté d'une paire de palpes peu allongées en forme de feuille de myrte; la bouche communique à l'estomac par un œsophage court et assez large; l'estomac est allongé, pyriforme, conique, et se continue par son extrémité pointue en un intestin grêle et cylindrique; il fait une seule grande circonvolution dans l'épaisseur du foie, ou plutôt une grande anse ayant les côtés parallèles. Il remonte jusque vers le bord dorsal entre l'estomac et le muscle adducteur, donne appui au ventricule du cœur, s'appuie immédiatement après sur la face supérieure et postérieure du muscle, se contourne sur lui pour se terminer postérieurement en un anus flottant qui se voit facilement dans la commissure postérieure du manteau. A la partie antérieure de l'animal et vers le milieu de la masse abdominale se trouve un organe singulier; il se compose d'un disque soutenu par un pédicule court; du centre déprimé de ce disque s'élève un petit tendon cylindrique terminé par une petite masse charnue oviforme. Nous voyons dans cet appareil particulier une modification de l'organe locomoteur; le pied, devenu ici inutile au déplacement de l'animal, puisqu'il fixe invariablement et immédiatement sa coquille sur les rochers ou autres corps solides constamment baignés par la mer. Les branchies sont semblables à celles des Peignes; elles sont grandes, égales et en croissant; le cœur est symétrique, un ventricule unique embrasse l'intestin dans l'endroit où il commence à s'appuyer sur le muscle adducteur; ce ventricule est aplati, lobé de chaque côté; les oreillettes sont semblables, égales, symétriques : elles sont un peu allongées, pyriformes, et leur extrémité se continue en un gros vaisseau branchial qui se bifurque bientôt. La distribution du système vasculaire n'a rien de particulier, et elle ressemble à celle des Peignes et autres Mollusques acéphalés.

La structure de la coquille des Spondyles mérite une étude particulière : nous verrons bientôt combien elle a d'intérêt pour apprécier à leur juste valeur certains genres fort peu connus de Lamarck dans leurs véritables caractères. Lorsque l'on a sous les yeux les valves d'un Spondyle, et nous prendrons pour exemple, soit le *Spondylus gædcropus*, soit le *Coccincus*, on voit qu'elles sont composées de deux couches de couleurs différentes : l'une extérieure, diversement colorée selon les espèces; l'autre intérieure et blanche. Il sera facile de s'assurer que la couche extérieure revêt toute la coquille, si ce n'est dans cette partie des valves que l'on nomme le talon; cette grande surface plane de la valve inférieure, en est dépourvue, et l'on voit qu'elle est entièrement formée par la couche blanche ou intérieure. Cette couche intérieure est très épaisse vers la charnière, cette partie importante est taillée dans son épaisseur; elle reçoit dans les deux valves l'impression musculaire; elle s'amincit vers les bords, et laisse dans une petite zone, qui forme le bord des valves, la couche extérieure à découvert du côté interne de la coquille. Si pour étudier les rapports des deux couches de la coquille nous en faisons une section longitudinale, nous observerons que la couche extérieure est extrêmement mince sur le crochet des valves, et qu'elle va en s'épaississant vers les bords où elle se termine en un biseau court; la couche intérieure est dans une disposition inverse, c'est-à-dire que la plus grande épaisseur est au crochet, tandis qu'elle s'amincit vers les bords; la même coupe longitudinale de la coquille nous donnera la preuve que les épines et les lames dont elle est couverte à l'extérieur sont formées de la substance de la couche extérieure. Enfin, si nous faisons une coupe transverse d'un Spondyle fortement sillonné, nous verrons la couche extérieure d'une épaisseur égale à l'endroit des sillons ou des côtes former des ondulations remplies par la matière intérieure; ceci se voit particulièrement bien dans le Spondyle orangé.

Les observations sur le genre Psolopside, et celles surtout concernant les Rudistes, feront sentir toute l'importance de ce que nous venons de dire sur les Spondyles. Ces coquilles ne sont pas les seules où cette structure existe : elle se remarque dans la plupart des coquilles bivalves, seulement ici l'observation en est plus facile.

Gmelin et Dilwyn ayant rapporté au *Spondylus gœderopus* de Linné toutes les espèces qu'ils connurent dans ce genre, il nous sera impossible de les citer dans notre synonymie].

ESPÈCES.

1. **Spondyle pied-d'âne.** *Spondylus gœderopus.* Lin.

Sp. testâ supernè rubrâ : striis longitudinalibus exiguis, crebris ; granulato-asperis ; spinis sublingulatis, truncatis, mediocribus : ordinibus 6 ad 8.

Spondylus gœderopus. Lin. Syst. nat. p. 1136. Gmel. p. 3296. *Synon. exclusis.*

* Born. Mus. vign. p. 76.

* Schrot. Einl. t. 3. p. 203. n° 1.

* Brooks. intr. p. 68. pl. 3. f. 29.

List. Conch. t. 206. f. 40.

* Bona. recr. part. 2. f. 20. 21.

* Gualt. ind. pl. 99. f. F. G. pl. 100. f. A.

* D'Argenv. conch. pl. 20. f. B. 1.

* Seba. Mus. pl. 88. f. 4.

* Fav. Conch. pl. 41. f. B 1. B 2. pl. 44. f. E 2.

Poli. Test. 2. tab. 21. f. 20. 21.

Chemn. Conch. 7. t. 44. f. 459. et pl. 115, f. 984. 985.

Encycl. pl. 190. f. 1. a, b.

* Dillw. Cat. t. 1. p. 209. n⁰ 1.
* Payr. Cat. p. 79. n⁰ 151.
* Desh. Encycl. méth. vers. t. 3. p. 978. n₀ 1.

Habite la Méditerranée. Mus. n°. Mon cabinet. En dessus, ses épines principales forment six à huit rangées distantes, sont toutes colorées; les plus petites sont aiguës; les autres sont en languettes obtuses ou tronquées.

2. Spondyle d'Amérique. *Spondylus Americanus* Lamk.

Sp. testá albá, basi aurantio-purpureá, longitudinaliter sulcatá; spinis præcipuis longissimis, lingulatis, apice subfoliaceis.

* Seba. Mus. t. 3. pl. 89. f. 8.
* *Spondylus gœderopus.* Var. θ. Gmel. p. 3296.
* *Id.* Dillw. Cat. t. 1 p. 209. n° 1.
* Desh. Encycl. méth. vers. t. 3. p. 978. n° 2.
Favanne. Conch. pl. 44. fig. B.
Chemn. Conch. 7. t. 45. f. 465.
Encycl. pl. 195. f. 1. 2.
[b] *Var, spinis purpurascentibus.*
* Chemn. Conch. t. 11. pl. 203. f. 1987. 1988.
[c] *Var. valvá inferiore laminis maximis foliaceis elegantissimis.*

Habite les mers d'Amérique, à Saint-Domingue. Mus. n°. Mon cabinet. Espèce tranchée, constamment distincte et très belle. Ses épines sont blanches, et plusieurs sont d'une longueur extraordinaire. Elles sont purpurescentes dans la variété [b]. Quant à la variété [c], elle a en dessous des lames foliacées très remarquables: elle est tantôt blanche, tantôt teinte de pourpre.

3. Spondyle arachnoïde. *Spondylus arachnoides.* Lamk.

Sp. testá tenellá, supernè roseo-rubente, subspinosá; valvæ inferioris laminis foliaceis et spinis longissimis submarginalibus.

Knorr. Verg. 5. t. 9 f. 1.

Habite les mers d'Amérique. Mon cabinet. Elle est petite, délicate, sillonnée longitudinalement en dessus, et ce n'est que de sa valve inférieure que naissent ses très longues épines.

4. Spondyle blanc. *Spondylus candidus.* Lamk.

Sp. testá submuticá, longitudinaliter striatá, candidá, immaculatá; striis distinctis, exilibus, vix asperis.

Habite les mers de la Nouvelle-Hollande. *Péron* et *Le Sueur.* Mus. n°. Il n'a point d'épines. Ses stries sont séparées, à dos aigu.

5. Spondyle multilamellé. *Spondylus multilamellatus.* Lamk. (1)

Sp. testá rotundatá, albá; supernè striis longitudinalibus purpu-
  rascentibus, et lamellis lingulato-spathulatis, crebris, subpur-
  pureis.

Chemn. Conch. 7. t. 46. f. 472. 473.
Seba. Mus. 3. t. 88. f. 7.
Habite les mers de l'Inde. Mus. n°. Très belle espèce, comme fleurie,
  blanche, mais ornée en dessus de stries tachetées de pourpre, et
  de huit à douze rangées de lames nombreuses, spathulées, relevées,
  teintes de rose et de pourpre.

6. Spondyle à côtes. *Spondylus costatus.* Lamk.

Sp. testá albo et purpureo longitudinaliter lineatá et costatá; costis
  aliis spinosis, subserratis, distantibus; alteris ad interstitia sub-
  muticis.

D'Argenv. Conch. t. 19. fig. G.
Favanne, Conch. t. 42. fig. E.
Knorr. Vergn. 1. t. 9. f. 2.
Chemn. Conch. 7. t. 44. f. 460. 462.
* Schrot. Einl. t. 3. p. 208. n° 4.
* Desh. Encycl. méth. vers. t. 3. p. 979. n° 3.
[b] *Var. costis spinisque purpureis.* (2)
Habite la mer Rouge, les mers de l'Inde et de la Chine. Mus. n°.
  Mon cabinet. Cette coquille paraît rayée de blanc et de rouge,
  de rose ou de pourpre. Ses côtes spinifères sont distantes, au nom-
  bre de six, blanches ainsi que leurs épines. Dans la variété [b],
  elles sont colorées, moins écartées, plus nombreuses. Celle-ci, qui
  est de la mer Rouge, pourrait être distinguée.

---

(1) Elle a de très grands rapports avec le *Spondylus gæderopus.* Les figures citées par Lamarck dans la synonymie ne la
représentent pas exactement : les lames sont spathulées, mais
non découpées comme dans la figure de Chemnitz, et elles sont
plus nombreuses, plus aplaties, et d'une autre couleur que dans
la figure de Séba. Nous ne connaissons aucune bonne figure de
cette espèce.

(2) Cette variété, dont Chemnitz avait fait une espèce (*Spondylus aculeatus*, pl. 44, f. 460), est en effet très distincte, et
devra par la suite être introduite dans les catalogue.

7. **Spondyle panaché.** *Spondylus variegatus.* Chemn.

> *Sp. testá longitudinaliter sulcatá et costatá, costarum spinis lon-*
> *giusculis albis; lineis angulato-flexuosis, spadiceis aut fuscis ad*
> *interstitia.*
>
> Chemn. Conch. 7. t. 45. f. 464.
> * *Spondylus gœderopus.* Var. n. Gmel. p. 3296.
> * Schrot. Einl. t. 3. p. 209. n° 6.
> Habite l'Océan indien. Mus. n°. Distincte de la précédente, cette
> espèce y tient par ses rapports. Ses épines sont des languettes con-
> caves d'un côté. La coquille est pourprée à sa base.

8. **Spondyle longue épine.** *Spondylus longi-spina.*

> *Sp. testá longitudinaliter sulcatá et costatá, echinatissimá, ru-*
> *bente; spinis præcipuis longissimis arcuatis ligularibus; natibus*
> *aurantiis.*
>
> *An* Chemn. Conch. 7. t. 45. f. 472. 473? (1)
> Encycl. pl. 194. f. 2.
> Habite les mers de l'Inde. Mus. n°. Mon cabinet. Cette coquille sem-
> ble tenir du Spondyle d'Amérique, mais en est très distincte.

9. **Spondyle royal.** *Spondylus regius.* Lin.

> *Sp. testá rotundatá, ventricosá, aurantio-rubente, longitudinaliter sul-*
> *catá et costatá; sulcis spinis brevibus; costis 5 s. 6, spinis raris,*
> *longissimis teretibus.*
>
> *Spondylus regius.* Lin. Syst. nat. p. 1136. Gmel. p. 3298. n° 2.
> * Schrot. Einl. t. 3. p. 205.
> D'Argenv. Conch. t. 20. fig. G.
> Favanne, Conch. t. 43. fig. E.
> Chemn. Conch. 7. t. 46. f. 471.
> Encycl. pl. 193. f. 1.
> * Barbut. Verm. p. 45. pl. 5. f. 2.
> * Dillw. Cat. t. 1. p. 210. n° 2.

---

(1) Déjà Lamarck a cité cette figure pour le *Spondylus mul-*
tilamellatus auquel elle ne convient pas mieux qu'à celui-ci.
Nous ne savons si la coquille de Chemnitz constitue une espèce
particulière, car dans ce genre, dont les coquilles sont très
variables, on ne peut établir les espèces qu'avec un grand
nombre d'individus. Nous n'en avons vu qu'un qui peut se rapporter à la figure dont il est question, et nous serions porté à le
regarder comme une variété du *Spondylus variegatus.*

* Desh. Encycl. méth. vers. t. 3. p. 979. n° 4.

Habite l'Océan indien. Cabinet de M. *Richard*. Coquille très rare, très recherchée dans les collections. Entre les côtes qui portent les grandes épines, on voit six à neuf sillons armés d'épines courtes, très aiguës.

10. Spondyle aviculaire. *Spondylus avicularis*. Lamk. (1)

Sp. testâ ovali-oblongâ, purpureâ, longitudinaliter sulcatâ cos-tatâ et spinosâ; valvæ inferioris basi sursum incurvâ, valde productâ.

Gualt. Test. t. 101. fig. B.

D'Argenv. Conch. t. 19. fig. H?

Favanne, Conch. t. 42. fig. F.

Habite l'Océan indien. Mon cabinet. Mus. n°. Il a des rapports avec le Sp. royal, mais sa coquille est plus allongée, ses grandes épines sont moins longues, plus fréquentes, et son crochet inférieur se courbe en dessus, en manière de tête d'oiseau. Il est très épineux.

11. Spondyle écarlate. *Spondylus coccineus*. Lamk.

Sp. testâ rotundatâ, longitudinaliter sulcatâ, coccineâ aut purpuras-cente; aculeis brevibus subulatis; basi extrorsum flexâ.

[a] *Aculeis rariusculis.* Gualt. Test. t. 99. fig. F.

* *Spondylus gæderopus.* Gmel. p. 3296.

D'Argenv. Conch. t. 19. fig. E?

[b] *Aculeis minoribus crebrioribus.*

[c] *Sulcis omnibus muticis.*

Gualt. Test. t. 99. fig. E.

* Desh. Encycl. méth. vers. t. 3. p. 979. n° 5.

Habite..... Cabinet de M. *Dufresne*. Mus. n°. Il est distinct des autres, et offre quelques variétés qu'il faut y réunir.

---

(1) Nous ne savons si la coquille de la Collection de Lamarck doit former une espèce particulière; ce que nous pouvons affirmer, c'est que celle de la collection du Muséum est une variété du *Spondylus americanus*. Cet individu ayant été adhérent d'une manière particulière, le sommet de la valve inférieure s'est relevé en dessus à la manière des Gryphées; mais ce caractère, emprunté à la forme extérieure, ne peut avoir aucune valeur lorsque l'on se souvient combien les coquilles adhérentes sont variables sous ce rapport.

12. **Spondyle grosses-écailles.** *Spondylus crassi-squama.* Lamk.

> *Sp. testá utrinque rubrá, longitudinaliter costatá et sulcatá ; costis squamiferis distantibus; squamis crassis subspathulatis, interdum palmatis.*

Rumph. Mus. t. 48. fig. I.

Encyclop. pl. 192. f. 2.

[b] *Squamis palmatis.* Seba. Mus. 3. t. 88. f. 10.

Habite les mers de l'Inde. Mus. n°. Mon cabinet. Celui de M. *Dufresne.* Ce Spondyle, d'un rouge pourpre en dehors, devient grand, fort épais, et a six ou sept rangées d'écailles courtes, épaisses, demi-couchées, incisées et quelquefois palmées au sommet. Il est distinct du suivant. On le trouve fossile à Carthagène d'Amérique. Mon cabinet.

13. **Spondyle spathulifère.** *Spondylus spathuliferus.* Lamk. (1)

> *Sp. testá purpureá aut albido purpurascente, longitudinaliter sulcatá et costatá; squamis spathulatis indivisis erectiusculis.*

Seba, Mus. 3. t. 88. f. 4.

Chemn. Conch. 7. t. 47. f. 474. 475.

Encyclop. pl. 191. f. 4. 6. 7.

[b] *Var. testá albidá; squamis purpureis.*

Habite..... l'Océan indien? Mon cabinet. Mus. n°. Il a sept à dix rangées d'écailles simples, spathulées, lisses, plus ou moins allongées. Dans la variété [b], la coquille est blanchâtre, principalement en dessous.

14. **Spondyle ducal.** *Spondylus ducalis.* Chemnitz.

> *Sp. testá albidá, fusco-violacescente maculatá aut longitudinaliter lineatá; squamis albis, spathulatis, inciso-palmatis.*

Rumph. Mus. tab. 48. f. 2.

Seba, Mus 3 t. 89. f. 5.

Knorr. Verg. 1. t. 9. f. 2.

Chemn. Conch. 7. t. 47. f. 477. 478.

Eucycl. pl. 193. f. 2. a. b.

* Sow. Genera of shells. f. 4.

---

(1) L'individu de ce Spondyle appartenant à la collection du Muséum, a tous les caractères du *Spondylus gadæropus,* et nous ne voyons rien qui l'en puisse distinguer.

* *Spondylus gœderopus.* Var. π. Gmel. p. 3297.

[b] *Var? testá magná, ponderosá, lineatá; squamis nullis.*

Habite l'Océan des grandes Indes. Mus. n°. Mon cabinet. Belle espèce, distincte des précédentes, recherchée dans les collections. C'est le manteau ducal des Spondyles. La coquille [b], tout-à-fait mutique, pourrait en être séparée. Mon cabinet.

15. Spondyle longitudinal. *Spondylus longitudinalis.* Lamk.

Sp. testá oblongo-ovali, longitudinaliter sulcatá, squamiferá; umbonibus albis; squamis aurantiis; subtus croceá.

Chemn. Conch. 7. t. 45. f. 466. 467.

Habite..... les mers d'Amérique? Cabinet de M. *Dufresne.* Il paraît tenir du *Sp. aurantius,* mais il en est très différent par sa forme, ses couleurs et ses écailles. Dans l'exemplaire que nous avons sous les yeux, les écailles sont aplaties, ligulaires, un peu moins allongées que dans la figure citée de *Chemnitz.*

16. Spondyle microlèpe. *Spondylus mycrolepos.* Lamk.

Sp. testá utrinque rubrá, longitudinaliter striatá et costatá; costis 5 s. 6 squamiferis: squamis ligulatis truncatis exiguis.

Knorr. Vergn. 6. t. 12. f. 3?

Habite..... l'Océan indien? Mon cabinet. Quoique fort âpre au toucher, ce Spondyle semble mutique, les écailles de ses côtes étant très petites.

17. Spondyle safrané. *Spondylus croceus.* Chemnitz.

Sp. testá utrinque croceá, longitudinaliter costatá; costis quinque distantibus, variè spinosis: intermediis submuticis.

Seba, Mus. 3. t. 88. f. 1.

Chemn. Conch. 7. t. 45. f. 463.

Encycl. pl. 191. f. 4.

* *Spondylus gœderopus.* Var. ζ. Gmel. p. 3296.

Habite l'Océan indien. Mus. n°. Mon cabinet. Belle coquille d'un jaune de souci ou de safran, blanche à l'intérieur, sauf la coloration de son limbe, qui est crénelé, plissé. Epines inégales, obtuses.

18. Spondyle orangé. *Spondylus aurantius.* Lamk.

Sp. testá utrinque aurantiá, longitudinaliter costatá; costis 20 ad 26 spinosis: spinis subulatis.

Seba, Mus. 3. t. 88. f. 3.

Encycl. pl. 191. f. 3.

* Sow. Genera of shells. f. 1. 2.

Habite les mers de la Chine, etc. Mus. n_o. Mon cabinet. Très belle
espèce, presque partout d'une couleur orangée fort vive, et à
épines subulées nombreuses, de taille médiocre. Quelquefois le
fond est rembruni ou glauque, presque violâtre; mais les épines
sont toujours d'une couleur orangée. Quelquefois encore, comme
dans de vieux individus, les épines sont réduites à des tubercules
pointus, fort courts.

19. Spondyle rayonnant. *Spondylus radians*. Lamk.

*Sp. testá mediocri, albidá, maculosá, ex purpureo spadiceo aut fusco
radiatá, sulcatá et spinosá; spinis crebris exilibus.*

Spondylus nicobaricus. Chemn. Conch. 7. t. 45. f. 469. 470.

* *Spondylus gœderopus.* Var. λ,μ. Gmel. p. 3297.

Encycl. pl. 191. f. 5.

Habite aux îles de Nicobar, à Timor. Mus. n°. Mon cabinet. Jolie
espèce, de taille médiocre ou même petite, élégamment rayonnée par des rangées de petites taches purpurines ou rembrunies,
et à épines nombreuses, frêles, sériales, dont quelques-unes sont
plus fortes que les autres. J'en ai une variété à épines moins dé-
licates.

20. Spondyle zonal. *Spondylus zonalis*. Lamk.

*Sp. testá inæquivalvi, radiatim sulcatá et spinosá; umbone albo,
maculis fuscis picto; zoná limbosá, latá, spadiceá, lutescente.*

Habite l'Océan des grandes Indes. Mon cabinet. Quoiqu'il ait des
rapports avec le précédent, il est très inéquivalve, plus grand,
très renflé et bossu en dessous, avec des lames foliacées et des
écailles.

21. Spondyle violâtre. *Spondylus violacescens*. Lamk.

*Sp. testá cinereo-violacescente, longitudinaliter sulcatá et striatá;
spinis sulcorum squamosis, semi-cylindricis : præcipuis truncatis.*

Habite les mers de la Nouvelle-Hollande, au port du Roi-Georges.
Mus. n°. Taille du *Sp. radians;* couleur violâtre ou gris de lin;
épines principales en écailles canaliculées, tronquées.

Espèces fossiles.

1. Spondyle grosses-côtes. *Spondylus crassi-costa*. Lamk.

*Sp. testá rotundatá, latissimá, longitudinaliter sulcatá et costatá;
costis crassis squamiferis inæqualibus sulcisque minoribus tuberculato-asperis.*

Habite..... Fossile des environs de Turin. Mus. n₀. Il paraît avoir de l'analogie avec notre Sp. grosses écailles. Largeur, 130 millimètres. Ses côtes principales sont au nombre de cinq. Le fossile de Carthagène des Indes a huit côtes principales et moins grosses.

2. Spondyle râteau. *Spondylus rastellum.* Lamk. (1)

Sp. testâ sublongitudinali, crassâ, valdè cavâ; costis longitudinalibus inæqualibus squamosis sulcisque asperis.

Habite..... Fossile des environs de Turin. Mus. n°. Longueur, 74 millimètres; largeur, 69.

3. Spondyle râpe. *Spondylus radula.* Lamk.

Sp. testâ planiusculâ, obliquè rotundatâ; sulcis longitudinalibus tenuibus, squamoso-asperis : aliis minoribus, interstitialibus submuticis.

Ann. du Mus. vol. 8. p. 351, et t. 14. pl. 23. f. 5.
* *Spondylus cisalpinus.* Brong. Vicent. pl. 5. f. 1.
* Desh. Coq. foss. t. 1. p. 320. n° 1. pl. 46. f. 1 à 5.
* *Ibid.* Encycl. méth. vers. t. 3. p. 980. n° 8.
Habite..... Fossile de Grignon. Mon cabinet. Mus. n°. Largeur. 48 millimètres.

4. Spondyle podopsidé. *Spondylus podopsideus.* Lamk.

Sp. testâ trigono-cuneatâ, supernè muticâ, longitudinaliter sulcatâ; costis valvæ majoris distantibus, tuberculiferis : tuberculis fornicatis.
[b] Var. testâ angustiore, obliquatâ.
Habite..... Fossile des environs du Havre? Mon cabinet. Les tubercules de la valve inférieure sont écartés, presque également espacés, et dispo és sur huit ou neuf rangs. Longueur, 74 millimètres.

† 5. Spondyle rare-épine. *Spondylus rari-spina.* Desh.

Sp. testâ ovato-rotundatâ, breviauritâ, gibbosâ; sulcis longitudinalibus numerosis; majoribus spinis raris echinatis, alteris subæqualibus, muticis.
Var. a). testâ undique muticâ.

---

(1) Cette espèce a été faite avec une valve inférieure irrégulière de la précédente, il conviendra de supprimer l'une des deux.

Desh. Coq. foss. des env. de Paris. t. 1. p. 321. n_o 2. pl. 46. f. 6. 7. 8. 9. 10.

Ibid. Encycl. méth. vers. t. 3. p. 981. n° 9.

Habite..... Fossile à Chaumont. Elle a beaucoup de rapports avec le *Sp. radula*, ovale, oblongue, à valves profondes, striées longitudinalement; parmi ces stries on en voit quelques-unes un peu plus grosses, distantes, sur lesquelles s'élèvent un petit nombre d'épines; les autres placées dans les intervalles sont plus petites et mutiques. Le bord cardinal est plus court que dans le *Spondylus radula.*

† 6. Spondyle granuleux. *Spondylus granulosus.* Desh.

Sp. testâ planiusculâ, ovato-obliquâ, subauriculatâ; striis longitudinalibus, granulosis, numerosissimis, alternatim minoribus; cardine angusto; marginibus tenuè plicatis.

Desh. Coq. foss. des environs de Paris. t. 1. p. 322. n° 4. pl. 46. f. 11. 12.

Ibid. Encycl. méth. vers. t. 3. p. 982. n° 11.

Habite..... Fossile à Chaumont. Coquille ovale, oblongue, dont nous ne connaissons que la valve supérieure. Elle est ornée d'un très grand nombre de fines stries longitudinales, inégales, dont les plus petites alternent avec les plus grosses; toutes ces stries sont chargées de fines et nombreuses granulations. Les caractères particuliers à cette coquille nous ont décidé à la signaler, quoique nous ne la connaissions que d'une manière incomplète.

† 7. Spondyle multistrié. *Spondylus multistriatus.* Desh.

Sp. testâ ovato-rotundatâ, obliquâ; valvâ superiore convexâ, gibbosâ striis longitudinalibus, regularibus numerosissimis, æqualibus, muticis.

Desh. Coq. foss. des environs de Paris. t. 1. p. 322. n° 3. pl. 45. f. 19. 20. 21.

Ibid. Encycl. méth. vers. t. 3. p. 981. n° 10.

Habite..... Fossile à Chaumont, Mary, Tancrou, aux environs de Paris. Coquille ovale, oblongue, plus bombée que les autres espèces des environs de Paris. La valve supérieure, la seule que nous connaissions, est couverte d'un grand nombre de stries longitudinales, inégales, serrées, mutiques. Nous présumons, d'après un fragment que la valve inférieure devait avoir des écailles spiniformes assez longues.

† 8. Spondyle de Nilsson. *Spondylus Nilssoni.* Desh.

Sp. testâ subovatâ; anterius rotundatâ, obliquâ longitudinaliter stria-

tá, striis compressis interdum squamiferis; basi elongatá, trunca-tàve; valvá superiore convexa.

Podopsis truncata. Nils. petrif. suec. p. 27. n° 1. pl. 3, f. 20. a. b. c.

Habite..... Fossile dans la craie de Scanie et celle de Maestricht et de Ciply. M. Nilsson s'est trompé en assimilant cette coquille au *Podopsis truncata* de Lamarck. Elle en est fort différente et doit constituer une espèce particulière; nous la plaçons sur-le-champ dans le genre Spondyle, puisque les Podopsides eux-mêmes doivent venir s'y confondre.

† 9. Spondyle épineux. *Spondylus spinosus.* Desh.

Sp. testá ovato-oblongá, supernè attenuatá, longitudinaliter sulcatá; sulcis interdum spinis longiusculis arcuatis; valvis inæqualibus, inferiore majore; auriculis minimis.

Plagiostoma spinosa. Sow. Min. Conch. pl. 78.

Id. Genera of shells. f. 1.

Brong. Géol. de Paris. pl. 4. f. 2. a. b. c.

Pachytos spinosus. Def. Dict. sc. nat. t. 37. p. 307. pl. 73. f. 2. a. b. et pl. 74. f. 1. a. b. c. d.

Plagiostoma spinosa pro pachitos spinosus. Blainv. malac. pl. 55. f. 2.

Plagiostoma spinosum de la bèche. Géol. trad. française. p. 372. f. 43.

Habite..... Fossile dans la craie d'Angleterre, d'Allemagne, de France. Coquille bien connue, ayant en général plus de régularité que les autres Spondyles. Quelques individus non adhérens ont contribué à donner une fausse idée de la coquille; mais nous en avons vu des individus ayant des traces d'adhérence à la valve inférieure, et ceux-là étaient irréguliers.

PODOPSIDE. (Podopsis.)

Coquille inéquivalve, subrégulière, adhérente par son crochet inférieur, sans oreillettes; à valve inférieure plus grande, plus convexe, ayant son crochet plus avancé.

Charnière sans dents. Ligament intérieur.

Testa inæquivalvis, subregularis, nate inferiore adhærens, inauriculata; valvá inferiore majore, convexiore, basi productiore.

Cardo edentulus. Ligamentum internum.

OBSERVATIONS.— Les *Podopsides*, que l'on ne connaît que dans l'état fossile, avoisinent les Gryphées par leurs rapports, et ne s'en distinguent que parce que leur crochet inférieur, pareillement plus avancé que l'autre, ne se courbe point, soit au-dessus de la valve supérieure, soit sur le côté. Ces coquilles tiennent encore aux *Pectinides*, par leur régularité, par leur test non feuilleté et par leurs stries longitudinales. Elles semblent avoir des rapports avec les Plagiostomes; mais ce sont des coquilles adhérentes, qui n'offrent point deux crochets en opposition, séparés par des facettes externes inclinées obliquement.

Dans les Podopsides la valve supérieure toujours plus courte que l'autre, semble n'avoir point de crochet parce que le sien est sans courbure et sans saillie.

[Après avoir pris connaissance de nos observations sur la structure des Spondyles, il sera actuellement assez facile de comprendre ce que nous avons à dire des Podopsides. Nous allons d'abord exposer les observations que nous avons faites sur ces coquilles, et nous serons ensuite en état de tirer des conclusions. Pendant long-temps, nous avons vainement cherché des individus de Podopsides qui fussent assez bien conservés vers les crochets pour nous assurer de la valeur de l'un des caractères donnés par Lamarck. Le crochet de la grande valve, d'après lui, serait entier et n'aurait pas cette facette triangulaire des Spondyles; une figure de l'Encyclopédie représente en effet toute la partie supérieure du crochet recouverte de test, de sorte que la coquille ressemble en effet, à quelques égards, à une Gryphée à crochet non relevé. M. Brongniart lui-même, dans les figures qui accompagnent la description géologique des environs de Paris; a donné plusieurs figures de Podopsides, dans lesquelles on remarque, à la partie supérieure du crochet, des stries longitudinales et transverses qui font supposer que M. Brongniart croyait, comme Lamarck, que cette partie de la coquille devait avoir du test. Nous nous sommes convaincu par l'examen de plusieurs individus bien conservés de Podopsides, qu'il n'en était pas ainsi; nous leur avons trouvé de chaque côté une courte oreillette dont le bord très entier circonscrivait une ouverture triangulaire qui, étant remplie, aurait été parfaitement comparable à la surface des Spondyles, c'est ce fait, connu de M. Defrance, qui l'engagea à créer pour ces espèces à ouverture postérieure triangulaire, un genre particulier sous le nom de Pachyte. M. de Blainville l'adopta, et pensant que cette ouverture postérieure était destinée à donner passage à un tendon de l'animal pour s'attacher aux corps sous-marins, mit ce genre dans le voisinage des Térébratules, dans son groupe des Palliobranches. M. de Blainville n'ignorait pas cependant que les Pachytes ont au crochet de la grande valve une impression irrégulière résultant de l'adhérence immédiate de la coquille aux corps étrangers; nous avons même vu quelques individus encore attachés aux galets sur lesquels ils avaient vécu au fond de la mer. Ce genre, d'après ces deux auteurs, aurait offert l'unique et curieux exemple d'animaux ayant deux moyens de s'attacher aux corps sous-marins. Il est certain que dans les animaux mollusques actuellement connus, l'un de ces moyens d'attache exclut l'autre; les animaux qui se fixent par la coquille n'ont point de byssus ou de tendon, et ceux qui se fixent par un tendon ou un byssus ont la coquille libre et sans adhérence immédiate.

Le genre Pachyte, comme nous l'avons vu, a été formé aux dépens des Plagiostomes. En comparant, avec les Podopsides, les espèces qui y ont été introduites, nous avons reconnu entre les deux genres l'identité la plus parfaite. Le même examen comparatif, dirigé sur le genre Dianchore de M. Sowerby, nous a convaincu que ce genre avait tous ses caractères identiques à ceux des Pachytes et des Podopsides. Ces premières observations nous conduisirent à cette première conclusion, qu'il était nécessaire de réunir en un seul les trois genres que nous venons de mentionner. Mais quelle était la nature de ce genre? nous l'ignorions avant d'avoir fait l'observation suivante : M. Dujardin, connu par des observations du plus grand intérêt sur les Polypiers de la craie, ainsi que sur les soi-disant Mollusques Céphalopodes microscopiques, voulut bien nous envoyer un Podopside très bien conservé provenant de la craie de Touraine. Ayant remarqué que dans cet individu les bords de l'espace triangulaire postérieur étaient entiers, et que cet espace lui-même était rempli d'une matière tendre, nous voulûmes chercher quelques traces de charnières et nous vidâmes avec précaution l'intérieur du crochet; bientôt l'instrument fût arrêté par un corps plus dur qui, dégagé, nous montra des contours singuliers, ce qui nous détermina à briser la partie du test qui nous gênait, et ce ne fut pas sans surprise que nous découvrîmes dans ce Podopside le moule intérieur d'une coquille qui avait trop de rapport avec le test pour supposer que le hasard seul l'eût placé ainsi. Bien convaincu que le moule intérieur appartenait à la coquille, nous n'avons pas hésité à briser les parties du test qui nous empêchaient de voir toute la partie du moule dont l'examen était nécessaire. Cette brisure nous fit découvrir entre le moule et le test une couche de matière pulvérulente semblable à de la craie très pure. Cette couche épaisse vers les crochets des valves s'amincissait vers les bords où elle disparaissait entièrement; elle nous donna aussi occasion d'examiner à l'intérieur la partie solide de la coquille. Ce test extrêmement mince et fragile vers les crochets des valves, va en s'épaississant vers les bords; il est sillonné en dedans comme en dehors; on n'y voit aucune trace de charnière et d'impression musculaire, la matière pulvérulente étant enlevée et le test mis en rapport avec le moule intérieur, on voit qu'il existe entre eux un espace vide, grand, vers les crochets et diminuant progressivement vers les bords des valves; enfin si nous examinons le moule intérieur lui-même nous lui trouvons une grande impression musculaire subcentrale et postérieure, et du côté correspondant au bord cardinal nous observons trois grands plis qui ne peuvent être que le résultat de l'empreinte faite sur une charnière fortement articulée. La partie du test actuellement solide n'ayant point d'impression musculaire et point de charnière, il est certain que ce n'est pas d'elle que le moule intérieur a emprunté les empreintes de ces parties, il a fallu qu'il les prît dans l'intérieur solide d'une coquille, et il n'est pas douteux que cet intérieur solide est représenté par la couche aujourd'hui friable et pulvérulente, couche qui dans d'autres individus a complètement disparu et laissé un vide à sa place. Les divers caractères nouveaux que nous apercevions dans notre Podopside nous fit penser que cette coquille appartenait au genre Spondyle. Pour ne plus laisser de doute à ce sujet, nous avons pris avec de la cire molle l'empreinte de la surface interne du bord cardinal d'un Spondyle vivant, ayant ses deux valves réunies. Cette empreinte s'est trouvée tout-à-fait semblable à celle du bord cardinal de notre moule de Podopside. Ainsi nous trouvons dans un Podopside un moule ayant tous les caractères de celui qui aurait été fait dans un Spondyle. Nous trouvons entre la partie extérieure du test solide et conservée et la partie interne pulvérulente ou dissoute les mêmes rapports qu'entre les deux couches constituant la coquille des Spondyles; nous voyons au crochet de la grande valve un espace triangulaire qui, étant rempli par la couche interne, aurait formé ce talon singulier que l'on ne voit que dans les Spondyles. Il nous semble que tous ces faits incontestables nous conduisent à cette seule conclusion possible : les Podopsides, et par conséquent les Dianchores et les Pachytes, sont des Spondyles dont la couche intérieure a été dissoute et a laissé dénudée la couche extérieure ou corticale. Cette dissolution partielle est un fait qui se présente non-seulement dans les coquilles du genre dont nous nous occupons, mais encore dans toutes celles composées de deux couches. Cette dissolution se montre particulièrement dans les fossiles répandus dans les couches crayeuses, c'est un fait aujourd'hui incontestable, mais dont l'explication n'est pas encore trouvée. Comment, en effet, expliquer l'action d'un agent capable de dissoudre entièrement une couche calcaire en laissant dans le plus bel état de conservation une autre couche également calcaire et en apparence de la même nature que la première? Nos laboratoires de chimie sont actuellement impuissans pour produire de semblables phénomènes.

Les observations précédentes prouvent non-seulement qu'il est nécessaire de joindre les trois genres dont il vient d'être question, mais encore qu'il faut les réunir aux Spondyles, et cette opinion, que nous avons adoptée depuis plusieurs années, le sera sans doute aussi par les autres zoologistes.]

ESPÈCES.

1. Podopside tronquée. *Podopsis truncata.* (1)

---

(1) Cette coquille devient pour nous un Spondyle et devra prendre le nom de *Spondylus truncatus ;* c'est sur un individu

*P. testá longitudinali, cuneatá, supernè rotundatá, suobliquá; striis
longitudinalibus tenuibus, aculeis raris interdum asperatis; nate
productiore crenatá.*

Encycl. pl. 188. f. 6. 7.
* Def. Dict. sc. nat. art. Podopside. pl. 73. f. 3.
* Brong. Géol. de Paris. pl. 5. f. 2.
* Blainv. malac. pl. 55. f. 3.
* Var. Podopside striée. Def. Brong. Géol. de Paris. Loc. cit. f. 3.

Habite..... Fossile de la Touraine. M. *Lapylaie.* Mon cabinet. Elle a
le bord supérieur crénelé. Son plus grand crochet est tronqué, et
offre une facette par laquelle elle est adhérente. Cette coquille se
trouve aussi à Dyssay–sous–Coursillon, sur la limite sud-est du
département de la Sarthe. Cabinet de M. *Menard.*

2. Podopside gryphoïde. *Podopsis gryphoïdes.* (1)

P. *testá ovato-rotundatá, infernè ventricosissimá, lævigatá : nate
majore adhærente.*

Habite..... Fossile de Meudon, près Paris, des environs de Dax, et
d'Italie. Mus. nº. Mon cabinet.

LES OSTRACÉES.

Ligament intérieur ou demi-intérieur.

*Coquille irrégulière, à test feuilleté, quelquefois papy-
racé.*

On ne peut se refuser à reconnaître les plus grands rapports entre les *Ostracées* et les Pectinides; aussi Linné
avait-il rapporté à son genre *Ostrea,* la Houlette, la Lime,

---

lui appartenant que nous avons fait les précédentes observations
qui prouvent l'inutilité du genre Podopside.

(1) Nous croyons que Lamarck a établi cette espèce avec une
variété de l'*Ostrea vesicularis ;* de toute manière, c'est à tort que
M. Goldfus a rapporté cette coquille à l'*Ostrea navicularis* de
Brocchi ; cette espèce, propre aux terrains subapennins, ne s'est
jamais trouvée à Meudon.

et même le beau genre des Peignes. Cependant ces deux familles sont réellement distinctes. Presque toutes les *Ostracées* sont irrégulières, à test feuilleté ou lamelleux, rarement auriculé à sa base, et plus rarement encore rayonné à sa surface externe ; les *Pectinides*, au contraire, sont en général des coquilles régulières, à test toujours solide, compacte, non feuilleté. Ces dernières sont la plupart auriculées à leur base, et munies à l'extérieur de stries ou de côtes rayonnantes qui partent des crochets. A la simple inspection des Pectinides et des Ostracées, on sent donc que ces deux familles, quoique très avoisinantes, doivent être distinguées.

L'animal des *Ostracées* n'a point de pied, point de bras, aucun syphon saillant ; et, dans plusieurs genres de cette famille, la coquille est fixée sur les corps marins par sa valve inférieure qui est toujours la plus grande. Je ne rapporte à cette famille que les cinq genres suivans. (1)

---

(1) La famille des Ostracées n'a pas été comprise de la même manière par la plupart des auteurs. Cuvier lui donnait autant d'extension que Linné à son genre Ostrea ; ici elle est restreinte à de plus justes limites, qui s'accordent assez bien avec les faits connus de l'organisation des animaux. Il nous semble que cette famille pourrait être caractérisée zoologiquement de la manière suivante : *Animal acéphalé monomyaire, sans siphon et sans pied.* Ces caractères essentiels pourront guider pour la formation et la rectification de la famille des Ostracées. Les genres dont Lamark l'a composée pourraient bien lui appartenir ; cependant le genre Vulselle, à en juger d'après la coquille, l'animal n'étant pas connu, a été rapproché par le plus grand nombre des auteurs des Marteaux et autres genres de la famille des Malléacées. Un genre nouveau, proposé par M. Sowerby sous le nom de Placunanomie, fait le passage entre les Placunes et les Anomies, ce qui prouve combien Lamarck avait été judicieux dans l'appréciation des rapports de ces genres.

Ligament demi-intérieur. Coquille à test feuilleté, acquérant souvent beaucoup d'épaisseur.

Gryphée.
Huître.
Vulselle.

Ligament intérieur. Coquille mince, papyracée.

Placune.
Anomie.

GRYPHÉE. (Gryphæa.)

Coquille libre, inéquivalve : la valve inférieure grande, concave, terminée par un crochet saillant, courbé en spirale involute; la valve supérieure petite, plane et operculaire.

Charnière sans dents; une fossette cardinale, oblongue, arquée. Une seule impression musculaire sur chaque valve.

Animal inconnu.

Testâ inæquivalvis, liberâ : valva inferior magnâ, concavâ; nate maximâ, incurvâ, in spiram involutam terminatâ; valvâ superior parvâ, planâ opercularis.

Cardo edentulus. Fossulâ cardinalis oblongâ, arcuatâ. Impressio muscularis unicâ.

Animal ignotum.

OBSERVATIONS.—Les *Gryphées* furent jusqu'à présent confondues parmi les Huîtres, quoique le caractère très particulier de leur valve inférieure soit pour ces coquilles un moyen de distinction solide et remarquable. En effet, leur valve inférieure, toujours beaucoup plus grande que l'autre, offre en général un crochet très grand, courbé en spirale involute, et qui s'avance soit en dessus, soit latéralement, ce qu'on ne voit jamais dans les Huîtres. Dailleurs ces coquilles sont presque libres, et si elles adhèrent à quelque corps solide, ce n'est guère que par un point. Enfin, la plupart paraissent presque régulières.

Ces mêmes coquilles sont connues depuis long-temps sous le nom de *gryphites;* parce qu'à l'exception d'une seule espèce que l'on a recueillie dans l'état frais ou marin, et que j'ai vue à Paris, toutes les autres, assez communes dans les collections, sont dans l'état fossile. (1)

---

(1) Depuis long-temps nous avons fait sentir l'inutilité du genre Gryphée; loin d'abandonner notre manière de penser à son égard, toutes les observations que nous avons faites nous confirment dans notre opinion. Lorsque l'on étudie les Huîtres avec attention, la première chose qui frappe c'est que les espèces sont très variables dans la forme. Si l'on parvient à rassembler toutes ces variétés de formes dans plusieurs espèces, on en rencontre presque toujours quelques-unes dont le crochet, selon la manière dont la coquille a été attachée, est contourné soit latéralement, soit en dessus, comme dans les Gryphées. On peut donc dire que la plupart des espèces d'Huîtres ont leurs variétés Gryphoïdes. Il faut ajouter aussi que si l'on faisait une application rigoureuse des caractères des Gryphées à ces variétés on pourrait les comprendre dans ce genre, tandis que d'autres individus seraient parmi les Huîtres. Les motifs qui nous portent à rejeter le genre dont il est ici question sont ceux qui nous ont guidé pour réunir les Anodontes aux Mulettes, les Modioles aux Moules, etc. Nous voyons entre les Gryphées et les Huîtres un passage insensible, et dans une grande série d'espèces et de variétés, il serait impossible de poser rationnellement la limite des deux genres. Cette limite est d'autant plus difficile à apercevoir que, dans une même espèce, on trouve toutes les formes des deux genres. Il ne serait pas conforme à l'esprit qui dirige actuellement les naturalistes dans l'art difficile d'observer, de se borner à l'examen des formes extérieures. Il convient d'entrer plus avant et de voir si les caractères essentiels de ces genres offrent une valeur suffisante pour leur conservation. Nous avons la ferme conviction que l'examen comparatif des Gryphées et des Huîtres prouvera aux personnes qui se donneront la peine de le faire attentivement qu'il est rationnel de réunir les deux genres.

Lamarck dit que dans les Gryphées la coquille est libre; il

On trouve ces fossiles dans les terrains schisteux ou crayeux, d'ancienne formation. Ce sont probablement des coquilles pélagiennes.

ESPÈCES.

1. **Gryphée anguleuse.** *Gryphæa angulata.* Lamk.

> *G. testá oblongo-ovatá, subtus costis tribus longitudinalibus angulato carinatis: unco magno, subobliquo.*
>
> * *Ostrea.* Sow. Genera of shells. f. 1.

Habite..... Mus. n°. Espèce rarissime, qui n'est point fossile, mais

---

est, à cet égard, dans l'erreur; il y a des Gryphées qui se fixent sur les corps solides, comme les Huîtres, et qui demeurent en place pendant toute leur existence; toutes les autres ont été fixées plus ou moins long-temps pendant leur jeune âge, et ne sont devenues libres qu'en vieillissant. Cette observation peut se faire aussi pour plusieurs espèces d'Huîtres, et particulièrement à celles qui vivent sur les fonds vaseux ou de sable. Dans les Huîtres comme dans les Gryphées, les valves sont inégales, et dans les deux genres c'est la valve gauche qui est la plus grande. Le crochet des Gryphées courbé en spirale involute. Ce caractère est constant dans plusieurs espèces, mais il ne l'est pas dans toutes. A cet égard, les variations sont comparables à celles des Huîtres; s'il existe des Huîtres gryphoïdes, il y a aussi des Gryphées ostréiformes. Quant aux caractères qui semblent plus importans, ceux de la charnière et de l'impression musculaire, nous pouvons dire qu'ils sont tellement semblables dans les deux genres que nous sommes surpris que Lamarck se soit laissé entraîner à la création du genre inutile des Gryphées.

Depuis peu d'années, M. Say, dans le Journal des Sciences de Philadelphie, a proposé un nouveau genre auquel il a donné le nom d'Exogyra; il est formé pour rassembler celles des Gryphées, dont le crochet, au lieu de se relever en-dessus des valves, se contourne latéralement. Ce genre est encore moins utile que celui des Gryphées, et doit être rejeté par les mêmes raisons. Il n'a pas un seul caractère que l'on ne trouve aussi dans les Huîtres et quelquefois dans les variétés d'une même espèce.

dans l'état marin et bien conservée. En dessous, elle a trois côtes angulaires qui rendent le bord supérieur ondé et subanguleux. Longueur, un décimètre.

2. Gryphée colombe. *Gryphæa columba.* Lamk.

G. testá ovato-rotundatá, dilatatá, glabrá; unco parvulo, obliquo.

Knorr. Petrif. part. 2. D. III. pl. 62. f. 1. 2.

Encycl. pl. 189. f. 3. 4.

* Sow. Min. Conch. pl. 383. f. 1. 2.

* *Exogyra conica. id.* pl. 26. f. 2.

* *Exogyra columba.* Goldf. petrif. t. 2. p. 34. n° 6. pl. 86. f. 9.

* Brong. Géol de Paris. pl. 6. f. 8.

* Desh. Coq. caract. p. 88. n° 1. pl. 12. f. 3.

* *Ostrea columba.* Desh. Encycl. méth. vers. t. 2. p. 302. n° 42.

[b] *Var. umbone inferiori fasciis radiato.*

Habite..... Fossile de..... Mus. n°. Mon cabinet. On la trouve sur les coteaux calcaires des environs du Mans. M. *Menard.* On en trouve, aussi près du Mans, une variété plus petite, tourmentée, à crochet presque retourné. M. *Menard.* Mon cabinet.

3. Gryphée gondole. *Gryphæa cymbium.* Lamk.

G. testá ovato-rotundatá, subglabrá; valvá superiore concavá; unco vix obliquo.

Knorr. Petrif. part. 2. B. I. d. pl. 20. f. 7.

Encycl. pl. 189. f. 1. 2.

* Desh. Coq. caract. p. 96. n° 4. pl. 12. f. 1. 2.

* *Ostrea cymbium.* Desh. Encycl. méth. vers. t. 2. p. 306. n° 51.

* *Gryphæa cymbium.* Goldf. petrif. t. 2. p. 29. n°. 2. pl. 85. f. 1.

Habite..... Fossile de.... Mus. n°. Mon cabinet. Elle est plus élargie que la suivante, et a des stries d'accroissement transverses, lamelleuses. On la trouve au Breuil, près de S-Jean-d'Angely.

4. Gryphée arquée. *Gryphæa arcuata.*

G. testá oblongá, incurvá, transversim rugosá; unco magno, sub-obliquo.

* List. Anim. Angl. pl. 8. f. 45.

* *Gryphiles* Lin. mus. tessin. p. 92. D. pl. 5, f. 9.

Bourguet, Pétrif. pl. 15. n° 92.

Knorr. Petrif. part. 2. D. III. pl. 60. f. 1. 2.

Gryphæa incurva. Sow. Conch. min. n° 20. t. 112. f. 1.

* Parkinson. Orga. rem. t. 3. p. 209. pl. 15. fig. 3.

* Blainv. Malac. pl. 59. f. 4.

* Def. Dict. sc. nat. t. 19. p. 536.
* Desh. Encycl. méth. vers. t. 2. p. 303. n₀ 44. *Ostrea arcuata.*
* Desh. Coq. caract. p. 98. n° 5. pl. 12. f. 4. 5. 6.
* Sow. Genera of shells. f. 3. *Ostrea.*
* Goldf. petrif. t. 2. p. 28. pl. 84. f. 1.
* *Griphæa incurva.* Zieten. petrif. Wurt. pl. 49. f. 1. 2.

Habite..... Fossile des environs de Nevers, etc. Mus. n₀. Mon cabinet. Espèce commune.

5. Gryphée unilatérale. *Gryphæa secunda.* Lamk.

G. testá oblongá : natibus obliquissimis secundis.

Encyclop. pl. 189. f. 5. 6.

Habite..... Fossile de..... Mon cabinet. Elle est moins grande que les précédentes.

6. Gryphée lituole. *Griphæa lituola.* Lamk.

G. testá oblongá : valvá majore uno latere complanatá , costá tuberculis nodosá ; nate laterali subcarinatá.

Habite..... Fossile de la Champagne, près de Bar-sur-Aube. Mon cabinet et celui de M. *Dufresne.* Longueur, 110 millimètres.

7. Gryphée large. *Gryphæa latissima.* Lamk.

G. testá semi-orbiculari, latissimá , subtus angulo longitudinali carinatá ; unco parvulo, laterali.

Bourguet, Pétrif. pl. 14. f. 84. 85.

Habite..... Fossile de.... Mon cabinet. C'est la plus grande de celle que je connaisse. Sa carène est un peu noduleuse ; mais elle n'est pas plissée.

8. Gryphée plissée. *Gryphæa plicata.* Lamk.

G. testá arcuatim curvá, subtus carinatá ; plicis obliquis ; unco laterali.

Bourguet, Pétrif. pl. 15. f. 89. 90.

* *Exogyra plicata.* Goldf. pétrif t. 2. p. 37. n₀ 14. pl. 87. f. 5. c. d. e. f. et *Exogyra flabellata. id.* pl. 87. f. 6. (1)

---

(1) M. Goldfuss rapporte à son *Exogyna plicata* deux coquilles qui nous paraissent très différentes du type spécifique de Lamarck ; il sera nécessaire de séparer ces coquilles sous des noms particuliers. M. Goldfuss, à côté de cet *Exogyra plicata* dans laquelle il confond deux espèces, établit une Exogyra flabellata pour une variété de la plicata ; nous avons été déterminé par là à réunir cette *flabellata* à la *plicata* de Lamarck.

[b] *Var. plicis distantibus, subangulatis.*

Habite..... Fossile de la butte de Gazonfier, près du Mans, département de la Sarthe. M. *Menard.* Mon cabinet. La variété [b] se trouve aux environs de Bordeaux. Elle a jusqu'à 80 millimètres de longueur.

9. Gryphée distante. *Gryphæa distans.* Lamk.

G. testá variabili, oblongá, obliquatá; unco subtorto, laterali; rugis incrementorum arcuatis, concentricis, distantibus.

Habite.... Fossile des environs du Mans. M. *Menard.* Mon cabinet. Quoique de forme variable et d'assez petite taille, elle est remarquable par ses accroissemens espacés, qui la rendent comme parquetée, principalement sur sa valve aplatie. Longueur, 30 à 40 millimètres.

10. Gryphée étroite. *Gryphæa angusta.* Lamk.

G. testá oblongá, angustatá, curvá, subtus obsoletè carinatá; unco laterali.

Habite..... Fossile des environs de la Rochelle. M. *Fleuriau de Belle-Vue.* Mon cabinet. Longueur, 30 millimètres.

11. Gryphée petits-plis. *Gryphæa plicatula.* Lamk.

G. testá ovali, obliquá, minimá; subtus plicis tenuibus sublongitudinalibus; unco laterali.

Habite..... Fossile des environs du Mans, à une lieue. M. *Menard.* Mon cabinet. Elle ne devient jamais grande. Longueur, 18 à 20 millimètres.

12. Gryphée siliceuse. *Gryphæa silicea.* Lamk.

G. testá ovali, obliquá; plicis nullis; unco laterali.

Habite..... Fossile des environs de Rochefort. M. *Fleuriau de Belle-Vue.* Mon cabinet. Fossile siliceux, offrant des orbicules de calcédoine. Longueur, 20 millimètres.

† 13. Gryphée petite barque. *Gryphæa cymbiola.* Desh.

G. testá ovato-acutá, longitudinali, cymbiformi, arcuatá, rugosá, subregulari; unco magno, subobliquo, triangulari; marginibus acutis, supernè crenulatis.

Desh. Coq. foss. des environs de Paris. t. 1. p. 329. n° 2. pl. 47. f. 4. 5. 6.

Ostrea uncinata. id. Encycl. méth. vers. t. 2. p. 306. n° 49.

Habite..... Fossile à Valmondois, près Pontoise. Coquille oblongue, cunéiforme, ayant un peu l'apparence de la Gryphée arquée, mais beaucoup plus petite, lisse, à crochet grand et incliné en dessus et latéralement. Les bords des valves sont simples dans presque toute leur étendue; ils sont finement crénelés de chaque côté de la charnière; l'impression musculaire est obronde, submédiane et postérieure.

† 14. Gryphée de Defrance. *Gryphæa Defrancii*. Desh.

G. testá irregulari, ovato-oblongá, subbilobatá, foliaceá; valvá inferiore profundá, superiore supernè concaviusculá; unco mediocri lateraliter retorto.

Desh. Coq. foss. des environs de Paris. t. 1. p. 328. n° 1. pl. 48. f. 1. 2. 3.

Habite..... Fossile aux environs de Pontoise. Coquille irrégulièrement ovale, oblongue, très variable, offrant quelquefois des individus ostréiformes et le plus souvent en forme de Gryphées. Ces derniers ont le crochet tourné latéralement comme le *Gryphæa columba*. La valve inférieure est très concave, la supérieure operculiforme; toutes deux sont irrégulièrement lamelleuses; les lames sont courtes et produites par des accroissemens.

† 15. Gryphée de la Delaware. *Gryphæa americana*. Desh.

G. testá orbiculatá, subtus convexá, non angulatá, obsolete costatá, transversim lamellosá; lamellis distantibus undulatis; umbone magno valde retorto, laterali; valvá superiore planá, transversim tenue lamellosá, umbone depresso, spirato.

Ostrea americana. Desh. Encycl. méth. vers. t. 2. p. 304. n° 45.

Exogyra costata. Say. Journ. de la soc. d'hist. nat. de Phylad.

Habite..... Fossile en Amérique sur les bords de la Delaware. C'est la coquille type du genre Exogyre; elle n'est point anguleuse en dessous comme la plupart des espèces de ce genre, et elle n'est pas lobée latéralement comme la plupart des Gryphées; cette espèce est l'une de celles qui montrent combien peu de valeur ont les caractères assignés à ces genres. Cette belle espèce est grande, la valve inférieure est très convexe, subcostulée, garnie de lames transverses, onduleuses. La valve supérieure est plane et chargée de lames courtes et rapprochées, les crochets sont en spirale latérale.

† 16. Gryphée auriculaire. *Gryphæa auricularis*. Goldf.

G. testá reniformis, lamelloso-striatá; valvá superiore planá; margine postico incrassato; inferiore latá adhærente; margine postico erecto antico plano; umbone magno intruso.

Ostracites auricularis. Wahlenb. Petrif. succ. p. 58.

Chama haliotoidea. Nils. petrif. succ. p. 28. pl. 8. f. 3.

Exogyra auricularis. Goldf. petrif. t. 2. p. 39. pl. 88. f. 2.

Habite... Fossile en Scanie et en Belgique, dans la craie. Espèce très voisine de l'*Haliotoidea*, mais toujours plus petite, à valves plus convexes, ayant le crochet plus grand, plus enroulé en spirale

† 17. Gryphée planospire. *Griphœa planospirites.* Goldf.

G. *testâ valvâ superiore planâ; umbone magno intruso; spirâ refractâ duplicatâ.*

Planospirites ostracina. Lamk. an. s. v. 1801. p. 700.

Faujas. M. Saint-Pierre. tab. 22. f. 2.

Exogyra planospirites. Goldf. petrif. t. 2. p. 39. pl. 88. f. 3.

Habite.... Fossile dans la craie de Maestricht. Coquille fort singulière. On ne connait que la valve supérieure operculiforme, ayant un crochet très grand, tourné en spirale et engagé dans l'épaisseur de la valve bien plus que dans toutes les autres espèces. Le bord antérieur est saillant et il suit le crochet jusqu'à son extrémité.

† 18. Gryphée haliotide. *Gryphœa haliotoidea.* Sow.

G. *testâ ovali striato-lamellosâ; valvâ superiore subplanâ, margine postico incrassato; inferiore totâ adhærente; margine postico erecto antico plano; umbone parvo intruso.*

Chama haliotoidea. Sow. 1. p. 67. tab. 25. f. 1. 2?

Exogyra haliotoidea. Goldf. petrif. t. 2. p. 38. pl. 88. f. 1.

Habite..... Fossile dans la craie inférieure en Westphalie et en Belgique. Quoique M. Goldfuss rapporte à une même espèce la coquille de M. Sowerby et celle de Westphalie, nous conservons du doute sur leur identité. L'espèce figurée par M. Goldfuss est très aplatie, oblongue, elliptique; la valve inférieure est adhérente par toute la surface; la supérieure est très aplatie, presque lisse; les crochets sont en spirale en partie engagée. Cette espèce est remarquable par sa forme en haliotide et par l'aplatissement des valves.

† 19. Gryphée treillissée. *Gryphœa decussata.* Goldf.

G. *testâ inferiore oblongo-ovali, convexâ, apice vel latere affixâ; striis decussatis undulatâ, umbone exerto.*

Exogyra decussata. Goldf. petrif. t. 2. p. 35. pl. 86. f. 11.

Habite..... Fossile dans la craie blanche, en Angleterre, et dans la craie supérieure de Maestricht. Coquille dont nous ne connaissons que la valve inférieure; elle est arquée, subovale, bossue; son crochet est saillant et fortement incliné. La surface extérieure est couverte d'un réseau peu régulier, composé de stries onduleuses,

longitudinales, rapprochées, et d'un petit nombre de stries transverses et obliques que l'on voit surtout sur le côté postérieur.

† 20. Gryphée harpe. *Gryphæa harpa*. Goldf.

> *G. testá haliotoideá ; valvá superiore planá ; plicis paralellis diago-*
> *nalibus ; inferiore basi affixa postice elatá et plicatá ; umbone*
> *obtecto,*

Exogyra harpa. Goldf. petref. t. 2. p. 38. pl. 87. f. 7.

Habite..... Fossile dans la craie inférieure en Allemagne, en Belgique. Coquille déprimée, ayant assez bien la forme d'un Haliotide.
Sa valve inférieure est attachée par presque toute sa surface ; son
bord relevé est plissé, et son crochet, fortement contourné, est engagé dans l'épaisseur du test et en partie caché ; la valve supérieure
est plane et sillonnée obliquement en diagonale ; les sillons sont
plus ou moins nombreux selon les individus.

† 21. Gryphée découpée. *Gryphæa laciniata*. Goldf.

> *G. testá ovali, valvá superiore planá dextrorsùm incrassata, infe-*
> *riore dorso rotundatá vel subcarinatá, rugosá, plicatá laciniatá-*
> *que; laciniis patulis fornicatis ; umbone parvo sessili.*

Chama laciniata. Nils. petref. p. 28. tab. 8. f. 2.

Exogyra laciniata. Goldf. petref. t. 2. p. 55. pl. 86. f. 12.

Habite..... Fossile dans la craie inférieure (sable vert), en Westphalie, en Allemagne.

La figure que M. Nilsson donne de son *Chama laciniata* ressemble
peu à celle reproduite par M. Goldfuss. Si toutes deux représentent la même espèce, il faut supposer, ou que l'espèce est très
variable, ou que l'une des figures est très médiocre. Cette espèce
a beaucoup d'analogie avec la Gryphée plissée de Lamarck, mais
elle a le dos plus arrondi, et les côtes moins nombreuses.

† 22. Gryphée ondée. *Gryphæa undata*. Sow.

> *G. testá inferiore ovali, convexá, obtusè subcarinatá, apice affixá ;*
> *sulcis utrinque divergentibus ; umbone apice obtecto.*

Exogyra undata. Sow. Min. conch. pl. 605. f. 5. 7?

Id. Goldf. petref. t. 2. p. 35. pl. 86. f. 10.

Habite..... Fossile dans la craie inférieure, en Allemagne. C'est avec
raison que M. Goldfuss a mis un point de doute à la citation qu'il
fait de l'*Exogyra undata* de M. Sowerby. Nous croyons que la coquille de l'auteur anglais est d'une espèce différente de celle de
l'auteur allemand. La première a des stries lamelleuses, transverses et un peu obliques, onduleuses. L'autre a des stries ondu-

leuses, divergentes, tout-à-fait différentes. Nous pensons que la *Griphæa plicatula*, Lamk. n° 11. est la même que celle-ci.

† 23. Gryphée conique. *Gryphæa conica*. Sow.

G. testá sublævi ; valvá superiore margine postico, incrassato ; inferiore ovato-conoideá vel reniformi et irregulari ; umbone acutè carinato apice oblecto latere affixo.

Exogyra conica. Sow. Min. conch. pl. 6o5. f. 1. 2. 3.
Var. recurvata, conica, plicata. Sow. *loc. cit.* pl. 26. f. 2. 3. 4.
Chama conica. Nils. l. c. tab. 8. f. 4. (?)
Exogyra conica. Goldf. petref. t. 2. p. 36. pl. 87. f. 1.

Habite….. Fossile dans la craie inférieure, en Angleterre, en France et en Belgique. Espèce assez connue, ovale, arquée ; la valve inférieure lisse, bossue, profonde, ayant le crochet en spirale latéralement et caréné ; il n'est pas strié comme celui de la Gryphée colombe ; la valve supérieure est aplatie, assez épaisse, surtout du côté postérieur.

† 24. Gryphée corne de bélier. *Gryphæa cornu arietis*. Goldf.

G. testá rugosá, concentricè lamellosá ; valvá superiore subplaná, lamelloso-striatá ; inferiore profundá nodoso-carinatá ; umbone apice affixo, rugis radiantibus linearibus aperto.

Chama cornu arietis. Nils. petref. p. 28, tab. 8. f. 1. a. b.
Exogyra cornu arietis. Goldf. petref. t. 2. p. 36. pl. 87. f. 2.

Habite….. Fossile dan s la craie inférieure de Westphalie. Belle espèce ovale, oblongue, dont on ne connaît que la valve inférieure ; elle est arquée, très convexe, carénée au milieu ; la carène, très aiguë sur le crochet, s'arrondit et s'efface vers le bord. Le crochet est très grand, très saillant, tourné en spirale sur le côté. Toute la surface est irrégulièrement ridée.

† 25. Gryphée tête d'aigle. *Gryphæa aquila*. Brong.

G. testá concentricè lamelloso-striatá ; valvá superiore subconcavá ; inferiore profundá, ovatá, nodoso-carinatá ; umbone intruso apice sessili.

Gryphæa aquila. Brong. Cuv. oss. foss. V. tab. 9. f. 11.
Exogyra aquila. Goldf. petref. t. 2 p. 36. pl. 87. f. 3.

Habite….. Fossile en France et en Allemagne, dans la craie inférieure. Grande et belle coquille subtriangulaire ; la valve inférieure est très convexe, une carène obtuse, oblique, subonduleuse, la partage en deux parties inégales ; celle du côté postérieur est la plus étroite ; des sillons espacés, assez réguliers se montrent sur

cette valve; la valve supérieure est operculiforme, légèrement
concave en dessus et chargée de lamelles courtes, transverses,
produites par de nombreux accroissemens.

† 26. **Gryphée noduleuse.** *Gryphœa subnodosa.* Munst.

> G. *testá deltoideá; valvá inferiore latere antico plano, semicirculo,
> nodoso, cincto; postico elato umbone exerto; cariná dorsali ro-
> tundatá; superiore valvá incognitá.*

Exogyra subnodosa. Goldf. petref. t. 2. p. 34. pl. 86. f. 8.

Habite..... Fossile dans le calcaire jurassique, aux environs de Bay-
reuth. Coquille oblongue, subtrigone, bossue, divisée en deux
parties presque égales par une carène obtuse, arrondie; le crochet
est saillant, s'incline sur le côté postérieur, et sur ce côté la coquille est ornée d'une rangée de tubercules assez réguliers; la
valve supérieure est inconnue.

† 27. **Gryphée réniforme.** *Gryvhœa reniformis.* Goldf.

> G. *testá subreniformi, lœvi; valvá superiore planá margine postico
> incrassato; inferiore basi affixá, postice elatá; umbone involuto,
> obtecto.*

Exogyra reniformis. Goldf. petref. t. 2. p. 34. pl. 86. f. 6. 7.

Habite dans l'oolite supérieure, en Allemagne et en France. Celle-ci
diffère peu des Gryphées auriforme et spirale. La valve inférieure,
fixée par toute sa surface, a ses bords relevés perpendiculairement;
les crochets sont plus saillans, moins engagés que dans les espèces
citées; la valve supérieure est operculiforme, lisse; son bord antérieur relevé est finement strié. Le bord postérieur forme une sinuosité.

† 28. **Gryphée auriforme.** *Gryphœa auriformis.* Goldf.

> G. *testá semicirculari, lœvi; valvá superiore planá margine postico
> incrassato antico lineari; inferiore basi affixá postice elatá; um-
> bone involuto, subobtecto.*

Exogyra auriformis. Goldf. petref. t. 2. p. 33. pl. 86. f. 5. a.

Habite.... dans l'oolite supérieure en Allemagne et en France. Petite
espèce voisine, par sa taille et sa forme, de la Gryphée spirale; sa
valve inférieure est adhérente par toute sa surface, les parois se
relèvent perpendiculairement. Les crochets, à peine saillans, se
contournent latéralement en spirale courte; la valve supérieure
est operculiforme et a quelque ressemblance avec l'opercule calcaire de certaines natices.

† 29. **Gryphée spirale.** *Gryphœa spiralis.* Goldf.

> G. *testá suborbiculari; valvá superiore planá lineis spiralibus notatá;*

14.

*inferiore basi affixá, fornicatá, lamelloso-striatá ; umbone invo-
luto obtecto.*

Exogyra spiralis. Goldf. petref. t. 2. p. 33. pl. 86. f. 4. a.

Habite..... Fossile dans les parties supérieures de l'oolite. Petite coquille ovale, suborbiculaire ; la valve inférieure adhérente ordinairement par presque toute sa surface. Les crochets sont peu
saillans et fortement contournés en spirale sur le côté ; la valve
supérieure est aplatie, un peu déprimée dans le milieu et ornée de
fines stries assez régulières, concentriques et en spirale.

† 3o. Gryphée virgule. *Gryphœa virgula.* Def.

*G. testá elongato-reniformi, lineis subtilissimis divergentibus undu-
latá ; valvá superiore latere postico valdè incrassato ; inferiore
convexá, gibbá, subcarinatá umbone exerto affixá.*

Gryphœa virgula, Defr. Dict. sc. nat. art. Gryph.

Exogyra virgula. Goldf. petref. t. 2. p. 33. pl. 86. f. 3. a. c.

Desh. Coq. caract. p. 9o. n° 2. pl. 5. f. 12. 13.

Ostrea virgula. Id. Encycl. méth. vers. t. 2. p. 3o6. n° 5o.

Habite..... Fossile dans l'oolite supérieure, où elle est très commune
en France, en Allemagne et en Angleterre. Elle est arquée dans sa
longueur, et sa forme se rapproche en effet d'une grande virgule.
La valve gauche est la plus grande, les crochets des valves sont
contournés sur le côté et toute la surface extérieure est ornée d'un
grand nombre de stries longitudinales, onduleuses et se divisant
souvent en deux.

† 3i. Gryphée géante. *Gryphœa gigantea.* Sow.

*G. testá ovato-orbiculari, lamelloso-striatá ; valvá superiore orbicu-
lari, planá, inferiore umbone gracili submediano incurvo subobliquo ; sulco laterali infra apicem excurrente.*

Gryphœa gigantea. Sow. Min. Conch. pl. 391.

Gryphœa bullata (?) Phill. Yorksh. tab. 4. f. 36.

Gryphœa dilatata. Var. Phill. *loc. cit.* 6. f. 1.

V. Munster in keferst. deutscht. VII. 1831. p. 4.

Goldf. petref. t. 2. p. 3i. tab. 85. f. 5. a. b.

Habite..... Fossile dans l'oolite inférieure, en Angleterre, en Allemagne et en France. Grande coquille suborbiculaire, plus déprimée
que la plupart des espèces ; la valve inférieure représente assez bien
la forme d'un segment de sphère ; sa surface est couverte d'un
grand nombre de stries irrégulières d'accroissement ; elles sont souvent interrompues par des ondulations transverses. Le côté postérieur offre un lobe petit, mais bien distinct.

† 32. Gryphée dilatée. *Gryphæa dilatata.* Sow.

> *G. testá ovato-rotundá dilatatá, subdepressá, valvá inferiore con-*
> *vexá, crassá, superiore operculiformi, concavá; paginá superiore*
> *lamellosá; umbone magno, prælongo, valdè recurvo, calceiformi,*
> *tripartito.*

Sow. Min. Conch. pl. 149. f. 1. 2.

Desh. Coq. caract. p. 92. n₀ 3. pl. 8. f. 7.

Id. Encycl. méth. vers. t. 2. p. 303. n₀ 43. *Ostrea dilatata.*

An eadem junior? Sow. Genera of shells. f. 3.

Habite..... Fossile dans l'oolite inférieure, les argiles du lias en Angleterre, en Allemagne et en France. Grande coquille ovale, oblongue, ayant beaucoup de rapports avec le *Gryphæa cymbium*, dont
elle n'est peut-être qu'une variété; mais nous devons dire que le
Cymbium de Lamarck, d'après l'individu étiqueté de sa main, n'est
pas l'espèce que l'on trouve ordinairement, sous ce nom, dans les
auteurs; mais bien celle que nous avons fait figurer, coq. caract., et
qui vient des mêmes localités que celle-ci.

† 33. Gryphée oblique. *Gryphæa obliqua.* Sow.

> *G. testá ovato-rotundatá, concentricè striatá, sinistrorsùm obliquá;*
> *valvá superiore concavá; inferiore umbone affixá, subincurvá;*
> *lobo laterali vix distincto.*

Gryphæa obliquata. Sow. Min. Conch. pl. 112. f. 3.

Gryphæa depressa. Phillips geolog. of Yorksh. tab. 14. f. 7. ?

Goldf. petref. t. 2. p. 30. pl. 85. f. 2. a. b.

Habite..... Fossile dans le lias, en Angleterre, en France et en Allemagne. Elle est moins grande que la Gryphée gondôle; elle est
ovale; sa valve inférieure est très bombée, irrégulièrement lamelleuse ou striée par des accroissemens; son crochet se recourbe un
peu obliquement en dessus, il est tronqué au sommet par le point
d'attache; la valve supérieure est concave en dessus, les lames ou
les stries d'accroissement sont plus rapprochées et plus régulières.
La surface cardinale est aplatie, ayant un sillon médian pour le
ligament.

† 34. Gryphée pochette. *Gryphæa suilla.* Schloth.

> *G. testá suborbiculari concentricè lamelloso-striatá; valvá superiore*
> *planá, inferiore umbone parvo, retuso, obliquo, lobo laterali dila-*
> *tatá infra apicem excurrente.*

Gryphites suillus Schloth. Conch. min. taschemb. VII. tab. 4.
f. 4.

Goldf. petref. t. 2. p. 30. pl. 85. f. 3. a. b.

Habite..... Fossile dans le lias, en Allemagne. Coquille peu distincte de la Gryphée oblique, elle est plus arrondie; la valve inférieure est presque demi-sphérique, son crochet est petit et peu saillant. La valve supérieure est concave et étagée par des accroissemens épais, assez réguliers. On remarque, sur le côté postérieur de la coquille, une petite sinuosité oblique. Nous n'avons pas vu la charnière ni l'intérieur des valves, ce qui nous laisse quelques doutes sur la valeur de l'espèce.

HUITRE. (Ostrea).

Coquille adhérente, inéquivalve, irrégulière, à crochets écartés, devenant très inégaux avec l'âge, et à valve supérieure se déplaçant pendant la vie de l'animal.

Charnière sans dents. Ligament demi-intérieur, s'insérant dans une fossette cardinale des valves; la fossette de la valve inférieure croissant avec l'âge, comme son crochet, et acquérant quelquefois une grande longueur.

Testa adhærens, inæquivalvis; irregularis; natibus extùs disjunctis, subdivaricatis, ætate inæqualissimis; valvâ superiore minore, sensìm per animalis vitam ad anticum progrediente.

Cardo edentulus. Ligamentum semi-internum, in valvarum fossulâ cardinali affixum. Fossula valvæ inferioris ætate crescens, interdùmque cum nate longitudinem maximam obtinens.

[Animal ovale, oblong, aplati, souvent irrégulier, les lobes du manteau épais et frangés sur les bords, séparés dans toute leur étendue; point de pied; bouche médiocre garnie de deux paires de palpes alongées, lancéolées; branchies grandes, courbées, presque égales. Le cœur non symétrique ne prend pas son point d'appui sur l'intestin, celui-ci se terminant derrière le muscle adducteur par un anus flottant entre les lobes du manteau.]

OBSERVATIONS.— Le genre de l'*Huitre*, tel qu'il est maintenant réformé, est un genre très naturel, l'un des plus remarquables parmi les conchifères, et en même temps celui dont les caractères sont le mieux déterminés.

Linné, ne considérant, dans les *Huîtres,* que le manque de dents à la charnière de la coquille, y avait associé le beau genre des *Peignes,* qui comprend des coquilles bien différentes, puisque celles-ci sont libres ou non adhérentes, régulières, et qu'elles ont toutes la fossette du ligament complètement intérieure. *Born,* dans son Muséum, n'approuva point cette association de *Linné;* mais il n'osa entreprendre aucune réforme à cet égard. *Linné,* d'ailleurs, rapportait à son genre *Mytilus* de véritables huîtres, savoir : *Mytilus crista galli, Mytilus hyotis, Mytilus frons;* et il plaçait, parmi les huîtres, le genre entier des *Pernes,* dont la charnière est si particulière par la ligne cardinale dentée qui la caractérise.

On doit à *Bruguière* d'avoir établi le caractère de l'Huître dans ses principales limites, et d'en avoir séparé les coquillages qui s'en distinguent d'une manière évidente.

Aux réformes très convenables de Bruguière, j'ai ajouté la séparation des *Vulselles* des *Podopsides* et des *Gryphées,* ce qui me paraît compléter le travail qu'il y avait à faire pour rendre au genre de l'Huître ses véritables limites.

La coquille de l'Huître est irrégulière, inégale, rude, raboteuse, souvent écailleuse, quelquefois singulièrement plissée en ses bords, et en général susceptible d'acquérir une grande épaisseur. Elle ne se courbe point de dessous en dessus comme celle des Gryphées.

Les Huîtres sont composées de deux valves inégales, dont l'une supérieure et plus petite, est en général plane, tandis que l'autre, inférieure et adhérente aux corps marins, est plus grande et plus concave. La substance de ces valves est formée de lames lâches ou mal unies entre elles.

Il n'y a pas de dents à la charnière; mais un ligament élastique, placé dans une fossette oblongue, sous des crochets qui s'écartent en dehors. La fossette est quelquefois superficielle, peu apparente.

Une particularité fort remarquable qui appartient à un grand nombre d'espèces de ce genre, et qui paraît ne leur être commune qu'avec les *Spondyles,* c'est qu'à mesure que l'animal grandit et vieillit, il est forcé de se déplacer dans sa coquille et de s'éloigner graduellement de la base de sa valve inférieure; or, en se déplaçant, il déplace en même temps la valve supérieure de sa coquille, ainsi que le ligament des valves; ce dont aucune autre coquille bivalve n'offre d'exemple, si l'on en excepte les *Spondyles*. Il en résulte qu'avec l'âge, le crochet de la valve inférieure forme un talon ou une espèce de bec saillant, qui est quelquefois d'une longueur considérable. On voit, en outre, que la fossette dans laquelle le ligament des valves fut successivement placé, s'allonge à mesure que la coquille s'agrandit, et se transforme en une gouttière striée transversalement, tandis que la fossette ligamentale de la valve supérieure ne s'agrandit point ou presque point.

Les Huîtres sont de tous les coquillages, ceux dont les facultés paraissent le plus bornées : immobiles sur le roc ou sur les corps marins sur lesquels elles sont fixées, elles n'ont d'autre nourriture que celle que les flots leur apportent, et ne donnent guère d'autre signe de vie que par leur faculté d'entr'ouvrir et de refermer leurs valves. Cependant, il paraît que, dans certaines circonstances, il ne leur est pas impossible de se déplacer.

Malgré les réductions qu'il a fallu faire subir au genre de l'Huître, tel que Linné l'avait établi, ce genre comprend encore un assez grand nombre d'espèces que l'on peut partager en deux sections, en distinguant :

1° Celles dont les bords des valves sont simples et unis ;

2° Celles qui ont les bords plissés.

L'irrégularité de ces coquilles rend la détermination des espèces souvent très difficile. (1)

---

(1) Ce que nous avons dit précédemment sur le genre Gryphée rendrait inutiles d'autres observations sur les Huîtres, si nous n'avions à discuter quelques-unes des idées que vient de publier M. Léopold de Buch dans une note sur les Huîtres, les Gryphées et les Exogyres, insérée dans le numéro de mai 1835 des Annales des Sciences Naturelles. « Les Huîtres, dit M. de Buch, ont une tendance à s'isoler sur un plan droit, les Gryphées sont profondes et les Exogyres ont une tendance marquée à former une

ESPECES.

[1] *Bords des valves simples ou ondés, mais point plissés.*

1. Huître comestible. *Ostrea edulis.* Lin.

O. testá ovato-rotundatá, basi subattenuatá; membranis imbricatis, undulatis; valvá superiore planá.

Ostrea edulis. Lin. Syst. nat. p. 1148. Gmel. p. 3334. n° 105.

* List. Anim. angl. pl. 4. f. 26.

List. Conch. t. 193, f. 30.

Gualt. Test. tab. 102. fig. A. B.

* Pennant, Zool. brit. édit. 1812. pl. 65. f. 2.

carène. » Cela est vrai d'une manière générale, mais cela manque de justesse quand on en vient à examiner en détail un grand nombre d'individus de chacune des espèces. Si les Huîtres en général ont une tendance à s'étaler, presque toutes, selon la forme et l'étendue du corps sur lequel elles s'appliquent, prennent des formes très diverses, et nous avons fait voir dans notre ouvrage sur les coquilles fossiles des environs de Paris que, dans une seule espèce, on trouvait presque toutes les formes propres aux Huîtres proprement dites, aux Gryphées et aux Exogyres. Si nous prenons dans le groupe des Gryphées, celles des espèces qui sont le mieux caractérisées, nous en trouvons de variables, et si nous comparons les jeunes individus avec ceux des Huîtres, nous ne trouvons aucune différence. A prendre pour point de départ la Gryphée arquée, celle dont le crochet de la valve inférieure est le plus relevé, on voit s'établir un passage insensible avec les Huîtres proprement dites, par plusieurs espèces dans lesquelles cette partie, de moins en moins saillante, finit enfin par disparaître dans cette forme pour prendre celle des Huîtres; cette transition est tellement insensible que nous regardons comme impossible la limite rationnelle des deux genres. M. de Buch dit que les Gryphées ont un lobe latéral, mais ce lobe n'est pas plus constant que les autres caractères, et il n'a pas plus de valeur qu'eux. Il y a des espèces où il est à peine marqué, d'autres où il est plus profond,

* Born. Mus. p. 113.

Chemn. Conch. 8. t. 74. f. 682.

* Schrot. Einl. t. 3. p. 363.

* Da Costa. brit. Conch. p. 153. pl. 2. f. 6.

* Maton et Racket. Lin. trans. t. 8. p. 101.

Encycl. pl. 184. f. 7. 8.

* Olivi. Adriat. p. 120.

* Poli. Test. t. 2. pl. 29. f. 1.

* de Roissy. Buf. moll. t. 6. p. 225. no 1. pl. 61. f. 5.

* Dillw. Cat. t. 1 p. 280. n° 74.

* Blainv. malac. pl. 60. f. 1.

* Desh. Encycl. méth. vers. t. 2. p. 288. no 1.

* Sow. Genera of shells. f. 1.

* *Fossilis*. Broc. Conch. foss. p. 562. n° 1.

---

mais il manque dans certains individus. Ce lobe, regardé comme caractéristique par M. de Buch, se retrouve aussi, comme il l'avoue lui-même, dans les Huîtres, commun à deux genres qu'il devrait séparer; il se montre assez souvent dans quelques Exogyres; le peu de constance qu'il offre lui ôte toute sa valeur et son importance. Les Exogyres, dit aussi M. de Buch, ont une tendance à prendre un angle dorsal. Nous observerons d'abord que le type du genre, l'*Exogyra costata* de Say, n'a jamais de carène; nous observerons encore l'absence de la carène dans plusieurs autres espèces. Si certaines Exogyres ont une carène dorsale, d'autres ne l'ont pas; on ne peut donc regarder ce caractère comme constant, il est insuffisant pour limiter le nouveau genre; il ne reste donc plus, comme caractère, que la forme du crochet; ici, il est enroulé latéralement, dans les Gryphées, il est relevé en dessus. A cet égard, l'examen des Exogyres offre de l'intérêt. Plusieurs espèces d'Huîtres ont le crochet toujours tourné sur le côté; d'autres, qui l'ont ordinairement droite, ont accidentellement cette partie également contournée latéralement; les Exogyres ont avec ces Huîtres de tels rapports qu'il est impossible de tracer le limite rationnelle des deux groupes; mais ce n'est pas tout: si les Gryphées passent aux Huîtres par l'abaissement progressif du crochet, elles passent aussi aux Exogyres par un certain nombre d'espèces à crochet de plus en plus oblique, de sorte que la distinction des Gryphées

[b] *Var. testâ uniauriculatâ.*

[c] *Var. testâ ætate in collùm elongatum basi productâ.*

Habite les mers d'Europe. Mus. n°. Mon cabinet. C'est l'espèce commune que tout le monde connaît, et que l'on mange. On la détache des corps marins, pour l'usage; on la conserve aussi dans des parcs voisins de la mer, où l'eau se renouvelle dans les grandes marées; elle y prend une couleur verte, et est fort bonne. Les lames de sa valve inférieure forment des côtes rayonnantes interrompues. La variété [c] est singulière et n'est pas rare.

2. Huître pied-de-cheval. *Ostrea hippopus.* Lamk.

O. testâ rotundatâ, magnâ, crassâ; valvâ superiore planâ; lamellis transversis creberrimis appressis.

* Desh. Encycl. méth. vers. t. 2. p. 288. n° 2.

---

et des Exogyres n'est pas plus nette que celle des Huîtres avec les Gryphées d'un côté, et des Huîtres avec les Exogyres de l'autre. Ainsi les Gryphées et les Exogyres ne sont pas deux embranchemens divergens des Huîtres comme on aurait pu le croire, mais ces trois genres forment un véritable cercle, car on passe des Huîtres aux Gryphées, des Gryphées aux Exogyres et des Exogyres on revient aux Huîtres par des nuances insensibles.

Les rapports intimes qui lient les trois genres dont nous nous occupons, l'enchaînement de leurs caractères, la manière dont ils se pénètrent mutuellement, pour ainsi dire, donnent selon nous la preuve la plus convaincante que ces trois genres artificiels, tant qu'ils sont séparés, formeront un genre très naturel aussitôt qu'ils seront réunis. C'est, du reste, depuis long-temps que nous avons proposé de faire cette réunion, et nous ne croyons pas, avec M. de Buch, que ces genres sont séparés d'une manière *nette, précise et tranchée.*

M. de Buch considère le lobe de certaines Gryphées et l'élargissement que l'on remarque dans quelques Huîtres (*Ostrea carinata*), comme des parties analogues aux oreillettes des Peignes. Nous sommes loin de partager l'opinion du savant géologue. Nous voyons trop de différence entre les animaux des Peignes et des Huîtres dans ce que leur organisation a de plus important, pour admettre dans l'un les parties de l'autre dans un certain état de modification; la partie du manteau qui, dans les Peignes, pro-

Habite dans la Manche; commune à Boulogne-sur-Mer. Mus. n°. Mon cabinet. On la distingue constamment de la précédente, et on la mange aussi; mais elle est moins bonne et moins facile à digérer. Largeur, 120 millimètres.

3. Huître de New-Yorck. *Ostrea borealis*. Lamk.

O. testâ oblongo-ovatâ, albidâ; membranis imbricatis, undulatis; valvâ superiore convexiusculâ.

Habite près de New-Yorck. Mus. n°. Envoyée par M. *Milberts*. Longueur, 75 millimètres. Elle tient de l'H. comestible et de l'H. étroite, mais elle en est distincte.

---

duit les oreillettes, n'est pas celle qui forme le lobe dans les Gryphées. Tous les Peignes, sans exception, sont réguliers et ont des oreillettes; toutes les Huîtres, sans exception, sont irrégulières et manquent d'oreillettes semblables à celles des Peignes. Dans l'Huître citée par M. de Buch, *Ostrea carinata* et autres espèces analogues, l'élargissement de la partie supérieure tient à la position du muscle sur cet élargissement et à l'adhérence de la coquille sur cette partie élargie. On ne peut donc la comparer aux oreillettes des Peignes car elles n'ont aucun rapport avec le muscle adducteur des valves. Lorsque l'on connaît les différences entre les animaux des Peignes, et des Huîtres, on ne peut admettre la conclusion de M. de Buch : que les Huîtres sont des Peignes sans oreillettes ou les ayant horizontales, tandis que les Gryphées n'en ont qu'une représentée par le lobe latéral, l'autre étant avortée par suite de la forme des coquilles. Il faut se défier en général de ces rapprochemens, de ces analogies, fondées sur quelques rapports éloignés entre certaines parties extérieures des coquilles lorsqu'elles ne sont pas appuyées sur une analogie semblable dans les animaux; car, pourquoi y aurait-il de l'analogie entre les Peignes et les Huîtres à l'égard des oreillettes seulement? Si cette analogie est réelle pourquoi ne se montre-t-elle pas aussi, quelquefois du moins, dans les autres parties? Il y aurait là une véritable anomalie dans un principe qui n'admet jusqu'à présent aucune exception. Enfin, comment se ferait-il que, dans des animaux aussi différens que les Peignes et les Huîtres, une seule partie de leur coquille, et non des animaux, eût de l'analogie lorsque toutes les autres diffèrent?

4. Huître vénitienne. *Ostrea Adriatica*. Lamk.

> *O. testá obliquè ovatá, subrostratá, exalbidá, supernè planá; membranis appressis, intùs uno latere denticulatá.*
>
> *An ostrea exalbidá?* Gmel. n° 116.
>
> Knorr. Verg. 5. t. 14. f. 3. 5.
>
> Habite le golfe de Venise. Mon cabinet. Communiquée par M. *Bosc.* Elle est mince, et denticulée d'un côté, près de la charnière.

5. Huître en cuiller. *Ostrea cochlear*. Poli.

> *O. testá ovali-obliquá, concentricè lamellosá, crassá; valvá superiore concavá; inferiore umbone erecto parvo dextrorsum alato; lobo laterali sinistro distinctá.*
>
> *Ostrea cochlear.* Poli. Test. t. 2. pl. 28. f. 28.
>
> *Ostrea navicularis.* Broc. Conch. Foss. subap. t. 2. p.565.
>
> Bronn. italien tertiar-gebilde 1831. p. 123.
>
> *Gryphœa navicularis.* Goldf. petref. t. 2. p. 31. no 8. pl. 86. f. 2.
>
> *Ostrea italica.* Desh. Encycl. méth. vers. t. 2. p. 305. n$_0$ 48.
>
> Habite dans la Méditerranée. Fossile dans les terrains tertiaires d'Italie, de Sicile, de Morée; elle se trouve aussi aux environs d'Alger (M. Edwards.) M. Goldfuss la cite dans les terrains tertiaires de la Bavière. Vivante, elle est blanche, ornée de flammules roses, ou d'un rouge plus intense. Adhérente par une petite portion du crochet, la valve inférieure est oblongue, concave, très mince vèrs les bords; elle est presque lisse, on y voit des lames d'accroissement irrégulières: la valve supérieure est très concave en dessus, de sorte que, dans une coquille fort profonde, l'animal est réellement peu épais. Cette valve supérieure a les bords très minces, relevés, de manière à s'appliquer contre les parois de la valve inférieure et remonter au même niveau qu'elles. M. Goldfuss rapporte à cette coquille le *Podopsis gryphoides* de Lamarck. La coquille, citée par Lamarck sous ce nom, vient de Meudon, des environs de Dax et d'Italie. Les coquilles de Meudon et de Dax proviennent de la craie, elles ne sont pas de la même espèce que celle d'Italie; si cette dernière est des terrains tertiaires, elle pourrait bien être de la même espèce que l'*Ostrea navicularis* de Brocchi, et, dans ce cas, il serait certain que Lamarck aurait confondu au moins deux espèces qui n'ont rien de semblable dans leurs caractères, à ceux du *Podopsis truncata*. Lorsque de tels doutes existent sur une espèce, il est plus convenable, selon nous, de s'abstenir de la citer.

6. Huître en crête. *Ostrea cristata.* Born. (1)

> *O. testá rotundatá, tenui, expansá; supernè lamellis membranaceis, imbricatis oppressis; subtus lamellis raris, laxis, undato-plicatulis.*
>
> *An ostrea cristata?* Gmel. n° 117.
>
> Born. Mus. t. 7. f. 3.
>
> Adans. Seneg. t. 14. f. 4.
>
> [b] Chemn. Conch. 8. t. 71. f. 660. 661.
>
> *Testa subtus costellis violaceis radiata.* Mon cabinet.
>
> [c] *Var? testá basi angustatá.*
>
> Poli. Test. 2. tab. 28. f. 25. 26. 27.
>
> Habite la mer Atlantique australe, à l'Ile-de-France et dans les mers de l'Inde. Mus. n°. Mon cabinet. Elle est toujours très mince, à valve supérieure aplatie et moins grande que l'autre. Largeur, 98 millimètres. Je n'ai pas vu la coquille [c].

7. Huître poulette. *Ostrea gallina.* Lamk.

> *O. testá obliquè ovatá, hinc rotundatá, subreniformi, albidá, glabrá; operculo convexiusculo; lamellis obsoletis.*
>
> [b] *Var. testá subtus costellis violaceis radiatá.*
>
> Habite..... l'Océan atlantique? Mon cabinet. C'est une de celles que l'on confond avec l'*O. parasitica.* Elle paraît différente de l'*O. orbicularis* de Linné. La valve inférieure dépasse toujours la supérieure. Taille petite ou médiocre.

8. Huître médaille. *Ostrea numisma.* Lamk. (2)

---

(1) Cette espèce, telle que Lamarck la produit ici, nous paraît défectueuse; la figure citée d'Adanson représente une espèce ayant les deux valves plissées, ce qui ne peut convenir à celle-ci; les deux figures de Chemnitz représentent des coquilles, n'ayant ni l'une ni l'autre valve plissée; enfin la coquille de Poli est encore distincte de toutes les autres, de sorte qu'il se trouve autant d'espèces que de citations synonymiques. Pour revenir à l'*Ostrea cristata* de Born, il faut supprimer toutes les citations et réserver celle de cet auteur, la seule exacte.

(2) La collection du Muséum ne possède qu'un seul individu qui est fruste et mal caractérisé; l'espèce nous paraît incertaine.

O. testá suborbiculari, glabrá, solidulá, extus albidá, intus violaceá; lamellis vix distinctis.

Habite les mers de la Nouvelle-Hollande. Mus. n°. Longueur, 30 millimètres.

9. Huître langue. *Ostrea lingua.* Lamk. (1)

O. testá tenui, subfoliaceá, ovato-oblongá, apice subtruncatá, violaceá; sulcis longitudinalibus ; umbonibus lævibus albis:

Habite la mer de Timor. Mus. n°. Longueur, 45 millimètres.

10. Huître tulipe. *Ostrea tulipa.* Lamk. (2)

O. testá ovali-oblongá, tortuosá, violaceá ; supernè sulcis longitudinalibus subscabris; infernè albo et rubro radiatá.

Habite...... Mus. n°. Elle est assez mince, blanche à l'intérieur, tourmentée, et sa valve supérieure n'est point plate. Longueur, 47, millimètres.

11. Huître du Brésil. *Ostrea Brasiliana.* Lamk. (3)

O. testá tenui, ovali, supernè dilatatá, fulvá albo subradiatá; striis transversis tenuissimis.

Habite les côtes du Brésil. Mus. n°. *De Lalande.* Petite taille ; valve supérieure un peu convexe.

12. Huître scabre. *Ostrea scabra.* Lamk. (4)

O. testá oblongá, spathulatá, tenui, subpellucidá, albidá; striis longitudinalibus scabris.

Habite les mers d'Amérique. Mus. n°. Mon cabinet. Longueur, 50 millimètres et plus. Valves minces et transparentes.

---

(1) Les individus de la collection du Muséum paraissent être les jeunes d'une espèce beaucoup plus grande, et quand on sait combien une Huître éprouve de changemens en vieillissant, on peut regarder celle-ci comme incertaine jusqu'à ce que l'on soit éclairé par de nouvelles observations.

(2) Celle-ci pourrait bien être une variété de l'*Ostrea mytiloides*, n° 21.

(3) L'examen du petit nombre d'individus que nous avons vus nous porte à croire que l'espèce a été faite sur une variété de l'*Ostrea borealis*, n° 3.

(4) Petite espèce curieuse; ses valves blanches sont hérissées d'écailles comme un Spondyle.

13. Huître rostrale. *Ostrea rostralis.* Lamk.

> *O. testâ tenui, oblongâ, lamellis laxis imbricatâ, infernè acutâ;*
> *natibus approximatis, subæqualibus; ano hiante.*

. Habite les mers d'Amérique. Mon cabinet. Elle est d'un gris fauve,
violâtre, à crochets blancs, petits, inclinés à gauche. Ses valves
sont de longueur presque égale. Longueur, 45 millimètres.

14. Huître oblongue. *Ostrea parasitica.* Gmel. (1)

> *O. testâ tenui, oblongâ, rectâ, glabrâ, apice retusâ, albo violaces-*
> *cente; valvâ inferiore ampliore.*

Ostrea parasitica. Gmel. p. 3336. n° 115.

* Schrot. Eiul. t. 3. p. 372. n° 111.

Rumph. Mus. tab. 46. fig. O.

Klein. ot. t. 8. f. 17.

* *Ostrea arborea.* Dillw. Cat. t. 1. p. 278. n° 71. *exclus. var.*

* *Ostrea parasitica* Desh. Encycl. méth. vers. t. 2. p. 295. n° 22.

* De Roissy. Buf. moll. t. 6. p. 226. n° 2.

An ostrea arborea. Chemn. Conch. 8. t. 74. f. 681?

[b] Gasar. Adans. Seneg. t. 14. f. 1.

Encycl. pl. 178. f. 1. 3.

[c] Vetan. Adans. Seneg. t. 14. f. 3.

Encycl. pl. 185. f. 2.

Habite l'Océan indien. Mon cabinet. Elle est toujours oblongue, et
s'applique sur les racines des arbres qui sont sur les rivages. Je n'ai
pas vu les deux variétés.

---

(1) Dillwyn et Lamarck ont donné, à ce qu'il nous semble,
trop de valeur à ce caractère, de la manière de vivre, ce qui les
a entraînés à ranger sous une même dénomination spécifique
toutes les Huîtres oblongues à valves simples qui s'attachent aux
racines des arbres; plusieurs espèces appartenant à des mers
différentes peuvent avoir la même manière de vivre: aussi nous
avons la persuasion que ces auteurs ont confondu plusieurs espèces; malheureusement nous ne pouvons le vérifier au moyen
de coquilles provenant des diverses localités citées, et nous n'a-
vons pas vu les individus de la collection de Lamarck; mais en
nous en rapportant à l'exactitude des descriptions d'A danson
nous pouvons affirmer que son Gasar et son Vetan sont deux
espèces distinctes que l'on ne peut confondre avec l'*Ostrea parasitica* de Gmelin, lorsque l'on a retranché ses variétés.

15. Huître dentelée. *Ostrea denticulata*. Born. (1)

*O. testá depressá, ovato-rotundatá, glabrá; valvá superiore convexá;
inferiore planá ampliore; limbo interno ad periphæriam denticulato.*

[b] *Var. limbo prope cardinem denticulato.*

Ostrea denticulata. Born. Mus. t. 6. f. 9. 10.

Encycl. pl. 183. f. 3. 4.

* Dillw. Cat. t. 1. p. 279. n° 73. *exclus. plur. syno.*

* Desh. Encycl. méth. vers. t. 2. p. 249. n° 4.

Habite..... les côtes d'Afrique? Mon cabinet. Elle est toujours déprimée, assez grande, blanchâtre, souvent teinte de violet à l'intérieur, et s'applique sur les rochers par l'étendue de sa valve
inférieure. L'*ostrea denticulata* de Chemnitz paraît avoisiner notre espèce, et néanmoins s'en distinguer. *Voy.* le vol. 8. t. 73.
f. 672. 673, et Encycl. pl. 183. f. 1. 2.

16. Huître spathulée. *Ostrea spathulata*. Lamk.

*O. testá oblongá, ovato-spathulatá, lamellis inæqualibus appressis
imbricatá; limbo intus denticulato; margine reflexo undato.*

Habite..... Mon cabinet. Elle tient de la précédente et en est distincte.
Coquille grande, rembrunie au dehors, blanche à l'intérieur,
avec un limbe violet. Longueur, 142 millimètres.

17. Huître d'Alger. *Ostrea ruscuriana*. Lamk.

*O. testá crassá oblongo-ovatá, sub nate cucullatá, intus albidá,
limbo interiore purpureo nigricante; septo marginis inferioris
recto.*

Habite les côtes d'Afrique, aux environs d'Alger. Cabinet de
M. *Faujas* et le mien. Cette espèce a la valve inférieure fort
épaisse, et souvent percée de serpules ou autres animaux marins.
C'est dans l'épaisseur de son test que l'on a trouvé la modiole cau-
digère.

18. Huître étroite. *Ostrea Virginica*. Gmel. (2)

---

(1) Le Vétan d'Adanson conviendrait mieux à cette espèce
qu'à celle qui précède, tandis que la figure mentionnée de Chemnitz est bien une espèce distincte, comme le pense Lamarck.

(2) Les individus étiquetés de la main de Lamarck dans la
collection du Muséum ont l'impression musculaire petite et
blanche, tandis que dans l'espèce suivante elle est violette. Mal-

*O. testá elongatá, angustá, subrectá, crassá, lamellosá; valvá supe-
riore planulatá.*

* *Ostrea rostrata.* Chemn. t. 8. pl. 73. f. 676. 677.
* *Ostrea crassa,* Chemn. *id.* pl. 74. f. 678.
* Schrot. Einl. t, 3, p. 370. n° 108.
* *Ibid.* p. 370. n° 109.
List. Conch. t. 201. f. 35.
Favanne. Conch. pl. 41. f. C. 2.
Encycl. pl. 179. f. 1. 5.
Ostrea Virginiana. Gmel. p. 3336. n₀ 113.
[b] List. Conch. t. 200. f. 34.
Petiv. Gazoph. t. 105. f. 3.
De Roissy. Buf. moll. t. 6. p. 227. n° 4.
* Dillw. Cat. t. 1. p. 277. n° 68.
* Desh. Encycl. méth. vers. t. 2. p. 296. n° 24.
* Sow. Genera of shells. f. 2.

Habite les côtes de Virginie. Mus. n°. Mon cabinet. Elle est blanchâtre, et, à l'intérieur, l'impression musculaire offre une tache
violette. En vieillissant, elle s'épaissit beaucoup, et son crochet
inférieur devient très long et creusé en canal sillonné transversalement. Son crochet supérieur est tubéreux en dedans. On la
trouve fossile en France, près de Bordeaux. Longueur, 162 millimètres.

19. **Huître latescente.** *Ostrea Canadensis.* Lamk.

*O. testá elongatá, subcurvá, sursum latescente, lamellosá, crassissi-
má; valvá superiore infernè convexá.*

Encycl. pl. 180. f. 1. 3.
Chemn. Conch. 8. t. 73. f. 677?

Habite la mer du Canada, à l'entrée du fleuve S.-Laurent, et près
de New-Yorck. Mus. n°. Mon cabinet. Quoique très voisine de la
précédente, elle en paraît constamment distincte. Elle est plus
grande, plus large, devient d'une épaisseur extrême, et son crochet inférieur ne paraît pas s'allonger autant. Elle acquiert plus de
200 millimètres de longueur.

20. **Huître creuse.** *Ostrea excavata.* Lamk.

O. testá ovatá, tenui, albo-violacescente; valvá inferiore majore

---

gré cette différence et celles signalées par Lamarck entre ces
deux espèces, nous croyons qu'elles doivent être réunies en une
seule, à l'exemple de Dillwyn et de quelques autres auteurs.

valdè cavâ, subtus lamellis imbricatâ, inferiore angustiore, plano-concavâ.

Habite les mers de la Nouvelle-Hollande. Mus. n$_0$. Longueur, 34 mil-mètres.

21. Huître mytiloïde. *Ostrea mytiloides*. Lamk. (1)

O. testâ oblongâ, versus basim angustatâ, apice retusâ, parasiticâ; operculo convexo, lamelloso; intus margine denticulato.

* Chemn. Conch. t. 9. pl. 116. f. 995.

Habite l'Océan austral des grandes Indes. Mus. n°. Elle est canaliculée en dessous, parce qu'elle embrasse les racines des arbres littoraux comme l'*O. folium;* mais elle n'est point plissée, et ses bords sont à peine ondés. Longueur, 76 millimètres.

22. Huître sinuée. *Ostra sinuata*. Lamk.

O. testâ ovato-rotundatâ, basi attenuatâ, subplanulatâ; margine superiore undato; postico latere sinubus subtribus inciso.

Habite les mers de la Nouvelle-Hollande. Mus. n°. Elle est blanchâtre, et a un peu l'aspect de l'H. comestible. Sa valve supérieure n'est point plane.

23. Huître trapézine. *Ostrea trapesina*. Lamk.

O. testâ transversim ovatâ, subtrapeziformi, undato-gibbosâ; cardine marginali, parvulo.

Habite à la baie des Chiens-Marins. Mus. n°. *Péron.* Coquille blanchâtre, tourmentée, à base presque tronquée. Largeur, 32 millimètres.

24. Huître tuberculée. *Ostrea tuberculata*. Lamk. (2)

---

(1) Elle est plus petite, mais elle a tous les caractères de la coquille figurée dans Rumphius (pl. 46, f. O.) et que Lamarck rapporte à l'*Ostrea parasitica*; l'*Ostrea tulipa*, n° 10, est une variété de celle-ci. Si, comme nous le supposons, cette espèce est la même que celle de Rumphius, il faudra la supprimer et la joindre à l'*ostrea parasitica*.

(2) Coquille singulière, mais dont les tubercules sont produits par son séjour sur des Astrées où elle est adhérente par toute la valve inférieure. On sait actuellement que les Huîtres, les Anomies et d'autres coquilles prennent et conservent l'empreinte des accidens des corps sur lesquels elles s'attachent. Il y

O. testá ovato-cunciformi ; valvá inferiore cucullatá , basi rostratá, subtus tuberculis semiglobosis margine laceris bullatá.

Ann. du Mus. vol. 4. p. 358. pl. 67. f. 2. a. b. c.

* De Roissy. Buf. moll. t. 6. p. 228. n° 5.

Habite à l'île de Timor. *Péron.* Mus. n°. Mon cabinet. Elle est blan‑châtre, un peu teinte de violet, à valve supérieure operculaire, et commence la série de celles qui sont creusées en capuchon sous le crochet inférieur.

25. Huître rousse. *Ostrea rufa.* Lamk. (1)

O. testá ovatá, basi rostratá ; valvá superiore rufá, operculari, la-mellosá ; inferiore cucullatá, albidá, intus violaceá.

Habite les mers d'Amérique. Mus. n°. Mon cabinet. Longueur, 98 millimètres.

26. Huître nacrée. *Ostrea margaritacea.* Lam.

O. testá ovato-acutá , recurvá, rostratá et cucullatá ; operculo gla-bro, sublamelloso, margaritaceo.

Encycl. pl. 181. f. 1. 3.

* Blainv. malac. pl. 59. f. 5.

* Desh. Encycl. méth. vers. t. 2. p. 295. n° 23.

Habite....., les mers d'Amérique ? Mus. n°. Mon cabinet. Belle espèce que l'on confond peut-être avec l'*O. cornucopiæ*, mais qui n'est nullement plissée. Elle est blanche, nuée de rose ou de pourpre, et nacrée même sur le dos de sa valve supérieure lorsqu'elle est nettoyée.

27. Huître bossue. *Ostrea gibbosa.* Lamk.

O. testá ovato-oblongá, sinuatá, subtus gibbosá, lamellosá ; valvá inferiore cucullatá ; margine interno denticulato.

Encycl. pl. 182. f. 3. 4. 5.

Habite..... Mon cabinet. Espèce difforme, très tourmentée, mais non plissée. Elle est teinte de violet. Longueur, 70 millimètres.

---

a dans la collection du Muséum des individus de la même es‑pèce qui, ayant vécu sur des corps lisses, n'ont point de tuber‑cules à la surface des valves; Lamarck en a fait son Huître aus‑trale, n° 28.

(1) Il sera nécessaire de supprimer cette espèce; ce n'est qu'une petite variété de l'*Ostrea denticulata*, n° 15, du moins d'après les individus de la collection du Muséum.

28. Huître australe. *Ostrea australis*. Lamk. (1)

> *O. testá ovatá, supernè dilatatá, retusá; valvá inferiore cucullatá; margine interno denticulato.*

Habite les mers de la Nouvelle-Hollande, au port du Roi-Georges. *Péron*. Mus. n°. Ses valves sont lamelleuses, non plissées. Elle est violette, surtout à l'intérieur. Longueur, 68 millimètres.

29. Huître elliptique. *Ostrea elliptica*. Lamk.

> *O. testá ellipticá convexo-depressá, inæquali, tenui, subpellucidá; margine undato; natibus brevissimis, dextris.*

Habite..... les mers exotiques? Mon cabinet. Elle est d'un cendré violâtre en dessus, inégalement bosselée, non lamelleuse, subridée. A l'intérieur, elle est blanche et nacrée. Longueur, 52 millimètres. Cette coquille n'a point de valve en capuchon.

30. Huître halyotidée. *Ostrea halyotidæa*. Lamk. (2)

> *O. testá longitudinali, semi-ovatá; margine antico elevato, rotundato; postico acuto, brevi; cardine marginali arcuato.*

Habite les mers de la Nouvelle-Hollande, fixée sur une oreille de mer. Mus. no. Elle est très singulière, et chacune de ses valves ressemble à une Haliotide sans trou. Longueur, 26 millimètres.

31. Huître difforme. *Ostrea deformis*. Lamk.

> *O. testá minimá, subovali, variá; valvá inferiore tenuissimá affixá.*

Habite les mers d'Europe, etc., sur d'autres coquilles abandonnées, plus souvent dans l'intérieur des Pinnes. Longueur, 8 à 11 millimètres. Mus. n°.

32. Huître des varecs. *Ostrea fucorum*. Lamk.

> *O. testá oblongá, subtrigoná, obliquá, parvulá, basi latiore.*

Habite sur les *Fucus* auxquels elle adhère. Mus. n°. Longueur, 16 millimètres. Elle est nacrée à l'intérieur.

---

(1) Celle-ci a été séparée sur des caractères de peu d'importance; c'est une variété de l'*Ostrea tuberculata*, n° 24, qui, s'étant attachée à un corps lisse, n'a pas pris les tubercules de l'autre. Voir la note sur cette coquille.

(2) Cette espèce nous paraît incertaine, ayant été faite sur un seul individu jeune, qui, s'étant appliqué sur une Haliotide, a pris à-peu-près la forme de la coquille qui lui sert de support. Son crochet tourné latéralement ressemble complètement à celui de certaines Exogyres aplaties.

Bords des valves distinctement plissés.

33. Huître corne-d'abondance. *Ostrea cornucopiæ.* (1) · Lamk.

> O. *testá ovato-cuneiformi, apice rotundatá, subtus margineque plicatá; valvá inferiore cucullatá.*

Favanne, Conch. t. 45. fig. E.

Encycl. pl. 181. f. 4. 5.

Chemn. Conch. 8. t. 74. f. 679.

Habite l'Océan indien. Mus. n°. Mon cabinet. Elle est plus grande que celle qui suit, moins fortement plissée, et sa valve inférieure est plus évasée, non denticulée en son limbe inférieurement. L'*O Forskahlii* [Chemn. Conch. 8. t. 72. f. 671] semble n'en être qu'une variété; mais je ne la connais pas.

34. Huître en pochette. *Ostrea cucullata.* Born.

> O. *testá ovali, intus sacciformi; valvá inferiore plicatá, cucullatá: marginibus erectis, plicato-angulatis; limbo interno denticulato.*

Ostrea cucullata. Born. Mus. tab. 6. f. 11. 12.

* Gmel. p. 3336. n° 114.

* Schrot. Einl. t. 3. p. 372. n° 110.

* Davila. Cat. t. 1. pl. 19. f. Y.

Encycl. pl. 182. f. 1. 2.

* Dillw. Cat. t. 1. p. 277. n° 69.

* Desh. Encycl. méth. vers. t. 2. p. 270. no. 26.

Habite l'Océan des grandes Indes, à Timor, etc. Mus. no. Mon cabinet. Quoique avoisinant l'H. corne-d'abondance, et variant beaucoup, on sent néanmoins qu'elle est particulière. Elle est blanchâtre avec beaucoup de violet brun vers les bords.

---

(1) Plusieurs espèces vivantes et fossiles offrent des caractères analogues à ceux de celle-ci; mais il faudrait de bonnes figures pour appuyer leur distinction, et elles manquent. Si nous nous en rapportons uniquement aux coquilles qui, dans la collection du Muséum, ont été étiquetées de la main de Lamarck, *Ostrea cucullata* et *Ostrea cornucopiæ*, ce ne serait que des variétés d'une seule espèce extrêmement variable dans ses formes, depuis la plus aplatie jusqu'à la plus concave et la plus profonde.

35. Huître doridelle. *Ostrea doridella.* Lamk.

*O. testá oblongá parasiticá, lateribus plicatá : plicis utrinque subqua-
ternis, majusculis; dorso planulato, glabro.*

Encycl. pl. 188. f. 4. 5.

Habite..... Mon cabinet. Ma coquille me paraît à peine fossile. Elle
est blanchâtre, canaliculée en dessous, et n'offre pas sur le dos
une côte longitudinale. Longueur, 34 millimètres.

36. Huître rougeâtre. *Ostrea rubella.* Lamk. (1)

*O. testá oblongá, parasiticá, rubello-violacescente, lateribus plicatá;
costá dorsali, inœquali elevatá.*

An mytilus frons. Lin.?

Born. Mus. test. p. 121. Vign. fig. B.

Habite l'Océan américain, sur les Fucus, les Gorgones, etc. Mon
cabinet. Elle est petite, blanche, nuée de rouge violâtre, et a des
plis nombreux très petits. Longueur, 31 millimètres.

37. Huître limacelle. *Ostrea limacella.* Lamk.

*O. testá elongatá, parasiticá, luteo-fulvá, lateribus plicatá; costá
dorsali subinœquali prominulá.*

Ostrea frons. Chemn. Conch. 8. t. 75. f. 686.

* *Id.* Sow. Genera of shells. f. 3.

Habite les mers d'Amérique, sur des Gorgones, etc. Mon cabinet.
Celle-ci est plus grande que les deux qui précèdent, et seulement
d'un jaune fauve. Elle est canaliculée en dessous, avec des griffes
qui l'accrochent. Longueur, 60 millimètres.

38. Huître chenillette. *Ostrea erucella.* Lamk.

*O. testá parasiticá, oblongá, fusiformi–angustatá, lateribus plicatá;
plicarum ordinibus confertis; costá dorsali nullá.*

Habite l'Océan indien, sur la Virgulaire joncoïde. Mus. n°. Coquille
rougeâtre, de petite taille, et curieuse en ce qu'elle indique le

---

(1) Nous pensons que cet *Ostrea rubella* de Lamarck, ainsi
que les deux suivantes du même auteur, devront être réunies. Si
Lamarck avait vu un assez grand nombre d'individus de cette
espèce, il n'en aurait pas fait trois avec les principales variétés.
Parmi elles nous ne voyons rien qui ressemble au *Mytilus frons*
de Linné. La plupart des auteurs, à commencer par Chemnitz,
ont confondu cette espèce linnéenne bien distincte avec celle-ci,
ou des variétés de l'*Ostrea crista-galli.*

chaînon auquel appartiennent quelques espèces singulières que l'on trouve fossiles en Europe. Longueur, 37 millimètres.

39. Huître feuille. *Ostrea folium*. Lin.

O. testá parasiticá, ovali ; dorso costá longitudinali inæqualiter diviso : plicis utrinque obliquis, transversim rugosis.

Ostrea folium. Lin. Syst. nat. p. 1148. Gmel. p. 3334. n° 103.

Rumph. Mus. t. 47. fig. A.

* Born. Mus. p. 112.

* Schrot. Einl. t. 3. p. 361.

* D'Argenv. Conch. pl. 19. fig. F.

* Regenfuss. Conch. t. 2. pl. 3. f. 23.

Klein. Ostr. t. 8. f. 22.

Knorr. Vergn. 1. t. 23. f. 2.

Chemn. Conch. 8. t. 71. f. 662. 666.

Encycl. pl. 184. f. 10. 14.

* De Roissy. Buf. moll. t. 6. p. 227. n° 3.

* Fav. Conch. pl. 45. fig. D. 4.

* Dillw. Cat. t. 1. p. 274. n° 62.

Habite l'Océan indien et les mers de l'Amérique méridionale, sur les racines des arbres littoraux, sur des bois marins, etc. Mus. n°. Mon cabinet. Espèce très distincte et assez commune. Couleur fauve en dehors, blanche et nacrée en dedans, avec des nébulosités violettes. Longueur, 70 millimètres.

40. Huître labrelle. *Ostrea labrella*. Lamk.

O. testá obliquè ovatá, tenui, pellucidá, basi latiore ; plicis obliquis : valvæ superioris squamoso-echinatis.

Habite les mers de la Chine et du Japon. Mus. n°. Coquille de petite taille et blanchâtre. Elle n'a, ainsi que les suivantes, qu'une rangée de plis. Longueur, 21 millimètres.

41. Huître plicatule. *Ostrea plicatula*. Gmel. (1)

____

(1) Avant Gmelin, Chemnitz avait donné à cette espèce le nom d'*Ostrea plicata* ; il est donc convenable de le lui restituer. La manière dont Chemnitz et Gmelin ont limité cette espèce est préférable à celle de Lamarck. Nous avons vu avec surprise, dans la collection du Muséum, que chacune des variétés que donne Lamarck appartiennent à autant d'espèces distinctes. La première est une variété de l'*Ostrea crista-galli* ; la seconde est l'*Ostrea parasitica* (Chemn., t. 9, pl. 116, f. 997). Nous ne

O. testá rotundatá, pulvinatá: plicis longitudinalibus subobtusis et transversè rugosis, radiantibus.

Ostrea plicatula. Gmel. p. 3335. n° 111.

Gualt. test. tab. 104. fig. A.

Chemn. Conch. 8. t. 73. f. 674.

Encycl. pl. 184. f. 9.

* Schrot. Einl. t. 3. p. 370. n° 106.

* Dillw. Cat. t. 1. p. 275. n° 63.

[b] *Var. plicis subimbricatis, angulatis.*

Gualt. Test. t. 104. fig. D.

Chemn. Conch. 8. t. 73. f. 675.

[c] *Var. plicis marginalibus, in disco nullis.*

[d] *Var. plicis obtusis perpaucis.*

[e] *Var. testá oblongá, lateribus plicatá; dorso irregulari convexo.*

Habite les mers d'Amérique et de l'Inde, fixée sur les rochers et les coraux. Mus. n°. Mon cabinet. Elle est d'un fauve rougeâtre ou rembruni, et offre quantité de variétés qu'il serait plus nuisible qu'utile à la science de distinguer. (1)

42. Huître glaucine. *Ostrea glaucina.* Lamk.

O. testá ovali-oblongá, dorso tumidá; plicis obtusis, transversè rugosis; latere postico prope cardinem denticulato.

[b] *Var. disco irregulari, vix plicato.*

Habite..... Mus. n°. Ce n'est presque encore qu'une double variété de la précédente. Cependant elle est singulière, et assez facile à reconnaître. Couleur argentée et à-la-fois d'un fauve violâtre. Longueur, 65 millimètres.

---

connaissons aucune bonne figure des deux autres. La synonymie est disposée de manière à ce que les variétés étant éliminées, l'espèce reste.

(1) Ceci a lieu de nous surprendre de la part d'un homme comme Lamarck. Il sera toujours utile et nécessaire de distinguer les espèces reposant sur des caractères naturels, et par conséquent rationnels, et il ne le sera pas moins d'éliminer toutes celles dont les caractères mal connus ont été inscrits dans les catalogues avec trop de précipitation et après un examen superficiel.

43. Huître brune. *Ostrea fusca.* Lamk. |

O. testâ ovato-rotundatâ, lamellosâ, supernè planulatâ, inæquali, margine subtusque plicatâ; plicis undatis mediocribus.

'*An ostrea sinensis?* Gmel. p. 3335. n° 108.

* Shrot. Einl. t. 3. p. 368. n° 102.

* *Ostrea sinensis.* Dillw. Cat. t. 1. p. 275. n° 64.

Chemn. Conch. 8. t. 72. f. 668?

Encycl. pl. 184. f. 1?

Habite...... les mers de la Chine? Mon cabinet. Ma coquille est brune en dehors et même en dedans, sauf une teinte blanchâtre à l'intérieur, près de la charnière. La figure citée de *Chemnitz* ne rend pas bien la forme de la mienne. Longueur, 105 millimètres.

44. Huître turbinée. *Ostrea turbinata.* Lamk.

O. testâ ovali, valdè plicatâ, supernè depressâ, subtus obliquè turbinatâ; plicis magnis angulatis, transversè rugosis.

'*An* Chemn. Conch. 9. t. 116 f. 998? (1)

Habite..... l'Océan indien? Mon cabinet. Elle avoisine la suivante; mais elle en est très distincte. Outre sa forme particulière, son limbe intérieur n'est point scabre. Il est bordé de bleu. Couleur au dehors très rembrunie. Longueur, 96 millimètres.

45. Huître crête-de-coq. *Ostrea crista-galli.* Chemn.

O. testâ rotundatâ, submuticâ, plicatissimâ; plicis longitudinalibus angulatis, latescentibus, ad extremum maximis; limbo interno scabro.

Mytilus crista-galli. Lin. Syst. nat. p. 1155. Gmel. p. 3350. n° 1.

* Born. Mus. p. 122.

* Schrot. Einl. t. 3. p. 422.

Rumph. Mus. t. 47. fig. D.

D'argenv. Conch. t. 20. fig. D.

Gualt. Test. t. 104. fig. E.

Knorr. Del. tab. B. IV. f. 8.

———— Vergn. 4. t. 10. f. 3. 5; et 5. t. 16. f. 1.

Ostrea crista-galli. Chemn. Conch. 8. t. 75. f. 683. 684.

Encycl. pl. 186. f. 3. 5.

---

(1) Cette figure de Chemnitz, comme il le dit lui-même et le prouve par sa description, représente une variété de l'*Ostrea crista-galli.* La coquille de Lamarck en est-elle différente?

* Fav. Conch. pl. 45. f. A 3. D 3.
* Dillw. Cat. t. 1. 299. n° 1. *Mytilus crista-galli.*
* *Ostrea crista-galli.* Desh. Encycl. méth. vers. t. 2. p. 298. n° 30.
* Blainv. malac. pl. 60. f. 2.
* Sow. Genera of shells. f. 2.

Habite l'Océan indien. Mus. n₀. Mon cabinet. Coquille d'un blanc rougeâtre, quelquefois violet; à grand plis glabres, non imbriqués; à stries subgranuleuses, ayant rarement quelques écailles relevées, subtubuleuses.

46. Huître imbriquée. *Ostrea imbricata.* Lamk. (1)

O. *testá rotundatá, plicatissimá; plicis angulatis, ad extremum maximis: dorso lamellis imbricato, squamisque tubulosis echinato; limbo interno glabro.*

Rumph. Mus. t. 47. fig. C.
D'Argenv. Conch. Coq. rar. pl. 2. fig. F.
Fav. Conch. pl. 45. fig. C.
Encycl. pl. 186. f. 2.

Habite dans la mer de Java. Mus. n°. Elle est brune au dehors, blanche au disque intérieur, et a ses plis imbriqués de lames lâches, et hérissés de grandes écailles redressées.

47. Huître râteau. *Ostrea hyotis.* Chemn.

O. *testá ovatá, plicatá lamellosá; squamis subtubulosis patulis echinatá; limbo interno glabro.*

Mytilus hyotis. Lin. Syst. nat. p. 1155. Gmel. p. 3350. n₀ 2.
* Born. Mus. p. 122.
* Schrot. Einl. t. 3. p. 423.
Gualt. Test. tab. 103. fig. A.
Ostrea hyotis. Chemn. Conch. 8. t. 75. f. 685.
Encycl. pl. 186. f. 1.
* Dillw. Cat. t. 1. p. 300. n° 2. *Mytilus hyotis.*
* Desh. Encycl. méth. vers. t. 2. p. 298. n° 31. 32.
* *Testá ætate maximá, crassissimá, obliquè ovatá.*

Habite l'Océan des grandes Indes. Mus. no. Mon cabinet. Coquille brune au dehors, blanche à l'intérieur, à plis ondés, inégaux, moins grands que dans la précédente. Longueur, 120 à 200 millimètres et plus.

---

(1) Cette espèce est inutile, elle a été faite avec une variété jaune de la suivante; il faudra donc les réunir sous la dénomination d'*Ostrea hyotis.*

48. Huître rayonnée. *Ostrea radiata.* Lamk. (1)

O. *testá ovato-rotundatá, convexá, maximá; costis longitudinalibus*¦
æqualibus, confertis, imbricatis; margine plicis serrato.

Fav. Conch. pl. 45. fig. H.

Habite l'Océan des grandes Indes. Mon cabinet. C'est la plus grande
et la plus pesante des Huîtres non fossiles qui me soient connues.
Ses côtes rayonnantes sont régulières, imbriquées de lames assez
égales. Elle est blanchâtre à l'intérieur, sauf le limbe rembruni.
Longueur, 230 millimètres; largeur, 210.

† 49. Huître de Cyrnus. *Ostrea Cyrnusii.* Payr.

O. *testá magná, oblongo-ovatá, basi attenuatá duabus valvis cras-*
sis, inferiore rostratá; rostro longo transversim striato.

Payr. Cat. p. 79. n° 152. pl. 3. f. 1. 2.

Habite la Méditerranée, l'île de Corse, dans l'étang de Diane. Grande
et belle coquille, très épaisse, foliacée, ayant beaucoup de ressemblance avec l'*Ostrea hippopus*; mais elle devient plus grande encore; le crochet de la valve inférieure est plus allongé et plus
étroit.

† 50. Huître stentine. *Ostrea stentina.* Payr.

O. *testá oblongá, albido-cinereá, lamellis imbricatis; undulatis;*
valvá superiore planá vel convexá, margine valdè denticulato;
valvis intùs albis.

Payr. Cat. p. 81. n° 154. pl. 3. f. 3.

Habite la Méditerranée. Coquille ovale, oblongue, aplatie, grisâtre, blanche en dedans; la valve inférieure est peu profonde,
ayant les bords dentelés; la supérieure est plane ou peu convexe,
couverte de lames transverses, onduleuses, non relevées.

† 51. Huître pourprée. *Ostrea rosacea.* Desh.

O. *testá suborbiculari valvá inferiore profundè plicatá, superiore*
subplaná; plicis marginalibus instructá, in disco nullis, rubro-
roseá; umbonibus minimis acutis.

Ostrea plicatula. Var. C. Lamk. a, s. vert. t. 6. p. 211. n° 41.

Ostrea parasitica. Chemn. Conch. t. 9. pl. 116. f. 997.

Habite..... Nous la croyons du Sénégal, elle est suborbiculaire, attachée par une grande partie de la valve inférieure, dont les bords

----

(1) Il est probable que Lamarck a fait une espèce particulière des grands individus de l'*Ostrea hyotis*, et les a séparés sous
ce nom.

plissés se relèvent perpendiculairement; la valve supérieure est médiocrement convexe, elle est rouge, rosée, avec quelques fascies brunâtres; à l'intérieur, les valves sont blanches, et la supérieure est garnie vers les bords de granulations fines et irrégulières.

† 52. Huître Rojel. *Ostrea senegalensis*. Gmel.

O. testá rotundatá, complanatá sublævigatá, valvá inferiore planá, superiore convexiusculá rubrofuscá; umbonibus minimis, vix proeminentibus valvis ad cardinem granulosis.

Le Rojel. Adams. Seneg. p. 202. pl. 14. f. 5.

Ostrea senegalensis. Gmel. p. 3337. n° 118.

Schrot. Einl. t. 3. p. 377. n° 118.

Dillw. Cat. t. 1. p. 279. n°. 72.

Habite les mers du Sénégal. Espèce remarquable par l'aplatissement de ses valves, ce qui lui donne de la ressemblance avec une Placune. Elle est orbiculaire, appliquée par toute la surface de sa valve inférieure; la valve supérieure est un peu convexe et d'un rouge brun intense; les crochets sont très courts, à peine saillans. Les valves sont granulées de chaque côté de la charnière.

† 53. Huître épineuse. *Ostrea spinosa*. Quoy.

O. testá minimá, suborbiculatá, obscurè violaceá, viridi bilineatá spinis tubulosis echinatá; valvá inferiore concavá, rubescente, rari-spinosá.

Quoy et Gaym. Voy. de l'Astr. moll. t. 3. p. 455. pl. 76. f. 13. 14.

Habite l'île d'Amboine, sur les rochers, à gauche du débarcadère. Petite coquille fort curieuse, rapportée, pour la première fois, par MM. Quoy et Gaymard. Elle est oblongue; sa valve inférieure est profonde, rougeâtre en dehors, et présentant, dans quelques individus, un petit nombre d'épines; la valve supérieure aplatie est hérissée d'épines longues, assez grosses, tubuleuses; cette valve est d'un violet obscur, et elle est ornée de deux taches vertes partant en divergeant du crochet.

Espèces fossiles.

[1] *Valves distinctement plissées, à bords dentés.*

1. Huître grande-scie. *Ostrea serra*. Lamk.

O. testá suborbiculari, sinistrá, gigante á, crassá, extùs plicatá; margine dentibus erectis, acutangulis, maximis.

Habite..... Fossile de.... Mon cabinet. Non-seulement elle diffère de la suivante par sa manière de tourner et par sa taille, mais elle

présente une fossette large et avancée pour le ligament. Largeur,
174 millimètres.

2. Huître petite-scie. *Ostrea diluviana*. Linn. (1)

*O. testâ suborbiculari, dextrâ, extùs plicatâ ; margine dentibus erec-
tis, acutangulis.*

Ostrea diluviana ? Lin. Syst. nat. p. 1148. Gmel. p. 3333. n° 102.
Encycl. pl. 187. f. 1. 2.
* Parki. Org. rem. t. 3. pl. 15. f. 1. 4.
* Nils. Petrif. suec. p. 32. n° 11. pl. 6. f. 1. a. b. c.
* *Ostrea macroptera.* Sow. Min. Conch. pl. 468. f. 2. 3.
* Goldf. Petrif. t. 2. p. 11. no 27. pl. 75. f. 4.
* An eadem ? *Alectryonia Deshayesii.* Fischer bull. de Moscou. t. 8.
pl. 2.
Habite..... Fossile de France, aux environs du Mans. M. *Menard.*
Mon cabinet. Largeur, 83 millimètres. Celle de Linné se trouve
en Suède.

3. Huître éventail. *Ostrea flabellum*. Lamk. (2)

*O. testâ flabellatim ovatâ, plicatâ ; plicis longitudinalibus subdivisis,
convexis, obsoletè squamosis : lateralibus utrinquè arcuatis.*

Knorr. Petrif. 4. part. 2. D. VI. pl. 66. f. 4.
An Encycl. pl. 182. f. 7 ?
Habite..... Fossile de..... Mus. n°. Longueur, 63 millimètres.

4 Huître flabelloïde. *Ostrea flabelloides*. Lamk

*O. testâ subtrigonâ, crassè plicatâ ; plicis magnis, dorso acutis, sub-
imbricatis ; lateralibus obliquis.*

Knorr. Petrif. 4. part. 2. D. I. pl. 56. f. 3.
Encycl. pl. 185. f. 6. 9.
[b] *Var. ? plicis maximis. O. deperdita.*
Knorr. Petrif. 4. part. 2. D. I. pl. 56. f. 1. 2.
Encycl. pl. 185. f. 10. 11.
* *Ostrea marshii.* Sow. Min. Conch. pl. 48.

---

(1) L'Huître phyllidienne Lamarck, n° 17, est une variété de
celle-ci, comme M. Goldfuss l'a fort bien reconnu.

(2) La coquille du Muséum n'a de plis que sur la valve inférieure, la supérieure est presque lisse. Nous avons par là la certitude qu'elle n'est pas de la même espèce que celle figurée par
Knorr et dans l'Encyclopédie.

* *Ostrea crista-galli.* Schlot. Petrif. S. 242.
* Goldf. Petrif. t. 2. p. 6. n° 14. pl. 73. f. a. b. c. d. e.
* *Ostrea flabelloides.* Zieten. petr. du Wurt. pl. 46. f. 1.

Habite..... Fossile de..... Mus. n°. Mon cabinet. C'est presque l'analogue de l'Huître crête-de-coq. Elle offre différentes variétés. Je n'ai pas vu la coquille [b], et je soupçonne qu'on pourrait la distinguer comme une espèce.

5. Huître placunée. *Ostrea placunata.* Lamk.

O. *testá lunatá s. semicirculari, utrinquè complanatá et plicatá; plicis subsquamosis, ad latera divaricatis, hinc brevioribus.*

Habite..... Fossile de.... Mon cabinet. Coquille très aplatie des deux côtés, plissée, à bords dentés, et en croissant oblique. Longueur, 35 millimètres.

6. Huître flabellule. *Ostrea flabellula.* Lamk.

O. *testá oblongá, cuneatá, supernè rotundatá, subarcuatá; plicis longitudinalibus rugosis; nate alterá productá.*

Chama plicata altera. Brand. foss. hanton. n° 85.

Ann. du Mus. vol. 8. p. 164. n° 16. et t. 14. pl. 20. f. 3.

* Sow. Min. Conch. pl. 253. f. 7. 8. 9.
* Desh. Coq. foss. de Paris. t. 1. p. 366. n° 35. pl. 63. f. 5. 6. 7.
* Goldf. Petrif. t. 2. p. 14. pl. 76. f. 6.
* Desh. Encycl. méth. vers. t. 2. p. 297. n° 27.

Habite....... Fossile de Grignon. Mus. n°. Mon cabinet. Je n'ai vu que des valves inférieures; mais on trouve dans le même lieu des valves supérieures très lisses; appartiennent-elles à cette espèce?

7. Huître phyllidienne. *Ostrea phyllidiana.* Lamk.

O. *testá oblongá, crassá, dorso convexá, utrinquè plicatá; plicis subimbricatis, variis; dentibus marginis angulatis.*

Encycl. pl. 188. f. 1. 2.

* *Ostrea diluviana.* Var. b. Goldf. Petrif. t. 2. p. 11. pl. 75. f. 4.

Habite..... Fossile de France, aux environs d'Angers. Mon cabinet. Ses dents marginales ressemblent un peu à celles de l'*O. diluviana*, ce qui m'avait trompé, la regardant alors comme l'espèce de Linné. Longueur, 108 millimètres.

8. Huître léporine. *Ostrea leporina.* Lamk.

O. *testá oblongá, arcuatá, crassá; discis convexo-carinatis, bifariam plicatis; margine externo prominente, rotundato.*

Habite..... Fossile de.,... Mon cabinet. Belle espèce très remarquable, moyenne entre la précédente et celle qui suit, mais fort distincte de l'une et de l'autre. Longueur, 124 millimètres.

9. Huître carinée. *Ostrea carinata.* Lamk. (1)

> *O. testâ oblongâ, utrinquè subacutâ, lateribus complanatâ, arcuatâ; valvis complicatis, dorso carinatis; plicis tranversis tenuibus.*

(1) Il est fort difficile de distinguer les diverses espèces d'Huîtres qui sont plissées latéralement, comme celle-ci et quelques autres. Il y en a de deux sortes : dans les unes le dos des valves est aplati, et c'est des bords de cet aplatissement que partent les plis presque perpendiculaires ; dans les autres, le dos des valves est anguleux ou médiocrement arrondi, et c'est de ce point culminant que partent les plis latéraux par une dichotomie assez régulière à leur origine. On pourrait aussi pour distinguer les espèces se servir du nombre et de la grandeur proportionnelle des plis ; mais ce qui serait le plus utile à cet égard, c'est l'examen de la charnière et de l'impression musculaire, ce qui n'est pas toujours possible dans les coquilles pétrifiées.

Nous croyons difficilement que tout ce que M. Goldfuss donne sous le nom d'*Ostrea carinata* appartienne à la même espèce. M. Goldfuss n'a peut-être pas assez fait attention à la valeur des différences qui se montrent entre les jeunes et les vieilles Huîtres. Lorsque que l'on suit avec attention une lamelle, une strie d'accroissement, on retrouve facilement au sommet des vieilles coquilles la forme et le contour des jeunes. L'animal en vieillissant ne peut plus modifier l'extérieur de cette jeune coquille, et lui faire subir les changemens nécessaires pour faire admettre que les coquilles figurées par M. Goldfuss, comme le jeune âge de l'*Ostrea carinata,* sont en effet de la même espèce que les vieilles.

Les auteurs sont peu fixés sur les caractères de l'*Ostrea carinata.* La coquille figurée sous ce nom par M. Brongniart (*Géol. de Paris,* pl. 3, fig. 10) n'est pas la même que celle de l'Encyclopédie. Celle de M. Goldfuss offre de la confusion, et celle de M. Zieten nous paraît une variété de l'*Ostrea pectinata* Lamarck (*Ann. du Mus.,* t. 14, pl. 23, fig. 1). Pour appliquer nos observations il faudrait rejeter la synonymie des espèces pour en faire une nouvelle distribution.

Encycl. pl. 187. f. 3. 5.

Ann. du Mus. 8. p. 166.

* Sow. Genera of. shells. f. 1.

Habite..... Fossile de France, près de Cany, département de la Seine-inférieure, et se trouve aussi à St.-Saturnin-Parigné-l'Evêque, département de la Sarthe. Mus. n°. Mon cabinet. Espèce singulièrement remarquable par ses valves pliées en deux, et très aplaties sur les côtés.

10. Huître couleuvrée. *Ostrea colubrina*. Lamk.

O. testá elongatá, angustá, arcuatá, plicatá : valvis semi-complicatis, dorso carinatis; latere externo convexo.

Knorr. Petrif. 4. part. 2. D. II. pl. 58. f. 5. 7.

* Goldf. Petrif. t. 2. p. 8. n° 19. pl. 74. fig. 5.

Habite..... Fossile de France, se trouvant dans la Champagne. Mus. n$_0$. Mon cabinet. Elle avoisine la précédente; mais elle est étroite, moins aplatie, et quelquefois fort allongée. Dans l'une et l'autre, les carènes sont obtuses, sillonnées obliquement.

11. Huître scolopendre. *Ostrea scolopendra*. Lamk.

O. testá elongatá, angustá, versus apicem attenuatá; valvis bifariam plicatis; plicis obliquis sensim brevioribus.

Habite.... Fossile des environs du Mans, de Neuville, etc., département de la Sarthe. M. *Menard*. Longueur, 47 millimètres.

12. Huître larve. *Ostrea larva*. Lamk.

O. testá oblongá, curvá, lateribus plicatá ; plicarum ordinibus inæqualibus; marginibus crenatis.

Knorr. Petrif. 4. part. 2. D. VII. pl. 67. f. 3. 4. 6.

* Goldf. Petrif. t. 2. p. 10. n° 24. pl. 75. f. 1.

Habite..... Fossile de Maestricht. Mon cabinet. Longueur, 25 millimètres.

13. Huître pennaire. *Ostrea pennaria*. Lamk.

O. testá oblongá, subarcuatá, bifariam plicatá ; plicis laterum obliquis, curvis.

Knorr. Petrif. 4. part. 2. D. VII. pl. 67. f. 2.

[b] *Var. plicis majusculis, ad extremum latescentibus.*

[c] *Var. abbreviata, plicis tenuibus.*

Habite.... Fossile de la Champagne et du département de la Sarthe, près de Domfront. Mon cabinet. La variété [b] se trouve à Grignon. Mus. n°. La variété [c] vient du mont Marius, près de Rome. M. *Cuvier*.

14. Huître double-face. *Ostrea bifrons.* Lamk. (1)

O. testá ovato rotundatá; valvá superiore convexá, lævigatá; infe-
riore longitudinaliter plicatá; margine crenato.

Habite..... Fossile de Grignon, etc. Mus. n°. Mon cabinet. Longueur, 44 millimètres. Cette espèce singulière offre une variété
arrondie, plus large que longue, et une autre plus allongée que
large.

15. Huître ondée. *Ostrea undata.* Lamk. (2)

O. testá ovato-oblongá, crassá, obsoletè plicatá; plicis undatis, im-
bricato-squamosis : nate alterá productá.
* Goldf. Petrif. t. 2. p. 18. n° 43. pl. 78. f. 2.
[b] *Var. testá infra natem alteram cucullatá.*
Habite..... Fossile des environs de Bordeaux. Mus. n₀. Mon cabinet.
La variété [b] se trouve à Boutonnet, près de Montpellier. Mon
cabinet. Cette coquille, un peu grande, a seulement le bord supérieur ondé. Longueur, 95 à 106 millimètres.

16. Huître épaisse. *Ostrea crassissima.* Lamk. (3)

---

(1) Espèce que l'on pourra facilement supprimer, ayant été
faite avec un individu plus grand que les autres de l'*Ostrea fla-*
bellula.

(2) A titre de variété, Lamarck réunit une seconde espèce à
celle-ci. Cet *Ostrea undata* se rapproche beaucoup par sa forme
de l'*Ostrea cucullata* de Born. Lamarck, ayant vu des valves supérieures operculiformes de cette espèce, crut y reconnaître
des caractères suffisans pour en faire une espèce particulière
sous le nom d'*Ostrea crenulata,* n° 26, qu'il faudra supprimer.
Il faut ajouter que cette dernière coquille n'est point de Houdan
mais des faluns de la Touraine, des environs de Bordeaux et
de Dax.

(3) Nous avons vu, dans la Collection du Muséum, la coquille
à laquelle Lamarck a donné ce nom. Nous doutons beaucoup
que la figure citée de Chemnitz la représente. Elle a été très
bien représentée dans un ouvrage peu connu de Fichtel, le savant collaborateur de Moll pour les *Testacea microscopica.* Cette
espèce a été confondue par M. Goldfuss parmi les variétés de
l'espèce suivante, *Ostrea longirostris,* dont elle est bien distincte. Un des individus figurés par Fichtel a plus de 13 pouces
de longueur. Nous en possédons un de la même grandeur.

O. testá elongatá, crassissimá, ponderosá, rostratá; rostro longo, lato, canaliculato, transversim striato, apice subuncinato.

Chemn. Conch. 8. t. 74. f. 678.

* Fichtel beytr. miner. 1780. pl. 5. 6.

* Goldf. Petrif. t. 2. pl. 82. f. 8. a.

* Desh. Encycl. méth. vers. t. 2. p. 290, n₀ 7.

Habite..... Fossile de..... Mus. n°. Mon cabinet. Cette coquille tient plus de l'*O. Virginica* que la suivante; mais elle est très grande et offre des individus d'une épaisseur extraordinaire.

17. Huître long-bec. *Ostrea longirostris.* Lamk. (1)

O. testá valvá inferiore crassá, subcucullatá; rostro longissimo contorto.

Ostrea longirostris. Annales du Mus. 8. p. 162. n° 9. et t. 14, pl. 21 fig. 9.

* Desh. Coq. foss. de Paris. t. 1. p. 351. n° 19. pl. 54. f. 7. 8. pl. 60. f. 1. 2. 3. pl. 61. f. 8. 9. pl. 62. f. 4. 5. pl. 63. f. 1.

* Var. *Ostrea pseudochama.* Lamk. Ann. du Mus. t. 8. p. 161. n° 6. et t. 14. pl. 22. f. 1.

* Desh. Encycl. méth. vers. t. 2. p. 291. n° 8.

Habite..... Fossile de Sceaux, près de Paris. Mus. n₀. Le bec de la valve inférieure est plus grand que le reste de cette valve.

18. Huître à canal. *Ostrea canalis.* Lamk.

O. testá oblongo-ovali, basi attenuato-rostratá, crassissimá; canali ligamenti callo longitudinali supernè depresso utrinquè marginato.

Ostrea canalis. Ann. du Mus. 8. p. 162. n₀ 10.

---

(1) Nous avons fait voir dans notre description des coquilles fossiles des environs de Paris (t. 1, p. 351), qu'il était nécessaire de réunir à l'*Ostrea longirostris*, non-seulement l'*Ostrea canalis*, mais encore l'*Ostrea pseudochama*. Lorsque l'on a sous les yeux un grand nombre d'individus de ces trois espèces, on les voit se réunir, se confondre par un grand nombre de variétés dans lesquelles on retrouve cependant et sans exception les caractères essentiels de l'espèce. C'est en conséquence de ces observations que nous proposons de supprimer l'*Ostrea canalis* et de le joindre au *longirostris* à titre de variété. Nous croyons que l'*Ostrea brevialis* Lamarck, n₀ 20, est une variété épaisse et à talon court de l'*Ostrea longirostris.*

Habite....... Fossile de Montmartre, près Paris. Mon cabinet. Sa valve inférieure est plus élargie que la supérieure. Celle ci est aplatie.

19. Huître callifère. *Ostrea callifera*. Lamk.

O. testá ovato-rotundatá, hinc prope basim callo crasso subauritá ; valvá majore crassissimá, intùs irregulariter excavatá.

Ostrea hippopus. Ann. du Mus. 8. p. 159. n° 2. et t. 14. pl. 21. f. 1.

* Desh. Coq. foss. de Paris. t. 1. p. 339. pl. 50. f. 1. pl. 51. f. 1. 2.

* *Id.* Encycl. méth. vers. t. 2. p. 291. n° 9.

* Goldf. Petrif. t. 2. p. 27. n° 71. pl. 83. f. 2.

Habite..... Fossile de Roquencourt, aux environs de Paris. Mon cabinet. Sa valve supérieure est aplatie.

20. Huître bréviale. *Ostrea brevialis*. Lamk. (1)

O. testá rotundato-trigoná, basi subacutá, crassá ; ligamenti canali productiusculo, uno latere apice arcuato.

Habite....., Fossile de..... Mus. n°. On n'a que la valve inférieure. Coquille fort épaisse, composée de lames empilées, serrées. Longueur, 88 millimètres.

21. Huître scalarine. *Ostrea scalarina*. Lamk.

O. testá oblongá, versus basim attenuatá, subdepressá ; rugis transversis arcuatis, remotiusculis, scalæformibus.

Habite..... Fossile de..... Cabinet de M. *Dufresne* et de M. *Defrance*. Longueur, 56 millimètres.

22. Huître éduline. *Ostrea edulina*. Lamk. (2)

O. testá ovato-rotundatá, basi subattenuatá ; membranis imbricatis, undulatis ; valvá superiore planulatá.

---

(1) Nous avons vu la seule valve inférieure que possède la collection du Muséum, sur laquelle Lamarck a établi l'espèce ; nous croyons que c'est une variété courte et épaisse de l'*Ostrea longirostris*, n° 17.

(2) Lamarck a confondu sous ce nom plusieurs espèces ; les individus du Piémont appartiennent à l'*Ostrea edulis* véritable, ceux de Longjumeaux et de Pontchartrain sont des variétés jeunes de l'*Ostrea longirostris* ; enfin ceux cités des environs de Paris, sans autre désignation, sont des variétés peu importantes de l'*Ostrea bellovacina*.

[a] *Testá majusculá, rotundatá.*
[b] *Testá minore, variá, oblongá.*

Habite..... Fossile des environs de Paris, de Longjumeaux, de Normandie, du Piémont. Ici se rapportent les variations d'une Huître fossile qui paraît appartenir à l'*Ostrea edulis.*

23. Huître beauvaisine. *Ostrea bellovacina.* Lamk.

O. testá oblongo-cuneatá, supernè rotundatá; valvá majore basi radiatim sulcatá; alterá planá.

Ann. du Mus. 8. p. 159. nº 1. et t. 14. pl. 25. f. 1.
* Burtin. orycht. de Brux. pl. 10. f. a. d.
* Desh. Coq. foss. t. 1. pl. 48 et 49. f. 1. 2.
* *Id.* Encycl. méth. vers. t. 2. p. 289. no 3.
* Goldf. Petrif. t. 2. p. 15. pl. 77. f. 2.
* Sow. Min. Conch. pl. 388. f. 1. 2.
Habite..... Fossile des environs de Beauvais. Mon cabinet.

24. Huître multilamellée. *Ostrea multilamellata.* Lamk.

O. testá oblongá, apice dilatatá, subarcuatá, crassá; lamellis numerosis, cumulatis, imbricatis, appressis.

Habite..... Fossile de..... Mon cabinet. Elle paraît très distincte. Longueur, 93 millimètres.

25. Huître linguatule. *Ostrea linguatula.* Lamk. (1)

O. testá ovato-spathulatá, complanatá; nate inferiore subrostratá.
Ann. du Mus. 8. p. 161. no 7.
* Goldf. Petrif. t. 2. p. 26. pl. 82. f. 7.
Habite..... Fossile de Montmartre. Mon cabinet. On en trouve à Sceaux une variété plus grande, plus allongée.

26. Huître crénelée. *Ostrea crenulata,* Lamk. (2)

O. testá ovali vel ovato-oblongá, depressá, vix lamellatá; margine præsertim interno crenulato.
Ann. du Mus. 8. p. 163. no 11.

---

(1) Cette espèce ne diffère pas de l'*Ostrea cyathula* Lamarck, que l'on trouvera plus loin, n° 53.

(2) Les valves qui, dans la collection du Muséum, portent ce nom, ne viennent pas des environs de Paris, elles sont des faluns de la Touraine, et, comme nous l'avons dit, ce sont des valves supérieures de l'*Ostrea undulata,* n° 15. Nous ne connaissons pas la variété, qui peut-être constitue une bonne espèce.

[b] *Var ? testá majore : limbo utrinquè eleganter plicato.*

Habite..... Fossile de Houdan, aux environs de Paris. Mus. n°. Coquille aplatie, bien distincte. La coquille [b] est du cabinet de M. *Dufresne.* Taille de l'Huître comestible. On la trouve légèrement modifiée, près de Noyon. Même cabinet.

27. Huître cucullaire. *Ostrea cucullaris.* Lamk. (1)

O. testá oblongá, cuneato-spathulatá, basi rostratá; nate inferiore profundè cucullatá.

* Desh. Coq. foss. de Paris. t. 1. p. 342. n° 9. pl. 56. f. 34.

* *Id.* Encycl. méth. vers. t. 2. p. 297. n° 28.

O. cochlearia. Ann. du Mus. 8. p. 162.

Habite..... Fossile de Betz, etc., des env. de Paris. Mus. n°.

28. Huître vésiculaire. *Ostrea vesicularis.* Lamk. (2)

O. testá semi-globosá, basi retusá, lœvi; valvá inferiore ventricosá; hinc subauriculatá; superiore plano-concavá, operculiformi.

* Brong. Géol. de Paris. pl. 3. f. 5.

* Fauj. Mt. St.-Pierre. pl. 22. f. 4. *Valvá superiore.*

* *Id.* pl. 25. f. 5. *Valvá inferiore.*

---

(1) Lamarck avait caractérisé l'*Ostrea cochlearia* dans les Annales du Muséum. Il la joint ici à tort à l'*Ostrea cucullaris,* car elle a tous les caractères d'une bonne espèce qu'il faudra rétablir dans les catalogues.

(2) Espèce curieuse à étudier dans ses diverses modifications; elle est de celles qui prouvent le mieux l'inutilité du genre Gryphée, car elle se présente sous un grand nombre de formes, parmi lesquelles on trouve celle des Gryphées proprement dites. Lorsqu'elle a rencontré des corps aplatis pour s'attacher, elle s'est étalée à leur surface. Cette variété aplatie a été prise par Lamarck pour une espèce particulière, à laquelle il a donné le nom d'*Ostrea deltoïdea.* Cette coquille est fort différente de l'*Ostrea deltoïdea* de Sowerby. Lorsque la coquille ne rencontre pour s'attacher que de petites surfaces, alors elle prend une forme gryphoïde, et c'est sur une de ces variétés que Sowerby a fait sa Gryphæa globosa. Nous supposons, sans en avoir une entière conviction, que l'*Ostrea hippopodium* de M. Nilsson est encore une variété du *vesicularis.* Nous ne partageons pas l'opinion de M. Goldfuss, qui admet à titre de variété le *Gryphæa dilatata* de Sowerby et l'*Ostrea biauriculata* Lamarck.

* Nils. Petrif. suec. p. 29. n° 2. pl. 7. f. 3. 4. 5. pl. 8. f. 5. 6.
* *Ostrea vesicularis.* Goldf. Petrif. t. 2. p. 23. n° 61. pl. 81. fig. 2. a. o.
* *Gryphœa globosa.* Sow. Min. Conch. pl. 392.
* Desh. Encycl. méth. vers. t 2. p. 291. n° 10.
* *Pycnodonta radiala.* Fischer. Bull. de Moscou. t. 8. pl. 1.
* *Ostrea pseudo-chama.* Desh. Encycl. méth. vers. t. 2. p. 192. n°13.
Ann. du Mus. 8. p. 160. n° 5. et t. 14. pl. 22. f. 3.
Habite..... Fossile de Meudon, près Paris. Mon cabinet.

29. Huître biauriculée. *Ostrea biauriculata.*

O. testá semi-globosá, basi truncatá, biauriculatá; valvá inferiore ventricosissimá; superiore planulatá, operculiformi.

Ann. du Mus. 8. p. 160. n₀ 4.
* Desh. Encycl. méth. vers. t. 2. p. 292. n° 11.
* *Ostrea vesicularis.* Var. Goldf. Petrif. t. 2. p. 23. n° 61. pl. 81. f. 2, p.
Habite....... Fossile des environs du Mans, où elle est commune. Mon cabinet. Communiquée par M. *Menard.* Longueur, 70 millimètres.

> *Nota.* Dans le département de la Sarthe, à St.-Saturnin, Domfront, M. *Menard* a trouvé des individus à peine de la grosseur d'une noisette; il leur a donné le nom d'*Ostrea minima*, comme appartenant à une espèce.

3o. Huître oblique. *Ostrea obliqua.* Lamk.

O. testá obliquè ovatá, lœvi; valvá inferiore ventricosá; superiore planulatá; cardine brevissimo.

Habite.... Fossile du département de la Sarthe, à St.-Saturnin et à Chauffour. M. *Menard.* Mon cabinet. Forme très variable; taille petite ou médiocre.

31. Huître lingulaire. *Ostrea lingularis.* Lamk.

O. testá elongatá, sublineari, planulatá, versus basim subangustatá; lamellis compactis.

Habite..... Fossile des environs du Mans, M. *Menard.* Longueur, 48 à 5o millimètres.

32. Huître écaille. *Ostrea squama.* Lamk.

O. testá ovato-trigoná, supernè rotundatá planulatá, minimá; rugis transversis concentricis; intùs tuberculis cylindraceis decumbentibus.

Habite..... Fossile de Valogne. Mon cabinet. Elle est à peine de la grandeur de l'ongle du doigt.

33. Huître anomiale. *Ostrea anomialis.* Lamk. (1)

O. testá suborbiculari, tenui, lævigatá, subtùs convexá, supernè pla-
niore.

Habite..... Fossile de Grignon. Mon cabinet. Largeur, 3o à 4o millimètres. Couleur d'un blanc fauve. On en trouve beaucoup de valves séparées qui semblent appartenir à une anomie; mais la plus
aplatie n'est point percée.

Etc., etc. Ajoutez les espèces fossiles mentionnées dans le vol. 8. des
Annales du Muséum.

Nota. Beaucoup d'autres espèces décrites et figurées, ne sont
pas mentionnées ici, parce que je n'ai pas encore eu l'occasion de
les voir.

† 34. Huître très large. *Ostrea latissima.* Desh.

O. testá ovato rotundata, irregulari, incrassatá, sublævigatá, um-
bonibus latis, triangularibus, foveá triangulari latissimá exa-
ratis, marginibus parte superiore granuloso plicatis.

Desh. coq. foss. des env. de Paris, t. 1. p. 336. n°. 1. pl. 52.
pl. 53. f. 1.

Burtin, orycht de Brux. pl. 11.

Desh. Encycl. meth. vers. 2. p. 289, n° 5.

An eadem? Ostrea gigantea Sow. min. conch. pl. 64.

Habite..... fossile à Chaumont dans le bassin de Paris et aux environs
de Bruxelles, si l'Ostrea gigantea de Sowerby est de la même espèce,
comme cela est assez probable, elle se trouverait aussi à Barton
dans les environs de Londres, dans le terrain tertiaire.

Cette espèce est l'une des plus grandes, orbiculaire ou subovalaire,
aplatie et ayant le talon plat et creusé d'une gouttière large et peu
profonde.

† 35. Huître cariée. *Ostrea cariosa.* Desh.

O. testá, rotundatá, aliquantis per ovatá, depressá, incrássatá, irregula-
riter sublamellosá, valvá superiore tenuè cariosá; cardine triangu-
lari, striato, plano, fossulá trigoná læviter exavatá diviso; im-
pressione musculari rotundatá, marginibus supernè crenulato-
plicatis.

Desh. coq. foss. des env. de Paris, t. 1. p. 337. n°. 2. pl. 54 f. 5. 6.
pl. 61. f. 5. 6. 7.

---

(1) Lamarck a établi cette espèce pour des valves supérieures
de l'*Anomia tenuistria* si commune à Grignon. Il sera nécessaire
de faire disparaître cette espèce du genre Huître.

Habite.... fossile à Chaumont et à Mouchy aux environs de Paris ; elle
est curieuse par la structure de son test qui, dans plusieurs parties,
est composé d'un tissu aréolaire comparable à celui des sphérulites ;
lorsque, par frottement ou cassure, ce tissu est mis à nu, la coquille
semble cariée, sa forme est suborbiculaire, aplatie ; les crochets sont
courts, la surface cardinale plate, striée et creusée d'une gouttière
superficielle pour le ligament.

† 36. Huître plane. *Ostrea plana.* Desh.

*O. testá irregulariter rotundatá, depressá, latè adhærente ; lamellis
striis irregularibus, transversis ; cardine brevi, lato, trigono,
substriato ; fossulá triangulari, vix excavatá basi latá ; impressione musculari ovatá, magná, transversá ; marginibus simplicibus,
supernè tenuè crenatis.*

Desh. coq. foss. des environs de Paris, t. I. p. 338. n° 3.
pl. 56. f. 5,6.

Habite.... fossile à Valmondois près Pontoise.

Coquille à valves plates ayant une impression musculaire ovale, semi-
lunaire fort grande ; le talon de la valve inférieure est court, large,
triangulaire ; la gouttière du ligament est large et superficielle ;
- elle est accompagnée de chaque côté d'un bourrelet étroit ; sur le
côté antérieur, au-dessous de la charnière, il y a une rangée de
petites dentelures sur le bord.

† 37. Huître sandale. *Ostrea crepidula.* Desh.

*O. testá ovatá, irregulari ; valvá inferiore profundá, gibbosá incrassa-
tá ; striis lamellosis, numerosissimis, irregularibus, transversis ;
umbone augusto, triangulari, fossulá angustá, exerato ; marginibus
integris.*

Desh. descrip. des coq. foss. de Paris, t. I. p. 339. n₀ 5. pl. 57.
1. 2. pl. 58. f. 6. 7.

Habite.... fossile dans les grès marins supérieurs du bassin de Paris, à
Assy, Valmondois, Tancrou, Betz.

Coquille irrégulière ovale, à valve inférieure profonde, ayant son
crochet creusé en dedans plus ou moins profondément selon les
individus ; la surface cardinale est triangula re, étroite, creusée
dans le milieu d'une fossette étroite et peu profonde.

† 38. Huître simple. *Ostrea simplex.* Desh.

*O. testá ovato-oblongá, subregulari, tenui, pellucidá, lævigatá,
profundá, cymbiformi ; cardine parvo, triangulari, acuto ;
fossulá angustá, vix excavatá ; impressione musculari sublaterali,
ovato-oblongá ; marginibus tenuibus integris.*

Var. a.) *testá angustá, elongatá, tenuissimá, cochleari.*

Desh. coq. foss. des env. de Paris, t. 1. p. 340. n°. 6. pl. 57. f. 7. pl. 59. f. 11. 12. pl. 60. f. 3. 4.

Habite.... fossile dans les grès marins supérieurs, à Valmondois, Assy, Tancrou.

Coquille très variable dans sa forme, elle est le plus souvent ovalaire, profonde, attachée par une petite partie de la surface de sa valve inférieure, son test est ordinairement noirâtre, mince, subtransparent; l'impression musculaire petite, ovalaire, subsemilunaire; le crochet est petit, étroit et la gouttière du ligament est très étroite et peu profonde.

† 39. Huître changeante. *Ostrea mutabilis.* Desh.

O. testá ovatá, elongatá, irregulariter contortá, plus minusve profundá, apice acutá; valvá inferiore substriatá; superiore planiusculá, striatá; cardine angusto, trigono, utroque latere marginato; fossulá cardinali angustissimá, excavatá, marginibus acutis, supernè crenulatis.

Var. a. Desh.) *testá arcuatá, umbone lateraliter contorto.*

Var. b. *id.*) *testá depressione; umbone subtus inflexo.*

Var. c. *id.*) *testá cucullatá.*

Desh. coq. foss. des env. de Paris, t. 1. p. 344. n°. 11. pl. 56. f. 9. 10.

Goldf. pétrif. t. 2. p. 25. n°. 66. pl. 82. f. 5.

Habite.... fossile à Houdan, dans le calcaire grossier, et en Allemagne, (Goldf.) petite coquille très variable dans sa forme, son crochet petit, et plus ou moins allongé, recourbé tantôt en dessus, tantôt latéralement quelquefois même en dessous; l'impression musculaire est petite, obronde, la surface cardinale est très étroite et creusée pour le ligament d'un sillon profond, les bords sont crénelés de chaque côté de la charnière.

† 40. Huître lingulée. *Ostrea lingulata.* Desh.

O. testá elongato-angustissimá, subcylindraceá, cucullatá; umbone parvo, obtuso; marginibus integris extùs strüs irregularibus numerosis.

Desh. descr. des coq. foss. de Paris, t. 1. pl. 59. f. 13. 14.

id. Encycl. méth. vers. t. 2. p. 294. n° 17.

Habite.... fossile dans les grès marins supérieurs, à Valmondois. Petite coquille très étroite, allongée, mince, ayant la valve inférieure creusée comme une gouttière dont la cavité se prolonge dans le crochet, l'impression musculaire est ovale oblongue, le crochet est peu allongé, triangulaire, à surface presque plane, creusée d'une petite gouttière superficielle pour le ligament; la surface extérieure est lisse ou marquée d'accroissemens irréguliers.

⊦ 41. Huître oblongue. *Ostrea elongata.* Desh.

O. testâ elongatâ; supernè acutâ, infernè dilatatâ, profundâ, cucullatâ, irregulariter lamelloso-striatâ; umbone prælongo, acuto trigono, transversim striato; fossulâ latâ, planâ; impressione musculari semilunari, laterali inferiore; marginibus integris.

Var. a.) *testâ infernè subdilatatâ.*

Desh. coq. foss. des env. de Paris, t. 1. p. 348. n°. 16. pl. 49. f. 3. 4.

Habite.... le grès marin supérieur, à Valmondois, Tancrou, Betz, Mary, Assy.

Voisine de *l'Ostra cucularis* de Lamarck. Elle est allongée, étroite, profonde, sa cavité se prolonge en dessous du crochet; ce crochet est allongé, triangulaire, pointu, sa surface cardinale est large et peu profonde, l'impression musculaire est très grande, ovalaire, sublatérale.

† 42. Huître dorsale. *Ostrea dorsata.* Desh.

O. testâ orbiculatâ, utrinque gibbosâ, in medio subangulatâ; valvâ inferiore profundâ, extus irregulariter lamellosâ, striatâ; valvâ superiore angulo acuto bipartitâ, lamellis raris elatis ornatâ, striis tenuibus, longitudinalibus, divaricatis instructâ; marginibus supernè crenulatis.

Ostrea semistriata. Def. Dict. des sc. nat. art. Huître.

Sow. Min. Conch. pl. 489. f. 2.

Desh. Coq. foss. des env. de Paris. t. 1. p. 355. n° 22. pl. 55. f. 9. 10. 11. pl. 64. f. 1. 2. 3. 4. pl. 54. f. 9. 10.

Habite..... Fossile dans le terrain marin supérieur, à Valmondois, à Senlis, dans le grès marin inférieur. Très facile à reconnaître, cette coquille est suborbiculaire, sa valve supérieure est subanguleuse ou bossue dans le milieu; outre des lames transverses d'accroissement, on y voit des stries fines, onduleuses, souvent bifurquées et divergentes; les crochets sont courts, et leur surface cardinale est presque entièrement occupée par un large sillon superficiel pour le ligament; les bords sont crénelés de chaque côté de la charnière.

† 43. Huître multistriée. *Ostrea multistriata.* Desh.

O. testâ ovatâ, utrinque gibbosâ, tenui, fragili; valvâ inferiore sub-lævigatâ, convexâ; valvâ superiore dorsatâ, striis tenuibus, numerosis, bifidis ornatâ; umbonibus minimis, brevissimis.

Desh. Coq. foss. des env. de Paris. t. 1. p. 356. n. 25. pl. 59. f. 5. 6. 7. 8.

Id. Encycl. méth. vers. t. 2. p. 294. n. 18.

Habite..... Fossile à Valmondois. Coquille mince, vésiculaire, ayant la valve inférieure profonde, presque lisse, et la supérieure à peine convexe et couverte d'un grand nombre de stries longitudinales, onduleuses; l'impression musculaire est petite, ovale, transverse; le crochet est court, sa surface aplatie offre une gouttière large et peu profonde pour le ligament. Le test est subnacré.

† 44. Huître étalée. *Ostrea extensa.* Desh.

O. testá orbiculatá, depressissimá, longitudinaliter plicatá; marginibus integris; umbonibus minimis, planis, foveolá triangulari exaratis; impressione musculari magná, orbiculari.

Desh. Coq. foss. des environs de Paris. t. 1. p. 358. n° 25. pl. 56. f. 1. 2.

Id. Encycl. méth. vers. t. 2. p. 293. n° 14.

Habite..... Fossile à Valmondois. Coquille assez grande, suborbiculaire, se fixant par une large surface et sillonnée, rayonnante dans sa partie libre; les sillons sont larges et peu épais, paraissant à peine sur les bords; l'impression musculaire est obronde, centrale et fort grande. Le crochet est court, large, triangulaire, et sa surface cardinale, aplatie et striée, montre à peine une trace du sillon pour le ligament.

† 45. Huître rayonnante. *Ostrea radiosa.* Desh.

O. testá ovato-oblongá, cuneatá, crassá, solidá; umbonibus elongatis, trigonis, basi latis, fossulá profundá exaratis; fossulá utrinque marginatá; valvá majore sulcis squamosis radiatá; marginibus incrassatis, subcrenulatis; impressione musculari semiovatá, posticè attenuatá.

Desh. Coq. foss. de Paris. t. 1. p. 359. n° 26. pl. 60. f. 6. 7.

Habite. ... Fossile aux environs de Paris. Celle-ci a de l'analogie avec l'*Ostrea extensa* par la forme de ses sillons extérieurs; mais elle diffère pour tous les autres caractères plus essentiels. Elle est oblongue, subtrigone, assez profonde, épaisse; la valve inférieure est ornée en dehors de côtes arrondies, rayonnantes; l'impression musculaire est petite, ovale, inférieure et postérieure; le crochet est allongé, triangulaire; la surface cardinale est creusée dans le milieu d'une gouttière étroite, bordée de chaque côté d'un bourrelet large et épais.

† 46. Huître enflée. *Ostrea inflata.* Desh.

O. testá ovato-deformi, profundá, gibbosá; valvá inferiore raripli-
catá; umbone angusto, fossulá ligamenti angustá; marginibus
supernè crenatis.

Desh. Desc. des coq. foss. de Paris. t. 1. pl. 58. f. 4 et 5. et pl. 59.
f. 1. 2.

Id. Encycl. méth. vers. t. 2. p. 293. n° 16.

Habite..... Fossile à Valmondois. Coquille ovalaire, irrégulière,
profonde. La cavité de la valve inférieure se prolonge dans le crochet. L'impression musculaire est grande, ovale, semilunaire,
subtransverse; le crochet est plus ou moins prolongé et étroit selon
les individus; sa surface cardinale est occupée dans le milieu par
une gouttière étroite, peu profonde, bordée de chaque côté par
un bourrelet étroit et saillant; à l'extérieur, la valve inférieure
montre vers le sommet, des côtes ou des plis irréguliers et rayonnans.

† 47. Huître élégante. *Ostrea elegans.* Desh.

O. testá ovato-orbiculatá, infernè gibbosá, supernè planá; valvá in-
feriore rugis subregularibus longitudinalibus ornatá; valvá supe-
riore planá, striis concentricis irregularibus instructá, ad marginem
læviter subplicatá; marginibus undiquè valde crenatis.

An ostrea crenulata? Lamk. Ann. du Mus. t. 8. p. 163.

Desh. Coq. foss. de Paris. t. 1. p. 361. n° 29. pl. 50. f. 7. 8. 9.

Id. Encycl. méth. vers. t. 2. p. 297. n° 29.

Habite..... Fossile à Chaumont et à Valmondois. La valve inférieure
est très convexe, ornée d'un grand nombre de plis longitudinaux
plus réguliers que la plupart des espèces, tandis que la valve supérieure est plate, couverte de stries d'accroissement concentriques; les valves sont crénelées sur les bords, quelquefois dans toute
la circonférence; l'impression musculaire est grande, subtrigone;
le crochet est large, triangulaire; la gouttière du ligament est
large, superficielle et peu apparente.

† 48. Huître étroite. *Ostrea angusta.* Desh.

O. testá elongatá, angustissimá, apice attenuatá, depressá; valvá in-
feriore longitudinaliter subplicatá, transversim lamellosá; lamellis
distantibus; valvá superiore minore, striis concentricis brevibus
numerosis ornatá; umbonibus prælongis, attenuatis, fossulá pro-
fundá exaratis.

Desh. Descr. des coq. foss. de Paris. t. 1. pl. 58. f. 1. 2. 3.

Id. Encycl. méth. vers. t. 2. p. 293. n° 15.

Habite..... Fossile à Retheuil, Guise-Lamothe, Soissons. Belle espèce
allongée, étroite, triangulaire, se rapprochant de l'*Ostrea virgi-*

nica, mais toujours plus petite; sa valve inférieure est lamelleuse, transversalement plissée dans sa longueur; les plis sont larges, irréguliers, interrompus. L'impression musculaire est grande, ovale, longitudinale; le crochet est allongé, pointu, creusé en dessus par une gouttière large et peu profonde pour le ligament; la valve supérieure est plate, striée en travers.

† 49. Huître à petits plis. *Ostrea plicatella*. Desh.

O. *testá ovato-elongatá, apice attenuatá, depressá, plicis angustis, rugæ-formibus, radiantibus utroque valvá ornatá ; umbonibus longis, acutis.*

An ostrea distincta? Def. Dict. des sc. nat.

Desh. Coq. foss. de Paris t. 1. p. 363. n° 31. pl. 50. f. 2. 3. 4 5.

Habite..... Fossile dans les sables à lignites du Soissonnais et de la Champagne. Elle se distingue facilement, ses valves sont minces, plates, toutes deux sont plissées longitudinalement, sans que cependant les bords soient dentés. L'impression musculaire est grande et ovale; les crochets sont aplatis, triangulaires; la gouttière de la valve inférieure est très large, tandis que les bourrelets qui la suivent de chaque côté sont très étroits.

† 50. Huître à côtes nombreuses. *Ostrea multicostata*. Desh.

O. *testá ovato-elongatá , superne acutá, planiusculá ; valvá inferiore costulis irregularibus undulatis subsquamosis, antice bifidis, instructá ; valvá superiore planá , lamellis brevibus, concentricis ornatá; impressione musculari obliquá superficiali, maximá.*

Desh. Desc. des coq. foss. des env. de Paris. t. 1. p. 363. n° 32. pl. 57. f. 3. 4. 5. 6.

Habite..... Fossile à Retheuil, Guise-Lamothe. Coquille très commune, dont la valve inférieure est peu concave et garnie en dehors d'un grand nombre de côtes longitudinales, étroites, rapprochées, bifurquées vers les bords; elles sont garnies de courtes écailles produites par les accroissemens; la valve supérieure est aplatie, couverte de stries concentriques. L'impression musculaire est très grande, rétrécie à son extrémité supérieure.

† 51. Huître coude. *Ostrea cubitus*. Desh.

O. *testá elongato-angustá, in medio valdè recurvá, subangulatá ; valvis inæqalibus, inferiore longitudinaliter plicatá; plicis numerosis, subangulatis, bifariam divisis; marginibus crenato-dentatis ; umbone acuto, obliquo, fossulá planá, superficiali diviso; valvá superiore subplaná, simplici, breviore, striis concentricis, subla-*

*mellosis instructá; marginibus integris, acutis, supernè subcrc-
nulatis.*

Desh. Coq. foss. de Paris. t. 1. p. 365. n₀ 34. pl. 47. f. 12. 13.
14. 15.

Habite..... Fossile à Senlis et à Valmondois.

Coquille singulière, allongée, étroite, courbée dans le milieu de sa
longueur. La valve inférieure est plissée en dehors, et les plis
sont souvent bifides; la valve supérieure est aplatie, plus petite
que l'autre; le crochet de la valve inférieure est peu allongé, sa
surface cardinale est aplatie, et le sillon du ligament est large.

† 52. Huître petite barque. *Ostrea Cymbula.* Lamk.

*O. testá ovato-orbiculari; valvá superiore planá concentrice striatá,
lævi vel obsolete ad marginem plicatá et internè dentatá; inferiore
convexá; plicis radiantibus, arcuatis, lamellosis, convexis, hinc
inde furcatis; cardine introrsum incurvo.*

Lamk. Ann. du Mus. t. 8; pl. 165 et t. 14, p. 28. fig. 2.

Desh. Coq. de Paris. t. 1. p. 366. n⁰ 37. pl. 53. fig. 2. 4. pl. 57.
fig. 8.

Ostrea flabellula. Sow. tab. 253.

Brander. Foss. hant. tab. 7. fig. 84.

Goldf. petref. t. 2. p. 14. n⁰ 32. pl. 76. f. 5.

Habite..... Fossile dans le calcaire grossier, à Grignon, Parnes
près Paris. Près Londres, à Barton et en Allemagne. Coquille
ovale, oblongue ou suborbiculaire, ayant la valve inférieure profonde et ornée en dehors de sillons rayonnans, étroits, convexes,
rapprochés, quelquefois bifurqués et irrégulièrement écailleux; la
valve supérieure est plane, striée irrégulièrement par des accroissemens. Les bords des valves sont crénelés de chaque côté de la
charnière.

† 53. Huître cyathule. *Ostrea cyathula.* Lamk.

*O. ovato-rotundatá, profundá, incrassatá, solidá; umbonibus magnis,
posticè inflexis, aliquando contortis; valvá majore subtus plicatá;
plicis angustis, distantibus, radiantibus, lamellis transversis, interruptis; valvá superiore planá, transversim striato-lamellosá,
supernè crassá; impressione musculari semi—ovatá, subtransversá;
fossulá cardinali, superficiali, transversè striatá.*

Lamk. Ann. du Mus. t. 8. p. 163. n⁰ 12.

Desh. Coq. foss. de Paris. t. 1. p. 369. n⁰ 38. Pl. 54. f. 1. 2.
pl. 61. f. 1. 2. 3. 4.

An eadem species? Ostrea cyathula. Goldf. petrif. t. 2. p. 16. n⁰ 39.
pl. 77. f. 5.

Habite..... Fossile dans le terrain marin supérieur, à Montmartre, dans le parc de Versailles, à la Ménagerie et à Longjumeaux. La Coquille, figurée sous ce nom par M. Goldfuss, nous paraît différente de celle de Lamarck. Cette petite coquille est épaisse, ovale, oblongue ou arrondie ; les crochets sont grands, souvent contournés sur le côté ; la valve inférieure est très convexe, plissée ; la supérieure est plane et couverte de stries concentriques, irrégulières ; l'impression musculaire est petite, ovale, obronde.

† 54. Huître en cuillère. *Ostrea cochlearia*. Lamk.

O. testá ovato-acutá, spathulatá, infernè dilatatá ; valvá inferiore profundá, sæpè cucullatá, longitudinaliter obscurè plicatá, transversim foliaceá ; valvá superiore planá, irregulariter transversim striato-lamellosá ; umbonibus acutis, rectis, triangularibus ; fossulá angustá, excavatá, utrinque marginatá.

Lamk. Ann. du Mus. t, 8. p. 162. n° 8.

Desh. Coq. foss. de Paris. t. 1. p. 370, n° 39. pl. 62. f. 3.

Habite à Roquencourt, près Versailles.

Lamarck réunit cette espèce à l'*Ostrea cucullaris*, nous pensons qu'elle en diffère assez pour en être séparée, et, si nous étudions ses rapports, nous lui trouvons plus d'analogie avec l'*Ostrea cyathula*, qu'avec toute autre. Elle est allongée, foliacée, obscurément plissée ; la valve supérieure est aplatie et couverte de stries irrégulières d'accroissement. Le crochet est allongé, pointu et creusé dans le milieu d'une gouttière étroite et peu profonde.

† 55. Huître en crochet. *Ostrea uncinata*. Lamk.

O. testá subrotundatá, squamiformi, depressá ; umbone angusto, uncinato, sinu profundo, laterali, lamelloso, obliquo ; impressione muscolari centrali, rotundatá, superficiali ; marginibus integris, tenuibus.

Lamk. Ann. du Mus. t. 8. p. 164. n° 15. et t. 14. pl. 22. f. 2. a. b. c.

Def. Dict. des sc. nat. Loc. cit.

Desh. Coq. foss. de Paris. t. 1. p. 371. n° 40. pl. 47. f. 7. 8. 9. 10. 11.

Habite..... Fossile à Grignon. Coquille très singulière, ayant sur le côté antérieur une échancrure profonde, rappelant assez bien celle des Houlettes ; dans ce dernier genre l'échancrure ne se montre que sur la valve inférieure, ici elle existe sur les deux valves. La coquille est arrondie, aplatie, elle paraît avoir été adhérente par l'échancrure ; les valves sont presque égales ; les crochets sont étroits, creusés en gouttière pour le ligament. L'impression musculaire est petite et ovalaire; la surface extérieure présente seulement des stries concentriques d'accroissement.

† 56. Huître sonore. *Ostrea sonora.* Def.

O. testá ovato-depressá, incrassatá, extùs irregulariter striato-lamellosá, aliquando sublævigatá ; umbonibus subæqualibus, latis, depressis, apice valdè acuminatis ; impressione musculari mediocri, ovato-semilunari, transversá.

Desh. Encycl. méth. vers. t. 2. p. 295. no 21.

Habite..... Fossile aux environs de Valognes, dans le terrain tertiaire. Le test de cette coquille est compacte, ce qui le rend sonore à la percussion. La coquille est ovale, oblongue, déprimée le plus ordinairement, attachée par une petite surface de la valve inférieure ; les valves sont irrégulièrement striées et foliacées transversalement à l'extérieur. L'impression musculaire est ovale, transverse ; les crochets sont pointus, larges, triangulaires.

† 57. Huître rayée. *Ostrea virgata.* Goldf.

O. testá ovatá vel cuneiformi, obliquá ; valvá superiore planá, concentrice striatá, inferiore convexá, umbone producto affixá, plicis crebris augustis, dichotomis instructá.

Goldf. Petrif. t. 2. p. 15. no 34. pl. 76. f. 7.

Burtin orycth. de Brux. pl. 12.

Habite..... Fossile dans les sables marins de la Belgique. La valve inférieure assez profonde, mince, ovalaire, adhérente par le crochet seulement, est couverte par un grand nombre de petits plis longitudinaux, onduleux, subnoueux, bifurqués, inégaux ; ceux du milieu sont les plus gros. La valve supérieure est plane, couverte de stries concentriques d'accroissement ; elle est intermédiaire, par ses caractères, à l'*Ostrea flabellula,* Lamk, et l'*Ostrea multicostata,* Nob.

† 58. Huître tuilée. *Ostrea tegulata.* Münster.

O. testá cuneatá, margine antico sinuato, lamelloso, crasso ; valvá superiore planá, concentrice striatá, inferiore convexá profunde plicatá ; plicis radiantibus, raris, furcatis, convexis, lamelloso-squarrosis ; umbone truncato, sessili.

Goldf. Petrif. t. 2. p. 16. no 37. pl. 77. f. 3.

Habite..... aux environs de Niederstotzing, dans le terrain tertiaire. Coquille assez grande, ovale, oblongue, épaisse ; sa valve inférieure est garnie en dehors d'un assez grand nombre de côtes onduleuses, longitudinales, quelquefois bifurquées, assez épaisses et convexes, sur lesquelles se relèvent des écailles imbriquées, pro-

duites par les lames d'accroissement; la valve supérieure est plane
et couverte de courtes lamelles concentriques. Le crochet est allongé, étroit et creusé d'une gouttière peu profonde pour le ligament; l'impression musculaire est fort grande.

† 59. Huître pied-de-cheval. *Ostrea hippopodium.* Nilsson.

O. testâ suborbiculari vel ovali planâ; valvâ superiore margine ex-
planato dilatatâ; inferiore testâ adhærente margine erecto.

Ostrea hippopodium. Nils. petref. succ. p. 30. tab. 7. fig. 1. a. b.

Goldf. petref. t. 2. p. 23. n° 60. pl. 81. f. 1.

Habite..... Fossile dans la craie de Scanie.

Cette coquille est très probablement une forte variété de l'*Ostrea*
vesicularis. Les valves sont épaisses, solides, plus ou moins aplaties selon les individus; la surface extérieure est presque lisse, interrompue seulement par des accroissemens peu nombreux; les
crochets sont courts et étroits; la fossette du ligament est fort
étroite et assez profonde; les bords des valves sont ridés de chaque
côté de la charnière.

† 60. Huître latérale. *Ostrea lateralis.* Nilsson.

O. testâ ovato-oblongâ, incurvâ; umbone antrorsum involuto; valvâ
superiore planâ, concentrice lineatâ; inferiore profundâ, subfoliosâ
umbone affixâ.

Ostrea lateralis. Nils. l. c. pag. 29. tab. 7. fig. 7. 10.

Goldf. petref. t. 2. p. 24. n° 62. pl. 82 f. 1.

Habite..... Fossile dans la craie de Scanie.

Petite coquille ovale, oblongue, ayant les crochets dirigés latéralement, de manière à former un angle ouvert avec l'axe longitudinal; les valves sont minces. L'inférieure est assez profonde, lisse;
la supérieure est aplatie et assez régulièrement lamelleuse transversalement; les lamelles sont également distantes, redressées et
minces. La gouttière du ligament est étroite et profonde.

† 61. Huître acutirostre. *Ostrea acutirostris.* Nilsson.

O. testâ ovato-oblongâ; umbone producto, subrecto acuminato; val-
vâ superiore convexiusculâ, rugosâ; inferiore convexâ, subplicato-
rugosâ.

Ostrea acutirostris. Nils. p. 32. tab. 6. f. 6. a. b.

Goldf. petref. t. 2. p. 25. n° 64. pl. 82. f. 3.

Habite..... Fossile dans la craie de Scanie.

Coquille allongée, assez régulière, dont la forme rappelle assez bien
celle de certaines Moules; la valve inférieure, la plus profonde,
est obscurément plissée en dessus; la valve supérieure, à peine

convexe, est lisse; les crochets sont allongés et très pointus; la gouttière du ligament est étroite et peu profonde; les bords sont crénelés ou plutôt ponctués de chaque côté de la charnière. L'impression musculaire est petite, ovale, oblongue.

† 62. Huître semilunaire. *Ostrea lunata*. Nils.

O. testá æquivalvi, oblongo-ovatá, semilunari; dorso plano, lævi; latere postico bi-vel triangulato.

Ostrea lunata. Nils. petref. suec. 1. p. 31. tab. 6. fig. 3. a. D.

Goldf. petref. t. 2. p. 11. n° 25. pl. 75. fig. 2.

Habite..... dans la craie, en Scanie et à Maestricht.

Coquille très singulière, aplatie, lisse, fortement courbée dans sa longueur comme l'*Ostrea carinata*. Les valves sont aplaties, assez larges, et elles sont festonnées par quatre ou cinq grands plis onduleux, dont la forme et la structure sont particulières à cette espèce. Les crochets sont larges, aplatis, courts, et à peine s'ils sont creusés dans le milieu pour le ligament.

† 63. Huître flabelliforme. *Ostrea flabelliformis*. Nils.

O. testá irregulari, obliquá, orbiculari, convexo-planá; plicis radiantibus, raris, magnis, rugosis; valvæ superioribus teretibus, inferioris subacutis.

Nils. petref. suec. 1. p. 31. tab. 6. fig. 4. a. b.

Ostrea latirostris. Dub. Conch. foss. p. 74. tab. 8. fig. 15.16.

Mantell. géolog. sus. tab. 25. fig. 4.

Ostrea semiplana. Sow. tab. 489. fig. 3?

Goldf. petref. t. 2. p. 12. n° 28. pl. 76. fig. 1.

Habite..... Fossile dans la craie de Scanie et d'Allemagne. Coquille irrégulière, arrondie, ayant les valves plissées, mais irrégulièrement; les plis sont gros, convexes, et rendent les bords onduleux plutôt que dentés. Le crochet est court, large, triangulaire; la fossette du ligament est étroite, et les bourrelets sont aussi larges qu'elle; ces bourrelets sont aplatis, peu convexes.

† 64. Huître digitaline. *Ostrea digitalina*. Eichw.

O. testá ovato-oblongá, subæquivalvi, costatá, apice acuminatá; valvá superiore planá, inferiore concavá; costis depressis, lamellosis, antice in processus digitiformis elongatis, cardine attenuato, elongato; utráque valvá prope cardinem utrinque denticulatá.

Eichw. Naturh. Skizze. n° 213.

Dub. de Mont. Foss. de la Wolh. p. 74. n° 1. pl. 8. f. 13. 14.

Habite..... Fossile dans les sables de Szuskowce, en Wolhynie et en Podolie. Espèce commune, valve supérieure aplatie, l'inférieure

peu concave, ayant des côtes longitudinales, peu saillantes, traversées par des lames d'accroissement peu nombreuses; l'angle
antérieur et inférieur se prolonge un peu en bec, et les côtes de
ce côté, au nombre de trois ou quatre, s'allongent en courtes digitations. Les crochets sont étroits, pointus.

† 65. Huître curvirostre. *Ostrea curvirostris.* Nils.

O. *testá subæquivalvi, ovato-oblongá, convexá, lamelloso-rugosá,
umbone acuto, producto, incurvo.*

Ostrea curvirostris. Nilsson. l. c. pag. 3o. tab. 6. fig. 5. a. b.

Goldf. petref. t. 2. p. 24. n. 63. pl. 82. f. 2.

Habite.... Fossile dans la craie de Scanie.

Celle-ci nous semble une variété de l'Huître acutirostre dont le crochet, au lieu d'être droit, serait infléchi en crochet aigu vers le
côté postérieur. La fossette du ligament est très étroite et offre
les mêmes caractères que dans l'Huître acutirostre. Les valves
sont sublamelleuses, et les lames courtes et simples sont imbriquées. De chaque côté de la charnière, les bords sont fortement
crénelés.

† 66. Huître crénelée. *Ostrea crenata.* Goldf.

O. *Testa subæquivalvi oblongá, subconvexá, irregulari, margine incrassato, plicis acutangulis irregularibus ; umbone acuto, trigono,
lato, fossulá ligamenti magná.*

Goldf. petref. t. 2. p. 6, n° 13. pl. 72. fig. 13.

Habite.... Fossile dans l'oolite ferrugineuse en Allemagne.

Belle espèce d'Huître, assez grande, fixée par une grande partie de
la valve inférieure. Elle est concave, irrégulière, obscurément plissée dans sa longueur; la valve supérieure est aplatie, bosselée irrégulièrement, les deux valves sont dentées sur les bords et un peu
plissées au-delà; les dents sont inégales, irrégulières. Le crochet
de la valve inférieure est triangulaire, large, pointu; et la plus
grande partie de la surface est occupée par une large gouttière
pour le ligament. L'impression musculaire est grande, ovale,
transverse.

† 67. Huître aplatie. *Ostrea explanata.* Goldf.

O *testá subæquivalvi, ovato-orbiculari, convexo-planá, lamelloso-
undatá, fossulá cardinali latá.*

Ostrea eduliformis. Schloth. petrif. p. 233.

Goldf. petref. t. 2. p. 22. n° 59. pl. 80. f. 5.

Habite.... fossile dans l'oolite ferrugineuse des environs de Baruth
et du Wurtemberg.

Coquille ovale, obronde, irrégulièrement bosselée, et chargée de stries ou de lamelles transverses, courtes produites par les accroissemens. Les valves sont très épaisses et peu profondes; elles sont remarquables par la largeur de la surface cardinale. Cette surface offre une large gouttière, peu profonde, accompagnée de chaque côté d'un bourrelet médiocre. L'impression musculaire est grande, arrondie, et très près du bord postérieur.

68. Huître falciforme. *Ostrea falciformis*. Goldf.

O. testâ falciformi, rugoso-lamellosâ; umbone antrorsum incurvo, subspirali, valvâ superiore concavâ, inferiore subconvexâ; umbone, vel totâ superficie sessili.

Goldf. petref. t. 2. p. 22. n° 58. pl. 80. f. 4.

Habite..... Fossile dans l'oolite, en Allemagne.

Coquille assez grande, dont le port s'approche de quelques variétés de l'*Ostrea crassissima*; mais elle en est bien distincte par ses principaux caractères; elle est allongée, étroite, courbée dans sa longueur. La valve inférieure est irrégulièrement rugueuse en dehors; son crochet, allongé et contourné latéralement, offre une gouttière oblique et large pour le ligament; la valve supérieure est aplatie, irrégulièrement marquée par les accroissemens: la surface cardinale de son crochet est aplatie et sans sillon médian.

69. Huître concentrique. *Ostrea concentrica*. Münst.

O. testâ subæquivalvi, ovato acutâ, convexo-planâ, concentrice striatâ.

Goldf. petref. t. 2. p. 21. n° 55. pl. 80. f. 1.

Habite..... Fossile dans les oolites, en Allemagne.

Petite espèce ovalaire, aplatie, remarquable en cela que les deux valves, presque semblables, sont presque lisses, et ne présentent que des stries d'accroissement concentriques. Les crochets sont courts, presque égaux, larges, triangulaires, et leur surface plane est à peine creusée dans le milieu pour le ligament.

† 70. Huître costulée. *Ostrea costata*. Sow.

O. testâ parvulâ, oblique ovali, umbone affixâ; valvâ inferiore profundâ costis angulosis, dichotomis radiatâ, superiore planâ, radiatâ, marginibus dentatis.

Sow. min. conch. pl. 488. f. 3.

Habite..... Fossile dans l'oolite moyenne, en France et en Angleterre. M. Goldfuss a donné à tort à une autre espèce, le nom de celle-ci. Cette autre espèce avait été bien distinguée par M. Woltz, qui, dans sa correspondance, l'a désignée sous le nom d'*Ostrea Knorii*. L'*Ostrea costata* est une petite coquille ovale, oblongue, irrégulière ; sa valve inférieure, profonde, convexe, est chargée en dehors d'un grand nombre de petites côtes anguleuses, étroites, bifurquées, substriées par des accroissemens. La valve supérieure est aplatie, plissée vers les bords ; le crochet est court, large, et sa surface est creusée dans le milieu par une gouttière large et profonde pour le ligament. L'impression musculaire est petite, ovale, transverse latérale et postérieure.

† 71. Huître sandaline. *Ostrea sandalina.* Goldf.

O. testâ variabili, ovatâ vel oblongâ ; umbone antrorsum vel retrorsum incurvo ; valvâ superiore undulato-rugosâ, inferiore lateribus undulato-striatâ ; umbone vel totâ superficie sessili.

Ostracites sessilis. Schloth. petref. Sp. 237.

Goldf. Petrif. t. 2. p. 21. pl. 79. f. 9.

Habite. ... Fossile dans les oolites supérieures.

Petite coquille très commune dans un grand nombre de localités, tant en France, qu'en Angleterre et en Allemagne ; elle est petite, suborbiculaire, très irrégulière, se fixant les unes aux autres, et formant quelquefois des bancs épais et assez étendus ; sa valve inférieure est profonde ; la supérieure est plane ; elles sont presque lisses ; on y remarque quelques rides longitudinales, obsolètes ; le crochet est court et creusé d'une petite gouttière superficielle pour le ligament.

† 72. Huître de Knorr. *Ostrea Knorrii.* Woltz.

O. testâ parvulâ, ovato-oblongâ, valvâ inferiore umbone affixâ, longitudinaliter tenue plicatâ ; plicis inæqualibus furcatis ; valvâ superiore planâ, substriatâ ; umbonibus acutis angustis brevibus.

Knorr. Test. diluv. t. 2. pl. P. II. DV*. f. 5. 6.

Ostrea costata. Goldf. Petrif. t. 2. p. 4. n° 8. pl. 72. f. 8.

Habite..... Fossile dans le Bradfordclay, en Allemagne, en Alsace. Petite espèce ovalaire, oblongue, bien distincte de l'*Ostrea costata*, Sow., avec laquelle M. Goldfuss l'a confondue. Sa valve inférieure est convexe et couverte d'un grand nombre de petites stries longitudinales, onduleuses, inégales, peu saillantes, arrondies et souvent interrompues par des accroissemens plus ou moins rapprochés selon les individus. La valve supérieure est peu convexe, et ses stries sont obsolètes ; les crochets sont courts, celui de la valve inférieure est à peine creusé d'une gouttière pour le ligament ; à l'intérieur, près de la charnière, les bords sont épaissis.

† 73. Huître pulligère. *Ostrea pulligera.* Goldf.

O. testâ ovato orbiculari, depressâ valvâ inferiore totâ adærente ;

*valvis longitudinaliter plicatis; plicis marginalibus acutangulis,
umbricatis; valvæ superioris, plicis grossis, nodoso imbricatis, ad
marginem subramosis; umbone antice incurvato.*

Goldf. Petrif. t. 2. p. 5. pl. 72. f. 11.

Habite..... Fossile dans l'oolite supérieure (calcaire à polypiers), en
France, en Allemagne. L'*Ostrea solitaria*, Sow. (min. conch. pl. 468.
f. 1.) est peut-être de la même espèce que celle-ci. L'Huître pulli-
gère est une coquille irrégulière, ovale ou arrondie, fixée par une
grande partie de sa valve inférieure; la valve supérieure est convexe; toutes deux sont chargées de gros plis longitudinaux, irréguliers, écailleux, bifides; les bords sont dentelés; le crochet est
étroit, pointu; la gouttière du ligament est peu profonde; l'impression musculaire est ovale, subtriangulaire.

† 74. Huître groupée. *Ostrea gregarea.* Sow.

*O. testá ovatá, subobliquá, longitudinaliter multiplicatá, apice sub-
truncatá, plicis numerosis furcatis, divaricatis, transversim striato-
lamellosis; marginibus complicatis in utráque valvá.*

Sow. min. conch. pl. 111. fig. 1.

Eadem species Ostrea palmetta. Sow. id. f. 2.

Desh. Descr. de foss. caract. pl. 13. f. 2.

Goldf. Petrif. t. 2. p. 7. no 15. pl. 74. fig. 2. a. b. c. *fig. aliis
exclus.*

Desh. Encycl. méth. vers. t. 2. p. 300. n° 36.

Habite..... Fossile dans les couches supérieures de l'oolite, en France,
en Allemagne et en Angleterre.

A l'exemple de M. Goldfuss, nous ajoutons à cette espèce l'*Ostrea
palmetta* de Sowerby, et nous en retranchons la fig. 3. de la
pl. 111. du Mineral conchology, attribuée par l'auteur à son *Ostrea gregarea*, mais dont elle nous semble bien différente; par la
même raison, nous rejetons également de l'espèce les figures 2. d.
e. f. de la pl. 74. de M. Goldfuss. Les individus de cette espèce
s'attachent les uns aux autres, et forment des masses assez considérables.

† 75. Huître deltoïde. *Ostrea deltoidea.* Sow.

*O. testá trigoná depressissimá, apice acutá, irregulariter lamellosá;
umbonibus angustis, approximatis; fossulá obliquá, tripartitá.*

Sow. min. conch. pl. 148.

Desh. Desc. de coq. caract. p. 105. pl. 13. f. 3.

Id. Encycl. méth. vers. t. 2. p. 290. n° 6.

Habite..... Fossile dans les argiles de Kimmeridge. Il existe beaucoup
de confusion à l'égard de cette espèce. Lamarck avait donné le

nom d'*Ostrea deltoidea* à une coquille qui est pour nous une variété aplatie de l'*Ostrea vesicularis*. En rattachant cette variété à son espèce, il aurait fallu supprimer l'Huître deltoïde des catalogues. M. Sowerby, n'ayant eu pour reconnaître l'espèce qu'une description incomplète et une figure insuffisante, donna le nom de Deltoïde à une espèce que Lamarck ne connut pas. C'est à cette espèce, connue des géologues, que nous conservons le nom spécifique. M. Goldfuss a aussi décrit une *Ostrea deltoidea*; mais cette espèce étant différente des deux autres, il sera nécessaire de lui donner un autre nom. L'*Ostrea deltoidea*, de Sowerby, est très aplatie, triangulaire, à crochet étroit et pointu, ayant une fossette étroite pour le ligament. L'impression musculaire est petite, obronde et submédiane.

† 76. Huître irrégulière. *Ostrea irregularis*. Münst.

O. *testá rhomboideá, concentrice lamelloso-striatá; valva superiore planá, inferiore irregulari, ventricosá; umbone vel totá superficie sessili; lateribus ascendentibus subrugosis.*

Goldf. Petrif. t. 2. p. 20. no 50. pl. 79. f. 5.

Habite..... Fossile dans le lias, en France et en Allemagne. Coquille d'une taille médiocre, très irrégulière, chargée de stries et de lamelles concentriques; la valve inférieure est profonde; la supérieure est plane; les crochets sont petits, à peine saillans sur le bord, et contournés obliquement sur le côté à la manière des Gryphées exogyres.

† 77. Huître difforme. *Ostrea difformis*. Schloth.

O. *testá inæquivalvi (?) variabili, suborbiculari, convexá; plicis valvæ superioris radiantibus, raris, majusculis rugosis.*

Ostracites difformis. Schloth. petref. sup. p. 245. Nachtr. 11. tab. 36. fig. 2.

Goldf. Petrif. t. 2. p. 2. n° 1. pl. 72. f. 1. a. b.

Habite..... Fossile dans le Muschelkalk.

Coquille ovale, obronde, dont la valve inférieure seule est connue; cette valve est convexe, présente sept à huit côtes rayonnantes, inégales, convexes, peu saillantes; la surface est sublamelleuse; les lames sont irrégulières et se relèvent en rares écailles courtes sur les côtes; le crochet est petit et peu saillant sur le bord.

† 78. Huître à côtes nombreuses. *Ostrea multicosta*. Münster.

O. *testá inæquivalvi (?) ovato-orbiculari, subconvexá, plicis radian-*

*tibus valvæ superioris crebris, irregularibus, rugoso-squamosis,
hinc inde obliteratis.*

Goldf. petref. t. 2. p. 3. pl. 72. f. 2.

Habite..... Fossile dans le Muschelkalk d'Allemagne.

Coquille suborbiculaire, dont on ne connaît que la valve inférieure;
elle est assez grande, irrégulière, suborbiculaire; sa surface est
couverte d'un grand nombre de côtes longitudinales, obtuses, peu
saillantes, étroites, irrégulièrement interrompues ou écailleuses
par des lames d'accroissement qui les traversent; les côtes du côté
postérieur sont presque nulles ou effacées.

† 79. **Huître à dix côtes.** *Ostrea decemcostata.* Münster.

O. *testá inæquivalvi? oblique ovatá, valvá inferiore convexá, plicis
decem radiantibus, acutis, profundis ornatá.*

Goldf. Petrif. t. 2. p. 3. n° 4. pl. 72. f. 4.

Habite... Fossile dans les calcaires des environs de Baruth. Elle a
plutôt l'apparence d'une Plicatule que d'une Huître; elle est aplatie, ovalaire; la valve inférieure est ornée de dix côtes aiguës,
étroites, fort saillantes et se terminant en autant de dentelures
sur le bord; ces côtes sont simples, onduleuses et traversées par
quelques stries ou un petit nombre de courtes lamelles d'accroissement.

† 80. **Huître spondyloïde.** *Ostrea spondyloides.* Schloth.

O. *testá oblique ovatá, valvá inferiore totá adhærente, superiore
convexá, plicatá; plicis radiantibus, convexis, imbricatis, hinc inde
furcatis.*

Ostracites spondyloides. Schloth. petrif. 2. suppl. pl. 36. f. 1. 6.

Goldf. petrif. t. 2. p. 3. n° 5. pl. 72. f. 5. a. b. c.

Habite.... fossile dans les calcaires conchyliens de l'Allemagne.

Coquille irrégulière, transverse ou oblongue; la valve inférieure a-
platie est appliquée par presque toute sa surface; la supérieure
est convexe et garnie en dehors d'un grand nombre de côtes
étroites, pliciformes, convexes, onduleuses, quelquefois bifurquées,
surtout les médianes; ces côtes sont écailleuses et plutôt semblables à celles des Plicatules ou des Spondyles que des Huîtres.

† 81. **Huître parée.** *Ostrea compta.* Goldf.

O. *testá æquivalvi, liberá? subovali, costatá; costis radiantibus distantibus, lineisque confertis, interstitialibus imbricatis, scabris.*

Ostracites spondyloides, Schloth. petrif. 2. supp. pl. 36. fig. 1. a.

Goldf. petrif. t. 2. p. 4. n° 5. pl. 72. f. 6.

Habite.... Fossile dans les montagnes calcaires du Wurtemberg.

Espéce remarquable, que M. Goldfuss place parmi les Huîtres, et qui pourrait bien dépendre des Spondyles. Elle est ovale, oblongue; sa surface est ornée de dix côtes étroites, distantes, régulières, rayonnantes, entre lesquelles se trouvent des stries très fines dont une, médiane, est un peu plus grosse. Ces côtes et ces stries sont chargées de fines écailles imbriquées. Nous ne connaissons aucune Huître ayant une structure comparable, tandis que l'on trouve des choses analogues dans les Spondyles.

† 82. Huître demiplissée. *Ostrea semiplicata*. Münster.

O. testá subæquivalvi, subovatá, superne lævigatá, inferne undulato plicatá, umbonibus raris minimis, aliquando lateraliter inflexis.

Goldf. petrif. t. 2. p. 4. n° 7. pl. 72. fig. 7.

Habite... fossile dans les environs de Baruth.

Petite coquille ovalaire peu épaisse, ayant les valves lisses dans une grande partie de leur étendue, et munies de quelques gros plis vers les bords. Les deux valves sont plissées.

VULSELLE. (Vulsella.)

Coquille longitudinale, subéquivalve, irrégulière, libre; à crochets égaux. Charnière ayant sur chaque valve une callosité saillante, déprimée en dessus, et offrant l'impression d'une fossette conique et obliquement arquée pour le ligament.

Testa longitudinalis, subæquivalvis, irregularis, libera; natibus æqualibus. Callum cardinale, in utráque valvá, prominulum, supernè depressum, et foveá ligamentali conicá, obliquè arcuatá, desuper impressum.

OBSERVATIONS. Les *Vulselles* sont très voisines des Huîtres par leurs rapports; et néanmoins elles en sont constamment distinctes: 1° par leurs valves toujours à-peu-près d'égale grandeur; 2° par leurs crochets égaux quoiqu'un peu séparés; 3° par la callosité en saillie égale sur l'intérieur de chaque valve, sous chaque crochet; 4° enfin, par la coquille qui n'est jamais fixée par sa valve inférieure. Quoique libres, on trouve souvent les Vulselles enveloppées dans des éponges. Elles sont nacrées intérieurement, et il y en a qui sont un peu bâillantes dans leur côté postérieur. (1)

ESPÈCES.

1. Vulselle lingulée. *Vulsella lingulata.* Lamk.

> *V. testá elongatá, depressá, transversim striatá, lineis longitudina-libus coloratis undatim pictá.*
>
> *Mya vulsella.* Lin. Syst. nat. p. 1113. Gmel. p. 3219. n° 6.
> Rumph. Mus. t. 46. fig. A.
> Knorr. Vergn. 5. t. 2. f. 1. 3.
> Chemn. Conch. 6. tab. 2. f. 11.
> Encycl. pl. 178. f. 4.
> * Schrot. Einl. t. 2. p. 609.
> * *Mya vulsella.* Dilw. Cat. t. 1. p. 56. n₀ 38. *Syn. plerisque exclus.*
> * Sow. Genera of shells. fig. 1. 4.
> * Desh. Encycl. méth. vers. t. 3. p. 1149. n° 1.
> * Blainv. malac. pl. 62. f. 5.
> Habite l'Océan indien. Mus. n°. Mon cabinet. C'est la plus grande des espèces de ce genre; elle acquiert quatre à cinq pouces de longueur, et est un peu renflée près des crochets.

2. Vulselle bâillante. *Vulsella hians.* Lamk.

> *V. testá oblongá, subarcuatá, tumidá, lineis longitudinalibus palli-dis pictá; latere postico valde hiante.*
>
> List. Conch. t. 1055. f. 10.
> Gualt. test. tab. 90. fig. H.
> Chemn. Conch. 6. t. 2. f. 10.
> Habite..... l'Océan indien? Mon cabinet. Elle est bâillante sur les côtés, et principalement sur le postérieur, ne devient jamais aussi longue que la précédente, et en est très distincte. Longueur, 58 à 60 millimètres.

---

(1) En étudiant avec attention les caractères des Vulselles, on est plus porté à regarder comme juste l'opinion de Cuvier, qui les met dans le voisinage des Marteaux, que celle de Lamarck. La charnière des Vulselles a en effet beaucoup de rapports avec celle des Marteaux, et, par leur manière de vivre, elles ressemblent aux Crénatules. Aussi nous pensons qu'il sera nécessaire de les placer dans le voisinage de ces genres. Les animaux ne sont point connus, ce qui est le plus grand obstacle à la détermination des rapports naturels du genre.

3. Vulselle ridée. *Vulsella rugosa.* Lamk.

V. testá oblongá, subarcuatá, planulatá; rugis longitudinalibus striisque transversis arcuatis rugas decussantibus.

Habite..... Mon cabinet. Celle-ci est plus aplatie que celle qui précède, non ou presque point bâillante, et a le bord antérieur très courbé. Longueur, 51 millimètres.

4. Vulselle des éponges. *Vulsella spongiarum.* Lamk.

V. testá oblongá, rectá, basi subattenuatá, intus argenteo-violacescente; rugis transversis concentricis; longitudinalibus obsoletis.

An Chemn. conch. 6. tab. 2. f. 8. 9?

Encycl. pl. 178. f. 5?

* Desh. Encycl. méth. vers. t. 3. p. 1149. n° 2.

Habite..... l'Océan iudien? Mus. n°. On la trouve, par groupes, enveloppée dans des éponges. L'épiderme est mince, grisâtre, ridé longitudinalement. Longueur, 44 millimètres.

5. Vulselle mytiline. *Vulsella mytilina.* Lamk.

V. testá grandi, elongatá, versus basim attenuatá, albá; valvis convexis, ad apicem planulatis, dilatatis; basi aduncá.

Habite..... Mus. n°. Grande coquille blanche, ayant des stries d'accroissement transverses et concentriques. Longueur, 125 millimètres.

6. Vulselle ovale. *Vulsella ovata.* Lamk.

V. testá ovali, subviolaceá, depressiusculá; striis transversis concentricis.

Habite les mers de la Nouvelle-Hollande. Mus. n₀. Coquille ovale-elliptique, nacrée à l'intérieur. Longueur, 35 millimètres.

7. Vulselle perdue. *Vulsella deperdita.* Lamk.

V. testá oblongá, sublingulatá, convexo-depressá; striis transversis concentricis; basi retusá.

* Def. Dict. sc. nat. art. Vuls.

* Desh. Coq. foss. de Paris. t. 1. p. 374. pl. 65. f. 4. 5. 6.

* *Id.* Encycl. méth. vers. t. 3. p. 1149. n° 3.

Habite..... Fossile de Grignon. Mon cabinet. Valve mince, transparente. On en trouve une variété ayant un côté plus grand et plus arqué que celui de l'autre. Longueur, 35 millimètres; la variété en a 55.

PLACUNE. (Placuna).

Coquille libre, irrégulière, aplatie, subéquivalve. Charnière intérieure offrant sur une valve deux côtes longitudinales tranchantes, rapprochées à leur base et divergentes en forme de V ; et sur l'autre valve, deux impressions qui correspondent aux côtes cardinales, et donnent attache au ligament.

Testa libera, subæquivalvis, irregularis, complanata. Cardo interior ; cicatriculis duabus basi convergentibus, supernè divaricatis, in valvá inferiori et costis duabus elongatis, æquè divaricatis in alterá, ligamento inservientibus.

OBSERVATIONS. — Les deux lames oblongues, saillantes en manière de côtes, et, qui placées à la charnière intérieure de l'une des valves de la coquille, divergent comme les deux branches d'un V, constituent le caractère essentiel de ce genre. Ces deux lames ou côtes singulières ne se trouvent que sur une valve, et servent d'attache au ligament qui s'insère, à la valve opposée, dans les deux impressions de même forme qu'on y observe.

Les *Placunes* sont des coquilles aplaties, à valves minces, transparentes, et d'égale grandeur. Ces coquilles sont grandes, orbiculaires ou subtétragones, quelquefois triangulaires, et n'ont intérieurement qu'une impression musculaire comme les Huîtres. Leur substance est feuilletée.

Le peu d'espace que laissent entre elles les valves fermées, indique que l'animal des Placunes doit être extrêmement aplati. (1)

---

(1) L'animal de ce genre n'est point encore connu, mais nous sommes convaincu qu'il a une très grande analogie avec les Anomies. On voit, en effet, un passage s'établir entre les deux genres par des coquilles singulières qui, participant des deux genres, ont été distinguées en genre particulier par M. Sowerby, sous le nom de *Placunanomia*. On voit par ces Placunanomies que la dent en V des Placunes n'est qu'une modification extrême de la grosse callosité des Anomies ; une coquille fossile, que l'on

ESPÈCES.

† 1. Placune selle. *Placuna sella.* Lamk.

Pl. testâ subtetragonâ, curvatâ, sinuoso-repandâ, œneâ; striis longitudinalibus exilissimis.

Anomia sella. Gmel. p. 3345. n° 27.

* Schrot. Einl. t. 3. p. 415. n° 16.

Seba. Mus. 3. t. 90. *fig.* 4 *medianœ.*

Knorr. Vergn. 4. t. 18. f. 1. 2.

Fav. Conch. pl. 41. fig. D. 3.

Chemn. Conch. 8. t. 79. f. 714.

Encycl. pl. 174. f. 1.

* Dillw. Cat. t. 1. p. 297. n° 3.

* Desh. Encycl. méth. vers. t. 3. p. 774. n° 1.

[b] Encyl. pl. 174. f. 3.

Habite l'Océan indien, la mer de Java. Mus. n°. Mon cabinet. Grande coquille aplatie, mais courbée, irrégulièrement sinueuse, lamelleuse, ondée. Elle est recherchée dans les collections, sous le nom de *Selle polonaise.*

† 2. Placune papyracée. *Placuna papyracea.* Lamk.

Pl. testâ subtetragonâ, planulatâ, hyalinâ, albo et spadiceo variegatâ; striis longitudinalibus subundatis.

Gualt. Test. t. 104. fig. B.

Chemn. Conch. 8. t. 79. f. 715.

Encycl. pl. 174. f. 2.

* *Anomia sella, junior.* Dillw. Cat. t. 1. p. 297. n° 30.

* Desh. Encycl. méth. vers. t. 3. p. 774. n° 2.

Habite l'Océan indien, la mer Rouge, et se trouve à Sienne, en Egypte, presque fossile. Mus. n°. Mon cabinet. Elle est moins grande que la précédente.

† 3. Placune vitrée. *Placuna placenta.*

Pl. testâ suborbiculari, planâ, pellucidâ, albâ; striis longitudinalibus subdecussatis.

Anomia placenta. Lin. Syst. nat. p. 1154. Gmel. p. 3345. n° 27.

* Born. Mus. p. 120.

* Schrot. Einl. t. 3. p. 404. *Anomia placenta.*

---

trouve en Égypte, et qui a été prise pour une Placune, est un degré nouveau, par sa charnière, entre les Anomies et les Placunes.

List. Conch. t. 225. f. 60; et 226. f. 61.

Chemn. Conch. 8. t. 79. f. 716.

Encycl. pl. 173. f. 1. 2.

[b] Encycl. pl. 173. f. 3.

* Seba. Mus. t. 3. p. 90. f. 5. 6. 12. 13.

* Knorr. Vergn. t. 2. pl. 24. f. 1.

* Fav. Conch. pl. 41. fig. D. 2.

* Brooks. introd. p. 81. pl. 4. f. 46.

* Dillw. Cat. t. 1. p. 297. no 29.

* Blainv. malac. pl. 60. f. 3.

* Desh. Encycl. méth. vers. t. 3. p. 775. no 3.

Habite l'Océan indien. Mus. n°. Mon cabinet. Elle est blanche, aplatie surtout en dessus, et devient fort grande. Vulgairement la *Vitre chinoise.*

† 4. Placune pectinoïde. *Placuna pectinoides.* (1)

> *Pl. testá obliquè trigoná, supernè planá, costellis radiatá, subtus convexiusculá.*

Encycl. pl. 175. f. 1. 4.

Habite..... Fossile de France, près de Metz. Mus. n°. Mon cabinet. Longueur, 44 millimètres.

ANOMIE. (Anomia).

Coquille inéquivalve, irrégulière, operculée, adhérente par son opercule. Valve percée, ordinairement aplatie, ayant un trou ou une échancrure à son crochet : l'autre un peu plus grande, concave, entiére.

Opercule petit, elliptique, osseux, fixé sur des corps étrangers, et auquel s'attache le muscle intérieur de l'animal.

Testa inæquivalvis, irregularis, operculata ; operculo adhærente. Valva minor perforata, sæpius plana, nate perfo-

---

(1) Nous avons vu, en traitant des Plicatules, que cette coquille avait tous les caractères de ce genre et non de celui-ci. Nous l'avons en conséquence mentionnée dans son véritable genre, sous le nom de *Plicatula pectinoides*, n° 12, pag. 178 de ce volume.

rato aut emarginato : altera integra, concava, paulò major.

Operculum parvum, ellipticum, subosseum, corporibus marinis affixum.

OBSERVATIONS. — Les *Anomies* sont des coquilles irrégulières, qui restent toujours attachées à la même place, comme les Huîtres, avec lesquelles elles paraissent avoir des rapports. Elles vivent et périssent à l'endroit où leur œuf est éclos; enfin, elles sont fixées sur des corps marins, au moyen d'un petit opercule calleux ou osseux, qu'on a pris mal-à-propos pour une troisième valve, et qui n'est que l'extrémité dilatée et densifiée du tendon du muscle intérieur de l'animal. Cette extrémité forme une petite masse solide, elliptique, comme osseuse, et fixée sur les corps étrangers. Elle est conformée de manière à remplir le trou ou l'échancrure du crochet de la valve aplatie, lorsque le muscle de l'animal est contracté. On est dans l'usage de donner le nom de valve inférieure à celle qui est percée, parce que c'est en effet celle qui s'appuie sur les corps auxquels la coquille est fixée; tandis que, dans les Huîtres, on donne avec raison le même nom à celle qui est la plus grande et la plus concave. Le contraire a lieu dans les Térébratules; car c'est la valve la plus grande et la plus concave qui est percée à son crochet.

Comme il paraît que c'est réellement l'extrémité du muscle d'attache de l'animal qui est fixée sur l'opercule, et non un ligament qui attache cet opercule à la valve la plus grande, il en résulte que les Anomies diffèrent essentiellement des Huîtres par ce caractère.

Indépendamment de l'attache de l'animal à l'opercule, les deux valves sont fixées l'une à l'autre par un ligament intérieur et cardinal, dont l'empreinte est facile à reconnaître.

Poli a décrit l'animal de l'Anomie sous le nom d'*Échion*. Il est voisin de l'Huître par son organisation. (1)

____

(1) Nous ne partageons pas entièrement cette opinion de Lamarck et de Poli. Les Anomies sont certainement des animaux très intéressans à étudier, et nous croyons qu'elles sont au moins autant voisines des Térébratules que des Huîtres; ce sont probablement des animaux tenant aux deux groupes par leur or-

ESPÈCES.

1. **Anomie pelure-d'oignon.** *Anomia ephippium.* Lin.

    A. testá suborbiculatá, rugoso-plicatá, undatá, planulatá, foramine ovato.

    Anomia ephippium. Lin. Syst. nat. p. 1150. Gmel. p. 3340. n. 3. Brug. n° 5.

    List. Conch. t. 204. f. 38.

    Bonan. recr. 2. f. 56.

    Goalt. Test. t. 97. fig. B.

    D'Argenv. Conch. t. 19. fig. C.

    Pennant, Zool. brit. 4. t. 62. f. 70.

    Chemn. Conch. 8. t. 76. f. 692. 693.

    Encycl. pl. 170. f. 6. 7.

    * Born. Mus. p. 117.

    * Schrot. Einl. t. 3. p. 383.

    * Poli. Test. t. 2. p. 186. pl. 30. f. 9. 11.

    * Donov. Test. brit. t. 1. pl. 26.

    * Dorset. Cat. p. 38. pl. 11. f. 3.

    * Da Costa. Brit. Conch. p. 165. pl. 11. f. 3.

    * Fav. Conch. pl. 41. fig. B.

    * Dillw. Cat. t. 1. p. 286. n° 3.

    * Blainv. malac. pl. 59. f. 3.

    * Sow. Genera of shells. f. 1. 2. 3.

    Habite la Méditerranée, la Manche, l'Océan atlantique. Mus. n°. Mon cabinet. Coquille commune, blanchâtre, jaunâtre, et souvent d'un fauve rougeâtre en dessous. C'est une des plus grandes du genre.

2. **Anomie patellaire.** *Anomia patellaris.* Lamk. (1)

---

ganisation, et servant de passage de l'un à l'autre. Quand il en serait ainsi, le genre n'aurait pas de grands changemens à éprouver dans la méthode : car si Cuvier et ses imitateurs ont trop éloigné ces genres, du moins Lamarck et quelques autres zoologistes, suivant les inspirations de Linné, les ont rapprochés autant que leur a permis les connaissances encore peu étendues sur l'organisation des animaux.

(1) Celle-ci est une variété de l'espèce précédente. S'étant par hasard attachés sur des Peignes, les individus de cette espèce, aussi bien que des autres du même genre, s'impriment sur les

*A. testá suborbiculari, albidá, pellucidá ; valvæ planæ costis longi-
tudinalibus magnis, obtusis, subparallelis, obliquis.*

Habite..... Mus. n°. Mon cabinet. Belle espèce, presque aussi grande
que la précédente, moins irrégulière, et singulière par ses côtes
presque parallèles, au nombre de quatre ou cinq. Ce ne peut être
l'*Anomia patelliformis* de Linné.

3. Anomie violâtre. *Anomia cepa.* Lin.

*A. testá suborbiculari, rufo—violacescente, pellucidá costis longitu-
dinalibus obtusissimis, obsoletis.*

Knorr. Vergn. 6. t. 9. f. 5.

* Born. Mus. p. 117.

* Schrot. Einl. t. 3. p. 384.

* Poli. Test. t. 2. p. 182. pl. 3o. f. 1. 8.

[b] *Var. testá obovatá.*

Anomia cepa. Lin. Syst. nat. p. 1151. Gmel. p. 3341. n° 4.

Murr. Fund. Testac. tab. 3. f. 13.

Chemn. Conch. 8. t. 76. f. 694. 695.

Encycl. pl. 171. f. 1. 2.

Habite la Méditerranée, l'Océan atlantique. Cabinet de M. *Dufresne.*
Elle est bien moins grande que l'A. pelure-d'oignon. Je ne connais
point la coquille [b].

4. Anomie ambrée. *Anomia electrica.* Lin.

*A. testá rotundatá, flavá, pellucidá, læviusculá ; valvá alterá con-
vexo-gibbosá.*

Anomia electrica. Lin. Syst. nat. p. 1151. Gmel. p. 3341. n° 5.

* List. Conch. pl. 205. f. 39.

Rumph. Mus. t. 47. fig. L.

* Born. Mus. p. 118.

Knorr. Vergn. 5. t. 25. f. 6.

Chemn. Conch. 8. t. 76. f. 691.

* Schrot. Einl. t. 3. p. 385.

---

côtes, et leur test les répètent; cela est si vrai, qu'il n'est pas
rare de rencontrer des individus dont les côtes sont en travers ;
d'autres les ont obliques; d'autres enfin ont les côtes larges vers
le sommet, étroites vers les bords, parce qu'ils se sont accrus en
sens inverse du Peigne sur lequel ils ont vécu. Cette propriété
qu'ont les Anomies de prendre et de conserver l'empreinte des
corps étrangers sur lesquels elles s'attachent, doit donner beaucoup de circonspection pour la séparation des espèces.

* Brug. Encycl. méth. vers. t. 1. p. 71. n₀ 3.
Encycl. pl. 171. f. 3. 4.
* Dillw. Cat. t. 1. p. 288. n°5.
* Payr. Cat. p. 82. n° 156.
Habite la Méditerranée, la Manche. Mus. n°. Mon cabinet. Elle
est très mince, transparente, jaunâtre, de taille petite ou mé-
diocre.

5. Anomie pyriforme. *Anomia pyriformis*. Lamk.

*A. testá obovatá, infernè subito angustatá; valvá majore convexá,
inæquali; alterá planá, foramine oblongo, curvo, maximo.*

Habite la Manche, près de Boulogne. Mon cabinet. M. *Baillon*.
Elle est blanchâtre au dehors, olivâtre à l'intérieur, et paraît tenir
de l'*Anomia* de Chemnitz [vol. 8. t. 76. f. 694. 695.], citée comme
variété de l'*A. cepa*.

6. Anomie voûtée. *Anomia fornicata*. Lamk.

*A. testá subtransversá, ovato-rotundatá, hinc subrostratá; valvá
majore ventricosá, basi fornicatá; costis longitudinalibus, radiantibus.*

Encycl. pl. 170 f. 4. 5.
[b] *Var. disco lævi; margine costis dentato.*
[c] *Var. costis nullis.*
Habite l'Océan atlantique, la Manche. Mus. n°. Mon cabinet. Elle
est assez grande, et semble tenir de l'*A. patelliformis*. La variété
[b] vient des environs de Vannes, et la variété [c] de Saint-
Brieux.

7. Anomie membraneuse. *Anomia membranacea*. Lamk.

*A. testá rotundatá, planulatá, tenuissimá, submembranaceá; valvá
majore dorso obsoletè costatá.*
An Encycl. pl. 170. f. 1. 3?
Habite..... Mon cabinet. Elle est très mince, transparente, blanchâtre, un peu jaunâtre sur le dos de la grande valve, et n'est point
tourmentée ou contournée comme l'*A. ephippium*. Largeur, 25 à
30 millimètres.

8. Anomie écaille. *Anomia squamula*. Lamk.

*A testá suborbiculari, planá, flexuosá, subpellucidá, albá; valvá
alterá foramine rotundato, basi margine fisso.*
An anomia squamula? Lin. Gmel. n° 6.
Habite dans la Manche, à St.-Valery. Mon cabinet. Largeur, 10 millimètres. Sous ce nom spécifique, il me paraît qu'on rapporte des

coquilles différentes, à raison de leur petite taille. La figure que l'on cite de *Chemnitz* [vol. 8. t. 77. f. 696.] offre une coquille obliquement transverse, différente de la mienne. On trouve sur les *Fucus* des rangées de petits ovaires adhérens, qu'on a pu prendre pour des *Anomies*.

9. Anomie lentille. *Anomia lens.* Lamk.

A. testá obliquè ellipticá, minimá; valvá perforatá convexiusculá: foramine oblongo, parvo; valvá alterá umbone acuto.

* *An Anomia ephippium junior?* Dillw. Cat. t. 1. p. 286.

Habite l'Océan européen. Mon cabinet. Longueur, 6 à 8 millimètres. C'est à celle-ci que plusieurs donnent le nom d'*A. squamula*.

> *Nota.* Beaucoup d'autres anomies sont décrites et figurées; mais je ne les connais point. (1)

10. Anomie tenuistriée. *Anomia tenuistriata.* Desh.

A. testá suborbiculari, depressá, tenui, luteolá, irregulari extùs tenuissime striatá; valvá inferiore minimá, tenuissimá, fragili; foramine magno.

Ostrea anomialis. Lamk. Anim. s. vert. t. 6. p. 220. n° 33.

Anomia ephippium. Def. Dict. sc. nat. t. 2.

Anomia tenuistriata. Desh. Coq. foss. de Paris. t. 1. p. 377. pl. 65. f. 7 à 11.

Habite..... Fossile aux environs de Paris, dans tous les terrains marins depuis les inférieurs du Soissonnais jusqu'aux supérieurs; on la trouve aussi dans les terrains de même âge de la Belgique, de Valogne et d'Angleterre.

Cette coquille n'est point une Huître, comme Lamarck l'a cru, et elle se distingue très bien de l'*Anomia ephippium*, avec laquelle M. Defrance l'a confondue; elle est irrégulière, mince, translucide, jaunâtre, quelquefois noirâtre, et, vue à la loupe, elle offre un grand nombre de stries longitudinales, très fines, onduleuses; la valve inférieure est très plate, très petite et percée d'un grand trou.

---

(1) Chemnitz, et après lui Bruguière, mentionnent en effet plusieurs espèces d'Anomies qui ne sont point ici. Le plus grand nombre de ces espèces nous paraissant avoir des accidens acquis accidentellement par les corps étrangers sur lesquels elles ont vécu, d'autres pourraient être les jeunes des plus grosses, et, dans cette incertitude, nous craignons d'augmenter la confusion en ajoutant des espèces dont les caractères et la valeur nous laisseraient du doute.

TROISIÈME SECTION.

*Ligament, soit nul ou inconnu, soit représenté par un cor-
don tendineux qui soutient la coquille.*

Ayant partagé les Conchifères monomyaires en trois sections, d'après la considération du ligament, on a vu que
les coquilles qui appartiennent aux deux premières avaient
toutes un ligament connu, qui n'est jamais représenté
par un cordon tendineux, s'offrant sous la coquille, et la
fixant aux corps marins. Ici je compose la troisième section dont il s'agit des conchifères monomyaires dont la
coquille n'a point de ligament connu, et de ceux où elle
semble avoir un ligament qui la soutient et la fixe aux
corps marins. Dans le fait, ni les unes ni les autres n'ont
de véritable ligament; car le cordon tendineux qui s'offre
sous certaines d'entre elles n'est que l'extrémité du muscle d'attache de l'animal, laquelle passe par un trou du
grand crochet de la coquille, va se fixer sur les corps
étrangers, et ne sert nullement au maintien des valves. Ainsi, dans notre troisième section, il n'y a point de véritable ligament connu. Je divise les coquillages qui s'y rapportent en deux coupes particulières, savoir: les *Rudistes*
et les *Brachiopodes.* (1)

---

(1) Les nombreuses observations qui ont fait faire tant de
progrès à la science, ne permettent plus de conserver dans une
méthode naturelle cette troisième section des Conchifères de
Lamarck; elle contient des choses trop dissemblables, comme
nous le verrons bientôt, réunies sous un caractère qui n'aurait
quelque valeur que s'il était mieux appliqué. Composée de deux
familles dans lesquelles il existe beaucoup de confusion, surtout
dans celle des Rudistes, cette troisième section pourra facilement disparaître. Les Rudistes, mieux étudiés, comprennent des
coquilles à la vérité singulières, mais dont les rapports s'éta-

LES RUDISTES.

Ligament, charnière et animal inconnus. Coquille très inéquivalve. Point de crochets distincts.

On approche de la fin des conchifères; et là, comme partout ailleurs, les caractères des objets commencent à s'éloigner de ceux de la classe à laquelle on les rapporte. Il ne nous reste, en effet, que deux coupes ou espèces de familles à exposer; ce sont les *Rudistes* et les *Brachiopodes* Dans ces deux coupes, on ne voit que des coquillages très singuliers, tantôt par la forme même de la coquille, et tantôt par des particularités de l'animal dont on ne trouve aucun exemple dans les autres conchifères. Ces coquillages, cependant, sont tous généralement bivalves; ils appartiennent donc à la classe où nous les rapportons.

Sous la dénomination de *Rudistes*, je forme une association particulière de coquillages qui paraissent tenir aux Ostracées sous certains rapports, et néanmoins qui en sont éminemment distingués en ce qu'on ne leur connaît ni charnière, ni ligament des valves, ni muscle d'attache, et qu'on n'aperçoit aucune trace qui indique la place où ces objets pourraient se trouver. Comme les *Rudistes* connus sont dans l'état fossile, l'on n'a aucune idée des caractères de l'animal qui les a formés. Voici les six genres qui appartiennent à cette famille : *Sphérulite, Radiolite, Calcéole, Birostrite, Discine* et *Cranie.*

---

blissent dans le groupe des Conchifères dimyaires irréguliers; les Brachiopodes, dont une partie des genres étaient confondus avec les Rudistes, forment un groupe naturel qui, selon l'opinion de Cuvier, diffère assez des autres Mollusques acéphalés pour mériter de former une classe à part, et qui, dans notre manière de voir, devront constituer une troisième sous-classe de la même importance que celles des Monomyaires et des Dimyaires.

[Telle que Lamarck a conçu la famille des Rudistes, elle ne peut être conservée actuellement dans la méthode. Ce savant professeur, auquel les diverses branches de l'histoire naturelle sont redevables de travaux remarquables, manquait d'observations suffisantes sur la plupart des genres de la famille des Rudistes. On peut, à cet égard, les diviser en deux catégories, dont l'une, comprenant les genres *Calcéole*, *Discine et Cranie*, que l'on sait aujourd'hui appartenir aux *Brachiopodes*; et l'autre, contenant les genres *Sphérulite*, *Radiolite, et Birostrite*, constitue un groupe particulier auquel nous conserverons le nom de Rudistes. C'est de ce dernier groupe que nous allons nous occuper ici spécialement, nous réservant de traiter des autres genres lorsque nous nous occuperons des Brachiopodes.

Nous avons depuis long-temps fait des recherches multipliées sur la famille des Rudistes : peu satisfait de ce que Picot-de-Lapeirouse dit de ces corps, dans sa description des Orthocératites et des Ostracites, nous avons voulu les examiner avec tout le soin nécessaire, et nous convaincre, par des observations multipliées, si les caractères particuliers donnés aux familles et aux genres par Lamarck, devaient être adoptés ou modifiés. Parmi les genres de Lamarck, il en est un auquel il donna le nom de Birostrite. Formé de deux cônes inégaux, réunis base à base, M. Desmoulins reconnut que ce corps était le moule intérieur d'une Sphérulite. Une cassure dans un Birostre aurait suffi pour démontrer à Lamarck que le corps dont il faisait un genre n'avait rien de la structure des coquilles, et était évidemment une pâte calcaire moulée et durcie dans une cavité à parois solides. M. Desmoulins ne se contenta pas de cette démonstration; il fit voir, dans un beau travail sur les Rudistes, non-seulement que le Birostre était plus compliqué que Lamarck ne l'avait supposé, mais encore, qu'il se trouvait constamment en rapport dans la cavité des Sphérulites, en laissant entre lui et les parois de cette cavité des vides nombreux et singuliers. L'explication de ces vides était difficile; aussi M. Desmoulins se jeta dans des hypothèses que ce savant distingué a sans doute abandonnées depuis.

Dès qu'il est reconnu aujourd'hui que les Birostrites de Lamarck ne sont que les moules intérieurs des Sphérulites, il sera convenable de supprimer un genre inutile, en même temps que de chercher l'explication de sa présence dans les Sphérulites, avec lesquelles, par ses contours, il ne semble avoir que des rapports éloignés.

Lorsque le hasard fait rencontrer une Sphérulite vide, ne contenant point de Birostre, ou lorsque celui-ci a été enlevé, on voit une surface intérieure conique, striée ou sillonnée circulairement, et dont les stries ou les sillons viennent aboutir à une arête plus ou moins saillante que l'on voit descendre perpendiculairement du sommet à la base le long de la paroi, c'est là ce que l'on voit dans la valve inférieure. Dans la valve supérieure, formant un cône beaucoup plus court et quelquefois surbaissé, la surface intérieure est semblable; seulement les stries ou les sillons sont plus nombreux, mais ils aboutissent aussi à une arête qui, dans la jonction des valves, correspond exactement à celle de la valve inférieure et semble en être la continuation. Lorsque l'on a fait casser longitudinalement, ou mieux encore, lorsque l'on a fait couper en deux une Sphérulite dans sa longueur, on s'aperçoit que le test foliacé dont elle est composée, est très mince vers le sommet des valves et beaucoup plus épais vers leur bord: l'extrémité de la valve inférieure est quelquefois si mince que, se brisant et se détachant dans la plupart des individus, elle a laissé une ouverture inférieure à la coquille. Plusieurs auteurs ont cru que cette ouverture accidentelle était naturelle et avait été ménagée par l'animal pour se fixer, à la manière des Orbicules, aux corps solides plongés dans la mer. Cette erreur pouvait être facilement détruite, et nous avons fait voir que les Sphérulites et les autres genres de la famille des Rudistes se fixent, à la manière des Huîtres, aux corps étrangers, et que, par conséquent, une ouverture donnant passage à un cordon, leur était complètement inutile. La démonstration, que l'ouverture dont il s'agit est réellement accidentelle, découlera nécessairement des faits que nous aurons à rapporter par la suite.

M. Desmoulins ne s'est pas contenté de démontrer que les Birostres appartenaient aux Sphérulites; conduit par de nombreuses observations, il s'est aperçu que le genre Radiolite lui-même ne différait en rien d'essentiel des Sphérulites, et, par une conséquence toute naturelle, il a réuni ces deux genres. Nous avons adopté cette opinion de M. Desmoulins, et nous avons eu plusieurs fois occasion de nous convaincre de sa justesse.

Le singulier genre des Hippurites, depuis que Picot-de-Lapeirouse, l'avait fait connaître sous le nom d'Ortho-cératite, avait occupé la sagacité des naturalistes, qui, presque tous entraînés par des observations incomplètes et de fausses inductions, ont placé ce singulier genre parmi les Céphalopodes, et c'est encore là qu'il se trouve dans le dernier ouvrage de Lamarck, dans la même famille que les Bélemnites et les Orthocères. M. Cuvier, dans la première édition du règne animal, suivit, à cet égard, l'opinion de Lamarck, opinion qui fut également partagée par M. de Férussac ainsi que par M. de Haan. M. de Blainville ne la partagea pas, parce que nous lui fîmes part des observations que nous avions faites depuis plusieurs années. Dans une note que nous avons publiée en 1825, dans le tome V des Annales des Sciences naturelles, le premier, nous avons indiqué les erreurs faites à l'égard des Hippurites, et nous avons fait voir, par leur comparaison avec les coquilles des Céphalopodes, que ce genre devait entrer dans la classe des Bivalves et venir se placer dans le voisinage et dans la même famille que les Sphérulites. Cette opinion, d'abord contestée, fut bientôt appuyée par les observations de M. Desmoulins, qui l'adopta entièrement dans le travail dont nous avons déjà parlé. Ainsi, si d'un côté il était nécessaire de retrancher des Rudistes de Lamarck les genres Birostrite et Radiolite, il devenait indispensable d'y joindre les Hippurites, auxquels il faudra joindre sans doute, lorsqu'il sera plus complètement connu, le genre proposé par M. d'Orbigny sous le nom de Caprine. M. Desmoulins avait cru pouvoir laisser parmi les Rudistes le genre Calcéole; mais il est à présumer qu'il n'avait eu qu'une connaissance insuffisante de ce genre; sans cela il eût reconnu avec nous les rapports qu'il a avec les Cranies et les autres genres de la famille des Brachiopodes.

Nous avons dit que M. Desmoulins avait observé le Birostre dans l'intérieur des Sphérulites, et qu'ayant vu des vides assez considérables entre ce Birostre et les parois de la coquille, il avait cherché à donner une explication plausible de ce fait singulier, dont il croyait faire connaître le premier exemple. Dans sa description du Birostre, l'auteur le divise en plusieurs parties, et il reconnaît sur le cône correspondant à la valve inférieure deux impressions latérales, qu'il donne pour des impressions musculaires et qui le sont en effet. Embarrassé pour expliquer la présence d'une partie singulière qui se trouve constamment sur le côté postérieur du Birostre, M. Desmoulins lui donne le nom d'appareil accessoire, supposant que cet appareil servait à porter les branchies de l'animal. Pour expliquer les vides qui existent entre le Birostre et les parois du test, M. Desmoulins suppose que l'animal constructeur de ces coquilles était composé de deux parties, l'une molle et facile à détruire, à la place de laquelle le Birostre s'est moulé; l'autre, plus solide et cartilagineuse, n'ayant été dissoute que plus tard, lorsque le Birostre avait pris sa

forme. M. Desmoulins, ne trouvant point de Mollusques
formés de deux parties aussi distinctes, va chercher un
terme de comparaison dans les Ascidies, dont l'enveloppe
extérieure, subcartilagineuse, lui donne une idée de ce
que pouvait être la partie cartilagineuse de l'animal des
Sphérulites. Par une conséquence toute naturelle de cette
manière de voir, M. Desmoulins propose de faire des Rudistes une nouvelle classe intermédiaire par ses caractères
entre les Mollusques et les Ascidiens. Une autre comparaison des Rudistes avec les coquilles des Balanes et des
autres Cirrhipèdes, fait croire à l'auteur qu'il existe des
points de ressemblance assez grands pour faire supposer
d'autres rapports entre les Rudistes et les Cirrhipèdes. Plusieurs réponses pouvaient être faites à M. Desmoulins, en se
servant de ses propres observations ; ainsi on aurait pu lui
dire : S'il est vrai que l'animal des Sphérulites était composé d'une partie molle et d'une partie cartilagineuse, comment se fait-il que l'on trouve le Birostre bien net et bien
moulé dans la forme qui appartient à chaque espèce, et
qu'il ne se soit pas formé lorsque déjà tout ou partie de la
surface cartilagineuse avait été détruit. La présence des
impressions musculaires sur la partie latérale du Birostre
est également embarrassante pour l'explication de M. Desmoulins ; car si l'animal avait des muscles destinés au
mouvement de sa valve supérieure, cette valve, destituée
de ligament, toujours d'après l'opinion de l'auteur que
nous citons, ne pouvait s'ouvrir qu'en supposant aux
muscles dont nous parlons des propriétés que n'ont pas
les muscles des Mollusques et des autres animaux connus.
Il faudrait supposer aussi, et admettre, par une exception
unique, qu'un animal qui a une enveloppe solide ne cherche
pas le point d'appui du seul organe de mouvement qu'il possède, aux parties solides qui l'enveloppent, mais à une partie
cartilagineuse qui lui offre beaucoup moins de résistance.
Quant à la comparaison des Rudistes avec les Cirrhipèdes,

il est évident qu'elle repose snr une vue trop générale, et non sur des faits que l'on puisse discuter; car la ressemblance réside seulement dans les formes extérieures de certains individus des deux classes, abstraction faite des animaux et de la contexture intime des corps protecteurs qui les enveloppent.

Après avoir étudié minutieusement le travail considérable de M. Desmoulins, nous n'étions point encore satisfait des conclusions que l'auteur en avait tirées, car nous n'y trouvions pas l'explication de plusieurs faits que l'observation nous avait fournis. Nous fîmes dès-lors un raisonnement bien simple qui aurait dû venir plus tôt, ce nous semble, à l'esprit des observateurs. On n'est jamais embarrassé pour juger du moule intérieur d'une coquille d'un genre bien connu. La forme extérieure de ce moule peut servir, dans un grand nombre de cas, à déterminer, si ce n'est le genre et l'espèce, du moins la famille à laquelle il appartient. C'est ainsi que si nous voulions nous rendre compte très exactement de la surface intérieure d'une Vénus ou d'une Buccarde, dont nous ne connaîtrions que le moule intérieur, il suffirait de procéder à l'égard de ce moule comme on le ferait pour tout objet d'art dont on voudrait avoir le fac-simile; on en prendrait l'empreinte avec une matière plastique quelconque, qui reproduirait avec une complète exactitude toutes les parties intérieures de la coquille dont le moule offre les reliefs. Il est indubitable qu'un moule de Buccarde, ainsi traité, reproduira la surface interne des valves d'une Buccarde, et la même chose peut se dire de tous les moules intérieurs de coquilles. Si cela est incontestable, et s'il est vrai aussi que le Birostre d'une Sphérulite ait été moulé entre les valves de cette coquille, il suffira de mouler avec précaution un Birostre complet, pour reproduire exactement toutes les parties intérieures de cette Sphérulite, quelle que soit du reste la partie qui a été dissoute après la formation

du Birostre. C'est en conséquence de cette idée très simple
que, prenant un Birostre très bien conservé de la Sphérulite foliacée, nous avons moulé en plâtre, d'abord la partie correspondante à la valve inférieure, et après, celle
correspondant à la valve supérieure. Ce moulage nous
ayant bien réussi, nous avons vu se reproduire à nos
yeux étonnés toutes les parties intérieures et de forme singulière d'une Sphérulite, mais montrant avec évidence
que cette coquille appartient à la classe des Mollusques
acéphales, puisqu'elle en a tous les caractères. Fort de
nos observations sur les Podopsides et sur les Spondyles,
nous avons jugé que notre moulage en plâtre du Birostre
avait simplement remplacé la couche intérieure du test de
la Sphérulite, qui, fossile dans la craie, avait été détruite
comme celle des autres coquilles répandues dans le même
terrain. C'est depuis ce moment que nous avons été définitivement fixé sur la nature des Rudistes, et que nous
avons pu conclure de nos observations que, si Lamarck
eût connu ces corps aussi bien que nous, ce savant zoologiste, par une conséquence de ses principes méthodiques
aurait fait de ces Rudistes un petit groupe particulier dans
le voisinage de la famille des Camacées, parce qu'il aurait
vu qu'en effet, dans les genres Hippurite et Sphérulite, les
animaux étaient pourvus de deux muscles rétracteurs
placés sur les parties latérales, comme dans les Cames, et
que, par conséquent, ils devaient se ranger dans la grande
série des Mollusques dimyaires.]

SPHÉRULITE. (Sphærulites).

Coquille inéquivalve, orbiculaire-globuleuse, un peu
déprimée en dessus, hérissée à l'extérieur d'écailles grandes, subangulaires, horizontales. Valve supérieure plus
petite, planulée, operculaire, munie en sa face interne de
deux tubérosités inégales, subconiques, courbées et en

saillie; valve inférieure plus grande, un peu ventrue, à écailles rayonnantes hors de son bord, ayant sa cavité o- bliquement conique, et formant d'un côté, par un repli de son bord interne, une crête ou une carène saillante. Paroi interne de la cavité striée transversalement. Char- nière inconnue.

Testa inæquivalvis, orbiculato-globosa, supernè depres- siuscula, extùs squamis magnis subangularibus patulis echi- nata : valvâ superiore minore, planulatâ, operculari, intùs tuberibus duobus inæqualibus, subconicis, curvis, in cavitate prominentibus instructâ; valvâ inferiore majore, subventri- cosâ, extra marginem radiatim squamosâ; cavitate obliquè conicâ; interno margine hinc introrsùm replicato cristam s. carinam prominentem formante. Cavitatis paries interna transversim striata. Cardo ignotus.

OBSERVATIONS. — Les *Sphérulites* ont des rapports évidens avec les Radiolites; aussi *Bruguière* les y réunissait; mais elles sont hérissées à l'extérieur de grandes écailles subangulaires qui les rendent comme foliacées, tandis que les Radiolites n'en offrent aucune. Leur forme d'ailleurs n'est pas tout-à-fait la même; car leur valve supérieure, au lieu d'être conique, est un peu aplatie; et nous doutons fort que la plus petite valve de la Radiolite ait en sa face interne deux tubérosités analogues à celles de la *Sphérulite*; enfin, nous doutons encore que la cavité de la grande valve des Radiolites offre d'un côté ce repli du bord interne, qui s'avance en crête ou en carène inté- rieure, que l'on observe dans les *Sphérulites*. Au reste, ce genre est fort remarquable. Nous n'en connaissons jusqu'à présent qu'une espèce, qui est la suivante, si toutefois l'espèce figurée dans l'Encyclopédie est la même que celle que nous avons eue sous les yeux.

[Ce que nous venons d'exposer sur la famille des Rudistes nous permet de nous borner ici à ce qui concerne spécialement le genre Sphérulite. La coquille dont parle ici Lamarck, et qui appartient à la collection de M. de Drée est trop incomplète- ment conservée pour donner une idée juste du genre. Aussi les caractères devront être reformés d'après ce que nous allons en dire.

Lorsque l'on est parvenu à mouler le Birostre d'une Sphéru-lite, on observe tout ce qui constitue une coquille bivalve, et voici ce que nous avons observé dans chacune des valves : 1° Dans la valve supérieure on observe, à la partie tout-à-fait postérieure, une cavité plus ou moins grande selon les espèces, sillonnée transversalement et destinée à contenir un ligament puissant et tout-à-fait intérieur. En avant de cette cavité, et formant entre elles un angle droit, s'élèvent presque perpendiculairement deux grosses dents coniques dont la base est subquadrangulaire, mais dont deux faces, plus élargies, donnent à la pyramide qu'elles représentent une forme aplatie latéralement : ces deux dents sont profondément séparées l'une de l'autre, et à la partie externe de leur base, un sillon large et profond les sépare de deux gros tubercules saillans, ovale-oblongs, placés à la partie interne de la valve et formant les deux extrémités d'une sorte de fer-à-cheval dont le centre est formé par les grosses dents pyramidales dont nous avons parlé. De ces deux tubercules, l'inférieur est le plus court; tronqués à leur partie supérieure, ils offrent à cet endroit une surface irrégulière absolument semblable à celle qu'aurait pu y laisser un muscle qui s'y serait attaché. C'est en avant de ces diverses parties, et limitée par elles, que se trouve une cavité grande, conique, représentant le lobe supérieur du Birostre. Sur les parties latérales, entre le bord et les parties saillantes dont nous venons de parler, on voit de chaque côté une gouttière large et profonde qui s'étend en demi-cercle jusqu'à la cavité du ligament, cavité qui s'oppose à la communication de la gouttière d'un côté avec celle de l'autre : ces gouttières étaient destinées, sans aucun doute, à recevoir les lobes du manteau et probablement les branchies qui se trouvaient entre eux. Si nous prenons actuellement la valve infé-rieure, nous trouverons, à sa partie postérieure, une cavité correspondant à celle de l'autre valve et destinée au ligament; puis, en avant, deux grandes cavités quadrangulaires très profondes, qui, lorsque l'on vient à rapprocher les valves, reçoi-vent les deux grandes dents pyramidales dont nous avons parlé précédemment; en avant de ces cavités, et sur les parties latérales de la surface interne, on trouve deux grandes impressions ovalaires, qui sont évidemment des impressions musculaires; lorsque les valves sont rapprochées, ces impressions correspondent exactement aux deux grosses tubérosités ovalaires de la valve supérieure, à la surface supérieure desquelles nous avons fait observer une impression musculaire; au centre de ces diverses parties, se trouve aussi, dans cette valve, une grande cavité conique correspondant au lobe inférieur du Birostre, et destinée à contenir la plus grande partie du corps de l'animal. Sur les parties latérales on trouve aussi, comme dans l'autre valve, les deux larges gouttières, mais elles sont moins profondes. Si nous comparons maintenant ce que nous venons de dire à ce que l'on trouve sur le Birostre, il nous sera facile de démontrer que toutes les parties d'un Birostre complet sont ici représentées. En effet, une partie de ce que M. Desmoulins nomme appareil accessoire produit la cavité du ligament; une autre partie dont il ne connaissait point l'usage produit les dents de la charnière et les cavités qui les reçoivent; les deux cavités latérales de la valve supérieure, correspondant aux deux impressions de la valve inférieure, représentent les deux impressions musculaires saillantes de la valve supérieure; le bourrelet plus ou moins gros, entourant la partie médiane du Birostre, à l'endroit de la jonction des valves, représente les gouttières latérales destinées aux lobes du manteau; enfin les deux cônes du Birostre sont la représentation exacte des cavités centrales occupées par le corps de l'animal. Il résulte donc de tout ce que nous venons de dire que les Sphérulites, loin de former une exception dans la classe des Mollusques, ont tout ce qui constitue « un Mollusque acéphalé dimyaire, ayant « une coquille très inéquivalve plus ou moins foliacée, à test « celluleux, et présentant à l'intérieur un ligament postérieur in- « terne, deux grandes dents cardinales appartenant à la valve « supérieure, et deux grandes cavités pour les recevoir, dépendant « de la valve inférieure; deux impressions musculaires latérales, « grandes, étalées et superficielles, dans la valve inférieure, sail- « lantes dans la valve supérieure. » Toutes les parties qui constituent une coquille bivalve, se trouvent donc dans les Sphérulites, que nous faisons ainsi, par une conséquence naturelle, rentrer dans l'ordre commun des faits dépendans de cette sorte d'animaux. Nous présumons que les Sphérulites, ainsi que les autres Rudistes, quoique dimyaires, n'avaient pas les lobes du manteau réunis et à trois ouvertures comme les Cames. Lorsque dans l'Encyclopédie, à la fin de l'article Mollusques, nous avons essayé de donner une classification des Mollusques acéphalés, supposant que les Éthérices étaient des animaux dimyaires et sans syphon, et irréguliers, nous avons proposé d'établir pour eux, à la fin des Mollusques à manteau ouvert, un petit groupe à côté duquel nous avons mis les Rudistes, regardant ce petit ensemble comme d'une même valeur, relativement aux Acéphalés sans syphon, que la famille des Camacées, à l'égard des Acéphalés syphonés. Nous ne voyons rien actuellement qui puisse nous faire croire que nous avons été dans l'erreur, et par conséquent nous maintenons aujourd'hui cette opinion.

Les Sphérulites sont de grandes coquilles fossiles, propres jusqu'à présent aux terrains de craie. On les observe plus particulièrement dans la craie inférieure du midi de l'Europe. La plupart des espèces sont garnies en dehors de lames plus ou moins grandes, assez souvent épaisses, et dont le développement annonce que l'animal avait la faculté d'étendre au dehors, entre ses valves entr'ouvertes, les lobes de son manteau ; ces expansions palléales étaient vasculaires, car les vaisseaux principaux ont laissé des gouttières rampantes et bifurquées à la surface des lames ; le test de ces coquilles est très-poreux sans cela, étant vivantes, elles auraient eu un poids considérable ; ces porosités sont ordinairement quadrangulaires ; elles ne paraissent avoir aucune communication entre elles, et nous pensons, d'après quelques observations, que les cellules ont une forme et une structure particulière dans chaque espèce.

Lorsque dans l'Encyclopédie nous avons publié notre article Sphérulite, nous avons dit que ce genre se trouvait dans le terrain jurassique et ne se rencontrait pas dans la craie blanche. Nous n'avons plus aujourd'hui la même opinion : les terrains jurassiques à Hippurites et à Sphérulites, examinés de nouveau, se sont trouvés dépendant de la craie inférieure ; depuis lors, nous avons appris de notre ami, M. Duchastel, qu'il avait trouvé une petite espèce, à Cypli, dans la craie supérieure ; une autre plus grande a été observée dans la craie blanche d'Angleterre ; et enfin M. Dujardin en a observé une petite et très poreuse dans la craie de Tourraine, de sorte que ce genre ne manquerait à aucun des étages de la craie, mais serait beaucoup plus commun dans la craie inférieure que dans toutes les autres parties de cette importante formation.

ESPÈCE.

† 1. Sphérulite foliacée. *Sphærulites foliacea*. Lamk.

Sp. testá maximá, conicá, crassissimá, foliaceá; lamellis latis, planis, marginibus disjunctis; valvá superiore brevi, convexá; cavitate interiore minimá, cardine bidentato; dentibus magnis in fossulis profundis valvæ inferioris receptis; fossulásligamenti parvá, trigoná.

Sphérulite. de Lamétrie. Journ. de phys. (an 13. p. 398.)

Ostracite. Fav. Conch. pl. 67. fig. B. 1. 2. 3. 4. **5.**

Acarde. Brug. Encycl. pl. 172. f. 7. 9.

Spherulites agariciformis. Blainv. Dict. des sc. nat. art. Moll. 34° cahier de pl. f. 1. a b. c.

Ibid. Traité de malac. p. 516. pl. 57. f. 1. 2.

Lamk. An. s. v. t. 6. p. 232. n° 1.

Desh. Encycl. méth. vers. t. 3. p. 970. n° 3.

Habite..... Fossile à l'île d'Aix. Mus. n°. On en voit un exemplaire bien conservé dans le cabinet de M. de Drée; mais cet exemplaire n'offre pas toutes les parties intérieures: d'après les figures qui en ont été faites, la charnière manquerait entièrement, tandis que les deux impressions musculaires saillantes de la valve supérieure subsisteraient. On conçoit dès-lors que cette coquille, regardée comme entière par Lamarck et d'autres zoologistes, a dû les tromper sur ses caractères et ses rapports. Il existe des individus très grands de cette espèce de plus d'un pied de diamètre; la cavité de l'animal est très petite, elle y entre à peine pour le quart.

† 2. Sphérulite cratériforme. *Sphærulites crateriformis*. Desmoul.

Sp. testá maximá, brevi, conicá, latissimá, squamis lamelliformibus, latissimis, inclinatis instructá; valvá inferiore crassissimá, superiore minore; cavitate infundibuliformi, regulari; carinis duabus obtusis crassis, remotis in valvá inferiore, unicá in superiore.

Desm. Essai sur les Sph. Bull. d'hist. nat. de la Soc. linn. de Bord. t. 1. p. 241. n° 1. pl. 1. 2.

Desh. Encycl. méth. vers. t. 3. p. 969. n$_0$ 1.

Habite..... Fossile dans la craie de Royan et de Lanquais. Grande et belle coquille, presque aussi grande que la précédente. Les lames ne sont point horizontales ou en entonnoir, mais inclinées par le bas, elles sont très larges.

† 3. Sphérulite de Jouannet. *Sphærulites Jouanneti.* Des-moul.

> *Sp. testá parvá, orbiculari, ad peripheriam dilatatá basi angusá, lamellis tenuibus regulariter plicatis instructá; plicis inæqualibus, radiantibus; valvá inferiore crassá; cavitate subcylindricá, vix obliquatá; carinis duabus, obtusis, crassis, remotis; valvá supe- riore incognitá.*

Desm. Loc. cit. p. 246. n° 2. pl. 3. f. 1. 2.

Desh. Loc. cit. p. 970. n° 2.

Habite..... Fossile dans la craie du Périgord. On trouve les individus isolés dans les champs. Cette belle espèce est en forme de champi- gnon; les dernières lames étant très élargies et dilatées, elles sont élégamment plissées et ressemblent à une manchette.

RADIOLITE. (Radiolites.)

Coquille inéquivalve, striée à l'extérieur; à stries longi- tudinales, rayonnantes. Valve inférieure turbinée, plus grande: la supérieure convexe ou conique, operculiforme. Charnière inconnue.

Testa inæquivalvis, extùs striata; striis longitudinalibus, radiantibus; Valva inferior turbinata, major; alterá convexá aut depresso-conicá operculiformi. Cardo ig n otu.

OBSERVATIONS. — Les *Radiolites* sont des coquilles que l'on ne connaît que dans l'état fossile, et qui paraissent bivalves. On n'en a pu observer que l'extérieur, où elles n'offrent aucune ap- parence de charnière ni de ligament des valves. Elles ont été nom- mées *Ostracites* par *Picot de la Peirouse.*

Les *Radiolites* semblent formées de deux cônes souvent très inégaux, opposés base à base, et striés en dehors. Ce sont deux valves coniques, dont la supérieure est plus ou moins surbaissée, selon les espèces. Elles n'ont point d'écailles au dehors.

19.

Ces coquilles fossiles ne se trouvent que dans les couches d'ancienne formation. Les Pyrénées en renferment un assez grand nombre. (1)

ESPÈCES.

1. Radiolite rotulaire. *Radiolites rotularis.*

R. testâ conis oppositis, breviusculis, subæqualibus.
Picot de la P. Monog. des Orth. pl. 12. fig. 4.
Encycl. pl. 172. fig. 1.
* *Sphærulites rotularis.* Desm. Essai sur les Sph. p. 258. no 6.
* Radiolite angéoïde. Bosc. Dict. Deterv. pl. P. 18. f. 2.
Habite..... Fossile des Pyrénées. Mon cabinet.

2. Radiolite turbinée. *Radiolites turbinata.*

R. testâ valvâ inferiori majore, turbinatâ
Picot. Orth. pl. 12. fig. 1.
Encycl. pl. 172. fig. 2.
[b] Var. Picot. Orth. pl. 12. fig. 2.
Encycl. pl. 172. fig. 3.
* *Sphærulites turbinata.* Desm. Loc. cit. no 8.
* Def. Dict. des sc. nat. Atl. pl. 77. f. 3.
Habite..... Fossile des Pyrénées. Mus. no. Mon cabinet.

3. Radiolite ventrue. *Radiolites ventricosa.*

R. testâ valvâ inferiori majore, turbinatâ, superne ventricosâ ; operculo retuso.
[b] Var. Picot. Orth. pl. 13. fig. 2.
Encycl. pl. 172. fig. 6.
* *Sphærulites ventricosa.* Desm. Loc. cit. no 7.
Habite..... Fossile des Pyrénées. Mon cabinet.
Etc.

----

(1) Lorsque l'on compare les Radiolites aux Sphérulites, dans leurs caractères essentiels, on ne trouve aucune différence : les lames d'accroissement sont généralement moins grandes, et la valve supérieure quelquefois un peu plus conique. Ces différences sont peu importantes et peuvent servir à distinguer les espèces d'un même genre. Nous pensons avec M. Desmoulins que le genre Radiolite doit être supprimé, et les espèces qu'il contient deviendront des Sphérulites.

CALCÉOLE. (Calceola.)

Coquille inéquivalve, triangulaire, turbinée, aplatie en dessous. La grande valve creusée en capuchon, tronquée obliquement à l'ouverture : ayant son bord cardinal droit transversal, un peu 'échancré et subdenté au milieu, et son bord supérieur arqué. La petite valve aplatie, semi-orbiculaire, en forme de couvercle ; ayant en son bord cardinal un tubercule de chaque côté, et au milieu une fossette avec une petite lame.

Testa inæquivalvis, triangularis, turbinata, subtùs complanata. Valva major cucullata, ad aperturam oblique truncata : margine cardinali transversim recto, medio emarginato subdentato ; margine superiore arcuato. Valva minor planulata, semi-orbicularis, operculum simulans ; margine cardinali tuberculis duobus lateralibus,cum foveâ medianâ et lamellâ instructo.

OBSERVATIONS. — La *Calcéole* est une coquille turbinée, épaisse, solide, aplatie en dessous, et assez semblable à une demi-sandale par sa figure. Elle est striée, dans sa cavité, du centre à sa circonférence. Sa valve supérieure est operculiforme, plane, semi-orbiculaire, marquée en dehors de stries concentriques. Le bord cardinal de cette valve s'articule avec la valve turbinée par une apparence de charnière en ligne droite et transversale. Dans quelques individus, la valve supérieure est légèrement convexe. Ses tubercules latéraux ont trois cannelures. (1)

---

(1) Les Calcéoles sont des coquilles curieuses, qui avoisinent les Cranies par leurs rapports, et non les Rudistes, comme l'ont cru Lamarck et M. Desmoulins. Depuis long-temps, dans l'Encyclopédie, nous avons donné notre opinion à ce sujet, motivée sur des observations qui démontrent toute la différence qui existe entre ces divers genres. Ce que nous avons dit précédemment des Rudistes doit suffire actuellement pour leur séparation d'avec les Calcéoles. Dans ce dernier genre la charnière est

ESPÈCES.

1. Calcéole sandaline. *Calceola sandalina.* Lamk.

Syst. des Anim. s. vert. p. 139.
Anomia sandalium. Gmel. p. 3349. n° 51.

bien connue, et elle ne ressemble en rien à celle des Rudistes :
Sur un bord droit, comparable à celui de certaines Térébratules,
on trouve une série de petites dentelures comparables à celles des
Arches ; elles sont reçues dans de petites cavités correspondantes
de la valve supérieure ; dans le milieu de la charnière, s'élève un
tubercule conique, obtus, plus gros que les dents, et également
reçu dans une cavité de la valve supérieure. ·ι · est
aplatie ; une crête longitudinale, saillante, aiguë, la partage en
deux parties semblables ; de chaque côté on remarque des sillons longitudinaux semblables dans les deux parties de la valve ;
vers ses extrémités latérales, ces sillons se relèvent fortement
sur un renflement étroit et oblong. De retour d'un voyage très
intéressant qu'il vient de faire dans l'Eifel, M. Dujardin nous a
communiqué plusieurs beaux échantillons de la Calcéole ; ils nous
ont confirmé dans notre opinion sur les rapports de ce genre
avec les Cranies : la valve inférieure est striée à l'intérieur,
comme Lamarck le dit ici ; mais ce qu'il n'a sans doute pas vu,
c'est que ces stries sont finement ponctuées et ressemblent tout-
à-fait à celles que l'on voit dans les Cranies ; les impressions
musculaires ne sont point réellement circonscrites comme dans
les Cranies, cependant quatre dépressions très régulières et
symétriques nous font penser qu'elles recevaient les muscles de
l'animal.

Trompé par la forme extérieure d'une Térébratule, qui se
rapproche par là de la Calcéole, M. Defrance et nous-même,
à son exemple, avons admis une seconde espèce ; mais ayant
pu, grâce aux généreuses communications de M. Dujardin, examiner en nature plusieurs individus de cette coquille, nous nous
sommes assuré, en les coupant dans divers sens, qu'ils n'ont
rien de la structure des Calcéoles, et appartiennent au groupe
des Térébratules, dont la valve inférieure a un long talon
aplati.

Conchyta Juliacensis. Hupsch. test. pétrif. pl. 1. 2.

Knorr. Pétrif. 3. suppl. t. IX. d. fig. 5. et 6.

* Bosc. Coq. t. 2. p. 217. pl. 8. f. 23.

* De Roissy. Buf. moll. t. 6. p. 186. pl. 60. fig. 9.

* Sow. Genera of shells. g . 1. 2. 3.

* Blainv. malac. pl. 52. f. 9.

* Desh. Encycl. méth. vers. t. 2. p. 166. n° 1.

Habite..... Fossile des environs de Juliers. Mon cabinet et celui de
M. *Faujas.*

BIROSTRITE. (Birostrites). (1)

Coquille inéquivalve, bicorne; à valves élevées en cône
par leur disque, inégales, obliquement divergentes, presque droites, en forme de cornes, l'une enveloppant l'autre
par sa base.

*Testa inæquivalvis, bicornis; valvis disco elevato conicis,
inæqualibus, oblique divaricatis, subrectis, corniformibus;
altera alteram basi obvolvente.*

OBSERVATIONS. — La *Birostrite* nous offre un coquillage fossile très singulier par son caractère. Il se compose de deux
pièces ou valves qui ne se réunissent point par les bords de
leur base, dont l'une enveloppe l'autre, et qui s'élèvent chacune, par leur disque dorsal, en cône presque droit, légèrement
arqué en dedans. Ces valves cordiformes sont inégales, et divergent obliquement sous la forme d'un V fort ouvert. Il semble
que l'une sorte de la base de l'autre, et c'est toujours la plus
courte qui se trouve enveloppée. Ce genre est assurément très
différent de notre Dicérate. L'intérieur de la coquille n'est pas
connu.

1. Birostrite inéquilobe. *Biroristres inæquiloba.*

Habite..... Fossile de..... Mon cabinet. Coquille singulière, consistant en deux valves coniques, allongées, rostriformes, inégales,

---

(1) Ce genre, comme nous l'avons vu, a été établi par Lamarck sur le moule intérieur incomplètement connu d'une
Sphérulite. Il doit donc disparaître de la méthode.

disposées en un angle très ouvert, et réunies à leur base, mais dont une enveloppe l'autre par son bord.

DISCINE. (Discina). (1)

Coquille inéquivalve, ovale-arrondie, un peu déprimée; à valves de grandeur égale, ayant chacune un disque orbiculaire central très distinct. Disque de la valve supérieure non percé, ayant au milieu une protubérance en mamelon: celui de l'autre valve très blanc, divisé par une fente transversale.

Testa inæquivalvis, ovato-rotundata, depressiuscula; valvis magnitudine æqualibus, disco centrali orbiculato utrisque distinctis. Discus valvæ superioris indivisus, medio submamillatus: alteræ valvæ candidissimus, rima transversa divisus.

OBSERVATIONS. — J'ai donné le nom de *Discine* à ce singulier coquillage, parce que chacune de ses valves offre, vers son centre, un disque orbiculaire assez particulier. Celui de la valve supérieure est lisse, non percé, muni au milieu d'une petite élévation qui ressemble au sommet d'une Patelle. Ce disque supérieur est entouré d'un limbe garni de stries longitudinales fines et rayonnantes. Lorsque l'on considère isolément cette valve, on croit lui trouver une sorte de ressemblance avec une Patelle. Le disque de la valve inférieure est très blanc, traversé un peu obliquement par une fente qui s'ouvre des deux côtés. Quoique les valves de cette coquille soient de grandeur égale, elles sont un peu inégales entre elles : la supérieure

---

(1) Dans une note fort intéressante, publiée dans les Mémoires de la Société Linnéenne de Londres , M. Sowerby a fait voir, jusqu'à l'évidence, que le genre Discine était inutile. Il a été fait, en effet, avec des Orbicules encore jeunes, il faudra donc réunir et confondre les deux genres. La Discine ostréoïde et l'Orbicule de Norwège sont une seule et même espèce, à des âges différens.

est un peu convexe; l'inférieure n'a point de stries rayonnantes autour de son disque. On ne voit aucune trace de charnière, de ligament des valves, ni d'impression musculaire
distincte.

ESPÈCES.

1. Discine ostréoïde. *Discina ostreoidès.*

> Habite sur les pierres des côtes maritimes de la Grande-Bretagne.
> Mon cabinet. Communiquée par M. *Sowerby.* Petite coquille pla-
> nulée, ovale-arrondie, ayant 12 à 15 millim. de longueur.

CRANIE. (Crania.)

Coquille inéquivalve, suborbiculaire : valve inférieure
presque plane, percée, en sa face interne, de trois trous
inégaux et obliques; valve supérieure très convexe, munie
intérieurement de deux callosités saillantes.

*Testa inæquivalvis, suborbiculata : valvá inferior planu-
latá, subtus affixá; facie interná foraminibus tribus inæqualibus et obliquis perforatá, valvá superior convexá, subgibbá, intus callis duobus prominentibus instructá.*

OBSERVATIONS. — Linné avait rangé parmi ses *Anomia* l'espèce
de Cranie qu'il connut; ce fut Bruguière qui l'en sépara pour
former un genre particulier.

Tout ce que nous savons sur les *Cranies* se réduit à la connaissance de la coquille, que même nous n'avons observée que
dans l'état fossile. Elle est inéquivalve, presque orbiculaire, le
plus souvent adhérente par sa valve inférieure. Les trois trous
qui se remarquent sur la face interne de cette valve ne paraissent percer complètement son disque qu'accidentellement, et que
lorsqu'on l'a détachée du corps solide sur lequel elle était fixée
par sa face externe. Or, je ne crois pas que ces trous soient les
issues par lesquelles des attaches musculaires vont se fixer à
autant de pièces extérieures, comme *Bruguière* le suppose. Ces
mêmes trous donnent à la valve dont il est question l'aspect
d'une tête de mort.

Quoi qu'il en soit, ce genre ne paraît pas être sans rapports avec les Térébratules. La forme de la coquille et son adhérence par sa valve inférieure semblent même en indiquer avec l'Orbicule. Mais l'animal étant inconnu, nous ne pouvons savoir si c'est un Brachiopode. J'en citerai cinq espèces, dont une seule, dit-on, est connue vivante et se trouve dans la mer des Indes. Sauf les deux premières, je ferai l'exposition des autres d'après des notes qu'a bien voulu me communiquer M. Defrance, et l'article *Cranie*, inséré par M. de Blainville dans le Dictionnaire des Sciences naturelles. (1)

ESPÈCES.

1. Cranie en masque. *Crania personata*. Lamk. (2)

> C. testâ orbiculatâ : valvâ gibbosiore conico convexâ ; planiore basi foveolis tribus. Gmel.

---

(1) Si Lamarck y eût fait attention, il aurait trouvé dans le bel ouvrage de Poli une description et une figure de l'animal d'une Cranie ; à l'aide de cet ouvrage, il aurait su que les Cranies appartiennent, par leur organisation, aux Brachiopodes, et, dès-lors, il aurait évité de les mettre dans la même famille que les Rudistes proprement dits. Quoique les détails donnés par Poli soient d'un grand intérêt et suffisans pour déterminer les rapports des genres, cependant nous devons regretter que M. Owen, auquel la science est redevable de précieux travaux sur les genres principaux des Brachiopodes, n'ait pas eu à sa disposition les animaux des Cranies pour les soumettre à ses observations.

Plus tard, en traitant d'une manière générale des Brachiopodes, nous aurons occasion de parler de ces travaux de M. Owen avec plus de détail, et en même temps de ce qui a rapport aux Cranies.

(2) Linné a fait son *Anomia craniolaris* avec une coquille fossile que l'on trouve en Scanie ; il ne connut jamais d'espèces vivantes qui pussent s'en rapprocher. Cependant aujourd'hui, dans la plupart des auteurs, on trouve le nom d'*Anomia craniolaris* à une espèce vivante parfaitement distincte de la fossile. Ceci indique une confusion provenant de ce que les auteurs qui suivirent Linné rassemblèrent, à mesure qu'elles furent con-

Anomia craniolaris. Lin. Gmel. p. 3340.

Chemn. Conch. 8. t. 76. f. 687.

Encyclop. pl. 171. f. 1. 2.

Crania personata. De Blainv. Dict. des sc. nat. (1)

* Hæningh. monog. des Cran. nº 1. f. 1.

* Desh. Encycl. méth. vers. t. 2. p. 16. nº 1.

Habite la mer des Indes. Cette coquille est jusqu'à présent, dit-on, la seule espèce vivante qui soit connue.

2. Cranie monnaie. *Crania nummulus.*

C. testâ suborbiculari, liberâ, planulatâ, intus radiatim striatâ : fo-

nues, toutes les espèces sous la dénomination linnéenne. Retzius, le créateur du genre Crania, est le premier, à ce qu'il nous semble, qui ait confondu l'espèce vivante des mers de l'Inde avec les espèces fossiles. Chemnitz suivit cet exemple, ce que ne manquèrent pas d'imiter Schroter, Gmelin, Dillwyn et les autres auteurs linnéens. Lamarck distingua bien l'espèce vivante des fossiles, mais au lieu d'attribuer à l'une de ces dernières l'*Anomia craniolaris,* il la substitua à l'espèce vivante ; c'est de là que vient à l'espèce vivante une synonymie qui ne devrait pas lui appartenir. Depuis Lamarck, cette substitution a été consacrée. Quelques autres espèces vivantes ayant été observées, elles ont été confondues avec l'*Anomia personata* de Lamarck jusqu'au moment où M. Hæninghaus, dans une monographie fort bien faite du *genre Cranie,* reconnut avec précision les caractères distinctifs de ces espèces, et les sépara, en rectifiant leur synonymie d'une manière satisfaisante.

(1) L'espèce que M. de Blainville nomme ainsi est différente du *Crania personata* de Lamarck ; elle est de la Méditerranée et déjà connue de Poli sous le nom d'*Anomia turbinata.* Il faudra donc transporter au *Crania ringens* (Hæninghaus) ce *Cr i personata* de M. de Blainville.

D'après les observations précédentes, toute la synonymie de Lamarck devra être changée ; la seule citation de l'Encyclopédie devra être maintenue. L'*Anomia craniolaris* de Linné passe à la synonymie du *Crania nummulus* de Lamarck, une partie de celle de Chemnitz au *Crania rostrata* Hæningh., et une autre au *Crania tuberculata* de Nilsson.

veolis tribus ; margine crassiusculo, non crenulato.

* Nils. Act. acad. holm. 1825. p. 325. pl. 2. f. 1.
* *Id.* Pétrif. suec. p. 38. pl. 3. f. 11.
* Linné, Fauna suec. p. 520.
* *Id.* Syst. nat. p. 1150. *Anomia craniolaris.*
* *Nummulus brattenburgensis.* Stob. diss. Epist. Lundæ. 1732.
* *Ostracites nummismalis.* Beuth. Juliæ et mont. subterr. p. 130. pl. 7. n° 46.
* Sow. Genera of shells. f. 4.
* Hæning. monog. des Cranies n° 5. f. 5.
* Desh. Encycl. méth. vers, t. 2. p. 17. n° 5.

Habite..... Fossile de Suède. Mon cabinet. Coquille beaucoup plus petite que la précédente, que *Chemnitz* confond avec elle, et dont nous ne connaissons qu'une valve. Cette valve est probablement l'inférieure; et néanmoins sa face dorsale n'offre aucune trace d'adhérence aux corps sous-marins. L'intérieur présente vers sa base trois fossettes obliques, et non trois callosités. Nous n'apercevons ni dentelures ni crénelures en son bord; mais vers ce bord et en dessous, on distingue quelques stries concentriques qui lui sont parallèles. On donne à cette coquille le nom de *monnaie de Brattembourg.*

3. Cranie épaisse. *Crania Parisiensis.*

C. testá ovato-rotundatá : valvá inferiore facie externá adhærente, intus radiatim striatá foveolisque tribus ; margine superiore elevato, valdè incrassato.

Crania Parisiensis. Defrance. De Blainv. Dict. des sc. nat.

* Sow. Min. conch. pl. 408.
* Brong. Géol. de Paris. pl. 3. f. 2.
* Hæning. Monog. des Cran. p. 9. n° 8. fig. 8.
* Desh. Encycl. méth. vers. t. 1. p. 18. n° 8.

Habite..... Fossile de Meudon, aux environs de Paris. Cabinet de M. *Defrance.* On n'en connait que la valve inférieure. Largeur, 8 à 9 lignes. (1)

---

(1) La valve supérieure est actuellement connue, M. Michelin, qui possède une belle collection de fossiles, a fait figurer sur une feuille lithographiée quelques coquilles curieuses de sa collection parmi lesquelles se trouve la valve supérieure de cette espèce. Du sommet descendent obliquement en divergent deux apophyses courtes.

4. Cranie antique. *Crania antiqua.*

C. testá orbiculato-trigoná : valvá inferiore basi cardinali subrostrato
adhærente, subtus concentricè striatá , intus foveolis tribus ; valvá
superiore valdè convexá.

Crania antiqua. Defrance. Dict. des sc. nat. t. 11. Att. moll. pl. 8o.
f. 1. De Blainv. malac. pl. 59. f. 1.

* Sow. Trans. Linn. t. 13. pl. 26. f. 4.

* *id.* Genera of shells. f. 7.

* Hæning. Monog. des Cran. p. 7. n° 6. f. 6.

* Desh. Encycl. méth. vers. t. 2. p. 17. n° 6.

Habite..... Fossile de Néhou, département de la Manche. Cabinet
de M. *Defrance.* On en possède les deux valves : l'inférieure
n'est adhérente que par le sommet de son talon ; elle est presque
plane, arrondie-trigone, marquée en dessous de stries concen-
triques d'accroissement, parallèles au bord, et offre à sa face
interne trois fossettes obliques, disposées comme les yeux et la
bouche d'un masque ; la supérieure est très convexe, et présente
intérieurement trois impressions qui répondent aux enfoncemens
de l'autre valve. Le plus grand diamètre de cette espèce est de
7 lignes.

5. Cranie striée. *Crania striata.*

C. testá parvulá, rotundatá ; valvá inferiore planulatá, basi subtrun-
catá, externá facie adhærente, intus callis próminulis instructá ;
valvá liberá orbiculari, dorso elevato, radiatim striato.

Crania striata. Defrance. De Blainv. Dict. des sc. nat.
Encycl. pl. 171. f. 6. 7.

* Nilss. act. Acad. Holm. 1825. p. 327. pl. 2. f. 4.

* *Id.* Pétrif. succ. p. 38. pl. 3. f. 12.

* *Crania Egnabergensis.* Retzius. Schrif. der berl. Gesel. t. 2. p. 75.
pl. 1. f. 4. 7.

* *Nummulus minor.* Stobæ. opusc. p. 31. pl. 1, f. 3. 4.

* *Id.* Dissert. epist. f. 3. 4.

* Hæning. Monog. des Cran. p. 10. n° 10. f. 10.

* Desh. Encycl. méth. vers. t. 2. p. 19. n° 9.

Habite..... Fossile des mêmes lieux que la précédente. Cabinet de
M. *Defrance.* N'ayant trouvé que séparément les valves libres,
M. *Defrance* doute que ces valves appartiennent à la même espèce
que celle qui est fixée par la valve inférieure. M. *de Blainville*
les regarde néanmoins comme en étant les supérieures. Ces valves
libres sont concaves en leur face interne, avec trois impressions

légères, et leur dos strié s'élève presque comme celui des Cabochons. Diamètre, 4 à 5 lignes.

† 6. Cranie grimaçante. *Crania ringens.* Hæning.

C. Testâ inferiore suborbiculari, postice retusâ; cicatricibus poste-
rioribus subtriangularibus, transversis; anterioribus in unam
transversalem confluentibus; rostello nullo; disco pedato; limbo
anteriore incrassato.

Crania personata. Blainv. Dict. sc. nat. cah. 5. f. 2. D.
Anomia turbinata. Poli. t. 2. p. 189. pl. 3o.
Hæningh. monog. du genre Cran. p. 3. no 2. f. 2.
Desh. Encycl. méth. vers. t. 2. p. 16. no 2.

Habite dans la Méditerranée sur les coraux et les rochers. Petite coquille orbiculaire, irrégulière; la valve inférieure est épaisse, la
supérieure est patelliforme, conique, rougeâtre; l'impression
musculaire médiane est ovale et grande, les impressions palléales
sont en flammules irrégulières finement pointillées. Le bord est
gros et granuleux. Dillwyn, dans son Catalogue, confond cette
espèce avec l'Orbicule de Norwège de Lamarck, *Patella anomala*
de Muller, qui en est bien distincte.

† 7. Cranie rostrée. *Crania rostrata.* Hæning.

C. Testâ inferiore suborbiculari, postice retusâ; cicatricibus poste-
rioribus, suborbiculatis; anterioribus in unam confluentibus; ros-
tello acuto; disco sinuato; limbo antice irregulari incrassato.

Anomia craniolaris. Chemn. 8. tab. 76. f. 687, a. 6.
Crania personata. Sow. Lin. Trans. 13. 11. p. 471. tab. 26. f. 3.
Sow. Gen. of rec. and. Foss. Shells. no 12. f. 1. 2.
Patella distorta. Mont. Linn. trans. 11. p. 195. tab. 13. f. 5.
Hæningh. Monog. du genre Cran. p. 3. n° 3. f. 3.
Desh. Encycl. méth. vers. t. 2. p. 17. n° 3.

Habite dans la Méditerranée. Celle-ci se distingue facilement des
autres espèces vivantes et fossiles par la forme de son impression
musculaire médiane; elle est subcordiforme et surmontée d'un
bec aigu assez saillant; l'impression palléale est découpée en lanières assez régulières et symétriques.

† 8. Cranie ancienne. *Crania prisca.* Hæning.

C. Testâ inferiore orbiculari, postice integrâ, cicatricibus posterio-
ribus subobliquis, ovatis; anterioribus didymis; reniformibus;
rostello acuto, bifido; disci radiis obsoletis parallelis.

Hæningh. Monog. du genre Cran. p. 4. n° 4. f. 4.

Desh. Encycl. méth. vers. t. 2. p. 17. n° 4.

Habite.... Fossile dans la Granwack à Dusseldorf. Hæninghaus. Espèce ovale, régulière, ayant l'impression musculaire médiane,
transverse, partagée en deux par un bec allongé, bifide, trigone;
les impressions postérieures sont grandes, ovales, obliques et
profondes. Toute la surface intérieure est finement ponctuée.

† 9. Cranie tuberculeuse. *Crania tuberculata*. Nils.

*C. Ovato-orbiculari, postice retusá; cicatricibus posterioribus valvulæ
inferioris ovatis; anterioribus approximatis, rostello elato; disco
impressionibus radialis limboque plano papillosis.*

Crania tuberculata. Nils. Act. ac. 1825. p. 326. tab. 2. f. 3. a. C.'

Id. Pétr. 1. p. 37. tab. 3. f. 10. a. C.

Chemn. 8. tab. 76. f. 687. E.

Encycl. tab. 171. f. 5.

Craniolites brattenburgicus. Schlotheim. Petref. K. p. 246. tab. 28.
fig. 5.

Hæningh. Monog. du genre Cran. p. 8. n° 7. f. 7.

Desh. Encycl. méth. vers. t. 2. p. 18. n° 7.

Habite.... Fossile aux environs de Copenhague. Hæninghaus. Espèce
curieuse par les tubercules fort gros dont les valves sont garnies à
l'intérieur sur toute la surface; l'impression musculaire médiane
est très transverse, divisée par un bec large et court, mais profondément fendu; l'impression du limbe est formée de lanières
élargies et rayonnantes.

† 10. Cranie noduleuse. *Crania nodulosa*. Hæning.

*C. Valvá superiore suborbiculari; cicatricibus posterioribus orbicu-
latis; anterioribus in laurinam triangularem, elevatam, productis;
limbo noduloso.*

Faujas St. Fond. m. St. Petri tab. 26. f. 15.

Sowerby. Gen. n. 12. f. 5.

Hæningh. Monog. du genre Cran. p. 10, n° 9. f. 9.

Habite..... Fossile dans la craie supérieure à Maestricht et à Ciply.
Petite coquille orbiculaire, dont on ne connaît que la valve supérieure; ses bords épaissis sont garnis de nodosités assez grosses,
une lamelle transverse, oblique, reçoit les muscles médians; les
impressions postérieures sont grandes, superficielles et arrondies;
en dessus la coquille est lisse.

† 11. Cranie à côtes. *Crania costata*. Sow.

*C. Valvulá inferiore subquadratá, costato-dentatá; vertice subcen-
trali; cicatricibus posterioribus ovatis, obliquis; anterioribus di-*

dymis; rostello acuto; disci impressionibus integris, lunatis; limbo granuloso.

Hæningh. Monog. du genre Cran. p. 12. n° 11. f. 11.

Sow. Genera of shells. f. 6.

Desh. Encycl. méth. vers. t. 2 p. 19. n° 10.

Habite..... Fossile dans la craie à Néhou près Valognes. Petite coquille élégante subquadrangulaire ; la valve inférieure est ornée de côtes simples partant du centre en rayonnant, quatre de ces côtes sont plus saillantes, se prolongent sur le bord plus que les autres ; l'impression musculaire centrale est partagée en deux par une crête en bec ; l'impression du manteau forme un grand croissant de chaque côté.

† 12. **Cranie spinuleuse.** *Crania spinulosa.* Nils.

C. *Testá inferiori, ovato-orbiculari, postice productá, extùs muricatá ; cicatricibus posterioribus ovato-orbiculatis, obliquis ; anterioribus didymis ; rostello acuto, carinato ; disci impressionibus interrupte radiatis ; limbo plano, granuloso.*

Crania spinulosa. Nils. Petr. 1. p. 37. tab. 3. f. 9. A. E.

Crania granulata. Mus. Defr.

Hæningh. Monog. du genre Cran. p. 12. n° 12. f. 12.

Habite..... Fossile dans la craie de Scanie et dans celle de Maestricht. Petite coquille ovale, oblongue ; la valve inférieure se prolonge en un petit talon ; sa surface extérieure est couverte de petites épines très courtes ; l'impression musculaire est très petite, partagée en deux par une petite crête médiane ; les bords sont épais, granuleux, et l'intérieur est garni de petites côtes longitudinales interrompues et peu saillantes.

† 13. **Cranie anormale.** *Crania abnormis.* Defr.

C. *Testá suborbiculari, irregulari ; inferiore profundè excavatá ; cicatricibus posterioribus orbiculato-ovatis, obliquis, anterioribus didymis, declivibus ; disci impressionibus utrinque pedatis ; rostello integro, triangulari, plano ; limbo granuloso.*

Crania abnormis. Mus. Defr.

Crania nummulus. Sow. Gen. n. 12. f. 5. valv. supér.

Hæningh. Monog. du genre Cran. p. 13. no 13. f. 13.

Habite..... Fossile aux environs de Bordeaux à Terre-Neigre dans le terrain tertiaire. Coquille suborbiculaire, irrégulière ; l'impression musculaire médiane est divisée en deux par une crête médiane simple ; l'impression du limbe est découpée en longues lanières, en forme de feuilles de myrte ; la valve supérieure est patelliforme, et cette impression du limbe est découpée de flammules

Irrégulières; les bords de la valve inférieure sont chagrinées ;
ceux de la valve supérieure sont simples.

LES BRACHIOPODES.

*Conchifères ayant près de leur bouche deux bras opposes,
allongés, ciliés, et roulés en spirale dans le repos. Manteau à deux lobes séparés par-devant, enveloppant ou recouvrant le corps.*

*Coquille bivalve, adhérente aux corps marins, soit immé-
diatement, soit par un cordon tendineux.*

Les *Brachiopodes* ont paru voisins des Cirrhipèdes, parce
qu'on n'a considéré que les deux bras singuliers de ces
animaux et le cordon tendineux qui soutient la coquille,
dans certaines de leurs races. Aussi M. *Duméril* les a tous
réunis dans son ordre des Brachiopodes qui termine les
Mollusques.

Ces animaux cependant sont fort différens, par leur organisation, des Cirrhipède s; ce sont de véritables Conchifères, n'offrant, comme tous les autres, aucune de leurs
parties véritablement articulée , et n'ayant nullement ce
cordon médullaire ganglionné dans sa longueur, qui caractérise les animaux sans vertèbres munis d'articulations.
Ils ont le manteau à deux lobes des autres Conchifères,
manquent de parties dures à leur bouche, et assurément
ne tiennent nullement aux Cirrhipèdes par les caractères
de leur organisation.

Si les Brachiopodes ont deux bras cirrheux opposés et
symétriques, ces deux bras sans articulations et sans peau
cornée ne sont nullement comparables aux bras tentaculiformes des Cirrhipèdes, lesquels sont cirrheux, articulés ,
à peau cornée, et portés, par paires, sur un pédicule
court. Leur coquille même n'a aucun rapport avec celle
des Cirrhipèdes , quelque variée que soit celle de ces
derniers.

Tome VII.   20

La coquille bivalve des *Brachiopodes* est plus ou moins inéquivalve, et s'ouvre en charnière. Le vrai ligament des valves n'est pas connu ; et quant au cordon charnu et tendineux qui soutient la coquille, et la fixe aux corps marins, il paraît n'être qu'un prolongement du muscle d'attache de l'animal, et ne lui sert point pour ouvrir les valves. La coquille des Brachiopodes, toujours adhérente aux corps marins, l'est tantôt immédiatement par sa valve inférieure et tantôt par le cordon tendineux plus ou moins long qui vient d'être mentionné.

Ce qu'il y a réellement de singulier à l'égard de ces Conchifères, ce sont les deux bras allongés, ciliés et cirrheux, dont seuls ils fournissent un exemple. Dans l'état de repos, ces bras sont roulés en spirale et renfermés dans la coquille ; mais l'animal les déploie et les étend au dehors lorsqu'il veut s'en servir.

Les *Brachiopodes* constituent une famille remarquable, qui termine les conchifères, et à laquelle on rapporte les trois genres suivans : *Orbicule*, *Térébratule* et *Lingule*.

[Nous avons vu précédemment, en traitant de la famille des Rudistes, comment Lamarck, entraîné par des connaissances peu exactes sur les Sphérulites, en avait rapproché, dans une même famille, les Calcéoles, les Discines et les Cranies. Si nos observations sur les Sphérulites sont admises, et si les zoologistes, par une conséquence nécessaire, adoptent définitivement nos conclusions, les trois genres que nous venons de mentionner devront, de toute nécessité, rentrer dans la famille des Brachiopodes dont ils n'auraient pas dû être distraits.

Lamarck se contenta de former pour les Brachiopodes une famille semblable et de même valeur que celle qu'il avait déjà faite pour le reste des Conchifères. Cette opinion ne fut point partagée par les autres zoologistes. Nous voyons en effet M. Duméril, se fondant sur les données anatomiques fournies par Cuvier sur la Lingule, proposer

de former une classe particulière sous le nom de Brachiopodes, dans laquelle il réunit à-la-fois et les Lepas de Linné,
et les Mollusques voisins des Lingules. Il suffisait de revoir avec attention les faits anatomiques concernant ces
deux sortes d'animaux, pour rejeter définitivement leur
association peu naturelle; mais cet examen fit sentir à
Cuvier que cette partie des Brachiopodes contenant les
Lingules et autres genres voisins, méritait d'être nettement distinguée des autres Mollusques. Lamarck, qui s'en
fit la même opinion, se contenta de former pour eux, dans
sa Philosophie Zoologique, la famille des Brachiopodes,
composée des trois genres : Lingule, Térébratule, et Orbicule ; confondant déjà à cette époque les Calcéoles et les
Cranies avec les Radiolites dans sa famille des Ostracées.
Cuvier, ayant conçu pour la distribution des Mollusques,
un plus grand nombre de classes que Lamarck, en fit particulièrement une pour les Brachiopodes, et la mit dans
l'ordre méthodique, entre les Acéphales et les Cirrhopodes.
Cuvier n'adopta aussi que les trois genres de Lamarck,
et il est à présumer que les Cranies faisaient partie du
genre Acarde. Les zoologistes se sont ensuite partagés
entre ces deux opinions de Lamarck et de Cuvier. Nous
pensons que toutes deux peuvent être utilement modifiées;
et cette modification consisterait à former des Brachiopodes, non une classe distincte dans les Mollusques, non
une simple famille des Acéphalés, mais un ordre particulier dans ces derniers, ayant la même valeur que les
ordres nommés Monomyaires et Dymiaires par Lamarck.
Il n'y a pas, nous le sentons bien, une parfaite parité entre
ces trois ordres: ils n'ont pas à nos yeux exactement la
même valeur, et nous pensons, surtout depuis les beaux
travaux de M. Owen sur les Térébratules et quelques
autres genres des Brachiopodes, qu'il y a plus de différence entre ces derniers et les Acéphalés, qu'entre les
Acéphalés Monomyaires et Dymiaires. Mais, dans notre

manière d'envisager les différens embranchemens d'une classification, nous ne voyons point de quelle coupure intermédiaire nous pourrions nous servir pour exprimer les nuances que nous apercevons.

Depuis la publication de l'ouvrage de Lamarck, plusieurs genres ont été ajoutés à la famille des Brachiopodes; c'est ainsi que M. Sowerby a proposé celui des *Productus*, un autre nommé *Spirifère*, un troisième qu'il nomme *Pentamère*, et un quatrième sous le nom de *Magas*. A ces genres M. Defrance ajouta les Strophomènes et les Strigocéphales. M. Dalman, en Allemagne, se fondant sur des caractères de moindre valeur que ceux des genres que nous venons de mentionner, proposa un grand nombre de genres, sous les noms de *Gyppidia*, *Deltyris*, *Orthis*, *Cyrtia*, *Leptæna*, etc. genres dont nous reparlerons en traitant en particulier des Térébratules.

Lorsque l'on a examiné une grande série d'espèces appartenant à ces divers genres, on n'est pas long-temps sans s'apercevoir que presque tous reposent sur des caractères artificiels: aussi, dans la classification que nous avons proposée pour les Brachiopodes, dans les tableaux qui sont à la suite de l'article Mollusques, de l'Encyclopédie, nous n'avons adopté que sept genres, et quoique, depuis plusieurs années, nous ayons continué nos recherches sur ce groupe intéressant de Mollusques, nous n'avons aucune raison pour modifier l'opinion que nous avions alors, et pour augmenter ou diminuer le nombre des genres que nous avons admis. Ces genres sont les suivans, et leur distribution a été conçue ainsi :

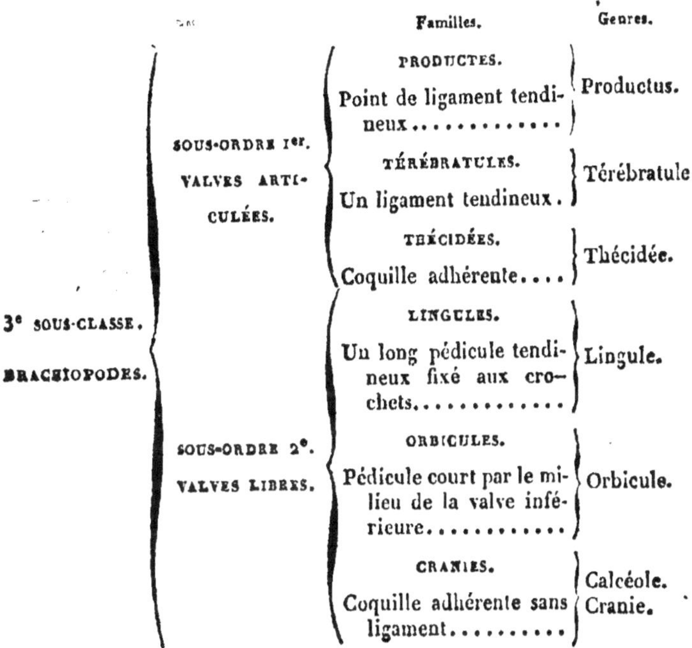

Nous pouvons mentionner presque tous ces genres; car, sans les connaître, Lamarck en a confondu plusieurs avec les Térébratules.

Si l'on suivait l'opinion de Lamarck sur la place que doivent occuper les Brachiopodes dans la méthode, on pourrait les regarder comme les mieux organisés des Acéphalées, et, à cet égard, on serait dans une grande erreur. Les travaux de M. Owen conduisent à une conclusion opposée, et ce savant anatomiste, dans les conclusions de son mémoire, est conduit à ce changement remarquable dans leurs rapports. Les Brachiopodes, par leurs caractères, sont intermédiaires entre les Lamellibranches et les Ascidies. M. Owen, qui sans doute n'avait pas connaissance de notre opinion sur ces animaux, propose, comme nous, de faire pour eux un ordre particulier dans les Mollusques acéphalés. Il y a une grande différence dans la position relative à leur coquille dans les Mollusques acéphalés et brachiopodes. Les Acéphalés lamellibranches sont placés dans leurs coquilles de manière à ce que le dos corresponde à la charnière, et les côtés à chacune des valves de la coquille. Dans les Brachiopodes, au contraire, le dos de l'animal est dans l'une des valves et le ventre dans l'autre. On conçoit, d'après cela, que la séparation des lobes du manteau n'a plus lieu de la même manière. Outre cette différence importante, il en existe d'autres qui ne le sont pas moins; ainsi les organes de la respiration ne sont plus isolés en lamelles latérales, mais ils sont compris dans l'épaisseur des lobes du manteau, et quelquefois se simplifient au point d'être réduits à un simple réseau vasculaire étendu sur toutes les parois de la membrane palléale; le cœur lui-même n'est plus aussi compliqué que dans les Mollusques acéphalés. Dans ces animaux, il est toujours composé d'un ventricule et de deux oreillettes, et lorsque cet organe, ordinairement unique, vient à se diviser, et que deux cœurs existent dans un même animal, chacun d'eux est composé d'un ventricule et de son oreillette. Dans les Brachiopodes, l'oreillette seule subsiste; il y en a une de chaque côté, et le ventricule a disparu. Ce n'est donc que d'une manière restrictive que l'on peut dire: il existe deux cœurs dans les Brachiopodes.

Les organes de la digestion sont eux-mêmes fort simplifiés dans ces animaux. Une ouverture buccale simple; un œsophage court; un petit estomac; un intestin grêle plus ou moins allongé; le tout entouré d'un seul appareil glandulaire, le foie, fournissant à l'estomac par des cryptes nombreux les produits de sa sécrétion : tels sont les organes constituant la masse viscérale. Comme on peut le concevoir, cette masse est peu considérable et occupe peu de place entre les lobes d'un manteau proportionnellement très étendu. Il est une partie constante dans les Brachiopodes, et qui leur a valu le nom qu'ils portent. Ce sont deux organes ciliés, tantôt portés sur un appareil apophysaire intérieur particulier, et tantôt libres, se projetant à l'extérieur et se contournant en spirale pour entrer dans l'intérieur de la coquille. Ces appendices sont destinés, sans aucun doute, à produire dans l'eau qui entoure l'animal, un courant assez considérable pour ramener vers lui les particules alimentaires dont il a besoin. Les bras en spirale, comme nous le disions, existent dans tous les Brachiopodes, mais ils se présentent sous deux aspects particuliers que l'on rencontre dans le grand genre des Térébratules. Dans les unes, ils sont soutenus sur un appareil apophysaire particulier dont la forme est très variable. C'est en donnant trop de valeur à cet appareil que plusieurs genres ont été créés, tels que les Strigocéphales, les Magas, etc. . Dans d'autres espèces, les bras sont libres et se contournent en spirale très régulière pour entrer dans l'intérieur des valves. Ce sont ces spires, contenant probablement des parties calcaires et qui, s'étant conservées par hasard dans certains individus, ont déterminé la création du genre Spirifère. On pouvait prévoir que plusieurs sortes de coquilles devaient se trouver dans ce genre peu naturel, et c'est en effet ce qui a lieu. Les organes de la génération, chez les Brachiopodes, consistent en un ovaire se ramifiant dans l'épaisseur des lobes du manteau, en suivant les vaisseaux principaux qui parcourent cette membrane très fine. Ces organes diffèrent de ceux des Lamellibranches par cette disposition qui sert ainsi à mieux établir la séparation de ces deux sortes d'animaux; l'appareil musculaire paraît plus compliqué dans les Brachiopodes que dans les Lamellibranches; les muscles sont plus nombreux; ils sont divisés par paires et toujours symétriques. Dans plusieurs genres, plusieurs de ces muscles passent à travers l'ouverture de la coquille, deviennent tendineux et servent à fixer l'animal aux corps sous-marins. Un seul genre peut servir de point intermédiaire entre les Lamellibranches et les Brachiopodes, c'est celui des Anomies dont l'organisation semble participer à celle des deux groupes. Le système nerveux est très difficile à apercevoir dans les Brachiopodes. M. Owen est parvenu à le découvrir dans l'animal des Orbicules, et il l'a trouvé composé de trois petits ganglions embrassant l'œsophage et donnant aux viscères un petit nombre de filets extrêmement fins.

Les coquilles dépendant de ce groupe méritent une étude particulière. Se trouvant à l'état fossile jusque dans les terrains les plus anciens déposés à la surface de la terre, elles offrent des formes remarquables et des caractères singuliers auxquels il faut donner la seule importance qu'ils méritent; sans cela on multiplierait au-delà de ce que prescrit l'analogie bien entendue, des genres qui viendraient encombrer la méthode sans utilité pour arriver plus tôt à la connaissance des espèces. Nous apercevons dans ces coquilles deux manières d'être principales: dans les unes, non adhérentes par le test, les valves sont entières, non percées, et l'animal n'avait point de tendon pour s'attacher aux corps sous-marins; d'autres vivent tantôt fixées par le test lui-même, tantôt par un tendon particulier. Il nous semble raisonnable de conclure par analogie que ces deux sortes de coquilles devaient contenir des animaux ayant des mœurs différentes. Nous ne connaissons actuellement vivant aucun Brachiopode ayant la coquille libre et non perforée. Nous ne pouvons en conséquence espérer le rapprochement de ces coquilles d'après des données anatomiques; il faut nous servir des documens que la coquille seule fournit, et c'est d'après eux que les auteurs sont convenus d'une manière assez unanime à comprendre parmi les Brachiopodes ces coquilles libres et non percées. Ceux des Brachiopodes qui vivent attachés aux corps sous-marins peuvent se partager en deux groupes, selon qu'ils s'attachent immédiatement par leur coquille ou par un tendon plus ou moins allongé. On peut encore établir dans ces différens groupes des divisions secondaires d'après la manière dont les valves des coquilles sont réunies ; car dans les unes, il n'y a pas de charnière articulée; dans les autres, les valves sont jointes de manière que l'on est obligé de briser quelque partie de la charnière pour séparer les valves. Nous aurons occasion de revenir sur ces divers caractères et leur valeur réelle en parlant des genres que nous avons encore à examiner.]

ORBICULE. (Orbicula.)

Coquille suborbiculaire, inéquivalve, sans charnière apparente. Valve inférieure très mince, aplatie, adhérente aux corps marins; valve supérieure subconique, à sommet plus ou moins élevé.

Testa suborbicularis, inæquivalvis; cardine nullo aut inconspicuo. Valva inferior tenuissima, planulata, subtùs affixa; valva superior subconica, vertice acuto plusminusve prominente.

[Animal orbiculaire aplati, ayant les deux lobes du manteau désunis dans toute leur circonférence et très finement ciliés; corps petit, arrondi, à la partie antérieure et médiane duquel se trouve la bouche simple en une fente ovale; le pied passant au travers d'une fente de la valve inférieure, pour s'attacher aux corps sous-marins. Deux bras ciliés, courts et non saillans au dehors; l'organe de la respiration consistant en un réseau vasculaire considérable répandu sur les lobes du manteau.]

OBSERVATIONS. — Les *Orbicules* sont de véritables Brachiopodes par les caractères de l'animal. Leur genre ne diffère des deux autres de cette famille que parce que la coquille n'a point de pédicule, et qu'elle est fixée par le dessous de sa valve inférieure aux corps marins. Quelquefois cette valve est si mince qu'on l'aperçoit à peine; ce qui fait que *Muller* s'y est trompé, puisqu'il n'a cru voir qu'une coquille univalve lorsqu'il l'a observée, et qu'il a rapporté la valve supérieure, qu'il a seule détachée, au genre des Patelles.

[Dès ses premiers travaux sur la conchyliologie, Lamarck s'aperçut que le *Patella anomala* de Muller n'était point une coquille univalve, mais appartenait à la grande série des bivalves. Reconnaissant dans ce Mollusque des caractères singuliers, il créa pour lui le genre Orbicule, et s'aperçut dès-lors qu'il devait se ranger dans le voisinage des Térébratules et des Calcéoles. Dans ses autres ouvrages, Lamarck maintint cette opinion, et, lorsque dans sa Philosophie Zoologique, il créa la famille des Brachiopodes, il y mit les Orbicules, comme nous l'avons déjà vu; tous les autres zoologistes suivirent cet exemple; mais Cuvier et quelques autres confondirent avec les Orbicules le *Cryopus* de Poli. Il aurait été facile cependant de ne pas commettre cette erreur, le seul examen des figures de l'auteur italien était suffisant pour faire reconnaître dans le *Cryopus* une belle espèce de Cranie. Jusque dans ces derniers temps, on ne connut de l'organisation des Orbicules que peu de chose. Muller était le seul qui eût donné de l'animal une figure incomplète. M. Owen a rempli cette lacune dans l'intéressant mémoire qu'il vient de publier sur plusieurs genres de Brachiopodes. N'ayant pas à notre disposition des animaux d'Orbicules, nous nous servirons des documens que nous fournit M. Owen : L'animal des Orbicules est aplati, orbiculaire; les lobes de son manteau sont désunis dans toute leur circonférence et un peu épaissis sur les bords. Des cils nombreux, les uns très allongés et les autres beaucoup plus courts et plus nombreux, sont implantés sur les bords du manteau, et étant d'une substance cornée, ils forment autant de rayons sur la circonférence. La masse viscérale est peu considérable; elle occupe la partie centrale et postérieure des valves; elle se compose d'un appareil musculaire assez compliqué, d'un foie, d'un ovaire et d'un canal digestif. Le canal digestif commence, à la partie médiane et antérieure de la masse viscérale, en une petite bouche peu saillante, ovalaire et longitudinale; cette bouche communique à l'estomac par un œsophage très court; l'estomac est subfusiforme, enveloppé en partie par le foie et l'ovaire, et se terminant par un intestin grêle coudé vers son origine, et aboutissant en ligne droite sur le côté gauche, où il se termine par un anus très court, entre les lobes du manteau; le foie, qui est d'une couleur verte assez intense, est composé de follicules assez grandes, versant dans l'estomac, par un grand nombre de perforations, le produit de leurs sécrétions. Le système musculaire se compose, d'après M. Owen, de huit muscles, dont quatre principaux s'attachent aux valves, tandis que les autres forment autour de la masse des viscères une sorte de ceinture solide, comparable à celle que produit dans les Térébratules certaine partie de l'appareil apophysaire. De ces muscles un, assez considérable, représentant le pied, passe à travers la fente de la valve inférieure, et sert à fixer l'animal aux corps étrangers par un empâtement plus ou moins élargi. Les organes de la respiration sont curieux par la manière dont ils sont disposés; ils consistent en un réseau vasculaire considérable, occupant toute la surface du manteau qui revêt la valve supérieure. Comme l'observe très judicieusement M. Owen, cet appareil respiratoire, très simple, est comparable à celui des Ascidies, et l'est également à celui nommé poumon par quelques zoologistes dans ceux des Mollusques qui respirent l'air en nature. Voilà donc un exemple d'une analogie incontestable entre un organe respiratoire aquatique et un organe respiratoire aérien. Tous les vaisseaux viennent aboutir à deux grands sinus, ou plutôt à des oreillettes dépourvues de ventricule. Nous avons vu que M. Owen était parvenu à observer quelques parties du système nerveux des Orbicules; il consiste en trois petits ganglions situés autour de l'œsophage, et fournissant un petit nombre de filets à la masse viscérale. Les bras ciliés sont assez grands, attachés sur les parties latérales du corps; leur extrémité postérieure, libre, vient se contourner en spirale au-dessus de la bouche, mais ne peut pas sortir de la coquille, à ce qu'il paraît. La tige principale portant les cils est creuse au centre; les cils sont très nombreux, rapprochés, flexueux et recourbés au sommet.

Les coquilles des Orbicules sont remarquables; elles paraissent plutôt cornées que calcaires; elles ne sont point réunies en charnière, et la supérieure étant patelliforme, on conçoit pourquoi, ayant été trouvée séparée de l'inférieure, elle a été décrite pour une Patelle par plusieurs auteurs. La valve inférieure présente, vers le centre, un petit disque où les parois sont plus minces, souvent circonscrit par un bord plus épais, et toujours percé au centre d'une fente oblongue et plus ou moins étroite selon les espèces. Cette fente donne passage aux faisceaux fibreux au moyen desquels l'animal s'attache aux corps sousmarins. Dans l'intérieur des valves, on distingue assez facilement les impressions musculaires, et à défaut d'autre caractère, celui-là peut servir pour séparer les Orbicules de plusieurs coquilles patelliformes avec lesquelles on pourrait les confondre. Si M. Defrance y eût fait attention, il n'eût pas donné comme Orbicule une belle espèce de Cabochon que l'on trouve fossile aux environs de Valogne.

Dans le *Zoological journal* (t. 3, p. 321), ainsi que dans le *Minéral conchology*, M. Sowerby a décrit sous le nom d'Orbicules des coquilles fossiles fort curieuses, qui ont bien la forme générale des espèces du genre, mais qui n'en offrent pas tous les caractères. Ce n'est donc qu'avec doute que nous les rapportons ici, desirant qu'il soit fait à leur sujet de nouvelles observations. Il serait nécessaire d'examiner le pourtour des valves pour s'assurer qu'il n'y a point de charnière, et voir ensuite, si cela est possible, les impressions musculaires.]

ESPÈCES.

1. Orbicule de Norwège. *Orbicula Norwegica*. Lamk.(1)

Patella anomala. Mull. Zool. dan. 2. p. 14. tab. 5. f. 1–7. Gmel., p. 3721. n° 151.

* *Anomia turbinata*. Dillw. Cat. t. 1. p. 286. n° 2. *Polii synonym. exclus.*

---

(1) Il nous paraît singulier que la plupart des auteurs aient rapporté l'*Anomia turbinata* de Poli au genre Orbicule ; le moindre examen de la figure de l'auteur italien suffit pour faire voir qu'elle représente une véritable Cranie, et la description qu'il donne de l'espèce ne permet plus le moindre doute. Malgré cela, Dillwyn, dans son Catalogue, confond avec le *Patella anomala* l'*Anomia turbinata*, et nous voyons Cuvier et Lamarck la rapporter, si ce n'est à la même espèce, du moins au même genre Orbicule.

* Blainv. malac. pl. 55. f. 5.
* Sow. Genera of shells. *Orbicula*. f. 3. 4. 5.
* *Id*. Trans. lin. t. 13. pl. 6. f. 2.
* Desh. Encycl. méth. vers. t. 3. p. 668. n$_o$ 1.

Habite la mer du Nord. La valve supérieure est en cône surbaissé, à sommet pointu, rapproché d'un côté du bord.

Etc. Ajoutez, comme seconde espèce, *Anomia turbinata*. Poli. Conch. vol. 2. p. 189. t. 30. f. 15. (1)

† 2. Orbicule lisse. *Orbicula lævis*. Sow.

O. testá orbiculari valvá superiore conicá lævigatá, apice subcentrali corneo fuscá, intus albidá; valvá inferiore planá, fissurá ovatá brevi submarginali.

Sow. Genera of shells. *Orbicula*. f. 1. 2.

Habite les mers du Nord. Elle est une des plus grandes espèces : orbiculaire, lisse, ne montrant que quelques lames irrégulières d'accroissement; la valve supérieure est conique, à sommet subcentral, elle est d'un jaune corné au centre et brune vers les bords. La valve inférieure est aplatie, blanche au centre et percée d'une petite fente ovalaire, très courte et placée entre le centre et le bord.

† 3. Orbicule de Cuming. *Orbicula Cumingii*. Brod.

O. testá ovato-suborbiculari, radiatim tenue striatá; valvá superiore conicá, depressá, lamellis concentricis distantibus contabulatá, fusco rubescente; valvá inferiore planá, fissurá oblongá submarginali.

Broderip. Owen anatom. des Tereb. et des Orb. trans. zool. soc. t. 1. 2e part. pl. 28. f. 1.

Id. Ann. des sc. nat. fév. 1835. pl. 2. f. 1.

Habite les mers du Chili et du Pérou.

Espèce bien distincte de la suivante avec laquelle elle se trouve quelquefois; elle est orbiculaire ou subovalaire, conique; le sommet de la valve supérieure n'est pas central; il en part, en rayonnant, un très grand nombre de stries fines et assez régulières; la surface est assez régulièrement étagée par des lames d'accroissement saillantes, minces, distantes. La valve inférieure est aplatie et pourvue, entre le bord et le centre, d'une fissure oblongue, rétré-

(1) Nous avons vu que cette espèce était une Cranie. (*Voyez* p. 302, n° 6 de ce volume.)

cie à ses extrémités. Au dehors cette coquille est d'un brun corné, quelquefois un peu rougeâtre.

† 4. Orbicule lamelleuse. *Orbicula lamellosa*. Brod.

O. testâ ovato-orbiculatâ, depressâ, valvis inæqualibus, superiore vertice submarginali, transversim irregulariter lamellosâ; valvâ inferiore planulatâ in medio aliquando ventricosâ; fissurâ magnâ, submarginali.

Broderip. Owen trans. zool. soc. t. 1. 2e part. pl. 28. f. 2. 3. 4. 5.
Id. Ann. des sc. nat. fév. 1835. pl. 2. f. 2. 3. 4. 5.

Habite les mers du Pérou, où elle paraît très abondante; les individus sont groupés les uns sur les autres, et forment quelquefois des amas assez gros. La coquille est ovale, obronde, déprimée; le sommet de la valve supérieure est submarginal; la surface est couverte de lames transverses d'accroissement irrégulièrement espacées; la valve inférieure, ordinairement aplatie, est quelquefois renflée au centre; la fissure est placée près du bord, elle est grande, ovalaire, sublancéolée.

† 5. Orbicule réfléchie. *Orbicula reflexa*.

O. testâ subellipticâ, postice acutiusculâ, pclitâ; valvâ superiore convexiusculâ; vertice postico submarginali; valvâ inferiore planâ, vertice subcentrali, margine reflexo, sinu byssi magno, elongato.

Sow. Zool. journ. t. 3. p. 321. tab. 11. f. 7.
Id. Min. Conch. pl. 506. f. 11.

Habite..... Fossile dans le lias, en Angleterre.

Coquille ovale, obronde, déprimée, un peu rétrécie et allongée postérieurement; elle est lisse et marquée seulement par des stries d'accroissement circulaires; la valve supérieure patelliforme, a son sommet près du bord, tandis que la valve inférieure, aplatie, a son centre d'évolution presque au centre de la valve. La fissure est allongée, lancéolée; les grands individus ne paraissent pas avoir plus de 7 à 8 lignes de diamètre.

† 6. Orbicule cancellée. *Orbicula cancellata*.

O. testâ orbiculari, vertice postico, marginali; valvarum superficie lineis elevatis, confertis, radiantibus, lineis incrementi elevatis, decussatis; valvæ inferioris vertice excentrali, lævi, depresso; sinu byssi parvo, brevi.

Sow. Zool. journ. t. 3. p. 321. pl. 11. f. 6.

Habite..... Fossile dans les terrains anciens du Canada. Coquille orbiculaire, très aplatie, presque équivalve, ayant le sommet des deux valves sur le bord, et s'éloignant en cela de toutes les espèces d'Orbicules vivantes; aussi nous avons plus de doute sur le véritable genre de celle-ci que de l'*Orbicula reflexa*, la fissure est presque sur le bord, elle est petite et courte. La surface est treillissée par des stries profondes, fines et rapprochées, longitudinales et transverses.

TÉRÉBRATULE. (Terebratula.)

Coquille inéquivalve, régulière, subtrigone; attachée aux corps marins par un pédicule court, tendineux; la plus grande valve ayant un crochet avancé, souvent courbé, percé à son sommet par un trou rond ou par une échancrure. Charnière à deux dents. A l'intérieur, deux branches presque osseuses, grêles, élevées, fourchues, et diversement rameuses, naissent du disque de la petite valve, et servent de soutien à l'animal.

Testa inæquivalvis, regularis, subtrigona; pediculo brevi, tendineo, corporibus marinis affixa; valvâ majore nate productâ, sæpè incurvâ, apice perforatâ aut emarginatâ. Cardo dentibus duobus. Ad internum, rami duo subossei, graciles, furcati, variè ramulosi, è disco valvæ minoris nascentes, fulcrum animali præbent.

[Animal ovale, oblong ou suborbiculaire, plus ou moins épais, ayant les lobes du manteau très minces et garnis sur le bord de cils peu nombreux et très courts. Masse abdominale peu considérable; bouche médiane; intestins courts, enveloppés par un foie petit et verdâtre. Un appendice cilié de chaque côté du corps, tantôt libre et tourné en spirale pendant le repos, tantôt fixé sur les tiges minces, et diversement contournées, mais régulières et symétriques d'un appareil apophysaire intérieur plus ou moins considérable; branchies vasculaires étalées sur les parois du manteau. Plusieurs paires de muscles passant par une ouverture postérieure de la coquille et servant à attacher l'animal aux corps sous-marins.]

OBSERVATIONS. — Le genre des *Térébratules*, que *Linné* confondait parmi ses Anomies, fut reconnu par *Bruguière*, comme on le voit dans les planches de l'Encyclopédie. Ce genre, que l'on pourrait peut-être diviser en quelques autres, comprend un grand nombre d'espèces, dont la plupart ne sont encore connues que dans l'état fossile. Ces coquillages paraissent en général habiter les grandes profondeurs de la mer; car les nombreuses espèces fossiles que les *oryctographes* connaissent depuis long-temps ne se trouvent que dans les terrains qu'on nomme secondaires, dans les montagnes dites d'ancienne formation, avec les *Ammonites*, les *Gryphites*, les *Bélemnites*, etc. Néanmoins, on en a déjà recueilli plusieurs dans l'état frais ou marin. Ainsi, ces coquillages sont la plupart *Pélagiens*, et on les connaît vulgairement sous le nom de *Poulette*.

La coquille des *Térébratules* consiste en deux valves inégales, dont la plus grande a son crochet avancé, presque en forme de bec, un peu recourbé, et percé d'un trou à son extrémité, ou quelquefois simplement échancré. Dans les espèces où l'extrémité du grand crochet n'offre qu'une échancrure, on trouve quelquefois que le trou rond, naturel à ce crochet, est complété, soit par une pièce particulière, soit par la base de la petite valve qui s'avance dans l'échancrure. C'est dans ce trou du grand crochet que s'insère le pédicule charnu et tendineux qui fixe la coquille aux corps marins. La charnière des *Térébratules* est formée par deux dents qui tiennent à la plus grande valve, et entrent dans des fossettes de la plus petite.

L'animal de la *Térébratule* est fort rapproché de celui de la Lingule par ses rapports. Il a de même deux bras opposés, allongés, frangés ou ciliés d'un côté, et qu'il fait sortir à son gré hors de sa coquille; mais, lorsqu'ils sont rentrés, ils forment un double repli de bas en haut, et il n'y a que leur extrémité qui soit alors courbée ou roulée en spirale.

Étant actuellement tout-à-fait privé de la vue par des cataractes qui sont hors d'état de subir avec succès les opérations qui pourraient me rendre la lumière, M. *Valenciennes* a bien voulu se charger de la détermination des espèces de ce genre qu'il a pu voir dans les collections de Paris.

Selon ses observations, le trou du crochet de la grande valve

est toujours rond; et lorsque, dans certains individus, le crochet n'offre qu'une échancrure longitudinale, c'est par l'absence
de deux petites pièces latérales et accessoires qui, par leur
réunion, servent à compléter l'ouverture. Ces deux pièces, qu'on
ne trouve pas toujours, sont quelquefois assez écartées et trop
petites pour pouvoir se rapprocher. Alors le bord de la petite
valve achève de former la circonférence du trou. Il a observé
en outre, sur des individus de la Térébratule *caput serpentis,*
que le petit cordon tendineux qui sort par le trou du crochet
dont on vient de parler se divise à son extrémité libre en un
faisceau de filamens byssiformes qui servent à fixer l'animal
aux corps sous-marins. Voici l'exposé de son travail sur les espèces.

[Nous nous servirons également des renseignemens que nous
fournit le bon mémoire de M. Owen, pour donner quelques
détails sur les animaux des Térébratules. Déjà plusieurs tenta-
tives avaient été faites, mais incomplètes et par conséquent in-
fructueuses, pour dévoiler l'organisation des Térébratules. On
savait, à n'en pas douter, qu'elles ont beaucoup d'analogie avec
les Lingules, mais on ne savait pas jusqu'où pouvait s'étendre cette ressemblance, et M. Owen a rendu un véritable ser-
vice à la science, en donnant, comme il l'a fait, les résultats de
ses laborieuses recherches.

L'animal des Térébratules est contenu dans sa coquille dans
une autre position qu'elles autres Mollusques acéphalés. Le ventre
correspond à la petite valve, et le dos est contenu dans la grande,
toujours percée à son sommet. Le corps, ou plutôt la masse des
viscères, est très peu considérable et n'occupe qu'une très petite
place dans la partie supérieure de la coquille. Cette masse viscérale consiste en un organe digestif peu considérable, un foie, un
ovaire, et des organes de circulation : ces organes sont supportés
en partie par des lamelles ou des apophyses dépendant de la coquille, et en partie par plusieurs paires de muscles, pour la plupart destinés à former un tendon postérieur sortant par le crochet
de la grande valve et servant à fixer l'animal. Les organes digestifs
commencent à une petite bouche placée à la partie antérieure
et médiane du corps; cette bouche donne presque immédiatement dans un estomac fusiforme, très petit, enveloppé par le

foie, et se prolongeant en un intestin grêle et court qui vient se terminer latéralement vers la base du bras cilié du côté gauche. L'ovaire a une disposition dont on ne rencontre d'autre exemple que dans les Brachiopodes; il forme une partie de la masse viscérale, mais il se termine par des divisions plus ou moins nombreuses dans l'épaisseur des lobes du manteau, en suivant les principales branches vasculaires des branchies. Ces branchies ont une structure analogue à celle des Orbicules; elles consistent en un réseau très considérable de vaisseaux couvrant toutes les parois du manteau. Ces vaisseaux viennent se réunir en six troncs principaux, lesquels aboutissent, sur les parties latérales du corps, à deux oreillettes assez considérables. Les bras ciliés n'ont pas la même disposition dans toutes les espèces: dans les unes, ils forment une spirale régulière lorsqu'ils sont en repos; dans les autres, soutenus sur des arcades osseuses, diversement contournées, ils ne sont libres qu'à l'extrémité placée au-dessus de l'ouverture buccale, et c'est là seulement qu'ils se contournent en une courte spirale. Entre ces deux manières d'être des bras ciliés des Térébratules, nous présumons qu'il existe un grand nombre d'intermédiaires dans lesquels ces bras deviennent de plus en plus libres, et acquièrent ainsi de plus en plus la faculté de former des spires intérieures dans le moment de contraction ou de repos. Cette présomption est fondée, de notre part, sur de nombreuses observations qui nous ont appris combien sont variables, selon les espèces, l'armure intérieure des Térébratules. Ce fait est important à constater pour éviter de faire inutilement des genres sur des modifications dont l'importance est réellement petite dans l'organisation de ces animaux. Déjà nous avons dit que le genre Spirifère, fondé sur la conservation fortuite des bras tournés en spirale devait être rejeté, et cette opinion, que nous avons depuis long-temps, est appuyée par celle de M. Owen, qui, en faisant connaître la disposition des bras dans le *Terebratula psitacea*, ne peut s'empêcher de reconnaître que, dans les Spirifères, ces organes ont dû être semblables. Puisque les bras ciliés se trouvent sans exception dans tous les Brachiopodes, on devait s'attendre à trouver dans le genre Spirifère la réunion d'espèces appartenant à divers genres. C'est ainsi qu'en effet nous y avons fait remarquer des coquilles non perforées au sommet, appartenant par conséquent aux Productus; d'autres ayant une fente triangulaire postérieure, et d'autres enfin ayant le sommet de la grande valve percé d'un trou arrondi, et appartenant aux vrais Térébratules par tous les caractères essentiels.

Les coquilles des Térébratules ont une structure particulière. Lorsqu'on les examine à un grossissement assez considérable, on leur trouve un test qui semble poreux, qui est finement pointillé, et dont les pointillures ont une forme et une disposition particulières dans chacune des espèces. Il serait curieux et intéressant de donner à l'appui des déterminations d'espèces, la représentation grossie d'une partie du test ; et nous sommes convaincu que ce moyen, employé avec patience et persévérance, contribuerait puissamment à établir des distinctions précises entre des espèces dont les formes extérieures sont tellement rapprochées, que la plupart des auteurs les confondent sous un petit nombre de dénominations communes. Les Térébratules constituent aujourd'hui un genre très considérable dans lequel nous réunissons, non-seulement ce que la plupart des auteurs comprennent sous ce nom, mais encore plusieurs genres que nous regardons comme tout-à-fait inutiles. Les détails dans lesquels nous croyons nécessaire d'entrer, donneront la preuve, nous l'espérons du moins, que notre opinion est fondée sur un assez grand nombre d'observations et d'inductions pour lui donner un grand degré de probabilité; elle a d'ailleurs l'avantage de rejeter de la nomenclature un grand nombre de genres inutiles, et d'éviter ainsi aux personnes qui se livrent à l'étude des corps organisés fossiles, la recherche pénible de caractères en réalité peu importans, lorsque l'on a su en apprécier la valeur.

Nous prenons des Térébratules ayant tous les caractères de ce genre tel que le restreignent certains auteurs; ainsi nous choisissons des espèces ovales, subglobuleuses, ayant le crochet plus ou moins allongé, aplati ou recourbé, et percé d'une ouverture plus ou moins grande. Ces Térébratules nous offriront plusieurs choses essentielles : dans les unes (*Terebratula psitacea*), le crochet de la grande valve offre une gouttière simple, petite, triangulaire, dans laquelle s'infléchit la valve supérieure, et présentant cependant assez de profondeur pour donner passage au tendon fibreux qui sert à fixer l'animal; dans d'autres espèces (*Terebratula dorsata*), le crochet, moins recourbé et plus grand, offre à sa partie supérieure et médiane deux petites pièces triangulaires qui servent à compléter d'un côté l'ouverture arrondie du crochet, et d'un autre à couvrir le crochet de la valve supérieure. Ces pièces sont soudées entre elles sur la ligne médiane et de chaque côté, au bord du crochet; si elles étaient enlevées, le crochet offrirait, à sa partie supérieure, une grande fente triangulaire plus ou moins étroite selon les espèces; dans certaines espèces de Térébratules, et que tous les conchyliologues admettent sans difficulté dans ce genre (*Terebratula truncata*), le crochet de la grande valve, au lieu d'être arrondi, conique et plus ou moins recourbé, offre une surface plane plus ou moins étendue, triangulaire et percée d'un trou assez grand vers son sommet. Dans ces espèces, on remarque également les deux pièces triangulaires dont nous avons parlé tout-à-l'heure, et si l'on suppose qu'elles ont disparu par un accident quelconque, la surface plane du crochet se trouve alors divisée au milieu par une grande fente triangulaire par laquelle on peut pénétrer facilement dans l'intérieur des valves. Si nous réunissons un grand nombre d'espèces, nous voyons ces trois principales modifications se joindre par une foule de nuances dont il est impossible de déterminer les limites. C'est ainsi qu'entre les espèces à gouttière libre, et celles à crochet perforé et garni de deux pièces triangulaires, on voit d'abord apparaître les rudimens de ces pièces. Le trou, dans ce cas, n'est point placé au sommet, mais entre le sommet et le bord; il ne devient tout-à-fait terminal qu'après plusieurs degrés où on le voit s'avancer progressivement. Entre les Térébratules qui ont le crochet conoïde plus ou moins recourbé, et celles qui ont cette partie aplatie et triangulaire, il y a également une foule de nuances entre lesquelles on ne peut rationnellement poser de limites. Aussi les genres proposés par M. Dalman, ou bien ne sont pas encore assez nombreux puisqu'ils n'indiquent point tous les degrés, ou bien sont tous inutiles, parce qu'il est impossible en réalité de donner des limites raisonnables à des nuances qui se fondent les unes dans les autres. Dans un grand nombre de Térébratules fossiles, ayant le crochet triangulaire, on voit une grande fente donnant accès à l'intérieur, et que plusieurs auteurs pensent avoir été ouverte de la même manière pendant la vie de l'animal. Nous avons la conviction du contraire, et déjà nous avons pu observer plusieurs espèces ayant habituellement la fente ouverte qui, dans des individus mieux conservés, l'avaient close par les deux pièces triangulaires dont nous avons parlé précédemment. Ces pièces, dans l'occlusion de la fente, laissent toujours ouvert, vers le sommet, un très petit trou arrondi pour le passage du tendon. Nous avons, après cela, la ferme conviction qu'il en est exactement de même dans toutes les espèces, et que dans le genre Térébratule, malgré la diversité des formes, il existe au sommet, ou vers le sommet de la grande valve, une perforation ovale ou arrondie, destinée à donner passage au tendon d'attache de l'animal. Ainsi quand même, réformant le genre Spirifère, on voudrait le réduire aux espèces à crochet triangulaire et fendu, les observations que nous venons de présenter démontreraient définitivement son inutilité; car le genre ne reposerait plus que sur la conservation des pièces du crochet, et il pourrait arriver que tel incomplet individu d'une espèce devrait entrer dans les Spirifères, tandis que d'autres, ayant conservé toutes leurs parties, seraient justement placés parmi les Térébratules. Les observations que nous venons de présenter nous semblent concluantes, et nous pensons qu'il est peu nécessaire d'insister davantage sur ce qui a rapport aux formes extérieures des Térébratules.

Il nous reste maintenant à examiner jusqu'à quel point sont fondés les genres établis sur la disposition des apophyses intérieures qui se trouvent dans les Térébratules. Nous devons faire une remarque : c'est que les auteurs n'ont presque jamais agi avec ensemble et philosophie dans les démembremens qu'ils ont faits des Térébratules. Frappés de quelques modifications principales, ils en ont fait des genres, sans se demander s'ils s'accorderaient avec l'ensemble des faits connus. Il aurait fallu, ce nous semble, procéder d'une tout autre manière. Voulait-on faire des genres d'après les formes extérieures, il fallait grouper toutes les espèces offrant toutes les modifications principales de ces formes, et donner le nom degenre à chacun de ces groupes ; dès-lors, il était inutile de s'occuper des accidens intérieurs des espèces. Voulait-on, au contraire, fonder les genres d'après la forme de l'armure intérieure, il fallait, sans se lasser, multiplier assez les observations pour connaître la forme de ces parties dans toutes les espèces, les rassembler d'après leur analogie, former des groupes, indépendamment des formes extérieures, et donner le nom de genre à ces groupes. Dans l'une et l'autre manière de procéder, il ne restait à discuter, pour le zoologiste, que la valeur des groupes, et de savoir si le nom de genre devait ou non leur appartenir. Mais on a agi tout autrement : une forme extérieure singulière, peu connue, s'est-elle offerte à l'observation ? un genre a été créé ; le hasard a-t-il voulu que quelques parties intérieures soient bien conservées et mises à découvert ? pour peu qu'elles aient paru singulières, on a fait encore pour elles un nouveau genre. Et il a pu arriver qu'une même coquille, alternativement examinée sous ses divers rapports, a pu donner lieu à plusieurs genres sans qu'on s'en aperçût. Cette marche est certainement funeste aux progrès de la science, et nous faisons chaque jour des vœux pour qu'elle soit abandonnée et remplacée par des vues plus philosophiques. Ces réflexions nous sont suggérées par plusieurs genres établis, non plus comme ceux dont nous avons parlé, d'après les formes extérieures, mais d'après la structure de l'appareil apophysaire intérieur. Cet appareil, comme nous l'avons déjà dit, constant dans chaque espèce, offre dans l'ensemble dn genre Térébratule les modifications nombreuses et singulières, mais dont un grand nombre, appartenant à des espèces fossiles remplies de matières dures, sont encore inconnues. Nous avons pu faire un plus grand nombre d'observations à cet égard, que la plupart des personnes qui étudient les fossiles ; nous avons examiné d'abord toutes les espèces vivantes que nous avons pu rencontrer ; nous avons vidé avec patience plusieurs espèces appartenant aux terrains tertiaires ; nous avons vu celles si admirablement conservées, découvertes en Belgique par notre ami M. Duchastel ; nous en avons usé et cassé un assez grand nombre provenant de la formation oolitique ; enfin nous avons vu, dans la collection d'un amateur zélé, M. Pujos, les espèces du terrain de transition, libres et

vides comme si elles eussent été recueillies dans un terrain tertiaire. Il résulte pour nous de toutes ces observations, que les
genres qui seraient fondés sur les formes principales de l'armure des Térébratules, seraient préférables à ceux établis d'a-
près les formes extérieures ; mais ils offrent à-peu-près les
mêmes difficultés, car, d'un côté, on serait porté à les multiplier beaucoup pour circonscrire chacune des modifications, et,
d'un autre côté, on les rejetterait sans exception, à cause des
nuances insensibles qui s'établissent entre eux. Ainsi, à prendre
l'appareil apophysaire, depuis sa plus grande simplicité jusque
dans ses plus grandes complications, on voit des parties successivement ajoutées, modifiées de tant de manières, qu'il est presque impossible de trouver un petit nombre d'espèces ayant, sous
ce rapport, assez d'analogie pour constituer une section particulière. L'une de ces modifications des plus singulières, est celle
pour laquelle M. Defrance a fait le genre Strigocéphale. Un appendice médian, bifurqué à son extrémité, descend de la valve
supérieure pour s'appuyer sur une lamelle saillante de l'autre
valve ; une autre modification non moins singulière est celle
qui a déterminé la création du genre Pentamère par M. Sowerby. Dans ce genre, des lames très grandes divisent la cavité de la valve inférieure en deux, et en trois parties celles
de la valve supérieure. Les cinq loges dont la coquille est formée communiquent facilement entre elles, non-seulement parce
que les lames ne se joignent pas lorsque les valves sont réunies,
mais encore par une large dépression qui se remarque dans
toutes sur leur bord libre. L'espèce qui a servi de type au genre
Pentamère, n'est pas la seule qui offre ces divisions intérieures ;
nous en avons vu un assez grand nombre d'autres où les lames
sont un peu plus courtes, et que M. Sowerby, lui-même, range
parmi les Spirifères.

Tout ce que nous venons de dire fait sentir combien serait
nécessaire une bonne monographie des Térébratules. Nous
voyons plusieurs auteurs qui ont donné des figures et quelques
indications sur un assez grand nombre d'espèces, mais ces travaux sont aujourd'hui insuffisans. Un géologue très distingué,
et dont le nom est maintenant européen, a tenté de débrouiller
le genre Térébratule restreint à la manière de Sowerby. Nous

y trouvons des divisions qui rendent la recherche des espèces plus facile, mais nous ne trouvons pas satisfaisante la détermination des espèces elles - mêmes. Nous espérions trouver dans cet ouvrage tous les documens dont nous aurions besoin; malheureusement les erreurs assez nombreuses que nous y avons reconnues, nous ont ôté une partie de la confiance que nous avions en lui, de sorte que nous sommes encore aujourd'hui à souhaiter, dans l'intérêt de la conchyliologie, une bonne monographie des Térébratules. Nous connaissons toutes les difficultés qu'il faudra surmonter pour un tel travail. Appartenant à un type inférieur d'organisation, les Térébratules, comme tous les animaux des dernières classes, sont variables dans des degrés plus considérables que les autres Mollusques. Nous avons fait apercevoir toute la variabilité des Huîtres et de la plupart des Mollusques acéphalés; nous avons fait également remarquer ailleurs celle des Mollusques céphalés, qui n'est guère moins grande, et l'on ne peut douter que dans les Térébratules elle ne soit plus grande encore. On conçoit dès-lors combien il doit être difficile de définir l'espèce dans ce groupe et d'en déterminer rigoureusement les limites. Il est malheureusement un obstacle contre lequel les efforts des zoologistes se sont brisés jusqu'à présent, c'est que le plus grand nombre des Térébratules se trouvant à l'état fossile ne se rencontre que dans des couches anciennes et durcies, dont la pâte les remplit et ne permet pas l'examen de l'intérieur de la coquille et de la forme des diverses parties de l'appareil apophysaire intérieur. On ne peut donc, dans les neuf dixièmes des Térébratules, se fonder, pour les distinguer, que sur des caractères extérieurs. Cette difficulté peut être amoindrie en concluant dans certains cas par analogie. Ce serait en étudiant d'une manière convenable les espèces vivantes et le petit nombre des espèces fossiles dont on peut connaître l'intérieur, que l'on pourrait parvenir à conclure les rapports des formes extérieures avec celles de l'armure intérieure. Si l'on pouvait établir ces rapports d'une manière certaine, il n'y a point de doute que l'on ne parvînt facilement à circonscrire des sections meilleures que celles qui sont en usage, et l'on parviendrait ainsi plus facilement à reconnaître les espèces si, après avoir étudié leur variabilité dans les vivantes, on appliquait ces connaissances acquises à l'étude des fossiles. Ainsi, pour nous résumer, il faut, pour entreprendre une bonne monographie des Térébratules, le point de départ essentiel, la connaissance de l'espèce vivante non-seulement d'après la coquille, mais encore d'après l'organisation de l'animal; puis appliquer dans les justes limites des inductions bien faites les nombreuses observations à l'étude des espèces fossiles. Il y a encore à cet égard une grande difficulté: c'est que le nombre des espèces vivantes est peu considérable, et que parmi elles on ne retrouve plus certaines formes qui probablement n'existent plus dans la nature actuelle; par conséquent l'induction n'a pas autant de force et le même degré de probabilité. Enfin, après avoir rassemblé tous les élémens que la zoologie fournit actuellement, il faut, pour éviter une autre source d'erreurs, avoir à sa disposition une collection très considérable par le nombre des espèces et celui des individus appartenant à chacune d'elles, la valeur d'un caractère spécifique résidant plutôt dans sa constance, malgré sa faiblesse, que dans sa grandeur, et cette constance ne peut être constatée que par l'examen d'un grand nombre d'individus provenant de localités diverses. On peut facilement concevoir maintenant pourquoi la science manque encore d'une bonne monographie des Térébratules.]

ESPÈCES.

[1] *Celles, non fossiles, dans l'état frais ou marin.*

[a] *Coquille lisse, sans stries ou sillons longitudinaux.*

1. Térébratule vitrée. *Terebratula vitrea.* Lamk.

T. testâ ovatâ; ventricosâ, hyalinâ, tenuissimâ, lævi; nate majore prominente foramine parvo.
D'Argenv. Zoom. t. 12. fig. E.
Knorr. Vergn. 4. t. 30. f. 4.
Born. Mus. p. 116, Vign.
Chemn. Conch. 8. t. 78. f. 707-709.
Encycl. pl. 239. f. 1. a, b, c, d.
Anomia vitrea. Gmel. p. 3347. n° 38.
* Schrot. Journ. t. 3. pl. 2. f. 1.
* Davila Cat. t. 1. pl. 20. fig. C.

* *Anomia terebratula*. Dillw. Cat. t. 1. p. 294. n₀ 23.
* Payr. Cat. p. 83. n₀ 160.
* Desh. Encycl. méth. vers. t. 3. p. 1023. n₀ 1.
Habite la Méditerranée, l'Océan atlantique. Mus. nº. Mon cabinet. Commune dans les collections.

2. Térébratule élargie. *Terebratula dilatata*. Lamk.

T. Testá subrotundatá, dilatá, subconvexá, lævi, albá vel flavescente, transversim subtilissimè punctatá; margine integro non inflexo; foramine magno.

Habite..... La collection de M. *Dufresne*, celle de M. le baron *d'Audebard de Férussac*. Longueur, 60 millimètres; largeur, 70 millimètres.

3. Térébratule pois. *Terebratula pisum*. Lamk.

T. testá minimá, subglobosá, lævi, subantiquatá, rubellá margine integro anticè valdè sinuato.

Habite à l'Ile-de-France. Par M. Mathieu. Mus. n₀. Petite coquille semblable à un noyau de cerise, ne le surpassant pas en grosseur. Elle a 9 millimètres de largeur.

4. Térébratule globuleuse. *Terebratula globosa*. Lamk.

T. testá rotundato-ovatá, ventricosá, antiquatá, albidá; nate productá, foramine integro; margine haud sinuato.

Encyclop. pl. 239. f. 2.
* Desh. Encycl. méth. vers. t. 3. p. 1023. nº 2.
* Blainv. Malac. pl. 52. f. 2.
Habite...... Cabinet de M. le comte *de la Touche*.

5. Térébratule arrondie. *Terebratula rotundata*. Lamk.

T. testá rodundatá, albidá, lævi, striis concentricis tenerrimis, foramine integro, margine supero biplicato, utrinquè coarctato.

Encyclop. pl. 239. fig. 5. a. b.
Habite....... Cabinet de M. le comte *de la Touche*.

[b] *Coquille sillonnée longitudinalement.*

6. Térébratule jaunâtre. *Terebratula flavescens*. Lamk.

T. testá ovatá, subantiquatá, exalbido flavescente; subtilissimè et tenerrimè punctatá; sulcis longitudinalibus subobsoletis; striis concentricis, nate productá.

* *Terebratula australis*. Quoy. et Gaym. Voy. de l'Astr. moll. t. 5. p. 551. pl. 85. f. 1-5.

Mus. n°.

Habite les mers de l'Inde, à Java. M. *Leschenault.* Les sillons longitudinaux sont à peine visibles sur cette espèce; le trou du crochet est complet, arrondi, et le bord un peu crénelé est deux fois plissé supérieurement.

7. Térébratule dentée. *Terebratula dentata.* Lamk.

T. testá ovato-rotundatá, subantiquatá flavescente subtilissimè et tenerrimè punctatá; sulcis longitudinalibus supernè, impressis; umbonibus lævibus margine serrato.

Mus. n°. Mon cabinet.

Habite..... les mers australes? *Péron.* Cette espèce avoisine la précédente; mais elle est plus large, plus arrondie, et les fortes dentelures de son bord, ainsi que la profondeur des sillons, l'en distinguent éminemment. ,

8. Térébratule bossue. *Terebratula dorsata.* Lamk:

T. testá subcordatá, gibbá, exalbido cinereá; striis transversis tenuibus, sulcis longitudinalibus crebris; margine denticulato supernè flexuoso.

Anomia dorsata. Gmel. p. 3348. n° 40.

Chemn. Conch. 8. tab. 78. fig. 710. 711.

* Schrot. Einl. t. 3. p. 413.

* Davila. Cat. t. 1. pl. 20. f. A.

* Fav. Conch. pl. 41. f. A 3.

* De Roissy, buf. moll. t. 6. pl. 71. f. 4.

* Dillw. Cat. t. 1. p. 295. n_0 26. *Anomia dorsata.*

Eucyclop. pl. 242. fig. 4. a, b, c.

* Blainv. Malac. pl. 51. f. 1.

* Desh. Encycl. méth. vers. t. 3. p. 1023. n_0 13.

* Sow. Genera of shells. f. 3.

Habite la mer du Sud, au détroit de Magellan. Mus. n°. Mon cabinet.

9. Térébratule rouge. *Terebratula sanguinea.* Lamk.

T. testá oblongá, irregulari, rubrá, creberrimè impresso punctatá; striis transversis undulatis; margine denticulato.

Terebratula sanguinea. Leach, Zool. Misc. pag. 76. t. 33.

An Anomia capensis. Gmel. Chemn. Conch. 8. t. 77. f. 703 ?

* *Anomia cruenta.* Dillw. Cat. t. 1. p. 295. n° 25.

* Desh. Encycl. méth. vers. t. 3. p. 1023. n_0 4.

* Quoy et Gaym. Voy. de l'A str. moll. t. 5. p. 556. n° 3. pl. 85. f. 6. 7.

Mus. nc.

Habite...... les mers de la Nouvelle-Zélande, d'après M. *Leach.* Je crois qu'on doit donner comme synonyme l'*anomia capensis* Gmel., d'après la citation de *Chemnitz* ; mais l'individu que j'avais sous les yeux n'est pas assez entier pour affirmer ce rapprochement.

10. Térébratule tête-de-serpent. *Terebratula caput serpentis.* Lamk.

> *T. testá ovali, planiusculá, albidá; striis concentricis longitudinales decussantibus; margine tenuiter denticulato, supernè è sinu exarato.*

* Lin. Syst. nat. p. 153.

* Born. Mus. pl. 6. f. 14.

* Schrot. Einl. t. 3. p. 399.

* Fav. Conch. pl. 41. f. A 2.

* Davila Cat. t. 1. pl. 10. f. E.

Encyclop. pl. 246. fig. 7. a, b, c, d, e, f. *fig. optima.*

Anomia caput serpentis Gmel. p. 3344. n° 21. Chemn. Conch. t. 78. f. 712.

Anomia aurita Gmel. p. 3342. n° 9. Gualt. test. t. 96. fig. B.

Anomia pubescens Gmel. *Hujus speciei junior.*

* Dillw. Cat. t. 1. p. 293. n° 22.

* Payr. Cat. p. 82. n° 158.

* Desh. Encycl. méth. vers. t. 3. p. 1024. n° 5.

* Blainv. malac. pl. 52. f. 6.

* Sow. Genera of shells. f. 2.

Mus. n°. Mon cabinet.

Habite..... les mers d'Europe? Cette espèce a le trou du crochet complété par le bord de la valve inférieure. Sa forme est élégante, ses stries transverses croisent très régulièrement les longitudinales. Il n'y a pas de doute qu'elle n'ait été reproduite sous trois noms dans le *Systema naturæ* ; le dernier synonyme que je rapporte à cette espèce ayant été établi d'après un très jeune individu.

11. Térébratule tronquée. *Terebratula truncata.* Lamk.

> *T. testá suborbiculatá, compressá, ad cardinem truncatá; striis transversis concentricis, longitudinalibus tenuibus; margine supra uniplicato.*

* Lin. Syst. nat. p. 1152.

* Schrot. Einl. t. 3. p. 393.

Anomia truncata. Gmel. p. 3343. n° 14.

List. Conch. t. 462. fig. 23.

Born. Mus. tab. 6. fig. 13.

Chemn. Conch. 8. t. 77. fig. 701. a, b.

* Davila Cat. t. 1. pl. 20. f. g. G.

Encyclop. pl. 243. fig. 2. a, b, c.

* Poli. Test. t. 2. pl. 30. f. 16. 17.

* Dillw. Cat. p. 83. n° 159.

* Desh. Encycl. méth. vers. t. 3. p. 1024. n° 6.

* De Buch. Monog. des téréb. p. 66. n° 14.

Mus. n°. Mon cabinet.

Habite la mer de Norwège. Cette coquille petite, arrondie, très remarqnable par la truncature qu'elle offre à sa charnière, a le trou, comme dans la précédente, complété par la valve inférieure. Les pièces accessoires qui l'arrondissent ordinairement sont si petites dans ces deux espèces qu'elles ne peuvent se réunir.

12. **Térébratule cornée.** *Terebratula psittacea.* **Lamk.**

> *T. testá globosá, gibbá, corneá, subtilissimè transversim striatá, striis longitudinalibus crebris; natc in apicem productá, foramine canaliculato.*

Anomia psittacea. Gmel. 3348. n° 41.

List. Conch. t. 211. fig. 46.

Chemn. Conch. 8, t. 713. a, b, c.

Encyclop. pl. 244. fig. 3. a, b.

* Schrot. Einl. t. 3. p. 413. no 14.

* D'Arg. Conch. pl. 23. f. O.

* Klein. Ostrac. pl. 12. f. 84.

* Davila Cat. t. 1. pl. 20. f. 6. B.

* Fav. Conch. pl. 41. f. A. 5.

* Dillw. Cat. t. 1. p. 296. n° 27.

* Sow. Genera of shells. f. 5.

* Desh. Encycl. méth. vers. t. 3. p. 1024. n° 7.

Habite...... Mus. n₀. Cette espèce a le bord lisse avec une très forte courbure double vers le milieu. Dans l'individu que j'ai eu sous les yeux, les pièces accessoires au trou du crochet tendaient à se rapprocher à la base du trou, et en le fermant l'auraient rendu elliptique. Mais, telle que je l'ai vue, la coquille présentait un canal longitudinal le long du crochet, prolongé en bec recourbé par en bas.

[2] *Coquilles fossiles.*

[a] *Coquilles lisses, sans sillons longitudinaux.*

13. **Térébratule subondulée.** *Terebratula subundata.* Sow.

T. Testâ subrotundâ, subglobosâ, lævi, striis concentricis tenui-
bus; margine subundulato.
Terebratula subundata. Sowerby, Conch. min. tab. XV. fig. 7.
Mus. n°. Mon cabinet.

Habite........ Fossile d'Angleterre, à Wesminster, d'après M. *So-*
werby. Cette espèce est globuleuse, arrondie, et ses deux valves
sont presque également bombées. Le crochet est assez élevé.

14. Térébratule rosée. *Terebratula carnea.* Sow.

T. testâ subrotundâ, subdepressâ; lævi; striis concentricis tenui-
bus; nate elevatâ, incurvâ; foramine minimo.
Terebratula carnea. Sowerby, Conch. min. tab. XV. fig. 5, 6.
* Brong. Géol. de Paris. pl. 4. f. 9.
* Desh. Encycl. méth. vers. t. 3. p. 1028. n° 20.
* De Buch. Monog. des téréb. p. 94. n° 2.
Mus. n°. Mon cabinet.

Habite...... Fossile de Meudon, et à Trowre, près Norwich, d'après
M. *Sowerby.* Cette espèce est presque aussi large que longue, et
a, pour ainsi dire, quatre angles obtus. Son crochet, relevé et
pointu, est percé d'un trou si petit, qu'il est très difficile à
apercevoir.

15. Térébratule aplatie. *Terebratula depressa.* Lamk.

T. testâ oblongâ, transversim dilatatâ, suprà coarctatâ et obtusâ;
striis concentricis, lævibus; nate productâ, non incurvâ; foramine
magno.
[b] *Var. testâ minore, nate breviore.*
Habite..... Mon cabinet. La variété [b] m'a été communiquée par
M. *Menard.* Elle vient de S.-Saturnin, près de Domfront, département de la Sarthe.

16. Térébratule ovale. *Terebratula ovalis.* Lamk.

T. testâ ovali, transversim et supernè dilatatâ; striis concentricis,
lævibus; nate incurvâ.
Habite........ Mon cabinet. Cette espèce avoisine la précédente, mais
elle est moins allongée et plus bombée, et elle se dilate supérieurement; ce qui la rend très distincte par sa forme.

17. Térébratule numismale. *Terebratula numismalis.* Lamk.

T. testâ depressâ, subrotundâ, lævi, utrâque valvâ, supernè sinu
instructâ; striis concentricis remotis; nate brevi; foramine minimo.
Encyclop. pl. 240. fig. 1. a, b.
* Zieten Petrif. Wurt. pl. 39. f. 4, 5.

* De Buch. Monog. des téreb. p. 84. no 4.
* Desh. Ency. méth. vers. t. 3. p. 1028. n° 18.

Habite...... Mus. n°. Cette espèce, quoique circulaire et arrondie, a pour ainsi dire, cinq angles, dont un au crochet, deux autres très obtus à chaque extrémité transversale du test, et les deux autres en haut et plus fermés, à chaque côté du sinus.

18. Térébratule umbonelle. *Terebratula umbonella.* Lamk.

T. testá elongatá, turgidá, transversim compressá, suprá obtusá; lævi, umbonibus preelevatis; nate incurvá.

Encyclop. pl. 240. fig. 5. a.
* Desh. Encycl. méth vers. t. 3. p. 1028. n° 19.

Habite..... Fossile de Montigny, à trois lieues nord du Mans, département de la Sarthe. Communiquée par M. *Menard.* Les deux valves de cette espèce sont presque également bombées. Je rapporte seulement pour synonyme la fig. 5. a. de l'Encyclop.; car je ne crois pas que la fig. 5. b. de la même planche soit de la même espèce. Mon cabinet.

19. Térébratule digone. *Terebratula digona.* Sow.

T. testá elongatá subgibbá, superne sinuatá, lævi, ad sinum duobus angulis; nate elevato-incurvá.

Terebratula digona. Sowerby, Conch. min. tab. 96.
Encyclop. pl. 240. fig. 3. a, b.
* De Blainv. Malac. pl. 52. f. 1.
* Desh. Encycl. méth. vers. t. 3. p. 1027. no 17.
* De Buch. Monog. des térébr. p. 36. n° 6.

Habite...... Fossile des environs du Mans et de Domfront, M. *Menard;* ceux de Valogne, M. de Gerville, et en Angleterre, près de Bath. La valve inférieure dans cette espèce est moins élevée que la supérieure.

20. Térébratule deltoïde. *Terebratula deltoida.* Lamk.

T. testá compressá, transversim dilatatá, triangulari, lævi; margine supero recto, in medio sinuato.

Térébratule. Encyclop. pl. 240. fig. 4. a, b.
* Catulo Saggio di Zool. foss. pl. 5. f, p, q, r, s, t.
* *Terebratula triquetra.* Park. org. rem.
* *Terebratula diphya.* De Buch. Monog. des téréb. p. 88. n° 9. pl. 1. f. 12.

Mon cabinet.
Habite...... Cette coquille est très remarquable par sa forme trian-

gulaire; dont le crochet serait un des angles et la base serait le bord supérieur.

21. Térébratule triangle. *Terebratula triangulus*. Lamk.

T. testá longitudinaliter elongatá, triangulari, lœvi; valvá inferiore in superiorem reflexá; ad marginem sulco impresso.

Térébratule. Encyclop. pl. 241. fig. 1. a, b, c.

Habite..... Mon cabinet. Cette espèce a la forme d'un triangle isocèle, et sa base est épaisse et arrondie, par le repli que fait la valve inférieure sur la supérieure.

22. Térébratule cœur. *Terebratula cor*. Lamk.

T. testá cordiforme, subglobosá, suprà sinu valdè exaratá, striis tenerrimis decussatis.

Habite...... Mus. n°. Cette espèce lisse a la forme d'un cœur de carte à jouer. Son crochet est assez élevé.

23. Térébratule birostrée. *Terebratula birostris*. Lamk.

T. testá subglobosá, subrotundá, lœvi, supernè subcoarctatá, medio sinuatá; ad sinum duobus angulis; margine non plicato.

Habite..... Mon cabinet.

24. Térébratule ampoule. *Terebratula ampulla*. Broc.

T. testá subrotundatá, inflatá, antiquatá; margine supero obscurè biplicato.

Terebratula ampulla. Brocch. Conch. 11. p. 466. pl. X. fig. 5.

* Desh. Encycl. méth. vers t. 3. p. 1027. no 16.

* De Buch. Monog. des Téréb. p. 111. n° 4.

Habite..... Fossile d'Italie, rapportée de Plaisance par M. *Cuvier.* Mus. n°. Cette espèce a les plus grands rapports, par sa forme, avec l'espèce vivante que j'ai décrite, n° 5, sous le nom de *Terebratula rotundata.*

25. Térébratule dièdre. *Terebratula carinata*. Lamk.

T. testá subquadrangulari, lœvi, valvá inferiore subcomplanatá, superiore diedrá, medio carinatá.

Habite..... Mus. no. Cette espèce, d'une forme quadrangulaire, est très remarquable par sa valve supérieure, qui offre deux faces planes qui se coupent à angle obtus dans le sens longitudinal de la coquille.

26. Térébratule concave. *Terebratula concava.* Lamk. (1)

> T. *testá parvá; valvá inferiore planá; superiore majore concavá,*
> *striis concentricis?*
> * *Magas pumilus.* Sow. min. conch. pl. 119.
> * Brong. Géol. de Paris. pl. 4. f. 9.
> * Blainv. malac. pl. 54. f. 1.
> Habite..... Fossile de Meudon. Petite espèce blanche, dont la valve
> supérieure est très bombée, concave en dedans, et plus grande que
> l'inférieure, qui est aplatie. Mus. n°. Mon cabinet.

27. Térébratule semi-globuleuse. *Terebratula semi-glo-*
o ba. Sow.

> T. *testá elongatá, ovatá, inflatá, lævissimá, umbone elevato, margine*
> *omnino sine plicis.*
> *Terebratula semi-globosa.* Sow. Conch. t. 15. fig. 9.
> Habite..... Fossile de Domfront, M. *Menard;* et en Angleterre, près
> Warminster. Mus. n°. Mon cabinet.

28. Térébratule ponctuée. *Terebratula punctata.* Sow.

> T. *testá oblongá, subdepressá, supernè biplicatá, striis concentricis,*
> *punctis subtilissimis, in lineis undatis digestis.*
> *Terebratula punctata.* Sow. Conch. pl. 15. fig. 4.
> Habite..... Fossile de S.-Saturnin, près Domfront, M. *Menard;* à
> Hornton, *Sowerby.* Mon cabinet. Les plis sont plus ou moins visi-
> bles au nombre de deux; mais la surface est toujours très finement
> ponctuée.

29. Térébratule phaséoline. *Terebratula phaseolina.* Lamk.

> T. *testá parvá, subcompressá, subrotundá, albá; striis concentri-*
> *cis; margine supero subbiplicato; nate brevi, non productá.*
> Habite..... Fossile près le Mans. Communiquée par M. *Menard.* Mon
> cabinet. Cette espèce est blanche, toujours petite, et la brièveté
> de son crochet la distingue éminemment de la suivante.

30. Térébratule ellipse. *Terebratula ovata.* Sow. (2)

---

(1) C'est à cette espèce que doit se rapporter le *Magas pu-*
milus de Sowerby, et non au *Terebratula pumila,* qui est une
véritable Thécidée. M. de Buch, dans sa monographie, confond
à tort ces deux espèces. C'est pour cette raison que nous n'a-
joutons pas la citation de son ouvrage dans la synonymie.

(2) La coquille qui, dans la collection du Muséum, porte ce

T. testá ovato-oblongá, subcompressá, lævi, albá; striis concentricis remotis; nate productá.

Terebratula ovata. Sow. Conch. pl. 15. fig. 3.

Habite..... Fossile près Bourges, et en Angleterre, près Heytesbury. Mus. n°. son bord supérieur a aussi deux plis irréguliers plus ou moins marqués sur les différens individus.

31. Térébratule à deux plis. *Terebratula biplicata.* Sow. (1)

T. testá subrotundá, subglobosá, lævi, supernè biplicatá, striis concentricis; nate incurvá.

Terebratula biplicata. Sow. Conch. pl. 90.

• De Buch. Monog. p. 107. n° 1. pl. 1. f. 10.

* Desh. Encycl. méth. vers. t. 3. p. 1027. u° 15.

Mus. no.

Habite..... Fossile de Bourges, et en Angleterre, à Cambridge, d'après M. *Sowerby.* Cette espèce avoisine beaucoup les deux suivantes; mais elle est bombée, presque globuleuse; sa surface est lisse, sans être chargée de petits points, et son crochet recourbé est relevé sur la plus petite valve, de manière que le plan du trou est tout-à-fait horizontal.

32. Térébratule à deux sinus. *Terebratula bisinuata.* Lamk. (2)

---

nom écrit de la main de Lamarck, est différente du *Terebratula ovata* de Sowerby, elle ressemble beaucoup plus au *Terebratula lata* du même auteur.

(1) Il existe un grand nombre de Térébratules lisses ayant deux plis sur le bord inférieur des valves, le nom de biplicata convient à toutes, et ne doit cependant s'appliquer qu'à une seule. M. Sowerby a 'le premier donné le nom de *Terebratula biplicata* à une coquille de la craie inférieure, qui se distingue de toutes les autres lorsqu'on l'étudie avec tout le soin convenable. C'est à elle seule que le nom doit être réservé.

(2) Cette espèce, propre au bassin de Paris, se distingue facilement de toutes celles des terrains tertiaires plus modernes. M. de Buch cependant, dans sa monographie des Térébratules, rassemble sous le nom de *Terebratula gigantea* plusieurs espèces très différentes, parmi lesquelles est celle des environs de Paris. Nous regrettons qu'une erreur aussi forte et aussi facile à éviter existe dans l'ouvrage de ce savant géologue, puisque cela peut

T. testâ subrotundâ, subdepressâ, antiquatâ, fragili, lævi, supernè biplicatâ ; nate productâ non incurvâ.

* Desh. Coq. foss. des env. de Paris. t. 1. pl. 65. f. 1. 2.

* *Id*. Encycl. méth. vers. t. 3. p. 1025. n$_0$ 8.

Habite..... Fossile de Grignon. Mon cabinet. Mus. n°. Le crochet, dans cette espèce, s'allonge sans se recourber sur la plus petite valve, de sorte que le plan du trou est très incliné sur celui des deux valves, lorsque la coquille est posée sur sa plus grande valve, sur un plan horizontal.

33. Térébratule de Klein. *Terebratula Kleinii*. Lamk. (1)

T. testâ ovatâ, depressâ, subantiquatâ, lævi, supernè biplicatâ, creberrimè et subtilissimè punctatâ, nate incurvâ.

---

affaiblir la confiance des zoologistes pour ses déterminations spécifiques.

(1) Lamarck rapporte ici au *Terebratula Kleinii*, l'*Anomia terebratula* de Linné ; d'autres auteurs, Gmelin et Dillwyn ont attribué l'espèce linnéenne au *Terebratula vitrœa*. La synonymie peu exacte de Linné, sa phrase caractéristique beaucoup trop courte, ne peuvent exclure l'une de ces opinions par l'autre. Nous voyons en effet, dans la synonymie de Linné, une figure de Fabius Columna, peu reconnaissable ; puis une figure d'une espèce fossile des terrains anciens de l'Angleterre, donnée par Lister ; et enfin une espèce figurée par Klein, à laquelle Lamarck a consacré le nom de cet auteur. Il n'y a aucune raison d'attribuer plutôt à l'une qu'à l'autre de ces trois espèces l'*Anomia terebratula*. Nous pensons que pour rendre à l'avenir la synonymie exacte et précise, il faut en éliminer définitivement toutes celles des espèces de Linné ou des autres auteurs qui offrent une confusion semblable à celle-ci, confusion qui permet à chaque auteur de donner arbitrairement une dénomination linnéenne à une espèce plutôt qu'à une autre, parce qu'elle est comprise dans une synonymie défectueuse.

Au *Terebratula Kleinii* de Lamarck, nous rapportons le *Terebratula globata* de Sowerby. M. de Buch, au *Terebratula globata*, ajoute le *Sphæroidalis* de Sowerby et le *Bullata* de M. Zieten. Nous ne suivons pas cet exemple, car nous pensons que ces deux espèces sont non-seulement distinctes entre elles, mais encore du *Globata*.

Anomia terebratula. Lin.

Terebratula. Klein. Ostr. pl. 15. fig. 74.

* *Terebratula globata.* Sow. Min. Conch. pl. 436. f. 1.

* Desh. Encycl. méth. vers. t. 3. p. 1026. n° 13.

Habite...... Fossile de...... De la collection de M. Dufresne.

34. Térébratule du Piémont. *Terebratula Pedemontana.* Lamk.

> *T. testá subrotundá, subdepressá, transversim striatá, supernè bian-gulatá; umbone elevato, nate recurvá.*

Habite..... Fossile de Turin. M. *Bonelli.* Mus. n$_0$. Cette espèce, voisine de la précédente, en est surtout distincte par sa forme arrondie, et les deux plis à angles aigus qui fléchissent son bord supérieur.

35. Térébratule quadrifide. *Terebratula quadrifida.* Lamk.

> *T. testá triangulari depressá, dilatatá, lævi, supernè quatuor angulis acutis instructá; nate brevi.*

* De Buch. Monog. des Téréb. p. 84. n° 3. pl. 2. f. 27.

Habite..... Fossile de.....' Mon cabinet. Cette espèce est très remarquable par les quatre angles aigus profondément divisés entre eux qu'elle porte supérieurement, et parce que sur chacune des deux valves les angles saillans de l'une et de l'autre sont opposés, ainsi que les angles rentrans.

36. Térébratule anguleuse. *Terebratula angulata.* Lamk.

> *T. testá subtrigoná, ventricosá, lævi, margine supero valdè sinuato, tribus angulis acutis.*

Anomia angulata. Gmel. p. 3345. n° 23.

Mus. tess. p. 96. t. 5. fig. 4.

* Desh. Encycl. méth. vers. t. 3. p. 1027. n° 1.

Habite..... Fossile de..... Mus. n°. Mon cabinet.

[b] *Coquilles striées longitudinalement.*

37. Térébratule multicarinée. *Terebratula multicari-nata.* Lamk.

> *T. testá magná, rotundatá, pectiniformi; costis numerosis carinatis; margine non sinuato.*

Habite..... Fossile de.... Mon cabinet. Grande et belle espèce qui a la forme d'un peigne. Ses côtes sont très nombreuses, rayonnantes, et l'angle qui forme leur carène est assez aigu. Longueur, 75 millimètres; largeur, 80.

38. Térébratule tétraèdre. *Terebratula tetraedra.* (1) Sow.

T. testâ subtetraedrâ, gibbosâ, plicatâ, valvâ superiore valdè sinuatâ; in sinum et ad latera 3 vel 4 costis perangulatis nate incurvâ.

Encycl, pl. 244. fig. 2. a. b. c.
Terebratula tetraedra. Sow. min. Conch. tab. 83. fig. 4.
* De Buch. Monog. des Téréb. p. 40. no 8.
* Desh. Encycl. méth. vers. t. 3. p. 1026. n° 3.
Habite..... Fossile d'Angleterre, à Aynhoe, et aussi à Banbury, dans le pays d'Oxford.

39. Térébratule plissée. *Terebratula plicata.* Lamk.

T. testâ subtetraedrâ, subgibbosâ, plicatâ, non sinuatâ; 5 vel 6 costis ad umbone obtusis, et ad margines angulatis; nate brevi.
Encycl. pl. 243. fig. 11; et 244. fig. 1. a. b.
Habite..... Cette espèce avoisine la précédente; mais l'absence du sinus l'en distingue éminemment.

40. Térébratule à gouttière. *Terebratula canalifera.* (2) Lamk.

T. testâ trigonatâ; gibbâ longitudinaliter sulcatâ, sinuatâ, cardine recto, nate declivi.
Térébratule. Encycl. pl. 244. fig. 5. a. b.
Var. testâ minore subimbricatâ sulcis crebrioribus.
Encycl. pl. 244. fig. 4. a. b.
* Blainv. malac. pl. 52. f. 8.
Habite..... Cette espèce est remarquable par le canal profond, large

---

(1) Il suffit de comparer les deux figures citées par Lamarck dans la synonymie de cette espèce, pour se convaincre que chacune appartient à une espèce distincte. Il suffira de supprimer la figure de l'Encyclopédie, et de la transporter au *Terebratula decorata,* qu'elle représente exactement.

(2) Lamarck réunit sous ce nom deux espèces bien distinctes, qui toutes deux appartiennent au genre Spirifère de M. Sowerby.

et sillonné qui se trouve sur le milieu de la plus grande valve. Le talon de cette valve est grand, plane et finement strié perpendiculairement à la charnière qui est droite. Les pièces qui complètent le trou manquent le plus souvent, et laissent voir cette grande échancrure que représente la figure citée.

41. Térébratule côte-lisse. *Terebratula lœvicosta*. Lamk.

T. testá trigonatá, gibbá, lateribus sulcatá; in medio valvæ majoris sinu, et minoris costá latá, utribusque lævibus, transversè striatis; cardine recto, nate recurvá.

Mus. n°.

Habite..... Fossile de Bemberg, près de Cologne; rapportée par M. *Valenciennes.*

42 Térébratule intermédiaire. *Terebratula intermedia*. Lamk.

T. testá subtetraedrá, dilatatá, plicatá, sinuatá; 4 costis ad sinum, 5 ad latera; nate brevi.

Encycl. pl. 245. fig. 3. a. b.

Habite..... Mus. n°. Cette espèce est intermédiaire entre le *tetraedra* et le *plicata*. Elle diffère de celle-ci par son sinus, et de la première par la brièveté et la forme aplatie et élargie du crochet.

43. Térébratule ailée. *Terebratula alata*. Lamk. (1)

T. testá subtrigonatá, dilatatá, subgibbá, supernè sinu cavo exaratá, creberrimè sulcatá; nate brevi.

---

(1) L'espèce à laquelle les auteurs donnent actuellement le nom de *Terebratula alata* n'est pas la même que celle de Lamarck. Ainsi la Térébratule ailée de MM. Brongniart, Nilsson et de Buch devra recevoir un autre nom. Nous ne connaissons que deux bonnes figures, celle citée de l'Encyclopédie et celle de Brocchi de la Térébratule ailée de Lamarck. Brocchi, avant Lamarck, avait donné à l'espèce le nom de *Terebratula vespertilio*. Ce nom, à cause de son antériorité, devra être préféré. En adoptant ce nom, M. de Buch a ajouté à la synonymie la fig. 1 de la pl. 245 de l'Encyclopédie. Si l'on compare cette figure avec la suivante de la même planche et celle de Brocchi, on aura de la peine à se persuader qu'elle représente une même espèce.

Encycl. pl. 245. fig. 2. a. b.

* *Anomia vespertilio.* Brocch. Conch. Foss. subap. p. 470. n° 17. pl. 16. f. 10.

* Desh. Encycl. méth. vers. t. 3. p. 1025. n° 10.

* *Junior Terebratula plicatilis.* Broug. Géol. de Paris pl. 4. f. 5.

* Blainv. malac. pl. 52. f. 4.

[b] *Var, testá minore angustiore.*

Habite..... Mus. n°.

44. Térébratule élégante. *Terebratula concinna.* Sow.

T. testá globosá, subsinuatá, plicatá; sulcis acutis 5 ad 7 in medio; 10 ad 12 in latera; striis' transversis nullis; nate productá.

Terebratula concinna. Sow. Conch. t. 83. fig. 6.

* De Buch. Monog. des Téréb. p. 44. n° 14. pl. 1. f. 26?

Habite..... Fossile d'Angleterre, à Aynhoe, près de Bath. Mus. n°.

45. Térébratule à arêtes. *Terebratula media.* Sow.

T. testá subtrigonatá, gibbosâ, sinuatá, plicatá; 6 sulcis in medium, 7 ad 8 remotiusculis in latera; nate subrecurvá.

Terebratula media. Sow. Conch. t. 83. fig. 5.

Habite..... Mus. n°. A Aynhoe, près Bath.

46. Térébratule peigne. *Terebratula pectita.* Sow.

T. testá subrotundatá, valvá majori subconvexá, minori complanatá; sulcis radiantibus; nate productá recurvá.

An anomia pecten ? Gmel.

Terebratula pectita. Sow. Conch. pl. 138. fig. 1.

* Brong. Géol. de Paris. pl. 9. fig. 3.

* Nilss. Pétrif. suec. pl. 4. f. 9.

* De Buch. Monog. des Téréb. p. 64. n° 72.

Habite......... Mus. n°. Mon cabinet. En Angleterre, près Horningsham.

47. Térébratule bucarde. *Terebratula cardium.* Lamk.

T. testá elongato-ovatá, convexá, plicatá; sulcis longitudinalibus crassis rotundatis; nate prominulá.

Encycl. pl. 241. fig. 6. a. b. c.

* Desh. Encycl. méth. vers. t. 3. p. 1028. n° 21.

[b] *Var. testá compressiusculá, sulcis crebioribus.*

Habite..... Mon cabinet, et Mus. n° pour la variété [b], qui a été apportée de Turin par M. *Bonelli.*

48. Térébratule difforme. *Terebratula difformis.* Lamk.

T. testâ trigonatâ, dilatatâ, subdepressâ ; margine inæquali in medium sinuoso-deflexo ; nate subproductâ.

Encycl. pl. 242. fig. 5. a. b. c.

* Blainv. malac. pl. 52. f. 3.

* *An eadem ? Terebratula inconstans.* Var. Sow. Min. Conch. pl. 277. f. 5.

* Desh. Encycl. méth. vers. t. 3. p. 1029. n° 22.

Habite près du Mans, M. *Menard* ; et aussi au cap la Hève, près le Havre.

49. Térébratule lyre. *Terebratula lyra.* Sow.

T. testâ subglobosâ, anticè coarctatâ ; nate perproductâ valvam minorem longitudine æquante.

Terebratula lyra. Sow. Conch. t. 138. fig. 2.

Encycl. pl. 243. fig. 1. a. b. c.

* Blainv. malac. pl. 52. f. 7.

* Desh. Encycl. méth. vers. t. 3. p. 1029. n° 23.

* De Buch. Monog. des Téréb. p. 69. n° 17.

Habite au cap la Hève, près le Havre, et en Angleterre, près Horningsham. Mon cabinet. Mus. n°.

50. Térébratule de Menard. *Terebratula Menardii.* Lamk.

T. testâ gibberulâ, globosâ, infernè truncatâ ; valvâ majori sinu longitudinaliter sulcato exaratâ ; margine sinuoso deflexo.

* De Buch. Monog. des Téréb. p. 78. n° 16. pl. 3. f. 42.

Habite...... à Coulaines, près le Mans, d'où elle a été rapportée par M. *Menard de la Groye.* Mus. n°. Mon cabinet.

51. Térébratule décussée. *Terebratula decussata.* Lamk.

T. testâ subpentagonâ, subconvexâ ; valvâ majori canaliculatâ ; striis transversis tenuibus, longitudinales decussantibus ; nate subproductâ, foramine magno.

Encycl. pl. 245. fig. 4. a. b. c.

* *Terebratula coarctata.* Sow. Min. Conch. pl. 312. f. 1. 4.

* *Var. Terebratula reticulata. id.* loc. cit. f. 5. 6.

* Parkin. Org. rem. t. 3. p. 229.

* Smith. strat. ident. 30. f. 10.

* De Buch. Monog. des Téréb. p. 79. n° 7. *Terebratula reticularis.*

* Desh. Encycl méth. vers. t. 3. p. 1029. n° 24.

Habite...... Mon cabinet.

52. Térébratule épineuse. *Terebratula spinosa.* Lamk.

> *T. testá globosá, dilatatá; sulcis parvis, spinosis; nate brevissimá acutá.*
>
> * Knorr. Test. diluv. p. II. pl. B. IV. f. 4.
> * De Buch. Monog. des Téréb. p. 58.
> Habite..... à Falaise. Mus. n°.

53. Térébratule spathique. *Terebratula spathica.* Lamk.

> *T. testá subtrigonatá, subglobosá, lævi; margine supero sinuato; nate acutá subproductá.*
>
> Habite..... Elle constitue les collines qui bordent la Sarthe, dans une étendue de plus de deux lieues, à six lieues sud du Mans. M. *Menard.* Mon cabinet.

54. Térébratule comprimée. *Terebratula compressa.* Lamk. (1)

> *T. testá compressá, dilatatá; margine supero denticulato subflexuoso; nate productá acutá.*
>
> Habite à Coulaines, près le Mans. Communiquée par M. *Menard.* Mon cabinet.

55. Térébratule grenue. *Terebratula granulosa.* Lamk.

> *T. testá subdepressá, rotundatá; margine supero anticè in rostrum producto; sulcis granulosis; nate brevi.*
>
> Habite....... le mont Marius, à Rome. Rapportée par M. *Cuvier.* Mus. n°.

56. Térébratule article. *Terebratula articulus.* Lamk.

> *T. testá trigoná, depressá, tenerrimè longitudinaliter striatá; margine supero angulato; nate brevi.*
>
> Habite..... Mus. n° La surface lisse de cette espèce et son bord profondément anguleux lui donnent l'aspect d'une articulation des coquilles multiloculaires.

---

(1) M. de Buch rapporte à cette espèce de Lamarck la Térébratule déprimée de Sowerby, mais nous ne pensons pas que ce rapprochement doive être accepté avant que la coquille de Lamarck soit bien connue. M. de Buch a-t-il pu s'assurer de l'identité des deux espèces en consultant la collection de Lamarck ?

57. **Térébratule rayonnée.** *Terebratula radiata,* Lamk.

T. testá subdepressá, inferiùs coarctatá, supernè dilatatá, rotundá-
tá, sulcis longitudinalibus radiatis, margine subflexuoso.
Habite.... Mus. nº.

58. **Térébratule naine.** *Terebratula pumila.* Lamk. (1)

T. testá minimá, compressá, valvá minori complanata, sulcis longi-
tudinalibus radiatis, nate acuto productá.

---

(1) Nous avons vu dans la collection du Muséum la coquille
qui porte ce nom que lui a imposé Lamarck. Il est certain
qu'elle n'est pas la même que le *Magas pumilus* de M. Sowerby. Lamarck a donné au Magas le nom de *Terebratula concava,* nº 26. Celle-ci est une véritable Thécidée, et pour éviter
à l'avenir toute espèce de confusion, nous proposons de lui
conserver définitivement le nom de *Thecidea radiata,* sous lequel M. Defrance la fit mieux connaître en la rapportant à son
nouveau genre.

C'est à M. Defrance que l'on doit la distinction du petit genre
Thécidée, qui, par sa structure, mérite d'être conservé et de
faire partie de la famille des Brachiopodes. Ceux des conchyliologues qui ont connu ce genre, se sont empressés de l'adopter;
et après l'examen des espèces, voici les caractères que nous
croyons devoir lui donner.

Genre THÉCIDÉE, *Thecidea,* Def.

Caractères génériques. Coquille petite, arrondie ou ovale,
inéquivalve, térébratuliforme, plus ou moins régulière, tantôt
libre, tantôt adhérente. Valve supérieure plate, operculiforme,
munie à l'intérieur d'un appareil apophysaire considérable,
composée de lames demi-circulaires. Crochet de la valve inférieure plus ou moins saillant, entier, non perforé.

Ce petit genre n'est pas l'un des moins curieux de la famille
des Brachiopodes. Il ne sera pas impossible, plus tard, de le
caractériser complètement, puisqu'il y en a une espèce qui vit
encore dans la Méditerranée, et dont on pourra sans doute,
malgré sa petitesse, voir et étudier l'animal. Les Thécidées sont
de petites coquilles térébratuliformes, tantôt adhérentes et ir-

Ay magas pumilus Sow. Conch. pl. 119 ?

* Fauj. Mont S.-Pierre de Maest. pl. 27. f. 8.

* Thécidée rayonnante. Def. Dict. des sc. nat pl. 75. f. 1.

régulières, tantôt libres et régulières selon les espèces. Lorsqu'elles sont adhérentes, c'est par le crochet de la valve inférieure qui, dans ce cas, est court et tronqué ; lorqu'elles sont libres, elles sont régulières, le crochet de la valve inférieure se relève en dessus, comme dans plusieurs Térébratules, mais dans aucun cas il n'est percé ; par conséquent ce genre doit, dans la méthode, se placer dans le voisinage des Productes. Il est un autre caractère remarquable dans les Thécidées : il se trouve dans la forme singulière de l'armure ou appareil apophysaire de la valve supérieure. Cet appareil consiste en un petit cône surbaissé dont la base est presque aussi grande que la valve supérieure, et qui remplit presque entièrement la valve inférieure lorsque la coquille est fermée. Ce cône est revêtu de chaque côté de lames courbées, longitudinales, minces, et de plus en plus courtes, à mesure que l'on approche du sommet : ces lames ont des arrangemens divers ; elles sont plus ou moins grandes et nombreuses selon les espèces. La valve inférieure est entièrement vide, sans lamelles ni appendices ; malgré cela, l'appareil de la valve supérieure est si considérable, que l'on se demanderait avec étonnement comment l'animal d'une telle coquille peut l'habiter, si nous ne savions déjà que celui des Térébratules est proportionnellement très petit et que son corps, ou la principale masse des viscères, n'occupe que très peu de place dans les crochets des valves.

On ne connaît qu'un petit nombre d'espèces appartenant à ce genre. La seule que Lamarck ait eu sous ses yeux, et dont il ne vit pas l'intérieur, fut confondue par lui parmi les Térébratules. Nous ajoutons ici celles des espèces dont nous connaissons de bonnes figures.

ESPÈCES.

† 1. Thécidée de la Méditerranée. *Thecidea Mediterranea.* Def.

T. testá subglobulosá, inæquivalvi, irregulari, adherente, albá, te-

* *Id.* Blainv. malac. pl 56. f. 1.
* Desh. Encycl. meth. vers. t. 8. p. 1035. n° 2.
Habite.... fossile de Maestricht.

---

*nuissimè puncticulatá, apophysis lamelliformibus, semicirculari-
bus, denticulatis, concentricis.*

Def. Dict. sc. nat. t. 53. p. 434.
Risso. prod. de la mer de Nice. t. 4. f. 183.
Desh. Encycl. méth. vers. t. 3. p. 135. n° 1.
Sow. Genera of shells. *Thecidea* f. 6. 7.

Habite la Méditerranée. Petite coquille blanche ou jaunâtre, adhérente par sa valve inférieure; celle-ci est profonde, chagrinée en
dedans et sur les bords : la supérieure est aplatie et garnie à l'intérieur de lamelles demi-circulaires qui viennent aboutir, à leurs
extrémités, à une petite crête médiane. La charnière consiste en
un condyle assez gros, perpendiculaire sur le bord de la valve supérieure, reçu dans une échancrure de l'autre valve; dans la cavité du crochet de la valve inférieure, on remarque une lamelle
en demi-cornet destinée, sans doute, à donner attache aux
muscles.

† 2. Thécidée hiéroglyphique.   *Thecidea hieroglyphica.*
Def.

*T. testá orbiculatá, apice adhærente, depressá valvá superiore pla-
ná, inferiore convexá, irregulari, valvá superiore intùs convexá,
utroque latere ter quatuorve foveolis oblongis divergentibus obliquis
instructá.*

Def. Dict. sc. na. t. 53. p. 435.
Terebratule faujas. Mont. St.-Pierre de Maestr. pl. 26. f. 15. 16.
Desh. Encycl. méth. vers. t. 3. p. 1036. n° 3.
Thecidea digitata. Sow. Genera of shells. f. 3.

Habite........ Fossile dans la craie supérieure de Maestricht. Celle-
ci est obronde, quelquefois ovale, transverse; elle est lisse, irrégulière, largement adhérente par le crochet de sa valve inférieure;
la supérieure est plane au-dessus : en dedans elle est convexe, et
présente de chaque côté trois ou quatre dépressions garnies de
lamelles latérales que l'on ne voit bien qu'en ouvrant des individus
entiers, car elles sont détruites dans les valves séparées qui ont été
roulées.

† 3. Thécidée petite. *Thecidea pumila.* Sow.

T. testá minimá, irregulari, lævigatá; valvá inferiore convexo-gib-

59. Térébratule spirifère. *Terebratula spirifera.* (1) Lamk.

T. testá trigonatá, transversè dilatatá, spiris ad latera decurrentibus instructá, margine supero angulato, nate brevi perforatá.

Encycl. pl. 246. fig. 1. a. b.

---

bosá, adherente, superiore planá, intus lamellis parvulis arcuatis, instructá.

Sow. Genera of shells. f. 1. 2.

Habite..... Fossile dans la craie de Valognes. M. Sowerby s'est trompé en attribuant le *Terebratula pumila* de Lamarck à l'espèce actuelle. Comme nous l'avons vérifié, le *Terebratula pumila* est la même coquille que le *Thecidea radiata.* Cette espèce, pour éviter toute confusion, devra prendre à l'avenir ce dernier nom, et celle-ci, qui en est différente, conserver le sien. Cette coquille est petite, lisse, irrégulière, adhérente par sa valve inférieure, tandis que la *radiata* est régulière et libre; la valve supérieure est plane en dessus, et garnie en dedans d'un petit nombre de lamelles, qui ont à-peu-près la forme de celles de la Méditerranée, mais plus courtes et plus rapprochées.

† 4. Thécidée curvirostre. *Thecidea curvirostris.* Sow.

T. testá ovato-oblongá, regulari, liberá, sublævigatá; valvá infe riore convexá, umbone magno, acuto curvo, terminatá; superiore planá, intùs utroque latere lamellis duabus alternis denticulatis, instructá.

Def. Dict. sc. nat. t. 53. p. 435.

Sow. Genera of shells. fig. 4. 5.

Habite...... Fossile dans la craie inférieure à Valognes. Petite coquille ovale, oblongue, lisse, non adhérente, ayant la valve inférieure très convexe, le crochet long, pointu, et recourbé en dessus; la valve supérieure est plane, quelquefois concave en dessus; en dedans, elle est garnie d'un petit nombre de lamelles dont la plus grande, suivant le bord interne, reçoit deux bifurcations étroites et inégales dentées sur le bord.

(1) Il est bien à présumer que cette espèce est la même que le *Terebratula acuminata* de Martin et de Sowerby. La figure citée de l'Encyclopédie le ferait croire; mais comme elle est mauvaise et ne représente le *Terebratula acuminata* que d'une manière fort inexacte, cela ne nous a pas empêché d'ajouter ici l'espèce dont il s'agit.

Habite..... Mon cabinet. Cette espèce offre à l'intérieur une double
spirale qui se rend le long du bord inférieur, vers les angles latéraux de la coquille. M. *Sowerby* l'a distinguée comme genre;
mais les individus de cette espèce, que je dois à sa bienveillance,
n'étaient pas dans un état de conservation assez parfaite pour me
donner une idée exacte des caractères qu'il a assignés à ce genre,
et la présence du trou au crochet m'a déterminé à placer parmi
les Térébratules cette coquille singulière, jusqu'à ce que de nouvelles observations viennent confirmer celles du savant naturaliste
anglais.

†6o. Térébratule tachetée. *Terebratula erythroleuca.* Quoy.

*T. testá minimá orbiculari, ventricosá, lævi, rubrá albo punctatá
et lineolata.*

Quoy et Gaim. Voy. de l'Astrol. t. 3. p. 557. n° 4.ͤ pl. 85. f. 8. 9.

Habite à Tonga-Tabou. Très petite espèce, probablement un jeune
âge, dit M. Quoy; sa forme est orbiculaire, convexe des deux
côtés, à sommet peu marqué, à peine recourbé; elle est lissse,
d'un beau rouge linéolé et ponctué de blanc.

† 61. Térébratule rose. *Terebratula rosea.* Sow.

*T. testá ovato-oblongá depressá, lævigatá, roseá, valvis subæqua-
libus; marginibus integris, non inflexis; cardine incrassato, con-
dylis elongatis.*

Sow. Genera of shells. f. 4.

Habite les mers du Brésil. Petite espèce curieuse et singulière par sa
charnière; elle est ovale, oblongue, aplatie, à valves presque
égales, ayant les bords simples et sans inflexion; le crochet est
assez grand, saillant, non courbé et percé au sommet d'un trou
assez grand. Cette coquille a le test épais et solide : cette épaisseur
est surtout remarquable vers la charnière, deux gouttières profondes, convergentes, et formant un angle aigu, sont creusées dans
la valve inférieure, et reçoivent deux gros condyles qui s'y placent comme l'assemblage nommé queue d'aronde par les menui-
siers. Toute la coquille est lisse et d'un blanc rosé, et quelquefois
d'un rose pourpré.

† 62. Térébratule brévirostre. *Terebratula decollata.* Desh.

*T. testá minimá ovato-transversá, truncatá ; arcá superiore planá in
medio foramine magno perforatá ; valvis inæqualibus radiatim
costatis, semi-punctulatis.*

Anomia decollata. Chemn. Conch. t. 8. p. 96. pl. 78. f. 705.

Anomia detruncata. Gmel. p. 3347. n° 36.

Schrot. Einl. t. 3. p. 410. n° 9.

Encycl. Méth. pl. 243. f. 10.

Anomia decollata. Dillw. Cat. t. 1. p. 292. n° 19.

Habite la Méditerranée. Petite coquille ayant par sa forme et ses principaux caractères une grande analogie avec le *Terebratula truncata*. Son bord supérieur ou cardinal est droit, la grande valve est terminée par une surface aplatie, triangulaire, un peu prolongée par un bec très court. Cette surface est percée au centre d'un trou rond très grand, en proportion du volume de la coquille; la surface extérieure est ornée de petits sillons presque égaux rayonnans. Vue à la loupe, la surface est pointillée, la couleur est rougeâtre ou jaunâtre.

† 63. Térébratule à côtes. *Terebratula costata*. Sow.

T. testá subtenui, lyræformi, planiusculá; costis longitudinalibus, rotundatis, scabriusculis pectinatá : margine dentato.

Sow. Zool. Journ. t. 2. p. 105. n° 8. pl. 5. f. 8 et 9. Aucta. f. 9. b.

Habite l'Océan britannique. Jolie petite espèce de Térébratule avoisinant par ses caractères le *terebratula decollata;* elle est oblongue, triangulaire, à valves presque également bombées et chargées de petites côtes rayonnantes, bifides, régulières et subgranuleuses; le crochet de la valve inférieure est proéminent, faiblement recourbé, et percé d'un grand trou arrondi dans lequel entre, en partie, le crochet de la valve supérieure; les bords des valves sont crénelés. Cette coquille est d'une couleur brunâtre sale.

† 64. Térébratule acuminée. *Terebratula acuminata*. Martin.

T. testá subpyramidatá, sursùm resupinatá, tenue striatá, aliquando marginibus plicatá; sinu amplissimo, trigono in margine inferiore valvarum.

Martin, *Fossilia derbiensia*. Tab. 32. f. 5. 8.

Sowerby. Min. conch. pl. 324. f. 1-3. — pl. 495. f. 1-3.

Encycl. Méth. pl. 246. f. 1. Mala.

De Buch. Mém. sur les téréb. p. 33. n° 1.

Habite..... Fossile dans le terrain de transition en Belgique et en Angleterre. Coquille dont il est difficile de donner une bonne idée par la description. Posée sur sa valve inférieure, elle a la forme d'une pyramide subtriangulaire, dont l'une des faces est formée par un grand et profond sinus du bord inférieur des valves;

le sommet de ce sinus est quelquefois simple, quelquefois terminé par trois ou quatre plis; le crochet est très petit, à peine saillant et recourbé, et percé au sommet d'un trou rond extrêmement petit.

† 65. Térébratule grimace. *Terebratula ringens.* De Buch.

T. testá subpyramidali valdè sursùm resupinatá, trilobatá, basi tri- plicatá ; valvis profundissimè sinuosis in margine inferiore ; sinu angusto.

Téréb. grimace. Hérault.

De Buch. Mém. sur les téréb. p. 35. no 3. pl. 2. f. 31. a. b. c.

Habite...... Fossile aux environs de Caen dans l'oolite. Coquille non moins singulière que la précédente. Posée sur la partie aplatie de la valve inférieure, elle se relève en une pyramide subtriangu- laire, oblique, trilobée; les deux lobes latéraux ont trois côtes et trois dentelures correspondantes sur les bords; le lobe médian est obtus et simple : il est formé par la sinuosité profonde, étroite, et très singulière de la partie médiane du bord inférieur. Si, plaçant la coquille de manière que son crochet soit en haut, son profil ressemble à celui de la tête d'un chien; le crochet est très petit, et percé à son sommet d'un trou si petit qu'il semble fait avec la pointe d'une fine aiguille.

† 66. Térébratule variable. *Terebratula varians.* Schloth.

T. testá subglobulosá, trilobatá, longitudinaliter sulcatá; sulcis suban- gulatis, simplicibus ; marginibus in medio profundè sinuosis, mar- ginibus in sinu lateraliter simplicibus.

Terebratula socialis. Phil. geol. York. pl. 6. f. 6.

Terebratula obtrita. Defr. dict. Sc. nat. art. Térébr.

Encycl. Méth. pl. 241. f. 5.

De Buch. Mém. sur les Téréb. p. 36, no 4: pl. 1. f. 19.

Habite........ Fossile en France, en Angleterre, en Allemagne. Dans l'oolite, où elle est commune ; elle mérite bien le nom qui lui a été imposé, car elle très variable ; elle est subglobuleuse, trilobée ; le lobe moyen se relève plus ou moins selon les individus, mais son extrémité est toujours la partie la plus saillante de la coquille; le sinus est plus ou moins large et il contient de trois à cinq plis ; les lobes latéraux sont épais, quelquefois un peu dilatés; les bords des valves sont dentelés, excepté sur les parties latérales du lobe médian où ils sont simples; le crochet est petit, pointu, peu courbé, et laisse facilement apercevoir un petit trou à bord saillant complété par deux petites pièces triangulaires très courtes et fort étroites.

† **67. Térébratule de Livonie.** *Terebratula Livonica.* De Buch.

> *T. Testá subglobulosá, sulcatá, trilobatá, lateraliter subdilatatá ; sulcis rotundatis simplicibus; valvis in medio profundè sinuosis; marginibus denticulatis in sinu lateraliter denticulis minoribus.*

De Buch. Mém. sur les Téréb. p. 37. n° 5. tab. 11. f. 30. a. b. c.

Habite..... Fossile en Livonie. Petite espèce qui a les plus grands rapports avec le *Terebratula varians;* les côtes sont plus obtuses, les lobes latéraux sont un peu plus dilatés, le lobe médian est moins arrondi et plus pointu au sommet ; le sinus des valves est profond, triangulaire, large à la base; les bords de ce sinus sont dentelés dans toute leur étendue, tandis que dans le *Terebratula varians* les parties latérales de ce bord sont simples; le crochet est petit, à peine courbé, triangulaire, et percé d'un très petit trou.

† **68. Térébratule à trois plis.** *Terebratula triplicata.* Phil.

> *T. testá subtrigoná, gibbosá, trilobatá, longitudinaliter sulcatá, sulcis latis, lateralibus obtusis valvis in medio profunde sinuosis in sinu bi vel trisulcatis umbone acuto, brevi.*

Phil. Yorkshire. t. 13 f. 22. 24. (*biplicata*).

De Buch. Mém. sur les Téréb. p. 41. n° 9.

Habite....... Fossile dans le Lias en France, en Allemagne et en Angleterre. Coquille subtrigone, enflée, bossue, subpyramidale, ayant sa partie la plus saillante au bord du sinus. Ce sinus est profond, triangulaire ; à son sommet viennent aboutir deux ou trois sillons gros, inégaux, dont le médian le plus gros est anguleux ; la partie correspondante du bord a deux ou trois dents ; les lobes latéraux sont plus ou moins dilatés : en général, ils le sont peu. Un petit nombre de sillons y aboutissent, trois ou quatre, et produisent sur le bord un nombre égal de dentelures : toute la partie des bords formant les côtés de la sinuosité sont simples; le crochet est petit, peu saillant, à peine courbé.

† **69. Térébratule aiguë.** *Terebratula acuta.* Sow.

> *T. testá trigoná pyramidali, lævigatá, trilobatá, sursum resupinatá, valvis profundissimè sinuosis; sinu trigono, apice acuto, marginibus integris lateraliter bi sinuosis.*

Sowerby. Min. conch. pl. 150. f. 1. 2.

Philips. Yorkshire. pl. 13. f. 25.

Encycl. pl. 255. f. 7.

De Buch. Mém. sur les Téréb.

Habite...... Fossile dans l'oolite aux environs de Caen et en Angleterre. Coquille très singulière, triangulaire, qui, posée sur la partie aplatie de sa valve inférieure, se relève en une pyramide triangulaire, pointue au sommet, et dilatée à la base en deux petits lobes peu marqués : l'une des faces de cette pyramide, celle qui correspond à la valve inférieure, est creusée en gouttière ; les autres faces sont planes et séparées par les angles aigus ; les bords sont simples, si ce n'est une petite partie correspondant à l'extrémité des lobes : on y voit deux plis onduleux. Le crochet est extrêmement court, à peine saillant sur le bord.

† 70. Térébratule à côtes doubles. *Terebratula rimosa.* De Buch.

T. testá globulosá, inflatá, sulcatá ; sulcis ad apicem bifidis; valvis in medio sinuosis in sinu tri vel quadrisulcatis; marginibus denticulatis in sinu lateraliter simplicibus.

Zieten Würtemb. Verst. tab. 42. f. 5.

De Buch. Mém. sur les Téréb. p. 42. n° 12.

Habite...... Fossile dans l'oolite inférieure en France et en Allemagne. Petite coquille subglobuleuse dont on ne connaît que le moule intérieur formé ordinairement de fer hydraté ; il est à présumer que le test qui le recouvrait offrirait d'autres caractères; elle se reconnaît facilement par ses sillons qui, au lieu d'être bifides vers les bords, comme cela se voit dans un grand nombre d'espèces, sont multipliés du crochet-vers le milieu de la coquille, et là, se réunissent deux à deux pour former une seule côte obtuse qui aboutit sur le bord; il faut tenir compte de cela pour rapporter à leur véritable espèce les jeunes individus.

† 71. Térébratule parée. *Terebratula decorata.* Schlot.

T. testá subtetraedrá gibbosá, sursum resupinatá, profundè in medio sinuosá, costatá; costis crassis; angulatis; umbone valdè recurvo acuto.

Encyclop. Méth. pl. 244. f. 2.

De Buch. Mém. sur les Téréb. p. 45. n° 15. pl. 11. f. 36.

Bajer. *Oryct. Norica.* pl. 5. f. 13.

Habite........ Fossile dans l'oolite supérieure en France. C'est cette espèce que Lamarck confondit avec le *Terebratula tetraedra* de M. Sowerby; elle en est bien distincte: sa forme la rend très remarquable; elle est subglobuleuse, un peu comprimée latéralement, très convexe et bossue en dessus; la valve inférieure est courbée régulièrement dans sa longueur, et remonte dans le sinus

profond de la valve supérieure ; la surface est occupée par un petit
nombre de côtes grosses, saillantes, anguleuses ; deux, trois,
rarement quatre, partent des crochets, et aboutissent sur le bord
du sinus ; deux ou trois se courbent sur les côtés, et laissent nus
les flancs de la coquille ; le crochet est assez grand, proéminent
et tellement courbé que son sommet touche le dos de la valve
supérieure.

† 72. Térébratule inconstante. *Terebratula inconstans.*
Sow.

*T. testá ovato-subtrigoná , inflatá, costatá : costis crassis angulosis;
valvis in medio sinu obliquo distortis; marginibus profundè denticulatis; umbone angusto acuto.*

Sowerby. Min. conch. pl. 277. f. 4.

De Buch. Mém. sur les Téréb. p. 45. n° 16.

Habite...... Fossile dans le Kimmeridge Klay, en Angleterre, et en
France. Coquille fort singulière, ayant la plus grande analogie
avec le *Terebratula difformis.* Lamk. n° 48. Il semble qu'étant
molle, cette coquille a été saisie entre les doigts et tordue sur le
bord inférieur, de manière à relever une moitié en dessus et abais-
ser l'autre en dessous ; la coquille n'est point symétrique : il y a
un seul côté du sinus des autres espèces ; la coquille est subtrigone
globuleuse, enflée, couverte de sillons gros et anguleux, aboutissant à des dentelures aiguës et profondes des bords. Ce qui est
remarquable, c'est qu'il y a des individus qui ont le côté droit relevé et d'autres le côté gauche.

† 73. Térébratule plicatelle. *Terebratula plicatella.* Sow.

*T. testá subtrigoná inflatá aliquando subglobulosá, regulariter sul-
catá, sulcis æqualibus medianis rotundatis, lateralibus angulatis ;
marginibus profunde denticulatis in medio sinuato-flexuosis.*

Sow. Min. conch. pl. 503. f. 1.

De Buch. Mém. sur les Téréb. p. 46. n° 17.

Habite..... Fossile en Angleterre, en France et en Allemagne, dans
l'oolite supérieure. Espèce grande, subtrigone, quelquefois très
ventrue et subglobuleuse ; son crochet est fort pointu, assez
saillant, peu recourbé, et percé près du sommet d'un petit trou
rond. Dans quelques individus, la valve supérieure est très convexe et hémisphérique : toute la surface est couverte de sillons
très réguliers, presque égaux, ceux du milieu sont obtus ; les
latéraux sont plus anguleux ; les bords sont faiblement sinueux
dans le milieu : c'est plutôt une large ondulation que l'on y voit ;
ils sont dentelés profondément. A en juger d'après la figure, la

coquille représentée par M. de Buch, dans sa Monographie des
Térébratules (pl. 1, fig. 26), a beaucoup plus d'analogie avec l'es-
pèce dont nous nous occupons qu'avec le *Terebratula concinna* de
M. Sowerby, à laquelle il la rapporte.

† 74. Térébratule à-huit-plis. *Terebratula octoplicata*
Sow.

   T. testá ovato-transversá, utrinque gibberulá, rotundatá longitu-
dinaliter tenue costatá ; marginibus in medio valdè sinuosis in
sinu octoplicatis.

Sow. Min. Conch. pl. 118. f. 2.
Brongn. Descript. de Paris. pl. 4. f. 8.
Desh. Coq. caract. p. 114. pl. 9. f. 3.
Id. Encycl. méth. vers. t. 3. p. 1026. n° 11.
De Buch. Mém. sur les Téréb. p. 47. n° 18.
Habite....... Fossile dans la craie blanche.: se rencontre en Europe
presque partout où est cette formation. Coquille oblongue, transverse, très convexe des deux côtés, couverte d'un grand nombre
de petites côtes régulières obtuses; les valves sont sinueuses dans
le milieu du bord inférieur, et ce sinus est assez large pour recevoir huit côtes médianes; les bords sont dentelés, mais ils sont
simples sur les parties latérales du sinus; le crochet est très petit,
pointu et percé d'un très petit trou au sommet. M. de Buch rapporte
à cette espèce deux coquilles que nous en croyons distinctes : le
Terebratula gibsiana, et comme variété, le *Terebratula pisum*
de Sowerby. Le *Terebratula gibsiana* est beaucoup plus triangulaire, plus long et beaucoup moins large; les côtes sont beaucoup plus fines et plus nombreuses; le *Terebratula pisum* est une
petite espèce oblongue, finement striée, et qui est fort différente
de l'*Octoplicata*, puisqu'à cette grandeur, cette dernière est lisse
et d'une autre forme.

† 75. Térébratule pisiforme. *Terebratula pisum.* Sow.

   T. testá minimá globulosá, pisiformi, longitudinaliter tenue striatá,
striis ad margines subgranulosis ; marginibus in medio undulosis,
tenue denticulatis; umbone minimo acuto, apice perforato.

Sow. Min. conch. pl. 536. f. 6. 7.
Terebratula octoplicata. Var. b. De Buch. Mém. sur les Térébr.
   p. 47. n° 18.
Habite...... Fossile dans la craie inférieure en France, dans le département de l'Orne, (M. Jousset), et en Angleterre. Petite coquille bien distincte du *Terebratula octoplicata*, avec laquelle

M. de Buch la confond; elle est petite, globuleuse, tantôt un peu oblongue, tantôt subtransverse selon l'âge; la sinuosité médiane des bords est peu profonde; elle forme une ondulation à laquelle aboutissent douze à seize stries. Toute la surface est couverte de stries très fines, régulières, égales; celles du milieu un peu plus grosses sont subgranuleuses sur les bords, le crochet est très court, recourbé et percé au sommet. Dans les individus que nous possédons de cette espèce, les bords du trou de la valve inférieure se prolongent en dehors en deux petites lèvres presque demi-circulaires, saillantes, et un peu infondibuliformes.

† 76. **Térébratule de Mant.** *Terebratula Mantiæ.* Sow.

> *T. testâ subtriangulari infernè semicirculari convexiuscula longitudinaliter sulcatâ, sulcis angulatis, profundis; marginibus in medio undulosis.*

Sow. Min. conch. pl. 277. f. 1.

De Buch. Mém. sur les Téréb. p. 48. n₀ 20.

Habite........ Fossile en Angleterre dans le calcaire de transition. Coquille d'un médiocre volume, subtriangulaire, ayant le bord inférieur presque demi-circulaire; sa surface porte seize côtes anguleuses, régulières, saillantes surtout vers les bords où elles se terminent en un nombre égal de dentelures aiguës; les valves sont presque également convexes, et leurs bords sont légèrement infléchis dans le milieu. Le crochet est court, pointu, légèrement aplati sur les côtés; il est percé d'un trou très petit entre le bord et le sommet.

† 77. **Térébratule plicatine.** *Terebratula plicatilis.* Sow.

> *T. testâ subtrigonâ, ovato-transversâ, supernè lævigatâ ad margines tenue striatâ; valvis in medio abruptè sinuosis; sinu profundo quadrangulari, umbone minimo acutissimo, foramine tenuissimo.*

Sow. Min. conch. pl. 118. f. 1.

Habite...... Fossile dans la craie blanche en France et en Angleterre. Nous ne conservons sous le nom de *Plicatilis* que la coquille figurée par M. Sowerby. Nous croyons que celle donnée sous le même nom, par M. Brongniart, est le jeune âge du *Terebratula alata* de Lamarck. M. de Buch, dans la Monographie des térébratules, confond les deux espèces en une seule, et y joint le *Terebratula alata* de Sowerby, qui certainement n'est pas de la même espèce que le *Plicatilis* de l'auteur anglais, et qui très probablement aussi n'est pas non plus de la même espèce que le *Plicatilis* de M. Brongniart. Pour éviter une telle confusion, il convient de rendre à l'espèce de M. Sowerby sa valeur, en rejetant la synonymie de M. de Buch. Cette espèce avoisine particulièrementle *Tere-bratula octoplicata;* elle a à-peu-près la même forme trigone, transverse; elle est un peu moins enflée, la partie supérieure des valves est lisse, les stries longitudinales s'élèvent peu-à-peu en gagnant les bords où elles se terminent en fines dentelures; la valve inférieure est moins bombée que la supérieure, les bords sont assez profondément sinueux dans le milieu; ce sinus a les deux bords parallèles, et terminés par des angles presque droits, non onduleux ou courbés comme dans le plus grand nombre des espèces; le crochet est petit, pointu, percé, au sommet, d'un trou très petit qui semble fait avec la pointe d'une fine aiguille. Dans les espèces confondues avec celle-ci par M. de Buch, le trou du crochet est plus grand, la forme et la proportion du crochet lui-même diffèrent également aussi bien que les petites pièces posté-rieures du crochet. Ces caractères que nous venons de rappeler ont, selon nous, plus d'importance pour la distinction des espèces que la plupart des auteurs ne leur en ont donné.

† 78. Térébratule rostrée. *Terebratula rostrata.* Sow.

> *T. testá elongato-trigoná, gibberulá longitudinaliter tenue costatá; costis æqualibus rotundatis; marginibus acutis denticulatis in medio vix inflexis; umbone magno acuto, producto; foramine magno.*

Sow. Min. conch. pl. 537. f. 12.
Terebratula pectunculata. Schlott. leonh. taschenb. VII. t. 1. f. 5.
De Buch. Mém. sur les Téréb. p. 53. n° 27.

Habite........ Fossile dans la craie inférieure en Angleterre et en France. Coquille d'une taille médiocre, oblongue, trigone, cou-verte de petites côtes rayonnantes simples, arrondies, aboutissant sur le bord à des dentelures petites et courtes. Les bords des valves ne sont pas sinueux dans le milieu; le crochet est grand, triangulaire, saillant, pointu, percé, près du sommet, d'un grand trou ovalaire, dont la circonférence est complétée par deux pièces triangulaires assez grandes; lorsqu'elles manquent, l'ouverture du crochet est fort grande et triangulaire.

† 79. Térébratule bipartite. *Terebratula bipartita.* Broc.

> *T. testá ovato-globosá, ampullaceá, lævigatá; valvis subæqualibus inferiore majore marginibus medio inflexis; umbone brevi trigono, acuto, apice foramine tenui perforato.*

Anomia bipartita. Broc. Conch. foss. subap. t. 2. p. 469. n° 16. pl. 10. f. 7.

Terebratula bipartita. Desh. Exp. de Morée. t. 3. Moll. p. 127. n° 119. pl. 23. f. 10. 11. 12.

Habite..... Fossile dans les terrains subapennins en Morée. Belle espèce de Térébratule avoisinant, par ses caractères, le *Terebratula bullata.* Elle est globuluse, ovale, oblongue; il faut l'examiner à un fort grossissement pour s'apercevoir qu'elle est couverte de fines ponctuations, la valve supérieure est plus aplatie que l'autre et déprimée dans son milieu; la valve inférieure a le bord largement échancré pour recevoir une partie saillante, correspondante de l'autre valve; le crochet est court, triangulaire, recourbé et pointu.

† 80. **Térébratule infléchie.** *Terebratula inflexa.* Desh.

T. testá subglobulosá, inflatá, subtransversá, lævigatá; valvá inferiore in medio late sinuosá, valvis inæqualibus marginibus in medio late profundeque sinuosis.

Desh. Expéd. de Morée. Zool. t. 3. Moll. p. 129. n° 123. pl. 23. f. 1. 2. 3.

Habite..... Fossile dans le terrain tertiaire de Morée. Curieuse espèce ayant des rapports avec le *Terebratula psittacea;* elle est subtrigone, globuleuse, subtransverse, lisse; sa valve inférieure, plus aplatie, est creusée dans le milieu d'une large gouttière peu profonde qui aboutit à une large et profonde inflexion des bords des valves; c'est la valve supérieure qui est échancrée pour recevoir une partie saillante de la valve inférieure; le crochet est petit, pointu, fortement recourbé et percé au sommet d'un trou extrèmement fin, comme s'il eût été fait avec une aiguille acérée.

† 81 **Térébratule ambrée.** *Terebratula succinea.* Desh.

T. testá ovato-rotundá, rotundáve, depressá, lævigatá, subantiquatá, argutissimè punctatá; marginibus integris, infernè vix inflexis; nate brevi, insuper incurvá.

Desh. Desc. des coq. foss. de Paris. t. 1. p. 390. n° 2. pl. 65. f. 3.

Id. Encycl. méth. vers. t. 3. p. 1025. n° 9.

Habite..... Fossile aux environs de Paris, à Parnes et à Mouchy; elle est voisine de la Térébratule à deux sinus, mais toujours distincte par sa forme générale, et surtout par la grandeur proportionnelle du trou de la valve inférieure. La coquille est ovale, obronde, aplatie, lisse; les valves sont inégales, minces et fragiles, un peu sinueuses sur le bord inférieur. Le crochet est recourbé en dessus de manière à présenter son ouverture horizontale lorsque la coquille est posée sur une plan horizontal.

† 82. **Térébratule striatule.** *Terebratula striatula.* Sow.

> *T. testá ovato-oblongá apice attenuatá, depressá ; valvis inæqualibus
> longitudinaliter tenue striatis ; striis dichotomis subgranulosis ; un-
> co brevi foramine mediocri perforato, valvá superiore approximato.*

T. Münsteri. Schloth. Catal, p. 64. nº 50.

Mantel. Géol. Sussex. tab. 25. f. 7. 8. 12.

Sow. Min. conch. pl. 536. f. 3. 4. 5.

Philips Yorkshire. tab. 2. f. 28.

De Buch. Mém. sur les Téréb. p. 61. nº 7.

Habite..... Fossile dans la craie inférieure, en Angleterre et en France.
Jolie petite espèce ovale, oblongue, déprimée, dont les valves
minces sont ornées d'un grand nombre de stries longitudinales,
profondes, divisées plusieurs fois dans leur longueur, et finement
granuleuses dans quelques individus. Le crochet de la valve inférieure est peu saillant, médiocrement recourbé; il est court et
percé, au sommet, d'un trou assez grand, en partie fermé par de
petites pièces triangulaires, mais trop petites pour empêcher la valve
supérieure de former une petite partie de son contour.

† 83. **Térébratule recourbée.** *Terebratula resupinata.*
Sow.

> *T. testá subtrapezoïdali, inæquivalvi, lævigatá ; valvá superiore in
> medio dorsatá, subangulatá : superiore canaliculatá ; umbone bre-
> vissimo, acuto, utroque latere carinato, marginibus integris : in
> medio profundè sinuosis.*

Sow. Min. conch. pl. 150 f. 3. 4.

De Buch. Mém. sur les Téréb. p. 116. nº 11.

Habite..... Fossile dans l'oolite, en France et en Angleterre. Espèce fort singulière, subquadrangulaire, dilatée latéralement, à
valves inégales, lisses; l'inférieure plus grande, très convexe, bossue dans le milieu et même subanguleuse; la supérieure, plus
aplatie, est creusée dans le milieu d'une gouttière assez étroite,
correspondant à la convexité de l'autre valve. Le crochet est très-
petit, très recourbé; sa surface supérieure, très étroite, est limitée
de chaque côté par un angle saillant qui s'avance jusqu'aux angles
latéraux. Le sommet est percé d'un trou extrêmement petit; complété par deux petites pièces triangulaires, très courtes. Cette espèce est rare.

† 84. **Térébratule de Harlan.** *Terebratula Harlani.* Mort.

> *T. testá ovato-oblongá, utrinque convexá, lævigatá, inæquivalvi,
> valvá inferiore majore; umbone magno, recurvo, terminatá; apice*

foramine magno rotundato perforatá; marginibus integris, aliquando in medio sinuosis.

Silliman americ. Journ. of sciences. 18. pl. 3. f. 16. n. f. 17. (*T. fragilis.*)

De Buch. Mém. sur les Téréb. p. 112. no 5.

Habite..... Fossile dans la craie inférieure à New-Jersey (Amérique Sept.) Espèce ovale, oblongue; lisse, inéquivalve, très convexe des deux côtés; le crochet de la valve inférieure est très grand, fortement recourbé en dessus et percé d'un trou très grand, ayant les bords épais et en biseau, et complété par deux petites pièces triangulaires, très courtes. Dans la plupart des individus, le bord inférieur est à peine infléchi; mais dans une variété remarquable, le bord inférieur est profondément sinueux.

† 85. Térébratule tête-d'oiseau. *Terebratula ornithocephala.* Sow.

T. testá ovato-oblongá, in medio lateraliter subdilatatá, utrinquè attenuatá, convexá, lævigatá, inæquivalvi valvá inferiore majore; umbone valdè recurvo; foramine ovato terminato.

Sow. Min. conch. pl. 101. (lampas).

Zieten. petref. Würt. tab. 39. f. 2.

De Buch. Mém. sur les Téréb. p. 99. n 9. tab. 1. f. 9.

Habite..... Fossile dans l'oolite, en France et en Angleterre. Cette espèce a des rapports avec le *Terebratula digona :* elle est ovale, oblongue, toute lisse, à bords simples, très entiers; les valves sont inégales, très convexes, et leur extrémité inférieure, assez semblable à certaines variétés du *Terebratula digona*, est plus étroite, plus rétrécie et plus arrondie. Le crochet de la valve inférieure est grand et tellement recourbé, qu'il vient toucher à la valve supérieure; son sommet est percé d'un trou petit et ovalaire.

† 86. Térébratule ovoïde. *Terebratula ovoides.* Sow.

T. testá ovatá, supernè attenuatá, depressá, lævigatá; valvis inæqualibus, inferiore majore; umbone trigono, magno, vix recurvo terminatá, apice foramine magno perforatá.

Sow. Min. conch. pl. 100. (lata).

De Buch. Mém. sur les Téréb. p. 98. n° 7.

Habite..... Fossile dans la craie inférieure, en Angleterre, en France et en Belgique. Cette espèce pourrait bien être la même que celle nommée Térébratule ellipse par Lamarck; mais nous pensons que cet auteur s'est trompé dans la détermination des individus qu'il a eus sous les yeux, et qu'il leur a donné un nom qui ne leur convient pas. La Térébratule ovoïde est grande, ovalaire, déprimée, lisse, ayant les bords simples et à peine onduleux dans le milieu. Ses deux valves sont régulièrement convexes, et elles se terminent par un bord aigu, presque tranchant. Le crochet de la valve inférieure est grand, proéminent, à peine recourbé et percé au sommet d'un trou arrondi dont les bords, fort épais, sont taillés en biseau dans les vieux individus.

† 87. Térébratule commune. *Terebratula vulgaris*. Schl.

T. testâ ovato-oblongâ, convexâ, lævigatâ; valvis inæqualibus; inferiore majore; umbone producto, insuper recurvo foramine mediocri perforato.

Zieten. Würt. verst. tab. 39. f. 1.

De Buch. Mém. sur les Téréb. p. 92, n° 1.

Schloth. petref. pl. 37. f. 5. à 9.

Bronn. Lethea. Géog. pl. 11. f. 5. a. b. c. d.

Habite..... Fossile dans le Muschelkalk, en France et en Allemagne. Coquille très abondante, à ce qu'il paraît, dans le calcaire coquiller de l'Allemagne; elle est ovale, suborbiculaire, régulièrement convexe; les valves sont inégales, lisses ou traversées par des stries d'accroissement. La valve inférieure, qui est la plus grande, se termine par un crochet saillant, assez grand, fortement recourbé et percé au sommet d'un trou arrondi que complètent deux pièces triangulaires, assez grandes et très minces. On trouve plusieurs variétés de cette espèce et une, entre autres, dont le bord est un peu sinueux, tandis que dans les autres individus, il est simple et entier.

† 88. Térébratule bullée. *Terebratula bullata*. Sow.

T. testâ rotundatâ, subsphæricâ, lævigatâ, tenuissimè punctatâ; marginibus integris aliquantisper in medio subsinuosis, valvis inæqualibus: inferiore majore; unco brevi, foramine magno terminato.

Sow. Min. conch. pl. 435. f. 4. T. bucculenta. 438. f. 2.

De Buch. Mém. sur les Téréb. p. 87. n° 8.

Habite..... Fossile dans l'oolite, en France et en Angleterre.

Coquille assez grande, orbiculaire, très convexe des deux côtés, ce qui la rend presque sphérique; sa surface est lisse; mais examinée à la loupe, elle offre un très grand nombre de fines ponctuations très rapprochées, mais irrégulièrement éparses, et formant quelquefois des lignes onduleuses. La valve inférieure est plus grande que la supérieure; son crochet est plus saillant, bossu, fortement recourbé en dessus et percé d'un trou assez grand, et complété par deux petites pièces triangulaires, très étroites, mais soudées dans le milieu. Les bords sont entiers, et dans quelques individus, légèrement sinueux dans le milieu.

† 89. Térébratule bouteille. *Terebratula lagenalis*. Schl.

> *T. testâ ovatâ, turgidâ, convexâ; valvis inæqualibus, lævigatis, inferiore majore; umbone convexo, producto, supernè reflexo, apice foramine minimo perforato.*

De Buch. Mém. sur les Téréb. p. 87. nº 7. tab. 111. f. 43.

Habite..... Fossile dans l'oolite, en France, en Allemagne et en Angleterre. Espèce ovale, oblongue, ayant de l'analogie avec le *Terebratula ornithocephala* de M. Sowerby. Elle est ovale, oblongue, presque également convexe des deux côtés, toute lisse, à bords simples et sans inflexion. La valve inférieure est plus grande et plus concave; son crochet est saillant, très convexe et fortement recourbé en dessus. Il est presque appliqué contre la valve supérieure; sa courbure est cependant moindre dans certains individus, ce qui permet d'apercevoir la petite pièce triangulaire, servant à compléter le petit trou dont son sommet est percé.

† 90. Térébratule voisine. *Terebratula vicinalis.* Schloth.

> *T. testâ ovato-oblongâ, utrinque convexâ, lævigatâ; marginibus integris, in medio emarginatis utroque latere angulatis; umbone, brevi, recurvo, lateraliter carinato; apice foramine médiocri perforato.*

T. cornuta. Sow. Min. conch. pl. 446 f. 4.

De Buch. Mém. sur les Téréb. p. 85. n° 5.

Habite..... Fossile dans l'oolite, en France et en Angleterre. Coquille singulière qui n'est peut-être qu'une forte variété du *Terebratula digona*; elle est ovale, oblongue, également convexe des deux côtés, les valves presque égales, les bords simples et sans inflexion; elle est un peu renflée sur les côtés, son bord inférieur, au lieu d'être coupé droit, comme dans le *Terebratula digona*, est échancré dans le milieu, ce qui rend saillans les deux angles inférieurs, et donne à la coquille une forme peu usitée; il semble que ce soit une Térébratule quadrifide, dont les angles latéraux seraient avortés ou auraient été retranchés. Le crochet de la valve supérieure est court; il est fortement relevé en dessus, anguleux de chaque côté, percé au sommet d'un trou médiocre, complété par deux petites pièces triangulaires, courtes, mais réunies dans le milieu.

† 91. Térébratule pétoncle. *Terebratula pectunculus*. Sch.

T. testá minimá, suborbiculari, depressá longitudinaliter septem costatá, transversim eleganter striatá; valvis inæqualibus, inferiore majore; umbone brevi, supernè planulato apice foramine magno perforato.

De Buch. Mém. sur les Téréb. p. 82. n° 1. pl. 2. f. 34.

Habite..... Fossile à Amberg. Petite coquille fort élégante et en même temps fort remarquable. Elle est obronde, subtrigone, peu épaisse; ses valves, inégales, sont convexes et divisées longitudinalement par sept côtes étroites, rayonnantes, traversées, ainsi que leurs intervalles, par des stries concentriques, régulières, qui, en passant sur ses côtes, y produisent de fines crénelures; au lieu de former des dentelures sur le bord, les côtes d'une valve correspondent également à celles de l'autre, et vu de face, le bord de la coquille est festonné. La valve inférieure est un peu plus grande que l'autre; elle se termine par un petit crochet très court, triangulaire, aplati en dessus et percé d'un trou très grand, en partie complété par le bord de la valve supérieure.

† 92. **Térébratule à grandes dents.** *Terebratula ferita.* De Buch.

T. testá orbiculari, subtrigoná, depressá, plicis septem angulosis pectinatá; umbone minimo, triangulari, apice foramine minimo perforato; marginibus profundè dentatis, dentibus angustis, acuminatis.

De Buch. Mém. sur les Téréb. p. 76. n° 4. tab. 11. f. 37.

Habite..... Fossile dans le terrain de transition de l'Efel, dans le duché de Trèves (Dujardin). Petite espèce très distincte, subcirculaire, quelquefois un peu transverse et trigone. Sa surface, divisée par sept grands plis très profonds, anguleux, produisant sur le bord de grandes dentelures étroites et aiguës. Le pli du milieu est ordinairement divisé en deux par une petite côte saillante; les valves sont presque égales; elles sont aplaties, et l'inférieure est terminée par un très petit crochet pointu, percé, au sommet, d'un très petit trou.

† 93. **Térébratule de Say.** *Terebratula Sayi.* Morton.

T. testá orbiculari, depressá, utrinque convexá; plicis septem angulosis instructá; valvis subæqualibus: inferiore convexiore, umbone brevi supernè plano terminatá; foramine magno, valvá superiore adnexo perforato.

De Buch. Mém. sur les Téréb. p. 75. n° 2. tab. 11 f. 38. f. c.

Habite.... Fossile dans la craie inférieure, à New-Jersey (Amérique sept.). Cette espèce a beaucoup de rapport avec le *Terebratula pectunculoides.* Elle est arrondie, peu épaisse, presque également convexe des deux côtés; la valve inférieure est un peu plus grande que la supérieure. Toutes deux sont ornées de sept ou neuf grands plis longitudinaux, anguleux, traversés par un petit nombre d'accroissement. Le crochet de la valve inférieure est très petit, aplati en dessus et terminé par un trou en partie complété par de très petites pièces triangulaires, et en partie par le bord de la valve supérieure. Examinée à la loupe, toute la surface de cette coquille est converte de ponctuations très fines et assez ordinairement rangées en quinconces.

† 94. **Térébratule pectunculoïde.** *Terebratula pectunculoides.* Schloth.

> *T. testá suborbiculari, utroque latere convexá; plicis quinque angulosis longitudinalibus instructá, transversim irregulariter striatá; valvis subæqualibus : inferiore majore; umbone supernè plano, foramine magno apice perforato.*

T. *tegulata.* Ziet. Wurt. Werst. tab. 43. f. 4.

De Buch. Mém. sur les Téréb. p. 74, n° 1. tab. 1. f. 4.

Habite..... Fossile à Amberg. Belle espèce de Térébratule facile à distinguer, ayant les deux valves presque égales, convexes et pourvues de cinq gros plis longitudinaux, anguleux et produisant sur les bords des inflexions correspondantes, grandes et profondes : ces plis sont simples et aboutissent au sommet; ils sont traversés par des stries d'accroissement nombreuses, mais peu régulières. Le crochet de la valve inférieure est court, triangulaire, aplati en dessus, comme dans le *Terebratula truncata*, et percé d'un très grand trou, dont une petite partie de la circonférence est occupée par la valve supérieure. Les pièces cardinales sont très petites; elles ne se joignent pas sur la ligne médiane.

† 95. **Térébratule ancienne.** *Terebratula prisca.* Schloth.

> *T. testá ovato-subtrigoná, longitudinaliter sulcatá, transversim lamellis brevibus contabulatá; sulcis dichotomis; valvis inæqualibus: inferiore minore, superiore convexá, in medio gibbosá; marginibus in medio flexuosis; unco minimo, brevissimo foramine tenui perforato.*

Schloth. Nachtrage. 1. tab. 17. f. 2.

T. *affinis.* Sow. Min. conch. pl. 324. f. 2.

De Buch. Mém. sur les Téréb. p. 71. n° 19.

Bronn. Lethæa. Géogn. pl. 2. f. 10. a. b. c. d.

Habite..... Fossile dans les terrains de transition, en Belgique, en Allemagne et en Angleterre. On la trouve abondamment dans le duché de Trèves. Sa constance peut la rendre caractéristique de certaines parties de terrain de transition. Elle est obronde, subtrigone; ses valves sont très inégales : la supérieure est convexe et bossue, l'inférieure est aplatie. Le crochet de cette valve est à peine saillant; il est obtus, recourbé et percé, au sommet, d'un très petit trou. Les bords, dans les vieux individus, sont sinueux dans le milieu, dans les jeunes, ils le sont à peine. La surface présente un grand nombre de sillons longitudinaux plusieurs fois divisés avant de parvenir sur le bord. Dans la plupart des individus, ils sont traversés par des accroissemens lamelliformes plus ou moins nombreux. Il existe, sous le rapport des sillons longitudinaux, un assez grand nombre de variétés. Assez gros dans la plupart des individus, ils deviennent quelquefois aussi fins que dans le *Terebratula pectita*, par exemple.

† 96. Térébratule de Owen. *Terebratula primipilaris*. Schloth.

T. testâ ovato-subtransversâ, trilobatâ, longitudinaliter striatâ, transversim striis capillaribus, transversis ornatâ ; valvis inæqualibus, in medio profundè flexuosis ; inferiore planiore ; apice brevi subrecto, foramine mediocri perforato.

Schlot. Catalog. p. 64.

De Buch. Mém. sur les Téréb. p. 68. no 16. tab. 11. f. 29. a. b. c.

Habite..... Fossile en Norwège, dans les argiles du terrain de transition. Coquille ovale, oblongue, transverse, ayant quelque analogie, par sa forme, avec certaines variétés du *Terebratula alata*. Les valves sont inégales, l'inférieure est aplatie, la supérieure convexe, et toutes deux couvertes de petits sillons longitudinaux, bifides, sur lesquels on aperçoit, à l'aide d'un grossissement convenable, un grand nombre de stries transverses, régulières et très fines. Le bord inférieur est profondément sinueux dans le milieu, ce qui divise la coquille en trois lobes inégaux. Le crochet de la valve inférieure est très court, triangulaire, à peine recourbé et percé au sommet d'un trou médiocre, complété en dessus par deux petites pièces triangulaires, très courtes, se réunissant à peine dans le milieu.

† 97. Térébratule pectiniforme. *Terebratula pectiniformis*. De Busch.

T. testâ subrotundâ, infernè convexâ, supernè planulatâ unco magno, insuper contorto, foramine tenuissimo apice perforato ; valvis eleganter tenue sulcatis ; sulcis dichotomis.

Fauj. Mont de Maest. tab. 27. f. 5.

Serh. Schlect. tab. 3. f. 41.

De Buch. Mém. sur les Téréb. p. 65. n₀ 13.

Habite..... Fossile dans la craie, en Scanie, à Maestricht et à Ciply. Cette Térébratule est fort singulière; elle est suborbiculaire; sa valve supérieure est aplatie et l'inférieure est convexe; le crochet de cette valve est fort grand, triangulaire, pointu et relevé en dessus, comme celui des Gryphées, mais en conservant sa régularité et sa parfaite symétrie. Son sommet est percé d'un trou excessivement petit; la surface cardinale, supérieure est triangulaire, aplatie et divisée en trois parties par des lignes qui indiquent la soudure des pièces cardinales postérieures. Il est certain que si ces pièces, par un accident quelconque, venaient à disparaître, cette coquille offrirait tous les caractères du genre Spirifère de M. Sowerby. Toute la surface est ornée de petits sillons étroits, profonds, qui se bifurquent au moins deux fois avant d'arriver sur le bord. Ce bord est finement dentelé dans presque toute la circonférence des valves.

† 98. Térébratule de Defrance. *Terebratula Defrancii.* Brong.

T. testá ovato-oblongá inflatá ad marginem bisinuosá tenue striatá, striis bifidis, supernè majoribus granulosis; unco vix recurvo, brevi, foramine magno obliquo apice perforato.

Brong. Paris. tab. 3. f. 6.

Nilsson. Pétrif. succ. tab. 4. f. 4.

Encycl. méth. pl. 241. f. 2.

De Buch. Mém. sur les Téréb. p. 62. n° 8.

Habite..... Fossile dans la craie blanche et supérieure, en France, en Allemagne, en Angleterre, etc. Coquille ovale, oblongue, ventrue, ayant la valve inférieure relevée à son extrémité inférieure, et formant un petit sinus médian plus ou moins profond selon les individus. Le crochet de la grande valve est peu saillant, à peine recourbé et offrant un grand trou dans lequel entre le crochet de la valve supérieure. Toute la surface extérieure de la coquille est recouverte de stries très fines et élégantes, bifides, plus grosses et granuleuses sur les côtés.

† 99. Térébratule cuspidée. *Terebratula cuspidata.* Park.

T. testá conicá, trigoná, pyramidali, valvis inæqualibus, superiore operculiformi, convexiusculá, in medio gibbosá, longitudinaliter sulcatá, marginibus in medio inflexis; areá posticali planá, in medio sinu trigono exaratá.

Anomia cuspidata. Martin. in Trans. linn. soc. 4. p. 45. t. 3 et 4.
f. 5.

Pétrif. Derb. t. 46. et 47. f. 3. 4. 5.

Terebratula. Park. Org. rem. 3. 234. t. 16. f. 17.

Sow. Min. conch. pl. 120 f. 1. 2. 3. *Spirifer cuspidatus.*

An species distincta? Spirifer cuspidatus. Sow. Min. conch. pl. 46.
f. 1.

Habite..... Fossile dans le terrain de transition, en Belgique et en
Irlande. Coquille fort régulière, dont la planche 120, de M. Sowerby, donne une fausse idée, puisqu'elle ne représente pas le caractère principal, celui de la profondeur de la fente postérieure
et du trou dont elle est percée. Posée sur sa valve supérieure
cette coquille a la forme d'une pyramide triangulaire dont la plu
grande surface, la seule qui soit plane, est formée par le crochet
tout-à-fait droit de la grande valve; cette surface est traversée
dans toute sa hauteur par une gouttière triangulaire; si la matière dure de la couche qui la remplit ordinairement a été enlevée, on trouve cette gouttière fermée dans presque toute son
étendue, et offrant, vers le sommet, un trou ovalaire, de sorte
que cette coquille, malgré l'étrangeté de sa forme, a eu effet les
caractères des Térébratules. Si cette coquille était la seule ayant
cette forme, on serait porté d'en faire un genre particulier; mais
elle se lie par des nuances insensibles aux Térébratules, proprement dites, par des espèces à crochets de plus en plus courbés, et
tout en conservant la surface aplatie et la fente triangulaire postérieure.

† 100. Térébratule trigonale. *Terebratula trigonalis.*

*T. testá ovato-trigoná, transversá, utrinque acutá, angulatá, æqui-
laterá, symetricá, longitudinaliter sulcatá, valvá inferiore sinu
mediocri mediano bilobatá.*

Anomites trigonalis. Martin. Petr. derb. tab. 36. f. 1.

Sow. Min. conch. pl. 265. f. 1. 2. 3. 4.

Desh. Coq. caract. p. 122. pl. 8. f. 8. 9.

Blainv. Malac. pl. 54, f. 3. a. b.

Habite..... Fossile aux environs de Dublin, dans le calcaire de transition. Espèce dans laquelle on a observé, plus fréquemment que
dans d'autres conservées d'une manière remarquable, les spirales
formées par les bras ciliés. Cette espèce se distingue par sa forme
triangulaire, par la surface triangulaire, étroite et en gouttière,
de sa grande valve, par son sinus médian, étroit, ainsi que par
ses sillons aplatis et élargis.

† 101. Térébratule striée. *Terebratula striata.* Sow.

*T. testá elongato-transversá, trigoná; margine cardinali prælongo,
recto, angusto, plano; valvis subæqualibus, longitudinaliter striatis in medio marginibus inflexis.*

Anomites striata. Martin. Petr. derb. tab. 23.

Terebratula striatá. Sow. Linn. Trans. 12. part. 2. p. 515. t. 28.
f. 1. 2.

Id. Min. conch. tab. 270. *Spirifer striatus.*

Habite..... Fossile dans le terrain de transition, aux environs de Dublin. Grande et belle espèce que l'on a ordinairement comprimée
et déformée; lorsque sa forme est bien conservée, elle est allongée, transverse, triangulaire; son bord cardinal est droit, étroit,
creusé en gouttière, au milieu de laquelle les crochets des valves
s'infléchissent et cachent en partie une fente triangulaire; les valves sont presque égales; l'inférieure est creusée d'une gouttière médiane, et la supérieure a une saillie correspondante; toute la surface est couverte de grosses stries profondes, longitudinales, dont
la plupart, surtout les latérales, sont bifurquées vers les bords.

† 102. Térébratule épaisse. *Terebratula pinguis.* Desh.

*T. testá ovato-globosá, gibbosá, rotundatá; margine cardinali
recto, angusto, in medio anguste fisso; valvis inæqualibus longitudinaliter sulcatis; sulcis depressis latis; marginibus in medio sinuosis.*

Spirifer pinguis. Sow. Min. conch. pl. 271.

Zieten. Petrif. Wurt. pl. 38. f. 5.

Habite..... Fossile aux environs de Dublin et à Visé, près Namur.
Coquille arrondie, globuleuse, très inéquivalve, ayant le crochet
de la valve inférieure grand, proéminent et fortement recourbé,
de manière à cacher presque entièrement une petite fente courte
et étroite qui divise la surface cardinale; celle-ci est étroite, creusée en gouttière; le bord cardinal est étroit, plus court que la largeur de la coquille. La valve inférieure est creusée d'une gouttière
médiane peu profonde; dans la valve supérieure une saillie y correspond, ces parties sont lisses et, de chaque côté, on compte sept
à huit sillons aplatis, larges, quelquefois divisés en deux à leur
extrémité par une strie superficielle.

† 103. Térébratule petite. *Terebratula minima.* Desh.

*T. testá subtrigoná, postice inflatá, in medio sinuosá; sinu læviga-
to, lateraliter sulcatá, sulcis simplicibus; margine cardinali recto;
valvis inæqualibus, umbone magno, producto.*

Spirifer minimus. Sow. Min. conch. pl. 377. f. 1.

Tome VII. 24

Habite..... Fossile en Angleterre, dans le terrain de transition. Coquille d'une taille médiocre, triangulaire, convexe, à valves inégales; la gouttière médiane, dont la valve inférieure est creusée, est peu profonde, mais limitée nettement de chaque côté par une côte anguleuse; les parties latérales sont occupées par un petit nombre de sillons longitudinaux sur lesquels passent quelques stries transverses; le crochet est grand, recourbé, et la surface cardinale est divisée par une fente étroite. Le bord cardinal est droit et aussi long que la coquille est large.

✝ 104. **Térébratule à deux sillons.** *Terebratula bisulcata.* Desh.

T. testá subsemicirculari, gibbosá, inæquivalvi, longitudinaliter sulcatá, in medio sinuosá, in sinu sulcis bifidis; umbone magno, trigono; areá, trigoná, magná, fossulá, profundá, angustá, bipartitá.

Terebratulites aperturatus. Schloth. Petref. I. 258. II. 67. tab. 17. f. 1. a. b.

Delthyris canalifera. Goldf. Bei dechen. 526.

Spirifer bisulcatus. Sow. Min. conch. 5. 152. pl. 494. f. 1. 2.

Delthyris bisulcata. Goldf. Bei dech. 526.

Trigonotreta stockessii. König. Ic. sect. n° 70. tab. 6. f. 70.

Trigonotreta aperturata. Bronn. Lethæa geogno. pl. 2. fig. 13. a. b.

Habite..... Fossile dans le terrain de transition, en Angleterre et en Belgique. Coquille remarquable par sa forme, elle est presque demi-circulaire; le bord droit de la charnière faisant le diamètre du cercle, et les bords la demi-circonférence; les valves sont très inégales; l'inférieure, qui est la plus grande, offre dans le milieu une large gouttière assez profonde; dans la valve supérieure la partie correspondante est saillante et régulièrement convexe; les sillons, qui occupent cette partie médiane, sont divisés en deux par une strie, tandis que les sillons, que l'on voit sur les parties latérales de la coquille, sont simples et subanguleux; le crochet de la valve inférieure est grand, proéminent, plus ou moins recourbé selon les individus, et présentant toujours une grande surface lisse, partagée en deux parties par une fente triangulaire, médiane, étroite, vers l'extrémité de laquelle, et dans son fond, on voit un trou ovalaire, complété par des petites pièces articulées sur les parties latérales de la fente. Il est curieux d'étudier sur les individus, bien complets, les diverses parties de la fente postérieure, et de trouver ainsi la preuve que ces espèces, dont la forme extérieure paraît si différente de celles des Térébratules proprement dites, en ont cependant les caractères essentiels.

† 105. Térébratule distante. *Terebratula distans.* Desh.

> T. *testá subsemicirculari, gibbosá, longitudinaliter sulcatá, in medio sinuosá; sinu lævigato; valvis inæqualibus; inferiore majore, umbone magno, trigono terminatá.*

Davr. Essai sur la Const. géog. de Liège pl. 7. f. 4,

Spirifer disfans. Sow. Min. conch. pl. 494. f. 3.

Habite...... Fossile en Angleterre et en Belgique, dans les terrains de transition. Coquille assez voisine de la précédente par sa forme et ses caractères extérieurs; elle est presque demi-circulaire, les valves sont inégales et toutes deux fort convexes; l'inférieure est creusée en gouttière dans le milieu, et cette gouttière est étroite et nettement limitée par deux angles assez aigus. L'espace correspondant de la valve supérieure est convexe et lisse; les parties latérales de la coquille sont sillonnées; le crochet de la valve inférieure est grand, saillant, triangulaire, et son sommet, non recourbé, est éloigné de celui de la valve supérieure par toute la largeur de la surface cardinale postérieure; cette surface est partagée par une gouttière offrant les mêmes caractères que dans l'espèce précédente.

† 106. Térébratule ondulée. *Terebratula undulata.* Desh.

> T. *testá elongatá, transversá, utrinquè attenuato-acuminatá, longitudinaliter sulcatá, in medio sinuosá striis transversis undulosis ornatá, margine cardinali prælongo, recto; umbonibus magnis, incurvis.*

Spirifer undulatus. Sow. Min. conch. pl. 562. f. 1.

Habite...... Fossile dans les terrains de transition, en Angleterre et en Belgique. Coquille transverse, subtrigone, ayant le bord cardinal très long, droit, terminé de chaque côté par une pointe aiguë; les valves sont inégales, très convexes; elles offrent, dans le milieu, un sinus médiocre, et elles sont ornées de sillons longitudinaux presque égaux, et sur lesquels passent, en se relevant un peu, des stries transverses, régulières; la surface cardinale est assez large et un peu creusée en gouttière; les crochets sont assez grands, celui de la valve inférieure est fortement recourbé et cache presque entièrement une fente triangulaire, rétrécie.

† 107. Térébratule de Burtin. *Terebratula Burtini.* De Buch.

> T. *testá subrotundá, aliquando ovato-transversá, lævigatá, subæquivalvi; umbone magno, trigono, ad apicem perforato.*

Terebratulites rostratus. Schloth. Petref. I. 260. II. 68. tab. 26. f. 4.

Strygocephalus Burtini. Defr. Dict. des sc. nat. pl. 75.

Kloed. Verst. brandenb. 177.

Terebratula strygocephalus. De Buch. Tereb. pet. 117.

Strygocephalus Burtini. Letæa. geogn. Bronn. tab. II. f. 5. a. b. c.

Habite..... Fossile en Allemagne. M. Defrance a proposé de faire, pour cette coquille, un genre qu'il nomme Strygocéphale, fondé sur la structure des osselets intérieurs; mais ayant d'ailleurs tous les caractères des vrais Térébratules. Nous croyons que ce genre ne doit pas être adopté, et nous comprenons parmi les Térébratules la seule espèce connue. Elle est arrondie, quelquefois ovale, subtransverse; les valves sont inégales, lisses, presque également convexes; l'inférieure, qui est la plus grande, a son crochet proéminent, fortement recourbé et relevé, et ce n'est point à son sommet qu'il est percé, mais entre le bord cardinal et ce sommet. Le trou petit, arrondi et presque entièrement creusé dans la largeur des deux plaques triangulaires. Lorsqu'on rencontre un individu qui n'a point été rempli par la pâte calcaire de la couche, et qu'on a brisé adroitement les valves, on voit une large apophyse descendant de la valve supérieure, bifurquée à son extrémité, et embrassant, dans sa bifurcation, une lame longitudinale, saillante de la valve inférieure. Cette structure, quoique singulière, ne nous paraît pas suffisante pour déterminer la formation d'un genre; car, par une conséquence naturelle, il faudrait faire autant de coupures qu'il y a de modifications dans l'appareil apophysaire, et, en suivant cette marche, on arriverait bientôt, comme nous l'avons déjà dit, à faire presque autant de genres que d'espèces.

108. Térébratule cassidiforme. *Terebratula cassidea*. De Buch.

T. testá ovato-oblongá, inflatá, inæquivalvi, longitudinaliter sulcatá; valvis inæqualibus, in medio lobato-sinuosis; umbone magno, valdè contorto.

tripa casidea. Dalm. Tereb. 50. pl. 5. f. 5.

Hising. Petrif. 20.

Goldf. Bei dechen. 527.

Spirifer plicatus. Steining. Verstem eifel. 33. n° 5.

Terebratula cassidea. De Buch. Tereb. p. 102.

Trigonotreta cassidea. Bronn. Lethæa geogn. pl. 2. f. 9. a. b. c.

Habite...... Fossile de l'Efel et de Norwège. Coquille d'une forme singulière, ayant la valve inférieure très grande et très convexe, comparable à celle d'une Gryphée; la supérieure est operculiforme, médiocrement convexe, et toutes deux sinueuses dans le milieu; le bord, se relevant en une sorte de lobe saillant dans la valve inférieure. Le crochet est très grand, fortement recourbé, et laisse apercevoir une petite fente triangulaire qui est entre lui et le crochet de la valve supérieure Dans la plupart des individus, les crochets sont lisses, et ce n'est que vers le tiers des valves que commencent les sillons longitudinaux qui aboutissent sur les bords.

† **109.** Térébratule testudinale. *Terebratula testudinaria.* Desh.

> *T. testá ovato-rotundá, subtransversá, longitudinaliter striatá; striis angulosis, furcatis; valvis æqualibus convexiusculis, superiore in medio depressá; umbonibus subæqualibus; areá posticali minimá, trigoná.*

Orthis testudinaria. Dalm. Tereb. 31. t. 2. f. 4.

Goldf. Bei dechen. 525.

Trigonotreta testudinaria. Bronn. Lethæa geogn. tab. 3. f. 2. a. b. c.

Habite..... Fossile dans les terrains de transition de l'Efel (Dujardin). Petite coquille élégante, ayant quelque analogie avec le *Terebratula pectita*; elle est obronde, quelquefois subquadrangulaire; on rencontre aussi des individus ovales et transverses. Les valves sont aplaties, égales; la supérieure est un peu déprimée dans le milieu; toutes deux sont ornées de stries rayonnantes, anguleuses et bifurquées. Les crochets sont presque égaux, très rapprochés, courts; le bord cardinal est peu allongé; il est droit et divisé dans le milieu par une petite fente triangulaire.

† **110.** Térébratule gracieuse. *Terebratula speciosa.* Schl.

> *T. testá elongatá, transversá, angustá, trigoná in medio sinu mediocri instructá, longitudinaliter sulcatá; sulcis obtusis, convexiusculis; margine cardinali prælongo; areá angustá, canaliculatá, in medio fissurá bipartitá.*

Terebratulates speciosus. Schloth. In Leon. Taschemb, 7. 52. tab. 2. f. 9.

Et Petref. 1. 252. II. 66. pl. 16. f. 1. a. b.

Delthyris macroptera. Goldf. Bei dech. 525.

Spirifer speciosus. Bronn. Holl. petref. 369.

Spirifer alatus. Steining. Efel verst. 32.

Terebratulites paradoxus. Schloth. In Leon. Taschemb. 7. 28. tab. 2. f. 6.

Hysterolithus paradoxus. Schloth. Petref. 1. 249.

Trigonotreta speciosa. Bronn. Lethæa. geogn. tab 2. f. 15. a. b. c. d.

Habite..... Fossile dans les terrains de transition de l'Efel (Dujardin). Belle espèce de Térébratule que M. Bronn, dans son *Lethœa*, met dans un genre *Trigonotreta* avec d'autres espèces dont Sowerby a fait son genre Spirifère. Ces genres ne pouvant être conservés lorsqu'on les examine avec une attention convenable, nous mentionnons leurs espèces parmi les Térébratules, seul genre que nous croyons utile à conserver. L'espèce dont il s'agit est allongée, transverse, beaucoup plus large que longue, et subtriangulaire ; le bord cardinal est très allongé, droit et terminé de chaque côté en pointe aiguë. Les valves sont presque égales ; leurs crochets sont saillans ; la valve inférieure est creusée, dans le milieu, par une gouttière étroite et peu profonde, la face correspondante, à la valve supérieure, est relevée. De chaque côté on compte un petit nombre de sillons larges, aplatis, graduellement décroissans ; la surface cardinale est assez large et elle est creusée en gouttière.

† 111. **Térébratule ronde.** *Terebratula rotundata.* Desh.

T. testá ovato-rotundatá inflatá, longitudinaliter sulcatá ; valvis inœqualibus, inferiore sulco lato, mediano exaratá ; margine cardinali recto ; arcá trigoná, angustá in medio fissá ; umbone acuto, retorto.

Sow. Min. conch. pl. 461. f. 1. *Spirifer rotundatus.*

Davreux. Essai sur la Const. géogn. de la prov. de Liège. pl. 7. f. 8.

Habite..... Fossile dans le terrain de transition, en Angleterre et en Belgique. Coquille arrondie, convexe des deux côtés ; la partie médiane est lisse, convexe dans la valve supérieure, concave dans l'autre ; sur les parties latérales on compte neuf à douze sillons aplatis, graduellement décroissans. Le bord cardinal est droit, plus court que le diamètre transverse de la coquille : la surface triangulaire est étroite, légèrement creusée en gouttière, et divisée, sous les crochets, par une fente triangulaire, courte et assez large. Les crochets sont saillans, et celui de la valve inférieure, pointu, est fortement courbé et s'approche beaucoup de celui de la valve supérieure.

† 112. **Térébratule de Walcott.** *Terebratula Walcotti.* Desh.

T. testá rotundatá, gibbosá, globulosá, utroque latere convexá ; valvis subœqualibus radiatium crassi-sulcatis, sulcis subangulosis, mediano majore ; convexo, umbone recurvo, acuto.

Spirifer Walcotti. Sow. Min. conch. tab. 377. f. 2.

Habite..... Fossile dans le lias, en Angleterre et en France. Coquille

obronde, quelquefois ovalaire et subtransverse, très convexe des
deux côtés, à valves presque égales; le crochet de la valve inférieure est fortement recourbé; il est pointu. Le bord cardinal est
droit, plus court que la coquille n'est large; la surface triangulaire est courte et partagée dans le milieu par une fente assez large,
rétrécie par deux petites pièces qui ne se joignent pas dans le milieu. On compte neuf ou onze côtes longitudinales sur les valves;
une médiane grosse et saillante, et quatre ou cinq, de chaque côté,
graduellement décroissantes; elle sont obtuses, quelquefois sub-
anguleuses.

† 113. Térébratule ambiguë. *Terebratula ambigua.* Desh.

> *T. testá ovato-oblongá, subtrapeziformi, lævigatá; valvis inæqua-*
> *libus, inferiore in medio sinuoso-depressá, superiore convexá; mar-*
> *gine cardinali arcuato; umbone producto apice foramine rotundo*
> *perforato.*

Sow. Min. conch. pl. 376. *Spirifer ambiguus.*

Habite..... Fossile en Angleterre, dans le terrain de transition. Cette
coquille est l'une de celles qui prouve le peu de solidité du genre
Spirifère; elle a toutes les formes extérieures des Térébratules, pro
prement dites, et se rapproche, sous ce rapport, du *Terebratula
decussata.* Elle est oblongue, subtrapézoïde, dilatée latéralement;
sa valve inférieure est creusée d'une gouttière médiane, la supérieure est convexe; le bord cardinal est arqué dans sa longueur;
le crochet, grand et proéminent, est recourbé et percé, au sommet, d'un trou rond, complété par deux petites pièces triangulaires qui, disparaissant dans quelques individus, laissent une fente
triangulaire aboutissant du bord au trou rond du crochet.

† 114. Térébratule attenuée. *Terebratula attenuata.* Desh

> *T. testá elongatá, transversá, trigoná margine cardinali prælongo,*
> *recto, utroque latere producto; valvis inæqualibus; in medio si-*
> *nuosis, longitudinaliter tenuè sulcatis; sulcis angulosis, simpli-*
> *cibus.*

Davr. Essai sur la Const. géogn. de Liège. pl. 7. f. 2. a. b.

Spirifer attenuatus. Sow. Min. conch. pl. 493. f. 3. 4. 5.

Habite..... Fossile dans le terrain de transition, en Angleterre et en
Belgique. Cette espèce se distingue très bien par sa forme transverse, triangulaire; l'allongement de son bord cardinal dépassant de
beaucoup le diamètre transverse pris au milieu des valves. Les valves
sont presque égales, très convexes, l'inférieure est creusée, dans le
milieu, d'une gouttière profonde, et la supérieure offre une convexité correspondante; toute la surface, sans en excepter même

la sinuosité, est couverte de fins sillons longitudinaux, simples, subanguleux et presque égaux. La surface triangulaire de la valve inférieure est assez large, creusée en gouttière, et divisée par une fente médiane, triangulaire, assez large.

[Pour compléter les genres admissibles aujourd'hui dans les Brachiopodes, nous allons donner quelques détails sur celui nommé Productus, par M. Sowerby, et que, très probablement, Lamarck aurait adopté s'il en avait eu connaissance. On peut diviser, comme nous l'avons dit, les Brachiopodes en trois groupes principaux : ceux qui sont fixés immédiatement par leur valve inférieure, ceux qui le sont par un tendon passant à travers la coquille, et enfin ceux qui sont libres, vivant à la manière du plus grand nombre des Acéphalés. On aurait eu quelque peine à rapporter au type des Brachiopodes, celles des coquilles qui vivent librement, si l'on n'avait eu le facile moyen de les caractériser. Nous avons vu que, dans les coquilles des Brachiopodes, il se trouvait plusieurs impressions musculaires et un appareil apophysaire particulier, destiné à soutenir certaine partie de l'animal : des valves de Productus assez bien conservées pour offrir les caractères intérieurs, ont présenté cette combinaison particulière, d'avoir plusieurs impressions musculaires, des appendices ou des lamelles intérieures, quelquefois même des spires aussi considérables que dans les Térébratules, et n'ayant cependant aucune trace d'ouverture, soit au crochet de la grande valve, comme les Térébratules, soit dans le milieu de la valve aplatie, comme les Orbicules. On peut donc être assuré, d'après ce que nous venons de dire, que les coquilles Térébratuliforme, sans ouverture postérieure, appartiennent cependant aux Brachiopodes par leurs caractères les plus essentiels. Il n'existe plus dans la nature actuelle d'animaux appartenant à cet embranchement des Brachiopodes; on les rencontre habituellement dans les terrains de sédiment les plus inférieurs, connus sous le nom de terrains de transition ; ils ont vécu, à cette époque très reculée, en grande abondance, avec des Térébratules, et ils paraissent avoir entièrement disparu lorsque s'est déposé le calcaire conchylien, le muschelkalck des Allemands ; du moins, nous ne connaissons, d'une manière authentique, aucun fait qui contredise ce que nous venons d'avancer : nous avons pensé, d'après cet ensemble si particulier de caractères, que l'on devait former une petite famille des coquilles qui les offrent, famille dans laquelle on ne connaît encore qu'un seul genre créé par M. Sowerby, sous le nom de Productus.

PRODUCTE. *Productus*. Sow.

Coquille inéquivalve, symétrique, souvent inéquilatérale; valve supérieure operculiforme, plane ou concave ; valve inférieure fort grande, à crochet plus ou moins saillant, non perforé; charnière linéaire simple ou subarticulé dans le milieu, le plus souvent droite et transverse, rarement arquée ; des apophyses branchues en arbuscule dans l'intérieur des valves.

Les Productus sont des coquilles minces, ayant l'apparence des Térébratules, et offrant habituellement deux valves inégales, ornées de stries ou de côtes longitudinales ou transverses, et même quelquefois de lamelles transverses très minces et très longues dont aucun Brachiopode, actuellement vivant, ne peut nous donner l'idée. Les valves sont articulées à-peu-près de la même manière que celles des Térébratules, et tout porte à croire que leur charnière était dépourvue de ligament; on s'aperçoit, par l'étude des moules intérieurs des espèces, que leur valve, surtout la plus aplatie, supportait un appareil apophysaire très compliqué, dont M. Hœninghaus a donné une bonne idée, qui faisait figurer avec exactitude, l'un de ces moules très bien conservé : il existe quelques Productus vers le bord supérieur desquels on, trouve une série d'épines plus ou moins longues, et M. de Buch, en ayant observé dans un fragment de Productus des terrains de transition du nord de l'Europe, voulut donner une idée de ces espèces à épines postérieures, au moyen d'une figure théorique. Nous présumons, avec M. de Buch, qu'en effet les valves étaient ainsi munies d'épines, vers le bord cardinal, mais ce que nous n'admettons pas c'est qu'elles soient toutes égales et de la même grosseur ; l'accroissement des coquilles des Mollusques se fait selon des règles invariables ; tous les accidens que l'on remarque vers le sommet des valves ont appartenu incontestablement au jeune âge, et l'animal, en s'accroissant, produit bien des parties semblables et d'un plus grand volume, mais n'a plus d'action sur les formes extérieures des parties de sa coquille formée dans le jeune âge, et cela pour plusieurs raisons ; les épines sont produites par des parties molles qui, ayant la forme de tuyaux charnus, sécrètent une partie solide qui offre la même forme et qui fait partie de la coquille : lorsque, par l'âge, l'animal a pris de l'accroissement, la partie du lobe du manteau, qui a produit l'épine, en déborde bientôt l'ouverture intérieure, n'y pénètre plus et en forme une autre un peu plus loin après avoir obstrué l'ouverture de la première. Si nous appliquons à l'accroissement des Productus, ce que nous venons de dire, il est certain que les épines qui sont placées au sommet, doivent être plus courtes, et les autres aller graduellement en s'accroissant jusqu'à celles des bords qui doivent être les plus longues. Dans sa figure, M. de Buch n'a pas tenu compte de l'accroissement des coquilles, et il a à tort représenté les épines de la même grandeur ; nous avons pensé que de semblables épines existaient dans tous les Productus; mais il y a plusieurs espèces sur lesquelles il est impossible d'en découvrir la moindre trace; nous sommes en conséquence disposé à abandonner l'opinion que nous

nous étions faite de l'usage de ces épines tubulaires de certains Productus ; nous y sommes d'autant plus disposé que figurées seulement sur une valve, par M. de Buch, elles existent en réalité sur toutes deux, et ne peuvent pas avoir l'usage, comme nous le supposions, de donner passage à des appendices tendineux servant à suspendre et à fixer l'animal, et destinés à remplacer le tendon unique passant par le crochet de la valve des Térébratules.]

† 1. Producte tubulifère. *Productus tubuliferus.* Desh.

> P. testá subtrigoná utroque latere, auriculis productis terminatá ; valvis inæqualibus, inferiore convexá, in medio depressá ; cardine prælongo, spinis longiusculis, gracilibus in utráque valvá armato ; valvá superiore concavá.
>
> *Gryphites aculeatus.* Schloth. In Taschem. 1813. vii. t. iv. f. 1, 2, 3. et petref. 1. 293.
>
> *Productus aculeatus.* Bronn. In der Zeitschrift. 1827. II. p. 543. (non Sow.)
>
> *Leptæna scabricula.* (Sow.) Goldf. Bei dehen 524.
>
> Bronn. Lethæa Geogn. pl. 3. f. 1. a, b, c. *Strophomena aculeata.*
>
> Habite..... Fossile en Allemagne. Espèce remarquable par sa forme et ses autres caractères ; les valves sont très inégales et elles se prolongent de chaque côté du bord cardinal en deux longues oreillettes comparables à celles de certaines Hyries ; la valve inférieure est très convexe, divisée par un sinus longitudinal, médian et peu profond ; la supérieure est concave, et toutes deux sont lisses ; cependant dans quelques individus, la surface est irrégulièrement chagrinée, comme le *Productus scabriculus* de Sowerby. Le bord cardinal est droit et très allongé, car il s'étend dans toute la longueur des oreillettes latérales. De chaque côté de ce bord, sur l'une et l'autre valve, s'élèvent cinq à six longues épines grêles, cylindracées et courbées en dehors. On remarque aussi dans quelques individus des restes d'épines semblables sur le dos de la valve inférieure.

† 2. Producte poli. *Productus lepis.* Desh.

> P. testá ovato-transversá, oblongá, levigatá, depressá ; valvis inæqualibus, inferiore convexiusculá, superiore concavá ; umbone minimo, obtuso.
>
> *Peridiolithus* v. Hüpsch. natg. med. deutschl. 12. tab. 1. f. 5. 6.
>
> *Leptæna lepis,* Marklin in list.

Bronn. Lethæa geogn. tab. 2. f. 7. a. b. c. *Strophomena lepis.*
Habite........ Fossile dans le terrain de transition de l'Efel. Petite coquille oblongue, transverse, ovalaire, aplatie, lisse, offrant quelques lames irrégulières d'accroissement , la valve inférieure est convexe, la supérieure est concave, le bord cardinal est droit et très finement creusé à l'extérieur ; quelquefois il s'épaissit avec l'âge et il présente dans le milieu une petite protubérance oblongue dont nous ne connaissons pas l'usage. Cette espèce curieuse nous a été communiquée par M. Dujardin.

† 3. Producte déprimé. *Productus depressus.* Sow.

P. *testá subquadrangulari, depressá, ad cardinem attenuatá ; marginibus crassioribus ; valvis subæqualibus longitudinaliter tenuè striatis, transversim rugoso-plicatis.*
Sow. Min. conch. pl. 459. f. 3.
Producta depressa. Sow. Gen. of shells. f. 2.
v. Hüpsch. nat. nied. deutschl 15. tab. 1. f. 7. 8.
Leptæna rugosa. Dalm. Terebr. 22. tab. 1. f. 1.
Goldf. Bei dechen. 523.
Hising. Anteckn. v. 237.
Klöden brandb. verst. 179-180.
Producta rugosa. Hisnig. act. holm. 1826. 333.
Anomites rhomboidalis. Wahlenb. Act. upsali. 1821. t. 8. p. 65.
Strophomena rugosa. Bronn. Lethæa geogn. tab. 2. f. 8.
Habite...... Fossile en Angleterre à Dudley et en Allemagne, dans les terrains de transition. Coquille singulière, subquadrangulaire, amincie vers le bord cardinal ; beaucoup plus épaisse vers le bord inférieur. Cette disposition lui donne la forme d'un petit coin dont le côté tranchant serait le bord cardinal ; les valves sont égales, subquadrangulaires, quelquefois un peu irrégulières vers le bord inférieur ; elles n'offrent aucune trace d'adhérence, et l'on ne reconnaît la valve inférieure que parce qu'elle est un peu plus convexe, toutes deux sont ornées de stries très fines, longitudinales, traversées par un assez grand nombre de rides concentriques plus ou moins régulières selon les individus ; vu à la loupe, le test de cette coquille offre un très grand nombre de ponctuations enfoncées.

† 4. Producte obtus. *Productus obtusus.* Desh.

P. *testá ovato-transversá, utroque latere convexá, lævigatá ; valvis inæqualibus, inferiore in medio latè canaliculatá ; superiore gibbosá ; marginibus in medio profundè inflexis.*
Spirifer obtusus. Sow. Min. conch. pl. 269.

Habite.... Fossile en Angleterre. Cette espèce nous semble encore incertaine; elle pourrait appartenir aux Térébratules dont elle a à-peu-près la forme; elle est ovale, obronde, subtransverse, lisse; ses valves sont inégales, l'inférieure offre dans le milieu une large gouttière peu profonde; dans la valve supérieure, une partie saillante y correspond exactement; le bord inférieur est profondément infléchi dans l'endroit où aboutit la gouttière de la grande valve; le crochet est grand et saillant; mais n'ayant vu que des individus mutilés dans cette partie, nous n'avons pu nous assurer d'une manière positive si cette espèce n'avait point de perforation au crochet. Nous l'avons rapportée aux Productes par analogie avec d'autres espèces.

† 5. Producte frangé. *Productus fimbriatus*. Sow.

P. testâ suborbiculari, transversim lamellis, concentricis ornatâ; valvis inæqualibus, inferiore convexâ; umbone magno trigono terminatâ; valvâ superiore-plano concavâ, concentrice tenuè sulcatâ; sulcis punctatis.

Sow. Min. conch. pl. 459. f. 1.

Habite..... Fossile aux environs de Dublin et à Visé près Namur. Cette espèce a des rapports avec le *Productus punctatus*; elle s'en distingue néanmoins avec facilité, surtout lorsque l'on examine des échantillons assez bien conservés; ses valves sont très inégales; l'inférieure convexe est terminée par un crochet triangulaire très proéminent; la surface extérieure présente, à des distances assez régulières, des lamelles transverses très fines et dont le bord porte de très longues épines extrêmement fines; on ne peut avoir une idée exacte de cette structure des lames, qu'en ayant soin de conserver une partie de la coquille dans le calcaire dur qui l'enveloppe, et d'y pratiquer des cassures dans le sens des lames transverses; c'est sur un échantillon préparé de cette manière, et que nous devons à la générosité de M. Dujardin, que nous avons pu voir cette structure remarquable; la valve supérieure est plane ou concave; les lames transverses sont plus rapprochées, et entre chacune d'elles, vers la base, on remarque une série de points enfoncés, il est à présumer que ces points sont les traces de l'insertion des épines de cette valve.

† 6. Producte chauve. *Productus calvus*. Sow.

P. testâ ovatâ, subquadrangulari, gibbosissimâ; valvis inæqualissimis, inferiore in medio sinuosâ, superiore planâ, concavâ; umbone maximo, producto.

Sow. Min. conch. pl. 560. f. 2. 6.

Habite..... Fossile aux environs de Dublin et en Belgique à Visé
près Namur ; par sa forme, cette espèce se rapproche du *Productus*
punctatus ; cependant elle est un peu plus quadrangulaire ; ses
valves sont épaisses, lisses, l'inférieure très convexe a une dépression médiane, peu profonde, qui la divise symétriquement en
deux ; la valve supérieure est plane, assez souvent concave en
dessus ; la charnière est droite et elle est prolongée de chaque côté
en une courte oreillette ; le crochet de la valve inférieure et très
grand, très proéminent, fortement recourbé, et son sommet vient
s'incliner sur le bord.

† 7. Producte très-large. *Productus latissimus.* Sow.

P. testá transversá, convexá, longitudinaliter striatá utráque extre-
mitate attenuatá, subalatá ; valvá superiore plano-concavá ; car-
dine prælongo, recto.

Sow. Min. conch. pl. 330.

Desh. Encycl. meth. vers. t. 3. p. 849. n. 4.

Habite..... Fossile dans les terrains de transition aux environs de
Dublin. Coquille subtrigone, transverse, beaucoup plus large que
longue ; sa valve inférieure, très convexe, a le crochet à peine
saillant sur le bord ; le bord cardinal est très allongé, droit et terminé de chaque côté, en une sorte d'oreillette aiguë beaucoup plus
prolongée que dans les autres espèces ; la valve supérieure est
concave en dessus ; toutes deux sont finement striées longitudinalement ; les stries sont égales et plusieurs fois bifides dans leur
longueur. L'individu que nous possédons a 2 décimètres de largeur, et il y en a de plus grands encore.

† 8. Producte hérissé. *Productus aculeatus.* Sow.

P. testá rotundatá, infernè convexá, supernè concavá, spinis retro-
versis raris, irregulariter sparsis armatá ; cardine subarcuato.

Desh. Desc. de coq. caract. p. 119. pl. 8. fig. 3. 4.

Conchiliolitus (anomites) aculeatus. Mart. Pétrif. Derb. t. 37. f. 9.
et 10.

Sow. Min. conch. pl. 68. f. 4.

Desh. Encycl. méth. vers. t. 3. p. 848. no 2.

Habite..... Fossile dans le terrain de transition, en Angleterre. Petite coquille suborbiculaire, à valves très inégales ; l'inférieure,
profonde, a un crochet grand et recourbé ; sa surface extérieure
offre des épines courbes qui, au lieu d'être dirigées en avant, s'infléchissent en arrière.

9. Producte d'Écosse. *Productus scoticus.* **Sow.**

> P. testá ovato-subsemicirculari, lateraliter compressá, dilatatá, tenuè striatá; striis undulosis, longitudinalibus; valvis inæqualibus, superiore concavá, inferiore convexá; margine cardinali longo, recto.

Sow. Min. conch. pl. 69. f. 3.

Habite..... Fossile en Ecosse, dans le terrain de transition. Espèce presque demi-circulaire, ayant le bord cardinal droit aussi long que le diamètre transverse; la valve inférieure est très convexe, et son crochet, assez grand, vient saillir et se recourber sur le bord; la valve supérieure est aplatie et concave en dessus; toutes deux sont couvertes de fines stries longitudinales, très rapprochées, quelquefois subépineuses, et rendues onduleuses par des plis irréguliers, transverses, que l'on voit particulièrement sur les côtés.

10. Producte chagriné. *Productus scabriculus.* **Sow.**

> P. testá ovato-subquadrangulari; valvis inæqualibus, superiore planá, inferiore convexá; tuberculis minimis oblongis, asperatis; umbone magno, producto marginali.

Conchiliolitus (anomites) scabriculus. Mart. Pétrif. Derb. pl. 36. f. 5.

Sow. Min. conch. pl. 69. f. 1.

Habite..... Fossile en Angleterre, dans le terrain de transition. Espèce facile à reconnaître, quoiqu'elle ait de l'analogie avec le *Productus punctatus.*

Elle est obronde ou subquadrangulaire, très inéquivalve; la valve supérieure est aplatie et même concave en dessus; l'inférieure est très convexe, à crochet grand et proéminent, dont le sommet vient s'incliner sur le bord cardinal; toute la surface est couverte de petites granulations oblongues, irrégulièrement éparses; on remarque, près du bord cardinal, des trous d'épines sur les deux valves, ce qui donnerait beaucoup d'analogie à cette coquille avec le *Strophomma aculeata* de M. Brown, dont nous donnons ici l'indication. *Productus aculeatus.* n° 1.

11. Producte de Martin. *Productus martini.* **Sow.**

> P. testá rotundato-subquadratá, gibbosá, longitudinaliter striatá; valvá superiore concavá; cardine recto, lateraliter subauriculato; auriculis valdè rugosis.

Productus lobatus. Desh. Desc. de coq. caract. p. 118. pl. 9. f. 6. 7.

Anomites productus. Mart. Pétrif. Derb. tab. 22. f. 1. 2. 3.
Sow. Min. conch. pl. 317. f. 2. 3. 4.
Desh. Encycl. méth. vers. t. 3. p. 848. n° 1.
Habite..... Fossile en Angleterre. Belle coquille demi-sphérique, à valves très inégales, l'inférieure très convexe, la supérieure concave en dessus. Elles sont réunies en un bord cardinal droit; le crochet de la valve inférieure est très grand, saillant, et le sommet vient se courber sur le bord; les parties latérales sont dilatées en ailes, aplaties, ridées longitudinalement; toute la surface est couverte de sillons longitudinaux, fins et nombreux, traversés sur la valve supérieure par des accroissemens; cette valve est treillissée, l'autre ne l'est pas dans les individus que nous avons sous les yeux.

† 12. Producte treillissé. *Productus antiquatus.*

P. *testá subquadrangulari, gibbosissimá, longitudinaliter sulcatá, ad apicem striis transversis decussatá; valvá superiore concavo-planá, operculiformi; margine cardinali recto.*
Anomites semistriatus? Mart. Pétrif. Derb. tab. 32 et 33. f. 1. 2. 3. 4.
Sow. Min. conch. pl. 317. f. 1. 5. 6.
Strophomena antiquata. Bronn. Lethæa. geog. pl. 3. f. 6.
Habite..... Fossile en Angleterre, en Allemagne et en Belgique, dans le terrain de transition.
Belle et singulière coquille, aplatie lorsqu'elle est jeune; la valve inférieure, en vieillissant, se recourbe perpendiculairement, s'allonge sans s'évaser, et forme une sorte de cylindre un peu comprimé, terminé supérieurement par la surface convexe de la valve et son crochet incliné sur le bord, et de l'autre, par la valve supérieure, operculiforme, concave en dessus. La figure de M. Brown donne une bonne idée de cette forme singulière. Les valves sont couvertes de sillons longitudinaux, et les sommets sont treillissés, plus ou moins loin, par des stries transverses.

† 13. Producte sillonné. *Productus sulcatus.* Sow.

P. *testá ovato-oblongá, transversá; valvá inferiore gibbosissimá, longitudinaliter sulcatá bilobatá; apice subdecussato, prodiente, auriculis lateralibus brevibus, transversim rugosis; valvá superiore convexiusculá, subdecussatá.*
Sow. Min. conch. pl. 319. f. 2.
Desh. Encycl. méth. vers. t. 3. p. 848. n° 3.

Habite..... Fossile en Angleterre. Espèce avoisinant le *Productus antiquatus* par sa forme et ses rapports; la valve inférieure est très convexe, divisée en deux lobes par une dépression médiane; dans sa coupe transverse, cette valve offre un ovale dont le petit diamètre est d'avant en arrière; sa surface extérieure est chargée de gros sillons larges, convexes, peu épais; ceux placés dans la dépression médiane sont plus fins vers le sommet; ces sillons sont traversés par un petit nombre de rides transverses, irrégulières; vue à la loupe, la surface offre des granulations très fines, comparables à celles de certaines Térébratules.

† 14. Producte géant. *Productus giganteus.* Sow.

P. testá maximá, costis longitudinalibu s.irregularibus, striisque tenuibus punctatis munitá, valvis inæqualibus, inferiore profundissimá, gibbosá, in medio subdepressá, superiore concavá.

List. Conch. pl. 465. f. 25 B. et 467. f. 26. B.

Conch. *Anomites giganteus.* Mart. Pét. Derb. t. 15.

Sow. Min. Conch. pl. 320.

Tridacna pustulosa. Lamk. Anim. s. vert. t. 6. p. 107. n° 7.

Habite..... Fossile en Angleterre et en Belgique, dans le terrain de transition. Nous ne savons sur quels caractères Lamarck s'est fon pour faire de cette coquille une Tridacne; elle n'a aucun des caractères de ce genre, à moins que de supposer que les valves sont également bombées, ce qui n'est pas. Ce producte est le plus grand du genre; il est ovale ou subquadrilatère; la valve inférieure est très convexe; son crochet est très grand, très saillant, et vient se terminer sur le bord cardinal; celui-ci est droit et plus court que le diamètre transverse; on voit à l'extérieur des côtes longitudinales, obtuses, irrégulières, et des stries ponctuées, irrégulières aussi.

† 15. Producte ponctué. *Productus punctatus.* Sow.

P. testá ovato-transversá, valvá inferiore convexá, gibbosá, superiore planá vel concavá; sulcis transversis distantibus, regularibus, aliquando imbricato lamellosis; punctis sparsis numerosis crassis irregulariter dispositis.

Conch. *Anomites punctatus.* Mart. Pét. Derb. t. 37. f. 6. 7. 8.

Sow. Min. conch. pl. 323.

Habite..... Fossile en Angleterre et à Visé, près Namur. Coquille assez commune, comparable aux précédentes par sa forme et se distinguant par ses sillons transverses, écartés, terminés par une lamelle mince et imbriquée dans les individus bien conservés;

toute la surface, laissée à découvert par les sillons, est chargée de granulations punctiformes, irrégulièrement éparses.

† 16.Producte demi-sphérique. *Productus hemisphæricus.* Sow.

> P. *testâ subcirculari, subtùs convexâ, hemisphæricâ, supernè planâ vel concavâ, longitudinaliter tenuè striatâ, umbone minimo, vix producto.*
>
> Sow. Min. conch. pl. 328.
>
> Habite..... Fossile en Angleterre. Celle-ci ressemble à un segment de sphère; sa valve inférieure étant régulièrement convexe, la valve supérieure est concave en dessus; le bord cardinal est droit et plus court que le diamètre transverse; le crochet est petit, à peine saillant; la surface des deux valves est couverte de stries très fines, longitudinales, souvent bifides et rendues onduleuses par quelques rides transverses, irrégulières.

LINGULE. (Lingula.)

Coquille subéquivalve, aplatie, ovale-oblongue, tronquée à son sommet, un peu en pointe à sa base, élevée sur un pédicule charnu, tendineux, fixé aux corps marins. Charnière sans dent,

Testa subæquivalvis, planulata, ovato-oblonga, apice truncatâ, basi subacutâ, pediculo carnoso tendineo basi affixo elevata. Cardo edentulus.

[Animal ovale-oblong, comprimé, symétrique, ayant les lobes du manteau désunis dans la moitié antérieure de leur circonférence, contenant dans leur épaisseur des branchies subpectinées, paires et symétriques. Deux cœurs à base des branchies. Bouche médiocre, placée à la partie médiane et antérieure du corps, accompagnée de deux bras ciliés assez grands, tournés en spirale pendant le repos.]

OBSERVATIONS. — Les *Lingules* sont de véritables conchifères, mais qui sont très singuliers par les caractères de l'animal qu'ils présentent. En effet, celui-ci, comme Brachiopode, offre deux bras, et, selon M. *Cuvier,* il a deux cœurs. Ce que cet animal a de commun avec les autres Conchifères, c'est de n'avoir ni tête, ni yeux, ni parties dures à la bouche; d'être muni d'un manteau à deux lobes opposés, bordés de cils, qui le recouvrent entièrement; et d'avoir les branchies attachées à la face interne de chaque lobe de ce manteau. Ses deux bras sont opposés, fort longs, charnus, non articulés, ciliés, d'un côté, dans toute leur longueur, extensibles hors de la coquille, et y rentrant en se roulant en spirale. Que la considération du pédoncule qui soutient la coquille ne fasse pas supposer que les Brachiopodes, et surtout la Lingule, avoisinent les Cirrhipèdes; car ces animaux en sont très distincts par leur forme et leur organisation. Ils n'ont, effectivement, aucune partie articulée, aucune peau cornée, et leur système nerveux n'offre point ce cordon médullaire ganglionné que les insectes, les Arachnides, les Crustacés, les Annélides et les Cirrhipèdes, présentent généralement. On ne connaît encore qu'une espèce de ce genre, qui est la suivante.

[Le genre Lingule est le premier, parmi les Brachiopodes, dont l'organisation ait été bien connue. Cuvier, dans un mémoire publié depuis plus de trente ans, dans les Annales du Muséum, dévoila ce fait important, qu'il existait des animaux Mollusques, à coquilles bivalves, et dont l'organisation était cependant différente des autres animaux de cette classe. Cuvier tira alors les conséquences justes de ce fait, en indiquant, dans la méthode, une classe particulière, ou au moins un ordre, pour réunir tous ceux qui ont de l'analogie avec les Lingules.

L'animal de la Lingule est très régulier, pair et symétrique dans presque toutes ses parties, sa coquille est revêtue d'un manteau mince, cilié sur ses bords, et contenant un animal en proportion beaucoup plus gros que celui des Térébratules. Le corps se prolonge un peu, à sa partie médiane et antérieure, en une sorte de museau, au sommet duquel est placée la bouche : celle-ci est petite, longitudinale, et elle est accompagnée de chaque côté de bras ciliés, libres, semblables à ceux de la plupart des Térébratules et se roulant en spirale très régulière en avant de la bouche lorsque l'animal est au repos. D'après Cuvier, la bouche pénétrerait immédiatement dans un canal intestinal dépourvu d'estomac ; il est à présumer cependant qu'il en existe un fusiforme et très étroit qui aura échappé à Cuvier ; l'intestin, après être descendu, en ligne droite, jusque vers l'extrémité postérieure de l'animal, fait quelques courbures et vient gagner le bord gauche, pour se terminer, dans la commissure du manteau, en un petit anus peu saillant. Les organes de la digestion sont enveloppés par un foie assez considérable qui remplit tous les interstices que laissent entre eux les muscles en assez grand nombre dont l'animal est pourvu. Cuvier ne parle pas de l'ovaire ; mais il est à présumer qu'il occupe, lors de son développement, une grande partie de l'extrémité postérieure de la masse viscérale. Lorsque l'on écarte les lobes du manteau, on aperçoit deux grands vaisseaux qui s'avancent d'arrière en avant, en convergeant, et offrant la figure en V ; sur les parties latérales et externes de ces deux vaisseaux, naissent des branches assez nombreuses qui s'enfoncent dans de petites plicatures du manteau ; ce sont les branchies donnant un bel exemple, par la simplicité de cette structure, de l'origine des branchies lamelliformes des autres Acéphalées. A la base des vaisseaux dont nous venons de parler, il existe, de chaque côté du corps, un cœur ou plutôt une oreillete destinée à donner au sang le mouvement circulatoire. L'appareil musculaire est assez considérable ; il consiste en plusieurs paires de muscles qui, au lieu de se rendre directement d'une valve à l'autre, y vont obliquement en s'entre-croisant pour la plupart. Leur usage consisterait non-seulement à rapprocher les valves, mais encore à les faire glisser l'une sur l'autre puisqu'elles ne sont point réunies en charnière et qu'elles n'ont point un ligament postérieur qui les réunisse.

En suivant les principes admis pour établir les rapports entre les animaux, il est certain que les Lingules devront se rapprocher davantage des Lamellibranches que les Térébratules et les Orbicules, non-seulement parce qu'elles ont la masse viscérale plus considérable, mais, ce qui est plus impor-

tant, parce que leurs branchies, quoique comprises dans l'é-
paisseur du manteau, semblent, par leur organisation, montrer
l'origine des branchies pectinées des Lamellibranches. Les observations anatomiques de Cuvier ont été récemment confirmées
par celles de M. Owen sur une autre espèce de Lingule, de sorte
que l'on peut regarder aujourd'hui comme constans les résultats auxquels ces observations conduisent relativement à la place
que le genre doit occuper dans la série.

La coquille de la Lingule est fort singulière. Linné n'en
connut qu'une valve, et il en fit une Patelle. Depuis, on a reconnu cette erreur, et Chemnitz a compris ce genre parmi les
coquilles bivalves, et l'a placé au nombre des Pinnes. Cet exemple fut suivi jusque dans ces derniers temps, et nous trouvons
dans Dillwin la Lingule dans son genre Mytilus. Brugnière,
avant Cuvier, avait reconnu la nécessité de former un genre
particulier pour cette coquille; il l'établit dans les planches de
l'Encyclopédie, et Lamarck le caractérisa dans ses premiers es-
sais de classification des coquilles. Les valves de la Lingule sont
allongées, ovalaires, aplaties, et terminées supérieurement en
un bec dont le sommet est engagé dans le long pédicule tendineux qui sert à fixer l'animal aux corps sous-marins; les valves
sont égales, et l'un des sommets n'est ni percé ni échancré,
comme dans les Térébratules; examinées à l'intérieur, on' y
retrouve les diverses impressions musculaires symétriquement
disposées sur un limbe intérieur épaissi et blanchâtre. Long-
temps on ne connut qu'une seule espèce appartenant à ce genre.
M. Cuming en a rapporté une, petite et bien distincte, de son
voyage; enfin nous croyons que l'on peut en former une troisième aussi grande que la Lingule anatine, mais ayant ses
valves proportionnellement plus minces, plus bâillantes et beaucoup plus profondes. L'une des valves, dans cette espèce, présente le caractère remarquable d'une contraction vers le sommet, formant une gouttière terminale assez profonde, et qui
donne l'idée du commencement du trou terminal de la grande
valve des Térébratules.

ESPÈCES.

† 1. Lingule anatine. *Lingula anatina.* Lamk.

> *Patella unguis.* Lin. Syst. nat. p. 1260. Gmel. p. 3710. n° 95.
> Rumph. Mus. t. 40. fig. L.
> Seba. Mus. 3. t. 16. fig. 4.
> Cuv. Bull. n° 52.
> Ann. du Mus. vol. 1. p. 69.
> Chemn. Conch. 10. t. 172. 1675. 1677.
> Encycl. pl. 250. fig. 1. a. b. c.
> * *Lingula anatina.* De Roissy. Buff. Moll. t. 6. p. 470. pl. 71. f. 5.
> * *Mytilus lingua.* Dillw. Cat. t. 1. p. 322. n° 47.
> * Blainv. Malac. pl. 52. f. 3.
> * Schuma. Essai. pl. 1. f. 3.
> * Desh. Encycl. méth. vers. t. 2. p. 364. n° 1.
> * Sow. Genera of shells. f. 4. 5.
> * *An eadem species?* Sow. loc. cit. f. 1. 2. 3.
> Habite l'Océan des Moluques. Mus. n°. Mon cabinet. Coquille verdâtre, imitant la forme d'un bec de canard. Pédicule cylindrique, long de deux à quatre pouces.

† 2. Lingule d'Audebart. *Lingula Audebarti.* Brod.

> *L. testâ elongatâ, angustâ tenui lævigatâ, luteolâ in medio viridulâ; valvis compressis apice acuminatis anticè truncatis; pediculo brevi basi latiore.*
> Brod. Owen. Trans. zool. soc. t. 1. p. 2.
> *Id.* Ann. des sc. nat. fév. 1835. pl. 2. f. 14.
> Habite les mers du Pérou. Elle est toujours plus petite que la Lingule anatine; comprimées, ses valves sont lisses, minces, transparentes, très pointues au sommet, un peu dilatées postérieurement, tronquées et rétrécies à l'extrémité antérieure; elles sont jaunâtres et ornées, du sommet à la base, d'une tache triangulaire d'un vert peu foncé. Les lobes du manteau de l'animal sont garnis de cils beaucoup plus longs que dans les autres espèces, et le pédicule est proportionnellement plus court et plus gros; ce pédicule, au lieu de s'atténuer vers son extrémité libre, comme dans le *Lingula anatina,* s'épaissit au contraire d'une manière remarquable.

† 3. Lingule semence. *Lingula semen.* Brod.

L. testâ minimâ, lævigatâ, compressâ, tenui fragili, elongatâ, an-
gustâ, anticè truncatâ, posticè obtusâ, luteolâ.

Brod. Owen. Trans. zool. soc. t. 1. p. 2.

Id. Ann. des sc. nat. fév. 1835. pl. 2. f. 17.

Habite les mers du Pérou. Très petite espèce ayant de l'analogie avec
l'une de celles que l'on trouve actuellement fossile dans le lias. Elle
est allongée, étroite, mince et fragile, aplatie; ses crochets sont
obtus et son bord antérieur est tronqué; sa couleur est d'un jaune
corné. Elle a dix à douze millimètres de long et quatre à cinq de
large.

† 4. Lingule mytiloïde. *Lingula mytiloides.* Sow.

L. testâ ovatâ, tenui, depressâ, supernè angulatâ, infernè subhiante,
transversim substriatâ.

Sow. Min. conch. pl. 19. f. 1. 3.

An eadem lingula ovalis? Sow. loc. cit. f. 4.

Desh. Encycl. méth. vers. t. 2. p. 365. n° 2.

Habite..... Fossile dans le lias, en Angleterre, en France et en Alsace [Woltz]. Coquille oblongue, spathuliforme, ovalaire, à crochets courts et pointus; le bord inférieur n'est pas tronqué, mais
arrondi; les valves sont déprimées, leur surface est brillante et
ornée de fines stries transverses d'accroissement, mieux marquées
sur les côtés que sur le reste de la surface.

CLASSE DOUZIÈME.

***

LES MOLLUSQUES. (Mollusca.)

Animaux mollasses, inarticulés, munis d'une tête antérieurement : celle-ci plus ou moins saillante, ayant le plus
souvent des yeux et des tentacules, ou portant à son
sommet des bras disposés en couronne. Bouche, soit
courte, soit allongée, tubuleuse, exsertile, et ordinairement
armée de parties dures. Manteau diversifié : tantôt ayant
ses bords libres sur les côtés du corps, et tantôt à lobes
réunis en un sac qui enveloppe en partie l'animal.

Branchies diverses, rarement symétriques. Circulation
double, l'une particulière, l'autre générale. Cœur uniloculaire, quelquefois à oreillettes divisées et fort écartées.
Point de cordon médullaire ganglionné, dans la longueur
du corps; mais des ganglions épars, un peu rares, et
différens nerfs.

Corps, tantôt nu, soit dépourvu de parties solides intérieurement, soit renfermant une coquille ou quelques
corps durs, et tantôt muni d'une coquille à l'extérieur,
recouvrante ou engaînante, et qui n'est jamais composée
de deux valves opposées, réunies en charnière.

*Animalia mollia, inarticulata, anticè capitata; capite
plus minusve prominulo, oculis tentaculisque sœpissimè
instructo, aut brachiis pluribus supernè coronato. Os,
vel breve, vel elongatum, tubulosum, exsertile, sœpius
partibus duris armatum. Pallium varium : modò marginibus
liberis ad corporis latera ; modò lobis in saccum coadunatis
corpus partim vaginans.*

Branchiæ variæ, rarò symetricæ. Circulatio duplex, particularis et generalis. Cor inuloculare ; interdum auriculis duabus divisis et valdè remotis. Chorda medullaris nodosa nulla : at gangliones sparsi, rariusculi, nervique varii.

Corpus modò externè nudum, et intùs vel partibus solidis destitutum, vel testam aut corpora aliquot dura recondens ; modò extùs testâ vaginante vel obumbrante tectum. Testa nunquam valvis duabus oppositis et cardine marginali unitis composita.

OBSERVATIONS. — Nous donnons maintenant le nom de *Mollusques*, comme classique, aux seuls animaux sans vertèbres qui soient à-la-fois inarticulés dans toutes leurs parties, et qui aient une tête plus ou moins avancée à la partie antérieure de leur corps.

A ce caractère resserré, qui suffit pour les faire reconnaître, et qui, comme partout ailleurs, n'offre de difficultés que pour quelques-uns de ceux qui sont sur l'une des limites de la classe, nous ajouterons leur caractère général, qui se compose de la manière suivante.

Animaux sans vertèbres, inarticulés dans toutes leurs parties ; possédant un système nerveux muni de ganglions épars en différens points du corps, et dépourvu de cordon médullaire longitudinal, ganglionné dans sa longueur ; jouissant d'un double système de circulation ; respirant par des branchies diverses, rarement à-la-fois libres et symétriques ; munis d'une tête plus ou moins saillante, le plus souvent oculifère, tantôt surmontée de tentacules au nombre de deux ou de quatre, et jamais au-delà de six, tantôt chargée de bras disposés en couronne ; ayant en général des parties dures à la bouche, pour broyer, couper ou percer ; enfin, possédant un manteau à lobes plus ou moins amples, dont les points d'insertion à la peau sont séparés dans la plupart, et qui se réunissent quelquefois pour former une sorte de sac.

Parmi ces animaux mollasses, les uns sont nus, avec ou sans partie dure ou coquilles à l'intérieur, et les autres enveloppés ou recouverts par une coquille univalve, ou par une rangée dorsale de pièces testacées; mais aucun d'eux ne produit une coquille véritablement bivalve, à pièces réunies en charnière.

Le *Mollusques*, ainsi réduits, constituent une classe très distincte, fort nombreuse et diversifiée, qui termine à-la-fois celle des animaux sans vertèbres, ainsi que la branche étendue et remarquable des animaux inarticulés.

Le mode de leur système nerveux est si singulier, paraît même si particulier, que, dès qu'il fut connu, on le fit servir de base pour caractériser classiquement les animaux qui en possèdent un de cette sorte. En effet, tandis qu'un grand nombre d'animaux sans vertèbres de classes différentes, offrent, dans leur système nerveux, un cordon médullaire longitudinal, ganglionné dans toute sa longueur, celui des Mollusques, des Conchifères, et autres, ne présente que des ganglions épars en différens points du corps, et non une rangée longitudinale de ganglions sur un cordon médullaire particulier.

Cette différence de forme et de disposition, dans les deux sortes de système nerveux citées, est assurément très grande, et tient effectivement à deux sortes particulières de forme et de disposition dans les parties des animaux qui les offrent. Mais on ne s'aperçut point que chacune de ces sortes de systèmes nerveux appartenait à une suite très nombreuse d'animaux divers, qu'il ne peut être convenable de réunir tous dans une même classe, parce que, de part et d'autre, leur organisation présente, dans ses degrés d'avancement et de composition, des différences très remarquables.

Ainsi, de même que le système nerveux à cordon médullaire ganglionné paraît commencer dans les *vers,* se montre clairement dans tous les *insectes,* s'étend ensuite dans les *Arachnides,* les *Crustacés,* les *Annélides,* et se retrouve encore dans les *Cirrhipèdes,* étant partout le propre d'animaux munis d'articulations dans toutes ou dans certaines de leurs parties; de même aussi, le système nerveux à ganglions épars et sans cordon médullaire noueux n'est point borné à ne se montrer que dans les *Mollusques,* a une origine bien plus éloignée, paraît effectivement commencer dans une branche qui se sépare des *Polypes,* et appartient à des animaux évidemment de différentes classes, tels que nos *Tuniciers,* nos *Conchifères* et nos *Mollus-*

ques. Il y constitue donc la branche fort étendue des *animaux inarticulés,* dont j'ai fait mention dans le premier volume de l'Histoire naturelle des Animaux sans vertèbres (p. 457); et nos Mollusques, qui terminent cette branche, sont les seuls qui aient une tête, le plus souvent oculifère. Tous les animaux inarticulés dont je viens de parler, offrent, dans la forme et la disposition de leurs parties, ainsi que dans leurs facultés diverses, des différences très grandes qui les distinguent des animaux munis d'articulations. Leur peau est toujours molle, peu de leurs parties sont réellement paires et symétriques, et l'infériorité de leurs facultés, relativement aux animaux articulés, s'étend même, parmi eux, jusqu'à ceux qui ont l'organisation la plus composée.

Les *Mollusques* sont sans doute ceux des animaux inarticulés dont la composition de l'organisation est le plus avancée vers le perfectionnement dont elle peut être susceptible. Eminemment distincts des *Conchifères,* puisqu'ils ne sont pas, comme ces derniers, essentiellement testacés; et qu'aucun d'eux ne saurait produire une coquille bivalve, articulée en charnière, on sent néanmoins qu'ils les suivent et en proviennent réellement.

En effet, les animaux inarticulés des *Conchifères* sont généralement dépourvus de tête et d'yeux; mais lorsque des animaux de cette sorte furent parvenus à s'allonger, à sortir de dessous les lobes de leur manteau, en un mot, à dégager la partie antérieure de leur corps, une tête distincte, mobile et saillante, put se développer à cette extrémité antérieure, et dès-lors commença l'existence de la nouvelle forme d'animaux qui appartient aux *Mollusques.* Or, la tête, qui fait partie de cette forme, d'abord un peu et ensuite complètement démasquée, a pu alors développer aussi des organes particuliers, utiles à l'animal, tels que deux yeux distincts, deux ou quatre, quelquefois même six tentacules, et des parties dures à la bouche pour couper, broyer ou perforer des corps concrets; organes que ne peuvent posséder les animaux des *Conchifères.*

Ainsi, tant que les *Céphalopodes,* malgré la singularité de leur forme, feront partie de la classe des *Mollusques* (parce que, réduits à ne connaître parmi ces animaux que ceux de la famille des *Sépiaires,* nous ne sommes pas assez instruits à leur égard pour en former une classe séparée et les caractériser généralement), cette classe sera nécessairement la dernière des animaux sans vertèbres, et la dernière aussi de la série des animaux inarticulés. L'organisation, dans les animaux de la classe dont il s'agit, a obtenu effectivement le plus haut degré de composition où elle pouvait atteindre dans des invertébrés.

Cependant, chose étonnante! les *Mollusques,* supérieurs en composition d'organisation à tous les autres animaux sans vertèbres, sont réellement fort inférieurs en facultés à beaucoup de ces derniers, et surtout dans celles des mouvemens qui sont si avantageuses à l'animal.

En effet, quelle différence ne trouve-t-on pas entre la facilité, la vivacité des mouvements de la plupart des *insectes,* des *Arachnides,* etc., et la nature de ceux de tout *Mollusque* quelconque! Quelle supériorité ne trouve-t-on pas encore dans ces produits d'habitudes compliquées, lesquels ressemblent tant à des actes d'industrie, lorsque l'on compare les manœuvres diverses d'un grand nombre des animaux articulés que nous venons de citer aux actions de presque tous les *Mollusques!* Ce furent probablement ces considérations qui portèrent *Linné,* dans sa classification des animaux, à reléguer les *Mollusques* dans ses *vers,* et à placer avant eux les *insectes,* classe qui embrassait, selon sa méthode, tous les animaux à pattes articulées.

Puisque les *Mollusques,* malgré leur supériorité de composition organique, sont si inférieurs en facultés, comparativement aux animaux articulés cités ci-dessus, ne peut-on pas penser que, se trouvant sur la limite supérieure des animaux sans vertèbres, et occupant particulièrement l'intervalle qui sépare ces animaux de ceux qui ont un squelette intérieur, ils ont eu à supporter l'influence des changemens que la nature a été obligée d'opérer en eux pour arriver au plan d'organisation tout-à-fait nouveau qui devait donner l'existence aux animaux vertébrés? Cette seule cause les eût déjà exposés à une faiblesse de mouvement que n'ont pas beaucoup d'autres animaux sans vertèbres, et même à une grande infériorité dans leur système de sensibilité, si une autre cause n'eût encore concouru à borner ainsi leur faculté de sentir et celle de se mouvoir.

Le pouvoir de la nature est borné, selon la circonstance dans laquelle elle agit; car là, elle ne saurait faire autre chose que ce qu'elle fait, tandis qu'ailleurs elle peut faire davantage : aussi n'a-t-elle pu exécuter à l'égard des animaux qni n'ont point d'articulations ce qu'elle a pu faire pour ceux qui sont articulés.

Sans doute, les *Mollusques* jouissent de la faculté de sentir; mais cette faculté n'a pu acquérir aucune énergie dans ces animaux ; le mode particulier de leur système nerveux, à masses médullaires assez rares et éparses, ainsi que l'état chétif de leur cerveau, paraissent avoir considérablement réduit leur sensibilité. Il se pourrait cependant que cette sensibilité fût, jusqu'à un certain point, suppléée par une *irritabilité* plus grande dans quelques-unes de leurs parties, dans celles que l'on suppose jouir d'une sensibilité exquise.

Les *Mollusques*, avons-nous dit, appartiennent à la branche des animaux inarticulés, qui commence avec les *Polypes*, et la terminent. Or, quoique, dans le cours de la série de ces animaux, la nature ait constamment travaillé à accroître la composition de l'organisation, on va voir qu'elle n'a eu nulle part le pouvoir d'amener d'aussi grandes facultés de mouvement que celles qu'elle a pu donner à la plupart des animaux articulés, et surtout à certains d'entre eux.

Effectivement, à mesure que, dans l'une et l'autre série, la nature voulut accroître la faculté des mouvemens, de part et d'autre, elle fixa les muscles sous la peau de l'animal. Mais, dans la série des animaux articulés, dès qu'elle put former un cerveau, son plan d'organisation lui permit d'y joindre un cordon médullaire ganglionné qui lui fournit de grands moyens pour les mouvemens de l'animal; tandis que, dans celle des animaux inarticulés, un plan bien différent ne lui donna jamais le pouvoir d'établir un pareil cordon.

Bientôt les animaux articulés obtinrent plus de consistance et de solidité dans leur peau ; elle devint cornée, crustacée même ; et, rompue d'espace en espace par les suites du système des articulations, elle offrit un nouveau moyen pour la facilité des mouvemens. Au contraire, les animaux inarticulés, d'après le type de leur organisation, et malgré les modifications ou les variations que cette organisation put avoir à subir, n'eurent toujours qu'une peau mollasse, qui ne fournit qu'un faible appui aux muscles.

A la vérité, pour diminuer cet inconvénient, auquel les animaux inarticulés sont assujétis, la nature augmenta le pouvoir de leur peau. Elle y parvint en accroissant l'étendue de cette peau, la doublant, lui donnant des appendices charnus et musculaires. Ainsi les *Tuniciers* obtinrent une enveloppe double, les *Conchifères* un ample manteau, à deux lobes, soit séparés, soit réunis par devant. Mais les *Mollusques*, parvenus à acquérir l'organisation la plus composée parmi les animaux sans vertèbres, sans posséder néanmoins, dans leur système nerveux, ce cordon médullaire ganglionné qui est si utile et donne tant d'activité aux mouvemens, se trouvant d'ailleurs sur la limite d'un plan que la nature allait abandonner, les *Mollusques*, dis-je, ne reçurent aucun accroissement dans la faculté de se mouvoir, ni dans celle de sentir ; beaucoup même subirent une grande diminution dans l'étendue des appendices de leur peau, et ils n'obtinrent guère, selon leurs habitudes et les circonstances, que des variations dans leur forme et dans celle de leurs parties. Ils paraissent donc terminer leur série sans montrer s'ils ont réellement amené les animaux vertébrés, et ils semblent même la terminer sans aucune suite. Voilà ce que j'aperçois de probable relativement à l'origine, la terminaison et l'infériorité des facultés des *Mollusques*, comparées à celles de beaucoup d'autres animaux sans vertèbres.

Ainsi, quoique les *Mollusques* aient leur organisation supérieure en composition à celle des *insectes*, l'état ou le mode de cette organisation dans les premiers, leur système nerveux en quelque sorte appauvri, et leur peau mollasse qui ne donne qu'un faible appui à leur système musculaire, font que les moyens de ces animaux, par leurs actions, sont d'une très grande infériorité comparativement à ceux que possèdent les *insectes*.

Placés sur la limite supérieure des animaux sans vertèbres, on dirait que les *Mollusques* sont en quelque sorte dans un état de révolution organique. La nature semble ne plus rien faire pour eux. Occupée à transporter les points d'appui du système musculaire sur un squelette intérieur, elle établit un ordre de chose tout-à-fait nouveau, en formant les animaux vertébrés. Ainsi les *Mollusques*, n'ayant pu obtenir cette moelle longitudinale noueuse des animaux articulés, et ne possédant pas non plus cette moelle épinière dorsale, propre à tous ceux qui sont vertébrés, terminent la nombreuse série des animaux inarticulés, en conservant une faiblesse de moyens que la composition de leur organisation n'a pu détruire.

Les *Mollusques*, très nombreux, très diversifiés, constituent une des grandes classes du règne animal. Dans mon premier cours au Muséum d'Histoire naturelle, en 1794, je les plaçai en tête des animaux sans vertèbres, avant les *insectes*, contre l'opinion des zoologistes, qui suivaient alors l'ordre établi par *Linné*.

L'étude de ces singuliers animaux présente beaucoup d'intérêt sous différens rapports; elle en offre surtout par la grande diversité de leur forme, de leur mode de respiration, des pièces solides ou testacées qu'ils produisent, et des lieux qu'ils habitent.

Ces animaux ont le corps charnu, mollasse, éminemment contractile, et doué de la faculté de régénérer les parties qu'on lui enlève. Ce corps n'est ni articulé ni divisé par des anneaux distincts. Il est recouvert par une peau molle, jamais crustacée ni cornée, très sensible, susceptible de se prêter à ses allongemens et à ses contractions, les effectuant elle-même par les muscles qui y adhèrent en dessous. Cette peau est en tout temps humide, et comme enduite d'une liqueur visqueuse et gluante qui en suinte perpétuellement. Elle est uniquement le tégument propre de l'animal, et est tout-à-fait indépendante de toute autre enveloppe solide qui peut le renfermer. Dans presque tous les *Mollusques*, elle fournit un appendice membraneux ou charnu, varié dans son étendue et sa forme, et auquel on a donné le nom de *manteau*, parce qu'il y ressemble quelquefois.

Tous les animaux dont il s'agit ont une tête presque toujours distincte, placée à la partie antérieure de leur corps, et qui offre, le plus souvent, des yeux et des tentacules. Les uns ont une bouche avec ou sans mâchoires, terminant un museau court; d'autres ont une trompe exsertile, presque toujours armée de petites dents solides et cornées, en son bord interne; et d'autres encore, sans offrir aucun museau, ont la bouche verticale, et munie de deux mandibules cornées, crochues et très fortes. Il y en a enfin qui ont un siphon saillant pour amener l'eau aux branchies, une production charnue qu'on nomme leur *pied* et qui leur sert presque généralement pour ramper, une cuirasse, des nageoires, etc., etc., parties dont beaucoup d'autres sont dépourvus.

Les *Mollusques* ont le sang blanc ou bleuâtre; leurs muscles sont blancs, très irritables, et en général attachés sous la peau, ainsi que dans l'épaisseur du manteau. Leur corps est allongé, quelquefois ovale, médiocrement déprimé, tantôt droit, et tantôt contourné postérieurement en spirale. Il renferme les viscères et les autres organes essentiels à l'animal, et contient souvent une ou plusieurs pièces solides, qui ne font pas pour lui les fonctions de squelette, c'est-à-dire, qui ne servent point à ses mouvemens. Enfin, parmi ces pièces solides intérieures, il y en a qui ont plus ou moins complètement la forme d'une coquille; et cette coquille, de matière crétacée, est plus ou moins contournée en spirale.

N'ayant pu donner lieu à l'existence de tous les animaux, qu'en employant des plans d'organisation fort différens les uns des autres, et progressivement plus compliqués d'organes divers, la nature, que l'on doit suivre et étudier dans sa marche constante, si l'on veut parvenir à se former quelque idée juste de ce qui vient d'elle, a été obligée, pour opérer la respiration des animaux, de faire usage des différens modes d'organes respiratoires, les appropriant chacun au plan d'organisation dont ils devaient et pouvaient seuls faire partie.

Or, comme l'arbitraire n'est nullement à sa disposition, qu'elle ne saurait l'employer nulle part, et que, dans chaque sorte de circonstances où elle agit, ce qu'elle fait est toujours une nécessité pour elle, lorsqu'elle a cessé de faire usage d'un mode respiratoire, elle n'y revient plus, et passe nécessairement à un autre mode d'un ordre plus élevé, qu'elle n'aurait pu employer auparavant.

Il résulte de ces lois, conformes à tout ce que l'on observe, que le *poumon*, organe respiratoire des animaux les plus parfaits, de ceux dont l'organisation est la plus compliquée, de l'homme même, et qui a effectivement une structure particulière, n'a pu être employé à la respiration d'animaux d'un ordre inférieur à celui des *poissons* qui respirent encore par des branchies; qu'il ne saurait être vrai qu'il y ait des Mollusques, tels que ceux des *Hélices*, des *Bulimes*, etc., dont l'organe respiratoire soit un poumon; qu'il y ait même des Arachnides, telles que les *Araignées* et les *Scorpions*, qui soient dans ce cas.

Sans doute, les canaux ou trachées aquifères, souvent ramifiées ou dendroïdes des *Radiaires*; les trachées aérifères des *insectes*; les branchies des *Crustacés*, des *Annélides*, des *Cirrhipèdes*, des *Conchifères*, des *Mollusques* et des *Poissons*; enfin les poumons de la plupart des *Reptiles*, de tous les *Oiseaux* et de tous les *Mammifères*, sont généralement des organes respiratoires. Cependant si l'on donnait le même nom à des objets si différens par leur nature, ce serait introduire une confusion dans les idées qui ne serait nullement favorable à l'avancement de nos connaissances. Ainsi, nous ne reconnaissons, pour organe respiratoire des *Mollusques*, que des branchies, quelque diversifiées qu'elles soient; et aucune d'elles ne ressemble effectivement à un vrai poumon.

La *tête* des Mollusques est une éminence charnue, souvent arrondie, qui termine le cou ou la partie antérieure du corps, et qui est en général très distincte, plus ou moins libre et mobile. Le cerveau, dont le contour est tantôt semi-lunaire et tantôt en fascie arquée, s'y trouve placé sur l'œsophage, derrière une masse ovale de muscles qui enveloppe la bouche et le pharynx. Ses parties latérales, qui produisent chacune un filet médullaire, entourent l'œsophage comme un collier, et forment, à leur réunion, un ganglion qui est quelquefois plus considérable que le cerveau lui-même, mais qui n'en saurait faire partie. (1)

____

(1) Si l'on adoptait rigoureusement la définition du cerveau

Presque tous les Mollusques ont des *yeux* à la tête, ou placés sur quelques parties soutenues par cette dernière ; et, à l'exception de ceux des premiers genres de nos *Ptéropodes* qui n'ont encore pu en avoir, ceux ensuite qui en manquent n'en sont privés que par un avortement que leurs habitudes et les circonstances ont produit.

Sauf les *Céphalopodes,* particulièrement les *Sèches,* les *Calmars* et les *Poulpes,* dont les yeux sont assez gros et conformés presque entièrement comme ceux des animaux vertébrés, les autres Mollusques, parmi ceux qui en sont munis, ont les leurs fort imparfaits, peu propres à l'usage de la vue, et presque uniquement tentaculaires, c'est-à-dire plus sensibles ou irritables au contact des corps concrets qu'à celui de la lumière. Ces yeux sont en général au nombre de deux ; mais ils varient dans leur situation, selon les genres et quelquefois les espèces des animaux dont il s'agit. Dans quelques-uns, en effet, ils sont au sommet des tentacules ou de deux des plus grands tentacules ; dans d'autres, vers le milieu de ces parties, et dans d'autres encore, à leur origine, soit latérale, soit presque dorsale.

Les *tentacules* constituent un organe qui n'est pas le propre de tous les Mollusques, mais dont beaucoup d'entre eux sont pourvus. Ce sont des espèces de cornes mobiles, non articulées, en cela fort différentes des antennes et des palpes des *insectes*, et qui sont douées d'un sentiment ou d'un tact très fin, plus délicat que celui des autres parties du corps de l'animal. Ceux des Mollusques qui en sont munis les portent sur la tête, et n'en ont jamais moins de deux ni plus de six. Ces tentacules

---

donnée par les anatomistes, il est notoire que, ne pouvant s'appliquer à la partie principale du système nerveux des invertébrés, cette dénomination ne serait pas employée par eux. De même que le nom de poumon est impropre à la branchie aérienne de quelques animaux invertébrés, le nom de cerveau ne convient pas davantage à des organes qui n'ont avec le cerveau des vertébrés qu'une analogie fort éloignée. Pour les Mollusques, on pourrait substituer à cerveau le nom d'anneau œsophagien, qui convient mieux aux organes dont il s'agit.

26.

varient dans leur structure interne; car, dans les *Limaces* et les *Hélices*, ce sont des espèces de tuyaux creux qui ont la faculté de rentrer en eux-mêmes par le moyen d'un muscle qui en retire l'extrémité jusque dans l'intérieur de la tête, muscle qui enveloppe probablement le nerf optique qui se rend à l'œil; et, dans d'autres Mollusques, ils paraissent composés de fibres longitudinales entrecoupées de fibres annulaires, ce qui leur donne la faculté de s'allonger ou de se raccourcir au gré de l'animal.

A la place de ces organes, les Mollusques *céphalopodes* portent sur la tête une rangée de pieds ou d'espèces de bras, disposés en couronne.

La *bouche* est en général armée de parties dures, parce qu'elle a des fonctions à remplir relativement aux substances dont les Mollusques se nourrissent. Dans les uns, elle est courte et a presque toujours deux mâchoires, dans les autres, elle consiste en une trompe rétractile, munie de petites dents à son orifice interne, et n'a point de mâchoires.

Ceux qui ont une bouche à deux mâchoires la présentent sous deux formes et situations différentes. Tantôt cette bouche bimaxillaire est verticale, et offre deux fortes mâchoires cornées, édentées, crochues, comme les mandibules d'un bec de perroquet; et tantôt cette même bouche est fort petite et placée au-dessous de la tête, ou presque à son extrémité antérieure. Elle s'y montre sous la forme d'un sillon, soit longitudinal, soit transversal, selon les espèces, et termine cette partie de la tête qu'on nomme le *mufle,* qui s'étend depuis la base des tentacules jusqu'à l'ouverture de la bouche. Ce mufle est quelquefois fort court, et quelquefois aussi il est allongé, presque proboscidiforme. Dans ce dernier cas, il est toujours très distinct de la trompe, celle-ci n'ayant point de mâchoires et étant rétractile. Les deux mâchoires du mufle dont je viens de parler sont cartilagineuses et fort inégales. La supérieure est plus avancée, presque immobile, tantôt simple et tantôt relevée de cinq ou six cannelures; l'inférieure, plus enfoncée et plus mobile, est munie de dents infiniment petites, et presque imperceptibles à la vue, quoique sensibles au toucher.

Parmi ceux qui sont dépourvus de mâchoires, il y en a qui

ont à leur place une espèce de trompe ou de tuyau cylindrique, qui est d'une grande longueur dans certaines espèces, et beaucoup moindre dans d'autres. Cette trompe est charnue, musculeuse, peu épaisse, contractile et fort souple. C'est en quelque sorte un œsophage allongé, qui a la faculté de sortir du corps et d'y rentrer comme dans un fourreau. Son extrémité est percée d'un trou rond, bordé autour par une membrane cartilagineuse, et armée de très petites dents.

Les Mollusques munis d'une trompe, comme en en voit dans les *Buccins*, les *Volutes*, etc., sont carnassiers; ils s'en servent, comme de tarière, pour percer même les coquilles des autres coquillages et sucer la chair des animaux qu'elles recouvrent. Ceux qui ont deux fortes mâchoires cornées et en bec de perroquet sont aussi carnassiers ou ne se nourrissent que de matières animales : il paraît que c'est là particulièrement le propre des *Céphalopodes*.

Quant aux Mollusques qui ont un mufle et deux mâchoires, dont une au moins est munie de petites dents, ce sont des animaux herbivores ou frugivores, tels que les *Limaces*, les *Hélices*, les *Bulimes*, etc.

Le *pied*, dans les Mollusques, devrait être l'organe qui sert au mouvement progressif de ces animaux, et alors ceux-ci en auraient de différentes sortes ; car les uns se traînent à l'aide de leurs bras sans jamais nager ni ramper ; les autres se meuvent dans les eaux à l'aide de nageoires, soit opposées, soit alternes ou irrégulièrement disposées; et d'autres encore rampent réellement. Or, on donne particulièrement le nom de *pied* à l'organe dont se servent quelques-uns de ces animaux pour ramper.

Ce pied consiste en un disque charnu, musculeux et glutineux, qui adhère à la face inférieure du corps, soit dans toute sa longueur, soit seulement antérieurement, et dont les mouvemens ondulatoires d'allongement et de contraction produisent une espèce de rampement. Ce même pied est formé de plusieurs plans de fibres qui se croisent en divers sens et qui le mettent à portée de prendre toutes sortes de figures. Parmi tous les Mollusques, ce sont uniquement nos *Gastéropodes* et nos *Trachélipodes* qui possèdent un pied propre à ramper.

Les *muscles* qui appartiennent aux Mollusques, et qui sont les organes de leurs mouvemeus divers, sont en général attachés sous la peau de l'animal ou dans l'épaisseur de son manteau ou de son pied. Je n'en parlerai point, ces détails appartenant à l'anatomie, et ne faisant point partie de l'objet que j'ai ici en vue. Mais je dirai un mot des muscles particuliers de ceux des Mollusques qui ont une coquille extérieure et univalve, parce que ces muscles qui servent de point d'attache à l'animal, me paraissent fournir des caractères utiles de distinction.

Les Mollusques à coquille extérieure, comme les *Hélices*, les *Bulimes*, les *Volutes*, etc., n'ont qu'un seul muscle qui attache leur corps à cette coquille, par une petite partie du dos, et à-peu-près vers le milieu de sa longueur. Ce muscle forme un assez large tendon, semblable à un ruban mince, qui se divise en deux ou trois rubans principaux. Chacun de ces rubans se subdivise en plusieurs autres plus petits qui se dispersent et se distribuent dans toutes les parties du corps.

Les Mollusques à coquille univalve, munie d'un opercule, ont, au contraire, deux muscles particuliers qui servent à effectuer leur attache aux deux pièces solides dont il s'agit. L'un de ces muscles unit l'animal à sa coquille et ressemble à celui que l'on observe dans les univalves non operculées, et l'autre, qui tient à l'opercule, est ordinairement rond, fort large, mais peu épais.

Qu'on ne dise pas que les deux pièces solides dont il vient d'être question soient comparables aux deux valves des *Conchifères*; car on serait dans l'erreur à cet égard. Les valves des *Conchifères* sont deux pièces analogues, semblables ou dissemblables, articulées en charnière, produites l'une et l'autre par le manteau de l'animal, et qui composent essentiellement la coquille de ce dernier. Ici, au contraire, c'est-à-dire dans les Mollusques à coquille univalve operculée, les deux pièces solides que présente chacun de ces coquillages sont : l'une, la coquille elle-même, à laquelle l'animal est attaché; l'autre, une pièce particulière qui n'est nullement analogue à la première, qui ne s'articule point en charnière avec elle, que l'animal en écarte et en rapproche, l'emportant avec lui chaque fois qu'il sort de sa coquille et qu'il y rentre, en un mot, dont la production et la destination sont très différentes de celles de la coquille.

Parmi les Mollusques, il y en a qui sont nus, c'est-à-dire qui n'offrent à l'extérieur aucun test apparent, tandis que d'autres sont enveloppés et recouverts par une coquille très distincte.

A l'égard des Mollusques nus, les uns sont mollasses dans toutes leurs parties, et les autres contiennent intérieurement un ou plusieurs corps solides, qui tantôt sont simplement cartilagineux ou cornés, ou crétacés et lamelleux, sans être réellement conchyliformes, et tantôt constituent une véritable coquille intérieure. Celle-ci, ordinairement contournée en spirale, a quelquefois sa cavité simple, non divisée, comme dans la *Bullée*, les *Bulles* et les *Sigarets*; mais dans un grand nombre de Céphalopodes, cette coquille interne est multiloculaire, sa cavité étant divisée régulièrement en diverses loges par des cloisons transverses.

Dans le nombre des coquilles que produisent les Mollusques, il y en a donc qui sont véritablement intérieures, qui tantôt ne paraissent nullement au dehors, et tantôt se montrent plus ou moins dans la partie postérieure de l'animal, où elles semblent enchâssées, et il y en a aussi qui sont tout-à-fait extérieures, et qui enveloppent ou recouvrent l'animal.

Quant à ces coquilles extérieures des Mollusques testacés, un célèbre naturaliste, ayant considéré ce faux épiderme qu'on observe sur un grand nombre d'entre elles, et qu'on a nommé leur *drap-marin,* et l'ayant pris pour un véritable épiderme qui, ainsi que tout autre, aurait eu une origine organique, a prétendu que toute coquille quelconque était réellement intérieure, même celles qui paraissent au dehors envelopper ou recouvrir l'animal; et que, dans sa formation, la coquille résultait de matières transsudées et déposées par couches sous l'épiderme, lequel conséquemment se serait trouvé préexistant à la transsudation.

Nous pensons bien différemment, et nous croyons pouvoir assurer que la transsudation dont il s'agit s'est opérée entièrement au dehors de l'animal. Nous nous sommes convaincu, par l'examen des objets, que l'animal ne tenait à sa coquille par aucun autre point que par son muscle d'attache; et que, par l'extrémité tendineuse de ce muscle, il ne s'introduisait dans l'intérieur de la coquille aucun vaisseau quelconque qui pût porter la nourriture dans cette dernière, et opérer, soit son développement, soit celui de tout corps qui la couvrirait à l'extérieur. Or, comme cette coquille, quoique fort petite, était déjà existante lorsque l'animal est sorti de son œuf, époque où le drap-marin en question n'est point perceptible, nous trouvons impossible la formation organique de cette couche particulière que l'on y observe, et qui partout n'y est qu'appliquée, sans avoir aucun point réel d'adhérence. Il y a d'ailleurs des coquilles enveloppantes qui n'ont jamais de drap-marin et qui ne sauraient en avoir d'après ce que nous apercevons des causes de la formation de ce dernier, cause dont nous avons donné l'explication dans nos ouvrages.

Toute coquille calcaire est un mélange de parties crétacées, concrétées par l'agrégation qui a suivi leur rapprochement, et de parties gélatineuses animales, interposées dans les interstices des molécules calcaires.

Toute matière qui transsude d'un Mollusque, et qui est propre à former ou accroître une coquille, est, au moment de sa sortie de l'animal, dans l'état de liquide : c'est un fluide gélatineux qui contient des molécules crétacées. Or, après la sortie de ce fluide, les particules crétacées se rapprochent les unes des autres, par l'affinité et l'attraction, et s'agrègent et se concrètent, en conservant dans leurs interstices une portion de la gélatine animale qui a pu y trouver place. Mais l'excédant de cette gélatine est repoussé ou rejeté au dehors de la coquille dont il n'a pu faire partie; ses molécules se rapprochent et se réunissent à leur tour; enfin, elles forment à la surface externe de la coquille, sans y adhérer, une couche qui ressemble à une espèce de pellicule ou d'épiderme, et qui ne fut jamais vivante et organisée, comme le furent dans leur source l'épiderme de toute peau animale et celui de toute écorce végétale. Telle est, selon nous, l'origine du drap - marin des coquilles.

Celles des coquilles extérieures que l'animal enveloppe de son manteau, chaque fois qu'il en sort, comme les *Porcelaines,* les *Olives,* etc., n'ont jamais de drap-marin, parce qu'étant fréquemment recouvertes par les parties de l'animal, l'excédant de gélatine transsudée ne peut s'y établir avec assez de consistance pour y subsister.

Tous les Mollusques sont ovipares, rarement ovovivipares ; conséquemment leur reproduction s'opère nécessairement par une fécondation sexuelle. Dans l'un des ordres de ces animaux, l'on observe que les sexes sont séparés, et qu'il y a des individus mâles et des individus femelles. C'est le cas des Céphalopodes ou au moins des *Sépiaires* qui y appartiennent (1). Ces animaux néanmoins ne sauraient s'accoupler ; mais les mâles répandent une liqueur fécondante sur les œufs déjà pondus des femelles. Il paraît que les autres Mollusques, tels particulièrement que nos Gastéropodes et nos Trachélipodes, ont les deux sexes réunis dans le même individu. Parmi ces Hermaphrodites, les uns ont besoin d'un accouplement réciproque, et sont munis à cet effet d'un organe singulier, qui n'est qu'excitateur, mais nécessaire pour donner lieu à l'acte de la fécondation ; et les autres, manquant de l'organe dont il s'agit, ne s'accouplent point et paraissent se suffire à eux-mêmes.

A l'égard des Mollusques hermaphrodites qui ont besoin d'accouplement pour se reproduire, on prétend que dans ceux qui sont terrestres, comme les *Limaces* et les *Hélices*, on a observé un prélude excitateur très singulier et très curieux. En effet, outre la verge bien connue de ces animaux, on dit qu'ils possèdent une espèce de dard ou d'aiguillon allongé qui sort par la même ouverture du cou qui donne issue à la verge ; que, lorsque les deux individus s'approchent, le dard de l'un pique l'au-

---

(1) Les Céphalopodes ne sont pas les seuls Mollusques dont les sexes sont séparés. Un grand nombre des Trachélipodes de Lamarck, ceux dont la coquille est canaliculée ou échancrée à la base, et même, à ce qu'il paraît, un certain nombre de ceux dont la coquille est entière ont le même caractère. M. de Blainville s'est utilement servi des caractères des organes de la génération pour diviser les Mollusques en trois grandes classes : les Dioïques, ceux dont les sexes sont séparés ; les Monoïques, ceux dont chaque individu a les deux sexes réunis ; et les Hermaphrodites, ceux qui n'ont que le sexe femelle.

tre, et tombe à terre ou reste attaché à celui qui a été piqué; qu'ils se retirent ensuite, mais que bientôt après ils se rapprochent de nouveau, et qu'alors leur accouplement s'exécute. Tel est le prélude particulier qui a été remarqué dans l'accouplement des Mollusques terrestres, et dont *Geoffroi* a consigné les détails dans son traité des coquilles.

Les œufs des Mollusques n'éclosent en général qu'après avoir été pondus et déposés au dehors. Les uns sont nus et ont leur coque crustacée, comme ceux des reptiles et des oiseaux : tels sont les œufs des *Hélices*, des *Bulimes*, etc.; les autres sont tantôt environnés d'une espèce de gelée qui les unit entre eux, comme ceux des *Planorbes*, des *Lymnées*, etc., et tantôt renfermés dans des espèces de sacs membraneux, très diversifiés dans leur forme, quelquefois solitaires, et plus ordinairement réunis en groupes divers, chacun de ces sacs contenant plusieurs petits qui en sortent vivans avec leur coquille déjà formée : tel est le cas des œufs des *Buccins*, des *Volutes*, des *Murex*, etc.

On a pris les sacs dont je viens de parler pour les œufs eux-mêmes; mais c'est à tort. Les sacs en question sont aux véritables œufs qu'ils contiennent, ce que l'espèce de gelée que déposent les *Planorbes*, les *Lymnées*, etc., est aux petits œufs dont elle est remplie.

Les *Mollusques* sont en général des animaux aquatiques. La plupart vivent dans la mer, d'autres habitent les eaux douces, et d'autres encore se tiennent sur la terre, principalement dans les lieux humides ou ombragés. Parmi les terrestres, il y en a néanmoins qui supportent assez habituellement les ardeurs d'un soleil très vif.

DIVISION ET DISTRIBUTION DES MOLLUSQUES.

Ayant long-temps examiné les rapports qui se trouvent entre les différens *Mollusques* connus, et considéré l'importance de les distribuer selon l'ordre le plus apparent de leur production par la nature, la division suivante, dont je fais usage dans mes cours, depuis quelques années, ainsi que les coupes qui la partagent, me paraissent ce qu'il y a de plus convenable à établir relativement à ces nombreux animaux.

En conséquence, je divise les Mollusques en cinq ordres très distincts, les distribuant de manière que le premier de ces ordres me semble embrasser les animaux de cette classe qui tiennent de plus près aux Conchifères; tandis que le dernier présente ceux des Mollusques qui paraissent avoisiner, par leur forme, la classe des poissons, quoiqu'il n'y ait point entre eux de transition connue et réelle. Voici les cinq ordres dont il s'agit, rangés suivant cette considération.

ORDRES DES MOLLUSQUES.

Ire. ORDRE. — *Les Ptéropodes.*

> Point de pied pour ramper ni de bras pour se traîner ou saisir la proie. Deux nageoires opposées et semblables, propres à la natation.

IIe. ORDRE. — *Les Gastéropodes.*

> Le corps droit, jamais en spirale ni enveloppé dans une coquille qui puisse le contenir. Un pied musculeux, uni à ce corps dans toute sa longueur, placé sous le ventre, et servant à ramper.

IIIe. ORDRE. — *Les Trachélipodes.*

> Le corps en grande partie contourné en spirale, séparé du pied, et toujours enveloppé dans une coquille spirivale. Un pied libre, aplati, attaché à la base inférieure du cou, et servant à ramper.

IVe. ORDRE. — *Les Céphalopodes.*

> Le corps contenu inférieurement dans un manteau en forme de sac. Tête saillante, hors de ce sac, couronnée par des bras non articulés, garnis de ventouses, et qui environnent une bouche ayant deux mandibules cornées.

V^e. ORDRE. — *Les Hétéropodes.*

> Point de bras en couronne sur la tête; point de pied sous le ventre ou sous la gorge pour ramper. Une ou plusieurs nageoires, sans ordre régulier, et non disposées par paires.

LES PTÉROPODES.

Point de pied pour ramper, ni de bras pour se traîner ou saisir la proie. Deux nageoires opposées et semblables, propres à la natation. Corps libre, flottant.

Les *Ptéropodes*, reconnus, institués et nommés par *Cuvier*, sont des Mollusques munis de deux nageoires opposées qui représentent les deux lobes du manteau des Conchifères, mais ici modifiés et transformés en organes de mouvement. Ils me paraissent devoir être placés à l'entrée de la classe, immédiatement après les Conchifères, dans l'ordre de progression dont je fais usage, et être éloignés de ceux qui ont aussi des nageoires, mais irrégulières dans leur situation et leur forme. (1)

(1) Il est bien présumable que Lamarck abandonnerait actuellement l'opinion qu'il avait sur les Ptéropodes, et, par une conséquence nécessaire, les rapports qu'il propose ici de leur donner sur la limite des deux grands embranchemens des Mollusques. Ces animaux, comme l'a prouvé M. de Blainville, diffèrent peu des Gastéropodes dans les parties essentielles de leur organisation, et ils n'ont pas, avec les Mollusques acéphalés, autant d'analogie que les animaux des Cabochons et de quelques autres genres voisins. La méthode de Lamarck aura à cet égard de grands changemens à subir.

Nous pensons que les Ptéropodes ne doivent pas former un ordre dans les Mollusques, mais seulement une famille. Nous nous conformons, à cet égard, à l'opinion de M. de Blainville. L'ordre des Ptéropodes a été fondé sur la nature présumée de leurs organes de la respiration que l'on supposait formés des stries que l'on voit sur les nageoires; dès qu'il en est autrement, et que les Ptéropodes ont, comme l'a prouvé M. de Blainville,

Les Ptéropodes sont des Mollusques nageurs, qui ne sauraient se fixer, et dont le corps flotte continuellement dans les eaux marines, paraissant se déplacer à l'aide de ses nageoires. Ces dernières parties sont deux ailes placées aux deux côtés de la bouche, dans les uns, et du cou, dans les autres.

Dans l'*Hyale*, la tête est si enfoncée dans la base ou le point de réunion des deux nageoires, qu'elle paraît nulle, ce qui montre un rapport évident entre cet animal et les Conchifères.

Dans la *Cymbulie*, on regarderait à tort, comme troisième nageoire, un p^tit lobe qui s'avance postérieurement entre les deux ailes vraies.

La plupart des Ptéropodes sont des animaux de petite taille, sans appendices, ou qui en portent de fort courts à la tête. Quelques-uns sont munis d'une coquille mince, cartilagineuse ou cornée; et il y en a dont les nageoires sont branchiales. Quoiqu'ils paraissent nombreux dans les mers, on n'a encore distingué parmi eux qu'un petit nombre de genres, tels que ceux qui suivent, savoir : *Hyale*, *Clio*, *Cléodore*, *Limacine*, *Cymbulie* et *Pneumoderme*.

HYALE. (Hyalæa.)

Corps enveloppé d'une coquille; ayant deux nageoires opposées, un peu grandes, rétractiles, insérées aux deux

---

une branchie pectinée intérieure, par une conséquence nécessaire, le motif qui a fait établir l'ordre n'existant plus, l'ordre lui-même doit disparaître. Quant à la place que ce groupe doit occuper dans la série, il nous semble être mieux dans ses rapports naturels dans le voisinage de la famille des Glauques et des Atlantes qu'au commencement des Mollusques, comme dans Lamarck, ou entre les Céphalopodes et les Gastéropodes, comme dans Cuvier.

côtés de la bouche. Tête presque nulle. Bouche terminale, située dans le point de réunion des deux nageoires. Point d'yeux. Branchies latérales.

Coquille cornée, transparente, ovale-globuleuse, tridentée postérieurement, ouverte au sommet et aux deux côtés postérieurs.

Corpus in testâ inclusum, anticè alatum : alis duabus oppositis, majusculis, retractilibus, ad oris latera insertis. Caput subnullum. Os terminale, ad alarum juncturam collocatum. Oculi nulli. Branchiæ laterales.

Testa cornea, hyalina, ovato-globosa, posticè tridentata, apice lateribusque posticis pervia.

OBSERVATIONS. — Les *Hyales* sont assurément des Ptéropodes très voisins des Clios, des Cléodores, etc., par leurs rapports, mais qui nous paraissent tenir de si près aux Conchifères, que, dans l'ordre que nous suivons, nous avons dû les placer en tête des Mollusques. En effet, par la forme de leurs parties, ces animaux concourent à faire une transition naturelle des Conchifères aux Mollusques. Ici, la tête n'est pas encore distincte, et conséquemment les yeux ne sauraient exister ; mais la bouche, placée dans le point de réunion des deux ailes, comme celle des Conchifères l'est dans celui de l'insertion des deux lobes du manteau, commence à se montrer au dehors à la partie antérieure du corps ; et, dans les genres avoisinans, nous verrons la tête s'avancer davantage et se montrer aussi entièrement. Les deux ailes des *Hyales* sont donc les analogues des deux lobes du manteau des Conchifères. La coquille même des animaux dont il s'agit semble, comme l'a pensé M. *Forskahl*, résulter de deux valves soudées l'une avec l'autre. Ces deux valves sont inégales : l'une plus grande, comme dorsale, presque aplatie en dessous ; l'autre ventrale, bombée, subglobuleuse, raccourcie antérieurement. Ce raccourcissement donne lieu à l'ouverture antérieure ; et c'est par cette ouverture que l'animal fait sortir deux grandes ailes arrondies et comme trilobées à leur sommet, atténuées vers leur base, rétractiles, qui viennent s'insérer aux deux côtés de la bouche, et ne portent point, comme celles des Clios, l'organe de la respiration. On les dit jaunâtres, avec une tache d'un beau violet à leur base. Les branchies, selon M. *Cuvier*, sont extérieures et placées longitudinalement de chaque côté entre des replis du manteau, au fond de l'intervalle que ceux-ci laissent entre eux, et en face des ouvertures latérales de la coquille. Par ces ouvertures, l'animal fait sortir des lanières étroites, subulées et plus ou moins longues. *Péron* attribue deux tentacules aux *Hyales*, ce que nie M. *Cuvier*. Quant à la coquille, elle présente postérieurement trois dents ou trois pointes dont celle du milieu est perforée. Elle offre aussi de chaque côté une fente bien ouverte pour le passage de l'eau qui se rend aux branchies. (1)

ESPÈCE.

1. Hyale tridentée. *Hyalæa tridentata.* Lamk.

> *H. testâ flavescente, pellucidâ, tenui, subtilissimè transversim stria-*
> *tâ ; cuspide terminali lateralibus longiore.*
>
> *Anomia tridentata.* Forsk. Faun. arab. p. 124; et Ic. t. 40. fig. b.
> Gmel. p. 3348. nº 42. Chemn. Conch. 8. p. 65. Vign. 13. f. F. G.
> * Schrot. Einl. t. 5. p. 414.
> * *Hyalæa tridentata.* Shaw. Nat. misc. t. 16. pl. 664.
> * Davila. Cat. t. 1. pl. 20. f. D.
> * *Anomia tridentata.* Dilw. Cat. t. 1. p. 296. nº 28.
> * *Hyalæa papilionacea.* Bory de Saint-Vincent. Voy. t. 1. p. 137.
> pl. 5. 1.

---

(1) Dans la comparaison qu'il fait ici des Hyales et des Conchifères, Lamarck s'est laissé séduire par une analogie plutôt apparente que réelle. Ce ne serait pas en effet avec les Conchifères lamellibranches qu'il conviendrait de comparer les Hyales, mais avec des animaux plus inférieurs, les Brachiopodes, car ces deux sortes d'animaux sont placés dans leur coquille de la même manière, le dos d'un côté, le ventre de l'autre. Dès-lors on pourrait dire : on retrouve dans les Hyales les deux valves soudées d'une Térébratule; en devenant libre, l'animal a fermé le crochet de sa grande valve, et la coquille a laissé un passage toujours ouvert aux appendices ciliés changés en organe de locomotion. Cette comparaison pourrait paraître assez juste, et cependant elle ne l'est pas. Il faut examiner les animaux des deux groupes, et l'on est bientôt convaincu de leur dissemblance dans toutes les parties essentielles de l'organisation.

* *Hyalæa cornea*. De Roissy. Buf. moll. t. 5. p. 73. no 1, pl. 52. f. 2.

* De Blainv. Malac. pl. 46. f. 2.

* Desh. Encycl. meth. vers. t. 2. p. 309. n° 1.

* Sow. Genera of shells. *Pteropoda.* f. 1.

Cuv. Ann. du Mus. 4. p. 224. pl. 59.

Monoculus telemus ? Lin.

[b] *Eadem, testâ majore, costellis dorsalibus eminentioribus.*

Péron. Ann. du Mus. 15. pl. 3. fig. 13.

Habite la Méditerranée et les mers des climats chauds. La variété [b] vient de la mer des Indes. Mus. n°. Mon cabinet. C'est l'espèce la première connue. Sa taille est à peine celle d'une noisette.

2. Hyale cuspidée. *Hyalæa cuspidata.* (1)

H. testâ posticè mucronibus lateralibus, cuspidatis, intermedio longioribus.

* Bosc. Coq. t. 2. p. 238. pl. 9. f. 5. 6. 7.

* De Roissy. Buf. moll. t. 5. pl. 74. n° 3.

* *Cleodora cuspidata.* Quoy et Gaym. Voy. de l'Astr. moll. t. 2. p. 384. pl. 27. f. 1. 5.

* *Cleodora Lessoni id.* Voy. de la Coq. n₀ 1. f. 1. 2.

Habite l'Océan atlantique. Les angles postérieurs de la coquille offrent chacun une pointe longue, arquée et très aiguë.

Etc.

† 3. Hyale longirostre. *Hyalæa longirostris.* Lesueur.

H. testâ triangulari, supernè planâ antice rostratâ, infra globosâ, transversim striatâ, violaceâ, postice lateribus acutissimâ.

Blainv. Dict. des sc. nat. t. 22. p. 81.

Quoy et Gaym. Voy. de l'Astr. t. 2. p. 380. pl. 27. f. 20 à 24.

Habite l'Océan atlantique (Lesueur), Amboine et Ténériffe (Quoy et Gaymard). Coquille curieuse par sa forme; elle est aplatie d'un côté, demi-sphérique de l'autre; le côté plat est orné de cinq côtes rayonnantes, aplaties, qui partent du sommet; la partie médiane du bord, après s'être infléchie, se prolonge dans la ligne médiane en un long bec creusé en dessus d'une gouttière profonde; l'ouverture, en fente étroite, est placée à la base de ce bec; de chaque

---

(1) Cette coquille n'est point une véritable Hyale comme l'ont cru Bosc, de Roissy et Lamarck, c'est une Cléodore: il sera nécessaire de la transporter dans ce genre.

côté de l'extrémité postérieure naît un appendice triangulaire dirigé obliquement, recourbé à son extrémité, et formé de deux lames inégales entre lesquelles l'animal fait passer ses appendices charnus postérieurs.

† 4. Hyale à trois pointes. *Hyalæa trispinosa.* Lesueur.

H. testá subrubrá, pellucidá, tenui, triangulari, transversim striatá, longitrorsum undulatá, antice rotundatá; cuspide terminali acuto, lateralibus longiore.

Blainv. Dict. des sc. nat. t. 22. p. 82.

Quoy et Gaym. Voy. de l'Astr. t. 2. p. 378. pl. 27. f. 17 à 19.

Desh. Encycl. méth. vers. t. 2. p. 310. n° 2.

Hyalæa mucronata. Quoy et Gaym. Ann. des sc. nat. t. 10. p. 231. pl. 8. B. f. 1. 2.

Habite dans le détroit de Gibraltar et à la Nouvelle-Hollande (Quoy et Gaymard). Petite coquille rougeâtre, mince, transparente, triangulaire, comprimée et montrant, par sa forme, les rapports qui lient les Hyales et les Cléodores. Son extrémité postérieure, non courbée, est prolongée en une épine très longue et très pointue; deux autres épines naissent aux extrémités de l'ouverture, prennent une direction horizontale, et forment un angle droit avec l'axe longitudinal; l'ouverture est en fente étroite, et ses lèvres sont bordées de rouge; la coquille est finement striée en travers.

† 5. Hyale de d'Orbigny. *Hyalea Orbignyi.* Rang.

H. testá ovato-globulosá, parte superiore lævigatá, gibboso-convexá, inferiore planiore, radiatim sulcatá, antice labro semi-circulari, inflexo, terminatá; lateribus profundè fissá; extremitate posticali vix proeminente.

Rang. Desc. de coq. foss. de Ptérop. Ann. des sc. nat. t. 16. p. 496. pl. 19. f. 3.

Habite..... Fossile à St-Paul, près Dax.

Jolie coquille fossile bien distincte de toutes ses congénères; elle est globuleuse; sa partie supérieure, lisse, est très convexe; l'inférieure, plus aplatie, est ornée de cinq ou sept sillons aplatis et rayonnans. L'extrémité antérieure se recourbe en s'allongeant en lèvre simple et demi-circulaire; l'ouverture est en fente transverse, se prolongeant de chaque côté en une fissure étroite et profonde; cette fissure est simple et se voit mieux lorsque l'on regarde la coquille par sa face inférieure. L'extrémité postérieure ne se prolonge point en pointe, elle est tronquée, et il y a au milieu une petite saillie pointue, très courte.

Tome VII.

† 6. Hyale voisine. *Hyalæa affinis*. D'Orb.

H. testá globulosá, inflatá, corneá, posticè trispinosá; spiná media-
ná longiore, angustiore, vix inflexá; aperturá transversá, an-
gustá, labro inferiore prælongo, angusto, supernè sinuoso.

D'Orb. Voy. dans l'Amér. mérid. pl. 5. f. 6 à 10.

Habite.....

On confond habituellement cette espèce avec l'*Hyalæa tridentata*
M. d'Orbigny, qui en a étudié l'animal, a vu que ses appendices
latéraux avaient une autre forme. La coquille, comparée avec soin,
présente également des différences; elle est ovale, globuleuse,
couleur de corne, très convexe en dessus, mais non bossue en avant;
le bord inférieur de l'ouverture est beaucoup plus étroit; plus allongé, et il présente, à son bord, une seule petite inflexion. Cette
espèce est moins grande que l'Hyale de Forskal; peut-être est-ce
celle désignée par M. Lesueur (Bull. de la Soc. phil., juin 1813)
sous le nom d'*Hyalæa Peronii*.

† 7. Hyale à crochet. *Hyalea uncinata*. Rang.

H. testá globulosá, hyaliná, posticè trispinosá; spiná medianá lon-
giore valdè arcuatá, uncinatá; aperturá angustá; labiis brevio-
ribus.

D'Orb. Voy. dans l'Amér. mérid. pl. 5. f. 11 à 15.

Habite.....

Celle-ci est plus petite que les deux précédentes. Elle a avec elles
beaucoup d'analogie, et se distingue cependant avec facilité. Elle
est globuleuse, enflée, mince, transparente, couleur de corne, et
terminée postérieurement par trois épines presque égales; la médiane est cependant un peu plus longue et fortement courbée en
crochet, la face inférieure est partagée en cinq côtes inégales; l'ouverture est étroite et profondément cachée par la lèvre inférieure
qui se relève perpendiculairement devant elle. Cette lèvre est toujours plus courte que dans les espèces précédentes.

† 8. Hyale fauve. *Hyalea flava*. D'Orb.

H. testá ovatá, gibbosá, hyaliná, posticè trispinosá; spiná medianá
longiore, leviter arcuatá; aperturá angustá, labio inferiore cucul-
lato, subrostrato, arcuato.

D'Orb. Voy. dans l'Amér. mérid. Moll. pl. 5. f. 21 à 25.

Habite.....

Celle-ci a beaucoup d'analogie avec l'*Hyalæa gibbosá*. Elle se distingue très facilement par son animal d'un beau jaune, quelquefois
fauve, ensuite par la plupart des caractères de sa coquille : cette

coquille est oblongue, très globuleuse; son côté supérieur forme
antérieurement une gibbosité oblique au-dessous de laquelle l'ouverture est profondément cachée; l'extrémité postérieure est terminée par trois épines inégales, dont la médiane est la plus étroite
et la plus longue; elle est faiblement recourbée dans sa longueur;
le bord inférieur de l'ouverture forme une espèce de cuilleron
recourbé en avant et un peu rétréci en forme de bec. Cette coquille est très mince, transparente et blanchâtre.

† 9. Hyale bossue. *Hyalea gibbosa*. Rang.

*H. testá globulosá, inflatá, anticè gibbosissimá, posticè trispinosá;
spinis lateralibus brevibus, medianá acuminatá, valdè recurvá;
aperturá angustá, profundè labro obtectá.*

D'Orb. Voy. dans l'Amér. mérid. Moll. pl. 5. f. 16 à 20.
Habite.....

Coquille très singulière, globuleuse, offrant, du côté supérieur, une
gibbosité singulière, dont la face supérieure et antérieure est
profondément ridée; cette face est relevée perpendiculairement,
et c'est au bas que se trouve l'ouverture profondément cachée par
la lèvre inférieure fort allongée, relevée perpendiculairement devant elle. L'extrémité postérieure est terminée par trois épines
inégales; la médiane est longue, étroite, pointue et fortement recourbée en crochet.

† 10. Hyale à quatre dents. *Hyalea quadridentata*. Lesueur.

*H. testá subglobulosá, inflatá, posticè obtusá, in margine quadriden-
tatá; dorso quinquè sulcatá, supernè gibbosá, lævigatá; aperturá
angustá, lateraliter tenuissimè fissá.*

D'Orb. Voy. dans l'Amér. mérid. pl. 6. f. 1 à 5.
Habite.....

Cette espèce n'a guère que deux ou trois millimètres de longueur;
elle est courte, ovale, obronde, obtuse postérieurement, et découpée, sur le bord postérieur, en quatre dentelures presque égales;
la face inférieure est presque plane et garnie de cinq côtes rayonnantes, dont la médiane est la plus grosse; la partie supérieure
est très convexe, enflée, très saillante en avant; l'ouverture est
très étroite; la lèvre inférieure est bordée de roux et elle est assez
saillante pour cacher l'ouverture; toute cette coquille est polie,
brillante et légèrement violacée.

† 11. Hyale longirostre. *Hyalæa longirostris*. Lesueur.

H. testá ovatá, globulosá, anticè rostro longiusculo, arcuato, cana-

*liculato, terminatá, posticè brevi truncatá, lateraliter alis brevibus,
uncinatis instructá, infernè tricostatá; aperturá transversá, angustá.*

D'Orb. Voy. dans l'Amér. mérid. pl. 6. f. 6 à 10.

Habite.....

Petite coquille très singulière; sa partie principale est ovale, globuleuse, très bombée en dessus, plus aplatie en dessous; de ce côté,
elle offre des stries transverses et trois côtes longitudinales, inégales et rayonnantes; l'extrémité postérieure offre un petit côté
tronqué, et de chaque côté un appendice aliforme, triangulaire,
formé de deux lèvres, dont la supérieure est allongée en crochet;
l'ouverture est très étroite et transverse; sa lèvre inférieure est
très remarquable, non-seulement parce qu'elle est recourbée en
avant, mais encore, parce qu'elle se prolonge en un long bec
creusé en gouttière et bifide à son sommet. Cette espèce, qui a à
peine cinq ou six millimètres de longueur, est brillante, transparente et faiblement teinte de violet.

† 12. Hyale bordée. *Hyalæa limbata.* D'Orb.

*H. testá subrotundá, globulosá, subtùs planá, posticè truncatá, la-
teraliter appendicibus, triangularibus, alæformibus instructá;
aperturá transversá, angustá; labro rostro longiore, canaliculato
terminato.*

D'Orb. Voy. dans l'Amér. mérid. pl. 6. f. 11 à 15.

Habite.....

Celle-ci a beaucoup de ressemblance avec la précédente, et on la
prendrait pour une simple variété, si l'animal n'offrait des différences constantes dans ses principaux caractères. La partie principale de la coquille est arrondie, subglobuleuse; elle est tronquée
postérieurement, et la troncature est un peu plus large que dans
l'espèce précédente; de chaque côté se projette un grand appendice triangulaire, formé de deux lèvres très minces, dont la supérieure se prolonge en une pointe aiguë; la partie inférieure est
divisée en trois côtes presque égales; l'ouverture est étroite et
transverse; sa lèvre inférieure se prolonge en un bec creusé en
gouttière et bifide à son sommet : ce bec, dans les deux espèces,
ressemble à celui d'une lampe antique. Cette coquille est un peu
plus grande que la précédente; elle est brillante, jolie et légèrement violacée.

† 13. Hyale labiée. *Hyalæa labiata.* D'Orb.

H. testá elongatá, subtrapezoïdali, inflatá, posticè mucrone prælon-

go terminatá; aperturá transversá; marginibus labiatis, præ-longis.

D'Orb. Voy. dans l'Amér. mérid. pl. 6. f. 21 à 25.
Habite.....

Celle-ci a également beaucoup d'analogie avec la précédente ; elle est ovale, oblongue, blanche, mince, lisse, presque aussi convexe d'un côté que de l'autre ; son extrémité postérieure est allongée, triangulaire et fortement recourbée à son extrémité ; la face inférieure est divisée en deux par un angle longitudinal ; l'ouverture est assez largement ouverte, et ses bords sont prolongés, mais inégaux ; cette ouverture se continue de chaque côté en une fente étroite et profonde, dont les commissures se prolongent de chaque côté en une oreillette triangulaire et pointue. Cette coquille est blanche et transparente ; elle a huit ou dix millimètres de longueur.

† **14. Hyale mucronée.** *Hyalæa mucronata.* Quoy et Gaim.

H. testá ovatá, hyaliná, posticè spiná longissimá terminatá, utroque latere infernèque spinis brevibus instructá ; aperturá angustá, labiis fuscis violaceis.

D'Orb. Voy. dans l'Amér. mérid. pl. 7. f. 6 à 10.
Habite.....

Celle-ci est très voisine de la précédente, mais elle en diffère, non-seulement, par la grandeur, mais encore par l'animal. Le corps de la coquille est ovale, déprimé et très aplati sur les côtés ; il se termine postérieurement en une longue épine droite, et de chaque côté en une épine plus courte, très aiguë et inclinée postérieurement ; la face inférieure de la coquille est aplatie et ornée de cinq côtes rayonnantes ; ces côtes sont inégales, la médiane est la plus large, les deux suivantes sont les plus étroites ; le côté supérieur est lisse ; l'ouverture est oblongue, transverse ; la lèvre supérieure offre une grande tache triangulaire, brunâtre ou violâtre ; l'inférieure est médiocrement saillante, et toutes deux sont bordées de brun.

† **15. Hyale à trois épines.** *Hyalæa trispinosa.* Lesue.

H. testá elongatá, rectá, anticè dilatatá, utroque latere compressá, posticè spiná longissimá terminatá, lateraliter spinis duabus, brevibus armatá.

D'Orb. Voy. dans l'Amér. mérid. pl. 7. f. 1 à 5.
Habite.....

Coquille singulière par l'allongement de son extrémité postérieure ;

elle est blanche et transparente; sa face inférieure, un peu moins convexe que la supérieure, offre trois côtes inégales, une médiane très large , et deux latérales fort petites; le côté supérieur est médiocrement convexe et lisse; l'ouverture est transverse; la lèvre supérieure est en rebord évasé, et l'inférieure, plus avancée, est bordée de violet. De chaque côté part une petite épine très pointue, triangulaire et recourbée. Cette coquille n'a guère que 8 ou 10 millim. de longueur lorsqu'elle est entière.

† 16. Hyale infléchie. *Hyalœa inflexa*. Lesue.

H. testâ elongatâ, conicâ, utroque latere compressâ, posticè elongatâ, mucrone recurvo terminatâ, lateraliter mucrone brevi armatâ; aperturâ ovato-transversâ, lateraliter profundè fissâ.

Lesueur. Nouv. bull. de la soc. phil. juin 1813. pl. 5. f. 4.
D'Orb. Voy. dans l'Amér. mérid. pl. 6. f. 16. 20.
Habite.....

Cette espèce a beaucoup d'analogie avec l'*Hyalœa depressa;* elle en diffère cependant sous plusieurs rapports, et mérite de former une espèce particulière; elle montre, ainsi que plusieurs autres, les rapports des Hyales et des Cléodores. Elle est allongée, étroite, prolongée postérieurement en une extrémité triangulaire, pointue et fortement recourbée; le côté inférieur est un peu plus aplati que le supérieur, et il est divisé en trois côtes presque égales; l'ouverture est un peu plus largement ouverte que dans les autres espèces; elle se continue de chaque côté en une fente très étroite, dont la commissure se prolonge de chaque côté sous la forme d'une large épine triangulaire. Cette coquille, qui a à peine 10 millim. de longueur, est blanche, transparente et très fragile.

† 17. Hyale déprimée. *Hyalœa depressa*. D'Orb.

H. testâ elongatâ, trigonâ, supernè dilatatâ, infernè acuminatâ, valdè arcuatâ, depressâ, hyalinâ, subtùs tricostatâ; aperturâ angustâ, semicirculari utroque latere profundè fissâ.

D'Orb. Voy. dans l'Amér. mérid. pl. 7. f. 11 à 14.
Habite.....

Très petite espèce, ayant à peine 3 ou 4 millim. de longueur; elle est allongée, comprimée, très mince, d'un blanc jaunâtre et presque également convexe des deux côtés; son extrémité postérieure est allongée, triangulaire et fortement recourbée; la face inférieure est peu convexe, on y voit trois grosses côtes, dont la médiane est la plus large; la face supérieure est lisse; l'ouverture est assez grande , à lèvres très saillantes, inégales et profondément fendue de chaque côté; leur commissure forme un petit angle saillant de chaque côté.

† 18. Hyale polie. *Hyalea lævigata.* D'Orb.

H. testâ subrotundâ, depressâ, tenui, nitidâ, hyalinâ posticè uncinatâ, utroque latere brevi auriculatâ.

D'Orb. Voy. dans l'Amér. mérid. pl. 7. f. 15 à 19.

Habite.....

Petite coquille très remarquable par sa forme singulière; elle est arrondie, très déprimée, mince, transparente et polie; son côté supérieur est un peu plus convexe que l'inférieur; les deux côtés sont égaux, et ils sont prolongés postérieurement en une queue étroite, triangulaire, pointue et fortement recourbée en hameçon; l'ouverture est en fente très étroite, bordée de brun violâtre; elle occupe tout le pourtour de la coquille, si ce n'est à l'extrémité postérieure, où les deux parties sont réunies; vu de face, le corps de la coquille ressemble assez bien à un petit peigne; car ses parties latérales sont prolongées en deux petites oreillettes comprimées, formant les commissures de l'ouverture.

CLIO. (Clio.)

Corps nu, gélatineux, oblong, turbiné, flottant; ayant une tête saillante, surmontée de plusieurs tentacules rétractiles, disposés en deux faisceaux. Deux yeux à la partie supérieure de la tête. Bouche terminale. Deux nageoires ovalaires, opposées, branchiales, insérées de chaque côté, à la base du cou. L'anus et l'orifice pour la génération s'ouvrant au côté droit, près du cou, et sous la nageoire de ce côté.

Corpus nudum, gelatinosum, oblongum, turbinatum, natans; capite exserto, tentaculis pluribus retractilibus, in fasciculos duos onusto. Oculi duo superi. Os terminale. Alæ duæ obovatæ, oppositæ, branchiales, ad basim colli lateraliter insertæ. Anus et apertura generationis infra alam, in latere dextro, collocati.

OBSERVATIONS. — Dans les premières descriptions qu'on a données des *Clios*, ces animaux étaient représentés comme ayant le corps contenu dans un sac ou fourreau charnu, d'où leur tête seulement était saillante, ce qui semblait leur donner des rapports avec les Céphalopodes. Maintenant, ces Mollusques étant mieux connus par les observations de M. *Cuvier* (*Bullet. des Sciences*, n° 31 , et *Ann. du Mus.*, vol. 1, p. 242), on sait que leur enveloppe, qui se compose d'une double tunique, ne s'ouvre point supérieurement comme un sac, et n'a d'ouvertures réelles que celles de la bouche, de l'anus et des organes de la génération. Ils n'ont point de manteau si leurs ailes ou nageoires ne le représentent, ainsi que nous l'avons vu dans les Hyales. Ces animaux s'éloignent donc des Céphalopodes, et n'ont point, comme eux, effectivement, deux mandibules cornées à la bouche, ni des bras en couronne sur la tête. Ils paraissent rapprochés des Gastéropodes par plusieurs caractères généraux, et principalement par ceux des organes de la génération; mais ils s'en distinguent éminemment, et forment, avec les *Hyales*, les *Cléodores*, la *Limacine*, la *Cymbulie* et le *Pneumoderme*, un ordre particulier et bien prononcé dans la classe des Mollusques.

Les *Clios*, selon M. de *Blainville*, ont sur la tête six tentacules rétractiles, séparés en deux groupes de trois chacun; lorsque ces tentacules sont rentrés, ils forment deux tubercules qui font paraître la tête bilobée. Leur bouche terminale est située entre les bases de ces tubercules. M. de *Blainville* leur attribue une sorte de ventouse sous le cou, qui lui semblerait être une espèce de pied; mais on ne les a jamais vus se fixer. *Voyez* différens détails sur ces animaux, donnés par ce naturaliste, dans l'art. Clio, du *Dict. des Sciences naturelles*.

Les Mollusques dont il est question nagent vaguement dans la mer, où on les rencontre dans les temps calmes, pendant les heures les plus chaudes de la journée. Ils ne font continuellement que paraître et disparaître à la surface des eaux.

Les *Clios* servent d'aliment à la baleine franche, à plusieurs poissons, et à une espèce de Goëland. On n'en connaît qu'un petit nombre d'espèces, parmi lesquelles je ne citerai que les deux suivantes.

ESPÈCES.

1. Clio boréale. *Clio borealis.*

C. gelatinosá, pellucidá; alis subtriangularibus , caudá acutá Brug.

Pallas. Spicil. zool. 10. p. 28. t. 1. fig. 18. 19.

Clio retusa. Fabr. Faun. Groënl. p. 334. n° 324.

Clio limacina. Phips. [Ellis. Zooph. pl. 15. fig. 9. 10.]

Encycl. pl. 75. f. 3. 4.

Clio borealis. Brug. Dict. n° 1.

* Cuv. Ann. du Mus. t. 1. pl. 17.

* De Roissy. Buf. moll. t. 5. p. 68. no 1. pl. 52. f. 1.

Habite les mers du Nord. Longueur, un pouce et demi.

2. Clio australe. *Clio australis.*

C. carnosá, roseá ; alis lanceolatis ; caudá compressá, bilobá. Brug.

Clio australis. Brug. Dict. n° 2.

Encycl. pl. 75. f. 1. 2.

* De Roissy. Buff. moll. t. 5. p. 69. n. 2.

* De Blainv. malac. pl. 46. f. 1. t. 2.

Habite dans la mer des Indes. Elle est plus grosse, plus charnue et moins transparente que celle qui précède.

† 3. Clio miquelonaise. *Clio miquelonensis.* Rang.

C. Corpore elongato, lanceolato, posticè rubro, anticè carulescente; capite rotundo, subbilobato, tentaculis binis, cylindraceis brevibus.

Rang. Desc. de Ptérop. nouvelles ann. des s. nat. t. 5, p. 285. pl. 7. f. 2.

Habite les mers de Terre-Neuve. Le corps est allongé, étroit, lancéolé à son extrémité postérieure; il est transparent, mucilagineux d'un rouge vif postérieurement; cette couleur disparaît peu-à-peu vers le milieu du corps, qui, dans le reste de son étendue, est bleuâtre. Il se termine antérieurement par une tête arrondie, bilobée, surmontée de deux petits tentacules; au-dessous de la tête et à la partie antérieure du corps sont deux nageoires médiocres, ovales, oblongues, pointues à leur extrémité libre; elles portent un réseau vasculaire considérable et bien visible. La bouche est en fente transverse entourée de rouge.

† 4. Clio du Cap. *Clio capensis.* Rang.

C. Corpore elongato, cylindraceo, posticè acuto, violaceo, translucido; capite depresso bitentaculato; alis lateralibus magnis ovatis arcuatim striatis.

Rang. Desc. de Ptérop. nouvelles ann. des s. nat. t. 5, p. 286, pl. 7. f. 3. 4.

Habite les mers du cap de Bonne-Espérance (Rang). Celle-ci a plutôt la forme d'un Pneumoderme que d'une Clio. Elle est formée de trois parties; une tête ovalaire, déprimée d'avant en arrière et portant deux très petits tentacules coniques; une sorte de corselet étroit, assez long, donnant insertion à deux grandes nageoires ovales, fixées par l'une des petites extrémités. Ce corselet lie la tête au corps; celui-ci est assez gros, allongé, cylindracé, terminé postérieurement par une pointe courte. Tout cet animal est gélatineux, transparent et d'un beau violet foncé. Il est très contractile, et sa contraction est si grande qu'il prend la forme d'une petite boule, d'après l'observation de M. Rang.

† 5. Clio pyramidale. *Clio pyramidalis.* Quoy et Gaym.

C. Corpore elongato; pyramidali; albo fusco punctato; alis ovalibus, capite subrotundo, bilobato.

Quoy et Gaym. Voy. de l'Astrol. moll. t. 2, p. 371. pl. 27. fig. 37.

Habite Amboine, dans la rade. (Quoy et Gaym.) Cet animal a trois à quatre lignes de longueur; il diffère sensiblement des autres Clios par la forme de ses nageoires, de sa tête bilobée et sans tentacules. Son corps est conique, portant antérieurement de chaque côté une nageoire étroite, ovalaire et oblongue, fixée au corps par leur ligne longitudinale. L'animal est blanc et parsemé de petites taches rousses.

† 6. Clio caducée. *Clio caduceus.* Quoy et Gaym.

C. Corpore nigricante, elongato, posticè obtuso; capite minimo cucullato; alis lateralibus cucullo insertis; tentaculis nullis.

Cliodite caduceus. Quoy et Gaym. Descr. de cinq genres nouv. Ann. des s. nat. t. 6, p. 74. pl. 2. f. 2.

Habite les mers du cap de Bonne-Espérance. MM. Quoy et Gaymard proposèrent de former sous le nom de Cliodite un petit genre voisin des Clios, pour quelques espèces qui paraissent dépourvues de tentacules; mais depuis, ces savans naturalistes ont renoncé à ce genre, sentant bien qu'il avait besoin d'être encore observé, et que d'ailleurs il reposait sur un caractère peu important. La Clio caducée est un animal allongé, étroit, portant antérieurement une petite tête avec deux points noirs qui sont peut-être des yeux. Au-dessous est une sorte de capuchon, sur les parties latérales duquel les nageoires longues et étroites viennent s'insérer; au-dessous du capuchon, le cou se prolonge en diminuant de diamètre et s'insère au corps; celui-ci est ovale, oblong et obtus postérieurement.

† 7. Clio en fuseau. *Clio fusiformis.* Quoy et Gaym.

C. Corpore fusiformi nigricante, alis subtriangularibus, claris extensis; extremitate posticâ acutâ; capite minimo absque tentaculis.

Quoy et Gaym. Descript. de cinq genres. Ann. des s. nat. t. 6, p. 74. pl. 2. f. 3. 4. *Cliodita fusiformis.*

Habite dans les mers du cap de Bonne-Espérance. Animal gélatineux, noirâtre, transparent, ayant une tête médiocre sans tentacules et portant deux points noirs qui sont probablement des yeux. Cette tête est portée sur un col étroit, assez long, auquel les nageoires sont attachées. Elles sont triangulaires, très minces, transparentes et fixées par un des angles. Le corps est conique et terminé en pointe aiguë au sommet.

CLÉODORE. (Cleodora.)

Corps oblong, gélatineux, contractile à deux ailes, ayant une tête à sa partie antérieure, et contenu postérieurement dans une coquille. Tête saillante très distincte, arrondie, munie de deux yeux et d'une bouche en petit bec. Point de tentacules. Deux ailes opposées, membraneuses, transparentes, échancrées en cœur, insérées à la base du cou.

Coquille gélatinoso – cartilagineuse, transparente, en pyramide renversée, ou en forme de lance, tronquée et ouverte supérieurement.

Corpus oblongum, gelatinosum, contractile, bialatum, anticè capitatum, posticè testâ inclusum. Caput prominulum, distinctissimum, rotundatum, oculis duobus instructum; ore parvulo subrostrato; tentaculis nullis. Alæ duæ oppositæ, membranaceæ, pellucidæ, cordatæ, ad basim colli insertæ.

Testa s. vagina gelatinoso – cartilaginea, pellucida, obversè pyramidata aut lanceolata, supernè truncata et aperta.

OBSERVATIONS. — Les *Cléodores* établies par *Péron* avoisinent les Clios par leurs rapports; mais elles en sont très distinctes, la partie postérieure de leur corps étant reçue dans une sorte de coquille dont les Clios sont dépourvues, et leur tête paraissant privée de tentacules. Le corps de ces animaux, quoique très saillant hors du test, est si contractile, qu'il peut y rentrer entièrement. Les deux yeux sont latéraux. La coquille est droite, transparente, comme cartilagineuse, un peu ferme, de forme diverse, selon les espèces, et n'est point ouverte latéralement, ni à son extrémité postérieure, comme celle des Hyales. Ce genre n'est point réduit à la première espèce de Clio de *Brown,* dont *Péron* s'est servi pour l'établir; car il paraît que le Mollusque ptéropode décrit et figuré par *Lamartinière* (*Journ. de Phys.* sept. 1787), en est aussi une particulière. Il en est probablement de même de l'*Hyalœa lanceolata* de M. Lesueur, qui est peut-être le *Clio caudata* de Linné et la seconde espèce de Brown, selon l'opinion de M. *de Blainville.* Ces animaux, ainsi que les autres Ptéropodes, flottent vaguement dans les mers. (1)

---

(1) Les Cléodores sont beaucoup plus voisines des Hyales que des Clios; elles s'en rapprochent, non-seulement par les coquiles, mais encore par les animaux, qui ont entre eux beaucoup de ressemblance. Il n'est point étonnant de voir Lamarck indiquer pour ce genre des rapports peu naturels; car on connaissait un très petit nombre d'espèces lorsqu'il écrivit cette partie des animaux sans vertèbres, et il ne pouvait guère prévoir que les recherches assidues de plusieurs naturalistes conduiraient à d'autres résultats que les siens. Les travaux de MM. Quoy et Gaymard, ceux de M. Rang, et, en dernier lieu, ceux de M. d'Orbigny, ont particulièrement contribué à jeter du jour sur l'histoire des Ptéropodes, en général, et sur celle des Hyales et des Cléodores, en particulier. Il suffit d'avoir sous les yeux un assez grand nombre d'espèces appartenant aux deux genres pour les voir se confondre d'une manière telle qu'il est impossible de poser une limite rationnelle entre eux. C'est ainsi que l'on parviendra, par nuances insensibles, des espèces globuleuses à celles qui sont lancéolées.

Une Hyale globuleuse semble formée de deux valves soudées,

ESPÈCES.

1. Cléodore à pyramide. *Cleodora pyramidata*. Lamk.

C. testá triquetrá, pyramidatá, brevi; ore obliquè truncato.

inégales, laissant entre elles une fente principale antérieure et des fentes latérales, tantôt sans communication avec l'ouverture, et tantôt formant le prolongement de cette partie. L'extrémité postérieure se prolonge en une épine ordinairement courte, quelquefois droite, quelquefois recourbée. Prenant ces espèces d'Hyales comme le commencement du genre, voici les altérations de leurs caractères dans le reste de la série : On voit d'abord l'extrémité postérieure s'allonger, et, dans ce cas, les deux parties de la coquille s'aplatissent, deviennent presque égales, et si, dans quelques-unes, il reste une trace des fentes latérales postérieures, dans la plupart ces fentes remontent assez pour se continuer avec l'ouverture. Cette ouverture est toujours transverse et étroite, comme dans les Hyales proprement dites. Lorsque les coquilles sont ainsi allongées, les unes ont leur extrémité postérieure recourbée, les autres l'ont droite, comme dans les Cléodores. On voit ces dernières s'allonger de plus en plus, et à mesure que cet allongement a lieu, on voit l'ouverture s'élargir et les fentes latérales diminuer progressivement, se réduire à de simples inflexions et disparaître enfin tout-à-fait. Ces changemens dans la forme de ces coquilles ne sont pas plus extraordinaires que ceux que nous avons fait remarquer dans d'autres groupes, et principalement dans les Mollusques acéphalés (Mulette, Térébratule, etc.). Si les animaux dans leurs formes extérieures sont en rapport avec ces modifications, leur organisation profonde en a éprouvé peu d'altération. MM. Quoy et Gaymard, sur l'autorité desquels nous aimons à nous appuyer, disent positivement que les Cléodores lancéolées ne diffèrent en rien d'essentiel des Hyales proprement dites. Ceci est pour nous d'autant plus important, que nous sommes ainsi confirmé dans l'opinion que nous avons depuis long-temps sur l'analogie des Hyales et des Cléodores. Nous sommes également conduits par là à rejeter plusieurs genres proposés, depuis plusieurs années, par M. Rang, dans les *Annales des Sciences naturelles*, ainsi que dans son *Ma-*

Clio pyramidata. Lin. Syst. nat. p. 1094. n° 2. Gmel. p. 3148. n° 2.

Clio. n° 1. Brown. Jam. 386. t. 43. f. 1.

Péron. Ann. du Mus. 15. pl. 2. n° 14.

* Cléod. de Brown. Blainv. Dict. des sc. nat. pl. 59. f. 1.

Id. Malac. pl. 46. f. 1.

* *Cleodora pyramidata.* Quoy et Gaym. Voy. de l'Ast. t. 2. p. 386. pl. 27. f. 7 à 13.

Habite l'Océan américain?

2. Cléodore à queue. *Cleodora caudata.* Lamk.

C. testá compressá, elongatá, lanceolatá; aperturá dilatatá.

Clio caudata. Lin. Syst. nat. p. 1094. n° 1. Gmel. p. 3148. n° 1.

Clio. n° 2. Brown. Jam. 386.

Hyalæa lanceolata? Le Sueur. nouv. Bull. des Sc. mai 1813. n° 69.

* *An eadem species? fossilis Cleodora lanceolata.* Rang. Desc. de

---

nuel de Conchyliologie, sous le nom de Crescis et de Cuvieria. Pour rendre facile la distinction des espèces, il sera nécessaire de les diviser en groupes, d'après la forme des coquilles, et dès-lors les genres que nous venons de mentionner pourront en former chacun un dans le grand genre des Hyales, envisagé à notre manière, c'est-à-dire embrassant toutes les coquilles que nous avons mentionnées précédemment.

M. Rang a compris au nombre des Ptéropodes, dans son sous-genre Crescis, une coquille vivante nommée *Gadus* par Montagu, et quelques autres fossiles placées par Lamarck dans le genre Dentale. Quoique nous soyons encore incertain sur ces espèces, nous adoptons de préférence l'opinion de Lamarck, car M. Rang s'est fondé, pour la contester, uniquement sur la supposition que les espèces dont il s'agit avaient été jugées après mutilation de leur extrémité postérieure, qui, étant naturellement fermée, ne se présentait ouverte que par accident. Cette manière de voir de M. Rang ne se fonde sur aucune bonne observation, et nous avons vu un assez grand nombre d'individus parfaitement conservés pour affirmer que leur extrémité postérieure était ouverte pendant la vie de l'animal. Ces coquilles n'appartiennent donc pas aux Ptéropodes, et sont plus probablement des Dentales.

coq. foss. de Ptérop. Ann. des sc. nat. t. 16. p. 497. pl 19. f. 1.

Habite les mers des climats chauds.

Etc. *Voy.* l'art. *Cléodore* de M. de Blainville dans le Dictionnaire des Sc. nat.

3. Cléodore bourse. *Cleodora balantium.* Rang.

C. Testá trigoná, compressá, hyaliná, nitidá transversim regulariter striatá, dorso longitudinaliter tricostatá, apice acuminatá, recurvá, aperturá oblongá, angustá, obliquá, utroque latere angulatá.

Cleodora Balantium. Rang. Mag. de zool. pl. 44.

Habite le golfe de Guinée et les mers du Congo. Très belle espèce de Cléodore, la plus grande connue; elle est triangulaire, comprimée d'arrière en avant, élargie et amincie sur les côtés. La face dorsale est plus convexe que la ventrale; elle est partagée en trois par deux sinuosités peu profondes et longitudinales. La face ventrale est simple; le sommet, très aigu et entier, est fortement recourbé en dessus. Toute la coquille est mince, transparente, fragile et ornée de stries transverses, assez grosses et régulières. L'ouverture est allongée, transverse, rétrécie à ses extrémités, et terminée de chaque côté par une courte échancrure des bords de l'ouverture, le supérieur est le plus allongé.

4. Cléodore obtuse. *Cleodora obtusa.* Quoy.

C. Testá cylindricá, posticè obtusá, nitidá hyaliná, lævigatá; aperturá simplici.

Quoy et Gaym. Voy. de L'Uranie, zool. p. 415. pl. 66. f. 5.

Rang. Note sur quelq. moll. Ann. des sc. nat. t. 13, p. 317. n° 7. pl. 17. f. 4. *Creseis obtusa.*

Habite?....... Animal blanc, diaphane, les nageoires oblongues.

Coquille assez large, cylindrique et obtuse à son sommet.

5. Cléodore étranglée. *Cleodora strangulata.* Desh.

C. Testá elongato-ventricosá, apice acutá, depressá, ad aperturam coarctatá, lævigatá; aperturá transversá, subovatá, compressá, utroque latere sinuatá.

Desh. Dict. class. d'hist. nat. art. Cléodore.

Daudin, genre Vaginelle.

Vaginella depressa. Bast. bassin du s.-o. de la France. Mem. de la soc. d'hist. nat. de Paris t. 2. p. 19. n° 1. pl. 4. f. 16.

Ibid. Bowdich. Elem. of Conch. 1 er part. pl. 3. f. 10.

Cleodora strangulata. Grateloup. Bull. de la soc. linn. de Bord.
　　t. 2. p. 75. n. 2.
Creseis vaginella. Rang. Mém. sur les Cléodores. Ann. des sc. nat.
　　t. 13, p. 309. n° 1. pl. 18. f. 2.
　　Desh. Encycl. méth. vers. t. 2,p. 244.
Vaginelle de Bordeaux. Blainv. Malac. pl. 46. f. 2.
Vaginula Daudinii. Sow. Genera of shells *pteropoda* f. 5.
Habite.... Fossile aux environs de Dax et de Bordeaux. Le premier
　　nous avons rapporté cette coquille à son véritable genre. Indi-
　　quée d'abord sous le nom de Vaginelle par Daudin, M. Rang
　　l'a comprise plus tard dans un sous-genre des Cléodores sous le
　　nom de *Creseis;* mais, plusieurs années avant, nous lui avions
　　donné le nom de *Cleodora strangulata* dans le Dictionnaire
　　classique. Cette petite coquille fossile est mince et fragile, un peu
　　comprimée, pointue; son ouverture en fente est étroite, un peu
　　évasée en dehors, et ses angles sont fendus peu profondément. Un
　　rétrécissement vers l'ouverture a valu à cette espèce le nom
　　qu'elle porte.

† 6. Cléodore alène. *Cleodora subulata.* Quoy.

C. *Testá hyaliná, elongatá, tantisper inflatá, apice acutá, aper-
　　turá condiformi, rostratá.*
Quoy et Gaym. Voy. de l'Astrol. t. 2. p. 382. pl. 27. f. 14. 16.
　　id. Ann. des sc. nat. t. 10, p. 233. pl. 8. D. f. 1. 2. 3.
Creseis subula. Rang. Ann. des s. nat. t. 13, p. 314. n° 4.
　　pl. 18. f. 1.
Habite les mers de Ténériffe. (Quoy et Gaym.) Espèce allongée,
　　étroite, spiniforme, blanche, transparente fragile. Sa pointe est
　　très aiguë et entière. La coquille, un peu ventrue supérieurement,
　　se contracte légèrement vers les bords de l'ouverture; celle-ci est
　　assez large, son angle postérieur se relève en une pointe très
　　aiguë tandis que l'angle antérieur est creusé en une échancrure
　　assez profonde. L'animal est d'un blanc rosé; ses ailes sont
　　grandes, dilatées légèrement à leur extrémité et faiblement
　　trilobées.

† 7. Cléodore spinifère. *Cleodora spinifera.*

C. *Testá elongato-angustá, conicá, hyaliná, lævigatá, nitidá; ex-
　　tremitate posticá acutissimá, aperturá obliquá, intùs costatá,
　　longitudinali, angustá, in margine spiná longá prodicute.*
Creseis spinifera. Rang. Note sur quelq. moll. Ann. des sc. nat. t. 13.
　　p. 313. n° 3. pl. 17. f. 1.

Sow. Genera of shells pteropoda f. 4. *Creseis spinifera.*

Habite l'Océan européen et la mer des Indes. Animal blanc, diaphane; les nageoires petites et en forme d'ailes d'oiseau; les viscères très apparens, occupant une grande partie de la longueur de la coquille et de couleur jaune et brune. Coquille incolore, cristalline, droite, en forme de cornet pointu et à surface unie, munie à la partie dorsale d'un canal longitudinal un peu oblique, se prolongeant en pointe au-delà de l'ouverture de la coquille.

† 8. Cléodore striée. *Cleodora striata.* Rang.

C. *Testá minimá, conicá, apice acuminatá, arcuatá, nitidá, hyaliná transversim tenuissimè striatá; striis regularibus; aperturá simplici, ovatá.*

Creseis striata. Rang. not. sur quelq. moll. Ann. des sc. nat. t. 13. p. 315. n° 5. pl. 17. f. 3.

Habite l'Océan atlantique et la mer des Indes. Animal blanc-bleuâtre, diaphane; les nageoires assez grandes, la masse principale des viscères située aux deux tiers de la longueur de la coquille, et ressemblant à une tache brune. — Coquille plus courte et plus grosse que la précédente, incolore et extrêmement fragile; à ouverture large et oblongue, ; son sommet est toujours recourbé, et sa surface est régulièrement striée en travers.

† 9. Cléodore virgule. *Cleodora virgula.* Rang.

C. *Testá elongatá, subcylindraceá, apice conicá, acutissimá, arcuatá, purpureo tinctá, undique hyaliná lævigatá nitidissimá; aperturá circulari simplici.*

Creseis virgula. Rang. not. sur quelq. moll. Ann. des sc. nat. p. 316. n° 6. pl. 17. f. 2.

Habite l'Océan atlantique et les Antilles. Animal légèrement rosé, diaphane; les nageoires presque aussi longues que la moitié de la coquille. La masse des viscères, semblable à un point verdâtre, à un tiers du sommet. Coquille incolore, un peu moins transparente, unie, recourbée aux deux tiers de sa longueur; l'ouverture horizontale, petite et ronde; l'extrémité postérieure très aiguë colorée de pourpre dans les individus frais.

† 10. Cléodore massue. *Cleodora clava.* Rang.

C. *Testá elongatá angustissimá, conicá, apice acutissimá, rectá; aliquando posticè flexuosá, lævigatá; aperturá circulari, minimá, marginibus integris.*

Creseis clava. Rang. Not. sur quelq. moll. Ann. des sc. nat. t. 13. p. 317. n° 8. pl. 17. f. 5.

abite le banc des Aiguilles. Animal blanc, diaphane, très allongé; les viscères d'un beau vert et à-peu-près à la moitié de la longueur de la coquille, les nageoires petites. Coquille peu transparente hors de l'eau, fort allongée, quelquefois irrégulièrement flexueuse, aiguë postérieurement, à ouverture petite et ronde, et à surface unie.

† 11. Cléodore aiguillette. *Cleodora acicula.* Rang.

C. *Testá elongatá angustissimá, politá, nitidá, hyaliná, apice acutissimá flexuosá, aperturá circulari minimá, simplici.*

Rang. Not. sur quelq. moll. Ann. des sc. nat. t. 13. p. 318. no 5. pl. 17. f. 6.

Habite l'Océan et la mer des Indes. Animal blanc, transparent, très grèle et allongé; les nageoires, petites et oblongues; la masse des viscères à peine apparente. Coquille plus transparente en forme d'aiguille, plus grèle à proportion que la précédente, toujours flexueuse, à ouverture très petite, à surface unie.

† 12. Cléodore de l'Astesan. *Cleodora Astesana.* Rang.

C. *Testá elongato-cylindraceá, extremitate posticá truncatá, anticè obliquè terminatá, aperturá subtrigoná, intùs extùsque politá, nitidá.*

Cuvieria astesana. Rang. Ann. des sc. nat. t. 16. p. 498. pl. 19. f. 2.

Habite..... Fossile dans l'Astesan. Petite coquille mince, fragile, lisse, polie, allongée, cylindracée; terminée par une troncature à son extrémité postérieure. Il parait que, lorsque la pointe est cassée pendant la vie de l'animal, il bouche le trou par un petit diaphragme. L'extrémité antérieure est un peu oblique et elle est entièrement occupée par une ouverture un peu déprimée et sub-triangulaire, dont les bords sont très entiers et sans échancrure. Cette petite espèce est assez rare à cause de sa fragilité; elle a beaucoup d'analogie avec la *Cuvieria columnella* du même auteur, qui pour nous est aussi une Cléodore.

† 13. Cléodore petite colonne. *Cleodora columnella.*

C. *Corpore hyalino, anticè luteo, alis oblongis, anticè aurantiis. Testá elongatá, cylindraceá, postice tumidiore, anticè aperturá, ovato transversá terminatá, vitreá hyaliná.*

Cuvieria columnella. Rang. Desc. de deux genres de Pterop. Ann. des sc. nat. t. 12. p. 323. pl. 45. f. 1. à 8.

Id. Manuel de Conch. p. 116. pl. 2. f. 4.

Desh. Encycl. méth. vers. t. 2. p. 35. *Cuvieria columnella.*
Sow. Genera of shells. Pteropoda. f. 6.

• Habite l'Océan indien et les mers australes. L'animal de cette espèce, observé par M. Rang, ne nous paraît pas différer assez des autres Cléodores pour mériter de former un genre particulier. Aussi, à l'exemple de Cuvier lui-même, nous le mettons parmi les Cléodores, dans lesquels il méritera, sans contredit, de former une petite section. La coquille est allongée, cylindracée, un peu plus renflée vers son extrémité postérieure. Cette extrémité est tronquée, fermée par un diaphragme horizontal; l'ouverture est un peu oblique à l'axe longitudinal; elle est ovale, un peu subcordiforme et transverse, sans fentes ni échancrures. Cette coquille est mince, brillante et presque aussi transparente que du verre. L'animal est pâle, ses ailes sont oblongues, pointues et d'un jaune doré vers les bords.

LIMACINE. (Limacina.)

Corps mou, oblong, très semblable antérieurement aux Clios par la tête et les ailes, mais ayant sa partie postérieure contournée en spirale et renfermée dans une coquille.

Coquille mince, fragile, papyracée, en spirale, ayant ses tours réunis en un ordre discoïde, comme dans le Planorbe.

Corpus molle, oblongum, anticè capite alisque clionibus simillimum, posticè in spiram convolutum et in testá spirali inclusum.

Testa tenuis, fragilis, papyracea, spiralis; anfractibus ut in planorbe inter se invicem connexis, discoideis.

OBSERVATIONS. — Il me paraît qu'on a eu tort de donner au Ptéropode dont il s'agit le nom de *Limacine;* car il ne rappelle point l'idée d'une Limace par son aspect, mais plutôt celle d'une Hélice, ainsi que l'a pensé *Gmelin* en lui donnant le nom spécifique d'*Helicina.* En effet, la partie postérieure de son corps, se trouvant contournée en spirale, et renfermée dans une coquille pareillement en spirale, dont les tours sont réunis,

lui donne une sorte de ressemblance avec les Hélices. Néanmoins, la réunion de ces tours, disposés dans un ordre discoïde, fait que la coquille est aplatie en dessus et produit un
ombilic qui la fait ressembler davantage à celle des Planorbes.
Au reste, cette même coquille, uniloculaire, n'offrant qu'une
ouverture supérieure, et n'en ayant point ni sur les côtés, ni
à son extrémité postérieure, comme celle des Hyales, ne diffère de celle des Cléodores que parce qu'elle est en spirale.
L'animal est contractile et a la faculté de rentrer entièrement
dans sa coquille ; celle-ci par sa forme, facilite sa natation ;
les rapports de la *Limacine* avec les Cléodores sont donc évidens. (1)

ESPÈCES.

1. Limacine héliciale. *Limacina helicialis*. Lamk.

> *Clio helicina*. Gmel. p. 3149.
> Phipps, it. bor. p. 195.
> *Argonauta arctica*. Oth. Fab. Faun. Groënl. p. 386.
> * De Roissy. Buf. moll. t. 5. p. 69. n. 3 ? *Clio helicina*.
> Limacine. Cuv. Règne anim. vol. 2, p. 380.

---

(1) Les Limacines, dont M. de Blainville a fait son genre Spi-
ratelle, ont en effet beaucoup d'analogie avec les Cléodores ; ce
sont des Cléodores dont la coquille est tournée en spirale et non
des Gastéropodes nageurs, comme les Carinaires et les Atlantes.
Nous avons plusieurs individus bien conservés dans la liqueur.
Nous les devons à la généreuse communication de M. Fléming,
connu des savans par ses travaux sur la conchyliologie ; nous les
avons examinés avec toute l'attention convenable. Ils n'ont pas
la tête saillante comme les Atlantes, point de pied en nageoire,
mais deux nageoires latérales de la forme de celles des Cléodores. Ils n'ont point de tentacules, point d'yeux ; ils ont une
bouche en fente triangulaire au sommet de l'angle que forme
les nageoires. La coquille n'est point fermée comme celle des
Atlantes par un opercule. L'anus et les organes de la génération
ont leur issue du côté droit, au-dessous de la nageoire et à sa
base. Les Limacines devront donc rester parmi les Ptéropodes,
comme l'ont pensé Cuvier et Lamarck.

* Scoresby. Pêche de la baleine t. 2. pl. 5. f. 7.
* *Spiratella limacina* de Blainv. Malac. pl. 48. f. 5.
* *Spiratella arctica.* Desh. Ency. meth. vers. t. 3. p. 971.
* *Limacina helicialis.* Sow. Genera of shells. *Pteropoda* f. 3.

Habite les mers du nord. On dit qu'elle sert de nourriture aux baleines.

CYMBULIE. (Cymbulia.)

Corps oblong, gélatineux, transparent, renfermé dans une coquille. Tête sessile; deux yeux; deux tentacules rétractiles; bouche munie d'une trompe aussi rétractile. Deux ailes opposées, un peu grandes, ovales-arrondies, branchifères; connées à leur base postérieure par un appendice intermédiaire en forme de lobe.

Coquille gélatinoso-cartilagineuse, très transparente, cristalline, oblongue, en forme de sabot, tronquée au sommet; à ouverture latérale et antérieure.

Corpus oblongum, gelatinosum, pellucidum, testá inclusum. Caput sessile; oculi duo; tentacula duo retractilia; os proboscide retractili instructum. Alæ duæ oppositæ, majusculæ, ovato-rotundatæ, branchiiferæ; appendiculo intermedio lobiformi adjuncturam posteriorem alarum alas connante.

Testa gelatinoso-cartilaginea, hyalina, cristallina, oblonga, calceoliformis, apice truncata; aperturá laterali anticá.

OBSERVATIONS. — La *Cymbulie,* que M. *Péron* a découverte et qu'il m'a fait voir, est un genre très remarquable par les caractères de l'animal et du test ou de l'espèce de coquille qui le contient.

Le Mollusque dont il s'agit et sa coquille sont de la plus grande transparence. La tête paraît sessile, c'est-à-dire sans cou distinct. Les deux ailes ou nageoires sont chargées d'un réseau très fin, vasculaire et branchial, ce qui montre que ce sont les véritables ailes, le lobe intermédiaire n'offrant point un pareil réseau. La coquille est une nacelle oblongue, imitant un sabot, ouverte latéralement à sa partie antérieure, hispide en dehors, d'une consistance assez ferme, et d'une transparence si parfaite, que l'on croit voir un morceau de glace ou de cristal. La seule espèce que l'on connaisse de ce singulier genre est la suivante. (1)

ESPÈCES.

1. **Cymbulie de Péron.** *Cymbulia Peronii*. Cuv.

> *Cymbulia.* Péron. Annales du Mus. 15. p. 66. pl. 3. f. 10–12.
> Cymbulie. Cuv. Règn. anim. vol. 2. p. 380.
> Cymbulie. Blainville, Dict. des Sc. nat. pl. 59. f. 3. (2)
> Habite la mer Méditerranée, près de Nice. Longueur, environ deux pouces.

† 2. **Cymbulie ovule.** *Cymbulia ovata*. Quoy et Gaym.

> *C. ovato-globosá, testá subcartilaginosá, molli, lucidá, echinatá; alis lanceolatis, reticulatis, albis.*
> Quoy et Gaim. Voy de l'Astr. t. 2. p. 373. pl. 27. f. 25 à 30.
> Habite dans la mer d'Amboine. Espèce dont la forme s'éloigne de celle de la Méditerranée; la coquille n'est pas en sabot mais ovalaire; avec une ouverture subcordiforme d'une médiocre étendue vers la partie supérieure. Cette coquille est transparente cartilagineuse, hérissée, assez épaisse; l'animal est petit, et paraît se détacher avec la plus grande facilité de sa coquille; ses nageoires sont grandes, oblongues et couvertes d'un fin réseau de stries; elles sont transparentes ainsi que les autres parties de l'animal, ce qui permet de voir ses divers organes sans aucune dissection.

† 3. **Cymbulie rayonnée.** *Cymbulia radiata*. Quoy et Gaym.

> *C. alis transversis rotundatis, in medio acumine separatis, punctis nigricantibus radiatis, testá incognitá.*
> Quoy et Gaim. Voy. de l'Astr. moll. t. 2. p. 375. pl. 27. fig. 33. 34.
> Habite dans la rade d'Amboine. Observée par M. Quoy, cette

---

(1) Depuis, plusieurs espèces intéressantes ont été découvertes par MM. Quoy et Gaymard pendant leur dernier voyage, et sont décrites et figurées dans la zoologie de leur ouvrage. Nous signalons ici à l'attention des naturalistes, ces singuliers animaux, dans l'espérance qu'ils les étudieront de nouveau.

(2) Cuvier observe avec raison que dans cette figure, l'animal est placé dans une position inverse de la naturelle, ce que nous avons eu occasion de vérifier plusieurs fois.

espèce est bien distincte par son animal ; la coquille n'est pas connue; il est à présumer qu'elle avait une autre forme que la précédente ; on peut le préjuger d'après la forme de l'animal ; il a deux grandes nageoires réunies largement dans la ligne médiane du corps ; à l'endroit de cette réunion, elles se prolongent postérieurement en une pointe assez longue ; l'animal est blanc, transparent , et ses nageoires sont ornées de neuf lignes rayonnantes de points bruns.

† 4. Cymbulie ponctuée. *Cymbulia punctata.* Quoy et Gaym.

   C. minima; alis ovato-rotundatis, albis, rubro punctatis.
   Quoy et Gaim. Voy. de l'Astr. moll. t. 2. p. 377. pl. 27. f. 35. 36. Habite au port Carteret à la Nouvelle-Hollande. M. Quoy n'a point observé non plus la coquille de cette espèce, mais elle se distingue suffisamment par l'animal; il est petit, blanc, transparent, ses nageoires sont étroites, et bordées de deux rangées de points d'un beau rouge-brun.

† 5. Cymbulie de Norfolk. *Cymbulia Norfolkensis.* Quoy et Gaym.

   C. testá subcartilaginosá, ovatá, echinatá, albá ; alis angustis, bilobatis, apice longo coadunatis.
   Quoy et Gaim. Voy. de l'Astrol. moll. t. 2. p. 376. pl. 27. f. 31. 32. Habite dans les parages de l'île de Norfolk dans le grand Océan austral; voici ce qu'en dit M. Quoy : très petite espèce de deux lignes de longueur, bien distincte par ses nageoires allongées, un peu rétrécies et bilobées; à leur point de réunion est une longue pointe charnue qui les dépasse; la bouche fait aussi une saillie très marquée; la coquille est ovoïde, arrondie inférieurement, ouverte par le haut et recouverte de petites aspérités, toutes ces parties sont blanches et transparentes, les viscères que l'on voit à travers la coquille et l'animal sont d'un jaune-orangé taché de brun.

PNEUMODERME. (Pneumodermon.)

Corps libre, nu , mou , ovale ; à tête distincte. Bouche terminale, à deux lèvres. Deux faisceaux de tentacules rétractiles placées aux côtés de la bouche. Point d'yeux. Deux ailes opposées, petites, ovales, insérées sur les côtés du cou. Deux lignes branchiales pinnées situées extérieurement sur la partie postérieure du corps. Anus latéral, s'ouvrant au-dessous de l'aile droite.

Corpus liberum, nudum, molle, ovatum ; capite distincto. Os terminale, bilabiatum. Tentaculorum retractilium fasciculi duo ad oris latera instructi. Oculi nulli. Alæ duæ oppositæ, parvulæ, ovatæ, lateribus colli insertæ. Lineæ duæ branchiales pinnatæ ad partem posticam corporis extùs insertæ. Anus lateralis, infrà alam dextram.

OBSERVATIONS. — Le genre *Pneumoderme,* établi par M. *Cuvier,* paraît avoir des rapports avec les Clios, et manque effectivement comme elles de coquille, tandis que les autres Ptéropodes connus en sont pourvus; mais il en diffère principalement par la position des branchies de l'animal qui sont à la partie postérieure du corps, où elles forment deux lignes pinnulées, c'est-à-dire garnies de chaque côté de petits feuillets saillans. Ces lignes sont arquées et ont leur courbure en opposition; elles se réunissent par une barre transverse. Ce Mollusque a la tête ronde, portée sur un cou rétréci. La bouche offre deux petites lèvres longitudinales et saillantes, sous lesquelles est une espèce de menton charnu et pointu qui constitue peut-être la trompe dont *Péron* a parlé. Les deux ailes ou nageoires sont charnues, plus petites que celles des Clios, et surtout que celles de l'Hyale. Si leur petitesse n'est pas le produit d'un retrait, opéré par l'état de mort, elles ne paraissent pas avoir la proportion propre à faciliter la natation de l'animal dont il est question. (1)

______

(1) On sait actuellement, par ce qu'en disent MM. Quoy et Gaymard, que les Pneumodermes ont leurs branchies contenues, à l'extrémité du corps, dans un petit sac membraneux très mince. Leur natation est active, malgré la petitesse proportionnelle de leurs nageoires. Un fait important dans ce genre, c'est la position des branchies, qui est différente de celle des autres Ptéropodes. Un autre fait curieux est relatif à cette disposition singulière de deux tentacules rameux garnis de suçoirs. Dans la figure de Cuvier, ces suçoirs forment deux paquets considérables à la base du cou et près de la bouche. Dans la figure de

ESPÈCES.

1. Pneumoderme de Péron. *Pneumodermon Peronii.* Lamk.

> Pneumoderme. Cuv. Ann. du Mus. 4. p. 228. pl. 59 ; et Règn. anim.
> 2. p. 380.
> Pneumoderme. Pér. Ann. du Mus. 15. p. 65.
> * De Roissy. Buf. moll. t. 5. p. 76. pl. 52. f. 3.
> * De Blainv. Malac. pl. 46. f. 4.
> * Desh. Encycl. méth. vers. t. 3. p. 802.
> * *An eadem species ?* Pneum. Peronii. Quoy. Voy. pl. 28. f. 1 à 6.
> Habite l'Océan atlantique, d'où il a été rapporté par *Péron.* Nous
> devons la connaissance de ses caractères à M. *Cuvier.* Longueur,
> environ un pouce.

† **2. Pneumoderme laqué.** *Pneumodermon ruber.* Quoy et
Gaym.

> *P. corpore pupæformi, elongato, fusco; capite rubro ; alis minimis,*
> *subrotundis.*
> Quoy et Gaym. Voy. de l'Astr. t. 2. p. 389. pl. 20. fig. 19. 20.
> Habite les mers d'Amboine. Petite espèce, longue de quatre lignes,
> ayant le corps allongé, cylindracé ou subfusiforme; sa tête est rou-
> geâtre, bilobée; ses ailes sont courtes, subtriangulaires, lisses et
> fixées sur un col très court, séparant la tête du corps. La tête et les
> nageoires sont rougeâtres; le corps offre une grande tache couleur
> de laque. La variété, indiquée par M. Quoy, pourrait bien cons-
> tituer une espèce distincte; sa tête est moins séparée; elle porte
> deux tentacules; les nageoires sont jaunâtres et treillissées par
> des stries; le corps est plus renflé postérieurement, et la ventouse
> est plus grande.

M. Quoy, faite sur le vivant, ces suçoirs sont sur une tige com
mune, tentaculiforme, et supportés chacun sur un petit pédicule partant de la tige principale. Après avoir lu attentivement la description du Pneumoderme sur lequel Cuvier a établi
le genre, nous avons de la peine à nous persuader que l'animal
trouvé dans les mêmes lieux par MM. Quoy et Gaymard soient
de la même espèce. Si ces animaux constituaient deux espèces,
on expliquerait la différence qui se montre dans la disposition
des suçoirs. Il est certain que les animaux de ce genre très intéressant méritent de la part des anatomistes une attention particulière.

✝ 3.Pneumoderme transparent.*Pneumodermon pellucidus.*
　　Quoy et Gaym.

P. corpore cylindraceo, turbinato, elongato, molli; capite alis mi-
　　nimis, rotundatis.

Quoy et Gaym. Voy. de l'Astrol. t. 2. p. 390, pl. 28. f. 25.

Habite la rade d'Amboine. Animal allongé, subcylindracé, blanc,
　　non transparent, ayant une tête petite, arrondie, subbilobée, de
　　laquelle sort une petite trompe buccale, très courte. Les nageoires
　　sont petites proportionnellement à la grosseur du corps; elles sont
　　oblongues, subtriangulaires, d'un blanc rose très pâle: le pied
　　rudimentaire est petit, en fer-à-cheval et symétrique. Les viscères
　　apparaissent, à travers la peau de l'animal, sous la forme d'une
　　longue tache violette.

ORDRE SECOND.

LES GASTÉROPODES.

*Animaux à corps droit, jamais en spirale ni enveloppé dans
　　une coquille qui puisse le contenir en entier; ayant sous le
　　ventre un pied ou disque musculeux uni au corps à-peu-
　　près dans toute sa longueur, et servant à ramper.*

*Les uns nus, d'autres ombragés par une coquille dorsale, non
　　engaînante, et d'autres encore contenant une coquille plus
　　ou moins cachée dans leur manteau.*

M. *Cuvier,* qui s'est beaucoup occupé des Mollusques,
et qui nous a fait connaître l'organisation d'un grand
nombre d'entre eux sur lesquels nous n'avions que des
notions fort imparfaites, a donné le nom de *Gastéropodes*
à tous ceux de ces animaux qui ont inférieurement un
pied ou disque musculeux propre à ramper, soit que ce
pied tienne au corps dans toute sa longueur, soit qu'il
n'adhère qu'à la base du cou. Cette coupe assurément
n'est point inconvenable, et n'embrasse que des objets
liés par des rapports. Cependant, comme elle est fort

étendue, et que, parmi les races nombreuses qu'elle réunit, l'on trouve des différences considérables qui offrent une ligne de démarcation très distincte entre les unes et les autres, j'ai cru devoir la partager en deux coupes particulières, qui se distinguent par des caractères tranchés et fort remarquables.

En conséquence, je conserve le nom de *Gastéropodes* à ceux de M. *Cuvier* qui ont le corps droit, jamais contourné en spirale ni enveloppé dans une coquille pareillement en spirale, et qui ont sous le ventre, pour ramper, un pied ou disque musculeux uni au corps dans presque toute sa longueur. Je donne ensuite le nom de *Trachélipodes* à ceux des Gastéropodes de M. *Cuvier* qui ont le corps contourné en spirale postérieurement, en grande partie séparé du pied, et toujours enveloppé dans une coquille spirivalve.

Ainsi, nos *Gastéropodes* n'embrassent qu'une partie de ceux de M. *Cuvier*, et constituent pour nous un ordre particulier et très distinct parmi les Mollusques, lequel doit être immédiatement suivi par celui des Trachélipodes. *Voyez* l'*Extrait du Cours de Zoologie*, p. 113 et suiv.

Les *Gastéropodes* étant des animaux rampans sur un pied qui n'est nulle part séparé du corps, sont éminemment distingués de tout autre Mollusque qui aurait aussi le corps droit, mais sans disque pour ramper. Dans la marche de la nature, c'est-à-dire, dans l'ordre de sa production successive des animaux, ces Gastéropodes paraissent devoir suivre immédiatement les Ptéropodes. Aussi le *Glaucus*, que *Péron* avait rangé parmi ces derniers, mais qui appartient plutôt à la famille des Tritoniens, semble faire une transition entre ces deux ordres.

Nous divisons nos Gastéropodes en sept familles particulières, savoir : 1° les *Tritoniens;* 2° les *Phyllidiens;* 3° les *Sémi-Phyllidiens;* 4° les *Calyptraciens;* 5° les *Bulléens;*

6° les *Laplysiens*; 7° les *Limaciens*. Dans l'extrait du cours déjà cité, nous avions indiqué les principaux genres qui appartiennent à chacune de ces familles.

Dans les animaux des six premières, les branchies sont saillantes, soit qu'elles soient extérieures, soit qu'elles naissent dans une cavité particulière, et ne sont propres qu'à respirer l'eau; tandis que, dans ceux de la dernière, l'organe respiratoire, approprié à respirer l'air en nature, ne forme que des cordonnets ou lacis rampans sur la paroi interne de la cavité qui les contient, et qui n'y présentent que peu de saillie.

Les *Gastéropodes* sont fort nombreux. Ceux qui ne respirent que l'eau vivent habituellement dans la mer; les autres vivent sur la terre, et se tiennent dans les lieux humides ou dans le voisinage des eaux. Tous sont en quelque sorte plus rampans que les Trachélipodes, s'appuyant toujours sur leur pied, soit qu'ils se déplacent, soit qu'ils se reposent. (1)

DIVISION DES GASTÉROPODES.

Ire SECTION. — Branchies, quelle que soit leur position, s'élevant, soit en filets, soit en lames, soit en peignes ou panaches. Elles ne respirent que l'eau. [Hydro-branches.]

[a] Branchies extérieures, placées au-dessus du manteau, soit sur

---

(1) Parmi les divisions proposées par Lamarck, celle-ci est certainement la plus artificielle et celle qui supporte le moins bien un examen approfondi. Nous voyons en effet que Lamarck a été forcé, pour ne pas trop rompre les rapports naturels, de marquer la limite de ses deux ordres, Gastéropodes et Traché-lipodes, dans la famille des Limaces, famille précisément la plus propre à démontrer l'analogie des deux ordres et la liaison qui s'établit entre eux par nuances insensibles.

le dos, soit sur ses côtés, et n'étant point dans une cavité particulière.

Les Tritoniens.

[b] Branchies extérieures, placées sous le rebord du manteau, et disposées en série longitudinale, soit autour du corps, soit d'un seul côté, n'étant pas non plus dans une cavité particulière.

Les Phyllidiens.
Les Semi-Phyllidiens.

[c] Branchies placées dans une cavité particulière sur le dos, située antérieurement près du cou.

Les Calyptraciens. [1] (1)

[d] Branchies placées dans une cavité particulière, vers la partie postérieure du dos, et recouvertes, soit par le manteau, soit par un écusson operculaire.

[†] Point de tentacules.

Les Bulléens.

[††] Des tentacules.

Les Laplysiens.

II° SECTION. — Branchies rampantes sous la forme d'un réseau vasculeux, sur la paroi d'une cavité particulière dont l'ouverture est un trou que l'animal contracte ou dilate à son gré. Elles ne respirent que l'air libre. [Pneumobranches.]

Les Limaciens. (2)

---

(1) Nous avons jugé à propos de rapprocher provisoirement les *Ancyles* de la famille des Calyptraciens. (*Note de Lamarck.*)

(2) Depuis la publication de l'ouvrage de Lamarck, un grand nombre d'observations ont rendu nécessaires des changemens considérables dans cet arrangement méthodique. Les notes que nous donnerons à la suite des familles et des genres indiqueront ces changemens, soit dans les rapports généraux, soit dans les rapports des genres. En donnant trop de valeur au caractère de la longueur du pied, Lamarck a éloigné des animaux qui ont une analogie incontestable.

LES TRITONIENS.

Branchies extérieures, placées au - dessus du manteau, soit sur le dos, soit sur ses côtés. Elles ne respirent que l'eau.

Les *Tritoniens* se distinguent de tous les autres Gasté-ropodes par la situation de leurs branchies, qui sont extérieures, tout-à-fait à découvert, et placées au-dessus du manteau, ou quelquefois le long de ses bords, sans être au-dessous. Dans plusieurs genres, ces branchies parraissent être une dégénérescence du manteau, c'est-à-dire, qu'elles sont formées par des portions de ce même manteau, devenues branchiales.

Ces Gastéropodes sont nus, sans coquille, soit externe, soit interne, rampans, rarement nageurs, et ont le corps allongé, mollasse, bordé par un manteau tantôt étroit, quelquefois même transformé en branchies et comme nul, tantôt enfin formant tout autour un large rebord. Les animaux dont il s'agit sont tous marins. Je les divise en six genres qui sont les suivans : *Glauque, Éolide, Tritonie, Scyllée, Téthys* et *Doris*. (1)

---

(1) Cette famille de Lamarck n'est pas naturelle. Les Glauques et les Éolides, réunis à plusieurs genres que Lamarck n'a pas connus, forment un groupe ou une famille naturelle, tandis que les quatre genres suivans dépendant, comme ceux qui pré-cèdent, des Nudibranches de Cuvier, peuvent aussi former une famille particulière à laquelle on peut joindre plusieurs genres inconnus a Lamarck. Dans la première famille, on pourrait ajouter les genres Laniogère, Cavoline et Tergipède; et à la seconde, les genres Onchidiore, Polycère, Placobranche.

GLAUQUE. (Glaucus.)

Corps allongé, subcylindrique, gélatineux, ayant une tête antérieurement, et terminé postérieurement par une queue grêle, subulée. Tête courte, munie de quatre tentacules coniques disposés par paires. Nageoires branchiales opposées, palmées et digitées à leur sommet, latérales, horizontales, au nombre de trois ou quatre paires, les postérieures presque sessiles. Les orifices de la génération et de l'anus disposés latéralement.

Corpus elongatum, subcylindricum, gelatinosum, anticè capitatum, posticè caudâ gracili, subulatâ, terminatum. Caput breve; tentaculis quatuor conicis per paria digestis. Pinnæ branchiales oppositæ, apice palmato digitatæ, laterales, horizontales; paribus tribus aut quaternis; posticis subsessilibus. Orificia generationis et ani lateralia.

OBSERVATIONS. — Le joli animal qui constitue ce genre a reçu de Forster le nom de *Glaucus*. Il est fort remarquable tant par sa forme particulière que par les belles couleurs dont il est orné. Il nage dans les mers qu'il habite et ne rampe point. Ce Mollusque se rapproche extrèmement des Éolides et des Tritonies par ses rapports; et cependant, comme ses nageoires sont opposées, et qu'il manque de pied pour ramper, il est réellement intermédiaire entre les Ptéropodes et les Gastéropodes. Son corps est d'un gris de perle, et a sur le dos deux bandes longitudinales d'un beau bleu. Sa tête et sa queue offrent une couleur semblable, et on la retrouve, mais plus foncée, aux extrémités des filets qui forment les digitations des branchies. Ces filets sont inégaux et plus longs aux nageoires antérieures qu'aux postérieures. Il nous paraît que les orifices de la génération et de l'anus sont plutôt sur le côté droit que sur le gauche, et qu'ils sont placés entre la première et la seconde nageoire. Le *Glauque* n'a encore été vu que flottant à la surface des mers, óù il nage avec une grande vitesse. On le rencontre dans les temps calmes. (1)

ESPÈCES.

1. **Glauque de·Forster.** *Glaucus Forsteri.* Lamk.

    Doris radiata. Gmel. p. 3105.

    Glaucus atlanticus. Blumenb. fig. d'Hist. nat. pl. 48.

    * *Id.* Man. d'Hist. nat. t. 2. p. 22.

    Lamartinière. Voy. de la Peyr. t. 4. p. 71. pl. 20. f. 15. 16.

    Scyllée nacrée. Bosc. Hist. des Vers.

    Glaucus. Cuv. Ann. du Mus. 6. p. 427. f. 11

    Péron. Ann. du Mus. 15. pl. 3. fig. 9. *Glaucus.*

    * Guérin. Icon. du rég. anim. moll. pl. 8. f. 8.

    * De Blainv. Dict. des sc. nat. t. 19. p. 33. pl. 58. f. 3.

    * *Id.* Malac. pl. 46. f. 3.

    * Desh. Encycl. méth. vers. t. 2. p. 169.

    * Quoy et Gaym. Voy. de l'Astr. zool. t. 2. p. 279. pl. 21. f. 6. à. 14.

    Habite les mers des climats chauds. Longueur, environ un pouce et demi.

---

(1) Malgré les recherches de plusieurs habiles naturalistes, il existe encore des incertitudes sur plusieurs points de l'anatomie du genre Glaucus. La description de M. de Blainville laisse des doutes sur les organes de la respiration. Il n'est pas certain, en effet, que les digitations des nageoires soient des branchies, nous ne le pensons pas. M. Quoy dit que ces digitations sont très caduques dans l'animal vivant. Il les détache quand on les lui touche. Il n'est pas à croire que cela aurait lieu si ces parties étaient destinées à une fonction aussi importante que celle de la respiration. Il faudrait donc de nouvelles recherches sur l'organisation de ces animaux.

La plupart des naturalistes sont aujourd'hui convaincus que l'on ne connaît encore qu'une seule espèce de ce genre. Il faut convenir alors que les figures en sont généralement fort inexactes. Celle donnée par MM. Quoy et Gaymard fait exception, et d'après elle on peut se faire une bonne idée de cet élégant animal.

ÉOLIDE. (Éolis.)

Corps oblong, rampant, terminé en pointe postérieurement, un peu convexe en dessus, plane ou canaliculé en
dessous ; à manteau nul. Tête courte, ayant quatre ou
six tentacules. Branchies saillantes, en lames écailleuses,
papilles ou cirres, disposées sur le dos par rangées.
Orifices de la génération et de l'anus sur le côté droit.

*Corpus oblongum, repens, posticè attenuato acutum,
suprà convexiusculum, subtùs planum vel canaliculatum ;
velo nullo. Caput breve, tentaculis quatuor s. sex instructum, Branchiæ exsertæ per laminas squamiformes papillas
aut cirros, in dorso seriatim dispositæ. Orificia generationis
et ani ad latus dextrum.*

OBSERVATIONS. — Les *Eolides* forment un genre particulier que
M. Cuvier a établi. Ces Gastéropodes, quelquefois fort petits,
n'ont point, comme le *Glaucus*, de manteau apparent, et sont
très remarquables par des branchies saillantes, disposées par
rangées, soit longitudinales, soit tranverses. Ces branchies représentent tantôt des lames presque en forme d'écailles, tantôt
des papilles ou des espèces de cirres. Leur forme et leur disposition, ainsi que le nombre des tentacules, distinguent éminemment les *Eolides* des genres qui suivent. On ne confondra pas
non plus ces Mollusques avec les Doris, l'anus de celles-ci étant
autrement situé et environné par les branchies. Les *Eolides* ne
sauraient nager et rampent seulement dans le fond des mers. En
saisissant, parmi leurs espèces, diverses particularités de la forme
des branchies, on en pourrait séparer plusieurs et en former autant de genres particuliers; mais cela ne serait nullement utile
à la science, et ne ferait qu'aggraver l'encombrement de la nomenclature. (1)

____

(1) Il est assez difficile, dans l'état actuel de l'observation,
de décider si les genres Cavoline Bruguière, Tergipède Cuvier,
Flabelline du même auteur, doivent être définitivement re-

ESPÈCES.

1. Eolide-dè Cuvier. *Eolis Cuvieri*. Lamk. (1)

E. corpore subovato; suprá lamellis serialibus deorsum incumbentibus; tentaculis sex.

Eolide. Cuv. Ann. du Mus. 6. p. 433. pl. 61. f. 12. 13.

Limax papillosus. Lin. Syst. nat. 2. p. 1082.

---

jetés ou admis dans la méthode. Plusieurs zoologistes les ont adoptés, mais il nous semble que cet exemple ne doit être suivi qu'autant que la science posséderait des observations suffisantes sur chacun de ces genres. Malheureusement il n'en est pas ainsi, et nous pensons qu'il vaut mieux, comme Lamarck, les rassembler en un seul. Ces genres semblent, en effet, constituer avec les Éolides un même groupe naturel dont ils seraient les divers degrés sous le rapport du nombre et de la disposition des lanières dites branchifères. Dans notre article Éolide de l'Encyclopédie, nous avons proposé de diviser le genre en quatre sections, d'après la disposition, le nombre et la forme des lanières dorsales. Ces quatre groupes répondent assez exactement à ceux qui existent déjà; mais pour devenir de bons genres à nos yeux, il est nécessaire que de nouvelles observations soient faites.

(1) Il existe de la confusion à l'égard de cette espèce, et la synonymie établie ici par Lamarck doit être rectifiée. On ne peut y conserver qu'une seule citation, car le *Limax papillosus* est une très petite espèce de trois ou quatre lignes de longueur, et ayant quatre tentacules seulement, tandis que celle-ci en a six. La Doris de Baster et celle de Gunner sont des Éolides, mais elles ne sont pas de la même espèce que celle-ci. Cuvier a prouvé que, sous le nom de *Doris papillosa,* Gmelin avait confondu cinq espèces. On ne peut donc plus admettre cette citation dans une bonne synonymie. M. de Blainville a fait figurer dans son Traité de Malacologie, en lui donnant le nom d'Eolide de Cuvier, une très petite espèce à quatre tentacules. Nous soupçonnons qu'elle est la même que le *Limax papillosus* de Linné, et elle ne doit pas prendre place dans la synonymie de l'Eolide de Cuvier.

Doris. Bast. Op. subs. 1. p. 81. t. 10. f. 1.
Doris Bodoensis. Gunner. Act. Hawniens. 10. f. 11. 16.
Doris papillosa. Gmel. p. 3104.
Encycl. pl. 82. f. 12.
* Desh. Encycl. méth. vers. t. 2. p. 115. no 3.
* Bouch. Cat. des Moll. du Boul. p. 33. no 68.
Habite les mers d'Europe. Longueur, un pouce.

2. Eolide fasciculée. *Eolis fasciculata.* Lamk.

*E. corpore oblongo, posticè attenuato ; papillis dorsi acutiusculis
   subferrugineis ; tentaculis quatuor.*
Limax marinus. Forsk. Desc. An. p. 99. no 3, et Ic. t. 26. fig. G.
Doris fasciculata. Gmel. p. 3104.
Encycl. pl. 82. f. 13.
* Payr. Cat. p. 84. n° 162.
* Desh. Encycl. méth. vers. t. 2. p. 115. n° 2.
Habite la Méditerranée. Longueur, un pouce.

3. Eolide grisâtre. *Eolis minima.* Lamk.

E. corpore pallidè cinereo ; seriebus papillarum dorsalium quatuor.
Limax minimus. Forsk. Desc. An. p. 100; et Ic. t. 26. f. H.
Encycl. pl. 82. f. 10. 11.
* *An Eolidia Cuvieri?* De Blainv. Malac. pl. 46. bis. f. 8.
* Payr. Cat. p. 85. no 163.
* Desh. Encycl. méth. vers. t. 2. p. 116. n° 4.
Habite la Méditerranée. Quatre tentacules. Longueur, quatre ou cinq
   lignes.

4. Eolide lacinulée. *Eolis lacinulata.* Lamk.

*E. corpore minimo, albido, subovato ; papillis dorsi obovatis utrin-
   què sex.*
Limax tergipes. Forsk. Faun. arab. p. 99; et Ic. f. E. 1. 2.
Doris lacinulata. Gmel. p. 3105.
Tergip. Cuv. Règn. anim. 2. p. 394.
Encycl. pl. 82. f. 5. 6.
* *Tergipes lacinulatus.* De Blainv. Malac. pl. 46. f. 6.
* Desh. Encycl. méth. vers. t. 2. p. 116. no 5.
Habite.....

5. Eolide pélerine. *Eolis peregrina.* Lamk.

*E. corpore lacteo ; cirrorum ex fusco cæruleorum in dorso seriebus
   decem.*
Cavolin. Pol. Mar. 3. p. 190. t. 7. f. 3.

29.

Doris peregrina. Gmel. n° 16.
Encycl. pl. 85. f. 4.
* *Doris peregrina.* Delle Chiaje, Mém. t. 3. p. 135. n° 6. pl. 38. f. 16.
* *Cavolina.* De Blainv. Malac. pl. 46. bis. f. 7.
* *Eolidia peregrina.* Desh. Encycl. méth. vers. t. 2. p. 115.
n° 1.
* Payr. Cat. p. 85. n° 164.
* Guérin. Icon. du règn. anim. moll. pl. 9. f. 2.
Habite la Méditerranée.

6. Eolide pourprée. *Eolis affin's.* Lamk.

E. corpore purpureo; dorso cirrorum seriebus septem.
Cavolin. Pol. mar. 3. p. 193. t. 7. f. 4.
Doris affinis. Gmel. n° 17.
Encycl. pl. 85. f. 5.
* Bouch. Cat. des Moll. du Boul. p. 36. n° 69.
Habite la Méditerranée.

† 7. Eolide annelée. *Eolis annulata.* Quoy et Gaym.

E. corpore ovato, apice acuto; branchiis numerosis, cylindricis, ex-
tremitate flavo et nigro annulatis; tentaculis basi fusco punc-
tatis.
Quoy et Gaym. Voy. de l'Ast. t. 2. p. 287. pl. 21. f. 15. 18.
Habite les mers de la Nouvelle-Guinée (Quoy et Gaym.)
Très belle espèce ayant près d'un pouce de longueur; elle a six tentacules sur la tête; ils sont inégaux et les supérieurs ont, à la partie externe de leur base, un petit œil noir; le milieu du dos est
nu dans un espace étroit; les flancs sont chargés d'un grand nombre de lanières assez longues, coniques, blanches dans la plus
grande partie de leur étendue, mais annelées de noir et de jaune
vers leur extrémité; cette coloration de lanières rend cet animal
remarquable.

† 8. Eolide longue-queue. *Eolis longicauda.* Quoy et Gaym.

E. corpore elongato, gracili, mollissimo; apice acuto, caudato, sub-
tùs fusco; branchiis pluriserialibus.
Quoy et Gaym. Voy. de l'Ast. t. 2. p. 288. pl. 21. f. 19. 20.
Habite les mers de la Nouvelle-Zélande (Quoy et Gaym). Elle est
une des plus grandes espèces du genre; elle porte quatre grands
tentacules pointus sur la tête; son pied est largement plissé sur
les bords, et dépasse le pourtour du corps; il est prolongé postérieurement en une queue assez allongée; le milieu du dos est
lisse, et les flancs de l'animal sont couverts de papilles allongées,

coniques, aplaties et brunes; ces papilles sont nombreuses, rapprochées; c'est au-dessus d'elles et du côté droit que l'on voit, vers
le milieu de la longueur du corps, l'ouverture de l'anus. L'issue
des organes de la génération se montre sous le tentacule supérieur
du côté droit.

TRITONIE. (Tritonia.)

Corps ovale-oblong, convexe en dessus, rampant; à tête
très courte, large, sessile; ayant deux tentacules rétractiles, simples ou divisés. Branchies dorsales en houpes
rameuses ou dendriformes, sur deux rangées longitudinales. Orifices de la génération et de l'anus situés au
côté droit.

*Corpus ovato-oblongum, dorso convexum, repens;
capite brevissimo, lato, sessili; tentaculis duobus retractilibus,
simplicibus aut divisis. Branchiæ dorsales, fasciculato-
ramosæ, dendroides, biordinatæ; seriebus longitudinalibus.
Orificia generationis et ani in latere dextro.*

OBSERVATIONS. — Les *Tritonies,* que M. *Cuvier* a fait connaître, constituent un genre très distinct des Éolides, principalement par la forme des tentacules et la disposition des branchies. En effet, dans les *Tritonies,* les branchies sont constamment disposées en deux rangées longitudinales, au lieu qu'elles
en forment souvent plusieurs, soit longitudinales, soit transverses, dans les Éolides. Celles-ci ont au moins quatre tentacules, tandis que les *Tritonies* n'en ont que deux, qui sont
d'ailleurs rétractiles, et rentrent, au gré de l'animal, dans une
espèce de cornet. On a observé des parties dures à la bouche des
Mollusques dont il est question. Ils ont aussi deux yeux. Quant
à leur manteau, il paraît nul. Les orifices pour la génération et
pour l'anus sont au côté droit, sur des tubercules particuliers
et séparés. Le pied des *Tritonies* est canaliculé, ainsi que celui
des autres Tritoniens, lesquels rampent assez habituellement sur
les tiges des *fucus,* à l'exception du *Glaucus* qui nage seulement.

En général, les *Tritonies* ont l'aspect de limaces raccourcies. On en connaît plusieurs espèces. (1)

ESPÈCES.

1. Tritonie de Homberg. *Tritonia Hombergii*. Cuv.

T. corpore oblongo, subtetragono, supernè verrucoso; lateribus pla-nulatis lævibus; branchiis confertissimis.

Tritonia Hombergii. Cuv. Ann. du Mus. 1. p. 483. pl. 31. f. 1. 2.

Limace de mer palmifère. Diquem. Journ. de Phys. octobre 1785. pl. II.

* De Blainv. malac. pl. 46. f. 6.

* Desh. Encycl. méth. vers. t. 3. p. 1064.

* Bouch. Cat. des Moll. du Boul. p. 37. n° 70.

Habite dans la Manche. C'est la plus grande espèce connue de ce genre. Elle a environ deux pouces et demi de longueur, selon M. *Cuvier*, et jusqu'à huit, selon M. Diquemare. Son extrémité postérieure se rétrécit en pointe mousse.

2. Tritonie arborescente. *Tritonia arborescens*. Cuv.

T. corpore oblongo, tumido; branchiis ramosis, distinctis, utrinquè quinis; posterioribus sensim minoribus; ore quadrilamelloso.

Tritonia arborescens. Cuv. Ann. du Mus. 6. p. 434. pl. 61. f. 8. 9. 10?

Doris cervina. Gmel. n° 12.

Bommé. Mém. de Fless. 3. f. 1.

Doris arborescens? Gmel. n° 23. Mull.

Habite dans la Manche et la mer du Nord. Elle est bien moins grande que la précédente.

3. Tritonie couronnée. *Tritonia coronata*. Cuv.

T. lacteá, subtùs hyaliná; papillis dorsi rubro punctatis pyramidalibus utrinquè sex apice rubris. Gmel.

Doris coronata. Gmel. n° 14.

Bommé. Mém. de Fless. 3. pl. 3.

Cuv. Ann. du Mus. 6. p. 435.

----

(1) Le genre Tritonie est bien connu depuis le Mémoire ana-tomique de Cuvier. Il a été adopté par tous les zoologistes et placé dans les diverses méthodes dans le voisinage des Scyllées et des Téthys, avec lesquels il a effectivement beaucoup d'ana-logie.

Habite la mer du Nord, près Walcheren. Tentacules filiformes.
Etc. *Ajoutez* quelques autres espèces indiquées par M. *Cuvier.* Règne
anim. vol. 2. p. 391.

† 4. Tritonie rouge. *Tritonia rubra.* Leuck.

T. corpore roseo, dorso lateribusque tuberculatis; tentaculis anteriori-
bus lobatis, lobis sex ramosis; branchiis in utroque latere dorsi
duodecim.

Leuckard. Ruppel. Voy. en Afrique. Invert. p. 15. pl. 4. f. 1.

Habite la mer Rouge. Belle et grande espèce limaciforme, ayant tout
le corps tuberculeux et d'une couleur uniforme, d'un rouge rosé
les deux tentacules supérieurs sont gros, cylindracés et divisés au
sommet en un grand nombre de papilles bleuâtres; le voile de la
tête est large et bordé antérieurement par douze tentacules tronqués et papilleux au sommet; les branchies, au nombre de douze
de chaque côté, sont en gros arbuscules d'un beau jaune.

† 5. Tritonie à branchies bleues. *Tritonia cyanobranchiata.*

Leuck.

T. corpore aurantiaco, dorso tuberculato, maculis irregularibus nigri-
cantibus asperso; tentaculis duobus anterioribus divisis quadripar-
titis; branchiis cæruleis in utroque dorsi latere novem.

Leuckard. Ruppel. Voy. Invert pl. 4. f. 3.

Habite la mer Rouge (Ruppel). Belle espèce de Tritonie, découverte
dans la mer Rouge par M. Ruppel; mais mal représentée dans son
ouvrage. L'animal est allongé, limaciforme; le corps est jaune,
jaune-orangé sur les flancs et marbré de cette couleur; le milieu
du dos, lisse, est orné de taches linéolées, irrégulières, noirâtres;
elles ressemblent à des caractères arabes. Les branchies, ainsi que
le sommet des deux tentacules supérieurs, sont d'une belle couleur bleue. Le voile tentaculifère antérieur porte de chaque côté
quatre petits tentacules inégaux et cylindriques.

† 6. Tritonie élégante. *Tritonia elegans.* Sav.

T. corpore cæruleo, branchiis et dorso maculis obscurioribus marmo-
rato lævi; tentaculis duobus anterioribus coadunatis multifidis;
branchiis in utroque latere dorsi 9—10.

Sav. Descr. de l'Egypte. Zool. gast. pl. 2. f. 1.

Tritonia glauca. Leuck. Rupp. Voy. en Afrique. Invert. p. 16. n° 2.
pl. 4. f. 2.

Guérin. Icon. du règn. anim. pl. 8. f. 5.

Habite la mer Rouge. Animal limaciforme, allongé, d'un beau bleu
peu foncé, avec des marbrures d'un bleu plus obscur. Les branchies

au nombre de neuf ou dix de chaque côté du corps, sont de la même couleur. Le voile de la tête est terminé en son bord par un grand nombre de petits filets cylindracés et fort grêles.

SCYLLÉE. (Scyllæa.)

Corps rampant, gélatineux, oblong, très comprimé sur les côtés, canaliculé en dessus ; à dos élevé en une crête bicarinée, ayant quatre ailes disposées par paires ; et à tête à peine saillante. Deux tentacules dilatés supérieurement, comprimés, ondulés, rétrécis vers leur base. Branchies en forme de pinceaux, éparses sur la face interne des ailes. Orifices de la génération et de l'anus sur le côté droit.

Corpus repens, gelatinosum, oblongum, lateribus valdè compressum, infrà canaliculatum ; dorso in cristam bicarinatam et quadrialatam elevato : alis biparibus ; capite vix prominulo. Tentacula duo supernè dilatata, compressa, undulata, basi angustata. Branchiæ penicilliformes, in alarum facie internâ sparsæ. Orificia generationis et ani ad latus dextrum.

OBSERVATIONS. — Si l'on n'avait égard qu'à la forme générale de l'animal de la *Scyllée*, on pourrait le considérer comme une Tritonie plus comprimée sur les côtés, ce que j'avais fait dans mes leçons, depuis la publication du *Système des Animaux sans vertèbres*. Mais, outre cette compression singulière du corps, les quatre ailes que portent sa crête dorsale, et ses branchies très particulières que M. *Cuvier* a déterminées, ont autorisé ce savant à conserver le genre *Scyllæa* de *Linné*, après en avoir rectifié les caractères. Ainsi le genre dont il s'agit, quoique avoisinant les Tritonies par ses rapports, en est véritablement distinct. Le corps de la *Scyllée* est plus gélatineux que celui des autres Tritoniens, demi transparent, très comprimé sur les côtés, et fort élevé au milieu, où il porte quatre ailes membraneuses. Sur la face interne de ces ailes, sur le dos lui-même, et sur la crête caudale, se trouvent les branchies qui ressemblent à de petites houppes touffues de filamens très déliés, que l'animal étend dans l'eau. La tête est peu apparente; elle offre une bouche petite, dirigée en bas près de l'extrémité antérieure du sillon, et porte deux tentacules comprimés, élargis, ondulés, étroits à leur base, susceptibles de s'allonger plus ou moins. La face inférieure ou le pied est creusé, dans presque toute sa longueur, d'un sillon profond dont les bords sont renflés, et par lequel l'animal embrasse les tiges des *fucus* auxquelles il s'attache ou se suspend. On ne connaît à la *Scyllée* pas plus de manteau qu'aux Mollusques des genres précédens. Ce que nous avons dit des tentacules de cet animal ne concerne que leur partie inférieure toujours en saillie; et, en effet, cette partie dilatée vers son sommet, a le bord supérienr double, et n'est réellement qu'un cornet ou fourreau très aplati, dans lequel rentre ou sort au gré de l'animal l'autre extrémité du ten-tacule.

ESPÈCES.

1. Scyllée pélagienne. *Scyllæa pelagica*. Lin.

> *Scyllæa pelagica*. Lin. Gmel. p. 3147.
> Cuv. Ann. du Mus. 6. p. 416. pl. 61. f. 1. 3. 4.
> *Scyllæa Ghomfodensis*. Gmel. nº 2.
> Forks. Faun. arab. p. 103. nº 13.
> * De Blainv. Malac. pl. 46. f. 5.
> * *Scyllæa Ghomfodensis*. Quoy et Gaym. Voy. de l'Ast. Zool. t. 2. p. 276. pl. 21. f. 1. à 5.
> * Bouch. Cat. des Moll. du Boul. p. 38. nº7 1.
> * Guérin. Icon. du règn. anim. pl. 8. f. 7.
> Habite dans différentes mers. Mus. nº.

† 2. Scyllée fauve. *Scyllæa fulva*. Quoy et Gaym.

> *S. corpore oblongo fulvo, infra canaliculato; alis quaternis fimbria-tis; tentaculis apice dilatatis.*
> Quoy et Gaym. Voy. de l'Uranie. Zool. p. 418. pl. 66. f. 13.
> Habite sur les fucus, dans les mers de la Nouvelle-Guinée. Animal ayant de la ressemblance avec la Scyllée pelagienne; il est fauve, et ses branchies, au lieu d'occuper toute la surface des appendices latéraux, ne se montrent qu'à leur extrémité.

TÉTHYS. (Tethys.)

Corps charnu, demi-transparent, oblong, rétréci en pointe postérieurement, terminé antérieurement par un manteau large, semi-circulaire, en forme de voile, recouvrant et débordant la tête. Bouche située sous le voile, en forme de trompe. Deux tentacules en saillie au-dessus de la base du manteau. Branchies dorsales, saillantes, nues, en houppes rameuses, disposées en deux rangées longitudinales. Orifices de la génération et de l'anus sur le côté droit.

Corpus carnosum, semi-pellucidum, oblongum, posticè attenuato-acutum, anticè velo lato, semi-circulari, caput obtegente et marginante. Os infrà velum, proboscidiforme. Tentacula duo suprà basim veli eminentia. Branchiœ dorsales, exsertœ, nudœ, fasciculatoramosœ, biordinatœ : seriebus longitudinalibus. Orificia generationis et ani ad latus dextrum.

OBSERVATIONS. — On doit à Cuvier d'avoir reconnu les branchies des *Téthys*, et d'avoir montré qu'elles sont à nu et en saillie sur le dos de l'animal, comme celles des autres Tritoniens. Ces Gastéropodes, d'une assez grande taille, ont le corps charnu, un peu transparent, ovale-oblong, et fort remarquable, dans sa partie antérieure, par un manteau qui s'étend au-dessus de la tête, la déborde, la cache entièrement, et forme, en s'y épanouisssant, un voile large, arrondi, coloré, frangé ou ondulé en son bord. Ce manteau se rétrécit inférieurement, ce qui forme l'espèce de cou qui distingue la partie antérieure de l'animal du reste de son corps. Sous cet ample voile et vers sa base, la bouche offre une cavité en forme d'entonnoir, d'où sort une trompe cylindrique percée à son extrémité, sans parties dures connues en son limbe interne. A la partie inférieure du manteau, et supérieurement, on remarque deux tentacules en saillie, séparés, imitant chacun une lame à bord supérieur ondulé, concave en avant, d'où l'on voit sortir un petit cône pointu. Les branchies présentent de chaque côté du dos, une rangée longitudinale : ce sont des houppes rameuses, saillantes, dont les plus grandes d'une rangée alternent avec les petites de l'autre.

On trouve les *Téthys* dans la Méditerranée, pendant les temps chauds. Ces Mollusques rampent au fond des mers, mais ils nagent fort bien au moyen de leur voile et s'élèvent jusqu'à la surface des eaux. D'après ceux qui ont été recueillis, on a cru pouvoir déterminer deux espèces. Nous sommes assuré de la première, observée et décrite par M. *Cuvier,* mais nous laissons la seconde en doute, ainsi que ce savant l'a fait.

ESPÈCES.

1. Téthys léporine. *Tethys leporina.* Gmel.

> T. *veli margine filamentis longiusculis fimbriato.*
> *Tethys leporina.* Gmel. p. 3136. n° 1.
> Téthys. Cuv. Ann. du Mus. 12. p. 263. pl. 24.
> Encycl. pl. 81. f. 3. 4.
> * Rondelet de Pisc. ch. 13. p. 526.
> * Columna. Aquat. obser. p. 27. pl. 26. f. 3. 4.
> * *Fimbria.* Bohadsch. Anim. mar. p. 54. pl. 5. f. 1. 2.
> * *Thetlys partenopia* et *polyphylla.* Macri. Atti Acad. delle Scienc. t. 2. pl. 3. 4. 5.
> * Payr. Cat. p. 85. n° 165.
> * De Blainv. Malac. pl. 46. bis. f. 9.
> * Delle Chiaje. Mem. t. 3. p. 146. n° 1. pl. 39. f. 1.
> Habite la Méditerranée. Mus n°. Longueur, 6 à 8 pouces.

2. Téthys de Bohadsch. *Tethys fimbria.* Gmel.

> T. *veli margine subcrenato; filamentis nullis?*
> Bohadsch. Mar. 54. t. 5. f. 1. 2.
> *Thetys fimbria.* Gmel. n° 2.
> Encycl. pl. 81. f. 3. et 4.
> * *Thetys cornigera.* Macri. Atti Acad. delle Sc. t. 2. p. 2. pl. 1. 2.
> Guérin. Icon. du règ. anim. moll. pl. 8. f. 6.
> * Delle Chiaje. Mem. t. 3. p. 146. n° 2. pl. 39. f. 2.
> Habite la mer Adriatique. (1)

---

(1) Depuis la publication du beau mémoire de Cuvier sur le genre Téthys, aucune observation importante n'a été ajoutée à ce qu'il a fait connaître. Ce que dit ici Lamarck, extrait du mé-

DORIS. (Doris.)

Corps rampant, nageant quelquefois, oblong, tantôt
planulé, tantôt convexe ou subprismatique, bordé tout
autour d'une membrane qui s'étend jusqu'au-dessus de la
tête. Bouche antérieure et en dessous, ayant la forme d'une
trompe. Quatre tentacules : deux placés antérieurement
sur le corps, rentrant chacun dans une fossette ou une
espèce de calice ; deux autres situés près de la bouche.
Anus vers le bas du dos, entouré par les branchies, qui
sont saillantes, laciniées, frangées. Ouverture pour la
génération au côté droit.

Corpus repens, interdùm natans, oblongum, modò planu-
latum, modò convexum aut subprismaticum, undiquè
membrana cinctum. Os anterius et subtùs, proboscidiforme.
Tentacula quator : duo supra corpus antrorsum intra fora-
mina aut tubos retractilia ; alia duo ad os. Anus posterius
in dorso, branchiis exsertis, laciniato-fimbriatis, stellatim
cinctus. Apertura generationis ad latus dextrum.

OBSERVATIONS. — Les *Doris*, réduites aux espèces des Gastéropodes qui ont l'anus sur le dos, vers l'extrémité postérieure,
et les branchies tout-à-fait à nu, disposées en cercle autour de
cet anus, étaient ainsi déterminées dans mes leçons, avant la
publication de mon *Système des Animaux sans vertèbres*. Elles
constituent un genre non-seulement très distinct, mais qui est

moire que nous venons de citer, fait suffisamment connaître ce
genre curieux. On doutait de la réalité de la seconde espèce ;
les observations à son sujet étaient insuffisantes ; mais M. Delle Chiaje, dans ses importans mémoires sur les Animaux sans
vertèbres de Naples, a donné de très bonnes figures des deux
espèces, les a accompagnées de leur description, et elles sont aujourd'hui bien constatées.

singulièrement tranché relativement aux divers Tritoniens men-
tionnés ci-dessus, ceux-ci ayant les branchies et l'anus autrement disposés. Cette disposition des branchies autour de l'anus
semble rapprocher les *Doris* des Laplysies et des Dolabelles;
mais ces dernières ont un opercule en forme de bouclier au-
dessus des branchies, tandis que dans les *Doris*, il n'y en a point.
Dans les quatre premiers genres des Tritoniens, le manteau n'est
nullement apparent; c'est dans les Téthys qu'il commence à se
montrer d'une manière remarquable à la partie antérieure du
corps; et, dans les *Doris*, on le retrouve tout autour de l'animal, quoique plus ou moins développé. Ces Gastéropodes ont
en général le corps aplati et obtus aux extrémités; néanmoins,
il en existe quelques espèces, que M. *Cuvier* a fait connaître,
dont le corps est bombé et quelquefois comme prismatique. Si
le genre *Doris* est nettement circonscrit dans ses caractères, il
n'en est pas de même des espèces recueillies qui y appartiennent; il paraît que ces espèces sont assez nombreuses; mais ceux
qui les ont observées n'ont pas déterminé avec précision les distinctions spécifiques et comparatives nécessaires pour les faire
connaître. M. Cuvier a montré, dans son Mémoire sur les *Doris*,
inséré dans les Annales du Muséum, que les auteurs, depuis
Linné, n'ont presque rien donné de satisfaisant à ce sujet. Ce
savant a vu diverses espèces de ces Mollusques, parmi lesquelles
plusieurs sont nouvelles, et il a fait quantité d'observations intéressantes à leur égard. Nous nous bornerons ici à n'en citer
que quelques-unes. (1)

---

(1) Dans le mémoire qu'il a publié dans le quatrième volume
des *Annales du Muséum*, sur le genre Doris, Cuvier a fait connaître en détail l'anatomie de ces Mollusques, et il a fait voir,
dans une histoire critique très bien faite, que, depuis Linné, les
espèces avaient été mal définies et leur synonymie vicieuse.
Cela se conçoit d'autant plus aisément que ces animaux vivent
dans presque toutes les mers; que les espèces, souvent très voisines par leurs caractères, ne se distinguent qu'autant que l'on
a pu faire, non d'après les figures, mais sur les animaux eux-
mêmes, une comparaison minutieuse. Cuvier a déterminé quatorze espèces, et en a donné une description courte, mais com-

ESPÈCES.

1. **Doris semelle.** *Doris solea.* Cuv.

> D. *corpore oblongo, planissimo; tentaculis superioribus lævibus, co-nicis, è calyculis prominulis exserentibus.*
>
> *Doris solea.* Cuv. Ann. du Mus. 4. p. 455. pl. 2. f. 1, 2.
>
> * De Blainv. Malac. pl. 46 *bis.* f. 12.
>
> **Habite** la mer des Indes. Longueur. 3 pouces et demi.

2. **Doris argus.** *Doris argo.* Li

> D. *corpore ovato-oblongo, planulato, lævi; tentaculis superioribus*

---

parative. Nous devons regretter néanmoins que ce grand natura-liste n'ait pas fait faire une bonne figure des espèces qu'il connut; elles aideraient aujourd'hui à déterminer rigoureusement les espèces, et éviteraient le danger de retomber dans des erreurs dont Cuvier a si justement déploré les effets dans la nomenclature. Depuis la publication du Mémoire de Cuvier, la science s'est enrichie des nombreuses recherches des naturalistes et des voyageurs, et l'on a actuellement plus de trente espèces qu'il ne mentionna pas. Cuvier a proposé de partager les Doris en deux sections : la première pour les espèces dont le manteau est plus large que le pied ; la seconde pour celles dont le manteau n'est pas plus large ou plus étroit que le pied. Il est assez difficile de placer convenablement quelques espèces dont la forme générale et le manteau participent aux caractères des deux sections. On peut dire que depuis les espèces les plus aplaties et à manteau très large jusqu'à celles chez qui le manteau, ne faisant aucune saillie, se confond avec le reste de la peau, il y a une foule de nuances et de dégradations qui font passer insensiblement d'une forme à l'autre.

Dans un catalogue fort bien fait des espèces vivantes de la côte du Boulonnais, M. Bouchard Chantereaux a donné des renseignemens nouveaux et fort intéressans sur l'accouplement de plusieurs Mollusques nus, et notamment sur celui des Doris. Ces animaux, d'une fécondité qui paraît prodigieuse, s'accou-plent deux fois chaque année, et chaque individu donne envi-ron quatre-vingt mille œufs disposés en une seule lanière peu épaisse et tournée en cornet.

clavatis subverrucosis, è foveis nudis exserentibus.
Doris argo. Lin. syst. nat. p. 1683. Gmel. p. 3107. n° 4.
Argo. Bohadsch, An. Mar. p. 65. t. 5. f. 4. 5.
Encyclop. pl. 82. f. 18, 19.
* Delle Chiaje. Mem. t. 3. p. 135. no 1. pl. 38. f. 1.
* De Blainv. Malac. pl. 46. f. 9.
* Payr. Cat. p. 85. no 166.
* Desh. Encyc. meth. vers. t. 2. p. 103. n° 3.
* Bouchard. Cat. des Moll. du Boul. p. 40. no 73.
Habite la Méditerranée. Couleur rouge. Longueur, 2 pouces.

3. Doris verruqueuse. *Doris verrucosa.* Lin.

D. corpore ovato-oblongo, convexo, verrucoso; tentaculis superio-
ribus intra lamellas duas eminentibus.
Doris verrucosa. Cuv. Ann. du Mus. 4. p. 467. pl. 1. f. 4. 5. 6.
Doris verrucosa? Lin. syst. nat. p. 1683. Gmel. p. 3103. n° 1.
* Delle Chiaje. Mém. t. 3. p. 133. n° 2. pl. 38. f. 14.
* Desh. Encycl. méth. vers. t. 2. p. 103. no 2.
Habite la mer des Indes. Longueur, un pouce ou un peu plus.

4. Doris à limbe. *Doris limbata.* Lin.

D. copore ovali, dorso convexiusculo, fusco-marmorato; limbo
lutescente cincto; tentaculis superioribus subclavatis, perfo-
liatis.
Doris limbata. Cuv. Ann. du Mus. 4. p. 468. pl. 2. f. 3.
* Savig. Moll. d'Egypte, pl. 1. f. 1.
* Payr. Cat. p. 86. n° 167.
* Delle Chiaje. Mém. t. 3. p. 134. no 5. pl. 38. f. 24.
Habite la Méditerranée, près de Marseille. Ses branchies sont tri-
pinnées.

5. Doris tuberculée. *Doris tuberculata.* Cuv.

D. corpore ovali-oblongo, suprá tuberculis parvis granulato; velo
marginali angustiusculo.
Doris tuberculata. Cuv. Ann. du Mus. 4. p. 469. pl. 2. f. 5.
Doris obvelata? Gmel. p. 3106. n° 19. *Synonymo|Mulleri excluso.*
Planc. Conch. p. 105. t. 5. f. g. h.
* Delle Chiaje. Mém. t. 3. p. 134. no 3. pl. 38. f. 21.
Habite l'Océan d'Europe, près de l'île de Rhé.

6. Doris large-bord. *Doris obvelata.* Muller.

D. corpore ovali-oblongo, suprà tuberculis parvis punctato; velo
marginali lato repando.

Doris obvelata. Mull. Zool. Dan. p. 8. t. 47. f. 1. 2.

Encycl. pl. 82. f. 3. 4.

* Bouch. Cat. des Moll. du Boul. p. 42. n 75.

Habite la mer du Nord. Cet animal est demi-transparent, et paraî plus petit que le précédent avec lequel il a néanmoins des rapports. Nous croyons cependant, comme M. *Cuvier*, qu'il doit en être distinct.

7. Doris à étoile. *Doris stellata.* Gmel.

D. corpore ovali, convexiusculo, fucescente; suprà tuberculis parvis rotundatis.

Doris stellata. Gmel. p. 3107. no 25.

Bommé, Mém. de Flesse. 3. p. 298. f. 4.

Cuv. Ann. du Mus. 4. p. 470.

* Bouch. Cat. Moll. du Boul. p. 43. n° 76.

Habite près de La Rochelle. Ses tentacules supérieurs sortent de calices à bord lacinié et ont leur sommet en plumet rond.

8. Doris pileuse. *Doris pilosa.* Gmel.

D. corpore ovali, valdè convexo, albo; tuberculis conicis in pilos desinentibus.

Doris pilosa. Gmel. p. 3106. n° 21.

Mull. Zool. Dan. p. 7. t. 85. f. 5. 8.

Cuv. Ann. du Mus. 4. p. 4. 70.

* Bouch. Cat. Moll. du Boul. p. 43. n° 77.

Habite près de La Rochelle, etc. Elle avoisine la précédente par ses rapports.

9. Doris lisse. *Doris lævis.* Lin.

D. copore ovali, planiusculo, dorso convexo, albo; tentaculis superioribus longiusculis.

Doris lævis. Lin. syst. nat. p. 1083. Gmel. p. 3106. n° 22.

Mull. Zool. Dan. p. 9. t. 47. f. 3. 5.

Encycl. pl. 82. f. 16. 17.

Cuv. Ann. du Mus. 4 p. 472.

Habite les mers d'Europe, près du Havre. Le dessus de son corps offre de petits points blancs sans saillie.

10. Doris brune. *Doris fusca.* Muller.

D. corpore ovali, supernè scabro, punctato.

* *Doris bilamellata.* Lin. Syst. nat. p. 1083.

Doris fusca. Gmel. p. 3106. n° 2.

Mull. Zool. Dan. p. 9. t. 47. f. 6. 8.

Encyclop. pl. 82. f. 1. 2. a. b.
Habite la mer du Nord.

11. Doris muriquée. *Doris muricata*. Muller.

D. corpore ovali, planiusculo, supra verrucis luteis undiquè mu-
'ricato.

Doris muricata. Gmel. p. 3106. n° 20.
Mull. Zool. Dan. p. 7. t. 85. f. 2. 4.

Habite les côtes de la Norwège. Les deux tentacules supérieurs sont
bruns, et de la grandeur des verrues. *Muller* ne dit rien de l'anus
ni des branchies qui doivent l'entourer.

12. Doris lacérée. *Doris lacera*. Cuv.

D. corpore elongato, subprismatico, vesiculis dorsalibus inæqualibus
obtecto; velo marginali, angusto, lacero, sursùm reflexo.
Doris lacera. Cuv. Ann. du Mus. 4. p. 453. pl. 1. f. 1.

Habite la mer des Indes. *Péron*. Longueur, trois à quatre pouces.

13. Doris caudale. *Doris atro-marginata*. Cuv.

D. corpore elongato, subprismatico; dorso prominulo, lineá nigrá
lateribus distincto; posticè acuto, subcaudato.
Doris atro-marginata. Cuv. Ann. du Mus. 4. p. 473. pl. 2. f. 6.
* Desh. Encycl. méth. vers. t. 2. p. 103, n° 1.
* Quoy et Gaym. Voy. de l'Astr. Zool. t. 2. p. 251. pl. 16. f. 6. 7.
* Guér. Icon. du règn. anim. Moll. pl. 8. f. 1.
Habite la mer des Indes. *Péron*.

Etc. Ajoutez les Doris *scabra, maculosa, tomentosa, pustulosa*.
Voyez en outre le genre *Polycère* de M. Cuvier, *Règne animal*, t. 2.
p. 390.

† 14. Doris gentille. *Doris pulchella*. Leuck.

D. corpore elongato, angusto, limaciformi, posticè caudato, colore
flavescente albo; dorso lateribusque verrucosis; verrucis aurantia-
cis; tentaculis superioribus passis, partisque posterioris pedis
marginibus violaceis; branchiis viginti quinque circiter pinnatis.
Leuckart, Ruppel. Voy. en Afr. Invert. p. 32. pl. 9. f. 5.
Habite la mer Rouge, près de Tor; grande et belle espèce allongée,
limaciforme, subcylindrique, ayant le manteau plus étroit et plus
court que le pied; tout le corps est blanc, le manteau ainsi que
l'extrémité caudale du pied sont bordés de bleu; le reste est parsemé d'un grand nombre de petites ponctuations rouges; les tentacules sont en massue et bleus au sommet; les branchies, décou-

TOME VII. 30

pées en un grand nombre de lanières étroites, sont bleuâtres sur les bords.

† 15. Doris teinte. *Doris tinctoria*. Leuck.

D. corpore ovato, oblongo, posticè caudato, colore lacteo pallii margine sulphureo-limbato; dorso venis punctisque sanguineis notato; branchiis novemdecim circiter pinnatis.

Leuckart, Ruppel. Voy. en Afr. Invert. p. 32. pl. 9. f. 4.

Habite la mer Rouge, près de Tor; très belle espèce ovale-oblongue, ayant le pied prolongé postérieurement en une queue obtuse assez longue; le dos est convexe, blanc, finement marbrée par des linéoles rouges, pourprées vers le limbe; le manteau est ponctué de rouge et bordé de jaune soufré; le dos du pied est ponctué de rouge; les branchies sont pinnées, courtes et bordées de ponctuations rouges.

† 16. Doris bordée de blanc. *Doris albo-limbata*. Leuck.

D. corpore colore atro purpureo; pallio, pede, branchiisque albo-limbatis; branchiis octo coadunatis, pinnatis.

Leuckart, Ruppel. Voy. en Afr. Invert. p. 30. pl. 8. f. 3.

Habite la mer Rouge, à Suez. Belle espèce ovale-oblongue, très aplatie, ayant le manteau plus grand que le pied. L'animal est tout noir et velouté, et son manteau, son pied et ses branchies sont bordés de blanc; les branchies sont courtes et découvertes, noires comme le reste.

† 17. Doris quadricolore. *Doris quadricolor*. Leuck.

D. corpore elongato, ovato, angustiore, colore indico; dorso lateribusque corporis cæruleo striatis; pallio et pede limbo citrino alboque ornatis; tentaculis duobus superioribus et branchiis duodecim pinnatis, citrinis.

Leuckart, Ruppel. Voy. en Afr. Invert. p. 31. pl. 9. f. 2.

Habite la mer Rouge, près de Tor. Espèce curieuse par sa coloration; elle est ovale-oblongue: le manteau un peu moins large le pied, celui-ci prolongé postérieurement; le dos est d'un beau bleu indigo foncé avec quatre lignes longitudinales, inégales, d'un bleu de ciel; les bords du manteau et du pied, les tentacules et les branchies sont d'une couleur jaune fauve; la bordure du manteau et du pied est précédée d'une ligne blanche.

† 18. Doris pâle. *Doris pallida*. Leuck.

D. corpore elongato, augusto, limaciformi; dorso convexo colore opalino, dorso lacteo liturato ; branchiis atque limbo pallii pedisque sulphureis branchiis octo pinnatis.

Leuckart, Ruppel. Voy. en Afr. Invert. p. 33. pl. 10. f. 1.

Habite la mer Rouge aux environs de Tor. Petite espèce allongée, étroite, limaciforme, d'un blanc livide; son manteau est aussi large que le pied et plus court postérieurement ; ces parties sont bordées de jaune pâle; les tentacules supérieurs sont allongés, saillans, en massue, foliacée à leur extrémité.

† 19. Doris obsolète. *Doris obsoleta.* Leuck.

D. corpore angusto, elongato, limaciformi, colore dilectè lacteo; dorso venulis pallidè aurantiis notato; pallii marginibus limbo aurantiaco atque atro-cœruleo ornatis; branchiis duodecim pinnatis.

Leuckart, Ruppel. Voy. en Afr. Invert. p. 31. pl. 9. f. 3.

Habite la mer Rouge, près de Tor. Animal allongé, étroit, limaciforme, ayant le manteau aussi étroit que le pied. Tout l'animal est blanc marbré sur le dos de linéoles jaunâtres; le manteau est bordé de brun et de jaune; les branchies sont en plumules aiguës et étroites.

† 20. Doris ponctuée. *Doris punctata.* Leuck.

D. corpore ovato, oblongo, depresso, griseo; dorso convexo, albo rubroque punctato; branchiis octo, nigricantibus pinnatis.

Leuckart, Ruppel. Voy. en Afr. Invert. p. 30. pl. 9. f. 1.

Habite la mer Rouge, dans le golfe de Suez. Animal ovale-oblong, déprimé, ayant le manteau plus large que le pied; il est grisâtre, le limbe est finement ponctué de noir, et le dos, convexe, est couvert de ponctuations plus grosses, blanches et noires, les tentacules sont petits, verdâtres ainsi que les branchies.

† 21. Doris noircie. *Doris fumata.* Leuck.

D. corpore colore fumato, in dorso medio obtusiore, branchiis octo pinnatis.

Leuck. Rupp. Voy. en Afr. Invert. p. 29. pl. 8. f. 2.

Habite la mer Rouge. Ovale, oblongue, très aplatie, ayant un manteau large et débordant le pied; il est onduleux et plissé irrégulièrement sur le bord. Tout l'animal est d'une couleur noirâtre, comme enfumé; ses branchies sont courtes et peu saillantes, découvertes entièrement; ses tentacules supérieurs sont assez longs et pointus.

† 22. Doris couleur de sang. *Doris sanguinea.* Leuck.

D. colore corporis sanguineo, pallio albo, limbato; dorso convexo,

in utroque latere tæniá e lineolis numerosis , albis , brevissimis , transversis compositá notato ; branchiis sex ramosis, albido roseis.
Leuckart, Ruppel. Voy. en Afr. Invert. p. 28. pl. 8. f. 1.
Habite la mer Rouge , près de Tor. Grande et belle espèce, ayant
  de l'analogie avec la Doris semelle; elle est très aplatie; le manteau déborde largement le pied ; il est onduleux sur les bords, et
  ces bords ont une bordure blanche. Tout l'animal est d'un beau
  rouge de brique foncé, légèrement pourpré; il est coriace, et ses
  branchies en six fascicules sont grandes et très saillantes.

†‡23. Doris rembrunie. *Doris infucata.* Leuck.

D. corpore angusto, posticè attenuato ; dorso convexo, flavescente , viridi suprá passim granulato, maculis punctisque fuscis atque nigricantibus ubique marmorato; tentaculis superioribus branchiis- que duodecim pinnatis, rubescentibus.
Leuckart, Ruppel. Voy en Afr. Invert. p. 34 pl. 10 f. 3.
Habite la mer Rouge. Espèce oblongue, étroite, limaciforme, atténuée
  postérieurement ; sur un fond verdâtre, tout son corps est marbré
  de taches irrégulières et de ponctuations rouges, fauves et noires;
  les tentacules, en massue, sont teints de rouge; les branchies , en
  lanières très étroites, sont de la même couleur. Le manteau est
  aussi étroit que le pied, mais plus court postérieurement.

† 24. Doris flammulée. *Doris flammulata.* Quoy et Gaym.

D. copore lato, planulato, molli, rubro ; velo marginali fimbriato , flammis rubris, latis ornato.
Quoy et Gaym. Voy. de l'Astrol. t. 2. p. 257. pl. 17. f. 6 à 10.
Habite la mer des îles des Amis. Celle-ci a de l'analogie , pour la
  beauté des couleurs, avec l'espèce précédente; elle est très grande,
  ovale et mollasse. Son manteau est très mince et lascinié sur ses
  bords ; le dos présente, sur un fond rouge-brun, un grand nombre
  de petits points jaunes, et de chaque côté une série de larges flammules blanches ponctuées de rouge; elles sont au nombre de six
  ou huit, et les antérieures sont plus rapprochées que les postérieures ; le manteau est d'un rouge cerise bordé de blanc et orné de
  stries transverses, nacrées ; les branchies sont grandes, au nombre
  de sept, et divisées chacune en huit folioles.

† 25. Doris bordée. *Doris marginata.* Quoy et Gaym.

D. corpore plano, ovali, molli, rubro ; limbo chermesino, colore cincto; appendicibus oris, ovatis, fimbriatis.
Quoy èt Gaym. Voy. de l'Astrol. t. 2. p. 255. pl. 17. f. 1 à 5.
Habite l'Ile-de France et l'Ile d'Amboine. Belle et magnifique espèce,

l'une des plus grandes que l'on connaisse, car elle a sept à huit pouces de longueur ; elle est ovalaire, comprimée, d'un beau rouge de feu sur le dos et ornée de points jaunes nombreux et rapprochés ; sur tout le portour du manteau, excepté au-dessus de la tête, se montre une large bordure d'un rouge carminé, intense, divisée en deux par une linéole blanche ; le limbe est d'un beau blanc mat ; les branchies sont rosées au nombre de sept, découpées chacune en trois folioles.

† 26. **Doris carinée.** *Doris carinata.* Quoy et Gaym.

> *D. corpore ovali, convexo, aspero, desuper carinato, squalidè luteo ; tentaculis truncatis, pediculatis ; branchiis tuberculatis.*

Quoy et Gaym. Voy. de l'Astrol. t. 2. p. 254. pl. 16. f. 10. 14.

Habite les côtes de la Nouvelle - Zélande. Espèce singulière, ovale-oblongue, ayant le manteau plus grand que le pied, et présentaut sur le milieu du dos une petite crête charnue, blanchâtre, s'étendant depuis l'extrémité antérieure, jusqu'à l'ouverture du petit sac branchial ; la surface est très finement tuberculeuse, et les tentacules supérieurs subitement tronqués sont plus larges au sommet qu'à la base. Tout l'animal est d'un vert jaunâtre, blanchâtre en dessous ; il est petit, ayant à peine vingt-cinq millimètres de longueur.

† 27. **Doris tachetée.** *Doris maculosa.* Cuv.

> *D. corpore ovali-oblongo, convexo, molli, griseo-viridi ; velo marginali suprà et infrà maculis nigris cincto.*

Cuv. Ann. du Mus. t. 4. p. 466.

Quoy et Gaym. Voy. de l'Astr. t. 2. p. 249. pl. 16. f. 3. 5.

Habite les rivages de l'île de Vanikoro. Espèce ovale-oblongue, comprimée, ayant un manteau très large débordant le pied de toutes parts, toute la surface supérieure est semblable à une peau de chagrin, à cause du grand nombre de tubercules presque égaux qui la couvrent de toutes parts. Cette surface est d'un gris perlé, et les bords du manteau sont terminés par une zone blanche et lisse ; le milieu du dos est orné de deux rangées parallèles de taches en anneau d'un beau noir. Les tentacules sont en forme de massue, et les branchies, divisées en six feuillets égaux, offrent sept folioles dans chacune de leur division ; en dessous, l'animal est d'un blanc grisâtre et tout parsemé de taches inégales d'un beau noir.

† 28. **Doris tuberculeuse.** *Doris tuberculosa.* Quoy et Gaym.

> *D. corpore molli, ovali, suprà convexo, luteo-fucescente ; tuberculis*

*crassis, longis onusto; infrà lunulato; tentaculis superioribus, pe-
diculatis, apice dilatatis.*

Quoy et Gaym. Voy. de l'Astr. t. 2. p. 248. pl. 16. f. 1. 2.

Habite à la Nouvelle-Guinée, dans le port de Dorey. Grande et
belle espèce que nous a fait connaître pour la première fois le
voyage de MM. Quoy et Gaymard. Elle est ovale, très aplatie, le
manteau est très ample, et déborde le pied dans toute sa circonférence; au dessus elle est d'un vert terne, en dessous, d'un vert plus
vif; et toute la partie inférieure du manteau est parsemée de
grandes taches arrondies, blanches et entourées d'un cercle noir;
le dos est chargé de gros tubercules coniques, pointus et qui semblent formés de plusieurs sections transverses posées les unes sur
les autres. Les tentacules supérieurs sont très singuliers, ils sont
coudés à angle droit et leur grand côté projeté en arrière.

† **29. Doris sale.** *Doris sordida.* Quoy et Gaym.

*D. corpore ovato-oblongo, verrucoso, convexo, rigido, cineraceo, fusco-
notato.*

Quoy et Gaym. Voy. de l'Astr. t. 2. p. 266. pl. 19, f. 12, 13.

Habite les mers de l'Ile-de-France. Cette espèce est ovale, élargie; sa
surface supérieure est couverte de petits tubercules, ce qui la rend
rude au toucher: elle est couleur cendrée sale, avec des taches nuageuses, fauves; en dessous, la couleur grisâtre est plus pâle et les
bords du manteau sont parsemés de grandes taches noirâtres nettement circonscrites.

† **30. Doris orangée.** *Doris aurea.* Quoy et Gaym.

*D. corpore ovali, lævi, convexo, toto aureo, albo punctato; tentaculis
foliaceis.*

Quoy et Gaym. Voy. de l'Astrol. t. 2. p. 265. pl. 19. f. 4 à 7.

Habite la baie Jervis à la Nouvelle-Hollande. Belle espèce aplatie,
ovalaire, d'une belle couleur orangée foncée; en dessus et en dessous, le manteau est bordé d'un petit ruban blanchâtre, et le dos
est orné de trois rangées régulières et symétriques, de points blancs
arrondis; la branchie est formée de cinq grandes folioles simples.

† **31. Doris violacée.** *Doris violacea.* Quoy et Gaym.

*D. corpore ovali, convexo, verrucoso, violaceo et albido; velo margi-
nali subtùs maculis violaceis notato.*

Quoy et Gaym. Voy. de l'Astrol. t. 2. p. 264. pl. 19. f. 1 à 3.

Habite les mers de la Nouvelle-Hollande, dans la baie Jervis. Animal ovale-oblong, à manteau plus étroit et à dos plus convexe que
les espèces précédentes; le dos est chargé de verrues irrégulière-

ment éparses, il est d'un violet grisâtre, et le manteau, fortement
plissé, est jaunâtre; en dessous, l'animal a le disque du pied d'un
jaune pâle et le reste de la surface est violet clair avec des taches
longues et inégales, d'un violet brunâtre; la branchie est formée de
cinq grandes folioles simples.

† 32. **Doris ponctuée.** *Doris punctata.* Quoy et Gaym.

*D. corpore elongato, molli, plano; posticè lato, subrubro; punctis
rubentibus notato; ano prominenti.*

Quoy et Gaym. Voy. de l'Astrol. t. 2. p. 262. pl. 18. f. 8 à 10.

Habite le Havre-Carteret, à la Nouvelle-Irlande. Espèce allongée,
étroite, limaciforme, médiocrement bombée, et plus large du côté
postérieur que de l'antérieur; le manteau est court, à peine débordant le pied, d'un rouge fauve pâle et parsemé d'un assez grand
nombre de gros points rouges; en dessous, l'animal est blanchâtre
et piqueté de noir; l'anus est très saillant au centre de la branchie;
il est un peu infundibuliforme; la branchie est découpée en cinq
parties, qui elles-mêmes sont composées de larges folioles denticulées.

† 33. **Doris saignante.** *Doris cruenta.* Quoy et Gaym.

*D. corpore lato, subovali, plano, coriaceo, margine undulato, albido;
striis fuscis; maculis rubris onusto.*

Quoy et Gaym. Voy. de l'Astrol. t. 2. p. 260. pl. 18. f. 5 à 7.

Habite la Nouvelle-Guinée. Celle-ci est ovale-oblongue proportionnellement moins large que la précédente. Elle est très aplatie, coriace et son manteau est très onduleux sur les bords. Toute la face
supérieure est blanchâtre, légèrement teintée de fauve et couverte
d'une multitude de stries brunes, onduleuses et subtransverses;
outre ces stries, cette surface est ornée de grandes taches irrégulières et cependant assez symétriques, d'un rose vif; en dessous,
l'animal a une teinte blanche; les stries brunes, moins nombreuses,
sont diversement entrelacées, et le manteau est également orné de
taches rouges, sanguinolentes, mais dont la disposition ne correspond pas à celles qui sont sur le dos. La branchie de cette espèce
a beaucoup de ressemblance avec celle de la précédente; mais les
folioles en sont beaucoup plus larges, et les dentelures, moins profondes, sont jointes par des membranes assez larges.

† 34. **Doris scabre.** *Doris scabra.* Cuv.

*D. corpore ovali, coriaceo, convexiusculo, albo; maculis violaceis,
confluentibus irrorato; velo marginali lacero; pede angusto.*

Cuv. Ann. du Mus. t. 4. p. 466.

Quoy et Gaym. Voy. de l'Astrol. t. 2. p. 258. pl. 8. f. 1, 4.

Habite à Tonga, dans les mers de la Nouvelle-Guinée, et à Vanikoro. Elle est grande, ovale, élargie; le manteau très ample, onduleux et le corps bossu en arrière; toute la surface supérieure est d'un blanc violacé sur lequel est répandue une multitude de petites taches violettes, irrégulièrement éparses et souvent confluentes. Le plan locomoteur de l'animal est d'un beau jaune, et le dos du pied est violet; les tentacules supérieurs sont claviformes, lamelleux transversalement, bicarénés sur le côté; d'une belle couleur jaune, à la pointe d'un rouge carminé; les branchies, au nombre de sept, sont divisées profondément en deux, et chacune de ces divisions est elle-même formée de deux folioles élargies.

† 35. Doris veinée. *Doris venosa*. Quoy et Gaym.

D. corpore convexo, ovali, molli, piloso, albido cæruleato, lineis aureis ornato; velo marginali punctis nigris postice notato.

Quoy et Gaym. Voy. de l'Astrol. t. 2. p. 274. pl. 20. f. 15. 16.

Habite l'Ile-de-France. Espèce ovale - oblongue, aplatie, à manteau coriace beaucoup plus grand que le pied; il est d'un blanc bleuâtre en-dessus, jaunâtre vers les bords, et orné d'un grand nombre de linéoles presque toutes longitudinales, d'une belle couleur orangé vif; le pied est blanc et bordé d'une linéole de la même couleur; la branchie est composée de six grandes folioles bleuâtres ou grisâtres.

† 36. Doris élégante. *Doris elegans*. Quoy et Gaym.

D. corpore minimo, rigido, subprismatico, plano, postice acuto, caudato, luteo, fusco et violaceo lineolato.

Quoy et Gaym. Voy. de l'Astrol. t. 2. p. 273. pl. 20. f. 12 à 14.

Habite..... Animal allongé, limaciforme et semblable, par la disposition de ses couleurs, à quelques-unes des chenilles nues qui produisent les papillons de la famille des Sphinx; son dos est jaunâtre, avec des points plus pâles de la même couleur; une strie brune forme un écusson sur la tête, et se ramifie ensuite en arrière; les bords du manteau, qui couvrent tout le pied, sont occupés par un liseré couleur de lacque, pointillé de blanc; les tentacules sont striés transversalement; ils sont jaunâtres blancs à l'extrémité; les branchies forment un petit plumet à six divisions denticulées, jaunes au milieu, violacées sur les bords.

† 37. Doris réticulée. *Doris reticulata*. Quoy et Gaym.

D. corpore minimo, ovali, plano, caudato, leviter tuberculato, rubro reticulato; branchiis lanceolatis.

Quoy et Gaym. Voy. de l'Astr. t. 2. p. 272. pl. 20. f. 9 à 11.

Habite à Tonga-Tabou. Petite espèce ovale-oblongue, limaciforme, peu épaisse, ayant le manteau plus court que le pied ; ce manteau est couvert d'un réseau irrégulier, formé de très fines linéoles d'un rouge de brique très irrégulièrement entre-croisées; ces mêmes linéoles se montrent également sur le dos du pied; les branchies sont petites et formées de six folioles verdâtres frangées sur les bords.

† 38. Doris magnifique. *Doris magnifica.* Quoy et Gaym.

D. corpore molli, ovato-oblongo, posticè acuto, caudato, vittis longitrorsum variegatis ornato ; branchiis tredecim lamellatis, aureis.

Quoy et Gaym. Voy. de l'Astr. t. 2. p. 270. pl. 20 f. 1 à 4.

Guérin. Icon. du règ. anim. Moll. pl. 8. f. 2.

Habite les mers de la Nouvelle-Guinée. Au dire de M. Quoy, cette espèce est la plus belle qu'il ait rencontrée ; elle est ovale-oblongue; son manteau est plus court que le pied ;il est d'un blanc transparent, orné, dans le milieu, de linéoles longitudinales d'un beau bleu, et entouré, vers le bord, d'une zone d'un beau rouge carminé; en dessous, le manteau offre la même coloration ; mais, la zone rouge est beaucoup plus étroite ; le pied est blanc et entouré par une ligne rouge, comme celle du manteau; la masse buccale, les tentacules supérieurs, les inférieurs et les branchies, sont d'un beau rouge ; les branchies ont une disposition particulière; elles sont formées de quatorze lanières étroites, égales et découpées sur les bords.

† 39. Doris de Maurice. *Doris mauritiana.* Quoy et Gaym.

D. corpore ovali, planulato, violaceo, verrucis luteis onusto; velo marginali vittá violaceá subtus notato.

Quoy et Gaym. Voy. de l'Astrol. t. 2. p. 269. pl. 20. f. 5 à 8.

Habite les mers de l'Ile-de-France. Belle et grande espèce coriace, très aplatie et fort remarquable par la beauté de ses couleurs ; elle est d'un bleu violacé et chargée, en dessus, d'un grand nombre de verrues oblongues d'un beau jaune doré; les tentacules supérieurs sont claviformes, lamelleux et subcarénés d'un côté; en dessous, le manteau est orné de douze tachès irrégulières, noires, disposées symétriquement; le pied est jaunâtre, et le sillon qui le sépare du manteau, est occupé par une zone violette dont les deux bords sont noirâtres.

† 40. Doris galonnée. *Doris lemniscata.* Quoy et Gaym.

D. corpore elongato, augusto, planiusculo, lævi ; postice acuto, cau-

dato ; vittis aureis, violaceis ornato ; branchiis lanceolatis, rectis, denticulatis.

Quoy et Gaym. Voy. de l'Astr. t. 2. p. 268. pl. 19. f. 8 à 11.

Habite les mers de l'Ile-de-France. Très jolie espèce allongée, limaciforme, dont le manteau est plus court que le pied, celui-ci se prolongeant postérieurement en une queue étroite et pointue ; les couleurs sont disposées d'une manière très élégante ; le milieu du dos est blanc ; il est entouré de deux lignes rouges, séparées, entre lesquelles se trouve une zone d'un beau jaune, et le bord libre du manteau est bordé d'une large bande d'un beau bleu ; les tentacules supérieurs sont blancs, fusiformes, striés obliquement et partagés en trois parties, dont la première, à la base, est blanche, la médiane rouge et celle du sommet d'un beau bleu.

† 41. Doris enfumée. *Doris fumosa.* Quoy et Gaym.

D. corpore suborbiculari, plano, molli, tuberoso, fusco, rubente ; velo marginali pellucido ; tentaculis turbinatis, apice albis.

Quoy et Gaym. Voy. de l'Astrol. t. 2. p. 269. pl. 19. f. 14 à 17.

Habite à l'Ile-de-France. Espèce ovalaire, proportionnellement plus large que ne le sont les autres du même genre ; en dessus, elle semble partagée en compartimens comparables à ceux d'une carapace de tortue ; son manteau, mince et élargi, est très onduleux et comme froncé ; le pied est très large, ses bords sont membraneux, surtout vers l'extrémité postérieure ; le pied est couleur chamois, tirant sur la couleur de chair ; le manteau et le corps sont d'une couleur brune enfumée, assez semblable à celle de quarz, qui porte ce nom ; les branchies sont au nombre de six, composées chacune d'un grand nombre de folioles profondément découpées.

† 42. Doris éolide. *Doris eolida.* Quoy et Gaym.

D. corpore minimo, ovali, molli, subconvexo, albo et rubro, punctato ; tentaculis longis ; posticè fimbriatis ; dorso filamentoso.

Quoy et Gaym. Voy. de l'Astrol. p. 263. pl. 18. f. 11 à 15.

Habite dans les mers de Waijiou. Peut-être que ce petit Mollusque trouvé en pleine mer vivant sur les fucus, et présentant des caractères tout particuliers, méritera, comme l'a senti lui-même M. Quoy, de former un petit genre dans la famille des Doris. Il est allongé, ovalaire ; sa tête, subproboscidiforme, porte en dessus quatre grands tentacules, dont les deux antérieurs, très allongés, semblent former de petites articulations ; tout le dos est couvert de petits appendices vermiformes, irrégulièrement disposés, et assez semblables aux branchies des Eolides. Neanmoins, sur la partie postérieure du dos, se voit une étoile branchiale, composée

de cinq folioles et semblable à celle des Doris. Cet animal, qui n'a
pas plus de deux lignes de longueur, est blanchâtre et parsemé
d'un petit nombre de taches rouges.

† 43. Doris limacine. *Doris limacina*. Quoy et Gaym.

> *D. corpore minimo, elongato; apice acuto, luteo; velo marginali pedis non distincto; branchiis lævibus, lanceolatis.*

Quoy et Gaym. Voy. de l'Astr. t. 2. p. 252. pl. 16. f. 8. 9.

Habite la mer d'Amboine. Petite espèce lisse, verdâtre, ayant les
branchies vers le milieu du dos, et n'ayant pas le manteau séparé,
comme nous le verrons aussi dans l'espèce suivante découverte
dans la mer Rouge par M. Ruppel. Peut-être sera-t-il nécessaire
de former de ces deux espèces une section dans le genre Doris,
et il serait à souhaiter qu'un anatomiste en fît la dissection et
comparât leur organisation avec celle des Doris, proprement dites.
Les tentacules sont petits, en massue, et ornés d'un grand nombre
de stries obliques légèrement tournées en spirale.

† 44. Doris impudique. *Doris impudica*. Leuck.

> *D. corpore ovato, oblongo; dorso convexo, subcrenulato; colore diluta lacteo; tentaculis superioribus maculis ocellisque dorsalibus, branchiis pedisque limbo aurantiacis; branchiis duodecim pinnatis medium dorsi versus sitis, pallio indistincto.*

Leuckart, Ruppel. Voy. en Afr. Invert. p. 33; pl. 10. f. 2.

Habite la mer Rouge, près de Tor. Belle espèce, remarquable surtout
parce que le manteau ne se distingue plus du reste; il n'a pas de
bord saillant. L'animal est très convexe, et la partie saillante des
flancs est bordée d'une ligne fauve brunâtre; les branchies sont plus
haut vers le milieu du dos que dans les autres espèces; tout le dos
est blanc et ocellé par des taches orangées inégales, bordées de la
même couleur que le manteau.

LES PHYLLIDIENS.

*Branchies placées sous le rebord du manteau, et disposées
en série longitudinale autour du corps : elles ne respirent
que l'eau.*

Les *Phyllidiens* nous représentent des Mollusques qui
nous semblent convenablement rapprochés par un rapport

important, et qui constituent pour nous la seconde famille de nos Gastéropodes. Leurs genres ne sont pas nombreux, mais ils sont singulièrement tranchés dans leurs caractères, et deux d'entre eux ont leurs espèces très variées. Ces animaux se réunissent tous sous la considération de la disposition de leurs branchies, qui est unique parmi tous les Mollusques; et quoiqu'ils offrent, dans leur hermaphroditisme, quelques particularités qui les divisent, nous nous croyons autorisé à n'en former qu'un seul groupe. Les uns sont sans coquille, soit extérieure, soit intérieure, et les autres en ont une qui les couvre tantôt complètement et tantôt incomplètement. Parmi ces derniers, il y en a dont la coquille est toujours d'une seule pièce, et d'autres où elle se trouve composée d'une rangée de pièces mobiles et distinctes. On voit donc que les différens genres de cette famille présentent des particularités bien remarquables dans leurs caractères.

Nous avons dit que tous ces Gastéropodes étaient réunis par un caractère commun, celui de la disposition particulière de leurs branchies. En effet, ces branchies, qui sont à nu, comme celles des Tritoniens, sont toujours placées sous le rebord du manteau et non au-dessus; et elles ne naissent point dans une cavité particulière, ainsi qu'on le remarque dans les quatre dernières familles des Gastéropodes. Elles se montrent sous le manteau, tout autour du corps à l'exception de la partie antérieure où se trouve la bouche, et forment une série en grande partie longitudinale, offrant des feuillets vasculeux rangés à la file les uns des autres. Nous rapportons à cette famille les *Phyllidies*, les *Oscabrelles*, les *Oscabrions* et les *Patelles*.

[Les zoologistes n'ont pas été d'accord sur la nature et les rapports des genres que Lamarck rassemble ici dans sa famille des Phyllidiens; il les réunit sous ce caractère commun des branchies placées circulairement autour du corps entre le pied et le manteau. Dans la première édition du *Règne animal*, Cuvier forma, à la fin de ses Gastéropodes, une petite famille sous le nom de Cyclobranches, dans laquelle il mit les Oscabrions et les Patelles, tandis qu'il place au commencement des Gastéropodes la famille des Inférobranches, contenant les Phyllidies et les Diphyllides. Cependant, par la disposition de leurs branchies, on peut dire que ces deux derniers genres sont aussi bien Cyclobranches que les Patelles et les Oscabrions. Cuvier sans doute a trouvé dans l'organisation de ces divers Mollusques des raisons suffisantes pour les séparer. Dans ses tableaux systématiques, M. de Férussac conserva les deux familles de Cuvier dans les mêmes rapports, mais en fit des ordres. Celui des Inférobranches fut augmenté, nous ne savons sur quels caractères, du genre Ombrelle, et l'ordre des Cyclobranches fut divisé en deux familles, les Patelles et les Oscabrions. M. de Blainville proposa, dans son Traité de Malacologie, une autre distribution de la famille des Cyclobranches de Cuvier. Il conserva les Inférobranches, dont il fit un ordre vers la fin des Mollusques monoïques ; mais, considérant les Oscabrions comme un type intermédiaire entre les Mollusques proprement dits et les Cirrhipèdes, il créa, dans sa méthode, un sous-type sous le nom de Malentozoaires pour rassembler ces deux sortes d'animaux, ayant soin de les partager en deux classes, dont l'une des Polyplaxiphores pour les Oscabrions. A l'exception de celle de M. de Blainville, les opinions des autres naturalistes peuvent être ramenées soit à celle de Cuvier, soit à celle de Lamarck. Nous pensons, après avoir porté depuis long-temps une attention toute spéciale sur la question, que les Mollusques compris par Lamarck dans sa famille doivent être séparés, car les uns, les Oscabrelles, les Oscabrions et les Patelles, sont hermaphrodites ; les autres, les Phyllidies, sont monoïques.]

PHYLLIDIE. (Phyllidia.)

Corps rampant, ovale-allongé, un peu convexe en dessus;
à peau dorsale coriace, variqueuse ou tuberculeuse, formant un bord saillant autour du corps. Branchies disposées
sous le rebord de la peau, en une série de feuillets transverses, occupant la circonférence du corps. Quatre tentacules : deux supérieurs, sortant chacun d'une cavité particulière, et deux inférieurs et coniques situés près de la
bouche. Les orifices pour la génération sur le côté droit.
Anus dorsal et postérieur.

*Corpus repens, ovato-elongatum, suprà convexiusculum;
cute dorsali coriaceâ, varicosâ aut tuberculatâ, in ambitu
corpo_,is prominente. Branchiæ infrà veli seu cutis marginem
per totam corporis periphœriam seriatìm dispositæ; lamellis
transversis confertis. Tentacula quatuor : duo supera, ex
foraminibus exsertilia; alia duo infera, conica, ad os.
Orificia gene_,ationis in latere dextro. Anus dorsalis et
posticus.*

OBSERVATIONS. — Les *Phyllidies,* dont nous devons la connaissance à M. *Cuvier,* semblent tenir aux Doris par la situation
de l'anus; mais la disposition et la forme de leurs branchies
sont très différentes, et les rapprochent évidemment des Oscabrions et des Patelles, quoique ces derniers soient munis d'une
coquille. Les *Phyllidies* sont nues à l'extérieur; leur corps est
recouvert d'une peau coriace, qui le déborde partout, et semble
former une espèce de bouclier. Cette peau est garnie de tubercules ou de grosses varices noueuses et jaunâtres; et c'est sous
son rebord que sont placées les branchies, disposées en une série de feuillets transverses et serrés à la file les uns des autres
autour du corps. La bouche est à la partie inférieure de la tête
et accompagné de deux petits tentacules coniques. Au-dessus de
la tête, le bouclier est percé de deux trous qui reçoivent les
deux tentacules supérieurs, et il est encore percé pour l'anus
postérieurement. Sur le côté droit du corps, un tubercule offre
deux trous rapprochés qui servent d'orifice pour les organes de

la génération. Le disque charnu sur lequel rampe l'animal est plus étroit à la partie où il s'insère qu'à celle par laquelle il pose sur le sol. (1)

ESPÈCES.

1. **Phyllidie variqueuse.** *Phyllidia varicosa.* Lamk.

> *Ph. corpore ovali elongato ; dorso nigricante, varicibus longitudinalibus subnodosis luteis ternis.*
>
> *Phyllidia varicosa.* Syst. des An. sans vert. p. 66.
>
> Phyllidie. Cuv. Bullet. des Sciences, n° 51.
>
> *Phyllidia trilineata.* Cuv. Ann. du Mus. 5. p. 268. pl. 18. f. 1. à 14
>
> Téthie. Seba, Mus. 3. t. 1. f. 16.
>
> * Leuck. Rup. Voy. en Afr. Invert. p. 36.
>
> * *Phyllidia trilineata.* Quoy et Gaym. Voy. de l'Uranie. Zool. p. 419. pl. 87. f. 7 à 10.
>
> Habite la mer des Indes. Mus. n°. C'est la seule espèce connue qui ait des ligues relevées et longitudinales en forme de varices.

2. **Phyllidie pustuleuse.** *Phyllidia pustulosa.* Cuv.

> *Ph. corpore subovali ; dorso nigro, pustulis latis, inæqualibus, sparsis, pallidè luteis, undiquè tecto.*
>
> *Phyllidia pustulosa.* Cuv. Ann. du Mus. 5. p. 268. pl. 18 f. 8.
>
> * Leuck. Rup. Voy. en Afr. Invert. p. 36. pl. 1. f. 1.
>
> Habite la mer des Indes.

3. **Phyllidie ocellée.** *Phyllidia ocellata.* Cuv.

> *Ph. copore subovali ; dorso cinereo, ocellis quinis, annulatis, pedicellatis, subluteis ; interstitiis tuberculis minoribus.*
>
> *Phyllidia ocellata.* Cuv. Ann. du Mus. 5. p. 269. pl. 18. f. 7.
>
> Habite la mer des Indes.

† 4. **Phyllidie noire et blanche.** *Phyllidia albo-nigra.* Quoy. et Gaym.

---

(1) Il suffit de comparer entre elles les figures anatomiques de la Phyllidie, donnée par Cuvier, et celle de l'Oscabrion, qui se trouve dans le bel ouvrage de Poli, pour être bientôt convaincu que ces animaux diffèrent sur tous les points essentiels de leur organisation. Il ne faut donc plus aujourd'hui s'attacher avec Lamarck à une ressemblance plutôt apparente que réelle dans l'organisation.

*Ph. corpore elongato ovali, plano, rigido, tuberculato, nigro, albido
maculato.*

Quoy et Gaym. Voy. de l'Ast. t. 2. p. 291. pl. 21. f. 26. 27.

Habite les mers de l'Ile Tonga (Quoy et Gaym.). Petite espèce ovale
étroite, aplatie ; ses verrues sont peu saillantes ; la face supérieure
ou dorsale est ornée, sur un fond noir, de taches d'un blanc bleuâtre, assez grosses, de formes très diverses, mais ayant leur couleur
nettement tranchée. En dessous l'animal a le pied et le manteau
gris, piquetés de noir ; les tentacules supérieurs sont petits, coniques et noirs ; les inférieurs sont très courts, obtus et sous forme
de deux tubercules allongés ; ils sont gris. Cette espèce n'a pas
plus d'un pouce de longueur.

OSCABRELLE. (Chitonellus.)

Corps rampant, allongé, un peu étroit, en forme de
chenille ; ayant le milieu du dos garnis dans sa longueur
d'une coquille plurivalve : à pièces alternes , la plupart
longitudinales, et assemblées entre elles, par leurs extrémités, en manière de ruban. Côté du dos à nu. Branchies
disposées comme dans les Oscabrions. Pied divisé longitudinalement par un sillon profond.

*Corpus repens, elongatum, angustiusculum, crucæforme ;
dorsi medio testâ plurivalvi per longitudinem instructo :
valvis alternis, plerisque longitudinalibus, extremitatibus
inter se tœniatim sabcoadunatis. Latera dorsi denudata.
Branchiœ ut in chitonibus. Pes sulco profundo longitudinaliter divisus.*

OBSERVATIONS. — Les *Oscabrelles* semblent former une transition entre les Phyllidies et les Oscabrions. Ces animaux, à corps
allongé, ayant en quelque sorte l'aspect d'une chenille, sont
encore presque nus, et n'offrent qu'une coquille commencée,
constituée par un assemblage de pièces menues, jamais transverses, disposées comme un ruban étroit sur le milieu du dos.
Ces pièces, inégales entre elles, sont réellement séparées ; mais,
sur l'animal mort et contracté, plusieurs paraissent réunies. On
sent que les animaux dont il s'agit forment un genre très dis-

tinct, fort remarquable même, et qui avoisine de très près les Oscabrions. Moins embarrassées que ceux-ci, par la disposition de leur coquille dorsale, les *Oscabrelles* peuvent serpenter facilement à la manière des vers, et courber leur corps, soit à droite, soit à gauche, dans leurs locomotions. Néanmoins, d'après le sillon longitudinal qui divise leur pied en deux, on a lieu de penser qu'elles rampent habituellement sur les tiges des plantes marines. On n'en connaît encore que deux espèces, qui sont les suivantes. (1)

ESPÈCE.

1. Oscabrelle lisse. *Chitonellus lævis*. Lamk.

> *Ch. testæ valvulis lævibus; marginibus integerrimis : valvutâ ultimâ posticè mucronatâ.*

> * De Blainv. Malac. pl. 87. f. 5. *Oscabrion Lisse.*

> Habite les mers de la Nouvelle-Hollande. *Péron* et *Lesueur*. Mus. n°. Longueur, un pouce et demi. Les valves postérieures de sa coquille paraissent plus écartées entre elles que les autres. La première du côté de la tête est arrondie en avant et plus large que celles qui suivent.

2. Oscabrelle striée. *Chitonellus striatus*. Lamk.

> *Ch. testæ valvulis ex apice per longitudinem radiatim striatis; marginibus serrulatis; valvulâ ultimâ posticè obtusâ.*

> * Sow. Genera of shells *Chiton.* f. 4.

> Habite les mers de la Nouvelle-Hollande. *Péron* et *Lesueur*. Mus. n°. Espèce très distincte, surtout par les valves de sa coquille, qui ressemblent à de petites feuilles, sauf les deux dernières qui sont arrondies; leurs stries fines et rayonnantes, aboutissant toutes aux bords, y forment les légères dentelures qu'on y observe.

---

(1) Lamarck s'est fait une fausse idée des Oscabrelles en le regardant comme un genre intermédiaire ou un passage entre les Phyllidies et les Oscabrions. Les Oscabrelles, par leur organisation, ne diffèrent pas des Oscabrions, et les caractères génériques qu'il leur donne sont si peu importans aux yeux des naturalistes, que la plupart n'ont admis les Oscabrelles qu'à titre de sous-genre ou de section dans le genre Oscabrion. Ces auteurs ont eu raison; car, comme nous le verrons en traitant des Oscabrions, on passe de ceux-ci aux Oscabrelles par nuances insensibles.

† 3. Oscabrelle fasciée. *Chitonellus fasciatus.* Quoy et Gaym.

*C. corpore elongato , cylindraceo. obtuso, pilis minimis tecto, lutes-
cente aut rubente, fusco maculato; fasciis nigricantibus medianis.
valvis subrubris, parvulis, ovatis atque disjunctis.*

Quoy et Gaym. Voy. de l'Astr. t. 3. p. 408. pl. 73. f. 21 à 29.

Habite Tonga-Tabou. Grande et belle espèce qui atteint jusqu'à cinq
pouces de longueur; elle est allongée, cylindracée et ressemble à
une grosse chenille; elle a huit pièces dorsales allongées, étroites;
les premières sont rapprochées et se touchent; les dernières s'é-
cartent de plus en plus et sont isolées, lorsque la surface extérieure
de ces plaques est bien conservée; elle est divisée par un petit
sillon médian, vers lequel convergent de fines stries longitudinales; toute la surface supérieure est couverte de petites épines grèles et courtes, serrées et semblables à un poil rude. La couleur extérieure est d'un rosé pâle, rembruni postérieurement, avec quelques fascies transverses brunâtres vers le milieu; sur l'extrémité
antérieure on remarque de chaque côté cinq ocelles d'un brun assez
foncé.

† 4. Oscabrelle oculée. *Chitonellus oculatus.* Quoy et Gaym.

*C. corpore parvo, æqualiter villoso, roseo, duabus fasciis nigris cincto;
valvis glaucis, longitudinaliter sulcatis ; tribus anticis ovatis, pilis
nigris et albis cinctis.*

Quoy et Gaym. Voy. de l'Astr. t. 3. p. 410. pl. 73. f. 37. 38.

Habite les mers de la Nouvelle-Guinée ou celles de Vanikoro. Espèce
toujours plus petite que la précédente, allongée, cylindracée, roussâtre, avec deux zones noires ou brunes, confluentes sur le milieu
du dos; les plaques dorsales sont petites, ovalaires; les trois premières sont entourées d'un cercle de poils noirs et d'un autre de
blancs, ce qui donne, dit M. Quoy, l'apparence d'yeux à ces pièces;
les suivantes sont plus rétrécies, onguiculées, séparées et d'un
rouge-brun.

OSCABRION. (Chiton.)

Corps rampant, ovale-oblong, convexe, arrondi aux
extrémités, débordé tout autour par une peau coriace, et
en partie recouvert par une série longitudinale de pièces
testacées, imbriquées, transverses, mobiles, enchâssées
dans les bords du manteau. Tête antérieure, sessile, ayant
la bouche en dessous, ombragée par une membrane;

dépourvue de tentacules et d'yeux. Branchies disposées en série tout autour du corps, sous le rebord de la peau. Anus sous l'extrémité postérieure.

Corpus repens, ovato-oblongum, convexum, extremitatibus rotundatum, in ambitu cute coriaceâ marginatum; testâ plurivalvi in serie unicâ et longitudinali ordinatâ, dorso incumbente: valvis mobilibus, imbricatis, transversis, laterum extremitatibus cutis margine replicato connexis. Caput anticum, sessile, ore infero, membranâ obumbrante tecto; tentaculis oculisque nullis. Branchiæ infra cutis marginem per totam corporis periphæriam seriatim dispositæ. Anus infra extremitatem posticam.

OBSERVATIONS. — Le genre des *Oscabrions* est si singulier, si tranché dans ses caractères, qu'il semble en quelque sorte étranger à ses avoisinans, même lorsqu'on le rapporte à sa véritable famille; ce qui est cause que quelques naturalistes ont douté non-seulement de la famille et de l'ordre, mais en outre de la classe où on devait le placer. Les *Oscabrions* sont cependant de vrais Mollusques; et, parmi les animaux de cette classe, ce sont évidemment des Gastéropodes, même dans le sens restreint que j'assigne à cette coupe. Or, parmi les Gastéropodes dont il s'agit, la forme et la disposition des branchies des *Oscabrions* doivent nécessairement faire rapporter ceux-ci à la famille des Phyllidiens, quelles que soient les particularités qu'ils offrent d'ailleurs. Ainsi les *Oscabrions* sont des Gastéropodes phyllidiens, qui, au lieu d'avoir sur le dos une coquille univalve, sont munis, par suite d'une nécessité dont nous parlerons tout-à-l'heure, d'une série de pièces testacées qui la représentent. Ces pièces sont enchâssées, par leurs extrémités latérales, dans les bords du manteau, lesquels constituent une membrane en forme de ligament, qui réunit les pièces dont il vient d'être question, et qui est coriace, plus ou moins épaisse, tantôt lisse ou ridée, et tantôt chagrinée, écailleuse, velue ou même épineuse. Cette membrane est doublée de fibres musculaires; et les pièces testacées qu'elle réunit, étant en général imbriquées entre elles, n'empêchent nullement les contractions de l'animal, qui s'allonge et se raccourcit à son gré comme les Limaces, et quelquefois se met en boule comme les Cloportes. Lorsqu'on l'enlève, et que l'on conserve seulement l'assemblage de ses pièces testacées, réunies par la membrane marginale du manteau qui les embrasse circulairement, cet assemblage offre réellement alors une coquille multivalve. Cependant, ces pièces testacées ne doivent être considérées que comme une coquille allongée que la nature a rompue transversalement, dès son origine, en plusieurs pièces particulières et mobiles, pour faciliter les mouvemens de l'animal. Au reste, l'ensemble des pièces solides des *Oscabrions* forme une coquille ovale-oblongue, convexe en dessus, concave en dessous, à valves transversales au nombre de huit pour l'ordinaire, quelquefois seulement de sept et même de six (1), dont celles du milieu sont un peu plus grandes que celles des extrémités, et qui le plus souvent se recouvrent en partie, comme les tuiles d'un toit. Or, ces pièces n'ont aucune analogie avec les coquilles bivalves des Conchifères, ni avec les multivalves des Cirrhipèdes. *Poli*, savant napolitain, a donné l'anatomie de l'Oscabrion d'après le *Chiton cinereus*, et nous a appris, entre autres particularités, que l'intérieur de la bouche ou de la gorge de cet animal est garni d'une multitude de dents, les unes simples et les autres à trois pointes, et que ces dents sont disposées en plusieurs rangées longitudinales. [*Poli*, Hist. Test. vol. 1. p. 5. t. 3. f. 9.]

Les *Oscabrions* rampent sur un pied ou un disque charnu et ventral, comme tous les Gastéropodes, et conséquemment comme les Phyllidies, les Patelles, etc. Ils vivent dans la mer, à peu de profondeur et près de ses rives, et se fixent passagèrement sur les rochers et les pierres. Ce genre est fort nombreux en espèces, et on en a figuré une assez belle suite dans l'Encyclopédie, pl. 160 à 163. Malheureusement, privé de la vue, et hors d'état de constater nous-même les caractères des es-

---

(1) On a cité en effet des espèces à sept et à six pièces dorsales; aucune observation bien faite n'a confirmé qu'il en existât réellement, et nous pensons que ces espèces étaient le produit de l'industrie des marchands d'histoire naturelle du siècle dernier; ainsi on peut dire que les Oscabrions ont toujours huit pièces dorsales.

pèces, nous n'en citerons qu'un petit nombre parmi celles que nous possédons.

[Le genre Oscabrion est très intéressant sous plusieurs rapports. Il offre jusqu'à présent le seul exemple d'un Mollusque gastéropode ayant une coquille composée de plusieurs parties souvent en contact et se recouvrant, mais jamais articulées. Cette particularité, en faisant porter l'attention des naturalistes sur ces animaux, leur a donné peut-être trop de préoccupations, ce qui les a entraînés à accorder à ce caractère unique plus de valeur qu'il n'en mérite.

Les premiers naturalistes qui mentionnèrent les Oscabrions les prirent pour une armure particulière appartenant à quelques espèces de serpens, donnant sans doute trop de confiance à des rapports de voyageurs plus amateurs du merveilleux que des plus faciles observations. Aussitôt que l'on eut sur ces animaux des idées plus exactes, deux opinions partagèrent les naturalistes : l'une est celle de Linné; il met les Oscabrions dans sa classe artificielle des Multivalves; l'autre est celle d'Adanson. Ce savant et laborieux observateur attacha peu d'importance à la coquille des Oscabrions; il vit que l'animal avait, quant à ses caractères extérieurs, beaucoup d'analogie avec celui des Patelles, et entraîné par ces rapports, il mit les deux genres l'un à côté de l'autre dans son ordre Méthodique. Pendant longtemps l'opinion d'Adanson fut oubliée, celle de Linné seule prévalut. Cependant, lorsque Cuvier et Lamarck commencèrent à réformer la classe indigeste des vers Mollusques, ainsi que celle des Multivalves, il cherchèrent de nouveaux rapports au genre Oscabrion. Cuvier revint sans hésiter à l'opinion d'Adanson. Lamarck ne l'adopta que plus tard, après avoir mis ce genre à la fin des Acéphalés, entre les Fistulanes et les Balanes; mais bientôt après il abandonna pour toujours cette classification vicieuse, pour en adopter une qui se rapprochât de celle de Cuvier, et par conséquent de celle d'Adanson. Pour abandonner l'arrangement linnéen, ces deux savans zoologistes pouvaient s'appuyer sur l'anatomie de l'Oscabrion de la Méditerranée que Poli venait de publier dans le premier volume de son bel ouvrage. Quoique le savant Napolitain ait conservé la classe des Multivalves de Linné, cependant les observations anatomiques qu'il donne sur ce genre suffit pour démontrer victorieusement que ces animaux n'ont aucuns rapports d'organisation avec les autres Multivalves. Adoptée par Cuvier et Lamarck, l'opinion d'Adanson prévalut à son tour, et elle devait prendre d'autant plus de valeur aux yeux de tous les naturalistes, que Cuvier l'appuya par des observations anatomiques servant de complément à celles de Poli. Poli, en effet, n'avait rien dit du système nerveux des Oscabrions, et il était indispensable de le connaître pour porter un jugement définitif sur le genre et la place qu'il devait occuper dans le règne animal. Si, comme dans les Cirrhipèdes, les Oscabrions eussent eu un cordon nerveux médian et ganglionné, il eût fallu revenir à l'arrangement linnéen, en le modifiant sous certains rapports ; mais le système nerveux chez ces animaux ne diffère en rien d'essentiel de celui des autres Mollusques. Dès-lors la question n'offrait plus de difficulté, et on pouvait dire avec certitude : les Oscabrions sont des Mollusques. Il semblait, si ce n'est impossible, du moins fort difficile, de proposer et de soutenir avec quelque succès une autre opinion que celle de Cuvier et de Lamarck. M. de Blainville, cependant, s'appuyant sur des faits relatifs à la génération des Oscabrions, proposa, dans son Traité de Malacologie, de former un sous-type des Mollusques sous le nom de Malentozoaires, dans lequel chacun des genres Lepas et Chiton de Linné constituent une classe. Cette nouvelle manière de voir de M. de Blainville n'a pas prévalu. Dans la seconde édition du Règne Animal, Cuvier, maintient les Oscabrions à côté des Patelles, formant toujours de ces deux genres sa petite famille des Cyclobranches.

A l'article Oscabrion, de l'Encyclopédie méthodique, auquel nous avons donné de l'étendue, nous avons rapporté tous les faits connus touchant l'organisation de ces animaux, et, ne craignant pas d'aborder toutes les difficultés, nous avons mis en regard les opinions de Cuvier et de M. de Blainville, sans dissimuler rien de ce qu'elles peuvent avoir l'une et l'autre de force et de faiblesse. Après cet examen, nous avons été conduits à des conclusions pour nous définitives dans l'état actuel des connaissances.

Quelles sont les ressemblances, quelles sont les différences entre les Oscabrions et les Mollusques? Nous nous sommes d'abord adressé cette question, et nous avons ajouté : la conclusion finale sera selon que la somme des ressemblances ou des différences l'emportera.

Si nous prenons chacun des systèmes d'organes que l'on observe dans les Oscabrions, et que nous les comparions à ce qui existe dans les Mollusques, voici ce que nous apercevrons :

1° Organes digestifs. Ces organes, dans les Oscabrions, ne diffèrent pas de ceux des autres Mollusques. Ces animaux n'ont pas la tête saillante, et, sous ce rapport, ils ressemblent aux Phyllidies; ils n'ont point de téntacules, mais chez eux ces parties sont remplacées par un voile qui entoure la bouche. Si les yeux manquent, ils manquent aussi dans un assez grand nombre d'autres Mollusques, les Ptéropodes, par exemple; la bouche et l'œsophage, sont garnis d'une langue très longue, roulée en spirale et armée de dents cornées, dont Poli a donné une bonne figure. Cette langue se retrouve dans un très grand nombre de Mollusques; l'estomac, l'intestin, le foie, sont semblables à ce que l'on connaît dans d'autres Gastéropodes; l'anus se termine à l'extrémité postérieure du corps, ce que l'on remarque avec de légères modifications chez les Phyllidies, les Doris et quelques autres genres;

2° Organes de la respiration et de la circulation. Les branchies des Oscabrions consistent en une rangée de petits feuillets triangulaires placés, comme dans les Patelles et les Phyllidies, dans le sillon qui sépare le pied du manteau. Sous ce rapport, ils ne diffèrent en rien des Mollusques que nous venons de citer. Le cœur est placé postérieurement dans la ligne médiane et dorsale; il est symétrique et composé d'un seul ventricule et de deux oreillettes; sa forme et la disposition de ses parties ressemblent beaucoup à ce qui existe dans tous les Mollusques acéphalés et dans plusieurs Mollusques céphalés, qui, étant symétriques avec les branchies de chaque côté, ont également cet organe symétrique placé plus ou moins haut dans la longueur du corps; ainsi, à cet égard, les Oscabrions ne diffèrent pas des autres Mollusques;

3° Organes de la génération. Les Mollusques céphalés offrent les trois modes de génération. M. de Blainville, comme le savent tous les zoologistes, s'est habilement servi de ce caractère, jusqu'alors très négligé, pour diviser les Mollusques en trois classes, dont la dernière contient ceux de ces animaux qui sont hermaphrodites. Les Oscabrions appartiennent, comme les Patelles, à cette troisième classe; seulement, d'après M. de Blainville, l'organe de la génération, formé d'un ovaire seulement dans les Oscabrions, au lieu d'avoir une seule issue extérieure, comme dans les autres Mollusques, en aurait deux, l'une à droite, et l'autre à gauche. Quoique nous ayons fait des anatomies minutieuses d'Oscabrions, il est vrai, sur des espèces assez petites, il nous a été impossible de trouver cette seconde issue des organes de la génération;

4° Système nerveux. Comme l'a prouvé M. Cuvier, le système nerveux des Oscabrions ne diffère pas de celui des autres Mollusques; il est formé d'un anneau œsophagien complet et de divers rameaux qui se rendent en divergeant vers les organes. Ceci est très important, et l'on peut dire que c'est le fait qui domine et doit dominer dans la question;

5° Organes locomoteurs. Il suffit de voir un Oscabrion pour reconnaître qu'il appartient à la classe des Gastéropodes proprement dits, en restreignant cette classe à la manière de Lamarck. Dans ces animaux, le pied ovalaire, plus ou moins élargi selon les espèces, est étendu dans toute la longueur de l'animal, et il ressemble complètement à cet organe dans tous les autres Mollusques; les mœurs de l'animal se ressentent nécessairement de cette disposition; aussi il vit, comme les Patelles, presque toujours sédentaire ou rampant lentement sur les rochers plongés dans la mer, contre lesquels il s'applique avec force lorsque l'on veut l'en arracher;

6° De la coquille. La coquille des Oscabrions est bien différente de celle des autres Mollusques. Par l'ensemble de sa forme, elle ressemble à celle d'une Patelle, mais elle est composée de huit pièces calcaires, étroites, transverses, se recouvrant par leurs bords et implantées fortement de chaque côté dans un bord épais et fibreux du manteau; ce bord entoure le corps, et il est quelquefois nu, mais le plus souvent recouvert de petites écailles ou de poils. Les pièces de la coquille ne sont point immobiles; l'animal peut se rouler sur lui-même, comme le font les Cloportes, et il peut se redresser pour marcher. Comme on peut facilement le comprendre, un seul muscle ne peut suffire pour exécuter ces mouvemens; aussi il y en a trois partant de la première pièce et se rendant à la seconde, trois autres fixés à cette seconde pièce et se rendant à la troisième, ainsi de suite pour toutes les autres : l'un de ces muscles occupe la ligne médiane et dorsale, les deux autres sont latéraux et obliques. Quant à l'accroissement des parties de la coquille des Oscabrions, il se fait d'une manière tout-à-fait analogue à celle des autres Mollusques.

Ainsi nous trouvons les Oscabrions semblables aux autres Mollusques : 1° par la forme générale du corps; 2° par l'organe locomoteur; 3° par la nature, la forme et la position des branchies; 4° par le cœur et la distribution des vaisseaux; 5° par la bouche et son voile; 6° par la langue et tout le reste des organes digestifs; 7° par la position de l'anus; 8° enfin par le système nerveux, le plus important de tous, entièrement semblable à celui des autres Mollusques.

Les Oscabrions diffèrent des autres Mollusques : 1° par la coquille formée de huit pièces et non d'une seule; 2° par le manteau, dont le bord est beaucoup plus charnu et plus fibreux que dans les autres Mollusques; 3° par le système musculaire; 4° enfin, par une particularité des organes de la génération, qui auraient deux issues au lieu d'une seule.

Il reste un dernier caractère, mais qui n'a en réalité aucune importance dans la question. Les Oscabrions n'ont pas d'yeux, et si tous les animaux compris par M. de Blainville dans son sous-type des Malacozoaires sont privés de ces organes; il en est de même d'un très grand nombre de Mollusques : tous les Acéphalés, sans exception, et un assez grand nombre de genres des Céphalés. On ne peut donc rien conclure de ce caractère.

On ne pourra s'empêcher de remarquer avec nous que tous les caractères essentiels des Mollusques se trouvent dans les Oscabrions, tandis que les caractères variables à divers degrés dans ces animaux, deviennent, par quelques modifications peu importantes, les caractères propres aux Oscabrions.

Il nous semble que nous pouvons conclure de ce qui précède,

que les Oscabrions sont des Mollusques, et que leurs rapports ne les éloigne pas beaucoup des Patelles. Nous n'avons pu ici rapporter en détail tous les faits anatomiques concernant les Oscabrions. Celles des personnes qui voudront approfondir ce qui a rapport à ce genre curieux devront consulter le travail de Poli; le Mémoire de Cuvier, inséré dans les Annales du Muséum; l'article Oscabrion de M. de Blainville, dans le Dictionnaire des Sciences naturelles; et le nôtre, dans l'Encyclopédie méthodique.

Jusqu'à présent on ne connaissait qu'une seule espèce fossile d'Oscabrion. Elle a été découverte à Grignon, par M. Defrance. Depuis, le même genre a été trouvé dans le terrain de transition des environs de Tournai. C'est aux recherches de M. Duchastel et de M. Puzos que l'on doit la connaissance de ce fait curieux et intéressant.]

ESPÈCES.

1. Oscabrion géant. *Chiton gigas.* Chemn.

> Ch. *testâ octovalvi, crassâ, convexâ, albâ; valvâ primâ crenatâ, postremâ dentatâ : mediis emarginatis.* Gmel.
> *Chiton gigas.* Chemn. Conch. 8. t. 96. f. 819.
> *Chiton gigas.* Gmel. p. 3206. n° 22.
> Encycl. pl. 161. f. 3.
> * Schrot. Einl. t. 3. p. 507. n° 15.
> * De Roissy. Buf. Moll. t. 5. p. 201. n° 12.
> * De Blainv. Dict. sc. nat. t. 36. p. 543.
> * Dillw. Cat. t. 1. p. 5. no 11.
> * Desh. Encyc. méth. vers. t. 3. p. 679. n₀ 1.
> Habite les côtes du cap de Bonne-Espérance. Mon cabinet. Longueur, 3 à 4 pouces.

2. Oscabrion écailleux. *Chiton squamosus.* Lin.

> Ch. *testâ octovalvi semistriatâ; corpore squamuloso.* Lin.
> *Chiton squamosus.* Lin. Syst. nat. p. 1107. Gmel. p. 3203. n° 5.
> Chemn. Conch. 8. t. 94. f. 788. 790.
> Encycl. pl. 162. f. 5. 6.
> Poli. Test. 1. t. 3. f. 21. 22. (1)

---

(1) Il sera nécessaire de supprimer cette citation de l'ouvrage de Poli de la synonymie de cette espèce. Ce qui a trompé La-

* Schrot. Einl. t. 3. p. 497.
 * Born. Mus. pl. 1. f. 1. 2.
* De Roissy. Buf. Moll. t. 5. p. 199. n° 41.
* Wood. Conch. pl. 1. f. 1.
* Dillw. Cat. t. 1. p. 1. no 1.
* Sow. Genera. of shells. Chiton. f. 2
* De Blainv. Malac. pl. 87. f. 1.
* De Blainv. Dict. sc. nat. t. 36. 538.
* Desh. Encycl. méth. vers. t. 3. p. 680. no 2.
* Var. b. *Dorso lineis nigrescentibus notato.*
* *Chiton squamosus.* Var. Gmel. p. 3203. n° 5,
* Chemn. Conch. t. 10. p. 374. pl. 173. f. 1690.
* *Chiton tessellatus.* Dillw. Cat. t. 1. p. 12. no 33.
* *Chiton bistriatus.* Wood. Conch. p. 7,
* *Id.* Dillw. Cat. t. 1. p. 2. n° 2.

Habite la Méditerranée et les mers d'Amérique. Mon cabinet. Espèce très remarquable, surtout par les très petites écailles qui rendent ses bordures comme granuleuses.

3. Oscabrion péruvien. *Chiton peruvianus.* Lamk.

Ch. testá octovalvi, albo-cinerescente, substriatá; corpore crinis nigris echinato.

Encycl. pl. 163. f. 7. 8.
* Desh. Encycl. méth. vers. t. 3. p. 680. n° 3.
* Sow. Conch. illust. *Chiton.* f. 44.
* Frembly, Zool. journ. t. 3. p. 202. n° 8. pl. snpp. 17. f. 4.
Habite les côtes du Pérou. *Dombey.* Mon cabinet.

4. Oscabrion épineux. *Chiton spinosus.* Brug.

Ch. testá octovalvi glabrá; valvis binis extremitatum| trilobis'; ligamento spinis testaceis, striatis, mobilibus, subarcuatis, nigrescentibus.

Chiton spinosus. Brug. Journ. d'Hist. nat. 1. p. 25. pl: 2. f. 1. 2.
* Sow. Genera of shells, Chiton. f. 1.

---

marck, c'est que la figure représente l'espèce grossie au volume que prend ordinairement le *Chiton squamosus*, et comme elles ont de l'analogie dans leurs caratères extérieurs, il était facile de les confondre. Pour éviter à l'avenir une semblable confusion, nous avons donné le nom de *Chiton Polii* à l'espèce de la Méditerranée, rapporté à tort par Poli et Lamarck au *Chiton squamosus* de Linné.

Habite les mers Australes. *Péron.* Mus. n°. Ses valves sont lisses à
leur superficie. Longueur, 3 pouces.

5. Oscabrion fasciculaire. *Chiton fascicularis.* Lin.

Ch. testá octovalvi ; corpore ad valvulas utrinquè fasciculato. Lin.
Chiton fascicularis. Lin. Syst. nat. p. 1106. Gmel. p. 3202. n° 4.
Chemn. Conch. 10. t. 173. f. 1688.
Maton. Act. soc. Lin. 8. p. 21. t. 1. f. 1.
Encycl. pl. 163. f. 13 14 15.
* Penn. Brit. zool. 1812. t. 4. pl. 39. f. 1.
* Dillv. Cat. t. 1. p. 6. n° 19.
* Desh. Encycl. méth. vers. t. 3. p. 681. n° 5.
* *Chiton crinitus.* Gmel. p. 3206. n° 25.
* *Id.* Dillw. Cat. t. 1. p. 13. n° 34.
* Payr. Cat. p. 86. no 189.
* De Blainv. Malac. pl. 87. f. 4.
* Sow. Genera of shells, Chiton. f. 3.
Habite les mers d'Europe, les côtes d'Angleterre. Mon cabinet. Com-
muniqué par M. *Leach.* Il a de chaque côté, sur les bordures
des faisceaux de poils blanchâtres.

6. Oscabrion marginé. *Chiton marginatus.* Penn.

Ch. testá octovalvi : margine serrato reflexo lævi. Gmel.
Chiton marginatus. Gmel. p. 3206. n° 26.
Penn. Brit. Zool. 4. t. 36. f. 2.
Maton, Act. soc. Linn. 8. p. 21. t. 1. f. 2.
* Shrot. Einl. t. 3. p. 508. no 17.
* Dorset. Cat. p. 25. pl. 1. f. 2.
* Dillw. Cat. t. 1. p. 11. n° 30.
Habite sur les côtes d'Angleterre. Mon cabinet. Communiqué par
M. *Leach.*
Etc. *Voyez* les autres espèces à valves transverses, indiquées par
Gmelin.

1° *Espèces ayant le bord du manteau nu.*

† 7. Oscabrion rayé. *Chiton lineolatus.* Fremb.

*C. testá oblongo-ovatá, anticè subattenuatá, lævi, pallidè rufo-ful-
vá, lineolis undulatis concentricis pictá : areis valvarum lateralibus
indistinctis, minutissimè punctulatis.*
Sow. Jun. Illustr. Conch. recent shells, f. 30 et 50.
Frembly, Desc. d'esp. nouv. d'Oscab. Zool. journ. t. 3. p. 204. n° 11.
Pl. supp. 17. f. 7.

Habite à Valparaiso. Belle espèce, fort élégante et facile à distinguer
malgré ses variétés. Elle est ovale-oblongue, sensiblement rétrécie
vers son extrémité antérieure; elle est déprimée , non carénée
lisse, et ayant les aires latérales à peine marquées. Examinée à la
loupe, on remarque, sur les aires et sur les pièces terminales, un
petit nombre de granulations très fines , irrégulièrement éparses,
et entremêlées de points enfoncés. Le manteau est peu élargi,
il est nu, d'une couleur jaunâtre; la coquille est diversement colorée: ordinairement sur un fond jaunâtre tirant sur le rouge,
toutes les parties sont ornées de linéoles très fines, onduleuses et
concentriques, d'un brun-rougeâtre très foncé. Ces linéoles sont
très élégantes par leurs dispositions. Dans certains individus, la
coquille est d'un brun-marron foncé, ne présentant plus que des
taches plus ou moins grandes, jaunâtres, sur lesquelles les linéoles
persistent. On connaît un très grand nombre d'autres variétés:
car on ne peut dire à la rigueur que deux individus sont absolument
semblables.

† 8. Oscabrion du Chili. *Chiton chilensis*. Fremb.

C. testá oblongo-ovatá, anticè subattenuatá crassá, lævi, opacá, fuscá;
ligamento marginali coriaceo, lævi, crasso; valvá anticá posticá-
que semilunatis, leviter punctatis: valvis intermediis lineá granulatá
ab apice ad angulum anticum decurrente.

Sow. Jun. Illustr. Conch. recent shells, f. 10.

Frembly, Desc. d'esp. nouv. d'Oscabr. Zool. journ. t. 3. p. 204. n° 12.
Pl. supp. 17. f. 8.

Habite les mers du Chili. Espèce ovale-oblongue, sensiblement rétrécie antérieurement; le manteau est nu, épais, coriace et d'un
brun-fauve ; la coquille est aussi de la même couleur; les pièces
terminales sont ornées de lignes rayonnantes de granulations très
menues. Les valves médianes sont lisses, et les aires latérales sont
indiquées par un angle oblique sur lequel s'élèvent des granulations.

† 9. Oscabrion élégant. *Chiton elegans*. Fremb.

C. testá oblongo-ovatá, anticè angustá, coloribus variis marmoratá;
areis valvarum lateralibus, minutissimè granulosis; ligamento
marginali lato, tenui, coloribus viridis marmorato.

Sow. Jun. Illustr. Conch. recent shells, f. 29.

Frembly, Desc. d'esp. nouv. d'Oscabr. Zool. journ. t. 3, p. 203, n° 10.
Pl. supp. 17. f. 6.

Habite à Valparaiso. Espèce non moins remarquable que le *Ch. linéo-*
latus par le grand nombre et la beauté de ses variétés. Elle est

ovale-oblongue, un peu rétrécie vers son extrémité antérieure : le
manteau est assez large, nu et marbré de rouge. La coquille est
subcarénée, et les pièces terminales sont ornées de fines granulations ordinairement disposées en lignes rayonnantes. Les pièces médianes sont étroites. Les aires latérales sont peu marquées, et elles
se distinguent du reste de la surface par les fines granulations dont
elles sont chargées. La partie médiane est lisse et polie; les couleurs sont extrêmement variables. Dans le plus grand nombre
des individus, le fond brun est panaché de linéoles d'un blanc-
jaunâtre diversement disposées. Nous connaissons des variétés
roses panachées de verdâtre et des variétés verdâtres de brun ou de
rouge. Nous avons sous les yeux une variété d'un brun-rougeâtre
très foncé, et une autre presque entièrement rose.

† 10. Oscabrion disjoint. *Chiton disjunctus.* Fremb.

*C. testá oblongo-ovatá, semi-pellucidá, politá; valvarum margi-
nibus anticis arcuatis, lateralibus rotundatis; ligamento marginali lato lævi hyalino, coloribus variis marmorato, valvis in-
terposito.*

Frembly, Desc. d'esp. nouv. d'Oscabr. Zool. journ. t. 3. p. 303. n° 9.
Pl. supp. 17. f. 5.

Habite à Valparaiso. Belle espèce ovale-oblongue, ayant les bords du
manteau nus, coriaces et rougeâtres. La coquille est d'un vert-mar
ron foncé; ses diverses pièces sont presque lisses; on y remarque
des stries concentriques d'accroissement; les aires latérales ne sont
point distinctes, et chaque pièce semble formée de deux parties
sur-ajoutées; la partie inférieure est plus pâle et rayonnée de brun.
On remarque sur la surface des points bleus irrégulièrement épars
et quelques taches de linéoles blanchâtres.

† 11. Oscabrion lamelleux. *Chiton lamellosus.* Quoy.

*C. corpore elongato-ovali, subelevato, carinato, valvis transversim
squamato-striatis, griseo vel ferrugineo variegatis, pallio crasso,
levi, subrubro, lineis fuscis, radiantibus notato.*

Quoy et Gaym. Voy. de l'Astr. t. 3. p. 386. pl. 74. f. 29 à 32.

Habite Tonga-Tabou. Petite espèce ovale-oblongue, ayant le manteau
nu, étroit, fort épais, rougeâtre et orné de bandes transverses de
brun-rougeâtre. Les pièces sont remarquables par leurs parties latérales, sur lesquelles se relèvent de courtes lamelles qui semblent
s'appliquer les unes sur les autres; ces pièces ne sont point carénées, et elles sont ornées de stries transverses assez régulières; sur
leur partie médiane elles sont d'un jaune-brunâtre varié de roux
et de verdâtre.

✝ **12.** Oscabrion de Gaëte. *Chiton cajetanus.* Poli.

> *C. testá elongato-augustá , albicante , valvis terminalibus profundè concentricè sulcatis; valvis intermediis, in medio profundè striatis; striis dichotomis, granoso-scabris ; areis lateralibus tumidis , convexis ; sulcis crassis inæqualibus subarcuatis instructis.*

Poli, Test. t. 1. pl. 4. f. 1.

Habite la Méditerranée, dans la mer Adriatique. Petite espèce des plus singulières. Elle est ovale-oblongue , étroite, presque demi cylindrique , les pièces terminales sont épaisses et chargées de gros sillons longitudinaux , concentriques , arrondis et assez réguliers; les valves intermédiaires présentent une structure particulière ; les aires latérales sont comme gonflées , très saillantes et chargées de gros sillons longitudinaux . rapprochés, arrondis, souvent inégaux et légèrement arqués dans leur longueur; la partie médiane est occupée par un grand nombre de stries profondes , chagrinées, peu régulières , et dont un très grand nombre sont bifides et souvent divisées un plus grand nombre de fois. La couleur de cette espèce est uniformément blanchâtre ou jaunâtre.

✝ **13.** Oscabrion livide. *Chiton luridus.* Sow.

> *C. testá oblongá, elevatiusculá, cinereá, valvá anticá, areis lateralibus valvarum intermediarum et valvá posticá scabroso-granulosis; areis centralibus valvarum intermediarum longitudinaliter sulcatis ; interstitiis scabroso granulosis.*

Sow. Zool. Soc. proc. (févr. 1832). p. 26.

Sow. Jun. illustr. Conch. recent. shells. f. 20.

Habite l'île Sainte-Hélène. Espèce de taille médiocre, ovale-oblongue, ayant le manteau étroit et nu ; le coquille est d'une couleur cendrée, livide ; elle est convexe; les pièces terminales sont chargées de stries rayonnantes , rudes et granuleuses ; les mêmes stries se montrent sur les aires latérales des pièces médianes ; la partie moyenne est occupée par des stries longitudinales. Dans la plupart des individus , la couleur cendrée est interrompue au milieu du dos par des taches diverses brunâtres et blanchâtres.

✝ **14.** Oscabrion limaciforme. *Chiton limaciformis.* Sow.

> *C. testá elongatá, limaciformi, variegatá ; dorso rotundato; lateribus anterioribus valvarum intermediarum emarginatis; valvá anticá, areis lateralibus valvarum intermediarum et posticá parte valvæ posticæ longitudinaliter granulosis, areis centralibus, longitudinaliter sulcatis.*

Sow. Jun. Illustr. Conch. recent shells, f. 38.

Sow. Zool. Soc. proc. (févr. 1832). p. 26.

Habite les mers de l'Amérique méridionale. Espèce très remarquable
par sa forme allongée, étroite, se rapprochant en cela des Oscabrelles de Lamarck. Le manteau est étroit, nu, rougeâtre et marbré de taches plus obscures; les pièces de la coquille sont presque
aussi longues que larges ; les valves terminales sont granuleuses,
et les granulations sont disposées en lignes rayonnantes; les aires
latérales sont bien marquées, et elles sont granuleuses comme les
pièces terminales. La partie médiane est couverte de sillons longitudinaux; la couleur de cette espèce consiste en marbrures rougeâtres et brunâtres sur un fond d'un brun fauve.

† 15. Oscabrion de Swainson. *Chiton Swainsoni.* Sow.

> *C. testá oblongo-ovali, dorso elevatiusculo, castaneá albido-lineatá;*
> *valvis rotundatis; valvá anticá, areá posticá valvæ posticæ et*
> *areis lateralibus valvarum intermediarum longitudinaliter sul-*
> *catis.*

Sow. Zool. Soc. proc. (févr. 1832). p. 27.

Sow. Jun. illust. conch. recent shells. pl. 1. f. 5.

Habite les mers du Pérou. Espèce ovale-oblongue, ayant de l'analogie avec le *Chiton lineolatus.* Le manteau est coriace, nu, et d'une
couleur rougeâtre ; la coquille est convexe, subcarénée; elle est
d'un brun-maron rougeâtre et linéolée de blanc; les pièces terminales sont rayonnées et subgranuleuses; les aires latérales des
valves médianes sont également striées et granuleuses, tandis que
la partie centrale présente de fins sillons longitudinaux. Cette espèce a beaucoup de rapports avec le *Chiton lineatus* de Wood, et
peut-être n'en est-il qu'une simple variété.

† 16. Oscabrion crénelé. *Chiton crenulatus.* Brod.

> *C. testá oblongá albido-roseá, lineis nigro-viridibus subconcentri-*
> *cis variá; valvá anticá subgranoso-radiatá posticá retusá cæteris*
> *granoso-subconcentricè linealis, medio externæ carinatis, internè*
> *nigro-rubris, areis lateralibus granoso-biradiatis.*

Sow. Jun. illustr. Conch. recent shells, f. 43.

Brod. Zool. Soc. proc. (févr. 1832). p. 27.

Habite les mers de l'Amérique méridionale. Espèce ovale-oblongue,
ayant le manteau nu, rougeâtre et marbré de brun; la pièce terminale antérieure est subrayonnée par deux lignes de granulations
peu marquées ; la postérieure est courte et obtuse; les aires latérales sont bien marquées, et elles sont bordées de chaque côté par
deux rangées de granulations; la partie moyenne des valves intermédiaires présente des lignes concentriques subgranuleuses; la co-

loration consiste en lignes d'un vert-noirâtre subconcentriques, sur un fond d'un blanc rosé.

† 17. Oscabrion nain. *Chiton pusillus.* Sow.

C. testá minimá, obovatá, albicante; dorso elevato; valvis interme-diis angustis, minutissimè punctulatis, areis lateralibus subdistinc-tis; valvá posticá majori, vertice centrali, posticè inclinato.

Sow. Zool. Soc. proc. mars 1832. p. 57.
Sow. Jun. illustr. Conch. recent. shells. f. 31.
Habite les mers du Pérou.

Petite espèce ayant à peine trois lignes de longueur; elle est ovale, oblongue, rétrécie antérieurement; elle est convexe et subcarénée; les aires latérales des pièces intermédiaires sont peu marquées; toute la surface est très finement ponctuée; la valve postérieure est grande; son sommet est subcentral, pointu et recourbé en ar-rière. Toute cette coquille est blanchâtre; le manteau est étroit et nu.

† 18. Oscabrion de Gray. *Chiton Grayii.* Sow.

C. testá oblongá, pallidá; rufescente fuscoque variá; valvá anticá, valvarum intermediarum areis lateralibus et valvæ posticæ areá posticá radiatim granoso-striatis; arcarum lateralium marginibus anticis elevatis, posticis crenulatis; valvarum intermediarum areis centralibus et valvæ posticæ, areá anticá obliquè longitudinaliter granuloso-striatis; valvá 3á, 4á, 5á, 6á, 7á, medio longitudina-liter bisulcatis.

Sow. Zool. Soc. proc. mars 1832. p. 57.
Sow. Jun. illustr. Conch. recent. shells. f. 8.
Habite les mers du Pérou.

Espèce d'une taille médiocre, ovale, oblongue, convexe et carinée; le manteau est étroit, d'un fauve pâle et nu; les pièces terminales sont rayonnées par des stries granuleuses; les aires latérales des pièces intermédiaires ont leur bord postérieur élevé, crénelé; leur surface offre des stries granuleuses, semblables à celles des pièces terminales; la partie moyenne des valves intermédiaires est sillonnée obliquement, et les sillons sont granuleux. Les pièces 3 à 7 présentent, sur le milieu, deux sillons longitudinaux; la cou-leur de cette espèce est d'un fauve-pâle, rougeâtre, marbré de brun.

† 19. Oscabrion de Chiloé. *Chiton Chiloensis.* Sow.

C. testá oblongá, lævi coloribus luridis variá; valvá anticá, valva-rum intermediarum arcis lateralibus et valvæ posticæ areá posticá

*radiatim punctato-striatis ; valvarum intermediarum areis centra-
libus et valvæ posticæ areâ anticâ longitudinaliter punctato-striatis;
valvis sex posticis prope medium longitudinaliter sulcatis.*

Sow. Zool. Soc. proc. mars 1832. p. 58.
Sow. Jun. illust. Conch. recent shells. f. 11. Var. f. 13.
Habite les rivages de l'île Chiloé.

Espèce ovale, oblongue, ayant le manteau assez large et nu, brunâtre ou d'un brun-rougeâtre; la coquille est peu convexe; les pièces
terminales sont rayonnées par des stries ponctuées; des stries semblables se montrent sur les aires latérales des valves intermédiaires;
tandis que leur partie médiane offre des stries ponctuées, longitudinales; les 6 valves intermédiaires sont sillonnées près de leur
partie médiane. Les couleurs sont variables, elles consistent ordinairement en fascies brunâtres ou rougeâtres, concentriques sur
un fond d'un brun-cendré. Dans quelques individus, ces fascies
sont d'un brun-rougeâtre, foncé, sur un brun d'un fauve pâle.

† 20. Oscabrion rose. *Chiton roseus.* Sow.

> *C. testâ ovato-oblongâ, lævi, roseâ; dorso rotundato; valvâ anticâ
> et valvarum intermediarum areis lateralibus longitudinaliter, areis
> centralibus transversim sulcatis; valvæ posticæ vertice centrali,
> sulcis concentricis.*

Sow. Zool. Soc. proc. mars 1832. p. 58.
Sow. Jun. illust. Conch. recent shells. f. 14.
Habite les mers de la Colombie occidentale.

Petite espèce allongée, étroite, ayant le manteau nu, étroit et jaunâtre; la coquille est lisse, non carénée, uniformément d'une assez
belle couleur de rose. Examinée à la loupe, on trouve des stries
très fines sur les pièces terminales, ainsi que sur les aires latérales
des valves intermédiaires; ces stries sont longitudinales, tandis que
celles des parties médianes sont transverses.

2° *Espèces ayant le bord du manteau granuleux ou écailleux.*

† 21. Oscabrion magnifique. *Chiton magnificus.* Desh.

> *C. testâ ovatâ, depressâ, magnâ, nigrâ, dorso subcarinatâ; areis
> lateralibus, transversim sulcatis; valvis anticis et posticis, radia-
> tim striatis.*

Chiton magnificus. Desh. Dict. class. des Sc. nat. t. 12. p. 455.
Id. Encycl. méth. vers. t. 3. p. 680. n° 4.
Chiton latus. Sow. Tanck. Cat. n° 692.

Chiton olivaceus. Frembly. Zool. journ. t. 3. p. 199. n₀ 4. pl. supp. 16. f. 4.

Habite les mers du Chili.

Nous avions depuis long-temps nommé et décrit cet Oscabrion dans le Dict. class. et l'Encycl. méth., lorsque M. Sowerby lui en imposa un autre, dans le Cat. de la Coll. Tankarville. Nous conservons à l'espèce le premier nom qui lui fut donné. Cet Oscabrion est l'un des plus grands connus; l'individu, que nous avons, a près de 4 pouces de long; il est ovalaire, caréné au milieu du dos; sa couleur est d'un vert-noirâtre très foncé; la pièce antérieure et la postérieure sont chargées de stries rayonnantes, granuleuses; les pièces moyennes sont transverses et étroites; leur partie médiane est occupée par des stries longitudinales, très fines et peu régulières; les surfaces triangulaires, latérales, sont chargées de stries transverses, subgranuleuses, semblables à celles des pièces terminales; le manteau est chargé de granulations; il est d'un vert très foncé, interrompu par des zones noires, quelquefois il est entièrement de cette dernière couleur.

† 22. Oscabrion de Coquimbo. *Chiton Coquimbensis.* Fremb.

C. testá oblongo-ovatá, angustá, intùs fuscá; ligamento marginali lato; squamis oblongis, longitudinalibus; valvarum lateribus nudato-sulcatis.

Frembly. Desc. d'esp. nouv. d'Oscabrions. Zool. journ. t. 3. p. 197. n° 2. Pl. supp. 16. f. 2.

Habite à Coquimbo.

Très belle espèce ovale, oblongue, étroite, ayant les bords du manteau assez larges et garnis d'écailles oblongues, irrégulièrement disposées et ayant peu d'analogie avec celles que l'on voit dans la plupart des autres espèces. La coquille est en dedans et en dehors d'un beau brun-marron; le dos est arrondi et non caréné; la valve antérieure est guillochée par des stries concentriques, onduleuses, irrégulières et profondes. La valve postérieure est très aplatie, carénée de chaque côté, pourvue de deux lignes obliques de points enfoncés dans le milieu et ornés, de chaque côté de la carène, de petites stries courtes et obliques, très profondément creusées. Les valves médianes sont larges, les aires latérales sont séparées par un angle aigu. Sur ces aires, on remarque des stries longitudinales, semblables à celles de la pièce antérieure; sur le milieu du dos se trouvent deux lignes obliques de ponctuations enfoncée et très fines, et le bord de la carène est comme frangé par des stri courtes, très fines et très profondes.

32.

† **23. Oscabrion de Cumings.** *Chiton Cumingsi.* Fremb.

C. testá ovatá, valvá anticá bifariam radiatim granoso-striatá; areis centralibus valvarum longitudinaliter sulcatis, lateralibus radiatim granoso-striatis.

Sow. Jun. illustr. Conch. recent shells. f. 32.

Frembly. Desc. d'esp. nouv. d'Oscabrions. Zool. journ. t. 3. p. 198. no 3. Pl. supp. 16. f. 3.

Habite à Valparaiso.

Belle espèce ovale, oblongue, ayant les bords du manteau étroits, recouverts d'écailles épaisses, verdâtres, lisses et semblables à de petits grains de verre, les pièces terminales sont grandes et ornées de sillons rayonnans, chargés de granulations très serrées; les valves médianes sont subcarénées et ornées, dans leur partie moyenne, de stries longitudinales, profondes, rapprochées et d'autant plus fines, que l'on se rapproche plus du sommet; les aires latérales sont bien marquées, et elles sont ornées de sillons transverses, quelquefois bifides, granuleux, semblables à ceux des pièces terminales. Cette espèce a une coloration remarquable; sur un fond brun, quelquefois verdâtre, elle est ornée d'un grand nombre de linéoles quelquefois verdâtres, d'un brun-clair; elles sont quelquefois onduleuses et disparaissent vers le milieu du dos, où elles sont remplacées par une tache brune, noirâtre, quelquefois bordée de blanchâtre, et quelquefois interrompue par une zone médiane rosée.

† **24. Oscabrion granifère.** *Chiton granosus.* Frembly.

C. testá oblongo-ovatá, crassiusculá, nigrescenti, fasciis duabus longitudinalibus, subcentralibus albidis : valvis duabus terminalibus interdum radiatim granosis; areis valvarum centralibus longitudinaliter striatis, lateralibus granoso-radiatis.

Frembly. Desc. d'esp. nouv. d'Oscabrions. Zool. journ. t. 3. p. 200. no 5. Pl. suppl. 17. f. 1.

Habite à Valparaiso.

Espèce ovale, oblongue, très facile à distinguer parmi ses congénères. Elle n'est point carénée; elle est d'un brun très foncé, tirant quelquefois sur le verdâtre; ses pièces terminales sont granuleuses, et, dans quelques individus, les granulations sont disposées en lignes rayonnantes. Les pièces médianes sont étroites; leur partie moyenne est couverte de stries profondes et très fines, longitudinales, quelquefois treillissées par des stries d'accroissement. Les aires latérales sont étroites, séparées du reste par une carène, et présentant deux ou trois rangées de granulations; les bords du

manteau sont assez larges et chargés d'écailles assez épaisses. Dans
la plupart des individus, le dos est marqué d'une fascie brune,
bordée de chaque côté d'une zone blanchâtre.

25. Oscabrion granuleux. *Chiton granulosus*. Frembly.

*C. testá angustá, minutissimè granulatá, fusco-marmoratá, dorso
acutiusculo, elevato; valvis dorsalibus convexiusculis.*

Frembly. Desc. d'esp. nouv. d'Oscabrions. Zool. journ. t. 3. p. 201.
n° 7. Pl. supp. 17. f. 3.

Habite la baie de la Conception.

Petite espèce ovale, oblongue, déprimée, carénée, marbrée de brun
foncé sur un fond rougeâtre; tout le manteau est recouvert de
grosses écailles, et les diverses pièces de la coquille sont couvertes
de granulations extrêmement fines. Les aires latérales sont peu
marquées, mais elles sont grandes.

† 26. Oscabrion brunâtre. *Chiton subfuscus*. Sow.

*C. testá ovali, subfuscá, pallidiore variá; valvis terminalibus lineis
subinterruptis concinnis radiatis; valvarum intermediarum areis
lateralibus radiatim centralibus longitudinaliter subsulcatis; limbo
granoso, granis externis majoribus.*

Sow. Zool. Soc. proc. (février 1832) p. 26.
Sow. jun. conch. illustr. recent shells. f. 3.

Habite l'Amérique méridionale.

Espèce ovale, oblongue, qui a beaucoup de ressemblance d'un
côté avec le *Chiton goodali*, et de l'autre avec notre *magnificus*.
Peut-être n'est ce qu'une variété de ce dernier ayant une coloration particulière. Il est ovale, oblong; les bords du manteau sont
granuleux, et les granulations qui sont dans le voisinage de la
coquille, sont plus petites que les autres. Les valves terminales
sont couvertes de lignes très fines, quelquefois interrompues. Les
aires latérales des autres valves offrent des stries semblables, tandis que la partie moyenne a les stries longitudinales; la couleur
est d'un brun-verdâtre, marbré de taches de la même couleur
moins foncée. Cette espèce a environ 2 pouces de longueur.

† 27. Oscabrion de Lyell. *Chiton Lyellii*. Sow.

*C. testá oblongá, nigro, viridi roseoque variá; dorso elevatiusculo;
valvá anticá radiatim subgranosá; areis lateralibus valvarum intermediarum radiatim obsolete granosis; limbo minutissimè subgra-
noso, quasi velutino.*

Sow. Zool. soc. proc. (fevr. 1832), p. 26.
Sow. Jun. Conch. illustr. recent schells. f. 7.

Habite les mers de la Polynésie. Espèce très élégante, ayant beaucoup d'analogie avec certaines variétés du *Chiton elegans*; elle est ovale-oblongue, étroite; son manteau, étroit, de couleur de chair, est marqué de taches blanchâtres ou jaunâtres, et il est chargé de granulations excessivement fines, ce qui lui donne l'apparence d'être tomenteux; les valves terminales sont ornées de granulations en lignes rayonnantes, les valves intermédiaires sont subcarénées et les aires latérales, peu marquées, sont obscurément granuleuses; la couleur de cette espèce est très élégante, elle est marbrée assez régulièrement de noir, de vert et de rose.

28. Oscabrion de Maurice. *Chiton Mauritianus.* Quoy.

C. testá elongatá, carinatá, transversìm tenuissimè striatá, fusco-virid[i] subtus flavicante; pallio virescenti fusco, radiato.

Quoy et Gaym. Voy. de l'Astr. t. 3. p. 397. pl. 73. f. 1-3.

Habite les mers de l'Ile de France. Petite espèce ovalaire, allongée, ayant le manteau assez large et épais; le manteau est vert comme toute la coquille, et il est orné de zones transverses, étroites, d'un vert plus foncé. La coquille est bombée et carénée au milieu; les pièces dorsales sont étroites et leurs parties latérales, saillantes, sont profondément sillonnées en travers; le reste de la surface est presque lisse, ou présente seulement des stries transverses peu marquées.

† 29. Oscabrion parqueté. *Chiton tessellatus.* Quoy.

C. corpore ovali, planiusculo, griseo sicut imbriato; valvis granulòsis; lateribus sulcatis; pallio squamoso, lutescente, viridi fusco maculato.

Quoy et Gaym. Voy. de l'Astr. t. 3. p. 396. pl. 75. f. 43.

Habite au havre Carteret à la Nouvelle-Irlande. Petite espèce ovalaire, proportionnellement plus aplatie et plus large que la plupart des autres. Il a de l'analogie avec l'Oscabrion peau-de-serpent; son manteau est étroit, écailleux, brunâtre, avec des zones peu marquées d'un brun plus foncé. La coquille est verdâtre, pointillée de noir; les pièces dorsales sont fort étroites, et leurs parties latérales triangulaires sont sillonnées et granuleuses; les pièces terminales sont chargées de granulations nombreuses mais très fines.

† 30. Oscabrion cannelé. *Chiton canaliculatus.* Quoy.

C. elongatus, elevatus, valdè carinatus, roseus; valvis triangularibus, longitudinaliter sulcatis, posticè crenulatis; pallio tenuissimo, squamoso.

Quoy et Gaym. Voy. de l'Astr. t. 3. p. 394. pl. 75. f. 37-42.

Habite la Nouvelle-Zélande. Espèce très élégante, toujours d'une belle couleur de rose. Son manteau est assez étroit, granuleux, d'un rose pâle, et marqué de zones transverses d'un rose un peu plus foncé. La coquille est fortement carénée sur le dos ; elle est d'un rose plus ou moins foncé ; dans une belle variété, la carène est ornée d'une zone de taches subarticulées, d'un beau noir, les parties latérales des pièces présentent un espace triangulaire un peu saillant, élégamment treillissé par des stries longitudinales et trans·verses très fines. Le reste de la surface présente des petits sillons longitudinaux.

† **31. Oscabrion colombien.** *Chiton columbiensis.* Sow.

C. testâ ovatâ, depressiusculâ, cinerascente ; valvâ anticâ, valvarum intermediarum areis lateralibus et valvæ posticæ areâ posticâ sparsim granulosis; intermediarum areis centralibus et posticæ areâ anticâ longitudinaliter granoso linealis.

Sow. Zool. soc. proc. mars 1832. p. 58.

Sow. jun. Illustr. Conch. recent shells. f. 15.

Habite le golfe de Panama. Espèce d'une taille médiocre, ayant le manteau brun, étroit et finement granuleux ; la coquille est déprimée ; les valves terminales sont chargées de granulations irrégulièrement éparses ; il en est de même des aires latérales des valves intermédiaires ; les parties médianes des valves intermédiaires sont couvertes de petites lignes longitudinales granuleuses. La couleur de cette espèce est d'un cendré brunâtre, et le bord postérieur de chaque pièce est orné d'une série de taches brunes.

† **32. Oscabrion subponctué.** *Chiton punctulatissimus.* Sow.

C. testâ ovato-oblongâ, lævi, coloribus variis pictâ; valvis omnibus omnino minutissimè punctulatis ; squamulis marginalibus per-exiguis.

Sow. Zool. soc. proc. mars 1832. p. 58.

Sow. jun. Illustr. Conch. recent Shells. f. 9.

Habite les mers de l'Amérique méridionale. Petite espèce très déprimée, rétrécie vers ses extrémités, ayant les bords du manteau étroits et couverts d'écailles excessivement petites ; la coquille parait lisse ; les aires latérales des pièces médianes sont à peine marquées. Examinée à la loupe toute la surface est couverte de ponctuations très fines ; les couleurs sont variables : le plus ordinairement ce sont des marbrures rougeâtres sur un fond blanchâtre.

† 33. Oscabrion lisse. *Chiton lævigatus*. Sow.

C. testá ovato-oblongá, planiusculá, lævigatá, subfuscá, nigro rufoque longitudinaliter variegatá ; cariná marginali obtusá , elevatissimá inter areas laterales et centrales valvarum intermediarum.

Sow. Zool. soc. proc. mars 1832. p. 59.

Sow. jun. Illustr. Conch. recent shells. f. 18. *

Habite le golfe de Californie. Coquille ovale-oblongue, déprimée, non carénée ; le bord du manteau est étroit, brunâtre, couvert d'écailles et marqué de zones transverses brunâtres. La coquille est lisse et les aires latérales sont nettement séparées par une carène marginale obtuse assez saillante. Sur un fond brunâtre passant au rose vers le milieu , cette espèce est ornée de taches longitudinales noires et d'un fauve rougeâtre.

† 34. Oscabrion articulé. *Chiton articulatus*. Sow.

C. testá ovatá , lævigatá , viridescente fuscá ; pallescente longitudinaliter variegatá; dorso elevatiusculo, rotundato, cariná marginali inter areas laterales et centrales valvarum intermediarum ferè obliteratá; limbo olivaceo pallidè articuláto.

Sow. Zool. soc. proc. mars 1832. p. 59.

Sow. jun. Illustr. Conch. recent shells. f. 18.

Habite le golfe de Californie. Espèce régulièrement ovale, convexe , lisse, ayant les aires latérales nettement séparées, mais à carène marginale oblitérée ; la couleur est d'un vert brunâtre , linéolé longitudinalement sur le dos de noir verdâtre et de vert pâle; le manteau est assez large, d'un cendré verdâtre avec des tâches transverses assez larges d'un brun verdâtre , ce manteau est recouvert d'écailles très petites.•

† 35. Oscabrion de Poli. *Chiton Polii*. Desh.

C. testá ovato-oblongá, dorso carinatá, coloribus variis pictá ; valvis terminalibus radiatim sulcatis; alteris transversalibus in medio arcuatim sulcatis; areis lateralibus angustis, transversim sulcatis.

Chiton squamosus. Var. Chemn. Conch. t. 8. pl. 94. f. 791.

An eadem species ? Chiton cimex. Chemn. t. 8. pl. 96. f. 815.

Poli. Test.. t. 1. pl. 3. f. 19 à 22.

Chiton squamosus Payr. Cat. p. 86. n° 168.

Habite la Méditerranée ; l'Océan européen. Les auteurs ont constamment confondu cette espèce avec le *Chiton squamosus* de Linné. On l'en distingue cependant avec facilité, par des caractères constans, ce qui nous a déterminé à le séparer sous le nom du savant anatomiste napolitain qui le premier a donné sur son organisation des détails précieux. La coquille est ovale - oblongue, étroite, carénée dans le milieu; les valves terminales sont petites et les sillons rayonnans dont elles sont couvertes , sont simples et non granuleux; les pièces moyennes sont étroites et divisées très nettement en trois parties, les deux latérales sont triangulaires et étroites, elles sont couvertes de sillons transverses , semblables à ceux des pièces terminales ; la partie moyenne est occupée par des sillons longitudinaux, profonds, étroits, et légèrement arqués dans leur longueur. Le manteau est couvert d'écailles extrêmement fines; il est ordinairement d'un brun grisâtre, avec des zones transverses d'un brun-marron. Les couleurs de la coquille sont extrêmement variables ; nous avons rassemblé environ seize variétés parmi lesquelles les principales sont grisâtres, brunes, roses et marbrées de ces diverses couleurs. Cette jolie espèce est commune principalement sur les côtes de Sicile. Les grands individus ont 1 pouce 4 lignes de longueur.

36. Oscabrion cendré. *Chiton cinereus.* Lin.

C. testâ ovatâ; tenuissimè punctatâ, carinatâ, cinereâ, fusco variegatâ.
Linné. Syst. nat. p. 1107.
Fabri. Faun. Groenl. p. 423.
Born. Mus. p. 5. pl. 1. fig. 3.
Chemn. Conch. t. 8. p. 291. pl. 96. f. 818.
Schroet. einl. t. 3. p. 501.
Gmel. p. 3204. n° 9.
Pennant. Zool. Brit. t. 4. p. 72. pl. 36. f. 3.
Encycl. Méth. pl. 161. f. 11.
Dilw. Cat. t. 1. p. 12. n° 31.

Habite les mers du nord de l'Europe. Petite espèce ovale, déprimée, carénée, reconnaissable en ce que les valves sont simples et sans aires latérales; examiné à la loupe, ce petit Oscabrion qui paraît lisse est cependant chargé de granulations extrêmement fines; sa couleur est variable : il est ordinairement d'un gris - cendré, parsemé de petites taches brunes ou noirâtres; mais on en connaît des variétés brunes et d'autres rouges. Il a 5 ou 6 lignes de longueur.

† 37. Oscabrion bordé de vert. *Chiton glauco-cinctus.* Fremb.

C. testâ oblongo-ovatâ, lævissimâ, subrufâ, alternatim glauco fuscoque strigatâ; valvis primâ et ultima, radiatis; margine carneo, fusco maculato.
Fremb. Desc. d'esp. nouv. d'Oscabrions. Zool. journ. t. 3. p. 201. n° 6, Pl. suppl. 17. f. 2.

Habite à Valparaiso. Petite espèce ovale-oblongue, toute lisse, ayant les bords du manteau assez larges, couleur de chair et ornées de taches rayonnantes brunes. La coquille est toute lisse, si ce n'est la première et la dernière pièce qui sont ornées de stries rayonnantes. La coquille est ornée à la base de lignes alternatives vertes et brunes; le reste de la coquille est brunâtre et blanchâtre vers le dos.

† 38. Oscabrion linéolé. *Chiton lineatus*. Vood.

C. testâ ovato-oblongâ, dorso carinatâ, rubro-fucescente; lineolis numerosissmis, albis undulatis concentricis ornatâ; valvis terminalibus radiatim striatis, alteris in medio longitudinaliter tenue striatis; striis simplicibus; areis lateralibus striato granulosis.

Wood. Conch. p. 15. pl. 2. f. 4. 5.

Dilw. Cat. p. 7. no 18.

Habite les mers du Chili et du Pérou. Espèce très belle et très remarquable, elle est ovale-oblongue, convexe, carénée; le manteau est assez large, mince, nu, jaunâtre et marbré de rouge. Les pièces terminales sont couvertes de stries terminales, granuleuses; les pièces médianes sont chargées de stries longitudinales dans le milieu, et les aires latérales sont peu marquées et couvertes de stries granuleuses, très fines. La couleur de cette espèce, dans le plus grand nombre des individus, est d'un beau brun rougeâtre, orné d'un très grand nombre de linéoles blanches, onduleuses et concentriques. Il y a plusieurs variétés remarquables, les unes avec des taches d'un brun très intense sur les flancs, les autres de cette même couleur brune avec une fascie blanchâtre sur le milieu, et les autres enfin d'une couleur d'un brun rouge foncé, uniforme et sans linéoles.

† 39. Oscabrion cloporte. *Chiton asellus*. Chemn.

C. testâ subcarinatâ; valvulis longitudinaliter concatenato-granulosis vel striis longitudinalibus moniliformibus; margine granuloso.

Testâ juniore Chiton minimus. Chemn. Conch. t. 8. p. 289. pl. 96. f. 814.

Id. Gmel. p. 3205. no 19.

Id. Schroet. einl. t. 3. p. 506. no 12.

Dillw. Cat. t. 1. p. 10. nº 25.

Testâ seniore Chiton asellus. Chemn. t. 8. p. 290. pl. 96. f. 816.

Id. Gmel. p. 3206. no 21.

Schroet. Einl. t. 3. p. 507. no 14.

Encycl. méth. pl. 161. f. 12.

Chiton asellus. Lowe. Desc. de quelques coq. et surtout des Osc. des côtes du comté d'Argyle. Zool. journ. t. 2. p. 101. n° 5. pl. 5. f. 24.

Habite les mers du Nord.

A l'exemple de M. Lowe, nous réunissons les deux espèces que nous venons de mentionner dans la synonymie. Elles ont en effet la plus grande ressemblance; elles ont été établies sur la différence d'âge. Cette espèce est l'une des plus petites connues; elle est ovale, déprimée, faiblement striée, ayant les aires latérales à peine marquées. Sa couleur est noire et blanchâtre dans les parties rongées.

† 40. Oscabrion de Bowen. *Chiton Bowenii.* King.

C. testá oblóngo-ovatá, castaneo-rufá; dorso elevato; valvis subdentatis, sublævibus, concentricè tenuiter striatis; areis lateralibus radiatim sulcatis; ligamento marginali granuloso, nigro.

Sow. jun. illustr. Conch. recent shells. f. 37.

King. Desc. zool. journ. t. 4. p. 338.

Habite le détroit de Magellan.

Espèce ovale, oblongue, étroite, ayant les bords du manteau étroits et couverts d'écailles granuleuses, très petites. La coquille est d'un brun roussâtre, quelquefois noirâtre; les valves terminales ont de très fines stries rayonnantes; les valves moyennes sont chargées de stries concentriques très fines, tandis que les aires latérales sont couvertes de stries rayonnantes, subgranuleuses. Cette espèce a beaucoup de rapports avec notre *Chiton magnificus;* mais il est plus étroit, plus convexe, à carène mieux marquée et distincte d'ailleurs par la direction des stries.

† 41. Oscabrion rayé de blanc. *Chiton albo-lineatus.* Sow. et Brod.

C. valvis lævibus, atro-fuscis, areis lateralibus elevatiusculis, r tim albo-lineatis, margine granulato.

Sow. jun. illustr. Conch. recent shells. f. 39.

Sow. et Brod. Observ. Zool. journ. t. 4. p. 368.

Habite les mers du Mexique.

Celui-ci a de l'analogie avec certaines variétés du *Chiton setiger;* mais il s'en distingue, au premier aperçu, par son manteau jaunâtre, chargé de granulations très fines. Les valves terminales sont ornées de côtes rayonnantes, blanches sur un fond noir; les valves intermédiaires sont étroites, subcarénées et ornées, dans le milieu, d'une ligne noire, bordée de blanc. Les aires latérales sont saillantes et remarquables par les lignes blanches et noires dont elles sont ornées. Le reste est jaunâtre et orné de fines stries transverses.

† 42. Oscabrion géorgien. *Chiton georgianus.* Quoy.

C. corpore ovali, crasso, margine parvo, granuloso, albido; striis nigris octonis notato; valvis arcuatis, planiusculis et crassissimis striatis, fuscis, medio nigris.

Quoy et Gaym. Voy. de l'Astr. t. 3. p. 379. pl. 75. f. 25-3o.

An *Chiton magellanicus.* Chemn. Conch. t. 8. p. 279. pl. 95. f. 797. 798?

Id. Gmel. p. 3204. n° 12.

Schrot. Einl. t. 3. p. 5o3. n₀ 4.

Encycl. pl. 160. f. 4. 5.

Chiton magellanicus. Dillw. Cat. t. 1. p. 9. n° 23.

Nous pensons que l'espèce, nommée ici par M. Quoy, est la même que le *Chiton magellanicus* de Chemnitz; il y a du moins entre elles la plus grande analogie : comme nous n'en jugeons que d'après les figures, nous conservons assez de doute pour ne pas oser changer le nom donné par M. Quoy pour celui de Chemnitz.

Habite le port du Roi-Georges, à la Nouvelle-Hollande. Le manteau, très épais, est revêtu d'un grand nombre de petites écailles formant des bandes alternatives d'un blanc-brunâtre et noires; les pièces ne sont point carénées; mais elles sont fortement divisées en trois parties bien distinctes, dont les deux latérales, saillantes, sont chargées de rides transverses; la face moyenne est d'un brun-foncé, interrompu par une ligne dorsale, blanchâtre; les parties latérales sont d'un brun moins intense; la pièce postérieure est remarquable par son épaisseur et sa terminaison en une sorte de pyramide courte.

† 43. Oscabrion peau de serpent. *Chiton pelliserpentis.* Quoy.

C. corpore ovato-rotundo, squamoso, virescenti, lineis nigris notato, subtus luteo; valvis fusco-virescentibus, in medio maculâ nigrâ signatis.

Quoy et Gaym. Voy. de l'Astr. t. 3. p. 381. pl. 74. f. 17 à 22.

Habite à la Nouvelle-Zélande.

Espèce avoisinant beaucoup, par ses rapports, l'Oscabrion écailleux. Elle est ovalaire, son manteau est assez épais, recouvert de très petites écailles; il est verdâtre et orné d'une vingtaine de larges lignes noires. Les pièces sont divisées en trois parties, et les latérales sont sillonnées longitudinalement, tandis que sur la partie médiane, on remarque quelques stries transverses; les sillons latéraux, sur un fond verdâtre, sont ornés de ponctuations noires, formant des lignes légèrement arquées. Tout le reste de la coquille est d'un vert-brunâtre, si ce n'est vers la ligne dorsale où elle devient blanchâtre.

† 44. Oscabrion de Quoy. *Chiton Quoyi.* Desh.

C. corpore elongato-ovali, elevato, triangulari; margine squamoso, viridi, albo aut subrubro variegato, subtus lutescente; valvis tenuissimè striatis.

Chiton viridis Quoy et Gaym. Voy. de l'Astr. t. 3. p. 383. pl. 74. f. 23 à 28.

Habite la Nouvelle-Zélande.

M. Quoy avait donné le nom de *Chiton viridis* à cette espèce; mais déjà le même nom avait, long-temps avant, été imposé à une autre espèce figurée dans Chemnitz, t. 10. pl. 173. f. 1689; c'est donc à cette dernière que le nom devra rester.

Espèce facile à distinguer; elle est ovale, oblongue, à dos assez saillant et subcaréné. Son manteau est étroit, couvert de petites écailles, et ses pièces en grande partie lisses, offrent sur les côtés un espace triangulaire, étroit, finement strié. Cet Oscabrion est d'un beau vert uniforme, devenant intense par le dessèchement.

† 45. Oscabrion biponctué. *Chiton bipunctatus.* Sow.

C. testâ ovatâ, lævi, virescente, nigro, albidoque variâ; margine concolori, plerumque maculâ albâ utrinque inter valvam primam et secundam positâ.

Sow. Zool. Soc. proc. avril 1832. p. 104.

Sow. jun. illustr. Conch. recent shells. f. 27.

Habite les mers du Pérou.

Très petite espèce ovale, oblongue, un peu rétrécie antérieurement. Elle est verdâtre et marquée de taches nuageuses, blanches et noires; les bords sont de la même couleur, et, dans la plupart des individus, on remarque une tache blanche sur la première et la seconde valve.

† 46. Oscabrion petit. *Chiton exiguus.* Sow.

C. testâ oblongâ, minimâ, rufescente, angustâ; valvarum intermediarum carinâ dorsali latissimâ, trigonâ, margine sulcatâ; arearum lateralium margine distinctâ.

Sow. Zool. Soc. proc. avril 1832. p. 104

Sow. jun. illustr. Conch. recent shells. f. 36.

Habite l'Ocean austral.

Très petite espèce allongée, étroite, ayant à peine deux lignes de longueur ; elle est rougeâtre, la carène dorsale est très large, trigone, et son bord est sillonné ; les aires latérales sont petites et nettement séparées par un bord aigu.

† 47. Oscabrion jaune. *Chiton stramineus*. Sow.

C. testâ ovatâ, lævi, pallidè stramineâ ; dorso rotundato ; squamulis marginalibus sparsis.

Sow. Zool. Soc. proc. avril 1832. p. 104.

Sow. jun. illustr. Conch. recent shells. f. 28.

Habite les mers du Chili.

Petite espèce ovale, oblongue, rétrécie antérieurement ; elle est lisse, sans carène, ayant les aires latérales peu marquées, et partout d'une couleur jaune de paille uniforme.

† 48. Oscabrion de Goodall. *Chiton Goodalli*. Brod.

C. testâ ovali, olivaceo-fuscâ ; valvis terminalibus subradiatim granulosis, internè striatis ; cæteris concentricè lineatis, internè medio serratis, areis lateralibus subradiatim granulosis ; limbo marginali granoso, olivaceo, cæruleo-viridi vario.

Brod. Zool. Soc. proc. février 1832. p. 25.

Sow. jun. illustr. Conch. recent shells. f. 34 et 40.

Habite les îles Gallopagos.

Espèce très voisine, par sa forme et sa couleur, de notre *Chiton magnificus*; elle est ovale, oblongue ; son manteau, large, granuleux, est d'un vert-brunâtre, foncé, et souvent orné de zones rayonnantes, presque noires ; les pièces terminales sont grandes et ornées de granulations très fines, assez ordinairement disposées en lignes rayonnantes ; les pièces médianes ont les aires latérales bien marquées et garnies de stries granuleuses, semblables à celles des pièces terminales, tandis que la partie moyenne est occupée par des stries transverses. Dans le *Chiton magnificus*, cette partie médiane est chargée de stries longitudinales. Toute la coquille est d'un vert-brunâtre, quelquefois noirâtre. Il a quelquefois plus de 3 pouces et demi de longueur.

† 49. Oscabrion de Stokes. *Chiton Stokesii*. Brod.

C. testâ ovatâ, viridi-fuscâ, intùs viridi cæruleâ ; valvâ anticâ posticæque parte posticâ granoso-rugosis, intermediarum areis lateralibus granoso-radiatis.

Brod. Zool. Soc. proc. février 1832. p. 25.

Sow. jun. illust. Conch. recent shells. f. 24.

Habite les mers de l'Amérique méridionale.

Celui-ci est ovale, oblong, d'une couleur brun-verdâtre; son manteau est large et granuleux; les pièces antérieures et postérieures
sont rayonnées par des sillons chargés de granulations peu régulières; les pièces médianes sont étroites; les aires latérales présentent des sillons granuleux, semblables à ceux des pièces terminales,
la partie médiane des valves est occupée par des stries longitudinales, très fines et granuleuses. Toute la coquille est d'un vert-
brunâtre, interrompu sur le dos par une double rangée de linéoles
alternativement blanchâtres et brunes. Cette espèce a beaucoup
d'analogie avec le *Chiton granosus*, ainsi qu'avec le *sulcatus*.

† 50. Oscabrion opposé. *Chiton dispar.* Sow.

*C. testâ ovali, lævigatâ, cinereâ, albido nigroque variâ; valvarum
areis centralibus lævibus, posticè et longitudinaliter subsulcatis;
valvâ anticâ, valvarum intermediarum areis lateralibus et valvæ
posticæ areâ posticâ granulosis.*

Sow. Zool. Soc. proc. mars 1832. p. 58.
Sow. jun. illust. Conch. recent shells. f. 25.
Habite le golfe de Panama.

Espèce ovale, oblongue, ayant le manteau brun, étroit et chargé de
très fines granulations; les pièces terminales sont granuleuses; les
aires latérales le sont également, tandis que la surface médiane
des valves intermédiaires est lisse, si ce n'est vers le bord postérieur, où l'on remarque quelques sillons; la couleur de cette espèce est cendrée, marbrée de blanc, de noirâtre et de brunâtre.

† 51. Oscabrion ridé. *Chiton rugulatus.* Sow.

*C. testâ oblongâ, lævigatiusculâ, olivaceâ, albicante variâ; valvâ
anticâ, valvarum intermediarum areis lateralibus et valvæ posticæ
parte posticâ concentricè undulato-rugulosis; areis centralibus, lævibus, marginibus rugulosis.*

Sow. Zool. Soc. proc. mars 1832. p. 58.
Sow. jun. illustr. Conch. recent shells. f. 42.
Habite les mers de l'Amérique méridionale.

Petite espèce ovale, oblongue, ayant le manteau assez large, très
finement granuleux et marqué de taches brunâtres sur un fond
olivacé; les valves terminales, ainsi que les aires latérales des valves
intermédiaires, sont couvertes de petites stries rugueuses, concentriques, onduleuses et semblables à de petites rides; la partie médiane des valves intermédiaires est lisse; toute la coquille est d'un
vert-olivâtre, marbré de blanc et parsemé de quelques taches noirâtres.

† 52. Oscabrion sillonné. *Chiton sulcatus.* Quoy.

C. corpore elongato-ovali, virescente, margine squamoso; valvis subtri-
angularibus, sulcatis; lateribus granulosis et albidis : ultima latâ,
granuloso-sulcatâ.

Quoy et Gaym. Voy. de l'Ast. t. 3. p. 385. pl. 75. f. 31-36.

Habite le port du Roi-Georges. Espèce fort remarquable par la
manière dont ses pièces sont guillochées à l'extérieur : les deux
extrêmes sont couvertes de granulations très fines est assez régulièrement disposées; les pièces médianes sont assez étroites, carénées
dans le milieu; leur partie médiane est occupée par un grand
nombre de stries onduleuses, longitudinales, tandis que les parties
latérales, plus saillantes, sont chargées de granulations très fines.
Toute la coquille est d'un vert foncé, si ce n'est sur le milieu du
dos où se trouve une ligne d'un blanc rosâtre. Le manteau est étroit,
écailleux et de la même couleur que la coquille.

† 53. Oscabrion tulipe. *Chiton tulipa.* Quoy.

C. testâ elevatâ, triangulari, carinatâ, nitidâ, lateribus munitâ, luteo,
fusco et violaceo lineatâ et variegatâ ; pallio squamoso, roseo ,
fuscescente radiato.

Quoy et Gaym. Voy. de l'Astr. t. 3. p. 389. pl. 74. f. 35-36.

Habite le cap de Bonne-Espérance. Fort belle espèce, ovale-oblongue,
très remarquable par la disposition générale de ses couleurs. Le
manteau est étroit, écailleux, d'un blanc grisâtre et orné de
chaque côté de cinq ou six fascies assez larges , de couleur lilas;
les pièces sont étroites, carénées dans le milieu, lisses et ornées
d'un grand nombre de linéoles onduleuses, violâtres, jaunes,
rosâtres , formant souvent des marbrures dont les couleurs sont
très agréables.

† 54. Oscabrion pirogue. *Chiton longicymba.* de Blainv.

C. corpore elongato , angusto, semicylindraceo , margine tenuissimè
squamoso; valvis granulatis; colore variabili aut viridescente, aut
lineato, vel nigro et albo, aut ferrugineo; subtus luteo.

Dufresne, au Muséum.

Blainv. Dict. des Sc. nat. t. 36. p. 542.

Quoy et Gaym. Voy. de l'Astr. t. 3. p. 390. pl. 75. f. 1-6.

Habite à la Nouvelle-Hollande et à la Nouvelle-Zélande. Espèce
commune, à ce qu'il paraît, et très variable dans ses couleurs. Le
manteau est étroit, noirâtre et couvert d'écaille extrémement fines.
Les pièces sont granuleuses sur les côtés, et striées transversalement les individus que l'on rencontre le plus habituellement sont
d'un vert foncé. M. Quoy signale des variétés rouges, rosâtres, li-

néolées ; d'autres qui sont noires avec une ligne dorsale blanche, et enfin il cite une variété toute blanche.

3° *Espèces ayant les bords du manteau hérissés de poil ou d'épines.*

† 55. Oscabrion soyeux. *Chiton setiger.* King.

C. testâ ovali, anticè subattenuatâ; valvis subdentatis ; tenuiter concentricè striatis, anticâ 10 radiatâ, posticâ lœvi, parvulâ; areis lateribus striis duabus elevatis, marginalibus; ligamento marginali lœvigato, setigero.

Chiton Fremblyi. Brod. Zool. proc. févr. 1832. p. 28.

Sow. jun. Illust. Conch. f. 4.

King. Desc. Zool. journ. t. 5. p. 338. n° 20.

Sow. jun. Illust. Conch. *Chiton* f. 17.

Habite le détroit de Magellan. Belle espèce assez grande, ovale-oblongue, sensiblement rétrécie vers l'extrémité antérieure ; les bords du manteau sont assez larges et recouverts de longs poils flexibles, comparables à ceux du *Chiton spinosus*. La valve antérieure présente dix côtes rayonnantes ; la postérieure est lisse, petite et subcarénée dans le milieu ; les valves médianes ont les aires latérales fort étroites, circonscrites par deux petites côtes ; le dos est subcaréné, la couleur est variable ; il y a des individus d'un rouge brun uniforme, d'autres verdâtres avec des fascies transverses blanchâtres et d'un vert plus foncé. Nous en avons une variété remarquable par ses linéoles rayonnantes brunes sur un fond blanc verdâtre interrompu par une large fascie d'un brun foncé. Cette dernière variété se rapporte au *Chiton Fremblyi* de M. Sowerby, que nous regardons comme de la même espèce que celui-ci.

† 56. Oscabrion épineux. *Chiton aculeatus.* Lin.

C. testâ ovatâ, incrassatâ, fusco nigrescente, lineolis punctisque eleganter sculptâ; pallio spinis brevibus minimis, albis, griseis rubrisve variegato.

Lin. Syst. nat. p. 1106.

Schroet. Einl. t. 3. p. 495.

Chemin. Conch. t. 10. p. 375. pl. 173. f. 1692.

Gmel. p. 3202. n° 3.

Seba. Mus. t. 3. pl. 1. f. 14.

Encycl. méth. pl. 163. f. 6.

Dilw. cat. t. 1. p. 3. n° 6.

Habite les mers d'Asie. Il est rare de rencontrer des individus bien conservés de cette espèce. Le test, très épais et très solide est ordinairement rongé et dénudé, ce qui lui donne un aspect et une couleur qu'il n'a pas lorsqu'il est entier. Le manteau est large, épais et recouvert d'une très grande quantité d'épines calcaires courtes et pointues, dont les unes sont noirâtres, les autres blanches et un assez grand nombre sont rouges; les pièces terminales sont élégamment guillochées par des lignes subconcentriques onduleuses et crénelées sur les bords; les aires latérales des autres pièces sont à peine marquées et elles sont élégamment guillochées par des lignes oduleuses à granulations allongées et disposées irrégulièrement. Ces lignes, fortement marquées sur les parties latérales, vont en s'affaiblissant vers le milieu et elles disparaissent au sommet. La couleur est d'un brun jaunâtre foncé. Les grands individus ont 2 pouces et demi de longueur.

✠ 57. Oscabrion spinifère. *Chiton spiniferus.* Fremb.

C. *testá oblongo—ovatá, ligamento marginali lato, spinifero, spinis longiusculis; valvá anticá radiatim granosá; areis centralibus valvarum posticarum longitudinaliter concinnè sulcatis, lateralibus rotundatis, radiatim granosis.*

Chiton aculeatus. Barnes.

Chiton tuberculiferus. Sow. in. T. C.

Frembly. Desc. d'esp. nouv. d'Oscab. Zool. journ. t. 3. p. 196. no 1. Pl. suppl. 16. f. 1.

Habite Valparaiso. Grande et belle espèce ovale-oblongue, ayant le manteau large et chargé de grosses et longues épines calcaires irrégulièrement éparses. La coquille est d'un brun foncé uniforme en dehors. En dedans, elle est blanche, les valves terminales sont ornées de lignes rayonnantes de granulations. La partie centrale des valves médianes, est chargée de stries très fines, onduleuses concentriques ou convergentes des bords des aires latérales vers la ligne médiane: ces stries souvent comme tremblées, sont nombreuses et profondes; les aires latérales sont séparées par un angle granuleux et sur le reste de leur surface on remarque un petit nombre de lignes transverses granuleuses. Cet Oscabrion acquiert quelquefois une taille considérable : nous en avons de 3 pouces et demi, mais on en cite des individus qui ont jusqu'à 5 pouces de longueur.

✝ 58. Oscabrion rugueux. *Chiton scabriculus.* Sow.

C. *testá ovali, planiusculá, cinereá, albido variegatá; valvá anticá, areis lateralibus valvarum intermediarum et parte posticá valvæ posticæ radiatim scabroso-lineatis; valvis intermediis et parte anticá* *valvæ posticæ longitudinaliter sulcatis; limbo piloso, cinereo, rufo-articulato.*

Sow. Zool. soc. proc. (févr. 1832.) p. 28.

Sow. jun. Illustr. Conch. recent shells. f. 21.

Habite les mers de l'Amérique méridionale. Espèce d'une taille médiocre, ovale-oblongue, ayant le manteau étroit, couvert de poils très fins et serrés. Il est d'un blanc cendré, marqué de petites tâches transverses roussâtres; la coquille est déprimée, non carénée; les pièces terminales sont chargées de fines stries rayonnantes, subgranuleuses et rudes au toucher; des stries semblables se montrent sur les aires latérales des pièces intermédiaires; la partie médiane, ainsi que le côté antérieur de la pièce postérieure, présentent un grand nombre de fins sillons longitudinaux; la couleur de cette espèce est d'un brun cendré, marbré de blanchâtre. Dans certains individus, les valves terminales sont brunes, et quelques-unes des intermédiaires sont marbrées de la même couleur.

† 59. Oscabrion velu. *Chiton setosus.* Sow.

C. testâ oblongo-ovali, cinereo-virescente, scabrosâ; valvâ anticâ, areis lateralibus valvarum intermediarum et valvâ posticâ radiatim sulcatis; setis marginis breviusculis, confertis.

Sow. Zool. soc. proc. févr. 1832. p. 27.

Sow. jun. Illustr. Conch. recent shells. f. 19.

Habite les mers de l'Amérique méridionale. Espèce remarquable, avoisinant par sa forme l'Oscabrion limaciforme. Il est allongé, étroit, son manteau, assez large, est chargé d'un grand nombre de poils courts et serrés; les valves sont assez larges; les terminales sont couvertes de sillons rayonnans simples; des sillons semblables se montrent sur les aires latérales des pièces intermédiaires, le milieu est convexe, non caréné et lisse; la couleur est d'un vert cendré avec quelques marbrures rougeâtres.

† 60. Oscabrion de Blainville. *Chiton Blainvillii.* Brod.

C. testâ subrotundâ, valvâ anticâ obscurè radiatâ, posticâ minimâ, abruptâ, cæteris concentricè lineatis, roseâ, albo, fusco, viridique variâ, internè albidâ; limbo aurantio rubro posticè valdè angusto, anticè enormiter producto, subrotundo, processibus coriaceis brevibus hinc et hinc præcipuè ad marginem anticum, lacinioso.

Brod. Zool. soc. proc. févr. 1832. p. 27.

Sow. jun. Illustr. Conch. recent shells. f. 6.

Habite les mers du Pérou. Espèce rare et des plus remarquables dont on doit la découverte à M. Cuming; elle est ovale-oblongue, le manteau est très large antérieurement, déborde beaucoup la coquille de ce côté, tandis qu'il est très étroit du côté postérieur. Ce manteau est garni d'un petit nombre d'épines; il est d'une couleur d'un rouge orangé; la coquille est proportionnellement petite, ovale-obronde, déprimée; la valve terminale antérieure est striée et les stries sont rayonnantes ; la postérieure est très petite et subtronquée; les autres pièces sont très transverses, étroites et marquées de lignes concentriques ou de taches d'un blanc rosé, fauves et verdâtres; les aires latérales sont bien marquées, et elles sont lisses comme la partie médiane.

† 61. Oscabrion glauque. *Chiton glaucus.* Quoy et Gaym.

C. corpore ovali-rotundato, pilis rigidis, viridibus irrorato, subtus luteo-virescente; valvis tuberosis, levibus nigris, in medio flavo bilineatis, infra viridibus.

Quoy et Gaym. Voy. de l'Astrol. t. 3. p. 376. pl. 74. f. 7-11.

Habite le canal d'Entrecasteaux, à la terre de Van-Diemen. Espèce assez grande, ovalaire, ayant le manteau fort large, vert et recouvert de soies rigides mais non piquantes, de la même couleur; en dessous, il est d'un vert jaunâtre; la coquille est oblongue étroite, et proportionnellement petite pour la grandeur de l'animal. Chaque pièce présente à l'extérieur trois parties très inégales. L'une médiane très large, et deux latérales triangulaires beaucoup plus étroites; des angles peu marqués indiquent la séparation de ces parties; le sommet de chaque pièce présente une tache noirâtre, triangulaire, circonscrite par des linéoles d'un blanc jaunâtre, en forme de V. Tout le reste de la surface est noir; en dessous la coquille est d'un vert d'émeraude.

† 62. Oscabrion birameux. *Chiton biramosus.* Quoy et Gaym.

C. corpore ovali planiusculo, rubro, biramosis pilis circumdato, margine villoso ; valvis planiusculis viridi-rubentibus aut albidis, antice transversim striatis.

Quoy et Gaym. Voy. de l'Astrol. t. 3. p. 378. pl. 74. f. 12-16.

Habite à la Nouvelle-Zélande. Cette espèce est remarquable par son manteau couvert de poils très courts et d'un rouge brunâtre intense. Sur ce manteau sont implantés des poils rudes et bifurqués, formant un double rang; les pièces sont transverses et assez étroites; elles ne sont point carénées sur le dos; elles sont blanches verdâtres et elles sont entourées par un cercle d'un brun rougeâtre.

† 63. Oscabrion marron. *Chiton castaneus.* Quoy et Gaym.

C. corpore elongato, elevato, lutescente, margine crinito; ossiculis magnis, alatis, tenuissimè striatis, castaneis, medio linea fusca triangulari notatis.

Quoy et Gaym. Voy. de l'Astr. t. 3. p. 387. pl 74. f. 33–34.

Habite le cap de Bonne-Espérance. Grande et belle espèce qui ne manque pas d'analogie avec l'Oscabrion géant; elle est ovale-oblongue les pièces sont larges, carénées dans le milieu; leur partie latérale, est nettement circonscrite par une dépression qui la précède, toute la surface est couverte d'un réseau peu régulier de stries transverses et longitudinales; la couleur est uniformément d'un brun marron interrompu sur la carène par une zone assez large d'un brun beaucoup plus intense.

† 64. Oscabrion guilloché. *Chiton-undulatus.* Quoy et Gaym.

C. corpore parvo, subcarinato, margine griseo vel rubente, tomentoso; valvis cordiformibus, postice acutis, levibus, roseis vel ru'escentibus, undulatis transversimque lineolatis,

Quoy et Gaym. Voy. de l'Astr. t. 3. p. 393. pl. 75. f. 19-22.

Habite les mers de la Nouvelle-Zélande. Petite espèce ovale-oblongue, ayant le manteau assez large et rougeâtre; couvert d'un très grand nombre de petits poils courts. La coquille est subcarénée dans le milieu, les pièces dorsales sont étroites, lisses, on remarque seulement sur les côtés, un petit espace triangulaire, sur lequel on remarque des rangées longitudinales de points noirs; la couleur de la coquille est variable : tantôt elle est rose, avec des linéoles plus foncées simulant des stries; d'autres fois elle est verdâtre, et les stries sont roses ou rougeâtres.

4° Espèces ayant des faisceaux de poils autour du corps.

† 65. Oscabrion de Garnot. *Chiton Garnoti.* De Blainv.

C. corpore ovali, crasso ploniusculo, viridi fuscescente subtus auran-tiaco; valvis semi-circularibus, intùs viridibus; pallio tomentoso, fasciusculos, pilosos, duodevigenti ferente.

Blainv. Dict. des Sc. nat. t. 36. p. 552.

Quoy et Gaym. Voy. de l'Astr. t. 3. p. 401. pl. 73. f. 9-14.

Habite le cap de Bonne-Espérance. Celui-ci devra appartenir à la même section que le suivant. Il est ovalaire; son manteau, très large, est en dessus d'un vert très foncé; il est couvert de petites épines diversement entrelacées, et il présente aussi de chaque côté neuf fascicules de poils courts et rayonnans; en dessous, le manteau est d'un vert jaunâtre, et le pied de l'animal est d'un jaune orangé peu foncé. Les pièces dorsales sont petites relativement à la' grandeur du dos de l'animal ; elles sont brunes et profondément enfoncées sous le manteau. Les lames d'insertion des deux pièces terminales sont extrêmement grandes.

† 66. Oscabrion zélandais. *Chiton zelandicus.* Quoy et Gaym.

C. testâ parvâ, elevatâ, carinatâ, granulosâ, luteo et fusco variegatâ, fasciculis pilosis duodeviginti pallio echinato.

Quoy et Gaym. Voy. de l'Astr. t. 3. p. 400. pl. 72. f. 5-8.

Habite les mers de la Nouvelle-Zélande. Cette espèce, ainsi que plusieurs des suivantes, appartiennent à cette section particulière des Oscabrions, portant sur le manteau des fascicules de poils courts et raides. Celui-ci se distingue des espèces déjà connues par son large manteau jaunâtre, recouvert de petites épines diversement entre-croisées, et présentant de chaque côté neuf fascicules rapprochées de poils courts et rayonnans. Les pièces dorsales sont larges, courtes et semblent établir le passage entre celle des Oscabrions et des Oscabrelles : elles sont comme squamuleuses sur les côtés, légèrement striées en avant ; leur couleur est jaunâtre, piquetée de brun ; quelques-unes ont une ligne noire au sommet. M. Quoy cite plusieurs variétés : les unes grisâtres, les autres verdâtres.

† 67. Oscabrion retus. *Chiton retusus.* Sow.

C. testâ oblongâ, posticè retusâ, pallescente ; valvâ anticâ areis lateralibus valvarum intermediarum et valvæ posticæ areâ posticâ turgidis radiato-sulcatis, areis centralibus valvarum intermediarum et areâ anticâ valvæ posticæ sulcato-asperis ; ligamento marginis fasciculis pilorum minimis plurimis.

Sow. Zool. Soc. proc. (févr. 1832). p. 28.

Sow. Jun. Illustr. Conch. recent shells, f. 22.

Habite les mers de l'Amérique méridionale. Espèce curieuse, ovale-oblongne, très étroite, obtuse postérieurement ; les valves terminales sont pourvues de gros sillons arrondis et rayonnans ; les aires latérales des pièces intermédiaires sont saillantes, comme gonflées et divisées par deux ou trois gros sillons rayonnans ; la partie médiane des valves intermédiaire est chargée de petits sillons subgranuleux ; le manteau est étroit, et il présente un assez grand nombre de petits faisceaux de poils très fins. La couleur de cet Oscabrion est d'un jaune-pâle, et les aires latérales et les pièces terminales sont verdâtres.

† 68. Oscabrion allongé. *Chiton hirudiniformis.* Sow.

C. testá oblongá, planiusculá, nigrescente viridi; valvis rotundatis, granulosis; valvarum areis centralibus elongatis, posticè acuminatis, lœviusculis; margine densissime pilosá, quasi velutiná fasciculis pilorum 9, concoloribus.

Sow. Zool. Soc. proc. (mars 1832). p. 59.

Sow. Jun. Illustr. Conch. recent shells, f. 23.

Habite les mers du Pérou. Espèce ovale-oblongue, étroite, ayant le manteau assez large, très velu, brun, et présentant de chaque côté neuf fascicules de poils raides et jaunâtres. La coquille est aplatie, d'un noir-verdâtre uniforme; les valves sont arrondies, granuleuses, si ce n'est à leur partie centrale et postérieure où elles sont acuminées et lisses; les aires latérales sont à peine marquées.

† 69. Oscabrion monticulaire. *Chiton monticularis.* Quoy et Gaim.

C. corpore elongato, subparallelogrammo, carnoso, levi, rubro vel aurantiaco; tuberculis conicis, pilosis nonis utroque, valvis minimis aut abditis.

Var. *Maximá fusco virescenti, subtus lutescenti rubro punctatá.*

Quoy et Gaym. Voy. de l'Astr. t. 3. p. 406. pl. 73. f. 30-35. Var. Fig. 36.

Habite les mers de la Nouvelle-Zélande. Cette espèce est très curieuse, en ce qu'elle forme le dernier degré entre les Oscabrions fasciculés et les Oscabrelles proprement dites. L'animal est ovale-allongé; son manteau, très large, est de diverses couleurs selon les individus, mais dans le plus grand nombre il est d'un rouge-briqueté plus ou moins foncé. Il est lisse et pourvu de chaque côté de neuf fascicules de poils très courts; les pièces dorsales paraissent à peine à l'extérieur; on aperçoit sur le milieu du dos une rangée de petits osselets brunâtres, ayant de chaque côté des lames d'insertion extrêmement grandes qui s'enfoncent dans l'épaisseur du manteau. Il est certain que si ces lames d'insertion étaient plus courtes, et le corps de l'animal un peu plus cylindrique, il serait impossible de distinguer le genre de cette espèce. Ceci prouve l'inutilité du genre Oscabrelle, que sans doute on s'empressera de supprimer des méthodes.

† 70. Oscabrion violet. *Chiton violaceus.* Quoy et Gaym.

C. corpore ovali, convexiusculo, carnoso, levi subrubro aut luteo,

duodevigenti punctis pilosis notato ; ossiculis confertis, triangula-
ribus, violaceis ; primo hexagono.
Var. *Pallio lutescente punctis rubris irrorato.*
Quoy et Gaym. Voy. de l'Astr. t. 3. p. 403. pl. 73. f. 15. 16. Var.
  f. 17. 20.
Habite les mers de la Nouvelle-Zélande. Celui-ci appartient encore
  à la division des Oscabrions fasciculés; mais il est encore plus voisin que le précédent des Oscabrelles proprement dites. Le manteau est très large, il est d'un brun-pâle, lisse, et garni seulement
  de chaque côté de neuf fascicules de poils raides et serrés; les
  pièces dorsales sont triangulaires, subcordiformes; elles sont violâtres, et, dans une belle variété, elles sont brunâtres, avec quelques
  fascies régulières d'un jaune assez intense. La pièce terminale antérieure présente cinq côtes rayonnantes; les autres sont divisées en
  trois parties, dont deux latérales, petites et triangulaires. Toute
  la surface extérieure des pièces est finement ponctuée; les lames
  d'insertion sont très grandes et profondément enfoncées dans l'é-
  paisseur du manteau de l'animal.

Espèce fossile.

† 1. Oscabrion de Grignon. *Chiton grignionensis.* Lamk.

  C. *testâ octovalvi, valvis punctato-rugosis posticâ crenatâ.*
  Lamk. Ann. du Mus. t. 1. p. 309. Velius du Mus. n° 1. f. 6. 7. 8.
  Desh. Coq. foss. de Paris, t. 2. p. 7. pl. 1. f. 1 à 7.
  Habite.... Fossile, à Grignon. Cet Oscabrion est petit, étroit, chargé
    de granulations peu apparentes sur les valves moyennes, plus pro-
    noncées sur les valves antérieures et postérieures. Il a beaucoup
    d'analogie avec une petite espèce que l'on trouve quelquefois dans
    les mousses de Corse, et dont l'espèce n'a point encore été déter-
    minée; il n'en diffère réellement que par l'élévation moins grande
    des valves et par leur plus de largeur transversale. Les valves n'ont
    que deux ou trois millimètres de large.

————

PATELLE, Patella.)

Corps entièrement recouvert par une coquille univalve;
ayant sur la tête deux tentacules pointus, oculifères à
leur base extérieure. Branchies disposées en série tout

autour du corps, sous le rebord du manteau. Anus et orifices pour la génération au côté droit antérieur.

Coquille univalve, non spirale, recouvrante, clypéiforme ou en cône surbaissé, concave et simple en dessous, sans fissure à son bord, et à sommet entier, incliné antérieurement.

Corpus testâ univalvis penitùs obtectum; capite tentaculis duobus acutis, basi externâ oculiferis. Branchiæ infra veli marginem per totam corporis periphæriam seriatìm diposilæ. Orificia pro generatione et ano ad latus dextrum anticum.

Testa univalvis, non spiralis, animal obumbrans, clypeata vel retuso-conica, imperforata; fissura marginali destituta; cavitate simplici; apice anterius recurvo.

OBSERVATIONS. —— L'animal des *Patelles*, quelles que soient les particularités sexuelles qui le distinguent des Phyllidies, nous paraît néanmoins appartenir à la même famille, car la disposition de ses branchies est tout-à-fait semblable. Son pied est un disque ovale, charnu, musculeux, susceptible des mêmes contractions et dilatations que celui des autres Gastéropodes. Sa tête ni ses tentacules ne peuvent rentrer et se retourner en dedans, comme cela arrive dans beaucoup de Mollusques à coquille univalve : ils ne peuvent que s'allonger et se raccourcir. L'ouverture par laquelle passent les parties de la génération est placée latéralement sous le tentacule droit de l'animal. L'anus est au cou, presque derrière la tête. Le manteau double toute la coquille : il ne lui adhère que par le muscle qui y attache l'animal. La partie du manteau qui entoure ce muscle est garnie de fibres, et susceptible d'extension et de contraction; son bord est un peu renflé, dentelé ou frangé, et doué d'un sentiment exquis. L'animal des *Patelles* est recouvert entièrement par une coquille univalve, sans spire, ovale ou orbiculaire, en cône évasé, plus ou moins obtus, et qui est creux ou concave en dessous. On trouve des *Patelles* fort élevées; mais ordinairement elles ne présentent qu'un cône très surbaissé, à base fort large; et toutes offrent un sommet terminé en pointe courte, inclinée antérieurement. Ce sommet est souvent la partie la plus épaisse de la coquille, et dans beaucoup d'espèces on distingue facilement, dans la face concave, la place où était attaché l'animal; cette place est marquée par une décoloration ou par une couleur particulière. On voit même de quel côté était la téte de l'animal, et on remarque que c'est celui vers lequel le sommet s'incline. Les *Patelles* sont toujours plus élargies postérieurement qu'antérieurement, et la circonscription de leur bord est en général de forme ovale ou elliptique. Quoique l'animal de ces coquilles soit un véritable Gastéropode, ses mouvemens de locomotion paraissent rares et peu considérables ; car il semble vivre habituellement dans la même place, et n'exécuter d'autres mouvemens que ceux de soulever légèrement sa coquille, pour faire arriver l'eau aux branchies. Néanmoins la présence de ses tentacules, et le besoin d'être à portée de prendre sa nourriture, indiquent qu'il doit jouir de temps à autres de ses facultés de déplacement.

La coquille de ce Mollusque a été nommée en latin *Patella* à cause de la ressemblance qu'on a cru lui trouver avec un petit plat. Mais la plupart des conchyliologistes avant Linné lui donnaient le nom de *Lepas*, nom tiré du grec et qui signifie écaille. Comme on voit souvent un très grand nombre de *Patelles* sur un même rocher, Rondelet les comparait à des têtes de cloux enfoncées dans la pierre.

Ce genre est très beau et fort nombreux en espèces, même après en avoir séparé les Fissurelles, les Emarginules, les Navicelles, les Ombrelles, les Cabochons, les Calyptrées et les Crépidules que *Linné* ou *Gmelin* y réunissait. Dans la plupart des coquilles des *Patelles*, des côtes plus ou moins grandes rayonnent de tous côtés du sommet jusqu'au bord. Tantôt ces côtes, élevées, longues et distantes, souvent entremêlées d'autres plus courtes et moins élevées, rendent les bords de l'ouverture anguleux, sinués entre les angles; et tantôt à-peu-près égales en élévation et en longueur, souvent même grèles et fréquentes, elles ne produisent point d'angles véritables sur les bords, ni de sinuosités à ceux de l'intérieur. Je citerai seulement quelques espèces en exemple, parmi celles que je possède dans ma collection.

[Jusque dans ces derniers temps, les zoologistes avaient été d'accord sur la place qu'il est convenable de donner aux Patelles dans la série des Mollusques : il suffit , pour se convaincre de ce fait , de jeter les yeux sur les diverses méthodes qui ont été publiées depuis celle de Linné. Cependant un naturaliste des plus distingués, M. de Blainville, dans son Traité de Malacologie, a envisagé ce genre sous d'autres rapports qu'on ne l'avait fait avant lui. Tous les naturalistes avaient admis sans contestation que les petits feuillets, placés chez les Patelles dans la rainure du pied et du manteau, étaient de véritables branchies en tout comparables à celles des Phyllidies et des Oscabrions. Il suffisait, en effet, d'examiner avec quelque attention ces feuillets, pour reconnaître leur nature éminemment vasculaire, et , par une conséquence toute naturelle, les regarder comme un organe respiratoire, dans une disposition qui est commune à d'autres Mollusques. M. de Blainville rejeta cette opinion, et apercevant, dans la partie du manteau qui forme le sac cervical, des stries assez régulières, il regarda cette partie comme la véritable branchie, et caractérisa le genre en conséquence de cette nouvelle opinion. Par une autre conséquence, il changea les rapports du genre, dont il fit, à la fin des Mollusques hermaphrodites, une petite famille particulière sous le nom de Rétifère, et composée du seul genre qui nous occupe. Cette nouvelle manière de voir de M. de Blainville demandait, avant d'être adoptée, un examen attentif et sérieux. Plusieurs moyens se présentent pour s'assurer si, comme le croit ce zoologiste, le sac cervical des Patelles leur sert d'organe respiratoire. Nous avons comparé avec cette partie des Patelles celle de plusieurs genres dont l'organe branchial n'a jamais été mis en doute, les Calyptrées, par exemple, et nous avons reconnu une structure fibreuse et des stries tout-à-fait comparables à celles que l'on voit dans les Patelles. Nous avons poursuivi notre comparaison, non-seulement dans les Mollusques à coquille patelliforme, mais encore dans ceux dont la coquille est plus ou moins enroulée, et dans tous, sans exception, nous avons trouvé la paroi supérieure du sac cervical semblable à celle des Patelles. Il faut donc admettre que chez tous les Mollusques qui ont évidemment une branchie, le sac cervical remplit, comme dans les Patelles, les fonctions d'un organe respiratoire, ou bien il faut admettre que, si, dans tous les Mollusques, le sac cervical ne sert pas à la respiration, il n'a pas non plus cet usage dans les Patelles.

Il existe un genre curieux nommé Patelloïde par MM. Quoy et Gaymard. Dans ces Mollusques, la coquille est absolument semblable à celle des Patelles, et l'animal a non-seulement un sac cervical, mais encore une branchie pectinée sur le côté droit et antérieur du corps; et, ce qui est remarquable, ils sont privés de ces feuillets vasculaires disposés autour du pied dans les Patelles. La suppression de ces feuillets aussitôt qu'une véritable branchie pectinée apparaît, tandis que le sac cervical n'éprouve aucune altération et reste semblable dans les deux genres, donne, au moyen d'une induction rationnelle, la plus grande présomption de croire que les feuillets des Patelles sont en effet des organes respiratoires. Ces deux moyens d'induction dont nous venons de parler seraient déjà suffisans pour combattre victorieusement l'opinion de M. de Blainville; mais il est un troisième moyen bien préférable : c'est celui que fournit l'observation anatomique. Lorsque, par une dissection minutieuse, on a suivi dans la Patelle les branches principales des vaisseaux, on trouve constamment, dans l'épaisseur des muscles des parties latérales du pied, deux grands vaisseaux qui règnent dans toute la circonférence et fournissent un fort rameau à chaque feuillet membraneux. Cette disposition est semblable à ce qui se voit dans les Oscabrions. Les vaisseaux qui, dans les Patelles, se rendent au sac cervical, sont très petits, nullement comparables au développement de ceux des Hélices, des Limaces, et même des Térébratules et des Orbicules, dont l'organe respiratoire, quoique aquatique, est formé d'un réseau vasculaire sur une membranne aplatie. Dans les Patelles, les vaisseaux cervicaux ne sont pas plus développés que dans les autres Mollusques, qui, ayant une branchie pectinée, ont aussi un sac cervical. Il nous semble que des observations précédentes, nous pouvons conclure que dans les Patelles le sac cervical n'est point branchial, et que les branchies consistent en ces lamelles flottantes entre les bords du pied et du manteau. Il faut donc, par une conséquence toute naturelle, rejeter l'opinion de M. de Blainville, et rapprocher les Patelles des Oscabrions, en formant une petite famille pour chacun de ces genres.

Lamarck a compris parmi les Patelles des coquilles qui ne

devront pas rester dans ce genre : les unes ne sont pas parfaitement symétriques et appartiennent au genre Siphonaire de
M. Sowerby ; les autres le sont beaucoup plus et dépendent du
genre Patelloïde de MM. Quoy et Gaymard. Nous traiterons de
ces genres à la fin de celui-ci.]

ESPÈCES.

1. Patelle apicine. *Patella apicina.* Lamk.

> *P. testâ valdâ convexâ, costato-angulatâ ; vertice proeminente curvo.*

> Habite.....: l'Océan indien? Mon cabinet. Espèce voisine de la sui-
> vante par la tache de son sommet, qui est noire en dehors et en
> dedans; mais ce sommet présente une pointe très saillante, légè-
> rement inclinée et obtuse. La coquille d'ailleurs est plus élevée,
> à côtes plus espacées et plus anguleuses. Grand diamètre, 3 pouces
> et demi.

2. Patelle œil-de-rubis. *Patella granatina.* Lin.

> *P testâ angulatâ; costis striisque numerosis muricatis : apice intus et
> extus nigro-purpurascente.*

> *Patella granatina.* Lin. Syst. nat. p. 1258. Gmel. p. 3696. n° 22.
> * Schrot. Einl. t. 2. p. 408.
> * Born. Mus. p. 418.
> List. Conch. t. 533. f. 12; et t. 534. f. 13.
> Gualt. test. t. 9. fig. F.
> D'Argenv. Conch. t. 2. fig. G.
> * Regenf. Conch. t. 1. pl. 9. f. 31.
> * Knorr. Delic. pl. B. V. f. 8.
> Knorr. Vergn. 1. t. 30. f. 2.
> Martin, Conch. 1. t. 9. f. 71, 72.
> Fav. Conch. t. 2. fig. B 4.
> * De Roissy. Buf. moll. t. 5. p. 218. n° 2.
> * Dillw. Cat. t. 2. p. 1027, n° 27.
> * Desh. Encycl. méth. vers. t. 3. p. 705. n° 1.
> Habite l'Océan des Antilles, etc. Mon cabinet. Espèce commune dans
> les collections, bien anguleuse, assez jolie, et remarquable par
> ses taches et ses couleurs. A l'extérieur, elle offre, depuis la tache
> de son sommet, des lignes nombreuses, transverses, ondées en
> zigzag, d'un roux-brun, et de plus en plus serrées vers les bords.
> Elle acquiert une assez grande taille.

3. Patelle œil-de-bouc. *Patella oculus*. Born.

P. testá angulatá ; costis carinatis ; vertice fundoque albo. Born.
Patella oculus. Born. Mus. p. 418.
D'Argenv. Conch. t. 2. fig. B.
Gualt. test. t. 9. fig. H.
Martin. Conch. 1. t. 10. f. 86.
Fav. Conch. t. 2. fig. B 1.
* *Patella cypria*. Var.　Gmel. p. 3698. n° 32.
* Schrot. Einl. t. 2. p. 455. n° 34.
* Dillw. Cat. t. 2. p. 1026. n° 24.
* De Roissy. Buf. moll. t. 5. p. 213. n° 3.
* Desh. Encycl. méth. vers. t. 3. p. 705. no 2.
* Schrot. Einl. t. 2. p. 484. pl. 5. f. 9.
Habite les mers du Brésil. Mon cabinet. Cette espèce nous paraît
constamment distincte de la précédente. Elle est au moins aussi
grande. Son sommet est obtus.

4. Patelle crêpue. *Patella barbara*. Lin.

*P. testá dentatá ; costis novemdecim elevatis, fornicato murica-
tis.* Lin.
Patella barbara. Lin. Syst. nat. p. 1258. Gmel. p. 3696. n° 20.
Born. Mus. p. 417.
Knorr. Vergn. 5. t. 13. f. 5.
Schroet. Einl. in Conch. 2. t. 5. f. 1. (1)
* Dillw. Cat. t. 2. p. 1025. n° 22.
* *Patella Lamarkii.* Payr. Cat. p. 90. n° 177. pl 4. f. 3, 4.
Desh. Encycl. méth. vers. t. 3. p. 705. n° 3.
Habite aux îles Falkland, selon Gmelin. Mon cabinet. L'individu que
je possède, et que je crois être le *Barbara* de Linné, est assez
grand, et a jusqu'à 22 côtes qui, dépassant le bord, le rendent
anguleux, comme denté. Entre ces côtes, il y en a de beaucoup
plus petites. La sommet est acuminé et incliné. Couleur, d'un
blanc jaunâtre en dehors, très blanche à l'intérieur. Grand diamètre, 4 à 5 pouces.

5. Patelle tête-de-Méduse. *Patella plicata*. Born. (2)

(1) Un nouvel examen de cette figure nous fait actuellement douter si on doit la rapporter ici ; elle a beaucoup plus de dix-neuf ou vingt côtes, et elle représenterait mieux une variété de l'espèce suivante.

(2) Nous présumons que Lamarck, à l'exemple de Born, a

P. testâ angulatâ; costis obtusis undulatis, transversim rugosis. Born.

Patella plicata. Born. Mus. t. 18. f. 1.

Knorr. Vergn. 3. t. 30. f. 1.

Davila. Catal. 1. t. 3. fig. D.

Patella plicaria. Gmel. p. 3708. n° 83.

* Schrot. Einl. p. 476. n° 84.

* Dillw. Cat. t. 2. p. 1022. n° 15.

* Desh. Encycl. méth. vers. t. 3. p. 706. n° 4.

Habite au détroit de Magellan. Mon cabinet. Elle devient assez grande.

6. Patelle laciniée. *Patella laciniosa.* Lin.

P. testâ radiis elevatis inæqualibus; extus crassioribus obtusis. Lin.

Patella laciniosa. Lin. Syst. nat. p. 1258. Gmel. p. 3695. n° 18.

Rumph. Mus. t. 40. fig. C.

Knorr. Vergn. 6. t. 30. f. 2. 4. 7. 8.

D'Argenv. Conch. t. 2. fig. O.

Martin. Conch. 1. t. 10. f. 81.

* Schrot. Einl. t. 2. p. 403.

* Fav. Conch. pl. 2. f. 1.

* Dillw. Cat. t. 2. p. 1021. n° 14.

Habite les mers de l'Inde. Mon cabinet.

7. Patelle en étoile. *Patella saccharina.* Lin.

P. testâ angulatâ; costis septenis carinatis obtusis. Lin.

Patella saccharina. Lin. Syst. nat. p. 1258. Gmel. p. 3695. n° 19.

List. Conch. t. 532. f. 10.

* Born. Mus. p. 416.

* Schrot. Einl. t. 2. p. 404.

Martin. Conch. 1. t. 9. f. 76.

* Klein. Ostr. pl. 8. f. 4.

Fav. Conch. t. 2. fig. F 2, 3.

* Dillw. Cat. t. 2. p. 1023. n° 17.

* Desh. Encycl. méth. vers. t. 3. p. 706. n° 5.

Astrolepas. D'Argenv. Conch. t. 2. fig. M.

---

confondu ici deux coquilles : l'une représentée dans Born, et l'autre dans Davila ; cette dernière nous paraît une variété de la *Patella barbara* ; l'espèce de Born se distingue facilement, et c'est à elle que nous rapporterions la fig. 1, pl. 5 de Schroter.

Rumph. Mus. t. 40. fig. B.

Habite l'Océan des Grandes-Indes. Mon cabinet. Coquille peu convexe, d'une assez petite taille.

8. Patelle tachetée. *Patella angulosa.* Gmel.

P. testâ ovali, depressâ, albidâ, maculis rubris pictâ; costellis 10 ad 12 radiantibus; vertice submarginali; margine angulato.

Patella angulosa. Gmel. p. 3707. n° 76.

* Schrot. Einl. t. 2. p. 452. n° 26.

List. Conch. t. 538. f. 21, B.

• Fav. Conch. pl. 2. fig. C.

Martin. Conch. 1. t. 8. f. 69.

• Desh. Encycl. méth. vers. t. 3. p. 710. n° 19.

• Dillw. Cat. t. 2. p. 1023. n° 18.

Habite..... Mon cabinet. Coquille de taill e médiocre, fort déprimée et remarquable par l'excentricité de son sommet.

9. Patelle barbue. *Patella barbata.* Lamk.

P. testâ ovali, convexâ, albâ; costis radiantibus, inæqualibus, carinatis, tuberculato-asperis, extra marginem prominulis; crinis serialibus ad costarum interstitia; vertice acuto.

Habite..... Mon cabinet. Les rangées fasciculaires de poils, conservées dans cette espèce, ne sont que des restes du drap-marin. Les côtes, dépassant le bord, la rendent anguleuse. Elle est très blanche à l'intérieur. Grand diamètre, 3 pouces.

10. Patelle longues-côtes. *Patella longicosta.* Lamk.

P. testâ convexo-depressâ, rufo-nigricante; costis radiantibus 12 ad 15, subcarinatis, ultrà marginem valdè proeminentibus; vertice albido, brevi, obtusiusculo.

• Fav. Cat. p. 43. n° 184. pl. 2. f. 184.

• Desh. Encycl. méth. vers. t. 3. p. 711. n° 20.

Habite..... Mon cabinet. Cette coquille, dont je n'ai trouvé aucune figure dans les auteurs, est remarquable par la longueur de ses rayons, qui dépassent de beaucoup le bord. Son cône est très surbaissé. En dessous, elle est blanchâtre, et à bords tranchans. Sa forme est ovale.

11. Patelle spinifère. *Patella spinifera.* Lamk.

P. testâ orbiculari, supernè elevato-conicâ, albâ; radiis 24, dorso carinatis, marginem excedentibus, antè extremitatem spinâ ascendente instructis.

Habite..... Mon cabinet. Je crois cette espèce inédite comme la précédente. Une rangée circulaire d'épines ascendantes, dans le voisinage du bord, la distingue éminemment. Elle est blanche en dessus et en dessous, et a ses bords internes crénelés par l'impression des côtes. Son sommet est pointu, subcentral.

12. Patelle rude. *Patella aspera*. Lamk.

P. testá ovato-rotundatá, convexiusculá, albido-rufescente ; costis radiantibus, inæqualibus, creberrimis, ultra marginem prominulis, dorso asperis ; intus margaritaceá ; vertice obtuso.

Fav. Conch. t. 2. fig. G 2?

Habite..... Mon cabinet. Sa nacre est brillante et argentée. Taille, 2 pouces et demi.

13. Patelle jaunâtre. *Patella luteola*. Lamk.

P. testá ovato-rotundatá, convexá, unicolore, luteolá ; striis radiantibus, subæqualibus, elevatis distinctis, ultra marginem subprominulis ; subtus margaritaceo-lutescente ; vertice obtuso.

Fav. Conch. t. 2. fig. L?

Habite..... Mon cabinet. Coquille jaunâtre, tant en dessus qu'en dessous ; un peu dentée sur les bords par la saillie des rayons. Elle nous parait distincte de celles qui sont connues. Grand diamètre, environ 3 pouces.

14. Patelle en pyramide. *Patella pyramidata*. Lamk.

P. testá magná, ovali, elevato-convexá, subconicá ; costis radiantibus, numerosis, confertis, obtusis, dorso subimbricatis ; vertice acuto, cernuo ; intus albá.

Habite..... Mon cabinet. Elle est d'un fauve roussâtre en dehors ; son bord interne est crénelé par l'impression des côtes. Grand diamètre, 5 pouces et plus.

15. Patelle rose. *Patella umbella*. Gmel. (1)

P. testá ovato-oblongá, convexiusculá, roseá, costellis albis subasperis radiatá ; margine dentato.

Patella umbella. Gmel. p. 3706. n° 71.

List. Conch. t. 538. f. 21.

Knorr. Vergn. 5. t. 19. f. 2, 3.

---

(1) Born avait donné à cette espèce le nom de *Patella miniata*, avant que Gmelin lui imposât celui de *Patella umbella* ; il sera juste de conserver à l'espèce le nom que Born, le premier, lui imposa.

Martin. Conch. 1. t. 8. f. 63.

An Libot? Adans. Sénég. t. 2. f. 1.

* *Patella miniata.* Born. Mus. p. 420.

* *Patella sanguinolenta.* Gmel. p. 3716. n₀ 130.

* Schrot. Einl. 1. 2. p. 446. no 14; et p. 449. n° 21.

* Martin. Conch. pl. 7. f. 52, 53.

* Fav. Conch pl. 1. fig. H 1.

* Dillw. Cat. t. 2. p. 1031. no 34.

* *Patella miniata.* Sow. Genera of shells. f. 2, 3.

* Desh. Encycl. méth. vers. t. 3. p. 706. n° 6.

Habite les côtes d'Afrique. Mon cabinet. Belle espèce, offrant des variétés nombreuses qui ornent les collections. Le grand Bouclier rose de Favanne, t. 1. fig. H 1, paraît lui appartenir.

16. Patelle plombée. *Patella plumbea.* Lamk. (1)

P. testâ ovato-oblongâ, convexiusculâ, extus cinereo-nigrescente; costellis radiantibus, muticis, separatis; vertice subcentrali, obtuso, albo; intus cœrulescente.

An Patella cœrulea? Born. Mus. t. 18. f. 2.

---

(1) On possède aujourd'hui dans les collections plusieurs espèces de Patelles qui, étant bleues en dedans, sont confondues avec le *Patella cœrulea* de Linné. Lamarck distingue ici une espèce en lui attribuant la figure de Born; mais pour faire ce changement dans la synonymie de Gmelin, il aurait fallu savoir d'abord ce que c'est que le *Patella cœrulea* de Linné, et cela est très difficile, puisque Linné n'a donné aucune synonymie à son espèce. La phrase qui la caractérise est trop courte pour suppléer à une figure. Linné dit que son *Patella cœrulea* vit dans la Méditerranée. Si l'on veut conserver le nom, il faut donc l'appliquer à une Patelle de cette mer et non à une de Sainte-Hélène, comme l'a fait M. de Blainville dans le Dictionnaire des Sciences naturelles, et nous-même dans l'Encyclopédie méthodique. Or, il y a dans la Méditerranée une espèce à laquelle convient tout ce que Linné dit de son *Patella cœrulea;* c'est donc à cette espèce, dont nous ne connaissons aucune bonne figure, qu'il conviendra d'attribuer le nom linnéen. Les observations précédentes suffisent pour faire sentir qu'il était impossible d'ajouter à la synonymie de Lamarck la citation d'ouvrages dans lesquels plusieurs espèces sont confondues.

* *Patella cœrulea.* Quoy et Gaym. Voy. de l'Ast. moll. pl. 70. f. 4, 5, 6.

Habite les côtes du Sénégal. Mon cabinet. Elle a des stries fines entre ses côtes, et offre de petites taches brunes, assez régulièrement rangées, qui lui donnent un aspect noirâtre, quoique le fond soit plombé. Le bord est légèrement denté par la petite saillie de ses rayons. Je soupçonne que c'est là le *Libot* d'Adanson.

17. Patelle bleue. *Patella cœrulea.* Lamk.

P. testá ovali, tenui, convexá, extus cinereo-cærulescente; striis radiantibus, inæqualibus, numerosis; margine inæqualiter dentato; subtus cæruleá, nitidá.

Patella cærulea? Lin. Gmel. n⁰ 24.

Martin. Conch. 1. t. 8. f. 64, 65?

* *Patella cærulea.* Payr. Cat. p. 87. n° 171.

Habite..... Je la crois de la Méditerranée. Mon cabinet. Elle est très distincte de la précédente. Son sommet est pointu, incliné; ses bords sont dentés irrégulièrement par la saillie inégale de ses rayons. Sauf une tache blanchâtre qui occupe le fond du sommet, elle est bleue et luisante en dessous. Taille médiocre.

18. Patelle rayonnante. *Patella radians.* Gmel. (2)

P. testá ovali, depressiusculá, pellucidá, corneá; striis longitudinalibus maculisque nigris radiantibus; vertice acuto, inflexo, aureo.

Patella radians. Gmel. p. 3720. n° 144.

Patella radiata. Chemn. Conch. 10. t. 168. f. 1618; et 11. t. 197. f. 1916. 1917.

Patella radiata? Born. Mus. t. 18. f. 10.

* Dillw. Cat. t. 2. p. 1044. n° 61.

* *Lottia radians.* Sow. Genera of shells. f. 3.

Habite à la Nouvelle-Zélande. Mon cabinet. Quoique le bord de cette coquille soit entier, les stries rayonnantes, le dépassant un peu, le font paraître comme denté. En dessous, elle est d'une nacre argentée, quelquefois dorée.

---

(1) Lamarck rapporte ici les deux *Patella radiata* de Chemnitz; elles constituent deux espèces bien distinctes. Il sera donc nécessaire de supprimer la citation des figures 1916 et 1917 de Chemnitz, ainsi que celle de Born.

19. Patelle scutellaire. *Patella scutellaris.* Lamk.

> P. testâ ovato-ellipticâ , luteo-rufescente; striis radiantibus, inæqua-
> libus, numerosissimis : eminentioribus costæformibus; vertice acu-
> to, inflexo, albo.

* *An eadem?* De Blainv. Malac. pl. 49. f. 3 ?
* Quoy et Gaym. Voy. de l'Ast. moll. pl. 70. f. 7, 8.

Habite..... Mon cabinet. Cette coquille nous paraît différente de toutes celles qui nous sont connues. Elle est blanche à l'intérieur,
avec un limbe roux.

20. Patelle de Safi. *Patella Sifiana.* Lamk.

> P. testâ ovato-oblongâ , convexâ, submuticâ; costis radiantibus,
> æqualibus, dorso planulatis, albis : interstitiis fuscis; vertice
> subacuto inflexo.

Habite les côtes océaniques du royaume de Maroc. Mon cabinet. Elle
est d'un blanc grisâtre au dehors, et radiée, entre ses côtes, par
des rayons colorés, jaunâtres ou un peu bruns. Son limbe interne
est d'un nacré bleuâtre. Grand diamètre, environ 4 pouces.

21. Patelle écaille-de-tortue. *Patella testudinaria.* Lin.

> P. testâ ovato-rotun latâ , convexiusculâ, decussatim striatâ; striis
> longitudinalibus eminentioribus; intus argenteo-cærulescente.

Patella testudinaria. Lin. Syst. nat. p. 1260. Gmel. p. 3717.
n° 134.
List. Conch. t. 531. f. 9.
D'Argenv. Conch. t. 2. fig. P.
Rumph. Mus. t. 40. fig. A.
Gualt. test. t. 8. fig. B.
Knorr. Vergn. 1. t. 21. f. 1.
Martin. Conch. 1. t. 6. f. 45, 48.
Fav. Conch. t. 1. fig. Q 1.
* Dilw. Cat. t. 2. p. 1044. n° 63.
* Desh. Encycl. méth. vers. t. 3. p. 707. n° 8.
* *Lottia testudinaria.* Sow. Genera of shells. f. 2.

Habite la mer de l'Inde. Mon cabinet. Très belle coquille, recherchée dans les collections; d'une taille assez grande, et fort rembrunie en dessus. Son test, poli, un peu transparent, est panaché
de quantité de taches irrégulières, d'un rouge-brun , sur un fond
d'un jaune d'écaille.

22. Patelle en cuiller. *Patella cochlear.* Born.

> P. testâ ovato-oblongâ, depressâ, antice angustatâ , postice dilatato-

rotundatá, albidá, striis tenuibus et inæqualibus radiatá; vertice obtusissimo; margine subintegro.

Patella cochlear. Gmel. p. 3721. n° 155.

Knorr. Vergn. 2. t. 26. f. 3.

Born. Mus. t. 18. f. 3.

Fav. Conch. t. 79. fig. B.

* Schrot. Einl. t. 2. p. 467.

* Dillw. Cat. t. 2. p. 1034. n° 41.

* Desh. Encycl. méth. vers. t. 3. p. 707. n° 9.

* De Blainv. Malac. pl. 49. f. 4.

Habite..... Mon cabinet. Espèce singulière par le rétrécissement de sa partie antérieure et sa dépression générale. Elle prend en dessus une teinte fauve ou roussâtre en vieillissant. En dessous, sa partie étroite est creusée en canal.

23. Patelle en bateau. *Patella compressa.* Lin.

P. testá oblongá, tenuiter striatá, luteo-fulvá; lateribus compressis; vertice adunco; margine indiviso.

Patella compressa Lin. Syst. nat. p. 1261. Gmel. p. 3718. n° 136.

* Born. Mus. p. 426.

* Schrot. Einl. t. 2. p. 427.

List. Conch. t. 541. f. 25.

Korr. Vergn. 6. t. 28. f. 1.

Martin. Conch. 1. t. 12. f. 106.

Fav. Conch. t. 3. fig. B 3.

* Dillw. Cat. t. 2. p. 1045. n° 65.

* Desh. Encycl. Méth. vers. t. 3. p. 507. n° 10.

* De Blainv. Malac. pl. 49. f. 2.

* Quoy et Gaym. Voy. de l'Ast. moll. pl. 70. f. 1, 2, 3.

Habite les mers des Indes. Mon cabinet. Espèce très connue et singulièrement distincte par sa forme. Un fait curieux et en quelque sorte inexplicable, consiste en ce qu'un jeune individu du *P. compressa* a son bord continué par une autre Patelle très différente, ponctuée de rose sur un fond blanc. Mon cabinet.

24. Patelle granulaire. *Patella granularis.* Lin.

P. testá dentatá; striis elevatis angulatis imbricatis. Lin.

Patella granularis. Lin. Syst. nat. p. 1258. Gmel. p. 3696. n° 21.

List. Conch. t. 536. f. 15.

Gualt. test. t. 8. fig. D.

D'Argenv. Conch. t. 2. fig. H.

Martin. Conch. 1. t. 8. f. 61.

* Schrot. Einl. t. 2. p. 406.
* *Patella granatina*. Born. Mus. p. 419.
* Dillw. Cat. t. 2. p. 1027. n° 26.
* Desh. Encycl. méth. vers. t. 3. p. 708. n₀ 11.
* Quoy et Gaym. Voy. de l'Ast. pl. 70. f. 12 à 15.

Habite les côtes de l'Europe australe, et au cap de Bonne-Espérance. Mon cabinet. Les petites écailles dont ses rayons sont imbriqués, étant blanchâtres, et sur un fond d'un gris-brun, lui donnent un aspect granuleux.

25. Patelle rouge-dorée. *Patella deaurata*. Gmel.

P. testá ovali, convexo-conicá, costis creberrimis obtusis squamoso-asperis radiatá; margine crenulato; vertice aurato; intus argenteá.

Patella deaurata. Gmel. p. 3719. n° 142.
Martin. Conch. 1. t. 17.
Chemn. Conch. 10. t. 168. f. 1616. a, b.
Fav. Conch. t. 1. fig. D 1 ; et 3. fig. D 2. D 3.
* Schrot. Einl. t. 2. p. 450.
* Dillw. Cat. t. 2. p. 1029. n° 32.
* Desh. Encycl. méth. vers. t. 3. p. 708. n° 12.
* De Blainv. Malac. pl. 49. f. 7.

Habite les côtes de Magellan, et aux îles Falkland. Mon cabinet. Très belle coquille, qui ne paraît rayonnée de blanc à l'extérieur que lorsqu'on l'a polie et qu'on a fait disparaître ses côtes. L'intérieur de son test est très argenté, et son sommet est incliné et toujours doré. Elle offre quelques variétés de formes; j'en possède une tout-à-fait conique.

26. Patelle de Magellan. *Patella Magellanica*. Gmel.

P. testá ovali, convexo-conicá, albidá, papillis nigris circumdatá, fasciis flavo rufis radiatim pictá, subtus margaritaceá.

Patella Magellanica. Gmel. n° 52.
Gualt. Test. t. 9. fig. E.
Martin. Conch. 1. t. 5. f. 40. a, b.
* Fav. Conch. pl. 1. fig. A 2.
* *Patella fusca*. Dillw. Cat. t. 2. p. 1047. n₀ 70. *Exclus. Linn. synon.* (1)

---

(1) Dillwyn rapporte au *Patella fusca* de Linné le *Patella magellanica* de Gmelin. Nous croyons impossible aujourd'hui de reconnaître le *Patella fusca*, car Linné ne lui donne point de synonymie et ne la décrit que d'une manière incomplète.

Habite au détroit de Magellan. Mon cabinet. Belle espèce, très distincte.

27. Patelle stellifère. *Patella stellifera*. Gmel.

P. testá ovali, integrá, atro-fuscá, longitudinaliter striatá, stellatá et radiis albis instructá, intus argenteá. Chemn.

Patella stellifera. Gmel. p. 3719. n° 143.

Chemn. Conch. 10. t. 168. f. 1617.

* Dillw. Cat. t. 2. p. 1047. n° 69.

Habite à la Nouvelle-Zélande, et aux îles des Amis. Mon cabinet.

28. Patelle commune. *Patella vulgata*. Lin.

P. testá formá coloreque variabili, extus virente aut luteo-cinereá, intus flavo-aurantiá, submaculatá; costis tenuibus subangulatis.

Patella vulgata. Lin. Syst. nat. p. 1258. Gmel. p. 3697. n° 23.

List. Conch. t. 535. f. 14.

Korr. Vergn. 6. t. 27. f. 8.

Penn. Brit. Zool. 4. t. 89. f. 145, 146.

Martin. Conch. 1. t. 5. f. 38.

* Schrot. Einl. t. 2. p. 411.

* Dorset. Cat. p. 58, pl. 23. f. 1, 2.

* Dillw. Cat. t. 2. p. 1032. n° 38.

* De Blainv. Malac. pl. 48. f. 1; et pl. 49. f. 1.

* Desh. Encycl. méth. vers. t. 3. p. 769. n° 13.

Habite les mers de l'Europe, sur les côtes; commune dans la Manche, et près de La Rochelle. Mon cabinet. Quiconque n'aurait qu'un exemplaire de cette coquille, pourrait se trouver fort embarrassé pour le rapporter à son espèce, tant celle-ci est variable; aussi les auteurs diffèrent-ils beaucoup dans les descriptions et les figures qu'ils en donnent.

29. Patelle à mamelon. *Patella mammillaris*. Lin.

P. testá conicá, striatá, subdiaphaná; vertice reflexo, lævi.

Patella mammillaris. Lin. Syst. nat. p. 1259. Gmel. p. 3709. n° 91.

* Born. Mus. p. 422.

* Schrot. Einl. t. 2. p. 416.

List. Conch. t. 537. f. 17.

Klein. Ostr. t. 8. f. 1.

Martin. Conch. 1. t. 7. f. 58, 59.

* Dillw. Cat. t. 2. p. 1038. n° 50.

Habite la Méditerranée et les côtes occidentales d'Afrique. Mon cabinet. Coquille de taille médiocre; sommet subcentral, toujours blanchâtre; stries très fines.

3o. Patelle rayée. *Patella lineata*. Lamk.

> *P. testá ovali, convexá, luteo-fuscente, lineis flavis, 10 ad 12, radiatim pictá; striis longitudinalibus, numerosissimis, confertis; vertice acuto, luteo.*

Habite..... Mon cabinet. Son bord est tranchant. Longueur, plus d'un pouce.

3i. Patelle côtes-blanches. *Patella leucopleura*. Gmel. (1)

> *P. testá ovali, dorso-convexá, cinereo-rufescente, costis inæqualibus albis radiatá; vertice albo, lineá rufá cincto.*

Patella leucopleura. Gmel. p. 3699. n° 34.

List. Conch. t. 539. f. 22.

Knorr. Vergn. 6. t. 28. f. 9.

Martin. Conch. 1. t. 7. f. 56, 57.

* Schrot. Einl. t. 2. p. 448.

* Dillw. Cat. t. 2. p. 1039. n° 51.

* *Siphonaria leucopleura.* De Blainv. Dict. des Sc. nat. t. 49. p. 293.

Habite..... Mon cabinet. Coquille de petite taille.

3a. Patelle marquée. *Patella notata*. Lin.

> *P. testá parvulá, ovali, radiatim striatá : striis coloratis; margine crenulato; maculá sub fornice cordatá aut spathulæformi.*

Patella notata. Lin. Syst. nat. p. 1261. Gmel. p. 3719. n° 139.

Schrot. Einl. in Conch. 2. p. 431. t. 5. f. 5.

Chemn. Conch. 10. p. 324. Vign. 25. fig. C. D.

---

(1) D'après une observation de M. Quoy, mise à la fin de sa description du *Siphonaria algesiræ* (Voy. de l'Astr. Zool. t. 2, p. 339), il paraît que sous le nom de *Patella leucopleura*, Lamarck, dans sa collection, a confondu deux coquilles : l'une, une véritable Patelle; l'autre, un Siphonaire auquel M. de Blainville, dans le Dictionnaire des Sciences naturelles, a donné le nom de *Siphonaria leucopleura*; malheureusement nous n'avons pu revoir les coquilles appartenant à la collection de Lamarck, pour nous assurer si toute l'espèce, telle que Gmelin, Dillwyn et Lamarck l'ont comprise, doit passer aux Siphonaires, ou seulement une partie.

* Dillw. Cat. t. 2. p. 1050. n° 78.

Habite la Méditerranée, selon Linné; les Antilles, selon ma collection. Mon cabinet. Je possède de cette espèce un grand nombre d'individus; tous, d'assez petite taille, se réunissent dans ce caractère, savoir : d'offrir sous la voûte interne de la coquille une tache en forme de spatule; mais chacun de ces individus présente une variété particulière, tant dans la couleur de la tache, dans la convexité de la coquille, dans la coloration des stries, que dans la pointe plus ou moins marquée, plus ou moins droite du sommet. Il nous parait donc impossible de citer aucune de ces particularités dans le caractère qui doit être commun à l'espèce.

33. Patelle de Tarente. *Patella Tarentina.* Lamk.

P. *testá ovali, convexiusculá, costis longitudinalibus lineisque coloratis radiatá; interstitiis costarum tenuiter striatis, margine subdentato.*

Habite le golfe de Tarente. Mon cabinet. Coquille de taille médiocre, à sommet subcentral, un peu incliné; à fond blanchâtre; ayant 8 ou 9 côtes distantes, et des raies brunes dans leurs interstices. Elle est légèrement nacrée à l'intérieur.

34. Patelle ponctuée. *Patella punctata.* Lamk.

P. *testá ovali, convexá, albá, longitudinaliter et inæqualiter striatá ; punctis fuscis per lineas longitudinales radiatim pictá; margine integro.*

* Payr. Cat. p. 88. n° 173. pl. 3. f. 6, 7, 8.

* Desh. Encycl. méth. vers. t. 3. p. 709, n° 15.

Habite le golfe de Tarente. Mon cabinet. Coquille de petite taille, et qui, malgré ses rapports avec la précédente, nous en paraît distincte. Son sommet est court, incliné, subcentral. Elle nous semble étrangère au *P. punctulata* de Gmelin, mentionné deux fois numéros 68 et 132.

35. Patelle points-roses. *Patella puncturata.* Lamk.

P. *testá ovali, convexo-tumidá, albá, punctis sanguineis pictá; costellis radiantibus, inæqualibus, separatis; intus fornice citrino.*

List. Conch. t. 537. f. 18.

An patella sanguinolenta ? Gmel. p. 3716. n° 130.

* Desh. Encycl. méth. vers t. 3. p. 709. n°. 14.

Habite à la Barbade. Mon cabinet. Coquille de petite taille, qui nous paraît différente du *P. punctulata* de Gmelin. Son limbe interne est d'un beau blanc. Sommet subcentral et obtus.

36. Patelle de Java. *Patella Javanica*. Lamk. (1)

P. testá ovali, convexiusculá, rufo-nigricante ; costellis radiantibus, æqualibus, albis, separatis; vertice nigro, acuto, centrali; margine crenato.

* *Siphonaria Javanica.* De Blainv. Dict. sc. nat. t. 49. p. 294.

Habite les côtes de Java. Mon cabinet. Rapportée par M. *Leschenault.* Cette espèce rappelle le *P. leucopleura* par ses petites côtes blanches; mais elle en diffère beaucoup d'ailleurs. Elle a des stries fines et longitudinales entre ses côtes. L'intérieur est noirâtre, bordé de jaune, avec un limbe blanc.

37. Patelle tuberculifère. *Patella tuberculifera*. Lamk.

P. testá ovali, convexá, griseo-rufescente, tuberculis albis seriatis propè marginem circumdatá; striis radiantibus, æqualibus, separatis; vertice cernuo, albo.

An patella tuberculata? Lin. Syst. nat. p. 1259. Gmelin. p. 3697. nº 25.

Habite...... Mon cabinet. Coquille de petite taille. Quoique son bord interne soit entier, la légère saillie des côtes rayonnantes le rend comme denté en dessus.

38. Patelle mosaïque. *Patella miniata*. Born. (2)

P. testá ovali, depressiusculá, semipellucidá, albá, punctis maculisque roseis pictá ; striis longitudinalibus tenuissimis ; vertice albo, excentrali.

Patella miniata. Born. Mus. p. 420.

Knorr. Vergn. 5. t. 8. f. 4, 6.

Martin. Conch. 1. t. 7 f. 52.

Habite les côtes d'Afrique. Mon cabinet. On a confondu cette coquille avec le *P. umbella*, dont elle est constamment distincte. Ces deux espèces n'ont de commun que l'analogie des couleurs; mais elles diffèrent dans presque tout le reste, et surtout dans la position du sommet.

---

(1) M. de Bainville met aussi cette espèce au nombre des Siphonaires. Nous pensons que cet exemple doit être suivi, car ce savant n'aura sans doute pris cette détermination qu'après avoir examiné l'espèce dans la collection de Lamarck.

(2) Nous pensons, contre l'opinion de Lamarck, que cette espèce, à en juger d'après la synonymie, n'est qu'une variété du *Patella umbella*, nº 15.

39. Patelle viridule. *Patella viridula.* **Lamk.**

> *P. testâ ovali, convexiusculâ, albâ, lineolis fasciisque undulatis trans-*
> *versis virescentibus ; costellis radiantibus planiusculis ; vertice cen-*
> *trali, albo, inflexo.*

> Habite.... Mon cabinet. Coquille très rare et fort recherchée. Ses fas-
> cies sont transverses, comme en zigzag, d'un vert un peu rem-
> bruni. Longueur, 14 à 15 lignes.

40. Patelle pectinée. *Patella pectinata.* **Lin. (1)**

> *P. testâ ovali, tenui, obliquè conicâ, fusco nigricante ; striis longitudi-*
> *nalibus imbricato-squamosis, subasperis ; verticis apice propè mar-*
> *ginem inclinato.*

> *Patella pectinata.* Lin. Syst. nat. p. 1259.
> Born. Mus. t. 18. f. 7.
> * Schrot Einl. t. 2. p. 458. n° 41.
> * Fav. Conch. pl. 4. f. K ?
> * *Patella pectunculus* Gmel. p. 3713. no 109.
> * *Patella intorta.* Diliw. Cat. t. 2. p. 1037. n° 47. *Excl. pler. syn.*
> * De Blainv. Malac. pl. 49. f. 5.
> * Desh. Encycl. méth. vers. t. 3. p. 710. n° 17.
> * *Patella intorta.* Sow. Genera of shells. f. 5.

> Habite la Méditerranée. Mon cabinet. Taille moyenne. Sa forme sem-
> ble annoncer le voisinage des Cabochons.

41. Patelle Galathée. *Patella Galathea.* **Lamk.**

> *P. testâ ovali, tenui, pellucidâ, convexâ, candidissimâ ; striis longi-*
> *tudinalibus tenuibus, confertis, imbricato-asperis ; verticis apice ad*
> *marginem inclinato.*

> Habite..... Mon cabinet. Petite coquille très délicate, fort rare et
> recherchée. Elle est d'un blanc de lait en dessus et en dessous ;
> ses stries longitudinales sont imbriquées d'écailles extrêmement

---

(1) Quoique Linné n'ait point donné de synonymie à cette espèce, cependant elle est facilement reconnaissable par la description, et Born en a donné une bonne figure. Gmelin, ainsi
que quelques auteurs, n'ont pas admis cette figure de Born, et
l'ont attribuée à tort au *Patella intorta* de Pennant, qui est une
coquille à stries fines, tandis que le *Patella pectinata* de Linné et
de Born est une coquille à petites côtes saillantes et écailleuses.
Il faut donc maintenant rétablir convenablement la synonymie
de l'espèce linnéenne.

petites, ce qui la fait paraître un peu rude au toucher. Longueur,
7 à 8 lignes.

42. **Patelle transparente.** *Patella pellucida.* Lin. (1)

> P. *testâ tenui, pellucidâ, obovatâ, gibbâ ; radiis cæruleis subinterrup-*
> *tis ; verticis apice versus marginem inflexo.*
>
> *Patella pellucida.* Lin. Syst. nat. p. 1260. Gmel. p. 3717. n° 133.
> List. Conch. t. 542. f. 26. t. 543. f. 27.
> Muller. Zool. dan. 3. t. 104. f. 1, 4.
> Pennant. Brit. Zool. 4. t. 90. f. 151.
> * *Patella lævis.* Pennant. Zool. Brit. 1812. t. 1. p. 352. pl. 93. f. 4.
> * Schrot. Einl. t. 2. p. 423.
> * *Patella lævis.* Donov. Conch. t. 1. pl. 3. f. 1.
> Knorr. Vergn. 6. t. 28. f. 6.
> Born. Mus. t. 18. f. 9.
> Chemn. Conch. 10. t. 168. f. 1620, 1621.
> * *Patella pellucida.* Dillw. Cat. t. 2. p. 1042. n$_0$ 59.
> * *Patella lævis.* Id. p. 1043. n$_0$ 60.
> * *Patella pellucida junior et senior.* Maton et Racket. Trans. linn.
> t. 8. p. 233.
> * Dorset. Cat. p. 58. pl. 23. f. 6.
> * Klein. Ostrac. pl. 8. f. 7.
> * Desh. Encycl. méth. vers. t. 3. p. 710. n$_0$ 18.
> Habite les mers d'Europe. Mon cabinet. Petite coquille couleur
> de corne, à rayons bleuâtres assez nombreux et comme inter-
> rompus.

43. **Patelle à trois côtes.** *Patella tricostata.* Gmel. (2)

---

(1) Plusieurs auteurs, Pennant, Muller, Donovan, ont séparé
du *Patella pellucida* de Linné, une variété constante dont ils
ont fait une espèce particulière sous le nom de *Patella lævis.*
Nous réunissons cette dernière au *Patella pellucida,* parce que les
animaux sont semblables, et parce que de nombreuses variétés
font voir le passage d'une espèce à l'autre.

(2) Cette espèce a été mentionnée pour la première fois par
Linné sous le nom de *Patella tricarinata,* et Gmelin l'a également mentionnée sous ce nom. Par un double emploi, Chemnitz,
en donnant la figure de l'espèce, lui imposa le nom de *Patella
tricostata,* et Gmelin, ne croyant pas que la coquille de Chemnitz fût la même que celle de Linné, l'inscrivit également dans

*P. testá ovali, dorso obliquè conicá, posterius tricostatá, lateribus an-
ticèque striatá, albá ; vertice acuto, incumbente; marginibus subla-
ceris.*

* *Patella tricarinata.* Lin. Syst. nat. p. 1259. *Id.* Gmel. p. 3710. n° 92.
* *Patella tricostata.* Gmel. p. 3698. n° 27.
Chemn. Conch. 10. t. 168. f. 1622. 1623.
* *Patella tricarinata.* Dillw. Cat. t. 2. p. 1039. n° 52.
* *Pileopsis tricostata.* Desh. Encycl. méth. vers. t. 2. p. 154. n° 3.
Habite les mers de l'Inde. Mon cabinet. Longueur, un pouce ou un
peu plus.

44. Patelle australe. *Patella australis.* Lamk. (1)

*P. testá tenui, semipellucidá, obovatá, dorso gibbá, oblique conicá,
rufescente ; striis longitudinalibus crassiusculis ; vertice acuto, inflexo ; intus albá, fornice flavo.*

* *Hipponix australis.* Desh. Encycl. méth. vers. t. 2. p. 274. n° 1.
* *Id.* Quoy et Gaym. Voy. de l'Astr. Moll. t. 3. p. 434. pl. 72.
f. 25 à 34.
Habite les mers de la Nouvelle-Hollande. Mon cabinet. Taille à-peu-
près de la précédente, mais d'une forme moins allongée.

45. Patelle cymbulaire. *Patella cymbularia.* Lamk.

*P. testá tenui, pellucidá; oblongo-ellipticá , convexá, cinereo-cærules-
cente; striis radiantibus, tenuibus , æqualiter remotis, vertice ad
marginem incumbente ; intus argenteá.*

* De Blainv. Malac. pl. 49. f. 6.
* *Patella mytilina.* Schub. et Wagn. Marti. Sup. pl. 229. f. 4052.
4053.
* *Patella mytiloïdes.* Schum. Essai. pl. 21. f. 8.
Habite..... Mon cabinet. Espèce fort remarquable, que je crois inédite,
Les bords de son ouverture sont ondés et semblent légèrement cré-
nelés ou festonnés. L'intérieur offre une nacre très brillante. Lon-
gueur, 2 pouces et plus.

---

son catalogue. Aujourd'hui il faut les réunir ; mais comme elles
ont les vrais caractères des Cabochons, non-seulement il faudra
les faire passer dans ce genre, mais encore leur restituer leur
nom linnéen. En conséquence cette espèce devra, à l'avenir, porter le nom de *Pileopsis tricarinata.*

(1) Cette espèce n'appartient pas non plus au genre Patelle,
c'est un Piléopsis de la section des Hipponices.

Etc., etc. Ce que je viens d'exposer, d'après ma seule collection , que je n'ai pas même épuisée, est probablement très peu de chose auprès de ce qu'eût été mon travail , si j'eusse fait l'examen des Patelles du Muséum : mais ma cécité m'oblige de me borner aux seules espèces que j'ai citées en exemple. J'espère pouvoir reprendre un jour ce travail, et le donner dans un supplément à la fin de mon ouvrage.

Obs. Le *Patella distorta* de Montague est une Orbicule, selon M. de Blainville.

† 46. Patelle ornée. *Patella ornata.* Dillw.

P. testá ovatá, depressá, longitudinaliter tenuè striatá, albá, aliquando viridescente radiis nigro-fuscis, subarticulatis ornatá, intùs margaritaceá, nigro-radiatá, maculá nigrescente, spatulatá, subulatá.

Patella margaritacea. Chemn. Conch. t. 11. p. 180. pl. 107. f. 1914. 1915.

Patella ornata. Dillw. Cat. t. 2. p. 1029. n° 30.

Habite les mers de la Nouvelle-Zélande. Espèce très élégante, ovalaire, à sommet pointu et subcentral, finement striée, quelquefois blanche, assez souvent d'une couleur enfumée, mais toujours ornée de rayons au nombre de huit ou dix, d'un brun-noirâtre un peu violacé et formés de taches articulées; en dedans le centre est occupé par une tache d'un brun très intense, spatuliforme, et le reste est d'une belle nacre argentée quelquefois jaunâtre, sur laquelle paraissent les rayons noirs du dehors. Nous connaissons une variété de cette espèce, qui est verdâtre.

† 47. Patelle jaune-doré. *Patella tramoserica.* Chemnitz.

P. testá ovatá, conicá, costis inæqualibus a vertice decurrentibus radiatá, aurantio fusco et albo coloratá, radiatá, intùs argenteo-citriná.

Chemn. Conch. t. 11. p. 179. pl. 197. f. 1912. 1913.

Habite les mers du Pérou et du Chili. Cette espèce est l'une des plus élégantes du genre Patelle. Elle offre un grand nombre de variétés parmi lesquelles quelques-unes sont tricolores, leurs côtes étant ornées de longues fascies rouges, brunes et jaunâtres; les individus que l'on rencontre le plus fréquemment sont jaunâtres en dehors et ornés de taches rayonnantes brunes, entre les côtes, et s'anastomosant d'une côte à l'autre; en dedans la nacre est d'un jaune-citrin très brillant et nacré, quelquefois cette couleur est pure, assez souvent elle est interrompue par les rayons brun-noirâtre du dehors, qui se répètent en dedans par transparence. Les grands individus ont près de deux pouces de longueur.

† 48. Patelle testudinale. *Patella testudinalis*. Muller.

P. testá ovato-oblongá, conicá, fusco et albo tessellulis concatenatis, nitidissimè pictá, tenuè striatá, intùs maculá spatulatá, fuscá, margine interiore albo et fusco eleganter maculato.

Lin. Syst. nat. p. 1260.

Mull. Zool. Dan. Prodr. p. 237.

Fabr. Faun. Groenl. p. 385.

Schrot. Einl. t. 2. p. 426. n° 25.

Dillw. Cat. t. 2. p. 1045. n° 64.

Habite les mers du nord de l'Europe. Coquille ovale-oblongue, de médiocre grandeur, ornée sur un fond blanchâtre d'un réseau élégant d'un beau brun; en dedans la coquille présente une tache centrale, spatuliforme, et les bords d'un beau brun sont ornés de gros points blancs; dans les individus bien frais, on remarque à la surface extérieure un grand nombre de stries très fines.

† 49. Patelle de Reynaud. *Patella Reynaudi*. Desh.

P. testá, ovatá, tenui, depressá, radiatim tenuè striatá, integrá apice obtusá, intùs margaritaceá, albá, extùs fasciis radiantibus rubro rufis pictá; striis subgranulosis.

Desh. Voy. de Bélang. aux Ind. Zool. p. 411. n° 2. pl. 2. f. 11. 12.

Habite les mers de l'Inde. Coquille ovale-oblongue, déprimée, qui nous paraît avoir beaucoup d'analogie avec le *Patella radiata* de Chemnitz (t. 11. pl. 197 f. 1916. 1917). Mais comme il y a déjà une Patelle qui porte ce même nom, nous aurions été obligé d'en choisir une autre pour l'espèce qui nous occupe, quand même nous aurions reconnu l'identité parfaite entre celle de Chemnitz et la nôtre, résultat que nous n'avons pu obtenir, soit en nous servant des figures, soit en profitant de la description. La Patelle de Reynaud est ovale-oblongue, déprimée; son sommet, obtus, est un peu antérieur; la surface extérieure est ornée de stries longitudinales, fines, nombreuses et granuleuses dans la plupart des individus; la couleur brun-rougeâtre est interrompue par neuf ou dix larges zones triangulaires, rayonnantes, d'un blanc-jaunâtre; en dedans le centre est d'un blanc-laiteux opaque, le reste présente les deux couleurs dont nous venons de parler, mais beaucoup plus éclatantes.

† 50. Patelle de Muller. *Patella virginea*. Muller.

P. testá minimá, rubente lineolis fuscis radiatá pellucidá, fragili, ovatá conicá ; vertice ad marginem anteriorem incumbante.

Mull. Zool. Dan. t. 1. p. 13. pl. 12. f. 4. 5.

Gmel. p. 3711. n° 100.

Dorset. Cat. p. 59. pl. 14. f. 11.

Dillw. Cat. t. 2. p. 1052. n° 82.

Habite l'Océan européen, la Méditerranée. Petite espèce qui, par sa forme, a quelque analogie avec la *Patella pellucida;* elle est mince, fragile, lisse, conique, et son sommet est fortement incliné du côté antérieur ; elle est d'une couleur rougeâtre peu foncée en dedans et en dehors, et de ce côté elle est ornée de petites lignes assez larges d'un brun très pâle.

† 51. Patelle flammée. *Patella flammea.* Gmel.

P. testá margaritacea ovato-oölongá, tenui, fragili, radiatim costatá, costis obsoletis, subgranulosis, vertice subcentrali, anticè inflexo, flammulis fuscis, numerosis intùs extùsque pictá.

Gmel. p. 3716. n° 126.

D'Argenv. Conch. pl. 2. f. Q.

Schrot. Einl. t. 2. p. 344. n° 8.

Fav. Conch. pl. 1. f. P 2.

Mart. Conch. t. 1. pl. 5. f. 42.

Dillw. Cat. t. 2. p. 1048. n° 72.

Habite l'Océan de l'Inde. Belle espèce de Patelle qui a quelque analogie avec le *Patella deaurata,* mais qui s'en distingue par plusieurs caractères constans. Elle est ovale-blongue, beaucoup plus déprimée que l'espèce que nous venons de mentionner ; son sommet est porté du côté antérieur, où il s'incline; les côtes rayonnantes que l'on voit à l'extérieur sont étroites, à peine saillantes, et souvent subgranuleuses; en dehors, la coquille est d'un blanc-grisâtre, et elle est ornée d'un grand nombre de flammules suivant assez fréquemment la direction des côtes et devenant très onduleuses vers le sommet. Comme la coquille est mince et transparente, ces flammules paraissent à l'intérieur d'un brun plus éclatant sur un fond de nacre argenté.

† 52. Patelle zonée. *Patella zonata.* Schub. et Wagn.

P. testá conicá, crassá, longitudinaliter striatá, cingulis latis, elevatis circumdatá, rubro-fuscá, ferrugineo-cingulatá; vertice calloso subcentrali; aperturá lævigatá, albido-cærulescente; margine integro, intùs limbo bruneo cincto.

Schub. et Wagn. Suppl. à Chemn. p. 125. pl. 229. f. 4056. 4057.

Habite..... Coquille singulière et qui diffère assez notablement de la plupart des autres Patelles : elle est conique, à sommet subcentral, et elle semble plutôt cornée que calcaire ; son sommet est mamelonné, lisse, blanc, et le reste de la surface est occupé par de larges zones circulaires d'un brun-clair ; à l'intérieur, la coquille est blanche, et son bord est formé par une zone d'un brun corné ; l'impression musculaire se voit difficilement, et elle ne nous paraît pas avoir la forme qu'elle affecte dans les autres espèces.

† 53. Patelle monopis. *Patella monopis*. Gmel.

P. testâ ovatâ, depressâ, costis majoribus, angulatis, radiatâ; marginibus denticulato-digitatis ; intùs extùsque fusco-nigricante, puncticulis cæruleis, numerosis, ornatâ.

Gmel. p. 3707. n° 78.

Schrot. Einl. t. 2. p. 453. n° 30.

Mart. Conch. t. 1. pl. 9 f. 80.

Dillw. Cat. t. 2. p. 1022. n° 16.

Habite l'Océan des Grandes-Indes. Belle espèce de Patelle ayant des rapports, d'un côté avec le *Patella granatina* et le *Patella oculus*. Elle est ovale oblongue, déprimée, à sommet obtus et antérieur ; sa surface extérieure offre dix à douze côtes principales, anguleuses, peu saillantes, entre lesquelles se montrent des côtes plus petites ou quelques stries ; ces côtes, creusées en dessous en gouttière, se prolongent sur les bords en digitations plus ou moins longues, selon les individus ; en dedans, le centre présente une tache spatuliforme d'un blanc-jaunâtre, le reste est d'un beau brun couleur d'écaille, parsemé en dehors d'un assez grand nombre de petits points bleus et passant au rouge et au blanchâtre vers le sommet.

† 54. Patelle flexueuse. *Patella flexuosa*. Quoy.

P. testâ minimâ, fragili, orbiculatâ, angulatâ, acutâ, vertice solum elevatâ, margine flexuosâ, obsolete striatâ, albidâ fusco punctatâ, apice roseâ, subtus cærulescente; fornice aurantiaco.

Quoy et Gaym. Voy. de l'Astr. t. 3. p. 344. pl. 70. f. 9-12.

Habite les mers de Vanikoro. Petite coquille déprimée, à bords très minces, submembraneux, flexueux, de manière à s'adapter aux irrégularités des corps sur lesquels l'animal a vécu. Du sommet, qui est subcentral, partent cinq grosses côtes striées et assez régulières ; en dehors, cette coquille est jaunâtre, pointillée de brun ; en dedans, elle est d'un blanc-bleuâtre, avec quelques maculatures brunes ; le centre offre une petite tache d'un beau jaune orangé.

Tome VII.   35

† 55. Patelle argentée. *Patella argentea.* Quoy.

P. testá ovali, depressiusculá, pellucidá, virescente, intùs argen-
tatá; costulis fuscis granosis radiantibus; vertice obtuso anticè
inflexo.

Quoy et Gaym. Voy. de l'Astr. t. 3. p. 345. pl. 70. f. 16. 17.

Habite les mers de la Nouvelle-Zélande. Celle-ci a également des
rapports avec la Patelle rayonnante. Elle est ovale oblongue, déprimée; son sommet est porté en avant, et il donne naissance à un
grand nombre de petites côtes étroites, distinctes et rayonnantes; ces
côtes sont brunes ou ponctuées de brun, sur un fond jaunâtre ou
verdâtre; dans les interstices, on remarque quelques stries finement granuleuses; à l'intérieur la coquille est nacrée, d'un blanc
argenté, jaunâtre vers le sommet. Cette coquille a un peu plus d'un
pouce de longueur.

† 56. Patelle à neuf rayons. *Patella novemradiata.* Quoy.

P. testá ovali, pellucidá, depressiusculá, tenuissimè radiatim striatá,
granulosá, cœruleo virescente, novem radiis fuscis latis ornatá,
intùs cœruleá; fornice rubente.

Quoy et Gaym. Voy. de l'Astr. t. 3. p. 346. pl. 7. f. 22. 23.

Habite à l'Ile de France. Nous rapportons textuellement ce que
dit M. Quoy de cette petite coquille, parce que nous n'avons pas
eu occasion de l'examiner; elle est ovalaire, déprimée, marquée
de stries fines un peu granuleuses; son sommet, obtus, est porté en
avant; elle est d'un bleu-verdâtre couvert de neuf bandes rayonnantes, larges et triangulaires, de couleur brune, que l'on voit en
dedans, parce que le test est translucide; à l'intérieur elle est bleuâtre et nacrée, et le centre est rougeâtre.

† 57. Patelle stellulaire. *Patella stellularia.* Quoy.

P. testá ovali, depressiusculá, paululum radiatá, graniusculá, ru-
bente, radiis albis ad apicem notatá, aut duabus lineis albis ad
posteriorem, aperturá albá. (Quoy.)

Quoy et Gaym. Voy. de l'Astr. t. 3. p. 347. pl. 70. f. 18. 20.
var. F. 24.

Habite les mers de la Nouvelle-Zélande. Cette coquille a des rapports avec la Patelle rayonnante. Elle est ovale-oblongue, très déprimée, ayant le sommet excentrique et incliné antérieurement;
de ce sommet, partent en rayonnant, un assez grand nombre de
petites côtes distantes, légèrement ondulées et quelquefois granuleuses; en dehors, la coquille est d'une couleur d'un brun-rougeâtre, et son sommet est constamment occupé par une étoile

blanche à huit ou dix rayons; en dedans elle est d'une belle nacre argentée, et ornée vers le centre d'une petite tache brune. Elle est longue d'un pouce environ.

On connaissait déjà dans les collections plusieurs coquilles appartenant au nouveau genre nommé Patelloïde par MM. Quoy et Gaymard. Il n'est point étonnant qu'elles soient restées confondues parmi les Patelles, car elles en offrent exactement tous les caractères : il fallait voir l'animal pour se convaincre que le nouveau genre est nécessaire et qu'il repose en effet sur un caractère important de l'organisation. Les Patelles, comme nous l'avons vu précédemment, ont les branchies en lamelles autour du pied; les Patelloïdes, au contraire, ont une branchie pectinée, en forme de plumule, sortant à droite du sac cervical, et elles n'ont jamais les lamelles autour du pied. Ce qu'il y a de remarquable dans ce genre, c'est que l'animal parfaitement symétrique, à l'exception de l'organe branchiale, porte une coquille non moins régulière et symétrique que celles des Patelles. Ceci fait exception à ce principe posé par M. de Blainville que la coquille étant essentiellement protectrice de l'organe de la respiration, elle en représente nécessairement les diverses modifications. Il est certain que cela est ainsi dans le plus grand nombre des cas, et cette exception, que nous signalons, empêchera sans doute les zoologistes de donner à la règle plus de valeur qu'elle n'en a réellement. Le genre des Patelloïdes n'est pas la seule exception que nous pourrions citer, car il paraît que celui nommé Tylodine par M. Rafinesque serait dans le même cas; mais ce genre, malgré la description d'une espèce nouvelle donnée par M. Joannis, a encore besoin d'être revu avant d'être définitivement adopté. Le genre Patelloïde est caractérisé de la manière suivante par MM. Quoy et Gaymard.

35.

PATELLOIDE. (Patelloida.)

Animal ovale-oblong, semblable à celui des Patelles, à tête peu saillante, portant deux tentacules. Une petite branchie pectinée, insérée au côté droit de la tête, et saillant en dehors du sac cervical.

Coquille patelliforme, le plus souvent mince et déprimée, symétrique, régulière et dont le sommet, médian, est généralement incliné en avant.

Il paraît que sous le rapport des formes extérieures, aussi bien que sous celui de l'organisation intérieure, les animaux de ce genre ne diffèrent presque en rien de ceux des Patelles. Ils ont un sac cervical dans lequel la tête peut rentrer; cette tête, peu saillante, porte deux tentacules à la base externe desquels les yeux sont placés. L'animal marche sur un large disque charnu, au moyen duquel il peut s'attacher fortement aux corps solides dont on veut le détacher; le manteau s'étend sur toute la face interne de la coquille, et le sillon qui le sépare du pied, n'offre jamais les lamelles branchiales qu'ont les Patelles; le muscle qui lui sert de point d'attache à sa coquille a absolument la même forme, et laisse la même impression que dans les Patelles, de sorte que si l'on veut résumer en un seul mot ce qui différencie le nouveau genre, on peut dire que les Patelloïdes sont des Patelles ayant une seule branchie pectinée. Les coquilles de ce genre ont tellement les caractères des autres Patelles qu'il est en réalité impossible de les distinguer, à moins d'avoir examiné les animaux qui les produisent. Nous rapportons ici les espèces étudiées par MM. Quoy et Gaymard, pendant leur dernier voyage.

M. Gray, auquel on doit de bons travaux sur les Mollusques, a bien senti tout l'intérêt que présente, pour l'étude des Mollusques, le genre dont nous nous occupons; aussi il s'est empressé de le signaler à l'attention des naturalistes anglais. Nous le trouvons mentionné sous le nom de Lottia dans le 42ᵉ numéro du *Genera of shells* de M. Sowerby qui a paru tout nouvellement. Quoique peu d'accord avec le reste de la nomenclature, nous conserverons néanmoins, comme le premier donné au genre, le nom de Patelloïde.

ESPÈCES.

1. Patelloïde rugueuse. *Patelloida rugosa*. Quoy.

> *P. testá ovato-conicá, costis rugosis radiatá, squalidá; margine crenulato, postice lato, vertice submediano, acuto; intùs cærulescente; limbo et fornice nigricantibus.*
>
> Quoy et Gaym. Voy. de l'Ast. t. 3. p. 366, pl. 71. f. 36, 37.
>
> Habite les mers de l'île d'Amboine.
>
> Elle est ovale, oblongue, déprimée, un peu plus large en arrière qu'en avant; son sommet est subcentral, pointu; il en part en rayonnant un grand nombre de gros sillons inégaux, obtus, rugueux; en dehors, la coquille est d'un bleu-grisâtre, peu foncé; en dedans, elle est d'un brun-marron vers le centre, et son contour est de la même couleur qu'à l'extérieur.

2. Patelloïde ponctuée. *Patelloida punctata*. Quoy.

> *P. testá minimá, ovatá, fragili, convexá, levi, albidá aut lutescente, tenuissimè subrubro punctatá, intus albicante; vertice obtuso ad marginem.*
>
> Quoy et Gaym. Voy. de l'Ast. t. 3. p. 365. pl. 71. f. 40-42.
>
> Habite le port du Roi-Georges.
>
> Voici ce que M. Quoy dit de cette espèce : elle est très petite, à peine longue de trois lignes, ovale, oblongue, lisse et convexe; le sommet est obtus et incliné près du bord; la surface est d'un blanc-jaunâtre et piquetée d'un rouge-brun. Ses points ont tendance à former un cercle vers le centre de la coquille.

3. Patelloïde orbiculaire. *Patelloida orbicularis*. Quoy.

> *P. testá conicá, orbiculari, transversim striatá, rubro-viridi, vittis fuscis aut rubentibus radiantibus notatá, intùs cærulescente; vertice submediano.*
>
> Quoy et Gaym. Voy. de l'Ast. t. 3. p. 363. pl. 71. f. 31, 32.
>
> Habite à l'île Vanikoro, et se trouve aussi dans les mers de l'île d'Amboine.

La coquille est ovale, obronde, régulièrement conique, à sommet subcentral, offrant un assez grand nombre de stries fines et rayonnantes ; elle est jaunâtre ou d'un vert peu foncé, et couverte de larges rayons bruns ou rougeâtres ; en dedans, elle est bleuâtre, et son bord est brun.

4. Patelloïde septiforme. *Patelloida septiformis.* Quoy.

P. testá ovali, convexá, tenuissimè longitrorsum striatá, viridi aut albo tessellatá, lineis fuscis radiantibus ornatá, intus cœruleá vel albidá, fusco-lineolatá.

Quoy et Gaym. Voy. de l'Ast. t. 3. p. 362. pl. 71. f. 43. 44.

Habite à la Nouvelle-Hollande, au port du Roi-Georges. M. Quoy lui a donné ce nom, parce que, par sa coloration, elle ressemble aux Navicelles nommées Septaires par quelques auteurs ; elle est ovale, oblongue, striée longitudinalement ; son sommet est subcentral, assez élevé, et, outre le réseau de taches qui couvre la coquille, elle est ornée de rayons blanchâtres qui descendent du sommet à la base.

5. Patelloïde écailleuse. *Patelloida squamosa.* Quoy.

P. testá orbiculari, subplaná, fragili, longitudinaliter tenuissimè striatá, areolis viridibus et fuscis pictá, intùs cœruleá ; margine nigricante.

Quoy et Gaym. Voy. de l'Ast. t. 3. p. 360. pl. 71. f. 38-39.

Habite à l'Ile de France.

L'animal est d'un jaune peu foncé ; son manteau est frangé, et sur le bord interne de son muscle d'attache, se voit une ligne d'un noir foncé ; la coquille est régulièrement ovalaire ; elle est aplatie, et son sommet est près du bord antérieur ; sa surface est couverte de fines stries longitudinales, et ornée de petites aréoles verdâtres dont le réseau est brun, bien régulier, et semblables à de petites écailles allongées. Cette coloration à de la ressemblance avec celle de certaines Néritines.

6. Patelloïde cabochon. *Patelloida pileopsis.* Quoy.

P. testá ovato-convexá, tenuissimè longitudinaliter striatá, nigricante, albido-punctulatá aut reticulatá, intùs cœrulescente, margine nigrá ; vertice recurvo propè marginem.

Quoy et Gaym. Voy. de l'Ast. t. 3. p. 359. pl. 71. f. 25-27.

Habite les mers de la Nouvelle-Zélande, à la Baie-des-Iles.

Celle-ci est ovale, oblongue et comparable, pour sa forme et la position de son crochet, au *Patella cymbularis* ; sa surface extérieure offre un petit nombre de stries rayonnantes, et elle est or-

née de taches en gros réseau jaunâtre sur un fond brun en dedans;
le sommet est d'un beau-brun marron; le pourtour est bleuâtre et
le bord est noirâtre.

7. Patelloïde allongée. *Patelloida elongata*. Quoy.

P. testá minimá, ovato-elongatá, fragili et pellucidá, subconvexá,
levi, virescente, lineis subrubris longitudinalibus reticulatis ornatá;
aperturá albá; vertice ad marginem.

Quoy et Gaym. Voy. de l'Astr. t. 3. p. 358. pl. 71. f. 12-14.

Habite au port du Roi-Georges, à la Nouvelle-Hollande. Petite espèce
ovale-oblongue, assez étroite, lisse, un peu bombée et ayant le
sommet incliné antérieurement; elle est mince, fragile, d'un jaune-
verdâtre et rayée en long de lignes d'un brun-rouge; le dedans est
blanchâtre, et le bord est orné de points bruns qui correspondent
aux lignes de l'extérieur.

8. Patelloïde stellaire. *Patelloida stellaris*. Quoy.

P. testá angulatá, crassá, plurimi costatá, longitudinaliter tenuissimè
striatá, albicante, punctis fuscis circumdatá; fornice semper sub-
rubro punctulato.

Quoy et Gaym. Voy de l'Astr. t. 3. p. 356. pl. 71. f. 1-4.

Habite les mers de la Nouvelle-Hollande. On confond habituellement
cette espèce avec la *Patella saccarina* de Linné. Il est évident,
comme l'a très bien reconnu M. Quoy, qu'il y a deux espèces
dont la surface est divisée régulièrement par sept côtes : l'une
d'elles, le *Saccarina*, a les côtes anguleuses et presque tranchantes;
celle - ci les a obtuses et plus prolongées sur les bords; à l'intérieur, la *Patella saccarina* a une tache d'un brun plus ou moins
foncé au centre, tandis que celle-ci est garnie d'un enduit sub-
vitreux sur lequel un grand nombre de points bruns sont parsemés
irrégulièrement.

9. Patelloïde en cône. *Patelloida conoidea*. Quoy.

P. testá ovatá, arcuatá, valde conicá, apice obtusá, rotundá cineres-
cente, intùs corneo-fuscá, margine maculatá.

Quoy et Gaym. Voy. de l'Astr. t. 3. p. 355. pl. 71. f. 5-7.

Habite le port du Roi-Georges. Un seul individu de cette espèce a été
recueilli par MM. Quoy et Gaymard. Ne l'ayant pas sous les yeux,
nous rapportons ici textuellement la courte description qu'ils en
donnent : « Espèce singulièrement élevée en cône comme un étei-
« gnoir; ova'aire, arquée, obtuse et arrondie au sommet, et telle-
« ment souillée qu'on ne peut au juste dire quelle est sa vraie cou-

« leur, qui paraît grisâtre, avec des lignes longitudinales brunes
« que l'on ne voit plus que sur les bords et en dedans. »

10. **Patelloïde flammée.** *Patelloida flammea.* **Quoy.**

*P. testâ minimâ, ovato-conicâ, tenuissimè longitrorsum striatâ, luteâ,
fusco flammeâ aut reticulatâ.*

Quoy et Gaym. Voy. de l'Astr. t. 3. p. 354. pl. 71. f. 15-24.

Habite en abondance dans les mers de Van-Diemen et sur les bords
de l'île de Guam. L'animal est d'un jaune peu foncé ; ses tentacules
sont grêles et allongées, et son manteau finement frangé sur le bord
est orné de petites taches d'un beau brun. La coquille est ovale-
oblongue et très variable par sa forme et ses couleurs ; son sommet
est subcentral, quelquefois incliné en avant ; la surface extérieure
est ornée de stries rayonnantes très fines ; sur une fond jaunâtre,
elle est parcourue de flammules brunes, étroites, que l'on aperçoit aussi bien en dedans qu'en dehors. D'autres individus sont
brunâtres ou blanchâtres, mais toujours reconnaissables aux flammules dont ils sont ornés.

11. **Patelloïde striée.** *Patelloida striata.* **Quoy.**

*P. testâ orbiculari, convexâ, tenuissimè striatâ, fucescente vel nigrâ,
subtus cœruleâ fusco marginatâ ; apice obtuso.*

Quoy et Gaym. Voy. de l'Astr. t. 3. p. 353. pl. 71. f. 8-11.

Habite la mer de l'île Célèbes. L'animal, d'après M. Quoy, est d'un
vert glauque ; ses tentacules sont longs et pointus, d'un brun-clair,
et le manteau est orné sur tout le contour de cirrhes tentaculaires
bifurqués. La coquille est ovale-obronde, à sommet antérieur et
subcentral ; elle est brune en dehors, finement striée, quelquefois
ornée de taches blanchâtres ou jaunâtres en réseau ; en dedans, le
centre est brunâtre ; le pourtour est d'un blanc-bleuâtre plus ou
moins foncé, et le bord, mince et tranchant, est brun.

12. **Patelloïde fragile.** *Patelloida fragilis.* **Quoy.**

*P. testâ membranaceâ, pellucidâ, ovatâ, planâ, levi et viridi, an-
nulis subconcentricis fuscis ornatâ, intùs smaragdinâ ; margine
fusco.*

Chemn. Tab. 197. f. 1921 ?

Quoy et Gaym. Voy. de l'Astr. t. 3. p. 351. pl. 71. f. 28-30.

Sow. Genera of shells. *Patella.* f. 6.

Habite les mers de la Nouvelle-Zélande, sous les pierres. L'animal
est communément d'un jaune d'orpin clair, et ses tentacules
sont noirs ; la coquille est ovalaire, régulière, très mince, et
très déprimée, subcornée et transparente ; son sommet est très sur-

baissé et très rapproché du bord antérieur. Examinée à un grossissement convenable, on voit, sur la surface, un grand nombre
de stries fines et rayonnantes; ces stries sont légèrement onduleuses et disparaissent vers le sommet, qui est tout-à-fait lisse; la
coquille est ornée de petites zones concentriques d'un brun-vert,
sur un fond brunâtre; en dedans, ses bords sont ornés de larges
zones vertes.

Le genre Siphonaire a été établi par M. Sowerby, dans
son *Genera* des coquilles. Ce genre, avant cette époque,
était confondu parmi les Patelles et Adanson, lui-même
qui en connut une espèce qu'il désigna sous le nom de
Mouret, le laissa dans son genre Lepas, représentant
exactement les Patelles de Linné. L'animal de ce genre
curieux était resté inconnu jusque dans ces derniers temps
où MM. Quoy et Gaymard en donnèrent une bonne description, dans la Zoologie du voyage de l'*Astrolabe*. Avant
cela, M. de Blainville avait trouvé dans les planches du
grand ouvrage d'Égypte, la figure d'un animal des Siphonaires; mais comme elle n'est point accompagnée de
description, elle avait échappé à la plupart des naturalistes.
Frappé depuis long-temps de la non-symétrie des coquilles
appartenant au genre Siphonaire, et ayant remarqué les
caractères particuliers qui les distinguent des Patelles,
nous avions formé, dès 1825, dans notre collection, un
petit groupe particulier pour ces espèces. Depuis que le
genre qui nous occupe a été caractérisé d'une manière
complète par M. de Blainville, il a été généralement adopté;
mais on est resté long-temps incertain sur la place qu'il
devait occuper dans la série. Voici les caractères génériques
tels que les a rectifiés M. de Blainville à l'article Siphonaire
du Dictionnaire des sciences naturelles.

SIPHONAIRE. (Siphonaria.)

Corps subcirculaire, conique, plus ou moins déprimé,
tête subdivisée en deux lobes égaux, sans tentacules ni

yeux évidens; bords du manteau crénelés et dépassant un pied subcirculaire, comme dans les Patelles; cavité branchiale transverse; contenant une branchie pectinée également transverse, ouverte un peu avant le milieu du côté droit, et pourvue à son ouverture d'un lobe charnu de forme carrée, situé dans le sinus entre le manteau et le pied; muscle rétracteur du pied divisé en deux parties, une beaucoup plus grande, postérieure, en fer-à-cheval; l'autre très petite à droite et en avant de l'orifice branchial.

Coquille non symétrique, patelloïde, elliptique ou suborbiculaire, à sommet bien marqué, un peu sénestre et postérieur; une espèce de canal ou de gouttière sur le côté droit, rendu sensible en dessus par une côte plus élevée et le bord plus saillant; l'impression musculaire divisée comme le muscle qu'elle représente.

N'ayant pas eu à notre disposition un animal des Siphonaires, pour en faire la dissection, nous pensons que les naturalistes trouveront ici avec plaisir, ce que M. Quoy dit, dans l'ouvrage cité ci-dessus, sur ce genre intéressant.

« Le chaperon céphalique est fort large, divisé en deux
« lobes égaux, arrondis, pourvus en dessus d'yeux sessiles,
« sans apparence de tentacules; la bouche est en dessous,
« le pied est ovalaire et séparé de la tête par un sillon
« transverse. De son contour l'animal laisse suinter à
« volonté une humeur visqueuse et blanchâtre, il est
« débordé par un manteau à bord continu, mais se
« dédoublant à droite et présentant une languette qui
« se relève en forme de soupape pour clore l'ouverture
« commune de la respiration et de la dépuration; un peu
« en avant est celle de l'organe femelle, et au côté droit
« de la tête se trouve celle du mâle, à l'endroit où serait
« le tentacule, s'il en existait. Ces deux trous sont très
« difficiles à voir.

« La coquille enlevée, voici ce qu'on aperçoit : un
« muscle d'attache en fer-à-cheval qui n'est interrompu
« que dans un petit espace à droite à l'endroit du siphon;
« un manteau très mince qui laisse voir une assez grande
« branchie transversale, un peu en S; à sa terminaison à
« gauche, à toucher le muscle circulaire, est le cœur
« entouré d'un organe de viscosité; plus en arrière le
« rectum appuyé sur l'utérus; la cavité branchiale est
« longue transversalement, mais fort peu large d'arrière
« en avant. Son ouverture est ronde.

« La masse buccale est grosse, arrondie, bilobée, pourvue
« en arrière d'une petite vessie, comme dans le limaçon,
« et d'un ruban lingual à denticules transverses; deux
« glandes salivaires assez considérables viennent s'ouvrir
« dans l'œsophage. L'estomac qui lui fait suite s'en
« distingue peu; l'intestin fait une circonvolution dans le
« foie, et se porte aussitôt à droite : le rectum, qui est
« toujours plus rétréci, ce qui est contraire à ce qui a lieu
« dans la plupart des Mollusques, côtoie la branchie, et
« vient s'ouvrir sur le limbe même de la languette pulmo-
« naire. Le foie a au moins quatre lobes assez difficiles à
« isoler, et qui embrassent en partie l'intestin.

« Tout-à-fait en arrière et un peu à droite, l'ovaire est
« acculé à un des lobes du foie; son oviducte tortillé se
« porte sous l'utérus, qui a la forme d'une cornemuse, dont
« le col s'ouvre un peu en avant de la soupape branchiale.
« Sur ce viscère, un peu contourné sur lui-même, est
« appliqué le canal de la vessie propre à plusieurs Mollus-
« ques pulmonés et dont on ignore l'usage. Nous croyons
« que son ouverture se confond avec celle de l'utérus.

« Au-dessus des viscères digestifs et près de la tête est
« le testicule, en masse arrondie, à long conduit déférent,
« replié sur lui-même, communiquant avec un assez long
« pénis recourbé en crochet, ayant un muscle rétracteur
« et allant sortir au côté du lobe droit de la tête; l'organe

« excitateur ne nous a pas paru exister dans toutes les
« espèces, ou du moins il était si petit, que nous n'avons
« pu le reconnaître au milieu de cette masse de viscères
« entassés les uns sur les autres.

« Le cerveau, placé en arrière de l'œsophage, est formé
« de deux ganglions très distans, réunis par un cordon
« supérieur ; l'inférieur, complétant le cercle nous a
« échappé, il en part une foule de cordons pour la tête ;
« deux entre autres, très distincts, vont aux yeux; d'autres
« se portent en arrière pour les viscères, le pied, etc., etc.
« C'est la Siphonaire de Diémen qui a fourni la plus
« grande partie des détails dans lesquels nous venons
« d'entrer. »

ESPÈCES.

1. **Siphonaire élégante.** *Siphonaria concinna.* **Sow.**

> *S. testá patelliformi, conicá aliquando depressá longitudinaliter cos-*
> *tatá : costis simplicibus, angustis albis, vel griseis; interstitiis ni-*
> *gricantibus; margine dentato, lineis radiantibus alternatim albis et*
> *nigris picto.*

Sow. Genera of shells. *Siphonaria.* f. 1. 2.

Desh. Encycl. méth. vers. t. 3. p. 954. n° 1.

Habite les mers du Chili. Coquille patelliforme, plus ou moins déprimée, ovale, à sommet obtus et subcentral; les côtes qui en partent sont assez nombreuses, étroites, peu saillantes, simples, blanches, ou d'un blanc-grisâtre; les interstices sont d'un brun-noirâtre; à l'intérieur, la coquille est brunâtre ou grisâtre, et son
bord offre une zone assez large de linéoles alternativement blanches et d'un brun foncé.

2. **Siphonaire radiée.** *Siphonaria radiata.* **De Blainv.**

> *S. testá ovato-subcirculari, costis æqualibus appressis, convexis, ra-*
> *diantibus ornatá; apice obtuso, subcentrali, interstitiis fuscis sim-*
> *plicibus; intùs fuscá, marginibus albis, lineis fuscis, radiantibus,*
> *ornatis.*

Blainv. Dict. Sc. nat. t. 49. p. 294.

Malac. pl. de princ. 2. f. 4.

Habite..... Coquille ovale-obronde, très déprimée, à sommet subcentral et obtus; les côtes qui en partent, au nombre de dix-huit

ou vingt, sont grosses, aplaties, blanches, et leurs interstices sont tantôt simples et tantôt finement striées ; en dedans, la coquille est brune, et son bord, profondément dentelé, est blanc, orné de linéoles brunes, correspondant aux intervalles des côtes ; l'une des côtes, placée sur le côté, est du double des autres et indique la position du siphon.

3. Siphonaire exiguë. *Siphonaria exigua*. Sow.

S. testá ovatá, conicá, apice subcentrali acuto ; costis majoribus, albis, radiantibus, alteris minoribus fusco-puncticulatis, intùs fuscá, marginibus albis, fusco radiatis.

Sow. Genera of shells. *Siphonaria*. f. 4.

Blainv. Dict. Sc. nat. t. 49. p. 295.

Habite le port Praslin (Lesson). Petite coquille conique, pointue, ovale-oblongue; son sommet subcentral donne naissance à huit ou dix grosses côtes blanches, convexes, dont l'une sur le côté droit, plus large et plus saillante, est bifide dans toute son étendue; entre ces côtes, on en voit d'autres n'atteignant pas le sommet', beaucoup plus fines et plus rapprochées, irrégulièrement ponctuées de rouge-brun; en dedans, le fond de la coquille est d'un brun foncé; son bord est blanc et orné de linéoles brunes partant du fond, bifurquées à leur extrémité.

4. Siphonaire siphon. *Siphonaria sipho*. Sow.

S. testá patelliformi, ovato-rotundá, radiatim costatá : costis inæqua-libus, alternis, minoribus, vertice subcentrali, acuto costis duabus anticis in margine productioribus.

Sow. Genera of shells, *Siphonaria*, f. 1.

Desh. Encycl. méth. vers. t. 3. p. 954. n° 2.

Habite les mers du Pérou? Coquille patelliforme ; à sommet pointu et subcentral; les côtes sont inégales; quatorze à dix-huit, plus grosses et saillantes, convexes, sont assez écartées pour que deux ou trois autres plus fines, et n'atteignant pas le sommet, puissent s'y placer : l'une de ces côtes, antérieure et à droite, est bifurquée, saillante sur le bord, en forme de languette, et indique la position du siphon ; en dedans, la coquille est brune sur le fond et blanche sur les bords ; en dehors, les côtes sont blanches, et les interstices sont ponctués de brun. Dans certains individus, ces ponctuations forment des zones transverses.

5. Siphonaire plissée. *Siphonaria plicata*. Quoy.

S. testá ovato-orbiculatá, solidá, plicatá, conico-tumidá, albicanti, apice acutá, tenuissimè striatá ; margine integro, undulato, intùs albido, rubicundulo, striato; fornice subrubro.

Quoy et Gaym. Voy. de l'Astr. t. 3. p. 346. pl. 25. f. 26. 27.
Habite l'île de Tongatabou, au village de Hifo. Petite espèce ovale-oblongue, quelquefois arrondie, conique, convexe, dont le sommet subcentral est un peu incliné en arrière. Les petites côtes dont elle est ornée en dehors sont fines et égales; elles sont d'un blanc-bleuâtre, et son sommet est rougeâtre; en dedans, elle est d'un blanc corné, et les intervalles des côtes y apparaissent sous forme de stries rougeâtres rapprochées deux à deux. L'impression musculaire est fauve; l'animal est blanchâtre.

6. Siphonaire aplatie. *Siphonaria plana*. Quoy.

S. testâ ovali, scabrâ, fragili, planâ, nigro subrubro striatâ; apice mediano; margine intùs fusco albo lineolato.

Quoy et Gaym. Voy. de l'Astr. t. 2. p. 345. pl. 25. f. 21. 22.
Habite les mers de l'Ile-de-France. Cette coquille est ovale-oblongue, très aplatie, à sommet obtus, et on le voit sensiblement incliné à gauche dans les individus bien conservés; la surface extérieure présente un grand nombre de côtes blanchâtres, anguleuses, dont l'une, latérale, plus saillante et bifide, indique la position du siphon. Les intervalles des côtes sont d'un brun foncé; les bords sont profondément dentelés; à l'intérieur, la coquille est brune; elle est blanchâtre vers les bords, et les côtes sont indiquées par des linéoles blanches.

7. Siphonaire zélandaise. *Siphonaria zelandica*. Quoy.

S. testâ ovato-orbiculatâ, planâ, crasse striatâ, albicante, fusco punctatâ; apice obtuso submediano; margine intùs albo bruneo punctato; fornice luteolo.

Quoy et Gaym. Voy. de l'Astr. t. 2. p. 344. pl. 25. f. 17. 18.
Habite les mers de la Nouvelle-Zélande. Coquille ovale-obronde, ayant quelque ressemblance avec la Siphonaire de Diémen. Son sommet est subcentral, un peu incliné à gauche; il en part, en rayonnant, dix-huit à vingt côtes arrondies, écartées, blanchâtres, et dont les intervalles sont d'un brun plus ou moins foncé, selon les individus; à l'intérieur, le fond de la coquille est d'un blanc-jaunâtre, avec quelques nuages brunâtres; les bords, crénelés par la saillie des côtes, sont ornés de lignes rayonnantes, alternativement blanches et brunes.

8. Siphonaire de Guam. *Siphonaria Guamensis*. Quoy.

S. testâ minimâ, ovato-oblongâ, oblique conicâ, albo et nigro radiatâ; costis æqualibus, apice acutâ, recurvâ; intùs lineolata; fornice nigro.

Quoy et Gaym. Voy. de l'Astr. t. 2. p. 343. pl. 25. f. 15. 16.

Habite les mers de l'île de Guam. L'animal est de couleur grisâtre; la coquille est petite, mince, déprimée, à sommet pointu et postérieur, ce qui lui donne la forme de certains cabochons; les côtes sont entières, fines, rayonnantes, et les intervalles qui les séparent sont d'un brun-noirâtre; à l'intérieur, la coquille est d'un brun-chocolat, et son bord est alternativement linéolé de blanc et de noir.

9. Siphonaire ponctuée. *Siphonaria punctata.* Quoy.

S. testá minimá, oblongo-ovatá, convexo-conicá, tenuiter striatá, albo, bruneo punctatá; vertice excentrali acuto; margine subintegro; intùs albo, fornice fusco.

Quoy et Gaym. Voy. de l'Ast. t. 2. p. 341. pl. 25. f. 13. 14.

Habite les mers de l'Ile-de-France.

Il pourrait se faire, comme le pense M. Quoy, que cette espèce ait été établie avec de jeunes individus; mais comme elle offre quelques caractères particuliers, il n'est pas inutile de la signaler à l'attention des naturalistes. Elle est ovale, oblongue, conique, à sommet pointu et incliné postérieurement; elle montre, à l'extérieur, un assez grand nombre de côtes arrondies, légèrement onduleuses, et dont quelques-unes sont plus saillantes; en dehors cette coquille est blanchâtre, et elle est ornée de deux cercles de points bruns, dont l'un est placé près des bords; l'intérieur est d'un beau brun.

10. Siphonaire denticulée. *Siphonaria denticulata.* Quoy.

S. testá oblongá, convexiusculá, desuper albidá, costis elevatis radiatá; apice centrali subacuto; margine intùs albo, denticulato; fornice fusco.

Quoy et Gaym. Voy. de l'Astr. t. 2. p. 340. pl. 25. f. 19. 20.

Habite les mers de la Nouvelle-Hollande.

Coquille ovale, oblongue, peu bombée, à sommet subcentral et obtus, ornée à l'extérieur d'un grand nombre de grosses côtes très saillantes, déprimées sur les côtés, dans les intervalles desquelles on en remarque une ou deux qui n'atteignent point jusqu'au sommet : ces côtes sont blanches, et les interstices sont brunâtres; en dedans, la coquille est d'un beau brun, interrompu par quelques zones blanchâtres; le bord brun est orné, par les linéoles blanches que produisent les côtes.

11. Siphonaire d'Algesiras. *Siphonaria Algesiræ.* Quoy.

S. testá ovali, convexá, elevatá, tenuissimè striatá; vert'ce excentrali

rotundo; margine indiviso; intùs fornice aurantiaco et fusco.
Quoy et Gaym. Voy. de l'Astr. t. 2. p. 338. pl. 25. f. 23-25.
Habite la mer de Gibraltar.

M. Quoy, qui a examiné la collection de Lamarck, dit que très probablement cette coquille est la même que celle confondue par Lamarck dans sa collection avec les individus du *Patella leucopleura.*
Cette Siphonaire est en général plus régulière que la plupart de ses
congénères ; elle est ovale, oblongue, à sommet saillant et obtus,
incliné-postérieurement ; la surface extérieure est ornée d'un très
grand nombre de stries blanchâtres, rayonnantes, un peu onduleuses, dont les unes naissent du sommet, tandis que les autres ne
se montrent que plus bas ; les interstices sont d'un brun plus foncé, la couleur intérieure est assez variable ; le centre est tantôt
blanchâtre, quelquefois d'un brun plus foncé, et dans certains individus d'un brun-marron foncé ; les bords sont toujours ornés sur
un fond brunâtre, d'un grand nombre de linéoles blanches.

12. Siphonaire de Vanikoro. *Siphonaria atra.* Quoy.

*S. testá depressiusculá, ovato-rotundatá, intùs et extùs nigricante ;
costis inæqualibus ; margine æqualiter dentato ; siphunculo fortiter
proeminente.*
Quoy et Gaym. Voy. de l'Astr. t. 2. p. 337. pl. 25. f. 41, 42.
Habite les mers de l'île de Vanikoro.

Coquille ovale, obronde, conique, aplatie, à sommet obtus et souvent médian ; il en part une quinzaine de grosses côtes arrondies,
dans l'intervalle desquelles il y en a d'autres plus petites et plus
courtes ; l'une de ces côtes, plus grosse et bifide, indique la position du siphon ; les bords sont fortement dentelés par la saillie
des côtes ; en dehors, cette coquille est d'un brun presque noir,
et en dedans d'un brun-marron foncé.

13. Siphonaire albicante. *Siphonaria albicans.* Quoy.

*S. testá ovato-orbiculari, depressá, albicante, perlucidá, margine
denticulatá ; siphunculo proeminente ; costis radiantibus, inæqualibus, rugosis ; intùs fusco et corneo.*
Quoy et Gaym. Voy. de l'Astr. t. 2. p. 335. pl. 25. f. 38-40.
Habite les mers de l'île Vanikoro et de la Nouvelle-Irlande.

L'animal est couleur jaune-pâle, ponctué de jaune plus foncé et de
noirâtre. La coquille est ovale, obronde, généralement déprimée,
à sommet subcentral : ce sommet est pointu lorsqu'il est bien conservé, il est très obtus lorsqu'il a été rongé ; il donne naissance à
de grosses côtes blanches, convexes, dont les intervalles sont bruns.
L'une d'elles, plus grosse et plus saillante, indique la position du

siphon intérieur; à l'intérieur, la coquille est blanchâtre, et l'on y aperçoit, par transparence, les interstices brunes des côtes.

14. Siphonaire pointue. *Siphonaria acuta.* Quoy.

S. testá rotundatá, conicá, polygonali, apice acutissimá, fuscá; costis æqualibus, aliquot eminentibus; margine denticulato.

Quoy et Gaym. Voy. de l'Ast. t. 2. p. 334. pl. 25. f. 35-37.

Habite les mers des îles Célèbes et de l'île Vanikoro.

L'animal est de couleur verdâtre, et il est orné de linéoles et de taches noirâtres. La coquille est ovalaire, elle est conique et pointue, son sommet est central, et il en part, en rayonnant, sept à huit grosses côtes blanchâtres, entre lesquelles d'autres plus petites viennent se placer : ces côtes intermédiaires sont brunes, légèrement ponctuées de rougeâtre; à l'intérieur, la coquille est brune, linéolée de blanc; le siphon est très saillant et indiqué au dehors par une côte double, plus proéminente que les autres.

15. Siphonaire verte. *Siphonaria viridis.* Quoy.

S. testá ovato-orbiculatá, convexá, apice acutá, albo et fusco striatá; costis æqualibus, pluribus eminentioribus; fornice castaneo; margine albo notato.

Quoy et Gaym. Voy. de l'Astr. t. 3. p. 332. pl. 25. f. 30. 31.

Habite les mers de l'île d'Amboine.

L'animal est remarquable par sa couleur d'un vert-foncé en dessous, d'un jaune-verdâtre sur les côtés, parsemé de petites taches d'un vert plus intense. La coquille est conique, ovale-obronde, ayant le sommet presque médian et pointu; les côtes sont de deux sortes: les unes plus grosses, au nombre de dix environ, laissent assez d'intervalle, pour que d'autres, plus petites, puissent se placer entre elles : ces côtes sont blanches, et les sillons, qui les séparent, sont bruns. A l'intérieur, la coquille est d'un brun-marron foncé, et les bords sont blancs.

16. Siphonaire du cap. *Siphonaria capensis.* Quoy.

S. testá elongato-ovali; costis æqualibus, densissimis, albicantibus striatá, fornice fusco, lucido; apice posteriori.

Quoy et Gaym. Voy. de l'Astr. t. 2. p. 331. pl. 25. f. 28. 29.

Habite les mers du cap de Bonne-Espérance.

L'animal a le pied orangé-pâle en dessous, jaune sur les côtés et piqueté de très petits points noirs. La coquille est ovale, oblongue, convexe, à sommet subcentral; il en part, en rayonnant, un grand nombre de petites côtes blanches, sur un fond brun. Ces côtes sont peu saillantes, rapprochées, souvent un peu onduleuses, et il y en a d'intermédiaires qui ne remontent pas jusqu'au sommet; à l'intérieur, la coquille est d'un beau brun-foncé, quelquefois couleur d'écaille de tortue vers le sommet. Ses bords sont à peine dentelés et ornés de linéoles alternativement blanches et brunes.

17. Siphonaire australe. *Siphonaria australis*. Quoy.

S. testá elongato-ovatá, convexiusculá; costis inæqualibus, undulatis, albicantibus striatá, intùs rufescente; apice posteriori.

Quoy et Gaym. Voy. de l'Ast. t. 2. p. 329. pl. 25. f. 32. 34.

Habite les mers de la Nouvelle-Zélande.

L'animal est un peu trop grand pour sa coquille; il a les mouvemens plus vifs que les Patelles et les autres Siphonaires; tout son corps est d'un blanc-jaunâtre pâle, et son pied est piqueté de noirâtre sur les côtés. La coquille est ovale, oblongue, plutôt convexe que conique, cependant terminée au sommet par une petite pointe inclinée à gauche : ce sommet donne naissance à 33 côtes inégales, très rapprochées, d'un blanc-jaunâtre, séparées par des sillons brun-rougeâtre; la coquille est fauve à l'intérieur, et le dehors est ponctué de brun et de rougeâtre.

18. Siphonaire de Diémen. *Siphonaria Diemenensis*. Quoy.

S. testá ovali, convexá, cinereo rufescente, costis inæqualibus, albis radiatá; vertice elevato, medio; intus fornice rufo; margine castaneo alboque lineolato.

Quoy et Gaym. Voy. de l'Astr. t. 2. p. 327. pl. 25. f. 1-12.

Habite dans les mers de l'île de Van-Diemen.

L'animal est d'un jaune-citrin; la coquille est ovalaire, assez régulière, à sommet subcentral : ce sommet est ordinairement rongé, et il en part, en rayonnant, un assez grand nombre de côtes arrondies, assez grosses, qui, en aboutissant sur le bord, se prolongent en dentelures. En dehors, les côtes sont jaunâtres sur un fond brun; en dedans les vieux individus sont bruns, blancs ou blanchâtres vers le sommet, et les bords offrent une assez large zone sur laquelle les côtes du dehors sont marquées par des lignes blanches, et leurs interstices par des lignes brunes plus larges.

19. Siphonaire de Lesson. *Siphonaria Lessoni*. de Blainv.

S. testá ovatá, conicá, apice acuto, posticè inflexo; costis depressis, radiantibus; intùs fuscá, impressione musculari pallidiore; marginibus integris rubro puncticulatis.

De Blainv. Malac. pl. 44. f. 2.

Id. Dict. sc. nat. t. 49. p. 296.

Habite les îles Malouines (Lesson), nous la connaissons également des mers du Chili et du Pérou.

Coquille ovale, oblongue, conique, ayant assez souvent la forme d'un Cabochon; son sommet, pointu et postérieur, fort relevé, s'avance quelquefois jusqu'au niveau du bord postérieur; la surface extérieure est d'un brun-marron jaunâtre; les côtes qui s'y montrent, sont blanchâtres, à peine saillantes, très rapprochées, avec des interstices d'un brun assez foncé; en dedans, la coquille est d'un beau brun-marron, interrompu par une zone plus pâle, sur laquelle est l'impression musculaire; les bords sont simples et obscurément ponctués de rouge.

Espèces fossiles.

1. Siphonaire de Gascogne. *Siphonaria Vasconiensis.* Mich.

S. testâ ovatâ, conicâ, subdepressâ; vertice centrali obtuso; costis radiantibus crassis, obtusis, marginibus integris, leviter undulatis; impressione musculari, lateraliter fimbriatâ.

Mich. Mag. de zool. pl. 32.

Habite..... Fossile aux environs de Dax.

Espèce très belle et très remarquable par sa taille; elle est plus grande que la plupart des espèces vivantes; elle est ovale, obronde, plus symétrique et régulière que ne le sont la plupart des Siphonaires; son sommet est très obtus, subcentral; il est lisse, et ce n'est qu'au-dessous de lui que naissent un assez grand nombre de côtes rayonnantes; les bords sont assez épais, simples, légèrement onduleux; l'impression musculaire a son bord intérieur dentelé, et le siphon, dont la saillie n'est point sensible au dehors, est indiqué en dedans par une gouttière large et assez profonde.

2. Siphonaire bisiphite. *Siphonaria bisiphites.* Michelin.

S. testâ ovatâ, conicâ, costulis numerosis, radiantibus, subscabris ornatâ, vertice obtuso subcentrali; siphone bipartito, latissimo.

Mich. Mag. de zool. pl. 5.

Habite..... Fossile aux environs de Dax.

Jusqu'à présent, on n'avait point signalé de Siphonaire à l'état fossile. M. Michelin a révélé ce fait intéressant; mais déjà nous avions recueilli, aux environs de Paris, quelques coquilles appartenant à ce genre, et dont nous donnerons la description dans le supplément de notre ouvrage sur les fossiles des environs de Paris. L'espèce, décrite par M. Michelin, est ovale, oblongue, conique, ayant

36.

le sommet presque central et obtus, et la surface extérieure couvertes de très petites côtes rayonnantes. En dedans et sur le côté droit, on remarque une impression large et profonde qui indique la position du siphon. Cette dépression est beaucoup plus large que dans les autres espèces connues.

LES SEMI-PHYLLIDIENS.

Branchies placées sous le rebord du manteau, et disposées en série longitudinale, seulement sur le côté droit du corps : elles ne respirent que l'eau.

Sous le rapport de la disposition des branchies, les Mollusques dont il s'agit semblent tenir d'assez près aux Phyllidiens. Ils ont, en effet, leur organe respiratoire disposé en cordon longitudinal dans une portion du canal qui règne autour du corps, entre le rebord du manteau et le pied ; ce sont même, après les Phyllidiens, les seuls Mollusques connus qui aient une pareille disposition dans leurs branchies. Mais, dans les Phyllidiens, le cordon branchial garnit entièrement le canal dont il est question, tandis qu'ici on ne le trouve que dans une grande partie du côté droit. Ces Mollusques sont donc en quelque sorte des Demi-Phyllidiens, dénomination qu'avait d'abord employée *Cuvier* à l'égard du Pleurobranche. Cependant, chose singulière ! si l'on en excepte le rapport que je viens de citer, sous presque toutes les autres considérations les *Semi-Phillidiens* offrent bien peu de ressemblance avec la famille qui les précède ; mais n'ayant point leurs branchies dans une cavité isolée, comme dans les genres qui suivent, quel autre rang aurais-je pu leur assigner parmi les Gastéropodes ? Ils forment une coupe qui n'embrasse jusqu'à présent que deux genres ; et, sauf la disposition longitudinale des branchies, en cordon simple ou double, les animaux qui y appartiennent ont entre eux peu de rapports. Les deux genres dont il est question sont le *Pleurobranche* et l'*Ombrelle*. (1)

—

PLEUROBRANCHE. (Pleurobranchus.)

Corps rampant, charnu, ovale-elleptique, couvert par un manteau qui déborde de toutes parts, et distingué par un pied large, le débordant également ; d'où résulte un canal qui règne autour de lui, entre le manteau et le pied. Branchies sur le côté droit, insérées dans le canal, et disposées en série sur les deux faces d'une lame longitudinale. Bouche antérieure et en dessous, ayant la forme d'une trompe ; deux tentacules cylindriques, creux, fendus longitudinalement au côté externe, et attachés sur le voile qui couvre la bouche. L'ouverture pour les organes de la génération en avant de la lame branchiale, et l'anus en arrière : l'un et l'autre au côté droit.

Une coquille interne, dorsale, mince, aplatie, oblique-ovale, dans plusieurs.

Corpus repens, carnosum, ovato-ellipticum, supernè velo marginante obtectum et subtus pede lato æqualiter prominente distinctum ; undè canalis intra velum et pedem periphæriam corporis occupans. Branchiæ ad latus dextrum, canali insertæ, et in utráque paginá laminæ longitudinalis seriatim adnateæ. Os anticum et subtus, proboscidiforme. Tentacula duo cylindrica, cava, externo latere longitudinaliter fissa, ad laminam os obtegentem affixa. Apertura organorum

—

(1) A ne considérer que le caractère de la position de la branchie, cette famille de Lamarck serait plus naturelle que celle des Tectibranches de Cuvier, dans laquelle on trouve aussi les Aplysies, les Bulles, les Acères, les Ombrelles et d'autres genres qui méritent d'être séparés en familles, non-seulement d'après la position de la branchie, mais encore par le nombre des tentacules, leur présence ou leur absence.

generationis ante laminam branchiarum et anus pone, in latere dextro.

Testa interna, dorsalis, tenuis, planulata, obliquè-ovata, in pluribus.

OBSERVATIONS. — Le genre des *Pleurobranches*, dont on doit la connaissance à M. Cuvier, est singulier autant par la forme et la disposition des branchies que par les tentacules des animaux qui y appartiennent. Ces Gastéropodes, ayant des branchies sériales, placées sous le rebord du manteau, semblent tenir en quelque sorte aux Phyllidiens, quoique ces branchies ne soient disposées que dans la partie du canal située au côté droit. Sous cette considération, ces animaux se trouvent rapprochés de l'Ombrelle; mais leur série branchiale se compose de deux rangées, tandis que celle de l'Ombrelle est très simple. D'ailleurs, le manteau, débordant de tous côtés, et le pied, qui déborde également, semblent enfermer le corps des Pleurobranches entre deux boucliers égaux. Il n'en est pas de même de l'Ombrelle, dont le pied est d'une ampleur si grande qu'il dépasse de beaucoup et de toutes parts le rebord du manteau. Au reste, si le *Pleurobranche* a quelque analogie avec l'Ombrelle, ce n'est guère que par la disposition sériale des branchies, placées de part et d'autre dans la portion du canal qui est située au côté droit de l'animal. Depuis la publication du genre des *Pleurobranches*, on a cru trouver des rapports entre les animaux qu'il comprend et les Laplysiens; en sorte qu'on les a réunis dans la même division. Nous pensons différemment sur ce sujet; car la disposition des branchies est bien loin d'être analogue dans ces divers Mollusques. En effet, celle des Laplysiens sont dorsales et isolées dans une cavité particulière, ce qui n'est pas ainsi dans les *Pleurobranches*. Et qu'on ne dise pas que la pièce testacée, enfermée sous le manteau de ces derniers, réponde à l'opercule des Laplysies qui contient une pièce analogue. Cet opercule protège les branchies qu'il recouvre, tandis que la pièce testacée des *Pleurobranches*, ne recouvrant point les branchies, ne saurait offrir à cet égard aucun rapport de fonctions.

Il paraît que plusieurs espèces de *Pleurobranches* ont déjà été observées, car M. Cuvier en indique quelques-unes; mais n'en connaissant point les différences spécifiques, nous nous bornerons ici à la citation de la seule espèce décrite par le savant que nous venons de nommer.

ESPÈCES.

1. Pleurobranche de Péron. *Pleurobranchus Peronii.*Cuv.

> *Pleurobranchus Peronii.* Cuv. Annales du Mus. 5. p. 269. pl. 18. f. 1. 2.
>
> *An lepus marinus?* Forsk. Arab. pl. 28.
>
> * De Blainv. Malac. pl. 43. f. 2.
>
> * Desh. Encyclop. méth. vers, t. 3. p. 787.
>
> Habite les mers des Indes. Mus. n°. *Péron.* Longueur, environ un pouce et demi.
>
> Etc. M. Cuvier indique comme d'autres espèces de ce genre les *Pl. tuberculatus*, Meckel, *balearicus* et *aurantiacus*, Laroche, et *luniceps*.

† 2. Pleurobranche de Forskal. *Pleurobranchus Forskalii.* Delle Chiaje.

> *P. corpore atro-rubello, tuberculis maximis minimisque prædito, pallio anticè semilunari inciso bilobato, posticè retuso.*
>
> *An lepus marinus?* Forskal. Arab. pl. 28.
>
> Delle Chiaje. Memor. t. 3. p. 254. pl. 41. f. 11.
>
> Habite la Méditerranée.
>
> M. Ruppel, dans son ouvrage sur les Animaux de la mer Rouge, rapporte le Pleurobranche de Forskal de M. Delle Chiaje dans la synonymie de son Pleurobranche citrin. Il suffit de comparer les figures des deux auteurs pour se convaincre que les deux espèces n'ont pas la moindre ressemblance, et il est à présumer que M. Ruppel a cité de mémoire, n'ayant plus sous les yeux ni la figure ni l'animal de la Méditerranée. Le Pleurobranche de Forskal est aussi grand que le suivant : il est ovale, comprimé; son manteau est un peu plus grand que le pied. Il est d'un rouge vineux ou violacé, et l'on y voit de gros tubercules courts, formant ordinairement deux rangées, et dont la base est pentagonale; la branchie est courte, moins saillante que dans l'espèce suivante; les tentacules sont allongés, cylindracés, écartés à la base et pourvus d'un point oculaire à leur insertion.

† 3. Pleurobranche tuberculeux. *Pleurobranchus tuberculatus.* Delle Chiaje.

> *P. corpore luteo, dorso tuberculis maximis exagonis, seriatim dispositis ac medianis, minimisque marginalibus.*

Meckel. Mat. d'Anat. Comp. t. 1. pl. 5. f. 33. 40.
Cuv. Règne An. t. 2. p. 396.
Blainv. Dict. sc. Nat. t. 42. p. 372.
Delle Chiaje, Mémor. t. 3. p. 154. pl. 40. f. 1.
Habite la Méditerranée.

Animal ovale-oblong, ayant quelquefois jusqu'à quatre pouces de longueur; son pied est plus grand que le manteau; tout l'animal est
d'un rouge-brunâtre, et de chaque côté du dos, dont la peau paraît irrégulièrement fendillée, on trouve rangés symétriquement
six à huit gros tubercules coniques, à base circulaire; la branchie
est très grande, saillante au dehors, et dépasse l'extrémité postérieure du corps. On voit deux points oculaires à la base des
tentacules : ces tentacules sont gros, subcylindriques et très rapprochés à la base.

† 4. Pleurobranche citrin. *Pleurobranchus citrinus.* Ruppel.

*P. corpore ovali, compresso pallidè citrino ; dorso maculis irregula-
ribus, albescentibus marmorato : pallio integro.*

Leuckart, Ruppel, Voy. en Afr. invert. p. 18. pl. 5. f. 2.
Ibid. p. 20. pl. 5. f. 1.
Habite..... Le golfe de Suez, trouvé dans le mois de février. Animal
voisin, par sa forme, du *Pleurobranchus Peronii :* il est ovale,
comprimé; son manteau est un peu plus court que le disque du
pied; il est d'un jaune-citron assez intense et marbré de taches
blanches irrégulières. Il nous paraît évident que M. Ruppel, en
rapportant à son espèce le *Pleurobranchus Forskalii* de M. Delle-
Chiaje, n'avait vu ni l'animal ni la figure qui le représente, sans
cela il était impossible qu'il les confondit.

† 5. Pleurobranche cornu. *Pleurobranchus cornutus.* Quoy.

*P. corpore minimo, molli, ovato, apice acuto, caudato, fusco-
rubente, appendicibus buccæ longis ; pede suprá fusco lem-
niscato.*

Quoy et Gaym. Voy. de l'Astr. t. 2. p. 298. pl. 22. f. 20-24.
Habite les mers de l'île d'Amboine.

Espèce beaucoup plus petite que les autres, que MM. Quoy et Gaymard présumaient être encore jeune. Elle se distingue par la profonde échancrure antérieure de son manteau et par le prolongement latéral en deux sortes de cornes du voile frontal; le manteau
est court, et dépassé en arrière par le pied; tout le corps est
rougeâtre, couvert de tubercules violacés un peu jaunâtres; une
bande brune borde la face supérieure du pied.

† 6. Pleurobranche ponctué. *Pleurobranchus punctatus.* Quoy.

P. corpore molli, ovato plano; postice subrotundo, lævi, aurantiaco, duabus lineis albis punctato; tentaculis longis.

Quoy et Gaym. Voy. de l'Astr. t. 2. p. 299. pl. 22. f. 15-19.

Habite les mers de la Nouvelle-Hollande, à la baie de Jervis.

Animal ovale oblong, p'us convexe et à manteau plus court que la plupart des autres espèces du même genre; il est très facilement reconnaissable par sa belle couleur rouge-orangée et ses deux lignes dorsales de points blancs.

† 7. Pleurobranche mamelonné. *Pleurobranchus mamillatus.* Quoy.

P. corpore maximo, molli, suborbiculato, caudato, valde tuberculoso, fusco et rubro variegato; maculis semi-circularibus, subrubris desuper.

Quoy et Gaym. Voy. de l'Astr. t. 2. p. 294. pl. 22. f. 1-6.

Habite les mers de l'Ile-de-France.

Ce Mollusque a quelquefois plus de cinq pouces de longueur : il est ovalaire, aplati et remarquable par les gros tubercules coniques assez nombreux qu'il porte sur le dos. Ses deux tentacules sont en forme de cornets; ils se réunissent à la base, et offrent en dessus deux points oculaires; le manteau est orné de croissans de couleur de lacque, et l'on voit irrégulièrement répandues des taches noirâtres entourées de brun-rougeâtre et de jaune. Toute la partie antérieure de l'animal est d'un beau rouge-sombre, la reste est légèrement jaunâtre.

OMBRELLE. (Umbrella.)

Corps fort épais, ovalaire, muni d'une coquille dorsale; à pied très ample, lisse et plat en dessous, débordant de toutes parts, échancré antérieurement, et atténué en arrière. Tête non distincte. Bouche dans le fond d'une cavité en entonnoir située dans le sinus antérieur du pied. Quatre tentacules: deux supérieurs, épais, courts, tronqués, fendus d'un côté, comme lamelleux transversalement à l'intérieur; deux autres, minces, en forme de crêtes pédiculées, insérés aux côtés de la bouche. Branchies foliacées,

- disposées en cordon, entre le pied et le léger rebord du manteau, le long du côté d oit, tant antérieur que latéral. Anus après l'extrémité postérieure du cordon branchial.

Coquille externe, orbiculaire, un peu irrégulière, presque plane, légèrement convexe en dessus, blanche, avec une petite pointe apicale vers son milieu; à bords tranchans : sa face interne étant un peu concave, et offrant un disque calleux, coloré, enfoncé au centre, et entouré d'un limbe lisse.

Corpus valde crassum, obovatum, testâ dorsali onústum; pede amplissimo, subtus plano, undique prominente, anterius sinu emarginato, postice attenuato. Caput non distinctum. Cavitas infundibuliformis in sinu antico pedis os in fundo recondens. Tentacula quatuor : superiora duo, crassa, brevia, truncata, hinc fissa, intus transversim sublamellosa ; altera duo tenuia, cristata, pedicellata, ad oris latera. Branchiæ foliaceæ, seriatim ordinatæ, infra cutis marginem per totam longitudinem lateris dextri. Anus post extremitatem posticam branchiarum.

Testa externa, orbicularis, subirregularis, plan-ilata, superne convexiuscula, albida, versus medium mucrone apicali brevissimo præbita; marginibus acutis : internâ facie subconcavâ; disco calloso, colorato, ad centrum impresso, limbo lævi cincto.

OBSERVATIONS. — M. *de Blainville* étant le seul naturaliste qui ait examiné l'animal de *l'Ombrelle*, et ayant bien voulu nous communiquer l'extrait de ses observations, nous allons exposer cet extrait d'après lequel nous avons formé en partie le caractère ci-dessus. Ce naturaliste donne le nom de *Gastroplax* à l'animal dont il s'agit.

« Corps large, ovalaire, très déprimé, pourvu inférieurement d'un large disque musculaire, échancré antérieurement, et dé-passànt de toutes parts le manteau qui est à peine marqué et fort mince. Quatre organes tentaculiformes : les deux antérieurs minces, foliacés, et cachés dans le fond d'une sorte d'entonnoir où se trouve la bouche; les deux autres fort gros, courts, et comme lamelleux intérieurement. Des folioles branchiales nombreuses et formant un long cordon qui occupe toute la partie antérieure et latérale droite du sillon de séparation du pied et du manteau. Anus à la partie postérieure du cordon branchial. Les deux sexes de l'appareil de la génération sur le même individu; terminaison de l'oviducte à la partie antérieure du côté droit et communiquant par un sillon coûrt avec la racine de l'organe mâle situé en avant de la racine du tentacule postérieur droit. Une sorte de coquille excessivement déprimée ou tout-à-fait plate, non symétrique, à sommet à peine marqué, et adhérente, dans presque toute son étendue, sous le côté droit du disque abdominal. Dans cet animal, qui a près de quatre pouces de long sur trois de large, le pied est véritablement remarquable par son excessive amplitude, puisqu'il dépasse de beaucoup le corps proprement dit, en formant autour de lui une sorte de plan incliné. Sa forme est ovalaire, plus pointue en arrière, plus large en avant; il est tout-à-fait lisse et plat en dessous, et très tuberculeux en dessus. Au milieu de son bord antérieur est une échancrure qui le prolonge en une sorte de canal jusqu'à ce qu'il ait atteint le sillon qui règne tout autour du corps proprement dit et qui le sépare du pied. C'est dans ce sillon, plus large à droite qu'à gauche, que l'on trouve un long cordon de pyramides branchiales bien distinctes et occupant toute la partie antérieure du sillon, ainsi que tout le côté droit. En arrière de ce cordon est l'anus, à l'extrémité d'un petit tube flottant; et en avant l'orifice de l'oviducte qui, au moyen d'un sillon assez court qui passe entre les deux tentacules postérieurs, va communiquer avec l'organe mâle de la génération, placé dans le sillon céphalique en avant du tentacule droit. Les tentacules postérieurs, assez rapprochés l'un de l'autre, sont fort gros, comme tronqués et fendus dans toute leur longueur. Tout l'intérieur de cette fente est rempli par des replis transversaux. Il sont placés à la partie médiane et antérieure du sillon branchial. Les tentacules antérieurs ou buccaux ne sont pas visibles au premier aperçu; en effet, il sont situés au fond d'une large cavité en forme d'entonnoir qui occupe le bord antérieur du pied, et dans lequel saille la bouche sous forme de mamelon.

Ces tentacules sont très minces, fort larges, en forme de crête de coq, et portés sur une sorte de pédoncule, perpendiculaire à leur longueur. Toute la partie supérieure du corps proprement dit, qui n'est presque que la cavité branchiale, est couverte d'une peau ou membrane fort mince, blanche, à travers laquelle on peut un peu apercevoir les viscères, et dont les bords sont déchiquetés, ce qui indique sans aucun doute qu'il y avait en cet endroit adhérence à un corps protecteur. La forme de cette partie de la peau se trouve assez bien en rapport avec celle de la coquille, et cependant cette coquille a été trouvée adhérente à la face inférieure de l'animal. » (1)

La forme et la disposition des branchies de l'animal de l'*Ombrelle* ne sont nullement les mêmes que celles que l'on observe dans les Laplysiens. Cette considération donne à cet animal un rapport qui le rapproche du Pleurobranche, et qui rappelle la disposition des branchies des Phyllidiens. Ici, comme dans ces derniers animaux, il n'y a point de cavité branchiale isolée et proprement dite. Quant à la coquille de l'*Ombrelle*, il serait extraordinaire et contraire à l'ordre de la nature qu'elle fût attachée sous le pied ou sous le côté droit du pied de l'animal. Il nous paraît donc probable, et nous l'avons même ouï assurer par M. *Mathieu*, qui l'a observé sur le vivant à l'Ile-de-France, qu'elle est réellement dorsale. Vraisemblablement la personne qui a recueilli l'individu qu'a décrit M. *de Blainville* l'aura saisi par la coquille pour l'enlever du plan sur lequel il rampait, aura déchiré en partie les chairs qui fixaient cette coquille, et le lambeau qui en sera résulté conservant encore une adhérence latérale qui s'étend jusqu'au pied, M. *de Blainville* n'a pu voir la coquille attachée qu'en cet endroit (2).

---

(1) Depuis 1828 nous avons dans notre collection de beaux individus bien conservés de l'Ombrelle de la Méditerranée; nous en avons disséqué plusieurs, ce qui nous a permis de donner des détails étendus sur l'organisation de ce genre curieux; ils font partie de l'article Ombrelle de l'Encyclopédie méthodique.

(2) Cette observation de Lamarck est très judicieuse et fort juste, et nous n'avons jamais ni compris ni adopté l'opinion de

Je connais maintenant deux espèces de ce genre ; ce sont les suivantes :

ESPÈCES.

1. Ombrelle de l'Inde. *Umbrella Indica.* Lamk.

U. testá subtus concaviuscula ; disco striis radiantibus distincto.

* Linné, Mus. Tessin. p. 116, pl. 6. f. 5.

Chemn. Conch. 10. t. 169. f. 1645. 1646.

Favanne, Conch. 1. t. 3. fig. H.

* Schrot. Einl. t. 2. p. 445.

* Martini, Conch. t. 1. pl. 6. f. 44.

* Davila, Cat. t. 1. pl. 2. f. A.

* *Patella umbellata*, Dillw. Cat. t. 2. p. 1053, n° 86.

* De Blainv. Malac. pl. 44. f. 1.

Patella umbellata, Gmel. p. 3720. n° 146.

* *Patella sinica*, id. p. 3705, n° 67.

* Desh. Encycl. méth. vers. t. 3. p. 643. n° 1.

Habite l'Océan indien, et commune à l'Ile-de-France. Mus. n°.

Mon cabinet. La coquille se nomme vulgairement parasol chinois.

Elle est assez mince, un peu transparente, à disque intérieur jau-

---

M. de Blainville. Comment concevoir, en effet, un animal ayant un pied en tout conforme à celui des autres Gastéropodes, et portant une coquille sous ce pied ? Ainsi placée, comment concevoir les accroissemens réguliers de cette coquille, séparée de son organe sécréteur le manteau ? Comment concevoir une impression musculaire en zone circulaire dans une coquille adhérente sur toute la surface d'un organe fibreux ? Et enfin, d'où viendrait la coïncidence dans la forme de l'impression musculaire et du muscle lui-même, que, comme dans les Patelles, l'animal de l'Ombrelle montre sur le dos ? Il est bien plus naturel de penser qu'un animal Gastéropode a un large pied pour ramper, et non pour porter une coquille, et que cette coquille, pourvue d'une impression musculaire correspondant aux muscles de l'animal, a été attachée à ces muscles et revêtue du manteau, dont les bords sont saillans autour du dos de l'animal. Les observations que nous avons faites sur l'Ombrelle de la Méditerranée ayant encore sa coquille en place, celles de M. Delle Chiaje détruisent à jamais l'opinion de M. de Blainville.

nâtre, muni de stries rayonnantes. Elle a jusqu'à quatre pouces de diamètre.

2. Ombrelle de la Méditerranée. *Umbrella Mediterranea.* Lamk.

> *U. testâ complanatâ; disco paginæ inferioris non radiato.*
> * Delle Chiaje, Mém. t. 4. p. 200. n° A. pl. 69. f. 5 et 19.
> * Payr. Cat. p. 92. n° 178.
> * Desh. Encycl. méth. vers, p. 663. n° 2.
> Habite le golfe de Tarente. Mon cabinet. Cette coquille, plus petite que celle qui précède, n'offrant point de stries rayonnantes en son disque inférieur, me paraît appartenir à une espèce distincte.

LES CALYPTRACIENS.

Branchies placées dans une cavité particulière sur le dos, dans le voisinage du cou, et saillantes, soit seulement dans cette cavité, soit même au dehors. Elles ne respirent que l'eau.
Coquille toujours extérieure, recouvrante.

Les *Calyptraciens*, qui constituent la quatrième famille de nos Gastéropodes, et qui sont encore obscurément ou imparfaitement connus, quant aux animaux des genres que nous y rapportons, tiennent sans doute d'assez près aux Phillidiens, et surtout aux Patelles, sous la considération de la forme et de la position de leur coquille. Ceux de ces animaux qui ont pu être observés en sont cependant très distingués par les caractères de leur organe respiratoire. Leurs branchies, effectivement, naissent dans une cavité isolée et particulière, placée sur le dos et près du cou, et offrent en général une ou deux pièces pectinées ou pénicillées, en saillie, soit seulement dans la cavité, soit au dehors. Ce caractère, bien différent de celui des Phyllidiens, est assez remarquable pour exiger qu'on distingue séparément la famille dont il est ici question. Comme on n'avait connu d'abord que les coquilles des *Calyptraciens*, on les avait confondues parmi les Patelles.

Cependant avant d'avoir aucune connaissance de leurs animaux, *Bruguières* et moi, considérant certaines particularités de ces mêmes coquilles, que les nombreuses Patelles connues n'offrent point, nous jugeâmes convenable de les en séparer pour en former les divers genres que nous conservons encore. C'est, en effet, *Bruguières* qui a établi le genre des *Fissurelles*; depuis, j'ai successivement proposé ceux des *Émarginules*, des *Cabochons*, des *Calyptrées* et des *Crépidules*; enfin, depuis, encore, M. de Blainville a fait connaître celui du *Parmophore*. De ces six genres, il n'y a que celui des *Calyptrées* dont l'animal ne soit pas connu; celui des autres a été plus ou moins complètement observé. On ne trouve point d'opercule à la coquille dans aucun *Calyptracien*; conséquemment les Navicelles sont étrangères à cette famille. Nous présentons dans l'ordre suivant les six genres que nous y rapportons, savoir : *Parmophore*, *Émarginule*, *Fissurelle*, *Cabochon*, *Calyptrée* et *Crépidule*. A leur suite nous plaçons en appendice provisoire le genre *Ancyle*, en attendant des observations ultérieures sur l'organisation de l'animal qui produit des coquilles de ce genre.

[La famille des Calyptraciens, telle que Lamarck l'a présentée dans son dernier ouvrage, devra subir des modifications assez importantes. Parmi les six genres qu'il y admet, on en voit quelques-uns dont l'animal et la coquille sont symétriques, et quelques autres n'ont jamais ce caractère. M. de Férussac, dans ses tableaux systématiques, a été le premier qui ait indiqué ce nouveau moyen pour le groupement des genres, sans en faire cependant une application assez rigoureuse. M. de Blainville, à cet égard, a appliqué le principe dans toute sa rigueur, ce qui l'a conduit à réduire la famille des Calyptraciens de Lamarck, à ceux des genres qui ne sont jamais symétriques. Ainsi réduite, cette famille est en effet plus naturelle, et forme évidemment le passage, comme l'a senti M. de Blainville, entre les Mollusques Céphalés et les Acéphalés. Nous verrons, dans les notes relatives au genre Hipponice de M. Defrance, que ce Mollusque singulier ressemble à certains égards aux Acéphalés, non-seulement par le support qui lui forme une seconde valve, mais encore par plusieurs points de son organisation; et comme ce genre est très voisin des Cabochons et ceux-ci, des Calyptrées, on a, par ces trois genres, l'enchaînement des deux embranchemens des Mollusques. Les genres symétriques de la famille des Calyptraciens de Lamarck, ont été compris par M. de Blainville en une petite famille faisant partie de son ordre des Cervicobranches; elle est presque à la fin de la grande série des Mollusques. Dans l'arrangement méthodique que nous avons proposé à l'art. Mollusques de l'Encyclopédie, nous avons adopté la famille de M. de Blainville, en lui donnant le nom de Rimulaire, et nous l'avons augmentée d'un petit genre curieux, établi sous le nom de Rimule par M. Defrance, et dont le *Patella noachina* de Linné pourra devenir le type vivant. De tous les genres de la famille des Calyptraciens, celui des Calyptrées fut le seul dont Lamarck ne connut pas l'animal; nous pourrons remplir cette lacune, car nous avons donné depuis plusieurs années, dans les Annales des sciences naturelles, une anatomie du *Calyptræa sinensis*, et tout récemment M. Owen, dans les Mémoires de la Société zoologique de Londres, a fait connaître l'organisation d'espèces dont les caractères avaient paru suffisans aux yeux de quelques naturalistes, pour nécessiter la création de plusieurs genres ou sous-genres : nous les mentionnerons bientôt dans les notes relatives au genre Calyptrée.]

PARMOPHORE. (Parmophorus.)

Corps rampant, fort épais, oblong-ovale, un peu plus large postérieurement, obtus aux extrémités, muni d'un manteau dont le bord, fendu en avant, retombe verticalement tout autour, et recouvert plus ou moins par une coquille en forme de bouclier. Tête distincte, placée sous la fente du manteau, portant deux tentacules coniques, contractiles. Deux yeux presque pédiculés, placés à la base externe des tentacules. Bouche en dessous, cachée dans un entonnoir tronqué obliquement. Cavité branchiale s'ouvrant antérieurement et derrière la tête par une fente transversale, et contenant les branchies constituées par deux lames pectinées et saillantes. Orifice de l'anus dans la cavité des branchies.

Coquille oblongue, subparallélipipède, un peu convexe en dessus, rétuse aux extrémités, échancrée antérieurement par un léger sinus, et ayant en dessus, vers sa partie postérieure, une petite pointe apiciale, inclinée en arrière. Face inférieure légèrement concave.

Corpus repens, crassissimum, oblongo-ovatum, posticè latius, extremitatibus obtusis, velo dependente anteriùs fisso in ambitu marginatum, dorso testâ scutiformi partim tectum. Caput distinctum infrà fissuram veli. Tentacula duo supera, conica, contractilia. Oculi duo, subpedicellati, ad basim externam tentaculorum. Os subtùs, in infundibulo obliquè truncato occultatum. Branchiarum cavitas anteriùs post caput rimâ transversali aperitur : lamellis duabus branchialibus pectinatis prominulis. Ani orificium in cavitate branchiarum.

Testa oblonga, subparallelipipeda, supernè convexiuscula, extremitatibus retusa, anteriùs sinu parvulo emarginata; mucrone apiciali minimo, retrorsùm inflexo, versùs partem posticam. Interna facies testæ leviter concava.

OBSERVATIONS. — On doit à M. *de Blainville* de nous avoir fait connaître l'animal du *Patella ambigua* de Chemnitz, d'avoir déterminé les caractères de son genre et indiqué sa véritable famille. Cette famille est la même que celle à laquelle nous avons donné le nom de *Calyptraciens* dans nos leçons (*Extrait du cours*

Tome VII. 37

de Zool, p. 114), et qui est très distinguée des Phyllidiens par la forme et la disposition des branchies des animaux qui y appartiennent. L'inspection de la coquille du *Parmophore* nous avait déjà fait présumer, ainsi qu'à *Chemnitz*, qu'elle pouvait être écartée du genre des Patelles; mais nous attendions la connaissance de l'animal pour nous décider. Cet animal, selon M. *de Blainville*, est un véritable Gastéropode allongé, ovalaire ou elliptique, arrondi aux deux extrémités, un peu plus large cependant en arrière, mais surtout fort épais en y comprenant le pied : la partie supérieure n'offre de remarquable qu'une coquille en bouclier plus ou moins allongée suivant l'espèce, c'est-à-dire recouvrant une partie plus ou moins considérable du dos, et spécialement les organes de la respiration et de la circulation. Cette coquille est retenue dans sa place par les lèvres d'une espèce de sillon creusé dans l'épaisseur de la peau, et par un empiètement plus ou moins considérable de celle-ci sur ses bords, qui par conséquent ne sont pas libres. Le pied, presque aussi large et aussi long que le corps, et de même forme que lui à sa racine, est remarquable par sa grande épaisseur et la grande saillie de ses bords, qui, dans l'état de vie, doivent être extrêmement larges; il peut cependant être caché latéralement par les bords du manteau qui sont encore plus étendus, fort minces, onduleux, et descendent presque verticalement autour du corps, et surtout en arrière. En avant, ils sont fendus en deux lobes par une scissure verticale, profonde, qui permet, en les écartant, de voir la tête et les organes qui en dépendent. La cavité qui donne naissance aux branchies est située sous la partie antérieure du dos, et s'ouvre, derrière la tête, par une fente transverse. Elle contient deux lames branchiales, de forme scalène, pectinées, saillantes, et qui se réunissent à leur base. C'est au fond de cette cavité qu'on aperçoit l'orifice de l'anus. D'après les collections, l'on connaît déjà quatre espèces de ce genre que M. *de Blainville* a déterminées. (1)

---

(1) M. Sowerby, convaincu de la ressemblance des Parmophores et des Émarginules, les a réunis en un seul genre, dans son *Genera of shells*. Cette ressemblance est confirmée par les observations de MM. Quoy et Gaymard, et il est bien à présu-

ESPECES.

1. Parmophore austral. *Parmophorus australis.* Blainv.

> *P. testâ solidâ, glabrâ, dorsi animalis longitudinem æquante.*
> *Patella ambigua.* Chemn. Corch. 11. t. 197. f. 1918.
> *Scutus antipodes.* Den. Montfort. Conch. 2. p. 59.
> *Parmophorus elongatus.* Blainv. Bullet. des Sc. fév. 1817. p. 28.
> * *Patella ambigua.* Dillw. Cat. t. 2. p. 1053. n° 85.
> * De Blainv. Malac. pl. 48. f. 2.
> * Desh. Encycl. méth. vers. 3· p. 701. n₀ 1.
> * *Emarginula elongata.* Sow. Genera of shells f. 1.
> * Quoy et Gaym. Voy. de l'Ast. t. 3. pl. 69. f. 1.
> Habite les mers de la Nouvelle-Hollande et de la Nouvelle-Zélande. Mon cabinet. Coquille à bords un peu épais, n'offrant en dessus que des stries d'accroissement.

2. Parmophore raccourci. *Parmophorus breviculus.* Blainv.

> *P. testâ solidâ, glabrâ, dorsi animalis longitudinem nonæquante.*
> *Parmophorus breviculus.* Blainv. Bull. des Sc. *Ibid.*
> Habite..... Cette espèce ne m'est point connue.

3. Parmophore granulé. *Parmophorus granulatus.* Blainv.

> *P. testâ supernè tuberculis parvis granulatâ.*
> *Parmophorus granulatus.* Blainv. Bull. des Sc. *Ibid.*
> * Desh. Encycl. méth. vers. t. 3. p. 701. n° 2.
> * *Emarginula brevicula.* Sow. Genera of shells. f. 2.
> Habite.... Cabinet de M. *Dufresne.*

4. Parmophore allongé. *Parmophorus elongatus.* Lamk.

> *P. testâ, tenui elongatâ, anteriùs integrâ, striis exiguis radiatâ ; marginibus acutis.*
> *Patellâ elongata,* Lam. Ann. du Mus. 1. p. 310.
> *Parmophorus lœvis.* Blainv. Bull. des Sc. *Ibid.*
> * Desh. Coq. foss. de Paris t. 2. pl. 1. f. 15. 16.
> * *Id.* Encycl. méth. vers. t. 3. p. 701. n° 3.
> [b] *Eadem testâ perangustâ.*
> Habite..... Fossile de Grignon. Mon cabinet. Coquille distincte de l'espèce n° 1.

---

mer que ces deux genres, séparés sur quelques différences des coquilles, seront définitivement réunis lorsque l'on connaîtra plusieurs chaînons intermédiaires qui manquent encore.

† 5. **Parmophore étroit.** *Parmophorus angustus.* Desh.

> *P. testá tenui, lœvigatá, perangustá, non radiatá, marginibus acutis.*
>
> Desh. Coq. foss. de Paris. t. 1. p. 14. pl. 1. f. 16. 17.
>
> *Id.* Encycl. méth. vers. t. 3. p. 712. n° 4.
>
> Habite..... Fossile aux environs de Paris. Petite espèce très mince, fragile, très étroite, peu profonde, lisse, ayant au moins sept ou huit fois plus de profondeur que de largeur.

ÉMARGINULE. (Emarginula.).

Corps rampant..... Deux tentacules coniques, ayant les yeux à leur base externe. Manteau très ample, recouvrant en partie la coquille par ses bords repliés. Pied large et fort épais.

Coquille en bouclier conique; à sommet incliné; à cavité simple; ayant une entaille ou une échancrure à son bord postérieur.

Corpus repens..... Tentacula duo conica; oculis ad basim externam. Pallium amplissimum, marginibus replicatis testam partìm obtegens. Pes latus, crassissimus.

Testa scutellato-conica; vertice inclinato; cavitate simplici; margine posteriore fisso vel emarginato.

OBSERVATIONS. — Les *Émarginules* ont été confondues jusqu'à présent avec les Patelles; *Bruguières* même ne les en avait point distinguées : cependant la fente ou l'entaille du bord postérieur de ces coquilles indiquait suffisamment que l'organisation de l'animal ne pouvait ressembler entièrement à celle des Patelliers. Nous savons maintenant, d'après M. *Cuvier,* que l'animal des *Emarginules* ressemble beaucoup à celui des Fissurelles; conséquemment ses branchies ne sauraient être placées comme celles des Patelliers. Quelque analogie qu'il puisse y avoir d'ailleurs entre l'organisation de l'Emarginulier et celle du Fissurellier, il y a nécessairement quelque particularité dissemblable; car si, dans ces deux sortes d'animaux, l'anus s'ouvre dans le fond de la cavité branchiale, les excrémens ne peuvent avoir d'issue au dehors, dans l'Emarginule, que par l'entaille du bord postérieur de la coquille; tandis que, dans la Fissurelle, la sortie de ces excrémens s'effectue par l'ouverture du sommet de la coquille. L'eau qui vient baigner les branchies entre dans la cavité branchiale par l'ouverture antérieure de cette cavité, et, pour sortir, va gagner, soit l'ouverture du sommet de la coquille, comme dans le Fissurellier, soit l'échancrure de son bord postérieur, comme dans l'Emarginulier : dans son passage, elle nettoie la cavité branchiale en entraînant les déjections de l'anus.

Les Émarginules sont des coquillages de petite taille; il y en a même qui sont toujours fort petites. Dans les unes, la convexité de la coquille s'élève assez haut sous la forme d'un cône qui s'incline vers le bord antérieur, qui est toujours le moins large, et opposé à celui qui porte l'échancrure; dans les autres, le cône que forme cette convexité est extrêmement surbaissé et à peine apparent. Quoique les espèces connues de ce genre ne soient pas fort nombreuses, on en connaît plusieurs dans l'état frais ou vivant, et d'autres dans l'état fossile.

[Cuvier, le premier, donna des détails anatomiques sur le genre Emarginule, et il fit voir combien il a d'analogie avec les Fissurelles. Il existe cependant entre ces deux genres des différences suffisantes pour qu'ils soient conservés dans la méthode. Il n'en est pas de même à l'égard des Parmophores. M. de Blainville, auquel on doit ce dernier genre, et qui, le premier, en a fait connaître l'animal, avait judicieusement préjugé sa jonction avec les Emarginules; non-seulement, en effet, les animaux des deux genres ont une parfaite analogie et ne peuvent que difficilement se distinguer dans quelques cas et pour quelques espèces, mais les coquilles elles-mêmes, comme on pouvait le supposer *à priori*, offrent quelques passages d'un genre à l'autre, dont le nombre s'augmentera par de nouvelles recherches. Lorsque l'on a sous les yeux une série assez complète d'espèces vivantes et fossiles appartenant aux deux genres, voici ce que l'on observe : Les deux espèces fossiles de Parmophores n'ont aucune trace d'échancrure marginale; le Parmophore austral a le bord antérieur un peu déprimé dans le milieu, et l'on voit en dedans de la coquille, correspondante à cette dépression, une petite crête indiquant la séparation du manteau. Parmi les espèces des Emarginules rapportées par MM. Quoy et Gaymard, il en est

une qu'ils nomment Parmophoïde, et qui paraît entièrement dépourvue d'échancrure marginale. Dans les Subémarginules de
M. de Blainville, les coquilles n'ont pas non plus cette échancrure, mais elles ont en dedans un sillon profond qui la rem-
place. Dans d'autres espèces, telles que l'*Emarginula rubra* de
Lamarck, et l'*Elegans* de M. Defrance, le petit sillon intérieur
est terminé sur le bord par une échancrure très courte, et depuis ce commencement, jusqu'à la fin de la série des espèces, on
voit cette échancrure devenir de plus en plus profonde et se
changer en une véritable fente occupant la moitié de la hauteur
de la coquille. On peut donc dire que, sous le rapport de
ce caractère, les Parmophores et les Émarginules se lient par
des nuances insensibles. Cette liaison ne se fait pas de même
à l'égard des formes extérieures des coquilles : les Parmophores
sont des coquilles allongées, étroites, déprimées, lisses ou presque lisses, tandis que les Émarginules, même celles qui, par la
petitesse de leur échancrure, se rapprochent le plus des Parmophores, sont toujours plus courtes, beaucoup plus coniques;
leur sommet est très saillant, plus ou moins incliné, et leur surface extérieure offre, dans presque toutes, un réseau plus ou
moins fin de côtes ou des tries longitudinales et transverses, de
sorte que l'aspect général des deux genres porte le zoologiste à
les tenir séparés, tandis que la structure des animaux tend à les
rapprocher et les confondre. M. Sowerby a été conduit, comme
nous l'avons dit précédemment, à cette conclusion, et, dans son
Genera of shells, a réuni les Parmophores aux Émarginules.
Cet exemple sera sans doute suivi par les autres zoologistes.]

ESPÈCES.

1. **Emarginule treillissée.** *Emarginula fissura*. Lamk.

> E. testá ovali, convexo-conicá, costellis longitudinalibus striisque
> transversis cancellatá, pellucidá, albidá; vertice curvo; margine
> crenulato.

Patella fissura. Lin. Syst. nat. p. 1261. Gmel. p. 3728. n° 192.
Muller. Zool. dan. t. 24. f. 7. 9.
List. Conch. t. 543. f. 28.
Petiv. Gaz. t. 75. f. 7.
Penn. Brit. Zool. t. 90. f. 151.

Born. Mus. t. 18. f. 12.

Martini. Conch. 1. t. 12. f. 109. 110.

* Schrot. Einl. t. 2. p. 434.

* Danov. Brit. shells. t. 1. pl. 3. f. 2.

* Dorset. Cat. p. 59. pl. 23. f. 4.

* Fav. Conch. pl. 4. f. M 1.

* De Roissy. Buf. moll. t. 5. p. 232. n° 1.

* Brookes. intr. p. 138. pl. 9. f. 127.

* *Patella fissura.* Dillw. Cat. t. 2. p. 1054. no 87.

* Desh. Encycl. méth. vers. t. 2. p. 110. n° 6.

* Var. A. Desh. *Testa intus rosea.*

* *Emarginula rosea.* Bell. Zool. jour. t. 1. p. 52. pl. 4. f. 1.

* *Fossilis. Emarginula reticulata.* Sow. Min. Conch. pl. 33.
f. 3. 4.

Habite les mers de l'Europe. Mon cabinet. Elle est d'un blanc pâle,
avec quelques raies jaunâtres sur certaines côtes. Celles-ci sont
âpres au toucher. Vulg. *l'entaille.*

2. Emarginule rouge. *Emarginula rubra.* Lamk. (1)

> E. *testá exiguá, ovato-oblongá, convexá, rubrá aut albo rubroque
> variegatá; striis longitudinalibus tenuissimis, confertis, minutis-
> simè granulatis; vertice acuto, subcurvo.*

* *Patella fissurata.* Chemn. Conch. t. 11. p. 188. pl. 197. f. 1929.
1930.

* *Patella fissurata.* Dillw. Cat. t. 2. p. 1055. n° 89.

* *Emarginula fissurata.* Sow. genera of shels. f. 3.

* Desh. Encycl. méth. vers. t. 2. p. 110. n° 5.

Habite..... Les mers de l'Europe. Mon cab. Très petite coquille; en
tout ou en partie d'un rouge foncé en dessus. Elle a une entaille au
bord postérieur, et non un trou; ce qui la distingue particulièrement du *P. fissurella* de Gmelin.

† 3. Emarginule parmophoïde. *Emarginula parmophoïdea.* Quoy.

> E. *testá ovato-oblongá, convexá et arcuatá, margine denticulatá.*

---

(1) Chemnitz avait fait connaître cette espèce sous le nom de
Patella fissurata long-temps avant que Lamarck l'inscrivit dans
son ouvrage sous celui d'*Emarginula rubra.* Il sera donc nécessaire de restituer à l'espèce le nom que Chemnitz le premier lui
imposa.

*luteo-virescente, striis tenuissimis asperis atque confertis cancel-
latâ; vertice obtúso; rimâ fere nullâ.*
Quoy et Gaym. Voy. de l'Ast. t. 3. p. 325. pl. 68. f. 15. 16.
Habite les mers de la Nouvelle-Hollande.

Espèce curieuse, ovale-oblongue, plus aplatie que la plupart des
Emarginules, et se rapprochant par là des Parmophores; son sommet est incliné postérieurement. En dedans, la coquille est jaunâtre au fond, blanche sur les bords; en dehors elle est d'un blanc
verdâtre; ses bords sont denticulés, et l'antérieur offre une dépression à peine aussi marquée que celle des Parmophores vivans;
toute la surface extérieure est ornée d'un beau réseau formé de
petites côtes longitudinales traversées par d'autres non moins régulières et transverses. Cette coquille a sept ou huit lignes de
longueur.

† 4. **Emarginule déprimée.** *Emarginula depressa.* **Blainv.**

*E. testâ patelliformi, albâ, ovato-oblongâ, lateraliter depressâ, cos-
tatâ; costis novem eminentioribus; striis transversis, clathratis,*
Blainv. Malac. loc. cit. pl. 48. *bis.* f. 3 a.
Desh. Encycl. méth. vers. t. 2. p. 109. n° 2.
An eadem? *Emarginula panhi.* Quoy et Gaym. Voy. de l'Ast. t. 3.
p. 327. pl. 68. f. 7. 8.
Habite la mer Rouge, l'Océan de l'Inde, les mers Australes. Celle-ci
appartient à la section des Subémarginules de M. de Blainville;
nous présumons, d'après la description et la figure, que l'*Emarginula panhi,* de MM. Quoy et Gaym., n'est qu'une variété de celle-ci. Elle est ovale-oblongue, comprimée latéralement comme la
Patelle en bateau; elle est blanche ou verdâtre en dehors, en dedans, elle est verdâtre, son sommet est saillant, incliné, pointu,
il en part, en rayonnant, neuf côtes principales, et entre elles,
d'autres plus petites; elles sont coupées en angle droit par des côtes transverses, et il se lève un tubercule au point d'intersection.

† 5. **Emarginule échancrée.** *Emarginula emarginata.*
Blainv.

*E. testâ ovatâ, conicâ, patelliformi, costatâ; albâ vel albo virescente,
anticè intùs canaliculatâ, margine subemarginatâ; costis octo emi-
nentioribus.*
Blainv. Dict. sc. nat. t. 14. p. 382.
Ibid. Malac. p. 501. pl. 48 *bis.* f. 2.
Desh. Encycl. méth. vers. t. 2. p. 109. n° 1.
Emarginula australis. Quoy et Gaym. Voy. de l'Ast. t. 3. p. 328:
. pl. 68. f. 11 à 14.

An eadem? *Emarginula tricostata.* Sow. Genera of shells. f. 6.

Habite les mers de la Nouvelle-Hollande.

L'*Emarginula australis*, de MM. Quoy et Gaym., ne différant en rien de l'*Emarginula emarginata* de M. de Blainville, nous réunissons ces coquilles sous la dénomination qu'elles reçurent d'abord de M. de Blainville. Cette coquille est patelloïde, conique, à sommet pointu et subcentral, en dehors, elle est d'un blanc-verdâtre et d'un vert-brunâtre en dedans; son sommet donne naissance à neuf côtes principales, noueuses, entre lesquelles d'autres plus petites, en nombre variable selon les individus, viennent se placer; la côte médiane et antérieure est creusée en dedans d'une petite gouttière aboutissant à une petite échancrure très courte du bord.

† 6. Emarginule élargie. *Emarginula lata.* Quoy.

E. testâ minimâ, rotundâ, subquadratâ, conicâ, albidâ; vertice curvo; costis longitudinalibus, striis tenuissimis vix interruptis; margine crenulato.

Quoy et Gaym. Voy de l'Ast. t. 3. p. 33o. pl. 68. f. 9. 10.

Habite les mers d'Amboine. Petite espèce ayant quatre lignes de longueur, elle est ovale, subquadrilatère; son sommet subcentral est faiblement incliné du côté postérieur; elle est d'un blanc-jaunâtre en dessus, blanche en dedans; sa surface est garnie de petites côtes longitudinales sur lesquelles passent des stries transverses que l'on ne voit bien qu'à l'aide d'une loupe; la côte médiane et antérieure, plus grosse et plus saillante que les autres, est terminée par une échancrure très courte, elle est imbriquée de petites lamelles très courtes.

† 7. Emarginule rugueuse. *Emarginula rugosa.* Quoy.

E. testâ patelloidâ, ovali, conicâ, rugosâ, margine denticulatâ, albicante, fusco et viridi maculatâ; costis creberrimis, asperis; vertice minimo paululum recurvo.

Quoy et Gaym. Voy. de l'Ast. t. 3. p. 33r. pl. 68. f. 17. 18.

Habite le port du Roi-George, à la Nouvelle-Hollande.

Petite espèce élégante, patelloïde, à sommet subcentral, à peine incliné; la surface est ornée d'une quinzaine de côtes étroites, écailleuses, entre lesquelles il y en a de plus fines et seulement granuleuses; les bords sont dentelés par la saillie des côtes, et l'échancrure est à peine marquée; il n'est pas bien certain, pour nous, que cette coquille soit une Emarginule; M. Quoy partage le même doute; elle est d'un jaune-blanchâtre, tachée de brun clair et de verdâtre.

† 8. Emarginule striatule. *Emarginula striatula.* Quoy.

E. testá ovato-conicá, fragili, granulosá, longitrorsum transversim-
que tenuissime costulatá; vertice obliquo, recurvo; margine cre-
nulato; rima valde excavatá.

Quoy et Gaym. Voy. de l'Ast. t. 3. p. 332. pl. 68. f. 21. 22.

Habite les mers de la Nouvelle-Zélande. Trouvée morte sur le rivage,
elle est ovale, conique, à sommet incliné postérieurement; sa surface est couverte d'un réseau très élégant, formé de stries très
fines, égales, entre-croisées; il s'élève une petite granulation sur
les points d'intersection; l'échancrure est étroite, assez profonde.

† 9. Emarginule de Vanikoro. *Emarginula Vanikorensis.* Quoy.

E. testá oblongo-conicá, arcuatá, fragili, albá, margine crenulatá;
costellis longitudinalibus, rugosis, striis transversis granulatis;
fissurá angustá.

Quoy et Gaym. Voy. de l'Ast. t. 3. p. 334. pl. 68. f. 19. 20.

Habite l'île de Vanikoro. Petite espèce n'ayant pas plus de trois
lignes de longueur; elle est ovale, convexe, à sommet peu saillant et incliné en arrière; elle est blanche des deux côtés, et la
surface extérieure est ornée d'un grand nombre de côtes longitudinales, très étroites et saillantes, entre lesquelles s'élèvent des
stries transverses, régulières; cette structure ressemble beaucoup
à celle de l'Emarginule de Huzard, trouvée dans la Méditerranée
par M. Payraudeau; la fissure est étroite et peu profonde.

† 10. Emarginule curvirostre. *Emarginula curvirostris.* Desh.

E. testá ovatá, conicá, albá, translucidá, longitudinaliter costatá,
transversim striatá; apice peracuto, valdè inflexo, recurvo.
An Emarginula fissura? Payr. Cat. des Ann. et des Moll. p. 92.
n° 172.

Emarginula conica. Blainv. Malac. pl. 48. f. 4.

Desh. Encycl. Méth. vers. t. 2. p. 111. n° 8.

Habite la Méditerranée. Coquille mince, fragile, ayant de l'analogie
avec le *Patella fissura* de Linné, mais toujours distincte par son
sommet grand et incliné comme celui des Cabochons; son entaille
est proportionnellement plus large et moins profonde, et la manière dont elle est treillissée à l'extérieur, la distingue de toutes
ses congénères; les grands individus ont plus de 20 millimètres de
longueur.

† 11. **Emarginule de Huzard.** *Emarginula Huzardii.* Payr.

> *E. testá ovali, patelliformi, valdè depressá, albá ; vertice subcentrali, brevi, leviter reflexo ; costellis longitudinalibus numerosis, minoribusque interpositis ; striis transversis ; margine crenulato.*

Payr. Cat. des Ann. et Moll. de Corse. pl. 5. f. 1. 2.

Emarginula reticulata. Sow. Genera of shells. f. 5.

Habite la Méditerranée. Belle espèce ovale-oblongue, ayant le sommet très porté en arrière et incliné ; elle est toute blanche et sa surface est couverte d'un réseau à mailles carrés, formé par des côtes longitudinales, égales, régulières, fort saillantes et très étroites ; elles sont traversées par des stries qui s'élèvent jusqu'à la surface des côtes, ce qui produit des mailles très profondes et régulières ; la fissure est assez large et peu profonde ; les grands individus ont 18 à 20 millimètres de long.

Espèces fossiles.

1. **Emarginule à côtes.** *Emarginula costata.* Lamk.

> *E. testá obliquè conicá, costatá ; costis carinatis ; vertice adunco:*

Emarginula costata. Ann. du Mus. vol. 1. p. 384. n° 1. et t. 6. pl. 43. f. 6.

* De Roissy. Buf. Moll. t. 5. p. 233. n° 2.
* Def. Dict. sc. nat. t. 14. p. 382.
* Desh. Coq. Foss. de Paris. t. 2. pl. 1. f. 30-32.
* *Id.* Encycl. méth. vers. t. 2. p. 111. n° 7.

Habite..... Fossile de Grignon. Mon cabinet. Elle n'a que 5 ou 6 millim. de grandeur.

2. **Emarginule en bouclier.** *Emarginula clypeata.* Lamk.

> *E. testá ellipticá, depressá, striis decussatis cancellatá ; dorso canaliculato, bicarinato ; vertice submarginali.*

Emarginula clypeata. Ann. *Ibid.* n° 2. et t. 6. pl. 43. f. 3.

* De Roissy. Buf. Moll. t. 5. p. 233. n° 3.
* Def. Dict. sc. nat. t. 14. p. 382.
* Desh. Coq. foss. de Paris. t. 2. pl. 1. f. 20-24.
* *Id.* Encycl. méth. vers. t. 2. p. 112. n° 10.

Habite..... Fossile de Grignon. Cabinet de M. *Defrance.* Espèce très remarquable par sa forme ; et par sa taille plus grande que celle des autres connues. Elle atteint quelquefois jusqu'à 25 millimètres de longueur.

3. **Emarginule radiole.** *Emarginula radiola.* Lamk.

> *E. testá ellipticá, depressá ; costellis crebris radiantibus ; fissurá posticá, minimá.*

Emarginula radiola. Ann. *Ibid.* n° 3.

* De Roissy. Buf. Moll. t. 5. p. 233. n° 4.

* Def Dict. sc. nat. t. 14. p. 382.

* Desh. Coq. foss. de Paris. t. 2. pl. 1. f. 25. 29 et 33.

* *Id.* Encycl. méth. vers. t. 2. p. 110. n° 4.

Habite..... Fossile de Parnes, vers Pontoise. Cabinet de M. *Defrance*, Coquille petite, déprimée, à sommet incliné et presque central. Une multitude de petites côtes, disposées de son sommet vers les bords, la font paraître rayonnée, et par leur saillie forment une dentelure dans son contour.

† 4. Emarginule élégante. *Emarginula elegans.* Desh.

E. testâ ovato-oblongâ, conicâ, eleganter costatâ, læviter clathratâ, verticè recurvo ; fissurâ minimâ, marginali, extremitate sulci interni.

Def. Dict. sc. nat. t. 14. p. 382.

Desh. Coq. foss. de Paris. p. 16. pl. 3. f. 1. 2. 3. 4.

Sow. Genera of shells. n₀ 21. f. 4.

Desh. Encycl. méth. t. 2. p. 110. n° 3.

Habite..... Fossile aux environs de Paris et à Volognes, dans le calcaire grossier. Coquille conique, à base ovale-obronde; le sommet est pointu, incliné médiocrement; toute la surface est régulièrement divisée par 13 ou 14 côtes principales, rayonnantes, étroites, entre lesquelles plusieurs autres, plus petites, viennent se placer; elles sont traversées par des stries d'accroissement, assez régulières dans quelques individus. Une côte médiane et antérieure, beaucoup plus grosse et plus saillante que toutes les autres, est terminée par une fissure courte et assez large.

† 5. Emarginule treillagée. *Emarginula clathrata.* Desh.

E. testâ minimâ, conicâ obliquè recurvâ, elegantissimâ, decussatâ ; apice recurvo ; fissurâ marginali, profundâ.

Desh. Coq. foss. de Paris. t. 2. pl. 1. f. 26. 27. 28.

Id. Encycl. méth. vers. t. 2. p. 111. n°9.

Habite..... Fossile à Parnes. Petite coquille fossile des plus élégantes; elle est ovale-oblongue; son sommet s'incline fortement du côté postérieur; il est très pointu, et il donne naissance à un grand nombre de côtes longitudinales, très fines, coupées en travers par d'autres plus fines encore et relevées en petites écailles, en passant sur les côtes longitudinales ; les mailles du réseau sont petites et très profondes, le test est mince, fragile; la fente, très étroite, est garnie de chaque côté d'une petite lèvre saillante, elle remonte jusque vers la moitié de la hauteur totale. Cette rare espèce à 2 lignes et demie de longueur.

FISSURELLE. (Fissurella.)

Animal..... ayant une tête tronquée antérieurement. Deux tentacules coniques portant les yeux à leur base extérieure. Bouche terminale, simple, sans mâchoires. Deux branchies en forme de peigne dans leur partie supérieure, s'élevant de la cavité branchiale et formant une saillie de chaque côté du cou. Manteau très ample, débordant toujours ou saillant hors de la coquille. Pied large, fort épais.

Coquille en bouclier ou en cône surbaissé, concave en dessous, perforée à son sommet; sans spire quelconque; à trou ovale et oblong.

Animal.... capite anteriùs truncato. Tentacula duo conica; oculis ad basim externam. Os terminale, simplex, maxillis nullis. Branchiæ duæ supernè pectinatæ, è cavitate branchiali utroque latere colli prominentes, pallium amplissimum, extrà testam semper prominulum. Pes latus, crassissimus.

Testa clypeiformis aut depresso - conica, subtùs cava, vertice perforata; spirâ nullâ; foramine ovato vel oblongo.

OBSERVATIONS. — Les *Fissurelles* dont il s'agit ici furent regardées comme des Patelles par Linné et par tous les conchyliologistes, à cause de leur forme générale; mais Bruguières, considérant que, parmi le Patelles, toutes celles qui se trouvent constamment percées au sommet indiquent par là que leur animal est différent de celui des Patelles non percées, a jugé convenable de les distinguer comme genre, et c'est ce genre que nous avons adopté. Le même naturaliste soupçonnait déjà que la situation de l'anus de l'animal était la cause du trou que l'on observe au sommet des *Fissurelles;* et M. *Beudant,* en confirmant cette opinion, nous apprend en outre que les branchies du Fissurellier, au lieu d'être placées autour du corps et sous le rebord du manteau, comme dans les Patelles, sont au contraire en saillie au-dessus du cou de chaque côté, et disposées en sautoir. Le pied très épais et le manteau débordent la coquille, au moins dans l'espèce observée par M. *Beudant ;* et il ne paraît point que les bords du manteau soient frangés comme dans les Patelles.

Le Fissurellier a beaucoup de rapports, par sa conformation générale, avec l'Emarginulier. L'anus, de part et d'autre, s'ouvre dans le fond de la cavité branchiale de ces animaux; et l'on a vu que cette cavité, dans les Calyptraciens, est toujours située dans la partie antérieure du dos, et s'ouvre largement près du cou. Mais les déjections de l'anus ne trouvent d'issue au dehors, dans le Fissurellier, que par un trou du manteau et celui du sommet de la coquille; tandis que, dans l'Emarginulier, elles obtiennent la leur par l'échancrure postérieure du manteau et de la coquille.

Les *Fissurelles* sont d'assez beaux coquillages, de forme elliptiques ou ovale-arrondie, clypéacées, et à large ouverture; il y en a d'assez grande taille et à test bien solide. Le trou de leur sommet n'est jamais rond, mais ovale ou oblong, et a été comparé à celui d'une serrure. C'est à ce trou qu'aboutit un conduit tubuleux qui fournit un passage à l'eau qui revient de la cavité branchiale, et aux excrémens.

ESPÈCES.

1. Fissurelle de Magellan. *Fissurella picta.* **Lamk.**

> F. *testâ ovali, convexâ, solidâ, albidâ; radiis undulatis violaceo-purpurascentibus costisque longitudinalibus separatis; foramine oblongo, lateribus angustato.*
>
> * Schrot. Eiul. t. 2. p. 505.
> * D'Argenv. Conch. pl. 2. f. E.
> * Davila. Cat. pl. 3. f. C.
> Fav. Conch. pl. 3. fig. A 4.
> Martini. Conch. 1. t. 11. F. 90.
> *Patella picta.* Gmel. p. 3729. n₀ 198.
> * Dillw. Cat. t. 2. p. 1060. no 99.
> * Desh. Encycl. méth. vers. t. 2. p. 131. n° 1.
> * Sow. Conch. Illust. *Fissurella.* f. 4 et 26.

Habite les mers du détroit de Magellan et des îles Malouines. Mon cabinet. Très belle coquille, d'une taille assez grande, à dos élevé en cône évasé et oblong, ayant le sommet presque central, percé d'un trou qui imite celui d'une serrure. Elle est agréablement colorée en dessus de rayons d'un violet-pourpre, divisés ou comme fasciculés, et qui, laissant paraître entre eux le fond du test, semblent alternativement violâtres et blanchâtres. Sa face inférieure est d'un blanc mat, et son bord interne est entier. Vulg. le *trou de serrure*. Diam. longit. 3 pouces 1 ligne.

2. Fissurelle en bateau. *Fissurella nimbosa*. Lamk. (1)

F. testâ ovato-oblongâ, convexâ, albo-lutescente, radiis fusco-violaceis pictâ; striis longitudinalibus crebris confertis; margine crenulato; foramine oblongo..

Patella nimbosa. Lin. Syst. nat. p. 1262. Gmel. p. 3729. n° 196.

List. Conch. t. 528. f. 4.

Bonanni. Recr. 1. f. 3.

Gualt. Test. t. 9. fig. Q. R. S. T.

---

(1) La synonymie de cette espèce est très vicieuse, à commencer par celle de Linné. Si, en effet, on l'examine avec tout le soin convenable, on reconnaîtra facilement que trois espèces sont confondues sous ce nom dans la 12ᵉ édition du *Systema naturæ*. Born, Schroter et Gmelin n'y apportent aucune modification, Dillwin lui-même ne la rectifie que d'une manière incomplète et insuffisante, et, à cet égard, Lamarck reste ici au dessous de l'auteur anglais. Si l'on veut conserver cette espèce dans les catalogues, il faut donc, comme nous l'avons déjà dit dans des circonstances semblables, choisir arbitrairement entre celles des espèces confondues, la coquille la mieux caractérisée, et rejeter toutes les autres. C'est ce que nous avons proposé de faire dans l'Encyclopédie méthodique, et, d'après nos observations, il serait nécessaire de supprimer de la synonymie de Lamarck les figures citées de Bonanni, de Gualtieri et d'Adanson, et il resterait des figures qui représenteraient non-seulement l'une des espèces mentionnée par Linné et les autres auteurs, mais encore celle à laquelle s'applique plus particulièrement la courte phrase de Lamarck. Cette coquille ayant été nommée par Lamarck dans la collection du Muséum, il nous a été facile de reconnaître ce qu'il entend par sa *Fissurella nimbosa*.

D'Argenv. Conch. pl. 2. fig. C.

Adans. Seneg. pl. 2. f. 6. le Dasan.

Martini. Conch. 1. t. 11. f. 19-92.

* Schrot. Einl. t. 2. p. 489.

* Born. Mus. p. 429.

* Fav. Conch. pl. 3. f. A 3.

* Dillw. Cat. t. 2. p. 1060. n° 100.

* Desh. Encycl. méth. vers, t. 2. p. 132. n° 2.

* Sow. Conch. Illust. *Fissurella.* f. 2.

Habite les mers de l'Europe australe, de l'Afrique occidentale, etc. Mon cabinet. Elle est distincte de la précédente par son bord interne, crénelé, par une teinte verdâtre en dessous, près du trou du sommet, par sa coloration externe, par ses stries longitudinales nombreuses et égales entre elles, et par sa forme plus allongée. Diam. longit. 17 lignes.

3. Fissurelle épaisse. *Fissurella crassa.* Lamk. (1)

F. testá oblongo-ellipticá, convexiusculá, crassá, margine integro, crasso, sursùm revoluto ; foramine oblongo : lateribus coarctatis, utrinquè unidentatis.

An patella avellana? Gmel. p. 3731. n° 206.

* Sow. Conch. Illust. *Fissurella..* f. 9 et 11.

Habite..... Mon cabinet. Coquille singulière par son épaisseur, son bord comme enroulé, et les deux dents placées au milieu des côtés du trou de son sommet. Notre individu étant fort encroûté au dehors, nous ne pouvons connaître les caractères de sa surface. En dessous son limbe est blanc, et la place de l'animal est bleuâtre et ridée. Diam. longit., 2 pouces 9 lignes.

4. Fissurelle cancellée. *Fissurella græca.* Lamk. (2)

F. testá ovato-oblongá, convexá, griseo-rufescente, subvariegatá;

---

(1) Nous ne connaissons aucune bonne figure de cette espèce aujourd'hui commune dans les collections, car le *Fissurella crassa* de M. Sowerby (Genera of shells *Fissurella,* f. 2) est une espèce très différente de celle de Lamarck. Cette dernière vient du Chili et du Pérou : elle est d'un brun-corné en dehors ; son bord épaissi est divisé en deux parties, dont l'extérieur est de la même couleur ; enfin son limbe bleuâtre, plus souvent violacé ou lie-de-vin, est toujours ridé ; ces caractères rendent l'espèce facile à reconnaître.

(2) Il y aura quelques rectifications à faire à la synonymie de

striis elevatis, cancellatis, ad sectiones tuberculatis; foramine parvo, annulo imperfecto cærulescente cincto; margine crenulato.

Patella græca. Lin. Syst. nat. p. 1262. Gmel. p. 3728. n° 195.

List. Conch. t. 527. f. 1. 2.

Tournef. Voy. 1. pl. 94.

Bonani. Recr. 1. f. 6.

Gualt. Test. t. 9. f. N.

D'Argenv. Conch. pl. 2. fig. I.

* Born. Mus. p. 423.

Klein. Ostr. t. 8. f. 3.

Adans. Seneg. pl. 2. f. 7. le Gival.

* Penn. Zool. Brit. 1812. t. 4. pl. 92. f. 3.

* Schrot. Einl. t. 2. p. 437.

Knorr. Vergn. 1. t. 30. f. 3.

Martini. Conch. 1. t. 11. f. 98-100.

* Olivi. Zool. Adriat. p. 190.

* Dorset. Cat. p. 59. f. 23. pl. 3.

* *Patella græca.* Dillw. Cat. t. 2. p. 1056. n$_0$ 92.

* De Blainv. Malac. pl. 48. f. 3.

* Payr. Cat. pl. 93. n° 181.

* Desh. Encycl. méth. vers. t. 2. p. 134. n° 10.

* Sow. Conch. Illust. *Fissurella.* f. 3.

* *Fossilis.* Brochi. Conch. Foss. subap. t. 2. p. 259. n° 3.

* Desh. Coq. foss. de Paris. t. 2. pl. 2. f. 7. 9.

* *Id.* Expéd. de Morée. Zool. p. 134. n° 144.

Habite la Méditerranée et l'Océan Atlantique. Mon cabinet. Le trou est en forme de fer-à-cheval, tronqué à une extrémité, et entouré par une ligne bleue, en demi-cercle. Diamètre longit., environ 15 lignes.

5. Fissurelle noueuse. *Fissurella nodosa.* Lamk.

F. testá ovali, convexo-pyramidatá, albidá, transversim annulatá; striis longitudinalibus nodosis: nodis valdè elevatis, lateribus compressis, apice fissis, externis longioribus; foramine oblongo.

Patella nodosa. Born. Mus. p. 429.

---

cette espèce, les auteurs ayant confondu avec elle une coquille bien distincte à laquelle nous avons donné le nom de *Fissurella neglecta.* Il suffira de comparer les deux synonymies pour savoir les corrections qu'il faut faire à celle-ci.

* *Patella spinosa*. Gmel. p. 3731. n° 207.
List. Conch. t. 528. f. 6.
Martini Conch. 1. t. 11. f 94.
Patella jamaicensis. Gmel. p. 3730. n° 200.
* *Schrot*. Einl. t. 2. p. 506. n° 153.
* *Ibid*. p. 513. n° 168. pl. 6. f. 12.
* *Patella nodosa*. Dillw. Cat. t. 2. p. 1058. n₀ 94.
* Desh. Encycl. méth. vers. t. 2. p. 134. n° 9.
* Sow. Conch. Illust. *Fissurella*. f. 1.

Habite les mers des Antilles. Mon cabinet. Elle est très distincte de
la précédente, surtout par la forme du trou de son sommet, et par
celle des nœuds très saillans dont elle est hérissée. Son bord interne
est crénelé. Diam. longit. 15 lignes.

6. Fissurelle de Cayenne. *Fissurella Cayenensis*. Lamk. (1)

*F. testá oblongo-elliplicá, dorso convexo-conicá, lateribus subde-
pressá, albidá; striis longitudinalibus crebris, strias transversas
exiguas decussantibus; margine crenulato; foramine oblongo inclinato.*

* Desh. Encycl. méth. vers. t. 2. p. 137. n° 22.
* Sow. Conch. Illustr. *Fissurella*. f. 7.
[b] *Var. testá albido-roseá; striis radiantibus crassiusculis.* Mon
cabinet.

Habite les mers de la Guyane. Mon cabinet. Elle se rapproche un
peu par sa forme du *P. compressa*. Le bord postérieur du trou de
son sommet est beaucoup plus élevé que l'antérieur. En dessous,
elle est d'un blanc jaunâtre, qui devient roussâtre près du trou.
La var. [b], que l'on devrait peut-être distinguer, est teinte de
rose en dessus, avec le sommet blanc, et offre des stries longitudinales plus fortes, plus séparées, un treillis moins fin, et est
tout-à-fait blanche en dessous. Elle vient des mêmes mers. Diam.
longit. 18 lignes.

7. Fissurelle lilacine. *Fissurella lilacina*. Lamk.

*F. testá parvulá, ovato-oblongá, convexo-conicá, albidá, roseo-cœ-
rulescente nebulosá; striis longitudinalibus exiguis creberrimis;
foramine ovali; margine integro.*

---

(1) La variété constitue une espèce bien distincte. Nous l'a-
vons examiné autrefois dans la collection de Lamarck, lorsque
nous avons donné la description de l'espèce dans l'Encyclopédie.

* Desh. Encycl. méth. vers. t. 2. p. 137. n° 21.

Habite les mers de la Guyane. Mon cabinet. Elle diffère de la précédente par le trou de son sommet non incliné, par le bord de
son ouverture qui est entier et plus évasé latéralement, enfin par
sa teinte d'un rose lilas sur un fond blanchâtre En dessous, elle
est d'un blanc sale, un peu verdâtre. Diam. longit., 11 lignes et
demie.

8. Fissurelle rose. *Fissurella rosea.* Lamk. (1)

*F. testâ ovato-oblongâ, convexâ, albidâ, radiis fascisque transver-
sis subpurpureis pictâ; striis longitudinalibus tenerrimis; foramine
ovali; margine integro.*

List. Conch. t. 529. f. 22.

Martini. Conch. 1. t. 12. f. 105.

Patella rosea. Gmel. p. 3730. n₀ 204.

* Sow. Conch. Illustr *Fissurella.* f. 8.

Habite les mers de la Guyane. Mon cabinet. Elle avoisine beaucoup
la précédente. En dessous, elle est d'un blanc verdâtre, et a quelquefois un anneau rose autour du trou de son sommet. Cet anneau
existe toujours en dessus, à la même place. Diamètre longitud.,
1 pouce.

9. Fissurelle de la Barbade. *Fissurella Barbadensis.*

*F. testâ ovato-oblongâ, convexâ, albido-lutescente, maculis rufis
subpictâ; costis radiantibus inæqualibus, squamoso-asperis; foramine rotundo; margine crenato.*

List. Conch. t. 528. f. 7.

Martini. Conch. t. t. 11. f. 93. 96. 97.

* *Patella perforata.* Gmel. p. 3730. n° 202.

* Schrot. Einl. t. 3. p. 506. n° 152.

* Fav. Conch. pl. 3. f. F.

* Dillw. Cat. t. 2. p. 1058. n. 95. *Patella perforata.*

* Sow. Conch. Illustr. *Fissurella.* f. 5. 6.

* Desh. Encycl. méth. vers. t. 2. p. 137. n° 20.

Patella barbadensis. Gmel p. 3729. n° 199..

Habite les côtes de la Barbade. Mon cabinet. Elle est d'un blanc nué
de vert en dessous. Ses taches rousses ou d'un rouge-brun varient

---

(1) Les deux figures citées par Lamarck dans sa synonymie
n'ont presque point de rapports entre elles, et d'après ce qui
est dit ici de cette espèce, elle pourrait bien n'être qu'une variété du *Fissurella radiata,* n° 10.

dans leur forme , et quelquefois ne sont presque point apparentes.
Diam. longit., un peu plus d'un pouce.

10. **Fissurelle rayonnée.** *Fissurella radiata.* Lamk. (1)

> *F. testá ovato-oblongá, convexiusculá, albidá, fasciis spadiceis ra-*
> *diatá; costellis radiantibus laxis; foramine minimo, obovato;*
> *margine subcrenato.*

Petiv. Gaz. t. 80. f. 12.

Schroet. Einl. in Conch. 2. t. 6. f. 13.

An patella angusta? Gmel. p. 3732. n° 210.

* Desh. Encycl. méth. vers. t. 2. p. 136. n° 18.

* Sow. Conch. Illustr. *Fissurella.* f. 62 et 64.

Habite.... L'Océan des Antilles ? Mon cabinet. Celle-ci nous semble
avoisiner la précédente; mais elle est moins convexe, autrement
tachée, et a le trou de son sommet fort petit, ovoïde, paraissant
presque rond au premier aspect. En dessous, elle est d'un blanc
verdâtre. Les individus de cette espèce offrent entre eux diverses
variations. Diam. de la précédente.

11. **Fissurelle verdâtre.** *Fissurella viridula.* (2)

> *F. testá ovato-oblongá, convexiusculá virescente, costellis albis ra-*
> *diatá; foramine oblongo, inclinato, lineá subcæruleá cincto; mar-*
> *gine crenulato.*

* Desh. Encycl. méth. vers. t. 2. p. 187. n° 19.

Habite..... Mon cabinet. Coquille verdâtre, avec des côtes blanches
rayonnantes, et remarquable par un anneau d'un bleu rembruni,
qui entoure le trou de son sommet. Ce trou est incliné, son bord
postérieur étant plus élevé que l'antérieur. Diamètre longitud.,
9 lignes.

---

(1) Il sera nécessaire de rendre à cette espèce le nom de *Patella Angusta* que lui donna Gmelin. Il ne peut y avoir de doute
à cet égard, car Gmelin a institué son espèce sur l'indication et
la figure de Schroter. Cette dernière représente très bien l'espèce
de Lamarck; par conséquent le nom de Gmelin, donné antérieurement à la même espèce, doit être préféré.

(2) La coquille figurée sous ce nom par M. Sowerby dans ses
illustrations conchyliologiques n'est pas de la même espèce que
celle de Lamarck.

12. **Fissurelle hiantule.** *Fissurella hiantula.* Lamk. (1)

> *F. testá oblongo-ellipticá, convexo-depressá; extremitatibus elevatis fornicatis; striis tenuibus; verticis foramine maximo, prælongo; margine integro.*

Born. Mus. p. 414. Vign. fig. F.

* Desh. Encycl. méth. vers. t. 2. p. 133. n° 4.

* *Var. testá nigrescente, Fissurella nigrita.* Sow. Illutr. Conch. f. 47?

Habite les mers des Indes. Mon cabinet. Elle est extrêmement remarquable, soit par la grandeur du trou de son sommet, soit parce que, étant posée sur son ouverture, elle ne s'appuie que sur ses deux côtés. Sa couleur en dessus est d'un roux-lilas; en dessous, elle est d'un blanc mat. Son bord est entier. Diamètre longitud., 13 lignes et demie.

13. **Fissurelle pustule.** *Fissurella pustula.* Lamk.

> *F. testá rotundato-ellipticá, depressá, anteriùs subtruncatá, decussatim striatá, albidá; striis longitudinalibus eminentioribus; foramine excentrali, parvulo, lineá roseá cincto; margine crenulato.*

Patella pustula. Lin. Syst. nat. p. 1262. Gmel. p. 3728. n. 194.

> *Syn. plerisque exclus.*

* Schrot. Einl. t. 2. p. 508. n$_0$ 157.

List. Conch. t. 528. f. 3.

Petiv. Gaz. t. 3. f. 12.

Chemn. Conch. 10. t. 168. f. 1632. 1633.

* *Patella pustula.* Dillw. Cat. t. 2. p. 1056. n$_0$ 91.

* Desh. Encycl. méth. vers. t. 2. p. 133. no 5.

* Sow. Conch. Illust. *Fissurella.* f. 20.

Habite l'Océan indien, etc. Mon cabinet. Jolie espèce, très reconnaissable par sa forme lunaire. Posée sur son ouverture, elle ne s'appuie que sur ses côtés, comme la précédente; mais son extrémité antérieure est comme tronquée, offre un léger sinus au mi-

---

(1) Dans ses Illustrations conchyliologiques, M. Sowerby donne sous ce nom une espèce différente de celle de Lamarck; la coquille qui, dans le même ouvrage, est nommée *Fissurella Javanicensis* a beaucoup de ressemblance avec celle-ci. Nous ne rapportons pas non plus à l'espèce de Lamarck la coquille figurée sous ce même nom par MM. Schubert et Wagner dans le dernier supplément au Chemnitz (pl. 229. 4058. 4059). Nous la croyons d'une autre espèce que celle de M. Sowerby et que celle de Lamarck.

lieu, et se relève un peu plus que la postérieure. Le trou de son sommet est oblong, resserré sur les côtés, rapproché du bord antérieur, et constamment entouré d'un cercle rose pourpré. Diam. longit. près de 9 lignes.

14. Fissurelle fasciculaire. *Fissurella fascicularis*. Lamk.

F. testâ parvulâ, oblongo ellipticâ, depressiusculâ, albo-flavescente, lineis fasciculatis fuscis radiatâ; striis confertis : foramine elongato, lineâ rubrâ cincto.

* Sow. Genera of shells. *Fissurella.* f. 6.

* Desh. Encycl. méth. vers. t. 2. p. 133. n° 6.

* Sow. Conch. Illust. *Fissurella.* f. 14.

Habite..... Mon cabinet. Celle-ci paraît avoir des rapports avec la précédente; mais sa forme est plus allongée. Le trou de son sommet l'est également, et est moins excentrique. Enfin ses faisceaux de rayons bruns la rendent remarquable. Son bord interne semble entier. Diam. longit., 7 lignes.

15. Fissurelle de Java. *Fissurella Javaniensis*. Lamk.

F. testâ ovato-ellipticâ, convexâ, squalidè albâ, fasciis obscuris rufis subradiatâ; striis transversis tenerrimis; foramine oblongo, majusculo.

Habite sur les côtes de Java. M. *Leschenault.* Mon cabinet. Elle tient un peu du *F. pustula.* Ses deux extrémités sont relevées; le bord de l'antérieure est comme écrasé, et fait un pli en dessous : celui de la postérieure a un léger sinus. Les stries longitudinales sont à peine apparentes et seulement près du sommet. Cette petite coquille, un peu épaisse pour sa taille, ressemble à une selle oblongue, et est blanche en dessous. Diam. long., 8 lignes et demie.

16. Fissurelle déprimée. *Fissurella depressa*. Lamk. (1)

F. testâ oblongo ellipticâ, depressâ, squalidè albâ; zonâ obscurè violaceâ marginali; foramine oblongo, magno; margine foraminis angulato-declivi.

Habite l'Océan indien. Mon cab. Les extrémités de cette coquille ne se relèvent point; en dessous elle est d'un blanc mat. Diam. longit., 9 lignes.

---

(1) M. Sowerby, dans ses Illustrations conchyliologiques, dit que d'après M. Gray, qui l'a examiné dans la collection de Lamarck, cette espèce a été faite avec un individu mal conservé du *Fissurella crassa,* n° 3.

17. Fissurelle du Pérou. *Fissurella Peruviana.* Lamk.

> *F. testâ ovali, convexâ, subconicâ, albido-rufescente; fasciis fusco-*
> *violaceis radiantibus; striis longitudinalibus tenuibus; foramine*
> *ovato, subinclinato; infimâ facie albâ.*

Habite sur les côtes du Pérou. MM. *de Humboldt* et *Bonpland.* Mon
cab. Le bord interne de cette coquille est un peu crénelé. Certains
individus de cette espèce sont plus évasés à leur ouverture et
moins coniques que d'autres. Diam. longit., 15 lignes et
demie.

18. Fissurelle renflée. *Fissurella gibberula.* Lamk.

> *F. testâ parvâ, ovato - oblongâ, valdè convexâ, lateribus subde-*
> *pressâ, albidâ; striis longitudinalibus remotiusculis; vertice ex-*
> *centrali, inclinato, foramine ovali, obliquo, infrà verticem*
> *pervio.*
> * *An eadem ?* Sow. Conch. illustr. *Fissurella.* f. 17.

Habite....... Mon cabinet. Petite coquille, subglobuleuse, à dos
renflé obliquement, percée au-dessous de son sommet et qui est
assez remarquable par sa forme singulière. Diam. longit., près de
4 lignes.

19. Fissurelle naine. *Fissurella minuta.* (1)

> *F. testâ minimâ, oblongo-ellipticâ, convexâ, albâ, lineis nigricantibus*
> *exilibus radiatìm pictâ; striis tenuissimis decussatis : longitudina-*
> *libus subgranosis; foramine exiguo, excentrali.*
> * Desh. Ency. méth. vers. t. 2. p. 138. no 24.

Habite....... Mon cabinet. Très petite coquille, dont je possède une
douzaine d'individus, tous semblables, et qui me paraît constituer
une espèce particulière. Diam. longit., 3 lignes et demie.

20. Fissurelle labiée. *Fissurella labiata.*

> *F. testâ fossili, ovato oblongâ, conico-depressâ; striis decussatis*
> *subsquamosis; foramine obliquo, intùs labiato.*
> *Fissurella labiata.* Ann. du Mus. vol. 1. p. 312. n° 1.
> * Desh. Coq. foss. de Paris, t. 2. p. 21. pl. 2. f. 4. 5. 6.
> * *Id.* Ency. méth. vers. t. 2. p. 138. n° 14.

Habite..... Fossile de Grignon. Mon cabinet. Les individus très jeunes

---

(1) L'espèce qui porte ce nom dans les Illustrations conchyliologiques de M. Sowerby, n'est pas la même que celle de Lamarck.

ont le bord supérieur du trou terminé par une petite pointe en
spirale. Diam. longit., 15 lignes trois quart.

† 21. Fissurelle de praya. *Fissurella afra.* Quoy et Gaym.

*F. testá avato-oblongá, convexá lutescente, radiis fusco-violaceis pictá,
intus albá; striis longitudinalibus obsoletis, foramine oblongo,
compresso.*

Quoy et Gaim. Voy. de l'Astr. t. 3. p. 336. pl. 68. f. 5. 6.
Habite aux îles du cap Vert.

Coquille d'une taille médiocre, très conique, à base ovale-oblongue;
son sommet est subcentral antérieur; le trou dont il est percé
est allongé, étroit, et en dedans il est entouré d'un limbe légèrement plissé; en dehors, la coquille est couverte de stries longitudinales obsolètes. Elle est d'un blanc-jaunâtre et ornée de rayons
assez larges d'un violet-obscur.

† 22. Fissurelle de Tonga. *Fissurella Tongána.* Quoy.

*F. testá ovato-oblongá, convexá, albá, vertice paululum compressá;
costis rugosis, striis transversis, cancellatis; annulo ovali; margine
crenato.*

Quoy et Gaym. Voy. de l'Astr. t. 3. p. 335. pl. 68. f. 3. 4.
Habite l'île Tongatabou.

Coquille blanchâtre, à base ovale-oblongue, sensiblement rétrécie du
côté antérieur; le sommet est antérieur, et le trou dont il est percé
est petit, subtriangulaire et fortement incliné. La surface extérieure est bombée; elle est ornée d'une quinzaine de côtes assez
grosses et saillantes dans l'intervalle desquelles trois ou quatre petites viennent se placer. Toutes ces côtes sont traversées par des
lamelles obtuses, courtes et régulières; les bords sont assez épais
et assez profondément crénelés. Cette coquille a beaucoup d'analogie avec notre *Fissurella costaria,* et peut-être pourrait-on la
considérer comme une forte variété.

† 23. Fissurelle radiole. *Fissurella radiola.* Desh.

*F. testá ovato-oblongá, conico-depressá, regulariter costellatá, ele-
ganter albo et violaceo radiatá; margine leviter crenato; fissurá
magná, lateribus coarctatá.*

Desh. Encycl. méth. vers, t. 2. p. 136. n° 17.
Habite les îles Malouines. (M. Lesson.)

Jolie coquille très distincte de toutes les autres espèces du même
genre : Elle est ovale-oblongue, à peine plus étroite antérieurement; son sommet subcentral antérieur présente une grande ouverture oblongue, rétrécie dans le milieu de chaque côté; en de-

dans, elle est bordée par un bourrelet étroit, finement strié ; en
dehors, cette coquille est couverte de côtes fines et rayonnantes,
subégales, arrondies, peu saillantes, coupées par un grand nombre de stries transverses, onduleuses, qui paraissent être le résultat
d'accroissemens multipliés et réguliers ; sur un fond blanc-grisâtre
se dessinent seize à dix-huit rayons violet-foncé, parfaitement
symétriques. Le bord est finement crénelé et présente, à l'endroit
des rayons, des taches oblongues alternativement blanches et violettes.

† 24. Fissurelle négligée. *Fissurella neglecta*. Desh.

> F. *testá ovato-oblongá, anticè angustá, conicá ; costatá fusco vires-*
> *cente et albo radiatá ; costis inæqualibus striis transversis, nume-*
> *rosissimis decussatis ; apice antico, obliquè perforato ; margine*
> *crenato.*

Desh. Encycl. méth. vers, t. 2. p. 138. n° 23.
Fissurella Mediterranea. Gray in Brit. Mus.
Sow. jun. Conch. illustr. f. 30.
Var. b. Desh. *Fossilis. Testá elatiore, striis transversis lamellosis.*
Habite la Méditerranée, fossile en Italie, en Morée et aux environs
de Bayonne.

Nous avons depuis long-temps, signalé cette espèce à l'attention des
conchyliologues, qui, avant nous, la confondaient avec la *Fissurella
græca.* Elle en est cependant bien distincte : elle est ovale-oblongue, sensiblement rétrécie du côté antérieur ; son sommet est tout
du côté antérieur, et sa perforation est obliquement inclinée du
même côté. Cette perforation est ovale-oblongue et rétrécie dans le
milieu ; la surface extérieure présente un grand nombre de côtes,
dont une vingtaine un peu plus saillantes et symétriquement disposées, laissent entre elles assez de place pour que deux ou trois côtes
moins saillantes puissent se placer entre elles. Ces côtes sont simples, quelquefois traversées par des stries d'accroissement assez régulières, mais ne formant jamais ce grand réseau à mailles carrées
que l'on voit sur la *Fissurella græca ;* en dehors, cette coquille
est d'un gris-verdâtre, quelquefois brunâtre ; en dedans, elle est
blanche ou verdâtre.

† 25. Fissurelle rude. *Fissurella rudis*. Desh.

> F. *testá ovato-rotundatá, conicá, depressá squalidè albá, fasciis ob-*
> *scuris rufis subradiatá, costatá, costis numerosis, radiantibus, sepa-*
> *ratis, rugosis ; foramine minimo, ovato.*

Desh. Encycl. méth. vers, t. 2. p. 133. n° 7.
An *Fissurella chilensis.* Sow. jun. Conch. illustr. f. 36?

Habite le Chili.

Coquille conique, à base ovale-obronde ; le sommet est peu saillant
dans la plupart des individus, et n'est pas exactement au centre,
il est un peu antérieur; le trou dont il est percé est ovale-oblong,
étroit, petit, proportionnellement à la grandeur de la coquille ;
il en part en rayonnant un grand nombre de côtes assez grosses,
inégales, rugueuses ; en dedans, la coquille est blanche , et le trou
de son sommet est entouré d'un limbe irrégulièrement crénelé
sur le bord. La couleur de l'espèce est d'un brun-verdâtre foncé,
sur laquelle les côtes principales forment des rayons d'un brun plus
clair.

† 26. **Fissurelle obronde.** *Fissurella subrotunda.* Desh.

*F. testá ovato-rotundá, conicá, elevatá, striis longitudinalibus, ob-
soletis ornatá, rubro et albo radiatá ; apice subcentrali ; fissurá
minimá, rotundatá.*

Desh. Encycl. méth. vers, t. 2. p. 135. n. 11.

Fissurella affinis, Gray. Sup. to Bech. narrat.

Sow. jun. Conch. illustr. f. 44.

Habite les mers du Chili et du Pérou.

Coquille conique, à base ovale presque circulaire; son sommet est
subcentral; son côté antérieur est sensiblement rétréci ; sa surface
extérieure présente de petites côtes rayonnantes quelquefois obsolètes; la perforation du sommet est petite et ovale-obronde;
en dedans, cette perforation est entourée d'un limbe assez large,
aplati, circonscrit par une strie simple ou à peine ondulée; le
bord de la coquille est mince et d'un rouge brunâtre; en dehors,
cette espèce est d'un rouge pourpré plus ou moins foncé passant
souvent au brun, et rayonné par des lignes étroites des mêmes
couleurs, beaucoup plus pâles.

† 27. **Fissurelle à côtes.** *Fissurella costaria.*

*F. testá oblongo-ellipticá; dorso convexo-conicá; lateribus subde-
pressá, costis radiantibus, crebris, strias transversas subsquamu-
losas decussantibus; margine crenulato; foramine oblongo, inclinato.*

Desh. Coq. foss. de Paris. p. 20. pl. 2. f. 10 à 12.

Id. Encycl. méth. vers. t. 2. p. 135. n° 12.

An eadem species? *Patella pileolus.* Chemn. Conch. t. 10. p. 183.
pl. 197. f. 1922.

Patella pileolus. Dillw. Cat. t. 2. p. 1059. n. 97?

Habite l'Océan de l'Inde? et fossile aux environs de Paris.

Coquille ovalaire, conique, ayant le sommet vers le côté antérieur :

ce sommet est percé très obliquement d'un trou de médiocre grandeur et régulièrement ovalaire; du sommet, il part en rayonnant
un grand nombre de côtes dont une vingtaine, plus saillantes que
les autres, laissent entre elles un espace assez large pour permet-
tre une intercalation de deux ou trois côtes plus petites. Toutes
ces côtes sont rapprochées, comme pressées, et elles sont traversées par des lamelles assez épaisses, transverses, ce qui produit
sur la surface un réseau à mailles carrées, élégant par sa régularité; les bords sont coupés de manière à ce que les deux extrémités seules de la coquille puissent reposer sur un plan horizontal.
L'individu fossile, trouvé aux environs de Paris, ne diffère en rien
de ceux qui sont vivans.

† 28. **Fissurelle écailleuse.** *Fissurella squamosa.* Desh.

F. testá ovato-depressá, costis crebris, depressis, radiantibus, costis
eleganter squamoso-asperis; foramine ovali, obliquo, intùs margi-
nato; margine lævigato.

Desh. Coq. foss. de Paris. p. 21. pl. 2. f. 1. à 3.
Id. Ency. méth. vers. t. 2. p. 135. n° 13.
Habite... Fossile aux environs de Paris.

Belle espèce ovale-oblongue, en cône surbaissé et ayant la perforation immédiatement en avant du sommet; cette perforation est
grande et ovalaire; le sommet, pointu, donne naissance à un assez
grand nombre de petits rayons écailleux peu saillans; les écailles
sont rapprochées et subimbriquées; en dedans, l'ouverture du
sommet est bordée d'un limbe étroit dont le bord postérieur laisse
derrière lui une lacune assez profonde.

† 29. **Fissurelle à grand trou.** *Fissurella macrochisma.*
Chemn.

F. testá ovato-elongatá, angustá, lateraliter depressá, vertice an-
tico, oblique perforato; foramine laterali prælongo ad marginem
incumbante, margine antico crasso, depresso.

Chemn. Conch. t. 11. p. 184. pl. 197. f. 1923. 1924.
Dillw. Cat. t. 2. p. 1062. n° 103
Sow. Gen. of shells, *Fissurella.* f. 5.
Desh. Encycl. méth. vers. t. 2. p. 132. n° 3.
Sow. illustr. Conch. *Fissurella.* f. 39.
Habite la Nouvelle-Zélande.

Coquille fort singulière, ayant un peu la forme du Parmophore,
mais offrant ce caractère particulier, d'un trou subtriangulaire
supérieur et s'avançant jusque sur le bord antérieur; ce bord
est relevé, de manière que la coquille étant posée sur un plan

horizontal, il présente un bâillement en demi-cercle. A l'extérieur, la coquille est ornée de petites côtes rayonnantes, inégales, traversées par des accroissemens assez multipliés. Cette coquille est blanche en dedans ; mais la couleur est variable du gris-blanchâtre au rouge, disposé en taches rayonnantes, et au brun formant des taches plus grandes. Cette espèce, curieuse, est rare dans les collections.

† 3o. **Fissurelle barque.** *Fissurella noachina.* Lyell.

F. *testá mininá, conicá, apice obliquè perforatá foramine intùs coarctato, marginato ; costis minimis, inæqualibus, radiantibus, apice minimo, retorto.*

Patella noachina. Lin. Mant. p. 551.

Chemn. Conch. t. 11. p. 186. pl. 197. f. 1927. 1928.

Gmel. p. 3728. n° 193. *Patella fissurella.*

Patella apertura. Montag. Test. Brit. p. 491. pl. 13. f. 10.

Patella noachina. Lyell. Observ. sur le soulèvem. de la Suède. p. 27. n₀ 16. pl. 2. f. 13. 14.

Sow. Zool. Illust. *Fissurella.* f. 15.

Habite les mers du Nord. Fossile en Suède et en Norwège. Petite coquille fort singulière, n'ayant pas exactement tous les caractères des Fissurelles, et conservant par sa forme quelque chose du port des Emarginules. Nous croyons qu'elle deviendra plus tard le type du genre nommé Rimule par M. Defrance. La coquille est conique ; son sommet est relevé et contourné en avant comme celui des Emarginules. Au-dessous de ce sommet, commence une petite rainure oblique, profonde, aboutissant à une petite perforation également oblique et pénétrant dans l'intérieur ; en dedans, la direction de la perforation est indiquée par une saillie assez notable ; la surface extérieure de cette coquille est garnie, comme certaines Emarginules, de petites côtes inégales, les plus petites alternant avec les plus grosses. La base de la coquille est ovalaire, et son bord est faiblement crénelé par la saillie des côtes.

CABOCHON. (Pileopsis.)

Coquille univalve, en cône oblique, courbée en avant ; à sommet unciné, presque en spirale ; à ouverture arrondie-elliptique ; ayant le bord antérieur plus court, aigu, un peu en sinus ; le postérieur plus grand, et arrondi. Une impression musculaire allongée, arquée, transverse, située sous le limbe postérieur.

Animal...... Deux tentacules coniques; ayant les yeux à leur base extérieure. Branchies disposées en une rangée sous le bord antérieur de leur cavité, près du cou.

Testa univalvis, obliquè conica, anterius recurva; apice uncinato, subspirali; aperturâ rotundato-ellipticâ; margine antico breviori, acuto, subsinuato; postico majori, rotundato. Impressio muscularis elongata, arcuata, transversa, intùs ad limbum posticum.

Animal...... Tentacula duo conica; externâ basi oculis duobus. Branchiæ propè collum, infrà limbum anticum cavitatis uniordinatæ.

OBSERVATIONS. — La forme assez particulière de la coquille, dans les *Cabochons*, ainsi que celle de leur muscle d'attache, me paraissaient depuis long-temps exiger que ces coquillages fussent séparés des Patelles avec lesquelles on les confondait généralement. Ce ne fut cependant qu'après avoir appris que les branchies de ces Gastéropodes avaient été observées, et qu'elles étaient placées près du cou de l'animal, que je me décidai à former avec ces Mollusques, un genre à part. On sent, en effet, que ce genre, déjà bien distinct par la coquille même, doit appartenir à la famille des Calyptraciens; l'animal n'ayant point ses branchies disposées tout autour du corps, comme celui des Patelles, mais possédant sans doute, ainsi que les autres Calyptraciens, une cavité branchiale particulière, située près du cou. Si, comme l'observation le montre, l'animal des Patelles se déplace peu ou rarement, on a des motifs pour penser que celui des *Cabochons* se déplace moins encore, et peut-être jamais. C'est l'opinion de M. *Defrance*, depuis qu'il a observé, dans certains *Cabochons* fossiles, un support de la coquille formé pendant la vie de l'animal par des dépôts successifs de matière testacée : support qui constitue une pièce particulière, fixée sur les corps marins, et qui conserve en dessus l'empreinte assez profonde des bords de l'ouverture de la coquille. D'après cette considération, on pourrait séparer ces derniers de nos *Cabo-*

chons proprement dits, l'animal de ceux-ci ne paraissant pas déposer de matière testacée sur le plan de position de sa coquille. Ici, néanmoins, je ne présenterai ces *Cabochons* à support reconnu que comme une division du genre; étant incertain si les autres n'offrent pas aussi quelque dépôt sur leur plan de position, assez léger pour avoir pu n'être pas observé.

[Lorsque nous avons parlé des Ptéropodes, nous avons fait sentir ce qu'avait d'erroné l'opinion que Lamarck s'était faite de ces animaux, en les considérant comme intermédiaires entre les Mollusques acéphalés et les Mollusques proprement dits. S'il existe un passage entre ces deux classes des Mollusques, nous pensons qu'à l'exemple de M. de Blainville, il faut le chercher dans les genres Cabochon et Hipponice. La plupart des personnes qui commencent à s'occuper de conchyliologie, et qui comparent pour la première fois les genres Cranie et Hipponice, trouvent entre eux de grands rapports, et ont une tendance à les rapprocher dans la méthode. Mais les rapports qui existent entre ces coquilles, ne se continuant pas dans les animaux qui les habitent, il faut bientôt abandonner ce rapprochement, puisque l'un des genres, celui des Cranies, appartient incontestablement aux Brachiopodes, tandis que les Hipponices sont de véritables Mollusques acéphalés. Lorsque l'on vient à comparer l'organisation des Hipponices à celle des Acéphalés, on reconnaît avec surprise qu'il existe en réalité, entre ces deux classes d'animaux, des rapports plus grands qu'on ne se l'était d'abord figuré.

La courte description, faite par Cuvier, dans les Annales du Muséum, de l'animal des Cabochons, est la seule que l'on ait jusqu'à présent. Cette description nous apprend que l'animal, attaché à sa coquille par un muscle en fer-à-cheval, est pourvu d'un pied comparable à celui des Patelles, qu'il a une cavité cervicale, assez grande, contenant un peigne branchial, comparable à celui des Crépidules, et qu'enfin, il a une tête proboscidiforme, portant deux tentacules oculés à la base. L'observation nous a démontré depuis long-temps, que les vrais Cabochons, vivant à la manière des Patelles, sont encore plus sédentaires qu'elles; car on voit, dans certains individus du *Pileopsis ungarica*, des irrégularités provenant du corps sur lequel il a vécu étant jeune, se continuer exactement les mêmes, jusque dans l'âge adulte, irrégularités dont on peut suivre les traces au moyen des stries d'accroissement, et qui donnent la preuve, selon nous, que pendant toute sa vie, l'animal n'a point changé de place. Cette manière de vivre se rapproche donc infiniment de celle des Hipponices dont nous avons parlé.

Ce genre Hipponice, créé par M. Defrance, n'a été considéré ici par Lamarck que comme une section des Cabochons. D'autres zoologistes, et M. de Blainville entre autres, s'appuyant sur des faits nouveaux, ont adopté le genre de M. Defrance et l'ont placé dans le voisinage des Cabochons; il serait possible cependant, qu'après un examen bien fait des deux genres, on en revînt à l'opinion de Lamarck, et voici, ce nous semble, comment on pourrait l'appuyer.

nices ont une coquille semblable à celle des Cabochons; mais leur pied, aminci, prend les propriétés du manteau, devient un organe sécréteur, produisant un support calcaire plus ou moins épais sur lequel l'animal est attaché par le même muscle, en fer-à-cheval, qui s'insère dans la coquille. L'animal des Hipponices reste donc de toute nécessité attaché, à la manière des Huîtres et des Cranies, aux corps sous-marins. Cette manière de vivre d'un Mollusque céphalé, et la propriété qu'il a de sécréter un support, lui donne de la ressemblance avec une coquille bivalve sans charnière. Le support de ces Mollusques, très épais dans certaines espèces, diminue insensiblement dans d'autres et devient quelquefois très mince. Nous connaissons certaines espèces qui, au lieu de sécréter un support, s'attachent à d'autres coquilles, et y creusent assez profondément la place sur laquelle elles vivent. Cette impression offre exactement la même forme et les mêmes accidens que le support plus ou moins épais dont nous avons parlé précédemment. De ces espèces à celles qui vivent sédentaires, sans laisser de traces sur le corps qui leur ont servi de point d'appui, il n'existe que bien peu de différence; et il est à présumer que dans l'organisation des animaux, cette différence n'est pas considérable. C'est ainsi que s'établirait le passage des Cabochons et des Hipponices, et que se trouverait justifiée l'opinion de Lamarck.

On doit à MM. Quoy et Gaymard, la découverte d'Hipponices vivantes, ayant un support. M. de Blainville, auquel ces savans voyageurs, au retour de leur premier voyage, remirent quelques petits individus conservés dans la liqueur, donne quelques détails intéressans sur l'organisation de ces animaux. Plus tard, M. Quoy, pendant son second voyage, eut occasion d'observer de plus grandes espèces, et il reconnut que le *Patella australis* de Lamarck était un véritable Hipponice attaché sur un support calcaire, très mince. Dans l'ouvrage, plein d'intérêt, qu'il publia à la suite de ce voyage, M. Quoy a donné, sur les animaux de ce genre, des détails très complets, qui prouvent de la manière la plus évidente la grande analogie qui existe entre les Hipponices et les Cabochons. L'animal est compris entre deux disques charnus, dont l'un est formé par le manteau, et l'autre par le pied; et, lorsqu'il est entièrement détaché, il ressemble à un animal acéphalé, enveloppé dans les deux lobes de son manteau. Cependant les Hipponices diffèrent des Acéphalés sous plusieurs rapports : ils ont une tête un peu prolongée en trompe; la bouche est armée d'une langue courte, hérissée comme celle des Patelles. L'œsophage est entouré d'un anneau nerveux, plutôt semblable à celui des Mollusques proprement dits, qu'à celui des Acéphalés. Ces animaux sont complètement hermaphrodites, ce qui les rapproche incontestablement de la longue série des Lamellibranches; mais l'organe branchial est fort différent, car il est pectiné, formé de lamelles droites et rigides, contenues dans une cavité cervicale et se dirigeant de gauche à droite. Ainsi que dans les Cabochons, les Hipponices ont, en avant du pied, des vésicules plus ou moins nombreuses dans lesquelles les œufs sont déposés, protégés par la coquille de la mère, et subissant pendant un temps, dont on ne connaît pas la duré, une sorte d'incubation. A mesure que les œufs grossissent, les vésicules diminuent en nombre, mais augmentent de volume. Nous empruntons à M. Quoy ces observations curieuses que nous venons de rapporter. Lamarck n'a connu qu'un petit nombre de Cabochons et d'Hipponices : nous ajouterons celles dont nous avons eu connaissance depuis la publication de la première édition de cet ouvrage.

Nous devons rappeler ici que plusieurs des Patelles de Lamarck, doivent venir se ranger parmi les Cabochons. C'est ainsi

qu'il faudra placer parmi eux la Patelle Galatée. Lamarck, n° 41,
et sans le moindre doute, le *Patella tricostata*, n° 43, et mettre
parmi les Hipponices, la Patelle australe, n° 44. Nous renvoyons
pour ces espèces au genre Patelle, où l'on trouvera des notes
qui les concernent.]

ESPÈCES.

[a] *Coquille sans support connu.*

1. **Cabochon bonnet-hongrois.** *Pileopsis ungarica.* **Lamk.**

> P. testá conico-acuminatá, striatá; vertice hamoso, revoluto; aper-
> turá transversim latiore, intùs roseá.
>
> Patella ungarica. Lin. Syst. nat. p. 1259. Gmel. p. 3709. n° 89.
> List. Conch. t. 544. f. 32.
> Gualt. Test. t. 9. fig. W.
> Klein. Ostr. t. 8. f. 10.
> D'Argenv. Conch. pl. 2 fig. R.
> Fav. Conch. pl. 4. fig. E 2.
> Knorr. Vergn. 6. t. 16. f. 3.
> Born. Mus. p. 414. Vign. fig. D.
> Martini. Conch. 1. t. 12. f. 107. 108.
> * Mont. Test. Brit. p. 486.
> * Penn Zool. Brit. 1812. t. 4. pl. 93. f. 1.
> * Schrot. Einl. t. 2. p. 413.
> * Dorset. Cat. p. 58. pl. 23. fig. 7.
> * Donov. Conch. t. 1. pl. 21. f. 1.
> * Brook. Intr. p. 163. pl. 9. f. 125.
> * Poli. Test. t. 3. pl. 56. f. 1. 2.
> * *Patella ungarica.* De Roissy. Buf. Moll. t. 5. p. 221.
> * Dillw. Cat. t. 2. p. 1034. n° 42.
> * Payr. Cat. p. 93. n° 182.
> * Desh. Encycl. méth. vers. t. 2. p. 153. n° 1.
> * *Capulus ungaricus.* Sow. Genera. f. 1.
> * Fossilis. Brocch. Conch. Foss. subap. t. 2. p. 257.
> * Ginanni. t. 2. pl. 3. f. 24.

Habite la Méditerranée et l'Océan atlantique. Mon cabinet. Coquille
commune dans les collections. Son drap marin est velu. Il paraît que c'est la seule espèce de ce genre dont l'animal ait été
observé.

TOME VII.

39

2. Cabochon feuilleté. *Pileopsis mitrula.* **Lamk.** (1)?

> P. *testâ ovato-rotundatâ, obliquè conicâ, solidâ, albidâ; lamellis transversis laxè imbricatis; vertice adunco; margine repando.*
>
> * *Patella antiquata.* Lin. Syst. nat. p. 1259?
> * *Id.* Gmel. p. 3709. no 90.
> List. Conch. t. 544. f. 31.
> Klein. Ostr. t. 8. f. 11. 12.
> Fav. Conch. pl. 4. fig. F 1. F 2.
> Martini. Conch. 1. t. 12. f. 111. 112.
> *Patella mitrula.* Gmel. p. 3708. n 82.
> * *Id.* Dillw. Cat. t. 2. p. 1035. no 44.
> * Schrot. Einl. t. 2. p. 456. no 36.
> * Desh. Encycl. méth. vers. t. 2. p. 154. n$_0$ 2.
> * *Hipponice mitrale.* Def. Journ. de Phys. mars 1819. f. 4.
> * *Id.* De Blainv. Malac. pl. 50. f. 4.
> Habite les côtes de la Barbade, etc. Mon cabinet. Ses accroissemens divers nous paraissent plutôt offrir des lames que des rides ou de véritables plis.

3. Cabochon tortillé. *Pileopsis intorta.* **Lamk.**

> P. *testâ ovato-rotundatâ, obliquissimè conicâ, albidâ; striis longitudinalibus obsoletis; vertice porrecto, laterali, spiraliter intorto.*
>
> * Fav. Conch. pl. 4. f. B.
> * Desh. Encycl. méth. vers. t. 2. p. 154. n° 4.

---

(1) Il est bien à présumer que l'opinion de Dillwyn est juste, et qu'il sera convenable de l'adopter. Il regarde le *Patella mitrula* de Gmelin, comme étant de la même espèce que le *Patella antiquata* de Linné. Les caractères de la phrase linnéenne s'appliquent en effet exactement à la coquille dont il s'agit, et c'est une bien grande présomption en faveur de l'opinion de Dillwyn. Le même auteur rapporte aussi à la même espèce le *Soron* d'Adanson; mais nous pensons qu'il a tort, car la description très exacte qu'en donne le savant naturaliste, ne s'accorde pas exactement avec celle du *Patella mitrula.*

M. Defrance cite sous le nom de *Patella mitrata*, un individu de cette espèce portant un support calcaire et épais sur le dos, ce qui fait croire à ce savant qu'elle appartient à son genre Hipponice.

Habite..... Mon cabinet. Il n'y a aucun doute pour moi que cette coquille ne soit une espèce distincte, le prolongement, l'inclinaison
et la spirale latérale de son sommet la rendant fort remarquable.

4. Cabochon roussâtre. *Pileopsis subrufa*. Lamk.

*P. testá ovato-rotundatá, obliquè conicá, albá rufo roseoque nebu-
losá; striis longitudinalibus strias transversas decussantibus; vertice porrecto, inflexo.*

* *An Patella militaris ?* Lin. mant. p. 552.

List. Conch. t. 544. f. 30. 32.

Klein. Ostr. t. 8. f. 9. 10.

Martini. Conch. 1. t. 12. f. 113.

* *An eadem ?* Dillw. Cat. t. 2. p. 1035. n. 43.

* Desh. Encycl. méth. vers. t. 2. p. 155. n. 5.

* De Blainv. Malac. pl. 49 *bis.* f. 1.

* *Capulus urceus.* Schub. et Wagn. Chemn. Supp. pl. 229. f. 4060.
4061.

Habite.... les mers d'Amérique? Mon cabinet. Coquille petite, et qui
constitue une espèce bien distincte.

5. Cabochon spirirostre. *Pileopsis spirirostris*. Lamk. (1)

*P. testá fossili, obliquè conicá, basi dilatatá, antiquatá, longitudina-
liter striatá; vertice inflexo spirali sublaterali.*

Patella spirirostris. Ann. du Mus. vol. 1. p. 311. no 6.

* Desh. Coq. foss. des env. de Paris. 1. 2. pl. 3. f. 13. 15.

Id. Ency. méth. vers. t. 2. p. 155. no 6.

Habite... Fossile de Grignon. Mon cabinet. Coquille très évasée à
sa base, élégamment striée dans sa longueur, et coupée par étages
qui interrompent les stries.

6. Cabochon retortelle. *Pileopsis retortella*. Lamk. (2)

P. testá fossili, ovatá, lævigatá, vertice laterali spirali obliquato.

Patella retortella. Ann. Ibid no 7.

---

(1) Nous avons vu dans la collection de **M.** Duperrey, le
savant estimable qui a commandé l'expédition de la corvette
la Coquille, un individu de cette espèce, fixé sur son support
par une matière pierreuse fort dure. En conséquence de ce
fait intéressant, cette espèce devra être rangée parmi les Hipponices.

(2) Nous connaissons aussi le support de cette espèce, et,
comme la précédente, elle appartient aux Hipponices.

* *Hipponix retortella.* Desh. Coq. foss. des env. de Paris. t. 2.' pl. 2.
f. 17-18.

Id. Ency. méth. vers. t. 2. p. 277. n° 7.

Habite... Fossile de Grignon. Cabinet de M. *Defrance.* Il est très
petit, et n'a que 3 ou 4 millimètres.

7. Cabochon empenné. *Pileopsis pennata.* Lamk.

*P. testá fossili, ellipticá, depresso-conicá; siriis posticè squamosis
undulatis subimbricatis; vertice cernuo spirato.*

Patella pennata. Ann. Ibid. n° 8.

* Desh. Coq. foss. des env. de Paris. t. 2. pl. 3. f. 5. 6. 7:

Id. Ency. méth. vers. t. 2. p. 155. n° 7.

Habite..... Fossile de Houdan. Cabinet de M. *Defrance.* Espèce
fort jolie, remarquable par ses stries postérieures écailleuses, très
ondulées, et qui semble imbriquées comme les plumes d'un oiseau.
Sommet fort incliné.

8. Cabochon en écaille. *Pileopsis squamæformis.* Lamk.

*P. testá fossili, ellipticá, complanatá, lævi; vertice minimo, depresso,
submarginali.*

Patella squamæformis. Ann. Ibid n° 9.

* Desh. Coq. foss. des env. de Paris. t. 2. pl. 3. f. 11-12.

* *Id.* Ency. méth. vers. t. 2. p. 156. n° 10.

* *Hipponix lævis.* Sow. Genera of shells. f. 10 à 16.

Habite..... Fossile de Parnes, près Pontoise. Cabinet de M. *Defrance.*
Coquille plate comme une écaille de poisson ou un ongle. Sommet
fort abaissé, presque marginal, terminé par une petite spirale que
l'on trouve toujours tronquée.

† 9. Cabochon de Garnot. *Pileopsis Garnotii.* Payr.

*P. testá parvá, conica intùs et extùs albá; vertice brevi, subcentrali,
leviter reflexo; striis longitudinalibus et transversis, aperturá
ovali.*

Desh. Expéd. de Morée. Moll. p. 135. n° 136.

Payr. Ann. et Moll. de l'île de Corse. p. 94. n° 183. pl. 5. f. 3. 4.

Habite la Méditerranée.

Celui-ci ressemble plus à une Patelle qu'aucune autre espèce. Sa
base est arrondie; il est en cône surbaissé à sommet obtus et subcentral. La coquille est blanche, subtransparente, l'impression
musculaire est irrégulière, non symétrique, et en examinant la
coquille avec quelque attention, on reconnaît facilement qu'elle
n'est point régulière et symétrique comme les Patelles. La surface
extérieure est couverte de petites stries rayonnantes, légèrement

onduleuses, interrompues par des accroissemens et plus ou moins régulières selon les individus. On remarque sur le côté droit antérieur un angle obtus partant du sommet et assez comparable à celui de certaines Siphonaires.

† 10. Cabochon patelloïde. *Pileopsis patelloïdes.* Desh.

P. testâ orbiculari, conico-depressâ; striis numerosissin seu "iantibus aliis transversis irregularibus interruptis; apice obtuso ; basi dilatatâ ; margine irregulari.

Var. b.) Testâ minimâ, striis subsquamosis.

Desh. Coq. foss. de Paris. t. 2. p. 25. pl. 3. f. 23 à 25,

Habite..... Fossile, aux environs de Paris.

Espèce d'un médiocre volume, obronde, à sommet excentrique et obtus, peu proéminent; il en part en rayonnant un très grand nombre de stries fines et inégales, dont une plus fine alterne avec les plus grosses. Elles sont souvent onduleuses et irrégulièrement interrompues par des accroissemens. Cette coquille a un peu la forme des Patelles et on la mettrait dans ce genre, si elle avait un peu plus de régularité; l'impression musculaire, en fer-à-cheval et irrégulière, fait voir aussi que cette espèce appartient réellement au genre Cabochon. Il serait possible qu'elle appartînt à la section des Hipponices, mais nous ne lui connaissons point de support.

† 11. Cabochon à côtes. *Pileopsis sulcosa.* Desh.

P. testâ ovato-conicâ, depressâ, obliquâ, septem octove costatâ; costis acutis, rugosis, undulatis; vertice spirato, valdè inflexo; marginibus crassis anticè crenatis.

Nerita sulcosa. Brocchi. Conch. foss. subap. t. 2. p. 296. n° 4 pl. 1. f. 3. a. b.

Desh. Encycl. méth. vers. t. 2. p. 155. n. 8.

Habite..... Fossile, dans les terrains tertiaires de l'Astesan et de l'Italie.

Espèce curieuse dont nous ne connaissons pas l'analogue vivant, et que Brocchi confondait avec les Nérites, nous ne savons d'après quels caractères. Cette coquille appartient au genre Cabochon, et peut-être à la section des Hipponices. Elle est oblongue, allongée, et son sommet, très pointu, est toujours fortement incliné du côté postérieur, de manière à toucher le plan horizontal sur lequel la coquille repose. De ce crochet partent en rayonnant vers le bord antérieur six à huit grosses côtes épaisses, arrondies, quelquefois irrégulièrement écailleuses par des accroissemens, et produisant sur le bord des dentelures assez longues. Cette espèce curieuse a quelque analogie avec le Cabochon tricariné.

† 12. **Cabochon striatule.** *Pileopsis striatula.* Desh.

> P. *testá ovato-conicá, depressá, obliquá, striatá; striis numerosis bipartitis; verticè obliquo, arcuato, lateraliter spirato.*
>
> Desh. Encycl. méth. vers. t. 2. p. 156. nº 9.
>
> Habite..... Fossile, à Dax.

Jolie espèce, ayant de l'analogie avec le *Pileopsis intorta* pour la forme générale, et avec le *subrufa*, par la disposition de ses stries. Cependant il y a des caractères qui lui sont propres et qui le distinguent suffisamment comme espèce; la base est arrondie et son sommet se relève obliquement en s'inclinant fortement sur le côté postérieur où il se termine en une spirale courte; la surface extérieure présente deux sortes de côtes; les unes, plus grosses et plus saillantes, semblent formées de deux côtes réunies; les autres, plus fines, sont placées entre les premières; toutes sont découpées en granulations par des stries plus ou moins régulières d'accroissement.

† 13. **Cabochon velu.** *Pileopsis pilosus.* Desh.

> P. *testá ovato-rotundá, patelliformi, conicá, irregulari, albá, eleganter decussatá, cuticulo fusco, piloso, indutá; apice subrecto, excentrico, posticali; marginibus integris, incrassatis.*
>
> Desh. Mag. de Conch. de Guérin. pl. 5.
>
> Habite.....

Petite espèce patelliforme, conique, déprimée, à sommet subcentral, duquel partent en rayonnant un grand nombre de petites côtes convexes, peu épaisses et rendues subgranuleuses par des stries transverses qui les découpent. De chaque point d'intersection s'élève un poil assez long, flexible, ce qui rend la surface de la coquille extrêmement velue. Au-dessous des poils on aperçoit qu'elle est blanche, et à l'intérieur elle est de cette couleur. Cette espèce est bien distincte de toutes les autres.

[b] *Coquille ayant un support connu.*

Les *Hipponices.* Defrance.

1. **Cabochon corne-d'abondance.** *Pileopsis cornucopiæ.* Lamk.

> P. *testá fossili, obliquè conicá, basi ovatá, subrugosá, obsoletè decussatá; vertice elevato, adunco.*
>
> Knorr, Petrif. vol. 2. part. 2. t. 131. f. 3.
>
> * Fav. Conch. pl. 4. f. A.
>
> *Patella cornucopiæ.* Ann. Ibid. n. 5.

Hipponix cornu-copiœ. Def. journ. des phys. mars 1819. f. 1.
* *Id.* De Blainv. Malac. pl. 5o. f. 1.
* *Id.* Sow. Genera of shells *Hipponix.* f. 1 à 9.
* *An eadem ? Patella unguis.* Sow. min. conch. pl. 139. f. 7-8.
* *Pileopsis cornucopiœ.* Desh. Coq. foss. des env. de Paris. t. 2. pl. 2.
  f. 13 à 16.
* *Hipponix cornucopiœ.* id. Ency. méth. vers. t. 2. p. 275. n° 4.
Habite....... Fossile de Grignon. Mon cabinet [sans support].
  M. *Defrance* le possède avec son support, et l'a montré à l'Aca-
  démie des Sciences, comme pièce à l'appui d'un Mémoire qu'il a
  lu à ce sujet. Ce support est large, épais et composé de couches
  superposées les unes sur les autres. Au milieu de sa surface supérieure, on voit une impression assez profonde, formée par les bords
  de la coquille qui s'y trouvait posée et un peu enfoncée. Ce
  Cabochon n'est connu que dans l'état fossile; on en trouve d'une
  assez grande taille.

2. Cabochon dilaté. *Pileopsis dilatata*. Lamk.

*P. testá fossili, obliquè conicá, depressiusculá, rugosá; striis longitu-
dinalibus confertis undulatis; vertice nutante; aperturá amplissimá
patulá, ovato-rotundatá.*

Patella dilatata. Ann. Ibid. no 4. et tom. 6. pl. 43. f. 2-3.
* Fav. conch. pl. 66. f. *A* 3.
* *Hipponix dilatata.* Def. journ. de phys. mars 1819. f. 3.
* *Id.* De Blainv. Malac. pl. 5o. f. 3.
* Desh. Coq. foss. des env. de Paris. t. 2. pl. 2. f. 19 à 21.
* *Id.* Ency. méth. vers. t. 2. p. 276. n° 5.
Habite..... Fossile de Grignon. Mon cabinet (sans support). M. *De-
france* possède ce Cabochon avec son véritable support.

† 3. Hipponice pointue. *Hipponix acuta*. Quoy.

*H. testá solidá, ovatá, crasse longitudinaliter striatá, margine cre-
nulatá, violacescente; vertice longo, acuto et recto; intùs albá.*

Quoy et Gaym. Voy. de l'Ast. t. 3. p. 437. pl. 72. fig. 35. 36. Var.
  fig. 37. 38.
Habite les mers de la Nouvelle-Hollande.
Cette espèce est l'une de celles qui, s'appliquant sur les corps marins et le plus ordinairement sur les coquilles, creuse dans leur
  épaisseur une impression de la même grandeur qu'elle, impression
  à la partie postérieure de laquelle on remarque une impression
  en fer-à-cheval de la même forme que celle que l'on voit sur les
  supports épais des autres espèces d'Hipponices. La coquille a la
  base ovalaire; son sommet, très pointu, est projeté en arrière, et

et il en part en rayonnant de petits sillons peu épais, convexes et rapprochés. La coquille est épaisse et solide; ses bords sont crénelés; elle est blanche en dedans, et brunâtre ou violacée en dehors. Les plus grands individus ont 18 à 20 millimètres de longueur.

† 4. Hipponice feuilletée. *Hipponix foliacea.* Quoy.

H. testá suborbiculari, planá, albá, transversim squamosá; longi-
tudinaliter striatá; vertice posteriori, spirali ad dextrum.

Quoy et Gaym. Voy. de l'Ast. t. 3. p. 439. pl. 72. f. 41. 45.

Habite l'île de Guam dans l'archipel des Mariannes.

Petite espèce ovale-obronde, blanche, épaisse, ayant beaucoup d'a-
nalogie avec le *Pileopsis mitrula* de Lamarck. Elle est en cône
oblique, déprimé, ayant le sommet fortement incliné du côté postérieur et tourné à droite en une spirale courte; la surface extérieure est garnie de lamelles circulaires, saillantes, assez épaisses,
sur lesquelles passent des stries longitudinales assez nombreuses.

† 5. Hipponice suturale. *Hipponix suturalis.* Quoy.

H. testá crassá, ovali, albidá; lineá rufá, longitudinali; costulis
lateralibus; vertice obtuso; fornice albá; margine dentato.

Quoy et Gaym. Voy. de l'Ast. t. 3. p. 440. pl. 72. f. 39. 40.

Habite l'île de Guam.

Celle-ci a beaucoup d'analogie avec l'Hipponice pointue; elle est
suborbiculaire, à sommet postérieur, pointu, mais beaucoup
moins porté vers le bord que dans les espèces précédentes; il est
obtus, et il en part, en rayonnant, un assez grand nombre de
côtes rugueuses, entre lesquelles se trouve un sillon rougeâtre; en
dehors, cette coquille est d'un blanc-jaunâtre, en dedans, elle est
blanche; elle est épaisse, solide, et ses bords sont crénelés.

† 6. Hipponice rayonnée. *Hipponix radiata.* Desh.

H. testá orbiculato-depressá, patelliformi, irregulari costis elatis,
irregularibus, radiantibus ornatá; apice subcentrali; impressione
musculari unicá, arcuatá.

Orbicula crispa. Def. Dict. Sc. nat. t. 36. p. 293.

Desh. Encycl. méth. vers. t. 2. p. 275. n° 2.

Habite.... Fossile à Valognes.

M. Defrance avait compris cette espèce au nombre des Orbicules. Il
est évident pour nous qu'elle n'appartient pas à ce genre, et il
suffit, pour s'en convaincre, de se rappeler que, dans les Orbicules, la valve supérieure offre constamment quatre impressions
musculaires, symétriques, tandis que ici, nous n'en trouvons qu'une

seule en fer-à-cheval, tout-à-fait semblable à celle des Cabochons et des Hipponices. Nous pensons, d'après la forme des individus que nous avons vus, que cette coquille appartient plutôt aux Hipponices qu'aux Cabochons, quoique nous ne connaissions pas de support : elle est arrondie, en cône très surbaissé, à sommet tantôt subcentral, tantôt placé vers le bord postérieur : ce sommet est obtus et presque toujours en mamelon. Il est entouré d'une petite surface aplatie, à la limite de laquelle naissent un grand nombre de côtes rayonnantes, comme pincées, rugueuses et dont un certain nombre n'atteint pas le sommet. Ces côtes sont souvent interrompues par des accroissemens, ce qui les rend rugueuses ou subécailleuses. Indépendamment de ces côtes, on voit sur toute la surface de la coquille un très grand nombre de stries fines et serrées, rayonnantes comme les côtes. Cette jolie espèce paraît assez rare dans les terrains tertiaires du département de la Manche.

† 7. Hipponice sillonnée. *Hipponix sulcatus.* Bors.

> H. *testâ ovato-conicâ, patelliformi, obliquâ, apice obtusâ, sulcis longitudinalibus et transversis clathratâ, irregulari; marginibus integris.*

Borson. Mém. géol. sur le Piémont.

Patella sulcata. Brongn. Mém. sur le Vicent. p. 76. pl. 6. f. 18. a. b. c.

Desh. Encycl. méth. vers. t. 2. p. 275. n° 3.

Habite..... Fossile à la Superga, près Turin, aux environs de Dax et de Bordeaux, et dans les faluns de la Touraine.

Nous supposons, d'après la forme de cette coquille et par sa grande analogie avec les espèces vivantes qui creusent la place sur laquelle elles vivent, qu'elle jouissait de la même propriété; notre présomption se fonde sur des impressions que l'on voit sur des coquilles de Dax, où cette espèce se rencontre assez fréquemment. Sa base est ovalaire; elle est en cône oblique, et se rapproche, à certains égards, de l'*Hipponix australis* (*Patella australis*, Lamck). La surface extérieure est couverte de sillons rayonnans larges et peu épais, rapprochés et découpés avec assez de régularité par des stries transverses.

† 8. Hipponice élégante. *Hipponix elegans.* Desh.

> H. *testâ obliquè conicâ, basi dilatatâ, irregulari, eleganter striis numerosissimis, majoribus et tenuissimis ornatâ; apice recurvo, non spirali.*

An Hipponice de Sowerby ? Def. Journ. de Physique; mars 1819.
f. 2 ?

Desh. Coq. foss. de Paris. p. 25. pl. 3. f. 16. 17. 18. 19.
Id. Encycl. méth. vers. t. 2. p. 276. n° 6.
An Hipponice de Sowerby ? De Blainv. Malac. pl. 50. f. 2 ?
Habite..... Fossile aux environs de Paris.

Nous avons d'abord pensé que cette coquille appartenait aux Cabochons proprement dits. Mais nous avons eu occasion depuis de voir son support, et elle doit en conséquence passer parmi les Hipponices; elle est irrégulièrement patelliforme; son sommet, plus ou moins saillant, selon les individus, est incliné du côté postérieur; il en part un très grand nombre de stries rayonnantes, onduleuses, inégales et souvent interrompues par des accroissemens. Dans quelques individus, une strie fine alterne avec une grosse. Dans le plus grand nombre d'individus, deux ou trois stries, très fines et très rapprochées, occupent l'intervalle des plus grosses; vers le sommet, les grosses stries deviennent granuleuses.

† 9. Hipponice operculaire. *Hipponix opercularis.* Desh.

H. testâ orbiculari, extùs, concavâ, intùs convexâ, papyraceâ, sublamellosâ, squamæformi; apice spirato, depresso, submarginali; striis tenuissimis, irregularibus, interruptis.

Desh. Coq. foss. des env. de Paris. p. 28. pl. 3. f. 8. 9. 10.
Id. Encycl. méth. vers. t. 2. p. 277. n° 8.
Habite... Fossile, aux environs de Paris.

On trouve quelquefois à Parnes une coquille extrêmement aplatie, mince, semblable à une valve plate et operculaire. Cette coquille a un sommet submarginal, très aplati, tourné en spirale; à l'intérieur elle présente une impression musculaire en fer-à-cheval et cet ensemble de caractères la place nécessairement comme le Cabochon en écaille, parmi les Cabochons. Nous avons remarqué que cette coquille avait toujours une assez grande régularité, et il paraît évident qu'elle n'a jamais vécu en s'abritant dans l'intérieur des coquilles. Il faut dès-lors penser que l'animal avait été extrèmement aplati, et qu'il ne trouvait pas un abri suffisant sous sa coquille. On trouve également à Parnes des supports d'Hipponice, sublamelleux à l'extérieur, formés de lames à la manière des Huîtres, et toujours creusés à leur surface interne; l'impression musculaire en fer-à-cheval, que présente cette surface, offre de l'analogie avec celle de la coquille dont nous parlions tout-à-l'heure. Cette coquille étant très plate et incapable de recevoir l'animal, et le support dont il est question, étant creusé et propre à le recevoir, nous avons pensé que le support était destiné à recevoir la coquille operculiforme et à contenir l'animal dans sa cavité. Cette supposition s'appuierait sur la similitude du contour et du support et de la coquille. Ce sont ces motifs qui nous ont déterminé à la placer parmi les Hipponices.

CALYPTRÉE. (Calyptræa.)

Animal inconnu.

Coquille conoïde, à sommet vertical, imperforé, et en pointe; à base orbiculaire. Cavité munie d'une languette en cornet, ou d'un diaphragme en spirale.

Animal ingnotum.

Testa conoidea, basi orbiculata; vertice erecto, imperforato, subacuto. Cavitas labio adnato convoluto, vel septo spirali instructa.

OBSERVATIONS. — Quoique l'animal des *Calyptrées* ne soit nullement connu, il est évident qu'il ne peut avoir de rapports avec celui des Patelles; et il est hors de doute qu'il puisse appartenir à aucune autre famille qu'à celle où nous le rapportons. Ainsi sa cavité branchiale doit être antérieure comme celle des autres Calyptraciens. Néanmoins la lame, soit en cornet, soit en diaphragme spiral, qui se trouve dans la cavité de sa coquille, semble indiquer en lui un élément de forme qui paraîtrait conduire à celle des *Trochus*. Serait-ce ici que les coquilles spirales à ouverture entière prendraient leur source et formeraient une série particulière en rameau latéral? Quoi qu'il en soit, le *Patella trochiformis*, qu'on a cru pouvoir rapporter à notre genre, nous paraît mieux placé parmi les *Trochus* mêmes. Quant à la lame en cornet, fixée dans la cavité des *Calyptrées*, elle est presque verticale sous le sommet, et a souvent l'un de ses bords décurrent et adné à la paroi interne de la coquille; dans d'autres espèces, cette lame, plus développée, forme un diaphragme plus horizontal et decurrent aussi presque spiralement.

Les *Calyptrées* présentent, dans leur forme générale, tantôt un cône élevé, plus ou moins régulier, à base peu évasée; et tantôt en offrent un fort surbaissé, à base étalée presque horizontalement. On en connaît différentes espèces ; les unes dans l'état frais ou vivant, et les autres fossiles.

[Lamarck ne connaissait qu'un très petit nombre de Calyptrées, soit fossiles, soit vivantes, et, trompé par des rapports mal appréciés, il en confondit quelques espèces parmi les Troques, ce qu'il n'aurait certainement pas fait s'il eût connu l'animal de ce genre. Il faut convenir, pour justifier Lamarck, qu'il existe plusieurs espèces de Calyptrées trochiformes, dont la spire, assez étendue, leur donne quelque ressemblance avec certaines espèces de Troques. Cependant, lorsque l'on considère les deux genres dans leur ensemble, on n'est pas long-temps trompé par l'analogie apparente qui existe entre eux. On reconnaît bientôt dans les Calyptrées des passages insensibles entre celles des espèces qui ont une courte lame latérale sur le côté interne, jusqu'à celles composées de plusieurs tours plus ou moins réguliers. Ce qui sert particulièrement à reconnaître les Calyptrées et à les distinguer des Troques, c'est qu'il est rare de trouver réguliers plusieurs individus des espèces ayant plusieurs tours de spire. Cette irrégularité se concevra facilement lorsque l'on saura que la manière de vivre des animaux du genre qui nous occupe, est semblable à celle des Cabochons. Comme dans ce dernier genre, ils ont la propriété de se modeler, pour ainsi dire, sur les corps sous-marins, et de faire participer leur coquille aux irrégularités qu'ils en éprouvent.

L'animal des Calyptrées, comme nous le disions tout-à-l'heure, n'était point connu. Nous nous procurâmes quelques individus du *Calyptræa sinensis* vivant sur nos côtes, et nous en avons fait une description anatomique qui est insérée dans les Annales des Sciences naturelles. Depuis, M. Lajoie nous a communiqué deux individus conservés dans la liqueur, d'une grande espèce du Pérou. Enfin M. Owen, dans le 1er volume des Transactions de la Société zoologique de Londres, a donné des détails très intéressans sur l'animal de ces singulières Calyptrées dont la coquille contient à l'intérieur une lame en entonnoir. MM. Quoy et Gaymard, dans leur dernier voyage, ont eux-mêmes ajouté quelque chose sur une espèce de Calyptrée qu'ils ont recueillie à la Nouvelle-Hollande.

Lorsque les collections contenaient un petit nombre de Calyptrées et de Crépidules, lorsque les animaux de ces deux
genres étaient inconnus, il était naturel et même convenable
de les conserver tous deux; mais aujourd'hui la ressemblance
des animaux des deux genres est constatée, non-seulement par
ce qu'en a dit autrefois M. Cuvier, dans les Annales du Muséum,
mais encore par les travaux plus récens de M. Lesson, de
MM· Quoy et Gaymard, et de M. Owen. Déjà nous avions
aperçu, en publiant notre ouvrage sur les Environs de Paris,
ainsi que dans nos articles Calyptrées et Crépidules de l'Encyclopédie, qu'il existait de très grands rapports entre les coquilles de ces deux genres. On voit en effet dans certaines Crépidules le sommet se contourner en spirale sur le côté et se
relever insensiblement dans une succession d'espèces, de sorte
qu'il existe incontestablement un passage entre ces Crépidules
et les Calyptrées en spirale; nous désignerons particulièrement
ces espèces par le nom de Calyptrée trochiforme. Comme dans
les Calyptrées proprement dites, il existe un certain nombre de
formes particulières qui peuvent servir à les grouper en sections, il était nécessaire de voir si les espèces, ayant une lame
en entonnoir à l'intérieur, passaient aussi aux Crépidules comme
celles qui sont trochiformes. Ce passage existe également, de
sorte que l'on peut tirer de l'ensemble de ces faits cette conclusion : que les deux genres Calyptrée et Crépidule devront être
réunis à l'avenir dans la méthode. Cette conclusion, que nous
avions en quelque sorte prévue, a été rigoureusement tirée et
rendue d'une évidence incontestable par le travail nouvellement
publié par M. Broderip dans le 1er volume des Transactions de
la Société zoologique de Londres. M. Lesson, dans la partie
conchyliologique du grand ouvrage publié au retour de l'expédition de la corvette *la Coquille*, avait essayé d'établir dans les
genres Calyptrée et Crépidule réunis, plusieurs sous-genres dont
quelques-uns ont été adoptés, par M. Broderip, à titre de section dans le grand genre Calyptrée. Ces sections, dont plusieurs
personnes pensaient pouvoir faire des genres, sont liées les unes
aux autres par les rapports les plus grands, et ne peuvent être
séparés en genres, puisque les animaux se ressemblent. Voici ce
que nous remarquons dans l'ensemble des espèces Calyptrée et
Crépidule : Un certain nombre de Calyptrées, proprement dites,

ont à l'intérieur, et fixée au sommet, une lamelle creusée en gouttière et comparable à un cornet coupé en deux dans sa longueur (*Calyptræa equestris,* Lamk.); celles-là forment une section particulière qui a des rapports avec la suivante, mais qui s'en distinguent toujours. Cette seconde section comprend celles des espèces qui ont fixée, soit par le côté, soit par le sommet, une lamelle mince ayant la forme d'un entonnoir. Ces espèces constituent aussi une section bien nettement limitée, présentant cependant un passage vers certaines Crépidules, comme nous l'avons dit tout-à-l'heure. Dans une troisième section des Calyptrées proprement dites, il faudra réunir toutes les espèces qui commencent à avoir une très courte lamelle sur le côté interne (*Calyptræa extinctorium*) jusqu'à celles dont la lamelle forme plusieurs tours de spire (*Calyptræa trochiformis*, Lamk.); car on passe de l'une à l'autre par des nuances très insensibles, et il faudrait joindre à cette section plusieurs des Crépidules de Lamarck. Quant aux Crépidules, proprement dites, on pourrait en faire une quatrième section du grand genre Calyptrée, section que l'on pourrait ensuite sous-diviser au moyen de caractères d'une moindre valeur que ceux dont nous nous servons pour former les quatre sections principales. Cette distribution des espèces étant ainsi préparée, il sera facile aux personnes qui s'occupent de Conchyliologie de les établir dans leurs collections, ce que nous ne pouvons pas faire ici, puisque, par le plan de l'ouvrage, nous sommes obligé de diviser les espèces entre les Calyptrées et les Crépidules.

Nous avons dit que Lamarck avait confondu plusieurs espèces de Calyptrées avec les Troques, et pour éviter à l'avenir toute espèce de confusion à cet égard, nous les rapporterons à leur véritable genre, ayant soin de faire les renvois convenables à ceux des Troques de Lamarck que nous rangeons dans les Calyptrées.]

ESPÈCES.

1. Calyptrée éteignoir. *Calyptræa extinctorium.* Lamk. (1)

---

(1) Il ne faut pas confondre cette espèce avec celle toute différente à laquelle M. Sowerby, dans son *Genera*, a donné le même nom.

C. testâ suborbiculatâ, çonicâ , basi latâ, læviusculâ ; circulis in-æqualibus spiralibus; vertice subacuto.

* Born. Mus. p. 414, Vign. f. *a. b.*
* De Blainv. Malac. pl. 48. f. 8.
* Desh. Encycl. méth. vers. t. 2. p. 174. no 13.
* Martini. Conch. t. 1. pl. 13. f. 124. 128.

Habite... l'Océan atlantique ? Mon cabinet. Elle est grande, large à sa base, et forme un cône assez élevé, dont le sommet se termine en pointe mousse, à peine un peu courbée. Couleur d'un blanc-sale, jaunâtre, quelquefois rembrunie.

2. Calyptrée chapeau - chinois. *Calyptræa lævigata.* Lamk. (2)

C. testâ orbiculari, depresso - convexâ , tenui, læviusculâ ; striis transversis, remotiusculis, spiraliter circinatis; vertice acuto, cernuo.

* *Calyptræa sinensis.* Desh. Ann. des sc. nat. t. **3.** p. 335. pl. 17? f. 1. 2.
* *Patella chinensis,* Lin. Syst. nat. p. 1257.
* *Patella sinensis,* Gmel. p. 3692. no 3.
* Schrot. Einl. t. 2. p. 398.
* Lister. Conch. pl. 549. f. 39.
* Bonan. Recreat. part. 1. f. 12.
* D'Argenv. Conch. pl. 2. f. F.
* Fav. Conch. pl. 4. f. C 3.
* Born. Mus. p. 434. vign. f. *e.*
* Martini, Conch. pl. 13. f. 121. 122.
* Montagu, Test. p. 489. pl. 13. f. 4.
* *Calyptræa sinensis* de Roissy buf. Moll. t. 5. p. 243, n° 2.
* *Patella sinensis,* Dillw. Cat. t. 2. p. 1017. n° 4.
* Payr. cat. p. 94. n° 184. *Exclus. syn.*
* Desh. Encycl. méth. vers. t. 2. p. 175. n° 15.
* *Fossilis. Patella sinensis.* Brocchi Conch. foss. subap. t. 2. p. 256. n° 2.

---

(1) Cette espèce étant connue depuis long-temps, il est nécessaire de lui rendre le nom de *Calyptræa sinensis* sous lequel elle est inscrite dans tous les auteurs depuis Linné et Gmelin. La plupart des auteurs qui ont mentionné cette espèce ont confondu avec elle une autre coquille que Martini avait cependant bien reconnue. De cette seconde espèce, Lamarck fait le *Calyptræa extinctorium.*

Habite la Méditerranée. Mon cabinet. Couleur d'un blanc-roussâtre ; taille médiocre. Je ne trouve point de figure qui convienne parfaitement à cette espèce.

3. Calyptrée scabre. *Calyptræa equestris.*

C. testá suborbiculari, convexo-conicá, tenui, pellucidá, albá, striis longitudinalibus acutis, undulatis, subtuberculatis, versùs marginem majoribus ; vertice subacuto, curvo.

Patella equestris. Lin. Syst. nat. p. 257. Gmel. p. 3691. n° 1.

Lister. Conch. t. 546. f. 38.

Rumph. Mus. t. 40. fig. P. Q.

Gualt. Test. t. 9. fig. Z.

D'Argenv. Conch. pl. 2. fig. K.

Favanne, Conch. pl. 4. fig. A. (1)

Martini, Conch. 1. t. 13. fig. 117. 118.

* Born, Mus. p. 415.

* Schrot. Einl. t. 2. p. 394.

* Brookes, Introd. p. 138. pl. 9. f. 122?

* Fav. Conch. pl. 4. f. B 4.

* Dillw. Cat. t. 2. p. 1015. n° 1.

* Desh. Encycl. méth. vers. t. 2. p. 174. no 11.

* De Blainv. Malac. pl. 49 *bis.* f. 2.

* Sow. Genera of shells *Calyptræa.* f. 2.

Habite l'Océan indien. Mon cabinet. Coquille toujours un peu irrégulière, et rude au toucher. Sa lame en cornet est suspendue sous le sommet presque verticalement.

4. Calyptrée toit-chinois. *Calyptræa tectum sinense.* Lamk.

C. testá orbiculari, subprolificá, tenui, lamellis transversis contabulatá, albá ; vertice recto, obtuso.

* *Patella equestris*, var. *B.* Gmel. p. 3692. n° 1.

D'Argenv. Conch. pl. 2. fig. S.

Favanne, Conch. pl. 4. fig. B 1.

Martini, Conch. 1. t. 13. fig. 125. 126.

Patella tectum sinense, Chemn. Conch. 10. t. 168. f. 1630. 1631.

* *Patella tectum*, Dillw. Cat. t. 2. p. 1016. no 3.

---

(1) Lamarck attribue à tort, selon nous, cette figure au *Calyptræa equestris ;* elle représente bien mieux le *Pileopsis cornucopiæ*, et nous l'avons citée dans la synonymie de cette espèce. Le *Calyptræa equestris* est cependant représenté dans la même planche de Favanne, fig. *B.* 4.

* Desh. Encycl. méth. vers, t. 2. p. 174. no 12.
* Sow. Genera of shells. *Calyptræa.* f. 6.

Habite l'Océan des grandes Indes; les îles de la Sonde. Mon cabinet. Coquille singulièrement remarquable par sa forme, et que *Gmelin* a mal-à-propos considérée comme une variété de la précédente, à laquelle elle ne ressemble nullement. Ses lames transversales et bien séparées se multiplient pendant la vie de l'animal, et forment autant d'étages empilés les uns au-dessus des autres. Taille petite.

5. Calyptrée difforme. *Calyptræa deformis.* Lamk. S. 1.

C. testá elevato-conicá, transversè rugosá, apice mucrone curvo terminatá, modò basi orbiculatá, modò lateraliter depressá.

* Grateloup. Cat. des foss. de Dax. Bull. de la Soc. de Bord. t. 2. p. 184. no 23.
* Bast. Coq. foss. de Bord. p. 71. n° 1.
* Sow. Genera of. shells, *Calyptræa.* f. 1.
* Desh. Encycl. méth. vers. t. 2. p. 175. n° 14.

Habite... Fossile des environs de Bordeaux, où il est très commun. Mon cabinet. Cette espèce varie beaucoup dans sa forme, mais est toujours assez élevée et conoïde. Hauteur des plus grands individus, près d'un pouce; diam. de la base, 18 lignes.

6. Calyptrée déprimée. *Calyptræa depressa.* Lamk. S. 2.

C. testá suborbiculari, convexo-depressá, transversìm rugosá, striis longitudinalibus tenuissimis decussatá; mucrone terminali brevissimo.

* Bast. Coq. foss. de Bord. p. 71. no 2.
* Grateloup, Cat. des foss. de Dax. Bull. de la Soc. de Bord. t. 2. p. 83. n° 21.

Habite..... Fossile des environs de Bordeaux. Mon cabinet. Celle-ci est très surbaissée et d'une forme bien moins irrégulière que la précédente. Hauteur, 2 lignes et demie; diam. de la base, 11 lig. et demie.

1° *Espèces trochiformes, avec lame intérieure en spirale plus ou moins étendue.*

† 7. Calyptrée trochiforme. *Calyptræa trochiformis.* Lamk.

C. testá orbiculatá, convexo-turgidulá, spinosá, subconicá; vertice subcentrali, lævigato; spirá perspicuá.

Lamk. Ann. du Mus. t. 1. p. 385. n° 1. et t. 7. pl. 15. fig. 3. a. b. c. d.

TOME VII. 40

Trochus calyptræformis. Lamk. Ani. s. v. t. 7. p. 558. n₀ 9.

Infundibulum echinulatum. Sow. Min. conch. n⁰ 18. pl. 97. f. 2.

Infundibulum spinulosum. Ibid. loc. cit. f. 7.

Infundibulum tuberculatum. Ibid. loc. cit. f. 1.

Trochus apertus et opercularis. Brand. foss. haut. pl. 1. f. 1. 2. 3.

Var. b. Desh. *Testá elatiore deformis, spinis obsoletis.*

Var. c. Desh. *Testá elatiore seriatim et spiratim irregulariter tuber-culato-striatá.*

Var. d. Desh. *Testá depressá, spinis raris minimis.*

Calyptræa trochiformis. Desh. Desc. coq. foss. de Paris. t. 2. p. 30. no 1. pl. 4. f. 1 à 4. 11 à 13.

Var. e. Desh. *Testá majore, rugosá, spinis rarioribus obsoletis, subtu-berculiformibus.*

Grateloup. Tabl. des coq. foss. de Dax, Bull. de la soc. lin. de Bordeaux. t. 2. p. 81. n⁰ 17.

Desh. Encycl. méth. vers. t. 2. p. 171. n⁰ 4.

Calyptræa Laun ontii. Sow. Genera of shells (*Calyptræa*). f. 10.

Habite... fossile, aux environs de Paris, aux environs de Londres, en Belgique et aux environs de Valognes.

Celle-ci est encore l'une de celles que Lamarck confondit parmi les Troques, après l'avoir placée cependant dans le genre Calyptrée, lorsqu'il traita de ce genre dans ses Mémoires sur les fossiles des environs de Paris. Tout nous porte à revenir aujourd'hui à cette opinion du savant professeur. Cette espèce fossile est bien connue; très variable dans sa forme, elle se reconnaît facilement aux épines tubuleuses, plus ou moins longues dont elle est hérissée. La lame intérieure, tournée en spirale, a le bord légèrement flexueux.

† 8. Calyptrée rayonnante. *Calyptræa radians.* Desh.

C. testá orbiculari, depressá, trochiformi, albidá vel lutescente, costis subnodulosis, distantibus, elevatis radiatis ornatá, subtus concavá; vertice subcentrali; epidermide lamelloso, fusco.

Fav. Conch. pl. 4. f. *A* 1 *A* 2.

Trochus. Encycl. pl. 445. f. 3.

Trochus radians. Lamk. Anim. s. v. t. 7. p. 11. n⁰ 5.

Calyptræa peruviana. Desh. Encycl. méth. vers. t. 2. p. 170. n₀ 1.

Trochus radians. Schub. et Wag. Chemn. Suppl. pl. 229. f. 4063.

D'Argenv. Conch. pl. 2. f. *L.*

Lepas concamerata. Martini. t. 1. p. 152. pl. 13. f. 135.

An Patella trochiformis? Chemn. t. 10. pl. 168. f. 1626-1627.

Patella trochiformis. Gmel. 3693. n⁰ 7 ?

Schrot. Einl. t. 2. p. 503. n⁰ 147.

Dillw. cat. t. 2. p. 1018. n° 6.

Patella trochoïdes. Dillw. cat. t. 2. p. 1018. n° 7.

Schrot. Einl. t. 2. p. 498. n° 136.

Habite les mers du Pérou et du Chili.

Nous rétablissons ici d'une manière exacte la synonymie de cette espèce. Confondue par Lamarck et quelques autres auteurs parmi les Trochus, nous la rapportons avec d'autant plus de certitude au genre Calyptrée, que la coquille en a tous les caractères et que nous en avons sous les yeux les animaux bien conservés. Cette espèce devient quelquefois très grande : nous en avons vu des individus de près de 4 pouces de diamètre ; la forme est variable, tantôt en cône très déprimée, d'autres fois en cône très pointu et étroit à la base. Sa surface extérieure, d'un blanc jaunâtre ou grisâtre, est revêtu d'un épiderme brun assez épais, et les tours de spire, au nombre de trois ou quatre légèrement convexes, sont chargés de côtes longitudinales un peu onduleuses et souvent irrégulières. En dessous, la coquille est plus ou moins concave selon sa forme; elle est ordinairement blanche et quelquefois irrégulièrement tachée de rouge brunâtre ou violâtre; la forme de la lamelle de cette coquille, ainsi que ses autres caractères démontrent avec évidence qu'elle appartient aux Calyptrées. Il est bien à présumer que cette espèce est la même que le *Patella trochiformis* de Chemnitz dont la figure est malheureusement trop mauvaise. C'est pour cela que nous la rapportons avec doute ainsi que la synonymie qui en dépend. Nous y ajoutons aussi comme de la même espèce le *Patella trochoïdes* de Dillwin.

† 9. Calyptrée de Lamarck. *Calyptræa Lamarckii.* Desh.

C. testá orbiculato-convexá, apice mamillatá, lævigatá, albá, supernè lutescente ; inferná facie concavá; lamellá septiformi tenuissimá, cavitatem formante.

Trochus calyptræformis. Lamk. Anim. s. v. t. 7. p. 12. n° 7.

Desh. Encycl. méth. vers. t. 2. p. 170. n° 2.

Crepidula tomentosa. Quoy et Gaym. t. 3. p. 419. pl. 72. f. 1 à 5.

Habite les mers de la Nouvelle-Hollande.

Nous croyons que la Crépidule tomenteuse de MM. Quoy et Gaymard est exactement la même espèce que le *Trochus calyptræformis* de Lamarck, auquel nous avons donné le nom de *Calyptræa Lamarckii*, en l'introduisant dans le genre auquel il appartient réellement. Nous n'adoptons pas le nom de M. Quoy, parce que le nôtre a été donné plusieurs années auparavant. Cette espèce est moins trochiforme que la précédente, il n'était guère possible de se tromper sur son genre d'après les seuls caractères des coquilles.

Il ne peut plus aujourd'hui rester le moindre doute, MM. Quoy et Gaymard ayant fait connaître l'animal qui est tout-à-fait semblable à celui des Crépidules et des Calyptrées. La coquille est aplatie, irrégulièrement striée, formée de trois ou quatre tours convexes. En dedans elle est blanche, en dessus elle est fauve clair et recouverte d'un épiderme épais, à lamelles très fines, ce qui lui donne l'apparence d'être cotonneux.

† 10. Calyptrée maculée. *Calyptræa maculata*. Quoy.

C. *testâ orbiculatâ, convexâ, rugosâ, albâ, intus semper violaceâ; spirâ elevâtâ, apice mamillatâ, ad marginem versâ; subtus maximè concavâ, epidermide rufo.*

Quoy et Gaym. Voy. de l'Astr. t. 3. p. 422. pl. 72. f. 6. 9.

Habite la baie des îles à la Nouvelle-Zélande.

Celle-ci a les plus grands rapports avec la précédente, et peut-être n'en est-elle qu'une variété de localité, car elle n'en diffère que par ses tours un peu plus convexes, sa forme générale plus bombée et enfin par une belle tache violette placée non-seulement dans l'intérieur de l'ouverture, mais que l'on voit aussi sur la lame transverse. D'après M. Quoy, l'animal offrirait quelque différence avec celui de la Calyptrée de Lamarck.

† 11. Calyptrée radiée. *Calyptræa radiata*. Desh.

C. *testâ rotundato-conicâ, elatâ, trochiformi, spiratâ, albâ; anfrac-tibus planis subdistinctis, costulis numerosis, tenuibus, valdè se-paratis, radiantibus, ornatis; subtus concavâ.*

Desh. Encycl. méth. vers. t. 2. p. 171. n° 3.

Habite.....

Nous n'avons vu jusqu'à présent qu'un petit nombre d'individus de cette espèce; ils étaient blanchâtres et évidemment altérés par les influences atmosphériques; ils ont beaucoup d'analogie avec une espèce fossile, avec le *Calyptræa costaria* de M. Grateloup. Cette coquille est conique, à base circulaire, et terminée par un sommet mamelonné. On compte seulement deux ou trois tours à la spire; ils sont à peine convexes, et ils sont ornés de petites côtes étroites et peu saillantes qui gagnent les bords en rayonnant. La coquille est très concave en dessous, et la lamelle transverse est très oblique et légèrement onduleuse à l'endroit de la columelle.

12. Calyptrée muriquée. *Calyptræa muricata*. Bast.

C. *testâ orbiculari, conoideâ, subdepressâ, tenui, intùs luteâ, extùs al-bido-squalidâ, squamulis minimis irregulariter dispositis, muricatâ, vertice mamillari spiraliter intorto.*

Calyptræa muricata, Bast. Mém. de la Soc. d'Hist. nat. de Paris, t. 2. p. 71. no 3.

Patella muricata, Brocchi, Conch. foss. subap. t. 2. p. 254. no 3. pl. 1 f. 2.

Calyptræa punctata, Grateloup. Cat. des foss. de Dax. t. 2. p. 84. no 2.

Desh. Encycl. méth. vers. t. 2. p. 176. no 16.

Habite la Méditerranée, fossile en Italie, aux environs de Bordeaux et dans les faluns de la Touraine.

Celle-ci ressemble beaucoup au *Calyptræa sinensis*, et elle en diffère par sa taille ordinairement un peu plus grande, et surtout par un très grand nombre de petites épines courtes dont sa surface extérieure est treillissée. Les individus vivans sont blancs en dehors et en dedans.

† 13. Calyptrée lisse. *Calyptræa lævigata*. Desh.

C. testá orbiculato-conicá, lævigatá, trochiformi, spirá vix perspicuá.

Desh. Coq. foss. de Paris. t. 2. p. 31. no 2. pl. 4. f. 8. 9. 10. 14. 15.

Habite..... Fossile aux environs de Paris.

Celle-ci ayant aussi une forme à-peu-près semblable à celle du *Calyptræa trochiformis*, s'en distingue cependant en ce qu'elle est plus régulièrement conique; ses tours de spire, au nombre de 3 ou 4, sont à peine distincts et comme fondus les uns dans les autres; la surface extérieure est lisse, rarement à peine chagrinée.

† 14. Calyptrée lamelleuse. *Calyptræa lamellosa*. Desh.

C. testá orbiculato-depressá, lamellosá, lamellis obliquis, erectis; apice mamillari, subcentrali; spirá vix perspicuá.

An Calyptræa trochiformis? Var. B. Lamk.

Ann. du Mus. t. 1. p. 385. no 1. et t. 7. pl. 15. f. 4. a. b?

Desh. Coq. foss. de Paris. t. 2. p. 30. no 3. pl. 4. f. 5. 6. 7.

Id. Encycl. méth. vers. t. 2. p. 172. no 6.

Habite..... Fossile aux environs de Paris.

Cette espèce était confondue avec le *Calyptræa trochiformis* : elle s'en distingue cependant par tous ses caractères. Elle est en cône très surbaissé, à base irrégulièrement circulaire; on compte trois tours à la spire; le sommet est mamelonné, lisse, tandis que le reste de la surface est orné de fines lamelles plus ou moins saillantes selon les individus : ces lamelles sont obliques et subconcentriques.

† 15. Calyptrée à côtes. *Calyptræa costaria*. Grat.

C. testá orbiculato-conicá, rugosá, costatá; costis longitudinalibus, scabriusculis; vertice subcentrali, mamillari, obtuso.

Grateloup. Tabl. des coq. foss. de Dax. Bull. de la Soc. lin. de Bord. t. 2. p. 81. n° 18.

Desh. Encycl. méth. vers. t. 2. p. 172. n° 7.

Habite..... Fossile aux environs de Dax.

Belle espèce de Calyptrée fossile, ayant des rapports avec notre *Calyptræa radiata;* elle est en cône surbaissé, à base circulaire, ayant la spire obtuse, formée de quatre tours sur lesquels descendent, en rayonnant, des côtes souvent onduleuses et irrégulières dans l'intervalle desquelles on remarque de petites rides obliques, souvent interrompues; en dedans, la coquille est très concave; la lamelle est assez large, et elle présente, à l'endroit de la columelle, un ombilic oblique et assez grand. Cette espèce, assez rare, a quelquefois près de 2 pouces de diam.

† 16. Calyptrée lichen. *Calyptræa lichen*. Brod.

C. testá albidá, interdum pallidè fusco sparsá, subdiaphaná, subturbinatá, orbiculatá, complanatá.

Brod. Trans. of Zool. soc. t. 1. p. 201. pl. 28. f. 4.

Habite le golfe de Guayaquil.

Coquille ayant beaucoup de ressemblance avec le *Calyptræa sinensis;* elle est blanche, très déprimée, diaphane; sa spire est courte, peu marquée, et la lamelle intérieure est courte et étroite; en dedans, cette coquille est blanche, de la même couleur en dehors, mais parsemée de ce côté de petites taches d'un jaune-fauve pâle.

† 17. Calyptrée conique. *Calyptræa conica*. Brod.

C. testá conicá, fuscá, albido maculatá, subturbinatá; spirá brevi, obtusá; lamella valvæ productá.

Brod. Trans. of zool. Soc. t. 1. p. 202. pl. 28. f. 7.

Habite les côtes du Pérou et du Chili.

Belle espèce conique, à base circulaire, ayant la spire formée de deux ou trois tours, et obtuse au sommet. En dehors, la coquille est lisse ou seulement onduleuse par des accroissemens, et elle est ornée, sur un fond brun-fauve, de flammules rayonnantes, onduleuses et étroites, d'un brun-rougeâtre foncé; en dedans, la coquille est brune, brillante, blanchâtre vers les bords et ornée de taches à-peu-près semblables à celles de l'extérieur; la lamelle est étroite, faiblement échancrée à son côté externe, mais elle est profondément détachée par une profonde échancrure qui rem-

place la columelle. Cette disposition fait faire à cette lamelle une
saillie considérable dans l'intérieur. Par ses caractères, cette espèce
est intermédiaire entre le *Calyptræa Lamarckii* et le *Calyptræa
sinensis*.

† 18. Calyptrée mamillaire. *Calyptræa mamillaris*. Brod.

C. *testá albidá, subconicá; apice subpurpureo; mamillari; lamellá
latá, productá, in fornice rubescente.*

Brod. Trans. of zool. Soc. t. i. p. 201. pl. 28. f. 5.

Habite dans le golfe de Guayaquil.

Petite espèce très voisine du *Calyptræa lichen*, mais se distinguant ·
par son sommet mamelonné, toujours plus saillant et d'une couleur d'un rouge-brunâtre pourpré. En dedans, le fond de la coquille est rouge, et les bords sont blanchâtres; la lamelle est plus
large, plus allongée et se projette en une sorte de bec à son extrémité antérieure.

† 19. Calyptrée écaille. *Calyptræa squama*. Desh.

C. *testá orbiculari, conico-depressissimá, lævigatá, translucidá, sub-
luteolá; margine tenuissimo, supernè repando, apice mamillari,
minimo, centrali, retorto; lamellá interná minimá, subspirali,
prominente.*

Desh. Encycl. méth. vers. t. 2. p. 176. no 17.

Habite la Méditerranée, dans les mers de Sicile et dans l'Adriatique.

Petite espèce très mince et très aplatie qui, malgré son analogie avec
le *Calyptræa sinensis*, mérite cependant d'en être distinguée à cause
de la constance de ses caractères. Elle est orbiculaire, en cône extrêmement surbaissé; sa spire est à peine apparente et son sommet
est pointu. Elle est mince, fragile, transparente, présentant en
dehors quelques ondulations, et l'on remarque, dans quelques
individus, des côtes longitudinales provenant du séjour de l'animal sur une coquille à côtes, et dont il a pris l'empreinte. La lamelle intérieure est fort courte, et sa direction indique une tendance à se contourner en spirale; la couleur est variable: tantôt
elle est blanche, assez souvent elle est d'un jaune-fauve, et l'on
rencontre des individus qui sont partout d'un assez beau violet.

† 20. Calyptrée striée. *Calyptræa striata*. Brod.

C. *testá sordidè albidá, suborbiculatá, subconicá, subturbinatá;
striis longitudinalibus elevatis, creberrimis corrugatá, intùs fusco-
flavescente.*

Habite Valparaiso.

Coquille curieuse ayant le sommet très court, subcentral et formant
à peine un tour et demi de spire; la base est circulaire; la surface
extérieure est ornée de stries profondes, longitudinales, très rapprochées; les bords sont crénelés; la lamelle intérieure, tout en
conservant la plupart des caractères des Calyptrées trochiformes,
est cependant beaucoup plus saillante en avant, et elle commence
à se creuser en cornet, ce qui établit un passage entre les espèces
de cette section des Calyptrées trochiformes, à celles qui ont une
lame intérieure en entonnoir. Cette coquille est d'un blanc sale
en dehors, et d'un fauve brunâtre en dedans.

† 21. Calyptrée sale. *Calyptræa sordida*. Brod.

C. testá subconicá, sordidè luteá, longitudinaliter subradiatá; apice
turbinato; cyatho depresso, subtrigono, haud profundo.
Brod. Trans. of zool. Soc. t. 1. p. 201. pl. 28. f. 2.
Habite à Panama.
Petite espèce à base circulaire, en cône surbaissé, à sommet obtus,
lisse et formé de deux ou trois tours; le dernier tour est chargé de
petites côtes rayonnantes, convexes et aplaties en dedans, la lamelle est très courte, étroite et saillante en avant. Cette espèce
est partout d'un jaune-fauve sale. La lamelle est blanchâtre.

† 22. Calyptrée onguiforme. *Calyptræa unguis*. Brod.

C. testá tenui, conicá, corrugatá, fuscá; apice subturbinato; cyatho
depresso, subtrigono.
Brod. Trans. of zool. Soc. t. 1. p. 201. pl. 28. f. 3.
Habite à Valparaiso.
Petite coquille très mince, conique, ridée, ayant le sommet tourné
en spirale, relevé et pointu : la lamelle est latérale, subspirale,
concave, en dessus, blanchâtre, tandis que le reste de la coquille
est d'un brun assez foncé en dedans et en dehors.

2° *Espèces à lamelle intérieure ployée en gouttière et fixée*
par le sommet.

† 23. Calyptrée ridée. *Calyptræa corrugata*. Brod.

C. testá subalbidá, suborbiculari, subdepressá, corrugatá, intùs ni-
tente; cyatho concentricè lineato, producto; epidermide fuscá.
Brod. Trans of zool. Soc. t. 1. p. 197. n° 2. pl. 27. f. 2.
Habite les mers de l'Amérique centrale.
Grande et belle espèce suborbiculaire, en cône très surbaissé, ayant
le sommet obtus et placé vers le tiers postérieur; il en part, en

rayonnant, un grand nombre de côtes subaiguës, rendues rugueuses par des accroissemens sublamelleux qui les traversent. En dedans, la coquille est blanche, et sa lamelle intérieure, partant du crochet, est en demi-cornet large à la base; en dehors, cette coquille est blanchâtre, revêtue vers les bords d'un épiderme jaunâtre.

† 24. Calyptrée cépacée. *Calyptræa cepacea.* Brod.

C. testá albá, suborbiculari, subconcará, tenui diaphaná, striis numerosis subcorrugatá, intùs nitente; cyathi terminalibus lanceolatis.

Brod. Trans of zool. Soc. t. 1. p. 197. nº 4. pl. 27. f. 4.

Habite l'île de Muerte, rapportée par M. Cuming. Espèce assez grande, conique, régulière, à sommet pointu, un peu recourbé en arrière; elle est mince, fragile et transparente; sa surface extérieure est profondément striée et sa surface interne est lisse et polie. Le demi cornet intérieur part du sommet; il est tronqué très obliquement à la base, et ses extrémités sont prolongées à cause de cela en pointes assez longues. Toute cette coquille est blanche en dedans et en dehors.

† 25. Calyptrée cornée. *Calyptræa cornea.*

C. testá suborbiculari, complanatá, albidá, subdiaphaná, concentricè lineatá et radiatim striatá, intùs nitente.

Brod. Trans. of zool. Soc. t. 1. p. 197. nº 5. pl. 27. f. 5.

Habite les mers du Pérou.

Petite espèce à base circulaire, en cône déprimé, ayant le sommet incliné postérieurement; il en part en rayonnant de petites côtes longitudinales peu régulières, entre lesquelles se montrent de petites rides; en dedans, la coquille est d'un blanc jaunâtre, lisse et brillante; sa lamelle, en demi-cornet, est creusée plus profondément que la plupart des autres lamelles de cette section, et ses extrémités se prolongent en pointes assez aiguës; en dehors, cette coquille est d'un blanc jaunâtre couleur de corne.

26. Calyptrée variable. *Calyptræa varia.* Brod.

C. testá albidá, suborbiculari, crassiusculá, longitudinaliter creberrimè striatá; cyatho concentricè lineato, crassiusculo, producto.

Brod. Trans. of zool. Soc. t. 1. p. 197. nº 3. pl. 27. f. 3.

Habite l'Océan Pacifique.

Espèce ayant beaucoup d'analogie avec le *Calyptræa equestris;* elle est blanche, épaisse, de forme variable, souvent accidentée et

couverte à l'extérieur de stries très serrées et très fines; la la.
melle intérieure est un demi-cornet tronqué obliquement et présente constamment des lignes concentriques.

† 27. Calyptrée de Tonga. *Calyptræa Tongana*. Quoy.

*C. testá orbiculatá, conicá, albidá, transversim lamellosá, longitror-
sum tenuissimè striatá; vertice adunco, recurvato; lamella arcuatá,
posticè affixá.*

Quoy et Gaym. Voy. de l'Astr. t. 3. p. 428. pl. 72. f. 17. 18.
Habite l'île de Tongatabou.

Cette petite espèce est plus aplatie latéralement que d'avant en arrière; elle est convexe, arrondie, et son sommet est très recourbé
en arrière; il touche presque le bord; la surface extérieure est
plissée en travers, et l'on y remarque des stries longitudinales très
fines que l'on ne voit bien qu'à la loupe; sa lamelle intérieure est
en demi-cornet, et elle est fixée sur le bord postérieur. Toute la
coquille est d'un blanc sale.

† 28. Calyptrée cabochon. *Calytræa pileopsis*. Quoy.

*C. testá suborbiculatá, conicá, lutescente, apice longitudinaliter te-
nuissimè striatá; lamellá conicá, arcuatá.*

Quoy et Gaym. Voy. de l'Astrol. t. 3. p. 427. pl. 72. f. 19. 20.
Habite l'île de Tongatabou.

Petite espèce à base presque circulaire, en cône oblique, et ayant
son sommet pointu, incliné en arrière et un peu recourbé; la surface extérieure est profondément sillonnée en long; l'intérieur est
lisse et jaunâtre; la lamelle intérieure est allongée en gouttière rétrécie, obliquement tronquée à la base, de manière à se terminer
en deux pointes assez longues.

† 29. Calyptrée de Vanikoro. *Calyptræa Vanikorensis*. Quoy.

*C. testá suborbiculatá, conicá, fragili, rugosá tenuissimè longitror-
sum striatá, albo lutescente, vertice obtuso; ossiculo conico,
arcuato.*

Quoy et Gaym. Voy. de l'Astrol. t. 3. p. 426. pl. 72. f. 21-23.
Habite l'île de Vanikoro.

Nous rapportons ici la courte description que donne M. Quoy de
cette espèce. « Coquille presque circulaire, fragile, un peu translucide, très conique, à sommet obtus, dirigé en arrière; sa surface est rugueuse et très finement striée en long; sa cloison est en
fer-à-cheval, ou plutôt c'est le segment d'un cône coupé dans sa

longueur, dont les pointes sont assez saillantes. Cette coquille est d'un blanc jaunâtre. ■

3° *Espèces à lamelle intérieure, infundibuliforme, fixée soit par le sommet, soit lateralement.*

3o. Calyptrée ombrelle. *Calyptræa umbrella*. Desh.

C. testá orbiculato-depressá, patelliformi, luteá, radiatìm, costatá; vertice subcentrali, porrecto; costis irregularibus, margine lascini-antibus; subtùs concavá, albido - lutescente ; laminá infundibuli-formi, basi patulá.

Desh. Encycl. méth. vers. t. 2. p. 173. n° 8.

Calyptræa rudis. Brod. Trans. Zool. soc. t. 1. p. 196. n° 1. pl. 27. f. 1.

Habite les mers de l'Amérique centrale.

Après un-examen attentif de la description et de la figure de M. Broderip, nous avons facilement reconnu dans son *Calyptræa rudis* l'espèce que depuis long-temps nous avions nommée *Calyptræa umbrella* dans l'Encyclopédie. Cette coquille est remarquable : elle est patelliforme, à base ovalaire ou subcirculaire ; son sommet est subcentral et il en part en rayonnant un assez grand nombre de côtes quelquefois onduleuses ou courbées, rendues rugueuses par le passage de stries d'accroissement plus ou moins profondes ; les bords sont profondément dentelés, et l'on trouve à l'intérieur une grande lamelle en entonnoir simple, blanche, entièrement détachée sur le côté et fixée par son sommet. La couleur de cette espèce est variable; l'individu figuré par M. Broderip est d'un beau brun marron à l'extérieur et d'un beau brun glacé de blanc à l'intérieur L'un de ceux que nous possédons est d'un brun rougeâtre en dehors et d'un blanc grisâtre en dedans.

† 31. Calyptrée rayonnée. *Calyptræa radiata*. Brod.

C. testá conico-orbiculari , albidá fusco radiatá, striis longitudina-libus crebris ; limbo crenulato ; apice acuto , subrecurvo ; cyatho depresso.

Brod. Trans. of Zool. soc. t. 1. p. 198. n° 6. pl. 27. f. 6.

Habite les mers de l'Amérique méridionale.

Espèce à base subcirculaire, en cône surbaissé à sommet pointu et subcentral ; la surface extérieure est ornée d'un grand nombre de stries fines; de linéoles fines rougeâtres et de rayons d'un brun violâtre, sur un fond verdâtre ou jaunâtre; en dedans la coquille est d'un blanc brillant et ornée de taches rayonnantes d'un beau brun; sa lamelle est en entonnoir un peu courbée sur le côté et fixée par le sommet.

† 32. Calyptrée épineuse. *Calyptræa spinosa*. Sow.

C. testá basi ovato-rotundá, conoideá ; apice acutá longitudinaliter rugosá, rugis spinis angustis arcuatis, intus extusque fuscá; lamná infundibuliformi, in fornice fuscá.

Sow. Gen. of shells. *Calyptræa*. f. 4 et 7.

An eadem species Calyptræa spinosa varietas. Brod. Trans. Zool. soc. pl. 28. f. 8 ?

Habite les mers du Pérou et du Chili.

Nous ne savons si l'on doit attribuer à une même espèce les deux coquilles que nous venons de signaler dans la synonymie : nous les avons toutes deux sous les yeux, et nous sentons que pour les réunir définitivement, il faudrait avoir plusieurs variétés intermédiaires qui nous manquent. Cette Calyptrée est à base ovalaire ; elle est conique plus ou moins saillante selon les individus ; sa surface extérieure présente des stries et de petites côtes longitudinales sur lesquelles s'élèvent des épines obliques ordinairement courtes et toujours tubuleuses; en dedans la lamelle est grande, en entonnoir, soudée latéralement à la paroi de la coquille; blanche sur les bords et d'un brun marron dans le fond. Toute la coquille est d'un brun sale en dehors, et d'un beau brun dedans. La variété est généralement beaucoup plus aplatie ; les épines dont elle est hérissée sont beaucoup plus grandes, plus grosses et beaucoup plus redressées.

† 33. Calyptrée imbriquée. *Calyptræa imbricata*. Sow.

C. testá albidá, crassá, subconicá, ovatá, costis longitudinalibus et squamis transversis imbricatá; apice subincurvo, acuto ; limbo crenato; cyatho depresso.

Sow. Gen. of shells. *Calyptræa*. f. 5.

Brod. Trans. of Zool. soc. t. 1. p. 193. nº 7. pl. 27. f. 7.

Habite les mers de l'Amérique centrale.

Il est à présumer que c'est par oubli que M. Broderip n'a point cité dans sa synonymie le *Calyptræa imbricata* de M. Sowerby; peut-être cependant est-ce à tort que nous rapportons à une même espèce les coquilles mentionnées par ces deux auteurs, et nous ne l'avons fait que parce que la phrase caractéristique de M. Broderip peut s'appliquer exactement à la coquille figurée par M. Sowerby, il faut ajouter que les figures des deux auteurs n'ont pas une parfaite ressemblance ; ce qui nous laisse des doutes sur l'identité des espèces. La coquille figurée par M. Sowerby est en cône surbaissé, à base ovalaire, quelquefois subcirculaire, la coquille est épaisse, d'une couleur rosée fauve en dehors; son sommet est subcentral, et il en part, en rayonnant, de grosses côtes formant avec des lames imbriquées, transverses, un réseau assez grossier et dont les mailles sont profondes; la lame intérieure est en cornet légèrement déprimé d'un côté.

† 34. Calyptrée chagrinée. *Calyptræa rugosa*. Desh.

C. testá orbiculatá, conicá, elatá subregulari undique rugosá, albido fulvá, lineis bruneis irregulariter sparsis intùs albá; rugis minimis longitudinalibus, irregularibus; vertice subcentrali, porrecto, obtuso, margine simplici, integro.

Desh. Encycl. méth. vers. t. 2. p. 173. n° 9.

Calyptræa lignaria. Brod. Trans. soc. Zool. t. 9. p. 199. n° 8. pl. 27. f. 8.

Var. a. Brod.) *Testá enormiter conicá, cyatho valdè profundo*. pl. 27. f. 8. *

Habite les mers de l'Amérique centrale.

Nous avions décrit depuis long-temps cette espèce dans l'Encyclopédie d'une manière assez exacte pour qu'elle fût reconnaissable même sans figure. La coquille est en cône plus ou moins élevé selon les individus; le sommet est pointu, quelquefois un peu incliné postérieurement et subcentral; la surface extérieure est comme chagrinée par un grand nombre de petites rides souvent interrompues; sur un fond jaunâtre et sur un épiderme brun, on voit un grand nombre de linéoles onduleuses d'un brun fauve rougeâtre; les bords sont simples; la coquille est blanche en dedans, et l'on remarque une lame en cornet fixée par son sommet ainsi que par un de ses côtés. Dans la variété signalée par M. Broderip, la coquille est extrêmement profonde, conique, et la lamelle intérieure est elle-même plus profondément creusée.

† 35. Calyptrée mince. *Calyptræa tenuis*. Brod.

C. testá irregulari, tenui; subdiaphaná, creberrimi striatá, albidá, interdum fusco pallidè strigatá.

Brod. Trans. of zool. Soc. t. 1. p. 199. n° 9. pl. 27. f. 9.

Habite les mers du Pérou.

Cette espèce, par sa coloration ou par sa forme, a beaucoup d'analogie avec le *Calyptræa rugosa*. Elle s'en distingue cependant par de bons caractères; elle est mince, fragile, transparente, et, au lieu de rides, sa surface porte des stries très fines; en dedans, elle est lisse et polie, brunâtre avec des linéoles brunes, rayonnantes et rapprochées; sa lame, en entonnoir, est très mince, comprimée d'un côté et soudée latéralement à la paroi de la coquille par une crète légèrement saillante.

† 36. Calyptrée hispide. *Calyptræa hispida*. Brod.

C. testá subovatá, subconicá, albá strigis maculisque subpurpureo-fuscis variá, striis frequentibus et spinis tubularibus erectis hispi-dá; limbo crenulato; apice turbinato; cyatho subdepresso.

Brod. Trans. of zool. Soc. t. 1. p. 200. n° 10. pl. 27. f. 10.

Habite l'ile Muerte.

Espèce remarquable, à base subovalaire, en cône oblique, déprimé; elle est blanche et variée de taches et de linéoles d'un brun pourpré; sa surface extérieure présente un grand nombre de stries courbées parmi lesquelles on en remarque un assez grand nombre plus grosses, hérissées d'épines tubuleuses, courtes. Les bords sont crénelés; l'intérieur de la coquille est blanc, et sa lamelle, en entonnoir, est déprimée d'un côté; elle est adhérente, non-seulement par le sommet, mais encore par une petite crète à peine saillante sur le côté.

† 37. Calyptrée tachetée. *Calyptræa maculata*. Brod.

C. testá ovatá, albidá purpureo-fusco maculatá, longitudinaliter ru-gosá; limbo serrato; apice subturbinato, subincurvo.

Brod. Trans of zool. Soc. t. 1. p. 200. pl. 27. f. 11.

Habite l'ile Muerte.

Coquille d'une taille médiocre, à base subcirculaire, en cône sur-baissé; à sommet pointu et incliné; elle est ridée longitudinale-ment, et elle est ornée en dedans et en dehors sur un fond blan-châtre d'un grand nombre de taches subtriangulaires d'un beau brun rougeâtre; le cornet, intérieur et petit, est fixé par son sommet et par un de ses côtés.

† 38. Calyptrée dentelée. *Calyptræa serrata*. Brod.

C. testá suborbiculari, albá, subpurpureo vel fusco interdum fucatá vel strigatá; costis longitudinalibus prominentibus, rugosis; lim-bo serrato; apice subturbinato; cyatho valdè depresso.

Var. testá albá.

Brod. Trans. of zool. soc. t. 1. p. 200. pl. 28. f. 1.

Habite l'ile Muerte.

Petite coquille variable dans sa forme, à base subcirculaire, en cône peu proéminent, ayant son sommet subcentral auquel prennent naissance un assez grand nombre de côtes rayonnantes, simples, lesquelles se prolongent en dentelures sur le bord. En dehors, cette coquille est d'un brun fauve, en dedans, elle est blanche, et les intervalles des côtes sont indiqués par autant de linéoles brunes. Cette espèce a quelque analogie avec notre *Calyptræa radiola;* mais elle s'en distingue par de bons caractères.

† 39. Calyptrée radiole. *Calyptræa radiola.*

C. testá orbiculato-conicá, irregulari, albá, maculis rufis, raris notatá, multicostatá; costis rugosis, radiantibus, elevatis; apice subcentrali, mucronato; margine crenulato; intùs candidissimá.

An Fav. Conch. pl. 4. f. B 2 ?

Desh. Encycl. méth. t. 2. p. 173. nᵒ 10.

Habite.....

De toutes les figures que nous connaissons, celle que nous citons de Favanne, la représente assez exactement. Sa base est circulaire; elle est en cône surbaissé, et son sommet, pointu, donne naissance à un assez grand nombre de côtes rayonnantes dont plusieurs sont bifides. Ces côtes sont rugueuses, onduleuses et souvent inégales; les bords sont dentelés; du sommet descend une lamelle en entonnoir très mince, évasée et non soudée latéralement. Cette coquille est blanche en dedans, de la même couleur en dehors, mais parsemée de ce côté de points bruns.

† 40. Calyptrée auriculaire. *Calyptræa auricularis.* Desh.

C. testá orbiculari, conicá, irregulari, radiatim costatá, insuper albido-griseá, intùs roseo-purpureá; lamellá replicatá, laterali minutá; margine crenato; apice acuto, retroverso.

Desh. Encycl. méth. vers. t. 2. p. 176. nᵒ 18.

Habite.....

Petite espèce dont nous ne connaissons aucune bonne figure. Sa base est subcirculaire; elle est en cône peu saillant, et son sommet, subcentral, est un peu incliné postérieurement; la surface extérieure, d'un blanc sale, offre des côtes longitudinales, convexes et peu saillantes; en dedans, cette coquille est d'un rose pourpré, et elle présente sur le côté une petite lamelle en demi-entonnoir, auriculiforme et très oblique. Cette lamelle, par sa forme, est intermédiaire entre celle du *Calyptræa extinctorium,* par exemple, et celles qui ont cette lamelle en entonnoir.

CRÉPIDULE. (Crepidula.)

Animal.... ayant la tête fourchue antérieurement. Deux tentacules coniques portant les yeux à leur base extérieure.

Bouche simple, sans mâchoires, placée dans la bifurcation de la tête. Une branchie en panache, saillante hors de la cavité branchiale, et flottant sur le côté droit du cou. Manteau ne débordant jamais la coquille. Pied très petit. Anus latéral.

Coquille ovale ou oblongue, à dos presque toujours convexe, concave en dessous ; ayant la spire fort inclinée sur le bord. Ouverture en partie fermée par une lame horizontale.

Animal..... capite anteriùs furcato. Tentacula duo conica ; oculis ad basim externam. Os in axillâ loborum capitis, simplex ; maxillis nullis. Branchia unica, subpenicillata, è cavitate branchiali exserta, colli dextro latere prominens. Pallium extra testam nunquam prominulum. Pes minimus. Anus lateralis.

Testa ovata vel oblonga, dorso sæpissimè convexa, subtùs cava ; spirâ versus marginem valdè inclinatâ. Apertura laminâ horizontali partim clausa.

OBSERVATIONS. — Parmi les Gastéropodes à coquille, aucun genre peut-être n'est aussi éminemment distinct que celui des *Crépidules,* tant par l'animal que par sa coquille. Cependant les espèces qu'il comprend avaient été rangées parmi les Patelles, avec lesquelles je pensai, d'après la seule inspection de la coquille, qu'elles n'avaient point de rapports, et j'en formai un genre à part, dans mon *Système des animaux sans vertèbres.* Mon opinion fut confirmée par M. *Beudant,* qui observa l'animal du *Crepidula fornicata,* et fit connaître la forme et la situation de ses branchies. D'après un individu conservé dans la liqueur, et qui me fut communiqué par le même naturaliste, le corps du Crépidulier m'a paru ovoïde-oblong, déprimé, peu épais, plus large et arrondi postérieurement, bilobé à son extrémité antérieure, et muni sur le dos d'un appendice linguiforme, dirigé antérieurement. Il paraît que cet appendice dorsal est logé dans la portion de la cavité que cache la cloison partielle de la coquille, cloison qui se trouve effectivement du côté de la partie antérieure de l'animal. A l'égard de ce dernier, nous avons suivi le caractère du genre donné par M. *Beudant*, d'après l'observation d'une espèce dans l'état vivant. Néanmoins il pourrait exister dans d'autres espèces des différences que notre caractère n'exprime point ; car, selon M. *Cuvier*, les branchies du Crépidulier consistent en une rangée de longs filamens attachés sous le bord antérieur de la cavité branchiale. Au reste, dans les *Crépidules*, comme dans les autres Calyptraciens, quelles que soient les particularités de la forme des branchies, la cavité qui les contient est toujours située dans la partie antérieure du dos, près du cou.

La coquille des *Crépidules* n'est pas seulement recouvrante, mais elle est aussi un peu engaînante, puisque la loge que forme sa cloison contient toujours au moins une partie du corps de l'animal. Cette coquille est singulièrement caractérisée par l'abaissement de la spire près d'un des bords, où elle s'incline très obliquement. Elle n'est jamais operculée, comme le sont les Navicelles qui appartiennent à une autre famille. (1)

Ces coquillages habitent les bords de la mer, et se trouvent ordinairement sur les rochers où ils paraissent se fixer définitivement, puisque, selon M. *Beudant*, leur coquille prend elle-même le contour, souvent irrégulier, du plan sur lequel elle repose. (*Nouv. Bullet. des Sciences de la Soc. philom.*, p. 237, n° 42.)

ESPÈCES.

1. Crépidule voûtée. *Crepidula fornicata*. Lamk.

> *C. testá ovali, posteriùs oblique recurvá; labio posteriori concavo.* Gmel.
>
> *Patella fornicata*, Lin. Syst. nat. p. 1257. Gmel. p. 3693. n, 5.
>
> * Born. Mus. p. 416.

---

(1) On comprendra facilement, d'après ce que nous avons dit dans la note précédente, où nous comparons les Calyptrées et les Crépidules, pourquoi nous n'admettons pas l'opinion de Lamarck sur les Crépidules en particulier. Il y voyait un genre des mieux caractérisés ; le petit nombre des espèces connues favorisait cette opinion de Lamarck, que l'observation tend à détruire aujourd'hui.

List. Conch. t. 545. f. 33.
Knorr. Vergn. 6. t. 21. f. 3.
* D'Argenv. Conch. pl. 2. fig. N ?
Martini. Conch. 1. t. 13. f. 129, 130.
* Fav. Conch. pl. 4. f. E. 2 ? fig. inf.
* Schrot. Einl. t. 2. p. 400.
* De Roissy, Buf. Moll. t. 5. p. 238. n° 2.
* Brookes, Introd. pl. 9. f. 124 ?
* Dillw. Cat. t. 2. p. 1019. n° 10.
* Desh. Encycl. méth. vers. t. 2. p. 25. n° 3.
* An eadem ? *Crepidula fornicata.* Sow. Genera of shells. f. 1.
Habite la mer des Barbades. Mon cabinet. C'est une des plus grandes
de ce genre ; elle a 17 lignes de diam. longit.

2. Crépidule porcellane. *Crepidula porcellana.* Lamk.

C. testâ ovali, apice recurvâ; labio posteriori plano. Gmel.
Patella porcellana. Lin. Syst. nat p. 1257. Gmel. p. 3692. n° 4.
List. Conch. t. 545. f. 34.
Rumph. Mus. t. 40. fig. O.
Martini. Conch. 1. t. 13. f. 127. 128.
* Schrot. Einl. t. 2. p. 399.
* Fav. Conch. pl. 4. f. G.
* Le Sulin Adans. Seneg. pl. 2. f. 8.
* De Roissy, Buf. Moll. t. 5. p. 237.
* Dillw. Cat. t. 2. p. 1019. n° 9.
* De Blainv. Malac. pl. 49 *bis.* f. 3.
* Desh. Encycl. méth. vers. t. 3. p. 25. n° 1.
Habite l'Océan indien. Mon cabinet. Diam. longit., 14 lignes.

3. Crépidule épineuse. *Crepidula aculeata.* Lamk.

C. testâ ovali, fuscâ, striis aculeatis exasperatâ; vertice recurvo.
Gmel.
Fav. Conch. pl. 4. fig. F 2.
Chemn. Conch. 10. t. 168. f. 1624, 1625.
Patella aculeata. Gmel. p. 3693. n° 6.
* Dillw. Cat. t. 2. p. 1020. n° 11.
* Desh. Encycl. méth. vers. t. 2. p. 27, n° 11.
* Sow. Genera of shells. *Crepidula.* f. 4.
Habite les mers d'Amérique. Mon cabinet. Vulg. la *Retorte épineuse.*
Diam. longit., 11 lignes.

4. Crépidule onguiforme. *Crepidula unguiformis.* Lamk. (1)

---

(1) Il est nécessaire de faire quelques observations sur cette

C. testá ovali, complanatá, tenui, lævi, subpellucidá; labio plano utráque extremitate laterali emarginato.

Patella crepidula. Lin. Syst. nat. p. 1257. Gmel. p. 3695. no 17.

* *Crepidula unguiformis.* Bast. foss. de Bord. p. 70. n° 1.

* Desh. Encycl. méth. vers. t. 2. p. 26. no 6. *Crepidula calceolina.*

* Sow. Genera of shells. f. 6.

---

espèce. Nous n'avons pas vu la coquille de la collection de Lamarck, et nous ne pouvons connaître l'espèce que par la synonymie et les courtes phrases de Linné et de Lamarck. Les renseignemens les plus étendus que nous trouvions, sont dans le Muséum de la princesse Ulrique. La lecture attentive de la description nous a convaincu que la synonymie donnée par Linné est fautive; il cite, en effet, la figure H de la planche 69 de Gualtieri ainsi que le Sormet d'Adanson. La figure citée de Gualtieri présente une Crépidule, mais dont les caractères spécifiques ne s'accordent pas avec la description de Linné du *Patella crepidula.* Quant au Sormet, la description d'Adanson ne peut laisser le moindre doute, il n'appartient pas au genre Crépidule. Dans la dixième et la douzième édition du *Systema naturæ*, Linné reproduit sa synonymie sans changement. Gmelin, dans la treizième édition du même ouvrage, supprima la citation du Sormet d'Adanson, et la remplaça par celle du Garnot, du même auteur, lequel est une véritable Crépidule, mais d'une espèce différente et de celle décrite par Linné et de celle de Gualtieri. Du *Patella crepidula,* Lamarck a fait son *Crepidula unguiformis,* il en réduit la synonymie à la seule figure déjà mentionnée de Gualtieri. Pour savoir ce que c'est que l'espèce, il faut donc avoir recours à la description de Linné. Cette description s'applique parfaitement bien à une espèce blanche et transparente de la Méditerranée, espèce qui a l'habitude de se mettre à l'abri dans les coquilles abandonnées; c'est elle que nous avons désignée sous le nom de *Crepidula calceolina.* Nous abandonnons aujourd'hui ce nom pour adopter celui de Lamarck, puisqu'il est antérieur.

Nous avons de la peine à croire que la coquille figurée par M. Broderip (Trans. zool. Soc. t. 1, p. 204, pl. 29, f. 4) sous le nom de *Calyptræa unguiformis,* soit de la même espèce que celle

* *Fossilis. Patella crepidula.* Broc. Conch foss. Subap. t. 2. p. 253.
* *Crepidula Italica.* def. Dict. des sc. nat. t. 11.
Gualt. Test. t. 69. fig. H.
Habite les mers de Barbarie, selon *Gmelin.* Mon cabinet. Elle est re-
marquable par la ténuité de son test. Diam. long. 10 lig.
[Fossile en Italie, en Sicile, en Morée, à Bordeaux et à Dax, dans
les faluns de la Touraine.]

5. Crépidule dilatée. *Crepidula dilatata.* Lamk.

C. testâ ovato-rotundatâ, convexiusculâ; labio brevi, plano.
* *An eadem species? Crepidula depressa.* Desh. Encycl. méth.
vers. t. 2. p. 26. nº 5.
* Sow. Genera of shells. *Crepidula.* f. 5.
* *Calyptrea dilata.* Var. Brod. Trans. zool. Soc. t. 1. p. 203. n₀ 21.
pl. 28. f. 11.
Habite..... Mon cabinet. Cette espèce provient de la collection de ma-
dame *de Banderille.* Elle a 13 lignes de diam. long. et 1 pouce de
transversal.

6. Crépidule péruvienne. *Crepidula peruviana.* Lamk.

*C. testâ rotundatâ, convexâ, dorso scabrâ; labio undato, sub-
spirali.*
Habite les mers du Pérou. *Dombey.* Mon cabinet. Elle a au moins
20 lignes de diam. longit., et constitue la plus grande des espèces
connues de ce genre.

† 7. Crépidule à côtes. *Crepidula costata.* Desh.

*C. testâ ovato-elongatâ, radiatim costatâ; costis, distantibus con-
vexis, flexuosis; sulcis subrubris; intùs albo-violaceâ, lineis
longitudinalibus violaceis pictâ; margine antice flexuoso.* (Desh.)
Sow. nº 23. f. 3. Genera of shells.
Desh. Encycl. méth. t. 3. p. 26. nº 8.
Quoy et Gaym. Voy. de l'Astr. t. 3. pl. 72. f. 10 à 12.
Habite les mers de la Nouvelle-Zélande, très commune dans la baie
des Îles.

---

de Linné. Cette dernière se reconnaît à une échancrure profonde
du côté droit à l'extrémité de la lame transverse, et une plus
faible à l'extrémité opposée. Cette échancrure ne se montre pas
dans une espèce voisine des mers d'Amérique à laquelle M. Say
a donné le nom de *Crepidula plana,* et qui est celle figurée et
mentionnée par M. Broderip.

Comme l'a fait observer M. Quoy, cette coquille est si bien caractérisée que trois personnes en même temps lui ont donné le même nom. Cette coquille est ovale-oblongue, rétrécie vers l'extrémité postérieure; le sommet, un peu oblique et recourbé, donne naissance à douze ou quinze côtes arrondies, onduleuses, ordinairement blanches, leurs intervalles, étant chargés d'un grand nombre de linéoles brunes, tantôt distinctes et tantôt confondues; la lame intérieure est courte, aplatie, et son bord libre est droit; en dedans, la coquille est blanchâtre vers le milieu, et d'un brun vineux sur les bords.

† 8. Crépidule contournée. *Crepidula contorta.* Quoy.

C. testá ovato elongatá, convexá, recurvá, ad dextrum contortá, albá; apice terminali.

Quoy et Gaym. Voy. de l'Astrol. t. 3. p. 418. pl. 72. f. 15. 16.
Habite les mers de la Nouvelle-Zélande.

Espèce bien distincte, dont l'animal, dit M. Quoy, se fait remarquer par la belle couleur jaune de son manteau: la coquille est blanchâtre, quelquefois un peu brunâtre; elle est oblongue, étroite, et légèrement arquée dans sa longueur. Vers l'extrémité postérieure du côté droit, s'élève une sorte d'oreillette qui paraît constante dans l'espèce; le sommet est court et marginal; le dos est légèrement convexe et lisse; en dedans, la coquille est toute blanche, la lame transverse est plate, et son bord droit est simple.

† 9. Crépidule du Cap. *Crepidula capensis.* Quoy.

C. testá suborbiculatá; convexiusculá, longitrorsum obsolete striatá, subrubrá, intùs concavá, lamellá angulatá et arcuatá, albá; vertice obtuso terminali, ad dextram incurvo.

Quoy et Gaym. Voy. de l'Ast. t. 3. p. 424. pl. 72. f. 13. 14.]
Habite le cap de Bonne-Espérance.

Cette espèce a de l'analogie, par sa forme et sa couleur, avec notre *Crepidula hepatica :* elle est ovale-obronde, médiocrement convexe; sa surface extérieure, d'un brun foncé, quelquefois d'un brun rougeâtre, présente des stries longitudinales, chargées de petites épines irrégulières; la lamelle intérieure est blanchâtre, détachée sur le côté droit par une échancrure étroite et profonde, et s'avançant dans le milieu en une sorte de bec élargi; en dedans, elle est d'un brun-marron foncé; son sommet est très court, contourné latéralement en une spirale extrêmement courte.

† 10. Crépidule de Gorée. *Crepidula Goreensis.* Desh.

C. testá ovali, planá, tenui, albá, nitidá; externe lamellosá.
(Gmel.)

Patella goreensis. Gmel. p. 3694. n° 10.

Le jenac Adans. Voy. au Sénég. p. 41. pl. 2. f. 10.

Patella goreensis. Dillw. Cat. t. 2. p. 1020. n. 12.

Desh. Encycl. méth. vers. t. 2. p. 25. n° 2.

Habite les mers du Sénégal, sur les rochers de l'île de Gorée.

On doit à Adanson une description exacte et assez détaillée de l'animal de cette espèce ; la coquille est ovale-oblongue, blanche mince et lisse.

† 11. **Crépidule linéolée.** *Crepidula lineolata.* **Desh.**

C. testâ ovato-oblongâ, convexo-gibbosâ, lineis fuscis interruptis pictâ, apice albo uniradiatâ, intùs fuscescente ; margine albo ; septo magno, plano, margine subsinuato.

Desh. Encycl. méth. vers. t. 2. p. 26. n° 4.

Habite les mers Australes.

Cette espèce a des rapports, d'un côté avec le *Crepidula fornicata*, et d'un autre avec le *Calyptræa strigata* de M. Broderip. Elle est ovale-oblongue, moins convexe que le *Crepidula fornicata*, lisse en dehors, à sommet terminal, légèrement incliné ; la surface extérieure, recouverte d'un épiderme brunâtre, est d'un blanc grisâtre et orné d'un grand nombre de linéoles d'un brun fauve, onduleuses, comme tremblées et plus ou moins rapprochées selon les individus ; la lame intérieure est profondément placée ; elle est légèrement concave ; son bord est simple et à peine onduleux ; en dedans, la coquille est blanche, et ses bords sont souvent linéolés de brun.

† 12. **Crépidule hépatique.** *Crepidula hepatica.* **Desh.**

C. testâ ovatâ, apice acutâ, undiquè fuscâ, irregulariter striato-lamellosâ ; septo albido, plano, subsinuato.

Desh. Encycl. méth. vers. t. 2. p. 26. n° 7.

Habite.....

Espèce d'une taille médiocre, ovale-oblongue, assez régulière, ayant le sommet pointu, marginal et légèrement infléchi ; la surface extérieure est lisse et médiocrement convexe ; la lame intérieure est blanche, mince, à-peu près la moitié de la cavité et son bord libre est légèrement sinueux dans le milieu. Cette coquille est partout de couleur d'un brun-foncé uniforme.

† 13. **Crépidule élargie.** *Crepidula patula.* **Desh.**

C. testâ irregulariter rotundatâ, convexâ, patulâ albo et fusco variegatâ ; intùs albâ vel fuscescente ; lamellâ albâ, margine integro ; valdè sinuato contorto.

Calyptræa Adolphei. Less. Voy. de la Coq. Zool. t. 2. pl. 15.
Desh. Encycl. méth. vers. t. 2. p. 27. n° 9.
Habite les côtes d'Otaïti.

Espèce bien distincte et que nous avions nommée et décrite dans
l'Encyclopédie avant que M. Lesson la publiât de son côté. Cette
espèce est irrégulièrement arrondie, très convexe, lisse; son sommet est très petit, incliné sur le bord postérieur, et terminé par
une spirale très courte; en dehors, cette coquille est blanchâtre
avec des taches nuageuses plus ou moins grandes, d'un brun-fauve
pâle; en dedans, elle est blanche, si ce n'est vers les bords où elle
est brune; la lame interne est fort courte, concave, saillante dans
le milieu, et fortement détachée à droite par une sinuosité étroite
et profonde.

† 14. Crépidule bossue. *Crepidula gibbosa.* Def.

*C. testá ovatá, irregulari, contortá, rugosá, gibbosá; lamellá ma-
gná, simplici, rectá.*
Def. Dict. des Sc. nat. t. 11. p. 397. n° 2.
Desh. Encycl. méth. vers. t. 2. p. 27. n. 10.
Habite la Méditerranée, fossile dans les faluns de la Touraine.

Connue d'abord à l'état fossile, cette espèce a été mentionnée par
M. Defrance, dans le Dictionnaire des Sciences naturelles. Depuis
nous nous sommes convaincu qu'une espèce vivante de la Méditerranée, non encore mentionnée, était exactement la même, et nous
lui avons conservé le même nom. La coquille, bossue, est ovale-
oblongue, irrégulièrement rugueuse en dehors, ayant le sommet
terminal incliné sur le bord; en dehors elle est blanchâtre, quelquefois d'un brun-fauve pâle; elle est ordinairement blanchâtre
en dedans. La lamelle est concave, et l'on remarque, dans presque
tous les individus, une échancrure étroite et profonde à son extrémité du côté droit.

† 15. Crépidule calyptréiforme. *Crepidula calyptræiformis.* Desh.

*C. testá ovato-rotundatá, gibbosá, rufescente, longitudinaliter stria-
tá; striis rugosis ad marginem evanescentibus, apice obliquo,
spirato.*
Desh. Encycl. méth. vers. t. 2. p. 27. n° 12.
Habite.....

Espèce voisine du *Calyptræa echinus* de M. Broderip, mais qui s'en
distingue par plusieurs bons caractères. Elle forme aussi un des
passages vers les Calyptrées; la spire est assez grande, fortement

contournée sur le côté, comme dans le *Calyptræa aculeata;* mais elle est encore plus grande. La coquille est ovale-obronde, convexe; la surface extérieure présente un petit nombre de sillons longitudinaux, rendus rugueux par de petites écailles; la lame intérieure présente une sinuosité médiane, peu profonde, et une autre plus étroite à l'extrémité droite: en dehors, la coquille est d'un brun blanchâtre; en dedans, elle a une tache d'un brun fauve.

† 16. Crépidule écaille. *Crepidula squama.* Brod.

C. testá suborbiculari, complanatá, sublævi, subtenui, pallidè flavá vel fusco albidá substrigatá, intùs subflavá vel subflavá fusco strigatá.

Brod. Trans. of zool. Soc. t. 1. p. 205. pl. 29. f. 10.

Habite les mers de Panama.

Espèce ovale-oblongue, quelquefois obronde, déprimée, à sommet terminal et extrèmement court, tombant sur le bord; la coquille est lisse, d'un blanc jaunâtre ou roussâtre, avec quelques linéoles brunes, rayonnantes, partant du sommet et disparaissant vers le milieu de la longueur; à l'intérieur, cette espèce est d'un blanc jaunâtre; la lamelle est blanche, mince et sinueuse dans le milieu.

† 17. Crépidule marginale. *Crepidula marginalis.* Brod.

C. testá subovatá, sublævi vel vix corrugatá, subflavá vel albidá, fusco strigatá, intùs nigricante vel flavá fusco strigatá, septo albo.

Brod. Trans. of zool. Soc. t. 1. p. 205. n° 31. pl. 29, f. 9.

Habite les mers de Panama.

Coquille ovale-oblongue, médiocrement convexe, à sommet court et terminal, légèrement incliné; la surface extérieure est presque lisse, à peine ridée, et, sur un fond fauve ou blanchâtre, elle est irrégulièrement parsemée de linéoles brunes, plus ou moins serrées et rapprochées selon les individus; en dedans, la coquille est d'un brun uniforme, très foncé; sa lamelle intérieure est blanche, étroite, et son bord libre est légèrement sinueux dans le milieu.

† 18. Crépidule sableuse. *Crepidula arenata.* Brod.

C. testá subovatá, albidá, rubro fusco creberrimè punctatá, intùs subrubrá vel albidá subrubro-maculatá, septo albo.

Brod. Trans. of zool. Soc. t. 1. p. 205. pl. 29. f. 8.

Habite les côtes de l'île Sainte-Hélène.

Espèce assez régulièrement ovalaire, oblongue, convexe, lisse, à sommet très court, terminal et à peine incliné; en dehors, le dos est marqué de deux lignes blanchâtres, divergentes; le reste de la surface est parsemé d'un grand nombre de petites taches brunes sur un fond blanchâtre; la lame intérieure est étroite, blanche et à peine sinueuse dans le milieu. A l'intérieur, cette coquille est blanche et ses bords sont linéolés de brun.

† 19. Crépidule profonde. *Crepidula excavata*. Brod.

C. testá crassiusculá, subtortuosá, lævi, albidá vel subflavá fusco punctatá et strigatá, intùs albá, limbo interdum fusco ciliato-strigato.

Brod. Trans. of. Zool. soc. t. 1. p. 205. pl. 29. f. 7.

Habite les mers du Chili.

Espèce ovale, allongée, rétrécie postérieurement et terminée de ce côté par un sommet pointu fort peu recourbé; la surface extérieure est lisse, très convexe, d'un brun-jaunâtre et ornée d'un très grand nombre de linéoles brun-rouge, irrégulières, la coquille est très concave en dedans; la lame intérieure est placée très haut, elle est longue et étroite, et son bord libre est sans aucune sinuosité; l'intérieur est blanc, légèrement rosé, quelquefois taché de brun; le bord est brun, linéolé de blanchâtre.

† 20. Crépidule de Lesson. *Crepidula Lessonii*. Brod.

C. testá complanatá; subconcentricè foliaceá, foliis tenuibus, albá fusco longitudinaliter strigatá, intùs albidá; limbo interdum interno fusco ciliato-strigato.

Brod. Trans. of zool. soc. t. 1. p. 204. pl. 29. f. 5.

Habite l'île Muerte.

Espèce ovale-oblongue, à sommet terminal à peine incliné; elle est couverte de lames transverses fines et saillantes semblables à celles de certaine Cames et mieux encore à celle du *Calyptræa tectum sinense*. La coquille est ordinairement blanche; elle est élégamment ornée de linéoles d'un beau brun, longitudinales et interrompues à chacune des lamelles; la lame intérieure présente à son extrémité gauche une échancrure peu profonde et vers son milieu une sinuosité médiocre. Cette coquille est blanche en dedans, et on aperçoit de ce côté, par transparence, quelques-unes des linéoles brunes du dehors. M. Broderip a fait figurer une jolie variété d'un brun-rougeâtre, pâle et ornée d'un plus grand nombre de linéoles d'un beau brun foncé.

† 21. Crépidule pâle. *Crepidula pallida.* Brod.

> *C. testâ sordidè albâ, ovatâ; apice prominente lamellâ in medio*
> *productâ utroque latere profundè emarginatâ.*

Brod. Trans. of zool. soc. t. 1. p. 204. pl. 29. f. 3.

Habite les îles Falkland.

Coquille souvent irrégulière, ovale-oblongue, quelquefois lisse, quelquefois irrégulièrement chagrinée ayant le sommet plus ou moins saillant selon les individus, contourné latéralement et terminé par une
spirale courte; la lamelle intérieur est saillante dans le milieu et
détachée de chaque côté par une sinuosité assez profonde surtout
à gauche. Cette espèce est toute blanche en dedans.

† 22. Crépidule rude. *Crepidula histrix.* Brod.

> *C. sordidè albâ vel fuscâ, complanatâ, longitudinaliter striatâ; spinis*
> *magnis, fornicatis, apertis, seriatìm dispositis, intùs albidâ in-*
> *terdum castaneo maculatâ.*

Brod. Trans. of zool. soc. t. 1. p. 203. pl. 29. f. 2.

Habite les mers du Pérou.

Très belle espèce ovalaire, déprimée, d'un brun-fauve, et remarquable
par de stries longitudinales assez régulières sur lesquelles s'élèvent
des épines assez longues, creusées en gouttière et fendues sur
leur côté antérieur; ces épines sont blanchâtres et forment sur le
dos de la coquille dix ou douze séries longitudinales; le sommet
est court, incliné sur le côté et un peu contourné en spirale;
la lamelle intérieure est blanche et sinueuse sur ses bords; en
dedans la coquille est blanche, assez souvent ornée de taches
brunes.

† 23. Crépidule hérissée. *Crepidula echinus.* Brod.

> *C. testâ albidâ, violaceo-maculatâ, interdum fuscâ, striis longi-*
> *tudinalibus creberrimis spinis fornicatis horridâ, intùs flavente*
> *vel albâ.*

Brod. Trans. of zool. Soc. t. 1. p. 203. pl. 29. f. 1.

Habite les mers du Pérou.

Espèce ovale-oblongue, assez régulièrement convexe, ayant son sommet incliné latéralement et terminé par une spirale courte. Toute
la surface extérieure est couverte de stries fines rapprochées et
hérissées d'un grand nombre de petites épines inégales, courtes; la
lamelle intérieure est blanche, sinueuse et détachée à gauche par
une sinuosité large et peu profonde; en dehors, cette coquille est
blanchâtre, tachetée de violet ou de fauve; en dedans, elle est
blanche ou d'un fauve très pâle.

24. Crépidule vergetée. *Crepidula strigata*. Brod.

C. testá subcorrugatá, sordidè rubrá albo variá intùs subrufá inter-
dum albá vel albá rubro-castaneo variá.

Brod. Trans. of zool. Soc. t.1, p. 203. pl. 28. f. 12.

Habite Valparaiso.

Espèce ovale-oblongue, quelquefois obronde, ayant de l'analogie avec
notre *Crepidula lineolata*. Elle est convexe; son sommet est terminal, à peine saillant; la surface extérieure est sillonnée par des
accroissemens irréguliers, et elle est divisée en deux parties inégales par une fascie blanchâtre partant du crochet pour venir gagner obliquement l'extrémité antérieure; le reste de la coquille
est d'un blanc brunâtre ou rougeâtre, et l'on y voit un grand
nombre de linéoles obliques un peu divergentes, de couleur brune
foncée; la lamelle intérieure est blanche, concave et profondément détachée à gauche par une échancrure étroite et profonde;
en dedans, la coquille est variée de blanc et de brun-marron.

25. Crépidule foliacée. *Crepidula foliacea*. Brod.

C. testá suborbiculari, albidá foliaceá, intùs castaneá vel albá cas-
taneo variá.

Brod. Trans. of zool. Soc. t. 1. p. 202. pl. 28. f. 9.

Habite les mers du Pérou.

Belle espèce ovale-obronde, déprimée, blanchâtre à l'extérieur, et
ornée de linéoles longitudinales d'un brun assez foncé; les accroissemens peu nombreux sont marqués par des lamelles transverses,
peu épaisses et peu saillantes, traversées par des petites côtes
longitudinales, rayonnantes, qui viennent se terminer sur les bords
en autant de petites crénelures; la lame intérieure est concave,
blanche, très saillante en avant et profondément détachée à ses
extrémités, et surtout à droite par une échancrure étroite et profonde; en dedans, la coquille est d'un beau brun-maron, et blanche vers les bords.

† 26. Crépidule parisienne. *Crepidula parisiensis*. Desh.

C. testá ovato oblongá, gibbá, per series echinatá; spirá submar-
ginali, laterali; lamellá tenui, subcontortá, bisinuatá.

Calyptræa crepidularis. Lamk. Ann. du Mus. t. 1. p. 385. n₀ 2.

Id. Desh. Coq. foss. de Paris, t. 2. p. 32. nº 4. pl. 4. f. 16 à 18.

Id. Encycl. méth. vers. t. 2. p. 28. nº 13.

Habite..... Fossile à Grignon.

On peut aussi bien placer cette petite coquille parmi les Calyptrées
que dans le genre Crépidule. Elle montre en effet le passage des

deux genres, car sa spire, quoique latérale, est plus relevée que dans le *Crepidula aculeata,* avec laquelle cette espèce a du reste de l'analogie ; la surface extérieure est ornée de petites rangées onduleuses et longitudinales de petites épines courtes et un peu en écaille ; sa lame intérieure est fort concave et sinueuse sur son bord libre.

ANCYLE. (Ancylus.)

Corps rampant, tout-à-fait recouvert par une coquille. Deux tentacules comprimés, un peu tronqués ; ayant les yeux à leur base interne. Pied court, elliptique, un peu moins large que le corps.

Coquille mince, en cône oblique, à sommet pointu, incliné en arrière, et à ouverture ovale, ayant ses bords très simples.

Corpus repens, testâ penitùs tectum. Tentacula duo compressa, subtruncata ; oculis ad basim internam. Pes brevis, ellipticus, corpore angustior.

Testa tenuis, obliquè conica ; apice acuto, posteriùs inflexo ; aperturâ ovali : marginibus simplicissimis.

OBSERVATIONS. — Les *Ancyles* sont des coquillages fluviatiles que Linné et Bruguières n'ont point distingués des Patelles, que Geoffroi en a séparés, en leur donnant le nom qu'on leur conserve, et dont Draparnaud a formé avec raison un genre particulier. Le rang de ce genre est fort difficile à assigner dans l'ordre des rapports, parce que l'animal des *Ancyles* ne nous est encore connu que par quelques particularités de son extérieur, et que ceux qui l'ont observé ont négligé de nous éclairer sur les principaux traits de son organisation. Si je considère la coquille de l'*Ancyle,* elle me paraît tenir d'assez près à celle des Calyptraciens. On croit même lui trouver quelque ressemblance avec un Cabochon qui serait lisse, très mince et fragile. Mais, selon les observations de M. de Férussac, l'animal vient respirer l'air à la surface de l'eau, et offre, vers l'extrémité postérieure de son corps, un siphon cylindrique, court, contractile et extérieur, par lequel pénètre le fluide respiré. Cet animal a donc une cavité branchiale, et qui n'est point placée comme celle de nos Calyptraciens. D'ailleurs ne vivant que dans les eaux douces, et s'étant habitué à respirer l'air, presque tout en lui est fort différent des animaux auprès desquels nous le rapprochons. Ainsi ce n'est que provisoirement que nous le plaçons ici. C'est cependant un véritable Gastéropode ; et dans aucune autre des familles reconnues parmi eux, il serait plus inconvenable encore de le ranger. Les Gastéropodes dont il est question sont fort petits, vivent sur le bord des étangs et des eaux peu courantes, et rampent le long des tiges des plantes aquatiques, s'élévant ainsi jusqu'à la surface de l'eau.

[Parmi les genres actuellement connus dans la classe des Mollusques, celui des Ancyles est, sans contredit, l'un des plus difficiles à bien placer dans la méthode. Cela paraîtra singulier au premier aperçu, puisque, plusieurs espèces vivant dans les eaux douces, il semble que rien n'est plus facile que d'en observer l'animal, d'en déterminer les caractères et d'arriver, par ce moyen, à la connaissance exacte de ses rapports. Ces résultats seraient actuellement acquis à la science, si l'observateur ne rencontrait, à l'égard d'animaux si petits et si peu saisissables sous le scalpel, des obstacles qui n'ont pu être entièrement surmontés jusqu'aujourd'hui. L'opinion des zoologistes a singulièrement varié à l'égard du genre Ancyle : les naturalistes, qui ont conservé intégralement la méthode linnéenne, ont confondu ce genre avec les Patelles, considérant sans doute l'animal comme un véritable Cyclobranche. D'autres ont pensé, comme Draparnaud, qu'il appartenait aux Scutibranches, et que l'animal portait sur le cou ou dans la cavité cervicale un peigne branchial propre à respirer l'eau. Lamarck paraît s'être arrêté définitivement à cette dernière opinion. M. de Férussac, se fondant sur quelques observations, se fit des Ancyles une autre opinion ; les voyant quelquefois venir affleurer la surface de l'eau, il supposa qu'ils venaient respirer l'air, et, par une conséquence toute naturelle de cette supposition, il les mit dans sa méthode dans la famille des Pulmonés aquatiques. M. de Blainville eut une opinion différente de tous ses prédécesseurs, et il plaça les Ancyles dans la même famille que les Haliotides, en avouant cependant qu'il est trop incertain sur quelques points de l'organisation de ces animaux, pour regarder ce classement comme définitif. On devait souhaiter, dans l'état de la science, à l'égard du genre qui nous occupe, des observations nouvelles faites avec soin sur des espèces plus grandes que les nôtres. Dans le numéro 12 du *Zoological journal*, M. Guilding rectifia les caractères génériques et donna des détails curieux sur deux espèces qu'il observa dans les eaux douces de l'île Saint-Vincent. Il suffira de rapporter textuellement la phrase caractéristique de ce savant naturaliste, pour faire voir que ses observations ont été plus précises et poussées plus avant que celles des autres zoologistes.

« Animal unisexuel? entièrement recouvert par sa coquille.
« Corps mou, subtransparent. Tête distincte. Lèvres arrondies.
« Bouche grande et inférieure. Cou allongé et libre. Deux tenta-
« cules subulés, rétractiles. Pied court, attaché à la masse
« abdominale. Les yeux, à la base des tentacules, transparens.
« Pénis exserte à la racine du tentacule gauche. Un petit rameau
« branchial près de l'anus et du trou latéral. Manteau très ample,
« libre, mince, étendu sur toute la cavité intérieure et ayant
« son bord simple et continu. »

D'après ce que nous venons de rapporter, les Ancyles ne seraient point cervicobranches ni pulmonés, comme l'ont pensé plusieurs naturalistes, mais elles auraient une branchie sur le côté gauche, placée tout près de l'anus. Quant aux organes de la génération, il paraîtrait que les Ancyles sont dioïques, c'est-à-dire que chaque individu a également les organes mâles et femelles.

Le nombre des espèces connues est plus considérable que Lamarck ne l'avait supposé. M. de Férussac, dans le Dictionnaire classique d'Histoire naturelle, compte dix espèces vivantes et fossiles; mais ces dernières y entrent pour un petit nombre. Nous croyons que plusieurs d'entre elles pourront être supprimées, mais elles seront remplacées par celles récemment découvertes par les naturalistes voyageurs.]

ESPECES.

1. Ancyle des lacs. *Ancylus lacustris*. Muller.

*A. testá semiovatá, membranaceá; vertice subcentrali; aperturá ova-
to-suboblongá*. Drap.

Patella lacustris. Lin. Syst. nat. p. 1260. Gmel. p. 3710. n° 97.
Ancylus lacustris. Muller. Verm. p. 199. n° 385.
D'Argenv. Conch. pl. 27. f. 1. et Zoomorph. pl. 8. f. 1.
Geoff. Coq. p. 122. l'Ancyle.
Ancylus lacustris. Drap. Hist. des Moll. pl. 2. f. 25. 27.
* Montagu. Test. Brit. p. 484.
* Schrot. Einl. t. 2. p. 483. *Patella*. n° 101.
* *Ancylus fluviatilis*. Schrot. Flus. p. 205. pl. 5. f. 4. a. b.
* *Patella oblonga*. Lightfoot. Phil. trans. t. 76. p. 168. pl. 3. f. 1.
2. 3. 5.
* *Patella oblonga*. Dillw. Cat. t. 2. p. 1042. n° 58.
* Pfeiff. Syst. anord. p. 109. n° 2. pl. 4. f. 46.
* Nilss. Hist. Moll. succ. p. 83. n° 1.
* Sow. Genera of shells. *Ancylus*. f. 2.
* Turton. Manual. p. 141. n° 126. f. 126.
* Desh. Encycl. méth. vers. t. 2. p. 48. no 1.
Habite en France, sur le bord des lacs. Mon cabinet.

2. Ancyle fluviatile. *Ancylus fluviatilis*. Muller.

A. testá convoideá, mucrone verticis excentrico; aperturá ovatá.
Drap.

Ancylus fluviatilis. Muller. Verm. p. 201. n° 386.
Patella fluviatilis. Gmel. p. 3711. n° 98.
Ancylus fluviatilis. Drap. Hist. des Moll. pl. 2. f. 23. 24.
Patella cornea. Poiret. Prodr. p. 101. n° 2.
* Schrot. Einl. t. 2. p. 42.
* *Id.* Fluss. p. 203. pl. 5. f. 1. 2. 3.
* List. Anim. Angl. pl. 2. f. 32.
* List. Conch. pl. 141. f. 39.
* *Patella lacustris*. Dillw. Cat. t. 2. p. 1041. n° 57.
* Brard. Coq. p. 200. pl. 7. f. 3.
* Pfeif. Syst. anord. p. 107. n° 1. pl. 4. f. 44. 45:
* Nilss. Hist. Moll. succ. p. 84. n° 2.
* Sow. Genera of shells. *Ancylus*. f. 1.
* Desh. Encycl. méth. vers. t. 2. p. 48. n° 2.
* Turton. Man. p. 140. n° 125. f. 125.

Habite en France, dans les ruisseaux et sur les bords des étangs. Sa coquille est plus solide, plus élevée et moins allongée que celle de la précédente. Elle a des stries fines et concentriques.

3. Ancyle épineux. *Ancylus spina-rosæ.* Drap. (1)

A. testá conoideá, semicompressá; vertice aculeato, reflexo. Drap.
Ancylus spina-rosæ. Drap. Hist. des Moll. pl. 13. f. 10. 12.
Ancylus spina-rosæ. Daudeb. Syst. Conch. p. 60. n° 3.
Habite les provinces méridionales de la France. Mon cabinet. On doit la découverte de cette jolie espèce à M. *Daudebard de Férussac.*

† 4. Ancyle pointillé. *Ancylus irroratus.*

A. corpore pallidè flavescenti, nigro obscurè irrorato fronte abdomineque rufescentibus; oculis atris; soleá immaculatá, pallidá.
Testá concentricè plicatá, subdiaphaná; epidermide nigro viridi, atro irroratá; apice subobtuso, postico; aperturá subrotundo-ellipticá.
Guilding. Zool. Journ. t. 3. p. 535. n° 1. pl. suppl. 26. f. 1. 6.
Habite très abondamment sur les feuilles dans les eaux douces de l'île Saint-Vincent.
Espèce patelliforme, ovalaire, ayant le sommet très postérieur et incliné à droite; la coquille est d'un gris noirâtre, diaphane, lisse et irrégulièrement parsemée de petits points noirâtres.

† 5. Ancyle rayonné. *Ancylus radiatus.*

A. corpore flavescenti, nigro irrorato; dorso maculis tribus vel quatuor pallidis, magnis; fascie rufescente; abdomine obscuro.
Testá ovali ellipticá, vitreá, diaphaná, concentrice plicatulá, radiatim striatá; epidermide evanescente.
Guilding. Zool. Journ. t. 3. p. 536. n° 2. pl. suppl. 26. f. 7-9.
Habite les mêmes lieux que la précédente.
L'animal est jaunâtre et pointillé de noir; la coquille est ovale-oblongue, très mince, transparente, irrégulièrement plissée en travers par les accroissemens, et couverte en dehors par de très fines stries rayonnantes; le sommet est obtus, postérieur et fortement incliné à droite.

---

(1) Comme l'a observé M. Brard, et comme l'a reconnu M. de Férussac, cette espèce a été établie sur une partie solide d'un Entomostracée voisin des Cypris; il faudra donc supprimer cette espèce des catalogues de conchyliologie.

† 6. Ancyle déprimé. *Ancylus depressus*. Desh.

> *A. testâ conoideâ, depressissimâ, lævigatâ; vertice excentrico; aperturâ ovatâ, oblongâ.*
>
> Desh. Coq. foss. de Paris. t. 2. p. 101. pl. 10. f. 13.
> *Id.* Encycl. méth. vers. t. 2. p. 48. n° 3.
> Habite..... Fossile dans les meulières des environs de Versailles.
> Petite coquille patelliforme, toute lisse, à sommet postérieur, presque droit et peu incliné. Elle se distingue très bien de ses congénères par son extrême aplatissement. Elle est longue de 4 millimètres, large de 3, et elle n'a guère plus d'un millimètre de profondeur.

LES BULLÉENS.

Branchies placées dans une cavité particulière, vers la partie postérieure du dos, et recouvertes par le manteau. Point de tentacules.

Les *Bulléens* avoisinent les Laplysiens par leurs rapports et néanmoins en sont tellement distingués, qu'on peut les considérer comme constituant une petite famille particulière. Tous ont la tête à peine distincte, sont dépourvus de tentacules, et aucun d'eux n'offre cet opercule qui recouvre la cavité branchiale dans les Laplysiens. Dans les uns, l'animal n'a point de coquille, soit intérieure, soit extérieure; dans d'autres, il en contient une tout-à-fait cachée dans son manteau, et qui n'est point adhérente par un muscle d'attache; et dans d'autres encore, il possède une coquille visible au dehors, à laquelle il est fixé par un muscle, et où il peut rentrer en grande partie. La coquille des *Bulléens* est enroulée sur elle-même, mais d'une manière si lâche qu'elle n'a point de columelle. Les Mollusques que comprend cette petite famille ont un aspect particulier, que n'offrent point ceux de la famille des Laplysiens. Les genres qui s'y rapportent sont au nombre de trois, savoir : l'*Acère*, la *Bullée* et les *Bulles*.

Tome VII.

42

[La famille des Bulléens mérite d'être conservée dans la méthode, mais peut-être sera-t-il nécessaire de lui faire subir quelques changemens. Lamarck y admettait trois genres. Cuvier, dans le voisinage des Acères, mit le genre Gastroptère de Meckel, qui a en effet de l'analogie avec les Acères, sans en avoir tous les caractères. M. de Blainville, dans son Traité de Malacologie, a formé des Acères de Cuvier une famille particulière dans laquelle il introduit sept genres dans l'ordre suivant : Bulle, Bellérophe, Bullée, Lobaire, Sormet, Gastéroptère et Atlas. Un autre genre a été proposé par M. de Férussac pour être ajouté encore à cette famille, et il lui a donné le nom de Bulline. Nous allons examiner actuellement les genres que nous venons de citer pour nous assurer s'il y en a quelques-uns à ajouter à la famille des Bulléens telle que Lamarck l'a conçue.

1º Bulline. Ce genre a été proposé pour rassembler celles des Bulles dont la spire est saillante au dehors. Ce caractère nous a toujours paru d'une très faible importance. Nous avons été conduit à le juger ainsi par l'examen d'un grand nombre d'espèces soit vivantes, soit fossiles, du genre Bulle. Si on les dispose en une seule série, en commençant par celles dont la spire est complètement involvée et entièrement cachée, on voit successivement l'ombilic s'ouvrir, la spire apparaître, devenir un peu saillante et enfin s'allonger comme dans les Bullines de M. de Férussac. Il faudrait donc, pour admettre le genre de cet auteur, en établir autant d'autres pour chacun des degrés dont nous venons de parler, et l'on reconnaîtra sans peine que cette proposition ne peut être acceptée, puisque l'on sait, de la manière la plus positive, que les animaux de ces divers groupes ont entre eux la plus grande ressemblance.

2º Bellérophe. Ce genre intéressant ne se trouve qu'à l'état fossile et dans les terrains anciens dépendant de la grande formation carbonifère. Les espèces qui en dépendent, ont en réalité de l'analogie avec certaines Bulles, et particulièrement avec le *Bulla naucum*, mais si l'on vient à comparer attentivement cette Bulle avec les Bellérophes bien conservés, on apercevra des différences constantes, et nous pensons que cet examen conduira à l'adoption de l'opinion que nous avons depuis long-temps sur ce genre. La forme de la coquille, sa régularité, l'inflexion médiane ou l'échancrure de son bord droit nous font croire que les Bellérophes sont plus voisins des Atlantes que des Bulles, comme M. de Blainville le suppose ou des Argonautes, selon l'idée de M. de Férussac.

3° Bullée. Les observations de MM. Quoy et Gaymard, dans la partie zoologique du *Voyage de l'Astrolabe*, tendent à prouver que ce genre est peu nécessaire, et qu'il devra être réuni plus tard au genre Bulle. En considérant avec M. Quoy, les animaux des Bulles, on sera porté à adopter la division qu'il propose en ceux qui ont le manteau garni de lobes, et en ceux qui manquent de ces parties. Dès-lors les Bullées, avec leur coquille intérieure, viendraient se placer dans la première section, tandis que d'autres espèces, ayant aussi la coquille interne, appartiendraient à la seconde.

4° Lobaire. Nous avons dit, en traitant des Acères que le genre Lobaire était le même que celui nommé Acère par Cuvier et Lamarck, *Doridium* par Meckel et enfin *Bullidium* par le même auteur dans une note ajoutée à la page 10 de la dissertation de Leuë sur le *Pleurobranchæa*.

5° Sormet. L'animal, nommé ainsi, a été découvert au Sénégal par Adanson, et depuis cette époque, il n'a pas été retrouvé. D'après ce qu'en dit Adanson ce serait en effet dans le voisinage des Bulles que ce genre devrait se placer; mais on ne devra l'adopter définitivement qu'après un nouvel examen.

6° Gastroptère. Ce genre intéressant a été décrit pour la première fois par Frédéric Kosse, dans une dissertation intitulée *de Pteropdoum ordine et novo ipsius genere.* Ce genre intéressant se trouve dans la Méditerranée, et il a été retrouvé depuis par M. Delle Chiaje et décrit par lui sous le nom de *Clio amati.* Ce genre n'appartient pas aux Ptéropodes comme l'a cru l'auteur de la dissertation, mais aux Gastéropodes, et il n'est pas très éloigné par son organisation des autres animaux de la famille des Bulléens.

7° Atlas. Ce genre, observé pour la première fois par M. Lesueur, ne nous paraît point encore assez connu pour être définitivement reçu dans la méthode. Il a des caractères tellement étrangers à la plupart des Mollusques, que nous croyons utile, avant de l'admettre, d'attendre des observations nouvelles.

En résumant ce que nous venons de dire sur ces divers genres, nous voyons qu'il sera nécessaire de réunir aux Bulles les Bullines et très probablement les Bullées, et qu'il sera utile d'augmenter la famille des Buléens du genre Gastroptère que l'on placera dans le voisinage des Acères. On voit donc que cette famille subira, en réalité, peu de changemens.

ACÈRE. (Acera.)

Corps ovale, convexe, divisé supérieurement en deux parties, l'une antérieure et l'autre postérieure, et comme ailé inférieurement par les dilatations latérales du pied. Tête peu distincte; point de tentacules en saillie. Les branchies sur le dos, très en arrière, et recouvertes par le manteau. Point de coquille.

Corpus ovatum, convexum, in partem anticam et posticam supernè divisum, pede utrinquè dilatato infernè subalatum. Caput vix distinctum; tentacula prominula nulla. Branchiæ dorsales, valdè posticè, pallio tectæ. Testa nulla.

OBSERVATIONS. — Le Gastéropode, dont il est question, est un de ceux que M. Cuvier avait réunis sous le nom d'*Acère*, et qu'il considérait comme formant un genre bien caractérisé par l'absence des tentacules; mais il proposa ensuite de sous-diviser ce genre en trois autres, et de réserver le nom d'*Acère*, proprement dit, à la seule espèce connue où l'on ne trouve point de coquille. Le premier de ces sous-genres comprend le *Bulla aperta* de Linné, dont l'animal a une coquille intérieure tout-à-fait cachée; le second, les *Bullæ plures* du même auteur, dont l'animal est muni d'une coquille visible au dehors, dans laquelle il peut rentrer entièrement, selon M. Cuvier; et le troisième, le *Bulla carnosa* que ce savant a fait connaître, et qui est dépourvu de coquille, soit interne, soit externe. Ces trois sous-genres forment pour nous les genres distincts *Acère*, *Bullée* et *Bulle*, lesquels constituent la cinquième famille de nos Gastéropodes.

Les *Acères* ont le corps ovale-oblong, distingué supérieurement en partie antérieure et en partie postérieure. L'antérieure est un disque charnu qui s'avance sur la tête, où il est tronqué transversalement, et qui se termine un peu en pointe vers le milieu du corps de l'animal. Les deux lobes latéraux du pied, dilatés et étendus, sont minces, aplatis, élargis au milieu, et ressemblent à des nageoires. Les branchies, couvertes par le manteau, sont tellement postérieures, qu'elles paraissent être presque à l'extrémité du corps. Au-dessus d'elles, on trouve l'espace qu'aurait occupé la coquille si elle eût existé. Voici la seule espèce connue de ce genre.

[Les Acères, proprement dites, constituent un genre curieux, assez voisin des Bulles et des Bullées, et ayant aussi de l'analogie avec les Aplysies; quoique bien caractérisé par Cuvier et par Muller, ce genre a déjà reçu plusieurs noms. Il est nécessaire de les rapporter ici pour éviter à l'avenir toute espèce de confusion. Meckel lui a donné le nom de *Doridium*, et M. de Blainville celui de *Lobaria*. Quelques auteurs, tels que M. Delle Chiaje, ainsi que M. de Férussac, ont adopté le nom donné par Meckel, tandis que d'autres ont justement conservé le nom d'Acère. M. Delle Chiaje a fait connaître deux espèces appartenant à ce genre: l'une petite, sur laquelle il a donné des dé-

tails anatomiques, et l'autre beaucoup plus grande, fort remarquable par sa coloration. Dans ces animaux, la tête est un peu
prolongée en avant en une trompe courte, à l'extrémité de laquelle se trouve la bouche; la masse buccale est épaisse, et elle
communique bientôt à un œsophage très charnu, après lequel
vient un estomac membraneux où l'on ne trouve aucune armure
comparable à celle des Bulles ou des Aphysies; le foie est considérable, distinctement divisé en quatre ou cinq lobes, et il
verse directement dans l'estomac, par cinq vaisseaux biliaires,
les produits de sa sécrétion; l'intestin est grêle et très court; il
vient se terminer vers l'extrémité postérieure du corps, à la racine de la branchie; la branchie est tout-à-fait postérieure;
elle est un peu saillante sur le rebord du manteau, et elle est
en partie partagée, ainsi que le cœur, par un très petit rudi-
ment testacé formant à-peu-près un tour de spirale. Les organes de la génération sont très écartés; l'organe excitateur, complètement isolé, comme dans les Aphysies, sort par une ouverture que l'on voit sur le côté droit de la tête. Les organes
femelles sont placés à l'extrémité postérieure, et leur ouverture
se montre à côté de l'anus à la base de la branchie. Une petite
rainure extérieure s'étend dans toute la longueur de l'animal
sur le côté droit, de l'ouverture des organes mâles à celle des
organes femelles.]

ESPÈCES.

1. **Acère charnu.** *Acera carnosa.* **Cuv.**

> *Bulla carnosa.* Cuv. Ann. du Mus. 16. p. 10. pl. 1. f. 15. 16.
> Habite la Méditerranée. Longueur, environ un pouce et demi.

† 2. **Acère de Meckel.** *Acera Meckelii.* **Delle Chiaje.**

> *A. dorso alisque externè hac magnis, illac parvis, perlaceis tuberculis
> ornatis; clypeo postico subalato; operculo osseo prædito.*
> *Doridium.* Meckel. Anatom. comp. f. 2. pl. 8. t. 1. 3.
> Delle Chiaje. Diar. méd. tirolens.
> *Id.* Mém. sur les an. s. vert. t. 1. p. 133. pl. 10. f. 1-7.
> Habite la Méditerranée.
> Animal oblong, rétréci, quelquefois subcylindrique, ayant les lobes
> du manteau faiblement développés en nageoires; le pied est d'un
> violet noirâtre, parsemé d'un grand nombre de petits points

blancs, le manteau et les parties latérales de l'animal sont brun
foncé. Cuvier, d'après la figure sans doute, a cru que ces taches
blanches représentaient des tubercules, caractère sur lequel il s'est
certainement trompé ; car nous avons sous les yeux l'animal figuré
par M. Delle Chiaje et nous pouvons assurer qu'il est parfaitement
lisse ; il serait possible que l'animal dont il est question soit le
même que le *Bulla carnosa* de Cuvier; seulement les individus
vus par le savant anatomiste, long-temps plongés dans la liqueur,
auraient entièrement perdu leur coloration.

† 3. Acère aplysiforme. *Acera aplysiformis*. Delle Chiaje.

> *A. dorso , pede , alisque nigro-violaceis; margine aurantiacâ vittâ
> communito.*

Delle Chiaje. Mém. sur les an. s. vert. t. 2. p. 190. pl. 13.
Habite la Méditerranée.

On doit la connaissance de cette belle espèce à M. Delle Chiaje.
Elle est beaucoup plus grande que la précédente; elle est allongée
subquadrangulaire, presque partout d'un noir foncé, et le manteau
ainsi que le pied sont entourés d'un petit ruban d'un beau jaune
orangé. Cet animal , long d'environ 2 pouces, parait plus rare
que le précédent.

BULLÉE. (Bullæa.)

Corps ovale-allongé, un peu convexe en dessus, divisé
transversalement en partie antérieure et en partie postérieure. Les lobes latéraux du pied à bord un peu épais et se
réfléchissant en dessus. Tête peu distincte. Point de
tentacules. Branchies dorsales, placées sous la partie postérieure du manteau. Coquille cachée dans l'épaisseur de
ce manteau, au-dessus des branchies, et sans adhérence.

Test très mince, partiellement enroulé en spirale d'un
côté, sans columelle et sans spire; à ouverture très ample,
évasé supérieurement.

*Corpus ovato-elongatum , convexiusculum , in partem
anticam et posticàm transversè divisum. Pedis lobi laterales
margine crassiusculi sursùm reflexi. Caput vix distinctum.
Tentacula nulla. Branchiæ dorsales , pallii parte posticâ*

tectæ. Testa occultata, in pallio supra branchias inclusa, non affixa.

Testa tenuissima, uno latere partim et spiraliter convoluta, columellâ spiráque destitutâ; aperturâ amplissimâ, supernè dilatato-patulâ.

OBSERVATIONS. — Les *Bullées* tiennent de très près aux Bulles par leurs rapports; mais elles s'en distinguent néanmoins en ce que leur coquille n'est point visible au-dehors, qu'elle est enchâssée dans l'épaisseur du manteau, et qu'elle n'adhère à l'animal par aucun muscle d'attache. Cette coquille est très mince, fragile, n'a presque point de concavité, et est partiellement enroulée d'un côté, ses tours n'offrant pas cette saillie conique qu'on nomme spire, ni son axe cette partie appelée columelle. Le dernier tour de sa volute se termine par le bord droit de son ouverture, qui est très ample, évasé supérieurement, et fort aminci. Nous ne connaissons encore qu'une espèce de ce genre.

ESPÈCES.

1. **Bullée plancienne.** *Bullæa aperta.* **Lamk.**

 Bulla aperta. Lin. Syst. nat. p. 1183. Gmel. p. 3424. n° 8.

 * Gualt. Ind. pl. 13. f. EE.

 * Mart. Conch. t. 1. p. 266. vign. f. 1.

 * Fav. Conch. pl. 27. f. E. 7.

 Mull. Zool. Dan. 3. p. 30. t. 101. f. 1–5.

 * Born. Mus. p. 201.

 * Dacosta Brit. Conch. p. 3. pl. 2. f. 3.

 * Schrot. Einl. t. 1. p. 172. pl. 1. f. 8. a. b.

 * *Bulla aperta.* Brug. Encycl. méth. vers. t. 1 p. 375.

 * Montagu test. p. 208. vign. 2. f. 1–4.

 * Dorset. Cat. p. 43. pl. 22. f. 3.

 * De Roissy. Buf. Moll. t. 5. p. 194. n° 1. pl. 52. f. 10.

 Phylina quadripartita. Ascan. Act. Stock. 1772. t. 10. fig. A. B.

 Amygdala marina. Planc. t. 11. fig. D. E. F. G.

 Chemn. Conch. 10. t. 146. f. 1354. 1355.

 Lobaria quadriloba. Gmel. p. 3143. n° 1.

 Bullæa planciana. Syst. des Anim. sans vert. p. 63.

 Cuv. Ann. du Mus. 1. p. 156. pl. 12. f. 1-6. et vol. 16. p. 6.

 * Dillw. Cat. 1. 1. p. 477. n° 14. *Bulla aperta.*

* De Blainv. Malac. pl. 45. f. 2.

* *Bulla aperta.* Sow. Genera of shells. f. 1.

Habite les mers d'Europe. Mon cabinet.

† 2. **Bullée hirondelle.** *Bullæa hirundinina.* **Quoy.**

> B. testá minimá, fragili, apertá, albá; margine dextro plano; alato
> postice acuto.

Quoy et Gaym. Voy. l'Astr. t. 2. p. 367. pl. 26. f. 20-25.

Habite l'Ile-de-France.

L'animal est remarquable par sa belle couleur bleu foncé et surtout
par les deux appendices caudiformes qu'il porte à son extrémité
postérieure; ces appendices, aussi bien que le manteau, sont bordé
d'un petit ruban bleu-de-ciel. Cet animal porte à sa partie postérieure une petite coquille très singulière, très voisine par sa forme
et ses caractères de l'espèce fossile à laquelle nous avons donné le
nom de Bullée rostrée.

† 3. **Bullée striée.** *Bullæa striata.* **Desh.**

> B. testá ovato truncatá, depressá, tenuissimá, supernè angulatá; spirá
> intùs perspicuá, striis tenuibus, depressis, elegantibus.

Desh. Coq. foss. de Paris. t. 2. p. 37. pl. 7. f. 1-3.

Bullæa aperta. Def. Dict. sc. nat. t. 5. suppl. p. 133.

Desh. Encycl. méth. vers. t. 2. p. 148. n° 1.

Habite..... Fossile à Grignon et à Mouchy.

Espèce fossile extrêmement rare dont nous n'avons vu, jusqu'à
présent qu'un très petit nombre d'individus : elle est d'une ténuité
extrême, plus mince que du papier ; sa forme se rapproche de
celle de la vivante, mais elle est p'us quadrilatère ; sa surface
extérieure est ornée de stries rapprochées et qui ont une disposition particulière; il semble que sur une surface lisse, on ait appliqué avec une grande régularité un grand nombre de petits rubans
étroits et aplatis. L'individu que nous possédons a un peu plus de
10 mill. de longueur.

† 4. **Bullée rostrée.** *Bullæa rostrata.* **Desh.**

> B. testá subrotundatá depressá, obliquissimè vix involutá; margine
> dextro valdè separato, supernè angulato, rostrato.

Desh. Encycl. méthod. vers. t. 2. p. 148. n° 3.

Habite..... Fossile, dans les terrains tertiaires du Plaisentin.

Petite coquille très singulière, déprimée, mince, très fragile, ayant
une spire très courte et comme déroulée; l'extrémité postérieure
du bord droit se prolonge au delà de la spire en un bec allongé,
faiblement creusé en gouttière ; la surface extérieure est lisse,
marquée par quelques ondulations d'accroissement.

BULLE. (Bulla.)

Corps ovale-oblong, un peu convexe, divisé supérieurement en deux parties transversales; ayant le manteau
replié postérieurement. Tête très peu distincte. Point de
tentacules apparens. Branchies dorsales et postérieures,
recouvertes par le manteau. Anus sur le côté droit. Partie
postérieure du corps recouverte par une coquille externe
qui y adhère par un muscle.

Coquille univalve, ovale-globuleuse, enroulée, n'ayant
point de columelle, ni de saillie à la spire; ouverte dans
toute sa longueur; à bord droit tranchant.

*Corpus ovato-oblongum, convexiusculum, supernè trans-
versìm bipartitum; velo posticè replicato. Caput vix distinctum. Tentacula conspicua nulla. Branchiæ dorsales, posticæ,
velo tectæ. Anus ad latus dextrum. Corporis pars postica
testá externá musculo adhærente recondita.*

*Testa univalvis, ovato-globosa, convoluta; columellá
nullá; spirá non exsertá. Apertura longitudine testæ; externo margine acuto.*

OBSERVATIONS. — Dans les *Bulles*, la coquille est complètement enroulée, se montre constamment à découvert, n'est que
partiellement enveloppée par la partie postérieure de l'animal,
et y adhère toujours par un muscle d'attache. L'animal y rentre
même et s'y renferme presque entièrement. Dans les Bulles, au
contraire, la coquille n'est qu'imparfaitement enroulée, se trouve
tout-à-fait cachée dans la partie postérieure du manteau sans
y adhérer, et ne se montre nullement au-dehors. Ainsi ces deux
genres, quoique très rapprochés par leurs rapports, sont suffisamment distincts.

Linné avait donné une étendue vague et très inconvenable à
son genre *Bulla*, comme on le voit par ses *B. ovum*, *achatina*,
ficus, *terebellum*, etc., coquilles qui appartiennent à des genres
très différens, même à diverses familles, et qu'on ne saurait
associer aux véritables *Bulles*. Bruguière réforma ce genre, et le
distingua nettement des ovules; cependant une des espèces

qu'il y avait laissées, savoir le *Bulla operta*, offrant une coquille enfermée dans l'épaisseur du manteau d'un gastéropode nu à l'extérieur, tandis que celle des autres bulles, en général plus solide, indiquait par sa grandeur, son enroulement complet et sa coloration, qu'elle était extérieure; j'ai cru devoir la distinguer comme un genre particulier, que j'ai établi sous le nom de *bullæa*. Bientôt après, M. Cuvier nous apprit que l'animal des bulées était très voisin des Laplysies par ses rapports; enfin de nouvelles observations de ce savant sur les *B. lignaria, ampulla* et *hydatis*, nous firent connaître que les coquilles en partie extérieures auxquelles nous donnons le nom de *Bulles* appartiennent à des Gastéropodes qui ont aussi les plus grands rapports avec les Bullées, mais qui en sont distincts, au moins par la forme, la position et l'attache de leur coquille. Nous avons donc maintenant une idée exacte de la famille des Bulléens, qui se compose des genres *Acère*, *Bullée et Bulle*, d'après le Mémoire de M. Cuvier, inséré dans le volume 16 des *Annales du Museum*.

Les *Bulles* sont des coquilles enroulées, sans columelle distincte, et sans spire extérieure ou n'en ayant qu'une très peu élevée. Elles sont en général bombées et ont leur bord droit tranchant. Les espèces de ce genre sont assez nombreuses.

ESPÈCES.

1. Bulle oublie. *Bulla lignaria*. Lin.

> *B. testá oblongá, laxè convolutá, versùs spiram attenuatá, transversim striatá, pallidè fulvá; spirá truncatá, umbilicatá.*

Bulla lignaria. Lin. Syst: nat. p. 1184. Gmel. p. 3425. n° 11.

List. Conch. t. 714. f. 71.

* Born. Mus. p. 202.

Knorr. Vergn. 6. t. 37. f. 4. 5.

Mart. Conch. 1. t. 21. f. 194. 195.

* Schrot. Einl. t. 1. p. 175.

* Pennant. Zool. Brit. 1812. t. 4. pl. 73. f. 3.

* Olivi adrit. p. 137.

* Dors. Cat. p. 43. pl. 23. f. 9.

Bulla lignaria. Brug. Dict. n₀ 13.

Encycl. pl. 359. f. 3. A. B.

* *Bullæa lignaria.* De Roissy. Buf. Moll. t. 5. p. 195.

* Dillw. Cat. t. 1. p. 480. n° 20.

* Payr. Cat. p. 95. n° 186.

* De Blainv. Malac. pl. 45. f. 8.

* Sow. Genera of shells. *Bulla.* f. 3.

* Poli. Test. t. 3. pl. 46. f. 3. 4.

* Fossilis. Broc. Conch. Foss. subap. t. 2. p. 274. n° 1.

* *Id.* Desh. Coq. foss. de Paris. t. 2. p. 44. pl. 5. f. 4. 5. 6.

* *Id.* Bast. Coq. foss. de Bord. p. 20. no 1.

* *Id.* Var. *Bulla fortisi.* Brong. Vicent. pl. 2. f. 1.

Habite les mers d'Europe. Mon cabinet. Coquille oblongue, large et évasée inférieurement, rétrécie et tronquée à son extrémité supérieure. Elle est mince et un peu transparente. Longueur, 2 pouces 7 lignes.

2. Bulle ampoule. *Bulla ampulla.* Lin.

B. testá ovato-subglobosá, inflatá, variè pictá; vertice umbilicato.

Bulla ampula. Lin. Syst. nat. p. 1183. Gmel. p. 3424. n° 10.

List. Conch. t. 713. f. 69. et t. 1056. f. 8.

Rumph. Mus. t. 27. fig. G.

Petiv. Gaz. t. 99. f. 14. et Amb. t. 9. f. 19.

Gualt. Test. t. 12. fig. E.

* Born. Mus. p. 202.

Seba. Mus. 3. t. 38. f. 34. 44.

Knorr. Vergn. 2. t. 8. f. 1. 5. t. 17. f. 6. et 6. t. 21. f. 2.

Fav. Conch. pl. 27. f. F 6.

Mart. Conch. 1. p. 274. Vign. 14. f. 1. et t. 21. f. 188. 189.

Bulla ampulla. Brug. Dict. n° 2.

Encycl. pl. 358. f. 3. A. B.

* Schrot. Einl. t. 1. p. 173.

* Regenf. pl. 5. f. 58. et pl. 8. f. 21.

* De Roissy. Buf. Moll. t. 5. p. 325. n° 1.

* Dillw. Cat. t. 1. p. 479. n° 18.

* De Blainv. Malac. pl. 45. f. 12.

* Sow. Genera of shells. *Bulla.* f. 4.

* Delle Chiaje. Mém. t. 3. p. 205. n₀ 2.

Habite l'Océan indien et américain. Mon cabinet. Vulg. la *Muscade.* Elle offre diverses variétés de coloration. Longueur, 2 pouces 2 lignes.

3. Bulle striée. *Bulla striata.* Brug.

B. testá ovato-oblongá, opacá, infernè transversim striatá; vertice umbilicato. Brug.

* *Bulla ampulla*. Var. Gmel. p. 3424. n 10.

* *Id*. Schrot. Einl. t. 1. p. 174.

List. Conch. t. 714. f. 72.

Bonan. Recr. 3. f. 3.

Petiv. Gaz. t. 50. f. 13. et D.

Gualt. Test. t. 12. fig. F.

Adans. Seneg. pl. 1. f. 2. le Gosson.

Fav. Conch. pl. 27. fig F 2.

Mart. Conch. 1. t. 22. f. 202. 204.

Bulla striata. Brug. Dict. n° 3.

Encycl. pl. 358. f. 2. A. B.

* *Bulla ibyx*. Mus. Gevers. p. 396. n₀ 1319.

* *Bulla amygdalus*. Soland. Mus. ex Dillw.

* *Id*. Dillw. Cat. t. 1. p. 480. n° 19.

* De Roissy. Buf. moll. t. 5. p. 325. n° 2.

* Poli. Test. t. 3. pl. 46. f. 17. 18.

* Fossilis. Broc. Conch. Foss. subap. t. 2. p. 276. n° 4.

* Payr. Cat. p. 96. n₀ 189.

* *An eadem?* *Bulla striata*. Quoy et Gaym. Voy. de l'Ast. t. 2. p. 354. pl. 26. f. 8. 9.

Habite la Méditerranée, les côtes d'Afrique, l'Océan des Antilles. Mon cabinet. Elle est toujours moins grande que la Bulle ampoule avec laquelle on l'a confondue comme variété; et elle offre constamment des stries transverses et séparées dans sa partie inférieure, qui ne se montrent jamais dans l'ampoule. Du reste, sa coloration est à-peu-près la même. Longueur, 13 lignes.

4. Bulle papyracée. *Bulla naucum*. Lin. (1)

B. *testá rotundatá, pellucidá, utrinquè subumbilicatá, undiquè transversim striatá, albá.* Brug.

Bulla naucum. Lin. Syst. nat. p. 1183. Gmel. p. 3424. n° 7.

List. Conch. t. 714. f. 73.

Bonan. Recr. 3. f. 4.

Rumph. Mus. t. 27. fig. H.

Gualt. Test. t. 13; fig. GG.

D'Argenv. Conch. pl. 17. fig. Q.

Fav. Conch. pl. 27. fig. F 9.

---

(1) M. de Blainville, sous le nom de Bulle papyracée, a figuré une autre espèce que celle-ci, la spire en est très visible et elle nous paraît une variété du *Bulla physis*, ayant les couleurs très effacées.

* Born. Mus. p. 201.

* Schrot. Einl. t. 1. p. 171.

Seba. Mus. 3. t. 38. f. 45.

Knorr. Vergn. 6. t. 38. f. 2. 3.

Mart. Conch. 1. t. 22. f. 200. 201.

Bulla naucum. Brug. Dict. n₀ 4.

Encycl. pl. 359. f. 5. A. B.

* Dillw. Cat. t. 1. p. 476. n₀ 12.

Habite l'Océan des Grandes-Indes et celui d'Afrique. Mon cabinet. Coquille mince, transparente, d'un blanc de lait, et singulière-ment distincte par ses stries nombreuses et transverses. On en connaît une variété dont le milieu est lisse et sans stries. Longueur, 16 lignes trois quarts.

5. Bulle rayée. *Bulla physis.*

B. testâ rotundato-ovatâ, tenui, subpellucidâ, lævi, albidâ, lineolis fuscis transversis undulatis pictâ; spirâ retusâ.

Bulla physis. Lin. Syst. nat. p. 1184. Gmel. p. 3425. n° 12.

List. Conch. t. 715. f. 75.

Gualt. Test. t. 13. fig. FF.

Klein. Ostr. t. 5. f. 98.

D'Argenv. Conch. pl. 17. f. 1.

Fav. Conch. pl. 27. fig. F 1.

* Born. Mus. p. 203.

Seba. Mus. 3. t. 38. f. 46–50.

Martini. Conch. 1. t. 21. f. 196–198. et p. 274. vign. 14. f. 3-6.

Bulla physis. Brug. Dict. n° 14.

Encycl. pl. 359. f. 4. A. B.

* Schrot. Einl. t. 1. p. 176,

* De Roissy. Buf. Moll. t. 5. p. 326.

* Dillw. Cat. t. 1. p. 482. n° 24.

* Sow. Genera of shells. *Bulla.* f. 6.

* Bulle papyracée de Blainv. Malac. pl. 45. f. 11.

* Quoy et Gaym. Voy. de l'Astr. t. 2. p. 363. pl. 26. f. 1-3.

* Schub. et Wagn. Mart. sup. pl. 228. f. 4049. a. b.

Habite l'Océan des grandes Indes. Mon cabinet. Elle offre quelques variétés dans sa forme et dans la disposition des linéoles dont elle est ornée. Longueur, 14 lignes.

6. Bulle fasciée. *Bulla fasciata.* Brug. (1)

—————

(1) Bruguière a eu tort de changer le nom de cette espèce, car avant lui Gmelin lui avait donné celui de *Bulla velum*, qui

B. testá subglobosá, tenui, pellucidá, albido-cinerascente, fasc fuscis transversìm pictá; striis longitudinalibus tenuissimis.

Bulla amplustre. Born. Mus. pl. 9. f. 1.

Chemn. Conch. 10. t. 146. f. 1348. 1349.

Bulla fasciata. Brug. Dict. n₀ 15.

Bulla velum. Gmel. p. 3433. n° 36.

Encycl. p. 359. f. 1. A. B.

* Schrot. Einl. t. 1. p. 188. *Bulla.* n° 5. 6.

* Dillw. Cat. t. 1. p. 484. n₀ 27.

Habite l'Océan indien. Mon cabinet. Belle et rare espèce, très mince, fragile, transparente, et ornée de quatre bandes brunes transverses, dont deux sur le milieu du dos, renfermant entre elles une fascie blanche, et les autres placées aux extrémités de la coquille. Longueur, 13 lignes et demie.

7. Bulle banderolle. *Bulla aplustre.* Lin.

B. testá ovato-rotundatá, lævi, subpellucidá, nitidá, albá; fasciis duabus incarnatis; spirá obtusá, productiusculá.

Bulla aplustre. Lin. Syst. nat. p. 1184. Gmel. p. 3426. n° 13.

Chemn. Conch. 10. t. 146. f. 1350. 1351.

Bulla aplustre. Brug. Dict. n° 17.

Encycl. pl. 359. f. 2. A. B.

* Dillw. Cat. t. 1. p. 483. n° 26.

* De Blainv. Malac. pl. 45. f. 10.

* Sow. Genera of shells. *Bulla.* f. 8.

* Quoy et Gaym. Voy. de l'Astr. t. 2. p. 366. pl. 26. f. 4-7.

Habite la mer des Indes orientales. Mon cabinet. Jolie espèce, assez rare, vulgairement nommée le *Bouton de rose.* Comme sa spire est un peu avancée, il en résulte que l'ouverture de la coquille n'égale pas entièrement sa longueur. Chacune de ses deux bandes roses a sur les bords un filet noirâtre. Elle est de petite taille, et n'a que 9 lignes de longueur.

8. Bulle hydatide. *Bulla hydatis.* Lin.

B. testá ovato-rotundatá, tenui, pellucidá, longitudinaliter sub-

---

aurait dû être adopté; mais Lamarck, au lieu de faire ce changement utile, conserva le nom donné par Bruguière. Si l'on veut maintenir dans la nomenclature cette règle utile d'adopter le premier nom donné à une espèce, il faudra rendre à la coquille dont nous nous occupons le nom qui lui appartient de *Bulla velum.*

striatá, corneo-flavescente; lineolis transversis exilissimis; vertice umbilicato.

Bulla hydatis. Lin. Syst. nat. p. 1183. Gmel. p. 3424. n° 9.

* Schrot. Einl. t. 1. p. 173.

Gualt. Test. t. 13. fig. D. D.

Martini. Conch. 1. t. 21. f. 199.

Chemn. Conch. 9. t. 118. f. 1019.

* Olivi. Adriat. p. 137.

Bulla hydatis. Brug. Dict. n° 6.

Encycl. p. 360. f. 1. A. B.

* Donovan. Brit. shells. t. 3. pl. 88.

* Dorset. Cat. p. 43. pl. 23. f. 10.

* Dillw. Cat. t. 1. p. 479. n° 17.

* Payr. Cat. p. 95. n° 187.

* Poli. Test. t. 3. pl. 46. f. 28.

Bulla hyalina. Gmel. p. 3432. n. 33.

Id. Schrot. Einl. t. 1. p. 187. n° 1.

Habite la Méditerranée. Mon cabinet. Coquille très mince, transparente, de couleur blonde, et qui n'a que 7 lignes de longueur.

9. Bulle cornée. *Bulla cornea.* Lamk.

B. testá ovato-globosá, tenui, rudi, corneo-rufescente; striis transversis tenuibus subflexuosis; vertice leviter um'ilicato.

Bulla cranckii. ex. d. Leach.

* Payr. Cat. p. 96 n° 188.

Habite dans la Manche, sur les côtes d'Angleterre, et se trouve aussi sur celles de France, près de Vannes. Mon cabinet. Quoique voisine de la précédente, cette coquille nous en paraît distincte. Elle est plus globuleuse, rude au toucher, et munie de stries transverses très fines. Son ombilic est peu marqué. Longueur, 10 lignes.

10. Bulle fragile. *Bulla frágilis.* (1)

B. testá ovato-oblongá, tenuissimá, fragili, corneo-rufescente; striis transversis subtilissimis; vertice spirá distincto.

* *Bulla norwegica* de Roissy. Buf. Moll. p. 325. n° 3.

---

(1) Nous avons la conviction que cette espèce est la même que celle nommée *Bulla akera*, par Gmelin, qui est l'*Akera bullata* de Muller. Nous rendons en conséquence, à l'espèce, sa synonymie; il sera également nécessaire de lui restituer son nom de *Bulla akera*, qui lui fut d'abord imposé.

Bulla akera. Gmel. p. 3434. no 47.

* Chemn. Conch. t. 10. pl. 146. f. 1358.

* *Bulla norwegica.* Brug. Encycl. méth. vers. t. 1. p. 377. no 11.

* Dorset. Cat. p. 43. pl. 22. f. 12.

* *Bulla akera.* Dillw. Cat. t. 1. p. 482. no 23.

* Bulle fragile de Blainv. Malac. pl. 45. f. 7.

An bulla akera? Muller. Zool. dan. t. 71. f. 1 et 5.

Habite dans la Manche, près de Nantes et de Noirmoutiers. Mon cabinet. Elle tient de très près à la précédente; mais elle offre une spire distincte, d'un à trois tours. Longueur, 10 lignes.

11. Bulle épaisse. *Bulla solida.* Brug. (1)

B. *testá subcylindricá, crassá, utrinquè transversìm striata, albá; labro supernè uniplicato.* Brug.

Favanne. Conch. pl. 27. fig. F. 5.

Bulla cylindrica. Chemn. Conch. 10. t. 146. f. 1356. 1357.

Bulla solida. Brug. Dict. n° 5.

Encycl. pl. 360. f. 2. A. B.

* *Bulla cylindrica.* Dillw. Cat. t. 1. p. 496. n° 56.

*. *Id.* Sow. Genera of shells. f. 7.

Habite l'Océan indien, les côtes de l'Ile-de-France. Mon cabinet. Elle est solide, luisante, et tient par sa forme particulière à nos Volvaires. Longueur 11 lignes.

† 12. Bulle australe. *Bulla australis.* Quoy.

B. *testá elongatá, cylindraceá, variè pictá; spirá tenuissimè perforatá.*

Quoy et Gaym. Voy. de l'Ast. t. 2. p. 357. pl. 26. f. 38. 39.

Habite le port du Roi-George, à la Nouvelle-Hollande, où elle est extrêmement commune.

Par ses couleurs, elle se rapproche du *Bulla ampulla* de Linné; mais elle est proportionnellement beaucoup plus étroite; sa surface est lisse; sa columelle est garnie à la base d'un bord gauche assez large, appliqué dans toute son étendue; la spire est complètement involvée et perforée au sommet d'un ombilic très étroit.

---

(1) Nous ferons pour cette espèce la même observation que pour le *Bulla fascitata;* le premier nom donné est celui de *Bulla cylindrica:* il faudra le lui restituer; et comme une espèce fossile a reçu ce même nom de *Bulla cylindrica*, il conviendra de lui en donner un autre, ce qui sera facile, et la nomenclature se trouvera convenablement rétablie.

† 13. **Bulle deux-bandes.** *Bulla bicincta.* Quoy.

> *B. testá ovato-oblongá , tenuissimá , fragili, albá ; duabus vittis ru-*
> *fulis cinctá; striis longitudinalibus transversisque; suturá fissá.*

Quoy et Gaym. Voy. de l'Ast. t. 2. p. 355. pl. 26. f. 31. 32.

Habite le port du Roi-George, à la Nouvelle-Hollande.

Belle espèce ovale-obronde, mince, transparente, ayant à-peu-près
la forme des grands individus du *Bulla cornea.* Elle est blanche et
ornée de deux zones transverses, assez larges, d'un jaune peu
foncé.

† 14. **Bulle ovoïde.** *Bulla ovoidea.* Quoy.

> *B. testá ovatá , fragili, albá, leviter umbilicatá, antice transversim*
> *striatá ; striis tenuissimis longitudinalibus.*

Quoy et Gaym. Voy. de l'Ast. t. 2. p. 346. pl. 26. f. 17. 19.

Habite les mers de l'île de Guam.

L'animal de cette espèce est d'un vert pâle et marbré de taches d'un
vert plus foncé; le manteau a deux petits lobes qui viennent cacher en partie la coquille. Celle-ci est ovale-oblongue, assez voisine de la Bulle cornée par sa forme. Elle est blanche, mince;
transparente, lisse, marquée par des stries d'accroissement. Sa
spire est involvée, percée d'un ombilic étroit, sur le bord duquel
l'extrémité du bord droit vient s'insérer; le bord droit est mince
et tranchant, et faiblement courbé dans sa longueur.

† 15. **Bulle grelot.** *Bulla cymbalum.* Quoy.

> *B. testá fragili, pellucidá , globosá, levi, albá ; aperturá antice latá,*
> *posticè angustatá ; margine dextro leviter inflato ; spirá retusá.*

Quoy et Gaym. Voy. de l'Ast. t. 2. p. 362. pl. 26. f. 26. 27.

Habite les mers de l'île de Guam.

Petite coquille blanche, mince, transparente, très fragile, toute
lisse, sensiblement dilatée à la base, ayant l'ouverture grande; la
spire complètement involvée et percée d'un ombilic étroit.

† 16. **Bulle de Ceylan.** *Bulla ceylanica.* Brug.

> *B. testá subcylindricá, longitudinaliter striatá, corneá diaphaná*
> *suturis canaliculatis; labro antice fisso.*

Kamm. Conch. p. 35. n° 3. pl. 3. f. 1. 3.

Mart. Conch. t. 10. p. 123. pl. 146. f. 1359–1361.

Brug. Encycl. méth. t. 1. p. 377. n° 12.

Bulla soluta. Dillw. Cat. t. 1. p. 482. n° 22.

Habite.....

Le nom de *Bulla soluta* ayant été donné au *Bulla fragilis* et à celle-

ci qui en est bien distincte, nous conservons à cette belle espèce
le nom que lui a donné Bruguière. Elle est ovale-oblongue, très
mince et très fragile, transparente, couleur de corne blonde et
présentant, sur toute sa surface, des stries transverses extrêmement fines et légèrement onduleuses; sa spire est courte, mais
très visible à l'extérieur; ses tours sont divisés par une carène
tranchante qui, sur le dernier tour, vient aboutir à une fissure
profonde qui sépare le bord droit; la columelle est en quelque
sorte déroulée, de sorte qu'en regardant la coquille par la base,
on aperçoit facilement tous les tours à l'intérieur. Cette coquille,
rare dans les collections, a quelquefois un pouce et demi de
longueur.

✝ 17. Bulle arachide. *Bulla arachis.* Quoy.

B. testá solidá, longo-cylindricá, transversim tenuissimè striatá, albá,
   epidermide cinnamomeo tecta; spirá perforatá.

Quoy et Gaym. Voy. de l'Ast. t. 2. p. 361. pl. 26. f. 28. 30.

Habite le port du Roi-George, à la Nouvelle-Hollande.

Coquille allongée, cylindracée, ayant beaucoup de rapports avec
   notre Bulle cylindroïde, fossile des environs de Paris. Elle est allongée, cylindroïde, obtuse à ses extrémités; elle paraît toute lisse,
   et c'est en l'examinant à la loupe que l'on aperçoit sur sa surface
   un grand nombre de stries transverses, extrêmement fines; la
   spire est complètement enroulée et elle est percée au sommet d'un
   ombilic un peu dilaté. Cette Bulle est blanche en dedans, et d'une
   belle couleur canelle en dehors.

✝ 18. Bulle cylindracée. *Bulla cylindracea.* Pen.

B. testá oblongá, cylindricá, transversim striatá, albá, vertice um-
   bilicato; aperturá basi subito dilatatá.

Penn. Zool. Brit. 1812. t. 4. p. 259. pl. 73. f. 5. 6.

Montagu. Test. p. 221. pl. 7. f. 2.

Bulla oliva. Gmel. p. 3433. n₀ 39.

Schrot. Einl. t. 1. p. 192. n° 16.

List. Conch. pl. 714. f. 70.

Dillw. Cat. t. 1. p. 496. n₀ 57.

Bulla cylindrica. Brug. Encycl. méth. t. 1. p. 371. n° 1. *(Exclusá*
   fossili.)

Fossilis. Broc. Conch. Foss. subap. t. 2. p. 276. n° 4.

Habite l'Océan européen, la Méditerranée. Fossile en Italie.

Dans la note relative au *Bulla solida* de Bruguière et de Lamarck,
   nous avons fait voir que cette espèce avait reçu, avant ces auteurs,
   le nom de *Bulla cylindrica*, qu'il faudra lui restituer. Ce chan-

43.

gement nécessaire étant opéré, il convient de rendre au *Bulla cylindrica* de Bruguière, le nom de *Bulla cylindracea* que Pennant lui avait d'abord imposé. L'examen de la coquille vivante de la Méditerranée nous a convaincu qu'elle n'était point analogue à l'espèce fossile de Grignon ; il deviendra donc nécessaire de donner aussi un nom particulier à cette dernière espèce. Pour résumer ces changemens dans la nomenclature, le *Bulla solida*, Lamk. n° 11, prendra le nom de *Bulla cylindrica*. Le *Bulla cylindrica* de Bruguière, vivant dans la Méditerranée et l'Océan d'Europe, reprendra la dénomination de *Bulla cylindracea*, et nous proposons de donner le nom de *Bulla Bruguierei* à la Bulle fossile des environs de Paris , confondue avec la précédente.

La Bulle cylindracée est une petite coquille allongée, étroite, ayant la spire ombiliquée et présentant un contour tranchant autour de cet ombilic ; la surface extérieure est d'un blanc jaunâtre et couverte de stries transverses extrêmement fines. L'ouverture , en fente étroite dans presque toute son étendue, se dilate subitement à la base ; la columelle est blanche et aplatie.

† 19. Bulle courte. *Bulla brevis*. Quoy.

B. testá minimá, solidiusculá, cylindraceá , extremitatibus truncatá, albá, antice striatá.

Quoy et Gaym. Voy. de l'Ast. t. 2. p. 358. pl. 26. f. 36. 37.

Habite le port du Roi-George, où elle est extrêmement commune.

Espèce subcylindracée, courte, subtronquée au sommet : ce sommet n'est point ombiliqué, et c'est sur lui que vient s'insérer l'extrémité du bord droit. Toute la coquille est lisse, blanche, mince, subtransparente. D'après M. Quoy, l'animal est blanc.

† 20. Bulle ondée. *Bulla undata*. Brug.

B. testá ovatá , transversim striatá, rubro longitudinaliter undatá ; spirá convexiusculá.

List. Conch. pl. 715. f. 74.

Klein. Ostra. p. 82. Gen. 1. n° 6.

Mart. Conch. t. 1. p. 283. pl. 14. f. 4. 5.

Fav. Conch. pl. 27. f. F 3 ?

Brug. Encycl. méth. t. 1. p. 380. n° 16.

Dillw. Cat. t. 1. p. 483. n° 25. *Bulla nitidula*.

Habite....

Coquille ovale-oblongue, à spire obtuse, courte et peu apparente ; la surface extérieure est lisse , si ce n'est aux deux extrémités où l'on remarque des stries très fines ; le test est mince et fragile, blanc et divisé également par trois lignes transverses, rouges ; d'autres

lignes onduleuses, de la même couleur, descendent du sommet
vers la base, et rendent élégante la coloration de cette espèce.
L'ouverture est grande; le bord droit, mince et tranchant, est
fortement arqué dans sa longueur.

† 21. Bulle scabre. *Bulla scabra*. Chemn.

*B. testá ovatá, decussatim striatá, scabrá, albá, lineis roseis, trans-
versis et longitudinalibus insignitá; spirá obtusiusculá, parum
elevatá; columellá sinuosá, reflexá.*

Chemn. Conch. t. 10 p. 118. pl. 146. f. 1352. 1353.

Bulla scabra. Dillw. Cat. t. 1. p. 484. n° 28.

Habite..... (L'île de Java. Chemn.)

Petite espèce curieuse appartenant au genre Bulline de M. de Férussac. On pourrait la prendre pour une variété du *Bulla undata* de
Bruguière; mais elle en diffère par plusieurs bons caractères que
nous avons constamment retrouvés dans tous les individus. Il ne
faut pas la confondre avec l'espèce qui, dans Bruguière, porte le
même nom. Cette espèce de Bruguière appartient aux mers du
nord et a été décrite par Muller. Il est assez difficile de savoir à
laquelle des deux espèces le nom devra rester; car l'ouvrage de
Muller et celui de Chemnitz ont paru la même année. Le *Bulla
scabra* est une petite coquille ovale-oblongue, blanche, assez
épaisse, ayant la spire obtuse et plus saillante que dans la plupart
des espèces; la columelle est un peu contournée à la base et semble pourvue d'un pli comparable à celui des Tornatelles; sa surface extérieure est finement striée en travers et souvent treillissée
par des stries longitudinales. Dans quelques individus, les stries
transverses sont simplement ponctuées; elle est ornée de deux lignes transverses roses et d'un petit nombre de linéoles longitudinales de la même couleur.

† 22. Bulle en rouleau. *Bulla voluta*. Quoy.

*B. testá elongatá, minimá, lævi, cylindricá, albá; spirá prominenti
apice acutá; suturis latis, profundis.*

Quoy et Gaym. Voy. de l'Ast. t. 2. p. 359. pl. 26. f. 33. 35.

Habite les mers de l'île de Guam.

Coquille singulière, allongée, cylindracée, étroite, à spire saillante,
conique, dont les tours sont séparés par une suture étroite et
canaliculée; l'ouverture est allongée, étroite, dilatée et versante
à la base; la columelle est accompagnée d'un bord gauche assez
large, elle présente constamment à la base un plis obtus, oblique
et comme tordu.

† **23. Bulle de Lajonkaire.** *Bulla lajonkaireana.* **Bast.**

> *B. testá minutá, lœvi olivæformi, columellá tectá ; spirá brevi, acutá.*
> Bast. Mém. géol. sur les env. de Bordeaux. pl. 1. f. 25. *Bullina lajonkaireana.*
> *Bulla terebellata.* Dub. de Mont. Fossiles de la Volhynie. p. 50. pl. 1. f. 8. 9. 10.
> *Bulla spirata.* Ibid. f. 11. 12.
> *Bulla clandestina.* Ibid. f. 19. 20. 21.
> Habite vivante dans la Méditerranée et dans l'Océan européen, fossile en Italie, à Bordeaux, à Dax, en Sicile, en Podolie et en Volhynie.

> Petite espèce curieuse, appartenant au genre Bulline de M. de Férussac ; elle est variable dans ses formes, et c'est à cause de cela sans doute que M. Dubois de Montpereux en a fait trois espèces. Cette coquille est cylindracée, étroite, lisse ; sa spire saillante est subcanaliculée ; l'ouverture est étroite, faiblement dilatée à la base.

† **24. Bulle glauque.** *Bulla glauca.* **Quoy.**

> *B. testá ovali, oblongá, pellucidá, glaucá, vix involutá, longitrorsum striatá, unguiculatá ad spiram.*
> Quoy et Gaym. Voy. de l'Astr. t. 2. p. 352. pl. 26. f. 10-12.
> Habite à la Nouvelle-Irlande, au havre Carteret.

> Nous ne connaissons cette espèce que d'après la description de M. Quoy. Quant à la coquille, elle paraît avoir beaucoup d'analogie avec la Bulle verte ; l'animal est d'un vert peu foncé ; sa tête subquadrilatère, se prolonge de chaque côté en un appendice auriculiforme ; le manteau est moins dilaté, mais il laisse apercevoir une assez grande partie de la coquille. Cette coquille est mince, transparente, jaunâtre ; elle est un peu moins ouverte que la Bulle verte, et l'on trouve à l'intérieur, dans la même position, un petit cuilleron columellaire.

† **25. Bulle verte.** *Bulla viridis.* **Rang.**

> *B. testá ovali, apertá, vix involutá, longitrorsum tenuissimè striatá, viridi ; unguiculo albo ad spiram.*
> Quoy et Gaym. Voy. de l'Astr. t. 2. p. 350. pl. 26. f. 13-16.
> *Bulla caliculata.* Sow. Genera of schells. f. 6.
> Habite la rade d'Humata, à l'île de Guam.

> M. Quoy a placé parmi les Bulles cette espèce singulière qui a en effet du rapport avec ce genre, mais que nous aurions plutôt comprise dans le genre Bullée, d'après la forme seule de la coquille.

L'animal ressemble à celui des Bulles; il est d'un vert-foncé; sa tête est quadrangulaire, sans appendices, et le manteau est dilaté de chaque côté en nageoires assez grandes. La coquille est en partie engagée dans l'épaisseur du manteau et en partie extérieure; elle est très mince, lisse, brillante, uniformément d'une couleur verte, tirant quelquefois sur le jaunâtre; elle est ouverte comme une Bullée ou un Sigaret, et ce qui la rend remarquable, c'est une languette demi circulaire, auriculiforme, fixée à l'intérieur vers le sommet de la columelle.

† 26. Bulle jaune. *Bulla lutea*. Quoy.

B. testâ minimâ, fragili, albâ, ovali, apertâ, nec volvatâ; margine dextro contorto et acuto.

Quoy et Gaym. Voy. de l'Astr. t. 2. p. 369. pl. 26. f. 40-44.

Habite le port de Dorey à la Nouvelle-Guinée.

M. Quoy rapporte au genre Bulle l'animal singulier et la coquille non moins remarquable sur laquelle nous allons donner quelques renseignemens d'après lui. L'animal est allongé, aplati; sa tête est quadrilatère, subtronquée, et elle porte deux points oculaires noirs. Les lobes du manteau sont relevées sur le dos, et ils cachent en partie une petite coquille qui a infiniment plus de rapports avec les Dolabelles qu'avec les Bulles; elle est ovale-oblongue, convexe en dessus, concave en dedans, prolongée en bec à son extrémité postérieure et ayant sur le côté droit un bec infléchi en dedans, tenant lieu de la spire. L'animal est jaune, la coquille est blanche et tous deux paraissent assez voisins du Sormet d'Adanson.

Espèces fossiles.

1. Bulle ovulée. *Bulla ovulata*. Lamk. S. (1)

B. testâ ovatâ, transversim striatâ : striis medianis distantibus; spirâ perforatâ, inclusâ.

Bulla ovulata. Lamk. Ann. du Mus. vol. 1. p. 221. n° 1, et t. 8. pl. 59. f. 2.

* De Roissy. Buf. Moll. t. 5. p. 326. n° 5.
* Def. Dict. des sc. nat. t. 5. sup.
* Desh. Coq. foss. de Paris. t. 2. p. 39. n° 1. pl. 5. f. 13. 14. 15.

Habite..... Fossile de Grignon. Cabinet de M. *Defrance.* Coquille

---

(1) Le *Bulla ovulata* de Brocchi n'est pas de la même espèce que celle-ci.

ovale, un peu bombée, ressemblant à un petit œuf d'oiseau. Elle est striée transversalement dans toute sa longueur. Diam. longit· 12 millimètres.

2. Bulle striatelle. *Bulla striatella.* Lamk. S.

B. testâ ovato-cylindricâ, transversim tenuissimèque striatâ ; spirâ retusâ, canaliculatâ ; labro supernè soluto.

Bulla striatella. Ann. ibid. n° 2. et t. 8. pl. 59. f. 3 *a. b.*

* De Roissy. Buf. Moll. t. 5. p. 326. n° 6.

* Def. Dict. des sc. nat. t. 5. sup.

* Desh. Coq. foss. de Paris. t. 2. p. 43. n° 11. pl. 5. f. 7 à 9.

Habite..... Fossile de Grignon. Cabinet de M. *Defrance.* Coquille presque cylindrique, courte, obtuse, mince, très fragile et finement striée en travers. Longueur, 8 millimètres.

3. Bulle cylindrique. *Bulla cylindrica* (1). Brug., Lamk. S.

B. testâ oblongâ, cylindricâ, basi præcipuè striis transversis sculptâ ; verticè umbilicato.

Bulla cylindrica. Brug. Dict. n° 1.

Bulla cylindrica. Ann. ibid. p. 222. n° 3. et t. 8. pl. 59. f. 5. *a. b.*

* De Roissy. Buf. Moll. t. 5. p. 327. n° 7.

* Def. Dict. des sc. nat. t. 5. sup.

* Desh. Coq. foss. de Paris. t. 2. p. 42. n° 7. pl. 5. f. 10 à 12.

Habite..... Fossile de Grignon. Mon cabinet et celui de M. *Defrance.* Coquille fort différente du *B. cylindrica* de Gmelin, que Bruguière a nommée *B. solida.* Long. 4 lignes 3 quarts.

---

(1) Confiant dans l'opinion de Bruguière et de Lamark, nous avons cru d'abord que la coquille vivante, décrite par Bruguière, était identique avec celle fossile de Grignon ; ayant eu depuis occasion de voir l'espèce vivante, nous avons reconnu en elle une espèce bien distincte de la fossile ; elle a été nommée *Bulla cylindracea,* per Pennant (voy. p. 18 n° 675). Comme il existe déjà un *Bulla cylindrica* dans la nomenclature (voy. *Bulla solida*), il devient indispensable de rectifier ce double emploi, et nous proposons de donner à l'avenir à l'espèce fossile des environs de Paris le nom de *Bulla Bruguierei.* En conséquence de ces premières rectifications, une autre devient également nécessaire : c'est la suppression du *Bulla cylindrica* Brug. de la synonymie de l'espèce fossile.

4. Bulle couronnée. *Bulla coronata.* Lamk. S.

> B. *testá oblongá, subcylindricá, basi transversè striatá ; vertice umbilicato margineque coronato.*

Bulla coronata. Ann. ibid. n° 4; et t. 8. pl. 59. f. 4. *a. b.*

* Def. Dict. des sc. nat. t. 5. sup.

* Desh. Coq. foss. de Paris. t. 2. p. 42. n° 8. pl. 5. f. 18 à 20.

Habite..... Fossile de Grignon. Cabinet de M. *Defrance..* Elle a beaucoup de rapports avec la précédente, mais elle s'en distingue en ce qu'elle est plus grêle, plus rétrécie à ses extrémités, et surtout en ce que son sommet est couronné d'un rebord remarquable chargé de stries qui se croisent. Longueur, 12 ou 13 millimètres.

† 5. Bulle cylindroïde. *Bulla cylindroides.* Desh.

> B. *testá ovato-cylindricá ; basi tenuissimè striatá ; aperturá lineari, basi subdilatatá; spirá inclusá perforatá.*

Desh. Coq. foss. de Paris. t. 2. p. 40. pl. 5. f. 22-24.

Habite..... Fossile, à Grignon, Mouchy, Courtagnon, Parnes, etc.

On confondait cette espèce avec le *Bulla cylindrica* fossile, de Brugnière et de Lamarck : elle en est cependant bien distincte par tous ses caractères. Elle est allongée, atténuée à ses extrémités, subcylindrique ; sa spire, complètement involvée, est percée au sommet par un ombilic très petit; la base du dernier tour est finement striée, le reste de la surface est lisse; l'ouverture est allongée, très étroite, faiblement dilatée à la base, et la columelle, assez épaisse, est subtronquée à ses extrémités.

† 6. Bulle lisse. *Bulla lœvis.* Def.

> B. *testá ovato-elongatá, tenuissimá, lœvissimá ; aperturá amplá, basi dilatatá; columellá marginatá; spirá inclusá.*

Bulla lœvis. Def. Dict. des sc. nat. t. 5. supp. n° 2.

Desh. Coq. foss. de Paris. t. 2. p. 40. pl. 5. f. 25-26.

Habite..... Fossile à Grignon et à Houdan.

Petite coquille ovale-oblongue, mince, transparente, toute lisse, se rapprochant par sa forme générale du *Bulla lignaria.* Elle reste toujours beaucoup plus petite et elle est proportionnellement un peu plus étroite.

† 7. Bulle petit-cône. *Bulla conulus.* Desh.

> B. *testá ovato-conicá, basi tenuissimè striatá; columellá subuniplicatá aperturá supernè angustissimá, basi dilatatá ; spirá inclusá, minimè perforatá.*

Desh. Coq. foss. de Paris. t. 2. p. 41. pl. 5. f. 34-36.

Habite..... Fossile, à Grignon, Parnes, Mouchy, Houdan.

Petite espèce allongée, conoïde, subcylindracée; sa spire est perforée au sommet; la surface extérieure est lisse; l'ouverture est étroite, faiblement dilatée à la base, et la columelle, épaissie, est tordue sur elle-même et ressemble à un petit pli comparable à celui de certaines Tornatelles. Dans quelques individus la base du dernier tour est finement striée en travers.

† 8. Bulle bouche étroite. *Bulla angistoma*. Desh.

B. testá ovato-cylindricá, lævigatá : aperturá lineari angustissimá, basi dilatatá ; columellá simplici emarginatá ; spirá umbilicatá, perspicuá.

Desh. Coq. foss. de Paris. t. 2. p. 41. pl. 5. f. 29. 30.

Habite. ... Fossile à Noailles, Abbecourt et Bracheux.

Petite coquille subcylindracée, très fragile, ayant la spire ombiliquée et un peu infondibuliforme. Toute la coquille est lisse, si ce n'est à la base où l'on remarque quelques lignes transverses très fines. Dans ses deux tiers postérieurs, l'ouverture est extrêmement étroite; elle s'élargit subitement à la base, et sa columelle se termine sur le bord par une petite troncature.

† 9. Bulle plissée. *Bulla plicata*. Desh.

B. testá ovatá, abbreviatá, subtruncatá; aperturá angustá basi dilatatá ; columellá marginat a ; spirá canaliculatá, ad peripheriam externam striato-plicutá.

Desh. Coq. foss. de Paris. t. 2. p. 43. pl. 5. f. 31. 32. 33.

Habite...... Fossile à Mouchy-le-Châtel.

Petite coquille cylindracée, courte, ayant la spire tronquée et ombiliquée. L'ombilic est circonscrit par un angle aigu; de cet angle partent des plis longitudinaux, un peu obliques, réguliers, qui descendent jusque vers le milieu du dernier tour, la base de ce dernier tour est chargée de stries transverses très fines. L'ouverture est très étroite, peu dilatée à la base, et la levre droite est profondément détachée de l'avant-dernier tour par une échancrure étroite et profonde.

10. Bulle demi striée. *Bulla semi-striata*. Desh.

B. testá ovato-subcylindricá, supernè infernèque striatá, medio lævigatá ; spirá umbilicatá, subinclusá.

Desh. Coq. foss. de Paris. t. 2. p. 44. pl. 5. f. 27. 28.

Habite. ... Fossile à Retheuil, Cuise-Lamothe, et aux environs de Soissons.

Coquille ovale-oblongue, subcylindracée; à spire complètement involvée et percée d'un ombilic profond. Le bord de cet ombilic est très finement strié et l'on remarque à l'intérieur un petit sillon aboutissant à une petite saillie dépendante de l'extrémité du bord droit ; la base de la coquille est plus large que le sommet ; l'ouverture est étroite, dilatée à la base, et la columelle a un petit bord gauche renversé, le dernier tour est lisse au milieu et strié transversalement à ses deux extrémités.

✝ **11. Bulle treillisée.** *Bulla clathrata* Bat.

> *B. testá cylindricá, umbilicatá, lineis elevatis parvis, clathratá, areis quadratis.*
>
> Def. Dict. sc. nat. t. 5. supp. p. 131.
>
> Bast. Mém. géog. sur les env. de Bordeaux. pl 1. f. 10.
>
> Habite..... Fossile aux environs de Dax et à la Superga, près Turin.
>
> Espèce allongée, cylindracée, un peu plus large à la base qu'au sommet ; sa spire est complètement enroulée, et elle est percée au sommet d'un ombilic étroit et profond ; la surface extérieure est lisse ; mais, dans la plupart des individus, on remarque des restes de coloration qui indiquent que la coquille brune était treillissée assez régulièrement par des lignes blanches longitudinales et transverses ; le bord droit est mince et tranchant et dépasse la spire à son extrémité postérieure.

LES LAPLYSIENS.

Branchies placées dans une cavité particulière, vers la partie postérieure du dos, et recouvertes par un écusson operculaire. Des tentacules.

Les *Laplysiens* ressemblent à de grosses Limaces ; mais leur corps est plus large et plus gros vers sa partie postérieure, et a les bords de son manteau plus amples. Leur tête est bien saillante en avant, et offre quatre tentacules, dont deux sont situés près de la bouche, et les deux autres plus en arrière. Ceux-ci sont plus grands, conformés presque en oreilles, ou quelquefois demi tubuleux. Les *Laplysiens* tiennent de très près aux Bulléens par la situation de leur cavité branchiale ; mais cette cavité est dominée par un écusson operculaire qu'on ne trouve point dans les Bulléens, et d'ailleurs ceux-ci en sont éminemment distincts par leur défaut de tentacules. Quant à l'écusson branchial des *Laplysiens*, il contient une pièce particulière, concrète, enchâssée, non adhérente, cornée ou crétacée, qui constitue l'élément d'une coquille, laquelle n'offre jamais l'enroulement singulier de celle des bulles, ni même de celle de la Bullée. Ces Gastéropodes ne respirent que l'eau, et composent une petite famille naturelle où nous ne rapportons que les genres *Laplysies* et *Dolabelle*.

[Il est bien à présumer, comme le fait remarquer judicieusement Cuvier, que c'est par suite d'une faute d'impression que s'est introduit, dans la douzième édition du *Systema naturæ*, le nom de *Laplysia* pour désigner des animaux Mollusques, confondus auparavant dans le genre Téthys. Cuvier, sans doute, a raison ; car le mot *Laplysia* n'a aucune signification, tandis que celui d'*Aplysia*, justement rétabli par Gmelin, veut dire en grec une chose qu'on ne peut laver ou qu'on ne peut nettoyer. Ce nom peut d'autant mieux s'appliquer aux Mollusques dont il est question, que leur peau est imprégnée d'une matière colorante très abondante, dont il est très difficile de les débarrasser. Tous les Zoologistes se rangeant à l'opinion de Gmelin et de Cuvier, ont rectifié la dénomination linnéenne, et Lamarck, lui seul, a voulu la conserver, estimant sans doute qu'il est peu nécessaire aux dénominations génériques ou de familles d'avoir une signification particulière. Cependant, quand les noms peuvent exprimer un des caractères propres à certains animaux, et que cela, d'ailleurs, n'entraîne aucun inconvénient ; il vaut mieux les accepter tels qu'ils doivent être que de les prendre lorsqu'ils sont inintelligibles.

Lamarck a peu connu les animaux de la famille des Aplysiens ; il en a vu quelques espèces conservées dans la liqueur, et appartenant à la Collection anatomique du

Muséum. Aussi, il n'a admis que deux genres : les Dolabelles et les Laplysies. Depuis la publication de ses animaux sans vertèbres, M. de Blainville, dans sa Monographie des Aplysies, et M. Rang surtout, dans son Histoire
naturelle des Aplysiens, ont ajouté beaucoup d'observations très importantes sur les animaux de ce groupe.
M. Rang, dans l'ouvrage que nous venons de citer, ayant
fait une étude spéciale des Aplysiens, a proposé d'admettre dans cette famille trois genres seulement : les
Aplysies, les Bursatelles et les Actéons. Le grand genre
Aplysie est divisé en plusieurs sous-genres, parmi lesquels se trouve le genre Dolabelle de Lamarck. On y remarque aussi le genre Notarche de Cuvier; il a, en effet,
bien de l'analogie avec les Aplysies; mais il conserve
quelques caractères particuliers capables de le faire distinguer facilement. Le grand genre Aplysie, considéré à
la manière de M. Rang, nous paraît devoir être adopté.
Lamarck a établi le genre Dolabelle, et l'a séparé des
Aplysies, parce que la coquille est calcaire et non entièrement cornée, comme dans ce dernier genre. Lamarck,
sans aucun doute, aurait senti le peu de valeur de ce caractère, s'il avait pu examiner un aussi grand nombre
d'espèces que M. Rang; il aurait vu alors s'établir, par
des nuances insensibles, le passage entre les Dolabelles et
les Aplysies, non-seulement pour ce qui a rapport à la
forme des coquilles, mais encore pour leur consistance.
Quant à la troncature postérieure de l'animal des Dolabelles, on la voit disparaître insensiblement, de telle sorte
qu'il existe des Dolabelles à coquille calcaire, ayant tout-à-
fait la forme extérieure des Aplysies. Si l'on voit d'un côté
les Aplysies à coquille calcaire (Dolabelle) passer à celles qui
ont la coquille cornée, on voit aussi d'un autre côté les
Aplysies à coquille cornée, passer à des espèces qui n'ont
plus aucune trace de corps protecteur. Ces espèces remarquables, sous plus d'un rapport, ont les lobes du man-

teau moins fendus, beaucoup plus resserrés sur le dos, et conservent néanmoins les caractères principaux des véritables Aplysies. M. Rang a fait de ces espèces son sous-genre Aclésie, sous-genre remarquable d'ailleurs, par ce que les animaux qu'il contient ont sur le corps de singuliers appendices tentaculiformes C'est à la suite de ce sous-genre Aclésie, que M. Rang place les Notarches de Cuvier. Les Notarches sont des Aplysies qui n'ont que deux tentacules, et dont le manteau est plus serré sur le dos que dans le genre précédent; le pied est extrêmement étroit: il est terminé antérieurement par une double lèvre, et il ressemble plutôt au pied des Scyllées et des autres Mollusques qui rampent sur les tiges des fucus qu'à celui des Aplysies. Il serait à souhaiter qu'on trouvât des Notarches en assez grande quantité pour que l'on pût les soumettre facilement à la dissection; on aurait par là le moyen de faire cesser toute espèce de doute à leur égard. A la suite du genre Aplysie, envisagé d'une manière aussi rationnelle que générale, M. Rang place le genre nommé Bursatelle par M. de Blainville. Ce genre a une si grande analogie avec les Notarches que l'on doit vivement desirer de voir un anatomiste donner sur lui de nouveaux renseignemens. L'animal vu par M. de Blainville, fortement contracté dans la liqueur, a le corps parsemé d'un petit nombre d'appendices tentaculaires qui le rapprochent du sous-genre Aclésie, tandis que par sa forme générale, il paraît plus voisin des Notarches. Le dernier genre compris dans la famille des Aplysiens par M. Rang est celui auquel il conserve le nom d'Actéon. Ce genre a été établi par Ocken; et quoiqu'il ait été mentionné déjà plusieurs fois, nous ne le trouvons pas suffisamment connu pour être définitivement admis dans la méthode. En résumant ce qui précède, la famille des Aplysiens pourrait donc rigoureusement se réduire au genre Aplysie envisagé à la manière de M. Rang.]

LAPLYSIE. (Laplysia.)

Corps rampant, oblong, convexe, bordé de chaque côté d'un manteau large qui, dans l'inaction, recouvre le dos. Tête portée sur un cou; ayant quatre tentacules, dont deux supérieurs et auriformes, et les deux autres près de la bouche. Yeux sessiles, en avant des tentacules auriformes. Un écusson dorsal, demi circulaire, subcartilagineux, fixé par un côté, recouvrant la cavité branchiale. Anus derrière les branchies.

Corpus repens, oblongum, suprà convexum, utroque latere velo lato marginatum; membranis in quiete supra dorsum reflexis. Caput collo elevatum. Tentacula quatuor : duobus superis auriformibus; alteris ad os. Oculi sessiles, ante tentacula auriformia. Clypeus dorsalis, semi-circularis, subcartilagineus, uno latere affixus, branchiarum, cavitatem obtegens. Anus subdorsalis, post branchias.

OBSERVATIONS. — Le genre dont il est question, auquel Linné assigna le premier le nom de *Laplysia*, et que d'autres depuis ont cru devoir changer en celui d'*Aplysia*, embrasse des Gastéropodes génériquement très distincts. Ce sont des Mollusques rampans, à corps droit, assez épais, oblong, convexe en dessus, offrant antérieurement une tête qui semble portée sur un cou, et remarquable par ses deux tentacules supérieurs, conformés comme des oreilles de lièvre. Le corps de ces animaux est bordé de chaque côté de larges membranes, qui, comme les deux bords d'un manteau, s'épanouissent latéralement, et présentent deux expansions libres dont l'animal se sert comme de nageoires lorsqu'il veut nager ou changer de place, et dont il se recouvre quand il reste en repos. Dans ce dernier état, il ressemble à une masse de chair informe. Sa tête est munie de quatre tentacules qu'il allonge ou raccourcit à son gré; les deux antérieurs sont moins grands, coniques, aplatis, et paraissent dus à des replis de la lèvre. La bouche, fendue en longueur presque comme celle d'un lièvre, offre deux grosses lèvres plissées qui s'élargissent ou se rétrécissent au gré de l'animal. Les yeux sont, sans pédicule, et placés en avant des deux tentacules auriformes. Sur l'arrière du dos, on aperçoit un écusson qui semble cartilagineux, et qui est fixé d'un côté par un point d'attache; il recouvre la cavité des branchies, et contient, dans son épaisseur, une pièce particulière, simplement enchâssée, cartilagineuse, très mince, transparente, jaunâtre, de forme ovale, et qui n'est que l'élément d'une coquille. Les branchies qu'on voit sous l'écusson naissent d'un pédicule, et présentent de nombreux feuillets ramifiés presque dichotomiquement, finement atténués vers leur extrémité supérieure. Derrière le point d'attache de l'écusson, l'anus s'ouvre sur le dos, un peu de côté. Nous renvoyons pour des détails plus étendus, et surtout pour ceux de l'organisation intérieure des *Laplysies*, au mémoire que **M.** *Cuvier* a inséré dans les *Annales du Muséum*, vol. 3. p. 287. Nous dirons seulement que ce savant a confirmé l'observation déjà faite par *Apulée* de l'existence de petits corps solides, adhérens à la face interne de l'estomac de ces animaux. Ces petits corps sont demi cartilagineux, pyramidaux, n'ont qu'une très légère adhérence, et néanmoins forment une armure singulière aux parois de la cavité qui les contient. Les *Laplysies* nagent facilement; mais elles rampent avec lenteur. On les nomme vulgairement *Lièvres marins* ou *Limaces de mer*. (1)

ESPÈCES.

1. **Laplysie dépilante.** *Laplysia depilans.* **Lin.**

      L. corpore livido, fusco-nigricante, posticè obtuso.

---

(1) Ce que nous avons dit précédemment sur la famille des *Aplysiens* nous dispense d'entrer dans de grands détails sur les Aplysies en particulier. Nous engagerons le lecteur à consulter au sujet de ce genre, non-seulement le Mémoire de Cuvier, indiqué ici par Lamarck, mais encore le Mémoire de M. de Blainville, dans le Journal de physique et l'Histoire naturelle de la famille des Aplysiens, par M. Rang. Nous avons emprunté à ce dernier ouvrage les espèces que nous ajoutons ici dans les genres Aplysie et Dolabelle, ainsi que la courte description qui les accompagne.

* *Lernea*. Linné. Syst. nat. 5ᵉ et 6ᵉ éd.

Bohadsch de quibusd. Anim. cap. 1. tab. 1-4.

* *Tethys limacina*. Linné. 10ᵉ éd. p. 653.

Laplysia depilans. Linné. 12ᵉ éd. p. 1082. n° 1.

* *Barbut*. Gen. Verm. p. 31. pl. 3. f. 5 et 6.

Brug. Encycl. méth. pl. 83-84. copiée de Bohadsch.

* Pennant. Brit. Zool. t. 4. p. 35. pl. 21. f. 21.

Aplysia depilans. Gmel. Syst. nat. p. 3103. n° 1.

* Cuv. Tab. élém. de l'hist. nat. des anim. p. 387. pl. 9. f. 3.

* *Id.* Ann. du mus. 3. p. 255 ;

* *Id.* Règne an. t. 2. p. 398.

* De Roissy. Hist. nat. des Moll. t. 5. p. 170.

* Fér. Tab. syst. p. 30; et Dict. class. d'hist. nat. t. 1.

* Blainv. Journ. de phys. 96. janv. 1823. p. 286. pl. 2. f. 6. Dict. des sc. nat. au mot Lièvre marin.

* *Id.* Traité de malacologie. p. 472.

* Payr. Cat. des Moll. de l'île de Corse. p. 96. n. 190.

* *Laplysia depilans*. Bosc. Hist. nat. des vers. t. 1. p. 74. pl. 11. f. 5

* *Aplysia depilans*. Desh. Encycl. méth. vers. t. 2. p. 60. no 4.

* *Aplysia leporina*. Delle Chiaje. Mem. sulla. hist. e notom. delle Aplysie et Gior. med. nap. d'Inspruck.

* *Dolabella fragilis*. Lamk. An. s. v.

* Seba. Mus. pl. 1. f. 8 et 9.

* Rang. Hist. nat. des Aplys. p. 62. no 24. pl. 16 et 17.

Habite la Méditerranée. Son corps, ainsi que le bord des membranes et des tentacules, est nué de brun noirâtre. Lorsqu'on le touche, il transsude une mucosité blanchâtre, fétide, et qui excite des nausées et même le vomissement. On a prétendu que cette mucosité occasionait la chute des poils.

2. Laplysie fasciée. *Laplysia fasciata*. Poir.

> *L. corpore nigro ; membranarum tentacularumque margine coccineo.*

* Premier lièvre marin ? Rondelet. *De piscibus marinis.*

* Gesner. *Animalium mari. de mollibus.*

* Adrovande de an. exs. p. 81.

Aplysia fasciata. Poiret. Voy. en Barbarie. t. 2. p. 2.

Gmel. Syst. nat. 13. 1. p. 6. p. 3103. n° 2.

* *Laplysia fasciata*. Bosc. Hist. nat. des vers. 2ᵉ éd. t. 1. p. 74.

* *Aplysia fasciata*. Cuv. Ann. du Mus. 3. p. 295. pl. 2-4.

* *Id.* Règne an. t. 2. p. 398.

* De Roissy. Hist. nat. des Moll. t. 5. p. 173.

Tome VII.

* *Aplysia fasciata.* Fer. Tab. syst. p. 30. et Dict. class. d'hist. nat. t. 1. p. 476.
* Delle Chiaje. Mem. sulla hist. e notom. del regno di Napoli; et Giorn. med. nap. d'Inspruck.
* Blainv. Journ. de phys. 96. janv. 1823. p. 285. et Dict. des sc. nat.
* *Aplysia vulgaris.* Blainv. Journ. de phys. 96. janv. 1823. p. 285. et Dict. des sc. nat. au mot Lièvre marin.
* *Dolabella lepus.* Risso. Hist. nat. de l'Europe méridionale. t. 4. p. 44. pl. 1. f. 1-2.
* *Aplysia fasciata.* Payr. Cat. des Moll. de l'île de Corse. p. 96. no 191.
* Desh. Encycl. méth. vers. t. 2. p. 60. no 2.
* Rang. Hist. nat. des Aplys. p. 54. n° 10. pl. 6 et 7.

Habite les côtes de Barbarie. Elle est noire et a le bord de ses membranes ainsi que ses tentacules et même sa bouche d'un beau rouge écarlate. Cette espèce, selon M. *Poiret*, est plus grande que la précédente. Quand on la touche, elle laisse échapper une liqueur noire et rouge qui n'a point de mauvaise odeur, et ne paraît pas avoir de faculté dépilatoire.

3. Laplysie ponctuée. *Laply ia punctata.* Cuv.

L. corpore nigro-purpurascente, punctis sparsis pallidis notato.
Laplysia punctata. Cuv. Ann. du Mus. 2. p. 295. pl. 1. f. 2.
* Cuv. Ann. du Mus. 3. p. 295. pl. 1. f. 2-4; et Règne an. t. 2. p. 398.
* De Roissy. Moll. p. 192. n° 4.
* *Aplysia punctata.* Fer. Tab. syst. p. 30; et Dict. class. d'hist. nat. t. 1. p. 476.
* Blainv. Journ. de phys. janv. 1823. p. 287; et Dict. des sc. nat. au mot Lièvre marin.
* Payr. Moll. de Corse. p. 97. no 192.
* *Aplysia Cuvieri.* Delle Chiaje. Mem. del regno di Napoli, et gion. med. nap. d'Inspruck.
* Rang. Hist. nat. des *Aplys.* p. 65. n° 27. pl. 18. f. 2-4.

Habite la Méditerranée, près de Marseille.

Etc. Voyez dans les Annales citées le *Laplysia camelus* de M. *Cuvier;* et en outre le *Laplysia viridis* de M. *Bosc,* Hist. nat. des vers et Dict. d'Hist. nat. de Déterville.

† 4. Aplysie du Brésil. *Aplysia brasiliana.* Rang.

A. Corpore elevato, antice elongato, postice brevi, fusco-nigrescente.

Testá oblongá, obscuro - luteá; incisurá quasi nullá rostro leviter formato.

Rang. Hist. nat. des *Aplys.* p. 55. n₀ 11. pl. 8. f. 1. 2. 3.

Habite sur les côtes du Brésil.

Animal très bombé, allongé antérieurement, un peu raccourci posté-rieurement, portant l'opercule très en arrière; le tube de l'opercule assez volumineux pour être distinct. Les lobes du manteau très grands, de couleur brun foncé.

La coquille est oblongue, de couleur jaune obscur, le sommet peu formé, l'échancrure presque nulle.

† 5. Aplysie dactylomèle. *Aplysia dactylomela.* Rang.

A. corpore valde gibboso, informi, rugoso, luteo pallido annulis nigris sparsis; margine membranarum violaceá.

Testá dilatatá, succineá; incisurá profundè arcuatá; rostro recurvo, triangulari, crasso, calloso.

Rang. Hist nat. des *Aplys.* p. 56. nº 12. pl. 9.

Habite les iles du Cap-Vert.

Animal très bombé et allongé aux extrémités; le pied large et calleux; le manteau rugueux, de couleur jaune pâle avec de nombreuses taches noires en forme d'anneaux; les lobes bordés d'une belle couleur de laque.

Coquille grande, très bombée, un peu diaphane, blonde à l'extérieur, légèrement émaillé à l'intérieur, à sommet très prononcé; l'échan-crure assez profonde.

† 6. Aplysie souris. *Aplysia sorex.* Rang.

A. corpore valdè elevato, oblongo, brevi, scabro, obscuro virescente, maculis nigris marmorato.

Testá oblongá, exili, supernè flavá, subtùs albá; incisurá quasi pos-teriore; rostro recurvo; informi.

Rang. Hist. nat. des Apl. p. 57. nº 14. pl. 9. f. 4. 8.

Habite....

Animal court, oblong et très bombé; manteau épais et un peu rude; pied large et calleux; lobes étroits, couleur verdâtre foncée, marbrée de taches noires.

Coquille fauve, ovale-oblongue, mince et portant l'échancrure très en arrière.

7. Aplysie tigrine. *Aplysia tigrina.* Rang.

A. corpore valdè elevato, tantillùm brevi, levi, nigro-virescente, maculis nigris marmorato, parvulisque albidis diversè glomeratis; membranis lateralibus dilatatis.

44.

Testá ovato-oblongá, membranaceá, posticè acutá, luteo-lividá ; incisurá leviter arcuatá; rostro valdè exiguo.

Rang. Hist. nat. des Apl. p. 57. n° 15. pl. 11.

Habite l'Ile-de-France.

Animal très bombé, un peu court, pointu en arrière; manteau lisse, de couleur noire verdâtre, marbrée de taches obscures et d'un grand nombre d'autres de couleur pâle, arrondies et diversement groupées; les lobes grands.

Coquille ovale-oblongue; peu concave, mince, fragile, aiguë en arrière, et de couleur jaune pâle en dessus; l'échancrure peu arquée.

† 8. Aplysie protée. *Aplysia protea*. Rang.

A. corpore valdè elevato, luteo virescente, annulis maculis nigris, viridibus, rubrisque variegatis anticè elongato.

Testá dilatatá, concavá, supernè succineá; subtus argentatá; incisurá profundè arcuatá, rostro recurvo triangulari, crasso, calloso.

Rang. Hist. nat. des Apl. p. 56. n_0 13. pl. 10. f. 1. 2. 3.

Habite aux Antilles.

Le corps de l'animal est mollasse, extrèmement bombé antérieurement; il a les tentacules assez longs, le manteau lisse, de couleur variable, mais où dominent le vert et le jaune, ainsi que de nombreuses taches annuliformes, variées de noir, de rouge et de vert.

Coquille large, à sommet très saillant et triangulaire; elle est assez solide; sa couche calcaire est nacrée à l'intérieur; l'échancrure est peu profonde, mais assez large; son épiderme est jaune.

† 9. Aplysie marbrée. *Aplysia marmorata*. Blainv.

A. corpore ovato, posticè acuto, levi, obscure virescente, maculis nigris marmorato; membranis lateralibus dilatatis; siphone elongato.

Testá ovatá, elongatá, valdè concavá, membranaceá, luteo-lividá; incisurá quasi posteriore; paululùmque arcuatá.

Blainv. Journ. de Phys. 96. janvier 1823. p. 286. pl. 3 et 4; et Dict. sc. nat. au mot Lièvre marin.

Rang. Hist. nat. des Apl. p. 58. n° 16. pl. 12. f. 6. 9.

Habite les côtes occidentales de France.

L'animal de cette espèce a le corps ovale, peu bombé, pointu en arrière; les lobes latéraux assez grands, le siphon un peu allongé, le pied ovale; sa couleur est verdâtre obscure, marbrée de noir.

Coquille mince, fragile, peu calcaire, ovale, allongée, très concave

et de couleur jaune livide; l'échancrure est très en arrière et p.u
arquée.

† 10. Aplysie tachetée. *Aplysia maculata*. Rang.

*A. corpore oblongo, valdè elevato, marginato, posticè obtuso, anticè
elongato, levi, fusco oleagino, pallidis maculis rarè sparsis; operculo rubro; siphone elongato.*

*Testá ovatá, valdè concavá, membranaceá, rufá; incisurá quasi
posteriore, parvá; rostro recurvo, crasso.*

Rang. Hist. nat. des Apl. p. 58. n° 17. pl. 12. f. 6. 9.

Habite au cap de Bonne-Espérance.

Animal oblong, très bombé, déprimé à sa base, allongé en avant et
obtus en arrière. Manteau lisse, de couleur brun olivâtre, avec
quelques taches pâles; les lobes de grandeur moyenne, la cavité
dorsale très ouverte, l'opercule rougeâtre, le siphon allongé et
les branchies roses.

Coquille ovale, très concave, membraneuse et très peu calcaire; à
échancrure petite et presque en arrière; la crosse un peu recourbée et épaisse; couleur rousse sur les deux faces.

† 11. Aplysie bordée. *Aplysia marginata*. Blainv.

*A. corpore albido-luteo, maculis rotundis ocellatis, fusco-nigris, rarè
sparsis; membranis elongatis, angustis; cum maculis quadratis,
alternatim fuscis albidisque ad marginem.*

Testá?...

Blainv. Journ de Phys. 96. janv. 1823. f. 285 et pl. ?... f. 5. et
Dict. des sc. nat. au mot Lièvre marin.

Rang. Hist. nat. des Aplys. p. 59. n° 18.

Habite? ...

Corps ellipsoïde, du moins dans l'état de contraction; les expansions
latérales aussi longues que dans l'*A. fasciata*, mais beaucoup
plus étroites; couleur générale d'un blanc jaunâtre, parsemé de
quelques taches rondes, rares, ocellées, d'un brun-noirâtre;
le bord supérieur des expansions orné d'une série de taches carrées, régulières et alternativement brunes et blanches.

† 12. Aplysie de Keraudren. *Aplysia Keraudrenü*. Rang.

*A. corpore oblongo, valdè elevato, obscuro-virescente, maculis magnis
nigrisque notato; membranis dilatatis, tentaculis anterioribus ad
marginem undulatis; operculo vasto siphone dilatato, longitudinaliter aperto.*

*Testá elongatá, posticè angustá; subtus albá, supernè fusco-luteá;
incisurá elongatá, sed leviter arcuatá; rostro crasso, recurvo.*

Rang. Hist. nat. des Apl. p. 59. n° 19. pl. 13.

Habite.....

Animal oblong, très bombé, peu allongé antérieurement, pointu en arrière ; les lobes grands, l'opercule vaste, le siphon allongé et ouvert longitudinalement ; le manteau est lisse et de couleur brun-verdâtre, avec de grandes taches noires.

Coquille ovale, allongée, très rétrécie en arrière ; l'échancrure longue et peu profonde ; le sommet épais et recourbé ; de couleur brun-jaune en dessus et blanche en dessous.

† 13. Aplysie de Lesson. *Aplysia Lessonii*. Rang.

A. corpore valdè elevato, carnoso, griseo-roseo; pede leviter angusto; tentaculis posterioribus lanceolatis; lineáque nigrá longitrorsum in medio notatis.

Testá ovatá, leviter concavá, succineá, posticè acutá incisurá quasi nullá, rostro parvo.

Rang. Hist. nat. des Aplys. p. 60. n° 20. pl. 14.

Habite les rivages de Payta, au Pérou.

Animal très bombé, charnu, peu allongé en avant, court et pointu en arrière ; manteau lisse et de couleur grisâtre-rosée, avec de petites linéoles roussâtres ; pied oblong ; lobes natatoires assez vastes ; tentacules antérieurs épais et peu susceptibles de développement ; tentacules postérieurs lancéolés et marqués dans toute leur longueur d'une ligne noire.

Coquille ovale, pointue en arrière, concave, à sommet peu formé ; l'échancrure longue et peu arquée ; la face inférieure blanche et revêtue d'une couche calcaire ; la face supérieure couleur de succin.

† 14. Aplysie chameau. *Aplysia camelus*. Cuv.

A. corpore oblongo, levi, nigro, antice elongatissimo, posticè acuto; membranis dilatatis, siphone parum elongato.

Testá ?

A. camelus. Cuv. Ann. du Mus. t. 2. p. 295. pl. 1. f. 1.

De Roissy. Moll. t. 5. p. 171. n° 2. pl. 52. f. 8.

Fer. tab. syst. p. 30. et Dic. class. d'hist. nat. t. 1. p. 476.

De Blainv. Dict. des sc. nat. au mot Lièvre marin.

Delle Chiaje. Memor. sulla hist. nat. et notom. della Aplys. p. 70. et Giorn. med. nap. d'Inspruck.

Desh. Encycl. méth. vers. t. 2. p. 60. n. 1.

Rang. Hist. nat. des Aplys. p. 60. n° 21. pl. 15. f. 1.

Habite les mers de Naples.

Le corps de l'animal est oblong ; le cou excessivement allongé ; la

partie postérieure pointue; les lobes vastes; le siphon peu allongé; couleur générale noire.

Coquille?

† 15. Aplysie blanche. *Aplysia alba.* Cuv.

> *A. corpore oblongo, levi, albido, posticè brevi; membranis lateralibus
> angustis.*
>
> *Testâ?...*
>
> *A. alba.* Cuv. Ann. du Mus. 3. p. 295. pl. 1. f. 6.
>
> De Roissy. Hist. nat. des Moll. p. 71. n° 3.
>
> Fer. Tab. syst. p. 30. et Dict. class. d'hist. nat. t. 1. p. 476.
>
> De Blainv. Journ. de phys. 96. janv. 1823. p. 287. et Dict. des
> sc. nat. au mot Lièvre marin.
>
> *A. Camelus* (jeune individu) Delle Chiaje. Memor sulla hist. et notom.
> delle Aplysie. et Giorn. med. nap. d'Inspruck.
>
> Rang. hist. nat. des Aplys. p. 61. n° 22. pl. 15. f. 2. 3.
>
> Habite?..
>
> Animal. Corps oblong, peu allongé en avant et court en arrière; le
> manteau lisse et blanchâtre; les lobes étroits.
>
> Coquille?

† 16. Aplysie napolitaine. *Aplysia neapolitana.* Delle
Chiaje.

> *A. corpore oblongo, anticè elongato, posticè acuto; membranis valdè
> dilatatis; branchiis brevibus, muticis siphone prælongo; caudâ
> tuberculo conico exornatâ; pede angusto; pallio oleagino, maculis
> argentatis auratisque notato.*
>
> *Testâ?...*
>
> *Aplysia neapolitana.* Delle Chiaje. Giorn. med. Nap. d'Inspruck; et
> Mem. sulla hist. et notom. delle Aplysie. pl. 3. f. 2.
>
> Rang. Hist. nat. des Aplys. p. 61. n₀ 23. pl. 15 *bis.* f. 1.
>
> Habite les eaux de Naples.
>
> Animal oblong; le cou allongé; l'extrémité postérieure pointue; les
> lobes très grands; les branchies courtes; le siphon allongé; le pied
> long et étroit; un tubercule conique sur la queue. Le manteau
> olivâtre et marginé d'une légère couleur de chair; de nombreuses
> taches rondes argentées et dorées?
>
> Coquille?

† 17. Aplysie de Poli. *Aplysia Poliana.* Delle Chiaje.

> *A. corpore oblongo, levi, castaneo, anticè depresso, posticè obtuso;
> foramine dorsi amplissimo; branchiis ultra caudam protentis;*

membranis parvis; siphone brevi, dentato, supernè erecto; pede dilatato.

Testâ?.....

Delle Chiaje. Giorn. med. Nap. d'Inspruck; et Mem. sulla storia et notom. delle Aplysie. pl. 3. f. 1.

Rang. Hist. nat. des Aplys. p. 64. no 25. pl. 15 *bis.* f. 2.

Habite les mers de Naples.

Animal oblong, élargi en avant, obtus en arrière; le manteau de couleur châtain ou carmelite; l'ouverture de l'opercule très grande; les branchies dépassant l'extrémité caudale; les lobes petits; le siphon court, dentelé et dirigé en dessus; le pied grand.

La coquille?

† 18. Aplysie brune. *Aplysia fusca.* Tilesius.

A. corpore gibboso, oblongo, fusco, maculato; foramine dorsi radiato; pede oblongo, angusto; membranis mediocriter dilatatis.

Testâ fragili, flexibili.......

Tilesius. Voy. de Crusenstern. Rang. Hist. nat. des Aplys. p. 65. no 26. pl. 18. f. 1.

Habite les mers de la Chine.

Animal gibbeux, oblong, brun et tacheté; l'ouverture de l'opercule radiée; le pied oblong, étroit; les lobes médiocrement larges.

Coquille fragile, flexible.

† 19. Aplysie longicorne. *Aplysia longicornis.* Rang.

A. copore oblongo, valde elevato, posticè acuto levigato luteo-virescente, pallido; tentaculis posterioribus longissimis; aperturâ dorsi leviter dilatatâ; pede angusto.

Testâ oblongâ, quasi rotundâ, valdè concavâ, exili membranaceâ, pellucidâ, succineâ; incisurâ quasi nullâ; rostro minimo.

Rang. Hist. nat. des Aplys. p. 66. no 28. pl. 19. f. 1 à 4.

Habite la Méditerranée.

L'animal de cette espèce a le corps oblong, très élevé vers le dos, pointu en arrière; le manteau est lisse, de couleur jaune-verdâtre pâle; les tentacules postérieurs sont très longs; l'ouverture dorsale peu large; le pied étroit.

Coquille oblongue, presque ronde, très concave, mince, semblable à une pellicule transparente, succinée; l'échancrure presque nulle; le rostre très petit.

† 20. Aplysie de Ferussac. *Aplysia Ferussacii.* Rang.

A. corpore oblongo, valde-convexo, posticè brevi, fusco-livido, maculis obscuris notato; aperturâ operculi valdè dilatatâ; pede angusto.

*Testá quasi rotundá, succineá, valdè exili, pellucidá; incisurá
quasi nullá, rostro minimo.*

Rang. Hist. nat. des Aplys. p. 66. n° 29. pl. 19. f. 6 à 9.

Habite.....

Animal oblong, très bombé et court en arrière; son manteau est de
couleur brun-livide, varié par des taches foncées, grandes et très
irrégulières; l'ouverture de l'opercule est très grande; le pied est
étroit.

Coquille presque ronde, de couleur de succin, semblable à une pellicule mince et transparente; l'échancrure est presque nulle; le
sommet est très petit.

† 21. Aplysie verdoyante. *Aplysia virescens*. Risso.

A. corpore ovato, virescente obscure marmorato; capite proeminente.

*Testá ovatá, vitreá, pellucidá, sulcis tenuibus, concentricis sculptá,
ad dextram sinuatá.* (Risso.)

Aplysia virescente. Risso. Hist. nat. de l'Eur. mérid. 4. n° 96; et
Aplysia virescens, ibid. pl. 1. f. 10.

Aplysia unicolor? id. Journ. de phys. 87. p. 374.

Rang. Hist. nat. des Aplys. p. 66. n° 30. pl. 19. f. 5.

Habite la Méditerranée.

Animal. Le corps est de forme ovale, de couleur verdâtre, marbré de
taches foncées; la tête est proéminente.

Coquille ovale, vitrée, transparente, portant une échancrure à gauche, et ornée de stries fines et concentriques.

† 22. Aplysie rose. *Aplysia rosea*. Rathke.

*A. corpore oblongo, postice acuto, levigato, roseo, punctulis albidis
badiisque ornato; tentaculis anterioribus acutis, posterioribusque
obtusis; membranis angustis; foramine operculi dilatato.*

Testá corneá, oblongá, leviter concavá, rubro-bruneá.

Rathke, Mém. de la Soc. d'hist. nat. de Copenhague, t. 5. 1re part.
p. 85. pl. 3. f. n. a. b.

Rang. Hist. nat. des Aplys. p. 67. n° 30 *bis*. pl. 23. f. 6. 7.

Habite aux environs de Christiansund.

Animal oblong, peu allongé antérieurement, pointu en arrière
manteau lisse, de couleur rosée, avec de petites taches blanches
et brunes; les tentacules antérieurs pointus, les postérieurs obtus; lobes peu larges; membrane de l'opercule largement ouverte
au milieu.

Coquille cornée, oblongue, peu concave, de couleur rouge-brun.

DOLABELLE. (Dolabella.)

Corps rampant, oblong, rétréci en avant, élargi à sa partie postérieure, où il est tronqué obliquement par un plan incliné et orbiculaire; ayant les bords du manteau repliés et serrés sur le dos. Quatre tentacules demi tubuleux, disposés par paires. Opercule des branchies renfermant une coquille, recouvert par le manteau, et situé vers la partie postérieure du dos. Anus dorsal, placé après les branchies, au milieu de la facette orbiculaire.

Coquille oblongue, un peu arquée, en forme de doloire, plus étroite, épaisse, calleuse, et presque en spirale d'un côté; de l'autre, plus large, plus aplatie et plus mince.

Corpus repens, oblongum, anticè angustatum, posticè latius et areâ orbiculari declivi obliquè truncatum; velo marginali utrinquè strictè replicato. Tentacula quatuor semi-tubulosa, per paria digesta. Operculum branchiarum testam includens, pallio tectum, versus partem posticam dorsi. Anus dorsalis, post branchias, aræ declivis centrum occupans.

· Testa oblonga, subarcuata, dolabriformis; uno latere angustato, crassiore, calloso, subspirato; altero latiore, planulata, tenuiori.

Observations. — Très voisines des Laplysies par leurs rapports, les *Dolabelles* s'en distinguent par un manteau moins ample, plus serré sur le dos de l'animal, et cachant entièrement l'opercule des branchies; par une coquille testacée, renfermée dans cet opercule; par la singulière facette inclinée qui se trouve à la partie postérieure de leur corps, et dont la circonférence est comme frangée; enfin, peut-être par le défaut d'yeux; car M. Cuvier, qui jusqu'à présent paraît être le seul qui ait donné une description détaillée de l'animal des *Dolabelles*, n'en fait aucune mention. Du centre de la facette orbiculaire, où est placé l'anus, règne une fissure qui s'étend au-delà du bord supérieur de cette facette où elle s'élargit et s'arrondit. L'orifice qui donne issue à l'organe mâle est situé entre les deux tentacules du côté droit. Ne connaissant seulement que la coquille des *Dolabelles*, j'avais senti d'après ses caractères qu'elle devait appartenir à des Mollusques d'un genre particulier, et je jugeai convenable d'en faire mention dans mon Système des Animaux sans vertèbres. Cette coquille, évidemment intérieure, est en forme de coin allongé et arqué, rétrécie, plus épaisse et calleuse à une extrémité, dilatée, plus mince et presque aplatie vers l'autre, et imite en quelque sorte la forme d'une doloire ; sa substance est solide et cassante ; enfin, sa partie mince et transparente est un peu concave. Je ne citerai des *Dolabelles* que deux espèces, dont une ne m'est connue que par la coquille.

ESPÈCES.

1. Dolabelle calleuse. *Dolabella Rumphii.* **Cuv.**

> D. *testá basi crassá, callosá, subspirali; supernè dilatatá, tenui, cuneatá.*
>
> * *Limax marina.* Rumph. Thes. ann. pl. 10. f. 6. et pl. 40. f. 11.
> * *Doris verrucosa.* Gmel. Syst. nat. p. 3103.
> * Barbut. Gen. verm. pl. 4. f. 1.
> *Dolabella Rumphii.* Cuv. Ann. du Mus. 5. p. 437. pl. 29. f 1 et Règ. anim. t. 2. p. 398.
> * *Dolabella Peronii* et *Dolabella Rumphii.* Blainv. Dict. sc. nat. Man. de Malac. p. 473.
> * *Dolabella Rumphii.* Fer. Tab. Syst. p. 30.
> * *Dolabella Peronii* et *Dolabella Rumphii.* Desh. Dict. class. d'hist. nat. art. Dolabelle.
> * Rang. Hist. nat. des Apl. p. 46. no 1. pl. 1.
> Habite l'Océan Indien. Elle a été rapportée de l'Ile-de-France par *Péron,* et se tient dans les baies tranquilles, où elle se recouvre d'une légère couche de vase. J'en possède la coquille, ainsi que celle de l'espèce suivante.

2. Dolabelle fragile. *Dolabella fragilis.* **Lamk.** (1)

> D. *testá subfoliaceá, valdè dilatatá, tenuissimá, extùs longitudinaliter sulcatá; callo buscos obsoleto, recurvo.*

---

(1) Cette espèce appartient à une Aplysie. M. Rang la rapporte à l'*Aplysia depilans,* et nous pensons avec lui que c'est de cet animal que dépend la coquille nommée *Dolabella fragilis* par Lamarck.

Habite..... Mon cabinet. L'animal de celle-ci ne m'est pas connu. La coquille est fragile et mince, transparente comme une pelure d'ognon, etc. Dans son Règne animal, M. *Cuvier* en cite deux autres espèces encore inédites.

† 3. Dolabelle de Hasselt. *Dolabella Hasseltii.* Rang.

D. corpore ecaudato scabro, valde hirsuto, virescente, maculis fuscis nigrescentibus in medio; disci margine inæqualiter fimbriato; rimâ dorsi ad extremitatis dilatatâ.

Testâ ?

Dolabella Rumphii. Van Hasselt. Lettre sur les Moll. de Java. 1824. nº 2. 3. 4.

Rang. Hist. nat. des Apl. p. 49. nº 5 *bis.* pl. 24. f. 1.

Habite à l'île de Java.

L'animal a le corps très renflé en arrière, sans appendice caudal; le manteau est très rude, de couleur verdâtre, avec de grandes taches obscures, et hérissé d'expansions charnues et ramifiées; les bords du disque sont irrégulièrement frangés; fente dorsale très serrée dans son milieu et également ouverte en avant comme en arrière.

Coquille inconnue.

† 4. Dolabelle géante. *Dolabella gigas.* Rang.

D. corpore....?

Testâ albâ, oblongâ, crassâ, supernè fusco-luteâ rostro spirali valdè dilatato, subtùs infundibuliformi, striisque longitudinalibus exiguis notato ; apice callosissimo.

Rang. Hist. nat. des Apl. p. 48. nº 5. pl. 3. f. 4.

Habite la mer des Indes.

L'animal de cette espèce est inconnu. La coquille est très grande, concave, épaisse, éminemment calcaire, portant une échancrure très profonde; la crosse très grande, en forme d'entonnoir incomplet; la spire, formant un tour et demi à deux tours, est terminée en dedans par un bouton saillant et irrégulier; un ou deux sillons longitudinaux et très marquée près du bord gauche, épiderme épais.

† 5. Dolabelle de Teremidi. *Dolabella Teremidi.* Rang.

D. corpore subecaudato, scabro, hirsuto, virescente, annulis albis nigrescentibus in medio; disci margine fimbriato.

Testâ elongatâ, supernè fusco-luteâ, subtùs albâ; rostro spirali, margine crasso.

Rang. Hist. nat. des Apl. p. 48. nº 4. pl. 3. f. 1. 3.

Habite les rivages de Taïti, Borabora et l'île de Oualan.

L'animal de cette espèce a le manteau très épais et très dur, tacheté de noir et de fauve avec des cercles blancs sur un fond verdâtre et hérissé de quelques aspérités aiguës; le bord du disque est un peu frangé.

La coquille ressemble à celle du *D. Rumphii*, mais plus longue et plus étroite; son épiderme est d'un jaune plus brun et plus épais.

† 6. Dolabelle tronquée. *Dolabella truncata*. Rang.

D. corpore subecaudato, pallido, verruculis obtusis cooperto; tentacularum posteriorum basibus leviter proximantibus.

Testá vitreá, albá; rostro spirali, crasso.

Rang. Hist. nat. des Aplys. p. 47. no 3.

Habite les îles de Waigiou et Rawack.

L'animal ne diffère en rien pour la forme de la *D. ecaudata;* le corps est tout couvert de tubercules obtus; les tentacules postérieurs sont rapprochés, mais moins que dans l'espèce citée; sa couleur est pâle. La coquille est vitrée; son sommet est épais, sans callosités, et montre inférieurement un tour et demi de spire bien marqué.

† 7. Dolabelle sans queue. *Dolabella ecaudata*. Rang.

D. corpore ecaudato, sublevigato, virescente; disci margine undulato; tentaculorum posteriorum basibus proximantibus.

Testá translucidá, suprà pallido-luteá, subtùs albá; rostro subspirali, crasso, subtùs calloso.

Rang. Hist. nat. des Aplys. pl. 2, p. 47. no 2.

Habite les îles de Waigiou et Rawack.

Animal moins grand que la *D. Rumphii*, et n'offrant aucune apparence de queue; la surface du corps n'est point hérissée, et montre seulement en avant et en dessus quelques tubercules aplatis; le bord du disque n'est point frangé, mais seulement irrégulièrement ondulé; les tentacules postérieurs sont très rapprochés à leur base; la couleur est verdâtre.

La coquille est semblable à celle de la *D. Rumphii;* son sommet est en dessous plus épais et calleux; l'épiderme moins épais.

† 8. Dolabelle onguifère. *Dolabella unguifera*. Rang.

D. corpore virescente, obscuris nebulosisque maculis notato, verruculis rotundis cooperto.

Testá albá, concavá, dilatatá, exili, quasi rotundatá.

Rang. Hist. nat. des Aplys. p. 52. no 9. pl. 5. f. 4. 7.

Habite la Méditerranée.

Animal un peu plus grand que le *Petalifera* ; le manteau de couleur verdâtre avec quelques nébulosités obscures et parsemé de petites aspérités obtuses; le canal des organes de la génération très profondément marqué.

Coquille moins calcaire, plus mince, presque arrondie; la crosse petite et sans callosités.

† 9. Dolabelle pétalifère. *Dolabella petalifera.* Rang.

D. corpore levi, virescente; aperturá dorsi leviter dextratá.

Testá albá, concavá, dilatatá, exili.

Rang. Hist. nat. des Aplys. p. 52. no 8. pl. 5. f. 1.3.

Habite les mers de Nice.

Animal un peu plus petit que le *Dolabella ascifera* ; manteau uni et de couleur verdâtre; ouverture dorsale très petite et un peu à droite de la ligne médiane.

Coquille mince, recouverte inférieurement d'un épiderme assez consistant, très large et concave; la crosse très petite et un peu recourbée vers l'échancrure qui est plus distincte que dans les deux espèces *Dolabrifera* et *Ascifera*.

† 10. Dolabelle ascifère. *Dolabella ascifera.* Fer.

D. corpore luteo-fuscato, verruculis rotundis cooperto.

Testá albá, recurvá, angustá, valde crassá, callosá, rostro callosissimo.

Rang. Hist. nat. des Aplys. p 51. no 7. pl. 4. f. 7. 9.

Habite à St-Jean de Cayenne.

Animal de la même forme que le *Dolabrifère*, seulement plus arrondi sur le dos; ouverture dorsale très petite; manteau jaunebrun parsemé de petits tubercules obtus. Coquille plus anguleuse que celle du *Dolabrifera*, recourbée, étroite, à sommet très calleux, émaillée, épaisse et calleuse surtout dans son milieu.

† 11. Dolabelle dolabrifère. *Dolabella dolabrifera.* Cuv.

D. corpore hirsuto, virescente, maculis nigris præsertim ad marginem notata.

Testá albá, subtranslucidá, recurvá, angustá, in medio interdum crassá; rostro valdè calloso.

Dolabella dolabrifera. Cuv. Règ. an. t. 2. p. 398.

Fer. Tab. syst. p. 300.

Rang. Hist. nat. des Aplys. p. 51. no 6. pl. 4. f. 1. 6.

Habite à l'île Bourbon.

Animal allongé, très effilé antérieurement; les tentacules grêles; la fente dorsale petite et les lobes très serrés; le manteau est de

couleur verdâtre, tachetée de noir; surtout à la base, et hérissé
d'aspérités très aiguës. Le pied uni et fort large.
Coquille très étroite, allongée, courbe, très calcaire; l'épiderme excessivement mince, de forme quadrangulaire, à crosse distincte et un
peu calleuse, de couleur blanche émaillée.

LES LIMACIENS.

*Branchies rampantes, sous la forme d'un réseau vasculeux,
sur la paroi d'une cavité particulière dont l'ouverture est
un trou que l'animal contracte ou dilate à son gré. Elles
ne respirent que l'air libre.*

Les *Limaciens* constituent une famille naturelle très remarquable en ce que les animaux qui la composent sont
les seuls, parmi les Gastéropodes, dont l'organe respiratoire, véritablement branchial, ne respire que l'air libre.
Ainsi ce sont pour nous des *Pneumobranches*. Ces Mollusques sont nus ou presque entièrement nus. Leur corps
est allongé, rampant sur un disque ventral qui n'en est
point séparé, et bordé, sur les côtés, d'un manteau le
plus souvent fort étroit. Originaires des eaux, ils vivent
habituellement dans leur voisinage; quelques-uns cependant habitent dans des endroits qui en sont éloignés,
mais presque toujours dans des lieux frais et humides. Ils
se sont accoutumés à respirer l'air avec leurs branchies;
en sorte que cette habitude est devenue pour eux une nécessité. C'est donc ici que, pour la première fois dans les
Mollusques, l'air libre est le fluide respiré. Ce fluide pénètre par un trou, et sans trachée ni bronches, dans une
cavité particulière, qui n'est point divisée en plusieurs
loges ou cellules, et sur les parois de laquelle des cordonnets ou des lacis de vaisseaux rampent sous diverses
formes, et viennent recevoir l'influence de la respiration.
On trouve une cavité semblable ou analogue dans un

grand nombre de Trachélipodes; mais dans ceux qui ne respirent que l'air, l'influence de ce fluide étant bien supérieure à celle de l'eau, n'exige dans l'organe qui lui est présenté que très peu de surface. Aussi les cordonnets vasculaires qui rampent sur les parois de la cavité, et qui en cela sont semblables à ceux des Limaciens, ont-ils fort peu de saillie; tandis que, dans ceux qui ne respirent que l'eau, la cavité offre à l'influence du fluide respiré des parties bien saillantes et vasculaires, telles que des lames pectinées de différentes tailles.

Les cavités branchiales dont je viens de parler, même celle qui n'est propre qu'à respirer l'air, ne sauraient être raisonnablement confondues avec un *poumon*, organe respiratoire d'un mode particulier, adapté à des organisations d'un ordre supérieur, qui est essentiellement celluleux, et dans lequel le fluide respiré est introduit au moins par une trachée intérieure, et souvent en outre par des bronches. Ce mode d'organe respiratoire a donc des caractères propres que les branchies, quelles que soient leur forme et leur situation, n'offrent jamais.

Si, pour déterminer le nom ou l'espèce d'un organe respiratoire, on considère cet organe uniquement sous le rapport du fluide respiré, alors tous les animaux qui respirent l'air libre posséderaient un poumon; mais si, pour faciliter l'étude des différens modes d'organes qui servent à la respiration, et pour saisir les moyens qu'a employés la nature pour effectuer la composition progressive de l'organisation animale, ainsi que son perfectionnement, l'on considère les caractères propres de chaque sorte d'organe respiratoire, il sera dès-lors évident qu'aucun Mollusque ni aucun autre animal sans vertèbres ne respire par un poumon, quoique beaucoup d'entre eux respirent l'air libre ou en nature. D'ailleurs, indépendamment de la structure particulière et très connue de tout poumon, l'air n'y pénètre jamais que par la bouche de l'animal, tandis que, dans tout organe respiratoire distinct du poumon, le fluide respiré, quel qu'il soit, est toujours introduit par une autre voie.

Confondre des objets si différens, dont chacun d'eux est approprié au degré d'organisation auquel il appartient, et ne peut exister que dans celle de ce degré, c'est, à notre avis, rendre impossible la connaissance de l'ordre de la nature dans ses productions. En effet, dans le cours du règne animal, une même fonction ne peut être exécutée que par un organe ou système d'organes différemment modifiée, parce qu'il doit être en rapport avec l'état de l'organisation de laquelle il fait partie. (1)

Pour revenir à l'objet particulier dont nous nous occupons, je dirai que les branchies, quoique se présentant sous une multitude de formes et de situations diverses, ne ressemblent jamais néanmoins à un poumon. Cet organe respiratoire est donc particulier; et on sait qu'il a la faculté de pouvoir s'habituer à respirer l'air. En effet, quantité de crustacés qui vivent presque continuellement sur la terre n'y respirent que ce dernier fluide avec leurs branchies. Si les Colimacés, ainsi que les Lymnéens, ont une cavité branchiale semblable à celle des Limaciens, et ne respirent que l'air libre, cette cavité est aussi la même que celle des Mélaniens et autres Trachélipodes qui ne respirent que l'eau. Mais dans la première, l'organe res-

---

(1) Les observations de Lamarck sur la nature de l'organe respiratoire des Mollusques terrestres respirant l'air, sont très justes; il est nécessaire, si l'on ne veut tout confondre en zoologie et en anatomie, de conserver à chacune des modifications importantes des organes, une définition et un nom destinés à les indiquer facilement dans les animaux chez lesquels ces modifications se manifestent. Il faut se souvenir que les mots entraînent les idées, et qu'il n'est point indifférent dans les sciences d'observation, et surtout dans la zoologie, de donner arbitrairement plus ou moins d'étendue à la valeur des mots d'un usage fréquent.

Tome VII. 45

piratoire ne présente au fluide respiré que peu de surface ; tandis que, dans la seconde, l'organe dont il est question en offre une beaucoup plus grande. De part et d'autre, ce sont toujours des organes branchiaux, mais appropriés à la puissance de l'influence du fluide respiré, et qui sont situés dans des cavités analogues.

Les Limaciens comprennent cinq genres, savoir : *Onchide*, *Parmacelle*, *Limace*, *Testacelle* et *Vitrine*, dont voici l'exposé :

[Depuis la publication de l'ouvrage de Lamarck, plusieurs ouvrages importans ont été publiés, soit sur la famille des Limaces, soit sur l'ensemble des Mollusques terrestres. Le plus complet et le plus important de ces ouvrages est, sans contredit, celui de M. de Férussac, quoiqu'il ne soit pas sans quelques graves défauts. Les parties terminées, en mettant à part les idées systématiques de l'auteur, offrent, pour l'étude des Mollusques terrestres, un ensemble très satisfaisant d'observations. Les amis de la science doivent regretter qu'il reste tant à faire pour terminer cette grande entreprise scientifique.

Nous avons déjà précédemment reproché à la méthode de Lamarck, la séparation des Gastéropodes et des Trachélipodes, séparation artificielle et inutile, surtout dans le point de la grande série des Mollusques, où cette division est la moins tolérable, puisque c'est là où se fait de la manière la plus insensible, et par une curieuse série de modifications, le passage des Gastéropodes proprement dits et des Trachélipodes. Cuvier qui, dans son Mémoire sur les Limaces et les Hélices, a avancé, avec juste raison, qu'il existe à peine quelques caractères zoologiques propres à distinguer ces deux genres, ne pouvait partager l'opinion de Lamarck, et en cela, il fut sagement imité par le plus grand nombre des zoologistes.

M. de Férussac rassembla en deux ordres tous les Mollusques respirant l'air, selon qu'ils sont ou ne sont pas operculés; ceux qui sont operculés sont en petit nombre : ils ne contiennent que deux genres que nous trouverons bientôt parmi les Trachélipodes de Lamarck. Ceux qui ne sont pas operculés comprennent un assez grand nombre de genres groupés en familles. La première est celle des Limaces correspondant assez exactement à la famille des Limaciens de Lamarck. Cependant, elle renferme douze genres, tandis que celle de Lamarck n'en contient que cinq; mais quand on vient à examiner attentivement ces différens genres admis par M. de Férussac, on s'aperçoit bientôt que plusieurs sont trop incertains pour être définitivement adoptés. M. de Blainville lui-même a rejeté plusieurs des genres de cette famille qu'il avait d'abord établis ou adoptés; et dans son Traité de Malacologie, il la réduit à cinq genres. M. Cuvier, dans la dernière édition du Règne animal, n'a adopté de plus que le genre Vaginule auquel M. de Blainville a donné le nom de Péronie, ce qui occasionne une confusion fâcheuse dans la nomenclature. Il suffirait donc d'ajouter le genre Vaginule à la famille des Limaciens de Lamarck pour la rendre aussi complète que l'exigent les observations les plus positives.]

ONCHIDE. (Onchidium.)

Corps oblong, rampant, bordé de tous côtés par le manteau. Tête en saillie sous le bord antérieur du voile; ayant deux tentacules cylindracés et rétractiles. Deux appendices auriformes aux côtés de la bouche : celle-ci en dessous et dépourvue de mâchoires. Deux orifices distincts, l'un pour l'anus et l'autre pour la respiration, disposés sous l'extrémité postérieure du corps.

Corpus oblongum, repens, undiquè velo marginatum. Caput anticum, infra veli marginem prominulum; tentaculis duobus retractilibus, cylindraceis. Appendices duæ

45.

auriformes ad oris latera. Os subtùs; maxillis nullis. Orifi-
cia ani et respirationis distincta, infra extremitatem post
cam disposita.

OBSERVATIONS. — Les *Onchides* qui, par leur aspect, semblent très voisines des Limaces et des Laplysies, sont néanmoins
très distinguées des premières par la situation de leur anus et
de leur cavité branchiale, et diffèrent éminemment des secondes
en ce que leur cavité branchiale n'est point à découvert sur le dos,
et ombragée par un écusson operculaire. Leurs yeux ne sont point
connus. Leur corps est débordé tout autour par la saillie du
manteau qui forme un rebord plus ou moins large et flottant.
Ces animaux sont du nombre de ces hermaphrodites qui ont
besoin d'un accouplement pour l'exécution d'une fécondation
réciproque. L'orifice pour la sortie de l'organe mâle est situé
près du tentacule droit, un peu au-dessus; et celui de l'organe
femelle est placé à côté de l'anus. Ils vivent dans le voisinage
des eaux, et certains d'entre eux dans les eaux mêmes, d'où ils
viennent de temps à autre respirer l'air à leur surface. (1)

ESPÈCES.

1. Onchide du Typha. *Onchidium Typhæ.* Bucha.

> O. *corpore tuberculis irregularibus minimis obtecto; veli margine*
> *angustiusculo.*

---

(1) L'organisation du genre Onchide ou Orchidie, comme le
nomment d'autres naturalistes, a été dévoilée d'une manière
assez complète par Cuvier, dans un beau Mémoire publié dans
les Annales du Muséum. D'après les observations du savant
anatomistes, les animaux de ce genre ont un organe respiratoire comparable à celui des Hélices et des Limaces, et propre
à recevoir le contact immédiat de l'air. Ce fait est extraordinaire dans des animaux vivant dans la mer. Aussi, M. de Blainville a fait, des espèces marines du genre Onchidie de Cuvier,
son genre Péronie qu'il place dans sa famille des Cyclobranches dans le voisinage des Doris, et il rassemble les espèces
d'eau douce dans la genre Vaginule auquel il réunit son genre
Véronicelle.

Onchidium Tiphæ. Buchanan. Act. Soc. Lin. 5. p. 132. pl. 5. f. 1. 2. 3.

Onchide. Syst. des An. s. vert. p. 65.

* Shaw. misc. t. 18. p. 470.

* Turton. Syst. nat. t. 4. p. 75.

* *Onchidium Indiæ.* Ockens lerhb. der natur. t. 4. pl. 9.

Férus. Hist. des Moll. p. 81. pl. 8. f. 1. 2. 3.

Habite au Bengale. Longueur, environ un pouce et demi. Les bords de son manteau, assez étroits, indiquent que cet animal ne nage jamais.

2. Onchide de Péron. *Onchidium Peronii.*

O. *corpore verrucis compositis onusto; veli margine latiusculo repando.*

Onchidium Peronii. Cuv. Ann. du Mus. 5. p. 38. pl. 6.

* *Peronia mauritiana.* De Blainv. Malac. pl. 46. f. 7.

Habite la mer des Indes, sur les côtes. Cet animal, plus grand que celui qui précède, vit habituellement dans l'eau; et, quoiqu'il rampe sur la vase ou sur les rochers, les bords, assez larges et flottans de son manteau, font soupçonner qu'il nage quelquefois, comme cela arrive aux Laplysiés.

M. *Cuvier* en connaît quelques autres espèces.

† 3. Onchide de Tonga. *Onchidium Tonganum.* Quoy.

O. *corpore maximo, squalide luteo; tuberculis pediculatis mamillatisque onusto; veli margine lato.*

Quoy et Gaym. Voy. de l'Ast. t. 2. p. 210. pl. 15. f. 17. 18.

Habite la mer des Iles-des-Amis.

Grande et belle espèce ayant six ou sept pouces de longueur; elle est ovale oblongue, d'un jaune verdâtre, ayant le manteau séparé du pied par un sillon assez profond; la tête a un voile antérieur très élargi, et elle porte deux tentacules rétractiles, oculés au sommet. Le dos est couvert d'un grand nombre de tubercules pédiculés et mamelonnés, jaunâtres, quelquefois brunâtres. Le voile et les tentacules sont d'un jaune assez vif ainsi que le dessous du pied.

4. Onchide découpée. *Onchidium incisum.* Quoy.

O. *corpore minimo, ovali, tuberculato, luteo-viridi, fusco mixto; margine veli duodecim acuminato.*

Quoy et Gaym. Voy. de l'Ast. t. 2. p. 211. pl. 15. f. 19. 20.

Habite les rivages de l'île de l'Ascension.

Espèce ayant à peine quelques lignes de longueur : elle est ovalaire,

régulièrement convexe, d'un beau vert jaunâtre, et chargée, sur
le dos, de tubercules arrondis, assez gros; les bords du manteau
sont élargis et festonnés; l'animal est d'un blanc grisâtre en
dessous.

† 5. Onchide patelloïde. *Onchidium patelloïde.* Quoy.

O. *corpore orbiculari, supra conico; tuberculis luteo-viridibus obtecto; veli margine foraminis sexdecim perforato.*

Quoy et Gaym. Voy. de l'Ast. t. 2. p. 212. pl. 15. f. 21. 23.
Habite les mers de la Nouvelle-Zélande.

Espèce ayant à-peu-près un pouce de longueur; elle est régulièrement ovale-oblongue, très convexe, ce qui lui donne un peu la
forme des Patelles; elle est d'un vert jaunâtre; le dos est couvert
d'un grand nombre de petits tubercules, et les bords du manteau
sont garnis de petits tubercules oblongs, comparables à la terminaison des côtes de certaines Patelles; en dessous, l'animal est
jaunâtre.

† 6. Onchide noirâtre. *Onchidium nigricans.* Quoy.

O. *corpore minimo, ovali, desuper carinato, toto nigro; tentaculis
apice tuberculatis.*

Quoy et Gaym. Voy. de l'Ast. t. 2. p. 214. pl. 15. f. 24. 26.
Habite les mers de la Nouvelle Zélande.

Très petite espèce ayant trois lignes de longueur. Elle est ovalaire,
peu convexe, et son dos est largement caréné dans le milieu. Il est
noir en dessus, tout couvert de petits tubercules, les tentacules
sont gros et courts, arrondis, comme ceux des Limaces, à leur
extrémité, et ils sont noirs ainsi que le voile de la tête.

† 7. Onchide piquetée. *Onchidium punctatum.* Quoy.

O. *corpore ovali, colore variegato, luteo aut fusco; punctis nigris
notato, tuberculato; tuberculis posticis ramosis.*

Quoy et Gaym. Voy. de l'Ast. t. 2. p. 215. pl. 15. f. 27. 28.
Habite les mers de la Nouvelle-Guinée.

Espèce assez grande, dont la couleur serait très variable selon
M. Quoy. Elle est ovale-oblongue, diversement marbrée sur le dos
de taches jaunes et brunâtres, souvent piquetée de brun et couverte antérieurement de tubercules arrondis, postérieurement de
tubercules rameux. Les tubercules sont petits, très grêles et légèrement renflés à leur extrémité.

† 8. Onchide cendrée. *Onchidium cinereum.* Quoy.

O. *corpore minimo, subelevato, elongato, tuberculis cinereis irrorato,
subtus luteo;*

Quoy et Gaym. Voy. de l'Ast. t. 2. p. 661. pl. 15. f. 29.
Habite l'île de Tongatabou.

M. Quoy donne la courte description suivante de cette espèce : « Petite espèce longue de 6 à 7 lignes, bombée, allongée, couverte
sur le dos de petits tubercules gris de lin uniforme, tirant sur le
cendré; le dessous du corps est jaune. »

PARMACELLE. (Parmacella.)

Corps rampant, oblong, renflé vers son milieu, où il
est scutellifère ; se terminant par une queue comprimée
sur les côtés, et tranchante en dessus. Écusson ovale,
charnu, adhérent à sa partie postérieure, libre antérieurement, contenant une coquille, et ayant une échancrure
dans le milieu de son bord droit. Orifices pour l'anus et la
respiration sous l'échancrure de l'écusson. Quatre tentacules; les deux postérieurs plus grands. Orifice pour la
génération entre les deux tentacules du côté droit.

*Corpus repens, oblongum, dorsi medio subgibbum et scu-
telliferum ; parte posticâ caudiformi, lateribus compressâ,
supernè acutâ. Scutellum ovatum, carnosum, posteriùs cor-
pori adhœrente testamque recondente, anteriùs penitùs liberum, margini dextro medio emarginatum. Orificia ani et
respirationis infra fissuram scutelli. Tentacula quatuor :
duobus posticis majoribus. Orificium generationis inter tentacula dextri lateris.*

OBSERVATIONS. — La *Parmacelle* est un Mollusque terrestre
trouvé en Mésopotamie par Olivier. Elle a beaucoup de rapports avec les Limaces ; mais elle s'en distingue particulièrement par son bouclier qui est libre, non adhérent au corps dans
sa moitié antérieure, et qui peut se retrousser. Ce bouclier est
plus en arrière que celui partout adhérent des Limaces. Comme
l'un et l'autre sont destinés à protéger les organes de la respiration, il en résulte que la cavité branchiale de la *Parmacelle* est
plus postérieure que celle des Limaces, et elle est placée effectivement vers le milieu du corps. De part et d'autre, le bouclier

contient dans son épaisseur un corps solide, crétacé; mais, dans la *Parmacelle*, ce corps solide, qui n'est situé que dans la moitié adhérente de l'écusson, a déjà la forme d'une coquille; tandis que, dans l'écusson des Limaces, le petit corps solide et déprimé qu'on y trouve n'en est plus que l'élément. La *Parmacelle* a quatre tentacules sur la tête, placés par paires comme ceux des Limaces, et qui sont pareillement rétractiles. Olivier ayant communiqué cet animal à M. Cuvier, ce dernier savant en a constitué un genre particulier, et nous a fait connaître ses caractères. (1)

ESPÈCE.

1. Parmacelle d'Olivier. *Parmacella Olivieri.* Cuv.

> Parmacelle. Cuv. Ann. du Mus. 5. p. 442. pl. 29. f. 12. 15.
> * Encycl. pl. 463. f. 3.
> * *Parmacella Mesopotamiæ.* Ocken. lehrb. der naturg. pl. 9.
> * Fer. Hist. des Moll. p. 79. f. 2. 5. et Supp. à la Fam. des Lim.
>   p. 96. 1. n° 1.
> Habite la Mésopotamie. Corps ridé, ayant trois sillons longitudinaux depuis l'écusson jusqu'à la tête. Longueur, 2 pouces.

LIMACE. (Limax.)

Corps oblong, nu, rampant, convexe en dessus, muni antérieurement d'une cuirasse ou bouclier coriace et un

---

(1) Un animal provenant du Brésil a été envoyé à M. de Férussac, et anatomisé par M. de Blainville; il a été compris par ces auteurs dans le genre Parmacelle. Cet animal offre cependant des différences assez notables dans la disposition des organes de la génération: mais ces caractères n'ont pas paru suffisans pour établir un genre particulier. Depuis cette époque, MM. Webb et Berthelot, qui ont exploré avec une attention si scrupuleuse les îles Canaries, y ont observé un Mollusque très voisin des Parmacelles, et surtout de celle du Brésil et dans leur prodrome synoptique (Ann. des sc. nat. mars, 1833), ils ont proposé d'établir pour lui un genre auquel ils donnent le nom de Cryptelle, *Cryptella.* Nous attendons pour l'admettre ou le rejeter la description et la figure de ce genre.

peu ridé, et offrant en dessous un disque longitudinal aplati. Quatre tentacules rétractiles : les deux postérieurs plus grands, oculifères au sommet. Cavité branchiale située sous la cuirasse, à la partie antérieure du corps. Orifice pour la respiration et pour l'anus au côté droit de la cuirasse. Celui pour la génération placé en avant, entre les deux tentacules droits.

Corpus oblongum, nudum, repens, dorso convexum, anteriùs clypeo coriaceo subrugoso instructum, subtùs disco longitudinali plano. Tentacula quatuor retractilia : duobus posticis majoribus apice oculiferis. Cavitas branchialis infra clypeum, orificio latere dextro, ano communi. Generationis orificium intra tentacula dextra.

Observations. — Les *Limaces* sont des Mollusques terrestres, nus, rampans, à corps charnu, mollasse, contractile, allongé, convexe ou en demi-cylindre en dessus, aplati en dessous; à peau plus ou moins ridée ou sillonnée extérieurement, et qui ont beaucoup de rapports avec les Hélices et les Bulimes, dont ils paraissent ne différer que parce qu'ils n'ont point de coquille, mais qui s'en distinguent néanmoins par leur cuirasse et par d'autres particularités essentielles. En effet, leur dos, à sa partie antérieure, est pourvu d'un écusson ou bouclier charnu et coriace, sous lequel la tête et les autres parties du corps se retirent, quoique incomplètement, pendant la contraction de l'animal. Cet écusson contient, dans son intérieur, un osselet libre et aplati que l'animal ne lance point au-dehors, comme le fait celui des Hélices. Quelquefois néanmoins on ne trouve à sa place que des Corpuscules arénacés qui semblent en être les élémens désunis.

Les *Limaces* s'allongent et se traînent avec lenteur. Leur tête est garnie de quatre tentacules inégaux, qu'elles font sortir ou rentrer à volonté, et qui paraissent leur servir à palper les corps qui sont devant elles. On remarque que l'animal les fait rentrer ou sortir de la même manière qu'on développe les doigts d'un gant.

Ces animaux sont hermaphrodites, en sorte que chacun d'eux

excite, dans son voisin, l'acte de la fécondation, et en reçoit une excitation semblable. Ils sont très voraces, et rongent les herbes, les plantes potagères et les fruits mûrs. On les trouve dans les lieux ombragés et humides, dans les bois, les champs et les jardins qu'ils infestent.

M. *Daudebard* distingue, parmi les *Limaces*, celles qui offrent un pore muqueux à l'extrémité postérieure de leur corps, et dont l'intérieur de la cuirasse ne contient que des corpuscules arénacés. Il leur donne le nom d'*arion*. Nous renvoyons le lecteur à l'intéressant ouvrage de ce naturaliste sur les Mollusques fluviatiles et terrestres. On compte environ 15 espèces de ce genre, parmi lesquels nous ne citerons que les suivantes.

[Le grand genre des Limaces n'est point aussi facile à étudier qu'on pourrait le supposer ; les espèces se modifient avec facilité dans leur couleur, et tout porte à croire qu'elles ont été multipliées dans ceux des auteurs qui ont attaché à ces caractères une trop grande importance. Nous présumons, d'après quelques exemples, que les espèces d'Europe sont moins nombreuses que ne le supposent quelques naturalistes. Les Limaces subissent, en passant du nord au midi, des modifications semblables à celles des autres Mollusques. Quand on a sous les yeux une série de modifications éprouvées par une même espèce, ayant vécu dans des circonstances très différentes de température, et quand on a remarqué que ces modifications peuvent se formuler en lois constantes, il est permis de croire que les actions modificatrices qui ont agi avec tant de puissance sur certaines races, ont eu une action égale et comparable sur d'autres ; et l'on peut prévoir, par une induction qui n'a rien de forcé, les résultats futurs de l'observation sur ce sujet. Si nous voyons, en effet, les espèces d'Hélices se modifier, nous devons croire que des modifications semblables se sont opérées dans les Limaces. Elles sont sans doute moins faciles à reconnaître dans ce dernier genre ; car on n'a pas un têt solide, au moyen duquel on peut retrouver la filation des modifications. Ainsi, nous pensons que le seul moyen qu'offre la science pour distinguer les diverses espèces de Limaces, venant des régions chaudes et froides de l'Europe, consisterait à les soumettre à une dissection minutieuse. Une comparaison soutenue sur la forme et la disposition de certains organes intérieurs, conduirait, nous n'en doutons pas, à des résultats satisfaisans.

Cuvier, dans son Mémoire anatomique sur les Hélices et les Limaces, a démontré toute l'analogie qui existe entre ces deux genres. Aussi, ceux des Zoologistes auxquels l'habitude de l'observation a fait entrevoir la marche ordinaire de la nature, devaient s'attendre à voir se combler peu-à-peu l'intervalle considérable, sous le rapport des coquilles, qui paraît exister entre ces deux genres. Déjà les Mollusques marins avaient offert, si ce n'est dans une même famille, du moins dans un même groupe, un phénomène assez semblable à celui qui se montre entre les Limaces et les Hélices. Dans plusieurs Limaces, on ne trouve aucune trace de coquille; dans d'autres, on trouve quelques grains calcaires dans un sac compris dans l'épaisseur de l'écusson, placé au-dessus du cœur et de la branchie. Ces grains agglutinés constituent, dans un assez grand nombre d'espèces, une lame calcaire aplatie, tout-à-fait intérieure; bientôt cette lame ressort, et montre quelques parties à l'extérieur, et reste en partie engagée dans l'épaisseur du manteau; mais son extrémité libre commence à se contourner en spirale. Cette coquille sub-intérieure, tout-à-fait incapable de contenir la moindre partie de l'animal, s'agrandit peu-à-peu, change de place lorsque l'organe de la respiration en change lui-même, et finit par prendre par des degrés très insensibles un développement assez considérable, pour contenir l'animal tout entier, comme dans certaines Vitrines et dans toutes les Hélices. De ces divers degrés qui existent entre ces deux extrêmes de la série, de ces diverses modifications, on a fait autant de genres particuliers.

L'histoire des Limaces est aujourd'hui très considérable, et il nous est impossible de la retracer; car quand même nous voudrions y mettre la plus grande concision, nous serions obligé de dépasser de beaucoup les limites que nous nous sommes imposées dans cet ouvrage. Aussi, nous renverrons le lecteur aux Mémoires de Cuvier, pour la partie anatomique, et au grand ouvrage de M. de Férussac, pour l'histoire du genre, la distinction des espèces et la discussion de leurs caractères.]

ESPÈCES.

1. **Limace rouge.** *Limax rufus.* Lin.

> *L. corpore longitudinaliter sulcato, suprà rufo, subtùs albo.*
> *Limax rufus.* Lin. p. 1081. n° 3.
> *Limax succineus.* Gmel. p. 3100. n° 3.
> Encycl. t. 84. f. 3.
> [B] *Var. corpore fusco nigricante.*
> * Swammerd. Bib. nat. t. 1. p. 162. pl. 9. f. 1.
> * *Limax ater.* Muller. Verm. p. 2. n° 200.
> * *Id.* Gmel. p. 3099. n° 1.
> * *Id.* Drap. Hist. des Moll. p. 122, n° 2. pl. 9. f. 3. à 5.
> * *Id.* Brard. Moll. des env. de Paris. pl. 4. f. 19. 20.
> * *Limax succineus.* Mull. Verm. p. 7. n° 203.
> * Lister. Anim. angl. p. 131. pl. 2. f. 17.
> * Id. Conch. pl. 101. f. 102.
> * Pennant. Brit. Zool. t. 4. p. 40. n° 16.
> * Barbut. Genera verm. pl. 3. f. 1.
> * Fav. Conch. Zoom. pl. 76. f. C. E.
> * Encycl. méth. pl. 84. f. 1. 2.
> * De Roissy. Buff. Moll. t. 5. p. 180.
> * *Limax rufus.* Lin. Fau. suec. 2ᵉ éd. p. 507.
> * *Id.* Pennant. Brit. Zool. t. 4. p. 40. n 17.
> * *Id.* Barbut. Genera verm. pl. 3. f. 2.
> * *Id.* De Roissy. Buff. Moll. t. 5. p. 181. n° 2.
> * *Id.* Cuv. Ann. du Mus. t. 7. p. 140. pl. 9.
> * *Id.* Lamk. Encycl. meth. pl. 463. f. 2.
> * *Arion empiricorum.* Fér. Hist. des Moll. p. 60. n° 1. pl. 1 à 3 ; et sup. p. 96. ₰.
> * *Limax ater.* Pfeiffer. Syst. anord. p. 19.
> * *Id.* Nilss. Moll. suec. p. 1.
> * *Limax rufus.* Nilss. Moll. suec. p. 3. n° 3.
> * *Id.* De Blainv. Dict. sc. nat. t. 26. p. 428.
> * *Id.* Desh. Encycl. méth. vers. t. 2. p. 340. n° 5.

Habite dans les jardins, les allées des bois et des parcs, aux lieux ombragés, parmi les herbes. La Var. [B] se rencontre dans les caves. Cette espèce est un *Arion* pour M. *Daudebard.* Voyez l'ouvrage de ce savant.

2. **Limace blanche.** *Limax albus.* Lin.

> *L. corpore albo; tentaculis margineque interdùm coloratis.*
> *Limax albus.* Lin. Syst. nat. p. 1081. Gmel. p. 3100. n° 2.

* Muller. Verm. 2e part. p. 4. no 201.
* Encycl. pl. 84. f. 3.
* Walch. Naturf. t. 4. p. 136. pl. 1. f. 7.
* Fabr. Voy. en Norw. p. 107.
* Férus. Hist. des Moll. p. 64. no 2. pl. 2. f. 3; et suppl. à la fam.
des *Limaces.* p. 96.
* Desh. Encycl. méth. vers. t. 2. p. 341. no 6.

Habite dans les bois. Blanche, et varie par ses bords quelquefois
jaunes et ses tentacules quelquefois noirs.

3. Limace grise. *Limax cinereus.* Muller.

L. corpore cinereo, sæpius maculato.

Limax cinereus. Gmel. p. 3100. no 4.
* Swammerd. Bibl. nat. t. 1. pl. 8. f. 7. 8. 9.
* Lister. Anim. angl. p. 127. tab. anat. t. 8. f. 7, 9, 16. 10.
* Id. Conch. pl. 102. f. 105.
* *Limax maximus.* Lin. Sys. nat. p. 1081.
* Pennant. Brit. Zool. t. 4. p. 41. no 18.
* *Limax cinereus.* Muller. Verm. hist. part. 2. p. 5. no 202.
* De Roissy. Buf. Moll. t. 5. p. 181.
* Drap. Hist. des Moll. p. 124. no 4. pl. 9. f. 10.
* Brard. Coq. de Paris. p. 112.
* Fav. Conch. Zoom. pl. 76. f. A. F.
* Encycl. méth. pl. 84. f. 4. 5; et pl. 463. f. 1.
* D'Argenv. Conch. pl. 28. f. 31.
* Férus. Hist. des Moll. p. 68. no 1. pl. 4; et suppl. à la fam. des
Limaces. p. 96. δ. no 1. pl. 8a. f. 1. 8d. f. 5.
* Pfeiff. Syst. anord. p. 20. no 3.
* Nilss. Moll. Suec. p. 6. no 6.
* De Blainv. Dict. sc. nat. t. 26. p. 430.
* Desh. Encycl. méth. vers. t. 2. p. 338. no 1.

Habite dans les jardins et les allées des bois. Cendrée, d'une seule
couleur ou tachetée de noir.

4. Limace agreste. *Limax agrestis.* Lin.

L. corpore albido; tentaculis nigris.

Limax agrestis. Gmel. p. 3101. no 6.
* Lister. Anim. angl. p. 130. pl. 2. f. 16.
* Id. Conch. pl. 101. f. 101. A.
* Id. Exercit. anat. 1. pl. 3. f. 11.
* *Limax agrestis.* Lin. Syst. nat. p. 1082.
* D'Argenv. Conch. pl. 28. f. 27.
* Pennant. Brit. Zool. t. 4. p. 41. no 19.

* Muller. Verm. 2ᵉ part. p. 8. nº 204.
* Fav. Conch. Zoom. pl. 76. f. B.
* Encycl. méth. pl. 85. f. 1.
* De Roissy. Buff. Moll. t. 5. p. 181.
* Drap. Hist. des Moll. p. 126. nº 5. pl. 9. f. 9.
* Brard. Moll. de Paris. p. 119.
* Férus. Hist. des Moll. p. 73. nº 3. pl. 5. f. 7 à 10.
* Pfeiffer. Syst. anord. p. 21. n₀ 5.
* Nilsson. Moll. suec. p. 8. nº 8.
* De Blainv. Dict. sc. nat. t. 26. p. 430.
* Feruss. Sup. à la fam. des *Limaces*. p. 96 ξ. n₀ 6.
* Desh. Encycl. méth. vers. t. 2. p. 339. nº 3.

Habite dans les jardins, les prairies et les bois. Celle-ci est toujours d'une taille inférieure à celle de la précédente, etc.

† 5. Limace brunâtre. *Limax subfuscus*. Drap.

L. corpore suprà subfusco rugoso; utrinque fasciâ nigrâ circumdato; aperturâ laterali mediâ.

A.) rufo-fuscus.

B.) cinereo-fuscus.

Drap. Hist. des Moll. p. 125. n₀ 6. pl. 9. f. 8.

Fér. Prodr. p. 17. nº 3.

De Blainv. Dict. des sc. nat. t. 26. p. 429.

Fér. Sup. à la fam. des Limaces. p. 96. nº 2.

Habite en France les lieux humides et ombragés; elle est très commune dans les environs de Sorèze.

Cette espèce, décrite par Draparnaud, a de très grands rapports avec la Limace rouge et ne s'en distingue réellement que par l'ouverture de la respiration placée un peu plus en arrière. Il serait nécessaire d'examiner de nouveau cette espèce pour s'assurer si elle doit rester dans les catalogues.

† 6. Limace jaune. *Limax flavus*.

L. corpore flavo, capite et tentaculis nigricantibus, clypeo granuloso, aperturâ laterali anticâ.

Nils. Moll. suec. p. 5. nº 5.

Mull. Verm. hist. p. 10 nº 208.

Limax aureus. Gmel. syst. nat. p. 3:02. nº 12.

Turton. Syst. nat. 4. p. 74.

Bosc. Buff. de Déterv. vers. t. 1. p. 81.

(α) Flavus caule et tentaculis nigris.

(ε) Albidus. corpore et clypeo subtus sublato, capite et tentaculis nigricantibus.

(γ) *Pallidus , clypeo flavo , dorso subcinerascente.*

Fér. Supp. à la fam. des Limaces. p. 96. B. n° 7.

Habite en Suède.

Cette espèce, mentionnée d'abord par Muller, a été revue par M. Nilsson auquel on en doit une courte description. Petite espèce dont le bouclier est jaune et granuleux; le dos est strié ou ridé, jaunâtre, quelquefois blanc ou grisâtre; la tête et les tentacules sont noirâtres; le corps est jaunâtre en dessous.

† 7. Limace des jardins. *Limax hortensis.* Fér.

L. corpore nigro, fasciis longitudinalibus griseis ; margine auran-tio.

(a) *Griseus, unicolor, fasciis nigris.*

Fér. Hist. des Moll. p. 65. no 4. pl. 2. f. 4. 6.

Limacella concava. Brod. Hist. p. 121.

L. subfuscus. Pfeiff. Syst. anord. p. 20. n° 4.

L. fasciatus.? Nils. Moll. Sueciæ. p. 3. no 4.

(α) *Suprà subfuscus, utrinquè fascia nigra.*

(ε) *Griseus, unicolor; fasciis nigris.*

(γ) *Griseo-rufus, fasciis nigris; margine rufescente.*

Alpicola. Fér. pl. 8. A. f. 2. 3. 4.

Fér. Hist. des Moll. p. 65. supp. p. 96. a.

Habite en France dans les jardins.

Petite espèce allongée; subcylindacée, ayant l'écusson assez grand, étroit et légèrement pointillé. Le corps est orné de petites lignes grisâtres, et les bords du pied sont d'une belle couleur jaune-orangé.

† 8. Limace rembrunie. *Limax fuscatus.* Fér.

L. corpore suprà fusco ; clypeo utrinquè strigá obscurá ornato ; mar-gine rufescente; lateribus pallidis; margine corporis lineolis nigris transversis adornato.

Fér. Hist des Moll. p. 65. no 3. pl. 2. f. 7.

De Blainv. Dict. des sc. nat. t. 26. p. 429.

Habite les bois des environs de Paris dans le mois de mai.

Espèce allongée, étroite, ayant l'écusson d'une médiocre étendue et finement chagriné; le dos est couvert de petits sillons presque longitudinaux et anastomosés. En dessus, l'écusson et le dos sont d'un brun assez foncé; les côtés du corps sont grisâtres, et les bords du pied sont blanchâtres et ornés d'un grand nombre de petites lignes noires.

† 9. Limace de la Caroline. *Limax Caroliniensis.*

L. corpore cinereo, fusco irrorato; dorso vittis tribus obscurioribu et punctorum nigrorum seriebus duabus ornato.

Bosc. Buff. de Déterv. vers. t. 1. p. 80. pl. 3. f. 1.

De Roissy. Buff. de Sonn. Moll. t. 5. p. 183. n° 11. *Limax caroli-nianus.*

Fér. Hist. des Moll. p. 77. n° 2. pl. 6. f. 3.

Habite la Caroline, l'Amérique septentrionale.

Espèce allongée, demi cylindrique et présentant ce caractère parti-culier que nous avons remarqué déjà dans une des espèces de M. Quoy, qu'elle manque complètement d'écusson. Ces espèces, comme l'ont observé MM. Quoy et de Férussac, pourraient con-stituer un genre particulier dans le voisinage des Limaces propre-ment dites. L'animal dont il est ici question est grisâtre, lisse, piqueté de noir, et il est marqué sur le dos de deux lignes de points noirs assez gros et plus réguliers que les autres.

† 10. Limace phosphorescente. *Limax noctilucus.*

L. corpore granuloso, subfusco, capite et caudá rotundatis.

Fer. Hist. des Moll. p. 76. n° 1. pl. 2. f. 8.

Phosphorax noctilucus. Webb et Berth. Synops. Moll. p. 5. n. 1.

Habite les montagnes les plus élevées de l'île de Ténérife.

Animal singulier, ayant la propriété d'être phosphorescent pendant la nuit. Il est ovale-oblong, obtus à ses deux extrémités; la surface du corps est chagrinée; l'écusson est étroit, et il présenterait, d'a-près M. d'Orbigny, une ouverture particulière et médiane à l'ex-trémité de l'écusson. MM. Webb et Berthelot, ayant revu l'ani-mal observé par M. d'Orbigny, en ont fait un genre particulier sous le nom de Phosphorax, genre qui n'est point admissible, si on le juge d'après les caractères qui lui sont donnés par les au-teurs. On peut dire que l'espèce dont nous nous occupons a tous les caractères essentiels des Limaces.

† 11. Limace marginée. *Limax marginatus.* Drap.

L. corpore cinereo; regulariter punctato; clypeo maculato, utrinque fasciato; dorso carinato.

Drap. Tab. p. 103; Hist. p. 124. n° 5. pl. 9. f. 7.

L. cinereus. Blainv. Dict. des sc. nat. p. 430.

Fér. Prodr. p. 22. n° 10.

Id. Supp. aux Limaces. p. 96. n° 11.

L. marginatus. Mull. Hist. verm. p. 10.

L. cinereus. Gmel. Syst. nat. p. 3102.

Bosc. Buff. de Déterv. vers. t. 1. p. 81.

Roissy. Buff. de Sonn. Moll. t. 5. p. 182.

Turton. Syst. nat. p. 74.

Habite en France.

M. de Férussac rapporte cette espèce, dans son catalogue, d'après la figure et la description de Draparnaud. L'animal devient presque aussi grand que la Limace noire. Il est brun, irrégulièrement piqueté de noirâtre, et ce qui le rend facilement reconnaissable, c'est une carène dorsale, blanchâtre, s'étendant sur le milieu du dos, depuis l'écusson jusqu'à l'extrémité postérieure. L'écusson est chagriné; les points noirs dont il est couvert sont plus gros, et ils forment de chaque côté une zone assez large et noirâtre.

† 12. Limace jayet. *Limax gagates.* Drap.

L. corpore nigro virescente; clypeo granuloso, sulco marginali, dorso carinato.

(A.) *Limax gagates niger, nitidus; corpore striato subrugoso; dorso carinato.*

Drap. Tab. 100. nº 1; Hist. p. 122. pl. 9. f. 1. 2.
De Roissy. Buff. de Sonn. t. 5. p. 180. nº 1.
(B.) *Plumbeus vel grisco niger.*
Prodr. p. 22. nº 9.
De Blainv. Dict. des sc. nat. t. 6. p. 431.
Fer. Suppl. à la fam. des Limaces. p. 97. nº 9. pl. 6. f. 1. 2.
Habite la France méridionale, Valence en Espagne.

Espèce bien distincte, allongée, ayant l'écusson porté très en avant; le dos est caréné dans le milieu, depuis l'écusson jusqu'à l'extrémité postérieure : celle-ci est obtuse et sans crypte muqueux. Tout l'animal est d'un brun verdâtre foncé, un peu jaunâtre en avant; son écusson est chagriné, tandis que la surface du corps offre un assez grand nombre de petits sillons un peu obliques, parallèles et presque longitudinaux.

† 13. Limace sylvatique. *Limax sylvaticus.* Drap.

L. corpore violaceo, immaculato; clypeo gibboso; subrugoso; apertura laterali postica.

Drap. Hist. p. 126. pl. 9. f. 11.
Fér. Podr. p. 22. nº 8.
Id. Suppl. à la famille des Limaces. pl. 96. E. nº 8. p. 8. D. f. 2.
Habite dans les bois des environs de Montpellier.

Draparnaud, qui, le premier, a donné la description de cette espèce, est porté à croire que ce pourrait être une variété du *Limax agrestis.* L'animal est allongé, assez grèle, ayant l'écusson assez grand, brun postérieurement et marqué par des stries circulaires. Les rides du corps sont assez longues et disposées longitudinalement; la couleur de cette espèce est d'un brun clair sur la tête, d'un violet rougeâtre sur l'écusson, et d'un violet bleuâtre sur le reste du corps.

† 14. Limace gélatineuse. *Limax tenellus*. Muller.

L. corpore virescente ; capite tentaculisque nigris.

Gmel. Syst. nat. p. 3202.

Drap. tab. p. 103. n° 9.

Id. Hist. p. 127. n° 10.

Roissy. Buff. de Sonn. Moll. t. 5. p. 183. n° 9.

Turton. Syst. nat. p. 74.

Nilss. Moll. suec. p. 10. n° 9.

De Blainv. Dict. des sc. nat. t. 26. p. 431.

Fér. Suppl. à la fam. des Limaces. p. 96. A. n° 3.

Habite le Danemark (Muller); la France méridionale (Drap).

Quoique inscrite depuis long-temps dans les catalogues, cette espèce n'est pas encore bien exactement connue. M. de Férussac, dans son grand ouvrage, répète exactement la description de Draparnaud, ce que nous sommes obligé de faire à son exemple; car nous n'avohs pas eu plus que lui l'occasion d'examiner cette espèce. « Pâle, verdâtre avec une légère teinte noire autour du manteau « et au-dessus du corps, qui est très peu ridé; la tête est noire, « ainsi que les tentacules, d'où partent deux lignes le long du cou. « Animal très visqueux. Il habite dans les lieux humides et om- « bragés. «

† 15. Limace tachetée. *Limax variegatus*. Drap.

L. corpore lutescenti, fusco-tessellato; tentaculis cœruleis; clypeo postice rotundato.

[A] *luteus aut succineus.*

Limax succineo colore, albidis maculis insignitus. List. Exercit. anat. 1. pl. 1. f. 3. 4.

Id. Synops. pl. 106.

Id. Tab. anat. 5. f. 4.

Limax flavus, maculatus. Lin. Faun. suec. p. 365. n° 1280.

Id. 2° édit. *Limax flavus.* n° 2092.

Id. Sys. nat. 12. p. 1081. n° 7.

D'Argenv. Conch. pl. 32 ou 28. f. 29.

Penn. Brit. Zool. t. 4. p. 41. n° 20.

Gmel. Syst. nat. p. 3102. n° 7.

Topog. d'Olivet. Append. p. 4. La Limace jaune, tachetée.

Gronovius. An belg. cent. 5. Acta helv. vol. 5. p. 375.

Fav. Conch. Zoom. pl. 76. f. D.

Brug. Encycl. méth. pl. 85. f. 2.

Turt. Syst. nat. vol. 4. p. 73.

[B] *virescens aut rufus.*

Limax variegatus. Drap. tab. p. 103. n° 7; Hist. p. 127. n° 9.

De Roissy. Buf. de Sonn. Moll. t. 5. p. 182.

[C] *flavescens.*

Limace blonde des caves. Brad. Hist. p. 116. 117.

[D] *brunneus, maculis nigris.*

Fér. Hist. des Moll. p. 71. n° 2. pl. 5. f. 1. 6. Suppl. a.

Barbut. Gen. Verm. pl. 3. f. 4.

De Blainv. Dict. Sc. nat. t. 26. p. 430. *L. flavus.*

Fér. Suppl. à la fam. des Lim. p. 96. e. n° 3.

Habite dans presque toute l'Europe.

On la trouve particulièrement dans les caves; elle est grande, allongée, variable pour la couleur qui est par nuances insensibles du gris noirâtre au jaune; les tentacules supérieurs sont bleuâtres; l'écusson est assez grand; il commence près de la tête; il est couvert d'un grand nombre de stries concentriques et orné de taches rondes ou ovalaires, blanchâtres; le corps est ridé, et les rides, courtes et fines, sont disposées longitudinalement; tout le corps est marbré par des taches blanchâtres et irrégulières.

† 16. Limace des Alpes. *Limax Alpinus.*

L. corpore gracili, cylindraceo, nebuloso, irregulariter depicto; carinâ dorsali posticè obtusâ supra flavescente; lateribus obscuris; margine caruleo, clypeo obscurè fusco, obscurè scutiformi.

Fer. Prodr. p. 21. n° 2.

Id. Hist. pl. 4. A. f. 5. 7.

De Blainv. Dict. des Sc. nat. t. 26. p. 430. *Limax cinerens.* Var.

Fér. Supp. à la fam. des Lim. p. 96. 8. n° 2.

Habite les forêts sombres des Alpes, sous les écorces des sapins pourris.

Elle a beaucoup de rapports, d'après M. de Férussac lui-même, avec la Limace des anciens, dont elle n'est très probablement qu'une variété sylvatique; son écusson, très rapproché de la tête, est d'un brun foncé et couvert de stries concentriques. Le corps est brun sur les côtés et sur le dos, il présente une ligne blanchâtre plus ou moins large et irrégulièrement découpée.

† 17. Limace bitentaculée. *Limax bitentaculatus.* Quoy.

L. corpore elongato, subcylindraceo, squalidè luteo; dorso canaliculato; tentaculis duobus.

Quoy et Gaym. Voy. de l'Ast. t. 2. p. 148. pl. 13. f. 1. 3.

Habite à la Nouvelle-Zélande.

Espèce fort singulière, et pour laquelle M. Quoy a été tenté de proposer un genre nouveau. Elle e t très distincte des autres Limaces, d'abord parce qu'elle ne porte point d'écusson, parce qu'elle a, sur le milieu du dos, un sillon longitudinal qui s'étend de la tête à l'extrémité postérieure, et enfin parce qu'elle n'a que deux tentacules, les tentacules antérieurs manquant complètement. Sur les côtés du corps, et partant de la rainure dorsale; on voit des *rides obliques* aboutissant sur le bord du pied. Tout cet animal singulier est d'un jaune sale peu foncé.

† 18. Limace diaphane. *Limax perlucidus*. Quoy.

L. *corpore ovali, depresso, perlucido, albo, punctis nigris notato; tentaculis minimis, crassis, nigro striatis; ossiculo corneo, ovato.*

Quoy et Gaym. Voy. de l'Ast. t. 2. p. 146. pl. 13. f. 10. 13.
Habite l'Ile-de-France.

Espèce ovale-oblongue, ayant le corps un peu déprimé et portant dans le milieu un petit écusson jaunâtre, dans l'épaisseur duquel est contenu un petit osselet semblable à celui des Limaces; le corps de l'animal est blanc, pointillé de noir, et il est presque transparent; ses tentacules extérieurs sont extrêmement courts et paraissent à peine.

† 19. Limace de l'Ascension. *Limax Ascencionis*. Quoy.

L. *corpore desuper et antice fulvo; postice plumbeo; tentaculis minimis; clypeo lato, ovali; ossiculo minimo, ovali-acuto.*

Arion ascensionis. Gac. et Less. Voy. de la coquille. Moll. pl. 16. f. 4.
Quoy et Gaym. Voy. de l'Ast. t. 2. p. 145. pl. 13. f. 14. 18.
Habite l'île de l'Ascension.

Espèce allongée, assez épaisse, ayant environ 2 pouces de longueur; la partie antérieure du corps est fauve clair, l'écusson est de la même couleur, tandis que la partie postérieure du corps est couleur plombée; les tentacules sont très petits; la partie antérieure du corps est bosselée; le bouclier renferme un petit osselet oblong, pointu, ressemblant par sa forme à certains opercules onguiculés.

———

TESTACELLE. (Testacella.)

Corps rampant, allongé, limaciforme, muni d'une coquille sur l'extrémité postérieure. Quatre tentacules, les deux plus grands portant les yeux à leur sommet. Orifces pour l'anus et la respiration à l'extrémité postérieure. Celui pour les organes de la génération sous le plus grand tentacule du côté droit.

Coquille très petite, externe, presque auriforme, légèrement spirale à son sommet; à ouverture fort grande, ovale, obliquement évasée, ayant le bord gauche roulé en dedans.

Corpus repens, elongatum, limaciforme, supra extremitatem posticam testá instructum. Tentacula quatuor; duobus posticis majoribus apice oculiferis. Orificia ani et respirationis ad extremitatem posticam. Apertura organorum generationis infra tentaculum majus lateris dextri.

Testa minima, externa, subauriformis, apice obsoletè spirata; aperturá amplissimá, ovali, obliquè effusá; labio sinistro involuto.

OBSERVATIONS. — La *Testacelle* ressemble tellement à une petite Limace par son aspect, qu'on l'en croirait très rapprochée par ses rapports et distincte seulement par la très petite coquille qui recouvre son extrémité postérieure. Elle est cependant bien moins voisine des Limaces que la Parmacelle; car sa cavité branchiale occupant le quart postérieur du corps, et l'orifice de cette cavité, ainsi que l'anus, se trouvant tout-à-fait à l'extrémité de la portion du corps citée, l'éloignent beaucoup plus des Limaces, et semblent la rapprocher de l'Onchide. Il est donc curieux de remarquer que la cavité branchiale est très antérieure dans les *Limaces*, qu'elle est placée vers le milieu du corps dans la *Parmacelle*, et qu'elle est située postérieurement dans la *Testacelle*. Partout cette cavité est protégée, soit par un écusson qui la domine, et qui contient dans son épaisseur une pièce testacée, soit par une coquille devenue tout-à-fait externe. Ces objets sont bien connus par les détails qu'en a donnés M. Cuvier. La *Testacelle* et la *Vitrine*, munies d'une coquille extérieure, dans laquelle l'animal ne saurait rentrer, et paraissant, surtout la dernière, voisines des Hélices sous certains rapports, forment une transition assez naturelle de nos Gastéropodes à nos Trachélipodes; aussi ces deux genres terminent-ils notre famille des Limaciens. On a rarement occasion d'observer la *Testacelle* vivante, parce qu'elle se tient presque constamment enfoncée sous la terre, où elle se nourrit de Lombrics. Il n'y a encore que l'espèce suivante qui soit bien connue.

ESPÈCE.

1. Testacelle ormier. *Testacella haliotidea.* Faure Big.

> *Testacella haliotidea.* Faure Biguet. Bullet. des sc. n° 61.
> Draparnaud. Hist. nat. des Moll. Terr. et Fluv. p. 121. pl. 8. f. 43-48. et pl. 9. f. 12. 13.
> Daudebard de Férussac. Méth. conch. p. 40.
> Cuv. Ann. du Mus. 5. p. 440. pl. 29. f. 6. 7.
> * Fav. Conch. Zoom. pl. 76. f. A 1. A 2.
> * *Testacella europæa.* De Roissy. Buff. Moll. t. 5. p. 252.
> * Montf. Conch. Syst. t. 2. p. 96.
> * Encycl. méth. pl. 463. f. 4.
> * Fér. Hist. des Moll. p. 94. n° 1. pl. 8. f. 5 à 9.
> * Desh. Encycl. méth. vers. t. 3. p. 1033.
> Habite les provinces méridionales de la France. Mon cabinet.

VITRINE. (Vitrina.)

Corps rampant, allongé, limaciforme, en grande partie droit; étant postérieurement séparé du pied, contourné en spirale, et enveloppé dans une coquille. Plusieurs appendices postérieurs du manteau se déployant sur la coquille et la recouvrant en partie. Quatre tentacules : les deux antérieurs fort courts.

Coquille petite, très mince, déprimée, terminée supérieurement par une spire courte ; ayant le dernier tour très grand. Ouverture grande, arrondie-ovale ; à bord gauche arqué, légèrement fléchi en dedans.

Corpus repens, elongatum, limaciforme, majori parte rectum ; parte posticâ à pede separatâ, in spiram contortâ, testâ obvolvente : veli appendices plures posticæ usquè ad testam se explicantes eamque partim obtegentes. Tentacula quatuor : anticis duobus brevissimis.

Testa parva, tenuissima, depressa, spirâ brevi supernè terminata; ultimo anfractu maximo. Apertura magna, rotundato-ovata; margine sinistro arcuato, intùs læviter inflexo.

OBSERVATIONS. — Les *Vitrines* font encore partie de nos Gastéropodes, la principale portion de leur corps n'étant point en spirale, et ne pouvant rentrer entièrement dans la coquille; mais, comme elles tiennent de très près aux Hélices, on sent qu'elles forment une transition naturelle de l'ordre qu'elles terminent à celui de nos Trachélipodes qui vient ensuite. Le manteau presque en cuirasse qui couvre le dos de ces animaux est assez analogue à l'écusson des Limaces, et en fait jusqu'à un certain point l'office. Effectivement, l'animal, dans ses contractions, s'y retire partiellement en dessous. Les bords postérieurs de ce manteau, ou au moins l'un d'entre eux, fournissent quelques appendices ou lobes contractiles, qui se déploient jusque sur le dos de la coquille, s'y meuvent et semblent servir à la nettoyer. De même que dans les testacelles, la cavité pneumobranchiale des *Vitrines* est bien plus postérieure que celle des Limaces; aussi les orifices pour l'anus et la respiration, quoique du côté droit, sont-ils fort en arrière. Les *Vitrines* sont de taille médiocre, et vivent dans les lieux frais ou ombragés. Nous n'en citerons qu'une espèce. (1)

---

(1) M. de Férussac, ayant séparé les Limaces en deux genres, en se servant, pour cela, de ce caractère peu important, que dans les unes, il y a un pore muqueux à l'extrémité postérieure, ce qui n'existe jamais dans les autres, s'est également servi de ce caractère pour diviser le petit genre Vitrine en deux; il a proposé un genre Helixarion pour les espèces ayant un pore muqueux terminal, réservant au genre Hélicolimace les espèces qui n'ont pas ce pore. Nous n'adoptons pas l'opinion de M. de Férussac sur la valeur de ce caractère; il est propre tout au plus à former des sections dans ces genres, et ce qui le prouve, c'est que l'organisation intérieure des Limaces, ayant ou n'ayant pas ce pore est la même. Comme les genres, d'après les principes des zoologistes et de M. de Férussac lui-même, doivent repré-

ESPÈCES.

1   Vitrine transparente. *Vitrina pellucida.* Drap.

* *Helix pellucida.* Muller. Verm. part. 2. p. 15.
* *Helix fuscescens.* Gmel. p. 3639. n° 174.
* La transparente. Geoffroy. Coq. p. 38. n° 8. pl. 2.
* De Roissy. Buff. Moll. t. 5. p. 393.
* Hélice transparente. Poiret. Coq. prod. p. 76. n° 12.
* *Helix pellucida.* Dillw. Cat. t. 2. p. 917. n° 134.
* *Vitrina pellucida.* Brard. Coq. des env. de Paris. p. 78. pl. 3. f. 6 à 8.
* *Helicolimax pellucida.* Fér. Hist. des Moll. pl. 9. f. 6.
* *Vitrina beryllina.* Pfeiffer. Syst. anord. p. 47. pl. 3. f. 1.
* De Blainv. Malac. pl. 41. f. 1.
* Desh. Encycl. méth. vers. t. 3. p. 1133.
* Sow. Genera of shells. *Vitrina.* f. 1.
* *Turton manu.* p. 31. n° 21. f. 21.
* *Vitrina beryllina.* Kickx. Moll. brab. p. 10. no 10.
  itrina pellucida. Drap. Hist. des Moll. p. 119. pl. 8. f. 34-37.
  Helico-limax. Daud. de Férussac. Méth. conch. p. 42.
  Habite en France, sur les bords des étangs et dans les lieux frais. Mon cabinet.
  Voyez les *V. diaphana* et *elongata* de Draparnaud.

† 2. Vitrine diaphane. *Vitrina diaphana.*

  V. testá convexiusculá, tenuissimá, diaphaná, albidá, nitidá, aper-
  turá ovatá ; anfrantibus duobus.
  Drap. Hist. des Moll. p. 120. n° 2.
  Helicolimax vitrea. Fér. Hist. des Moll. pl. 9. f. 4.
  Vitrina diaphana. Pfeiffer. Syst. anord. p. 48. pl. 3. f. 2.

---

senter des modifications importantes dans l'organisation intérieure ; il est évident que ceux-ci ne remplissant pas ces condi-
tions, doivent être regardés pour ce qu'ils sont, des genres
artificiels, qu'il serait fâcheux de voir introduire dans la
méthode.

MM. Quoy et Gaymard, dans leur dernier ouvrage, ont ajouté
des observations intéressantes à ce que l'on connaissait déjà
sur les Vitrines ; ils ont fait connaître des espèces dont la coquille
est semblable à celle des Hélices, et dans laquelle l'animal peut
rentrer en entier.

Kickx. Moll. brab. p. 10. n° 9.

Habite en France dans les lieux humides.

L'animal est noirâtre, assez épais, ayant cinq ou six grosses rides sur le manteau; sa coquille est très mince, transparente, fragile, d'un vert peu foncé; elle est ovale-oblongue, déprimée, formée de trois tours; la columelle est profondément creusée; elle est un peu relevée au-dessus d'une petite fente ombilicale. On confond quelquefois cette espèce avec le *Vitrina pellucida;* mais elle s'en distingue constamment par la couleur noirâtre de l'animal et la forme de la coquille.

† 3. Vitrine allongée. *Vitrina elongata.* Drap.

V. testá convexiusculá, tenuissimá, diaphaná albá, nitidá; aperturá ovatá, anfractibus vix duobus, exteriore maximo.

Drap. Hist. des Moll. p. 120. n° 3.

Helicolimax elongata. Fér. Hist. des Moll. pl. 9. f. 1.

Vitrina elongata. Pfeiffer. Syst. anord. p. 48. pl. 2. f. 3.

Turton. man. p. 31. n° 22. f. 23.

Habite en Allemagne et en France.

Il est à présumer que l'espèce, nommée *Helicolimax brevis* par M. de Férussac, est une variété jeune de celle-ci; car, d'après les figures mêmes, elles offrent de petites différences. Cette coquille est ovale-oblongue, mince, déprimée; elle a la forme d'une petite Haliotide tant sa spire est courte, et son bord collumellaire excavé. Elle est de couleur verdâtre; l'animal est d'un blanc-grisâtre et les rides de son manteau sont nombreuses et épaisses.

† 4. Vitrine de Teneriffe. *Vitrina Teneriffæ.* Quoy.

V. testá fragilissimá, ovali, planiusculá, pellucidá, virescente; aperturá maxime apertá, ellipticá; margine sinistro valdè inflexo; spirá brevi; anfractibus ternis.

Quoy et Gaym. Voy. de l'Ast. t. 2. p. 142. pl. 13. f. 4. 9.

Habite l'île de Ténériffe.

Avant de décrire cette espèce, M. Quoy fait une observation très juste sur le genre Vitrine et celui nommé *Helico-Limax* par M. de Férussac. Les Vitrines ont la partie antérieure du corps nue comme dans les Hélices, tandis que dans les *Helico-Limax,* cette partie antérieure est recouverte par un écussson comparable à celui des Limaces. On doit voir dans ces caractères les passages insensibles qui s'établissent comme nous l'avons vu entre les Limaces et les Hélices, et il n'est pas étonnant de rencontrer parmi de nombreuses modifications, celles qui présentent à-la-fois les caractères des deux genres dont nous venons de parler.

La Vitrine de Ténériffe a une coquille très fragile; verdâtre, transparente, ovalaire, aplatie, composée de trois tours seulement; le dernier est très grand et terminé par une grande ouverture ovalaire dont le bord inférieur est profondément arqué.

† 5. Vitrine de Western. *Vitrina nigra*. Quoy.

V. testá ovali, planiusculá, rufá; aperturá elleptica amplá; margine sinistro leviter inflexo; anfractibus quaternis.

Quoy et Gaym. Voy de l'Ast. t. 2. p. 135. pl. 11. f. 8. 9.

Habite le port de Western, à la Nouvelle-Hollande, dans les lieux humides.

Animal héliciforme, aplati en dessus, ayant les tentacules assez gros le corps chagriné antérieurement et obliquement strié sur sa partie postérieure; la coquille est recouverte par les petits lobes du manteau. La coquille est très mince, transparente, jaunâtre et obliquement striée en travers; les stries sont écartées et peu nombreuses.

† 6. Vitrine flammulée. *Vitrina flammulata*. Quoy.

V. testá subglobosá, perforatá, pellucidá, fragili, levi, fulvá, flammulis rufis cinctá; aperturá semilunatá; margine sinistro nec inflexo.

Quoy et Gaym. Voy. de l'Ast. t. 2. p. 136. pl. 11. f. 5. 7.

Habite l'île Célèbes, dans les lieux humides.

Espèce assez grosse, dont l'animal est remarquable par la longueur de ses grands tentacules; cet animal, d'un blanc jaunâtre, est orné sur le milieu du cou d'une zone étroite, rembrunie et chagrinée; l'extrémité postérieure du corps est tronquée, et le dos est orné de petites linéoles brunes, obliques, renflées vers leur extrémité. La coquille a la forme d'une Hélice subdiscoïde; elle est très mince, transparente, à spire médiocrement saillante; elle est fauve et elle est entourée de flammules assez nombreuses d'un roux brunâtre.

† 7. Vitrine verte. *Vitrina viridis*. Quoy.

V. testá solidá, discoideá, valdè carinatá, desuper convexá, infra globosá, viridi fascia luteá cinctá; aperturá amplá, triangulari; peristomate simplici acuto; rima umbilicali vix distinctá.

Quoy et Gaym. Voy. de l'Ast. t. 2. p. 138. pl. 11. f. 16. 18.

Habite l'île Célèbes.

Il serait difficile de distinguer certaines espèces de Vitrines des Hélices, d'après la coquille seule, et on peut citer en exemple celle-ci décrite pour la première fois par M. Quoy. La coquille, assez grande, est uniformément d'un beau vert; son dernier tour est caréné dans le milieu, et si Lamarck l'eût connue, il l'aurait placée parmi ses Carocoles. L'animal est trop grand pour entrer dans sa coquille; il est d'un vert d'émeraude avec des reflets bleus. Son extrémité postérieure est tronquée subitement, et l'on voit dans la troncature un crypte muqueux assez considérable. Au-dessus de ce crypte muqueux, l'extrémité postérieure du corps est ornée de linéoles vertes très obliques.

FIN DU SEPTIÈME VOLUME.

TABLE

DES

MATIERES CONTENUES DANS CE VOLUME.

FIN DE LA TABLE.

P. 471. n° 32. *au lieu de* Doris ponctuée. *Doris punctata. lisez* Doris pointillée. *Doris irrorata.*

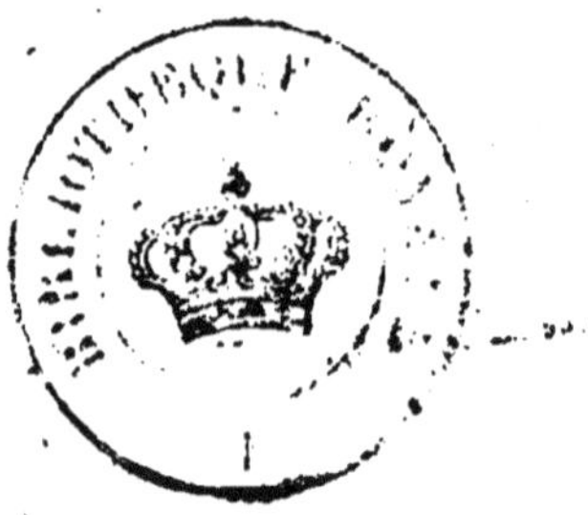